2024
中国水电
青年科技论坛论文集

中国水力发电工程学会　组编

中国电力出版社
CHINA ELECTRIC POWER PRESS

图书在版编目（CIP）数据

2024 中国水电青年科技论坛论文集/中国水力发电工程学会组编. —北京：中国电力出版社，2024.5
ISBN 978-7-5198-8887-9

Ⅰ. ①2⋯ Ⅱ. ①中⋯ Ⅲ. ①水力发电工程—中国—文集 Ⅳ. ①TV752-53

中国国家版本馆 CIP 数据核字（2024）第 088887 号

出版发行：中国电力出版社
地　　址：北京市东城区北京站西街 19 号（邮政编码 100005）
网　　址：http：//www.cepp.sgcc.com.cn
责任编辑：谭学奇　安小丹（010-63412367）　孙建英
责任校对：黄　蓓　郝军燕　李　楠　朱丽芳　王海南
装帧设计：赵姗姗
责任印制：吴　迪

印　　刷：固安县铭成印刷有限公司
版　　次：2024 年 5 月第一版
印　　次：2024 年 5 月北京第一次印刷
开　　本：787 毫米×1092 毫米　16 开本
印　　张：45
字　　数：1119 千字
定　　价：280.00 元

编 委 会

序

　　2023 年是全面贯彻落实党的二十大精神的开局之年，是三年新冠疫情防控转段后经济恢复发展的一年。以习近平同志为核心的党中央团结带领全党全国各族人民，顶住外部压力、克服内部困难，全面深化改革开放，加大宏观调控力度，着力扩大内需、优化结构、提振信心、防范化解风险，我国经济回升向好，高质量发展扎实推进。现代化产业体系建设取得重要进展，科技创新实现新的突破，改革开放向纵深推进，安全发展基础巩固夯实，民生保障有力有效，全面建设社会主义现代化国家迈出坚实步伐。

　　党的二十大报告提出要加快规划建设新型能源体系，在"双碳"目标的战略引领下，2023年我国能源绿色低碳转型之路加速演进，能源结构转变实现了历史性突破，电力总装机容量29 亿 kW，其中，可再生能源装机容量达到 14.5 亿 kW，占比大于 50%，首超火电装机，并正在持续提升，预计 2024 年底可再生能源装机容量将达到 18.6 亿 kW，占比上升至 57%。

　　2023 年，由长江干流乌东德、白鹤滩、溪洛渡、向家坝、三峡和葛洲坝 6 座梯级电站共同构成的世界最大清洁能源走廊，迎来了全面建成 1 周年；雅砻江流域孟底沟水电站、柯拉及扎拉山光伏电站相继开工建设、腊巴山风电投产发电，雅砻江流域水风光一体化示范基地初具规模；中国抽水蓄能已建和在建总装机规模超过 2 亿 kW，成为中国抽水蓄能发展的重要里程碑；新疆和静县抽水蓄能电站与滚哈布奇勒水电站开工建设，标志着全国首个抽水蓄能与常规水电一体化开发运营的水电项目正式拉开建设序幕……

　　科技创新，人才为本，双碳战略，人才先行。中国水力发电工程学会担负着服务水电和新能源事业创新发展、团结引领广大科技工作者不断攀登水电和新能源科学技术新高峰的重任。专注于从根本上营造好人才发挥聪明才智、优秀人才脱颖而出的创新生态环境，真正为广大水电和新能源科技工作者的成长成才创造良好的氛围，始终是学会人才培养工作的不竭追求。青年人具有朝气蓬勃、思维活跃、敢于担当、勇于创新的优势，中国水力发电工程学会始终坚定贯彻实施人才强国和教育强国战略，向来十分重视青年科技人才的发现、培养和举荐工作，努力为青年科技工作者搭建成长成才的平台，多渠道多途径推动青年人才尽快成长。通过搭建高质量的学术交流平台、提升科技期刊质量、实施青年人才托举工程、打造公正透明的科技创新奖励和人才奖励举荐体系等，努力把学会建成充满生机和活力、满足行业发展需要的现代科技社团，使其真正成为广大"水电人"所信赖、拥护和支持的新时代科技工作者之家。

多年来的技术沉淀，我国水电和新能源行业原创了大量的水利水电工程、新能源工程尖端技术，积累了雄厚的人才队伍，形成了一大批工程勘察规划设计、工程建设、投融资和运营管理等领域的顶尖企业。这其中，青年英才的贡献功不可没。中国水力发电工程学会致力于为水电杰出人才的成长创造条件，号召并引导广大水电青年科技工作者牢固树立科学精神、培养创新思维、挖掘创新潜能、提高创新能力，在继承前人工作的基础上不断实现超越。同时呼吁水电青年人才坚守学术操守和道德理念，把学问提高和人格塑造融合在一起，既赢得崇高的技术和学术声望，又培养高尚的人格风范，以促进水电青年人才的成长进步，在我国实现"双碳"目标的征程上贡献最大的力量。

2024年"中国水电青年科技论坛"名称正式确定为"中国水力发电工程学会青年科技论坛"，论坛将持续发挥水电和新能源青年科技人才交流创新思想、展现才华的平台作用。

经过了六年的打磨锤炼，"中国水力发电工程学会青年科技论坛"的知名度和影响力不断提高，连续入选了中国科学技术协会《重要学术会议指南》。2024年的"中国水力发电工程学会青年科技论坛"论文征集工作，业内青年专家继续积极响应，踊跃投稿，论文数量再创新高，论文质量持续提升。水电学会将论文继续结集出版，与业内广大水电科技工作者分享，期待能对推进我国水电和新能源科技创新、产业发展和人才培养产生一定的积极作用。

中国水力发电工程学会　理事长　张野

2024 年 4 月

前 言

　　2024 年是中华人民共和国成立 75 周年，是深入实施"四个革命、一个合作"能源安全新战略十周年，是完成"十四五"规划目标任务的关键一年，国家能源局提出着力提升能源安全保障能力，着力推进能源绿色低碳转型，着力深化能源改革创新，着力提高能源国际合作水平，加快规划建设新型能源体系，为中国式现代化建设提供安全可靠的能源保障。这一系列重大目标，为青年一代"水电人"提供了卓越成长、全面发展、展现自我的宽广舞台。

　　中国水力发电工程学会肩负团结、凝聚、引领广大水电与新能源青年科技工作者的光荣使命，2019 年创办了"中国水电青年科技论坛"，已在北京、西安、贵阳、昆明、杭州连续成功举办了五届，共吸引了全国水利水电和新能源领域的 200 余家单位 1600 余名专家、领导及青年科技工作者参加，对中国水电和新能源的技术和发展前景进行深入交流。中国水电青年科技论坛成为了水电和新能源青年科技人才交流创新思想和展现才华的重要平台，连年被列入《中国科协重要学术会议指南》，连续获得中国科协中国特色一流学会建设项目的资助。

　　2024 年论坛名称确定为"中国水力发电工程学会青年科技论坛"，本次论坛在上海举办，论坛聚焦西南水电基地开发、水风光一体化基地建设、抽水蓄能开发、加快规划建设新型能源体系、推动落实"双碳"目标等有关水力发电、新能源发电及工程规划设计、施工建设、制造安装、投资和运行管理中的热点和难题，重点关注工程安全、新材料、运行管理的新理论、新技术、新工艺与工程实践和研究成果等前沿热点领域，征集到学术论文 252 篇，论文作者均为来自水电行业生产、管理、科研和教学等一线岗位的青年科技工作者和专业技术人员。

　　本次大会组委会对征集到的论文通过《水电与抽水蓄能》期刊和中国电力出版社的协助进行了查新，又邀请水电行业知名专家分门别类对论文进行了独立评审并提出评审意见，组委会依据专家评审意见对论文进行了遴选和录用工作，其中 15 篇高质量论文，以专栏的形式同步刊登在《水电与抽水蓄能》《水电与新能源》《大坝与安全》学术期刊上。

　　本论文集共收录论文 100 篇，涵盖规划勘察设计、机组装备试验与制造、施工实践、建设管理、运行与维护、新能源六个方向，基本反映了水电和新能源行业的工程实践及前沿热点问题，可供水电及新能源各专业领域的科技工作人员学习借鉴及参考。

感谢行业内各单位的大力支持，感谢广大水电青年科技工作者的踊跃投稿和热情参与，也感谢论文评审专家的无私奉献、耐心评阅。在会议组织和论文集征集、评审、编辑出版过程中，上海勘测设计研究院有限公司、上海市水力发电工程学会、北京水力发电工程学会、中国水力发电工程学会青年工作委员会、中国水力发电工程学会期刊工作委员会、中国电力出版社、《大坝与安全》编辑部、《水电与抽水蓄能》编辑部、《水电与新能源》编辑部、《水力发电》编辑部、《小水电》编辑部等单位做了大量的工作，在此一并表达谢意。本论文集的出版将为中国水电和新能源事业的发展做出新的贡献。

本书编委会

2024 年 4 月

2024 中国水电青年科技论坛 **论文集**

目 录

序
前言

一、规 划 勘 察 设 计

二、施 工 实 践

三、建 设 管 理

四、运 行 与 维 护

五、新　能　源

一、

规划勘察设计

某高堆石坝混凝土面板结构中 GFRP 筋替代钢筋的可行性研究

任泽栋[1]　吕典帅[2]　卢亚龙[2]

（1. 水电水利规划设计总院，北京市　100120;
2. 中国电建集团北京勘测设计研究院，北京市　100024）

[摘　要]文章借助有限元软件对高面板堆石坝的面板结构中采用 GFRP 筋替代钢筋的可行性进行了研究，对比分析了其面板变形、混凝土应力以及筋材应力情况。结果表明：静力状态下面板两种配筋方案坝体应力变形、面板混凝土应力变形、接缝变位大体一致。差别主要集中在筋材应力上，受 GFRP 筋刚度比钢筋低得多影响，相同受荷和相同配筋率条件下 GFRP 筋应力要比钢筋应力小得多，不过两种方案筋应力均低于其材料允许强度。从静力特性来看，采用在该高堆石坝面板结构中采用 GFRP 筋替代钢筋的方案是可行的。

[关键词]面板堆石坝；混凝土；GFRP 筋；钢筋

0　引言

耐碱玻璃纤维筋（GFRP）作为一种新型低碳高性能复合材料，由于具有质量轻、抗拉强度高、耐腐蚀性强、透磁波性能强等一系列的优点[5-9]，在建筑结构、桥梁等领域的工程实践中做了一些混凝土结构中替代钢筋的尝试，并取得了较好的效果[10-13]。伴随着材料技术不断革新进步，工程建设绿色、低碳化已经成为当下"时尚追求"[1-4]。水利水电工程具有混凝土结构种类多、范围广、钢筋用量大等特点，加之水工钢筋混凝土结构常年在有水、潮湿、严寒、高温等多种复杂环境下交替运行，钢筋腐蚀问题时有发生。作为混凝土结构的应用"大户"，这种传统的钢筋混凝土结构也在去锈蚀、低碳化方面不断做着多种尝试（见图 1）。

图 1　GFRP 筋产品图

因此，为了探究某抽水蓄能电站高面板堆石坝中应用 GFRP 筋替代钢筋的可行性，本文针对该堆石坝混凝土面板为研究对象，结合三维有限元软件开展了 GFRP 筋替代钢筋代换原则进行研究。

1 数值计算分析

1.1 结构设计及替代方案

某抽水蓄能电站上水库采用钢筋面板堆石坝，坝顶宽 10m，长 472m，坝轴线处最大坝高 101m，上游坝坡 1:1.4，采用混凝土面板防渗，面板防渗面积 4.92 万 m^2；下游坝坡 1:1.9，下游坝面采用网格梁植草护坡，护坡厚度 0.5m。如图 2 所示，坝体填筑料从上游到下游分为垫层区、上游过渡区、上游堆石区、下游过渡区、下游堆石区。

上水库面板堆石坝面板采用 C30W10F300（二级配）混凝土，混凝土面板共计 37 块，厚度 40～60cm，面板斜长最长为 135.23m，原设计方案中，面板配筋采用 C20 钢筋，目前上水库大坝面板拟采用 C22 耐碱玻璃纤维筋（GFRP）替代钢筋，典型配筋如图 2 所示。

1.2 材料参数

为了探究 GFRP 筋替代钢筋的可行性，利用采用有限元软件做了计算分析，应力变形计算采用总应力有限元方法。其中，堆石料采用 Duncan E-B 非线性模型，面板采用线弹性模型，混凝土面板与垫层之间采用薄层单元模拟其接触性状，具体材料参数见表 1、表 2，结构模型如图 3 所示。

表 1 堆石坝静力计算参数

材料分区	岩 性	ρ (g/cm³)	ϕ_0 (°)	$\Delta\phi$ (°)	K	n	Rf	Kb	m
垫层区	弱～微风化石英二长岩	2.21	53.6	9.4	1285	0.27	0.61	789	0.11
过渡区	弱～微风化石英二长岩	2.18	54.4	10.4	1246	0.24	0.63	632	0.09
上游堆石区	弱风化石英二长岩	2.15	53.9	10.0	1000	0.25	0.63	500	0.07
下游堆石区	全强风化石英二长岩	1.96	43.9	7.9	422	0.42	0.72	242.5	0.30
下游堆石棱体	弱风化石英二长岩	2.05	50.9	10.0	700	0.25	0.63	350	0.07

表 2 混凝土和筋材参数表

材 料	ρ（g/m³）	E（GPa）	v	Gd（GPa）	λ_{max}（%）
C30 混凝土	2.35	30	0.167	12.9	5
钢筋（HRB400）	7.89	200	0.30	76.9	5
GFRP 筋（ϕ22mm）	2.10	40	0.28	15.6	5

注 混凝土、钢筋和 GFRP 筋的动模量均取其静模量。

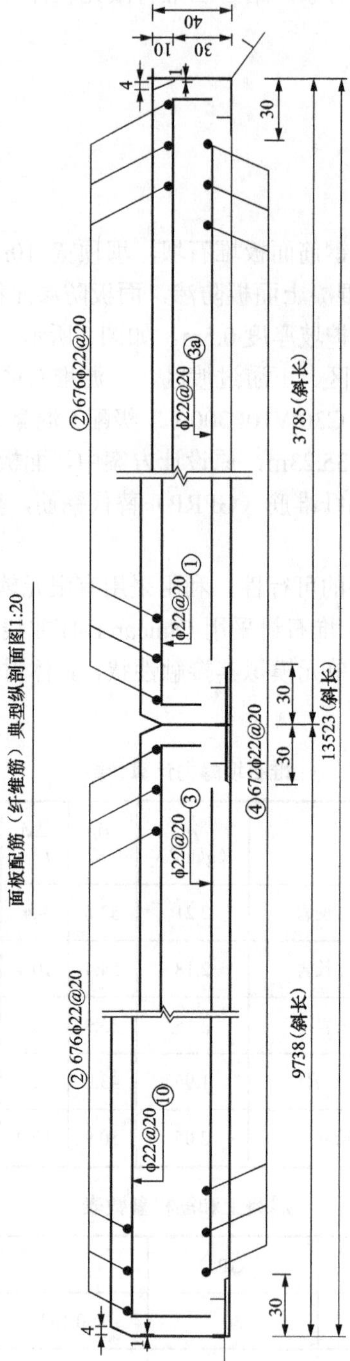

前言：为了研究水库面板配筋的可靠性及经济性，本文通过 GFRP 筋混凝土面板的应用，来
研究库盆防渗面板的受力特点，进行了大量的实验分析，取得了一定的成果。通过下述工况分析对比论证

面板配筋（纤维筋）典型纵剖面图图1:20

图 2 上水库面板钢筋、GFRP 筋典型配筋图

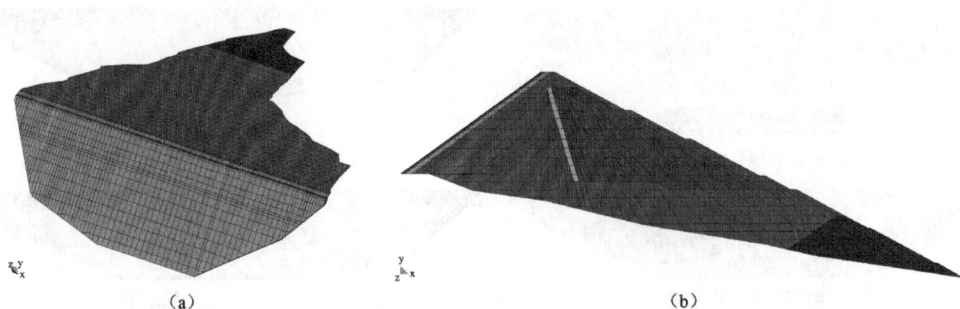

（a）　　　　　　　　　　　　　　　　　　　（b）

图3　计算模型网格划分图

（a）面板坝三维有限元网格图；（b）标准剖面平面网格图

2　筋材替代对比分析

2.1　面板变形

正常蓄水位和死水位运行时面板变形等值线图见图4、图5。由图中数据可知，两种配筋方案面板变形分布规律和量值相近，库水压力作用下面板轴向变形主要表现为向沟谷中央变形，法向变形表现为向坝内变形。钢筋和 GFRP 筋正常蓄水位时指向右岸、指向左岸位移最大值分别为 1.7cm、1.2cm 以及 1.8cm、1.3cm，挠度最大值均为 14.6cm；死水位时指向右岸、指向左岸位移最大值分别为 0.9cm、0.7cm 以及 0.9cm、0.8cm，挠度最大值均为 9.0cm。挠度最大值均位于坝 0+260.932 剖面 583m 高程处，最大挠曲率约为 0.1%，量值在面板坝面板正常变形范围内。

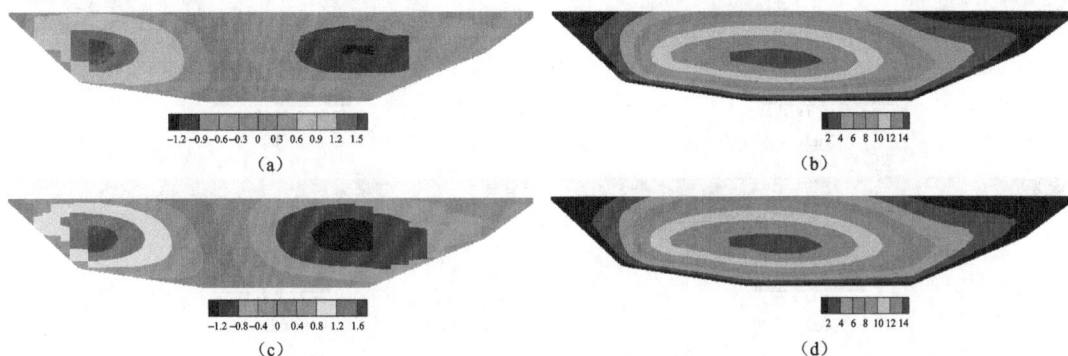

（a）　　　　　　　　　　　　　　　　　　　（b）

（c）　　　　　　　　　　　　　　　　　　　（d）

图4　面板变形等值线（正常蓄水位工况，cm）

（a）钢筋-坝轴向位移；（b）钢筋-挠度；（c）GFRP 筋-坝轴向位移；（d）GFRP 筋-挠度

2.2　混凝土应力

正常蓄水位和死水位运行时面板混凝土应力等值线图见图6、图7。由图中数据可知，钢筋和 GFRP 筋面板混凝土的应力分布规律和量值相近。面板混凝土的坝轴向应力总体表现为河谷中央部位受压，两岸周边缝附近受拉，混凝土的顺坡向应力表现为面板中上部受压，周边缝附近受拉。

图 5 面板变形等值线（死水位工况，cm）

（a）钢筋-坝轴向位移；（b）钢筋-挠度；（c）GFRP 筋-坝轴向位移；（d）GFRP 筋-挠度

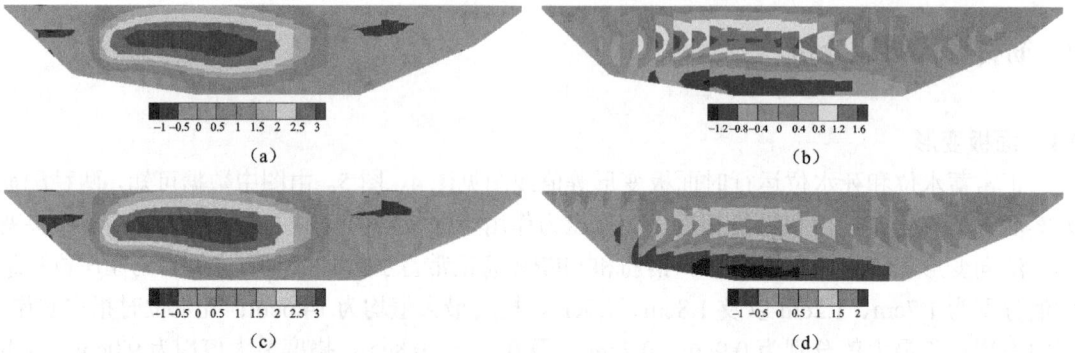

图 6 面板应力等值线（正常蓄水位工况，MPa）

（a）钢筋-坝轴向应力；（b）钢筋-顺坡向应力；（c）GFRP 筋-坝轴向应力；（d）GFRP 筋-顺坡向应力

图 7 面板应力等值线（死水位工况，MPa）

（a）钢筋-坝轴向应力；（b）钢筋-顺坡向应力；（c）GFRP 筋-坝轴向应力；（d）GFRP 筋-顺坡向应力

钢筋和 GFRP 筋正常蓄水位工况，混凝土轴向压、拉应力最大值分别为 3.26MPa、1.23MPa 以及 3.32MPa、1.25MPa，顺坡向压、拉应力最大值分别为 2.11MPa、1.34MPa 以及 2.13MPa、1.37MPa。死水位工况，混凝土轴向压、拉应力最大值分别为 3.08MPa、0.59MPa 以及 3.20MPa、0.34MPa，顺坡向压、拉应力最大值分别为 1.22MPa、0.86MPa 以及 1.29MPa、0.89MPa。正常蓄水位工况轴向拉应力最大值钢筋发生在坝 0+430.932m、高程 605m，GFRP 筋在坝 0+142.932m、高程 605m，顺坡向拉应力最大值均发生在坝 0+318.932m、高程 561m。正常运行时混凝土压、拉应力均在 C30 混凝土强度允许范围内，应力满足要求。

2.3　筋材应力

表层、底层钢筋正常蓄水位运行时应力分别见图8、图9。由图中数据可知，两种筋材表层钢筋和底层钢筋应力分布相似，但是量值有一定差异。轴向配筋应力总体表现为河谷中央受压，两岸受拉，顺坡向配筋应力表现为中上部受压，周边缝附近受拉。

钢筋和 GFRP 筋在正常蓄水位时，表层轴向钢筋压、拉应力最大值分别为 35.55MPa、40.02MPa 以及 7.03MPa、10.25MPa；底层轴向钢筋压、拉应力最大值分别为 34.90MPa、37.65MPa 以及 6.94MPa、9.73MPa；表层坡向钢筋压、拉应力最大值分别为 17.21MPa、56.20MPa 以及 3.37MPa、11.16MPa；底层坡向钢筋压、拉应力最大值分别为 13.76MPa、59.86MPa 以及 2.70MPa、11.87MPa。筋材压、拉应力计算值均低于其允许强度，筋材应力满足要求，但是 GFRP 筋与钢筋计算结果相比，配筋采用 GFRP 筋的筋材拉、压应力明显较低，这是 GFRP 材料的刚度较低，结构变形时候 GFRP 筋容易发生协同效应导致的。

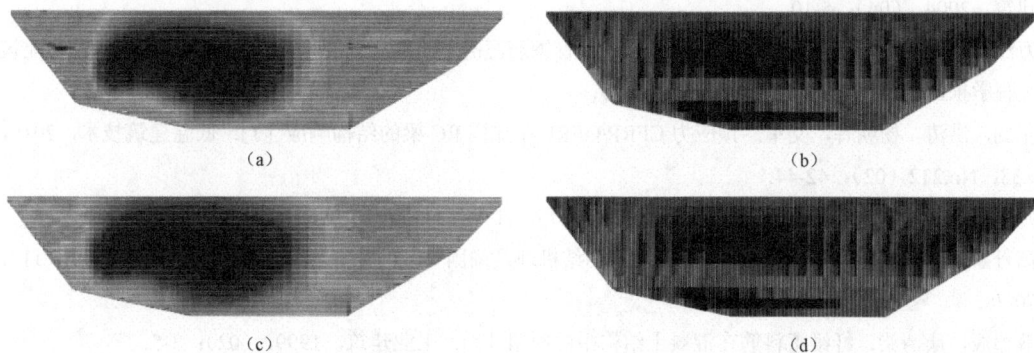

图8　表层筋材应力（正常蓄水位工况，MPa）
（a）钢筋-坝轴向应力；（b）钢筋-顺坡向应力；（c）GFRP 筋-坝轴向应力；（d）GFRP 筋-顺坡向应力

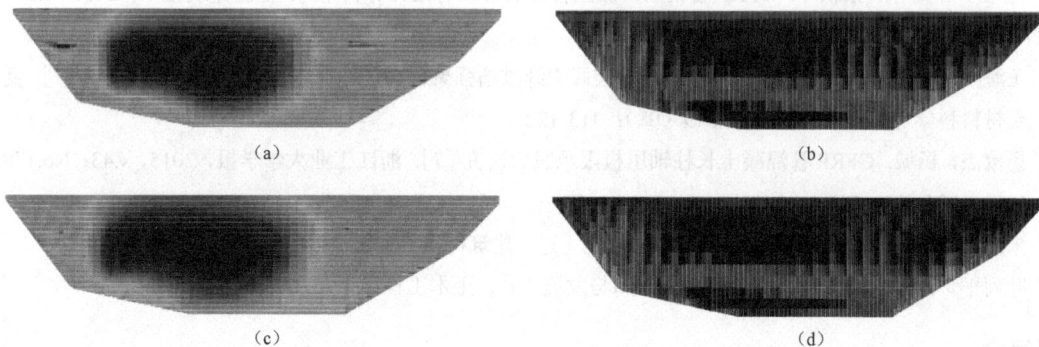

图9　底层筋材应力（正常蓄水位工况，MPa）
（a）钢筋-坝轴向应力；（b）钢筋-顺坡向应力；（c）GFRP 筋-坝轴向应力；（d）GFRP 筋-顺坡向应力

3　结论

本文以某抽水蓄能电站的高面板堆石坝为研究对象，结合工程实例，利用三维有限元软件对该面板堆石坝面板中 GFRP 筋替代钢筋的可行性进行了研究，结果表明：静力状态下面板两种配筋方案坝体应力变形、面板混凝土应力变形、接缝变位大体一致，差别非常有限，差别主要集中在筋材应力上，受 GFRP 筋刚度比钢筋低得多影响，相同受荷和相同配筋率条件下 GFRP 筋应力要比钢筋应力小得多，不过两种方案筋应力均低于其材料允许强度，均符合要求。两种配筋方案，混凝土压应力满足要求，配筋拉应力满足要求，即混凝土-配筋组合面板结构的应力满足要求。从静力特性来看，采用在该高堆石坝面板结构中采用 GFRP 筋替代钢筋的方案是可行的。

参考文献

［1］陆新征，叶列平，滕锦光，庄江波. FRP-混凝土界面粘结滑移本构模型［J］. 建筑结构学报，2005，（04）：10-18.

［2］李荣，滕锦光，岳清瑞. FRP 材料加固混凝土结构应用的新领域——嵌入式（NSM）加固法［J］. 工业建筑，2004，（04）：5-10.

［3］万江，宋明健，吴耀冬，李萍，温泉. GFRP 管钢筋混凝土组合构件的徐变性能研究［J］. 水利与建筑工程学报，2015，v.13；No.64（06）：95-99.

［4］张剑，洪涛，杨朝辉，艾军. 预应力 CFRP/GFRP 布加固 RC 梁的结构响应［J］. 低温建筑技术，2016，v.38；No.212（02）：42-44.

［5］帅威，马蟹. GFRP 锚杆应变分布的数值模拟［J］. 江西建材，2016，No.194（17）：2.

［6］高丹盈，B. Brahim. 纤维聚合物筋混凝土的粘结机理及锚固长度的计算方法［J］. 水利学报，2000，（11）：70-78.

［7］薛伟辰，康清梁. 纤维塑料筋在混凝土结构中的应用［J］. 工业建筑，1999，（02）：3-5.

［8］金鑫，刘军，周洪，王超. 玻璃纤维筋在地铁盾构始发中的应用［J］. 北京建筑大学学报，2016，v.32；No.104（01）：52-58.

［9］倪春雷，常海军，张秋坤. GFRP 管钢筋混凝土柱偏心受压有限元分析［J］. 低温建筑技术，2016，v.38；No.214（04）：106-108.

［10］王海刚，白晓宇，张明义，闫楠，王永洪. 玄武岩纤维增强聚合物锚杆在岩土锚固中的研究进展［J］. 复合材料科学与工程，2020，No.319（08）：113-122.

［11］杨俊杰，杨城. GFRP 管混凝土长柱轴压极限承载力研究［J］. 浙江工业大学学报，2015，v.43；No.178（06）：685-689+698.

［12］朱虹，钱洋. 工程结构用 FRP 筋的力学性能［J］. 建筑科学与工程学报，2006，（03）：26-31.

［13］叶列平，冯鹏. FRP 在工程结构中的应用与发展［J］. 土木工程学报，2006，（03）：24-36.

作者简介

任泽栋（1988—），男，工程师，主要从事水利水电工程设计与管理应用研究工作。E-mail：596984626@qq.com

吕典帅（1984—），男，高级工程师，主要从事水工结构设计与工程项目管理工作工作。E-mail：lvds@bhidi.com

卢亚龙（1992—）男，工程师，主要从事水工结构设计。E-mail：luyl@bhidi.com

基于施工运维全过程的面板堆石坝应力变形
分析及安全综合评价

王　科　李娇娜

（长江勘测规划设计研究有限责任公司，湖北省武汉市）

[摘　要]结合某抽水蓄能电站混凝土面板堆石坝，采用南水模型，通过上水库主坝静力三维有限元应力变形计算分析，研究施工期、初期蓄水期和运行期过程中，坝体上下游堆石区不同材料方案对坝体和混凝土面板应力变形数值及分布规律的影响，并对坝体及面板进行安全综合评价。结果表明：考虑上下游堆石料分区，坝体变形符合混凝土面板堆石坝变形的一般规律，最大沉降及顺河向位移均发生在下游堆石区中部位置；考虑上下游堆石料不分区，最大沉降发生在堆石区中部位置，最大顺河向位移发生在堆石区下游位置，主坝、副坝面板与挡浪墙连接处以及面板与趾板连接处未出现明显差异变形；两种不同材料方案，坝体和混凝土面板的变形与应力均在安全范围内。本文为优化面板堆石坝坝体体型，特别针对低于70m坝高面板堆石坝取消堆石料上、下游分区提供了计算依据，可供参考借鉴。

[关键词]面板堆石坝；坝体分区；全过程；应力变形；安全评价

0　引言

Cook J.B 等[1]提出了混凝土面板堆石坝坝体分区命名规则，面板堆石坝的坝体断面和堆石体材料分区在工程设计中基本趋于标准化。1971年建成的澳大利亚塞沙那（Cethana）坝，其坝体断面和分区型式作为后续面板堆石坝设计的参考标准，被数十载的多个项目成功建设验证了这一分区规则在一定范围内的正确性和适用性[2]。堆石区是坝体承受水荷载的主要部位，常规的面板堆石坝堆石料分区主要分为上游主堆石区和下游堆石区，这种分区型式有利于坝体承载和变形控制[3][4]，但是分区较复杂、不便于施工。

目前，国内抽水蓄能电站上下库采用的面板堆石坝并非均为超70m的高坝，如何快速、高效和经济的设计和建造此类大坝，是一个值得深入研究的课题。本文以某抽水蓄能电站最大坝高67m的混凝土面板堆石坝为例，采用南水模型，通过上水库主坝静力三维有限元应力变形计算分析，研究施工期、初期蓄水期和运行期过程中，坝体上下游堆石区不同材料方案对坝体和混凝土面板应力变形数值及分布规律的影响，并对坝体及面板进行安全综合评价。经过计算比较，采用上下游堆石料分区和不分区两种材料方案，坝体和混凝土面板的变形与应力均在安全范围内，为了简化分区和便于施工，主坝堆石料不区分上、下游堆石区，采用同一压实密度控制，结合筑坝材料室内试验成果，拟定主要设计参数为：干密度2.11g/cm³，孔隙率20%，最大粒径600mm，小于5mm颗粒含量5%～20%，小于0.075mm颗粒含量小于5%。

1 工程概况

本抽水蓄能电站位于湖北省钟祥市，电站装机容量200MW（2×100MW），电站属三等中型工程，枢纽工程由上水库、下水库、输水系统、地面厂房及开关站等建筑物组成。上水库位于距北山水库主坝上游1.5km处的低山洼地中，由具有封闭态势的山梁围成，主要建筑物有1座主坝、4座副坝以及环库公路等，上水库不设泄洪设施。

主坝为混凝土面板堆石坝，位于库盆西南侧的棺材垭垭口，坝顶高程199.00m，坝顶宽6.00m，长268m，最大坝高67.00m，上下游坝坡均为1:1.4。主坝左右岸山顶高程接近坝顶高程，除沟底局部地段外，地形较缓。坝基岩体主要为 $S_1l_1^2$ 的泥质粉砂岩夹页岩，趾板部分多深入S1l1粉砂质页岩夹泥质粉砂岩，岩层均倾向上游，倾角较陡，为横向谷，坝基整体稳定性好。

2 坝体有限元计算

2.1 计算模型及计算参数

2.1.1 南水模型

南水模型[5]采用下面两个屈服函数作为屈服面，如图1所示：

$$f_1 = p^2 + r^2 q^2 \tag{1}$$

$$f_2 = \frac{q^s}{p} \tag{2}$$

南水模型中的 p、q 与剑桥模型中的含义不同，此处式（1）、式（2）中的 p 代表正应力，q 表示剪应力。S 和 R 均为屈服面的参数。

$$p = \frac{1}{3}(\sigma_1 + \sigma_2 + \sigma_3) \tag{3}$$

$$q = \frac{1}{3}\sqrt{(\sigma_1 - \sigma_2)^2 + (\sigma_2 - \sigma_3)^2 + (\sigma_3 - \sigma_1)^2} \tag{4}$$

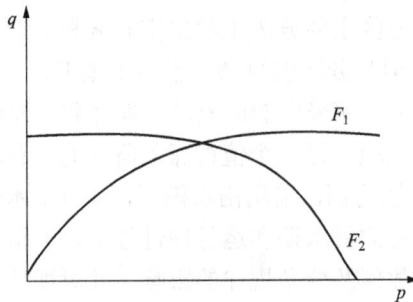

图1 南水模型屈服面示意图

2.1.2 混凝土结构的应力应变关系

混凝土结构采用线弹性模型，其应力应变关系符合下列广义虎克定律，上述矩阵中，

$d_1 = \lambda + 2G$，$d_2 = \lambda$，$d_3 = G$。λ 为拉密系数，与弹性模量 E 和弹性泊松比 ν 有关。

$$\lambda = \frac{E\nu}{(1+\nu)(1-2\nu)}$$
$$G = \frac{E}{2(1+\nu)}$$

（5）

2.1.3 接触面模型

混凝土面板与周围土体之间的相互作用采用接触摩擦单元进行模拟[6]。接触面之间的相互作用包括两部分，一是接触面法向作用，二是接触面切向作用。本次研究区域主要为混凝土面与土体的接触，在法向接触采用硬接触，即压力直接传递，没有衰减；当接触面处于闭合状态时，接触面存在摩擦力，若摩擦力小于某一极限值，认为接触面处于黏结状态；若摩擦力大于某一极限值后，接触面开始出现滑移，认为处于滑移状态。

2.1.4 计算参数

本次计算中，混凝土面板、混凝土趾板以及基岩均采用弹性模型计算，计算参数如表 1 所示。

表1 弹 性 参 数

	密度（g/cm³）	弹性模量（GPa）	泊松比
C30 混凝土	2.45	30.0	0.167
强风化基岩	2.31	6.07	0.30
弱风化基岩	2.52	15.92	0.30

坝料静力计算参数根据试验成果选取，计算参数如表 2 所示（计算参数采用平均线试验参数）。

表2 南 水 模 型 参 数

坝体分区	岩性	孔隙率（%）	级配特征	试样状态	φ_0（°）	$\Delta\varphi$（°）	K	n	R_f	c_d（%）	n_d	R_d
垫层区	微新白云岩	19	平均线	饱和	54.7	9.6	1229.3	0.32	0.69	0.26	0.75	0.58
过渡区	微新白云岩	21	平均线	饱和	54.0	10.0	1140.9	0.27	0.67	0.28	0.82	0.58
上游堆石区	微新白云岩	22	平均线	饱和	52.4	9.6	1013.1	0.25	0.64	0.30	0.84	0.56
下游堆石区	微新白云岩	23	平均线	饱和	51.6	9.4	904.8	0.25	0.66	0.32	0.84	0.58
	微风化泥质粉砂岩	23	平均线	饱和	49.2	9.1	595.6	0.23	0.67	0.56	0.88	0.64
	弱风化泥质粉砂岩	23	平均线	饱和	48.1	8.5	492.5	0.23	0.66	0.72	0.83	0.65
上下游不分区	85%微新白云岩+15%弱风化泥质粉砂岩	21	平均线	饱和	180.1	39.8	1127.0	0.24	0.62	0.33	0.15	7.38

2.2 有限元计算模型及计算工况

2.2.1 有限元计算模型

根据坝体横断面图，考虑地层分布情况，建立有限元网格模型[7]如图 2 所示。有限元网格共有单元 8169 个，节点共 8397 个。上、下游计算范围向外延伸距离约为 60m，坝体下部取约 50m；基岩底部采用固定约束，上下游以及左右截断边界采用法向约束。该模型坐标系为：X 为顺河向，指向下游为正；Z 为垂直向，向上为正。

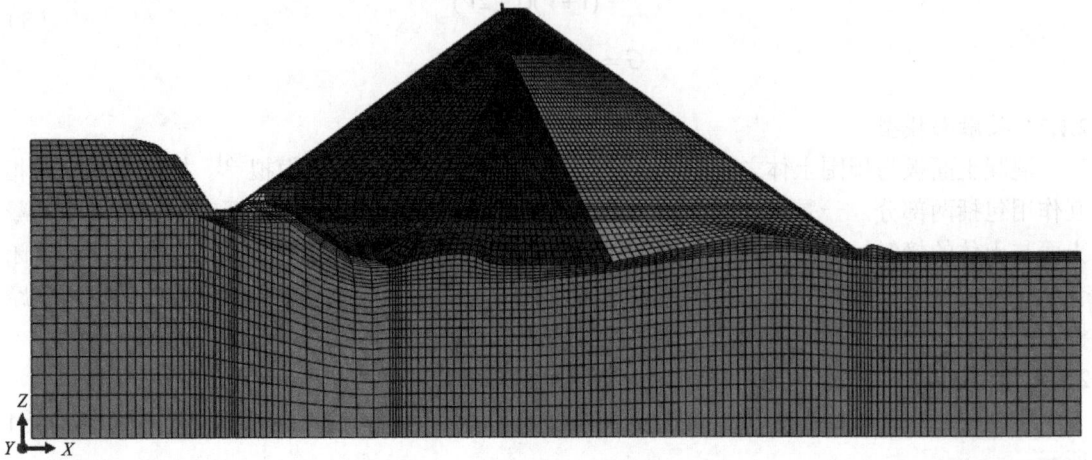

图 2　主坝有限元模型图

2.2.2　计算工况

根据上库主坝体填筑施工及蓄水规划，主坝静力计算分别计算三种工况。

工况一：模拟大坝填筑施工过程，坝体各填筑料采用分级加载至竣工状态，即竣工期工况；

工况二：大坝上游蓄水至正常蓄水位（197.00m），即蓄水期工况；

工况三：大坝上游水位由正常蓄水位（197.00m）降落至死水位（180.00m），再上升至蓄水位，共循环 3 次，即模拟运行期工况。

3　结果与分析

3.1　考虑上下游分区的计算结果与分析

主坝上游主堆石区采用微新白云岩，下游堆石区均采用弱风化泥质粉砂岩，在坝体竣工期、蓄水期及运行期三种工况下，分别计算主坝沉降、顺河向位移、各分向应力和主应力分布值。

3.1.1　坝体应力及变形分析

坝体竣工期最大沉降为 23.73cm，最大顺河向位移分别为 7.69cm（指向下游）和 1.83cm（指向上游），最大沉降及顺河向位移均发生在下游堆石区中部位置。蓄水期及运行期最大沉降分别为 25.10cm 及 25.43cm，最大顺河向位移分别为 9.48cm 及 9.61cm，均指向下游。

大、小主应力在三种工况下分布规律相同，蓄水期及运行期相同位置应力量值略大于竣工期。因下游堆石区坝料刚度与上游堆石区坝料刚度存在较大差异，两区相交位置应力等值线出现明显转折现象。主坝坝体在三种工况下应力水平分布规律相同，上下游堆石区交界处应力水平明显偏高，绝大部分坝体应力水平小于 0.5，下游坡脚位置应力水平较高，最大应力水平约为 0.7，见图 3。

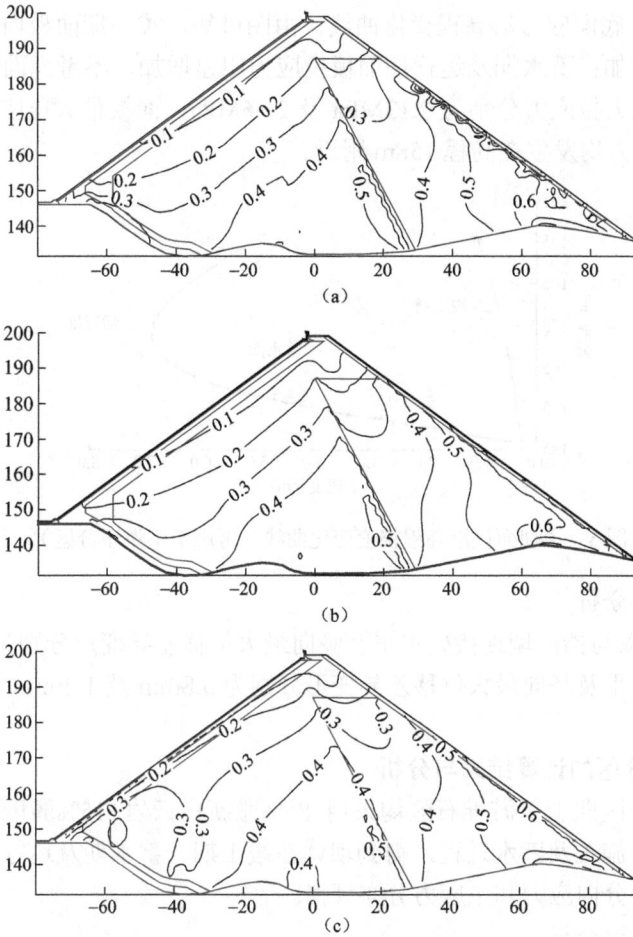

图 3　主坝应力水平分布等值线图（考虑上下游分区）

（a）竣工期；（b）蓄水期；（c）运行期

3.1.2　面板应力及变形分析

图 4 为主坝面板沿高程挠度变化曲线，由图可知，竣工期面板挠度较小，且沿高程降低逐渐减小，蓄水期及运行期挠度明显增加，沿高程降低挠度先增大后减小，最大挠度发生在高程 173m 附近，最大值分别为 6.04cm 及 6.74cm。

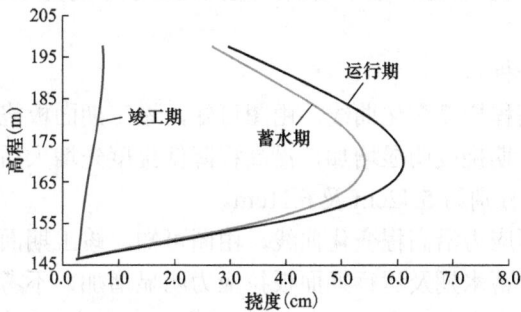

图 4　主坝面板沿高程挠度变化曲线（考虑上下游分区）

13

图 5 为主坝面板底面应力沿高程变化曲线，由图可知，竣工期面板内部拉应力较小，压应力虽高程降低而增加；蓄水期及运行期面板拉应力明显增加，不考虑面板最低高程位置应力集中现象，面板最大拉应力分别为 2.13MPa 及 2.56MPa，面板最大压应力分别为 2.97MPa 及 2.39MPa，最大应力均发生在高程 158m 附近。

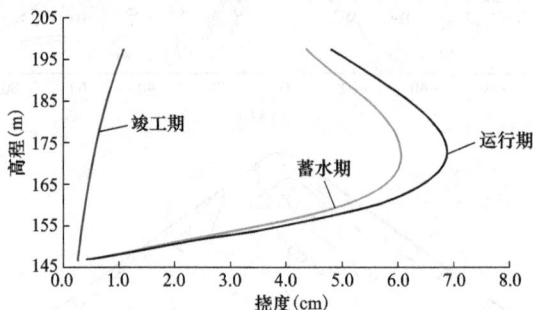

图 5　主坝面板沿高程挠度变化曲线（考虑上下游不分区）

3.1.3　接缝位置位移分析

三种工况下，面板与挡浪墙连接处水平及竖向最大位移差异变形分别为 4.5mm 及 4.1mm；面板与趾板连接处水平及竖向最大位移差异变形分别为 5.8mm 及 1.2mm，连接处均未出现明显差异变形。

3.2　考虑上下游不分区的计算结果与分析

考虑上下游不分区即上下游堆石区均采用 85%微新白云岩+15%弱风化泥质粉砂岩的堆石料，模拟主坝坝体施工及蓄水过程，得到坝体在竣工期、蓄水期及运行期三种工况下的沉降、顺河向位移、各分向应力和主应力分布规律。

3.2.1　坝体应力及变形分析

主坝体竣工期最大沉降为 15.8cm，最大顺河向位移分别为 2.8cm（指向下游）和 1.9cm（指向上游），最大沉降发生在堆石区中部位置，最大顺河向位移发生在堆石区下游位置；蓄水期及运行期最大沉降分别为 17.2cm 及 17.7cm，最大顺河向位移分别为 3.4cm 及 3.5cm，均指向下游。

大、小主应力在三种工况下分布规律相同，蓄水期及运行期相同位置应力量值略大于竣工期。因上下游堆石区材料相同，堆石区内应力分布无明显转折现象。主坝绝大部分坝体应力水平小于 0.5，下游坡脚位置应力水平较高，最大应力水平约为 0.6，三种工况下应力水平分布等值线见图 6。

3.2.2　面板应力及变形分析

图 7 为主坝面板沿高程挠度变化曲线，由图可知，竣工期面板挠度较小，且沿高程降低逐渐减小，蓄水期及运行期挠度明显增加，沿高程降低挠度先增大后减小，最大挠度发生在高程 170m 附近，最大值分别为 5.42cm 及 6.11cm。

图 8 为主坝面板底面应力沿高程变化曲线，由图可知，竣工期面板内部拉应力较小，压应力虽高程降低而增加；蓄水期及运行期面板拉应力明显增加，不考虑面板最低高程位置应力集中现象，面板最大拉应力分别为 1.90MPa 及 2.05MPa，面板最大压应力分别为 3.39MPa 及 2.66MPa，最大应力均发生在高程 158m 附近。

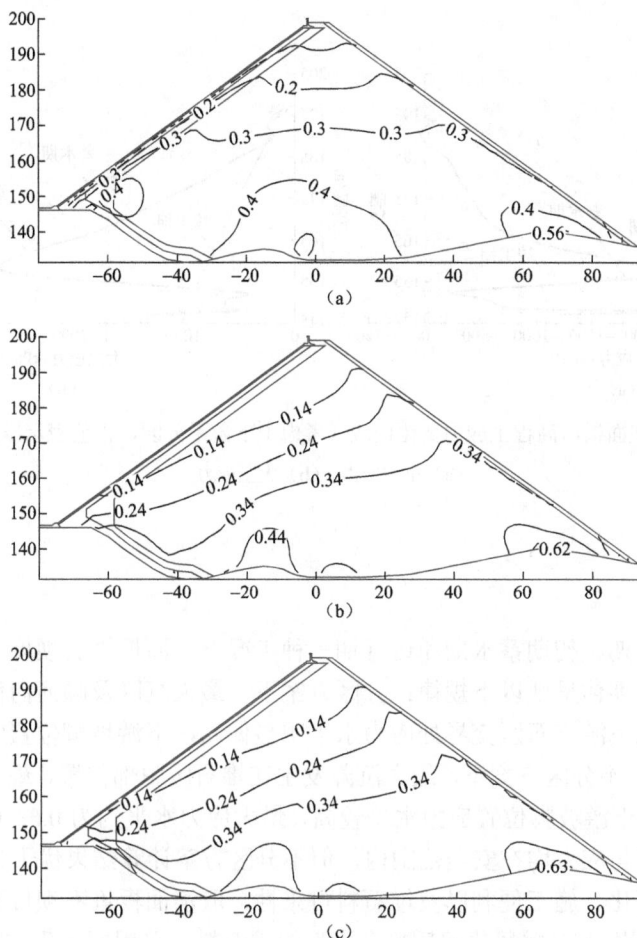

图6 主坝应力水平分布等值线图（考虑上下游不分区）

（a）竣工期；（b）蓄水期；（c）运行期

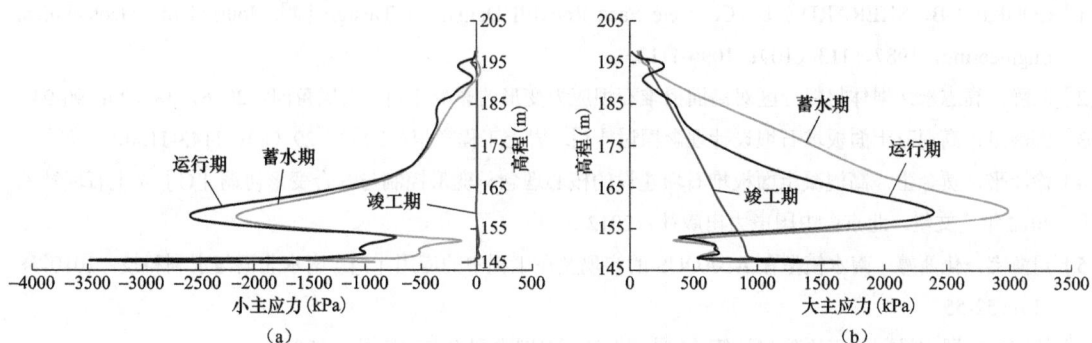

图7 主坝面板沿高程主应力变化曲线（考虑上下游分区，正值表示压应力）

（a）小主应力；（b）大主应力

3.2.3 接缝位置位移分析

三种工况下，面板与挡浪墙连接处水平及竖向最大位移差异变形分别为 2.1mm 及 1.4mm；面板与趾板连接处水平及竖向最大位移差异变形分别为 3.6mm 及 1.3mm，连接处均未出现明显差异变形。

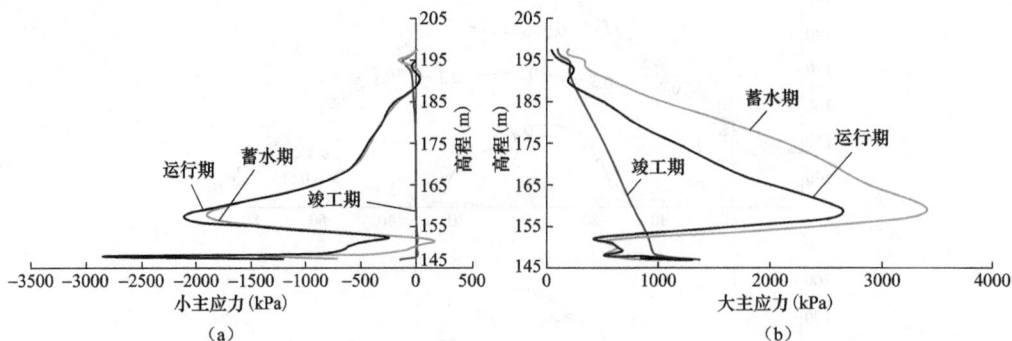

图 8　主坝面板沿高程主应力变化曲线（考虑上下游不分区，正值表示压应力）
（a）小主应力；（b）大主应力

4　结论

（1）对比在施工期、初期蓄水期和运行期三种工况下，面板堆石坝堆石料采用分区与不分区两种材料方案，坝体呈现以下规律：分区方案下，最大沉降及顺河向位移均发生在下游堆石区中部位置，上下游堆石区交界处应力水平明显偏高，下游坡脚位置应力水平较高，最大应力水平约为 0.7；不分区方案下，最大沉降发生在堆石区中部位置，最大顺河向位移发生在堆石区下游位置，下游坡脚位置应力水平较高，最大应力水平约为 0.6；两种方案下，坝体和混凝土面板的变形与应力均在安全范围内，但不分区方案计算结果优于分区方案。

（2）考虑分区简化、施工便利以及堆石料可采性，取消面板堆石坝堆石料上下游分区，采用"85%微新白云岩+15%弱风化泥质粉砂岩"的堆石料，采用同一压实密度控制。

参考文献

[1] COOKE J B，SHERARD J L. Concrete Face Rockfill Dams：Ⅱ Design [J]. Journal of Geotechnical Engineering，1987，113（10）：1096-1112.

[2] 陆静，高志永. 坝体材料分区对高面板堆石坝应力变形的影响 [J]. 人民黄河，2016，38（2）：90-94.

[3] 郦能惠. 高混凝土面板堆石坝设计理念探讨 [J]. 岩土工程学报，2007，29（8）：1143-1150.

[4] 徐泽平，贾金生. 高混凝土面板堆石坝建设的核心理念—变形控制与综合变形协调 [G] // 土石坝技术 2012 年论文集. 北京：中国电力出版社，2012.

[5] 司海宝，化西婷. 南水模型在 ABAQUS 的实现及在工程中的应用 [J]. 南水北调与水利科技，2010，8（1）：52-55.

[6] 钱家欢，殷宗泽. 土工原理与计算 [M]. 北京：中国水利水电出版社，1996.

[7] 王勖成. 有限单元法基本原理和数值方法 [M]. 北京：清华大学出版社，2001.

作者简介

王　科（1985—），男，高级工程师，主要从事水利水电工程设计工作。E-mail：372354270@qq.com
李娇娜（1986—），女，高级工程师，主要从事水利水电工程设计工作。E-mail：371118076@qq.com

甘孜州某光蓄一体化清洁能源基地规划研究

吕 康 房 彬 刘 曜

（中国电建集团贵阳勘测设计研究院有限公司，贵州省贵阳市 550081）

[摘 要] 随着清洁能源开发不断推进，如何将水能、太阳能的资源优势因地制宜地进行互补利用，将两者优势发挥到极致，成为光蓄一体化基地规划的研究重点。本文以甘孜州某地抽水蓄能站点普查成果及太阳能资源综合评估为依据，按照光伏高比例消纳为基本原则，以抽水蓄能装机容量作为基地送出的最大输电容量，综合考虑单位电度投资、通道利用小时数、光伏吸纳率等指标，确定光伏与抽水蓄能装机的最优配套比例，为基地开发实施提供充足依据。

[关键词] 光蓄一体化；水光互补；清洁能源基地

0 引言

当前，全球能源结构低碳化转型加速推进，为实现"碳达峰、碳中和"战略目标，可再生清洁能源成为能源电力的增量主体，并逐步进入存量替代阶段。水光互补综合开发能够利用抽水蓄能电站的调节性能，解决光伏大规模集中上网的消纳难题。利用抽水蓄能的储能功能和灵活调节，将大规模光伏超通道出力进行储能，促进光伏大规模、高质量发展。高洁[1]等从多能互补的概念出发，提出了以经济性最优为主要目标的多能互补容量配置方案比选和多目标联合运行思路。黄显峰[2]等采用改进云模型方法对容量配置方案进行评价，基于层次分析法改进的云模型求解主观权重，以熵权法求解客观权重，组合赋权得到指标权重，再利用条件云发生器计算各指标的隶属度，根据级别特征值法计算容量方案等级评分，确定最优方案。本文所研究的光蓄互补以光伏高比例消纳提高光伏开发的经济性及输电经济性为基本原则，以抽水蓄能装机容量作为基地送出电力的最大输电容量，对光蓄基地合理规模展开研究。

1 光伏资源评价

1.1 光伏资源概况

我国太阳能资源十分丰富，根据中国气象局风能太阳能资源中心估算，全国陆地太阳能资源理论储量 1.86 万亿 kW，陆地表面每年接收到的太阳能辐照量相当于 18000 亿 t 标准煤。

甘孜州全州年总辐射量为 5000～6800MJ/m²，大部分地区在 5500MJ/m² 以上，属于全国太阳能资源二类和三类地区。全州总辐射量是夏半年多于冬半年，夏半年总辐射量一般占全年的 60% 左右，春、夏多于秋、冬，春季最大，占全年的 30% 左右，冬季最小，仅占全年的 18%～20%。由于受干雨季影响，云量差异较大，辐射年变化一般呈双峰型，大部分地区的最低值出现在 12 月，变化范围在 160～500MJ/m²，次低值出现在 10～11 月，为 360～550MJ/m²；但最高值和次高值出现时间随地区而异，甘孜州大部地区最高值出现在 5 月，为 510～680MJ/m²，次高值出现在 7 月，为 440～610MJ/m²，光资源条件较好。甘孜州各地常年日照时数为 1900～2600h，绝大部分地区超过 2000h，日照时数一般较四川盆地区多 700～1400h，为全省日照时数高值区，年均太阳总辐射量在 6100MJ/m² 以上，太阳能资源很丰富。

项目位于甘孜州北部，是青藏高原东南缘的川、青、藏三省区结合部，为丘状高原地区，多年平均日照小时数为 1450～2440h，太阳总辐射年总量为 5100～6200MJ/m²，大部分地区在 6000MJ/m² 以上，属于全国太阳能资源二类地区，境内太阳能资源很丰富，稳定可靠，开发利用潜力大。

1.2 太阳辐射数据分析

由于甘孜气象站距项目所在地 240km，距离较远，气象站数据不足以代表本项目实际太阳能资源，为了分析规划光伏场址区域太阳能资源，本规划采用气象站数据与 Meteonorm 数据及 NASA 数据进行对比修正。

本研究将 Meteonorm 太阳能辐射数据、NASA 数据分别与甘孜气象站太阳能辐射数据进行相关性分析，得到两者与甘孜气象站数据相关性曲线，成果见图 1、图 2。

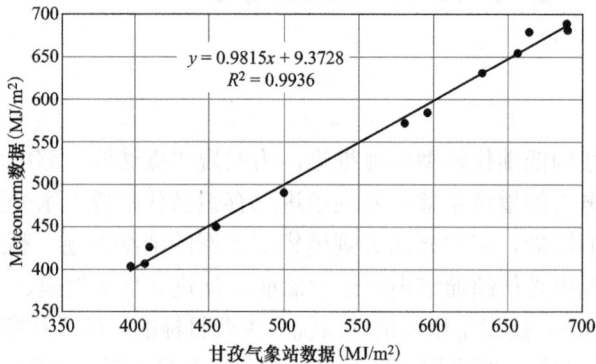

图 1　Meteonorm 与气象站数据相关性统计图

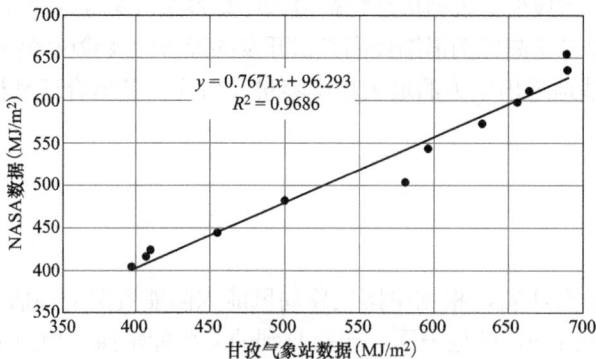

图 2　NASA 与气象站数据相关性统计图

通过上述相关性分析可知，Meteonorm 数据与甘孜气象站实测数据的规律、变化趋势以及相关性更接近。因此，本项目以 Meteonorm 数据为基础，根据 Meteonorm 数据与气象站数据的相关关系函数对本项目各规划光伏场址进行对比修正。

1.3 太阳能资源丰富度及稳定度评估

本项目规划的 Meteonorm 太阳能辐射数据经过相关性对比修正，其多年平均水平面月辐射量及水平面日辐射量见图 3、图 4。

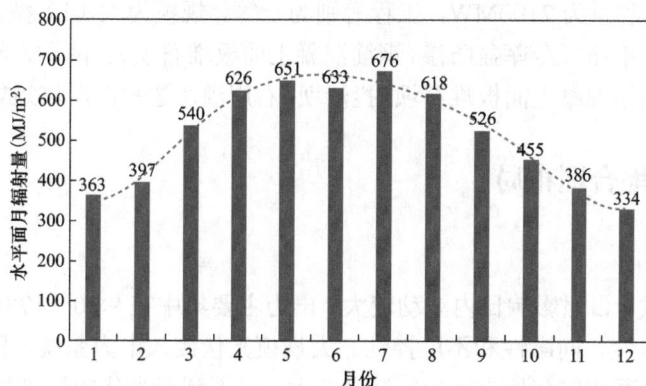

图 3　多年平均水平面月辐射量直方图

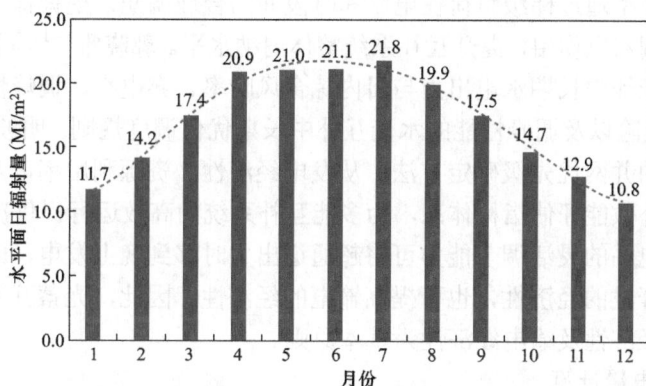

图 4　多年平均水平面日辐射量直方图

本项目涉及场址区域平均水平年总太阳辐照量取值为 $6205MJ/m^2$，资源丰富成都等级属于 B 类"很丰富"。项目建设区域总辐照量各月日平均辐照量的代表年最大值出现在 7 月，为 $21.8MJ/m^2$；最小值出现在 12 月，为 $10.8MJ/m^2$，稳定度约为 0.49，表明项目建设区域的太阳能资源稳定度属于 A 类"很稳定"。

2　抽水蓄能站点普查

本项目抽水蓄能站址普查选点工作，基于卫星地形数据和卫星影像资料梳理抽水蓄能电站资源点，初选站址点位。结合地形地质及水能资源特点，综合考虑抽水蓄能站址的距高比、调节库容大小、地形地质条件、水源条件、发电水头、装机规模、水库淹没和移民安置、环境敏感对象等因素，初步筛选建库条件好、水库淹没少、距高比小、调节库容大、海拔稍低的站址，对重点站址进行了现场查勘，提出技术基本可行的 5 个抽水蓄能普查站址，并初步量算库容、估算规模指标。

选定的站址不涉及自然保护区，不涉及生态红线，不涉及水源地保护区，不涉及基本农田，区域内无林地，边界条件优，上下库区均不涉及移民，工程布置可较为灵活。根据《防洪标准》（GB 50201—2014）和《水电枢纽工程等级划分及设计安全标准》（DL 5180—2003）的规定，本电站装机容量为 2100MW，工程等别为一等，规模为大（1）型。本阶段代表性枢纽布置方案为：上库枢纽（全库盆防渗+钢筋混凝土面板堆石坝）、两洞六机输水系统、地下厂房、下库枢纽（钢筋混凝土面板堆石坝+拦沙坝+右岸溢洪道+左岸冲沙放空洞）。

3 光蓄一体化基地合理布局

3.1 光蓄互补原则

光伏发电受气候、日照影响日内波动较大，出力主要集中在 9:00~17:00，晚上出力为 0。光伏日出力具有随机性、间歇性和不可控性。大规模光伏接入电力系统，既不利于输电的经济性，也不利于电力系统安全稳定运行，弃光较大，更不利于光伏的经济性开发。罗彬[3]等考虑光伏出力不确定性，以整体可消纳电量期望最大为目标，提出梯级水光互补系统的短期优化调度模型。该模型通过梯级负荷在电站和时段间的合理调配，挖掘梯级水电的电网供电支撑和光伏互补协调双重作用，提升互补系统整体消纳水平。郭晓雅[4]等通过构建长短期决策响应函数，定量表征中长期水电出力与日内综合风险率、弃电率、调峰性能指标之间的关系，推求考虑日内风险以及调峰性能的水光互补中长期优化调度规则。明波[5]等提出大型水电与光伏互补运行的并网优先级确定方法，从发电经济性、资源利用率以及供电可靠度三个角度，建立多能互补效能评估指标体系，为多能互补系统的高效运行提供决策支持。

利用抽水蓄能电站的灵活调节能力可将超通道出力时移到晚上发电，既可提高光伏的消纳比例，提高光伏开发的经济性，也可提高输电的经济性。因此，光蓄互补以光伏高比例消纳提高光伏开发的经济性及输电经济性为基本原则。

3.2 光蓄互补上网电量计算

光伏出力在年际间变化较小。以光伏多年平均 8760h 出力过程作为光蓄互补基地上网电量计算基础。以抽水蓄能装机容量作为基地送出电力的最大输电容量。利用抽水蓄能日调节库容对光伏出力超出最大输电容量部分进行蓄能，在晚高峰时段发电，参与电力系统调峰。抽水蓄能电站抽水、发电效率转换系数取 0.75，抽水工况考虑单台机满抽。

3.3 方案拟定及选择

综合考虑项目区域抽水蓄能选点上下库建设条件，确定抽水蓄能装机容量 2100MW 为基本方案，对抽水蓄能配置光伏的经济合理规模进行分析。

根据光伏出力特性，当光伏出力率达到装机容量的 70%时，光伏电量已达到 97%，见图 5。因此，拟定光伏与抽水蓄能配置合理规模在 2.8:1~3.2:1 之间进行比较分析。

根据不同方案中抽水蓄能光伏配置比例从 2.8 增大至 3.2，光伏装机容量从 5880 增大到 6720，基地上网电量不断增加，但基地上网电量增量呈递减趋势，从 1.89 亿 kWh 减小到 1.59 亿 kWh，同时光伏吸纳率逐渐减小。从输电通道经济性的角度，通道利用小时数宜达到 4000h 以上，通道利用达到经济效益要求，当抽水蓄能光伏配置比例为 3 时，通道利用小时数为 4068h，单位电度投资为 3.75 元/kWh 相对较低，经济效益较好（见图 7）。

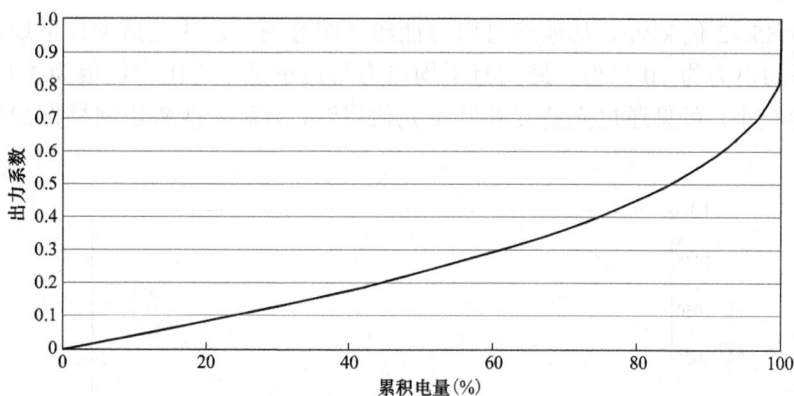

图 5　光伏电站累计电量—出力系数曲线

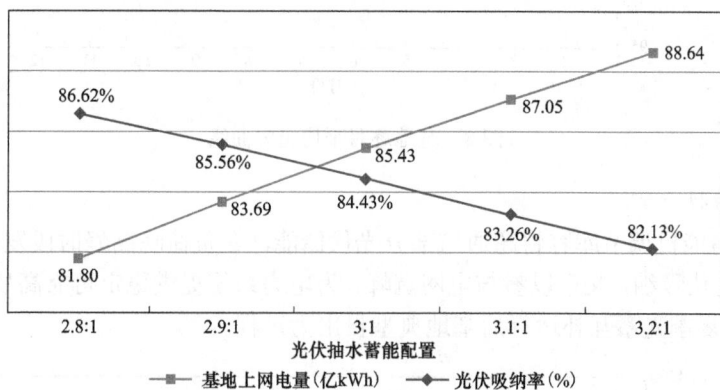

图 6　基地上网电量与光伏吸纳率指标图

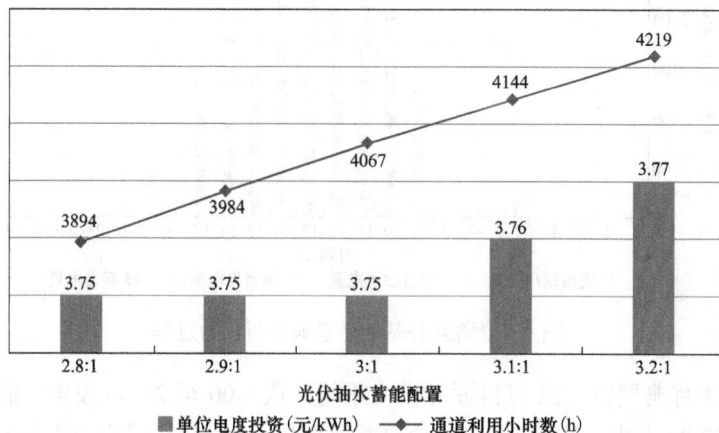

图 7　单位电度投资与通道利用小时数指标图

根据对各个方案基地上网电量、光伏吸纳率、通道利用小时数、单位电度投资金额等各项指标的综合分析，光伏与抽水蓄能配置的合理规模为3:1较为合适。

3.4　基地出力特性

3.4.1　基地年出力特性

本项目光伏装机容量6300MW，抽水蓄能电站装机容量2100MW，基地总规模8400MW，基地年发电量 85.42 亿 kWh，基地逐月出力曲线如图 8 所示。基地最大月平均出力为 4 月份，最小月平均出力为 10 月份，最大月平均出力与最小月平均出力比值为 1.131，丰枯季节性出力差异较小，可见通过光蓄互补开发光伏资源，有利于改善电网枯期缺电的结构性矛盾。

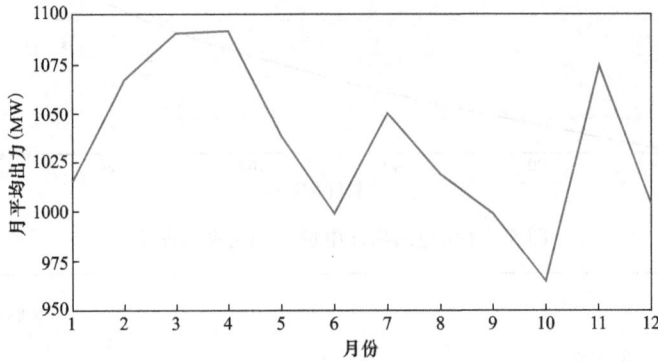

图 8　基地逐月平均出力曲线

3.4.2　日出力特性

利用抽水蓄能日调节库容将超通道部分光伏储能，在负荷晚高峰时段发电，既可实现电量时移，增加光伏吸纳，又可以参与电网调峰，为电力系统提供稳定可靠高质量电力。图 9～图 12 为冬季、夏季光蓄互补运行后基地典型日出力过程。

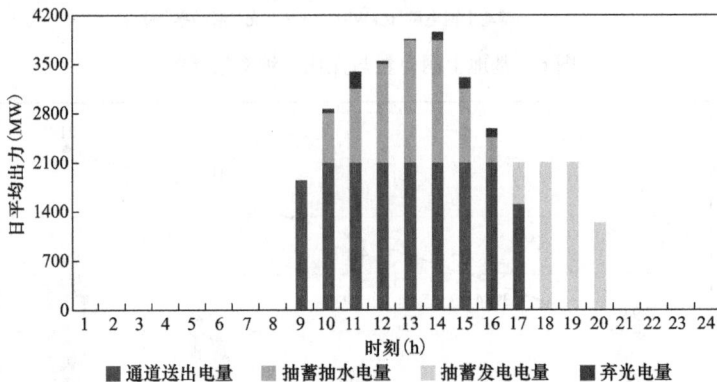

图 9　光蓄互补基地冬季典型日出力过程

基地冬季 12 月典型日（12 月日逐时出力平均）从 9:00 至 20:00 发电，满发 10h，冬季最大日从 9:00 至 23:00 发电，满发 14h。基地夏季典型日（8 月日逐时出力平均）从 7:00 至 20:00 发电，满发 10 小时，夏季最大日从 7:00 至 24:00 发电，满发 15h。

根据四川电网 2030 年典型日负荷曲线分析，夏季早高峰出现在 12:00～14:00，晚高峰出现在 17:00～20:00。冬季早高峰出现在 12:00～13:00，晚高峰出现在 18:00～22:00。夏季电网日负荷率达到 90% 及以上的时段为 11:00 到 19:00，8 月份 11:00～19:00 2100MW 出力天数为 13 天，占比约 41%；冬季日负荷率达到 90% 以上时段为 11:00～13:00，17:00～21:00，12 月份高峰负荷时段 2100MW 出力天数为 6 天，占比约 19%。

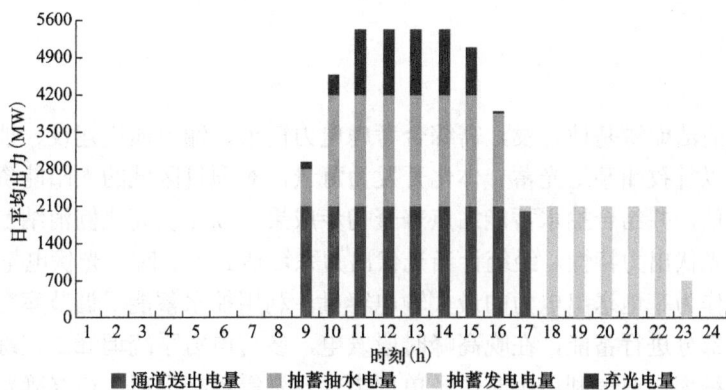

图 10   光蓄互补基地冬季最大日出力过程

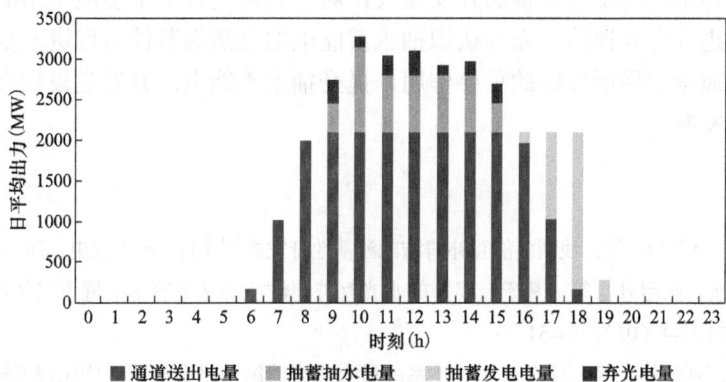

图 11   光蓄互补基地夏季典型日出力过程

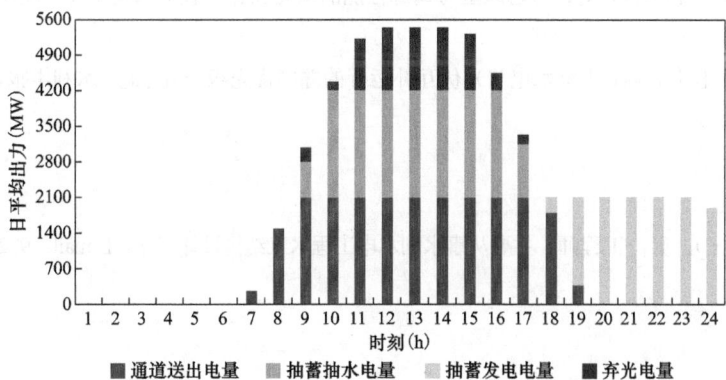

图 12   光蓄互补基地夏季最大日出力过程

通过抽水蓄能电站的调节作用，光伏发电利用率增加，同时通过抽水蓄能电站调节后的出力可参与电力系统晚高峰时段调峰，将不可控的光伏出力调节为电力系统需要的稳定可靠优质电力。总体来看，受天气影响，晴天及晴转多云天气情况下，光伏出力大，光蓄互补后基地出力特性与四川电网日负荷需求特性适应性较好，极端天气情况下（阴雨天），光伏自身出力较小，光伏出力主要适应早高峰时段需求。

4 结论

光蓄一体化清洁能源基地开发，需综合考虑电力需求、输电通道建设、抽水蓄能开发工期等条件。本文以甘孜州某地光蓄一体化开发为背景，对项目区域的太阳能资源丰富度及稳定度进行全面评估，并结合抽水蓄能站点普查初步成果，以光伏高比例消纳及输电经济性为基本原则。根据光伏出力特性，经统计当光伏出力系数达到 0.7 时，光伏电量达 97%。以抽水蓄能装机容量作为基地送出电力的最大输电容量。利用抽水蓄能日调节库容对光伏出力超出最大输电容量部分进行蓄能，在晚高峰时段发电，参与电力系统调峰。在综合考虑基地上网电量、光伏吸纳率、通道利用小时数及单位电度投资等各指标后，最终确定光伏与抽水蓄能配置的合理规模为 3:1 是较为合适的。

国家鼓励可再生能源发电项目的开发建设，对于具备建设抽水蓄能电站的项目所在地，对当地光伏资源进行综合评估。充分认识抽水蓄能电站灵活调节性对促进光伏大规模开发、高比例消纳、高质量发展所发挥的重要作用，提升抽水蓄能电站开发建设积极性，促进光伏大规模、高质量发展。

参考文献

[1] 高洁，朱方亮，卢有麟，等. 浅谈多能互补清洁能源基地开发规划 [J]. 水力发电，2023，49（10）：7-11.

[2] 黄显峰，周引航，张启凡，等. 基于云模型的水光互补清洁能源基地容量配置方案优选 [J]. 水利水电科技进展，2024，44（01）：44-51.

[3] 罗彬，陈永灿，刘昭伟，等. 梯级水光互补系统最大化可消纳电量期望短期优化调度模型 [J]. 电力系统自动化，2023，47（10）：66-75.

[4] 郭晓雅，李庚达，崔青汝，等. 考虑风险与调峰性能的水光互补中长期调度 [J]. 水力发电学报，2023，42（02）：56-65.

[5] 明波，郭肖茹，程龙，等. 大型水电与光伏互补运行的并网优先级研究 [J]. 水利学报，2023，54（11）：1287-1297+1308.

作者简介

吕　康（1993—），男，工程师，主要从事水利水电工程水工结构设计工作。E-mail：972431179@qq.com

压缩空气储能电站大罐式储气硐室围岩响应特点研究

任泽栋

（水电水利规划设计总院有限公司，北京市　100120）

[摘　要] 为了探究压缩空气储能电站中大罐式储气硐室埋深和储气压力变化的响应情况，本文针对大罐式地下储气库在不同埋深和储气压力下围岩塑性区范围及位移情况做了计算分析，结果表明：随着埋深 H 的增大，硐室围岩的塑性区体积逐渐降低，趋于收敛，埋深 H 的变化对硐室围岩的位移影响很小，可忽略不计。随着内压 P 的增大，硐室围岩的位移和塑性区均呈线性增大，内压 P 的变化对模型变形的影响较大。工程实践中应主要考虑内压对储气结构及围岩变形的影响，其他参数对结构和围岩的敏感性相对较低，设计时选择一个合理值即可，该研究成果可为后续项目选址及工程实践提供参考。

[关键词] 压缩空气；地下；大罐式；围岩

0　引言

压缩空气储能电站作为一种新型储能系统，因具有储能容量大、储能周期长、单位千瓦投资小等优点，被认为是与抽水蓄能技术互为替代的最具有广阔发展前景的大规模储能技术 [1-3]。其工作原理是在用电低谷时将多余的电能驱动压缩机，把空气压缩进容腔中储存起来，待用电高峰时，释放压力进而发电 [4-7]。由于需要稳定储存高达数兆帕的高压空气以及巨大的储存容积，成规模的压缩空气储能系统普遍采用地下硐室，常见的硐室形式有含水岩层、岩盐容腔和人工开采硐室等 [8-10]。

地下储气硐室主要通过向围岩传递荷载，最终依靠硐室周围岩体承受内部气体的高压，如果上覆岩体的强度和重度不够约束由于高压造成的向上压力，周围岩体就会产生裂缝，从而影响结构的稳定性 [11-15]。因此，在压缩空气储能人工硐室方案探究时，很有必要针对埋深和储气压力对地下储气结构的围岩响应情况进行分析。

1　工程概况及计算模型

1.1　工程概况

某拟建压缩空气储能电站装机容规模为 300MW/400MWh，拟采用地下大罐式人工硐库方案，压缩空气储能电站密封硐库地下工程范围主要包括储气硐库、交通隧洞、连接管道、排水系统及监测系统等，地下密封硐室拟建规模 10 万～45 万 m^3，承受内压 10～18MPa。

大罐式密封硐库埋设于弱风化、微风化岩层中，共计 2 个硐库对称分布于山体下，最小埋深约 150m，其净空直径为 40m，大罐式硐库单个高度为 62m 大罐式密封硐库间的间距为 200m（见图 1）。

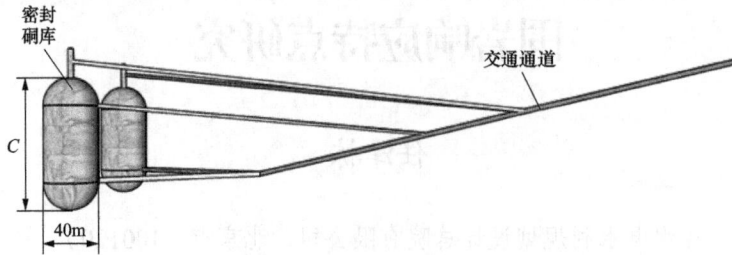

图 1　大罐式硐库布置示意图

1.2　材料参数

根据地质勘探资料项目站址以弱风化、微风化岩石为主，弱风化层岩石厚度为 30m，弱风化层下方是微风化层。计算中强度和刚度参数均保守取值，选取地质勘探资料中的岩体参数的较小值，岩体密度取平均值。结合工程经验和勘察报告中实测的弹性模量和变形模量关系，弹性模量取值为变形模量的 1.5 倍，剪胀角依据工程经验取值为内摩擦角的一半，侧压力系数取值 0.5，计算采用的材料参数如表 1 所示。

钢筋混凝土衬砌厚度为 0.4m，相关力学参数如下，混凝土密度 2500kg/m³，杨氏模量 29GPa，泊松比 0.25，抗压强度 25MPa，抗拉强度 1.5MPa。钢筋密度 8000kg/m³，杨氏模量 200GPa，泊松比 0.25，抗拉/抗压强度设计值 360MPa。

表 1　　　　　　　　　　　　　　岩体物理力学参数表

名称	变形模量（GPa）	弹性模量（GPa）	泊松比	内摩擦角（°）	黏聚力（MPa）	抗拉强度（MPa）	剪胀角（°）	密度（kg/m³）
弱风化层	10	15	0.25	45	1.2	1.20	22.5	2430
微风化层	18	27	0.21	50	1.5	1.26	25	2460

1.3　边界条件及计算模型

大罐式储气罐体由上下半球及中间圆柱组成，模型是一个典型的轴对称结构，故选取罐体和岩体的四分之一进行建模如图 2 所示。其中上下球半径为 20m，中间圆柱长度随着硐室总高度变化。为消除边界对数值结果的影响，罐体上下球心到各边界的距离应设置为球半径的 5 倍以上。因此，模型的 z 方向的总长度 400m，x、y 方向长度均为 150m。边界条件设置为：侧面边界法向固定，底部边界 x、y 和 z 三个方向固定位移，上表面处于自由状态。荷载方面，先对计算模型施加重力荷载，进而在衬砌施加之后，在衬砌内表面施加法向压力模拟罐体储气后的受压情况。

基于上述数值计算模型，不考虑二衬的配筋，具体讨论埋深 H 和内压 P 对大罐式储气硐库方案中围岩变形和围岩塑性损伤的影响。考虑储气罐的施工过程和实际运行情况，数值模拟主要分为以下 4 个分析步骤：初始地应力平衡，待开挖岩体折减模拟开挖，混凝土衬砌施加并应力平衡，施加内部压力模拟压气储能过程。

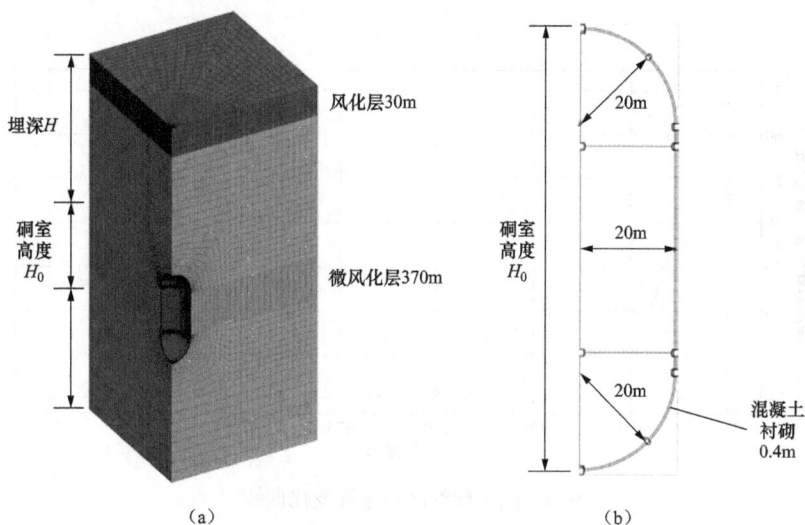

（a） （b）

图 2　三维有限元计算模型图

（a）模型网格；（b）储气罐详细尺寸

2　计算结果对比分析

2.1　埋深对围岩的影响分析

　　为讨论埋深 H 对大罐式储气罐及围岩稳定性的影响，选定内压为 10MPa，埋深 H 从 75m 到 250m 变化，每间隔 25m 设置一种工况进行模拟。为对开挖后岩体的注浆提供参考，计算各个工况下的塑性区最大发展深度，并绘制了不同埋深下大罐式储气结构周边围岩的塑性区分布如图 3 所示，通过计算可得储气库围岩塑性区最大发展深度随埋深 H 的变化曲线如图 4 中所示。由图中可知，随着埋深 H 的增大，储气库围岩塑性区逐渐减小，曲线的斜率逐渐降低。当硐室埋深较浅时，土体会形成贯通的塑性区，对岩体的扰动较大，当埋深逐渐增加时，塑性区发展的深度逐渐降低，当深度达到 175m 时塑性区消失。

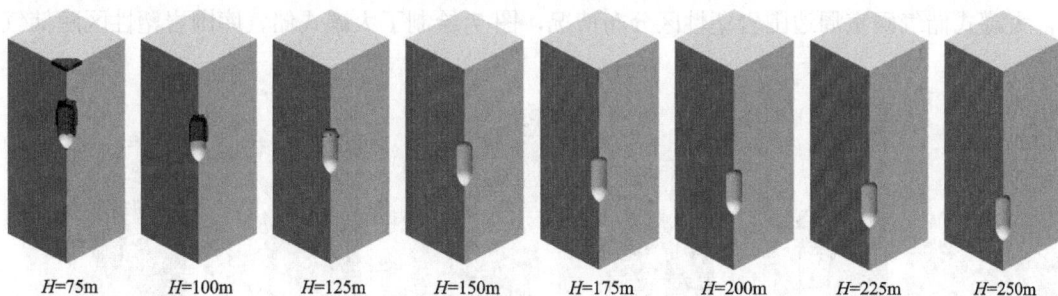

H=75m　　H=100m　　H=125m　　H=150m　　H=175m　　H=200m　　H=225m　　H=250m

图 3　不同埋深大罐式储气库围岩塑性区分布云图

　　由图 5 绘制了储气罐围岩位移随埋深 H 的变化曲线可知，曲线基本保持水平，说明埋深 H 对储气罐围岩位移影响很小，大罐式储气结构对埋深不敏感。不同埋深 H 下得到的储气罐最大围岩位移均为罐体中部硐墙部分的水平位移，最大值不超过 10mm，满足工程中对位移变形的要求。

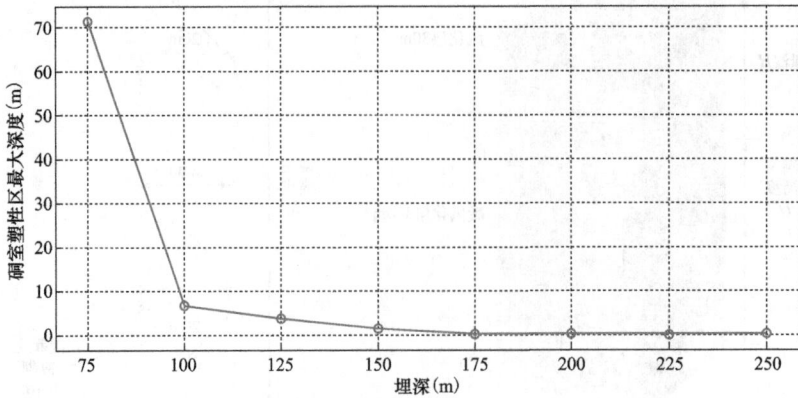

图 4　围岩塑性区随埋深变化曲线

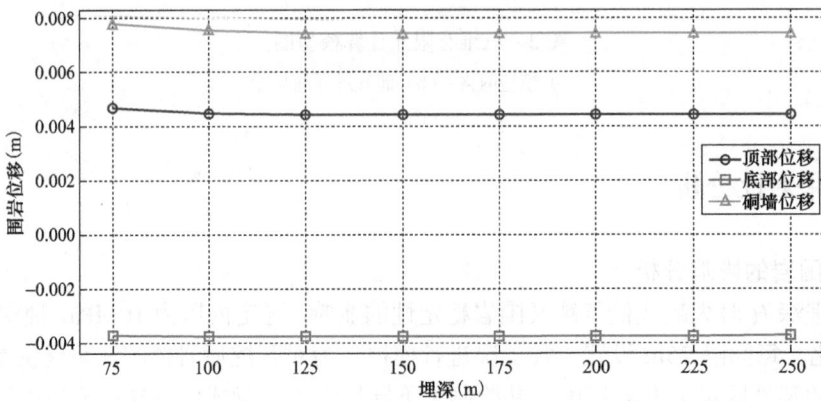

图 5　围岩位移随埋深变化曲线

2.2　储气压力对围岩的影响

为讨论储气压力对大罐式储气库稳定性的影响，选定罐体埋深 H 为 100m，最大内压从 10MPa 到 20MPa 变化，每间隔 2MPa 设置一种工况进行模拟。图 6 展示了不同储气压力条件下，大罐式储气硐室周边围岩塑性区分布情况，图 7 绘制了大罐式储气库围岩塑性区随储气

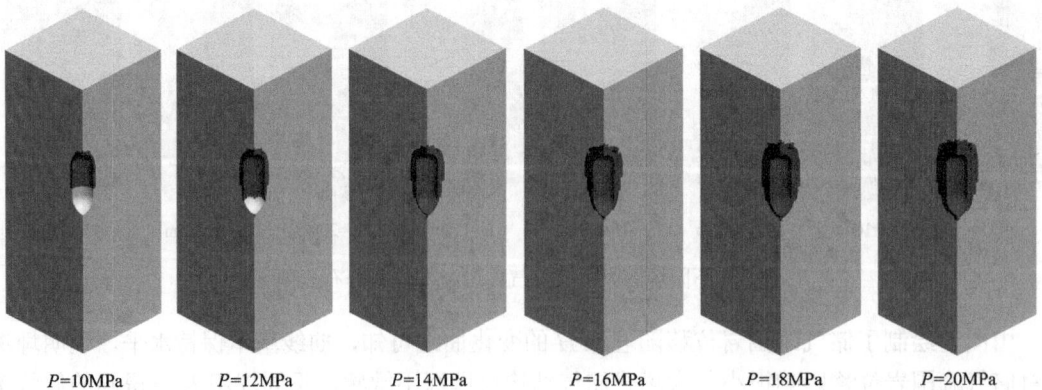

$P=10MPa$　　$P=12MPa$　　$P=14MPa$　　$P=16MPa$　　$P=18MPa$　　$P=20MPa$

图 6　不同储气压力大罐式储气库围岩塑性区分布云图

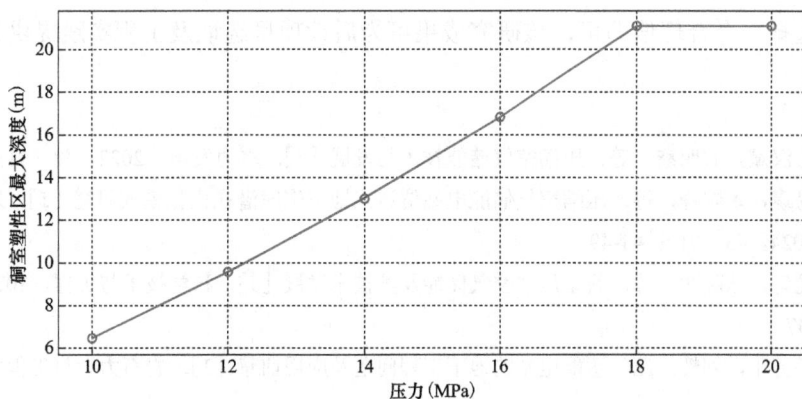

图 7　围岩塑性区随储气压力变化曲线

压力 P 的变化曲线。随着储气压力 P 的增大，大罐式储气库围岩塑性区深度呈线性增大，曲线的斜率基本保持不变。当内压达到 18MPa 时，塑性区深度达到 20m 左右并稳定，并且未出现塑性区贯通现象，说明了大罐式储气结构在面对高压时有着更强的适应性。

由图 8 绘制了大罐式储气库围岩位移随储气压力 P 的变化曲线可知，随着储气压力的增大，大罐式储气库围岩的位移呈线性增大，曲线的斜率基本保持不变。当储气压力 P 达到 20MPa 时，储气库顶部围岩竖向位移、底部围岩竖向位移和硐墙右侧围岩水平位移不超过 2cm，仍满足工程中对变形的要求。

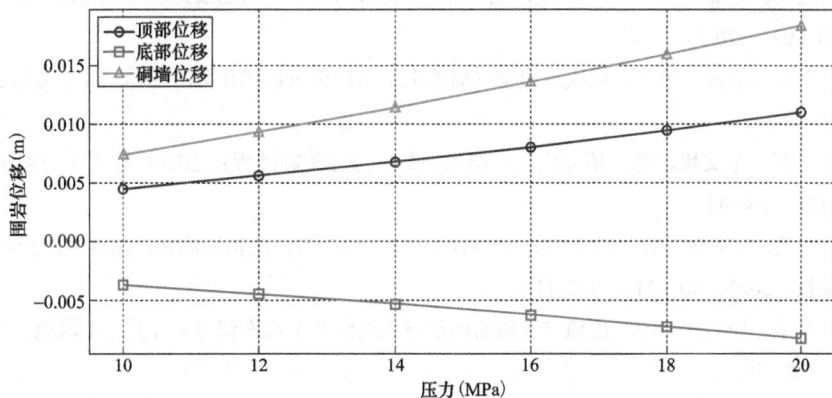

图 8　围岩位移随埋深变化曲线

3　结论

在压缩空气储能人工硐室选址及结构设计中，罐体的埋深和储气压力是决定储气结构和围岩的响应最关键的因素，本文针对大罐式地下储气库在不同埋深和储气压力下围岩塑性区范围及位移情况做了计算分析，结果表明：随着埋深 H 的增大，硐室围岩的塑性区体积逐渐降低，趋于收敛，埋深 H 的变化对硐室围岩的位移影响很小，可忽略不计。随着内压 P 的增大，硐室围岩的位移和塑性区均呈线性增大，内压 P 的变化对模型变形的影响较大。工程实践中应主要考虑内压对储气结构及围岩变形的影响，其他参数对结构和围岩的敏感性相对较低，设计时选择一个合理值即可，该研究成果可为后续项目选址及工程实践提供参考。

参考文献

[1] 王富强，王汉斌，武明鑫，等．压缩空气储能技术与发展 [J]．水力发电，2022，48（11）：10-15.

[2] 孙冠华，易琪，姚院峰，等．压缩空气储能电站隧道式地下硐库潜在失稳模式研究 [J]．岩石力学与工程学报，2024，43（01）：41-49.

[3] 张文，王龙轩，丛晓明，等．新型压缩空气储能及其技术发展 [J]．科学技术与工程，2023，23（36）：15335-15347.

[4] 李仲奎，马芳平，刘辉．压气蓄能电站的地下工程问题及应用前景 [J]．岩石力学与工程学报，2003，（增 1）：2121-2126.

[5] 汪枫．某压缩空气储能项目技术路线比选 [J]．能源与环境，2023，（06）：85-87.

[6] 黄焰，王新超，李峻．300MW 压缩空气储能系统建模仿真 [J]．能源与节能，2023，（11）：59-63+69.

[7] 薛福，马晓明，游焰军．储能技术类型及其应用发展综述 [J]．综合智慧能源，2023，45（09）：48-58.

[8] 徐新桥，杨春和，李银平．国外压气蓄能发电技术及其在湖北应用的可行性研究 [J]．岩石力学与工程学报，2006，（增 2）：3987-3992.

[9] 蒋志容，侯彦硕，丁平，等．水电洞室压缩空气储能地下储气库可行性分析 [J]．四川水力发电，2023，42（S1）：22-28+35.

[10] 陈晓虎．废弃煤矿压缩空气储能硐室安全性数值模拟研究 [D]．中国矿业大学，2022.

[11] 万明忠，纪文栋，商浩亮，等．压缩空气储能地下盐穴物探关键问题及处理技术 [J]．南方能源建设，2023，10（02）：26-31.

[12] 姜小峰，李季，陆云，等．大规模压缩空气储能电站主厂房设计优化分析 [J]．南方能源建设，2023，10（02）：32-38.

[13] 万明忠，王辉，纪文栋，等．压缩空气储能电站盐穴选址关键流程及控制因素 [J]．电力勘测设计，2022，（12）：1-4+41.

[14] 万发，蒋中明，李海峰，等．CAES 储气库衬砌开裂对裂隙围岩两相渗流和传热特性的影响 [J]．长江科学院院报，2023，40（11）：102-110.

[15] 郭朝斌，李采，杨利超，等．压缩空气地质储能研究现状及工程案例分析 [J]．中国地质调查，2021，8（04）：109-119.

作者简介

任泽栋（1988—），男，工程师，主要从事水工结构设计工作。E-mail：596984626@qq.com

波罗水电站地下洞室群围岩稳定分析

袁 飞 张恩宝 覃 黎 侯奇东 秦 洋

（中国电建集团成都勘测设计研究院有限公司，四川省成都市 610072）

[摘 要]以波罗水电站地下洞室群为研究对象，采用连续加载回归分析方法和弹塑性有限元法，进行了地应力反演、合理开挖施工顺序、支护效用和洞室群岩柱厚度敏感性研究。研究结果表明：连续加载法进行地应力反演可较有效反映波罗地下洞室群地应力场分布规律；经数值计算对比分析推荐地下厂房施工采用开挖方案；当前支护方案一定程度上可减小围岩变位，还需针对塑性区贯通区域等考虑支护措施优化；当主变压器室与尾调室间岩柱厚度增至 65m 时，围岩变位量值有明显减小。

[关键词]地下洞室；围岩稳定；数值计算

0 引言

大型地下洞室群通常具有跨度大、边墙高、地应力高和规模大等特点[1]，在水电站地下工程施工中遭遇断层等不良地质条件时极易出现围岩失稳现象。因此，近年来许多学者针对地下洞室群围岩稳定问题从地应力反演、开挖工序等多方面开展了研究。苏国韶等[2-6]针对双江口和叶巴滩等地下洞室群采用应力反分析、人工神经网络并结合有限元计算等方法进行了地应力场反演研究。李治国等[7-11]采用三维弹塑性有限元等分析方法研究了地下洞室群的合理开挖顺序及支护效用。方丹等[12-13]通过数值计算分析了不同洞室间距工况下围岩的变位、塑性区及应力特征并确定了合理间距。陈长江等[14-18]结合地下洞室围岩变形特征及其他实测资料对洞室群围岩变形破坏机理进行了分析。

本文以波罗水电站地下洞室群为研究对象，结合 FLAC3D 软件采用连续加载的回归分析方法完成了地应力反演，并进行了不同开挖方案、施加支护工况、不同岩柱厚度条件下的数值计算，研究了合理开挖顺序、支护效用以及洞室间岩柱厚度敏感性，研究相关成果可以为后续大型地下洞室群设计施工提供参考。

1 波罗水电站工程

1.1 工程概况

波罗水电站位于四川白玉县与西藏江达县境内的金沙江干流上，坝址区位于西藏自治区江达县藏曲河口以上约 3km 河段处，为规划金沙江上游川藏段 13 个梯级电站中的第 6 级，下游与叶巴滩水电站衔接。水电站工程等别为二等，工程规模为大（2）型工程。可行性阶段初选水库正常蓄水位 2989m，相应库容 6.22 亿 m³，调节库容 0.857 亿 m³，具有日调节能力。

当前阶段初拟装机容量 100 万 kW，地下引水发电系统洞室群规模巨大，洞室最大跨度 33.6m，主变压器室与主厂房之间岩柱净厚 50.00m，与尾调室之间岩柱净厚为 45m。

1.2 地质条件

波罗水电站地下洞室由主厂房、主变压器室、尾调室三大地下洞室等组成。三大洞室平行布置，轴线方向初拟为 N85°W，厂区枢纽建筑物布置于坝轴线下游右岸约 75～260m 山体内，置于厚层条带状白云质细晶大理岩，部分大理岩化灰岩、白云岩的 Pt2xnb（1）的岩层内，围岩主要为 $Ⅲ_1$ 类。地下厂房垂直埋深约 185～485m，水平埋深约 80～450m。厂区主要断层 fs-9：N30°E/SE∠75°。厂区最大主应力 $σ_1$ 值超过 30MPa，一般 17～22MPa，最大 33.8MPa。中间主应力 $σ_2$ 一般 10～18MPa。厂房洞室群岩石饱和抗压强度 50～70MPa，围岩强度应力比 2～3，属于高～极高应力区。第一主应力主要介于 N29°E～N52°E 之间，平均 N40.5°E。第二主应力方向主要介于 N20°E～N60°E，主要位于第一象限；最小主应力位于第二、四象限。

2 计算条件

2.1 计算模型构建

本次计算运用 Rhino 建立模型和网格划分，计算模型范围为垂直河流方向取 1341.8m，顺河流方向取 1189.1m，模型底部高程为 EL.2522.4m，顶部取到地形表面，单元总数为 61 万。计算范围内主要考虑了 fs-9 断层，用实体单元模拟。Y 轴正向沿厂房轴线指向河谷，X 轴在安装间与主机间交界面垂直于 Y 轴指向下游，Z 轴铅直向上，以 0 高程点为原点。洞室群计算模型见图 1。

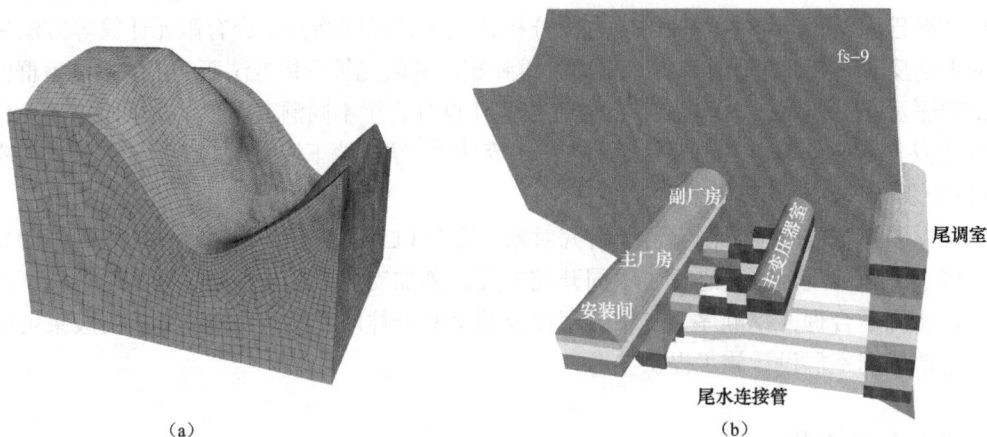

（a）   （b）

图 1　波罗地下洞室群计算模型

（a）山体网格模型（含完整河谷）；（b）洞室模型

2.2 计算参数及本构模型选取

反演计算选用的本构模型为 Elastic 模型，开挖支护计算选用模型为 Mohr-Coulomb 模型，具体计算参数值选取详见表 1。

表1 围 岩 力 学 参 数 表

名称	密度 （g/cm³）	弹性模量 （GPa）	泊松比	黏聚力 （MPa）	内摩擦角 （°）
Ⅲ₁	2.6	11	0.28	1	44.27
fs-9	2.3	0.25	0.4	0.25	21.8

3 洞室群开挖支护分析

结合工程实际地形、地质条件，对波罗水电站工程地下厂房洞室群开挖与支护设计中的关键技术问题进行研究。

3.1 地应力反演

3.1.1 反演方法选择

在采用 FLAC3D 进行地应力反演时，主要有非连续加载和连续加载两种分析方法[2]。非连续加载法较为常用，但需要计算多个单位工况再进行回归分析。连续加载法计算一次连续加载的工况后可进行回归分析，后代入回归系数进行迭加计算。综上，本研究决定采用连续加载的线性多元线性回归方法来进行地应力反演。

3.1.2 厂区地应力分析

综合对比各应力测点主应力量值、方位角和倾角等最终考虑选用 σPDK19-2、σPDK21-1、σPDK23-2 等 3 个应力测点作为地应力回归反演的参考点，可根据相关公式将实测应力结果进行转轴变换后得到应力分量见表2。

表2 实测地应力计算坐标应力分量 （单位：MPa）

测点编号	测点位置	测点高程 （m）	水平埋深 （m）	垂直埋深 （m）	σx	σy	σz	τxy	τyz	τxz
σPDK19-2	PDK190+200m	2915	200	295	−13.59	−5.62	−9.09	2.60	1.92	−4.66
σPDK21-1	PDK210+65m	2915	199	283	−7.06	−6.57	−12.47	−0.42	1.75	−1.10
σPDK23-2	PDK23 0+200m	2915	260	443	−8.30	−6.89	−8.99	6.15	0.00	−2.98

3.1.3 地应力场反演

基于上述反演方法，计算获得地应力模型的加载边界条件，将计算边界条件施加地应力反演计算模型，从而获得厂区三维地应力结果见图2。由图可知：主厂房附近区域的最大主应力为 15～20MPa，地下厂房区域属中高地应区，且具有一定分带性，在浅部主要表现为垂直与水平应力的迭加，向深部水平应力逐渐占主导，同时主厂房附近最大主应力方向比较一致。

表3 为反演得到的测点地应力分量，可见：反演获得地应力场在规律上与实测地应力一致，除 σPDK19-2 测点 X 向正应力分量和 σPDK23-2 的 Z 向正应力分量反演结果与实测结果吻合度相对较低以外，其余应力分量与计算值吻合较好（见图3）。这表明三维非线性反演所得初始应力场能较好反映波罗水电站坝址区地形和地质构造的影响，反演结果具有可靠性，可作为地下厂房施工和稳定性评价的参考依据。

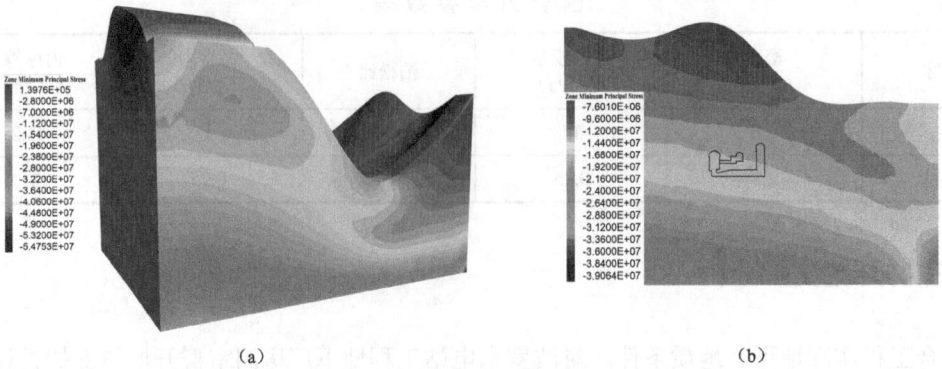

（a）　　　　　　　　　　　　　　（b）

图2　厂区山体初始地应力场反演结果

（a）厂区山体最大主应力云图；（b）2号机组最大主应力云图

表3　　　　　　　　　　　　　反演得测点地应力分量　　　　　　　　　　（单位：MPa）

测点	项目	σ_x	σ_y	σ_z	τ_{xy}	τ_{yz}	τ_{xz}
σPDK19-2	反演	−7.23	−6.69	−11.83	0.11	4.26	0.20
σPDK21-1	反演	−7.30	−6.59	−12.12	0.13	4.16	0.11
σPDK23-2	反演	−7.72	−6.39	−13.93	−0.03	3.16	−0.24

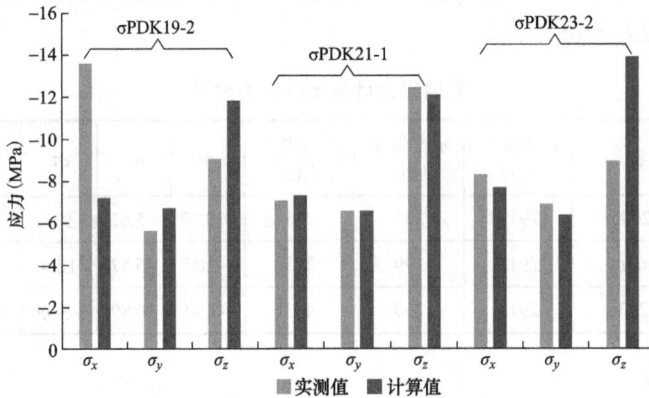

图3　厂区山体初始地应力场反演结果

3.2　地下洞室合理施工顺序分析

在地应力场反演的网格模型基础上，研究不同施工顺序方案地下洞室围岩稳定性变化的规律，确定合理开挖方案，同时对洞室支护效用进行初步分析。

3.2.1　开挖计算方案

在较高地应力条件下，地下工程的开挖期数与分层高度对于围岩的稳定性有着重要影响。以主厂房和主变压器室开挖为主线，调整尾调室的开挖时段，拟定了三个施工开挖顺序方案，不同方案及开挖分层见图4。在计算中考虑在三大洞室的顶拱、边墙等重要部位设监测特征点，以便后续进行围岩变位统计和分析。

开挖方案①

开挖分期	主厂房	变压器室	母线洞	尾水连接洞	尾水调压室
1	上1				
2	上2				I
3	中1	变1			II
4	中2	变2			III、IV
5		变3			V、VI
6	中3		②		VII
7	下1		③		VIII
8	下2			⑤	IX、X
9	下3			⑥	
10	下4				

开挖方案②

开挖分期	主厂房	主变压器室	母线洞	尾水连接洞	尾水调压室
1	上1				
2	上2				
3	中1	变1			I
4	中2	变2			II
5		变3	②		III、IV
6	中3		③		V
7	下1			⑤	VI
8	下2			⑥	VII、VIII
9	下3				IX、X
10	下4				

开挖方案③

开挖分期	主厂房	主变压器室	母线洞	尾水连接洞	尾水调压室
1	上1				
2	上2				
3	中1	变1			
4	中2				
5		变2、变3	②		
6	中3		③		
7	下1			⑤	I
8	下2			⑥	II
9	下3				III、IV
10	下4				V、VI
11					VII、VIII
12					IX、X

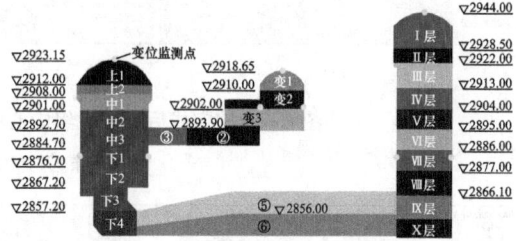

图4 地下厂房洞室群分期开挖示意图

3.2.2 计算成果分析

（1）围岩变位情况。

图5为3个方案下毛洞开挖完成后沿2号机组中心线剖面围岩变位分布。可见不同方案下围岩变位均呈"顶拱下沉、边墙收缩、底板上抬"的变形趋势。如图所示，在毛洞开挖完成后，主变压器室顶拱处围岩变位值最大，方案①~方案③分别对应变位为9.90、9.81、9.80cm。

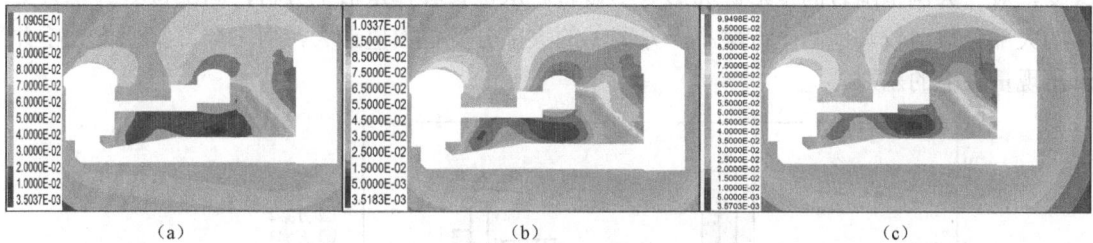

图5 开挖完成后2号机组中心线断面变位分布（单位：m）

（a）方案①；（b）方案②；（c）方案③

（2）围岩应力分布。

图6为不同方案下毛洞开挖完成后沿2号机组中心剖面最大主应力分布。如图6所示，各方案③大洞室各特征点应力分布规律基本相同，都在主厂上游面出现压应力集中现象，各特征点大部分为压应力，且数值基本相当，仅局部出现拉应力，三个方案洞周最大拉应力值约在0.84MPa左右。从应力分布来看，开挖顺序的改变，对三大洞室洞周围岩应力影响也不大。

（3）围岩塑性区。

图7为不同方案下毛洞开挖完成后沿2号机组中心剖面围岩塑性区分布。从各部位塑性

区最大深度来看，方案③开挖完成后洞周塑性区深度相对最小，方案①洞周塑性区深度最大。3 个方案，分别对应主厂房顶拱上部围岩最大塑性区深度为 12.96、12.87m 和 12.22m，且主变压器室和尾调室间岩体沿均存在塑性区贯通现象。

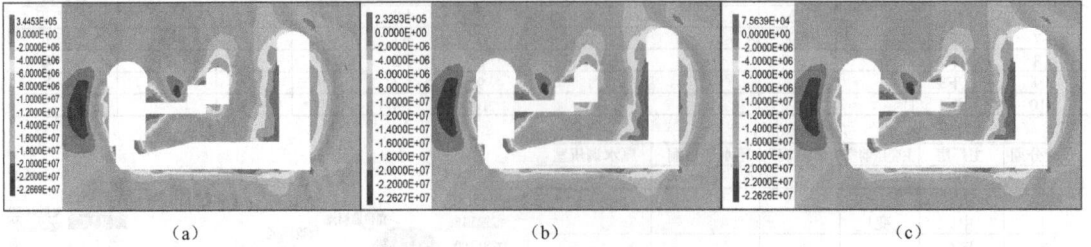

图 6　开挖完成后 2 号机组中心线断面最大主应力分布（单位：Pa）

（a）方案①；（b）方案②；（c）方案③

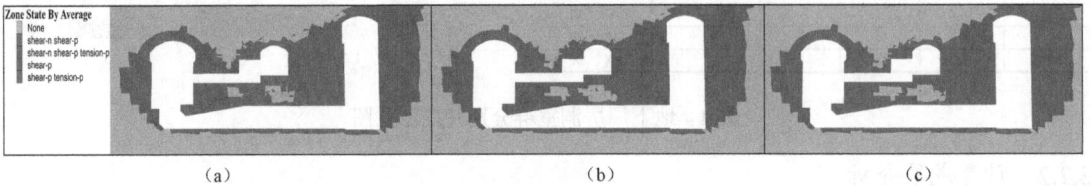

图 7　开挖后 2 号机组中心线断面洞周塑性区分布

（a）方案①；（b）方案②；（c）方案③

3.2.3　合理开挖方案拟定

图 8 为不同方案下沿 2 号机组中心剖面各部位围岩变位对比图。由图可知，开挖顺序的改变，对三大洞室围岩的变形破坏影响不显著。从位移具体量值上分析，同部位处开挖方案③的大部分数值较其他两个方案小，方案①的大部分变位数值最大，但三个方案变位大小并未出现量级上的差别。

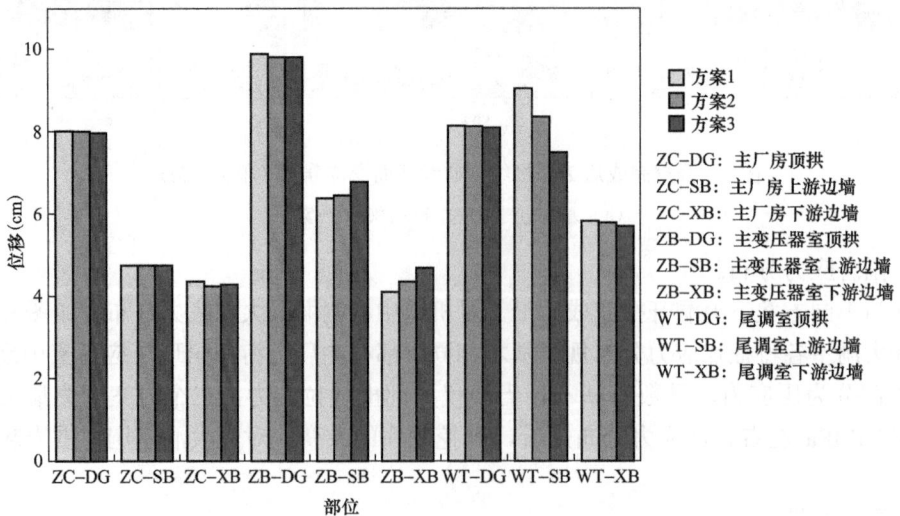

图 8　不同方案下围岩变位对比图

综上所述，从洞室围岩稳定、施工便利、节省工期和降低工程投资等角度综合考虑，建议地下厂房洞室群施工采用开挖方案②。

3.3 地下洞室支护效用分析

3.3.1 支护模拟方法

为进一步探究各开挖方案的合理性和支护措施的效果，在本节中考虑对上节推荐开挖方案②施加支护措施进行计算。在模拟中预应力锚索采用 FLAC3D 中的 cable 单元进行模拟。为最大程度考虑不利因素，结合原定设计方案，本次计算考虑将所有预应力锚索设计荷载设为 2000kN，模拟中锚索锁定吨位统一取为设计吨位的 70%。另经等效计算，在施加锚杆支护后岩体的黏聚力值提升为 1.57MPa，本节支护计算中注浆圈深度初步考虑为 9m。洞室支护模型示意见图 9。

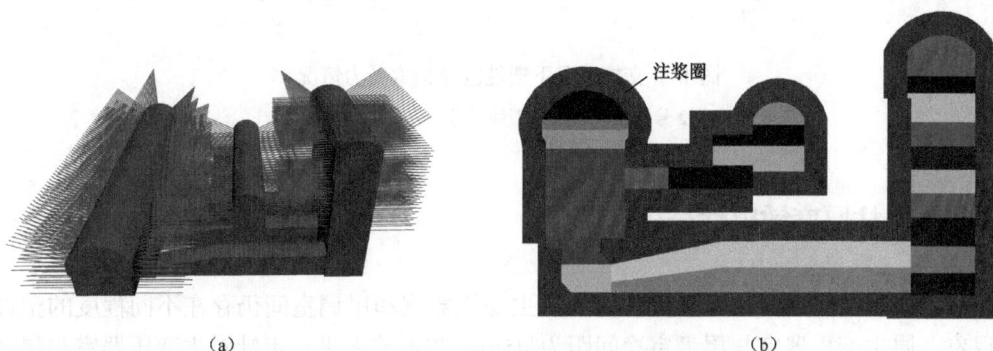

图 9　支护模型示意图

（a）锚索支护模型示意图；（b）注浆圈示意图

3.3.2 支护效用分析

支护工况下沿 2 号机组中心剖面各部位围岩变位统计如图 10 所示，其中不同部位的英文简称含义与图 8 相同，可见施加支护后围岩变位量值明显减小，各部位变位值基本控制在了 7cm 以内。相对无支护工况，主厂房下游边墙对应围岩变位减小百分比最大，达 55.67%。

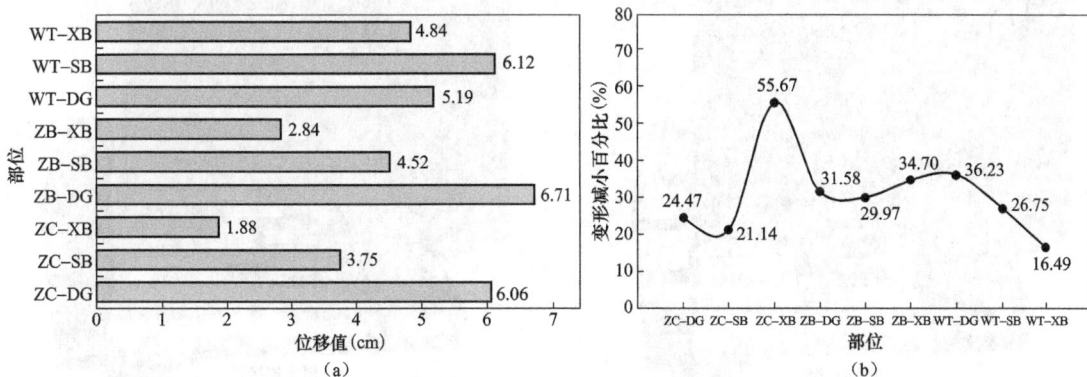

图 10　支护工况下围岩变位统计

（a）支护工况各部位位移统计；（b）相对无支护工况变形减小百分比

支护工况下塑性区及锚索受力情况见图 11，由图可知在施加支护后，围岩塑性区得到了一定程度的改善，主厂房上下游边墙侧围岩塑性区深度有所减小，但主变压器室与尾调间岩体仍存在塑性区贯通现象。锚索受力基本在合理范围内，最大受力约为 2800kN，主要集中在主变下游侧边墙处。综上可知，在施加支护措施后围岩变形得到一定程度改善，后续还需要进一步针对主变压器和尾调间岩体进行加强支护设计等。

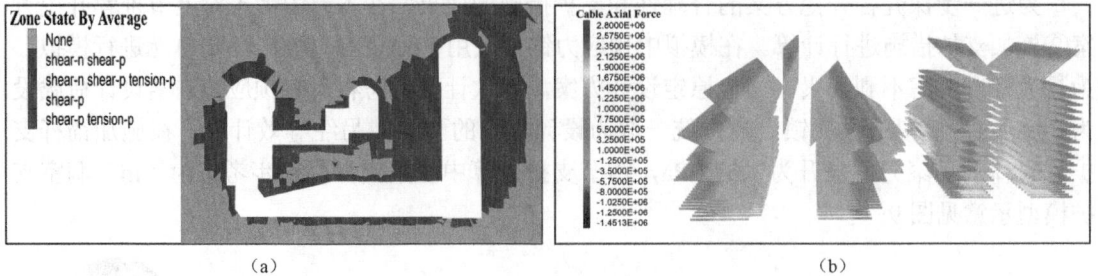

图 11　支护工况下塑性区及锚索受力情况

（a）2 号机组中心剖面塑性区分布；（b）锚索受力

4　洞室群岩柱厚度敏感性分析

由前文所述计算结果知，在支护完成后主变压器室和尾调室间仍存在不同程度的塑性区贯通现象。原主变压器室与尾调室净间距为 45m，在本节将进一步针对主变压器室与尾调室间净间距进行敏感性分析。

4.1　计算方案

本阶段分别建立了主变压器室与尾调室间岩柱厚度为 55m 和 65m 的计算模型，见图 12，并采用综合推荐开挖方案②进行毛洞开挖计算，其中净间距为 45m、55m 和 65m 的工况分别简称为"ZB-WT-45、ZB-WT-55、ZB-WT-65"。

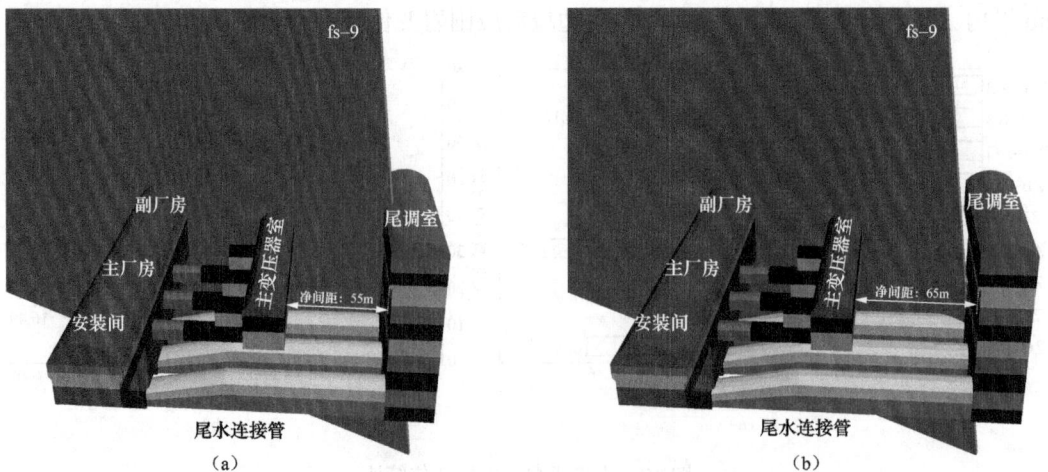

图 12　不同岩柱厚度洞室模型

（a）主变压器室与尾调间净间距 55m；（b）主变压器室与尾调间净间距 65m

4.2　计算成果分析

图 13 为不同主变压器与尾调室间的岩柱厚度工况下各部位围岩变位对比图。可见，当岩柱厚度为 45m 和 55m 时，各部位围岩变位值基本相当；当岩柱厚度增至 65m 时，主变压器室与尾调室围岩变位值相比前两个间距下有明显减小。其中 3 个间距下对应主厂房顶拱变位分别为 8.02、8.85cm 和 6.64cm，对应尾调室顶拱变位分别为 8.14、7.74cm 和 3.96cm，也说明增大主变压器室和尾调室的岩柱厚度在一定程度上可减小主变压器室和尾调室的围岩变位，但对主厂房的影响较小。

综上，建议在后续可考虑对主变压器室和尾调室间岩柱厚度进一步地优化设计。

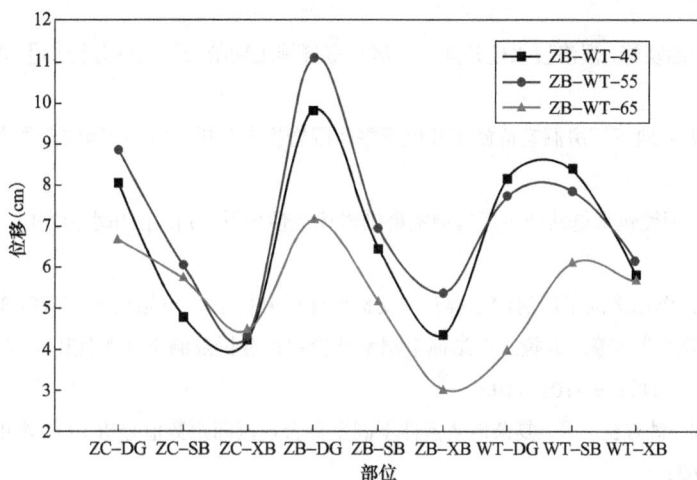

图 13　不同岩柱厚度下围岩变位对比

5　结论

（1）采用连续加载的回归分析方法进行地应力反演可以较为有效反映波罗地下洞室群地应力场分布规律；另从洞室围岩稳定和经济性等多方面综合考虑，推荐地下洞室群施工采用开挖方案②。

（2）当前支护措施可以在一定程度上减小围岩变位，还需针对塑性区贯通区域以及靠近断层的围岩进一步考虑支护优化措施。

（3）当岩柱厚度增至 65m 时，主变压器室与尾调室围岩变位值相比前两个间距下有明显减小，建议后续针对洞室间岩柱厚度进行合理的优化。

参考文献

[1] 李志鹏，徐光黎，董家兴，等．猴子岩水电站地下厂房洞室群施工期围岩变形与破坏特征 [J]．岩石力学与工程学报，2014，33（11）：2291-2300．

[2] 苏国韶，符兴义，李书东．基于 FLAC3D 的三维地应力场反演分析 [J]．人民黄河，2011，33（02）：142-145．

[3] 费万堂，张练，马雨峰，等．丰宁抽水蓄能电站地下厂房初始地应力场反演 [J]．人民长江，2020，51

（S1）：112-116.

[4] 马玉岩，沈阳，侯东奇．基于人工神经网络和地层剥蚀原理的地应力场反演研究［J］．水电站设计，2021，37（03）：1-5+12.

[5] 赵雨，白金朋．基于FLAC3D的多元线性回归法地下厂房初始地应力场反演重构［J］．水电能源科学，2022，40（03）：149-152+185.

[6] 蒋行行，赵其华，韩刚，等．叶巴滩水电站高地应力现象及地应力场反演分析［J］．防灾减灾工程学报，2023，43（01）：70-77+87.

[7] 李治国，曲海珠，李红心．猴子岩水电站地下厂房洞室合理开挖顺序研究［J］．四川水力发电，2012，31（01）：43-47.

[8] 张恩宝，樊熠玮，赵晓峰．溪洛渡水电站地下厂房洞室群施工期围岩稳定性分析［J］．水电站设计，2016，32（04）：1-7.

[9] 李璐，陈秀铜．大型地下厂房洞室群施工开挖顺序及围岩稳定分析［J］．中国安全生产科学技术，2016，12（S1）：5-12.

[10] 张恩宝，邓瞻．硬梁包水电站地下厂房洞室群围岩稳定性分析［J］．四川水力发电，2019，38（02）：76-80.

[11] 莫如军，樊熠玮．瀑布沟地下厂房洞室群开挖支护设计研究［J］．水电站设计，2020，36（03）：20-23+55.

[12] 方丹，韩钢，鄢江平，等．卡拉水电站地下洞室群稳定性分析及洞室间距优化研究［J］．长江科学院院报，2023，40（11）：93-101+110.

[13] 胡书红，吴家耀，钟谷良，等．复杂地质条件下洞室群合理洞间距数值分析［J］．水电与新能源，2023，37（12）：1-4+63.

[14] 陈长江，刘忠绪，刘建友．高地应力条件下锦屏一级水电站地下厂房围岩变形破坏特征研究［J］．水电站设计，2016，32（03）：5-10+64.

[15] 侯奇东，张顺利，李治国，等．高地应力下大型地下洞室开挖期硬岩片帮机理分析［J］．水电站设计，2021，37（02）：31-35+53.

[16] 王猛，石安池，周家文，等．高地应力大型地下洞群围岩变形破坏响应特征分析［C］//中国地质学会.2021年全国工程地质学术年会论文集．2021年10月14-17日，青岛，中国．

[17] 侯东奇，廖成刚，冯梅，等．锦屏一级水电站地下厂房下游拱围岩变形开裂破坏成因分析与加固措施研究［J］．水力发电学报，2012，31（05）：229-235.

[18] 何一纯，王兰普，侯奇东，等．大型地下厂房含蚀变带围岩变形特征与机理分析［J］．水资源与水工程学报，2021，32（04）：206-213.

作者简介

袁　飞（1996—），男，助理工程师，硕士，主要从事水利水电工程设计工作。E-mail：1510335307@qq.com

张恩宝（1979—），男，高级工程师，硕士，主要从事水利水电工程设计工作。E-mail：52422022@qq.com

覃　黎（1994—），男，工程师，硕士，主要从事水利水电工程设计工作。E-mail：407989297@qq.com

侯奇东（1994—），男，工程师，硕士，主要从事水利水电工程设计工作。E-mail：hou_qidong@qq.com

秦　洋（1994—），男，工程师，硕士，主要从事水电设计及岩土工程仿真分析工作。E-mail：1002049401@qq.com

抽水蓄能电站环境景观标识一体化设计探究

郭祎妮

（上海勘测设计研究院有限公司，上海市　200000）

[摘　要]本文从水利工程建设和抽水蓄能电站景观化趋势出发，探讨抽水蓄能电站环境景观设计。针对现存问题，提出环境景观标识一体化设计概念，从"境—物—人"三个维度进行设计初探。通过设计思路的构建，实现环境景观与景观标识的最大融合，形成有机整体，彰显特色并传承文化，实现功能、艺术与人性化的和谐统一。旨在提升抽水蓄能电站景观效益，开拓发展新方向，促进国家抽水蓄能事业和精神文明建设。

[关键词]抽水蓄能电站工程；环境景观设计；景观标识；一体化设计

0 引言

我国在抽水蓄能电站建设方面起步较晚，但在国家的高度重视下，发展速度相当迅猛，预计中国将成为未来抽水蓄能电站建设的主要中心之一。我国抽水蓄能电站前期的快速发展主要体现在抽水蓄能电站的建设数量逐渐增加，建设技术不断提高，建设规模逐步增大。近年来，我国在抽水蓄能电站的规划及发展更为全面，根据社会形式及定位，抽水蓄能景观发展是一个重要的方向，电站大多具有优良的自然景观资源，电站的景观建设提升自然风光品质，促进旅游等相关产业，带动经济；同时有利于抽水蓄能的科学普及，增强电站的人文精神传扬。

传统的电站建造模式，以及电站建成后的景观设计，随着我们对和谐社会建设理念的深入理解，已经无法达到更高的生态标准、环保标准和审美标准。将传统景观设计方法简单转化应用于抽水蓄能电站是草率的行为，应当针对其独特性质，成就这一特殊类别下的新型景观产品，抽水蓄能电站环境景观标识一体化设计强调抽水蓄能电站景观与环境保护的紧密结合，平衡电站生产和景观游览的综合功能，确保人与自然之间的和谐共生，使建设创造独具景观特色的抽水蓄能电站成为抽水蓄能整体发展在景观方面的一个优良的方向。

1 水利工程环境景观现状

1.1 水利工程环境景观建设

国外水利工程发展时间早，许多发达国家在水利景观规划设计方面也不断探索实践，积累了丰富的设计知识和经验，在"生态水利休闲旅游"领域积累了大量的研究经验。如胡佛大坝，被誉为美国最大的水电站，利用其先进的水电站技术和丰富的天然资源，成功地打造了一个水利风景旅游项目。其精心设计的景区游览流线为游客提供了一种多元化的观景体验[1]。瑞典哈马碧生态城将水利工程与周边环境相融合，打造了一个宜居、美观、生态的城市空间。

韩国清溪川将水利工程与景观设计相结合，实现生态与城市景观优化的双重目标。

中国幅员辽阔，拥有丰富的江河湖泊等水利资源，故有"河川之国"的美称[2]。抽水蓄能电站工程属于水利工程的一个子类，最初的水利工程即河川的治理[3]，在治水的过程中，不仅保护了壮丽山河的生态，还发现了美丽的视野，同时水利工业悠久的历史为后人沉淀了极为丰富的工程历史遗产，许多著名水利工程的遗迹被认为是优质的景观资源，具有绝对的价值，被积极开发其园林景观功能，如成都平原西部岷江上被誉为"世界水利文化鼻祖"的都江堰水利工程、被称为"人工天河"的红旗渠水利工程，南水北调伟大工程中线湖北汉江中上游的丹江口水电站等数量之多令人难以计数[4]。

以往的水利工程规划自然条件和物质条件不充足，更多着眼于工程建设规划本身，景观环境即自然景观环境，对人文艺术价值和景观功能规划从工程环境景观的角度思考甚少，因而在这种单一理念指导下建造的工程，其景观类型往往显得过于单一，缺乏主题性、创造性的构思。在国家的"十三五"规划中，水利领域受到了特别的关注，强调了水利改革的重要性，提出了规划设计方法，要与生态文明建设有机结合。其主要目标是解决水利工程景观短板，大力推进水利工程基地的环境生态修复与建设，探索多功能规划方向，提升水利工程景观与生态价值[5]。

1.2 水利工程环境景观发展

关于水利工程景观的规划与设计主题，已有学者对各种不同类型的水利工程景观的规划原则和设计方法进行了深度的研究。郭宁在《水利水电工程景观设计研究》中，从水体景观设计和景观规划布局的视角出发，针对当前水利景观建设中单调、乏味和混乱的现状，详细讲解了水利水电工程景观规划设计应遵循的基础准则、实施方法和战略方针[6]；《水利水电工程景观设计试讲》中刘玉柱、刘玉玲对水工建筑的景观塑造及其周边环境进行了具体解读[7]；卢民的《试论水利水电工程景观设计研究》通过结合自然、人文和工程景观元素的构建，较好地把握景观的完整性，强调了景观设计的在地化特点和注重游览者心理的特点[8]；吴晨在《水利工程景观化设计研究》从艺术性、生态性、功能性的视角出发，深入探讨了水利工程景观化设计的核心策略[4]。

对于外国学者而言，水利景观是一门交叉学科概念，将水利与风景园林两个学科融为一体。在风景园林领域，与研究主题密切相关的水利资源开发利用与资源保护研究成为人们关注的热点。国外学者多从多个角度进行深入研究分析，包括生态水利旅游、滨水景观塑造与生态环境整治、流域景观统一规划与管理等方面的研究。在"生态水利旅游"等领域的研究中，以伊丽莎白.莫索普等美国景观设计专家为例，揭示了水利基础工程与景观规划设计的紧密联系。认为以水利基础设施为中心的公共景观在规划设计过程中至关重要，并以此为中心，创造出丰富的水利旅游景观体验，逐步形成了一种创新的规划设计方法[9]。《滨水自然景观设计理念与实践》等书籍陆续在日本地区由多位专注于滨水景观规划设计的景观学者出版。初步概括了滨水景观规划设计的核心原则，从而选择合适的休闲活动方式，并进行功能划分，实现滨水土地和休闲资源的最佳利用[10]。

2 抽水蓄能电站环境景观标识一体化探究

2.1 景观策略

抽水蓄能电站环境景观标识一体化是更能适应于现今使用需求与环境景观表达的针对抽水蓄能电站的景观设计策略。旨在将抽水蓄能电站环境景观与标识系统相结合，形成一个统

一、协调、美观的整体,将电站整体融合形成品牌视觉,环境景观符号化,让电站走向大众,走入人心,使水利水电工业精神更好地传扬。

2.2 理论探究

抽水蓄能电站环境景观标识一体化设计首先明确设计思维,从空间关系上将环境景观与标识设计融合,保持风格的统一,强化标识功能;而后利用美学对其进行设计表达,贯彻生态环保理念保护自然环境,同时将文化元素融入,体现地域特色及历史文化;最后从价值角度提升景观使用感,根据不同时机设计艺术衍生品,特别地考虑不同适用人群的使用需求,依据实际情况加入合适的智能化技术,以期使其成为大众认可度高的一体化设计。

2.3 探究目的及意义

2.3.1 探究目的

从环境景观标识一体化设计的视角出发,探讨了抽水蓄能电站空间和功能一体化的新发展思路。通过这种方式,我们不仅拓展了设计形式,还寻找了新的发展方向和规划设计策略。目标是使环境景观标识与抽水蓄能电站的空间建设系统能够实现最大程度的协同和统筹整合。同时,强调了各设计系统之间的相互联系和影响,以及其间的作用纽带,以更好地满足电站空间一体化发展的需求和精神追求。通过空间系统和标识的协调整合,实现抽水蓄能电站空间的融合性、艺术性和人性化的高度统一。

2.3.2 探究意义

现在的抽水蓄能景观多基于水利景观,水利景观多年来发展停滞未见有独特性发展,使得抽水蓄能景观更是毫无特色,无法彰显我国雄伟的自然环境也不能传扬我国先进大型水利功用之气派。在一体化设计的理念指导下,注重不同学科界限的跨越,将不同专业进行有机融合,从而对空间表达与展现进行全面的创新,增强管理者及游览者等不同人群的使用体验,改善空间品质,丰富文化内涵,并有效解决目前空间建设存在的问题,比如提高安全性、降低环境污染、提升视觉效果等,从而极大地提升电站建设和景观化运营的服务水平。抽水蓄能电站环境景观标识一体化设计不仅满足了管理功能需求,而且还能够展示出电站的独特魅力,让更多人有机会、有兴趣了解我国的水利文化和水利精神。

3 抽水蓄能电站环境景观标识一体化设计

3.1 设计概念

抽水蓄能电站环境景观标识一体化设计是指将抽水蓄能电站的环境景观设计与景观标识系统设计紧密结合,形成一个"境—物—人"统一、和谐且功能完备的整体的设计理念和方法,见图1。通过整合自然与人工元素,创造出既符合生态保护要求又具有美感和实用性的电站环境,同时景观标识系统不仅仅是能够有效地传递信息,引导人们行为的实体构建,同时是可创造系列衍生应用的视觉品牌性超级符号,提升电站的整体形象和传扬水利文化精神。这种设计方法强调环境景观与标识在空间系统的协调性和互补性,实现电站环境的美化、功能化和人性化,吸引不同类型的人群,再进一步优化传播。

3.2 设计方法

3.2.1 境之和谐:生态优先,融入环境

"境"指的是电站所处的自然环境及地域环境。在抽水蓄能电站的环境景观标识一体化设

计中，要遵循生态优先的原则，尽量减少对自然环境的破坏，保持生态平衡，考虑地域的在地化设计，环境景观标识融入周围环境，充分利用和展现电站所在地区的自然美景、地域特色，和谐统一的景观效果增强电站环境的独特性和吸引力。

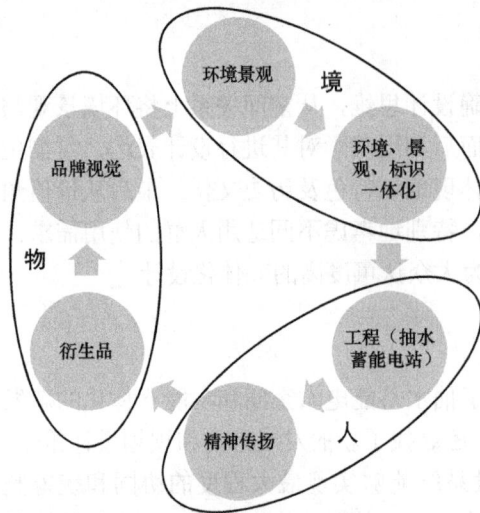

图1　抽水蓄能电站环境景观标识一体化设计概念

3.2.2　物之相融：功能完备，形态协调

"物"既是电站的各种建、构筑物以及实体标识系统，同时也是景观标识的衍生化应用，如带有环境景观标识一体化的办公用品、纪念手办等特色周边。环境景观标识一体化设计要确保这些元素在功能和形态上相互融合、协调统一。标识的设计不仅要满足环境空间系统当下的传递信息、引导行为的基本功能需求，在形态、色彩、材质各方面与电站设施相协调，还要有一个实际的记忆点、传播点共同构成一个完整、统一的视觉形象。既是与周围环境相融合的功能性景观，又是电站独特的景观品牌。

3.2.3　人之所需：人性化设计，满足需求

"人"指的电站的使用者，包括工作人员、游客等。特别游客是多样的使用人群。环境景观标识一体化设计应充分考虑人的需求和行为习惯，根据"点-线-面"设计布置融合于景观环境中、进行人性化设计，以强化环境景观使用中的品牌视觉。环境景观标识一体化应是针对电站独特性意义的大部分群体的特殊记忆点。

4　结论

未来的抽水蓄能电站，将颠覆人们过去对于能源设施的刻板印象。环境景观标识一体化设计不仅注重电站的功能性，更强调其与周边自然环境的融合，历史、文化内涵的注入，以及艺术衍生应用的更广范围持续性文化传播。深入挖掘电站与所在地之间的内在联系，巧妙地将电站元素与景观标识元素在空间系统中相结合，提升电站的美学价值，让人在欣赏美景的同时，感受电站所传递的绿色环保、和谐共生的理念。

基于环境景观标识一体化设计的创新理念，抽水蓄能电站不再仅仅是一个提供电力的功能性建筑，而是一个有故事、有温度的文化载体，与大自然和谐共舞，成为环境中的一部分，甚至是一道亮丽的风景线。未来的抽水蓄能电站景观设计，将成为水利精神传扬的重要力量。抽水蓄能电站是一个提供清洁能源的设施，更是一个展示人类智慧、传递环保理念的平台。通过抽水蓄能电站环境景观标识一体化设计的创新实践，有效传递电站的品牌形象和价值理念，集功能性、美学性、文化性于一体的综合性景观抽水蓄能电站，为人们的生活带来更多的美好与惊喜。

参考文献

[1] 程祥. 水利工程景观设计中的水文化研究 [D]. 西安：西安建筑科技大学，2013.

［2］周维权. 中国古典园林史［M］. 北京：清华大学出版社，2010.

［3］吴凡. 园林场所与水利工程的关系探究［D］. 北京：北京林业大学，2006.

［4］吴晨. 水利工程景观化设计研究［D］. 北京：北京林业大学，2016.

［5］张立，王琼杰，周怀龙，乔思伟，张晟南. 播撒春的希望——"两会"代表热议国土资源相关工作［J］. 国土资源，2014，03：7-17.

［6］郭宁. 水利水电工程景观设计研究［J］. 黑龙江生态工程职业学院学报，2014，（3）：9-10.

［7］刘玉柱，刘玉玲. 试论水利水电工程的景观设计［J］. 吉林水利，2013，375（8）：25-27.

［8］卢民. 试论水利水电工程景观设计研究［J］. 科技展望，2015，336（19）：94.

［9］Y Uprety，H Asselin，Y Bergeron，F Doyon，JF Boucher. Contribution of traditional knowledgeto ecological restoration：Practices and applications［J］. Eco-science，2012，19（1）：225-237.

［10］柏梅. 中小型水利水电工程的植被生态恢复研究［D］. 西安：西安建筑科技大学，2014.

作者简介

郭祎妮（1990—），女，工程师，主要从事景观设计工作。E-mail：453778507@qq.com

基于 MIKE 耦合模型的高密度城市暴雨内涝防治研究

谭清乾[1]　高　阳[2]　姜斯乔[1]　王　洵[2]　隆　怿[1]　蔡　帅[1]

（1. 中国电建集团中南勘测设计研究院有限公司，湖南省长沙市　410014;
2. 河海大学环境学院，江苏省南京市　210000）

[摘　要]为有效治理高密度城市的内涝灾害，选取东莞市新开河片区作为研究区域，利用 MIKE FLOOD 平台搭建城市内涝耦合模型。模拟 50 年一遇降雨工况下的内涝积水特征，提出基于"大排水系统"的内涝治理措施并评估实施效果。结果表明：新开河片区的管网排水能力整体较低，小于 1 年一遇设计标准的管网占 47.74%；内涝淹没主要分布于主干道路沿线两侧和建筑、人口高密度区。通过新建行泄通道、道路竖向调整并结合雨水管渠系统改造可让积水深度（大于 0.15m）的淹没面积减小约 79%，以"大排水系统"改造为主的综合措施能有效缓解内涝灾害，为高密度城市的内涝治理提供新思路。

[关键词]大排水系统；高密度城市；内涝防治；MIKE 耦合模型

0　引言

近年来，极端暴雨事件频发，由于落后的排水系统无法匹配快速的城市化进程，一旦暴雨来袭，极易形成"城市看海"现象[1]，给社会安全带来了极大威胁[2]。因此，为了提高城市防灾减灾能力，保障可持续发展，对于高密度城市内涝灾害的防控治理研究已迫在眉睫。

目前，多种水力耦合模型被应用于城市暴雨内涝研究[3-4]，利用数学模型进行精确模拟和评估可以指导防涝体系建设[5]。朱颖蕾等[6]通过构建 MIKE 耦合模型评估了岳阳市调蓄设施及强排泵站对城区内涝的治理效果。以往的研究多集中在雨水管网等"小排水系统"在内涝防治中的应用，忽视了诸如内河涌、道路通道等"大排水系统"同样也是解决建筑高密度区域内涝问题的关键所在。我国关于"大排水系统"的研究和实践基本处于相对空白的阶段，对于如何通过保障"大排水系统"的排水通畅性来预防与治理城市内涝灾害仍认识不足。

鉴于此，本文选取建筑高度密集的东莞市新开河片区为研究区域，运用 MIKE Flood 平台构建城市内涝耦合模型，模拟 50 年一遇降雨工况下的内涝积水特征，探讨基于"大排水

基金项目：中央高校基本科研业务费项目（B200204033）；江苏省环洪泽湖生态农业生物技术重点实验室开放课题项目（HZHLAB2301）

系统"的内涝治理措施并评估实施效果，以期为高密度城市内涝灾害防治提供科学依据与技术参考。

1 概况

1.1 研究区概况

研究区域位于东莞市中心城区新开河片区，总面积约 15.67km^2，总体地势东高西低，城市下垫面硬化比例大、人口密度高[7]。研究区内新开河是东引运河左岸一级支流，受城市建设开发活动影响，沿线均已覆盖为暗渠，东纵大道为片区内地势最低的主干道路[8]。根据雨水管渠分布及地势将新开河片区划分为 5 个雨水分区，具体如图 1 所示。

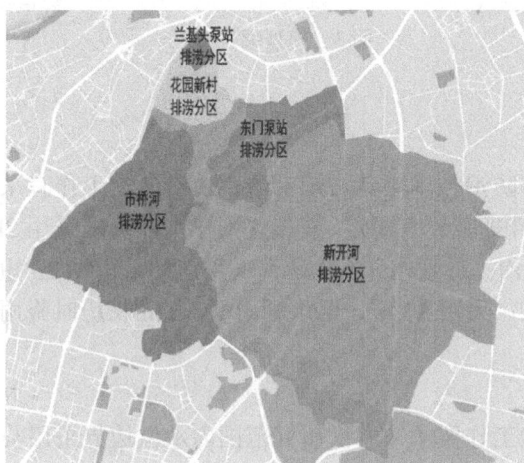

图 1　新开河排涝系统雨水分区

1.2 数据来源

研究所需数据包括排水管网、遥感影像、地形及降雨资料。排水管网数据来源于东莞市莞城区市政管网普查数据；遥感影像及地形资料来源于东莞市水务局（见图 2）。

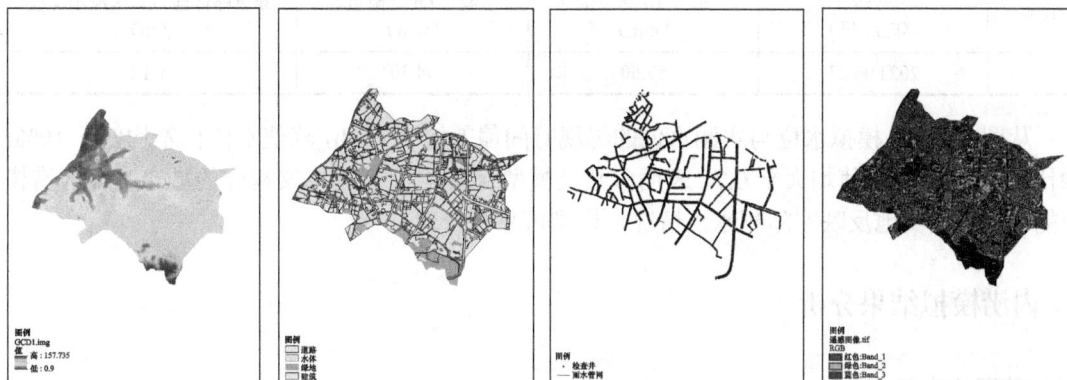

图 2　研究区基础数据

2 研究方法

2.1 模型构建

本研究通过 MIKE FLOOD 平台构建包括 MIKE Urban 和 MIKE 21 在内的城市内涝耦合模型[9]，模型耦合方法见图 3。

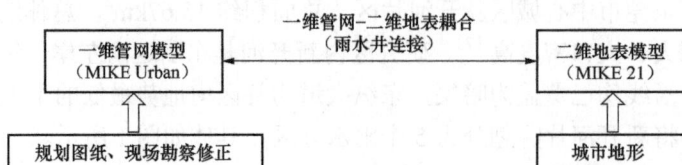

图 3 模型耦合方法

2.2 边界条件

2.2.1 降雨边界

根据城市《城镇内涝防治技术规范》规定城市内涝防治工作宜采用 24h 长历时设计暴雨过程线[10]；《室外排水设计规范》[11]规定，复核管网排水能力应采用 2h 短历时市政降雨雨型。因此，结合东莞市内涝防治工作要求，本次研究采用芝加哥雨型 2h 短历时降雨作为评估管网排水能力模型的数据输入；采用 50 年一遇水利雨型，24h 长历时降雨作为评估内涝淹没模型的数据输入。

2.2.2 水位边界

根据东莞市内涝防治工作要求，本次研究范围内水位边界采用与设计降雨的同频遭遇，新开河河口水位采用 4.34m 的固定水位。

2.3 模型率定

为了保障模型准确性，选取 2023 年 6 月 23 日实测降雨淹没数据（见表 1）对模型进行率定，结果如图 4 所示。

表 1 新开河片区降雨实测数据

序号	日期（年.月.日）	最大 1h 降雨量（mm）	最大 6h 降雨量（mm）	东纵路低洼点最大淹没深度（m）
1	2023.06.23	57.60	94.30	1.12

从图 4 发现，模拟水位与实测水位的峰现时间偏差均小于 1h，峰值水位相差均低于 10%，纳什效率系数 NSE 值均大于 0.7，表明参数及模型合理[12]，表明本文构建的城市暴雨内涝模型能够较为真实地反映实际积水点情况，模型可靠且合理。

3 内涝模拟结果分析

3.1 管网排水能力评估

管网充满度通常用于判断管网排水能力是否满足要求，当充满度大于 1 时，表明管道超负荷运行[13]。本研究的管网排水能力评估采用不同重现期短历时降雨条件，根据模拟产生的管道充满度评估现状管道的排水能力（见表 2 和图 5）。

表 2　　　　　　　　　　　新开河片区内现状管网能力统计表

	小于 1 年一遇	1～2 年一遇	2～3 年一遇	3～5 年一遇	大于 5 年一遇
长度（km）	54.68	6.11	1.31	5.95	46.50
占比（%）	47.74	5.33	1.14	5.20	40.59

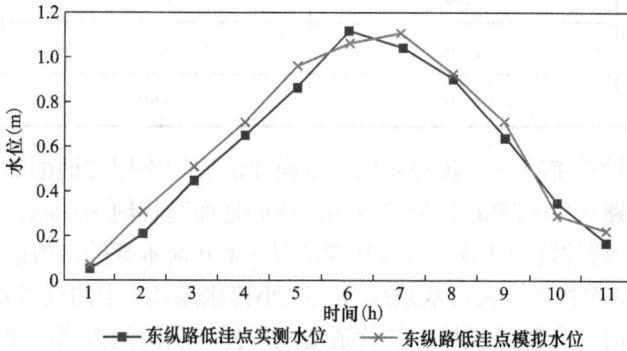

图 4　模拟结果与实测水位情况对比

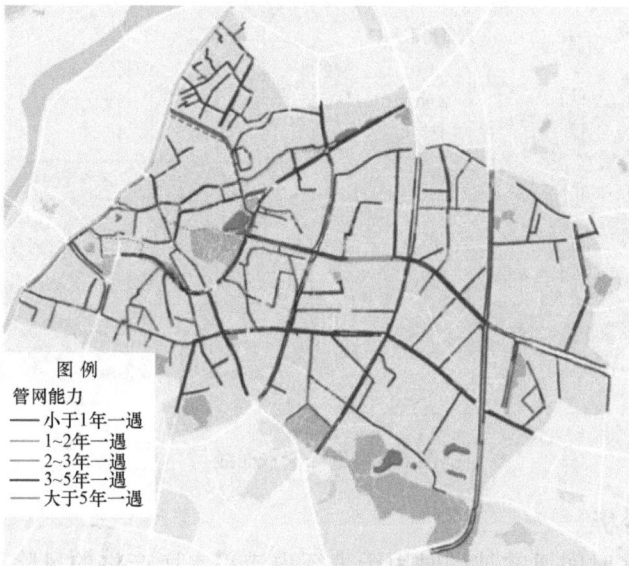

图 5　管道排水能力图

由表 2 可知，研究区雨水管网总长度为 114.55km，小于 1 年一遇设计标准的管网占 47.74%，总体来看，新开河片区管网设计标准偏低。根据图 5 可知，研究区内排水能力不足的管网位置多分布在南部和北部，且集中在区内道路管径较小的支管和河口旧村管网等。可能由于该部分管网均位于建筑密度较高的地块，下垫面改造程度较高，易受到新开河河道水位顶托作用的影响，从而造成管网排水能力整体较低[14]。

3.2 新开河河道过流能力评估

本研究模拟了新开河在 50 年一遇 24h 长历时降雨下的水位变化过程,沿程峰值水位见表 3,峰值水面线见图 7。

表 3 　　　　　　　　　　　　　沿 程 水 位 表

里程（m）	地面标高（m）	最高水位（m）	备注
K0+000	6.00	4.34	河口
K1+050	6.30	4.90	兴贤街
K1+350	5.80	5.50	东门广场
K1+550	6.00	5.90	罗莎路

从表 3 可知,在设计工况下,新开河峰值水面线沿程均未超过地面高程。新开河水面线最高处位于上游罗莎路（K1+550m）为 5.90m,该处地面高程约 6.00m。整体来看,新开河过流能力满足 50 年一遇的降雨工况。需要注意的是,新开河本身的过流能力满足设计工况的排水要求,但其作为研究区的“大排水系统”,与“小排水系统”中的众多管渠具有水力联系,即当新开河水位过高时,会对沿线排入的管道造成顶托,从而间接影响雨水管网系统的排水通畅性和道路积水的汇入,进一步加深城市的内涝灾害程度。

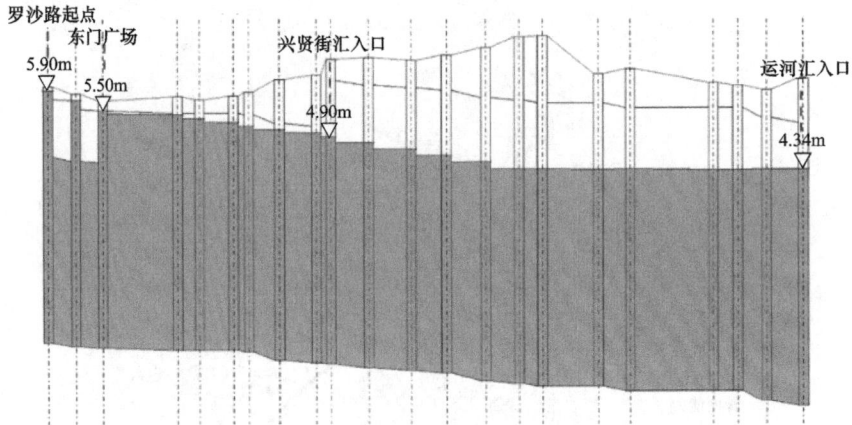

图 6　河道峰值水面线

3.3 内涝积水特征分析

积水深度和积水时间通常被同时用于表征内涝积水所产生的风险程度。本研究利用 MIKE 耦合模型对东莞市新开河片区遭遇 50 年一遇降雨时的内涝淹没情况进行模拟,结果如图 7 所示,研究区道路竖向情况见图 8。

由图 7 可知,新开河片区总面积约为 15.67km²,在 50 年一遇降雨条件下,研究区产生的积水总面积为 2.66km²,其中退水时间大于 1h(内涝区域)的面积为 2.02km²。从积水深度来看,各区域均出现了不同程度的积水现象,部分内涝区域淹没水深超过 0.80m,主要集中在东纵路沿线及新开河以北的区域。从图 8 可以看出,研究区域内的主干道路通道为东纵路,高程分布在 5.00～12.00m。东纵路(君尚)存在局部低洼点,高程约为 6.36m,而上下游路段高程为 6.80m, 因此造成整体排水不畅。此外, 次干排涝通道诸如金牛路、银山商业街、澳南路等也存在低洼路段。研究区域内主次干道均存在低洼路段, 导致道路作为研究区"大排水系统"的排水通畅性不佳, 无法及时将路面积水排放至下游水体或调蓄设施。

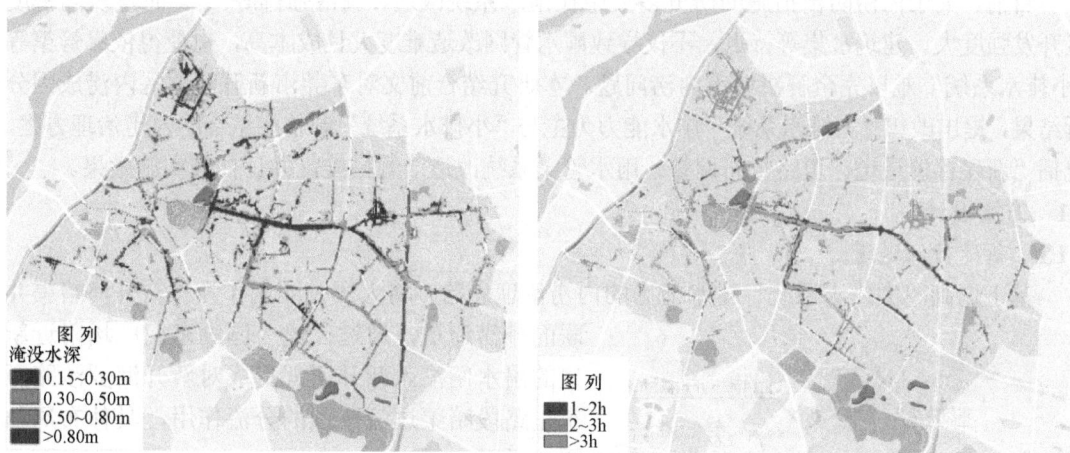

图7　研究区淹没水深与淹没时间分布图

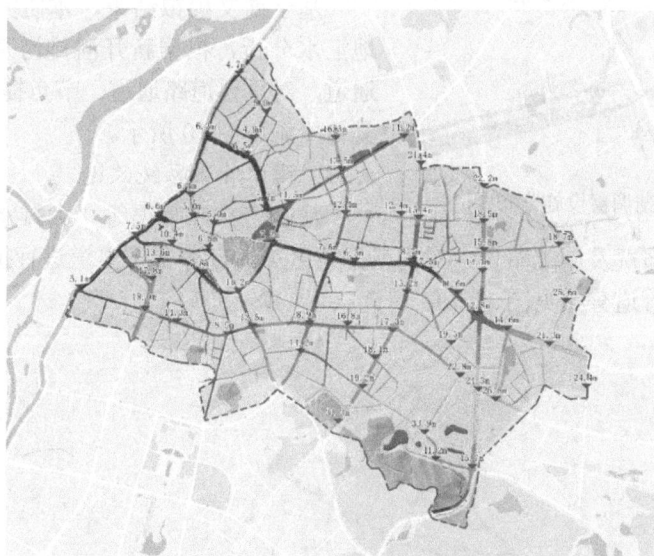

图8　道路竖向图

整体来看, 研究区内涝积水多分布在东纵大道及建筑密度普遍较高的区域。一方面该区域部分管网排水设计标准偏低, 导致管网排水能力不足产生溢流; 另一方面新开河河道高水水位也对汇入的管网产生顶托作用, 进一步影响了管网的排水通畅性。在高重现期降雨发生时, 由于管道的排水能力有限, 传统的"小排水系统"无法完全承接极端暴雨条件下的涝水量。此时, 小排水系统无法及时排除的涝水需要依靠"大排水系统"排除。"大排水系统"中的道路排水属于重要通道, 除了可以提供基本的漫流途径和对雨水进行有序汇集, 也是超额涝水行泄的重要通道[15]。

4 内涝综合防治方案研究

目前，关于内涝防治措施的研究多集中在雨水系统改造、调蓄强排等[17]。而建筑高密度区开发强度大、建筑密集等特点，不仅导致雨水管网改造难度大且成本高，也使得依靠管渠等"小排水系统"难以完全解决城市内涝问题。本研究结合前文对东莞市新开河片区内涝成因分析结果，提出改善"大排水系统"排水能力为主与"小排水系统"调整相结合的内涝治理方案，包括"新建行泄通道、道路竖向调整、雨水管渠系统改造"等措施，并评估其实施效果。

4.1 方案设计

4.1.1 新建行泄通道

基于提高"大排水系统"排水能力的内涝治理思路，将人民公园湖作为与新开河暗渠并

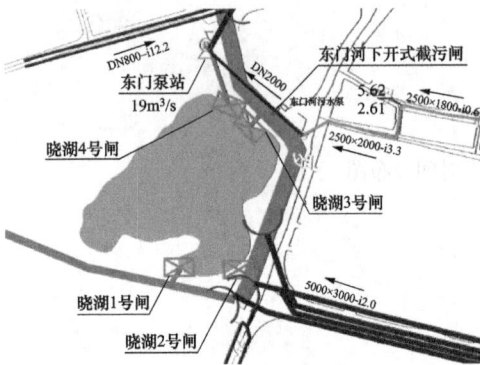

图 9 人民公园湖调蓄设施分布图

联的排涝通道，通过人民公园湖东门广场附近新建的出水闸汇入新开河，形成对新开河罗沙路至东正路段暗渠过流瓶颈的分流作用，具体布局如图 9 所示。

4.1.2 道路竖向调整

基于前文模拟结果，本研究结合 GIS 自然场地汇水分析，根据新开河排涝系统雨水主要排放通道，对重要道路通道、节点提出竖向控制措施。具体措施如图 10 所示。

4.1.3 雨水管渠系统改造

从改善排水暗渠等"大排水系统"的角度出发，结合现场实际情况及施工条件，对内涝严重区域的部分主干渠道进行扩建、新建，总长度共 5033m，改造管道分布见图 11。

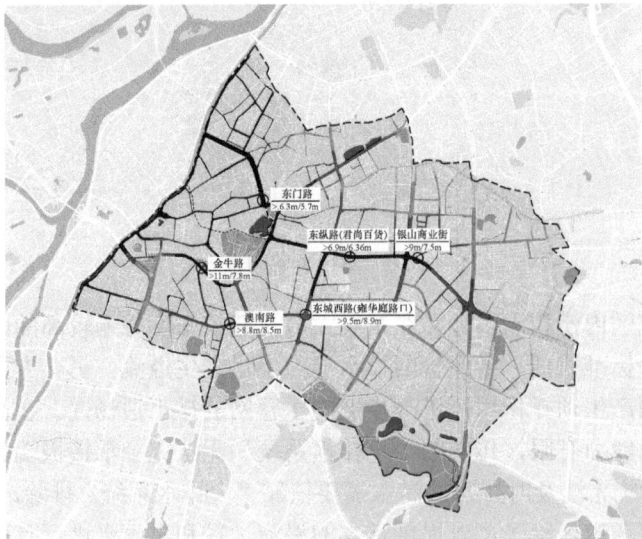

图 10 研究区道路竖向调整分布图

图 11 研究区雨水管道改造分布图（红色）

4.2 效果分析

综合方案实施后，通过城市积水模型对新建行洪通道前后罗莎路水位进行对比，并分析地表积水情况，具体的综合方案防治效果如图 12、图 13 所示。

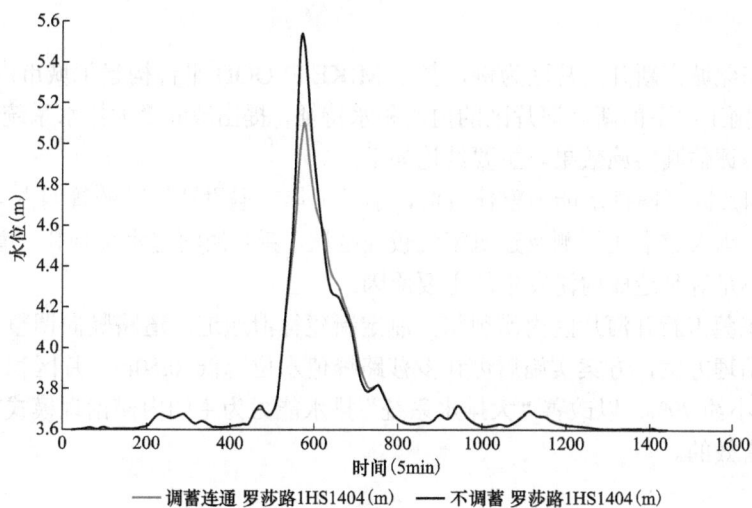

图 12 调蓄前后罗莎路水位对比图

由图 12 可知，在方案实施后，罗莎路水位显著降低，峰值水位下降 0.50m，能够有效减小对上游管道的水位顶托作用。从图 13 可知，研究区域内涝面积（淹没水深大于 0.15m）减少了 79%，其中，东纵路最大积水深度由现状的 1.83m 减小至 0.30m，虽然仍然存在一定范围的积水，但退水时间小于 1h，通过道路通道能够迅速地排除道路积水。另外，金牛路、银山商业街、兴贤街、东城西路等现状淹没较为严重的区域，通过方案实施后均未出现大规模内涝积水现象，优化方案对研究区内涝的治理效果良好。以上结果表明，在 50 年一遇等极端

53

暴雨情景下，从新建行泄通道以及改善道路排水等提高"大排水系统"排水能力，并结合雨水管渠改造的角度出发制定内涝防治措施，能够有效缓解高密度城市内涝积水程度，减轻内涝带来的灾害。

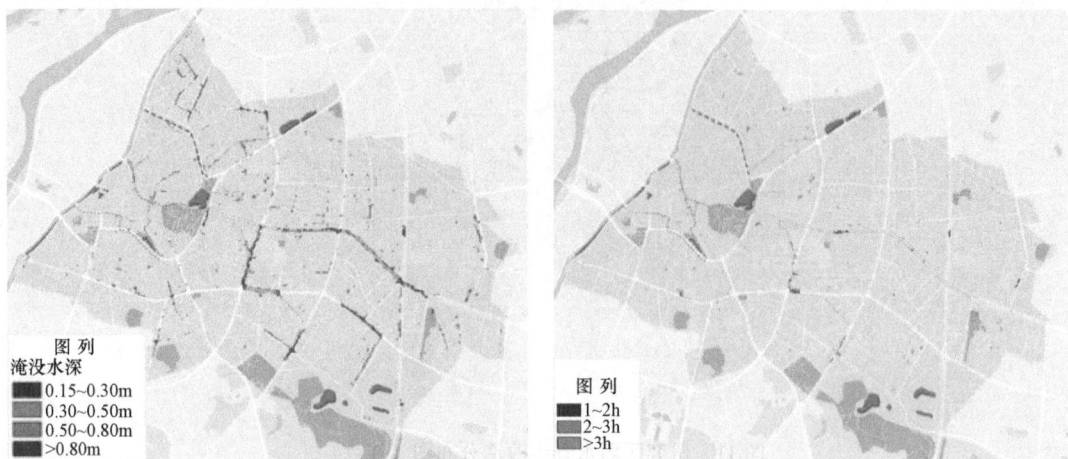

图 13　研究区淹没水深分布图

5　结论

本研究以东莞城市新开河片区为例，基于 MIKE FLOOD 平台构建了城市内涝耦合模型，分析了 50 年降雨工况下的新开河片区的内涝积水特征，提出改善"大排水系统"排水能力的内涝治理措施，评估其实施效果。主要结论如下：

（1）新开河片区管网排水能力整体较低，小于 1 年一遇设计标准的管网占 47.74%，内涝积水多分布在东纵大道沿线两侧及建筑密度较高区域，新开河河道水位顶托、道路排水不畅、管网排水能力不足等是造成内涝发生的主要原因。

（2）针对东莞市新开河片区内涝现状，制定新建行泄通道、道路竖向调整、雨水管渠系统改造等综合治理方案，方案实施后可让罗莎路峰值水位降低 0.50m，片区积水深度（大于0.15m）面积减小约 79%。以改善"大排水系统"排水能力为主的内涝治理模式对高密度城市的内涝防治是有效的。

参考文献

[1] 杨佩国，胡俊锋，于伯华，等. 亚太地区洪涝灾害的时空格局［J］. 陕西师范大学学报（自然科学版），2013，41（1）：74-81.

[2] 张鑫，刘康琦，王克树，等. 2021 年全球典型极端降雨灾害事件对比及综合防御［J］. 人民长江，2022，53（08）：23-29.

[3] 叶沛成，郭帅，陈传辉，等. 基于 GIS-Mike Flood 耦合模型的校园内涝模拟研究［J］. 水电能源科学，2023，41（08）：85-89.

[4] 邓成，夏军，佘敦先，等. 基于水文水动力耦合模型的深圳市典型区域城市内涝模拟［J］. 武汉大学学

报（工学版），2023，56（08）：912-921.

[5] 刘力丹，朱权洁，郑贵强，等．基于层次分析法和模糊综合评价法的洪涝灾害危险性评价 [J]．华北科技学院学报，2022，19（6）：113-119.

[6] 朱颖蕾，于永强，俞芳琴，等．基于 MIKE21 和 MIKE Urban 耦合的湖区平原城市内涝模拟应用研究 [J]．中国农村水利水电，2018，（10）．

[7] 王成坤，黄纪萍．基于水力耦合模型的城市内涝积水特征与综合防治方案研究 [J]．给水排水，2018（S2）：112-114.

[8] 姜晓岑，莫伟强，尹淑娴．2017—2019 年东莞城区内涝特征及与降雨关系分析 [J]．广东气象，2021．49（1）：28-32.

[9] 陈诗扬，程小文．提升防涝韧性的城市调蓄空间量化方法研究 [J]．中国给水排水，2022，38（12）：132-138.

[10] GB 51222—2017．城镇内涝防治技术规范 [S]．北京：中国计划出版社，2017：4-9.

[11] GB 50014—2021．室外排水设计标准 [S]．北京：中国计划出版社，2021：4-9.

[12] 张金萍，张浩锐，方宏远．基于 SWMM 和 SCS 法的城市内涝模拟及雨水管网系统评估 [J]．南水北调与水利科技（中英文），2022，20（01）：110-121.

[13] Qin Z. The Rain-Induced Urban Waterlogging Risk and Its Evaluation：A Case Study in the Central City of Shanghai [J]．Water，2022，14：14223780.

[14] 吴斯文，张建明，涂青，等．东莞市宏远片区内涝原因分析及整治方案设计 [J]．给水排水，2012，38（3）：39-41.

[15] 程小文，凌云飞，贾玲玉，等．城市大排水系统的规划方法与案例实践[J]．给水排水，2019，（S01）：60-63.

作者简介

谭清乾（1996—），男，工程师，主要从事城市内涝治理、水利工程设计与施工工作。E-mail：835574777@qq.com

高 阳（1994—），女，博士研究生，主要从事水环境治理、城市内涝防治工作。E-mail：546167328@qq.com

姜斯乔（1997—），男，助理工程师，主要从事城市内涝治理设计与施工工作。E-mail：3363224259@qq.com

王 洵（1991—），女，副教授，主要从事城市内涝防治、水环境治理、梯级水库联合调度研究。E-mail：308624078@qq.com

隆 怿（1990—），男，高级工程师，主要从事水工结构设计与施工工作。E-mail：857022326@qq.com

蔡 帅（1992—），男，工程师，主要从事城市内涝治理、水利工程设计与施工工作。E-mail：455711995@qq.com

基于苗尾水电站扩建工程的新能源接入
水电站关键技术研究

温景茂　袁　歆　师晓岩

（中国电建集团华东勘测设计研究院有限公司，浙江省杭州市　310000）

[摘　要] 随着我国新能源项目的多样化，新能源接入系统需结合项目特点以实现经济性、灵活性、可靠性。基于云南苗尾水电站扩建工程，探讨水电站附近的小型光伏电站群打捆接入已建水电站升压开关站，并利用已有 500kV 外送通道接至电网，对水电站开关站扩建的关键电气技术进行研究。

[关键词] 光伏电站接入系统；新型电力系统；技术方案

0　引言

随着我国新能源项目建设的不断推进，能源体系逐渐向绿色低碳转型，然而我国当前电力新能源分布不均，电网建设面临较大的压力，出现了新能源电站无站点可接、无线路走廊，无法消纳等问题。对于新能源如何接入电网，大多数的研究人员探讨的是新能源电站接入近区变电站的技术设计，如文献 [1] 中探讨了风电站与近区变电站的接入设计，文献 [2] 中探讨了光伏电站三种通过接入近区变电站的不同的接入方案下的设计优缺点比较。然而在我国偏远山区，地形结构复杂，新建变电站造价高，线路建设成本高，山区间的中小型新能源接入电网问题依旧存在。

苗尾水电站周边新能源资源丰富，年平均日照时间长，太阳辐射角度较大且变化幅度小，年温差小，四季不明显，适宜建设光伏电站，然而周边山区地形复杂，无法建设大型光伏电站及变电所。考虑到苗尾水电站内部升压开关站留有场地间隔，并可以利用已有 500kV 外送通道接至电网，因此本文将对水电站开关站扩建的关键电气技术进行研究。

1　工程概况

1.1　苗尾水电站周边新能源规划

苗尾电站周边 8 个光伏项目，合计 673MW，均考虑 2024 年建成投产。包括下水井村 90MW、海村 60MW、团结 50MW、黑场 30MW、黑场二期 200MW、上登头 23MW、大枫树 200MW 以及牛香登 20MW，其中团结、黑场、上登头、大枫树、牛香登 5 个光伏项目（共计 323MW）已纳入云南省 2023 年第二批项目建设清单（见图 1）。

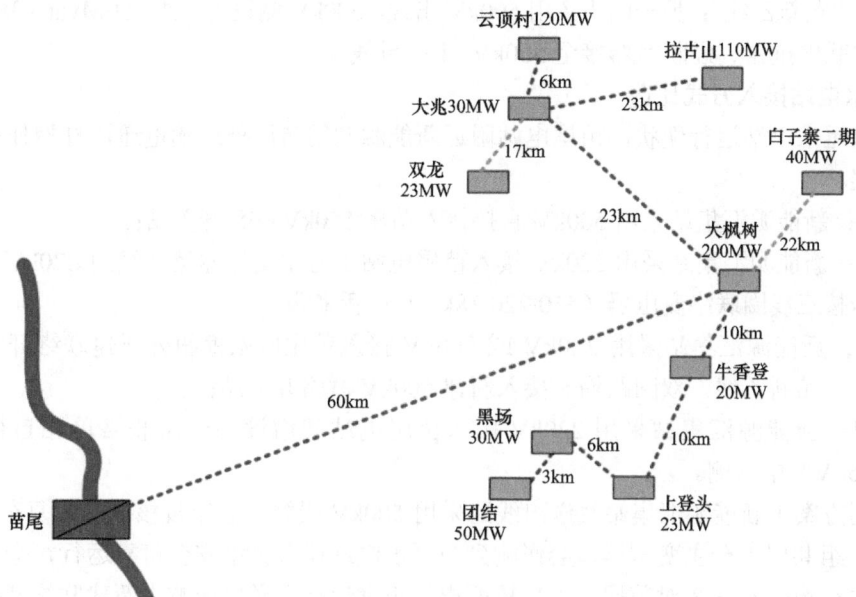

图 1 苗尾水电站周边新能源规划

　　苗尾电站周边新能源距离主网较远，从该区域 220kV 变电站接入条件来看，近区的崇仁 220kV 变电站、泸水 220kV 变电站均无 220kV 间隔，新能源中心距离洱源 220kV 变电站约 70km，但是洱源变仅剩余 1 个 220kV 间隔，计划为电网自用，因此周边 220kV 网架基本不具备接入与送出条件。

　　结合该区域 500kV 电网现状和规划情况，苗尾电站距离周边新能源中心约 30km，适合作为接入点。根据潮流计算、新能源多场站短路比计算结果，苗尾周边新能源接入系统潮流分布合理，不存在重过载线路，且系统相对独立，并网强度高。从建设工期来看，苗尾电站有预留间隔，具备联变安装场地，新增联变工程实施周期较短，可以满足周边新能源 2024 年投产的时间要求；从站址占地来看，苗尾电站新增联变、长新南站扩建主变均在站内扩建，无须新征土地，相比新建一座 500kV 汇集站，实施更加容易。

1.2　500kV 苗尾水电站运行现状

　　苗尾水电站位于云南省大理州云龙县旧洲镇境内的澜沧江河段上，是澜沧江上游河段一库七级开发梯级电站中的最下游一个梯级，电站装机容量为 1400MW（4×350MW），主要满足云电送广东需求。升压站为地面布置，电站以 500kV 一级电压等级接入电网，500kV 出线 3 回，2 回接入新松换流站；1 回接入大华桥水电站；预留有 1 回 500kV 出线间隔。水电站于 2017 年 10 月 14 日首台机组投产发电，2018 年 6 月 1 日 4 台机组全部投产发电。

　　苗尾水电站电气主接线机变组合采用发电机-变压器单元接线，4 台机共 4 个单元接线。主变压器为单相水冷变压器，主变压器与发电机采用离相封闭母线连接，主变压器中性点直接接地。500kV 侧高压配电装置采用 GIS。

　　苗尾水电站 500kV 接线方案采用 3 串 3/2 断路器、1 串双断路器和 1 个母线高压并联电抗器回路的混合接线方式，共 12 个断路器间隔。开关站进线 5 回，其中 4 回进线为苗尾电站 4 台主变压器进线，1 回进线为上游梯级大华桥电站接入（"大苗甲线"）；出线 2 回，分别为

"苗新甲线""苗新乙线";另一回为备用 500kV 出线，500kV 侧设置一组 150Mvar（3×50Mvar）母线高压并联电抗器、经断路器接至 500kV Ⅰ 段母线。

1.3 苗尾水电站接入方式比选

结合苗尾水电站运行现状，苗尾电站附近新能源利用苗尾外送输电通道打捆外送可以采用以下方案。

方案 1：新能源汇集站采用 500kV 直接接入苗尾 550kV GIS 开关站；

方案 2：新能源汇集站采用 220kV 接入苗尾电站 1 号主变压器第二线圈 220kV 侧，1 号主变压器需按三线圈联络变压器（550/220/18kV）重新采购；

方案 3：新能源汇集站采用 220kV 或 500kV 接入苗尾电站枢纽外新建联络开关站，将"苗新甲线""苗新乙线"双回路均 π 接入新建 500kV 联络开关站；

方案 4：新能源汇集站采用 220kV 接入苗尾电站新增设的一组联络单相自耦变压器（550/220/35kV）中压侧。

考虑到方案 1 新能源汇集站及送出线路采用 500kV 投资大且审批核准流程复杂；方案 2 需与 4 号机组共用 1 台主变压器，会影响到苗尾水电站现有机组安全可靠运行，会对现有电站运行产生影响；方案 3 对苗尾、大华桥两电站正常运行、送出影响大新建联络开关站还需征地，基建程序复杂，投资大，运行维护也不方便，因此不推荐该方案。最后综合推荐采用方案 4，即增加一组专用联络自耦变压器，另增加一回 220kV GIS 变压器-线路组接线方案，该方案既可以确保苗尾水电站现有机组安全可靠运行，尽量减少对现有电站运行的影响，同时又无须征地，投资小，运行维护也较为方便。

1.4 500kV 苗尾联变建设必要性

（1）打造多能互补基地，促进新能源经济高效发展。

苗尾电站新增联变汇集周边新能源，打造"水风光"多能互补基地，可充分利用水电调节性能和外送通道富余能力，从而有效提高设备利用率和水能利用率，促进云南新能源经济高效发展，顺利实现"碳达峰、碳中和"目标。

（2）有利于周边新能源项目开发，保障云南能源供应安全。

苗尾周边新能源规划于 2024 年建成投产，投产后可为云南全省提供一定的电量支撑，因此对接入点需求迫切。周边 220kV 电网基本不具备接入条件，因此在苗尾电站新增联变，可为周边新能源就近接入创造有利条件，缓解云南电力保供压力。

（3）充分利用水电送出通道，节约全社会投资。

苗尾联变汇集新能源后，经苗尾—新松、新松—黄坪两回 500kV 交流线路送出。苗尾—新松 2 回 500kV 线路导线截面为 $4×400mm^2$，送电能力 2590MW（更换电厂 TA 后，可提高至 3100MW），大华桥和苗尾电站总装机容量 2320MW，具备增送新能源电力的裕度。苗尾电站装设联变，周边新能源升压后利用现有通道送出，可节约送出工程投资，提高通道利用率约 4%。

（4）水光互补降低新能源弃电率，促进新能源消纳。

从苗尾水电站和近区光伏年出力率统计结果来看，水电在丰期出力高，枯期出力低，光伏在丰期出力低，枯期出力高，因此水电光伏在年运行曲线具备互补特性。保持水电当日发电量不变，适当地降低腰方式下水电出力，提升其他时刻的水电出力，则可以为消纳光伏电力留出更多空间，减轻送电通道的压力，降低光伏弃电率（见图 2）。

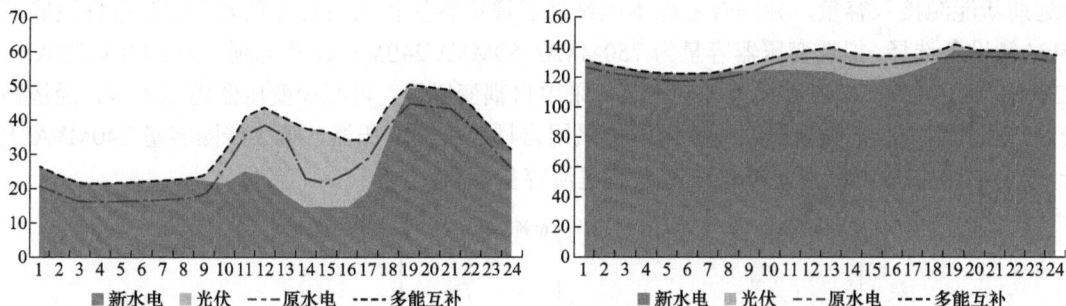

图 2　枯期（图左）和丰期（图右）典型日出力曲线—多能互补

2　新能源接入水电站方案设计

2.1　改扩建升压站选址

根据苗尾水电站现有厂区布置现状，考虑 220kV 新能源汇集线路进线方位，将新增设的联络自耦变及 220kV、35kV 配电装置布置于厂坝间机组段区域上游侧平台，220kV 终端塔靠近 220kV 出线构架东北侧布置，联络变压器 35kV 侧经母线及管母接至 35kV 箱式开关站，220kV 侧本期经 GIS 管母与 1 回 GIS 断路器间隔接至出线构架，采用单母线接线，采用一回变压器-线路组接线，预留一回 220kV GIS 进线断路器间隔和一回出线断路器间隔，220kV 进线回路预留终端塔位布置于西南侧空地；500kV 侧经 GIS 管母进入厂房 GIS 室；预留的 35kV 侧 SVG 无功补偿装置拟布置于西南侧空地。上述布置方案可以将新能源汇集站 220kV 进线自枢纽东北接至 220kV 线路终端塔，避开厂区现有 500kV 进出线路走廊。

2.2　电气主接线

根据新能源接入方案，联络自耦变 500kV 侧 1 回出线采用 550kV GIS 管道母线接至苗尾水电站现有 GIS 开关站第 1 串内，将该串双断路器更新为完整串。

联络自耦变 220kV 侧 1 回新能源进线并预留 1 回出线回路场地，本期采用 252kV GIS 管道母线自联络变 220kV 侧接至新增的户外 252kV GIS 断路器进线间隔，并经 220kV SF$_6$/空气套管与新能源接入的 1 回 220kV 架空线进线门形构架连接，配置 220kV GIS 母线 PT 及避雷器，预留 2 回 252kV GIS 断路器间隔场地。

联络自耦变 35kV 侧采用 35kV 管母线接至 35kV 箱式开关站。

本改造主接线简图见图 3，其中虚线框内为本次开关站扩建范围。

2.3　主要电气设备选型

2.3.1　主变压器

根据苗尾新增联变工程接入系统设计方案，同时考虑未来远期云南电网建设规划方案，即考虑苗尾电站附近新能源打捆接入 783MW、托巴水电站全部投产、长新投运时，220kV 侧新能源打捆汇集送入容量按 533MW 考虑，220kV 侧主变压器容量按 549MVA 考虑。35kV 侧新能源接入按 5 回并预留 1 回，每回约 30MW，共接入容量 180MW，并预留无功补偿装置容量，35kV 侧主变压器容量按 240MVA 考虑；苗尾电站附近新能源接入容量合计按 646MW 考虑，联变高/中/低压侧总容量为 699MVA/549MVA/240MVA，考虑主变压器容量标准化及预留远期新能源接入容量，并综合考虑本电站外送通道容量和电站对外重大件运输条件及联变35kV 侧设备选择，拟选变压器容量为 750MVA/750MVA/240MVA，考虑到 K_{12}=500kV/220kV=2.27＜3，K_b=0.56，电磁容量为 420MVA，采用自耦变压器，可减少变压器电磁容量，经济性较好，因此本次改扩建新增联络变压器拟采用自耦三线圈变压器，第 3 线圈容量 240MVA 大于 35%147 电磁容量，满足补偿三次谐波电流容量要求。

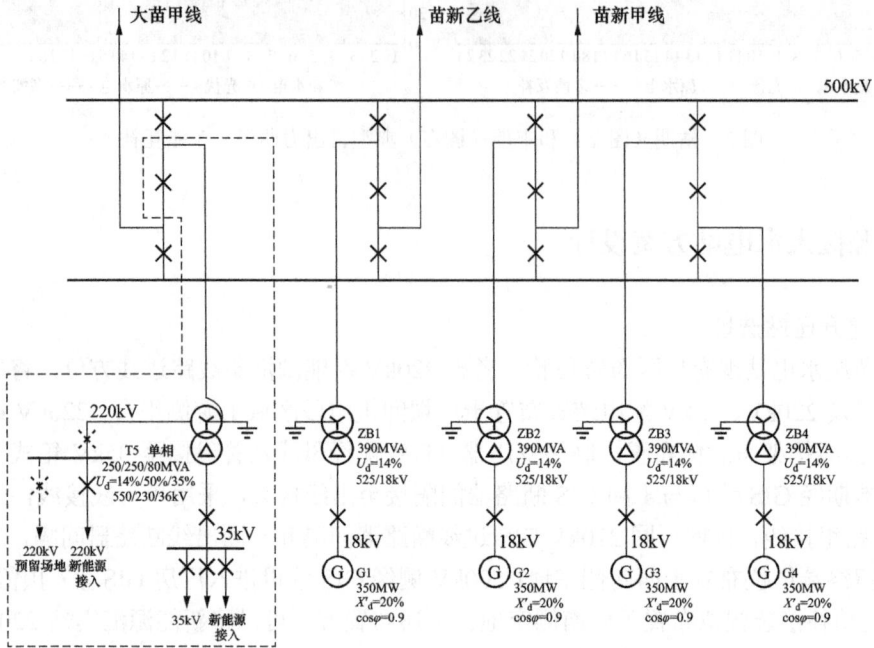

图 3　苗尾升压开关站改造主接线图（虚线内为本次改造范围）

2.3.2　500kV 配电装置

联络变压器 500kV 侧采用 550kV GIS 母线接入苗尾水电站现有 GIS 开关站第 1 串内，将该串双断路器更新为完整串，该回路最大输送容量为 750MVA，最大持续工作电流为909A，新增 550kV GIS 母线按 1250A 选择。原电站 550kV GIS 断路器额定电流为 5000A，改造后仍可满足要求并有余量，因此 550kV 第 1 串新增 GIS 断路器参数与原电站 GIS 参数保持一致。

考虑本次新能源打捆接入 646MW 容量为增量，则苗尾电站开关站合计接入容量为2966MW（1400+920+646MW）、电流为 3805A（功率因数按 0.9），现有串内及"苗新甲线""苗新乙线"线路 CT 变比 3000/1A 需更换为 4000/1A，大苗甲线、母线高抗回路 TA 可不更换（潮流不经过）。

2.3.3　其他配电装置

220kV GIS 配电装置较 AIS 可靠性高，维护工作量少，占地面积小，且近年来国产化程度高，价格降幅大，因此 220kV 配电装置也推荐采用 GIS 高压配电装置，采用户外型。

35kV 配电装置整体采用 35kV 箱式开关站，其中断路器柜及母线设备采用 40.5kV 户内中置式开关柜，根据短路电流计算结果，35kV 设备短路电流水平按 31.5kA 选取。联络变压器35kV 侧至 35kV 进线断路器柜采用户外绝缘管形母线方式。

考虑到现有苗尾、大华桥水电站母线分别装设了 150Mvar、120Mvar 母线高抗，经无功平衡计算，在新能源大发时刻或不出力时，无论苗尾电站和大华桥电站开机情况如何，灵活调整 2 个电站的母线高抗的投切，现有无功补偿容量均基本能满足联变增容后无功补偿需求，联变暂不考虑装设无功补偿装置。在 35kV 侧预留三个断路器间隔并预留无功补偿装置场地位置，将来拟结合电网运行需求适时装设。

2.4 电气短路计算

根据苗尾新增联变工程接入系统设计方案，同时考虑未来远期云南电网建设规划方案，即考虑苗尾电站附近新能源打捆接入 783MW、托巴水电站全部投产、长新投运时，需要确认新增联络自耦变阻抗值，以保证电气短路电流最小。已知计算数据参数如表 1 所示。

表 1 短 路 计 算 参 数 表

项目名称及规格	数 量
发电机基准电压（U_j）	18kV
发电机额定容量（S_n）	389MVA
主变压器额定容量（S_n）	390MVA（3×130MVA）
主变压器阻抗电压（U_z）	14%
220kV 系统基准电压（U_j）	230kV
35kV 系统基准电压（U_j）	37kV
新增联络自耦变压器额定容量（S_n 高压/中压/低压）	3×250/250/80MVA

短路计算接线简图和阻抗图如图 4 所示。

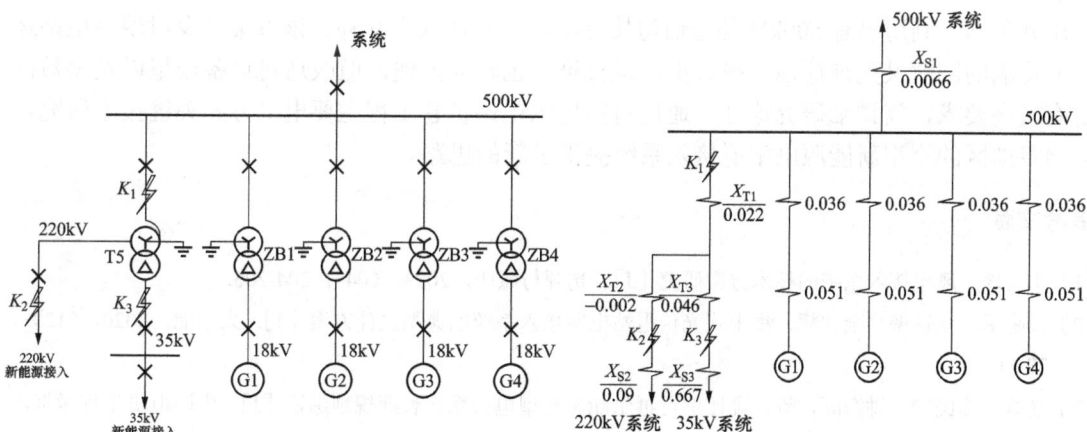

图 4 短路计算用接线简图（图左）和阻抗图（图右）

根据国家电网通用设备 35～750kV 变电站的要求，满足上述自耦变压器的主分接阻抗电压为：高压—中压：12%（14%、16%）、高压—低压：44%（50%、54%）、中压—低压：30%（35%、36%）。短路计算成果如表 2 所示。

表 2　　　　　　　　　　　　短 路 计 算 成 果 表

序　号	阻抗电压	短路点	三相短路电流	最大冲击电流
方案 1	高压—中压：12% 高压—低压：44% 中压—低压：30%	K_1	23.266kA	62.136kA
		K_2	16.291kA	42.570kA
		K_3	31.908kA	82.763kA
方案 2	高压—中压：14% 高压—低压：50% 中压—低压：35%	K_1	23.241kA	62.066kA
		K_2	14.919kA	38.979kA
		K_3	28.925kA	75.028kA
方案 3	高压—中压：16% 高压—低压：54% 中压—低压：36%	K_1	23.215kA	61.995kA
		K_2	13.861kA	36.218kA
		K_3	27.538kA	71.450kA

根据表 2 可以看出，相比较于方案 1 和方案 2，方案 3 的三相短路电流和最大冲击电流最小，然而阻抗电压较大，变压器负载时会有较大的无功，影响供电质量；方案 1 的三相短路电流和最大冲击电流最大，特别是当 K_3 短路时的三相短路电流为 31.908kA，最大冲击电流为 82.763kA，会对电气设备产生较大的影响；综上所述，自耦变压器阻抗电压选取方案 2 最佳。

3　结束语

随着我国新能源项目的多样化，新能源接入系统需结合项目特点以实现经济性、灵活性、可靠性。基于云南苗尾水电站扩建工程，水电站附近的小型光伏电站群打捆接入已建水电站升压开关站，利用已有 500kV 外送通道接至电网，实现水光互补。该方案减少对现有电站运行的影响的同时又无须征地，投资小，运行维护也较为方便，但改造对设备选型以及参数确定有较高要求，需详细研究论证。通过对苗尾水电站扩建工程主要电气方案关键技术研究，为河谷地区的小型新能源电站群接入系统提供了新的思路。

参考文献

[1] 李素珍.风电接入系统的技术方案研究 [J].光源与照明，2023，（04）：204-206.

[2] 田晓军，张铁壁，金坎辉.集中式光伏电站电网接入系统的典型设计方案 [J].太阳能，2020，（12）：77-81.

[3] 黎博，陈民铀，钟海旺，等.高比例可再生能源新型电力系统长期规划综述 [J].中国电机工程学报，2023，43（02）：555-581.

[4] 范荣全，杨云，许珂，等."双碳"目标下新型电力系统典型特征与发展挑战综述 [J].四川电力技术，2023，46（06）：10-14+58.

作者简介

温景茂（1995—），男，工程师，中国电建集团华东勘测设计研究院有限公司，主要从事水电站、抽水

蓄能电站等电气工程设计工作。E-mail：wen_jm@hdec.com

　　袁　歆（1990—），男，工程师，中国电建集团华东勘测设计研究院有限公司，主要从事水电站、抽水蓄能电站等电气工程设计工作。E-mail：yuan_x@hdec.com

　　师晓岩（1983—），女，高级工程师，中国电建集团华东勘测设计研究院有限公司，主要从事水电站、抽水蓄能电站等电气工程主管工作。E-mail：shi_xy@hdec.com

进厂交通洞进水导致水淹厂房事故数值仿真分析

刘　政　许志杰　戴陈梦子　丁蜀枫　任岳峰

（中国电建集团中南勘测设计研究院有限公司，湖南省长沙市　410014）

[摘　要] 水电站水淹厂房发生的概率高，损失大，是水电站的重大安全生产事故之一，防范水淹厂房事故是水电站生产安全管理的最重要工作之一。本文采用 CFD 数值仿真方法研究水淹厂房工况动态过程，可清晰预见水淹厂房发生后，地下厂房水位整体淹没规律。本文以杨房沟水电站工程为例，通过对杨房沟水电站防水淹厂房事故数值仿真分析发现，当出现进厂交通洞进水等类似工况发生时，可根据数值模拟结果提前精确预测水位与时间的关系，该方法可为水电站防水淹厂房应急疏散预案的编制及应急疏散路线的规划提供理论指导。

[关键词] 水电站；水淹厂房；数值仿真；进厂交通洞

0　引言

近年来，全球气候异常，我国连续发生因暴雨、泥石流等自然灾害或机电设备故障导致的水电站水淹厂房事件，造成了较大经济损失，严重威胁水电站的运行和人身安全[1-3]。

1997 年 8 月，龙羊峡地区突降特大暴雨，引起了特大山洪，洪峰流量超过青海龙羊峡水电站工程设计排洪工程百年一遇的标准，洪水裹挟大量的巨石从北大沟一出线楼一交通洞方向冲进水电站导致厂房被淹，出线楼被毁，道路交通中断，全厂 4 台机组被迫停产。

2008 年 5 月，"5·12" 汶川特大地震导致映秀湾水电站厂区边坡垮塌极为严重，巨量崩塌体堆积在坡脚，壅塞河道，形成堰塞湖。河道水位大幅抬升，导致岷江江水从映秀湾水电站无压尾水洞倒灌入尾水闸门室，通过进厂交通洞灌入映秀湾水电站地下厂房。渔子溪一级水电站、耿达水电站等也出现了类似情况。

2018 年 7 月，国家能源局印发《电力行业应急能力建设行动计划（2018—2020 年）》，提出整合水电站安全与应急数据，推进流域水电安全与应急管理。2020 年 2 月《国家能源局综合司关于同意建设流域水电安全与应急管理信息平台的复函》（国能综函安全〔2020〕35 号），要求依托雅砻江、澜沧江等流域先期开展平台建设及示范，基于三维瞬态数值仿真结果对流域水电站水淹厂房过程进行可视化处理，完善平台建设的实施性建议，增加流域气象设备（多普达雷达）完善水情测报系统并提高预报精确性。从目前国家法律法规、行业规程规范以及安全管理需求出发，水电站水淹厂房事故防范与应急能力提升研究十分必要。

因此，本文通过对杨房沟水电站水淹厂房的三维数值模拟分析，推动水电行业开展水淹厂房数值模拟研究，有效防范水电站建设运行过程中的重大安全风险。

1 数值建模

1.1 工程概述

杨房沟水电站位于四川省凉山彝族自治州木里县境内的雅砻江中游河段上，是雅砻江中游一库七级的第六级电站，上距孟底沟水电站 37km，下距卡拉水电站 33km，距西昌公路里程 235km。杨房沟水电站的开发任务为发电，兼顾防洪并促进地方经济社会发展。水电站控制流域面积 8.088 万 km²，多年平均流量 896m³/s，年径流量 282.76 亿 m³，电站正常蓄水位 2094m，相应库容 4.558 亿 m³，死水位 2088m，相应库容 4.0195 亿 m³，电站调节库容 0.5385 亿 m³。

1.2 地下洞室群模型及简化

基于杨房沟水电站用于建设施工的 Bentley 模型及相关图纸信息（见图 1），综合考虑水电站地下厂房的洞室开挖、建筑结构与设备布置等因素，简化提取水淹厂房所涉及的水流过流区域（包含主要洞室及各类通道），排除不参与流体数值仿真的固体区域，同时结合现场调研所获得实地图片及电站的运行管理资料，经核算后确定水淹厂房过程所涉及的主副厂房洞、主变压器洞、排水廊道、各疏散通道及相应连接通道的空间几何参数，建立并完善适用于杨房沟水电站水淹厂房三维数值模拟的简化模型，如图 1、图 2 所示。

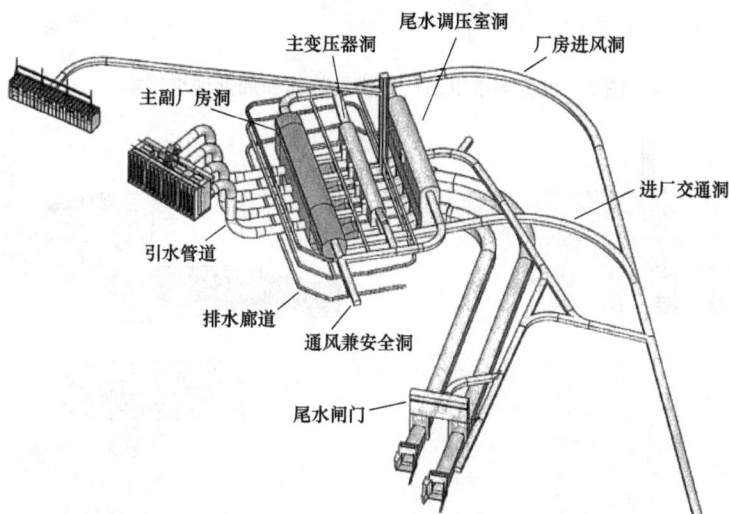

图 1　杨房沟水电站厂房布置原型图

1.3 网格划分及边界条件

本文中的杨房沟水电站地下厂房的所有过流部件均采用结构化网格划分，包含各主要洞室、通道、楼梯及门洞等，网格划分效果图如图 3、图 4 所示。为兼顾数值计算速度和计算精度，取厂房垂直高度上的平均网格尺寸为 0.5m，水平方向的平均网格尺寸为 1m。进厂交通洞进口采用明渠进口边界条件（open channel flow）、地下厂房出口采用压力出口边界条件（pressure-outlet）、其余壁面采用无滑移壁面边界条件（wall）。本文在处理近壁面网格时应用标准壁面函数（Standard Wall Functions）方法，与 k-ε 湍流模型配合进行数值模拟计算[4-11]

（见图3、图4）。

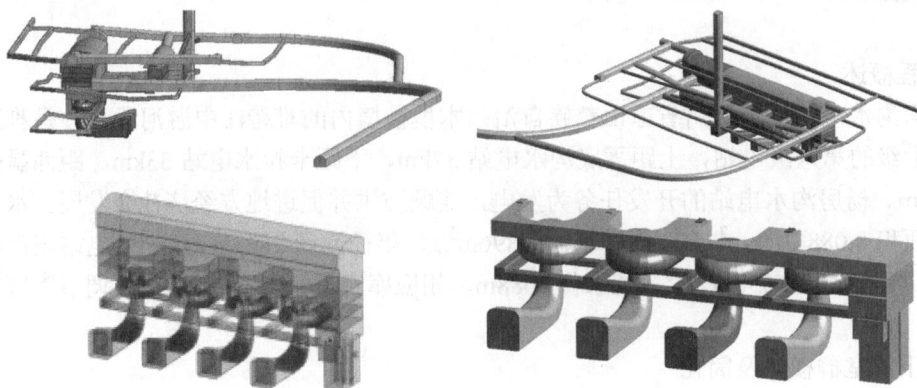

图2 杨房沟水电站地下厂房三维几何模型

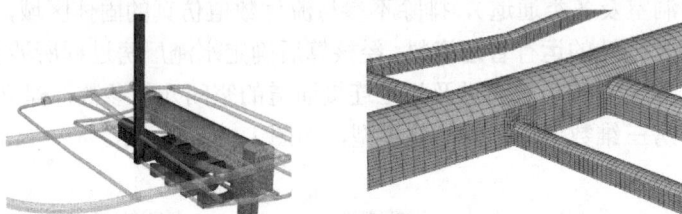

图3 杨房沟水电站厂房模型整体和局部通道网格

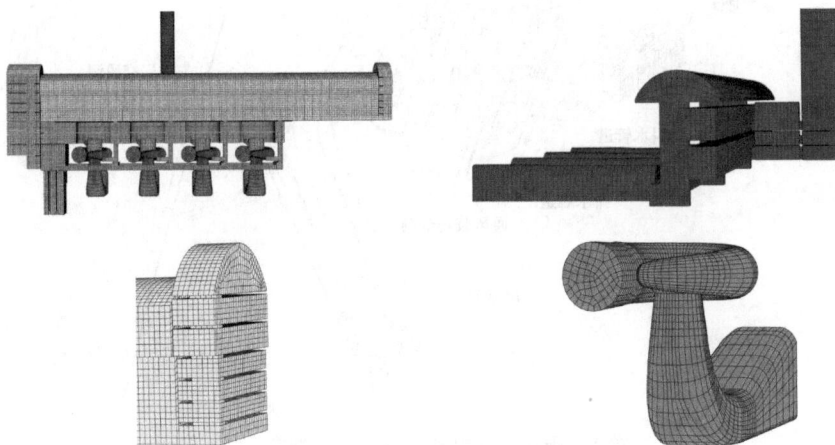

图4 杨房沟水电站主副厂房、主变压器洞及机组段网格

2 水淹厂房事故工况数值仿真分析

2.1 各层进水动态过程

水淹厂房事故工况的三维瞬态数值计算工作借助专业计算流体力学（CFD）软件完成。基于对已发生的水淹厂房事故分析及杨房沟地下厂房的结构特性，确定了进厂交通洞进水工

况，在进厂交通洞进水工况设置 6m 水深进水工况，设置进口类型为明渠进口边界条件。

进厂交通洞 6m 高进口水深工况下，水流由进厂交通洞先进入发电机层，后流入廊道层、水轮机层及中间层，其存在主厂房同时淹水情况，上下层不满足水位连续接力上升规律，主厂房水位上升规律由各层分别阐述。该工况下主厂房与主变压器洞各层的水位变化、两相流分布以及水流速度分布如下：

图 5　发电机层水位变化图

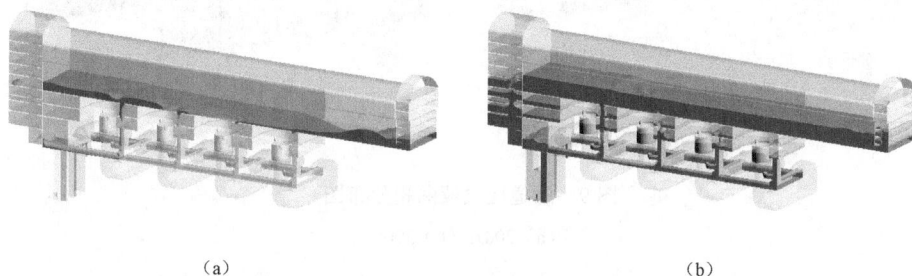

2.1.1　主厂房：发电机层 1992m

发电机层的进水时间为 118.9s 开始。发电机层在（576.6s）时间内初期进水水面波动剧烈，进水水流速度快，局部大于 5m/s，发电机层内存在强旋涡（见图 5～图 7）。

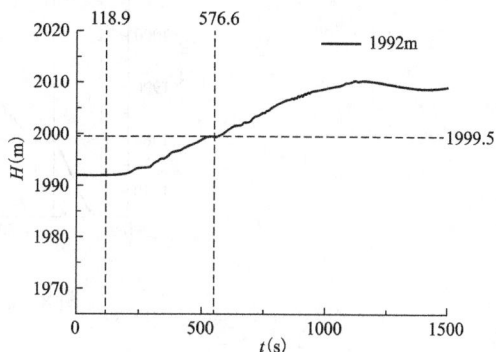

（a）　　　　　　　　　　　　　　（b）

图 6　发电机层气液两相分布图

（a）200s；（b）500s

（a）

（b）

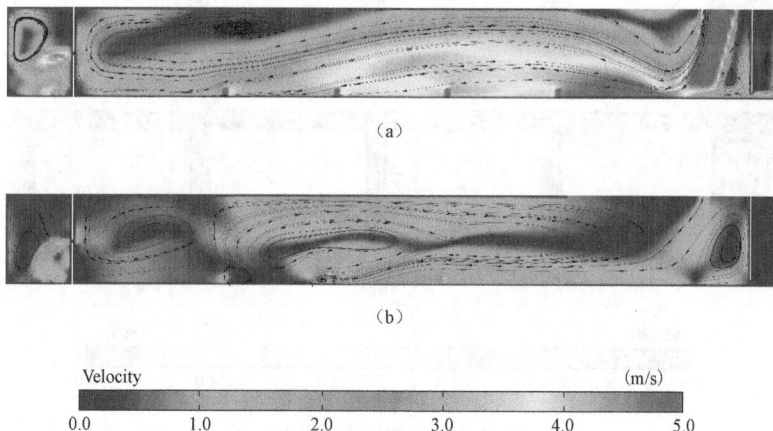

图 7　发电机层速度分布图

（a）200s；（b）500s

2.1.2　主厂房：廊道层 1965.1m

廊道层的进水时间为 119.7s 开始，384.8s 时水流充满廊道层。水流由发电机层经楼梯道向下流入廊道层，廊道层内沿水流方向速度大于 5m/s（见图 8～图 10）。

67

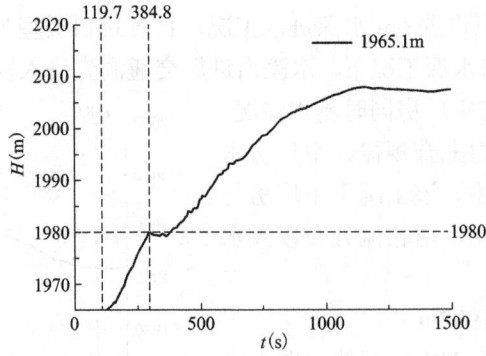

图 8　廊道层水位变化图

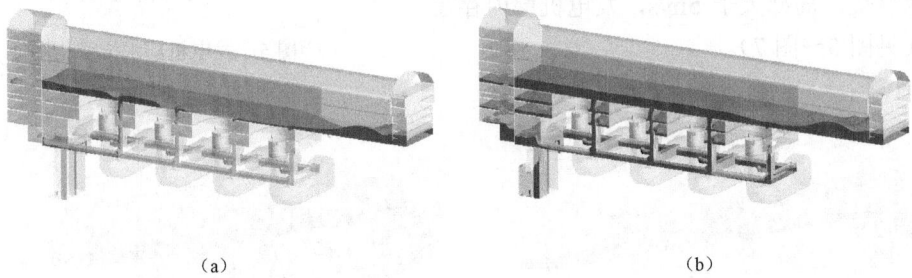

（a）　　　　　　　　　　　　　　　（b）

图 9　廊道层气液两相分布图

（a）200s；（b）300s

（a）

（b）

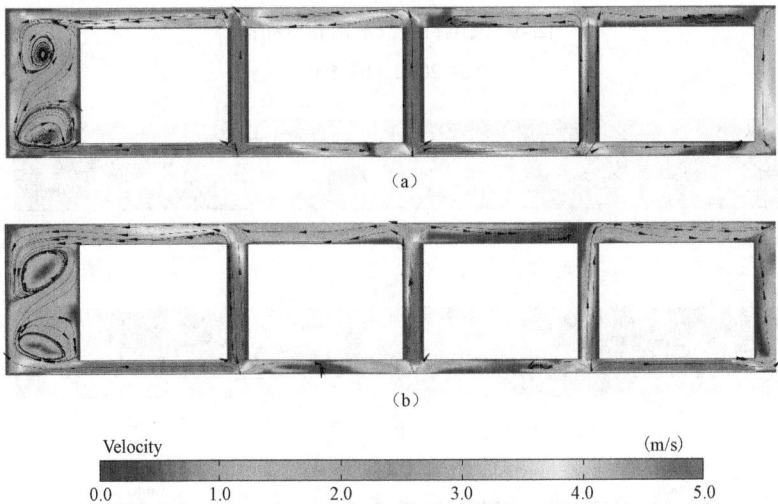

图 10　廊道层速度变化图

（a）200s；（b）300s

2.1.3　主厂房：水轮机层 1980m

水轮机层的进水时间为 150.3s 开始，346.0s 时水流充满水轮机层；水流进入水轮机层的时沿水流方向局部速度接近 5m/s，后逐渐减小（见图 11～图 13）。

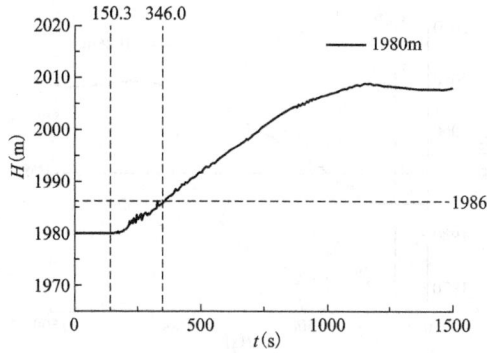

图 11　水轮机层水位变化图

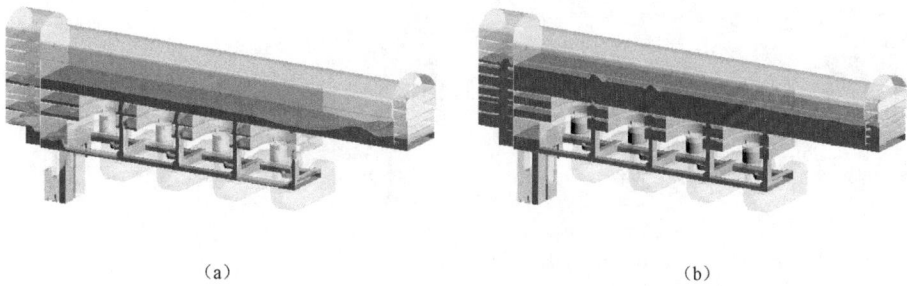

（a）　　　　　　　　　　　　　　　　（b）

图 12　水轮机层气液两相分布图

（a）300s；（b）700s

（a）

（b）

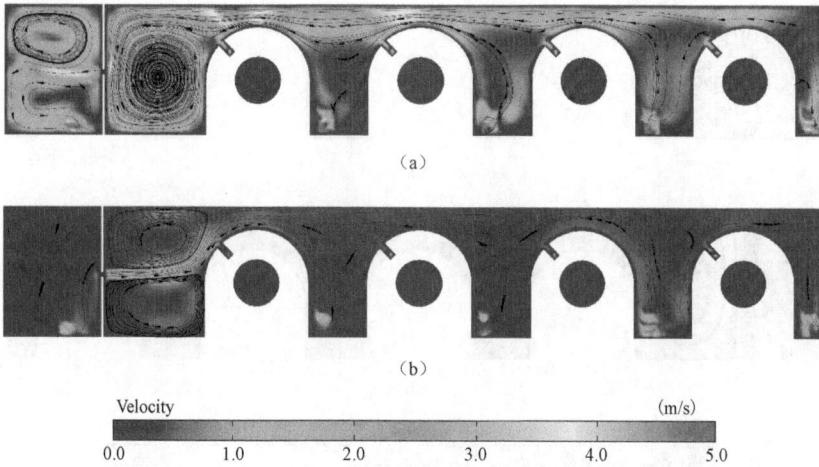

图 13　水轮机层速度分布图

（a）300s；（b）700s

2.1.4　主厂房：中间层 1986m

中间层的进水时间为 165.6s 开始，399.0s 时水流充满中间层；中间层在（165.6～399.0s）时间内与廊道层、水轮机层为同时充水状态；集水井内水流未充满；流入中间层沿楼梯通道内水流速度大于 5m/s，一副厂房侧存在漩涡（见图 14～图 16）。

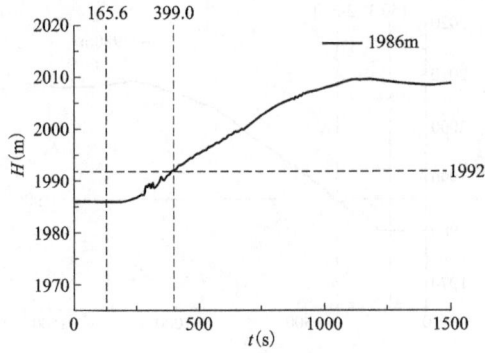

图14 中间层水位变化图

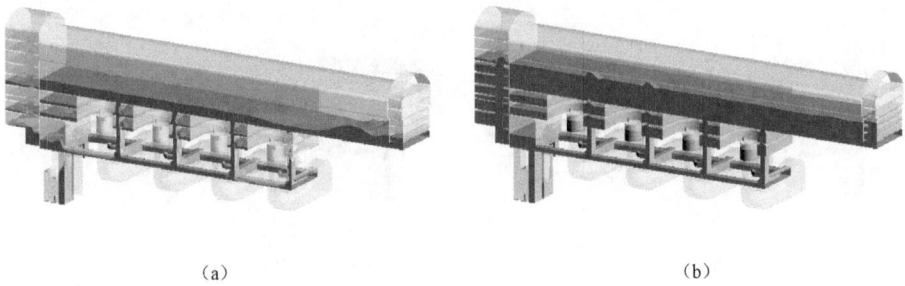

（a）　　　　　　　　　　　　　　　　　　（b）

图15 中间层气液两相分布图

（a）300s；（b）700s

（a）

（b）

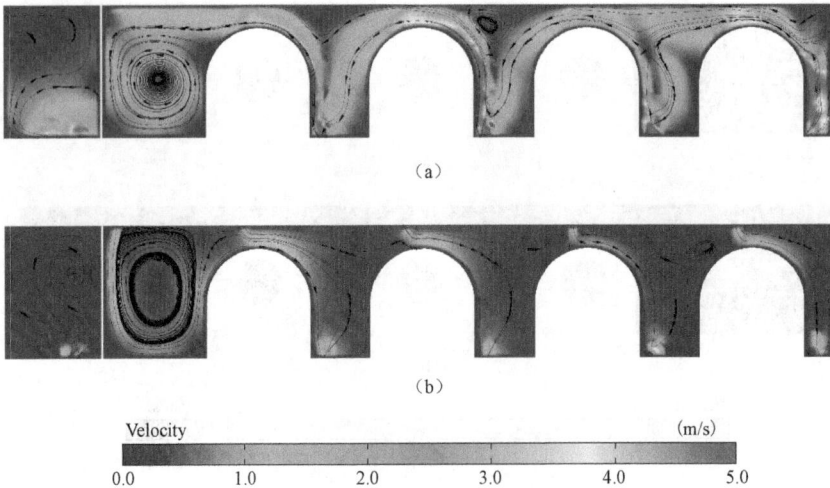

图16 中间层速度分布图

（a）300s；（b）700s

2.1.5 主变压器洞：电缆层1986m；主变压器层1992m；主变压器洞1999.5m；通风层2007m

主变压器洞内：电缆层充水时间为（167.6～382.8s）；主变压器层充水时间为（132.5～576.6s）；主变压器洞充水时间为（576.6～883.0s）；通风层充水时间为（883.0）（见图17、图18）。

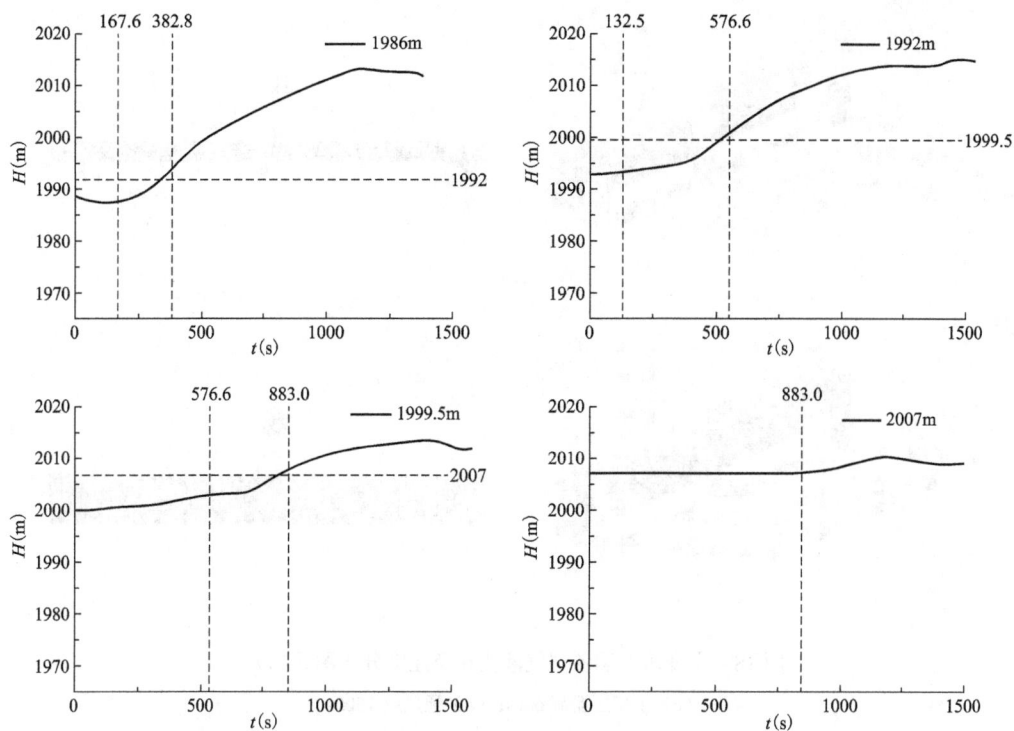

图 17　主变压器洞各层水位变化图

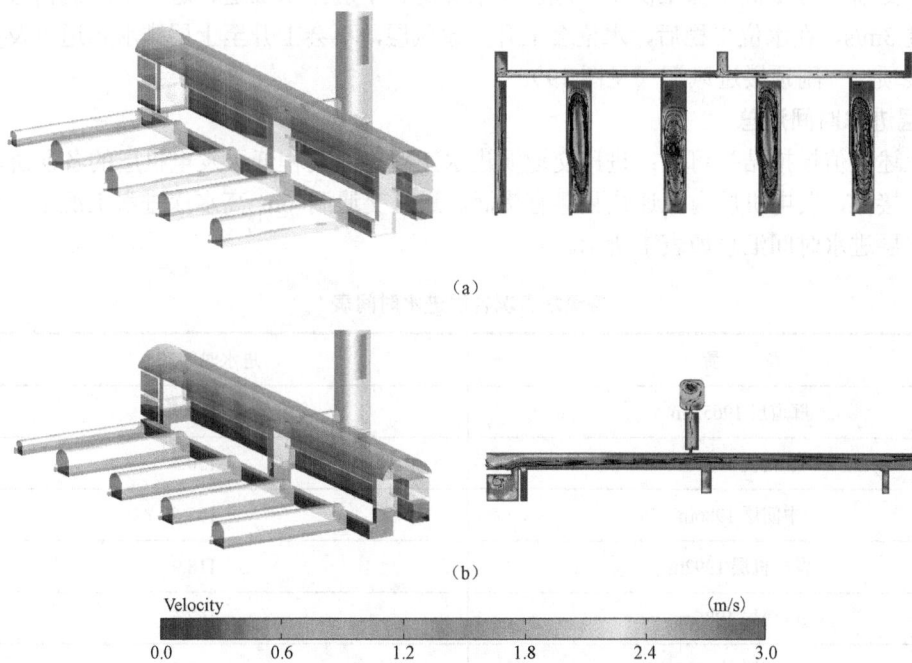

（a）

（b）

图 18　主变压器洞各层气液两相及速度分布图（一）

（a）电缆层 300s；（b）主变压器层 400s

（c）

（d）

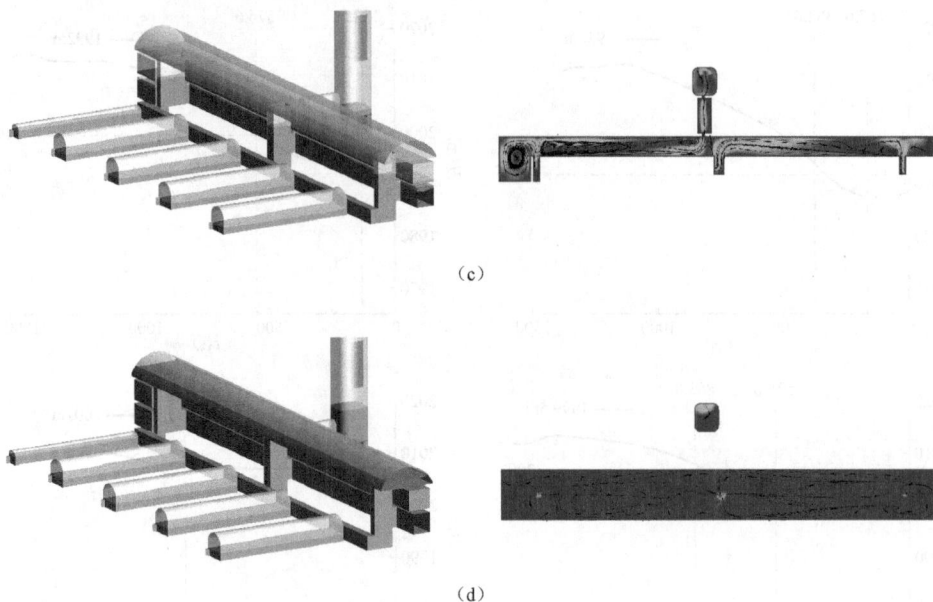

图18　主变压器洞各层气液两相及速度分布图（二）

（c）主变压器洞600s；（d）通风层1500s

2.1.6　主要通道：底层排水廊道、中层排水廊道、上层排水廊道、进厂交通洞

进厂交通洞6m高水深工况下，底层排水廊道、中层排水廊道、进厂交通洞内进水流速均会超过3m/s，在水位平稳后，水位会上升至通风层，不会上升至上层排水廊道以及安装间副厂房楼顶、一副顶楼进风洞（见图19）。

2.2　各层进水时间汇总

由上述数值模拟结果可知：进厂交通洞进水工况下，高程低于发电机层的各层进水时间短且相互接近，发电机层内流速快且伴有旋涡。进厂交通洞6m高水深进水工况下，地下厂房各洞室层进水时间汇总如表1所示。

表1　　　　　　　　　各淹水工况各层进水时间表

位　　置	进水时间（s）
廊道层1965.1m	119.7
水轮机1980m	150.3
中间层1986m	165.6
发电机层1992m	118.9
电缆层1986m	167.6
主变压器层1992m	132.5
主变压器洞1999.5m	576.6
通风层2007m	883.0

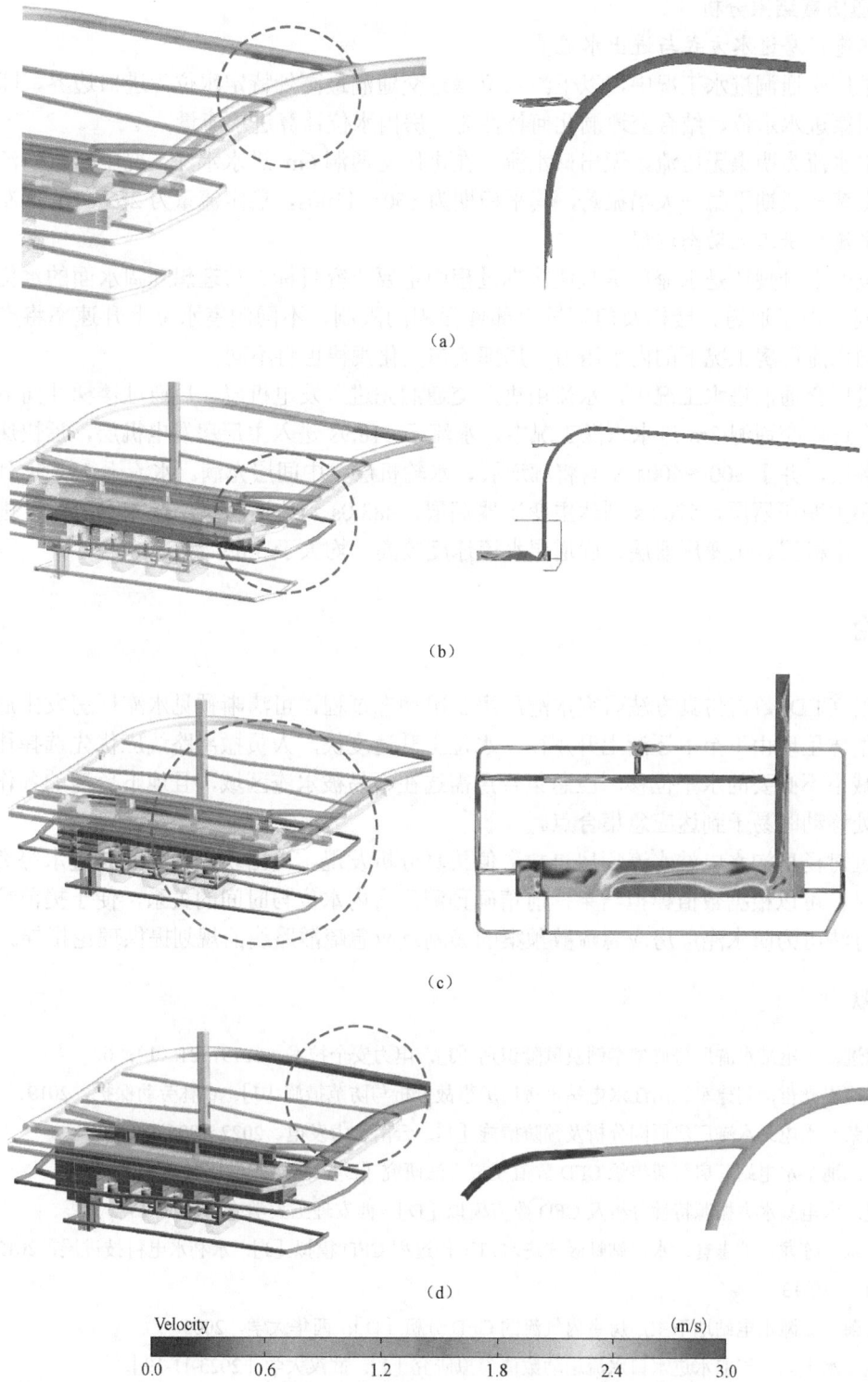

(a)

(b)

(c)

(d)

图 19 主要通道气液两相及速度分布图

(a) 100s；(b) 200s；(c) 400s；(d) 1500s

2.3 数值仿真结果分析

2.3.1 水淹厂房进水方式与进出水流量

在进厂交通洞进水工况中，以下游水位漫过交通洞最高处特定水位为进口边界，即设定恒定的明渠进水水位，结合交通洞几何特性与厂房内水位计算进水流量。

进水水流为明渠无压流，无出口水流。在进厂交通洞 6m 进水水深工况中，进口流量呈现小幅振荡－长期平稳－大幅振荡，其平稳期为 150～1100s，稳定流量为 262.61m³/s 左右。

2.3.2 水淹厂房工况动态过程

水位的上升规律是水淹厂房数值仿真过程中重要研究目标。与理想开阔水面的水位上升规律不同，由于通道、楼梯及门等过流部件面积的限制，不同洞室水位上升速率将产生差别，不同水淹厂房工况下的内水压力，局部流态变化规律也将不同。

在进厂交通洞进水工况中，水流由进厂交通洞先进入发电机层，后通过楼梯井向下流入各层。在进厂交通洞 3m 进水水深工况中，水流于 118.9s 进入主厂房发电机层，后快速进入主厂房各层，并于 300～400s 左右将廊道层、水轮机层、中间层充满。水流于 132.5s 到达主变压器洞主变压器层，576.6s 到达主变压器洞层，883.0s 到达通风层。在充水阶段，进厂交通洞、发电机层、主变压器层、廊道层水流速度较高，均大于 3m/s。

3 结论

采用 CFD 数值仿真方法研究水淹厂房工况动态过程，可清晰预见水淹厂房发生后，淹没水位整体呈现由下至上逐渐上升规律，水位上升速度快，人员撤离路线应优先选择往高处移动，减小不必要的水平位移。应急集合点需选在不易被水淹区域，且地下厂房的各作业点在向高处移动时易于到达应急集合点。

通过对杨房沟水电站水淹厂房事故数值仿真分析发现，当出现进厂交通洞进水等类似工况发生时，可以根据数值模拟结果提前精确预测厂房内水位与时间的关系，便于提前预警预告，该方法可为防水淹厂房应急疏散预案的编制及应急疏散路线的规划提供理论指导。

参考文献

[1] 杜德进. 水电站水淹厂房典型案例及风险识别 [J]. 电力安全技术, 2019, 21（1）: 6.

[2] 王群, 崔光哲, 刘建军. 两江水电站水淹厂房事故分析与防范措施 [J]. 吉林劳动保护, 2019.

[3] 赵兴荣. 水电站水淹厂房原因分析及预防措施 [J]. 云南水力发电, 2022（006）: 038.

[4] 谢东. 地下水电站厂房气流组织 CFD 数值模拟方法研究 [D]. 重庆大学 [2023-11-19].

[5] 王建. 水电站水力振源特性分析及 CFD 数值模拟 [D]. 西安理工大学 [2023-11-19].

[6] 侯才水, 陈龙, 王志襄. 水电站虹吸式进水口工作过程 CFD 模拟 [J]. 水利水电科技进展, 2012, 032（004）: 10-13.

[7] 林素菊. 二滩水电站地下主厂房室内气流的 CFD 分析 [D]. 西华大学, 2005.

[8] 雷艳. 水电站分层取水进水口水流运动数值模拟研究 [J]. 武汉大学 [2023-11-19].

[9] 黄卫刚, 杨志超, 戴忠华, 等. 水淹厂房的风险分析 [J]. 水电与新能源, 2011（1）: 5.

[10] 李立, 张法, 伍志军, 等. 某抽水蓄能电站防水淹厂房关键技术研究 [J]. 水电能源科学, 2020, 38（5）: 5.

[11] 陈源，胡清娟，蒋明东，等. 大型抽水蓄能电站防水淹厂房事故演算与风险分析 [J]. 水力发电，2019，45（4）：4.

作者简介

刘　政（1991—），男，中级工程师，主要从事水利水电工程安全咨询与评价工作。E-mail：1101849976@qq.com

许志杰（1997—），男，中级工程师，主要从事水利水电工程安全咨询与评价工作。E-mail：707835283@qq.com

戴陈梦子（1991—），女，高级工程师，主要从事水利水电工程安全咨询与评价工作。E-mail：405201809@qq.com）

丁蜀枫（1998—），男，助理工程师，主要从事水利水电工程安全咨询与评价工作。E-mail：1228490631@qq.com

任岳峰（1995—），男，中级工程师，主要从事水利水电工程安全咨询与评价工作。E-mail：1061615140@qq.com

中小型抽水蓄能电站建设必要性研究

刘君成[1] 杨本均[1] 徐 辉[1] 杨尉薇[1] 龚 雪[1] 谭振龙[1] 王 珏[2]

[1. 中国三峡新能源（集团）股份有限公司，北京市 101199;
2. 国网新源抽水蓄能技术经济研究院，北京市 100032]

[摘 要]本文通过对中小型抽水蓄能电站的建设必要性进行论述，并结合中小型抽水蓄能电站典型建设场景，通过基本参数设定、建设工期分析、投资分析及与大型抽水蓄能电站对比分析等，对中小型抽水蓄能电站的建设必要性及前景进行了论述，以供有意向投资中小型抽水蓄能电站的单位参考。

[关键词]中小型；抽水蓄能

0 引言

我国抽水蓄能电站建设于 20 世纪 90 年代后步入发展快车道，目前抽水蓄能电站的整体设计、制造和安装已达到国际先进水平，高水头大容量抽水蓄能电站技术日趋完善。目前经过几轮规划选点与建设，大型抽水蓄能电站优良站址、可开发站址越来越少，而随着大型能源基地建设、分布式能源的开发利用和新型电力系统的发展，中小型抽水蓄能电站已成为一个重要的发展方向。

我国于 1968 年和 1973 年先后建成了岗南和密云两座小型抽水蓄能电站，标志着我国开始了抽水蓄能电站建设的探索。目前已建成一定数量的小型抽水蓄能电站，主要有西藏羊湖、安徽响洪甸、浙江溪口、江苏沙河等抽水蓄能电站。

近年来，新型电力系统建设逐渐加快，随着新能源陆上基地、海上风电的建设规模不断加大，对储能的需要越来越迫切，抽水蓄能电站作为目前技术成熟、装机容量大、运行寿命长的储能技术，得到了大范围的推广和建设。

中小型抽水蓄能电站作为大型抽水蓄能电站的重要补充，由于具有装机规模小、地形地质条件要求低、总投资省、建设工期短等特点，可以更好地满足局域电网和新能源基地的储能需求。国家发展改革委能源局文件中也多次提到适时开展中小型抽水蓄能电站站点资源调查与建设，对于中小型抽水蓄能电站的建设给予了政策上的支持，有利于进一步促进中小型抽水蓄能电站的建设和发展。

1 中小型抽水蓄能电站典型工程方案分析

1.1 方案拟定

在国内已有电站工程经验的基础上，以服务于 220kV 以下电网用户侧、保障小微电网安全稳定运行为目标，对中小型抽水蓄能电站建设方案进行适当归纳、调整，初拟出典型的中小型抽水蓄能电站的主要特征参数。

考虑到方案的差异性，本研究分别取小型、中型两种规模的抽水蓄能电站方案，搭配不同的工程方案以满足不同规模下的开发需求。随着国家对水土保持、环境保护力度的加大，生态环境等问题成为制约水电站开发的重要因素，在开展中小型抽水蓄能电站典型工程方案拟定时，应选择地形、地质条件优良且对天然环境干扰小的开发方案。

拟定两个典型布置方案：方案Ⅰ上、下大坝水库采用混凝土重力坝，上水库进/出水口布置在挡水重力坝内部偏下位置，输水系统采用明管；方案Ⅱ上、下水库大坝采用混凝土面板堆石坝，输水系统采用地下布置；为满足吸出高度要求，两方案发电厂房均为半地下式。

1.2 典型方案Ⅰ

该初拟电站采用最优化设计思路、适当兼顾通用性，主要原则如下：初拟电站装机 49.8MW（2 台×24.9MW/台）；上/下水库库容满足装机规模最低要求，大坝坝型均为混凝土重力坝，坝高不超过 20m；输水系统调压室前采用明管布置、调压室后为地下埋管，厂房为半地下式方案，发电小时数为 3～4h。

1.2.1 工程等别和标准

工程拟定装机容量 49.8MW，安装 2 台单机容量 24.9MW 混流可逆式水泵水轮机。上水库大坝最大坝高 20m，调节库容约 60 万 m^3；下水库大坝最大坝高 20m，调节库容 65 万 m^3，上、下水库均采用垂直防渗为主的局部防渗型式。

工程按其装机容量确定工程等级，属四等小（1）型工程，上、下水库大坝、泄水建筑物、输水系统、半地下厂房及地面开关站等主要建筑物按 4 级建筑物设计，次要永久性建筑物按 5 级建筑物设计。

1.2.2 建设工期分析

根据已建抽水蓄能电站工程建设进度，参考国内中小型抽水蓄能电站案例，本初拟电站工期分析如下：

（1）筹建期，由于地面厂房不需要配置交通洞、通风兼安全洞的洞室，故筹建期工期由进场道路及上下库连接道路控制，按照 6 个月考虑。

（2）大坝基础开挖及混凝土填筑，由于坝体方量在 2 万 m^3 左右，大坝填筑时间按照 4 个月计算，初期蓄水 6 个月。

（3）半地下式厂房的厂房基坑开挖、支护及地面厂房混凝土浇筑合计 8 个月，首台机混凝土浇筑 8 个月，首台机安装 8 个月。

（4）首台机调试 4 个月。

（5）完建期 3 个月。

综上，本工程主线工期由下水库及厂房控制，总工期为：厂房开挖支护及混凝土浇筑 8 个月+首台机混凝土浇筑 8 个月+首台机安装 8 个月+首调 4 个月+完建期 3 个月，合计约 31 个月。

1.2.3 工程投资估算

根据拟定的典型电站参数，初选代表性工程方案、估算工程量，采用大型抽水蓄能电站工程概算数据案例，匡算本工程初拟投资。

经测算，本工程静态总投资 4.6 亿元，静态单位千瓦投资 9247 元。动态总投资 5.18 亿元，动态单位千瓦投资 10396 元。

其中，建筑工程 0.76 亿元、环境保护和水土保持工程 0.26 亿元、机电设备及安装工程 1.5 亿元、金属结构设备及安装工程 0.30 亿元，独立费 0.5 亿元，征地移民 0.50 亿元，基本预备费 0.2 亿元。

1.3 典型方案 II

该初拟电站采用最优化设计思路、适当兼顾通用性，主要原则如下：初拟电站装机容量 200MW（2 台×100MW/台）；上/下水库库容满足装机规模最低要求，大坝坝型均为混凝土面板堆石坝，坝高不超过 50m；高压引水管道采用钢筋混凝土衬砌，厂房为半地下式方案，发电小时数为 4～5h。

1.3.1 工程等别和标准

工程拟定装机容量 200MW，安装 2 台单机容量 100MW 混流可逆式水泵水轮机。上水库大坝最大坝高 47m，调节库容约 210 万 m^3；下水库大坝最大坝高 50m，调节库容 210 万 m^3，上、下水库均采用垂直防渗为主的局部防渗型式。

工程按其装机容量确定工程等级，属三等中型工程，上、下水库大坝、泄水建筑物、输水系统、半地下厂房及地面开关站等主要建筑物按 3 级建筑物设计，次要永久性建筑物按 4 级建筑物设计。

1.3.2 建设工期分析

根据已建抽水蓄能电站工程建设进度，参考国内中小型抽水蓄能电站案例，本初拟电站工期分析如下：

（1）筹建期，由于地面厂房不需要配置交通洞、通风兼安全洞的洞室，故筹建期工期由进场道路及上下库连接道路控制，按照 8 个月考虑。

（2）大坝开挖及大坝填筑，由于坝体方量在 100 万 m^3 左右，大坝填筑时间按照 10 个月计算，沉降期 6 个月、面板浇筑 3 个月、初期蓄水 12 个月。

（3）半地下式厂房的厂房基坑开挖、支护及地面厂房混凝土浇筑合计 10 个月，首台机混凝土浇筑 10 个月，首台机安装 8 个月。

（4）首台机调试 6 个月。

（5）完建期 3 个月。

综上，本工程主线工期由下水库控制，总工期为：大坝填筑 10 个月+沉降期 6 个月+面板浇筑 3 个月+初期蓄水 12 个月+首调 6 个月+完建期 3 个月，合计约 40 个月。

1.3.3 工程投资估算

根据拟定的典型电站参数，初选代表性工程方案、估算工程量，采用大型抽水蓄能电站工程概算数据案例，匡算本工程初拟投资。

经测算，本工程静态总投资 11.61 亿元，静态单位千瓦投资 6293 元。动态总投资 14.15 亿元，动态单位千瓦投资 7075 元。

其中，建筑工程 3.8 亿元、环境保护和水土保持工程 0.4 亿元、机电设备及安装工程 3.5 亿元、金属结构设备及安装工程 0.42 亿元，独立费 1.4 亿元，征地移民 1 亿元，基本预备费 0.6 亿元。

2 国内部分在建中小型抽水蓄能电站介绍

2.1 浙江紧水滩电站抽水蓄能电站

浙江紧水滩抽水蓄能电站 2023 年 1 月 12 日核准，上水库利用已建的云和县紧水滩水电站，下水库利用已建的石塘水电站，额定水头 71m，距高比 21，装机规模 297MW（3×99MW），设计年发电量 2.97 亿 kWh，施工总工期 60 个月。

紧水滩抽水蓄能电站静态总投资 22.61 亿元，动态总投资 25.43 亿元，其中枢纽工程 17.9 亿元，占总投资的 70%，静态千瓦投资 7612 元、动态千瓦投资 8562 元。

2.2 浙江乌溪江抽水蓄能电站

浙江乌溪江抽水蓄能电站 2023 年 1 月 12 日核准，上水库利用已建的湖南镇水库，下水库利用已建的黄坛口水库，额定水头 100m，距高比 20，装机规模 298MW（2×149MW），设计年发电量 3 亿 kWh，总投资约 23 亿元，施工总工期 45 个月。

浙江乌溪江抽水蓄能电站静态投资 20.6 亿元，动态投资 23.3 亿元，静态千瓦 6912 元、动态千瓦投资 7819 元。

3 与大型抽水蓄能电站对比分析

（1）目前中小型抽水蓄能电站建设开发程序与大型抽水蓄能电站一致，电价政策、投资回收方式与大型抽水蓄能电站相同，但接入系统审批相对容易、征地移民及环保水保等制约因素相对较少。

（2）相对于大型抽水蓄能电站，中小型抽水蓄能电站具有总投资低、建筑物选型和布置灵活、建设难度小、建设周期短、环境影响小、调度更加灵活、对输电线路要求较低、能够较好解决新能源工程和地区峰荷需求等优点。

（3）本文中测算的电站模型，其建站地形地质条件优良，考虑新建上下水库，电站距高比较小（4~6），厂房采用半地下形式，减少了地下厂房常见的附属洞室设置，建设条件较为理想，经济性较好。

当上/下水库均为已建水库时，如上文提到的目前在建的两座中型抽水蓄能电站，为了迁就已建水库，水头较低、水道系统较长，距高比较大，总体投资与本文测算模型新建上下水库接近。

（4）受水源条件、地形地质条件、工程难度、开发边界等影响不同，中小型抽水蓄能电站的实际工程投资也将有不同程度的变化。如利用已建水库作为上水库或者下水库，距高比较理想且可布置地面厂房的情况下，总投资有进一步优化的空间。

（5）根据国网新源技术经济研究院统计数据，"十四五"期间已核准的抽水蓄能电站动态投资水平在 6712 元/kW，本文测算模型中型抽水蓄能电站相较于大型抽水蓄能电站投资均值高约 300 元/kW；本文测算模型小型抽水蓄能电站相较于大型抽水蓄能电站投资均值高约 2300 元/kW；因此具备条件的情况下建设中型抽水蓄能电站经济指标更优。

总投资对比中大型抽水蓄能电站以 120 万 kW 电站为例，动态总投资约 80 亿元；中型抽水蓄能电站以 20 万千瓦为例，动态总投资约 14 亿元；小型抽水蓄能电站以 4.9 万 kW 电站为例，动态总投资约 5 亿元。

（6）中小型抽水蓄能电站在工期上与大型抽水蓄能电站具有一定优势，中小型抽水蓄能电站施工总工期一般在 40～50 月，与大型抽水蓄能电站 65～75 月工期相比可提前投产发电近 2 年。

4　结束语

（1）应重点关注地理位置优越和建设条件优良的中小型抽水蓄能电站站点资源。特别应关注具备与已建小型水库或梯级开发电站相结合、优良的地形地质条件、可布置地面厂房、征地移民较少、交通便利等利好条件的站址；但同时利用已建水库也存在水权条件复杂，调度运行难度增加的问题，应予以关注。

（2）为提高电网的安全稳定性和供电灵活性，配合新型电力系统和新能源基地的开发建设，大容量抽水蓄能电站可优先服务区域或省域电网、大能源基地；中小型抽水蓄能电站则可以优先服务于局部电网、中小规模新能源基地的开发建设，按照 20%×2h 配储比例，1 座 200WM 的中型抽水蓄能电站可以配套 2000MW 的可再生能源基地；也可作为大型抽水蓄能电站的重要补充，在不具备建设大型抽水蓄能电站条件的地区，可以选择建设多个中小型抽水蓄能电站联合运营。

（3）中小型抽水蓄能电站建议由新能源基地主导开发、建设和运营，充分利用中小型抽水蓄能电站布置和运营灵活的特点，更好地为局部电网和新能源基地服务。

参考文献

[1] 国家能源局. NB/T 11012—2022 水电工程等级划分及洪水标准［S］. 北京：中国水利水电出版社，2023.

[2] 国家能源局. NB/T 10072—2018 抽水蓄能电站设计规范［S］. 北京：中国水利水电出版社，2019.

[3] 国家能源局. NB/T 10491—2021 水电工程施工组织设计规范［S］. 北京：中国水利水电出版社，2021.

作者简介

刘君成（1983—），男，高级工程师，主要从事水利水电工程建设管理与咨询。E-mail：liu_juncheng2@ctg.com.cn

杨本均（1970—），男，高级工程师，主要从事水力学与河流动力学/企业管理。E-mail：yang_benjun@ctg.com.cn

徐　辉（1985—），男，高级工程师，主要从事新能源与抽水蓄能投资合作开发。E-mail：xuhui@ctg.com.cn

杨尉薇（1985—），女，高级工程师，主要从事电网分析与电价机制研究。E-mail：yang_weiwei2@ctg.com.cn

龚　雪（1987—），女，高级工程师，主要从事新能源与抽水蓄能计划与投资管理。E-mail：gong_xue@ctg.com.cn

谭振龙（1990—），男，高级工程师，主要从事新能源与抽水蓄能投资研究。E-mail：tan_zhenlong@ctg.com.cn

王　珏（1982—），男，高级工程师，主要从事水利水电工程建设管理与咨询。E-mail：jue-wang@sgcc.com.cn.com

基于改进搜索空间的风—光—抽水蓄能
联合运行技术经济优化研究

张 琪

[中国三峡新能源（集团）股份有限公司，北京市　101199]

[摘　要]大规模发展新能源需要提升电力系统调节能力，抽水蓄能是电力系统内主要的清洁、绿色、优质、灵活调节手段，是电网和独立系统集成风光新能源的理想选择。本文提出了涉及抽水蓄能电站（PSHS）与风-光新能源系统的优化模型，尽可能减少综合发电成本（LCOE），并促进使用最大规模的风光能源以满足负荷要求。本文采用元启发式算法中的搜索空间缩减（SSR）应用于该问题，在 MATLAB 环境中完成。并开展了风光出力降低对系统 LCOE 值带来的不确定性分析。

[摘　要]抽水蓄能；联合运行；新能源

0　引言

风能和太阳能能源无处不在，是全球广泛采用的两种能源，但是由于这些可再生资源的随机性，需要一个存储系统来满足负载需求，在可再生能源产生多余的电力时储存能源[1]。在现有的储能技术中，抽水蓄能电站以其启停灵活、技术可靠等特点，在电力系统调节中具有广泛的应用场景，风—光—抽水蓄能联合发电系统就是用抽水蓄能电站这个"循环器"作为储能装置，将风光电场多余的电能用来抽水，利用储存起来的水能在用电高峰期发电以弥补风光出力的不足，从而实现稳定的供电，达到平缓风光互补发电的波动，减少弃风、弃光量的目的，大大地提高新能源资源利用率和电网供电质量，因此，风光新能源与抽水蓄能等储能的混合系统是研究热点方向之一。

1　风-光-抽水蓄能能源系统（HRES）的数学建模

1.1　风-光-抽水蓄能能源系统

风-光-抽水蓄能能源系统提高了存储系统的利用率，进一步降低了系统的整体成本。如图 1 所示，在混合可再生能源系统的典型配置中，抽水蓄能电站被用作存储介质。

1.2　抽水蓄能电站运行建模

抽水蓄能电站有两种运行工况，即抽水工况和发电工况。

（1）模式 1：风电和光伏产生的富裕电量用于将水从下水库抽水到上水库。抽水蓄能水电站（PSHS）抽水工况的运行模型可估计为：

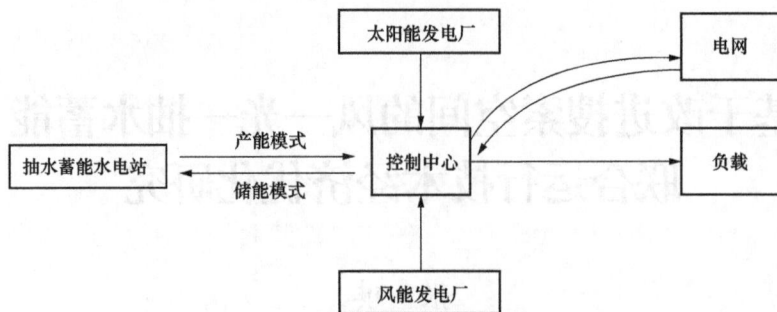

图 1　风-光-抽水蓄能能源系统（HRES）

$$P_{\text{pump}} = \min\left(\frac{V_{\text{m}} - V_{\text{i}}}{3600};\ Q_{\text{pt}}\right) \times \frac{1}{\eta_{\text{p}}} \times \rho \times g \times \left(\frac{V_{\text{i}}}{lw} + h\right) \tag{1}$$

式中　　P_{pump}——水轮机抽水工况出力；

V_{i}——水库上 1h 可用水量；

V_{m}——水库调节库容；

Q_{pt}——抽水工况额定流量（m^3/s）；

ρ——水的密度，1000kg/m^3；

g——重力加速度，m/s^2；

η_{p}——转换效率（75%）。

（2）模式 2：当风电和光伏所发电量不能满足负荷需求时，需要从上水库放水发电。抽水蓄能水电站（PSHS）发电工况的运行模型可估计为：

$$P_{\text{T}} = \min\left(\frac{V_{\text{i}}}{3600};\ Q_{\text{PT}}\right) \times \frac{1}{\eta_{\text{p}}} \times \rho \times g \times \left(\frac{V_{\text{i}}}{lw} + h\right) \tag{2}$$

式中　　P_{T}——水轮机发电工况出力。

1.3　经济建模

综合发电成本（LCOE）：风-光-抽水蓄能能源系统单位发电量的价格。

$$\text{LCOE} = \frac{\text{系统年度总成本}}{\text{系统年度发电量}} \tag{3}$$

系统的总成本包括投资成本、运维成本、重置成本、电力交换成本等。

$$T_{\text{A, cost}} = C_{\text{inv}} + C_{\text{om}} + C_{\text{rep}} + C_{\text{grid}} \tag{4}$$

电力交换成本（C_{grid}）：在风-光-抽水蓄能能源系统（HRES）中，可再生能源发电和电网之间的电力交换取决于可再生能源的电力输出和负荷需求之间的差异。购买电力 C_{pg} 的总成本与供应电力 C_{sg} 的总成本之差称为电力交换成本。

$$C_{\text{grid}} = C_{\text{pg}} - C_{\text{sg}} \tag{5}$$

1.4　目标函数

风-光-抽水蓄能能源系统（HRES）的目标是在充分满足负荷需求的同时，尽量降低系统 LCOE，充分利用可再生能源，并尽量减少从电网购买的电力。因此，需要进行最优规划来决定系统中各能源的占比。目标函数被定义为：

$$f = \text{minimize} \, (\text{LCOE}) \tag{6}$$

目标函数限制于：

$$0 \leqslant GPAP = GPAP_{\max}, + GPAP_{\max} = 10\%$$
$$0 \leqslant PR = PR_{\max}, + PR_{\max} = 15\% \tag{7}$$

1.5 优化约束条件

1.5.1 购电率（GPAP）

为了系统的稳定运行和增加可再生资源的使用，必须限制可以从电网购买的最大电量。

$$GPAP = \frac{P_{\text{pg}}}{T_{\text{oad}}} \tag{8}$$

式中 P_{pg}——从电网购买的电力；

T_{oad}——系统的总负荷。

可以通过将 GPAP 限制在一定的限制来限制购买的电量，本文中 GPAP 限值取 10%。

1.5.2 系统备用率（PR）

电网调度必须在关键节点位置规划足够的备用电力容量，以确保向客户提供可靠的电力供应，而不考虑新能源电力的间歇性性质和负荷的不确定性。本文中系统备用率取 15%。

1.5.3 能量守恒约束

在每一刻，光伏、风能、存储系统和从电网购买的电力都应满足负荷消耗加上进入存储系统的电力加上提供给电网的电力。

$$P_{\text{pv}} + P_{\text{wt}} + P_{\text{T}} + P_{\text{pg}} = P_{\text{Pump}} + P_{\text{load}} + P_{\text{sg}} \tag{9}$$

1.6 优化算法

搜索空间缩减算法通过迭代过程使搜索空间逐渐减少，并在受限的搜索区域内随机产生搜索复数。设 N 为搜索复数的大小。设优化问题的维数为 D，即需要找到的决策变量数为 D，并将最大迭代次数设为 $i_{\max}$。搜索空间的上界和下界分别记为 U 和 L。让搜索范围表示为 s。迭代 $i=1$ 的初始搜索范围从 U 和 L 中获得，使用等式：

$$\text{mid}(i) = \frac{L(i) + U(i)}{2}$$
$$s(i) = abs \, (U - mid) \tag{10}$$

2 能源管理策略

能源管理在各种条件下平衡间歇性发电和负荷需求之间起着关键作用。根据出力平衡的不同，有 5 种工作模式。

模式 1：当可再生能源出力高于需求，且 V_{reserior}（剩余库容）$< V_{\text{m}}$，利用多余的电力来抽水。

模式 2：当可再生能源出力高于需求，且抽水蓄能电站上水库满蓄时 $V_{\text{reserior}} = V_{\text{m}}$，将可再生能源电力注入电网。

模式 3：如果可再生能源产生的电力不足以满足负荷要求，且 $V_{\text{reserior}} > V_{\text{m}}$，抽水蓄能电站放水发电供应剩余电力。

模式 4：如果可再生能源产生的电力不足以满足负荷要求，且 $V_{\text{reserior}} = V_{\min}$，缺乏的电力将从电网中购买。

模式 5：当可再生能源产生的电力完全等于需求时，不与电网交换电力。

3 案例分析

3.1 边界条件

本文以西部地区某光伏、风电新能源基地 1 月典型日出力过程，趋近负载曲线（见图 2）为例进行模拟，年平均负载为 500 万 kW，峰值负载为 800 万 kW。模型经济参数如表 1 所示。

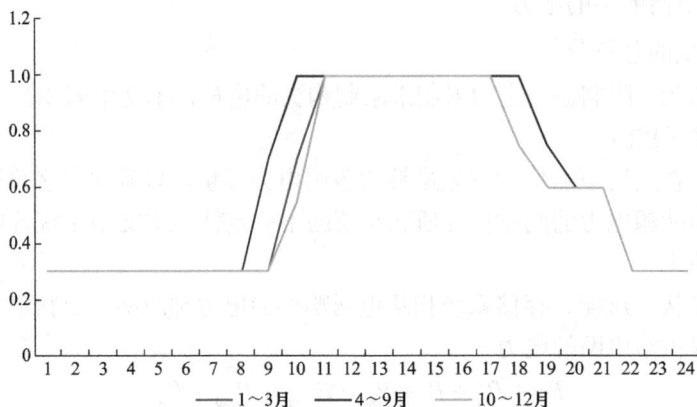

图 2 风—光—抽水蓄能能源系统年负载曲线

表 1 模 型 经 济 参 数

	光伏电站	风电场	抽水蓄能电站
装机规模	400 万 kW	800 万 kW	360 万 kW
投资成本	3500 元/kW	4000 元/kW	6000 元/kW
综合运行成本	0.06 元/W	0.5 元/W	0.06 元/W

在满足负载工况按"蓄余补缺"的方式，在保障输电系统安全稳定运行的前提下，按送出新能源电量最大的原则运行。我国新能源资源与能源需求在地理分布上存在巨大差异，风电、光伏发电等新能源电源远离负荷中心，必须远距离大容量输送，新能源发电集中开发和集中接入的特点非常明显。风电受当地风力变化影响，发电极不稳定，对系统冲击非常大。电力系统建设适当规模的抽水蓄能电站，可以充分发挥抽水蓄能与风电运行的互补性，利用抽水蓄能电站既平滑风电、太阳能发电出力，减小其随机性、波动性，提高输电线路的经济性，又可以平衡风电发电量的不均衡性、参与电网运行调频的优点，减少风电对电网的冲击，解决当前风电开发送出困难的实际问题。

电网购电价格：从日时间尺度来看，在 12:00～15:00 新能源出力较高的时段，发电大量富余，市场边际机组为新能源，购电价格按 0.24 元/kWh；而在 18:00～21:00 用电负荷高峰且新能源出力较低时段，购电价格按 0.84 元/kWh。

3.2 迭代计算

在 MATLAB 环境中，最大迭代次数分别分配 50、100 次，每个优化算法保持不变。*SCRF*、*PR* 分别被限制在 0.9、0.15。

P_{pv}：表示光伏发电量的变化，单位是万 kW；

P_{wt}：表示风力发电量的变化，单位是万 kW；

P_L：表示负荷需求，即电网的消耗电量，单位是万 kW；

P_g：可能表示抽水蓄能电站的发电量，单位是万 kW；

V（蓝色三角线）：表示抽水蓄能电站水库的水位变化，单位是万 m³。

图 3 显示，从 1:00～5:00，新能源的出力小于负载。在此期间不足负荷功率由抽水蓄能电站和电网同时补偿。亏缺电主要由抽水蓄能电站提供，基于上水库可用水量，剩余电力从电网购买。在此持续时间内，P_g 观察为负值，抽水蓄能电站以放电模式运行。从 5:00～12:00，负荷完全由新能源提供，多余的电力主要通过将水从下水库抽水到上水库，储存在水库中。剩余能量的储存受到库容限制。在 18:00～24:00 期间，仅风能就足以满足负荷需求，由于水库水位已达到最大容量，剩余电力出售给电网。

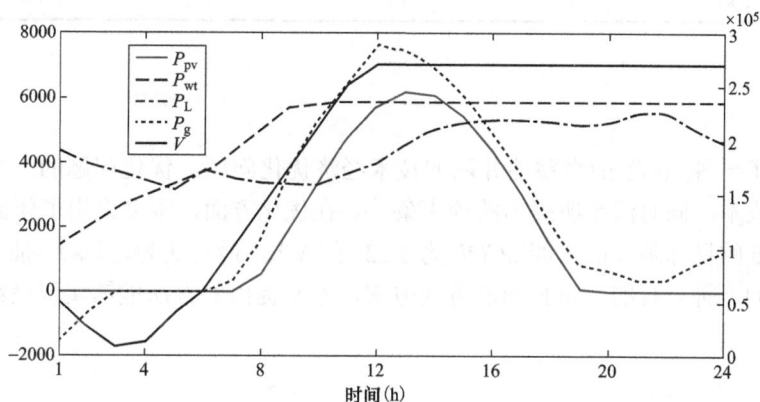

图 3　典型日各电源出力情况（1）

同理分析图 4，在 17:00～24:00 期间产生的电力几乎可以忽略不计，图 4 所示在此持续时间内，负载功率主要通过抽水蓄能电站进行有效补偿。受限于抽水蓄能电站装机容量，剩余的电力是从电网购买的。采用上述所有具有相同种群规模的算法进行了优化，所提出的 SSR 得到了经济的解，证实了其在解决最优混合系统问题方面的优异性能。对 *Pr*=64.9 万 kW，*PTr*=175.9 万 kW，*LCOE*=1.22 元/kWh 提出的最优解。

3.3 不确定性分析

表 2 给出了在新能源出力降低 30%的情况下，抽水蓄能电站比系统在正常条件下运行时多支持了约 38%。此外，从电网购买的电力增加了 58.4%，导致系统的总成本增加了 33.42%，即 *LCOE* 从 1.22 元/kWh 增加到 1.63 元/kWh。从以上讨论可以看出，所提出的风-光-抽水蓄能能源系统可以处理新能源波动带来的不确定性。

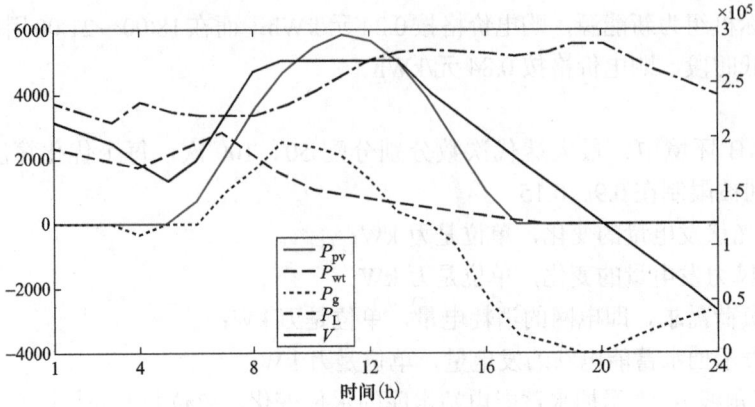

图 4　典型日各电源出力情况（2）

表 2　　　　　　　　　　　　　　对该模型不确定性的比较结果

情　况	无变量（确定性）	不确定性
SCRF	0.9	0.8416
PR	0.15	0
LCOE（元/kWh）	1.22	1.63

4　结论

本文研究了一种风-光-抽水蓄能并网的技术经济优化问题。优化问题的主要目标是最小化单位电力的成本，同时满足所提出的约束条件。在优化方面，本文采用了新提出的 SSR 算法能够实现较低的目标函数值，即 *LCOE* 为 1.22 元/kWh。最后认为，风-光-抽水蓄能是满足未来电力需求的一种可行的、可扩展的解决方案，本文提出的方法能够实现最经济有效的解决方案。

参考文献

[1] 王凯丰，谢丽蓉，乔颖，等.电池储能提高电力系统调频性能分析 [J].电力系统自动化，2022，46（01）：174-181.

作者简介

张　琪（1987—），男，高级工程师，主要从事新能源、抽水蓄能电站的投资管理工作。E-mail：zhang_qi13@ctg.com.cn

高度城镇化背景下粤港澳大湾区内涝
灾害风险评价：以东莞市为例

谭清乾[1]　高　阳[2]　程发顺[1]　张慧子[1]　张　磊[1]　杨希思[1]

（1. 中国电建集团中南勘测设计研究院有限公司，湖南省长沙市　410014；
2. 河海大学　环境学院，江苏省南京市　210000）

[摘　要] 近年来，高度城镇化的粤港澳大湾区常遭受严重的城市内涝危害，以东莞市为例，基于指标体系法与情景模拟法构建一种城市内涝灾害风险评价体系，利用 MIKE 模型和 GIS 平台，将内涝积水特征与反映城市内涝暴露脆弱性指标进行耦合。研究表明：东莞市中心城区积水深度多处于 0.15～0.50m，退水时间随积水深度增加而增加。内涝高风险区域多分布在道路交叉口、商业居住密集区以及运河沿线地势低洼处等三类区域，主要由于地势低洼、周边的城市道路、人流车流、敏感设施相对密集且内涝积水较严重。本文将 GIS 模糊评价技术和内涝积水模型相结合，实现了城市内涝灾害风险的直观表达，研究结果对高度城镇化区域的内涝管理政策和应急预案的制定起到了一定的支撑作用。

[关键词] 高度城镇化；暴雨内涝；风险评价；MIKE 模型；GIS 平台

0　引言

随着城市化进程加快和气候变化加剧，城市暴雨洪涝灾害发生的频率更加频繁，影响范围也逐渐扩大。粤港澳大湾区位于珠江流域下游，地势低平，其特殊的地理位置和亚热带海洋性季风气候，极易遭受台风、暴雨、高潮和上游洪水的多重威胁[1]。根据《粤港澳大湾区发展规划纲要》的要求[2]，对城市内涝灾害风险进行快速且准确的预测能够增加预警准备时间、提升决策科学性，是有效应对城市洪涝灾害的重要手段。

目前，国内对于内涝风险评价的技术方法主要有历史灾情统计法、指标系数法、遥感影像评估法和多情景数值模拟法[3]。其中，指标体系法评价能有效反映城市建设特征、地形以及经济人口分布情况等综合因素对于内涝的脆弱响应程度，但缺乏内涝积水模拟的直观结果支撑[4]。情景模拟法主要依靠数值模型对不同暴雨情景下的城市内涝进行模拟，进而通过积水特征推演内涝灾害风险，然而单一的暴雨模拟并不能完全体现内涝对城市的灾害影响[5]。综合来看，现有的城市内涝灾害风险评价方法仍然存在一定的不足之处，尤其缺少对新兴多源数据的应用，无法有效反映城市内涝风险情况。

因此，本文以东莞市中心城区为研究对象，基于 MIKE 系列模型和 GIS 平台，将指标体系法与情景模拟法相结合，即同时考虑内涝空间分布特征和研究区域对内涝的敏感程度，从而实现内涝积水特征与暴露脆弱性的空间耦合。另外，以危险性、暴露性和脆弱性的角度提出一种新的城市内涝灾害风险评价体系,完善和拓展城市内涝灾害风险研究领域,为有效实施防洪减灾措施提供参考依据。

1　研究区概况

东莞市中心城区位于珠江口东岸、东江下游,总面积为 238km²,中心城区内河水系以东引运河为界,分为运河支流内河水系和万江河网水系。东莞中心城区整体呈现南高北低的地势分布,建设用地面积约为 168km²,水体、绿地、道路、屋顶(含商住和工业屋面)占比分别为 6%、29%、40%、25%。

2　研究方法与数据来源

本文通过 MIKE FLOOD 平台构建包括 MIKE Urban、MIKE 21、MIKE 11 等模型在内的城市内涝积水模型,得到设计情景下城市内涝积水范围、深度、时间等内涝模拟结果。同时,通过 ArcGIS 模糊评价工具对指标因子数据进行分级;然后将内涝积水特征与内涝风险指标进行加权综合评估,最后利用 GIS 重分类工具实现空间耦合得到城市内涝风险综合评价结果,形成一种新的城市内涝灾害风险评价体系(见图 1)。模型所采用的地形高程、排水设施、气

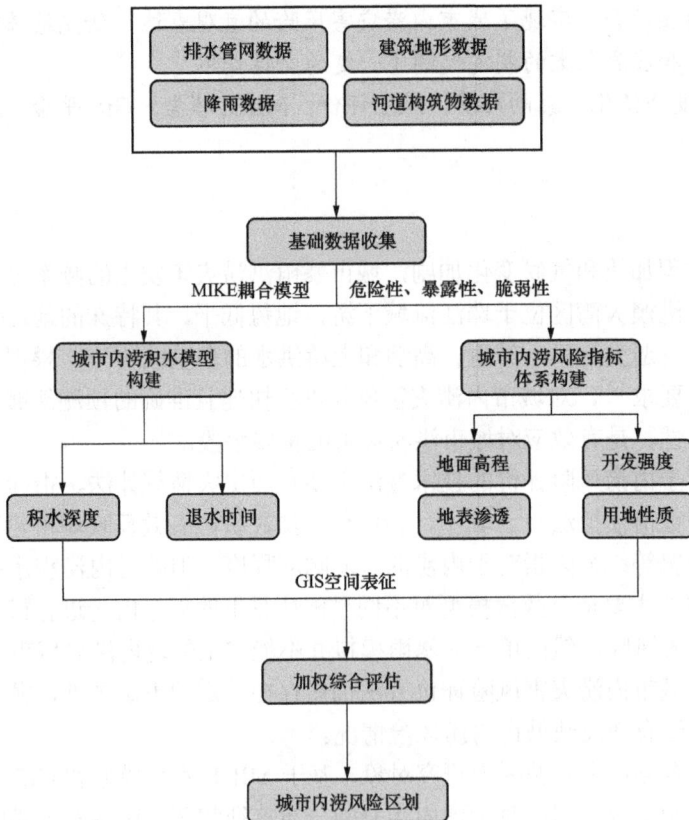

图 1　城市内涝灾害风险评价体系

象数据等资料来自东莞市相关专业管理部门，河道规格等数据为现场测量，数据精度满足建模要求，栅格数据空间分辨率统一重采样至 10m。

3 暴雨内涝模拟

3.1 设计工况

根据 GB 50014—2021《室外排水设计规范》[6]规定，本次研究范围的内涝防治设计重现期为 50 年，结合东莞市内涝防治工作要求，本次研究采用的设计工况为 50 年一遇降雨，运河沿线地区遭遇 50 年一遇外河水位；万江片区遭遇 5 年一遇外江水位。

3.2 模型率定

为提高模型精确度，本文选取东莞市中心城区 2023 年 4 月 19 日、2023 年 6 月 24 日两场实测降雨数据和检查井水位监测数据，对构建的城市内涝积水模型进行率定验证，检查井水位模拟结果如图 2（a）所示，6 月 24 日暴雨历史淹没情况实测与模拟积水情况如图 2（b）所示。

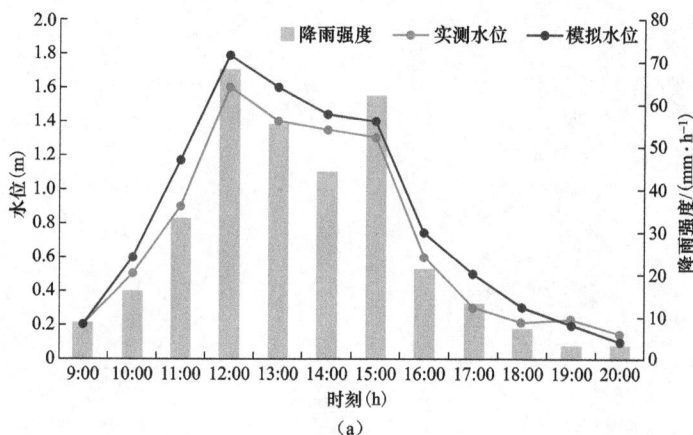

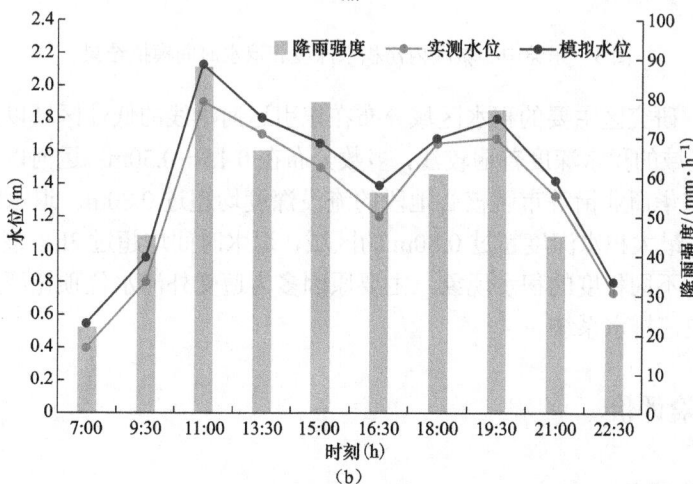

图 2 监测点水位模拟对比图

（a）2023 年 4 月 19 日场次降雨模拟结果；（b）2023 年 6 月 24 日场次降雨模拟结果

从图 3 可以看出，研究区模拟水位与实测水位的峰现时间偏差均小于 1h，峰值水位相差均低于 15%，两场暴雨模拟纳什效率系数 NSE 值均大于 0.7，表明参数及模型合理[7]。由于两场降雨事件所导致的实际易涝点相同，而 6 月 24 日的降雨强度较大，且持续时间更长，因此对 2023 年 6 月 24 日降雨数据进行二维淹没模拟。内涝淹没严重区域与实际发生易涝点位置一致，淹没深度与现场实际情况接近。因此，本文构建的城市暴雨内涝模型能够较为真实地反映实际积水点情况，模型可靠且合理。

3.3 暴雨内涝模拟结果

积水深度和退水时间通常被用于表征内涝积水所产生的风险程度。利用建立的城市内涝积水模型模拟研究区 50 年一遇 24h 长历时降雨条件下地表淹没情况，根据二维淹没模拟结果，将淹没水深划分为 0.15~0.30m、0.30~0.50m、0.50~0.80m、大于 0.80m 四个区间，中心城区内涝防治设计重现期下最大允许退水时间为 1~3h，道路积水不超过 0.15m[8]。淹没水深及淹没时间如图 3 所示。

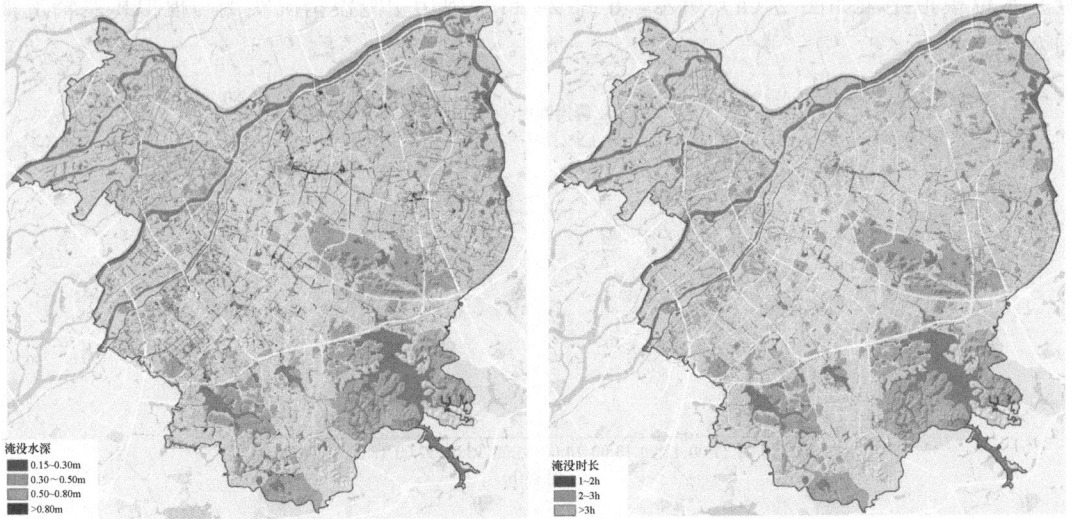

图 3　东莞中心城区内涝积水深度和退水时间模拟结果

由图 3 可知，研究区主要的积水区域分布在东引运河沿线的低洼区域以及建筑高度密集区的道路。万江区域的积水深度普遍较浅，多数分布在 0.15~0.50m；运河以南区域积水深度较深，东纵路、东华商业街等市区核心地段的淹没深度均超过 0.80m。退水时间随着积水深度的增加而增加，最大积水深度超过 0.80m 的区域，退水时间均超过 3h。整体发现研究范围内各区域均出现了不同程度的积水现象，主要原因多为遭受外河水位顶托严重、并且存在大面积铺装且缺乏快速排水系统。

4　内涝灾害风险评价

4.1　内涝风险评价因子

本文引入灾害学"H-E-V"风险评估框架，从危险性、暴露性和脆弱性三方面构建城市内涝风险指标体系[9]。根据城市建设与城市内涝风险的关系，上述三类因子又可细分为多项因子。一般而言地形坡度直接影响城市汇水区的洪峰流量，而场地高程是最终导致城市内涝积水的地形因子，并且内涝积水的形成与地面的渗透性相关。人口密度越高、经济活力越大的区域，内涝对其造成的损失往往也越大[10]。因此，本文选取地形高程、地面渗透性作为危险性因子；城市开发强度（耦合人口密度与经济当量）作为脆弱性因子；用地性质作为暴露性因子（见表1）。同时，将东莞市中心城市街坊地块作为风险评估的最小分析单元，定量分级每个评估单元所对应的地面高程、地面渗透性、用地性质和开发强度，运用 GIS 进行矢量化的栅格处理，分级结果见图4。

表1　　　　　　　　　　　东莞市内涝风险评价因子统计表

类　　型	序　　号	风险因子	备　　注
危险性因子	1	地面高程	—
	2	地面渗透性	径流系数
暴露性因子	3	用地性质	
脆弱性因子	4	开发强度	—

通常地面高程越低、地面渗透性越大、开发强度越高的区域内涝风险程度越高。从图5（a）可看出，东莞市中心城区内涝风险程度高的区域分布在东引运河沿线、黄沙河沿线及万江片区。主要是因为该区域相对外江属于地势较低洼片区，低于外河水位，当遭遇强降雨时，地面积水不易排出易形成内涝。而中部区域多山，整体高程较高，地面排水条件较好，不易形成积水，因此内涝风险较小。从图5（b）可发现，高度城镇化的中心城区相对于东南部绿地区域，内涝风险程度更高，这是由于中心城区建下垫面硬化比例大，地面的渗透性更小，从而导致发生降雨时的产流量更大、退水时间更长。由图5（c）观察到，城市绿地和广场作为城市休闲娱乐的开敞空间，一般不是城市财富集聚区，其内涝风险程度较低；而居住用地、商业服务业设施用地以及交通枢纽用地作为城市居民活动最为频繁的场所，其内涝风险程度较高。由图5（d）可知，东莞市中心城区开发强度较高的区域多分布在东引运河沿线两岸。当遭遇极端降雨时，开发强度高的地区人口数量大、经济活力好，其内涝风险程度高于一般地区。

4.2　内涝风险评价方法

采用加权评估法将城市内涝积水特征值与城市内涝风险评价指标值进行耦合，以综合反映城市内涝风险。计算方法见式（1）。

$$R = \sum_1^n (H_n \times W_n) \times \sum_1^i (E_i \times W_i) \times \sum_1^j (V_j \times W_j) \times \sum_1^k (Q_k \times W_k) \quad (1)$$

式中　R——城市内涝灾害风险指数；
　　　H——危险性因子；
　　　E——暴露性因子；
　　　V——脆弱性因子；
　　　Q——城市内涝积水特征值；
　　　W——各项因子的权重。

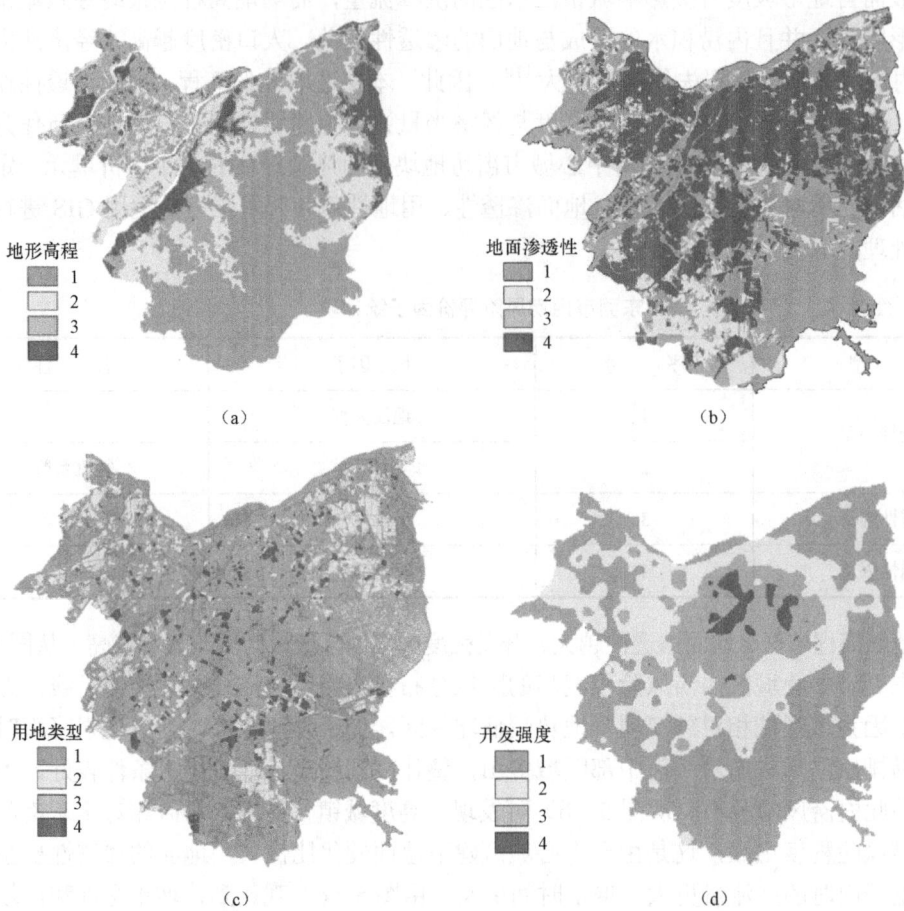

图 4 暴雨内涝灾害危险性、暴露性和脆弱性指标分级图

（a）地面高程；（b）地面渗透性；（c）用地类型；（d）开发强度

注：1～4 等级为从低到高的风险程度。

参考罗慧等人[11]的研究采用熵权法确定并比较不同因子的权重，分配表见表 2。

表 2   暴雨内涝灾害风险评价因子权重

类　　　型	指标代码	表征指标	权　　　重
危险性因子	H_1	地面高程	0.2
	H_2	地面渗透性	0.05
暴露性因子	E_1	用地性质	0.15
脆弱性因子	V_1	开发强度	0.2
积水特征值	Q_1	积水深度	0.45
	Q_2	退水时间	0.2

4.3　内涝灾害风险评价结果

根据各项因子权重，利用 GIS 软件进行叠加分析，计算东莞中心城区内涝风险指数，并通过自然断点法将 50 年一遇重现期的内涝风险分为低分险、中风险和高风险三级，见表 3。

为了使模拟结果更贴近实际，本文只显示了积水区域的内涝灾害风险等级。当发生50年一遇降雨时，东莞市中心城区内涝灾害风险评价结果见图5。

表3 暴雨内涝灾害风险等级划分标准

等级类别	分 值	风险等级
I	$0<R<2.2$	低风险
II	$2.2<R<3.0$	中风险
III	$3.0<R$	高风险

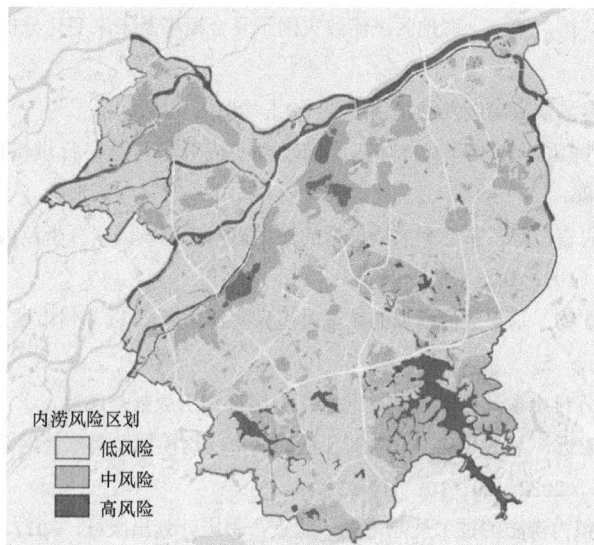

图5 50年一遇暴雨内涝灾害风险评价结果

根据计算结果，东莞市中心城区内涝低风险区域面积为101km²，占研究区域总面积的42.4%；内涝中风险区域面积为27km²，占研究区域总面积的11.3%；内涝高风险区域面积为3.8km²，占研究区域总面积的1.5%。整体来看莞城及南城的内涝风险程度更高，如东纵路、银山商业街等区域均分布了大面积的内涝高风险区。主要原因是该区域多为老城区主要交通干道和商贸区，周边人流、车流、设施密集，地势较低且遭受外河水位顶托，内涝积水易出现倒灌，故而城市内涝影响较为严重。东引运河沿线的低洼地区、道路的交汇处以及万江片区，如城市风景街、东骏路等则多为内涝中风险区。一方面由于大面积硬质铺装构成且排水设施缺乏；另一方面地势相对低洼，从而导致地面积水不易排出，高暴雨等级产生的积水容易造成一定的内涝风险。

5 结论

本文以东莞市中心城区为例，基于MIKE系列模型和GIS技术，将指标体系法与情景模拟法相结合，从而实现内涝积水特征与暴露脆弱性的空间耦合。同时以危险性、暴露性和脆弱性的角度提出一种新的城市内涝灾害风险评价体系。主要结论如下：

（1）构建的东莞市高密度城区暴雨内涝模型结果合理且可靠，反映出中心城区主要的积水区域分布在东引运河沿线的低洼区域以及建筑高度密集区的道路。积水深度多处于 0.15～0.50m，最大积水深度超过 0.80m 的区域，退水时间均超过 3h。

（2）同时考虑内涝空间分布特征和研究区域对内涝的敏感程度，根据新的城市内涝灾害风险评价体系观察到内涝高风险区多分布在莞城及南城区域，主要原因是这些区域地势低洼或有一定坡度，容易造成积水，再加上周边的城市道路、人流车流、敏感设施相对密集，一旦发生暴雨，内涝影响较为严重。

参考文献

[1] 贺芳芳，梁卓然，董广涛，等. 上海地区洪涝致灾因子复合概率及未来变化分析 [J]. 灾害学，2021，36（2）：9-13.

[2] 中共中央、国务院. 粤港澳大湾区发展规划纲要 [R]. 2019.

[3] 舒心怡，徐宗学，叶陈雷，等. 晋城市片区洪涝过程响应分析与马路行洪模拟 [J]. 水资源保护，2023，39（4）：176-186.

[4] 何珮婷，刘丹媛，卢思言，等. 基于最大熵模型的深圳市内涝影响因素分析及内涝风险评估 [J]. 地理科学进展，2022，41（10）：14.

[5] 戴晶晶，刘增贤，陆沈钧. 基于数值模拟的城市内涝风险评估研究-以苏州市城市中心区为例 [J]. 水利规划与设计，2015（6）：5.

[6] GB 50014—2021. 室外排水设计标准 [S]. 北京：中国计划出版社，2021.

[7] 张金萍，张浩锐，方宏远. 基于 SWMM 和 SCS 法的城市内涝模拟及雨水管网系统评估 [J]. 南水北调与水利科技（中英文），2022，20（1）：110-121.

[8] GB 51222—2017. 城镇内涝防治技术规范 [S]. 北京：中国计划出版社，2017.

[9] 张会，李铖，程炯，等. 基于 "H-E-V" 框架的城市洪涝风险评估研究进展 [J]. 地理科学进展，2019，38（2）：175-190.

[10] 李国一，刘家宏. 基于 TELEMAC-2D 模型的深圳洪涝风险评估 [J]. 水资源保护，2022，（005）：58-64.

[11] 罗慧，刘杰，徐军昶，等. 基于熵权法的秦岭区域农村社区气候韧性评价研究 [J]. 自然灾害学报，2022，31（2）：111-118.

作者简介

谭清乾（1996—），男，工程师，主要从事城市内涝治理、水利工程设计与施工工作。E-mail：835574777@qq.com

高　阳（1994—），女，博士研究生，主要从事水环境治理、城市内涝防治工作。E-mail：546167328@qq.com

程发顺（1997—），男，高级工程师，主要从事水利水电设计与施工工作。E-mail：3363224259@qq.com

张慧子（1991—），女，工程师，主要从事城市规划设计与施工工作。E-mail：308624078@qq.com

张　磊（1990—），男，高级工程师，主要从事风景园林设计与施工工作。E-mail：857022326@qq.com

杨希思（1991—），男，高级工程师，主要从事城市规划设计与施工工作。E-mail：455711995@qq.com

里底水电站底孔消能方式比选研究

张　坤　刘承富　郭耀先　夏旭东　于江洲

（华能澜沧江水电股份有限公司乌弄龙·里底电厂，云南省迪庆州　674600）

[摘　要]底孔消能具有安全可靠和水跃稳定的特点，里底水电站采用该种消能方式，但也面临着消能效率低、回水淹没闸室和下游区雾化问题。本文通过水工模型试验的方式，比选了宽尾墩方案、平尾墩方案和分流梁方案和宽尾墩优化方案，结果表明宽尾墩优化方案解决了泄洪消能问题和回水淹没闸室问题，当下游低水位时，消力池两侧水翅很小，雾化程度也明显减小，为最优方案。本实验方法解决了里底水电站消能问题，同时为类似工程底孔消能方式的选择提供了参考。

[关键词]里底水电站；底孔消能；比选；宽尾墩

0　引言

里底水电站位于云南省迪庆州维西县境内的澜沧江干流，总装机容量420MW，为二等大（2）型工程，里底电站底孔具有单宽流量大，佛式数底的特点[1]，按通常的底孔消能，往往是形成不稳定的波状水跃，消能率低，对下游造成较大冲刷；当下游水位变幅大，高水位时下游回水淹没闸室；底孔水流入池不对称，消力池内易形成立轴漩涡；而由于开关站位于底孔消力池右侧，因此要求下游雾化要小。

为解决上述问题，进行了1/100的整体水工模型试验，最后认为宽尾墩方案最优，重点研究整体试验中推荐的宽尾墩体型[2]。结果发现，在大比尺的模型试验中，宽尾墩引起的一些不利的水流流态明显的暴露了出来，消力池内出现明显的水翅，流态很差。底孔泄洪消能出现的水翅、雾化现象对GIS开关站、尾水平台的变压器安全运行均将产生不利的影响[3]。为了解决宽尾墩方案存在的问题，对不同体型的宽尾墩进行了研究，对宽尾墩方案、平尾墩方案、分流梁方案和宽尾墩优化方案进行试验比选。

1　实验设计

1.1　模型比尺

模型按重力相似准则设计[4]，根据原型水流特性、几何尺寸并结合试验场地及仪器设备等条件，确定模型几何比尺为：L_r=50，则相应的其他水力要素比尺为：

流量比尺：$Q_r=L_r^{2.5}=17677.7$

流速比尺：$V_r=L_r^{0.5}=7.07$

时间比尺：$T_r=L_r^{0.5}=7.07$

1.2　模型范围

为保证底孔进口水流运动相似，模型库区取 4.5m 宽，7.0m 长，相当于原型 225m×350m 范围；模型下游河道取 3.5m 宽，3.8m 长，相当于原型 175m×190m 范围。模型总体布置见图 1。

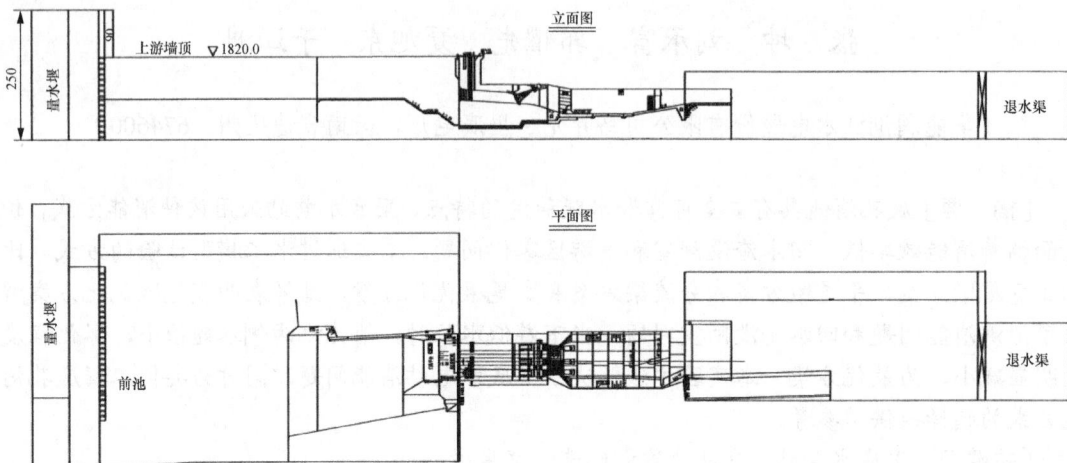

图 1　模型总体布置图（单位：m）

1.3　试验设备和量测仪器

1.3.1　量水设备

模型采用上游矩形量水堰控制流量，量水堰堰宽 70.0cm，堰高 71cm，能测量的堰上水头范围为 3～35.5cm。按雷伯克堰流公式 $Q = (1.782+0.24h/P) BH^{1.5}$ 计算，则对应的原型流量范围为 121～4966m³/s，满足试验要求。

1.3.2　水位（水面）、地形及压力

水位及地形量测用测针，压力用测压管（玻璃管）量测。

1.3.3　流速

流速用旋桨流速仪量测；对于流速较大处，用毕托管测量。

1.3.4　脉动压力

脉动压力采用水利水电科学研究院生产的 DJ-800 多功能数据采集系统。

2　方案实施

2.1　宽尾墩方案

2.1.1　试验方法

当 3 孔全开，下游水位较低时，左分流墩及中分流墩的右侧出现负压，右分流墩的左侧出现负压。因此，将左分流墩及中分流墩向左侧平移 0.5m、0.75m，将右分流墩向右侧平移 0.5m、0.75m，再次对分流墩的压力和流态进行了观测。

2.1.2　试验结果

经比较将左分流墩及中分流墩向左侧平移 0.75m，将右分流墩向右侧平移 0.75m 后，消

力池的流态变化不明显，但分流墩上的压力明显提高。修改后的分流墩体型及布置见图 2，修改后，各分流墩上的最小压力明显增大。

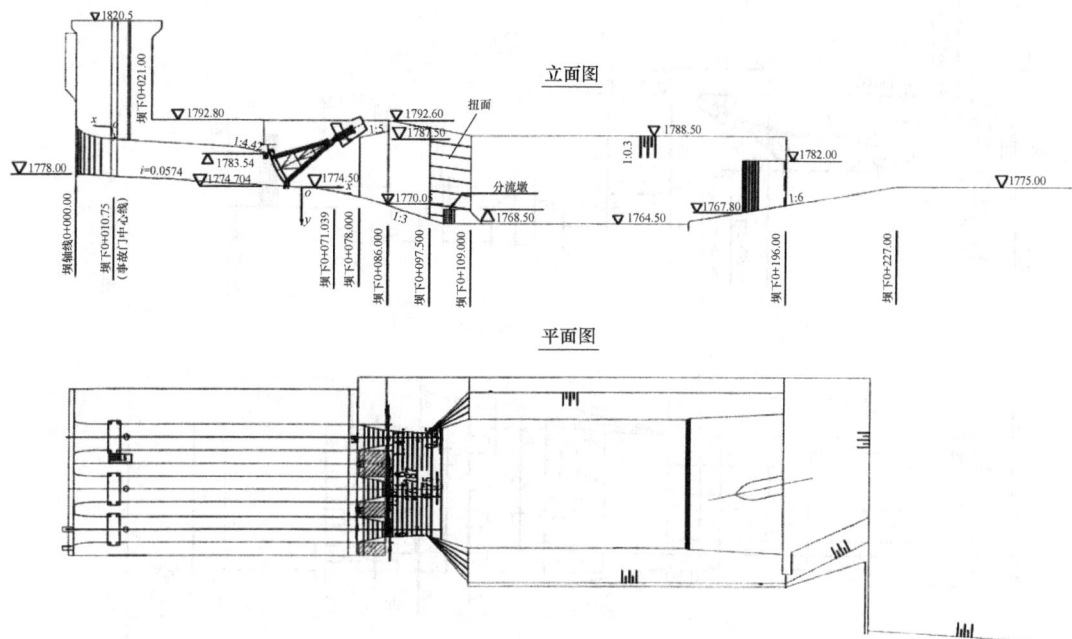

图 2　宽尾墩方案（单位：m）

宽尾墩方案的主要优点是水流不淹闸室，下游河道中高水位时，消力池流态较好，总体消能率高，且消力池内除 3 个分流墩外，再不需要增加消力墩。但存在的最大问题是下游低水位底孔左、右孔开启时，消力池两侧易出现较大的水翅；高水位时，宽尾墩的水舌较高，易造成较大的雾化，且校核洪水时消力池内出现较大的立轴旋涡，流态不稳。

2.2　平尾墩方案

2.2.1　试验方法

平尾墩方案，也可称为底流方案，其闸室出口段不加任何贴角，水流出闸室后在消力池内形成二元水跃。

由于宽尾墩的水流流态较差，水翅不能完全消除，试验又回归到常规的平尾墩底流消能方案，同时为了增加消力池的消能效果，在消力池内增设到 11 个消力墩。经 10 多个方案的比较研究，消力池内水流波动较小，消能率较高的体型见图 3，其主要修改有：①去掉了宽尾墩，以减小下游的雾化；②简化了闸室后渐变段的体型，以利施工；③将消力池末端的尾坎降低，以减小闸室的淹没度。

2.2.2　试验结果

（1）为减小下游高水位时闸室的淹没，应尽量降低消力池尾坎的高程，但试验结果表明，高水位时减小闸室淹没的作用不明显，反而使下游低水位时，消力池的波动加大。

（2）抬高闸室的底板高程，期望减小闸室的淹没度，但试验结果表明，抬高闸室的底板高程，加大了闸室墩尾附近的水面波动，并加大了下游右岸的雾化。

（3）挖深消力池 5m，期望以减小消力池的水面波动，并减小下游的雾化，但试验结果表明，挖深消力池对减小消力池的水面波动及下游雾化作用并不明显。

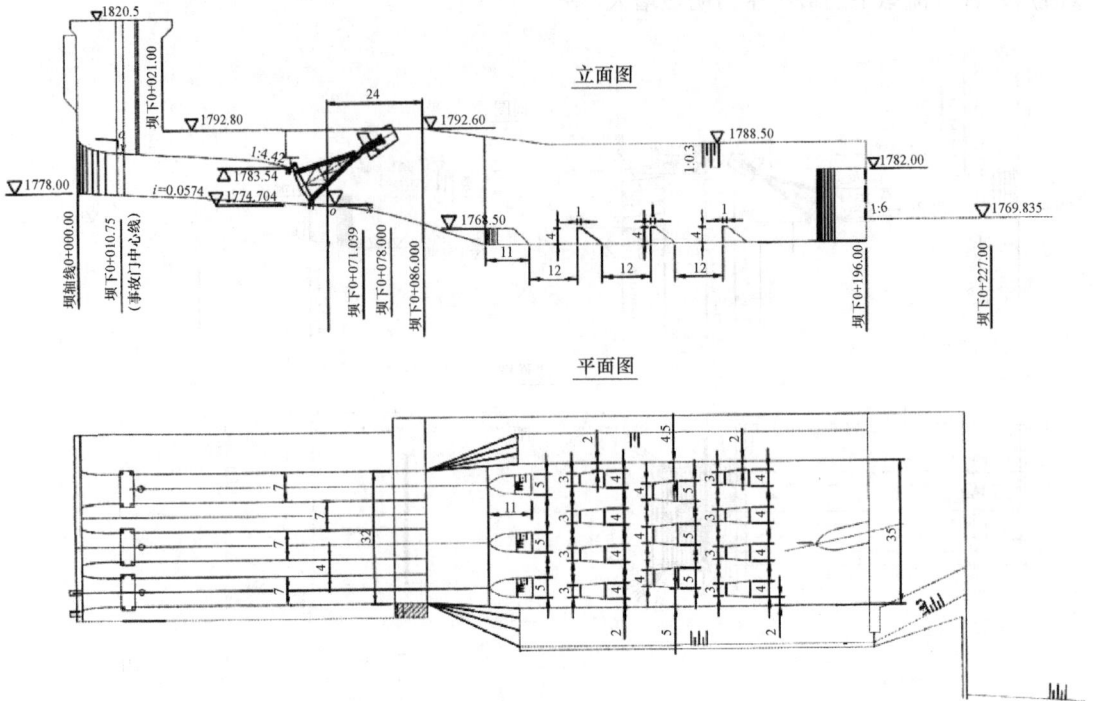

图 3   平尾墩方案（单位：m）

经过 10 多个方案的比较研究，减小了消力池的水面波动，下游雾化程度也有所减小。但是池首水跃波动引起的溅水还是比较大，特别校核及设计洪水时，回水淹没闸室问题始终无法解决，且下游河道的冲刷较宽尾墩严重。另外，消力池内除 3 个分流墩外，还需增加 11 个消力墩。

2.3   分流梁方案

2.3.1   试验方法

分流梁方案，就是在闸室的出口段的中间加设一个三角形柱体，将水流分为上下两层，使消力池内形成挑流与底流相结合的流态，从而大大提高消力池的消能率，稳定消力池的流态。

宽尾墩方案解决了下游泄洪消能问题、回水淹没闸室问题，但下游雾化较大；平尾墩方案解决了下游雾化问题，但回水淹没闸室较严重，另外下游河道冲刷也较宽尾墩方案大，并且要在消力池内加设 11 个分流墩。因此，试验中决定改变思路，参照以往对大单宽流量、低佛氏数问题的研究，并结合里底水电站底孔的水流特点，提出分流梁方案。

分流梁方案消能及稳定消力池水面波动的原理是：分流梁将出闸室的水流分成上、下两层，一方面两层水流在分流梁后碰撞，可以提高消能率；另一方面，上层水流可以封闭消力池的回流，避免消力池内由于出流不对称出现的大尺度立轴漩涡；同时可以避免宽尾墩方案产生的水翅；并且可以避免平尾墩方案消力池中的大波浪。

2.3.2   试验结果

（1）将闸室出流分为上下两层，使消力池内形成挑流和底流相结合的消能形式，达到稳定消力池的流态，提高消能率的目的。

（2）为保持闸室水流的稳定，分流梁的下部水流形成有压流，上部水流在稳定的情况下尽量少一些，可减小消力池的雾化。

（3）为避免分流梁出现气蚀破坏，分流梁应布置在闸室末端，这样可避免分流梁的上、下表面及出口面出现负压。

（4）为避免下游高水位时，水流淹闸室，要求分流梁的上部水流不能太少，出流高程不能太低，否则，不能阻止下游回水进入闸室。

（5）闸门开启过程中，当闸室水面略高于分流梁前缘时，闸室内会出现较高的水翅，并向上游和顶部扩散，因此，应在分流梁上游及顶部加设盖板。

经过 30 多个方案的比较研究，解决了泄洪消能、回水淹没闸室以及雾化问题；通过在闸室分流梁上游和顶部加设盖板，解决了闸门开启过程中闸室出现的水翅问题；且消力池的水面波动、下游河道的冲刷及下游消力池的总体雾化程度均较宽尾墩方案和平尾墩方案小，其体型见图 4。

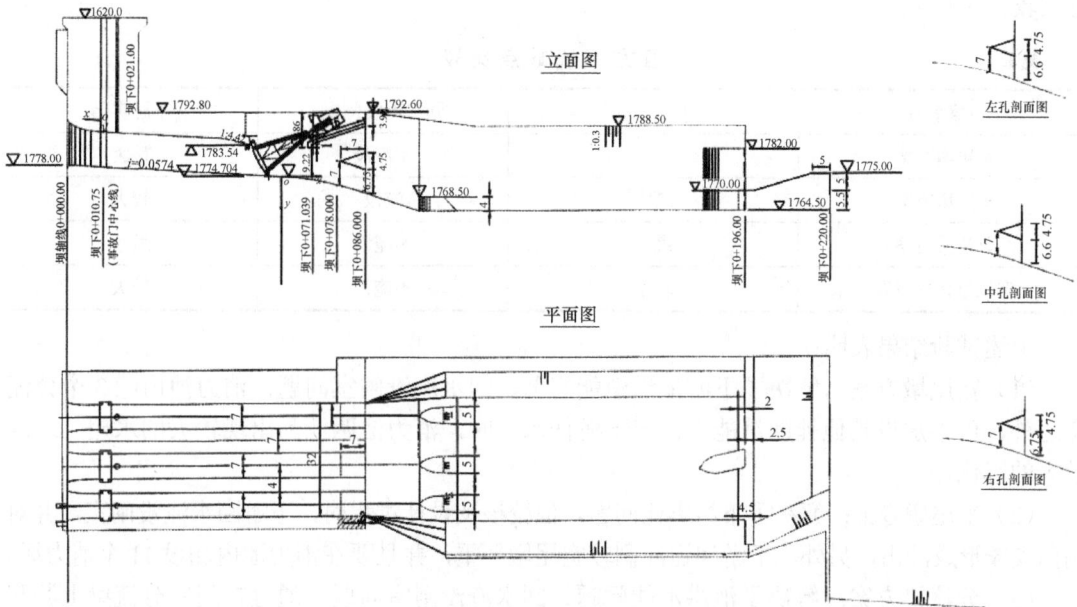

图 4　分流梁方案（单位：m）

2.4　宽尾墩优化方案

2.4.1　试验方法

（1）为了增大分流墩侧面的压力，一方面使分流墩的头部更符合流线型，另一方面对分流墩的位置进行了调整。

（2）对闸室后两侧的边墙和渐变段的体型进行了进一步优化，一方面对闸室后两侧边墙的夹角进行了优化，使消力池两侧的水翅最小；另一方面将闸室后两侧边墙修改为圆弧与切线连接，以防止局部出现负压；最后，在保证消力池两侧水翅较小的情况下，对渐变段的体型进行了简化。

（3）对宽尾墩的体型作了进一步的优化，既能保证高水位时，水流不进闸室；又尽量避免宽尾墩上局部出现负压。

（4）对消力池的尾坎进行了优化，使下游低水位时消力池能形成淹没水跃，并能与下游河道地形平顺连接。

（5）在两个中墩末端加设长10m的隔墩，以减小墩尾水翅，并阻挡设计以上洪水时，墩尾下游出现的立轴漩涡。

2.4.2 试验结果

经过30多个方案的比较研究，解决了泄洪消能、回水淹没闸室以及雾化问题，具体底孔体型。

3 方案比选

对于里底底孔泄洪消能试验来说，关键是要解决好三个问题，一个是下游冲刷问题，另一个是回水淹没闸室问题，还有一个就是下游雾化问题。表1就从这三个方面对4个方案进行比较。

表1　　　　　　　　　　　各方案优缺点比较

方案名称	下游冲刷	回水淹没闸室	下游雾化
宽尾墩方案	较大	不淹没	最大
平尾墩方案	最大	淹没	较大
分流梁方案	最小	不淹没	最小
宽尾墩优化方案	较小	不淹没	较大

上述试验结果表明：

（1）宽尾墩方案：解决了下游泄洪消能问题、回水淹没闸室问题；消力池内除3个分流墩之外，可不加设其他辅助消能工；但下游低水位时，消力池两侧易出现较大的水翅，造成较大的雾化。

（2）平尾墩方案：解决了下游雾化问题，但校核及设计洪水时，下游回水淹没闸室，并对闸门支铰形成冲击，另外，下游河道冲刷较宽尾墩严重，并且要在消力池内加设11个消力墩。

（3）分流梁方案：解决了泄洪消能问题、回水淹没闸室问题；通过在闸室分流梁上游和顶部加设盖板，解决了闸门开启过程中闸室出现的水翅问题；且消力池的水面波动、下游河道的冲刷及下游消力池的总体雾化程度均较宽尾墩方案和平尾墩方案小。但分流梁作为一种新型的辅助消能工，尚未应用于工程实际，且有明满流过渡问题、高速水流作用下的空化空蚀问题、自身安全问题亟待解决，不宜直接应用于重大水电工程。

（4）宽尾墩优化方案：解决了下游泄洪消能问题、回水淹没闸室问题；消力池内除3个分流墩之外，可不加设其他辅助消能工；另外，优化后下游低水位时，消力池两侧的水翅很小，雾化程度也明显减小，因此宽尾墩优化方案最优。

4 结论

底孔消能是一种常见的重力坝消能方式，里底水电站采用底孔消能的方式，但也面临着消能效率低、回水淹没闸室和下游区雾化问题。为解决上述问题，通过水工模型试验，对宽尾墩方案、平尾墩方案、分流梁方案和宽尾墩优化方案进行了试验研究，结果表明宽尾墩优化方案不仅解决了下游泄洪消能问题、回水淹没闸室问题，并且雾化程度也明显减小，为最优方案。本研究解决了里底水电站消能问题，目前里底水电站底孔泄洪效果良好，达到了预期目标，本研究也可为类似工程泄洪设计提供参考。

参考文献

[1] 杨万涛，杨林，王永新，等. 宽尾墩，分流墩混合底流消能技术的应用 [J]. 云南水力发电，2021，37 (5)：5.

[2] 朱展博，李玉洁，卞全. 里底水电站泄洪消能建筑物设计 [J]. 西北水电，2020 (S01)：5.

[3] 卫勇，刘菁，赵小宁. 新型坎式宽尾墩等在里底水电站中的应用研究 [J]. 西北水电，2009 (3)：6.

[4] 水利水电科学研究院. 水工模型试验 [M]. 北京：水利电力出版社，1985.

作者简介

张　坤（1996—），男，初级工程师，主要从事水利水电工程建设管理工作。E-mail：2914734052@qq.com

源网荷储一体化产业园设计研究
——以三峡现代能源创新示范园设计为例

黄瑞劼　　倪瀚聪

（上海勘测设计研究院有限公司，上海市　200120）

[摘　要]本文通过项目实践，尝试探索与总结在源网荷储一体化产业园设计中，以聚焦"五大功能"，打造"三大中心"，建设"八大基地"规划模式来规划源网荷储一体化综合示范园，同时响应国家"十四五"可再生能源发展规划基本方针和发展目标。

[关键词]源网荷储一体化；"风、光、储、氢"；五大功能；三大中心；八大基地

0　引言

国家"十四五"可再生能源发展规划大背景下，结合园区内和周边风光储资源条件，开展源网荷储一体化产业园成新能源产业园规划的主要方向，通过多种清洁能源，如光伏、风电，储能，氢能等新能源系统，提供园区能源保障。

1　项目背景

2018年3月5日，习近平总书记参加十三届全国人大一次会议内蒙古代表团审议时强调，推动经济高质量发展，要把重点放在推动产业结构转型升级上，把实体经济做实做强做优。

2020年5月14日，内蒙古自治区人民政府召开落实习近平总书记参加十三届全国人大二次会议内蒙古代表团审议时重要讲话精神系列发布会之工业能源绿色发展专题发布会。落实习近平总书记提出的"要把现代能源经济这篇文章做好，紧跟世界能源技术革命新趋势，延长产业链条，提高能源资源综合利用效率"要求。

2020年10月，乌兰察布市政府以"优选"的方式明确由三峡集团负责乌兰察布"源网荷储"项目的主要建设工作，为加快推进"源网荷储"项目的落地，促进地方经济发展，三峡集团联合乌兰察布市政府，决定在乌兰察布市配套建设产业园项目。在乌兰察布市集宁区察哈尔工业园打造现代能源创新示范园，探索利用"源网荷储一体化"模式，通过技术与商业模式创新，就地开发利用优质新能源资源，为经济发展提供可靠保障，促进经济清洁低碳转型，培育能源经济增长新支柱，具有优良的实施条件、显著的示范效益、巨大的推广价值。

2　设计策略

基于以上项目背景分析，三峡现代能源创新示范园立足乌兰察布丰富的新能源资源，整

体谋划，统筹开发和保护，合理规划。按照"统一规划、协同设计、统筹管理、分布建设"的原则，以"智慧、绿色、一流、现代"为特色，规划以"风、光、储、氢"产业为核心的"制、研、检一体化"的综合示范园。同时融合现代能源技术、物联网技术和云计算等新一代信息技术，利用分布式电源和储能设备，构建多种绿色能源互补、多类型储能综合利用的智能微网园区，打造现代能源智慧园示范区。

三峡现代能源创新示范园立足构建现代能源产业体系，坚持延链、补链、强链并进，总体形成"五+三"的发展格局。即聚焦"五大功能"，打造"三大中心"，建设"八大基地"（见图1）。

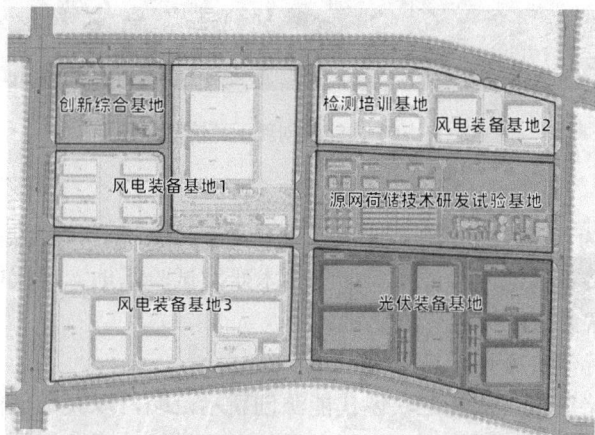

图1 三峡现代能源创新示范园总平面图

3 设计实践

3.1 "五大功能"

"五大功能"分别为：科学研究，开展"源网荷储一体化"关键技术研发，打造国家能源"源网荷储"研发中心（重点实验室）。产业集聚，建立新兴能源产业引入和孵化机制，打造产业集群，对具有推广前景的科研成果进行转化、投资和孵化。示范验证，建设园区级"源网荷储"示范验证平台，对取得的科学研究成果进行示范验证。检测鉴定，依托示范验证平台，为可大规模应用的储能技术和新能源设备制造企业提供试验、检测和评估等服务。人才培养，建设以储能为核心的新能源人才培训平台，培养"源网荷储"领域的多层次专业化人才（见图2）。

3.2 "三大中心"

"三大中心"：创新示范中心、产业集聚中心和科技研发中心。创新示范中心以整个园区的源网荷储示范项目为核心，打造创新综合示范基地和高端展示平台，探索产学研用结合，促进能源新技术的应用与孵化。产业集聚中心，以延长产业链、提升价值链为重点，规划以"风、光、储、氢"产业为核心的"制、研、检一体化"产业集群，重点推进储能产业的落地与发展。科技研发中心以"源网荷储"技术研发和国家储能重点实验室为核心，集成建设氢能、压缩空气和电化学等十多种储能形式的试验基地，打造产业推广示范基地。

图 2　三峡现代能源创新示范园鸟瞰图

3.3　"八大基地"

"八大基地"分别为：园区级"源网荷储"项目示范基地、创新综合基地、检测培训基地、风电装备基地、光伏装备基地、"源网荷储"技术研发试验基地、现代能源创新示范园区可视化综合技术平台、智慧园区综合管理基地。

3.3.1　园区级"源网荷储"项目示范基地

园区级"源网荷储"项目依托三峡现代能源创新示范园，以突破储能在新能源系统中的应用技术、探索"源网荷储一体化"新型能源系统发展模式、服务于国家大规模开发新能源的战略需求、促进我国能源转型和经济社会发展为目标，通过电力系统设计及优化调度，提升能源清洁利用效率、渗透率及电力输出品质，保证整个能源网络的运营安全性及稳定性，使基地相关储能系统实际应用参与到区域"源网荷储"验证，验证源储协调，强化基地实际功能及区域"源网荷储"整体实证效应，指导电源端基地规划开发和网荷储系统的协调互动，为"源网荷储一体化"开发模式积累实践经验。

三峡现代能源创新示范园智慧能源包括以下要素。

（1）源侧：分布式光伏、分散式风电及斯特林光热等，同时保持与电网的连接。其中分布式光伏采用整个示范园内部自发自用的模式，整个园区屋顶光伏发电所布置的建筑总计 48 栋，主要为工业厂房及仓库。本项目规划建设总容量 38.64MWp，采用一次规划，分批建设的模式开发；选择满足机位布置限制条件和离居民区较远的区域三进行风机布置，共布置 2 台 4.5MW 风机机组，叶轮直径 156m，轮毂高度 100m，电源侧合计装机容量约 48MW。

（2）荷侧：园区生产设备、办公楼、风光储互补路灯、交流充电桩等，园区总负荷约 60MW。

（3）储侧：园区规划包括功率型、功率和能量复合型、能量型三种功能的 9 种储能形式，20.3MW/54.8MWh 储能。

（4）网侧：园区内建有 1 座 35kV 变电站，配置 2 台 20000kVA 主变压器，电压等级为 35/10kV，两路 35kV 电源进线，均引自当地电网公司变电站。园区用电通过 35kV 变电站 10kV 母线辐射式供电，两台 4.5MW 风电机组通过两路 10kV 电缆接入 35kV 变电站 10kV Ⅰ段和Ⅲ段母线，屋顶光伏接入各自厂房配电房内的 0.4kV 配电母线，储能示范基地通过两路

10kV 电缆分别接至 35kV 变电站两段 10kV 母线;园区内各企业用电均通过 10kV 电缆引自 35kV 变电站 10kV 母线。

(5)综合能量管理系统:能量管理系统的主要功能为统筹园区内发电、配电、用电设备的安全经济运行,实现清洁能源的百分之百消纳。功能包括发电预测、分布式电源管理、负荷管理、负荷预测、发用电计划、功率管理(有功功率管理、无功电压管理)、统计分析与评估(拓扑分析、潮流计算、控制灵敏度分析、统计与评估)、Web 发布。

3.3.2 创新综合基地

创新综合基地位于园区西北角,占地 92.6 亩,主要功能包括集中解决示范园的办公、住宿、餐饮和运动等功能性需求,打造高校学生实习基地和新能源产业创业孵化基地,同时也是内蒙古现代能源产业的示范展示平台。基地布置有 1 栋综合楼、1 栋创新楼、1 栋食堂(含室内运动场)、4 栋宿舍楼以及配套辅助用房等(见图 3)。

图 3　创新综合基地鸟瞰图

拟结合创新综合基地内的创新楼设置新兴能源产业孵化器,提供低价办公场所、提供中小试产线基地、开展创业论坛及培训沙龙等孵化服务,同时由乌兰察布市政府、三峡集团及园区其他企业荷其他社会投资人等通过产业孵化基金、政策扶持、人才扶持等在园区内试点孵化政策,完善乌兰察布创业环境,为我国现代能源产业链培育新兴技术。

3.3.3 检测培训基地

检测培训基地位于一期 1-2 地块西北角,占地 98.7 亩,主要承担高压电气设备检测、培训等功能,属于产业集群中检测认证部分,拟引进的入园企业为鸿信电力。总建筑面积约 50300m^2,年产智能化箱式变压器、开关柜 12000 台(套);主要检测项目包括电力设备、风机、塔筒、光伏电池等检验检测系统。

3.3.4 风电装备基地

风电装备基地包括创新综合区南侧地块、1-1 地块东半侧、1-2 地块北侧及二期西侧地块,占地约 806.3 亩,依次为标准厂房、风电总装厂(运达)、罩壳厂、齿轮箱厂、轴承厂、变压器厂。属于产业集群中的储能和风电装备部分。标准厂房区拟建设 6 栋标准厂房,其中 2 栋厂房拟引进的企业为阳光电源,建筑面积约 6600m^2,年产能约为逆变器 2GW,风电变流器 2GW,储能系统 1GW。

风电装备区拟引进的企业为浙江运达，主要从事陆上大容量机组的组装和生产，年产能约为 200 万 kW。

3.3.5 光伏装备基地

光伏装备区位于场地东南侧，占地约 333.2 亩，依次为光伏组件（拉单晶）厂、晶硅电池厂规划光伏组件的年产能约 2GW，单晶硅年产能 6GW。

3.3.6 "源网荷储"技术研发试验基地

"源网荷储"技术研发试验基地旨在打造源网荷储关键技术及应用验证的平台，包括建设有"储能技术研究验证平台""基于'源网荷储一体化'的能量管理系统""大规模新能源接入仿真验证""共享储能关键技术及商业模式研究"等部分。在储能技术研究验证平台中支持新型电化学储能、压缩空气储能、氢储能等 9 种新型储能方式的技术研发和并网验证；进行新能源、储能、负荷的新型组网方式验证，开展新能源、储能新型并网接口装备的研发及验证；在大规模新能源接入仿真验证中进行大规模新能源接入对系统的影响研究；在基于"源网荷储一体化"的能量管理系统中开展"源网荷储"系统优化协调控制、能量运行管理等研究和验证；在共享储能关键技术及商业模式研究中进行"共享储能"新型商业模式探讨及验证（见图 4）。

图 4 "源网荷储"技术研发试验基地鸟瞰图

3.3.7 现代能源创新示范园区可视化综合技术平台基地

现代能源创新示范园区可视化综合技术平台项目以三峡现代能源创新示范园为舞台，依托创新综合区、"源网荷储"研发技术实验基地、现代能源高端装备制造产业各专业园区，整体打造现代能源一体化展示园区。展示项目以实物+数字化、现场+展厅方式，展示内容瞄准创新示范园特色、大规模的"源网荷储"项目展示和现代能源经济破题等主题。展示内蒙古在开展电力体制改革和促进可再生能源开发利用方面的发展历程、政策环境、领先地位；展示三峡集团为内蒙古自治区可再生能源就近消纳方案的实施做出的贡献；多维度展示园区定位、全貌、功能、经营、技术、产业扶持、研发创新、人才策略、数字化智能化管理等方面在内蒙古现代能源中的创新核心地位；展示三峡现代能源创新思维和创新成果；展示现代能源数字化新技术研究成果形成的前端产品；融合多种展示技术，展望三峡集团与内蒙古自治区携手推进科技创新和现代能源经济创新的美好前景。

3.3.8 智慧园区综合管理基地

智慧园区综合管理基地是园区实现智慧化的技术集成及管理创新的实验，结合 BIM+ GIS 模型构建数字园区，并对园区内各要素进行有效的集成和应用，对园区内各项数据和信息进行多方位的、全面的跟踪、统计、分析、反馈出各项动态数据，实现"精细化、智慧化、可视化"的管理，实现园区全生命周期智慧化管控。

4 结语

三峡现代能源创新示范园探索利用"源网荷储一体化"模式，通过技术与商业模式创新，就地开发利用优质新能源资源，促进经济清洁低碳转型，具有显著的示范效益和推广价值。响应"十四五"可再生能源发展规划，打造全球一流品质的高端产业集群，创建"绿色、智慧、一流、现代"的能源创新示范园区。

作者简介

黄瑞劼（1989—），男，中级工程师，主要从事建筑设计工作。E-mail：295547931@qq.com

倪瀚聪（1990—），男，中级工程师，主要从事建筑设计工作。E-mail：346677465@qq.com

基于老山水生态水量计算方法及
调度方案的分析

刘蕊蕊　薛耀东　肖　玲　黄德恩

（中国电建集团西北勘测设计研究院有限公司，陕西省西安市　710065）

[摘　要] 适度开发水资源，保障生态水量，促进河流水生态系统良性循环，是维护河道生态健康的必要条件。本文通过典型年法和《广东省一年三熟灌溉定额》提供的方法进行对比分析，合理选用花都区河道来水量的确定方法，提出基于生态水量保障的调度方案，减少闸坝下游河道减脱水现象。保障河流基本生态功能，维持良好的用水秩序。

[关键词] 生态流量；调度方案；老山水

0　引言

生态流量的概念最早可追溯到 20 世纪 40 年代初的河道枯水流量，主要是为了当地的航运功能[1]。1989 年，Gore[2] 建议在河流系统中规定最小流量，为生物群落提供最小流量。国际上，2000 年颁布实施的《欧盟水框架指令》（The EU Water Framework Directive）[3] 明确"生态流量"为实现环境目标。2007 年国际环境流量大会发布的《布里斯班宣言》（Brisbane Declaration）[4] 把"环境流量"定义为：维持淡水、河口生态系统及依赖于这些生态系统的人类宜居环境所需的水流数量、过程和质量。近年来国家对生态文明建设的认识提升到一个崭新的高度。这不仅涉及千万河道、湖泊，还涉及河道上建设的各种闸坝等水利设施，其下泄水量是保障下游河道生态文明的关键，是维系河湖生态功能的重要指标。然而，受历史条件的限制，部分早期建设的闸坝等，因对生态流量无核定要求，导致无下泄要求。针对此类情况，尤其是无资料地区生态水量的计算，计算方法的选取对保障闸坝下游河道生态水量下泄要求具有重要意义。

1　基本情况

老山水（又名秀塘河），发源于花东镇北部高大山岭鸡枕山。因当地村民习惯把大山岭称为老山，由北部大山流来的水而故名。干流起源于花东镇蟾蜍石水库，顺地势向南流经联安、七星、竹湖、塘星、河联、秀塘、象山、保良、石角等村，在石角村与大沙河汇合后流入流溪河。老山水河长 18.08km，全流域集雨面积 64.63km^2。

蟾蜍石水库位于老山水上游，于 1976 年开工，1983 年竣工投入运行，集雨面积 15km^2，河流长度 5.73km，河流平均比降 31.9‰。主要功能是灌溉和防洪，设计灌溉面积 3500 亩。

工程等别为Ⅳ等，工程主要建筑物级别为4级，次要建筑物为5级。水库设计标准为50年一遇洪水设计，500年一遇洪水校核；正常蓄水位为49.38m（珠基，下同），相应库容为221万 m^3；设计洪水位53.39m，相应库容为383.73万 m^3；校核洪水位54.49m，相应库容437.20万 m^3；死水位为41.88m，死库容为39万 m^3。

2 生态流量计算

老山水河道生态保护对象主要包括河道基本形态、基本水生物栖息地、基本自净能力等基本生态保护对象，无其他特殊保护区以及生态敏感与脆弱区等保护对象。则其生态保护目标：保证河流不干涸、断流，保持河道完整的断面形态，保障河流的生存功能，重点保障枯水期河道的生态水量。因此，根据《河湖生态环境需水计算规范》（SL/T 712—2021）要求，本次生态流量以基本生态环境流量为生态流量控制指标。

根据老山水流域面积大小，选取蟾蜍石水库坝下断面和老山水河口断面作为生态水量控制断面。采用近10年最枯月平均流量法、Tennant法、Q90法计算生态基流，取最大值作为生态基流量，结果如表1所示。

表1 河道断面生态基流计算成果表

控制断面名称	集雨面积（ km^2 ）	近10年最枯月径流量（ m^3/s ）	Tennant法（ m^3/s ）	Q90法（ m^3/s ）	生态基流采用值（ m^3/s ）
蟾蜍石水库坝下断面	15	0.0299	0.0510	0.0371	0.0510
老山水河口断面	64.63	0.129	0.218	0.160	0.218

3 水库坝下断面生态水量保障情况

由于南方地区，降水量较大，选择枯水年份（ $P=90\%$ ）分析蟾蜍石水库坝下生态流量的保障情况。

3.1 入库流量计算

由于老山水及附近流域没有水文测站，因此，蟾蜍石水库的入库流量采用花都区降雨资料估算。一般情况下，通常通过降雨资料进行频率分析，选取典型枯水年来计算水库的入库流量。但《广东省一年三熟灌溉定额》[5]中，为避免年雨量与年灌溉定额出现倒置现象，提出计算点丰、平、枯典型年的降雨时段分配成果。因此，同时采用两种计算方法，分析对比枯水年入库流量的差异。

3.1.1 典型年法

根据花都雨量站（1983～2019年）长序列月降水量资料，采用数学期望值公式估算，频率曲线线型采用皮尔逊Ⅲ型曲线，统计参数选用矩法公式进行初估，然后进行目估适线。反查 $P=90\%$ 频率设计降水量为1437mm，选取典型枯水年（ $P=90\%$ ）作为代表年。根据降雨径流计算公式，计算蟾蜍石水库的入库流量。由于蟾蜍石水库距离花都雨量站有一定的距离，非汛期一直有常水流。因此入库流量基流部分按年径流总量的10%平均分配到每月，计算的蟾蜍石水库枯水年入库流量的年内分配如表2所示。

表 2   蟾蜍石水库枯水年典型入库径流量年内分配表   单位：万 m³

时间	4 月	5 月	6 月	7 月	8 月	9 月	10 月	11 月	12 月	次年 1 月	次年 2 月	次年 3 月	年
来水量	187	193	121	186	121	156	20.5	13.3	15.8	11.7	68.8	130	1223

3.1.2 《广东省一年三熟灌溉定额》中提出的典型年降雨年内分配法

考虑到过去灌区水量平衡计算中，设计典型年的选择，主要为计算灌溉定额及其年内分配。但采用设计年雨量推求设计灌溉定额是相当困难的，因有时计算结果往往不如人意，如年雨量大的年份，灌溉定额亦大；年雨量小的年份，灌溉定额亦小，得出相反的结果。虽然在选择典型年过程中，考虑了一些改进方法和选择原则，但由于雨量年内分配的随机性，故仍难免出现年雨量与年灌溉定额倒置的现象。因此，为简化工程计算，《广东省一年三熟灌溉定额》中提出计算点丰、平、枯典型年的降雨时段分配成果。利用广州市枯水典型年（*P*=90%）的年内分配计算花都站枯水年内降雨量，入库流量基流部分按年径流总量的 10% 平均分配到每月，计算的蟾蜍石水库枯水年入库流量的年内分配如表 3 所示。

表 3   蟾蜍石水库枯水年典型入库径流量年内分配表   单位：万 m³

时间	4 月	5 月	6 月	7 月	8 月	9 月	10 月	11 月	12 月	次年 1 月	次年 2 月	次年 3 月	年
来水量	288	225	112	173	126	91.0	24.6	12.5	10.2	20.2	24.6	122	1229

3.2   用水量分析

蟾蜍石水库是一座以灌溉、防洪为主等综合利用的小（1）型多年调节水库。《广州市花都区蟾蜍石水库调度规程》给出蟾蜍石水库枯水年（*P*=90%）灌溉用水量。另外，广州市宝沣山泉有限公司也从蟾蜍石水库取水，且有核准的年度用水定额。因此，蟾蜍石水库的用水量主要包括灌溉和宝沣山泉的取用水量，见表 4。

表 4   蟾蜍石水库的用水量统计表   单位：万 m³

时间	1 月	2 月	3 月	4 月	5 月	6 月	7 月	8 月	9 月	10 月	11 月	12 月	年	备注
灌溉用水	13.5	13.5	13.5	21.5	40.8	37.6	17.6	33.1	58.7	60.4	13.5	13.5	337	90%
取用水量	0.347	0.308	0.390	0.376	0.347	0.352	0.739	1.16	1.14	0.431	0.401	0.449	6.44	

3.3   水量平衡计算

蟾蜍石水库以防洪、灌溉为主，坝下生态水量的下泄可能会对灌溉用水产生影响，需进一步分析水库的供用水水量平衡，以分析判断调度下放生态流量的可能性。

在满足防洪条件下，进行灌溉等取用水调度，其中灌溉用水主要从每年 4 月起，蓄水期为 4～8 月，蟾蜍石水库 4 月初以死水位相应的库容为起算库容，按照来水量与灌溉等供用水量进行水库水量平衡调节，详见表 5 和表 6。通过分析枯水年（*P*=90%）水量平衡，判断蟾蜍石水库坝下生态水量的保障情况。

由表 5 和表 6 知，典型年法和《广东省一年三熟灌溉定额》中提出的典型年降雨年内分配法计算蟾蜍石水库枯水年入库流量，均能同时满足灌溉用水、批准的宝沣山泉取用水量和水库坝下生态水量总需求，这与水库有调蓄作用有密切关系。

表5 蟾蜍石水库坝下断面生态水量保障情况

蟾蜍石水库水量平衡表（P=90%）（典型年法）（万 m³）

月　份	来水量	灌溉用水	取用水量	生态需水量	库　容
4	187	−21.5	−0.376	−13.4	158
5	193	−40.8	−0.347	−13.4	158
6	121	−37.6	−0.352	−13.4	158
7	186	−17.6	−0.739	−13.4	194
8	121	−33.1	−1.16	−13.4	221
9	156	−58.7	−1.14	−13.4	221
10	20.5	−60.4	−0.431	−13.4	167
11	13.3	−13.5	−0.401	−13.4	153
12	15.8	−13.5	−0.449	−13.4	142
次年1	11.7	−13.5	−0.347	−13.4	126
次年2	68.8	−13.5	−0.308	−13.4	158
次年3	130	−13.5	−0.390	−13.4	158

表6 蟾蜍石水库坝下断面生态水量保障情况

蟾蜍石水库水量平衡表（P=90%）（《广东省一年三熟灌溉定额》法）（万 m³）

月　份	来水量	灌溉用水	取用水量	生态需水量	库　容
4	288	−21.5	−0.376	−13.4	158
5	225	−40.8	−0.347	−13.4	158
6	112	−37.6	−0.352	−13.4	158
7	173	−17.6	−0.739	−13.4	194
8	126	−33.1	−1.16	−13.4	221
9	91.0	−58.7	−1.14	−13.4	221
10	24.6	−60.4	−0.431	−13.4	171
11	12.5	−13.5	−0.401	−13.4	157
12	10.2	−13.5	−0.449	−13.4	139
次年1	20.2	−13.5	−0.347	−13.4	132
次年2	24.6	−13.5	−0.308	−13.4	130
次年3	122	−13.5	−0.390	−13.4	158

4　河口断面生态水量保障情况

同样采用上述两种方法计算老山水枯水年区间来水量，由于蟾蜍石水库下游老山水河道外无取用水情况，生态需水量为 57.3 万 m³，则通过老山水枯水年河口断面来水量分析河口断面生态水量的保障情况，如表7和表8所示。

表 7   老山水河口断面生态水量保障情况

老山水河口断面（P=90%）（典型年法）（万 m³）				
月　份	区间来水量	生态需水量	水库坝下生态水量	余（+）缺（−）水
4	617	−57.3	+13.4	573.4
5	638	−57.3	+13.4	594.5
6	401	−57.3	+13.4	357.3
7	614	−57.3	+13.4	570.6
8	399	−57.3	+13.4	355.2
9	517	−57.3	+13.4	473.6
10	67.8	−57.3	+13.4	24.0
11	43.9	−57.3	+13.4	0.0
12	52.3	−57.3	+13.4	8.4
次年 1	38.6	−57.3	+13.4	−5.3
次年 2	228	−57.3	+13.4	183.9
次年 3	429	−57.3	+13.4	384.8

表 8   老山水河口断面生态水量保障情况

老山水河口断面（P=90%）（《广东省一年三熟灌溉定额》法）（万 m³）				
月　份	区间来水量	生态需水量	水库坝下生态水量	余（+）缺（−）水
4	952	−57.3	+13.4	908.3
5	744	−57.3	+13.4	699.8
6	370	−57.3	+13.4	326.6
7	572	−57.3	+13.4	527.8
8	418	−57.3	+13.4	374.2
9	301	−57.3	+13.4	257.1
10	81.4	−57.3	+13.4	37.6
11	41.2	−57.3	+13.4	−2.7
12	33.9	−57.3	+13.4	−10.0
次年 1	66.8	−57.3	+13.4	22.9
次年 2	81.4	−57.3	+13.4	37.6
次年 3	403	−57.3	+13.4	359.5

由表 7 和表 8 知，采用典型年法计算的老山水区间来水量和《广东省一年三熟灌溉定额》提供的枯水年降雨量年内分配表计算的区间来水量，对河口生态水量的影响有一定的差异。典型年法计算的河口生态水量时间缺口跨度为 1 个月，集中在 1 月份，生态水量缺口为 5.3 万 m³；《广东省一年三熟灌溉定额》提供的枯水年降雨量年内分配表计算的河口生态水量时间缺口跨度为 2 个月，集中在 11～12 月份，缺口为 2.7 万～10.0 万 m³。一般情况下，典型年雨量的年内分配随机性和无规性比较大，但为避免年雨量与年灌溉定额出现倒置现象，《广东

省一年三熟灌溉定额》提出的典型年降雨量的年内分配较均匀，这与《广东省一年三熟灌溉定额》枯水年含频率 70%~95%，不采取一个频率相对应的典型年有关。由此导致两种方法计算的河口生态水量成果出现差异。对于无调蓄工程的河道生态水量保障情况，建议采用《广东省一年三熟灌溉定额》提供的枯水年降雨量年内分配表进行计算，可提高河道断面生态水量的保障程度。

5 调度方案

《广东省一年三熟灌溉定额》提出的典型年降雨量的年内分配法计算的河口生态水量成果有缺口，需进行生态水量补水调度。考虑到老山水上游蟾蜍石水库，总库容 437.20 万 m^3；死库容为 39 万 m^3，具有一定的调洪调度能力。枯水年水量能够同时满足批准的取用水量、灌溉用水量和坝下生态需水量的需求，水库不仅不会出现缺水现象，且有一定的余水，大于老山水河道生态缺水量。由此，可利用蟾蜍石水库的余水，通过调度下放补充老山水河道生态水量。蟾蜍石水库大坝左侧输水建筑物进口采用塔式进水口，采用启闭机控制，最大输水流量 4.4m³/s，能同时满足下放批准的取用水量、灌溉用水量、坝下生态用水量以及调度补充老山水河道的生态水量。因此，拟提出蟾蜍石水库调度补充老山水生态水量的方案：在批准的取用水量和灌溉用水量基础上，通过输水涵下放坝下生态水量和补充老山水生态水量。

6 结论

通过老山水生态水量调度分析发现，典型年法和《广东省一年三熟灌溉定额》提出的典型年降雨量的年内分配计算的水库入库流量和河口断面流量存在一定的差异，该差异对于有调蓄作用的水库，影响较小；但对河口断面生态基流的影响较大，典型年法计算的河口生态缺水量时间跨度小，缺水量相对较小；《广东省一年三熟灌溉定额》提出的典型年降雨量的年内分配法计算的河口生态缺水量时间跨度大，且缺水量较典型年法大。

针对花都区无水文观测资料的地区，设计年河道来水量通常采用降雨资料计算所得，尤其对于河道上有灌溉作用的水库，需计算设计年灌溉用水量，为避免灌溉水量和年雨量出现倒置的现象，建议采用《广东省一年三熟灌溉定额》提出的典型年降雨量年内分配法计算河道来水量和灌溉用水量，该法计算的河道生态缺水量缺口略大，在生态水量保障角度是有利的。

参考文献

[1] PETTS GS. Water allocation to protect river ecosystems [J]. Regulated Rivers：Research& Management，1996，12：353-365.

[2] Core J A. Models for predicting benthic macroinverte habitat suitabilility under regulated flows. In：Core J.

[3] 马丁·格里菲斯（MartinGrimiths）编著，水利部国际经济技术合作 [1] 交流中心译. 欧盟水框架指令手册 [M]. 北京：中国水利水电出版社，2008.

[4] 陈昂，吴森，黄茹，等. 国际环境流量发展研究 [J]. 环境影响评价 2019，41（1）：46 -49.

[5] 古声. 广东省一年三熟灌溉定额 [M]. 广州：暨南大学出版社，1999.

作者简介

刘蕊蕊（1985—），女，高级工程师，主要从事水文水资源工作。E-mail：574579863@qq.com

薛耀东（1993—），男，工程师，主要从事水文水资源工作。E-mail：381174230@qq.com

肖　玲（1987—），女，高级工程师，主要从事水文及水资源工程规划设计工作。E-mail：641561066@qq.com

黄德恩（1996—），男，助理工程师，主要从事水文水资源工作。E-mail：1787579039@qq.com

新形势下综合性建设项目协同设计的思考
——以西南地区大型牧场建设项目为例

彭　攀　李红星　高强强　把玉祥　马福全

（中国电建集团西北勘测设计研究院有限公司，陕西省西安市　710065）

[摘　要] 随着综合性建设项目越来越多，外部条件变化越来越快，对设计工作提出了更高的要求，开展协同设计非常必要。本文首先梳理了各行业建设项目设计工作的现状，提出了协同设计是行业发展方向；第二，总结了建筑单体协同设计工作，提出了综合性建筑项目应该将场地、场内基础设施和建筑单体作为一个整体进行通盘考虑，然后开展协同设计工作；第三，结合西南地区大型牧场建设项目，总结了二维协同设计的工作经验，并进行了三维协同设计思考。可以为类似项目提供借鉴。

[关键词] 场地尺度；大型建设项目；协同设计

0　引言

随着建设项目的规模越来越大，综合性越来越强，需要的专业越来越多，对设计工作提出了更高的要求。建筑类建设项目一般包括场地、场内基础设施和建筑单体等。传统该类项目主要关注建筑单体，建筑、结构、水暖、电气等专业已经开展协同设计，并且取得了良好的效果。新形势下综合类建筑项目不单单包括建筑单体，还要关注场地和基础设施，这样才能够实现整个项目的目标和价值。

本文首先梳理了各行业建设项目设计工作的现状，提出了协同设计是行业发展方向；第二，总结了建筑单体协同设计工作，提出了综合性建筑项目应该将场地、场内基础设施和建筑单体作为一个整体进行通盘考虑，然后开展协同设计工作；第三，结合西南地区大型牧场建设项目，总结了二维协同设计的工作经验，并进行了三维协同设计思考。可以为类似项目提供借鉴。

1　概述

大量建设项目都需要多专业参与，专业之间内部存在交叉，专业相互之间也存在交叉。随着业主和行业对设计质量和进度的要求越来越高，为确保专业内部和专业之间沟通顺畅、协作紧密，国内各行各业已经开始进行协同设计。荆静[1]对场地设计工作进行了探讨，针对场地设计的重要性，就场地设计中的设计条件、场地总体布局、竖向设计、道路设计及绿化设计几个要点进行了探讨，以提高场地设计质量，从而提高城市生态环境及人民生活环境的质量[1]。崔萌萌等对能源行业场地设计工作进行探索，基于满足工艺流程需要、节约土方成本、质优价廉完成建设项目等目标，利用 Bently 公司 Geopak Site 软件的场地三维设计软件，进行了煤炭工业场地三维设计的探索[2]。潘菲菲等在水利行业进行了水库移民安置点基础设施设计工作的探索，主要目标是提高工程量计算精度、提高设计人员工作效率、保障项目建设进度计划等，利用 Civil 3D 的 BIM 技术进行了安置点基础设施工程设计，具有高质量、快速、准确、可视化等优点[3]。

一个建设项目开始进行设计，往往会根据项目性质确定一个主专业，如果是景观类项目，偏向于让建筑专业或景观专业负责；如果是煤炭等能源类项目，偏向于让总图或工艺专业负责；如果是移民安置点等综合项目，场地地形变化较大，偏向于让岩土专业负责。这种常规的设计工作模式经过不断地探索和调整，能够满足工程建设要求，但是也存在设计质量不高的问题，比如设计阶段无法发现的漏项或碰撞等问题直到施工过程或运营阶段才出现，不仅影响工期，而且影响运营使用，降低了项目目标和价值。随着社会的发展、时代的进步，各行各业都积极进行了协同设计的实践，并取得了一定的成效，设计各专业沟通更加顺畅，设计成果也能够交叉检查，设计质量得到了较大幅度的提高。

2 建筑项目协同设计

2.1 建筑单体协同设计应用

与公路、水利、市政等行业相比，由于建筑单体协同设计得到了广泛应用。建筑设计单位自行开发的建筑协同设计平台，在浙江南浔农村合作银行营业大楼项目上进行了运用，取得了良好的效果[4]。通过以某工业建筑为设计对象，采用 Autodesk Revit 三维协同设计平台，实现了协同设计，各专业模型实现了共享，有效地提高了设计效率[5]。

建筑单体协同设计先后经历了从传统 CAD 二维协同走向了三维协同，从各单位自行开发协同设计平台到主流三维设计软件公司研发三维协同设计平台，但是也存在一定的问题。一是对于场地平整关注较少，容易导致场地大挖大填产生大量的土建费用，建筑基础调整增加大量的工程费用；二是对于场内基础设施的关注多停留在指标控制，满足规划条件即可，没有基于需求和功能要求进行设计，导致基础设施的使用存在不方便；三是对周边场地条件的分析不足，导致道路、排水、电力等衔接和匹配存在一定问题。

2.2 建筑项目协同设计工作思考

新形势下人们对建筑项目的认识发生了变化，开始重视建筑单体所在的环境，认为建筑单体必须与场地和场内基础设施配合才能够最大限度的发挥价值，它们是一个不可分割的整体。

开展建筑项目协同设计，第一是确定主导专业，建筑项目主导专业一般由建筑专业负责，完成总体平面布置图，作为各专业开展设计工作的依据。第二是场地平整设计，根据规划专业提供的总图和控制点高程，按照土石方和挡护工程量最小的原则开展设计。第三是场内基础设施设计，包括道路、室外给排水、室外电力电信、室外绿化等多个单项工程，重点复核与外部和内部接口的衔接，外部接口包括道路、给水、排水、电力等，内部接口包括各建筑单体的给水、排水、电力等。

建筑项目协同设计需要重点关注三个方面：一是对场地内所有的管线进行综合设计，确保相互之间没有碰撞；二是场地平整工程中的地质专业需要与结构专业协同，确保基础选型合理；三是场地管线需要与建筑单体的管线协同，确保衔接顺畅。

3 综合性建设项目协同设计应用

3.1 大型牧场建设项目二维协同设计

西南地区某大型牧场项目，主要建设任务是养殖奶牛，建设规模为10000头。该项目功能分区包括办公管理区、饲料加工区、奶牛生产区和粪污处理区。建设内容包括场地平整、场内基础设施、建筑单体等，见图1。

图1　大型养殖牧场项目平面布置图

（1）工艺及总图。

根据牧场要求布置各功能区，其中奶牛生产区是整个项目的核心，需要一个大的平台，布置在场地中间；粪污处理区要便于粪污自流进入，根据现场地形考虑布置在东南侧，整个场地的最低位置；办公管理区和饲料加工区布置在余下的区域。项目北侧和南侧各有1条外部道路，考虑北侧道路作为粪污和病死牛尸体离场路线，南侧道路作为饲料和鲜奶等运输进出场路线，做到路线不交叉。将对地基承载力要求较高的建筑单体如挤奶大厅、办公楼、宿舍楼等尽量布置在挖方区。

本项目设计工作开展过程中，由工艺专业负责，建筑专业配合，完成了项目总体平面布置图。经过各专业确认后，由建筑专业根据总图，组织各专业开展场地平整、场内基础设施和建筑单体的设计工作。

（2）场地平整。

根据项目总图对建设场地进行平整，主要包括土石方和边坡工程等。项目用地范围较大，为便于使用，考虑采用平坡式，整个场地由西向东分为三台。根据现场地形，挖方区位于场地西北侧，填方区位于场地东南侧，按照土石方挖填平衡原则最终确定各区域的竖向高程；边坡工程包括挖方区和填方区的边坡，根据现场条件和地勘成果合理选用挡护形式。

本项目场地地形变化较大，边坡工程最大高度达到20m。由于与地勘成果结合紧密，考虑由岩土专业负责完成场地平整工程设计。

（3）道路工程。

根据场地内通行的车辆类型，将场地内部道路分为二级，分别是干路和支路。本项目该部分设计较为简单，由道路专业完成。

（4）室外给排水工程。

室外给排水工程包括给水、消防、雨水、污水等。一是给水和消防工程，分别采用单独的系统，全部采用管道地埋敷设的方式，位于道路路面以下；二是雨水工程，采用明沟收集后有组织的排放；三是污水工程，包括生活污水和养殖污水。本项目该部分设计较为复杂，管线存在大量交叉，且和其他专业衔接紧密，需要特别注意，主要由给排水专业完成。

（5）室外强弱电工程。

室外强弱电工程包括电力、照明、通信及监控工程等，主要是满足各建筑单体的电力和通信需求。该部分设计由电力和通信专业完成。

（6）室外绿化工程。

本项目考虑在办公管理区进行简单的绿化，由景观专业完成。

（7）建筑单体。

建筑单体主要包括养殖牛舍、办公楼、宿舍楼等，该部分的设计较为成熟，由建筑专业牵头，结构、水暖和电气专业配合完成。

3.2 三维协同设计总结和思考

对于牧场这类综合性建设项目，采用传统的二维协同设计可以满足要求，但是也有值得改进和提升的方面。一是信息不畅导致部分设计缺失，往往到了施工才被发现。二是专业衔接不够导致设计反复调整，影响施工图审查。

三维设计通过建立统一的数据源为多专业协同设计及设计成果管理提供便利，最大的优势就是直观、所见即所得，能够把很多到了设计后期、施工阶段或者运营阶段才会发现的问题提前解决，能够实现各专业修改后的数据联动，将很好地解决本项目二维协同设计中出现的问题，是协同设计的发展方向。因此，本项目进行了三维协同设计的思考，不单单解决设计阶段的问题，更重要的是最大化实现项目全生命周期的价值，可以为后续类似项目提供思路和方向。

第一步，完成三维地形地质模型和场地平整设计模型，地形模型可以借鉴倾斜摄影测绘技术进行大范围内地图相关数据采集，建立实景三维模型创建数据[6]，地质模型可以利用 Civil 3D 软件进行了三维地质建模，并应用于设计过程的方案优化和比选[7]。第二步，完成场内基础设施工程设计模型，可以参考光伏行业，在 Bentley 软件平台 MicroStation，分别使用 AECOsim Building Designer、GEOPAK Site、Substation 和 BRCM 作为土建、总围、电气和电缆布置的专业设计软件，搭建贯穿工程全生命周期的三维数字化设计平台[8]。第三步，完成建筑单体设计模型，可以借鉴建筑行业采用的 Autodesk Revit 三维协同设计平台[5]。

三维协同设计在制造行业得到了良好的应用，比如飞机和汽车，核心在于建立的三维模型对于设备的检修和维护非常有用，能够减少设备的维修时间，提高设备的使用寿命，能够最大程度的发挥设备的价值。其他行业的需求没有这么强烈，本项目没有三维模型也可以较快的完成检修和维护，这也是本项目没有进行三维协同设计的原因。

4 结束语

新形势下社会变化日新月异，节奏不断加快，对建设成果的质量要求更高，建设工期要求更短，传统的二维协同设计已经无法满足这个要求，三维协同设计是行业发展的必然趋势和设计工作者从业的必然选择。三维协同设计能够提高设计效率，节约建设成本和工期，符合社会和时代发展的要求。本文仅结合西南地区大型牧场项目对二维协同设计进行了探索，对于三维协同设计进行了思考和总结，还需要结合具体项目进一步的实践和研究。

参考文献

[1] 荆静. 关于场地设计的一些探讨 [J]. 山西建筑，2009，35（10）：48-49.

[2] 崔萌萌. 煤炭工业场地三维设计探索 [J]. 煤炭工程，2016，48（3）：36-38.

[3] 潘菲菲. BIM 在水库移民安置点基础设施设计中的应用 [J]. 人民长江，2017，48（1）：97-102.

[4] 邓雪原，苏昶，孙朋. 上海现代建筑设计（集团）建筑协同设计平台研究与应用 [J]. 土木建筑工程信息技术，2010（3）.

[5] 李仲元，郭跃，孔宪扬. BIM 技术在工业建筑三维协同设计中的应用 [J]. 工程与建设，2020，4：633-635.

[6] 冯锋. 倾斜摄影实景三维模型在大比例尺地形图中的应用 [J]. 城市勘测，2022（6）：134-138.

[7] 李家华，陈良志，杨彪，唐正浩. 三维地质模型在水运工程中的应用 [J]. 中国港湾建设，2018. 38（10）：16-20.

[8] 胡明勋，舒磊，徐文杰，李章哲. 山地光伏发电工程三维设计技术研究 [J]. 智能制造，2021.（4）：79-86.

作者简介

彭　攀（1986—），男，工程师，主要从事工程规划和设计工作。E-mail：124178347@qq.com

二、

施 工 实 践

TBM 卡机防控脱困方案智能决策方法研究

边　策[1]　杨　凡[2]　刘志明[1]　吴剑疆[1]　池建军[2]　刘　进[3]

[1. 水利部水利水电规划设计总院，北京市　100120;
2. 中水北方勘测设计研究有限责任公司，天津市　430015;
3. 新疆水利发展投资（集团）有限公司，新疆维吾尔自治区乌鲁木齐市　831499]

[摘　要]目前深埋长输水隧洞中硬岩掘进机（TBM）卡机防控脱困方案决策过程受卡机机理复杂性、围岩-护盾相互作用全过程监测困难性及人为主观经验等因素影响，导致决策结果的有效性、经济性和及时性有待提高。针对上述技术难题，本文基于构建的 TBM 卡机案例库数据，尝试采用支持向量机分类（SVM）方法，预测 TBM 卡机致灾模式和风险，采取相应预防措施。同时，基于案例推理（CBR）方法，对卡机后脱困方案进行科学决策。智能决策方法应用于新疆某输水工程隧洞关键洞段施工中，准确预测了 TBM 卡机风险，并提前采取防控措施，避免了卡机事故的发生。同时针对已发生卡机的洞段，决策推荐了卡机脱困处理方案，与现场实际采取的脱困方案一致，有效降低了脱困处理工程费用，并缩短了处理时间。

[关键词]隧道掘进机（TBM）卡机；防控脱困；支持向量机

0　引言

在国家水网骨干工程和重大引调水工程规划和建设中，隧洞输水是目前长距离调水工程中优先考虑的输水型式。在深埋长输水隧洞的建设过程中，全断面岩石隧道掘进机（TBM）以其作业环境好、安全性高、施工速度快和信息化程度高等优点被广泛采用。目前，经过多年的技术发展和工程经验积累，TBM 施工已积累了丰富的技术经验。但是，近年来我国一批正在设计或施工的隧洞 TBM 掘进中出现了新的难题和挑战，如深埋长输水隧洞工程经常面临大规模断层破碎带、强蚀变岩、高地应力等复杂的工程地质条件，易出现涌水、涌泥、涌砂、围岩大变形等工程问题，应对不当将直接导致掘进效率降低，甚至发生卡机事故，造成严重的经济损失和工程延误[1]。

针对 TBM 卡机，其解决问题的重点在防控及脱困方案的合理正确决策。其中，卡机防控决策方面，关键前提和核心是对致灾模式（隧洞塌方、围岩大变形、突水突泥、岩爆等）的判别和卡机风险的分析[2]。目前学者们从力学角度出发，采用数值模拟方法和力学模型对 TBM 卡机机理开展研究，对于 TBM 卡机灾害的预测和防控起到了一定作用，如刘泉声等[3]基于 Hoek-Brown 准则对护盾四周围岩收敛变形沿隧洞轴向的变化规律进行了研究，提出了

基金项目：国家重点研发计划（2022YFC3005605）。

TBM 卡机力学判据；赵第厚[4]采用确定性分析方法，针对膨胀泥岩洞段 TBM 进行隧洞工程，提出了刀盘荷载计算方法以及相应的刀盘卡机风险预测公式；温森和徐卫亚[5]采用收敛—位移法和风险分析理论，提出了 TBM 机风险评估方法。然而，受限于卡机机理复杂性、过程力学高度非线性和护盾-围岩相互作用力全过程监测困难等多种原因限制，卡机风险分析及致灾模式判别研究不系统，并缺少对刀盘卡机等卡机类型和除围岩变形外的其他卡机致灾模式的系统研究，导致卡机防控的方案决策不准确。另一方面，同样受限于卡机机理复杂等多种原因的限制，卡机脱困方案的研究主要围绕不同地质条件下具体的 TBM 卡机脱困技术开展，卡机脱困方案的决策方面尚属于起步阶段。

针对上述现状，本研究构建 TBM 卡机案例库，尝试建立基于支持向量机分类理论的 TBM 卡机风险预测模型，并提出基于案例推理理论的 TBM 卡机脱困方案决策方法，以有效降低 TBM 卡机风险。

1   基于支持向量机理论的致灾模式及 TBM 卡机风险预测

TBM 穿越深埋长隧洞时，遇到的地质情况变化多样，由于无法对掌子面前方的地质情况进行提前预知，掘进过程中极易发生掉块、坍塌以及突水突泥等地质灾害，极易发生 TM 卡机事故。针对 TBM 穿越不良地质卡机问题，研究首先收集统计大量的 TBM 卡机灾害工程案例信息，包括隧洞设计参数、设备参数、地质条件、卡机部位、脱困处理方案等，建立了 TBM 卡机案例库，然后基于工程实例和支持向量机分类（SVM）算法构建了致灾模式及 TBM 卡机预测模型，最终结合目标隧洞工程的特征参数，预测卡机是否发生及致灾模式，采取相应的防控处理措施。

1.1   卡机案例库构建

TBM 卡机案例库构建是基于国内外 TBM 工法施工隧洞卡机案例，如辽宁西部供水工程、昆明市掌鸠河引水供水工程、吉林省中部城市引水供水工程、吉萨冈戈（Kishanganga）水电站引水隧洞、厄瓜多尔辛克雷水电站引水隧洞等工程隧洞。案例库根据诱发卡机的不同地质条件将其归纳分类为断层破碎带、软岩大变形、蚀变岩、膨胀岩、涌水涌泥涌砂、溶洞、岩爆以及超硬岩八类案例，并从工程概况、地质条件、卡机现场、卡机原因、脱困措施等方面对各卡机案例进行了系统描述和分析，可为 TBM 卡机防控脱困方案决策提供技术支撑，为类似工程提供经验借鉴[6]。

1.2   SVM 分类理论概述

SVM（Support Vector Machine）是一种常用的分类器，其基本思想是通过一个超平面将不同类别的数据集分开。在分类问题中，SVM 的目标是找到一个最优的超平面，使得分类样本点到这个超平面的距离最大化。对于非线性可分的情况，SVM 可以通过核函数将数据映射到高维空间来实现线性可分。因此，SVM 分类算法是一种高效、可靠的分类方法，适用于小样本、高维度、非线性可分数据集[7]。

SVM 分类算法的关键参数包括：C 值（惩罚系数）、gamma 值，其结构框架见图 1。图中的 SV_1、SV_2、…、SV_n 就是支持向量，最后利用这些支持向量构造学习模型，并基于模型对经过预处理的输入样本进行判别。

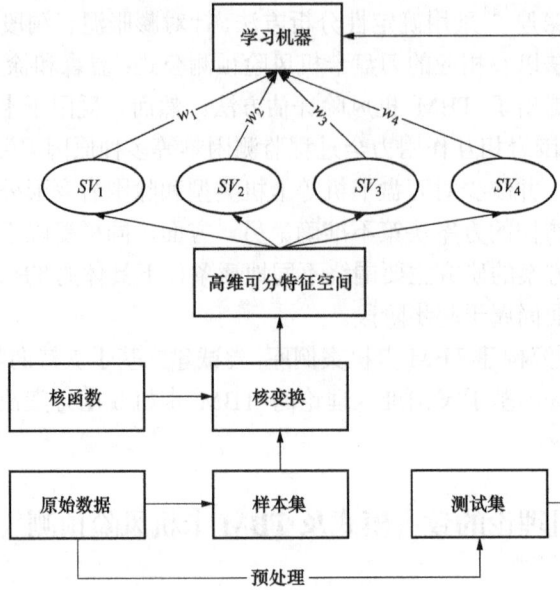

图 1 SVM 结构框架

1.3 卡机预测模型构建

样本为 TBM 卡机案例库的以往工程，按照是否设备卡机进行分类，即卡机样本属于第一类（类别标签为 1），未卡机样本属于第二类（类别标签为 0）。将样本数据分为训练集及测试集，建模流程如图 2 所示，图中输入数据采用归一化预处理，SVM 训练采用高斯径向基函数为核函数，通过 5 折交叉验证优化模型参数（见图 2）。

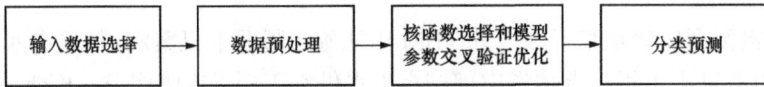

图 2 SVM 建模流程

输入数据包括 TBM 设备数据（主机长、刀盘直径、最大扩挖量、刀盘转速、刀盘脱困扭矩、额定推力），地质条件（围岩级别、地应力、隧洞埋深、地下水位）和地质问题（破碎带宽度、围岩挤压变形等级、平均渗水量），其中目标案例洞段地质条件和地质问题主要基于掌子面前方含导水通道精细探测信息（通过项目组研发的精细化超前地质预报技术获取）和施工期隧洞围岩监测数据而分析获得。围岩挤压变形等级参照 Hoek 挤压变形等级划分并考虑围岩变形量与超挖量、TBM 隧洞半径间关系[8]，见表 1。

表 1 TBM 掘进围岩挤压变形等级划分

按 $\frac{U_{max}}{\Delta R}$/% 划分 按 $\frac{U_{max}}{R}$/% 划分		无挤压变形	轻微挤压变形	中等挤压变形	严重挤压变形	非常严重挤压变形
		1.00	1.00~1.25	1.25~1.50	1.50~2.00	>2.00
无挤压变形	1.00	无挤压变形	轻微挤压变形			
轻微挤压变形	1.00~1.25	轻微挤压变形	轻微挤压变形	中等挤压变形		

按 $\frac{U_{max}}{\Delta R}$ /% 划分 按 $\frac{U_{max}}{R}$ /% 划分		无挤压变形	轻微挤压变形	中等挤压变形	严重挤压变形	非常严重挤压变形
		1.00	1.00~1.25	1.25~1.50	1.50~2.00	>2.00
中等挤压变形	1.25~1.50		中等挤压变形	中等挤压变形	严重挤压变形	非常严重挤压变形
严重挤压变形	1.50~2.00			严重挤压变形	严重挤压变形	非常严重挤压变形
非常严重挤压变形	>2.00			非常严重挤压变形	非常严重挤压变形	非常严重挤压变形

注 表中 U_{max}、R、ΔR 分别为围岩变形量、隧洞 TBM 掘进开挖半径、超挖量。

1.4 致灾模式预测模型构建

致灾模式预测模型构建过程与卡机预测模型类似，唯一不同处为样本按照致灾模式分类，即隧洞塌方、突水涌泥、围岩大变形、岩爆、塌方+突水涌泥、塌方+围岩大变形、塌方+岩爆、突水突泥+围岩大变形的类别标签分别为 1、2、3、4、5、6、7 和 8。

1.5 TBM 卡机风险预测及防控方案决策

针对目标工程，利用构建的致灾模式及 TBM 卡机预测模型，结合前期勘测资料、施工过程中实时的设备掘进性能数据及超前预报地质结果，预测是否设备卡机。若卡机，则根据致灾模式，采取相应的防控措施。

2 基于案例推理的 TBM 卡机脱困方案决策方法

2.1 案例推理 CBR 基础理论

CBR 是一种源于认知科学中的记忆，基于可利用已有的工程经验知识，以此来解决现有的问题[9]。图 3 为 CBR 工作原理流程，其推理主要包括为 4 个步骤：①案例表示；②案例检索；③案例修正；④案例学习。

案例检索方法采用最近邻法，通过 TBM 选型适应性案例评价指标的属性及权重值检索出目标案例与源案例之间的相似性，综合计算两者之间的相似度，最终得到相似度最高的案例。两个案例间相似度计算公式为

$$sim(i,j) = \frac{\sum_{k=1}^{n} w_k \times sim_{ij}}{\sum_{k=1}^{n} w_k} \qquad (1)$$

$$sim_{ij} = 1 - d(i,j), \qquad 当 d(i,j) \in [0,1] \qquad (2)$$

$$d(i,j) = \sqrt{\sum_{k=1}^{n} (v_{ik}^* - v_{jk}^*)^2} \qquad (3)$$

式中　w_k——第 k 个属性权重值；

　　　sim_{ij}——第 k 个属性值相似度；

n——属性总数；

$sim(i, j)$——$sim(i, j) \in [0, 1]$，当其值越接近 1 时，相似度越大，表明 2 个案例越相似；

v_{ik}^* 和 v_{jk}^*——数据标准化后的案例 i 和案例 j 的第 k 个属性值；

$d(i, j)$——特征空间距离。

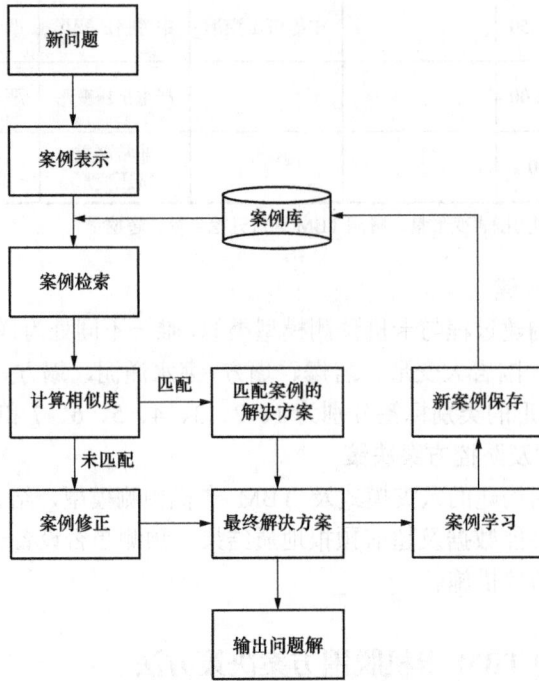

图 3　CBR 工作原理流程图

成本函数的表达式为：

$$\Delta c = p_1 \times t_1 + (p_2 + p_3) \times t_2 + p_4 \times l \tag{4}$$

式中　Δc——脱困方案导致增加的工程投资，万元；

t_1——TBM 卡机导致的工程窝工停工时间，天；

t_2——TBM 卡机导致的工程效益延迟发挥的时间，天；

l——TBM 卡机脱困处理长度，m；

p_1——人机综合单日费用，万元；

p_2——工程建设贷款综合单日利息，万元；

p_3——单日工程综合效益，万元；

p_2——设备脱困处理 1 延米综合单价，万元。

2.2　TBM 卡机脱困处理方案决策流程

基于案例推理的 TBM 卡机脱困处理方案决策流程见图 4，具体流程如下：

（1）根据 TBM 卡机目标案例的工程条件，初筛案例库中的源案例。

工程条件包括 TBM 机型（敞开式/单护盾/双护盾）、卡机致灾模式（隧洞塌方/突水突泥/围岩大变形/岩爆/组合式）、卡机类型（卡刀盘/卡护盾/姿态偏差/组合式）。

（2）脱困案例检索特征属性及权重计算。

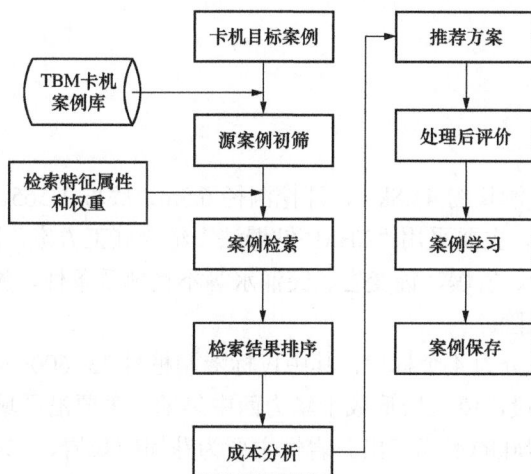

图 4　TBM 卡机脱困处理方案决策流程图

TBM 卡机脱困案例检索特征属性体系如图 5 所示。

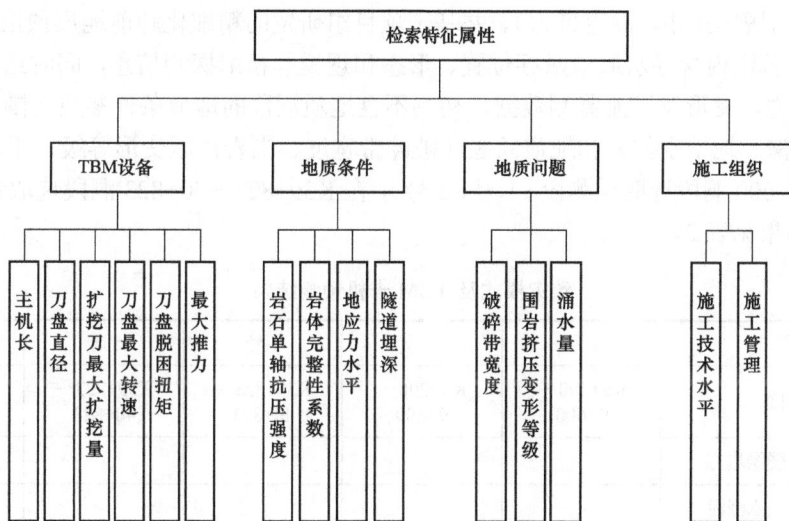

图 5　TBM 卡机脱困案例检索特征属性体系

各特征属性的相似度权重计算采用层次分析法中九标度法，通过专家打分对各检索指标的相对重要性进行赋值。围岩挤压变形等级见表 1。

（3）案例比选决策。

目标案例与初筛后的类似源案例依次进行相似度计算，计算公式见式（1）～式（3）。相似度越高，表明目标案例与该源案例越接近。选取相似度值排名前三的源案例，根据式（4）进行成本计算，选择 Δc 最小的脱困方案作为推荐方案。

（4）处理后评价及方案学习。

对处理后方案采取后评价，并进行方案学习，即若处理后的目标案例与案例库中检索的案例相似度小于 0.8，则保存目标案例，反之则舍弃。

3 工程案例应用

3.1 工程概况

新疆某输水工程隧洞洞长约 41.8km，开挖洞径 6.5m，底坡 1/565。隧洞地面高程 1570～3469m，最大埋深 2268m，主要采用"TBM+钻爆法"组合施工方案。隧洞施工条件复杂，面临断层破碎带、软岩变形、岩爆、蚀变岩、突涌水等不良地质条件，施工难度大，影响 TBM 施工工效，甚至有卡机风险。

输水隧洞土建工程共分为 4 个标段，其中Ⅳ标隧洞桩号 23+600～40+823，Ⅳ标侵入岩隧洞桩号 29+782～39+593 段，侵入岩形成于华力西中早期，主要沿区域性断层 F7 两侧分布，以岩基、岩株、岩墙、岩脉的形式产出。岩性主要为花岗闪长岩、二长花岗岩和钾长花岗岩等，围岩接触带见热接触变质现象，形成角岩和矽卡岩及硅质岩带。

3.2 卡机风险预测及防控方案决策

利用 SVM 分类算法和 TBM 卡机案例库的数据，构建了致灾模式及 TBM 卡机预测模型。针对新疆某工程的输水隧洞工程，输入 TBM 设备数据（主机长、刀盘直径、最大扩挖量、刀盘转速、刀盘脱困扭矩、额定推力）、并基于项目组研发的精细化超前地质预报技术，获取了掌子面 60m 范围内含导水通道赋存位置、形态和规模等精细探测信息，同时结合施工期隧洞实时围岩应力、变形及渗流监测数据，初判不良地质洞段的地质条件参数（围岩级别、地应力、隧洞埋深、地下水位）和地质问题（破碎带宽度、围岩挤压变形等级、平均渗水量）。在 K5+200～9+600 洞段选取预测段（1 号、2 号），在 K39+823～40+823 洞段选取预测段（3～5 号），预测结果见表 2。

表 2　　　　　　　　　　致灾模式及 TBM 卡机预测结果

预测段		1 号	2 号	4 号	5 号	6 号
桩号范围		K5+200～9+600	K5+200～9+600	K39+823～40+823	K39+823～40+823	K39+823～40+823
模型预测结果	隧洞塌方					
	突水涌泥	√				
	围岩大变形		√		√	
	岩爆					
	塌方+突水涌泥					
	塌方+围岩大变形					
	塌方+岩爆					
	突水涌泥+围岩大变形					
	TBM 卡机	√	√			
实际情形		高承压水段，突水 1 次	软岩大变形段，单侧变形 1m	暂无不良地质问题，无卡机风险	轻微围岩变形，卡机风险小	暂无不良地质问题，无卡机风险

由表可知，模型预测结果与实际情况基本一致，桩号 5+200～9+600 洞段工程地质条件复杂，存在软岩大变形和高承压水问题，该段施工时加强超前地质预报，采取"以堵为主，堵排结合"的原则，实施超前预注浆，及时实施一次支护，适时进行二次衬砌及衬砌外排水，部分洞段衬砌结构采用 60～70cm 厚的内抹角马蹄形型式。

3.3 卡机脱困处理方案决策

隧洞Ⅳ标桩号 37+438 附近为断层带和蚀变带，2018 年 TBM 施工时出现突泥涌沙涌水导致停机。针对该事故的 TBM 脱困处理方案，利用建立的卡机案例库，结合设备参数、事故洞段地质条件及地质问题、施工组织水平等特征属性值（见图 5），对案例库中的案例进行检索和推理，计算过程见 2.2 节，计算结果见表 3。由表知，隧洞Ⅳ标事故洞段与案例库中的吉林省中部城市引松供水工程 F23.2 断层破碎带段、引汉济渭隧洞岭南段的源案例相似度均大于 0.8，但根据公式（4）进行成本计算，得到采用吉林引松工程处理方案增加的工程投资最少，因此新疆某工程 2 号隧洞Ⅳ标事故洞段 TBM 脱困施工借鉴吉林省中部城市引松供水工程 F23.2 断层破碎带段案例中的处理方案经验，即采用超前管棚支护，并加强一次支护，最终顺利通过了断层蚀变带。

表 3　　　　　　　新疆某工程 2 号隧洞Ⅳ标事故洞段 TBM 脱困案例的推理结果

案例编号	目标案例	源案例	相似度
5.1	隧洞Ⅳ标事故洞段	吉林省中部城市引松供水工程 F23.2 断层破碎带段	0.9511
5.2	隧洞Ⅳ标事故洞段	引汉济渭隧洞岭南段	0.8152
5.3	隧洞Ⅳ标事故洞段	引洮供水工程 7 号洞	0.7970
5.4	隧洞Ⅳ标事故洞段	Gibe Ⅱ水电站引水隧洞	0.7509
5.5	隧洞Ⅳ标事故洞段	厄瓜多尔科卡科多—辛克雷水电站引水隧洞工程	0.7444
5.6	隧洞Ⅳ标事故洞段	意大利 Frasnadello 和 Antea 隧洞	0.7153

4　结论

（1）基于支持向量机分类算法和 TBM 卡机案例库的数据，构建了致灾模式及 TBM 卡机预测模型。针对具体工程，模型预测结果与实际情况基本一致，提高了卡机防控措施的针对性，保障了 TBM 安全高效掘进。

（2）基于案例推理构建的 TBM 卡机脱困处理方案决策方法，利用建立的卡机案例库，结合设备参数等特征属性值，对案例库中的案例进行了检索、相似度比对及经济性比较，最终获得推荐处理方案，经具体工程证明，该方法提高了 TBM 卡机脱困方案的有效性和经济性。

（3）后续将构建更为完善的案例库，使得决策结果越来越准确。同时研究采用数据驱动模式以及与专业机理知识融合，以及开发少样本条件下跨工程/工况的迁移学习算法，提高 TBM 卡机防控脱困方案智能决策方法的普适性和鲁棒性。

参考文献

[1] 王梦恕. 中国隧道及地下工程修建技术 [M]. 北京：人民交通出版社，2010.

［2］熊悦. 基于贝叶斯网络的 TBM 卡机灾害预测与 TBM 可靠性分析［D］. 山东大学，2022.

［3］刘泉声，黄兴，时凯，等. 超千米深部全断面岩石掘进机卡机机理［J］. 煤炭学报，2013（1）：7.

［4］赵第厚. TBM 卡机的原因和对策［J］. 山西水利科技，2008（3）：3.

［5］温森，徐卫亚. 洞室变形引起的双护盾 TBM 施工事故风险分析［J］. 岩石力学与工程学报，2011（S1）：6.

［6］刘志明，关志诚，池建军，等. TBM 卡机脱困及高效掘进［M］. 北京：中国水利水电出版社，2021.

［7］李龙，刘造保，周宏源，等. 基于 TBM 岩机信息的隧洞断层超前智能感知加权投票模型研究［J］. 岩石力学与工程学报，2020，39（S2）：3403-3411.

［8］HOEK E，MARINOS P. Predicting tunnel squeezingproblems in weak heterogeneous rock masses［J］. Tunnelsand Tunneling International，2000，5：45-51.

［9］史忠植. 高级人工智能［M］. 北京：科学出版社，2011.

作者简介

边　策（1988—），男，高级工程师，主要从事水利水电工程设计与施工工作。E-mail：biance123213@126.com

杨　凡（1989—），男，高级工程师，主要从事水利水电工程设计与施工工作。E-mail：yangfanzi@126.com

刘志明（1963—），男，正高级工程师，主要从事水利水电工程设计与施工工作。E-mail：liuzhiming@giwp.org.cn

吴剑疆（1976—），男，正高级工程师，主要从事水利水电工程设计与施工工作。E-mail：wujianjiang@giwp.org.cn

池建军（1971—），男，正高级工程师，主要从事水利水电工程设计与施工工作。E-mail：1194147253@qq.com

刘　进（1974—），男，高级工程师，主要从事水利水电工程施工及建设管理工作。E-mail：289939694@qq.com

混流式机组导水机构操作困难的研究

费　征　田伟鑫　殷启坤　张文镀　代莎莎

（丹江口水力发电厂，湖北省丹江口市　442700）

[摘　要] 导水机构是水轮发电机组的重要组成部分，它对机组的开停机、增减负荷等操作起着至关重要的作用。因此，保障导水机构的安全稳定运行及准确快速响应，对于确保机组安全和电网的稳定至关重要。丹江口水力发电厂机修分场针对导水机构的操作困难次数进行了调研和分析，并通过相应的技术手段减少了其操作困难次数。对机组进一步提高机组的安全性和可靠性，为保障电网的稳定运行做出了积极贡献。

[关键词] 混流式机组；导水机构；操作困难

0　引言

导水机构的操作困难可能导致机组在负荷调整过程中出现异常，这会影响机组的稳定性。在电力系统中，稳定性是一个关键问题，特别是在面临突发负荷变化或其他异常情况时。如果导水机构不能及时响应负荷调整的要求，机组可能无法保持所需的频率和电压水平，这将对电力系统的稳定性产生负面影响。在极端情况下，这种不稳定性可能导致系统崩溃，引发大规模停电，造成严重经济损失。丹江口水力发电厂作为湖北省网的主力电厂，经大坝加高后机组水头达到 69.93m，机组首次出现了导水机构操作困难[1]现象：开机时调速器报"导叶随动故障"信号，开机过程中发现活动导叶开启十分缓慢，导致开机失败，经反复操作开机成功后，机组调增负荷也非常缓慢（减负荷较顺利）。随后电厂对机组进行了 A 修，处理了导叶与底环异常磨损部位，但水位在 160m 以上时，两台机导水机构仍存在操作缓慢或无法操作现象。后经与 GE 共同研究后，决定先对 5 号机导水机构进行试验性改造，增大接力器油缸直径，提高操作功，以满足高水位下机组安全稳定运行。

1　混流式机组导水机构操作困难的原因分析

1.1　存在的问题

5 号机在开机全过程中随着上游水位的升高，机组开机时间逐渐变长。随着上游水位的升高，机组开机过程中，导叶开机缓慢，导叶开至开机开度达不到；机组在开机过程中有"导叶随动故障"信号。在负荷调整过程中在上游水位超过 160m 以后，机组负荷的调整过程中出现导叶随动故障信号和负荷调整不动及异常动作的情况。

1.2　调研分析

针对存在的问题，按照机组运行记录进行分层调查，对 5 号机组在 2021～2022 年两年期间操作困难的次数进行了统计（见表 1）。

表 1 丹江电厂 5 号机组导水机构操作困难次数统计报表

水位	150m	155m	160m	162m	164m	166m
次数	1	1	3	3	5	5

通过统计可以发现 5 号机组混流式操作困难的状况 [2] 呈现以下特点。①不同水位下导水机构均有操作困难的问题，尤其 5 号机组在近两年水位超过 160m 的时候出现了 16 次操作困难的情况，成为 5 号机组该问题亟须彻底解决。②对于 5 号机组存在的问题，对于每次出现导水机构操作困难的问题进行了逐次仔细调查统计，出现操作异常时上游水位在 160m 以上（分别 160.74m、161.31m、162.31m、163.4m、163.91m、164.76m、165.2m、165.46m、165.74m、166.96m）。③水位达到 160m 后，水力矩和摩擦力矩的合力明显增大，接力器的操作力矩不能完全克服阻力去准确操纵活动导叶。针对上述情况，对相关问题进行分析排查：①检查导叶三部轴套与拐臂止推块抗磨板磨损情况。②接力器操作力矩原有设计进行分析。③底环圆台和导叶轴颈磨损进行检查。④接力器中心、高程、水平偏差进行测量。⑤监测控制环跳动摆幅。通过与技术部门与 GE 进行沟通分析，结合电厂实际情况，认为从接力器操作力矩与接力器中心、高程、水平偏差，是导水机构操作困难的两个主要原因针对性的进行优化改造，在后期进行调整并跟踪实施效果。

2 技术方案制作与实施

2.1 接力器操作力矩调整

查阅 5 号机组检修相关资料接力器参数见表 2。

表 2 5 号机组检修接力器参数表

序号	名　　称	单位	旧接力器
1	额定油压	MPa	2.5
2	行程	mm	640
3	油缸直径	mm	750
4	活塞杆直径	mm	300
5	操作力（2.5MPa 油压下）	kN	906.88

在丹江口大坝加高后，机组水头增加，在最大水头、2.5MPa 工作油压下，接力器操作力矩与水力矩与摩擦力矩之和比值为 1.37，但在事故低油压 1.5MPa 下其与水力矩与摩擦力矩之和比值为 0.822，操作力矩小于阻力矩。接力器操作力矩原有设计不足是引起导水机构操作困难的原因。因此机修人员拆除旧的接力器、控制环、连接板等部件，拆卸前做好相关定位尺寸和标记，更换接力器，活塞直径由 $\phi750$mm 增至 $\phi900$mm，活塞杆直径由 $\phi300$mm 减小至 $\phi250$mm，经计算新接力器操作力较原接力器增加 58.2%，相当于原接力器油压增加至 3.96MPa。由于原导叶最大开度余量较大，设计根据计算及近几年电厂运行情况分析，接力器

总行程由 640mm 减少至 527mm，相应的导叶开度由 470.9mm 减少至 420.1mm，以满足调速系统"两关一开"对压油罐容积的要求。

2.2 接力器中心、高程、水平偏差优化

在接力器中心方面：接力器间距设计标准 4500mm，实测+Y 至锁定侧作用筒中心线 2250.37mm；+Y 至不带锁定侧作用筒中心线 2257mm，目前接力器间距为 4507.37mm，教设计标准偏差 7.37mm。

接力器高程：非锁定侧接力器 404.07mm，控制环耳柄 404.38mm；锁定侧接力器 405.50mm，控制环耳柄 404.59mm，符合国标小于或等于±1.5mm 要求。

接力器水平：用 200×200 框式水平仪（精度 0.02mm/m）放于活塞杆光杆处测量，带锁锭侧接力器水平 0.07mm/m；不带锁锭侧接力器水平为 0mm/m，符合国标小于或等于 0.10mm/m 要求。

由此可以看出，接力器的安装相关尺寸未能满足规范要求，可能是导致导水机构操作困难的原因之一。下一步针对上述问题，对接力器中心、高程、水平以及压紧行程 4 个方面进行调整优化。

（1）接力器中心：原接力器拆除后，发现接力器基础板间距 4469mm，原设计图纸要求为 4480mm，较水轮机改造后设计标准 4500mm 相差 31mm，由于接力器基础无法调整，经设计研究决定，新接力器制造时，固定法兰螺栓孔向两侧整圆各偏移 15.5mm，接力器更换后经调整测量，+Y 至锁定侧作用筒中心线 2250.37mm；+Y 至不带锁定侧作用筒中心线 2252mm，目前接力器间距为 4502.37mm。

（2）接力器水平：用 200×200 框式水平仪（精度 0.02mm/m）放于活塞杆光杆处测量，带锁锭侧接力器水平 0.07mm/m；不带锁锭侧接力器水平为 0mm/m，符合国标小于或等于 0.10mm/m 要求。

（3）接力器高程：非锁定侧接力器 404.07mm，控制环耳柄 404.38mm；锁定侧接力器 405.50mm，控制环耳柄 404.59mm，符合国标小于或等于±1.5mm 要求。

（4）接力器压紧行程调整：接力器连接杆非锁定侧加装 60mm 垫块并点焊固定，非锁定侧再加装 33.33mm 厚度垫块，锁锭侧接力器连接杆处加 32.65mm 垫块。后对连接杆螺帽扭紧调整，最终测量接力器压紧行程为，锁锭侧 3.75mm，非锁锭侧 3.35mm，符合 3～7mm 设计要求。

3 实施效果复核评估

3.1 接力器操作力矩复核

经复核所有连接螺栓、活塞杆、连接销、控制环与连板连接销、导叶臂、导叶臂连接板等重要受力部件承受最大油压时，所承受的应力小于材料屈服强度的 1/3 和抗拉强度 1/5 的最小值。机组可安全运行。在最大水头下，在导叶全关到全开过程中，新的接力器设计按照最小油压 1.5MPa 下得到的接力器操作力矩与水力矩与摩擦力矩和的比值最小为 1.27。也就是在最大水头下，用最小油压 1.5MPa 计算得到的接力器最小操作余量为 1.27（GE 的计算准则是大于 1.1 倍），工作油压 2.5MPa 下计算得到的接力器最小操作余量为 2.17 所以 170m 水位下接力器可以满足机组的正常运行。

3.2 机组试验及运行情况

6月15日，机组开机试验，上游水位158.33m，正常油压下（2.3-2.5MPa）机组开机和调整负荷时调速系统未报"导叶随动故障"，机组操作顺畅，导叶开启至开机开度时间为6s。7月17日，上游水位160.68m，正常油压下机组开机和调整负荷时调速系统未报"导叶随动故障"，机组操作顺畅，导叶开启至开机开度时间为6s。

由于短期无法达到170m水位，为验证改造效果，经与GE公司协商，建议对调速系统降低油压至1.7MPa（电厂事故低油压为1.65MPa）进行开机试验，经测量导叶开启至开机开度时间为6s，也未报"导叶随动故障"，较改造前28s有明显好转（见图1~图3）。

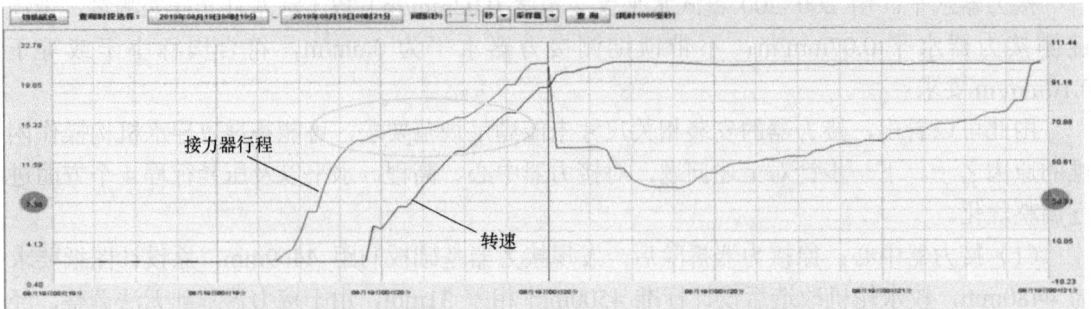

图1 改造前5号机开机调速器录波（2019年8月19日，上游水位160.46，用时大于28s）

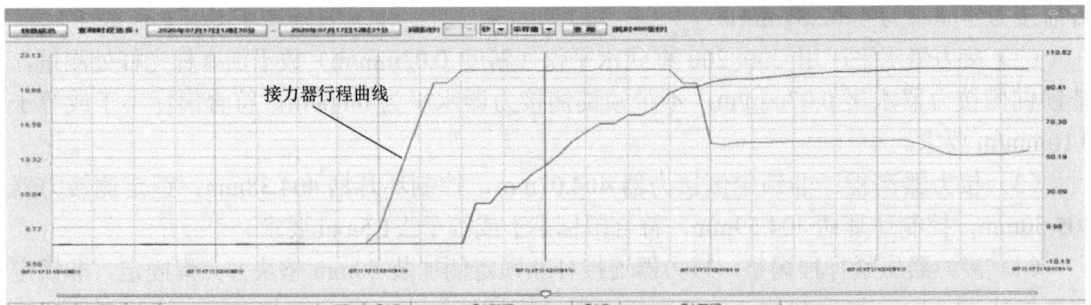

图2 改造后5号机开机调速器录波（2020年7月17日，上游水位160.68，用时6s）

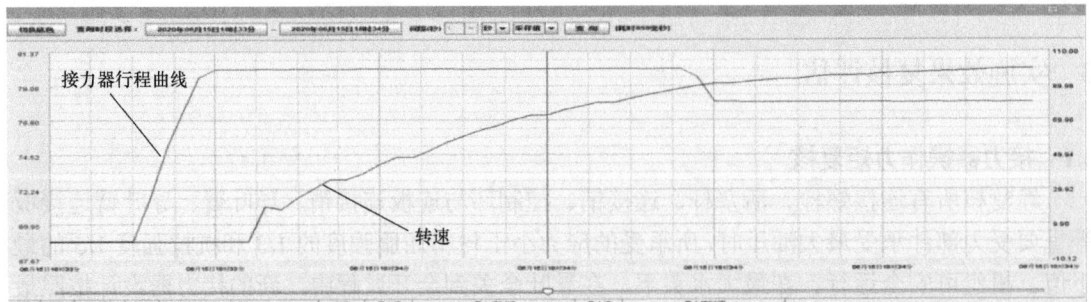

图3 改造后5号机低油压开机调速器录波（2020年6月15日，上游水位158.39，用时6s）

5号机导水机构改造前后导叶开启时间对比见表3。

表3　　　　　　　　　　　　　5号机组导水机构改造前后对比表

	时间	上游水位 (m)	下游水位 (m)	水头 (m)	油压 (MPa)	时间 (s)	备 注
改造前	2019/8/2	156.73	89.78	66.95	2.4	>28	导叶未开至20%（开机开度），频率已达到45Hz
	2019/8/19	160.46	89.35	71.11	2.35	>28	导叶未开至20%（开机开度），频率已达到45Hz
改造后	2020/6/15	158.33	88.93	69.4	2.35	6	导叶开至20%（开机开度）
	2020/6/15	158.39	88.93	69.46	1.7	6	调速系统降低油压进行开机试验，导叶开度开至15%（因试验原因开机开度电气进行了限制）
	2020/06/26	159.36	89.13	70.23	2.49	6	导叶开至20%（开机开度）
	2020/06/30	159.74	89.25	70.49	2.35	6	导叶开至20%（开机开度）
	2020/7/17	160.68	89.94	70.74	2.4	6	导叶开至20%（开机开度）

3.3 实施效果评估

5号机导水机构改造后，调速器油压降低1.7MPa试验成功验证了机组导水机构改造技术方案的有效性和设备安装的可靠性；经过2020年最高水位164.77m运行，机组操作顺畅，调速器"导叶随动"故障消除，解决了机组操作困难问题。控制环与接力器采用双连板结构，代替了原旋套式连接方式，彻底消除了由于接力器推拉杆丝扣损坏而无法调整压紧行程，且新式结构调整方式一劳永逸，后期检修方便快捷高效。拐臂连接杆调整方式全部更换为偏心销连接方式，消除了由于原旋套调整过量造成操作功增加及导叶开口不一致安全隐患。因此当深入探讨导水机构操作困难问题的风险和影响时，不得不强调这些问题对水力发电厂运行的深远影响。

4 操作困难的风险与影响

在水力发电厂运行中，导水机构的操作困难可能导致多种风险和不良影响。首先，操作困难可能导致机组无法按计划启动和停止，从而影响电力供应的可靠性[3]。其次，导水机构操作困难可能会导致机组在负荷调整过程中出现异常，从而损害机组的稳定性。此外，频繁的操作困难可能导致机组的设备磨损加剧，增加了维护和修复的成本。最重要的是如果操作困难导致机组在关键时刻无法正常运行，可能会对电力系统的稳定性和可用性产生严重影响。

5 改造方案的可持续性

改造方案的可持续性是确保导水机构长期可靠运行的重要因素。在改造中，除了提高接力器操作力矩和优化接力器的尺寸外，还应考虑定期维护和监测措施，以确保改造效果的持续性。应制定定期检查和维护计划，包括接力器、控制环、连接板等关键部件的检查和润滑，以确保它们的性能和寿命。此外，应定期监测导水机构的操作数据，以及水位和油压等关键参数，机组的运行情况，在必要时进行调整和维修。只有通过持续的监测和维护，才能确保改造方案的长期有效性和可持续性。

6 结论

本论文通过对混流式机组导水机构操作困难问题的深入研究和改造方案的实施，成功解决了该问题，提高了机组的可靠性和稳定性，为电网的稳定运行做出了积极贡献。然而，随着水力发电技术的不断发展，可能会出现新的挑战和问题，因此，未来的研究可以继续探讨导水机构的改进和优化，以应对不断变化的需求。以及后期新材料的应用、智能化控制系统的引入以及更高效的润滑方案等方面的创新。通过持续的研究和发展，可以不断提高导水机构的性能和可靠性，确保电力系统的稳定供电。

参考文献

[1] GE 公司. 混流式水轮机与发电机组操作技术手册. [M]. 北京：中国电力出版社，2015.

[2] 杨鑫，陈远航. 改进型混流式水轮机导叶转动系统设计 [J]. 水力发电学报，2023，42（6）.

[3] 邹宜鲁. 水轮发电机组导水机构技术经济分析 [J]. 水力发电，38.5（2012）：89-92.

作者简介

费　征（1978—）男，湖北丹江口，长江委汉江集团丹江口水力发电厂，工程师，从事水动力机械检修工作。

深井检修水泵润滑水投切方式的改造应用

费 征 殷启坤 张 瑜 张文镀 田伟鑫 代莎莎

（丹江口水力发电厂，湖北省丹江口市 442700）

[摘 要]深井检修水泵润滑水在传统的运行方式中，水泵润滑水需 24h 投入运行，导致检修井水位持续上涨，水泵启动频繁，浪费能耗的同时严重降低了检修泵的运行寿命。本论文针对丹江电厂发电厂房现有的 2 台深井检修泵进行了改造方案研究。通过分析现有设备的问题，提出了改变原有润滑水供给方式的建议，并详细介绍了改造方案的施工内容和效果评价。改造后的检修泵采用电磁阀控制供水，通过水位计信号触发润滑水的供给，并安装流量计和旁路手动阀，以确保供水的可靠性和便捷性。最终形成了完整的控制闭环系统。经过试运行验证，改造方案取得了显著的经济效益和社会效益，节约了能源和耗材，减少了人力投入，提高了设备的运行效率和安全性，并对相似场景的其他水泵润滑水的运行方式有着积极的参考价值。

[关键词]深井检修泵；润滑水供给；电磁阀控制；投切方式

0 引言

深井泵的检修是维护和保养泵机设备的重要环节，其中润滑水的投切方式对深井泵的正常运行和寿命有着重要意义[1]丹江口水力发电厂，发电厂房现有 2 台深井检修泵（规格见表 1），额定流量 1000m³/h，额定扬程 38m，配套功率 185kW。检修泵由 11 根传动轴通过联轴器连接，其中有 8 根 2.5m 长轴，为防止泵在运行时轴的摆动，每隔一根轴就有一个轴承支架用于约束摆动，支架中有橡胶轴承，套在传动轴上，轴与轴承之间的间隔很小，一般单边只有 0.3～0.5mm。为了减少轴与轴承之间的摩擦，需要从供水廊道取水向扬水管转动轴灌入润滑水，润滑橡胶轴承，否则位于检修井中静水位以上的橡胶轴承和轴就会发生干摩擦，引起橡胶轴承融化，轻则"抱轴"使功率增大，机组振动，重则使传动轴弯曲，断裂。通过上述原理可知，检修井在没有抽水需求的情况下，水泵主轴无须润滑，而在抽水过程中转动轴通过抽上来的水就可以实现润滑[2]，因此检修泵仅在启动前需要对橡胶轴承进行润滑。而实际工况是检修泵润滑水 24h 投入运行。导致检修井水位持续上涨，频繁触及水泵启动水位，缩短设备运行寿命，在浪费能耗的同时加速泵头叶轮气蚀，加大振幅降低检修泵运行效率（见表 1）。

表 1　　　　　　　　　　检 修 水 泵 情 况

检修水泵型号	500JC1000-38
额定流量（m³/h）	1000m³/h
额定扬程（m）	38

电动机型号	YLB315-1-4
电机功率（kW）	185
泵转速（r/min）	1480r/min
制造厂	上海深井泵厂有限公司

1 现状分析

为确保发电厂房的安全，2021 年丹江电厂淘汰原有 2 台已服役 20 多年沈阳产深井检修水泵，更换为 2 台新式上海产长轴立式深井泵，提高了设备安全稳定性。但由于润滑水仍采用传统的运行方式存在诸多弊端，需对改造方案中润滑水的流量参数进行确认。改造前检修水泵采用通径 DN20 无缝管为检修泵供水，为计算流量以往常年供水压力为 0.02MPa，为计算每秒流量，我们需要使用波依尔定律（Poiseuille's law）因此需要使用流量公式 $Q=AV$，其中 Q 表示流量（单位为 m^3/h），A 表示管道截面积（单位为 m^2），V 表示流速（单位为 m/s）。首先，需要确定 20mm 水管的内径大小。接下来，根据压力值和管道截面积来计算流速。由于密度和重力加速度的影响相互抵消，可以采用实际液体的压强值进行计算：

$$V = \mathrm{sqrt}\,\frac{2X \times p/\rho p}{A}$$

式中　p——压力值；

　　　ρ——液体的密度；

　　　A——管道截面积。

一般液体的密度为 $1000kg/m^3$，

则有：V=sqrt（2×0.02466/1000）/（π×0.0127²/4）≈0.00137m/s。

最后，可以根据流量公式计算出通径 20mm 水管一个小时的流量：

Q=π×0.0127²/4×3.94×3600≈4.93m^3/h

丹江电厂深井泵采用一用一备的运行方式，由于 2 台水泵同时 24h 投入润滑水，因此，检修井消耗的润滑水为 4.93 m^3/h，折合每天 2 台深井泵被灌入约为 236 m^3 润滑水。

2 技术方案制作实施

改造技术是一种用于深井泵的改装技术，它可以通过安装润滑水电控阀来实现对深井泵的润滑和控制。这种技术的主要优点是可以提高深井泵的工作效率和使用寿命，同时降低能耗和维护成本。该技术的主要功能包括控制润滑水的流量、监测深井泵的状态，并及时进行故障诊断和维修。此外，该技术还具有智能化控制和远程监测的特点，使得运行可以通过联网远程监测深井泵的运行状态。与市场上其他技术相比，深井泵润滑水电控阀改造技术具有明显的优势。相对于传统的深井泵，它可以实现更加智能化的控制和监测，使得深井泵的使用寿命更长、效率更高，同时也可以降低能耗和维护成本。

改造方案改变原有检修泵 24h 提供润滑水的运行方式，改造为采用电磁阀控制供水[3]。当检修井水位上涨至 5.4m 后触及水位计信号输出，电磁阀收到反馈信号后开始为水泵主轴提供 2min 时段的润滑水，湿润轴承轴套，2min 后水泵电机驱动主轴带动叶轮以 1480r/min 的转速产生离心力使井水吸入泵体后排出，润滑水在电机启动 1min 后断开，水位逐渐降至 2.9m 高程后 PLC 停止检修水泵运行，至此形成完整闭环[4]。

在施工改造方面，建议管路采用 DN20 无缝管，从进水阀门处使用三通，双向进水的方式进行供水，确保在电磁阀损坏的情况下，可以通过旁路手动阀继续供水，不影响检修泵的启动运行，同时在泵体进水处安装流量计。为方便后期阀门管路更换便利，2 台水泵管路各使用 3 个活接，确保任意部件在维修过程中均可方便快捷的更换，确保改造后的维修便利性。施工内容如下所示。

（1）1 号检修水泵润滑水支路新增 1 个检修阀，润滑水手动阀并联一路润滑水电磁阀，新增一个流量开关；

（2）2 号检修水泵润滑水支路新增 1 个检修阀，润滑水手动阀并联一路润滑水电磁阀，新增一个流量开关；

（3）启用备用中间继电器 KB4、KB8，启动润滑水电磁阀；

（4）敷设润滑水电磁阀、流量开关至检修水泵控制柜电缆；

（5）修改检修水泵控制柜 PLC 控制流程（见图 1、图 2）。

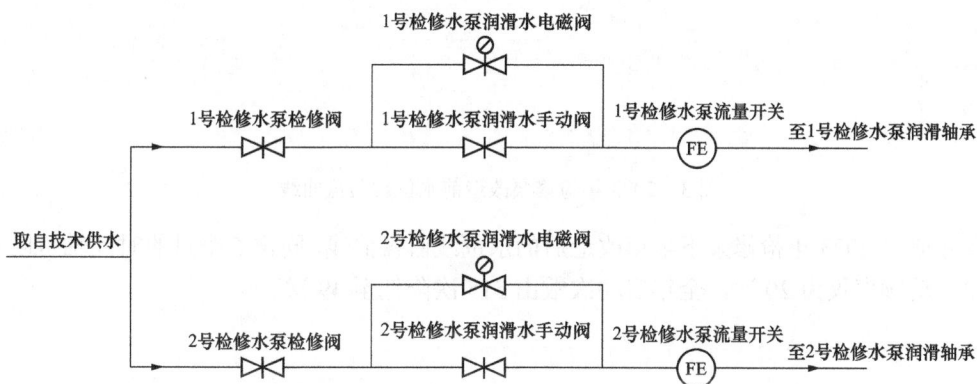

图 1　改造管路安装示意图

（a）　　　　　　　　　　　　　　（b）

图 2　改造管路安装图

（a）改造前；（b）改造后

3 应用效果

目前 2 台检修水泵的投切方式已完成改造，经 6 个多月的试运行，检修水泵由之前 17h 启动 1 次，缩短到 180h 启动 1 次，大大减少了检修泵的启动时间。

图 3 取自 2023 年检修泵上半年改造前水位线监盘曲线，可以明显看出深井泵水位线折返非常频繁，这表示检修泵启动频率非常高。

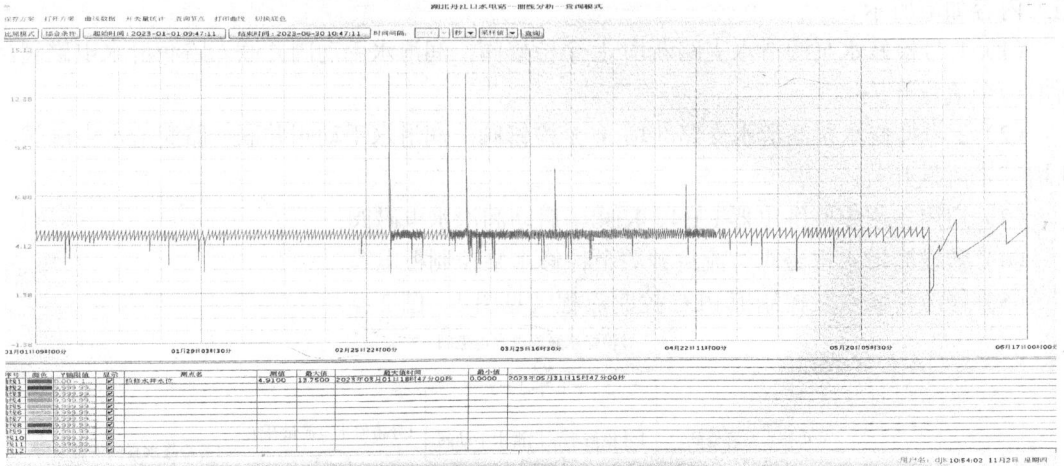

图 3　2023 年检修泵改造前水位线监盘曲线

图 4 取自 2023 年检修泵下半年改造后的水位线监盘曲线，同样 6 个月的时间轴可以看出检修泵启动频率仅为 20 次，全年启动次数由 515 次降低至 49 次。

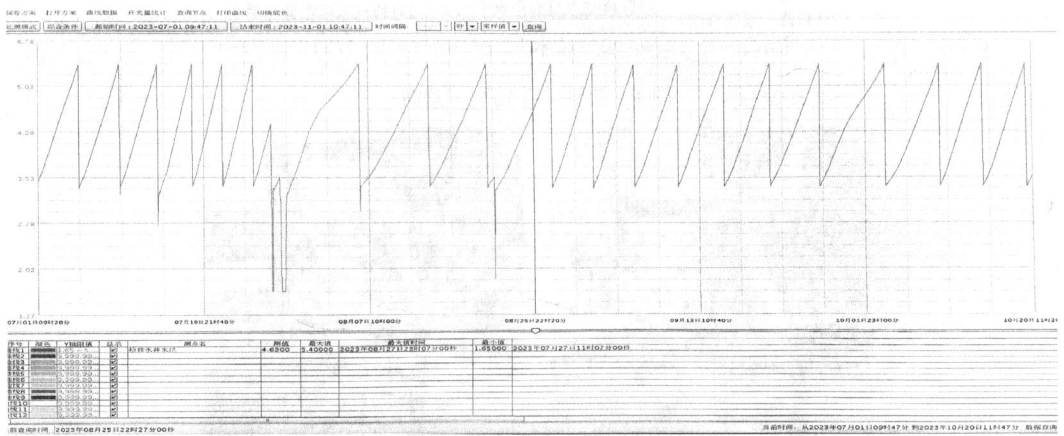

图 4　2023 年检修泵下半年改造后水位线监盘曲线

4 结束语

深井检修泵是丹江电厂发电厂房的核心设备之一，承担坝体最低的 72 廊道的全部发电机组尾水及蜗壳的排水任务，将需要检修的区域暂时排干，使得工作人员可以进入水下进行设备的检修和维护作业，在检修与抢险救灾中有着极为重要的作用，同时它在供水廊道的压力钢管发生爆管时可以起到分流排水的作用，对电厂重大危险源的引水管大伸缩节发生漏水也可以通过防汛泵起到引流作用，因此在安全生产中有着非常重要的地位，深井检修泵减少启动频率，降低损耗，不仅有利于节约成本，更对保障丹江电厂的安全生产带来积极的经济效益与显著的社会效益[5]。有鉴于良好的改造效果，目前运行稳定，节能效果明显，下一步在将在近似工况下的其他水泵进行推广改造。

参考文献

[1] 朱伟，李强. 深井养护泵润滑供水方式的改进 [J]. 水利工程学报，2019，50（6），87-92.

[2] 杨军，吴生. 改进润滑供水方式对养护泵影响的研究. 动力工程，2022，55（8），23-28.

[3] 刘洋，陈晓. 闭环控制系统在泵润滑供水中的应用. 工业控制计算机，2021，38（4），112-117.

[4] 王亮，张华. 泵润滑供水电磁阀控制系统的研究. 自动化与仪表，2020，27（3），45-50.

[5] 郭明，胡东. 泵润滑水控制系统的效率和经济效益研究. 节能环保，2023，12（2），65-70.

作者简介

费 征（1978—）男，湖北丹江口长江委汉江集团丹江口水力发电厂机修分场，工程师，从事水动力机械安装检修工作。

轴流转桨式机组更新改造基准中心的确定方法研究

吴 江

（中国长江电力股份有限公司检修厂　湖北省宜昌市　443000）

[摘　要]水轮发电机组更新改造中，需要重新确定机组中心，中心的确定质量直接关系到机组的稳定性运行，影响机组寿命，这种方法适用于轴流转桨式水轮机发电机改造更新中心确定，使用该方法可精确确定定子铁心改造、导水机构改造和转轮室改造中心，更新改造后，机组摆度、振动、瓦温等稳定性数据良好，保证了机组安全稳定运行。

[关键词]中心；返点；更新改造

0　引言

某轴流转桨式机组水电站运行近 40 年，设备机组老化严重，水力性能下降，因此需对机组设备进行改造更新。机组安装一般以座环上下镗口作为机组中心，但机组长时间运行后，座环镗口表面锈蚀严重，已经无法作为机组改造过程中的中心基准。因此需提出一种新的中心基准。机组在运行时，当机组旋转中心线与机组固定部分中心线重合时，机组的电磁不平衡和水力不平衡最小，这两个中心线的确定是通过修前盘车确定的，考虑到机组结构，所以提出一种大型轴流转桨式机组更新改造基准中心确定方法。

1　机组中心确定

1.1　修前盘车确定机组中心位置

修前进行盘车调整，直至镜板水平小于或等于 0.02mm/m、空气间隙偏差小于或等于 ±10%、转轮室与空气围带间隙尽量均匀，各转轮室间隙与平均间隙偏差不应超过平均间隙的 ±10% 范围。

1.2　相对位移监测和瓦架水平测量

（1）在机组主要部件拆卸前，分别在支持盖上的 ±X 和 ±Y 四个方位，焊接共 4 套位移监测装置。顶盖与支持盖位移监测，在支持盖上焊接 4 个圆钢（ϕ40×150 圆钢），在顶盖上选取合适的测点，分别测量测点到对应圆钢的距离。在返点吊入支持盖时，再次对监测点进行测量，同位置重复测量误差小于或等于 0.02mm。

（2）推力支架吊出后，对支持盖、水导瓦架 X 和 Y 两个方向水平进行测量记录，在返点吊入支持盖时，再次对支持盖水平进行测量，同一方位两次测量数据偏差小于或等于 0.05mm/m

（见图 1）。

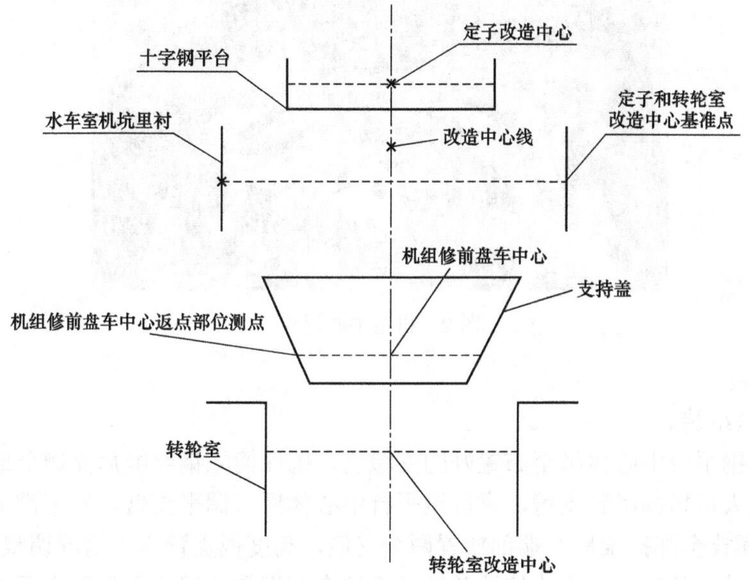

图 1　转轮室改造和定子改造中心确定示意图

2　机组中心返点

2.1　水导瓦架测点

修前盘车结束后，在水导瓦架内壁 $\pm X$ 和 $\pm Y$ 四个方位选择 4 个测点（如果水导瓦架有阻挡，在支持盖导流锥上做测点），做永久标记作为测量点。使用内径千分尺测量各测点到水导轴领的距离，记录测量数据。以此时水导中心作为机组新的中心值，作为机组返点的依据。

2.2　水车室内返点

（1）按顺序将机组部件拆卸吊出直至将支持盖吊出，此时水轮机轴未吊出，现场测量顶盖上环板内圆 $\phi11800$ 内圆面至水机轴上法兰外圆径向水平距离，以确定顶盖相对机组回转中心的同心度。再将水轮机轴拆卸吊出，将支持盖重新吊入，按原方位安装到位后，检查支持盖水平，要求同一方位两次测量数据偏差小于或等于 0.05mm/m；测量支持盖上部圆钢到顶盖固定测点的距离，同位置重复测量误差小于或等于 0.02mm。

（2）在水车室内壁直径方位焊接两处支撑，支撑凸出基坑里衬约 150mm，高度比顶盖高 500mm 左右，在支撑上安装返点梁，在梁中心位置开孔用于求心器的钢丝绳通过。

（3）在返点梁上架设求心器，在转轮检修平台上放置油桶，将水导中心返点至钢琴线上，要求钢琴线中心与修前盘车水导中心偏差小于或等于 0.02mm。此时现场通过吊线锤将顶盖上 X、Y 标记线引至机坑里衬内壁同一高程上，并明显标记好。测量引至机坑里衬上 X、Y 四个方向标记点至钢琴线的距离，将钢琴线中心转换成 4 个测点到钢琴线的距离（见图 2）。

（4）拆除返点梁，将支持盖、转轮、顶盖、导叶吊出。再将转轮室拆装平台依次吊入。

图 2　机组中心返点

2.3　钢平台安装

（1）钢平台组装。

1）将十字钢平台中心体吊至布置好的支墩上，确保摘除钢丝绳后支墩全部受力。

2）由起重人员指挥吊起支臂，靠近钢平台中心体后，调平支臂，安装锥销和支臂螺栓。单根支臂连接螺栓全部把紧后在端部放置两个支墩，高度视支臂水平情况调整。

3）所有支臂安装好后，将连接法兰处的螺栓全部把紧，组合面间隙小于 0.05mm。

（2）钢平台吊装。

1）将十字钢平台吊至机坑内，用卷尺对十字钢平台中心进行初步调整。

2）将叠片平台吊入机坑，使叠片平台搭放在风闸基础板上，注意不能碰撞各测量基准及其固定支架。调整叠片平台中心孔位置，使叠片平台支臂与制动器支墩的搭接长度均匀，确保不妨碍定子测圆架的安装调整。

3）在钢平台上架设钢琴线，根据前期测得的基坑里衬数据架设钢琴线，调整钢平台内镗孔与钢琴线的距离，大致调整钢平台与钢琴线同心，并将钢平台支臂与基础板进行分段点焊以固定钢平台。

4）钢平台中心调整完毕并点焊后，在钢平台支臂外延端部基础板处对称焊 4 个 $\phi40\times150$ 圆钢，用于监测施工过程中钢平台是否发生位移（见图 3）。

图 3　十字钢平台吊装

2.4　钢琴线中心调整

再次根据前期测得的基坑里衬数据调整钢琴线中心，要求钢琴线中心与修前盘车确定的水导中心偏差小于或等于 0.02mm。

2.5 方钢焊接

钢琴线调整合格后，在十字钢平台中心体±X 和±Y 四个方位分别焊接一根方钢，为便于测量（测量时，能保证在不用更换内径千分尺的情况下，一次性测量完），尽量将四根方钢上的测点与钢琴线的径向距离偏差控制 20mm 以内，且与定子测量中心柱底座留有 30mm 间距（注意禁止将方钢焊接在定子测量中心柱底座上，方钢焊接后应在其合适高度位置焊接支撑，以防止碰撞和降低方钢本身的扰度和变形，避免与钢平台形成共振，从而对测量造成误差），在方钢上设定在同一高度的永久性测点，测量并记录测点到钢琴线的距离，该数据为修前水导中心返至十字钢平台中心体（方钢）的中心。

3 定子测圆架安装

（1）拆除架设的钢琴线装置，安装测圆架底座垫板，并将 4 块垫板对称焊于钢平台中心体上，将测圆架底座放置于垫板上，安装顶架（用于调整底座中心），把紧顶架固定螺栓。

（2）安装测圆架中心柱及支臂，初调整测圆架配重，使测圆架支臂转动灵活。

（3）根据修前水导中心返至十字钢平台中心体的中心数据，测量中心柱与方钢之间的距离，利用顶架的径向螺栓调整测圆架中心柱与四个方钢之间的距离，使中心柱中心与修前水导中心偏差小于或等于 0.05mm。

（4）分别在支臂 X 和 Y 方向架设钢琴线，测量测圆架中心柱垂直度，并用底座上的调整螺栓调整，要求垂直度小于或等于 0.02mm/m。

（5）复核测圆架中心和垂直度是否满足要求，若不满足则重复调整步骤，直至同时满足测圆架中心柱中心与修前机组中心偏差小于或等于 0.05mm，测圆架中心柱垂直度小于或等于 0.02mm/m 的要求为止，最后用顶架上的轴向螺栓将底座压紧。

（6）在测圆架支臂外圆端部垂直安装百分表，将支臂按同一方向旋转数圈，要求同一测点重复测量数据偏差小于或等于 0.05mm，并能回到原位。否则应检查立柱的中心和垂直度，检查支臂的水平情况并进行相应调整，调整完毕后在十字钢平台及中心柱周围设置护栏及警示牌（见图 4）。

图 4 定子测圆架安装调整

4 机组中心复核

（1）测量并计算旧定子铁心内径，得出其中心。综合考虑修前盘车水导中心与旧定子铁心中心，确定最终的机组中心，并做好记录。

（2）若需对机组中心进行修正，则应根据最终的机组中心重新调整定子测圆架中心，同样应根据最终的机组中心来确定水导瓦架中心。

（3）发电机定子改造期间，在每道关键工序开始前及每道关键工序验收时应对定子中心柱的中心进行复核，并做好中心复核记录。

5 转轮室中心测定

（1）以条目 3 中测量得到的引至机坑里衬上 X、Y 四个方向标记点至钢琴线的距离为转轮室中心。

（2）定子铁心改造完成时，将定子叠片平台、十字钢平台、转轮室上层平台吊出，将转轮室升降平台拆除。将转轮室中环、下环吊入基坑，将转轮室上层平台和水车室返点梁吊入基坑。

（3）确定转轮室中心，在水车室返点梁架设求心器，油桶放置在转轮室下层平台或者转轮排架上。调整钢琴线中心至钢琴线中心与修前盘车确定的水导中心偏差小于或等于 0.02mm。

（4）测量转轮室中环、下环距离钢琴线的距离，调整转轮室中环、下环中心与钢琴线中心偏差小于或等于 0.05mm。以钢琴线为中心基准精调转轮室、基础环。基础环、转轮室同轴度应小于 1mm，基础环、转轮室同心度应小于 0.5mm。基础环、转轮室中心调整好后，安装基础环与转轮室组合螺栓并按要求对称把紧。复测基础环、转轮室的同轴度应小于 1mm，基础环、转轮室同心度应小于 0.5mm。

6 结语

该方法突破传统思维，大胆创新，确定了以修前盘车水导中心为基准中心的思路，解决座环镗口表面锈蚀严重无法作为基准中心的难题；为葛洲坝电站 170MW 机组改造更新提供坚实的技术指导，缩短改造工期，提高安装质量，保证机组安全稳定运行。并在 2021～2023 年度某电站 1、2 号机组水轮发电机组更新改造中实践应用，修后机组摆度、振动、瓦温等稳定性数据优良。该方法避免了旧固定部件中心基准的测定，极大地减少了工期和人力物力，实现了水轮机和发电机同时改造的中心确定目标，这种中心确定方法也为其他同类型机组的更新改造提供了借鉴，填补了行业内的空白。

参考文献

[1] 中国国家标准化管理委员会. GB/T 8563—2003 水轮发电机组安装技术规范. 北京：中国标准出版社，2003.
[2] 中国国家标准化管理委员会. GB/T 1564—2006 水轮机基本技术条件. 北京：中国标准出版社，2006.

[3] 毛恩涯. 水轮发电机组中心测量方法的改进及应用 [J]. 贵州电力技术，1999（3）：10-12.

[4] 卢进玉. 葛洲坝水电站水机设备改造综述 [C] //第十四次中国水电设备学术讨论会论文集，2000.

[5] 刘大恺. 水轮机 [M]. 南京：河海大学出版社，1996.

[6] 曹鲲. 水轮机原理及水力设计 [D]. 兰州：兰州理工大学，2001.

[7] 袁蕊，田子勤. 水轮机检修 [M]. 北京：中国电力出版社，2004.

作者简介

吴 江（1976—），男，高级工程师，主要从事水力发电机组检修工作。E-mail：wu_jiang2@ctg.com.cn

国内首台大型交流励磁变速机组转子安装实践与探索

雷华宇　杨圣锐　陈思敏　宋兆新　娄艳娟

（河北丰宁抽水蓄能有限公司，河北省承德市　068350）

[摘　要]与定速机组转子磁轭段挂装磁极的方式不同，变速机组转子采用硅钢片堆叠成铁心后下线的方式。鉴于变速机组转子为国内首次组装，本文主要介绍了变速机组转子在安装过程中存在的问题以及解决措施，对未来变速机组国产化提供重要的借鉴意义与理论参考。

[关键词]变速机组；发电电动机；转子

0　引言

在"双碳"目标引导下，能源体系以及发展模式正在进入非化石能源主导的崭新阶段，我国当前正处于能源绿色低碳转型发展的关键时期，由于新能源大规模接入同时风、光等发电存在间歇性等特点，对电网造成的冲击较大，因此，电力系统需要大量的调节设备方可实现新能源电力的大规模接入。可变速抽水蓄能机组与传统定速机组相比，其不限于额定转速运行，从而使调控更加灵活、高速、可靠[1]。变速机组转子作为转动部件，如何确保变速机组转子的动态稳定性是变速机组依然是国内各主机厂当前需要解决的难题之一。

1　变速机组转子设计概述

转子铁心的构造方式与定子铁心相同。转子磁轭冲片由 0.5mm 厚硅钢片堆叠而成，以降低额外损耗，同时降低转子磁轭齿部的额外损耗。冲片两侧涂有良好热性能和机械性能的绝缘清漆，并交错堆叠。为了确保铁心和绕组的冷却，将整个铁心细分为若干段，每段间设置有通风沟。设计和装配过程类似于定子叠片结构。加热后，磁轭通过设置在筋板和磁轭之间的键热套固定，以获得所需的预应力并将转矩传递给磁轭。键的厚度取决于所需的收缩量。对于转子绕组的线棒由铜股线组成，以减少附加损耗。转子绕组绝缘采用 MicaTec™ Ⅰ 绝缘系统。转子绝缘系统的所有部件绝缘等级均为 F 级。转子绕组端部的支撑具有承受离心力的作用。同时确保绕组端部的充分冷却。

2　转子铁心加热过程中导致绝缘垫片破损

2.1　问题描述

2022 年 8 月 22 日晚进行转子叠片完成后第一次加热，加热温度 90℃，加热持续时间

13h。晚间加热时，偶尔出现拉紧螺杆的异响，对比定速机组转子加热过程，初步分析为正常现象，未对异响原因进一步检查。2022 年 8 月 24 日上午 9:00，在进行加热后检查上齿压板时发现部分绝缘垫片出现压断的情况，共计 126 个，如图 1 所示。

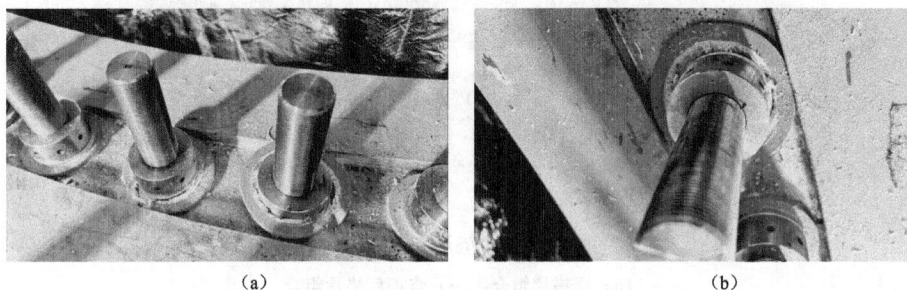

（a）　　　　　　　　　　　　　　　　　（b）

图 1　垫片损坏情况
（a）非驱动端绝缘垫片；（b）驱动端绝缘垫片

2.2　原因分析

2.2.1　绝缘垫片材质

绝缘片采用 EPGC-205 材质，此材质为玻璃纤维增强塑胶板，使用粗纱进行纤维增强，抗弯强度 600MPa，抗压强度 600MPa，在 90℃下的电气强度为 13kV/mm，击穿电压为 75kV/25mm，绝缘等级为 F 级，EPGC205 材质为自然色。

2.2.2　设备尺寸及受力分析

图纸中要求金属垫片 Plain Washer 内径为 31mm，外径 56mm。实际到货尺寸为内径 35mm，外径为 55mm。

根据公式（1）进行压强计算：

$$P = F / A \qquad\qquad (1)$$

式中　　F——螺杆拉紧力，N；

　　　　A——金属垫片与绝缘垫片接触面积，mm^2；

　　　　P——压强，N/mm^2。

图纸中垫片组合压强计算：

$$P=400000/\pi\times(28^2-15.5^2)=234.28N/mm^2=234.28MPa$$

现场到货垫片组合压强计算：

$$P=F/A=400000/\pi\times(27.5^2-17.5^2)=283.09N/mm^2=283.09MPa$$

根据以上数据分析，无论使用哪种垫片组合，均未超过绝缘垫片的抗压强度。由图 2 可知，由于绝缘片与金属垫片不存在绝对的水平，金属垫片存在的高点导致压紧应力集中，造成绝缘垫片破损。

2.3　现场处理措施

由于在转子加热过程中出现绝缘垫片损坏的情况，为防止加热过程对绝缘垫片进一步损坏，现场再次开展转子加热工作时，使用工具垫片代替永久绝缘垫片进行加热，防止高温对绝缘垫片再次产生影响。同时，现场在转子加热过程中使用八个方位的垫片进行了转子加热状态下的绝缘垫片强度试验。试验结果如图 3 所示，满足现场使用要求。最终现场加热完成后，对工具金属垫片进行更换，更换后的金属垫片与绝缘垫片尺寸基本相同。

(a)　　　　　　　　　　　(b)

图 2　垫片组合

（a）原垫片组合；（b）修正后垫片组合

图 3　实验结果

2.4　建议控制措施

首先，在设计阶段应充分考虑垫片强度以及温度对其绝缘性能等因素造成的影响，保证在转子铁心加热的情况下，满足绝缘垫片使用要求。其次，由于机组在运行时的温升与转子加热温升差距较高，转子加热过程中可以考虑使用工具垫片以减少对永久安装设备的影响。

3　铁心齿压板与转子 R 角位置间距过小

3.1　问题描述

变速机组转子在第一次下线过程中发现，线棒 R 角处与齿压板压指（下文称为压指）间最小距离为 0.3~0.8mm，最小距离发生在压指倒角边缘至线棒处，如图 4（a）所示。根据三维及图纸要求，此处距离应大于 1mm 以保证机组运行期间线棒与压指保持足够的安全距离，如图 4（b）所示。

3.2　原因分析

现场对同一槽内使用同种类型的线棒进行预装，发现线棒 R 角处于压指距离不同，首先对压指的尺寸进行检查，压指相关部件尺寸满足图纸要求。经对线棒生产工艺了解，由于线棒由多根股线构成，工厂内线棒折弯适用模具手动完成，折弯半径位置产生生产偏差。由于使用三维进行模型碰撞时，均为理论值计算，故未发现该问题。

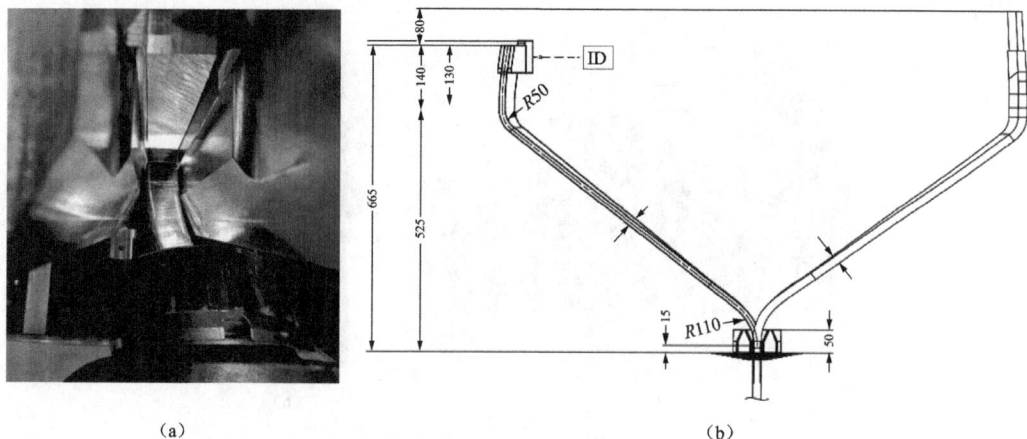

（a）　　　　　　　　　　　　　　　　　　　（b）

图4　线棒与压指冲突情况

（a）现场照片；（b）图纸要求

3.3　现场处理措施

为了根除在各种运行工况下线棒与压指产生接触的风险，安装后间隙应大于1mm。因此有必要修整压指形状，从而增大线棒与压指间最小距离。

压指原截面形状和新截面形状如图5（a）、（b）所示。压指尖角处需倒圆角，倒角半径100 mm。倒角后线棒与压指间最小距离增加到约1.9 mm。从而在压指截面形状调整后，使线棒与压指间的最小距离能够保证1mm。

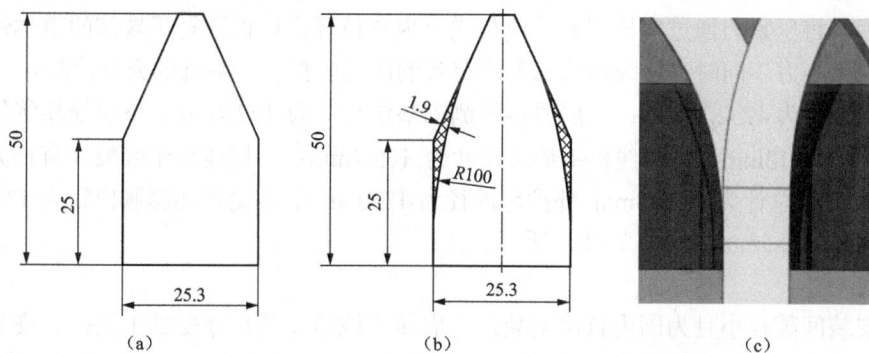

（a）　　　　　　　　　　（b）　　　　　　　　　　（c）

图5　设计更改

（a）原始设计；（b）打磨R100的角；（c）最终状态

压指原截面形状和新截面形状如图5所示。压指尖角处需倒圆角，倒角半径100 mm。倒角后线棒与压指间最小距离增加到约1.9mm。从而在压指截面形状调整后，使线棒与压指间的最小距离能够保证1mm。

使用直磨机对压指进行打磨，由于压指为不锈钢材质，考虑打磨效率及工期，应使用硬质合金旋转锉，同时整体围绕转子铁心搭设脚手架。同时对转子齿部、铁心通风槽进行防护，

151

防止打磨铁屑进入转子铁心，其中，转子槽使用保护挡板遮盖进行防护，使用塑料薄膜及保护带遮盖保护转子及其他区域。打磨后的压指用专用测量模板进行比较，确保打磨到位，如图6所示。

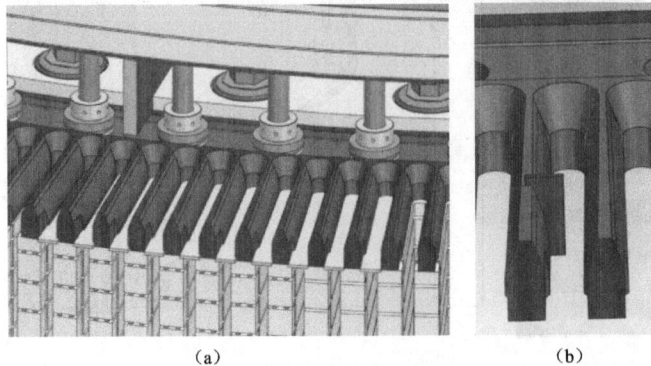

(a)　　　　　　　　　　　　(b)

图6　转子防护及测量模板

（a）转子铁心槽内防护；（b）测量模版

3.4　建议控制措施

在设计阶段应考虑线棒的加工误差，同时保证齿压板齿部与现场R角有足够的安全距离。同时在线棒出厂验收时，应有针对性的对线棒R角位置进行专项验收。

4　端部护环热套尺寸超差

变速机组转子端部由支撑环、绕组线棒、铝垫块、护环及绝缘部件等组成，外护环通过热套冷却后，将压紧力通过线棒间铝垫块传递至内支撑环，以保证转子端部的整体性，耐受转动过程中离心力。同时，使绕组端部形成有效的风道确保转子端部的充分冷却。

支撑环直径为 $4732_0^{+0.2}$ mm；下层线棒两侧铝垫块尺寸为 172.4mm；下层线棒绝缘板（直径方向）尺寸为 13mm；上层线棒铝垫块尺寸为 172.4mm；上层线棒绝缘板（直径方向）尺寸为 10mm。直径总计为4739.8mm。外护环内径为4730.8mm，理论加热膨胀内径为4740.8mm，安装最小间隙为 0.5mm，如图7（b）所示。

4.1　问题描述

鉴于安装间隙较小且为国内首次安装，考虑转子绕组安装尺寸受加工误差、安装累计误差等因素，将会对护环热套安装工作造成较大影响，由上文可知，护环理论安装间隙仅为0.4mm，现场对护环安装过程中各部件尺寸进行监视测量，结果见表1。

表1　　　　　　　　　　　转子绕组端部固定部件尺寸　　　　　　　　　　单位：mm

	内护环	下层线棒铝垫块	绝缘环板1	上层线棒铝垫块	绝缘环板2	半径	直径
理论值	2186	86.2	6.5	86.2	5	2369.9	4739.8
实测值	2186.25	86.45	6.71	86.45	5.1	2371	4741.92
差值	0.25	0.25	0.21	0.25	0.1	—	—

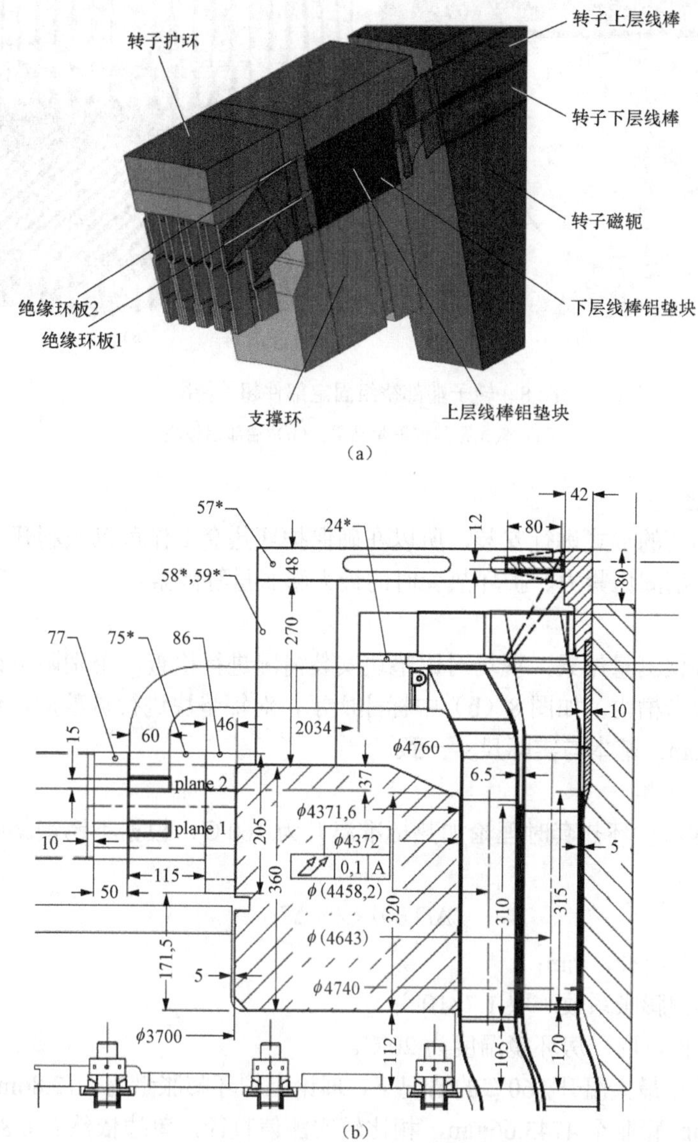

转子护环　转子上层线棒

转子下层线棒

转子磁轭

下层线棒铝垫块

绝缘环板2
绝缘环板1

支撑环　上层线棒铝垫块

(a)

(b)

图7　转子端部部件配合情况

(a) 端部绕组模型；(b) 各部件尺寸装配关系

由以上数据可得，截止至绝缘环板1时，绕组端部安装理论直径值为：4557.4mm，根据现场到货设备实际尺寸计算绝缘环板1时直径为4558.82，但是，加之受现场安装累计误差的影响，现场使用激光跟踪仪对端部尺寸测量的实际结果为：4560.044mm，如图8（a）所示，当前尺寸已严重超差。

4.2　原因分析

由表1可得，造成转子端部绕组超差的主要原因分为两个：一是线棒中固定部件为铝垫块，在端部绕组固定部件安装时，很容易出现由于铝垫块安装不到位造成有高点的情况；二是到货设备加工精度不足，造成累计误差的出现。

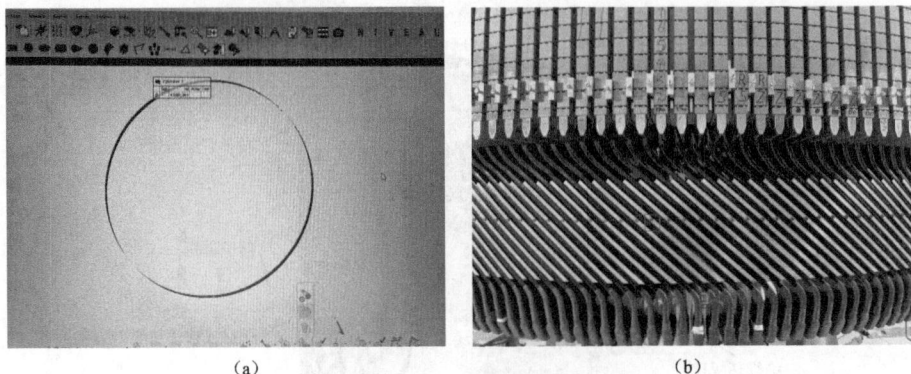

图 8　转子端部绕组固定部件超差情况

（a）激光跟踪仪测量结果；（b）端部铝垫块

4.3　现场处理措施

由于护环为热套的形式进行安装，所以在确保护环热套工作可以顺利开展的同时，需要考虑护环与转子端部间压紧力、护环热套时的最大膨胀量等因素。

4.3.1　铝垫块调整

根据激光跟踪仪测量结果，现场对铝垫块安装情况进行检查，个别限位销钉凸出，导致无法安装至绝缘板卡槽内，如图 8（b）中标注所示，对铝垫块进行调整后，再次安装绝缘板 1 直径为 4558.85mm，基本与实际尺寸一致。

4.3.2　护环膨胀量计算

根据图纸要求，护环热套时理论加热标准温升为 160℃，根据不锈钢膨胀公式，如下式可得：

$$\Delta D = \phi \times \lambda \times \Delta T \tag{2}$$

式中　ϕ——为护环内径，mm；

λ——不锈钢膨胀系数，取 1.7×10^{-5}；

ΔT——温升值，取厂房环境温度为 20℃。

由计算可得，在最大温升 160℃的情况下，理论上护环膨胀量为：12.86mm；同时即护环内径可由 4730.8mm 膨胀至 4743.66mm，相比较实测值直径，单边依然有 0.87mm 安装间隙，虽然护环在标准温升时数据上满足当前误差下的热套要求，但相比较于 1mm 的热套间隙依然较小。

4.3.3　绝缘板厚度调整

同时，对表 1 中差值进行计算，半径方向部件尺寸偏总差值为 1.06mm，为保证护环热套工作的顺利进行，同时保证转子端部绕组结构支撑部件的有效性，考虑到接下来依然会存在部分安装误差，现场对绝缘环板 2 进行打磨，降低厚度至 4.4mm。该措施不仅有效地避免了安装及设备尺寸造成的累积误差，同时提高了护环热套时的安装间隙，降低了护环热套工序损伤绕组端部的风险。

4.4　建议控制措施

为防止出现转子热套过程中尺寸超差，在设计阶段主机厂应提供详细的护环热套详细方案，包括护环加热时膨胀量尺寸计算、最大胀量、热套后压紧力计算、受力部件强度计算、安装过程尺寸控制监测及超差解决方案等。其次，在安装前对支撑环出厂尺寸（外径）、支撑部件、护环内径尺寸进行现场复核，控制加工累积误差。同时在安装过程中进行尺寸监视，同步开展相关尺寸计算，针对尺寸超差的情况，有针对性地对尺寸、压紧力进行重新校核。

5 结论

通过对国内首台大型交流励磁变速机组转子在组装过程中出现的问题及解决措施的分析，用实践应用进一步填补了国内无变速机组转子组装的技术空白，也为下一步变速机组国产化提供强有力的技术保障。设计单位应充分考虑转子作为转动部件的可靠性，同时有针对性的对转子端部绕组固定方式、冷却效果等部分进行细致分析，在做好三维碰撞的基础上做好比例机试验研发等工作，确保理论与实践的完美结合。

参考文献

[1] 扈永顺. 攻克抽水蓄能大型变速机组技术瓶颈 [J]. 瞭望，2022（36）：3.

作者简介

雷华宇（1994—），男，助理工程师，主要从事变速机组发电电动机安装调试工作。E-mail：865482094@qq.com

杨圣锐（1991—），男，工程师，主要从事变速机组水泵水轮机安装调试工作。E-mail：759992385@qq.com

陈思敏（1992—），男，工程师，主要从事抽水蓄能电站机组运维管理工作。E-mail：540021498@qq.com

宋兆新（1996—），男，助理工程师，主要从事抽水蓄能电站变速机组发电电动机安装调试工作。E-mail：1120404716@qq.com

娄艳娟（1993—），女，工程师，主要从事基建单位组织管理等工作。E-mail：1506665453@qq.com

国内首台大型变速机组转子齿压板变形分析及解决措施

雷华宇[1]　陈　优[2]　杨圣锐[1]　宋兆新[1]　王英伟[1]　刘　欣[1]　娄艳娟[1]

（1. 河北丰宁抽水蓄能有限公司，河北省承德市　068350;
2. 中国水利水电第三工程局有限公司，陕西省西安市　710032）

[摘　要]变速抽水蓄能机组相比较传统定速抽水蓄能机组具有水泵功率可调进而更好地响应电网指令，同时通过在一定范围内的转速调节，更好地适应水头的变化，改善机组效率扩大机组安全运行范围的特点。转子作为变速机组核心部件，由中心体、铁心、绕组、支撑环、护环等部件组成，转子铁心由硅钢片堆叠而成，在铁心叠装过程中进行铁心内外高度测量，通过分段压紧及补偿的方式控制铁心内外高差。本文将介绍 300MW 变速抽水蓄能机组转子在国内首次安装过程中出现的齿压板变形原因分析与解决方案，对未来变速机组国产化提供重要借鉴意义。

[关键词]变速机组；发电电动机；转子铁心；齿压板

0　引言

在"双碳"目标引导下，能源体系以及发展模式正在进入非化石能源主导的崭新阶段，我国当前正处于能源绿色低碳转型发展的关键时期，由于新能源大规模接入同时风、光等发电存在间歇性等特点，对电网造成的冲击较大，因此，电力系统需要大量的调节设备方可实现新能源电力的大规模接入。可变速抽水蓄能机组与传统定速机组相比，调其不限于额定转速运行，从而使控更加灵活、高速、可靠[1]。但需要注意的是，如何保证变速机组转子的动态稳定性是国际公认的难题，做好变速机组转子的组装工作，是保证变速机组安全稳定运行的核心问题，本文详细阐述了变速机组转子铁心组装工艺及齿压板变形问题处理措施。

1　变速机组转子设计概述

变速机组转子与传统定速机组直流励磁相比，抽水蓄能变速机组转子采用交流励磁方式，转子上采用三相对称分布的励磁绕组，由幅值、频率、相位以及相序任意可调的变频器提供励磁[2]。目前国内首台变速机组转子铁心内径ϕ4870mm，高度3300mm，其端部由下齿压板支撑，上端上齿压板压紧，铁心由 294 根穿心螺杆进行压紧，中心体共设计有 7 组径、切向键，切向键和转子立筋上下直接切合。转子引线布置在轴上铣出的 6 个凹槽中，转子电压为 3.3kV，设计绝缘为 10kV，试验电压为 15.75kV。

2 转子结构及工艺控制

2.1 转子铁心

转子铁心由转子支架、硅钢片等部件组成，其构造方式与定子铁心类似，由硅钢片堆叠而成，硅钢片两侧涂有良好热性能和机械性能的绝缘清漆，并交错堆叠。为了保证铁心和绕组的冷却，将整个铁心分为若干段，每段间设置有独立的通风槽片（见图1）。分段磁轭通过设置在筋板和磁轭之间的键热套固定，以获得所需的预应力并将转矩传递给磁轭。转子铁心要受到离心力、热应力和电磁力的综合作用。由于变速抽水蓄能机组工况转换复杂，启停机频繁，转子铁心长期处于热胀冷缩状态，铁心硅钢片的漆膜收缩，安装时硅钢片间的虚间隙变小，导致铁心的预紧力变小，硅钢片之间的摩擦力不能克服其离心力，铁心硅钢片将产生相对窜动，窜动的硅钢片易磨损转子绕组绝缘，造成转子绕组接地短路或相间短路故障。因此，选择合适的转子铁心结构，控制转子铁心的压紧力，避免转子铁心窜片割破转子绕组绝缘导致事故，是变速抽水蓄能发电电动机领域面临的重要问题。

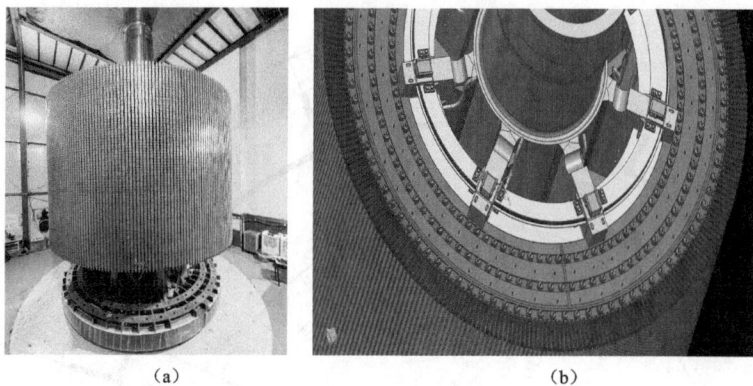

图1 转子铁心
（a）叠片完转子；（b）转子铁心三维图

2.2 转子端部绕组

变速机组转子端部由支撑环、绕组线棒、铝垫块、护环及绝缘部件等组成，外护环通过热套冷却后，将压紧力通过线棒间铝垫块传递至内支撑环，以保证转子端部的整体性，耐受转动过程中离心力。同时，使绕组端部形成有效的风道确保转子端部的充分冷却。其中，线棒安装工艺与定子类似。

2.3 转子齿压板

变速机组转子齿压板通过拉紧螺杆轴向拉紧铁心的同时，采用内圈高强度细晶粒结构钢S690L 和齿端外圈非磁性奥氏体钢焊接而成的整圆结构，2 种不同的材料结构使得齿压板内部可以传递旋转扭力，外部能够降低损耗。齿压板厚度50mm，最内侧根据转子中心体立筋位置开槽，齿压板中部设置有圈拉紧螺栓的把合槽，槽中均布拉紧螺栓的预留螺栓孔。外侧齿段焊接不锈钢齿状段，共计 294 槽。其余附件如螺栓根据不同转子设计会有所不同，齿压板结构如图2 所示。

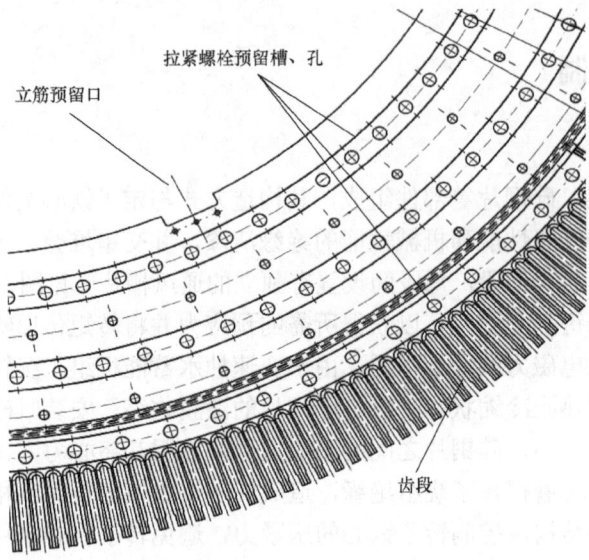

（a）

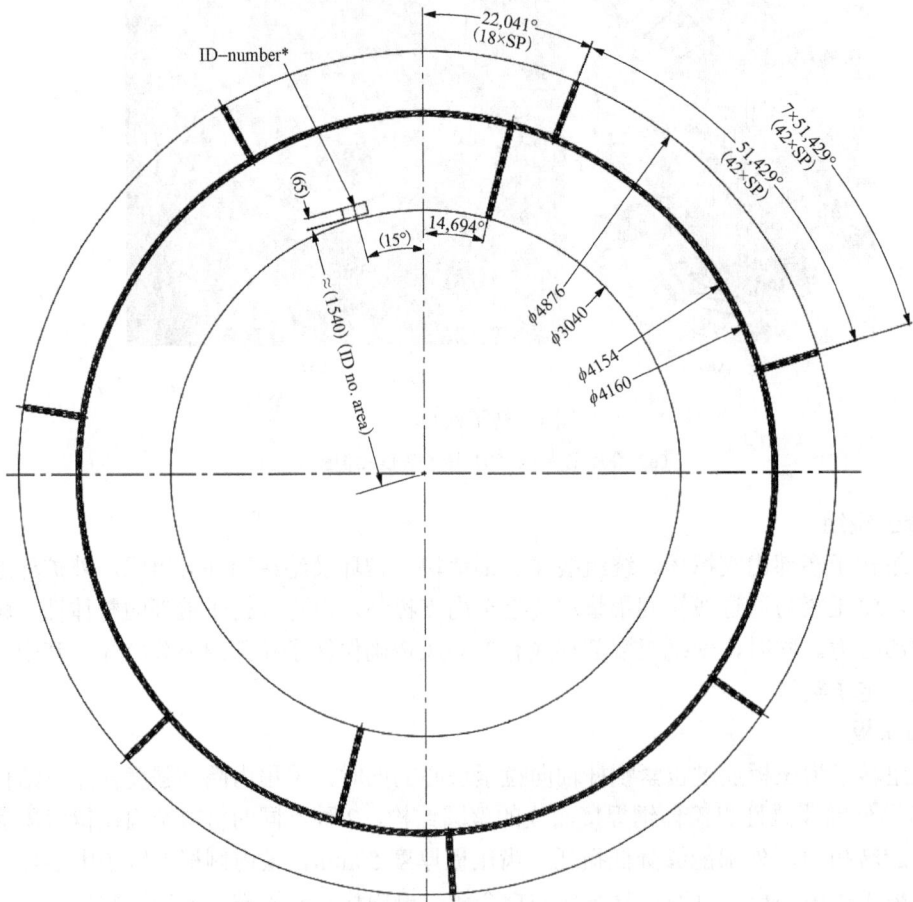

（b）

图 2 齿压板结构

（a）齿压板结构示意图；（b）齿压板焊缝分布图

2.4 转子叠片工艺

转子叠片分为转子支架调整、齿压板调平、试叠片、铁心整形、铁心预压等关键工艺流程。首先,吊装转子中心体到确定中心的支墩上,通过在支墩上加铜垫的方式来调整转子支架的垂直度,采用挂钢琴线的方式测量转子支架垂直度,测量位置为上导滑转子面。要求转子支架垂直度不大于0.02mm/m。齿压板就位后,对齿压板径向与切向位置进行初步调整并检查齿压板水平。其次,对铁心进行试叠片,堆叠高度为10mm,用调整销调整压板螺栓孔到磁轭片来调整磁轭,通过插入定位销来定位磁轭并检查所有尺寸是否满足图纸要求。与常规定子1/2叠片不同的是,为保证飞逸转速下磁轭边缘旋转应力,变速机组转子铁心叠片采用7/6叠片的方式。在转子铁心叠片过程中,每叠一段对铁心高度进行测量并有针对性地使用与硅钢片同形的Nomax绝缘纸进行高度补偿,保证叠片高度满足设计要求并分5次使用液压千斤顶对转子铁心进行分段和最终压紧(见图3)。

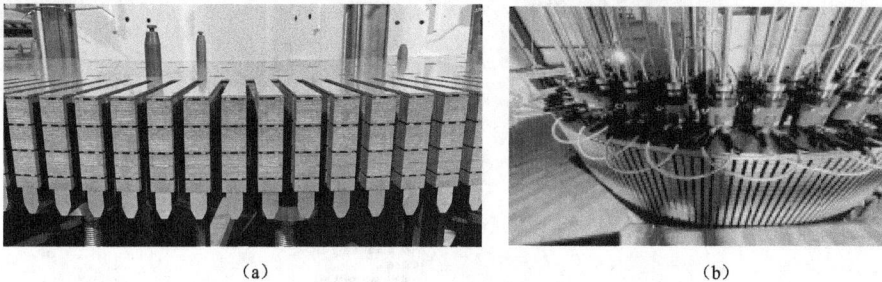

图3 铁心叠装过程

(a)叠片中铁心;(b)铁心分段压紧

3 齿压板变形分析

转子叠片完成后,安装上齿压板后进行再次压紧,拉紧螺杆294根,单根预紧力400kN。转子铁心标称片间压力12.25MPa,在转子铁心轭部,预应力保证片间摩擦,在转子铁心压指部,标称预应力保证至少1.5MPa。其中,齿压板屈服强度:304MPa,拉伸强度:594MPa,断裂伸率:57.5%。

为进一步降低转子铁心高度,加强转子铁心整体紧实度,将转子铁心分别加热至90℃、150℃后,进一步降低0.5mm硅钢片两侧绝缘漆对转子高度影响。在转子温升至90℃后,对转子整体进行压紧并测量转子内外段高度,结果如表1所示。

表1 整体压紧后铁心高度测量结果 单位:mm

点位	指部	槽底	内部
1	3310.5	3304	3305
2	3310	3304	3305
3	3310	3303	3305
4	3310.5	3304	3305
5	3310	3303.5	3305
6	3310	3303.5	3305
7	3310	3304	3305

结合以上数据分析，齿压板指段高度和内侧高度差出现超出图纸要求±2mm 公差范围。

转子在加热过程中产生变形的主要原因分为 2 个：一是加热后硅钢片表面漆膜厚度降低；二是拉紧螺栓基本处于齿压板内圈位置，齿部未受到外力拉紧，加之齿压板为两种材料焊接成整圆的结构影响，导致加热后齿部漆膜厚度未进一步降低，转子铁心内外侧高度出现超差的情况。

由图 4 可知，叠片完成后齿压板齿部轴向偏差为 1.09mm，此时形变处最大标称弯曲应力为 201MPa，小于齿压板屈服强度：304MPa。

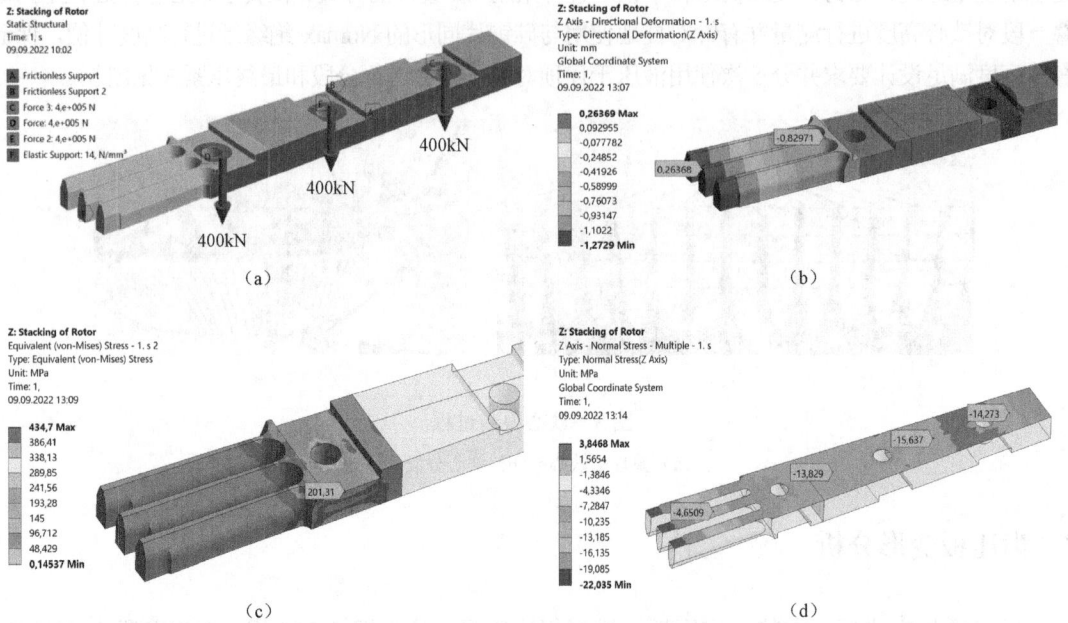

（a）

（b）

（c）

（d）

图 4　铁心压紧过程齿压板 FEA 模型分析图

（a）齿压板压紧力分布；（b）叠片完成后齿压板形变；（c）齿压板接缝处应力分布图；（d）齿压板受力分布

由于铁心加热到 90℃过程中，硅钢片漆膜厚度的降低，故螺栓预紧力由 400kN 降低至 250kN。同时，通过工厂内材料试验，点 Rp0，2 应力相比较点 Rm 在 90℃时减小 1.27 倍，即由 468MPa 降低至 239MPa，如图 5 所示。

（a）

（b）

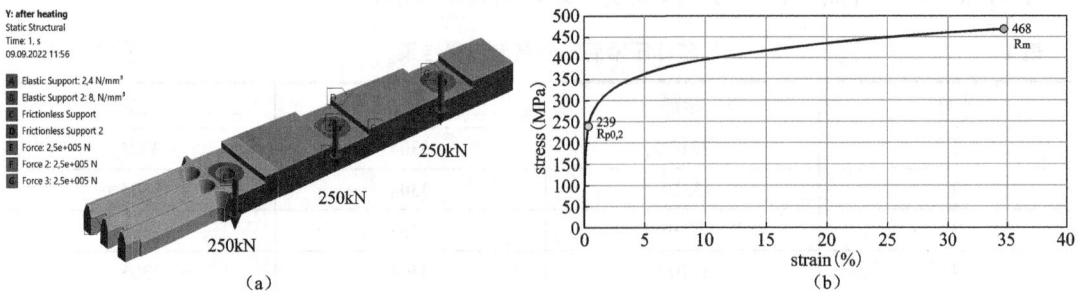

图 5　铁心加热后齿压板受力及材料曲线

（a）加热后齿压板受力变化；（b）奥氏体材料试验

加热后至 90℃时，标称弯曲应力（250kN）为 191MPa，其压指轴向变形差（250kN 时）为 3.07mm，如图 6 所示。

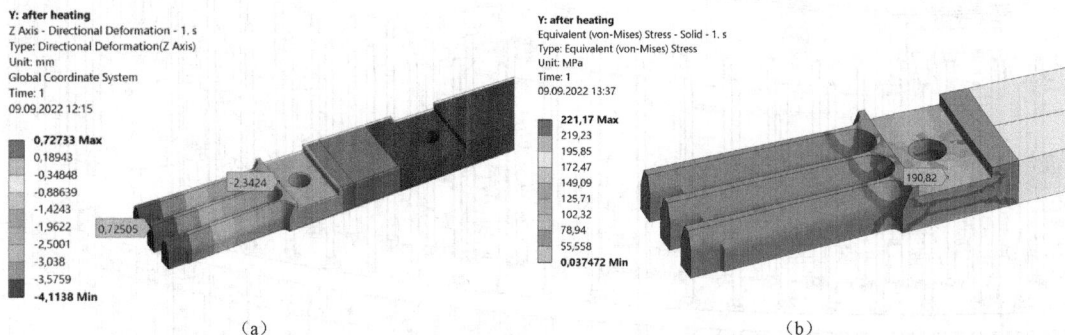

（a）

（b）

图 6　加热后（250kN）齿压板变形

（a）齿压板形变；（b）齿压板受力情况

经 FEA 进行有限元分析，当压指所受压力为 0kN 时，其轴向变形为 0.07mm，由于产生的形变很小，最终松开拉紧螺杆后的轴向变形在可接受范围内。

为了进一步验证齿压板的变形性质，证明其变形不影响后续转子组装工作，在上文中所提到的压指变差 3.07mm，重新在 FEA 中进行有限元分析，施加压板变形达到当前状态，如图 7 所示。

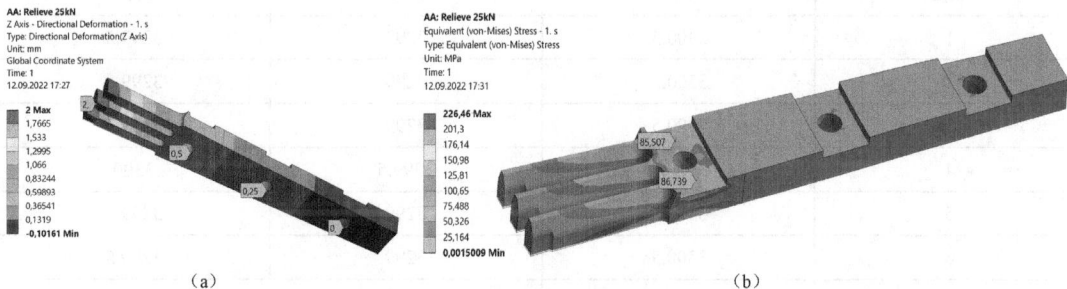

（a）

（b）

图 7　25kN 下 FEA 分析

（a）施加变形；（b）应力反馈

同时现场将转子铁心拉紧螺杆实际作用力减少至 25kN，测量齿部与轭部高差为 3mm，相比较 250kN 基本上无变化。根据以上 FEA 受力分析，为了产生施加的变形，需要有 20.7kN 的反作用力，这个反作用力低于实际情况下的 25kN，故现在的变形是线弹性的。

4　解决措施

由于齿压板齿部变形为弹性变形，考虑在齿部提供 25kN 以上外力的方式，即增加一套转子齿部液压工具，利用转子铁心齿部的槽口放置拉紧螺栓，上下安装独立的齿部压板，利用串联液压拉伸器进行螺栓拉伸，分 4 次将所有螺栓拉紧（每次 1/2 圈均匀拉紧）（见图 8）。

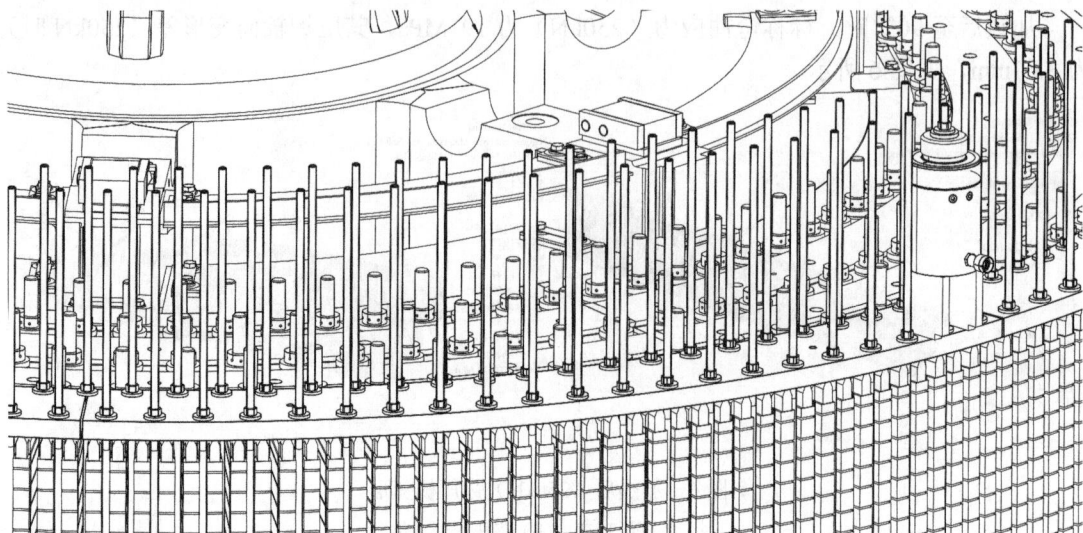

图 8 转子齿部液压工具示意图

同时在加热过程中，保持齿压板齿部压力，使得转子齿部与铁心得到相同且均匀分布的压力，使得尺寸同步变化，保证转子铁心尺寸满足设计要求（见表 2）。

表 2   改进后转子铁心尺寸测量   单位：mm

点位	指部	槽底	内部
1	3300.5	3299	3299.5
2	3300.5	3299	3299.5
3	3300.5	3299	3299.5
4	3300.5	3299.5	3300
5	3300.5	3299	3299.5
6	3300.5	3299	3299.5
7	3300.5	3299	3299.5

5   建议控制因素

由上文分析可得，影响转子铁心叠装质量的因素有：①齿压板水平度；②试叠片尺寸；③叠片过程整形与预压质量控制；④转子齿压板的刚度。从设计初期应考虑并控制齿压板刚度是否可以满足铁心压紧要求。同时，对于组装过程来说，铁心整形的质量不仅仅对后期整个转子组装工作带来很大麻烦，也决定了转子绕组安装的顺利程度，甚至影响转子端部的支撑、冷却效果及最终外护环安装工作。

6   结束语

转子铁心叠装的尺寸是决定转子绕组安装是否顺利的关键工艺工序，本文通过对变速机组转子铁心变形原因的分析，解决了变速机组转子铁心变形问题，控制了现场转子铁心叠装质量，同时为变速机组国产化提供了宝贵的现场经验。

参考文献

[1] 扈永顺. 攻克抽水蓄能大型变速机组技术瓶颈 [J]. 瞭望，2022（36）：3.

[2] 卢伟甫，王勇，樊玉林，等. 抽水蓄能变速机组应用技术概述 [J]. 水电与抽水蓄能，2019，5（3）：62-66，11.

作者简介

雷华宇（1994—），男，助理工程师，主要从事变速机组发电电动机安装调试工作。E-mail：865482094@qq.com

陈 优（1997—），男，助理工程师，主要从事机组相关设备安装施工工作。E-mail：9794432362@qq.com

杨圣锐（1991—），男，工程师，主要从事变速机组水泵水轮机安装调试工作。E-mail：759992385@qq.com

宋兆新（1996—），男，助理工程师，主要从事抽水蓄能电站变速机组发电电动机安装调试工作。E-mail：1120404716@qq.com

王英伟（1992—），男，工程师，主要从事变速机组交流励磁系统安装调试工作。E-mail：823673986@qq.com

刘 欣（1990—），男，工程师，主要从事机组水泵水轮机安装调试工作。E-mail：204866317@qq.com

娄艳娟（1993—），女，工程师，主要从事基建单位组织管理等工作。E-mail：1506665453@qq.com

国内首台竖井 SBM 始发掘进方法浅析

潘月梁[1]　张金宇[1]　葛家晟[1]　肖　威[2]　王建忠[1]

（1. 浙江宁海抽水蓄能有限公司，浙江省宁波市　315600;
2. 中铁工程装备集团有限公司，河南省郑州市　450016）

[摘　要] 传统竖井施工采用"反井钻+人工爆破法"，存在安全风险大、劳动投入多、施工效率低等问题。SBM 竖井掘进机是竖井施工的新型设备，采用分体始发方式首次应用 SBM 从上至下一次开挖支护成型厂房排风竖井，有效降低井下施工风险，创新了竖井施工工法，对于促进抽水蓄能电站机械化施工具有很好的借鉴意义，现将 SBM 始发施工情况进行总结分析，供交流借鉴。

[关键词] SBM 竖井掘进机; 竖井; 分体始发

0　引言

抽水蓄能电站竖井工程较多，包括有排风竖井、闸门井、调压井、出线竖井、引水竖井等多类竖井，竖井断面尺寸一般 5～10m，竖井高度最大约 500m。目前，国内外已实施应用的其他掘进机只适用于平洞（TBM）、短竖井（VSB）或有导井的竖井扩挖（SB）施工，本项目开创了竖井掘进机在不预先施工导井条件下一次扩挖大直径（ϕ7.83m）、深竖井（深198m）成型先例，并验证了 SBM 竖井掘进机技术的可行性。

SBM 竖井掘进机是竖井施工的新型设备，同传统的施工方式相比，其更加智能化、自动化、集成化，为工厂化施工成套设备。竖井施工不同于隧道施工，其刀盘需要垂直向下开挖，同时刀盘需要具有开挖、出渣、便于拆卸、重量轻等多种功能或要求，竖井掘进机刀盘工作性能是实现竖井的全断面连续开挖施工的基本保障。刀盘开挖渣土，需要通过新型的刀盘刮渣板系统进行井底清渣，然后经过刮板式垂直提升机完成渣土的二级运输，再通过吊桶出渣运输至地面。

为深入推动工程机械化施工，降低竖井开挖作业风险，宁海公司于 2020 年 6 月立项，组织设计、监理、施工、制造单位对竖井施工方式进行了深入研究，联合攻关开展 SBM 竖井掘进机技术首次在宁海电站排风竖井应用，2020 年 11 月始发试掘进，2021 年 4 月全面投入使用，2021 年 12 月成功应用完成。

SBM 竖井掘进机的始发方式可分为两种：整体始发和分体始发。

（1）整体始发：采用整体始发时需要的始发井较深，其深度需要＞竖井掘进机主机高度（16m）+吊盘高度（12m），约 28m。

（2）分体始发：分体式发需要的始发井较浅，其深度只需要满足主机设备刀盘底部至撑靴靴板顶部的高度（8m）即可满足掘进机掘进要求，当掘进机试掘进深度达到吊盘下井的高度要求时，进行二次组装，下放吊盘、安装井架、井筒锁口盘和地面的提升系统。

综合两种始发的优劣，宁海施工现场采用分体式始发，一是方便验证竖井掘进机的整体性能要求，二是减轻过深始发井施工人员和时长的投入，三是降低过深始发井人工爆破施工难度和风险。最终竖井分两步施工，主机设备始发段施工与提升系统安装工位掘进机施工，在掘进机施工进场前，采用人工爆破法完成主机设备始发段施工，掘进机完成剩余井深施工。

1 工程概况

1.1 地质情况

排风竖井岩性为凝灰岩，岩质脆硬且石粉含量较高，具有遇水易结块特性。井口 8m 范围为Ⅵ类围岩，以碎块石土为主，土质稍密～中密，坡体呈散体结构，稳定性差；井深 8m 以下以Ⅱ～Ⅲ类围岩为主，局部Ⅳ类围岩，岩体完整性差～较完整为主，成洞条件好，整体强度在 100MPa 左右。

井口高程 280m，地下水位线高程 275m，井身多位于地下水位以下，沿节理、破碎带有渗滴水或线状流水现象，地下水活动总体较弱。

1.2 设备信息

SBM 竖井掘进机主机设备高 16m，后配套四层吊盘高 12m，刀盘开挖直径 7.83m，整机重约 470t，设计掘进速度 180m/月，主要由主机设备、后配套吊盘、地面提升系统、地面控制室四大部分组成，可同时实现竖井的开挖、出渣、井壁支护以及施工过程中排水、通风、通信等功能。设备示意图见图 1，设备主要参数见表 1。

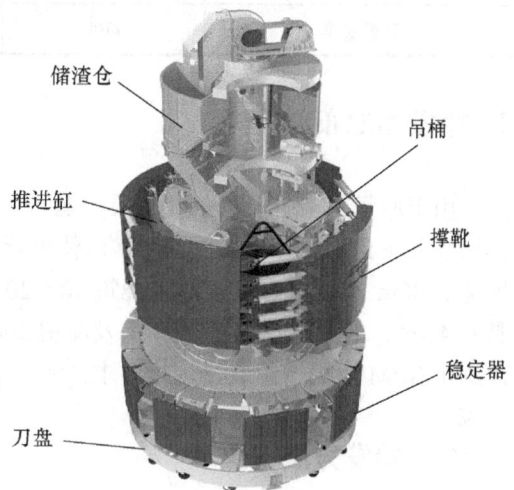

图 1 设备示意图

表 1　　　　　　　　　　设 备 主 要 参 数

项目	参数	单位	备注
主机设备			
开挖直径	7.83	m	刀盘最大尺寸
主机高度	16	m	
主机总重	470	t	
刀盘转速	0～4.3～7	r/min	
掘进速度	0-1	m/h	
装机功率	2975	kW	
出渣能力	120	m³/h	
后配套设施			

165

续表

项目	参数	单位	备注
吊盘数量	4	层	分别作为电气设备平台、空压机平台、供排水平台、支护平台
吊盘高度	12	m	
吊盘总重	65	t	
地面提升系统			
凿岩井架ⅣG 型	1	座	
绞车 JK3×2.2P	1	台	
稳车 JZ-25/1300	6	台	
提渣吊桶	1	个	
装机功率	1700	kW	

2 始发场地布置

由于原竖井施工现场条件有限，地面空间狭小，考虑 SBM 组装、运行要求，将原设计排风竖井平台向外侧外扩 4m，靠山体进行削坡处理，力求合理布局，协调紧凑，最终形成场地 2300m²，采用 C20 混凝土浇筑 10～20cm 厚硬化平台。其中运行区 370m²、控制室及工具间 40m²、堆渣区 64m²、绞车房及库房 300m²，平台外侧设置 6m 宽交通道路，场地布置条件满足 SBM 运输、组装、运行要求。

3 分体始发方法

3.1 主机设备始发段施工

排风竖井总长 198m，原设计井口 10m 段开挖直径 9.1m，采用系统砂浆锚杆 $\phi22@1.5m×1.5m$，$L=3m$，挂网喷混凝土 C30 厚 100～150mm，C25 钢筋混凝土衬砌厚 600mm；剩余井身段开挖直径 8.0m，系统锚喷支护。竖井设计参数如图 2 所示。

采用 SBM 掘进后，考虑到始发井深满足刀盘底部至撑靴靴板顶部的高度即可满足 SBM 主机推动条件，刀盘底部至撑靴距离 8m 左右，则始发段深度按 10m 考虑，采用人工钻爆法开挖，反铲辅助出渣。

始发段围岩为Ⅳ类强风化，4 个撑靴的尺寸为：3.45m×3.4165m=11.78m²，撑靴荷载为 0.067MPa，考虑一定安全系数，取 0.08MPa，计算结果为采用 C25 钢筋混凝土衬砌厚 800mm，则始发段开挖直径调整为 9.8m，衬后净直径为 $\phi8.0m$。始发段混凝土衬砌采用组合木模板，一次浇筑 3m 高度，分三次衬砌完成。始发段衬砌见图 3。

井身段开挖直径适应刀盘直径调整为 7.8m，Ⅲ类围岩支护参数为系统砂浆锚杆 $\phi22@1.5m×1.5m$，$L=3m$，挂网喷混凝土 C30 厚 100～150mm；Ⅱ类围岩随机支护。支护随设备掘进利用吊盘同步进行。

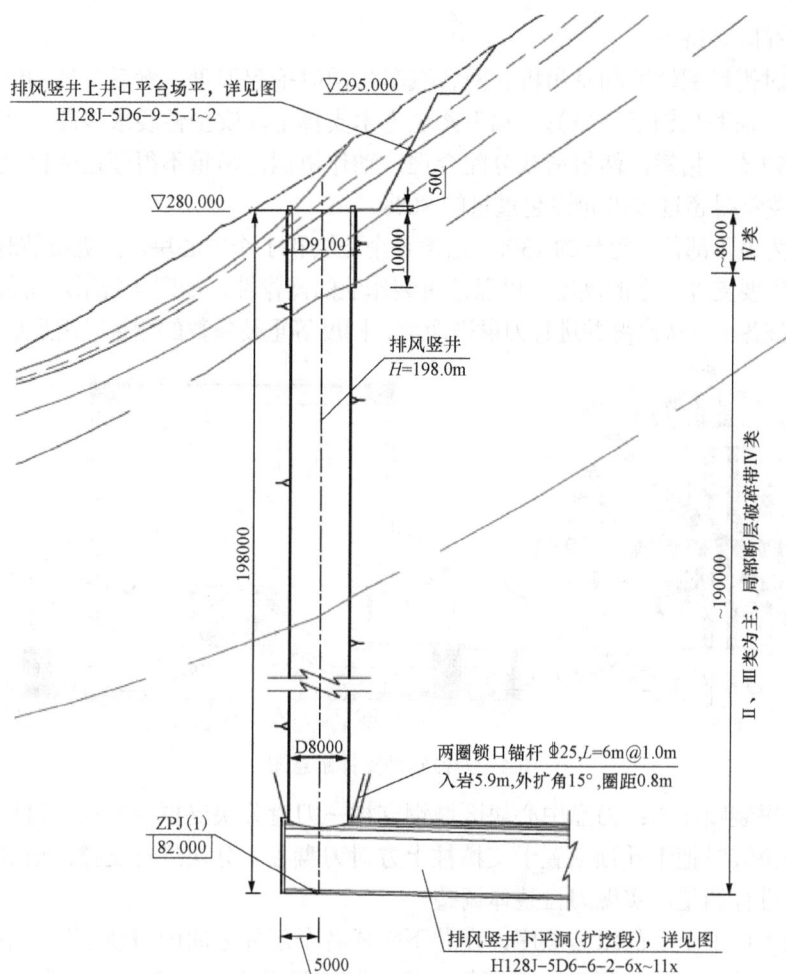

图 2　竖井原设计图

图 3　始发段衬砌图

3.2　主机设备下放组装

为降低井下组装困难，需在地面将 SBM 竖井掘进机的各大部件独立组装，采用 300t 吊机吊装整体吊装下井，然后再按一定的顺序依次下放入井下进行部件连接的思路进行设备组装。主机段构成包含刀盘、主驱动、稳定器和撑靴等多个大部件，需要提前独立组装后放置

167

在竖井平台暂存区等待下井。

刀盘翻身时需增配辅助翻身吊机。两台汽车吊同时抬起刀盘，然后主吊钩继续起吊刀盘一端将其抬升，辅助吊钩下降将另一端下降至方木支撑上，安全性要求极高。两台汽车吊抬吊部件时，必须统一指挥，两机荷载分配合理，动作协调；吊重不得超过两机允许起重量的75%，单机荷载不得超过该机允许起重量的80%。

其中刀盘为最重部件，重量约130t，包含8个边块和1个中心块。刀盘组装时面板方向朝下，面板下部需要支撑一定的高度，以保证拼装作业的操作性，如图4所示。拼装完成后进行静置观察，调整各个分块高度并进行刀盘平面度、圆度等重要参数的测量，满足设计要求。

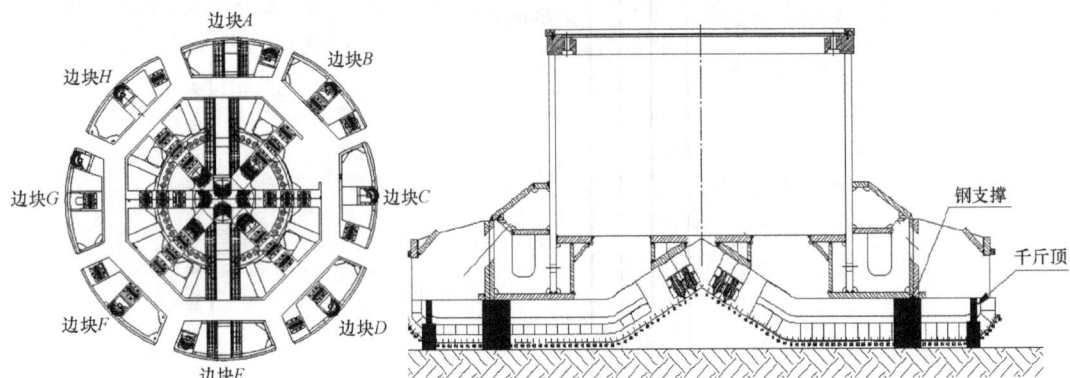

图 4　刀盘辅助支撑示意图

刀盘进场拼装顺序为：刀盘中心块区域钢支撑→刀盘分块支撑拼装→刀盘调平→整体连接。刀盘分块拼装时把千斤顶放置于支撑柱上方对刀盘各个分块进行支撑，通过千斤顶对各个分块的高度进行调整，实现刀盘整体调整。

主机段采用由下至上的组装顺序，在井下完成各个部件之间的组装工作。下井吊装顺序依次为：刀盘→稳定器→主驱动→斗式提升机下部→设备立柱→撑靴推进系统→储渣仓-斗式提升机下部上段。主机组装主要流程如图5所示。

3.3　提升系统安装工位掘进机施工

提升系统井架安装须在后配套即四层吊盘入井后进行。由于四层吊盘高12m，主机设备高16m，所以主机设备调试完成后先进行一次始发，掘进18m（实际掘进17m便安装井架），采用35t吊机提升吊桶配合出渣，含始发段井深达到28m，为吊盘及井架安装留出空间。

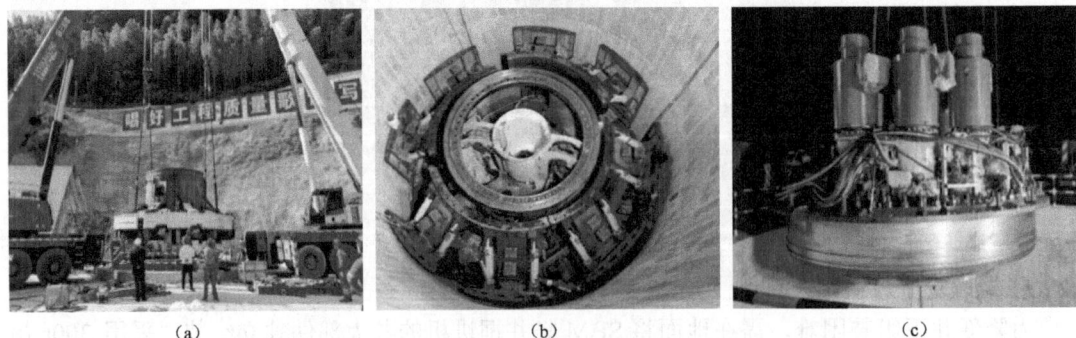

(a)　　　　　　　(b)　　　　　　　(c)

图 5　主机组装主要流程图（单位：浙江宁海抽水蓄能有限公司）（一）

(a) 刀盘整体起吊；(b) 稳定器组装；(c) 主驱动下井

图5 主机组装主要流程图（单位：浙江宁海抽水蓄能有限公司）（二）

（d）电机安装；（e）储渣仓安装；（f）整机组装完成

3.4 吊盘安装

吊盘平台采用分层法在竖井平台暂存区安装，每安装一层平台，同时对该层设备进行组装。组装顺序为平台4→平台3及上部设备→平台2及上部设备→平台1及上部设备，组装完成后，连接电缆、稳绳、风水管线等，采用吊机整体入井。吊盘组装过程如图6所示，整体入井如图7所示。

图6 吊盘地面分层组装图

图7 吊机整体入井图

169

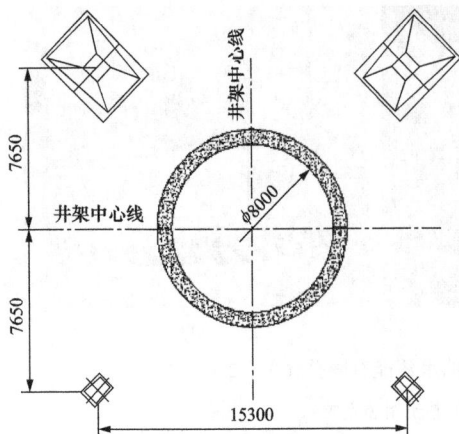

图8 井架基础图

3.5 提升系统井架安装

（1）井架基础建设。

竖井掘进机施工配套采用 IVG 型井架进行出渣和物料运输。IVG 型井架支腿间距为 15.3m，井架基础相对始发井口对称布置，如图 8 所示。

（2）井架安装。

井架在地面组装完成后进行整体起吊，井架组装选用 1 台 35t 汽车式起重机和 1 台 25t 汽车式起重机配合吊装，井架整体翻身及吊装选用 1 台 300t 汽车式起重机和 1 台 220t 汽车式起重机配合进行吊装。

井架安装顺序：准备工作→井架组装→井架翻身及吊装→与基础连接→螺栓孔二次浇灌及基础抹面→二层台和翻矸仓安装→扶梯安装→天轮平台安装→接地和避雷装置安装→检查、验收。井架安装见图 9，整体安装完成见图 10。

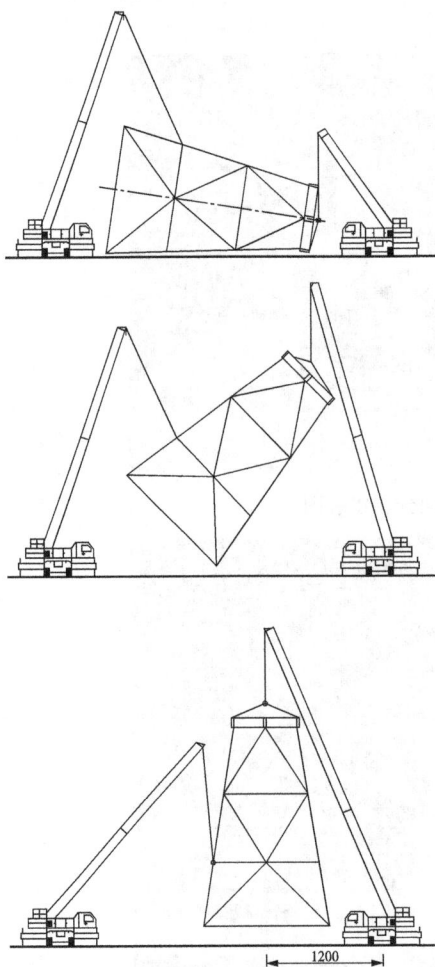

图9 井架安装图

图 10　整体安装完成图

井架安装完成后，随即安装稳车、绞车系统，整个提升系统全部安装完成并调试正常后，SBM 开始二次始发，利用绞车提桶出渣，后配套吊盘支护作业，全断面掘进剩余井身段。

4　始发掘进方法总结分析

由于 SBM 主机设备加后配套吊盘整机长达 28m，总重约 470t，将这样一个"庞然大物"一次入井是不可能实现的，所以采用"分块组装、分层下放、分体始发"方法，解决狭小场地设备布置难题，降低场地费用，安全高效地完成井下组装作业。

采用 SBM 竖井掘进机施工，掘进参数的选择非常重要。掘进过程中，根据不同地质、埋深判断围岩的稳定性、可掘进性，及时调整掘进参数；掘进过程中保持推进速度相对平稳，控制好每掘进行程的纠偏量，施工轴线与设计轴线的偏差控制在允许范围内；同时，初期支护方案、推进速度、出渣情况等都需要根据实际情况及时调整。因此，主机设备一次始发是十分有必要的，会达到以下目的：

（1）一次始发主要检验竖井掘进机和液压系统、电器系统和辅助设备的工作情况，完成设备磨合。

（2）一次始发期间，将完成各个单项设备的功能测试。并对各设备系统做进一步的调整，使其达到最佳状态，具备正式快速掘进的能力。

（3）了解和认识本工程的地质条件，检验始发段井壁是否满足设备撑靴荷载要求，掌握根据地质情况调整竖井掘进参数的方法，为全程掘进提供参考依据。

（4）理顺整个施工组织，在连续掘进的管理体系中抓住关键线路的控制工序，为以后二次始发后的稳定全断面掘进奠定基础。

5　结语

SBM 竖井掘进机在宁海抽水蓄能电站首次应用成功，验证了竖井施工采用"分块组装、分层下放、分体始发"及全断面机械法施工是可行的，通过制定合理的组装、始发工序，顺利完成竖井掘进机在小场地内的组装、始发、掘进全序作业，提高了始发效率，为抽水蓄能竖井以及建井行业提供了一种全新的施工方式。

考虑到提升系统利用矿用 IVG 型井架作为支撑结构，占用了较大立体空间，还需进一步优化地面提升系统，在满足提升力的同时，减小支撑结构，以便适用于地下洞室内部等多种地形竖井。此外，设备推进需要岩壁提供反作用力，单块撑靴荷载约 0.08MPa，所以对于土层或Ⅳ类及以下围岩地质条件无法适用（若全程混凝土衬砌护壁提供支撑，从施工难度、进度、成本等方面考虑也不适用）。

参考文献

[1] 国家能源水电工程技术研发中心，国网新源控股有限公司. 抽水蓄能电站 TBM 技术发展报告 2020-2021 [M]. 北京：中国水利水电出版社，2022.

[2] 孟继慧，夏万求. SBM 施工风险分析及管控措施——以宁海抽水蓄能电站竖井工程为例 [J]. 建井技术 2021，（42）06：1-11.

[3] 贾连辉，肖威，吕旦. 上排渣型全断面竖井掘进机凿井工艺及工业试验 [J]. 隧道建设（中英文），2022，（42）4：714.

作者简介

潘月梁（1974—），男，本科，高级工程师，主要从事抽水蓄能电站工程项目管理工作。E-mail：413031104@qq.com

张金宇（1995—），男，本科，工程师，主要从事抽水蓄能电站工程项目管理工作。E-mail：1098246533@qq.com

葛家晟（1996—），男，本科，工程师，主要从事抽水蓄能电站工程项目管理工作。E-mail：3463159585@qq.com

肖　威（1978—），男，本科，高级工程师，主要从事掘进机设备制造研发。E-mail：345795032@163.com

王建忠（1970—），男，硕士，高级工程师，主要从事抽水蓄能电站工程项目管理工作。E-mail：wjz7050@163.com

基于精细化 BIM 模型下智能配管技术的创新与实践

张炳艳　齐巨涛　文仁学　李永双

（华能澜沧江水电股份有限公司，云南省维西县　674600）

[摘　要] 智能配管技术是基于 BIM 技术精确化三维制图、智能化机械制作的全流程数字化的管路制作，预制前提前绘制预制管路分解图。激光下料+坡口一体机通过找到管材中心与旋转中心的偏差值，并补偿至切割轨迹中。激光切割头自动校准在管材上的位置，控制切割头上下运动到达管材位置，保持切割嘴与板材的距离，保证高质量切割管材。

[关键词] 智能配管；激光下料；机器人

0　引言

目前随着人工成本的增长及国内智能化生产的发展，水电行业也趋于智能化建造发展，管路工厂化预制自丰满电站应用至今，虽基本实现工厂化预制管路功能，但仍存在同一设备双面坡口开设及智能焊接管路难等问题。同一设备双面开坡口需解决智能监测切割头至管路位置、智能控制调整切割头等难题。智能焊接管路需解决焊接角度，管路与管件焊接时管径覆盖范围受限、夹具量程范围受限、下料切管机及坡口机为外置水冷水资源循环回收困难等问题，本次研究依托 TB 水电站智能配管技术项目，为解决优化上述问题，提高水电厂管路安装工艺及管路一次焊缝焊接合格率，电站以创新管路配置焊接技术为目标，研发全新一代管路工厂化预制系统，满足水电站机电安装领域项目需求，以实现水电站智能化配管设备管理创新能力显著提升。

TB 水电站位于云南省迪庆州维西县中路乡境内，是澜沧江干流上游河段（云南省境内）规划的第 5 个梯级。TB 水电站属一等大（1）型工程，枢纽主要建筑物由挡水建筑物、泄洪消能建筑物、右岸地下输水发电系统等组成。挡水建筑物采用碾压混凝土重力坝，坝顶高程 1740.00m，坝顶长 498.00m，最大坝高 158.00m。泄洪消能重要建筑物包括：4 个溢流表孔，1 个泄洪中孔，1 个生态泄水孔、下游短护坦及护岸。输水发电系统布置在右岸山体内，进水口结合右非溢流坝段布置为坝式进水口，引水和尾水系统采用单机单洞的布置方式，地下厂房采用尾部式布置，主厂房尺寸 179.40m×25.50m×68.88m（长×宽×高），安装 4 台单机容量为 350MW 的混流式水电机组。

1　智能配管技术内涵及主要做法

智能配管技术是基于 BIM 技术精确化三维制图、智能化机械制作的全流程数字化管路工厂制作技术，预制前提前绘制预制管路分解图。

激光下料+坡口一体机可通过找到管材中心与旋转中心的偏差值，并补偿至切割轨迹中。激光切割头自动校准在管材上的位置，控制切割头上下运动到达管材位置，保持切割嘴与板材的距离，保证高质量切割管材。

多功能组对机固定管件（法兰、弯头、大小头、三通等）位置后，通过上下、左右、前后移动调节焊口的间隙、错边量。组对合格后，利用机器人 TIG 自动焊机调整焊接位置、焊接角度，同时，自动焊接机械通过转盘、焊炬部件弧长执行组件、摆动执行组件等手段来控制焊接质量，弧长跟踪模块及摆动电机，可以对焊枪的高度及偏移进行调节，焊炬电缆前端由电缆紧固部件进行紧固，后端环绕在过线杆外部，由工作齿轮带动回转，进行施焊。配置机械臂的 TIG 焊枪，可实现焊枪可左右前后转动，可有效避免管件旋转过程与焊枪支架碰撞现象，实现 DN32～DN600 管路与管件焊接全面覆盖，TB 水电站智能配管车间见图 1。

图 1　TB 水电站智能配管车间

2　智能配管技术主要做法

2.1　激光下料+坡口一体机的应用

智能配管技术是基于 BIM 技术精确化三维制图、智能化机械制作的全流程数字化管路工厂制作技术，预制前提前绘制预制管路分解图、拆分图纸管段长度、对管路系统进行编码、建立管路预制台账、同时列出下料清单。在智能车间内，由货车或叉车将管路原材料运至装卸车区域，使用 5t 电动葫芦将管路吊运至原材料堆放区，预制时将管路吊运至激光下料、坡口开设区，使用自动激光切割机对管路下料及坡口开设，见图 2。

激光切割机使用 EtherCat 协议通信，高速以太网连接，扫描周期 1ms，实时性强。灵活的拓扑结构，资源扩展快捷，便于调试，维护方便。针对管材中心与旋转中心不会完全重合的加工现状，系统可依据各类管型自动匹配最佳的寻中方案，找到管材中心与旋转中心的偏差值，并补偿至切割轨迹中，保证管面孔定位精度。另支持自定义寻中点设定，加工过程中会依据设定自动执行寻中动作并补偿，解决长管料弯曲后的对中问题。

激光下料+坡口机配有红光准直仪，配置激光管材坡口切割光路全内置准直调焦功能，可帮助操作者校准激光切割头在管材上的位置。电容传感器检测出切割嘴到板材表面的距离后，将信号反馈到控制系统，然后由控制系统控制 Z 轴电机驱动切割头上下运动，从而控制了切割嘴与板材的距离不变，有效地保证切割质量，并且在突然断电情况下激光切割头能实现防撞功能，复位精度高，免于碰撞后二次矫正。

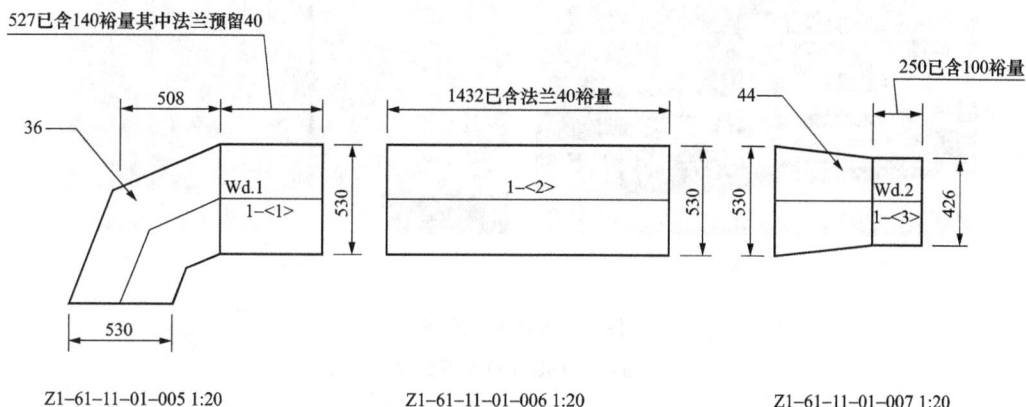

527已含140裕量其中法兰预留40

508

36

Wd.1
1—<1>

530

530

1432已含法兰40裕量

1—<2>

530

530

44

250已含100裕量

Wd.2
1—<3>

426

Z1-61-11-01-005 1:20　　　Z1-61-11-01-006 1:20　　　Z1-61-11-01-007 1:20

图2　智能配管技术预制图设计

在自动送料的过程中，通过监测输入口的变化获取尾料长度，从而系统判断监测到的尾料长度是否满足下一个零件的加工。根据当前图纸类型自动执行切断动作，快速完成切断，无需改动图纸，切断位置点动选定，灵活便捷。使用气动卡盘代替传统滚动轴承传送带，外观美观，机械维护成本低，可很好提升文明施工面貌；另激光下料+坡口机可实现方管、圆管等智能开孔等功能。

采用激光下料+坡口一体机对比常规锯床+坡口可大幅提高工效，见图3。

图3　激光下料+坡口一体机旋转气动卡盘

2.2　组对机的应用

管路坡口加工完成焊接前需与管件等组对，使用多功能组对机固定管件（法兰、弯头、大小头、三通等）位置后，通过上下、左右、前后移动调节焊口的间隙、错边量，合格后进行点焊，见图4。

2.3　智能焊接机器人的应用

TB水电站智能焊接设备通过转盘，焊炬部件弧长执行组件、摆动执行组件、送丝调节系统、弧长摆动调节模块等来实现管路的自动焊接及质量控制。

（a）　　　　　　　　　　　　　　　（b）

图4　组对机的应用

（a）组对机；（b）管件组对

智能焊接机器人焊炬安装在铜座上面，铜座固定在摆动组件上，铜座采用精密加工制造，布置合理的水、电、气路，钨极采用简易直插式，大大减少了易损件，方便现场工人的使用，转盘上安装有弧长及摆动电机，可以对焊枪的高度及偏移进行调节，焊炬电缆前端由电缆紧固部件进行紧固，后端环绕在过线杆外部，由工作齿轮带动回转，进行施焊（见图5）。

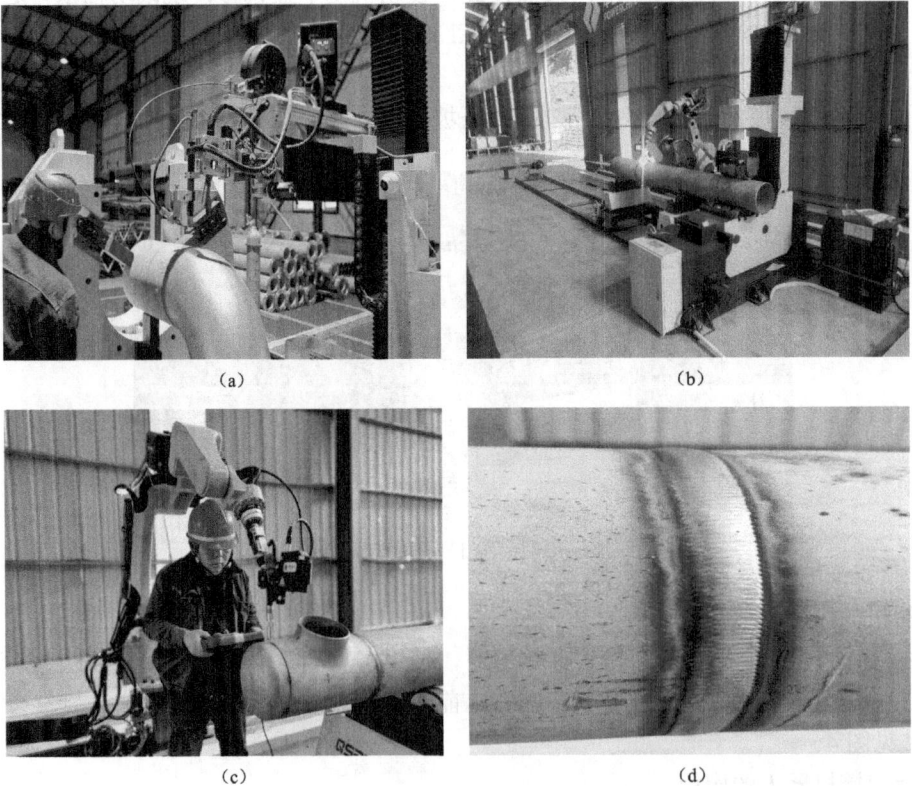

（a）　　　　　　　　　　　　　　　（b）

（c）　　　　　　　　　　　　　　　（d）

图5　智能焊接机器人的应用

（a）常规智能焊接设备；（b）智能焊接设备；（c）机器人自动焊机应用；（d）焊缝外观质量

智能焊接机器人弧长摆动调节模块，主要用于调节焊炬与焊缝的位置关系，弧长方向主要用于调节焊炬与焊缝的距离，可以采用弧长自动跟踪模式，采用自动跟踪方式时，按照一定的范围设定一个合理的弧压，在焊接时设备可通过检测弧压的变化来调节高度。摆动模块主要是为了增加焊缝的宽度，在厚壁管焊接时都需要开一定的坡口，为了将坡口能够填满则需要摆动调节模块，摆动的范围及频率可根据工艺需要进行调节，起摆角度及停摆的角度也可设定。弧长跟踪模块及摆动电机，可以对焊枪的高度及偏移进行调节，焊炬电缆前端由电缆紧固部件进行紧固，后端环绕在过线杆外部，由工作齿轮带动回转，进行施焊。配置机械臂的 TIG 焊枪，可实现焊枪可左右前后转动，可有效避免管件旋转过程与焊枪支架碰撞现象，实现 DN32～DN600 管路与管件焊接全面覆盖。

3 智能配管技术的实施成效

以 DN300×4.5 管路为例，锯床下料单条缝切割时长 2min，单坡口时长 3min，调头 3min，一根管路双面坡口用时 13min，激光下料+坡口一体机单面下料+坡口用时 2min，管路送料至另一面坡口处用时 1min，可提高约一半以上工效，见表 1。

表 1　　　　　　　　　　DN300×4.5 管路下料+坡口对比表

序号	设备名称	单条缝/坡口时长（min）	合计
1	数控锯床	2	双面坡口合计 13 min
2	数控坡口机（双面坡口）	9	
3	激光下料+坡口一体机	5	合计 5 min

激光下料+坡口一体机采用内置循环冷却水冷却激光器，无须单独布置冷却水至设备，且冷却水不会流出污染地面。具有占地面积小、节能环保、维护简便等优点，可有效提高工效。

智能配管技术通过提前策划提前对预埋管路进行预制，节约了现场仓位管路下料、焊接等工序，节约了管路安装及混凝土备仓的工期，TB 水电站管路施工需 26 个月，管路现场仓位制作安装平均需 6 人，智能配管技术预制仅需 3 人，人均工资按 350 元/天计算，节约直接成本 350×30×26=27.3 万元。智能配管技术管路预制采用全自动智能化设备，管路预制过程仅需 3～4 人即可全部完成，设备可周转使用，有效提高了工效，节约了施工成本。同时降低了管路制作过程中对焊工等特殊工种技能水平的依赖，管路焊接机械化确保成型统一标准，提升了管路焊接质量。

使用数控激光下料+坡口一体机替代常规锯床下料、坡口机加工坡口设备，可有效提供工效；一体机采用内置循环冷却水系统代替锯床下料机外置冷却水系统，采用气动卡盘代替传统滚轮传送带，可有效降低机械维护，提升智能车间文明施工形象面貌。

TB 水电站智能化焊机在常规 TIG 焊枪上增加机械臂，使用轮形夹具替代圆形夹具，有效提高了智能焊接设备在管路、关键焊接应用范围，彻底实现了水电站管路、管件规格型号全覆盖激光下料机可实现方管、圆管等智能开孔等功能，可用于后续装修吊顶、龙骨等方钢开孔。智能配管技术解决常规 TIG 焊机无法调整焊接位置、焊接角度，管路与管件焊接时管径覆盖范围受限、夹具量程范围受限等缺憾，实现 DN32～DN600 管路与管件焊接全面覆盖。

4 结论

采用智能配管技术预制管路可有效缩短混凝土浇筑备仓工期，其中水轮发电机坑备仓（关键线路）单仓位平均可节约备仓工期 4 天，经测算可节约间接费用 200 万元。综合为母线洞、主变压器洞、机坑各层混凝土浇筑工程缩短工期，智能配管技术可为 TB 水电站工程建设年平均间接节省成本 500 余万元。

TB 水电站基于精细化 BIM 模型的智能配管技术的成功应用，是在水电行业现有智能配管设备的基础上，通过一系列的优化改进，成功实现了各型号管径适用，提高了预制工效，缩短了预制工期，改善了施工环境，提升了管路整体质量，可供后续电站参考借鉴，有很好的社会效益及推广价值。

参考文献

[1] 陈国强，方马杰，等. 智能管道与智慧管网建设分析 [J]. 建筑实践，2020（9）.

[2] 任竹昕. 智能管道与智慧管网建设分析 [J]. 基层建设，2020（14）.

[3] 中华人民共和国住房和城乡建设部、中华人民共和国国家质量监督检验检疫总局. GB 50268—2008 给水排水管道工程施工及验收规范. 北京：中国建筑工业出版社，2008.

作者简介

张炳艳（1993—），男，工程师，主要从事金属结构安装管理及机组运行管理工作。E-mail：761034665@qq.com

齐巨涛（1983—），男，高级工程师，主要从事水轮发电机组安装管理及机组运行管理工作。E-mail：271933302@qq.com

文仁学（1992—），男，工程师，主要从事水轮发电机组安装管理及检修维护工作。E-mail：1360996515@qq.com

李永双（1985—），男，工程师，主要从事金属结构安装管理及机组运行管理工作。E-mail：657578935@qq.com

拖模连续浇筑泄洪洞底板
—衬砌混凝土温控防裂研究

李骁杰　梁国涛

（黄河水利水电开发集团有限公司，河南省济源市　459017）

[摘　要]为寻找一种既可以有效防止温度裂缝又可以加快施工进度的泄洪洞底板混凝土衬砌方法，以某水电站为例，采用三维有限单元法对泄洪洞底板冬季施工过程与温控措施进行模拟。分别模拟常规 9m、18m、30m 分缝长度和 9m 分缝长度顶部预留 10cm 拖模连续浇筑施工，进行采取不同浇筑温度、通水冷却与冬季封闭洞口保温措施方案的温度、温度应力仿真计算。结合现场施工实际温控条件和温控防裂综合分析，推荐 9m 分缝长度顶部预留 10cm 拖模连续浇筑施工，采用 16℃ 浇筑、通水冷却和冬季封闭洞口保温措施的浇筑方案。在某水电站泄洪洞工程中应用，取得明显加快施工浇筑进度，保证混凝土质量的效果。

[关键词]泄洪洞；拖模连续浇筑；衬砌混凝土；有限单元法

0　引言

泄洪时的高水头、高流速、大流量等特点，使泄洪洞衬砌混凝土的施工质量要求较高，温控防裂问题一直为人们所重视[1]。施工的连续性一直是影响工程效益的重要因素。而施工浇筑分缝长度的确定对温控防裂有着重要影响[2]。一方面，较短的分缝长度能够减少基础对底板的约束，对混凝土结构温度裂缝控制有利；另一方面，较短的分缝长度会增加施工分缝的干扰，影响施工的连续性，从而降低工程的经济效益。

为了提升施工速度，在 20 世纪的建设施工中，就采用了拖模浇筑施工技术[3, 4]，提高了施工速度，节省了人力物力，经济效益明显。进入 21 世纪在小湾水电站、溪洛渡水电站以及锦屏一级水电站的泄洪洞施工中，也都采用并发展了拖模施工技术[5, 6, 7]。但都还是出现了不同程度的温度裂缝，影响了施工质量。本文以某水电站泄洪洞底板为例，分别模拟常规 9m、18m、30m 分缝长度和 9m 分缝长度顶部预留 10cm 拖模连续浇筑施工，寻求一种在较短分缝条件下能够快速连续浇筑并且保证混凝土质量的方法。

1　基本资料

该水电站泄洪洞洞内环境气温的年周期变化[8]过程：

$$T_a = A + B\cos\left[\frac{2\pi}{365}(t - C)\right] \tag{1}$$

式中　T_a——t 时刻的环境气温，℃；

t ——距离 1 月 1 日的天数，天；

A ——多年平均气温，℃；

B ——气温年变幅，℃。

C ——最高气温距离 1 月 1 日的天数，天。

根据洞内施工实测气温资料和当地气象部门气温资料以及隧洞气温变化的实际特点，洞内温度取 A=21、B=7、C=210。

根据《混凝土重力坝设计规范》（SL 319—2018），拉应力按下式控制：

$$\sigma \leqslant \frac{\varepsilon_p E_c}{K_f}$$

式中 σ ——各种温差所产生的温度应力之和，MPa；

ε_p ——混凝土极限拉伸值；

E_c ——混凝土弹性模量，MPa；

K_f ——安全系数。

关于水工建筑物维修维护浇筑混凝土施工期温度应力的抗裂安全系数最小值标准问题，目前水利水电方面的有关规范还没有明确的规定。参考在《混凝土重力坝设计规范》（SL 319—2018）中对于一级建筑物要求的是 1.5。

计算结构段为泄洪洞无压陡坡段，城门洞形断面，衬砌厚度 1.0m，Ⅲ类围岩，衬砌结构的底板和边墙为 $C_{90}40$ 低热抗冲耐磨混凝土，顶拱为 $C_{90}30$ 低热混凝土。混凝土热学参数见表 1，混凝土力学参数见表 2，围岩的各项参数见表 3。

表 1 混 凝 土 热 学 参 数

使用部位		强度等级	比热	导热系数	容重	线膨胀系数	导温系数	绝热温升	水化热散发一半的时间
			kJ/(kg·℃)	kJ/(m·h·℃)	(kN/m³)	(10⁻⁶/℃)	(m²/h)	T_0/℃	n/d
无压陡坡段	顶拱	$C_{90}30$（二）/泵	0.84	4.72	24.20	6.60	0.0021	38.61	1.22
	边墙	$C_{90}40$（二）抗冲磨/泵	0.83	4.68	24.50	6.67	0.0021	45.2	1.30
	底板	$C_{90}40$（二）抗冲磨	0.83	4.68	24.50	6.67	0.0021	40.8	1.50

表 2 混 凝 土 力 学 参 数

使用部位		强度等级	抗压强度（MPa）		极限拉伸值（×10⁻⁶）		轴拉强度（MPa）		轴拉弹模（×10⁴MPa）		泊松比
			28 天	90 天	28 天	90 天	28 天	90 天	28 天	90 天	
无压陡坡段	顶拱	$C_{90}30$（二）/泵	34.51	48.88	101.6	119	3.556	4.684	3.702	4.434	0.17
	边墙	$C_{90}40$（二）抗冲磨/泵	50.81	58.95	121.74	136.66	3.91	4.84	4.699	5.476	0.17
	底板	$C_{90}40$（二）抗冲磨	50.29	61.23	105.74	110.61	4.01	4.30	4.241	5.162	0.17

表 3 围 岩 的 热 学 与 力 学 参 数

导温系数（m²/d）	比热 kJ/(kg·℃)	导热系数 kJ/(m·d·℃)	线膨胀系数（10⁻⁶）	密度 ρ（g/cm³）	弹性模量 E_0（GPa）	泊松比 μ
0.087	0.85	185.04	6.79	2.740	20	0.25

2　有限元计算模型和方案

2.1　有限元计算模型

　　泄洪洞在温度场和应力场计算中都具有对称的几何形状和对称的载荷，因此计算对象可按照对称条件截取，规定沿洞轴线往洞外为 z 轴正向。围岩范围径向取 3 倍洞径左右。岩体和衬砌统一采用空间八结点等参单元，衬砌中央横断面处混凝土块体单元尺寸不超过 0.5m。底板与边墙之间施工缝处设置接触面单元。为了研究分缝长度对温控防裂的影响，分别建立了常规分缝条件下分缝长度为 9m、18m、30m 的连续浇筑计算模型。根据现场浇筑速度（半天浇筑 3m），模型浇筑段划分为 3m 一块，依次激活模拟浇筑过程。30m 分缝长度模型及网格模型见图 1。针对同一结构断面，为研究拖模浇筑技术（顶部预留 10cm 拖模连续浇筑）对温控防裂的影响，建立了 9m 分缝长度顶部预留 10cm 连续浇筑模型，中间 9m 处进行拖模分缝处理，模型及网格模型参见图 2。

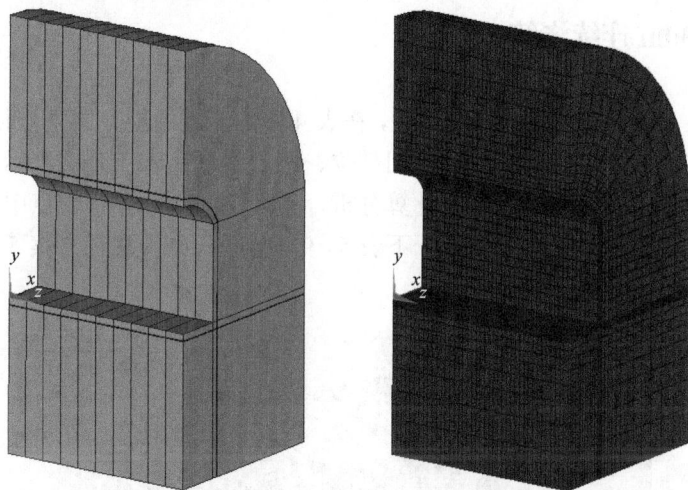

图 1　30m 分缝长度模型及网格模型图

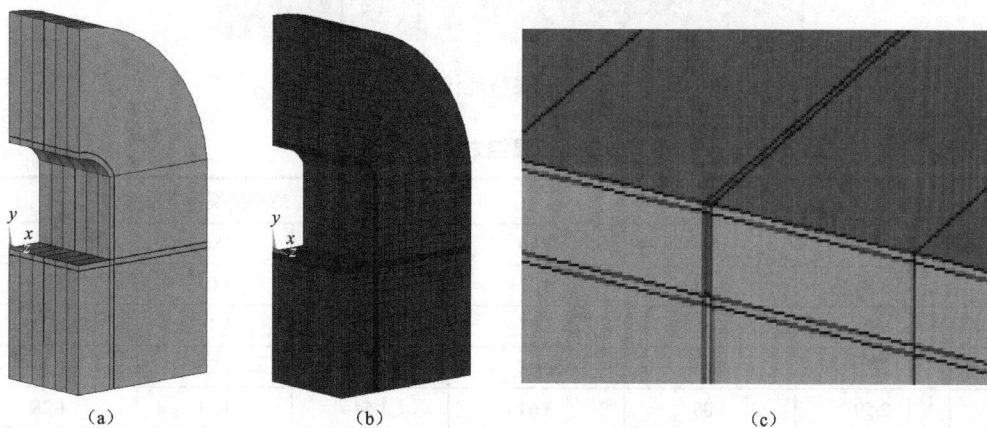

（a）　　　　　　　　　（b）　　　　　　　　　（c）

图 2　顶部预留分缝模型及网格模型图

（a）模型图；（b）网格图；（c）预留分缝

2.2 计算方案

洞身段冬季施工，气温年平均值 $A=21℃$，气温年变幅 $B=7℃$，拟定计算方案见表4。计算每种模型在表4方案下的温控防裂效果。

表4　　　　　　　　　冬季施工温控方案表

方案	混凝土浇筑		通水冷却				保湿养护时间（天）	洞口保温温度（℃）
	时间（天）	温度（℃）	温度（℃）	时间（天）	水管密度（m）	通水流量（m³/天）		
1	1.1	18	—	—	—	—	60	—
2	1.1	16	—	—	—	—	60	—
3	1.1	16	—	—	—	—	60	18
4	1.1	16	12	7	1.0m×1.0m	48	60	18
5	1.1	16	12	7	1.0m×1.0m	48	60	20

3　9m、18m、30m 连续浇筑

首先针对 9m、18m、30m 连续浇筑模型，在表4中的5种温控方案下进行模拟仿真计算。整理成果时，本文将混凝土表面附近、中间部位、围岩附近代表点分别表示为表面点、中间点、围岩点，代表点选取见图3，根据计算分析，整理中间断面各代表点中的最大拉应力、最小抗裂安全系数等温控特征值汇总列于下表5。9m 分缝长度模型在方案5下的温度应力与温度历时曲线分别见图4与图5。

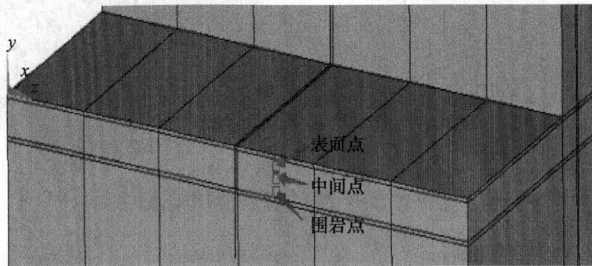

图3　成果整理代表点

表5　　　　　　　　　不同分缝长度温控方案计算成果

方案	最大拉应力（MPa）			最小抗裂安全系数		
	9m	18m	30m	9m	18m	30m
1	3.36	3.87	4.07	1.13	1.04	0.95
2	3.09	3.57	3.77	1.24	1.13	1.03
3	2.82	3.24	3.46	1.36	1.25	1.14
4	2.50	3.08	3.04	1.54	1.31	1.28
5	2.37	2.89	2.86	1.63	1.39	1.36

注　9m、18m、30m 分别代表分缝长度为9m、18m、30m 的浇筑方案。

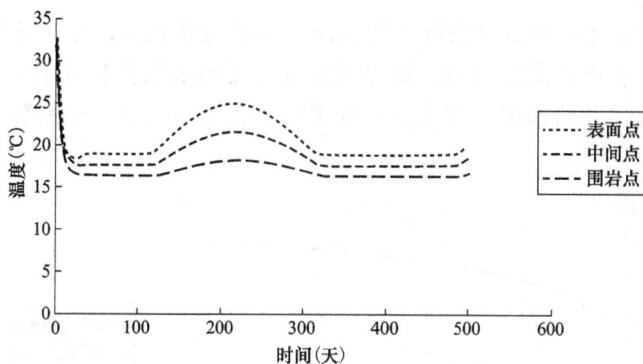

图4　9m分缝长度模型方案5代表点温度应力曲线

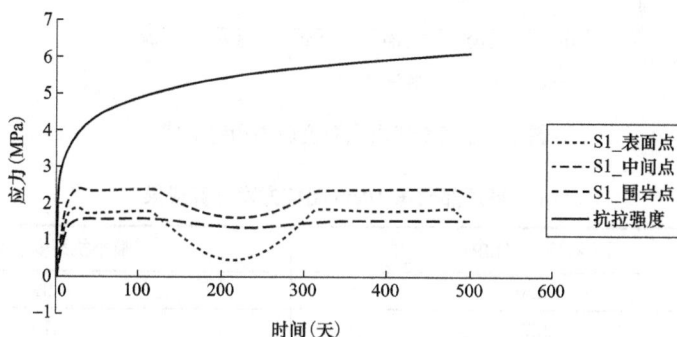

图5　9m分缝长度模型方案5代表点温度历时曲线

从上述计算结果可知，在各种温控防裂方案下，增大分缝长度将显著地增大最大拉应力，降低最小抗裂安全系数，对于结构温控防裂是不利的。该水电站泄洪洞抗裂安全系数允许值为1.5。采用9m分缝长度进行浇筑，在浇筑方案4和浇筑方案5下，最小抗裂安全系数分别为1.54和1.63，符合混凝土温控防裂要求。采用18m分缝进行浇筑，在浇筑方案5下，最小抗裂安全系数为1.39，建议进一步降低浇筑温度，方可采用18m分缝长度浇筑模型。在30m分缝长度情况下进行浇筑，最小抗裂安全系数均较小，存在较大的开裂风险。

4　顶部预留10cm拖模连续浇筑

根据上述常规分缝条件下最安全的9m分缝条件，建立了9m分缝长度顶部预留10cm拖模连续浇筑模型，成果整理代表点见图6。

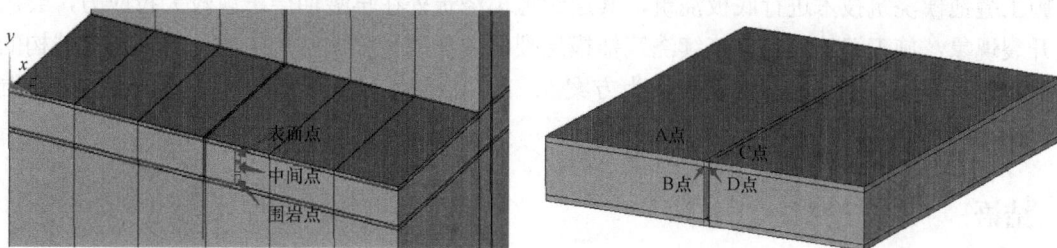

图6　成果整理代表点

183

温控计算方案与上述常规分缝条件下所列温控计算方案相同，根据计算分析，整理不同方案下中间断面各代表点的温度应力、最小抗裂安全系数等温控特征值汇总列于表6，得到如图7应力变化曲线。并将拖模处代表点的温度应力、最小抗裂安全系数等温控特征值汇总列于表7。

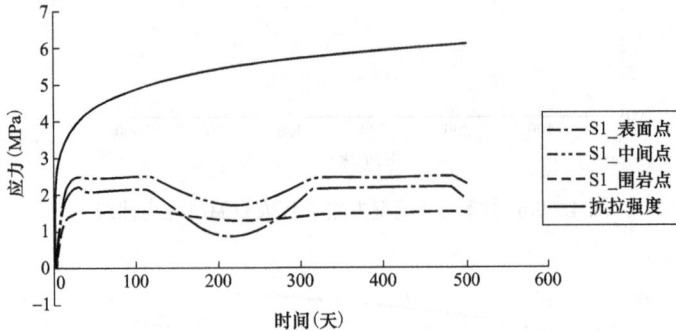

图7　方案5代表点温度应力历时曲线

表6　　　　　　　　　　　　9m分缝顶部预留10cm温控方案计算成果

方案	最大拉应力（MPa）	最小抗裂安全系数
1	3.50	1.09
2	3.23	1.19
3	2.94	1.31
4	2.61	1.48
5	2.48	1.56

表7　　　　　　　　　　　　拖模处代表点温控特征值汇总表

方案	最大拉应力（MPa）				最小抗裂安全系数			
	A点	B点	C点	D点	A点	B点	C点	D点
1	8.26	10.13	8.18	9.98	0.47	0.38	0.47	0.39
2	7.68	9.44	7.59	9.26	0.50	0.41	0.51	0.42
3	6.88	8.54	6.78	8.32	0.57	0.46	0.57	0.47
4	6.04	7.52	5.92	7.30	0.64	0.52	0.65	0.53
5	5.61	6.99	5.49	6.74	0.68	0.55	0.70	0.57

根据计算结果可知，如A点、B点、C点、D点的最小抗裂安全系数均小于1，采用预留施工缝拖模浇筑技术进行底板浇筑，其连续拖模浇筑处在早龄期会出现较大拉应力，会出现开裂现象，施工缝的预留和连续浇筑拖模层裂缝的形成会释放结构的部分约束，对结构的温控防裂有显著帮助。推荐浇筑方案为方案5：16℃浇筑，12℃通水冷却7天，冬季封闭洞口20℃保温措施。

5　结语

本文以某水电站为例，进行拖模连续浇筑泄洪洞底板衬砌混凝土温控防裂研究。拟定5

种温控方案，分别对常规分缝条件下 9m、18m、30m 连续浇筑模型以及 9m 分缝长度顶部预留 10cm 拖模连续浇筑模型进行仿真计算，通过整理成果并进行对比得到以下结论：

（1）在同一种温控方案下，增大分缝长度将显著地增大最大拉应力，降低抗裂安全系数，对于结构温控防裂是不利的。

（2）在相同分缝长度条件下，采用底板拖模技术可以在温控防裂效果相差很小的情况下，增加浇筑的连续性，提高工程效益。

（3）推荐 9m 分缝长度顶部预留 10cm 拖模连续浇筑施工，采用 16℃浇筑、12℃通水冷却 7d、冬季封闭洞口 20℃保温措施的浇筑方案。

参考文献

[1] 王祥峰，孙利敏，王可峰. 锦屏一级水电站泄洪洞龙落尾段混凝土温控防裂设计 [J]. 水电站设计，2017，（4）：19-24.

[2] 孙光礼，段亚辉. 边墙高度与分缝长度对泄洪洞衬砌混凝土温度应力的影响 [J]. 水电能源科学，2013，（3）：94-98.

[3] 胡毓忠. 长江防水墙工程的拖模施工与思考 [C] //中国土木工程学会全国市政工程学术交流会，1998.

[4] 黄昕. 武汉烂泥湖堤段改建倒 T 型防水墙拖模施工技术 [J]. 水电站设计，2001，17（1）：45-47.

[5] 刘发明，谢如美. 配重式拖模在小湾水电站泄洪洞高边坡的施工 [J]. 云南水力发电，2011，27（3）：42-44.

[6] 张宗刚，李永丰，刘良平. 混凝土配重式拖模施工技术应用与实践 [J]. 西北水电，2017（4）.

[7] 代昌福，韩金涛，郑祥. 溪洛渡水电站泄洪洞龙落尾底板拖模的研制及施工技术 [J]. 四川水力发电，2013，32（5）：1-3.

[8] 朱伯芳. 大体积混凝土温度应力与温度控制 [M]. 北京：中国电力出版社，1999.

作者简介

李骁杰（1995—），男，中级工程师，主要从事水工建筑物检修维护工作。E-mail：929336216@qq.com
梁国涛（1991—），男，中级工程师，主要从事水工建筑物检修维护工作。E-mail：1083375828@qq.com

水电工业遗存景观设计研究及应用
——以葛洲坝枢纽水电文化广场设计为例

郭祎妮 陈 明 饶婧婧 张 渝

（上海勘测设计研究院有限公司，上海市 200000）

[摘 要]随着时代变迁和技术进步，很多具有丰富历史价值和文化遗产意义的水电工业遗存面临着被破坏和遗忘的命运。通过国内外工程实例分析，从工业文化传承和美学的角度出发，探究水电工业遗存保护与修复、融合与利用的景观设计方法。以葛洲坝枢纽水电文化广场设计为例，将废弃的水电工业遗存和空置场地加以利用，传承历史记忆，突显文化价值，为工业遗存的再利用、再发光做出贡献；构建具有较高艺术水准、融入生态思想与技术的新工业文化广场景观，为景观带来独特的魅力和吸引力。

[关键词]水电；工业遗存；景观设计；文化广场；保护发展

0 引言

水电工业遗存作为城市历史和文化的珍贵遗产，承载丰富的历史记忆和独特的空间环境。通过将水电工业遗存融入景观的一体化设计，可以实现对历史遗产的保护和再利用，同时创造出独特的景观空间，具有重要的价值和潜力。

1 工业遗存景观研究进展

1.1 国内外较成功典型案例

1.1.1 工业遗存改造

（1）重庆工业博物馆。

重庆工业博物馆（见图1）是一座位于重庆市大渡口的依托重钢原型钢厂部分工业遗存来建设的工业遗存博物馆，其主要由主展馆、"钢魂"馆以及工业遗址公园等不同的室内外公共空间工业展品装置式陈列共同构成。是重庆市政府在"十二五"期间打造的重大文化设施。

（2）SuperKilen公园（丹麦，哥本哈根）。

SuperKilen是一个城市公园项目（见图2），虽然其主要焦点不是工业遗留废弃设备的再利用，但该项目采用了来自世界各地的城市设施和元素，展示了如何将不同文化的物件融入新的景观设计中，这种方法可以借鉴于工业遗留物的再设计：

设计概念：SuperKilen公园通过将全球范围内的城市元素（包括雕塑、标志和休闲设施）整合进一个统一的公共空间，展示了文化多样性和包容性。

图 1　重庆工业博物馆

图 2　SuperKilen 公园

应用灵感：受此项目启发，设计师可以考虑将废弃的工业设备或部件，如旧机械、工业管道等，重新选址并设计成为新的城市或社区公园中的艺术作品或功能性景观元素。这些工业元素经过改造后不仅增添了场地的视觉吸引力，还能作为讲述地方工业历史的媒介。

虽然这些案例不完全符合"将工业遗留废弃设备在全新场地设计成景观场地"的要求，但它们展示了相似理念的应用，即如何通过创意和设计将各种元素融入新的环境中，创造有意义和吸引人的公共空间。在实际操作中，将特定的工业遗留设备移植到新的场地并成功融入景观设计中，需要深入的创意探索、环境考量和历史文化的敏感处理。

1.1.2　工业遗址的景观改造

意大利都灵工业遗址改建公园（见图 3），该公园包括 5 个独立的区域，其中三个名字都是以之前公司名字来命名从而体现历史的印记。周围除了 Dora 河同时还增加的住宅区，室外配套的交通主干道路和历史遗留的工业遗迹，一起组成了一个新型的、可持续发展的、统一的新园区，连接邻里。

1.1.3　工业遗址及工业遗存的景观改造

上海 M50 创意园（见图 4），园区依旧保留着原来的厂房、仓库、锅炉房、食堂、烟囱等各个历史时期不同功能的建筑及设施，和拆旧的老工业厂房零部件进行展示，见证了民族工业的兴衰。景观改造如园区涂鸦，展现历史痕迹的同时融入当代艺术设计，恍惚间有种穿越时空的错觉。

图 3　意大利都灵工业遗址改建公园

图 4　上海 M50 创意园

1.2　发展机遇

根据《中共中央办公厅国务院办公厅关于实施中华优秀传统文化传承发展工程的意见》

《中共中央办公厅国务院办公厅关于在城乡建设中加强历史文化保护传承的意见》，以及《工业和信息化部财政部关于推进工业文化发展的指导意见》，工信部印发《国家工业遗产管理暂行办法》。国家发改委先后联合其他部门印发了《推动老工业城市工业遗产保护利用实施方案》《推进工业文化发展实施方案（2021—2025年）》等，强调加快推进老工业城市工业遗产保护利用，促进城市更新改造。

（1）环境方面。

我国城市建设已从开始的大拆大建逐渐转变为拆旧建新的城市改造阶段，再慢慢过渡到以功能环境重塑、文化传承、民生改善为重点有机更新阶段，由于建成区面积比重不断提高，一线城市纷纷开展以城市更新与存量优化的创新模式；土地资源的稀缺性与发展理念的变迁，决定了工业遗存改造项目前景广阔[1]。

（2）城市更新与文化复兴。

城市更新与文化复兴通过工业遗存的保护和再利用，为城市带来了独特的发展机遇。这一过程不仅涉及物理空间的重塑，更是对城市历史与文化认同的重新发现和强化。

随着城市化进程的加快，工业遗存提供了一个独特的机会，通过保护和再利用，促进城市更新和文化复兴。工业遗产的转型可以增强城市的文化深度，提升城市形象[2]。

（3）经济转型与创意产业发展。

经济转型与创意产业的发展是当前全球城市更新和工业遗存再利用趋势中的重要组成部分，特别是在面临传统工业衰退或需要转型升级的城市中。工业遗存的保护和再利用，提供了一条将历史资源转化为创新经济动力的有效途径，为经济转型开辟了新的路径。

工业遗存的再利用为发展创意产业提供了空间和条件，成为经济转型的重要载体，创造新的就业机会和经济增长点[3]。

2 水电工业遗存景观概念分析

2.1 水电工业遗存景观的定义

俞孔坚教授提出："工业遗存相比于有几千年历史的中国农耕文化及其历史遗存而言，其只有约略十载光阴，但其所承载的自中国近代发展以来的社会信息，比之其他各历史时期的文化遗存要丰富得多，因此，它们是社会发展得证物"[4]。

水电工业遗存景观主导水电工业遗存展品同景观环境融合的景观艺术化，和水电工业遗存景观设计研究。加强对于艺术、文化、生态相结合的城市高品质环境的创造，保留特色、生态创新、系统提升、功能辐射，打造别具特色的城市景观名片。

2.2 水电工业遗存景观特点分析

2.2.1 历史性和技术性

水电工业遗存是水力发电工业发展的产物，水电工业遗存景观记录水电工业的起源、发展和演变过程，具有一定的历史性；是水力发电技术发展和应用的体现，包括水轮发电机组、输电线等设备，展示工程实践和技术特点。

2.2.2 工业风貌和生态环境

水电工业遗存景观常位于自然环境优美的地区，同时具有工业风貌和景观特色，工业化的外观和结构与周围的自然环境形成鲜明对比，具有特殊的观赏价值。

2.3 水电工业遗存与一般城市工业遗存

2.3.1 水电工业遗存与一般城市工业遗存的共同点

工业遗存是具有重要历史价值的，代表了工业发展阶段和相关技术发展的产物。它们记录了过去的生产方式、技术和社会变迁，具有独特的文化、艺术和建筑价值，反映了当时的工艺技术和工人生活。工业遗存通常位于城市或城市周边，是城市工业化历史的重要组成部分，与城市发展密切相关。

历史文化价值：水电工业遗存和一般城市工业遗存都承载着丰富的历史文化价值。它们见证了城市工业化的发展历程，反映了当地工业的兴盛和演变。这一点得到了研究者的关注，他们指出工业遗产作为历史的见证者，具有深厚的文化意义，需要得到保护和合理的再利用[4]。

景观转化的需求：一般城市工业遗存和水电工业遗存在进行景观转化方面都面临相似的需求。随着城市化的发展，工业用地逐渐转向其他用途，需要将废弃的工业设施进行重新规划和设计，使其适应现代城市的需求。这种景观转化要求在保留历史痕迹的同时，融入创新的设计元素，以提升空间的功能和美学价值[5]。

2.3.2 水电工业遗存与一般城市工业遗存的异同点

一般城市工业遗存指城市中除水电工业遗存外的各种工业遗址，涵盖不同的工业部门和用途因而位于城市各个地区，其工业遗存的范围主要集中在工业遗址周围的区域。

水电工业遗存是指与水力发电相关的工业遗存，主要用于发电和能源生产，涉及水力发电技术和设备，如水轮机、水库等，因为需要充足的水资源来进行发电，通常位于水源丰富的地区，其影响范围通常较大，涉及水库、河流等自然自然环境的改变和调整。水电工业遗存的可持续发展和环境保护问题更加突出，需要考虑生态环境的保护和水资源的合理利用。

2.3.3 水电工业遗存于景观设计带来挑战和新发展

水电工业遗存具有独特的建筑和文化元素，可以成为创意利用的场所。在景观设计中，可以将水电工业遗存转化为文化、旅游、创意产业等方面的场所，同时水电工业遗存作为历史的见证，也是良好的教育和文化资源。根据景观设计，为城市带来经济和社会效益。

3 水电工业遗存景观设计

3.1 水电工业遗存景观设计原则

（1）尊重历史与文化。

"因为时代发展和社会进步促使这些食物丧失了原有的功能与价值，但却留下了令后人赞叹的遗迹和可传承的历史文化"（罗能，2008）。水电工业遗存是历史的见证，景观设计应尊重和保护其历史记忆和文化价值。保留原有的建、构筑物结构、设备和工艺，恢复和重建历史元素，以展示水电工业遗存独特的景观空间。

（2）整合自然与人工。

以"自然系统思想为指导没有生态学的生态规划"（俞孔坚、李迪华，2003），将自然元素与人工环境和工业遗存相结合，创造出和谐的景观环境氛围，使工业元素和城市空间相互融合，达到生态平衡和景观的可持续性。

（3）建立互动与参与。

通过设计互动性与参与性元素，吸引观众兴趣，如智能化平台解说，景观化展示体验等，让游客沉浸感受，更深入地了解水电工业的历史和技术。

3.2 水电工业遗存景观设计方法

3.2.1 水电工业遗存研究与评估

对水电工业遗存进行详细的研究和评估，包括历史背景、文化价值、技术特点等方面的分析，以了解其在景观设计中的重要性和潜在问题。

3.2.2 景观保护与修复

针对水电工业遗存的特点和现状，制定相应的保护和修复策略，包括展品展示的结构保护、景观元素的修复等，以确保其原有的历史风貌和文化价值得到保留。

3.2.3 景观融合在利用

将水电工业遗存与周围环境进行融合，使其成为景观的一部分，并探索其再利用的可能性。包括将工业遗产改造为艺术展品，将工业遗存空间改造为公共空间、文化中心、博物馆等，以满足当代社会的需求。

3.2.4 可持续设计与生态美学

在水电工业遗存景观设计中考虑可持续性和生态美学的原则，采用环境友好的设计策略，如清洁能源利用等，以促进景观的可持续发展。

3.2.5 社会参与与教育推广

通过社会参与和教育推广，增加公众对水电工业遗存的认识和理解，提高其文化价值的认可度，促进公众参与保护和利用的积极性。

4 葛洲坝枢纽水电文化广场景观设计探索

4.1 水电工业遗存择选

对坝区的水电工业遗存进行研究与评估，从 17 件水电工业遗存单品中择选 9 件作为展品，针对其特点加以修复，根据现状景观保护需要，采用可持续设计与生态美学方法，将工业遗存与周围环境融合再利用，传承历史记忆，突显文化价值，提高企业认可度，构建了兼具艺术性、生态性与技术感的新工业文化广场景观。

4.2 基于水电工业遗存景观设计技术的应用

4.2.1 设计目标

与区域环境相协调，与企业文化相结合，展现企业和电厂精神风貌；以景观突显的机组核心部件，及其他重要组件展品展示，彰显水电工业文化，弘扬主流价值。

4.2.2 景观定位

葛洲坝水利枢纽工程被誉为"万里长江第一坝"，获评"国家工业遗产" 40 年来以大国重器之力护佑长江安澜、承载价值追求、凝聚民族精神，作为园区的一部分水电文化广场的景观定位：强化水电精神。

4.2.3 设计概念

葛洲坝电厂："精细、安全、创新、高效"，葛洲坝文化广场是"精品水电厂"的缩影；广场游览是机器组件的展示、是葛电精神的展示，也是我国人民齐心合力、砥砺奋斗、共圆中国梦的精神象征。

4.2.4 设计理念

"水电广场":"以水带电,以电将各展品串联"。中心水景与主展品转轮体结合,从中心展现电由水而发,进而通过线将电传输:以三相线的形象串联整个文化广场,通过彩色步道进行呈现,将所有展品连接为一整体。葛洲坝枢纽水电文化广场讲述水电工业遗存的历史传承故事。

4.2.5 水电工业遗存景观设计

(1)水电工业遗存景观布局,见图5。

(2)工业遗存景观艺术化设计,见图6~图13。

1)较大工业遗存的景观艺术化设计。

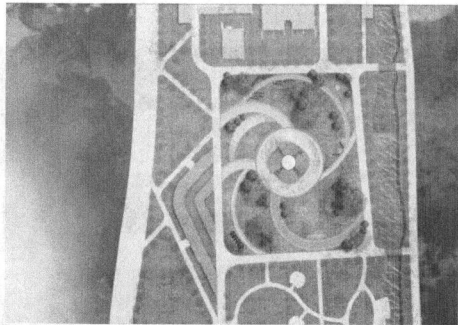

图5 景观布局图

图6 景观艺术化设计1

图7 景观艺术化设计2

2)特殊尺寸工业遗存的景观艺术化设计。

图8 景观艺术化设计3

图9 景观艺术化设计4

3)单组工业遗存的景观艺术化设计。

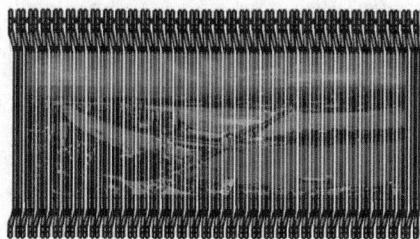

图10 景观艺术化设计5

图11 景观艺术化设计6

4）灯光设计。

图 12 景观艺术化设计 7

图 13 景观艺术化设计 8

4.3 建成样例

项目部分已建成，实拍照片见图 14～图 19。

图 14 建成照片 1

图 15 建成照片 2

图 16 建成照片 3

图 17 建成照片 4

图 18 建成照片 5

图 19 建成照片 6

4.4 社会效益和反响

葛洲坝枢纽水电文化广场景观设计将被废弃的、具有历史和人文价值的水电工业遗存和原空置场地加以利用，提升了景观品质与价值，创造了独特的景观体验，为广场带来了独特的魅力和吸引力，丰富了青山年教育基地的"大国重器"工业文化表现形式，有助于进一步提高企业品牌影响力和弘扬"三峡精神"。

5 结论

工业遗存是一个城市发展的见证，他的存在反映了城镇在时代变迁中的形态及人们的观念变化，是对曾经工业化历史的见证。葛洲坝水电文化广场景观的设计是在新的时期和政策的指引下做出的一个全新的工业保护设计模式，改变了以往工业保护单一的遗址设计模式，通过工业零部件与景观的再结合，将历史的水电遗存物件通过展品的形式来展现来让人们感知水电文化的发展，感知过去工业时代的历史印记，找寻水电历史的记忆感，在欣赏时间了解历史的同时，也能感受到水电工业持续更新的态度。

由于工业遗存承载着一个行业发展的记忆，整体具有较高的文化价值，因此需要进行保护并且合理地开发利用，现如今以工业遗存保护为主的景观项目较少基本属于一个全新的工业保护发展模式，如何在水电区域内做遗存保护设计更是一个全新的景观设计领域，我们应该抓住时代的弄潮做出具有水电文化独特的遗存保护景观设计，同时也为未来开创了景观与工业遗存再生设计领域的新思路和新模式。

参考文献

[1] 于玉龙，张伟一. 中国工业遗产保护与再利用 [J]. 山西建筑，2010（2）：16-18.

[2] 赵喆骅，刘雨晨. 试论产业园模式下城市工业文化遗产保护与再生——以北京 798 艺术区为例 [J]. 重庆建筑，2022（2）：21-22+35.

[3] 罗能. 工业遗产地景观改造的基本方法初探 [D]. 无锡：江南大学设计学院，2008.

[4] 俞孔坚. 关于中国工业遗产保护的建议 [J]. 景观设计，2006（4）：70-71.

[5] 俞孔坚，李迪华. 景观设计：专业、学科与教育 [J]. 北京：中国建筑工业出版社，2003：70-92.

作者简介

郭祎妮（1990—），女，工程师，主要从事景观设计工作。E-mail：453778507@qq.com

陈 明（1990—），男，工程师，主要从事建筑景观设计与施工工作。E-mail：466071455@qq.com

饶婧婧（1983—），女，高级工程师，主要从事景观设计工作。E-mail：648224438@qq.com

张 渝（1981—），女，高级工程师，主要从事景观设计工作。E-mail：494033661@qq.com

浅析变速机组水泵水轮机安装重难点

杨圣锐　雷华宇

（河北丰宁抽水蓄能有限公司，河北省承德市　067000）

[摘　要]变速机组水泵水轮机机电安装为国内首次，其中中间环作为连接底环与尾水锥管的重要部件，需综合调整中间环本体，使其与把合间隙尽量均匀（尤其内间隙），防止因螺栓受力不均，埋下一系列运维安全隐患；顶盖重达102.16t，为两瓣拼装，因上部机坑里衬孔径较小，顶盖需倾斜吊入机坑，并于机坑内进行拼装，现场吊装难度极大。

[关键词]机电安装；水泵水轮机；吊装；变速机组

0　引言

河北丰宁抽水蓄能电站地处河北省承德市丰宁满族自治县境内，总装机容量3600MW，电站分两期开发，一、二期工程装机容量分别为1800MW，其中二期工程安装2台单机容量300MW的变速水泵水轮机-发电电动机组。变速机组水泵水轮机机电安装为国内首次，安装期间困难重重，通过优化安装方案、工序等顺利完成机电安装，其型式为立轴、单级、混流、可逆式水泵水轮机，与发电电动机通过主轴法兰直接连接，采用上拆方式，水泵水轮机可拆卸部件包括转轮、主轴、主轴密封装置、导轴承、轴承支座、顶盖、导叶、导叶操作机构、接力器、止漏环及底环等部件均能利用厂房内的桥式起重机通过发电电动机定子内孔吊出和吊入。

1　主要安装工序

水泵水轮机安装工序表如表1所示。

表1　　　　　　　　　　水泵水轮机安装工序表

尾水管扩散段安装	→	尾水管肘管安装	→	尾水管浇筑
				↓
机坑里衬下中上段安装	←	蜗壳打压试验	←	座环蜗壳组焊
↓				
蜗壳座环混凝土浇筑	→	机坑里衬混凝土浇筑	→	座环打磨
				↓
锥管混凝土浇筑	←	底环预装	←	锥管安装
↓				

中间环安装	→	底环安装	→	下止漏环安装
				↓
活动导叶预装	←	顶盖机坑内组装、悬挂	←	转轮吊装
↓				
导水机构预装	→	活动导叶安装	→	顶盖安装
				↓
水轮机、发电机联轴	←	导水机构吊装	←	水轮机主轴吊装及联轴
↓				
盘车	→	密封装配安装、调整	→	轴承装配安装、调整

2 变速机组水泵水轮机与定速的差异性

变速机组水泵水轮机大体结构与定速机组相似，主要区别于底环不作为埋件，采用材质为 Q345C，为分瓣可拆卸结构；尾水管分肘管段与锥管段，材质分别为 Q390D 与不锈钢板材质而尾水肘管段与锥管段为焊接连接，底环与尾水管锥管段为法兰（不锈钢材质，以下简称为中间环）螺栓连接方式。针对设备安全、安装难度、运维方便等方面的设计优化，本文不进行一一阐述。

3 安装重难点分析

变速机组水泵水轮机安装为国内首次，本文主要从中间环安装和顶盖吊装两项重难点、高风险安装作业详细分析。

3.1 中间环安装

3.1.1 前序控制

中间环作为连接底环与尾水锥管的重要部件（如图 1 所示），需综合调整中间环本体，使其与把合间隙尽量均匀（尤其内间隙），防止螺栓因受力不均，埋下一系列运维安全隐患。所以，从尾水锥管与尾水肘管进行焊接时就应提前控制锥管水平与高程，而尾水锥管与尾水肘管焊接厚度高达 40mm，焊缝收缩量的问题成为控制锥管水平与高程的关键因素。因此，尾水肘管与锥管焊接前，需预装底环，并采用 22 个定距垫块代替中间环，参与预装。主要安装步骤如下（如图 2 所示）。

（1）使用 M56 螺栓联接锥管与底环，并调好中心，扭矩按设计要求的 50% 进行。

（2）在底环四个方向分别架四块百分表监测底环水平变化，在锥管上法兰侧架四块百分表监测中心偏移、垂直方向架四块百分表监测锥管与底环

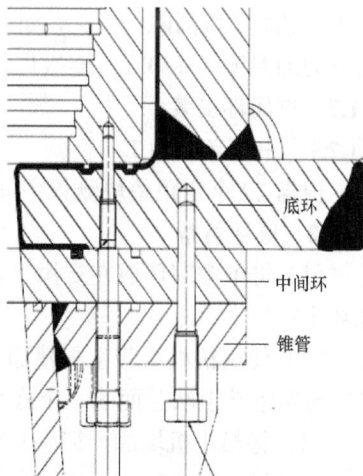

图 1 锥管与底环连接示意图

之间的内外间隙变化，在锥管内外侧加焊 8 块 30mm 左右厚的骑马铁或靠铁；以及用斜铁楔紧焊缝坡口，在锥管的上部增加 4 个侧向支撑、在中部增加 3 个侧向支撑。

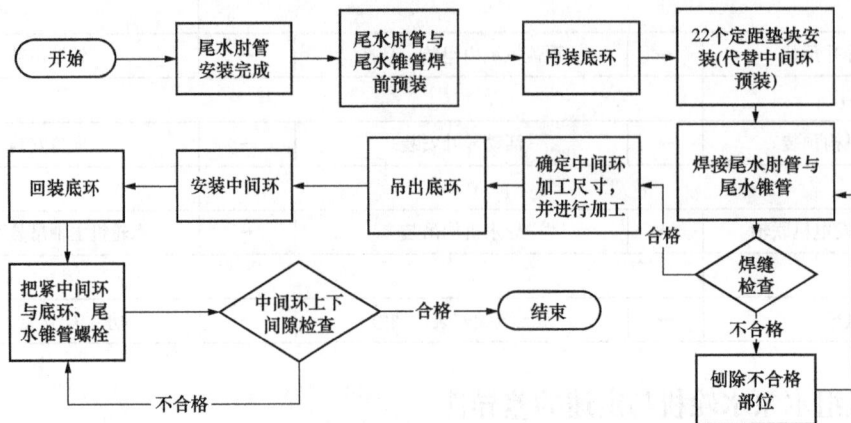

图 2　中间环安装流程图

（3）将整圈背板紧贴尾水管，并进行满焊，根据实际情况加焊侧向顶丝以防中心偏移；在满焊时，先采用对称点焊，后对称分段焊接并锤击消应力，每段焊缝控制在 50mm 左右；同时，坡口应进行修理使坡口钝边宽度控制在 5～8mm，钝边间隙控制在 1mm 左右并打磨。

（4）锥管混凝土浇筑，并保养至混凝土强度达 75%以上。

（5）锥管焊接采用分段焊接，并采用锤击消应力，当焊接厚度至 15mm 左右可以拆除斜楔。

（6）焊接完成后打磨焊缝并进行 PT 和 UT、VT 检查。

（7）按 100%伸长值拉伸锥管法兰螺栓，测量底环水平、止漏环水平、测量法兰间隙。

在焊接过程应注意：在预热过程中、焊接过程中、焊接后消应力处理中，均需记录锥管水平、定距垫块间隙的变化，如过程中有变化需及时采取相应的措施。其中预热温度为 80℃，消应力的温度为 140℃。连接焊接时，电流 60～80A，堆焊焊接时，电流 80～120A。

3.1.2　中间环安装

3.1.2.1　中间环精加工

根据 22 个定距垫块测算中间环精加工尺寸，加工中间环。

3.1.2.2　底环拆解

（1）将单瓣底环放在支撑上，吊一瓣吊出机坑，将 3 个底环吊装工具 M90 旋转吊环装于底环上；

（2）使用桥机将带密封槽瓣的底环调平后提起，当底环高过座环上法兰面后，快速安装 X 方向侧座环上法兰面的 4 个底环支撑，将底环落于支撑上；

（3）将吊出机坑的一瓣底环的分瓣面用橡胶包裹做好防护，并将底环抬平提起，当起吊高度高过第一瓣底环时，以 40°～45°倾角斜吊将底环吊出机坑；在上升过程中人员应在机坑里衬上段最窄处用木板防护防止底环磕碰到里衬，底环吊出机坑后放置在枕木上，将底环吊装工具拆除装到另一瓣底环上，剩余底环用副钩提起后旋转到组圆拼装位置落在+X 方向侧的底环支撑上，将分瓣面密封条取出并对分瓣面做好防护。

3.1.2.3 机坑清理

将底环与座环，锥管把和螺栓，分瓣面把和螺栓，止漏环把和螺栓，止漏环、锥管、底环上的锥销以及分瓣面、把和面的密封进行检查、清洗、合理存放。对座环、法兰面、锥管法兰面、机坑进行清扫、除锈等。

3.2 顶盖吊装

变速机组顶盖材质为 Q345C，重达 102.16t，为两瓣拼装，因上部机坑里衬孔径较小，顶盖需倾斜吊入机坑，并于机坑内进行拼装，现场吊装难度极大，因此制定专项吊装方案，望能给予类似情况抽水蓄能机组借鉴，以下进行详细说明。

顶盖吊装前将顶盖止漏环吊装放置于座环上法兰上方预存，将顶盖把合螺栓吊装至机坑里衬下段平台处存放，并在分瓣顶盖吊装前将顶盖组合面的防护油漆进行清理干净。待顶盖吊装完成后进行安装顶盖吊装时，从安装间起吊 2m 后，大车行走至变速机组处，在发电机层调整好角度在进行吊装，顶盖吊装采用以下方案进行吊装：

（1）当分瓣顶盖在安装间挂钩后，大车行走至变速机组机坑处，使用桥机主副钩进行角度调整（如图 3、图 4 所示），当顶盖下底面与机组中心线达到 59°夹角时（使用线坠挂于顶盖两组合面处，使其调整尺寸），起吊距地面 1.75m 时，桥机平移至相对应机坑，顶盖缓缓下落并调整其方位，在吊装途中，需注意顶盖与机坑内壁间隙，避免碰撞。

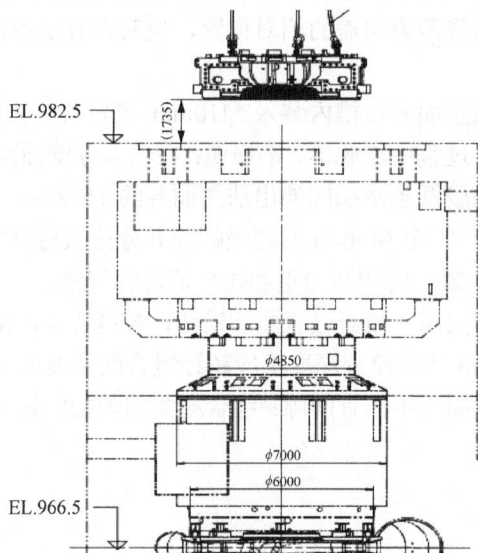

图 3　顶盖吊装示意图 1

（2）1/2 顶盖吊入机坑内，调整桥机主副钩，使其顶盖达到水平状态，并放置在 4 个吊点支撑座上，使用桥机主钩对一瓣顶盖进行旋转，放置在-X 方向，确保另一瓣顶盖吊下后具备放置条件。

（3）当 1/2 顶盖就位完成后，在 1/2 顶盖上布置支撑座 3 和支撑座 4，2/2 顶盖采用之前同样的吊装方法，在发电机层调整桥机主副钩，使顶盖下平面与水平地面角度大于或等于 59°，主副钩同时上升至距离地面 1.75m 时，缓缓向相对应机坑行驶，到位后旋转方位缓缓下落。在吊装途中，需注意与机坑内壁间隙，避免碰撞。

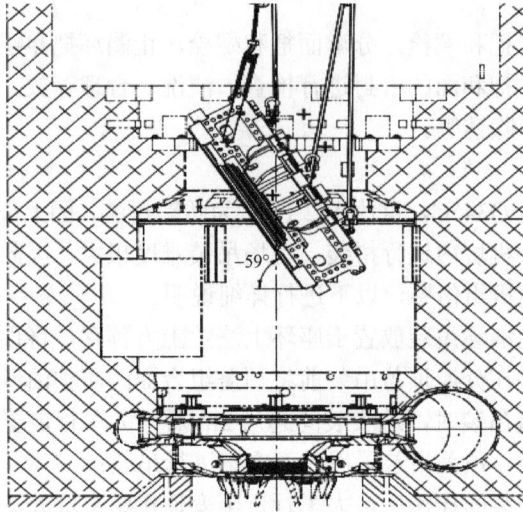

图 4　顶盖吊装示意图 2

（4）当另一瓣顶盖吊入机坑内，调整桥机主副钩，使其顶盖达到水平状态，座环上法兰安装支撑座（安装螺栓 M90×6 及螺母 M90×6），然后使用桥机主钩对另一瓣顶盖进行吊起，拆除支撑座，缓缓落钩，调整两瓣顶盖的相对位置，使其组合法兰面的距离在 20mm 左右并且平行。

（5）在顶盖分瓣组合法兰面密封槽内装入 □10mm 密封条，在密封条表面涂抹润滑脂以固定并保护橡胶圆条在组装过程中不脱落、不损伤；在顶盖分瓣面两侧各 100mm 区域涂抹密封胶，橡胶圆条装入后，橡胶圆条两端应伸出法兰面各约 1～2mm。

（6）根据相关图纸安装 21 个 M90×6 的超级螺栓并分三次进行扭力（第一次 50%，第二次 100%，第三次 100%）预紧，将预紧力矩和拉伸值进行记录。

（7）检查顶盖分瓣面的间隙、顶盖过流面的错牙，合缝用 0.05mm 塞尺检查应不能通过，允许有局部间隙，用 0.10mm 塞尺检查深度不应超过组合面宽度的 1/3，总长不超过组合面周长的 20%，组合螺栓及销钉周围不应有间隙；组合缝处的装配面错牙一般不超过 0.10mm，且应打磨光滑过渡。

4　结束语

本文对丰宁抽水蓄能变速机组水泵水轮机安装期间存在的重难点问题解决方式进行了详细的阐述，经过多次优化施工工艺及施工工序，以上所述工艺方案内容具体、且行之有效，可供国内其他类似机组机电安装工程提供参考。

参考文献

[1] 周厚生. 水轮机机组安装与检修 [M]. 郑州：黄河水利出版社，2008.

[2] 周晖. 水轮机及附属设备安装 [M]. 北京：中国水利水电，2019.

[3] 姜立锐，陈林. 宝泉抽水蓄能电站水泵水轮机安装施工技术 [J]. 水利水电技术，2011，9：80-83.

［4］李万长. 大型混流可逆式水泵水轮机安装工艺探讨［J］. 青海电力，2009，z（2）：10-14.

［5］吕志鹏，何少润. 水泵水轮机结构设计及制造、安装技术改进的探索［J］. 水电站机电技术，2013，5：54-57.

［6］国家市场监督管理总局国家标准化管理委员会. GB/T 8564—2023 水轮发电机组安装技术规范［S］. 北京：中国标准出版社，2023.

作者简介

杨圣锐（1991—），男，工程师，主要从事水泵水轮机机电安装工作。E-mail：759992385@qq.com

雷华宇（1995—），男，工程师，主要从事水泵水轮机机电安装工作。E-mail：865482094@qq.com

数码电子雷管应用对水电工程石方明挖雷管消耗量及投资的影响

唐永发[1]　张　然[1]　刘春高[2]　陈文海[1]　丁留涛[1]　张仁东[1]

（1. 中国电建集团成都勘测设计研究院有限公司，四川省成都市　610072；
2. 水电水利规划设计总院，北京市　100120）

［摘　要］为研究数码电子雷管全面应用对水电工程石方明挖雷管耗量和明挖单价及投资的影响。本研究采用资料收集、现场调研、驻场记录等方式对全国在建的 7 个电站石方明挖开展研究。研究结果表明：①相同爆破设计方案下，数码电子雷管与非电毫秒雷管网路连接方式差异是导致雷管耗量变化的根本原因，且数码电子雷管耗量是非电毫秒雷管耗量的 0.50~0.80 倍；②实测数据验证表明，理论分析的耗量关系可靠；③单价分析对比发现，雷管单价增加使明挖单价增幅为 3.38%，但耗量调整后单价增幅降为 1.47%~2.62%。研究结果可为调整雷管定额耗量和准确掌握水电工程石方明挖单价及投资提供理论依据和数据参考。

［关键词］数码电子雷管；非电毫秒雷管；消耗量；石方明挖；水电工程

0　引言

2021 年 11 月 15 日，工业和信息化部办公厅印发《"十四五"民用爆炸物品行业安全发展规划》[1]，该规划的发布加速了非电毫秒雷管在建筑工程中的淘汰进程，提高了数码电子雷管在我国各类工程中全面应用的步伐。数码电子雷管超高的安全性是其得以全面推广应用的最主要原因[2]。截至 2022 年 8 月，水电行业已实现数码电子雷管全面应用。但是，由于数码电子雷管技术的发展相比传统非电毫秒雷管起步晚、制造技术难度大、生产成本高，价格是非电毫秒雷管的近 10 倍[3, 4]。水电工程中石方明挖数码电子雷管耗量大，而现行水电工程定额采用的雷管均为非电毫秒雷管，雷管的量价差异使石方明挖单价存在明显变化，导致管理者无法准确掌握工程投资。

因此，亟须开展相关研究，查明非电毫秒雷管替换为数码电子雷管后雷管实际耗量，确定数码电子雷管与非电毫秒雷管替换耗量变化的数学关系，对于准确掌握工程开挖单价、引导投资方与施工单位变更索赔、指导雷管价格调差具有重要意义。

1　工程概况

2022 年 11 月~2023 年 6 月，通过现场调研、驻场记录等方式对电站 1~电站 7 开展相

基金项目：国网新源集团（控股）有限公司科技项目资助"基于抽水蓄能电站数码电子雷管的爆破技术经济研究"（SGXYKJ-2023-047）。

关研究。各水电站装机规模为 746～2000MW，其中除电站 6 与电站 7 为常规水电站外，其余均为抽水蓄能电站。7 座电站在施工前期为非电毫秒雷管施工，后期均采用数码电子雷管施工。不同电站基本信息如表 1。

表 1 电站基本信息

电站名称	地理位置	装机容量	主要岩石类型	岩石级别	交替使用 2 种雷管
电站 1	山东	1200MW	巨斑状石英二长斑岩	XII～VIII	是
电站 2	河北	1200MW	花岗岩	XII～XII	是
电站 3	浙江	1200MW	晶屑玻屑凝灰岩	XI～XII	是
电站 4	河南	1400MW	花岗岩	XI～XII	是
电站 5	湖南	1400MW	花岗岩、片麻岩	XI～XII	是
电站 6	四川	2000MW	似斑状黑云钾长花岗岩	X～XI	是
电站 7	四川	746MW	变质砂岩	VIII～IX	是

2 雷管起爆网路特点及雷管耗量分析

2.1 雷管起爆网路特点分析

2.1.1 非电毫秒雷管起爆网路

如图 1 所示为非电毫秒雷管应用下的水电工程石方明挖爆破设计网路图。该爆破网路由孔内高段位起爆非电毫秒雷管、导爆管、孔间低段位传爆雷管[5]、起爆器组成，网路利用导爆管采用接力式连接，孔内高段位起爆非电毫秒雷管与乳化炸药连接后，由导爆管引出孔外并入网路系统[6]。由于导爆管起爆依靠管内壁黑索金等物质燃烧传递，造成炮孔内高段位起爆非电毫秒雷管与导爆管之间存在一一对应关系，炮孔外的导爆管需集束后与孔间低段位传爆雷管连接，孔间低段位传爆雷管与导爆管之间可形成一对多关系[7]。一般而言，预裂孔和光爆孔间隔距离约 0.8～1.0m，3 根导爆管连接 1 发孔间低段位传爆雷管；主爆孔与缓冲孔孔距约 2.0～3.0m，2 根导爆管连接 1 发孔间低段位传爆雷管。

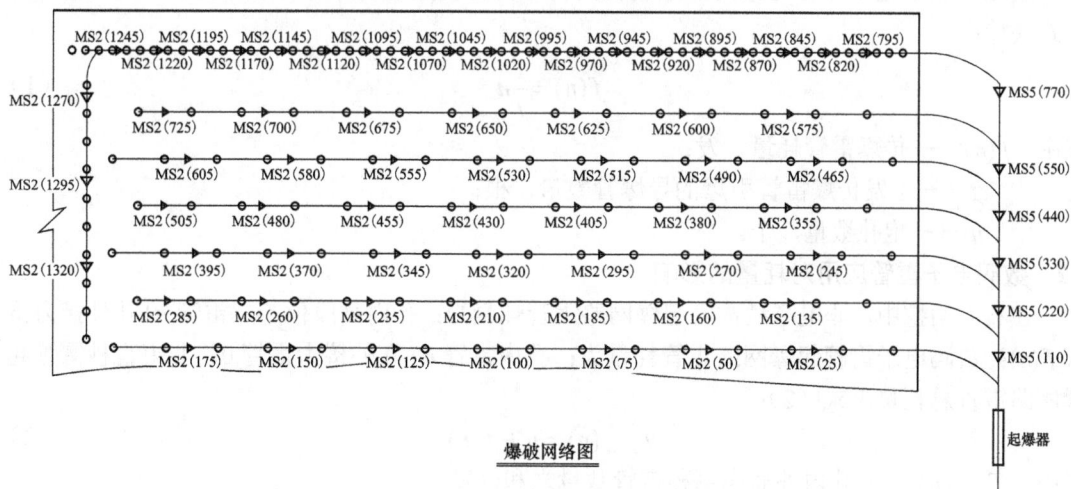

图 1 石方明挖非电毫秒雷管爆破设计网路图

2.1.2 数码电子雷管起爆网路

如图 2 所示为数码电子雷管应用下的水电工程石方明挖起爆设计网路图。该网路包括数码电子雷管、脚线、卡扣、导电线、起爆器五部分，网路利用脚线与导电线并联形成起爆网路系统[8]。孔内数码电子雷管与乳化炸药连接后，由脚线引出孔外，为方便现场连接方便，脚线末端的卡扣可直接与导电线连接。数码电子雷管起爆依靠起爆器发出电流，孔间雷管通过脚线与导电线接收电信号，通过数码电子雷管内部电子芯片控制起爆。因此，数码电子雷管网路系统依靠导电线并联即可起爆。

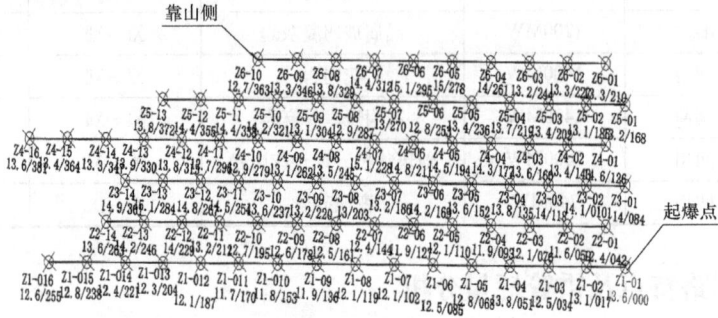

图 2　石方明挖数码电子雷管爆破设计网路图

2.1.3 两种雷管网路差异分析

综上 2.1.1、2.1.2 所述，通过对比非电毫秒雷管起爆网路和数码电子雷管起爆网路差异发现，在相同的炮孔布置条件下，使用导电线起爆的数码电子雷管起爆网路相比导爆管引爆的非电毫秒雷管网路将减少孔间传爆雷管的使用。如图 3 所示为传爆雷管与导爆管的连接方式，俗称"一把抓"[9]。可以看出，传爆雷管的耗量 $f(n)$ 与导爆管数量 t 有关。在石方明挖中，当炮孔导爆管并入主爆导爆管线路上时，即需搭接 1 发传爆雷管。在绑扎传爆雷管时，引爆导爆管数量越多，传爆雷管耗量越小，但导爆管耗量则越大；引爆导爆管数量越少，导爆管就近并入起爆网路中，导爆管长度耗量减少，但传爆雷管耗量则增加。

因此，非电毫秒雷管起爆网路系统孔间传爆雷管耗量与传爆导爆管数量 t 存在数学关系见式（1）：

$$f(n) = \frac{1}{t} n \tag{1}$$

式中　$f(n)$——传爆雷管耗量，发；

　　　　t——1 发传爆雷管引爆的导爆管数量，根；

　　　　n——炮孔数量，个。

2.2 数码电子雷管应用对耗量的影响

在石方明挖中，非电毫秒雷管起爆网路雷管耗量为：孔内高段位起爆雷管 n＋孔外接力雷管 $f(n)$；数码电子雷管起爆网路雷管耗量为：孔内雷管 n＋孔外接力雷管 0。非电毫秒雷管起爆网路雷管总耗量见式（2）：

$$T_{non\text{-}e}(n) = n + f(n) \tag{2}$$

式中　$T_{non\text{-}e}(n)$——孔内外非电毫秒雷管数量之和，发；

　　　　n——孔内非电毫秒雷管数量，发；

$f(n)$ ——孔外非电毫秒雷管数量，发。

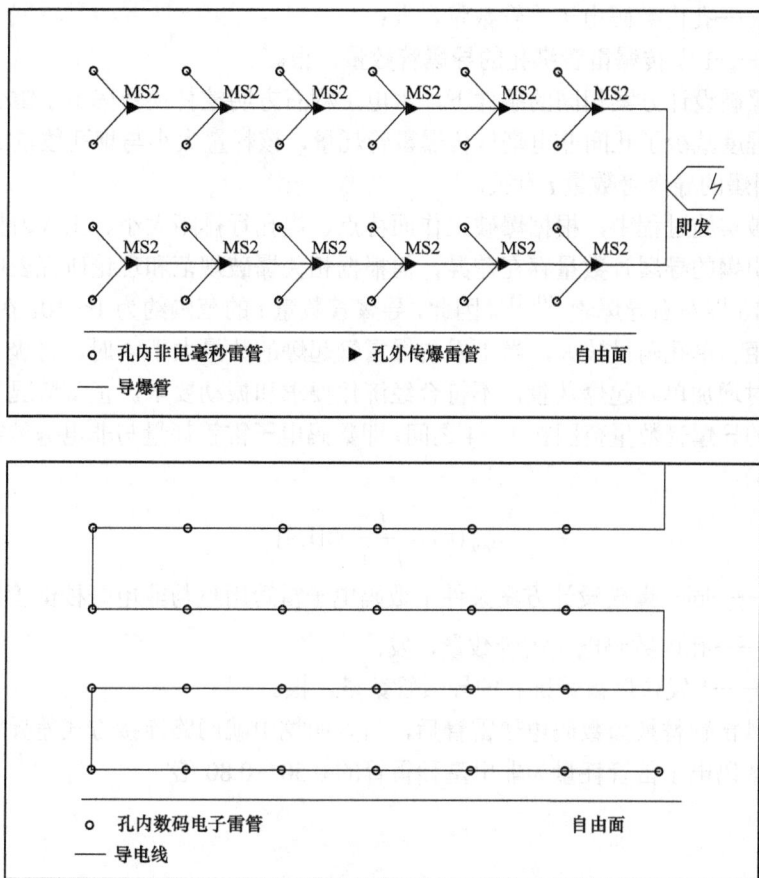

图3　石方明挖非电毫秒雷管网路连接图（$n=2$）

数码电子雷管起爆网路雷管总耗量见式（3）：

$$T_e(n) = n \tag{3}$$

式中　$T_e(n)$ ——孔内数码电子雷管量，发；

　　　　n ——孔内数码电子雷管数量，发。

数码电子雷管网路雷管总耗量与非电毫秒雷管网路雷管总耗量存在数学关系见式（4）：

$$P_{per}(n) = \frac{T_e}{T_{non-e}} \tag{4}$$

式中　$P_{per}(n)$ ——同一爆破设计方案条件下数码电子雷管用量与非电毫秒雷管用量的比值；

　　　　n ——孔内数码电子雷管数量，发。

将式（4）进行简化，得出数码电子雷管网路雷管总耗量与非电毫秒雷管网路雷管总耗量数学关系见式（5）：

$$P_{per}(n) = \frac{n}{n + f(n)} = \frac{n}{n + \dfrac{n}{t}} = \frac{t}{t+1} \tag{5}$$

式中 $P_{per}(n)$——同一爆破设计方案条件下数码电子雷管用量与非电毫秒雷管用量的比值；

$\quad\quad\quad$ n——孔内数码电子雷管数量，发；

$\quad\quad\quad$ t——1 发传爆雷管绑扎的导爆管数量，根。

综上，在爆破设计方案相同的条件下，水电工程石方明挖替换数码电子雷管为非电毫秒雷管后，一定程度减少了孔间非电毫秒传爆雷管耗量，该耗量大小与炮孔数量 n 无关，仅与 1 发传爆雷管引爆的导爆管数量 t 有关。

在现场爆破实施过程中，根据爆破工作面特点、炮孔行排距大小、工人习惯等，1 发传爆雷管可同时引爆的导爆管数量存在差异，但根据相关爆破规范和理论研究表明，1 发传爆雷管一般绑扎 10 根左右导爆索[10, 11]。因此，导爆管数量 t 的范围约为 1～10。在石方明挖中，由于炮孔行排距、单孔药量较大，当 1 发传爆雷管起爆的数量大于 4 时，将极大程度增加导爆管耗量，同时增加单响起爆药量，不符合经济化要求和振动要求。正常情况下，石方明挖传爆雷管起爆的导爆管数量范围在 1～4 之间，即数码电子雷管耗量与非电毫秒雷管耗量的数学关系为式（6）：

$$P_{per}(n) = \frac{t}{t+1}, \in [1,4] \tag{6}$$

式中 $P_{per}(n)$——同一爆破设计方案条件下数码电子雷管用量与非电毫秒雷管用量的比值；

$\quad\quad\quad$ n——孔内数码电子雷管数量，发；

$\quad\quad\quad$ t——1 发传爆雷管绑扎的导爆管数量，根。

即非电毫秒雷管替换为数码电子雷管后，石方明挖中就网路连接方式差异将导致雷管耗量明显降低，数码电子雷管耗量为非电毫秒雷管的 0.50～0.80 倍。

3 数据验证

3.1 实测数据

为验证非电毫秒雷管替换为数码电子雷管后耗量变化理论数学关系是否可靠，本文选取全国范围内 4 个不同电站火工产品实测数据进行分析。表中"非电起爆"为相同工程部位使用非电毫秒雷管时对应的炸药和非电雷管耗量，"数码起爆"为设计方案不变的条件下，数码电子雷管使用时对应的乳化炸药和数码雷管耗量。可以看出数码电子雷管与乳化炸药的比值 a 与非电毫秒雷管与乳化炸药的比值 b 之间的相关关系 l 在 0.53～0.71 之间，说明炮孔布置条件不变的情况下，孔内乳化炸药用量不变，但雷管耗量呈显著降低趋势（见表 2）。

表 2　水电工程石方明挖 2 种雷管与炸药用量及相关关系 l

名称	工程部位	非电起爆		数码起爆		$l=a/b$
		乳化炸药	非电雷管	乳化炸药	数码雷管	
电站 1	部位 1	114	71	114	41	0.58
	部位 2	120	71	120	48	0.67
	部位 3	80855	1674	355396	5089	0.71
	部位 4	162415	2744	455155	5280	0.69
	部位 5	1441	119	3017	131	0.53

名称	工程部位	非电起爆		数码起爆		$l=a/b$
		乳化炸药	非电雷管	乳化炸药	数码雷管	
电站2	部位1	312	245	312	158	0.64
电站3	部位1	252	160	252	110	0.69
电站4	部位1	35904	18555	57336	17210	0.58
	部位2	5880	479	2688	150	0.69
	部位3	21303	1790	35496	2110	0.65

注　表中乳化炸药单位为 kg，非电雷管、数码雷管单位为发，l 为常数。

3.2 单样本 t 检验

为检验理论推导的相关数学关系与实测数据之间的相关性，采用单样本 t 检验分析理论值与实测数据之间的相关关系。分析实测样本数据总体均值是否与理论推导的值之间存在显著性差异。如图 4 所示为石方明挖实测调整系数的正态 Q-Q 图。从图中可以看出实测调整系数值与期望正态值之间沿 1:1 参照线之间分布，且均位于 95% 置信区间范围内。

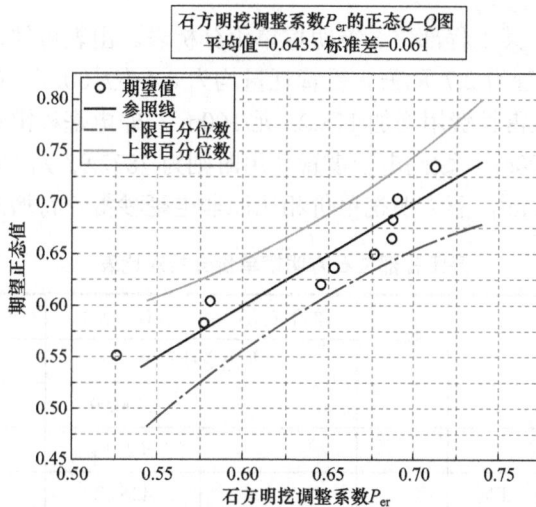

图 4　石方明挖实测调整系数 P_{er} 正态分布 Q-Q 图

如表 3 所示单样本 t 检验统计表，实测样本数据石方明挖样本数量 p 为 10，数码电子雷管与非电毫秒雷管耗量 P_{er} 的均值分别为 0.64，位于理论推导 0.50～0.80 范围内。

表 3　　　　　　　　　　　　单 样 本 t 检 验 统 计

项目	样本数量	平均值	标准差	标准误
明挖	10	0.64	0.061	0.019

表 4 所示为单样本 t 检验结果表，理论计算结果为 0.50～0.80，当检验值为 0.60～0.687 之间时，实测样本数据与检验值之间无明显差异，而当检验值小于 0.6 和大于 0.687 时，检验值与实测样本数据之间存在显著差异。说明理论分析结果 0.50～0.80 能够代表数码电子雷管替换非电毫

秒雷管后的耗量变化系数，本研究中实测数据进一步表明 0.60～0.69 更能代表其变化系数。

表 4 单样本 t 检验

序号	检验值	t	显著性（双尾）	置信区间下限	置信区间上限
1	0.50	2.262	0.050	0	0.088
2	0.59	2.750	0.022	0.001	0.098
3	0.599	2.228	0.048	0	0.089
4	0.60	2.236	0.052	0	0.087
5	0.6435	0.001	0.999	−0.044	0.044
6	0.67	−1.361	0.207	−0.071	0.017
7	0.68	−1.875	0.094	−0.081	0.007
8	0.6875	−2.260	0.050	−0.088	0.001
9	0.69	−2.388	0.041	−0.091	-0.002

4 数码电子雷管应用对投资的影响

如表 5 所示为电站 6 某工程部位石方明挖单价分析表。由表可知，数码电子雷管单价为 23.92 元/发，非电毫秒雷管为 2.7 元/发，雷管耗量均为 8.4 发/100m³，在耗量不变的情况下由于数码电子雷管替换导致雷管费用增加 178.25 元/100m³。非电毫秒雷管使用时，该部位石方开挖单价为 7567.39 元/100m³，数码电子雷管使用时则为 7822.92 元/100m³，即石方明挖开挖单价将增加 255.53 元/100m³，石方明挖单价相比原非电毫秒雷管将增加 3.38%。

表 5 某工程部位石方明挖单价分析对比表

编号	名称及规格	单位	数量	单价（元）	合计（元）	单价（元）	合计（元）
				非电毫秒雷管		数码电子雷管	
一	直接费				5406.99		5598.79
1	基本直接费				5025.09		5203.34
（1）	人工费	工时			436.82		436.82
（2）	材料费				773.66		951.91
	雷管	发	8.4	2.7	22.68	23.92	200.93
	其他	元			750.98		750.98
（3）	机械使用费	元			3814.61		3814.61
2	其他直接费	%	7.6	5025.09	381.90	5203.34	395.45
二	间接费	%	20.56	5406.99	1111.67	5598.79	1151.11
三	利润	%	7	6518.66	456.31	6749.90	472.49
四	材料补差	元			352.08		352.08
五	税金	%	3.28	7327.05	240.334	7574.48	248.44
六	合计				7567.39		7822.92

注 施工方法为 Roc742 钻爆，岩石级别 X 级，3m³ 挖掘机装 25t 自卸汽车运 7.79km。

如表 6 所示为采用本研究成果对数码电子雷管耗量进行调整后的石方明挖单价。由表可以看出，电站 6 某部位石方明挖单价雷管耗量调整后范围为 4.2～6.72 发/100m³，相比非电雷管时的 7567.39 元/100m³，开挖单价增加为 7678.90～7765.31 元/100m³，实际增加了 111.51～197.92 元/100m³，即调整耗量情况下石方明挖单价相比原非电毫秒雷管条件增加 1.47%～2.62%。

表 6　　　　　　　　　　　　　雷管耗量调整后石方明挖单价

项目	原雷管耗量（发）	调整后雷管耗量（发）	调整后单价（元）
雷管	8.4	4.2～6.72	7678.90～7765.31

综上所述，在实际应用过程中，数码电子雷管单发单价的增加导致石方开挖单价增加，但数码电子雷管的应用使得雷管耗量有所降低。因此，在实际应用中不仅要考虑数码电子雷管单价对石方明挖单价的影响，更要分析雷管耗量变化对石方明挖单价的影响。

5　结论

相同炮孔布置条件下，数码电子雷管网路雷管耗量是非电毫秒雷管网路的 0.50～0.80 倍。非电毫秒雷管网路采用"一把抓"的连接方式，在连接处需要连接传爆雷管；数码电子雷管网路采用导电线并联，两种网路连接方式差异导致数码电子雷管耗量明显低于导爆管非电雷管。该结论与刘树国[1]的研究结论相似，他的研究结果表明，数码电子雷管应用后雷管耗量明显减少，但其减少原因主要是由于数码电子雷管提高了炮孔使用率导致。本研究中通过建立两种雷管在网路中与炮孔数量的关系和并进行对比分析，发现传爆雷管的减少与炮孔数量无关，而与非电毫秒雷管网路中 1 发传爆雷管引爆的导爆管数量有关，数码电子雷管耗量是原非电毫秒雷管起爆网路雷管耗量的 0.50～0.80 倍，从耗量上来说数码电子雷管网路更节约雷管用量。本研究中实测数据耗量为 0.60～0.69，说明理论分析范围可靠。

数码电子雷管仅单价调整使石方明挖单价上涨了 3.38%，但耗量调整后石方明挖单价上涨仅为 1.47%～2.62%。因此，对于耗量的调整是非常必要的。在本研究中数码电子雷管与非电毫秒雷管之间的相关数学关系的前提为相同的炮孔布置条件。姚兆新[12]等研究表明，数码电子雷管可以任意设置起爆延时，通过优化起爆时间和炮孔行排距，为相邻爆破时间段创造临空面，增加相邻炮孔之间的碰撞，使其充分碰撞，提高炸药爆破效率，能够从炮孔布置方面节约雷管耗量。我们的调研发现，在水电工程爆破中，数码电子雷管替换后大部分爆破开挖并未进行炮孔优化设计，而是沿用与非电毫秒雷管起爆网路相同的炮孔设计方案。数码电子雷管的延时优点没有得到充分利用，理论研究与实际应用仍存在一定时间差距。怎样充分利用数码电子雷管的优点，从炮孔设计方面入手，优化炮孔布置，充分发挥数码电子雷管优势，进一步降低数码电子雷管在工程应用中的耗量水平是下一步的研究重点。此外，石方洞挖雷管耗量远高于石方明挖，雷管替换对石方洞挖单价和投资影响更大[13]，由于洞室开挖对安全的要求更高，水电工程地下工程多，确定雷管替换对石方洞挖单价的影响也是下一步的研究重点。

参考文献

[1] 刘树国. 数码雷管对隧道爆破工程造价的影响研究 [J]. 铁道建筑技术，2023（10）：180-183.

[2] 张良杰，叶飞，唐子涵. 数码电子雷管与传统工业雷管对比分析 [J]. 煤矿爆破，2023，41（3）：35-38.

[3] 欧雨华. 电子雷管技术在全面应用中存在的问题和建议 [J]. 采矿技术，2023，23（4）：147-151.

[4] 冷振东，范勇，涂书芳，等. 电子雷管起爆技术研究进展与发展建议 [J]. 中国工程科学，2023，25（01）：142-154.

[5] 曾永志. 导爆管雷管起爆网路的优化设计与应用 [J]. 中国矿山工程，2014，43（03）：10-12.

[6] 张光权，吴春平，汪旭光，等. 导爆管雷管起爆网路逐孔起爆设计 [J]. 工程爆破，2016，22（3）：27-30.

[7] 刘艳章，王其飞，冯毓松，等. 导爆管导爆索耦合起爆网路在矿山台阶爆破中的应用 [J]. 化工矿物与加工，2014，43（10）：37-40.

[8] 兰小平. 数码电子雷管逐孔起爆网路延时时间应用探讨 [J]. 工程爆破，2019，25（2）：57-66.

[9] 曹跃，赵翔，赵明生，等. 簇联导爆管网路传爆联接方式探讨 [J]. 爆破，2006，23（2）：77-79.

[10] 齐世福. 基本起爆单元的可靠性试验及结果分析 [J]. 爆破，2003（S1）：80-83，102.

[11] 王卫华，姜海涛，林翔，等. 导爆索-导爆管起爆系统拒爆分析 [J]. 爆破，2014（4）：134-139.

[12] 姜兆新，徐洪艳，高蓓，等. 数码电子雷管技术在露天爆破中的优势及发展 [J]. 科技创新与应用，2021（10）：170-172，178.

[13] 颜欢，李准. 基于成渝客运专线新红岩隧道的数码电子雷管爆破定额测定与费用分析 [J]. 铁路工程技术与经济，2018，33（4）：28-32.

作者简介

唐永发（1996—），男，助理工程师，主要从事工程造价、工程计价工作。E-mail：1749755079@qq.com

滇中引水工程浅埋岩溶隧洞综合预报体系与处置技术研究

王思恒[1]　肖晴侠[2]　陈安东[2]　孟松涧[2]　闫　妍[3]

（1. 中水东北勘测设计研究有限责任公司，吉林省长春市　130021;
2. 山东大学岩土与结构工程研究中心，山东省济南市　250061;
3. 生态环境部松辽流域生态环境监督管理局生态环境监测与科学
研究中心，吉林省长春市　130021）

[摘　要]岩溶灾害已经成为隧洞施工主要威胁之一，对其发育位置与规模的判识与相适应的处置方案是施工的关键。滇中引水工程地质条件复杂，岩溶系统发育且表现形式各异，前期无法有效进行识别，给隧洞施工带来重大挑战。基于地质分析与多物探方法的结合，建立适用于滇中引水工程岩溶洞段的综合预报体系，实现岩溶构造的参数表征与有效识别，提出与之相适应的处置措施，并依托滇中引水工程芹河隧洞开展了现场应用。研究结果表明：基于地质与物探特征参数可有效识别隧洞岩溶构造，指导隧洞掘进及处置措施，为类似工程施工提供参考和依据。

[关键词]岩溶；不良地质；地质预报；特征参数表征

0　引言

我国重大水利与交通工程逐步向西南复杂艰难山区转移，隧洞施工迎来前所未有的挑战。云南省滇中引水工程全长 664km，是中国目前正在进行的规模最大、成本最高的水资源配置工程[1-3]，地处青藏高原东麓与横断山脉地区，地形地貌及地质条件极端复杂，具有高地应力、高外水压力、活跃的地下水环境（岩溶发育）、活跃的地质构造，即"三高两活跃"特征，堪称隧洞与地下工程建设的"地质博物馆"。研究区芹河隧洞是典型的洞线长、埋深浅、岩溶发育特征，开工至今揭露多处溶洞及宽大溶缝。陈长生等对西南岩溶水系统地质特征进行了研究，指出该区域岩溶发育遵循普遍性规律，浅埋区垂向岩溶发育，随埋深减弱[4-5]；国内外已经通过地震波、电磁类等地球物理方法进行岩溶区隧洞掌子面前方的探测，且根据物性异常定性推断不良地质的位置与规模。随着隧洞安全建设及探测精度的需求，开展一种可以根据物性特征参数表征的方法研究[6-7]。

1　隧洞地质概况

1.1　区域地质构造

芹河隧洞工程区属青藏高原断块区，新构造运动分区属程海-大理差异隆起区（Ⅴ），新构造运动十分强烈，表现为大面积快速掀升、断块差异升降及断裂新活动等特征。芹河隧洞附近分布有早-更新世活动的芹菜塘断裂（FⅡ-10，距离 0.90km）、FⅡ-13 断层（距离 2.6km）及 FⅡ-11 断层[8-9]。芹河隧洞工程区位于"川滇菱形块体"次级块体"滇中块体"内，位于马鞍山背斜东侧，长度约 10km，平面弯曲，轴向 NE30°～45°，轴部及东翼因断层破坏，构造保存不完整，西翼及南东翼次级褶曲发育。

1.2 工程地质难点

该段埋深 104～142m，隧洞下穿第四系冲洪积（Q^{pal}）深槽（见图1），隧洞部分洞段紧贴槽谷基岩面。第四系物质厚度一般 80～109m，主要为块碎石、卵石夹粉土，总体结构较松散；底部为胶结状的"似砾岩"，中等胶结。下伏基岩北衙组上段（T_2b^2）白云质灰岩、灰岩及白云岩，岩层走向与洞轴线中等角度相交，缓倾角；强溶蚀风化带岩溶较发育，溶蚀风化区存在洞室围岩稳定问题；岩层缓倾，顶拱易沿顺层溶缝或溶洞失稳垮塌；雨季可能沿溶缝或溶洞渗涌水。

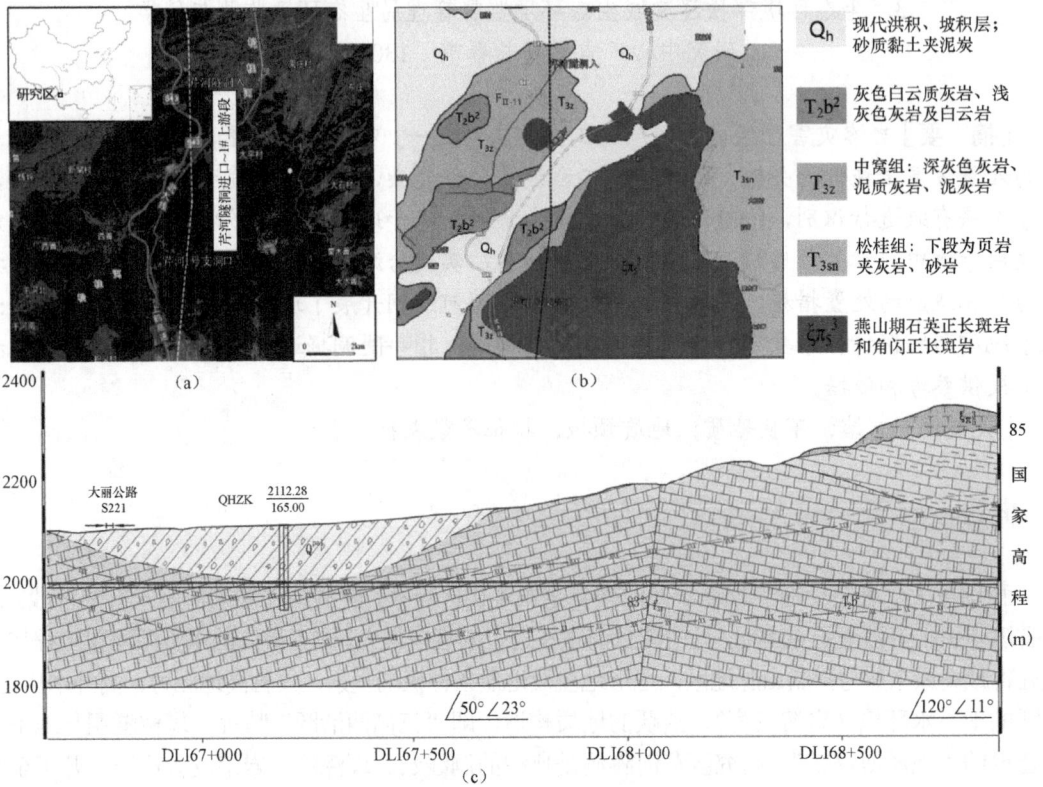

图 1 隧洞地理位置及地质概况

（a）芹河隧洞位置；（b）芹河隧洞地质图；（c）芹河隧洞纵断面图

2 岩溶构造综合预报体系

地球物理方法是基于围岩物性差异为基础，对前方构造破碎带和地下水发育情况进行推断。单一的物探方法对不良地质探测的敏感性不同且反演结果存在多解性，如地震波法（TSP、SAP）适用于构造破碎带的探测，而对地下水信息响应较弱；电阻率法适用于地下水的探测。在此基础上，综合分析地质-物探等多源信息判识前方不良地质，并制定相应的处置措施，提高隧洞安全性和施工效率。综合超前预报及处置流程如图2所示[10-11]。

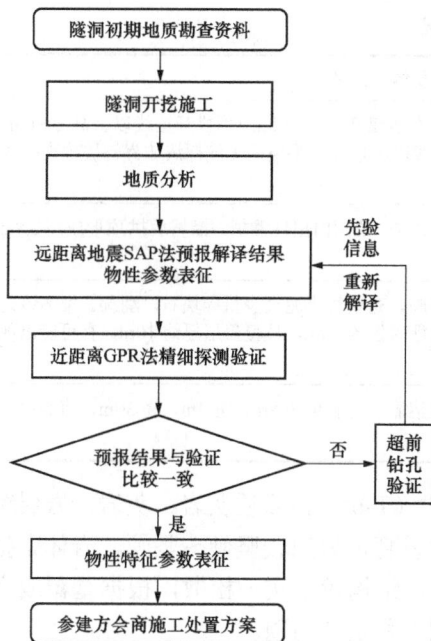

图 2　隧洞综合预报与处置流程图

岩溶发育程度如图 3 所示，具体情况见表 1。

3　工程实践

3.1　地质分析

芹河隧洞自施工以来多次揭露岩溶构造（溶洞、溶腔、溶缝），导致施工进度延缓，威胁施工安全。整体呈现出隐伏性、突发性强，溶洞洞壁整体属于Ⅲ$_2$类岩质较坚硬，充填或未充填，岩质较坚硬。2020年 8 月 15 日，芹河隧洞进口上台阶桩号 DLI65+022.9 洞身开挖后，在隧洞拱顶至右侧位置发现一处填充型溶洞，腔内充填大量黏土、泥屑，腔壁湿润、未见水流。2020 年 8 月 31 日，芹河隧洞 2 号支洞 Q2K0+221 掌子面开挖后掌子面右侧起拱线至拱顶 40°范围内出现溜坍，溜坍后拱顶形成高 2.8m 宽 3m 的空洞。2020 年 11 月 29 日，芹河隧洞进口桩号 DLI65+098 掌子面开挖揭露一近似全断面的充填型溶腔。2020年 12 月 11 日，芹河 2 号支洞桩号 Q2K0+543 掌子面补炮过程中揭露，左侧处发现溶洞，左侧局部有滴水。

图 3　岩溶发育洞段典型案例

（a）芹河进口 DLI65+022.9 溶洞；（b）芹河 2 号支洞 Q2K0+221 充填物溜坍；

（c）芹河进口 DLI65+098 溶洞；（d）芹河 2 号支洞 Q2K0+543 溶洞

211

表 1   岩 溶 发 育 具 体 情 况

岩溶发育位置	地质情况描述
芹河隧洞进口 DLI65+022.9	沿洞轴线可见溶腔长 3.2m，洞轴线向右边墙宽 3.5~4.0m，顶拱开挖线以上高 2~6m；拱部中央见宽 0.5m 溶缝，向拱顶开挖线以上延伸，手电筒无法探清边界。腔内充填大量黏土、泥屑，腔壁湿润，未见水流
芹河隧洞 2 号支洞 Q2K0+221	掌子面开挖后掌子面右侧起拱线至拱顶 40°范围内出现溜坍，溜坍后拱顶形成高 2.8m 宽 3m 的空洞，且空洞周边有松散石块
芹河隧洞进口 DLI65+098	掌子面揭露一近似全断面的充填型溶腔，充填物为泥夹少量碎块石，潮湿。推测该充填型溶腔前方展布约 15m，鉴于该洞段埋深仅约 35m，且覆盖层厚约 10m，有可能出现溶洞与地表连通情况
芹河 2 号支洞 Q2K0+543	掌子面补炮过程中揭露，左侧处发现溶洞，溶洞长约 8m、宽 4m、高 30m，溶洞内围岩完整性较好，左侧局部有滴水

芹河进口 DLI67+328 围岩为三叠系中统北衙组上段（T_2b^2）白云质灰岩、灰岩，岩层缓倾，呈弱~强溶蚀风化，顺层结构面及中、陡倾裂隙较发育，岩质较坚硬~坚硬，岩体完整性差，整体为 III_2 类围岩。上覆地层为第四系冲洪积层，结构较密实~松散，根据基覆线产状推断，该段顶板灰岩厚度约 20m，存在岩溶发育和围岩稳定性问题。

3.2 地震波法探测分析

在掌子面 DLI67+328 处进行专项超前地质预报工作，采用了隧道地震法探测方法，以进一步确定掌子面前方岩溶构造发育的情况。SAP 超前探测方法观测系统（见图 4）[12-14] 布置在掌子面后方 10~50m 范围内的隧洞轮廓上。12 个震源点布置隧洞两侧的边墙上，距离掌子面 10m 位置，呈对称式分布，每侧边墙上布置 6 个震源点，间距为 1~2m。通过地震波反射成像（见图 5、图 6）和地质分析，推断解译如下：

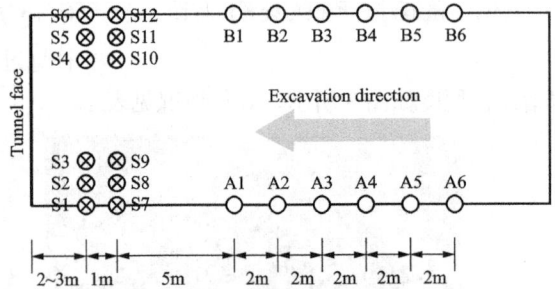

图 4 地震波法观测系统

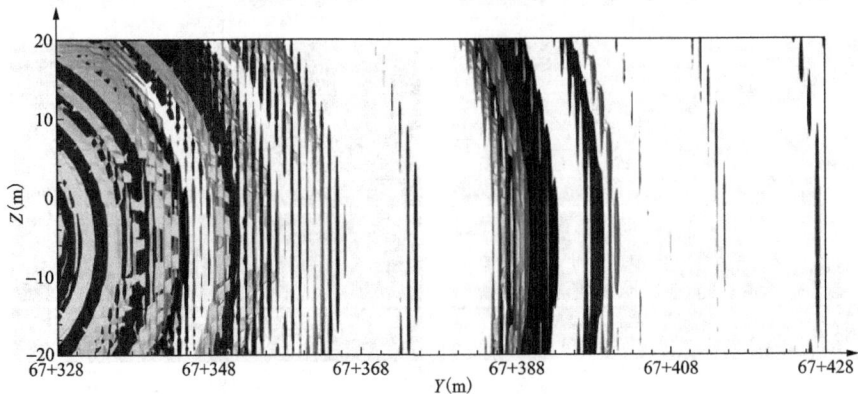

图 5 地震波法成像

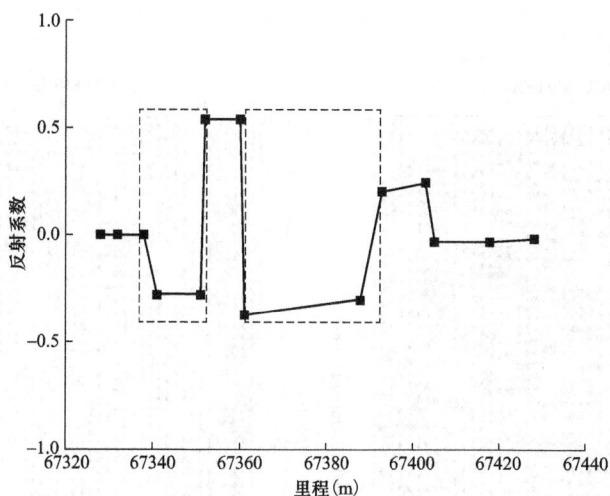

图 6　地震波反射系数图

（1）DLI67+328～DLI67+393 段落：波速在 1500～4000m/s 范围内变化，明显正负反射。结合地质分析推断，岩体质量下降，岩体较破碎，结构面较发育，围岩自稳能力差，易出现掉块或垮塌；特别在 DLI67+341～DLI67+351 区间、DLI67+361～DLI67+388 区间波速低，反射较强，溶蚀风化加重，易发育溶沟或溶洞，开挖时易出现溶洞充填物坍塌或垮塌。

（2）DLI67+393～DLI67+428 段落：波速在 3000～3100m/s 范围内变化，正负反射较弱。结合地质分析推断，岩体质量有所提升，岩体完整性差～较破碎，围岩自稳能力差，发育竖向溶缝或溶沟，易发生掉块或者垮塌。

3.3　地质雷达法探测分析

从地震图像分析 DLI67+328～DLI67+358 段存在明显的正负反射，推断岩溶发育，地下水欠发育，选择进行地质雷达探测验证。地质雷达（简称GPR）也称作探地雷达，是一种电磁探测技术，它利用发射天线将高频短脉冲电磁波定向送入掌子面前方，电磁波在传播过程中遇到存在电性差异的地层或目标体就会发生反射和透射，对所采集的数据进行相应的处理后，通过分析其旅行时间、幅度和波形，判断地下目标体的空间位置、结构及其分布[15-16]。

DLI67+328～DLI67+358 段落电磁波反射强度强，同相轴不连续，反射信号波形间断，以中低频信号为主。推断该段围岩较破碎，中部位置存在强反射信号，开挖时可能出现滴渗水，易出现掉块。尤其在 DLI67+33～DLI67+348 段发育溶洞。

综合地质、地震波法和地质雷达法解译结果分析，在 DLI67+341～DLI67+351 区间波速降低，反射较强。推断围岩溶蚀风化加重，易发育溶沟或溶洞，开挖时易出现溶洞充填物坍塌或垮塌，且确定溶洞发育范围与隧洞相交宽度较小，在保证安全前提下施工。建议缩短进尺，加强支护，必要时施作超前钻探进一步查明前方地质情况和超前支护，防范岩溶塌陷区塌方风险。

3.4　开挖验证与施工处置措施

桩号 DLI67+341 掌子面左下方揭露一无充填型溶洞，溶洞近直立向下延伸约 10m，溶洞壁潮湿，壁面附泥钙质，溶洞周边岩质较坚硬，岩体较破碎，洞室以镶嵌～中厚层结构为主

（见图 7）。

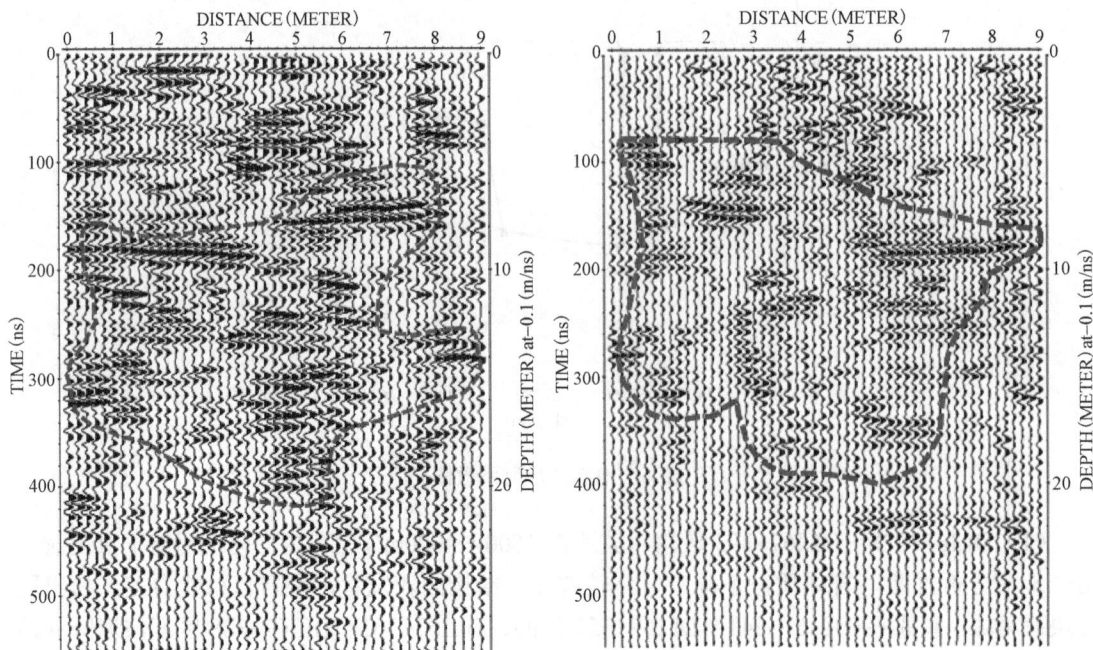

图 7　地质雷达结果图

桩号 DLI67+341 掌子面左下方揭露一无充填型溶洞，溶洞近直立向下延伸约 10m，溶洞壁潮湿，壁面附泥钙质，溶洞周边岩质较坚硬，岩体较破碎，洞室以镶嵌～中厚层结构为主。参建各方现场踏勘，并依据综合预报结果与特征参数表征（见图 8），制定相应的处置措施如下：

图 8　DLI67+341 揭露溶洞

（1）利用隧洞岩渣对该岩溶管道进行临时回填处理，同时确保岩溶水路通畅。

（2）该段岩溶管道初期支护按照设计 ZV-FR 进行支护施工，隧洞上台阶通过溶洞范围内，在拱架右侧弓腰处增设 8 组 ϕ25 锁脚锚杆，锚杆长度 4m，间距 50cm，防止拱架下沉。

（3）隧洞下台阶右侧施工至该段时，再进一步确认是溶洞还是岩溶管道以及所需采用的针对性措施。

（4）在隧洞开挖轮廓外，根据溶洞发育情况从拱顶处预埋 3～4 根直径 200～300mm 波纹软管顺溶洞发育走向至隧洞底部，便于隧洞拱顶与底部溶洞排水通道顺通，波纹软管向顶拱延伸一定深度，软管顶部 2m 为花管段。

（5）初支拱架连接筋改成 I22a 半剖工字钢，增强初支结构整体刚度和稳定性。

4　结论

本文通过对滇中引水工程芹河隧洞溶洞发育段进行地质分析、地震波法和地质雷达法综合超前地质预报分析，并进行针对性的处置措施，验证了综合预报体系及处置方案的有效性，得出以下结论：

（1）建立了地质分析法、地震波法和地质雷达法综合预报体系，分析物探参数特征，提高了对溶洞位置与规模的识别精度，同时制定了针对性处置措施，指导隧洞安全、高效地施工；

（2）参建各方依据综合预报结果提前预判前方不良地质情况与动态调整施工措施，结合开挖之后现场踏勘情况，可以针对性制定超前处置措施或应急方案，可有效避免坍塌、跌落等灾害的发生；

（3）本文研究的综合预报方法针对地下水欠发育岩溶构造的探测，需开展充水溶洞综合探测方法和物探特征参数定量表征研究。

参考文献

[1] 李术才，刘斌，孙怀凤，等．隧道施工超前地质预报研究现状及发展趋势 [J]．岩石力学与工程学报，2014，33（06）：1090-1113．

[2] 陈安东，郭一凡，聂利超，等．基于模糊 C 均值聚类的隧道电阻率反演方法及现场试验 [J]．应用基础与工程科学学报，2023，31（06）：1492-1507．

[3] 李宁博，张永恒，聂利超，等．隧道三维跨孔电阻率超前探测方法及其现场应用研究 [J]．应用基础与工程科学学报，2021，29（05）：1140-1155．

[4] 陈长生，李银泉，史存鹏，等．复杂岩溶区深埋长隧洞选线研究 [J]．人民长江，2022，53（11）：91-98．

[5] 王旺盛，陈长生，王家祥，等．滇中引水工程香炉山深埋长隧洞主要工程地质问题 [J]．长江科学院院报，2020，37（09）：154-159．

[6] 李术才．隧道突水突泥灾害源超前地质预报理论与方法 [M]．北京：科学出版社，2015．

[7] 范克睿，李猋，李宁博，刘征宇．充填型岩溶突水突泥灾害源的核磁共振表征与泥水识别方法 [J]．中国公路学报，2018，31（10）：59-68．

[8] 刘冲平，周云，覃振华，等．滇中引水工程隧洞穿越古泥石流堆积体涌水分析 [J]．三峡大学学报（自然科学版），2019，41（S1）：139-144．

[9] 周云，刘承新，李银泉．滇中引水工程初步设计报告输水线路工程地质勘察报告 [R]．2018．

[10] 杨继华，杨风威，房敬年，等．基于多源信息的双护盾 TBM 施工隧洞综合超前地质预报方法及应用 [J]．应用基础与工程科学学报，2023，31（06）：1571-1589．

[11] 曾云川，刘建兵，聂利超．大瑞铁路高黎贡山隧道 TBM 搭载综合超前预报技术实践 [J]．隧道建设（中英文），2021，41（03）：419-426．

[12] Liu R，Sun H，Liu D，et al．A joint application of semi-airborne and in-tunnel geophysical survey in complex

limestone geology [J]. Bulletin of Engineering Geology and the Environment, 2023, 82 (6).

[13] 韩自强, 陈棚, 曹建. 综合超前地质预报技术在断层发育区隧道下穿水库工程建设中的应用 [J]. 地球物理学进展, 2021, 36 (06): 2702-2711.

[14] 杨红霞, 廖健都, 韩成力. 调水工程富水破碎洞段综合超前地质预报技术研究 [J/OL]. 长江科学院院报, 1-8 [2024-01-16].

[15] 李俊杰, 朱红雷, 赵国军, 等. 地质雷达电磁干扰分析及在隧洞岩溶探测中的应用 [J]. 中国岩溶, 2018, 37 (02): 286-293.

[16] 王超, 沈斐敏. 探地雷达用于隧道超前地质预报中数值模拟研究 [J]. 地球物理学进展, 2015 (3): 5.

作者简介

王思恒 (1986—), 男, 工程师, 主要从事水利水电工程监理工作。E-mail: 471907682@qq.com

肖晴侠 (1991—), 女, 高级工程师, 主要从事隧洞地质预报与团体标准编制工作。E-mail: 1181236603@qq.cn

陈安东 (1991—), 男, 高级工程师, 主要从事隧道及地下工程地质预报工作。E-mail: chenandong@sdu.edu.cn

孟松涧 (1991—), 男, 工程师, 主要从事超前地质预报工作。E-mail: 765284040@qq.com

闫 妍 (1989—), 女, 工程师, 主要从事生态环境研究工作。E-mail: 357076356@qq.com

三、

建 设 管 理

基于不均衡性评估施工工效损失的
索赔理论及计算方法

陈广森

（华能澜沧江水电股份有限公司，云南省昆明市　650214）

[摘　要]土木工程实施过程中由于水文地质条件发生实质性变化，导致项目工期、施工组织方案均发生重大变更，支护及基础处理量大幅增加。因变更等新增施工资源导致施工均衡性与原方案产生差异，承包商对施工提出降效索赔。鉴于一般合同均无须约定工效计算方法，为了有效评价施工降效是否发生以及如何计算费用，特探索使用数学模型方法，基于不均衡性评价指标计算因工期变更采取赶工或延期导致施工降效的有关费用。

[关键词]不均衡；评估；工效损失；索赔；数学模型

0　引言

对于大型土木工程，尤其是水利水电项目地下工程实施过程中，由于地形、地质、水文气象等条件发生实质性变化，导致项目工期及施工组织方案均发生重大变更，支护及基础处理工程量大幅增加。增加的工程量一般在无工效损失的变更估价中已处理，但新方案的均衡性与原方案产生较大差异，承包商提出施工工效的降效索赔。不幸的是，任何一个标准合同格式都没有对如何符合逻辑地按照一定的方法计算工期延长给出任何提示[1]。为了有效评价、计算因施工降效导致增加的费用，本文使用数学模型方法，基于不均衡性评价指标，量化测量施工不均衡程度，推导施工降效程度，客观计算索赔费用。

1　基本假设

（1）中标方案合理性假设。中标方案是按照市场机制选择的最佳投标方案，在技术经济方面应是最优的，即该方案是当时投标时期的最佳施工水平。基于该假设，压缩或延长合同关键线路工期均会导致合同费用增加[2]。

（2）均衡施工效率最优假设。均衡施工就是施工强度保持稳定、资源利用率相对较高的施工状态，即工效最优的施工状态。理想的均衡施工效率条件下，每月结算数据基本一致[3]。

（3）货币化的"工"强度[3]与实物化的施工强度一致性假设。"工"指工料测量中的人工和施工机械，由于不同的作业任务无法做到实务指标量化统一，货币化是简单有效的方法。

2 施工强度不均衡性评价及指标测度

2.1 施工强度及不均衡性评价方法

理想状态的均衡生产强度是一条水平线，也就是说任何时间段的生产效率是一致的，用数学表达式表示为$y=c$（c为常数）。工程施工强度一般用单位时间内完成的分部分项工程量来计算，但不同性质的分部分项工程量所用的计量单位不同，使用工程量难以统一量化表示，为了使用货币化的投资进度表示均衡强度，则均衡条件下的累计投资进度表达式为$y=\alpha x$（α为系数，x为工期自变量），即一条斜率为α的直线，α为单位时间内的投资强度。实际生产状态会偏离$y=\alpha x$直线，偏离得越多，不均衡性越大。可使用偏离直线$y=\alpha x$与x轴之间面积的大小评价不均衡性，即偏离面积与均衡直线所形成的面积比例测度不均衡性。具体见图1。

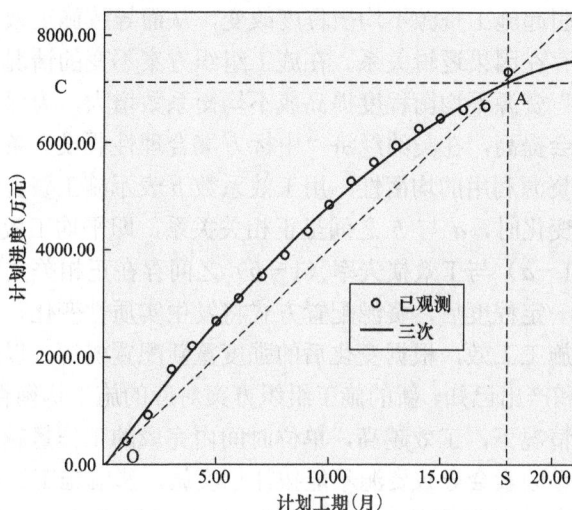

图1　投资进度曲线与均衡线关系图

2.2 不均衡性的评价指标

如图1中的直线L_{OA}为均衡线，曲线C_{OA}为不均衡的进度曲线，用三角形OAS的面积表示，即$S_0 = S_{\triangle OAS}$；用S_1表示曲线C_{OA}与x轴之间的面积，则可用$\dfrac{|S_1 - S_0|}{S_0} \times 100\%$的百分比形式表示不均衡系数。均衡线的不均衡系数为0%。由于S_0对应的是理论的绝对均衡状态，实际工程中并不存在，可将计划方案的S_1作为对比参考基准与实际方案的S_2进行对比计算，即实际与计划的不均衡性差异为$\dfrac{|S_2 - S_1|}{S_1} \times 100\%$。当投资进度曲线在均衡线之下凹时，通过积分计算的$Q_凹$（暂用）小于0.5，返算不均衡系数时用"$0.5 - Q_凹$"计算；在均衡线之上向上凸时，积分计算数值$Q_凸$大于0.5，实际上其自身均衡系数为"$1 - Q_凸$"，与下凹的曲线在面积上基本对称。返算不均衡系数时则用"$0.5 - Q_凸$"的绝对值表示。在应用中如果不均衡性系数很小，也可以使用0.5替代$\dfrac{|S_2 - S_1|}{S_1}$分母中的S_1。不均衡性的评价原理在于，用投资数据表示的

219

施工或生产强度曲线偏离绝对均衡线的程度大小，其偏离程度用累计投资曲线与均衡线之间的面积差率表示。

3 施工强度的不均衡性与施工工效损失率关系

3.1 工效损失变化的一般情况

投标人的施工组织方案已经考虑了施工强度的不均衡性，也对应了特定的施工效率。本文不测定施工效率的具体值，而是测定计划状态下投标方案与工期、地质等条件变更后的实际效率差，即降效百分比。延误和干扰可以从两个方面造成劳动力和机械使用费用的增加。承包商可能有必要雇佣额外的劳动力和机械设备，或者使现有的劳动力和机械设备处于闲置状态或待业状态。有时后者被称为"工效损失"[4]。

3.2 不均衡性与工效损失之间的理论关系

由于施工强度变化引起施工资源不均衡程度改变，从而导致施工效率或工效改变，即施工强度与施工效率之间存在因果逻辑关系。在施工组织方案不变的情况下，施工资源的不均衡程度即货币化的"工"资源不均衡程度提高或不均衡系数增大，为保证施工进度、施工强度，施工资源的闲置率会提高，在契约经济"中标方案合理性假设"条件下施工效率下降。用均衡系数 a 表示施工资源利用的均衡性，用工效系数 b 表示施工资源的平均效率，则在施工组织方案发生实质性变化时，a 与 b 之间呈正相关关系，即平均工效提高，均衡性同比例提高，或不均衡系数（$1-a$）与工效损失率（$1-b$）之间存在正相关关系。

当施工强度变化到一定程度后，资源配置方式将发生实质性变化，必须改变施工组织方案才能确保施工强度和施工工效，根据变化后的强度重新配置资源，以便使资源得到有效利用。由于施工资源投入和产出已知，新的施工组织方案对应的施工均衡性是可评估或测量的。在施工组织方案一定的情况下，工效越高，单位时间内完成的工作量越多，反之亦然。工期延误或压缩、工程变更等因素会导致资源不能按计划实施，影响施工工效。

无论业主方是否违约，承包商均有义务采取一切有效措施防止损失扩大。当事人一方违约后，对方应当采取适当措施防止损失的扩大；没有采取适当措施致使损失扩大的，不得就扩大的损失请求赔偿。当事人因防止损失扩大而支出的合理费用，由违约方承担[5]。现实索赔案例中，承包商都难以提供双方均能认可的工效损失数据及其支撑证据，尤其是工期延误或压缩。相对工效损失，施工强度不均衡性的有关数据及其支撑证据可获取性要好得多，经批复的施工组织方案、现场签证单等有关数据均可支撑。在数学方面，如能证明不均衡变化率与工效损失变化率存在相关数量关系，就能有效解决工效损失费用计算问题。

3.3 工效损失的数学模型

投资强度是施工强度的货币形式，以时间为横轴的平面坐标系，累计完成工程量作为竖轴，则施工进度函数可使用累计投资数据表示，因函数的数学表达式均需经过（0，0）点，故表达式可省略常数项。理论上的累计投资进度函数为"S"型曲线的方程，即：

$$y = e^{b_0 + \frac{b_1}{x}} \tag{1}$$

式（1）的函数式理论项目累计投资增长函数，e 是无理数自然对数的底，b_0、b_1 为系数。

计划工作对一切公司都是不可缺少的，否则它将承受"脚踩西瓜皮"带来的恶果[6]。所以，一般项目在拟定计划投资时会尽量参考累计投资的"S"型函数即投资曲线。在工程实践中很少有工程投资的实际进度函数精准拟合成合"S"型曲线方程，只是形状符合"S"形。实践上可拟合三次曲线方程替代"S"型曲线方程，数学表达式如下：

投标方案的计划投资进度函数（在计算时分别使用人工费和机械使用费数据代替投资数据，工效基本不影响材料费等其他费用，一般不考虑材料的工效索赔费用）：

$$y_{11} = \alpha_{11}x + \alpha_{12}x^2 + \alpha_{13}x^3 \tag{2}$$

式中　y——累计完成投资；

　　　x——时间进度（月或周）；

　　　α_{ij}——系数，下同。

因工效是单位时间施工或投资量，故可对函数 y_{11} 微分取得对应工效函数（下同）：

$$y_{12} = \alpha_{11} + 2\alpha_{12}x + 3\alpha_{13}x^2 \tag{3}$$

变更后（或实际或新计划，下文选择其一）的进度函数：

$$y_{21} = \alpha_{21}x + \alpha_{22}x^2 + \alpha_{23}x^3 \tag{4}$$

变更后进度对应的工效函数：

$$y_{22} = \alpha_{21} + 2\alpha_{22}x + 3\alpha_{23}x^2 \tag{5}$$

绝对均衡（理论均衡）状态下的投资进度函数，计划状态为 $y_{01} = \alpha_{01}x$，变更后为 $y_{02} = \alpha_{02}x$，在工期及总投资不变的情况下 $y_{01} = y_{02}$。对应的均衡状态下的工效损失函数为 $y_{01} = \alpha_{01}$、$y_{02} = \alpha_{02}$，在工期及总投资不变或标准化后 $y_{01} = y_{02}$，可统一为 y_0。

不均衡变化率可以用实际均衡数减去绝对均数与计划均衡数减去绝对均数的差，再除以计划均衡数。其不均衡变化率（不均衡系数）函数表示为：

$$\eta_{01} = \frac{|y_{21} - y_{02}| - |y_{11} - y_{01}|}{y_{11}} = \begin{cases} \dfrac{(\alpha_{21} - \alpha_{11}) + (\alpha_{22} - \alpha_{12})x + (\alpha_{23} - \alpha_{13})x^2 + (\alpha_{01} - \alpha_{02})}{\alpha_{11} + \alpha_{12}x + \alpha_{13}x^2} \Big|_{y_{21}\text{和}y_{11}\text{在}y_{0*}\text{同侧}} \\[3mm] \dfrac{(\alpha_{21} + \alpha_{11}) + (\alpha_{22} + \alpha_{12})x + (\alpha_{23} + \alpha_{13})x^2 - (\alpha_{01} + \alpha_{02})}{\alpha_{11} + \alpha_{12}x + \alpha_{13}x^2} \Big|_{y_{21}\text{和}y_{11}\text{在}y_{0*}\text{两侧}} \end{cases} \tag{6}$$

式（6）中 y_{0*} 表示 y_{01} 或 y_{02}，为了方便方程系数加减计算，建议使用标准化后的系数，此时 $y_{01} = y_{02}$，统一用 y_0 表示，$\alpha_{01} = \alpha_{02} = 1$，则不均衡变化率函数表示为：

$$\eta_{01} = \frac{|y_{21} - y_0| - |y_{11} - y_0|}{y_{11}} = \begin{cases} \dfrac{(\alpha_{21} - \alpha_{11}) + (\alpha_{22} - \alpha_{12})x + (\alpha_{23} - \alpha_{13})x^2}{\alpha_{11} + \alpha_{12}x + \alpha_{13}x^2} \Big|_{y_{21}\text{和}y_{11}\text{在}y_0\text{同侧}} \\[3mm] \dfrac{(\alpha_{21} + \alpha_{11}) + (\alpha_{22} + \alpha_{12})x + (\alpha_{23} + \alpha_{13})x^2 - 2}{\alpha_{11} + \alpha_{12}x + \alpha_{13}x^2} \Big|_{y_{21}\text{和}y_{11}\text{在}y_0\text{两侧}} \end{cases} \tag{7}$$

工效损失变化率（工效损失率）的表示原理与不均衡系数类似，但数据是不均衡函数的导数或微分，其函数表示为：

$$\eta_{02} = \frac{|y_{22} - y_0| - |y_{12} - y_0|}{y_{12}} = \begin{cases} \dfrac{(\alpha_{21} + \alpha_{11}) + 2(\alpha_{22} + \alpha_{12})x + 3(\alpha_{23} + \alpha_{13})x^2 + (\alpha_{01} - \alpha_{02})}{\alpha_{11} + 2\alpha_{12}x + 3\alpha_{13}x^2} \Big| y_{22} \text{与} y_{12} \text{在} y_0 \text{同侧} \\[4mm] \dfrac{(\alpha_{21} + \alpha_{11}) + 2(\alpha_{22} + \alpha_{12})x + 3(\alpha_{23} + \alpha_{13})x^2 - (\alpha_{01} - \alpha_{02})}{\alpha_{11} + 2\alpha_{12}x + 3\alpha_{13}x^2} \Big| y_{22} \text{与} y_{12} \text{在} y_0 \text{两侧} \end{cases}$$

$$(8)$$

从式（6）和式（8）可以看出，工效损失变化率函数与不均衡变化率函数的分子分母系数相比，常数项相等，一次项系数和二次项系数在分子分母上同时扩大 2 倍和 3 倍，说明在相同的投资函数状态下，$\eta_{01} \approx \eta_{02}$，即工效损失变化率近似于不均衡变化率。

4 计算工效损失费

4.1 计算工效损失率

在工程实践中，计算工效损失费需要的已知条件为：索赔期间实际完成合同工程量（合同额）中的总"工"费用，即该期间"人工费+机械使用费"，可以从占合同金额 A 的比例 B 计算出；平均工效损失率 η_2，可用平均的施工不均衡变化率 η_1 代替，上述式（6）中的 η_{01} 实际上是不均衡变化率函数，可用它们的面积变化率计算，即：

$$\eta_2 = \frac{\int_0^n (y_{22} - y_{02})\mathrm{d}x - \int_0^n (y_{12} - y_{01})\mathrm{d}x}{\int_0^n (y_{12})\mathrm{d}x} = \frac{\int_0^n [(\alpha_{01} - \alpha_{02}) + (\alpha_{21} - \alpha_{11}) + 2(\alpha_{22} - \alpha_{12})x + 3(\alpha_{23} - \alpha_{13})x^2]\mathrm{d}x}{\int_0^n (\alpha_{11} + 2\alpha_{12}x + 3\alpha_{13}x^2)\mathrm{d}x}$$

$$(9)$$

式（9）中 n 为索赔期间的工期值。该公式是计划投资进度曲线、实际投资进度曲线在均衡线同一侧的情况，反之亦然。在实际工作中，无须使用复杂的微积分公式及计算方式进行求解，作图或建立电子表格分别计算它们的面积，然后计算变化率会更方便。积分运算仅用于计算面积值，可用其他近似方法替代。为了充分考虑计划投资进度曲线在绝对均衡曲线之上的情况，以及计划和实际进度曲线在绝对均衡线同侧或两侧情况，为了便于计算，可直接使用标准化后原方程积分计算，式（9）可进一步整理为：

$$\eta_2 = \frac{\int_0^n (y_{22} - y_0)\mathrm{d}x - \int_0^n (y_{12} - y_0)\mathrm{d}x}{0.5 - |\int_0^n (y_{12})\mathrm{d}x - 0.5|}$$

$$= \begin{cases} \dfrac{\int_0^1 [(\alpha_{21} - \alpha_{11})x + (\alpha_{22} - \alpha_{12})x^2 + (\alpha_{23} - \alpha_{13})x^3]\mathrm{d}x}{0.5 - |\int_0^1 (\alpha_{11}x + \alpha_{12}x^2 + \alpha_{13}x^3)\mathrm{d}x - 0.5|} \Big| y_{22} \text{与} y_{12} \text{在} y_0 \text{同侧} \\[6mm] \dfrac{\int_0^1 [(\alpha_{21} - \alpha_{11})x + (\alpha_{22} - \alpha_{12})x^2 + (\alpha_{23} - \alpha_{13})x^3 - 2x]\mathrm{d}x}{0.5 - |\int_0^1 (\alpha_{11}x + \alpha_{12}x^2 + \alpha_{13}x^3)\mathrm{d}x - 0.5|} \Big| y_{22} \text{与} y_{12} \text{在} y_0 \text{两侧} \end{cases}$$

$$(10)$$

一般情况下，工期及进度数据均标准化为"0-1"，故 n 的取值为（0，1）。

4.2 工效损失的索赔费用计算。

对于人工费和机械使用费在各结算期占比相对比较稳定的项目，可直接使用结算数据建模和进行模型参数计算。根据索赔期间完成的合同金额 A 中"工"占合同金额的比例 B（%）、公式可知平均工效损失率为 η，工效损失索赔费 S 的计算公式为：

$$S = \eta AB \tag{11}$$

实际上，式（1）计算出的工效损失费用是基于综合平均工效损失率而言的，即考虑到了不同工种的作业人员、不同施工机具的综合平均。

5 数据验证与实际工程案例应用

5.1 案例项目背景概况

某水电站导流洞建设中由于上线绕坝公路工程施工干扰、导流洞地质原因等造成工期延长约 2 个月，为按原计划工期完工，业主同意对导流洞开挖后的剩余工程实施赶工。承包商向工程师报送了导流洞赶工措施，工程师根据合同程序进行了批复。本项目在业主同意赶工并下达赶工指令时，开挖支护工程已基本结束，需赶工的工程主要为钢筋、混凝土、灌浆等分部分项工程，即仅导流洞衬砌及后续工作进行了赶工，存在工效变化。根据投标文件—技术文件—施工组织设计及现场实际工程量签证单（或计量支付结算报表），混凝土浇筑情况如表 1 所示。

表 1　　　　　　　　　　　　某导流洞混凝土工程进度表

计划工期		计划浇筑量		实际工期		实际浇筑量	
（月）	标准化	（m³）	标准化	（月）	标准化	（m³）	标准化
0	0.0000	0	0.0000	0	0.0000	0	0.0000
1	0.1471	1955	0.0485	0.5	0.1042	2385	0.0486
2	0.2941	3796	0.1427	1.5	0.3125	1705	0.0833
3	0.4412	4689	0.2591	2.5	0.5208	7420	0.2344
4	0.5882	7850	0.4539	3.5	0.7292	13285	0.5050
5	0.7353	9910	0.6999	4.5	0.9375	14202	0.7942
6	0.8824	8070	0.9001	4.8	1.0000	10104	1.0000
6.8	1.0000	4024	1.0000	—	—	—	—
合计	—	40293	—	—	—	49101	—

5.2 案例建模及数据验证

由于本案例结算期数（样本数量）较少，赶工期间的主要工程结算进度与混凝土浇筑进度匹配，考虑使用混凝土浇筑进度曲线替代近似结算进度曲线是可行的。本案例实际期数与计划期数不一致，为了便于计算和减少误差，分别将工期数据和浇筑量数据进行标准化处理后再建模计算。将上述经过标准化后的数据按照上文方法建模，输出图形如图 2 所示。

$$y_0 = -0.192x + 2.279x^2 - 1.119x^3$$

$$y_1 = 0.136x + 0.345x^2 + 0.526x^3$$

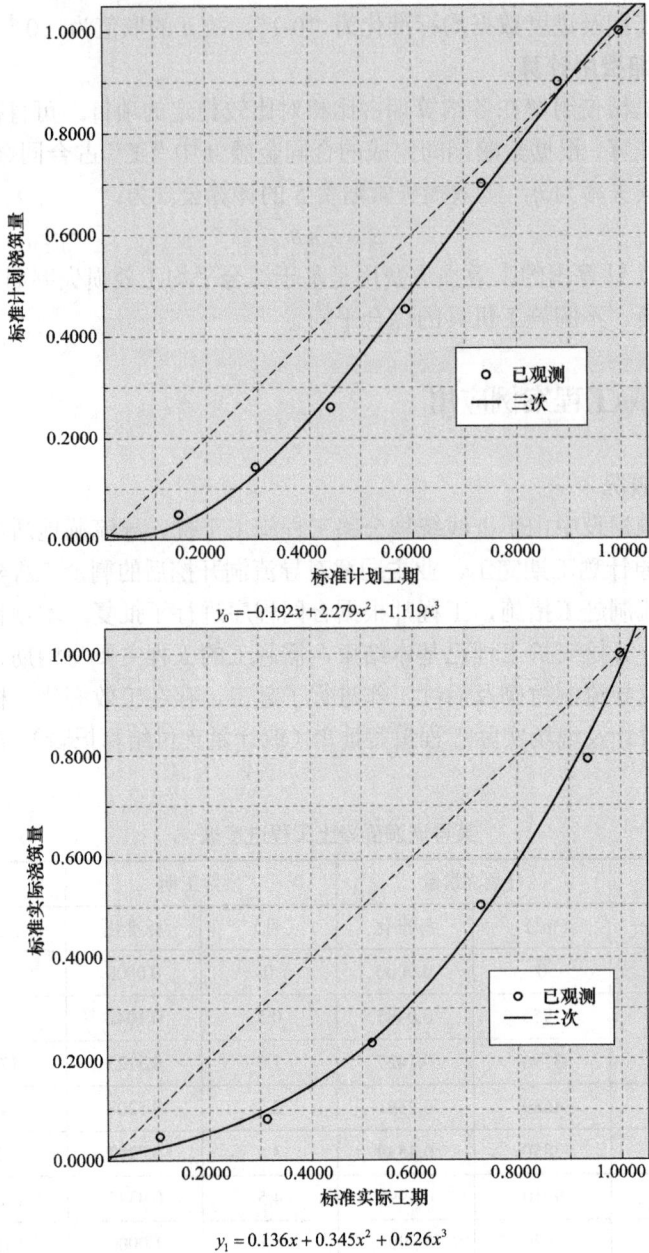

图 2　某导流洞混凝土浇筑进度曲线图

根据图 2 可以看出，计划曲线 y_0 和实际曲线 y_1 均处于均衡线 $y=x$ 的同一侧，则按式（12）代入参数计算：

$$\eta = \frac{\displaystyle\int_0^n (y_1 - y)\mathrm{d}x - \int_0^n (y_0 - y)\mathrm{d}x}{\displaystyle\int_0^n (y_1)\mathrm{d}x} = \frac{\displaystyle\int_0^1 [(0.136+0.192)x + (0.345-2.279)x^2 + (0.526+1.119)x^3]\mathrm{d}x}{\displaystyle\int_0^1 (-0.192x + 2.279x^2 - 0.646x^3)\mathrm{d}x} \quad (12)$$

$$= 18.08\%$$

式（12）的计算结果表示混凝土浇筑工程的实际工效比计划工效降低了 18.08%，并据此近似地认为导流洞赶工期间工效降低了 18.08%。

根据建设管理单位提供赶工时段完成的作业产值 9267.09 万元，合同标段综合人机费约 25.28%，经计算赶工时段人工及机械费合计 2342.72 万元，应补偿人工和机械使用费为：

$$2342.72×18.08\%=423.56（万元）（不含税）\qquad（13）$$

该赶工降效补偿费用含建设单位审核费用中的人工机械降效费、新增设备折旧费以及与现场工效有关的措施费。

建设管理单位委托独立第三方咨询机构使用了其他方法进行测算，结果为降效费 428.29 万元（不含税），降效率 18.28%，与本方法复核计算的工效降低补偿费 423.56 万元相比，其计算结果差异不大，降效率差异 0.2%，在可接受范围内。本案例承包商及业主最终以 428.29 万元达成补偿协议。

5.3　案例计算结果对比总结

本项目赶工的主要分部分项工程为钢筋混凝土工程，工期压缩比为 29.41%；用混凝土平均月浇筑强度测算，计划浇筑强度为 5925m³/月，实际浇筑强度为 10229m³/月，则强度差为 72.64%；而根据本方法计算的工效率差为 18.08%，虽然浇筑强度提高 72.64%，但工效相应仅降低 18.08%。笔者提供了多案例对比验证和分析均已通过，不在本论文中赘述。

6　结束语

既然工期索赔业界没有达成标准模式或统一计算方法，那么业主与承包商之间的争议就在所难免，甚至会提请仲裁或诉诸法律。逻辑关系紧密、费用计算方法严谨、客观反映实际投入状况的方法能被各方共同接受。针对目前普遍存在的工期变更现象，推广使用这种根据科学性的工期索赔量化计算方法，可使计算依据更充分，合同双方当事人争议降到最低[7]。

参考文献

[1] Roger Gibson，著．崔军，译．工期索赔 [M]．北京：机械工业出版社，2010．
[2] 陈广森．基于挣值技术的工期索赔数学分析方法 [J]．水力发电，2014（3）：79-81．
[3] 陈广森．水利水电工程智能化"工期—费用"综合控制方法 [C] //水库大坝高质量建设与绿色发展，中国大坝工程学会 2018 年学术年会暨第十届中日韩坝工学术交流会论文集．郑州：黄河水利出版社，2018．
[4] Reg Thomas，著．崔军，译．施工合同索赔 [M]．北京：机械工业出版社，2010．
[5] 中国建设工程造价管理协会．建设工程造价管理相关文件汇编 [M]．北京：中国计划出版社，2023．
[6] F. 哈里斯，R. 麦卡费，著．吴之明，卢有杰，等，译．现代工程建设管理 [M]．北京：清华大学出版社，1995．
[7] 陈广森．量化计算在景洪水电站中的应用 [J]．水利水电工程造价，2010（1）：11-15．

作者简介

陈广森（1976—），男，河南郾城人，正高级经济师，特许工料测量师（英）、注册一级建造师，主要从事水电工程建设管理及技术经济工作。E-mail：forestchen2001@163.com

液压攀升模架技术在羊曲水电站厂房工程的应用

杨忠加　段军邦　张峰华

（黄河上游水电开发有限责任公司工程建设分公司，青海省西宁市　810000）

[摘　要]传统厂房排架柱之间连系梁砌体结构施工需搭设落地式满堂脚手架作为施工辅助平台，存在脚手架高度大、混凝土模板安装精度难、模板周转效率低等特点。为实现羊曲水电站安全、质量、进度等目标，通过借鉴以往工程经验、梳理分析技术痛点、市场调查、现场试验等手段，研究应用液压攀升模架技术，总结其可实施性和操作性。通过应用，发现液压攀升模架技术在安全、质量、进度、投资等方面均有优化。

[关键词]羊曲水电站；液压攀升模架；厂房工程

0　引言

羊曲水电站厂房结构横缝采用一机一缝，机组段长度为 29m，宽度 30.9m，发电机层以上高度 31.8m。根据以往工程惯例，主厂房剪力墙排架柱施工，工程安装间和卸货间需自发电机层搭设落地式满堂脚手架，机组段需自蜗壳层搭设落地式脚手架或自发电机层搭设悬挑式满堂脚手架作为施工辅助平台，脚手架高度超过 30m；且主厂房下游墙需待副厂房楼板全部施工至尾水平台后才具备脚手架搭设条件。传统施工方案脚手架高度大，施工中模板吊装频繁，立体交叉作业影响大，施工安全风险较大；混凝土模板安装精度难以控制，浇筑过程中体型控制难度较大；脚手架搭拆工程量大，安装和拆除周期长，墙柱混凝土施工与蜗壳安装等干扰较大[1]。为了降低工程后期运行维护成本，减少厂房工程传统施工工序，将厂房排架柱之间连系梁砌体结构改为剪力墙结构。统筹考虑厂房工程发电机层以上排架柱+剪力墙结构特点，以及液压攀升模架可减少起重机械数量、加快施工进度、易于调整和控制垂直度与平整度的特点，为降低土建、机电各专业施工干扰、确保混凝土外观质量和加快施工进度，研究应用液压自动爬升模板技术。

1　液压攀升模架设计及施工方案

统筹考虑羊曲水电站厂房工程安全、质量和进度因素，计划以安装间 58m 范围（含左端墙）为样本进行模架设计制作，尺寸及配模需统筹考虑机组段，在安装间和卸货间施工完成后周转至机组段进行使用。考虑排架柱设有牛腿，不能设置爬架机位，爬架机位只能设在剪力墙上。墙体设有窗预留洞口，爬架需避开该位置。柱子阳角部位定型模板需设置圆弧，阴角部位单独设计阴角模板。为此加工模板高度 3.3m，宽度 3m，2603.9～2613.5m 高程间采用模架面板按照常规大模板使用，2613.5m 高程以上按照液压攀升模架工艺施工。在安装间及卸货间试验应用，后期推广至机组段使用。

2 液压攀升模架结构

2.1 分层高度及模板高度选择

主厂房剪力墙排架柱布置高程范围为2603.9～2632.6m，垂直高度为28.7m，剪力墙厚度为 40cm，排架柱断面尺寸为 2.2m×1.4m，外侧为平面，内侧柱子与墙间隔布置；柱端设有10cm 直径圆弧，钢吊车梁平台底部和柱子顶部均设有悬挑牛腿；根据功能需要，在剪力墙各结构部位设有门窗洞口。考虑模板重量及施工质量因素，分层高度按照 3.2m 控制，模板高度按照 3.3m 控制。

2.2 模板结构选择

根据其结构特点，剪力墙外侧和柱间墙内侧采用爬架和大模板结构形式，墙柱间阴角部位选用角模连接。柱端和牛腿异形部位采用定型钢模板，门窗洞口部位采用木胶板和方木制作定型模板，柱子及牛腿模板利用模架钢筋平台桁架作为吊架，采用倒链作为提升动力，人工牵引提升[2]。模架面板模板结构如图1所示。

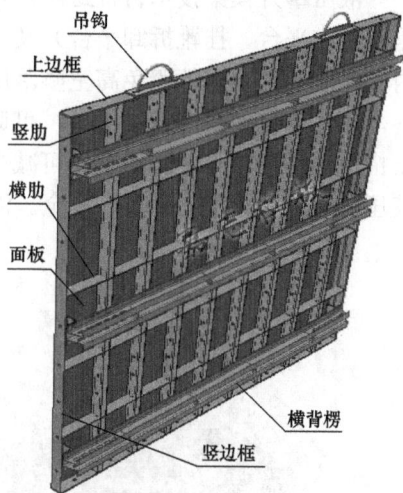

图1 模架面板模板结构大样图

3 液压攀升模架施工工艺方法研究

液压攀升模架施工工艺流程及操作要求如下：

（1）钢筋绑扎完成，预埋件安装完毕→首层墙体模板安装时，按配模图安装模板及模板后移机构→将首层预埋螺栓和锥体安装在模板上相应位置，模板校验，通过验收，浇筑首层混凝土。

（2）首层混凝土浇筑完成，强度达到 10MPa→拆除首层墙体模板→在预埋螺栓上安装模架"挂靴"→安装模架主三脚架→在主三脚架上安装模板平台龙骨，在龙骨上铺设平台钢跳板。首层混凝建筑完成后，安装挂靴、三脚架、平台龙骨及钢跳板。

（3）钢筋绑扎完成，预埋件安装完毕→将模板吊至三脚架上的模板平台上，并用U形螺栓与平台龙骨固定→在模板平台上安装"主平台架"，并用"平连接架"固定主平台架。

（4）安装钢筋平台龙骨和平台钢跳板→安装外金属保护屏（即爬架网片）→操作模板后移机构，使模板向墙体方向移动，合模（柱子模板同步），安装对拉螺栓→浇筑第二层混凝土。

（5）安装液压系统操作平台架→安装平台外保护屏→第二层混凝土浇筑完成，强度达到10MPa→操作后移机构，脱模，使模板脱离墙面 375～400mm→在第二层墙体预埋螺栓位置安装挂靴→安装模架轨道→安装液压系统及油路和电路→第三层钢筋绑扎完成，预埋件安装完毕→操作液压系统[3]，使模板提升一层。第三层混凝土施工三脚架、爬升系统、模板、保护屏组装完成，爬升就位。

（6）操作模板后移机构合模→安装对拉螺栓→第三层混凝土浇筑完成。

（7）在液压系统平台下安装吊架→安装吊架外金属保护屏→第三层混凝土浇筑完成，强度达到 10MPa→第四层钢筋绑扎完成，预埋件安装完毕→操作后移机构，脱模，使模板脱离墙面375～400mm→在第三层墙体预埋螺栓位置安装挂靴→安装模架轨道→操作液压系统，提升模板至第四层。

（8）操作模板后移机构合模，更换牛腿定型模板，浇筑第四层混凝土→进入下一循环。

4 在羊曲水电站厂房应用效果

4.1 安全方面

液压攀升模架技术自带封闭式分层作业平台（包括钢筋平台、退模机构平台、液压爬升系统操作平台、挂靴拆卸平台）及安全通道，一次性组装完成，随模板同步爬升，达到"室内"作业条件，有效避免高空坠落风险。同时爬升模板施工时，模板的爬升依靠自身系统设备，不需要其他垂直运输机械，可避免起重机吊装模板的施工风险。液压攀升模架施工不需要搭拆钢筋模板作业脚手架，可减少平面交叉作业，并降低垂直交叉作业干扰和安全风险。液压爬升过程平稳、同步、安全。液压爬升系统操作平台见图2。

图2 液压爬升系统操作平台

4.2 质量方面

液压攀升模架技术可按墙柱连跨一次配模，下部托撑、轨道滑升、模板对穿固定，分层同步整体爬升，一体浇筑成型，可保证观感质量达到免装修清水混凝土效果。另外施工时，模板逐层分块安装，其垂直度和平整度更易于调整和控制，使施工精度更高，体型控制精准。自带的挂靴拆卸平台，可及时处理墙面混凝土微部瑕疵创造条件，基本可实现达到清水混凝土的浇筑效果[2, 4]。混凝土浇筑完成后内墙大面、柱子及牛腿浇筑效果见图3。

图3 内墙大面、柱子及牛腿浇筑效果

4.3 进度方面

液压攀升模架体在首层组装后，直到使用至顶层不再重复安拆。操作架体同时也作为钢筋绑扎、混凝土浇筑的操作平台，节省了操作平台搭设的人工和材料，节省了施工场地，而且减少了模板面板碰伤损毁。相对传统支模工艺，液压攀升模架施工可以大幅提高工程施工进度，模板体系爬升动力自给自足，大大降低了塔吊的吊次。与传统常规定型模板相比，以羊曲水电站厂房工程进度仿真，常规模板每层排架柱剪力墙施工工期13天，分7层施工；采用液压攀升模架施工多跨一次配模，分层同步整体爬升，一体浇筑成型，可将单层施工缩短至8天。爬升速度快，可以提高工程施工速度。与传统搭设脚手架进行厂房排架柱及剪力墙施工工艺标准层进度相比液压攀升模架至少每层浇筑节约5天工期，具体分析见表1。

表1　　　　　传统施工工艺标准层施工进度相比液压攀升模架进度对比分析

传统工艺施工项目	工期（天）	液压攀升模架工艺施工项目	工期（天）
脚手架搭设	3	—	—
钢筋安装	4	钢筋安装	4
埋件安装	2	埋件安装	2
模板安装	3	模板爬升	1
混凝土浇筑	1	混凝土浇筑	1
合计	13	合计	8

采用液压攀升模架技术可达到不再重复安拆、模板体系爬升动力自给自足、缩短单层施工时间，提高了工程施工速度，进度目标可控、在控。

与传统施工工艺厂房排架柱施工，后期还需在室内进行装修。采用液压攀升模架技术，混凝土浇筑体型能够精确控制，外观质量能够达到清水混凝土效果，可不用装修，节约厂房装修时间约2个月。

4.4 投资方面

液压攀升模架可整体爬升，也可单榀爬升，爬升稳定性好，安全性高，模板标准化程度和模架系统自动化程度高，可节省大量人工工时和周转材料的消耗。提供全方位的操作平台，施工单位不必为重新搭设操作平台而浪费材料和劳动力。与传统搭设脚手架进行厂房排架柱及剪力墙施工工艺标准层施工劳动力及机械设备更能节约，具体分析见表2。同时采用液压攀升模架技术，室内外观质量免装修效果，节省厂房装修投资约100元/m^2。

表2　　　　与传统施工工艺标准层施工与液压攀升模架劳动力及机械设备对比分析

传统工艺工种/设备		液压攀升模架工艺工种/设备	
架子工	8人	—	—
钢筋工	10人	钢筋工	10人
电焊工	4人	电焊工	4人
模板工	10人	操作工	4人

续表

传统工艺工种/设备		液压攀升模架工艺工种/设备	
混凝土工	8人	混凝土工	8人
50t 吊（模板吊装）	2台	—	—
合计	40人	合计	26人

5　结束语

液压攀升模架技术通过在羊曲水电站厂房工程的成功应用，实现首次在水电站厂房应用。外露面达到清水混凝土效果，可直接利用混凝土成型后的自然质感作为饰面效果的混凝土，以达到免装修效果。可为后续水电站地面厂房、其他类似地面厂房直接推广使用，也可为后续兴起的抽水蓄能电站地下厂房工程，在垂直起吊设备少、作业空间狭窄条件下，施工墙体混凝土提供参考和借鉴，并可在水电站进水塔、闸门井、出线竖井、调压室等井筒式结构施工中推广使用。

参考文献

[1] 刘芳瑜，杜垚，孔祥雷，等. 液压爬模在超高层建筑工程施工中的应用探讨研究 [J]. 建筑技术开发，2023，50（S1）：69-73.

[2] 黄瀚锋. 清水混凝土模板体系设计及施工工艺研究 [J]. 科学技术创新，2023（2）：115-118.

[3] 谭健. 全回转船吊卷扬制动液压系统优化设计 [J]. 液压气动与密封，2024，44（1）：98-100.

作者简介

杨忠加（1990—），男，工程师，主要从事水利水电工程建设管理工作。E-mail：601837640@qq.com
段军邦（1983—），男，高级工程师，主要从事水利水电工程建设管理工作。E-mail：13299785645@163.com
张峰华（1987—），男，高级工程师，主要从事水利水电工程建设管理工作。E-mail：18766785643@163.com

水调自动化系统数据质量监测预警
及其异常检测研究平台实现

刘道君　唐　润　刘　帅　张玉松

（中国长江电力股份有限公司，湖北省宜昌市　443000）

[摘　要] 水调自动化系统中常常存在数据值缺失或异常、数据属性丢失或冗余等多种数据质量问题，可能对数据后续使用带来严重危害。通过信息化方法，结合实际的业务生产需求，设计并实现一个数据质量监测平台。通过数据质量监控及异常检测平台的设计与实现，从不同角度分析站点信息之间的内在联系，提供一种站点信息数据资产动态维护的信息化手段，并能较好地贴合实际生产场景，为辅助提升工作效率提供新的方式。

[关键词] 数据质量提升；数据异常；数据治理

0　引言

中央企业信息化建设是一项十分重要的任务，中国长江电力股份有限公司所属的三峡梯调主要负责长江干流梯级电站水库的联合调度优化、电力实时调度，以及在建水电工程水文气象服务保障等工作，使用到了包括水库调度系统、电力调度系统、气象服务系统等众多重要的生产系统[1]，但是随着时间的推进，系统面对一些新的需求时[2]，难以直接满足，例如水库调度系统经常面临着采集的水情数据质量不好的问题，主要体现在遥测站点水位来数经常会存在缺数、跳变等情况，面对这些情况，目前还没有较好的手段进行有效监测、及时处理。除了水位数据之外，还有雨量数据、流量数据、气象数据也存在数据异常的问题，

本文旨在通过借鉴业界比较成熟的数据质量管理方法，结合实际业务需求设计并实现一套水电综合数据质量管理系统，帮助相关业务管理人员对业务系统运行期间产生的各类业务数据进行质量管控，提升数据的规范性、完整性、及时性、有效性和一致性，同时也可以解决在业务系统实施过程中，业务数据错乱以及数据标准和规范未被严格履行等原因导致的数据质量问题。最终通过标准化的数据质量检查规则，建立数据质量检查方案。尽量避免由于数据质量问题可能造成的损失，提高数据分析、数据挖掘和数据决策的精确度。

1　相关技术和理论基础

1.1　前后端分离

传统的前后端不分离开发方式是在服务器端生成浏览器可识别的 HTML 文件，再传输到浏览器端进行解析和页面显示[3]。这种模式会造成一次性加载资源过多，导致前端页面卡顿问题，降低用户的体验感，并且这种开发方式会把前后端代码交融在一起，使得代码架构杂糅，

模块之间耦合度高，给开发人员后期系统的维护和升级带来非常大的困难。随着前端开发技术的发展以及用户对前端功能和交互性的要求越来越高，传统的前后端开发不分离的方式已经不能满足当前系统开发的需求，因此，本文从平台的整体架构出发，选择前后端分离的开发模式。

前后端分离的核心原理就是用 AJAX 技术将 HTML 页面所需要的 JSON 数据从后端的 Restful API 接口调用，无需进行整个页面的传输[4]。使用前后端分离的开发模式，前端开发者和后端开发者只需要关注自己开发的部分即可，后端人员无需考虑前端的页面布局与样式、页面跳转、交互设计等，前端人员也无需关心数据库设计、控制层、业务逻辑层、数据持久化和前后端通信等问题，前后端人员只需协调好系统所需要的接口和参数，这种模式使得前后端开发人员的职责更加清晰，大大提升了系统的开发效率，便于日后的维护、扩展。

1.2 企业级架构技术

1.2.1 Golang 语言

Go 是一个开源的编程语言，它很容易构建简单、可靠、高效的软件[5]。它的诞生是因为发明者认为现有的编程语言存在各种弊端。Go 语言的设计借鉴 C、Java 和 C++语言，但 Go 程序在本质上完全不同于其他语言编写的程序。它有开发和部署简单的特点，编译之后会生成一个可执行文件，基本不需要外部依赖。同时，还有并发编程优势，引入的 goroutine 概念，使得并发编程变得非常简单。此外，具有良好的语言设计风格，Go 没有使用异常捕获机制，而是使用了错误处理机制，这样可以避免代码的多层嵌套，使得代码更加简洁。

1.2.2 Gin 框架

Gin 框架是 Golang 的微框架[6]。对于 Golang 而言，Web 框架的依赖远比其他语言小很多，Golang 官方也不太推荐如 Java 的 Spring MVC 或者 Spring boot 那样的强烈依赖框架，依靠自带的 net/http 包就能非常容易搭建一个 Web 服务器。框架更像是一些常用函数或者工具的集合，借助框架开发，可以减少冗余的代码，多人协同开发时也更加便于维护和规范编程。

Gin 可以完全地兼容官方的 net/http 包，使得开发更加灵活。根据研究发现，得益于 Gin 框架的内部优化，它将路由构造成前缀树，不仅能支持子路径匹配，且无需使用反射去调用 handler，同时占用的内存空间更小，比起 beego、iris 等框架来说，Gin 框架性能优势略高，也更加受到欢迎。此外，Gin 框架支持 Restful 风格接口，支持多种传递数据格式，如 json、xml、form 等。封装 API 也比较优雅，源码注释清晰，链式处理，对中间件支持友好。

1.3 前端技术框架及数据可视化技术

1.3.1 Vue 框架

Vue 是一款基于 MVVM 的前端开发框架，与其他前端开发框架最大的区别是其为一种渐进式框架，采用自底向上增量式的开发设计，学习成本低，支持多种插件，如 Vue Router、Vuex 等。同时，Vue 具有组件化开发方式，支持最新的 ES6 规范，通过内置指令更加便捷地完成页面交互，能够帮助开发者更加便捷地完成前端页面的开发，提升开发效率[7]。相比于传统的前端开发，Vue 不需要通过选择器进行层层嵌套的方式获得 DOM 元素，而是通过响应式的双向数据绑定实时监听数据变化，并将这种变化映射到数据模型中。

Vue 的双向数据绑定在本文研究平台的前端页面开发中发挥了重要的作用。当开发人员使用 v-model 指令将 View 层和 Model 层进行了数据绑定时，用户在视图中修改数据时，后台的数据也会跟着改变；当后台的数据发生改变时，与该数据绑定的页面内容也将显示改变后的数据，实现了视图显示与数据处理同步更新，Vue 双向数据绑定原理如图 1 所示。

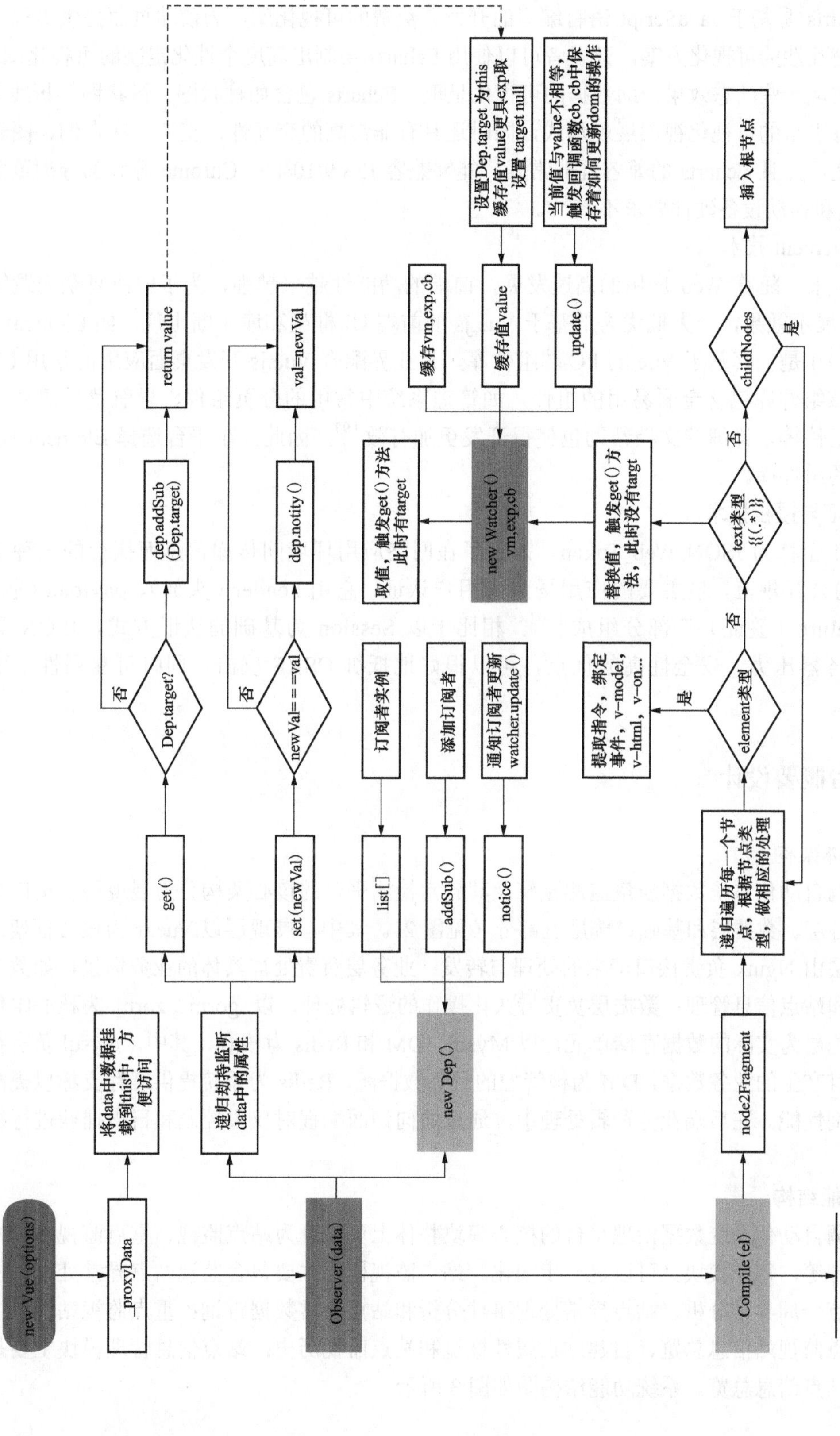

图 1 Vue 双向数据绑定原理图

1.3.2　数据可视化—Echarts

Echarts 是基于 JavaScript 语言编写的开发、免费的可视化库，为前端页面提供美观、多样、高交互性的可视化方案，开发者可以使用 Echarts 绘制出高度个性化定制的可视化图表，还可以实现一些动态效果帮助数据的可视化呈现。Echarts 包含如柱状图、饼状图、折线图、散点图等丰富的可视化视图展现形式，同时还具有非常高的交互性，支持二次查询、图表缩放等功能，并且 Echarts 的兼容性非常好，能够兼容 IE8/9/10/11、Chrome 等大部分浏览器，对 PC 端和移动设备硬件要求不高[8]。

1.3.3　Element 技术

近年来，随着 Web 应用的高速发展，前端的功能性越来越强，为了解决复杂的逻辑交互和 UI 展示效果，一大批优秀的基于 Vue.js 的前端 UI 框架和库不断出现，如 Element UI。Element UI 是一套基于 Vue 的 PC 端组件库，是业界配合 Vue.js 开发桌面应用的常用 UI 库之一，该组件库包含全面易用的组件，如管理系统中常用的分页组件、导航菜单组件、消息提示组件等，详细的文档帮助也使得开发更加有效[9]，因此，本平台选择 Element UI 作为平台的组件库。

1.4　认证与授权技术

JWT 全称为 JSON Web Token，是为了在网络应用环境间传递信息而执行的一种基于 JSON 的公开规范，最主要的应用场景为用户认证，它由 header（头部）、payload（载荷）和 signature（签证）三部分组成[10]。相比于以 Session 为基础的认证方式，JSON 具有降低服务器压力、安全性高的优点，可以很好地抵御 CSRF 攻击，同时可复用性、可拓展性强。

2　平台概要设计

2.1　总体架构

水调自动化系统数据质量监测预警及其异常检测平台的核心架构分为展现层、接口交互层、业务层、数据层和基础设施层五部分（见图 2）。其中，展现层以 Vue.js 为核心框架；接口交互层由 Nginx 负责接口请求的处理与转发；业务层负责处理具体的业务场景，如数据质量检测和站点信息管理；数据层负责持久化操作的逻辑处理，以 gorm、zorm 为核心组件；基础设施层为实际的数据存储单元，以 Mysql、DM 和 Redis 为核心，其中，mysql 负责存储系统本身产生的业务数据，DM 为被管控的目标数据源，Redis 为系统提供缓存支撑以提高数据的查询性能。在后端业务逻辑处理中，通过面向切面编程对权限控制和日志捕获进行统一管理。

2.2　功能结构

水调自动化系统数据治理平台的核心模块整体上可以分为站点监视、重点监视站和站点信息管理等，每个模块又可以进一步细化。站点监视模块主要包含监视站点异常处理分析、监视站点一周异常分析、站点异常处理事件分析和站点异常数据查询；重点监视站模块主要包含重点监视站信息总览、自建站点属性概览和站点监视历史；站点信息管理模块主要是自建遥测站点信息总览。系统功能结构图如图 3 所示。

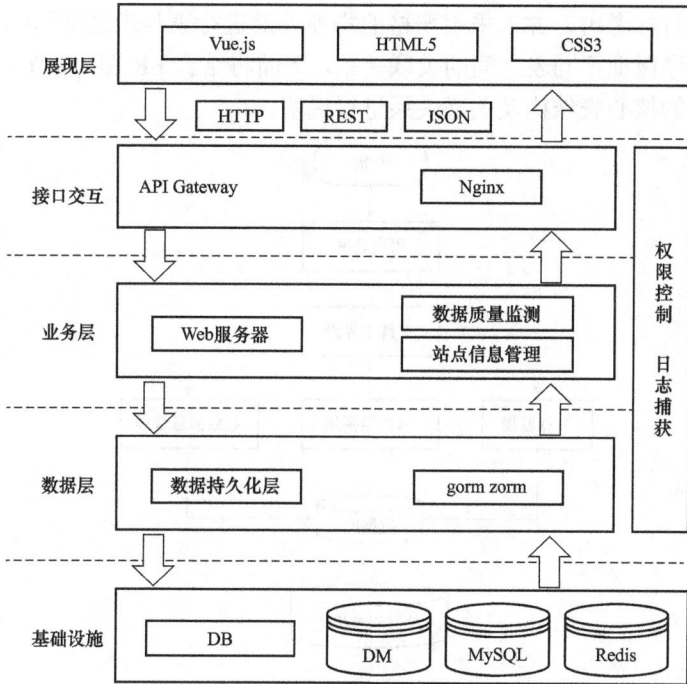

图 2　系统总体架构图

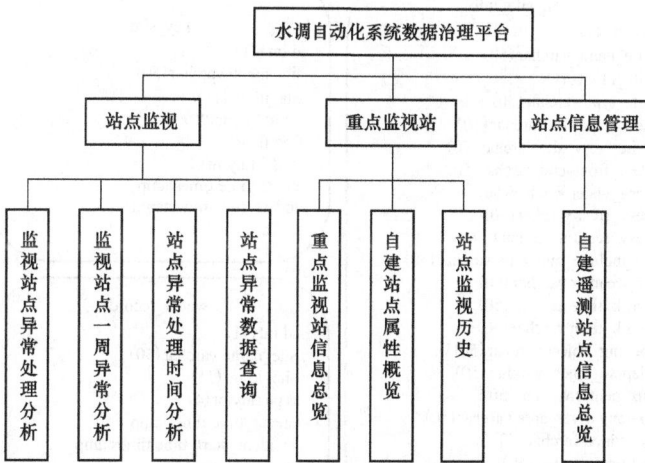

图 3　系统功能结构图

2.3　整体流程

用户在成功登录水调自动化系统数据治理平台后首先进入系统主界面，即重点监视站界面，可以在站点监视、站点信息管理界面之间进行切换，不同的界面下又可以细分为具体的功能模块，由各功能模块负责与数据库进行交互。在执行异常检测和查看数据源表时会与被检测数据源建立数据库连接，执行相关的数据处理逻辑。系统整体流程图如图 4 所示。

2.4　数据模型

水调自动化系统数据治理平台的核心数据采用关系型数据库进行持久化。图 5 展示了水调自动化系统数据治理平台中核心表结构的结构设计图，在设计数据模型时，出于提高系统灵活性和可用性的目标考虑，并未采用严格的物理外键进行表与表之间的强关联，而是通过逻辑外键由应用程序保证不同表之间的关联关系，下面将结合 ER 图（见图 6）对水调自动化系统数据治理平台的核心表结构及关联关系进行说明。

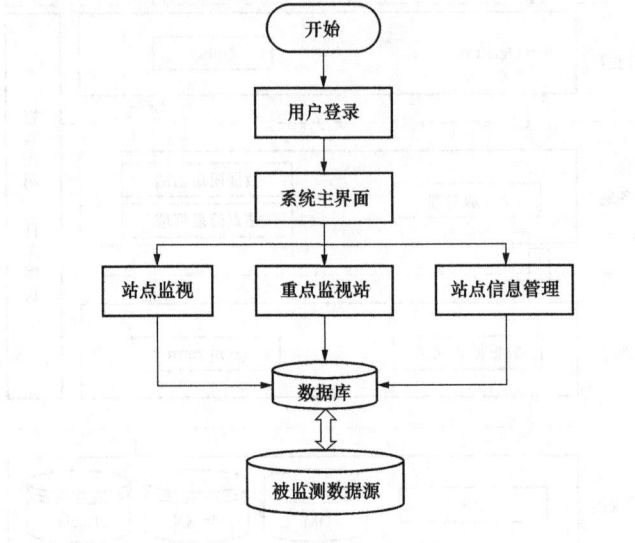

图 4　系统整体流程图

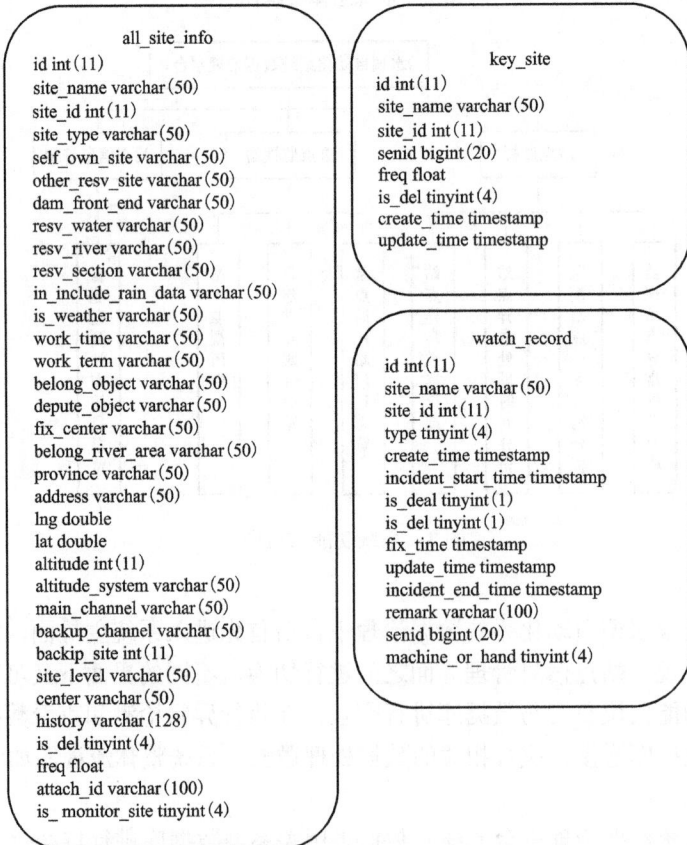

图 5　数据库整体结构设计图

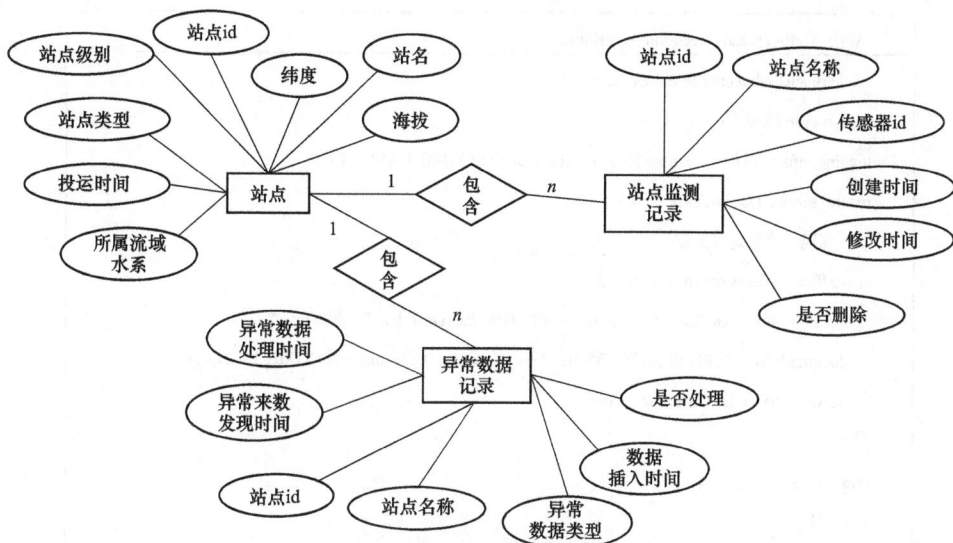

图 6　数据库 ER 图

在对站点进行重点监视时会生成一条站点监测记录，站点与站点检测记录是一对多的关系，以站点 id 进行关联，每条站点检测记录都关联一条站点信息；当站点数据产生异常时，会生成一条异常数据记录，一个站点可能产生多条异常数据记录，以站点 id 进行关联。

3　平台部署与运行方案

3.1　多线程方案

数据质量监控平台后端采用 Go 作为主力开发语言，利用 Go 语言的高并发、多线程优势，能够充分发挥多核心处理器的运算能力，可以高效地对较大规模的数据执行数据质量检查。本系统在执行质量检查方案时会对每一个重点监视站点开辟一个独立的线程去监视站点数据，结合自定义线程池及数据库连接池，通过参数调校与优化，可以使服务器硬件性能得到充分发挥，极大地提高了数据质量检查的执行效率。多线程执行伪代码如图 7 所示。

3.2　主从复制与读写分离方案

基于项目部署的服务器资源状况和实际的系统业务需求，在实现数据库主从复制与读写分离的方案时未引入过于复杂的系统架构，重点从相对基础性的主从复制与读写分离需求出发展开系统的设计与实现。

数据监控平台共部署了 3 台 Mysql 服务实例，其中一台作为 Master 节点，另外两台作为 Slave 节点。Slave 节点主要负责同步 Master 节点的数据以起到冗余备份的作用，同时 Slave 节点还负责响应系统红数据库的读请求，以达到分担 Master 节点数据库请求压力的目的。Master 节点主要负责处理系统中的数据库写请求，并为 Slave 节点提供同步的数据。Mysql 的主从复制由数据库本身来实现，而读写分离则通过引入 MyCAT 中间件来实现。在 MyCAT 中通过 SQL 解析器可以实现对 SQL 语句的分类处理，对于写请求的 SQL 语句交由 Master 节点处理，而对于读请求的 SQL 语句则交由 Slave 节点处理，从而达到读写分离的目的。

算法 Mutli-Thread Execution Algorithm

```
func BatchTask（ctx context.Context）{
cr ：= cron.New（）
logging.Info（"时间："+ time.Now（）.Format（util.TIME_LAYOUT））
record_service.DoTimeTask（ctx）
    // 每隔 1 小时定时监测
cr.AddFunc（"@every 1h"，func（）{
    //fmt.Println（time.Now（）.Format（util.TIME_LAYOUT），"，运行一次"）
    logging.Info（"定时检测数据，时间："+ time.Now（）.Format（util.TIME_LAYOUT））
    record_service.DoTimeTask（ctx）
}）
cr.Start（）
select {}
}
    func DoTimeTask（ctx context.Context）{
ret，err ：= GetAllKeySite（）
if err != nil {
    logging.Error（"models.GetAllKeySite err，"，err）
    return
}
currentTime ：= time.Now（）
    // 对每一个重点监视站开辟一个线程计算异常
for _，keySite ：= range ret {
    go CaculateUnNormal（ctx，currentTime，keySite）
}
}
```

图 7　多线程执行伪代码

3.3　集群部署方案

数据质量监控平台初次部署采用三台服务器实例节点部署 Tomcat 服务，服务器规格符合概要设计中对运行环境的规定。通过 Nginx 负载均衡系统转发处理前端请求。数据持久化层采用签署的 Mysql 主从复制与读写分离方案。数据缓存层采用 Redis 集群系统。通过负载均衡系统结合多实例节点部署服务以及数据持久化系统和 Redis 集群，保障系统服务运行的质量和稳定性。系统部署图如图 8 所示。

4　平台用例说明

4.1　数据质量监视功能测试

查看数据质量监视记录如图 9 所示，列表中的内容为站点监视的记录，第一列为站点监视记录 id；第二列为监视站点的名称；第三列判断当时站点来数的情况，正常和异常两种情况；第四列表示数据监测的时间；第五列表示数据发生异常的起始时间，若无异常，则显示数据监测时间；第六列表示数据发生异常的结束时间，若无异常，同上；第七列表示数据修改完成时间，可以用来表示修复数据的响应速度；第八列表示异常数据当前是否已经修复；第九列表示当前发生异常的数据，其产生异常的具体内容；最后一列可以手动标记数据是否处理。

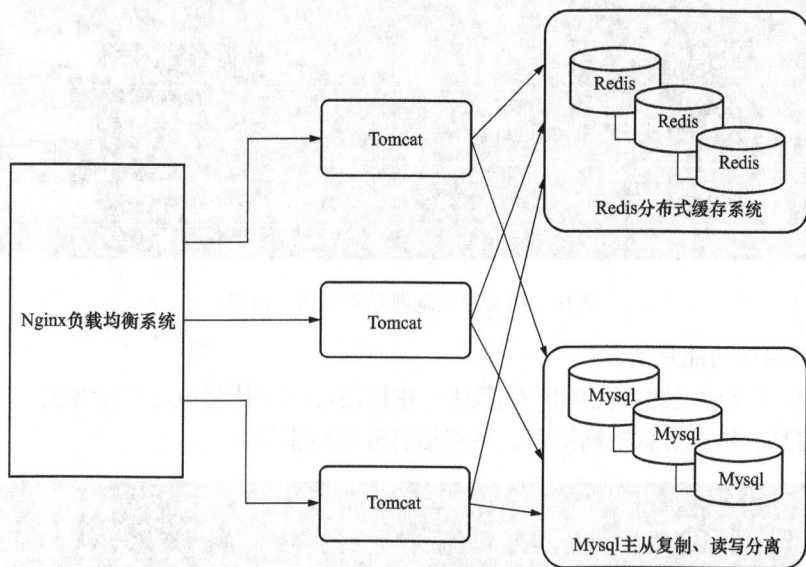

图 8　系统部署图

图 9　查看数据质量监视记录

4.2　重点监视站功能测试

图 10 为所有自建遥测站点的属性概览，可以选择监测该站点，也可以点击放弃监测原来监视的站点，支持模糊搜索站点名称。显示正在监测站点后还可以在地图上显示正在监测站点位置和该站点被监测历史。

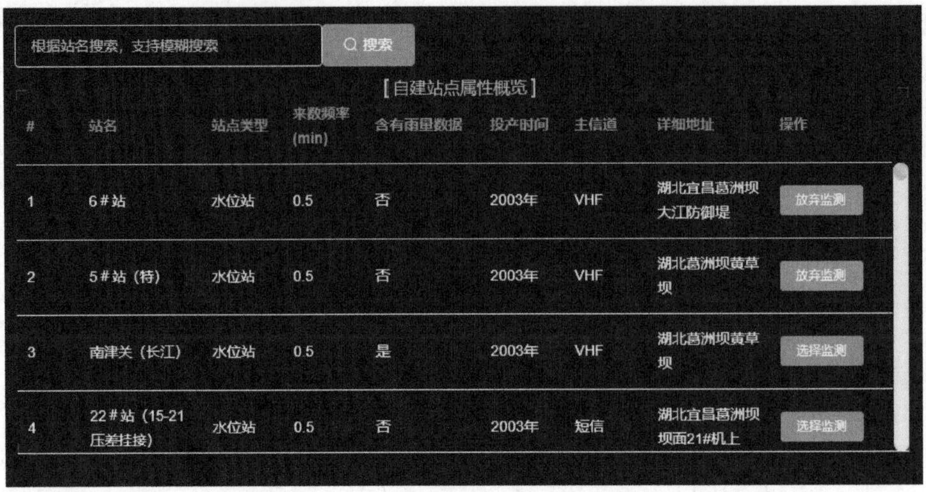

根据站点名搜索，支持模糊搜索　搜索

[自建站点属性概览]

#	站名	站点类型	来数频率(min)	含有雨量数据	投产时间	主信道	详细地址	操作
1	6#站	水位站	0.5	否	2003年	VHF	湖北宜昌葛洲坝大江防御堤	放弃监测
2	5#站（特）	水位站	0.5	否	2003年	VHF	湖北葛洲坝黄草坝	放弃监测
3	南津关（长江）	水位站	0.5	是	2003年	VHF	湖北葛洲坝黄草坝	选择监测
4	22#站（15-21压差挂接）	水位站	0.5	否	2003年	短信	湖北宜昌葛洲坝坝面21#机上	选择监测

图 10　所有自建遥测站点的属性概览

4.3　站点数据治理功能测试

图 11 展示了自建遥测站点的所有信息，并且还可以支持修改、删除站点。同时，还支持新增站点信息、站点信息模糊搜索、站点信息分类搜索等。

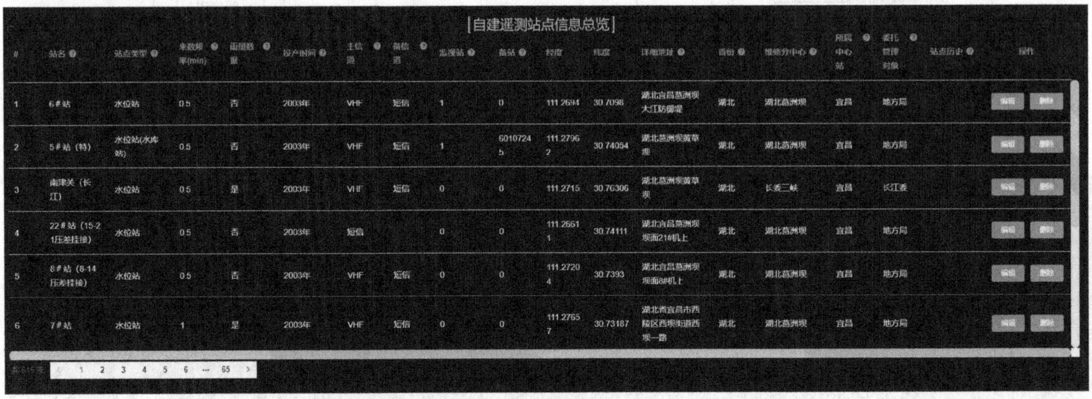

[自建遥测站点信息总览]

#	站名	站点类型	来数频率(min)	雨量数据	投产时间	主信道	备信道	监视站	备站	经度	纬度	详细地址	省份	维修分中心	所属中心站	委托管理对象	站点历史	操作
1	6#站	水位站	0.5	否	2003年	VHF	短信	1	0	111.2694	30.7098	湖北宜昌葛洲坝大江防御堤	湖北	湖北葛洲坝	宜昌	地方局		编辑 删除
2	5#站（特）	水位站(水库站)	0.5	否	2003年	VHF	短信	1	60107245	111.27962	30.74054	湖北葛洲坝黄草坝	湖北	湖北葛洲坝	宜昌	地方局		编辑 删除
3	南津关（长江）	水位站	0.5	是	2003年	VHF	短信	0	0	111.2715	30.76306	湖北葛洲坝黄草坝	湖北	长委三峡	宜昌	长江委		编辑 删除
4	22#站（15-21压差挂接）	水位站	0.5	否	2003年	短信		0	0	111.26611	30.74111	湖北宜昌葛洲坝坝面21#机上	湖北	湖北葛洲坝	宜昌	地方局		编辑 删除
5	8#站（8-14压差挂接）	水位站	0.5	否	2003年	VHF	短信	0	0	111.27204	30.7393	湖北宜昌葛洲坝坝面8#机上	湖北	湖北葛洲坝	宜昌	地方局		编辑 删除
6	7#站	水位站	1	是	2003年	VHF	短信	0	0	111.27657	30.73187	湖北省宜昌市西陵区西坝街道西坝一路	湖北	湖北葛洲坝	宜昌	地方局		编辑 删除

共615条　<　1　2　3　4　5　6　…　65　>

图 11　自建遥测站点信息

5　总结与展望

本文围绕着数据质量监控及其异常检测平台的设计与实现展开了研究，结合数据质量监测平台的实际业务场景，从功能性和非功能性角度分析，主要实现了数据质量监视、重点监视站点、站点数据治理三个模块。同时使用了精准、有效的方法，及时监测水雨情、气象数据的数据质量，对提升三峡梯调负责的梯级电站电力调度、水雨情预报能力具有重大意义。但受限于研发周期及本人的研发水平，该系统仍然存在一些可以改进和提升的方面。在数据质量检查方面，可以继续研发更加多样化的数据检查规则支持，创造更加丰富的数据质量评价指标，进一步充实数据质量评价体系。此外，随着业务体量和数据规模的增长以及可支配服务器软硬件资源的扩充，可以对系统的部署架构做进一步的迭代与升级。

参考文献

[1] 曹光荣，舒卫民，周保红，等. 流域智慧调控大楼的建设探索与思考 [J]. 水电与新能源，2022，36（3）：1-8.

[2] 庞树森，张玉松，王冕，等. 梯级水电站智慧调度的建设浅析——以三峡梯级水电站实时调度为例 [J]. 水电站机电技术，2020，43（1）：68-70.

[3] 陈晗. 基于 RESTful 的网上商城的设计与实现 [D]. 北京：首都经济贸易大学，2021.

[4] 王建，罗政，张希，等. Web 项目前后端分离的设计与实现 [J]. 软件工程，2020，（4）：22-24.

[5] 齐洋，原变青，刘颖，等. 基于 Gin 和 Vue.js 的作业管理系统的设计 [J]. 信息技术与信息化，2022，（10）：103-105，110.

[6] 肖睿. 基于 Gin 框架的营销活动公共类库的设计与应用 [D]. 武汉：华中科技大学 2019.

[7] 郭艳华. 基于 Vue 框架的海量数据处理系统设计 [J]. 信息与电脑（理论版），2022，（23）：16-18.

[8] 敬国伟，黄大池. 基于 ECharts 的数据可视化研究 [J]. 西部广播电视，2022（20）：227-230，234.

[9] 韦雪文. 基于 Spring Boot+Vue 的炉况评价系统的设计与实现 [J]. 电脑知识与技术，2022（35）：43-45，49.

[10] 林哲. 一种微服务架构的认证授权方案设计与实现 [J]. 电脑编程技巧与维护，2022（11）：68-70，103.

作者简介

刘道君（1997—），助理工程师，主要从事流域梯级水库调度自动化系统运维。E-mail：liu_daojun@ctg.com.cn

唐润（2001—），助理工程师，主要从事流域梯级水库调度自动化系统运维。E-mail：tang_run@ctg.com.cn

刘帅（1985—），高级工程师，主要从事流域梯级水库调度自动化系统运维。E-mail：liu_shuai@ctg.com.cn

张玉松（1987—），高级工程师，主要从事流域梯级水库调度自动化系统运维。E-mail：zhang_yusong@ctg.com.cn

四、

运行与维护

事故预想在水电厂运行管理中的应用

蔡红猛　仝　亮　周希文

（华能澜沧江水电股份有限公司乌弄龙·里底水电厂，云南省迪庆藏族自治州　674606）

[摘　要]事故预想是水电厂运行管理中的一项重要活动，开展事故预想活动对水电厂运行方式及设备动作逻辑进行再次检视，有利于对设备运行方式、事故处置方案的进一步优化。本文对开展事故预想活动的意义、时机及如何开展好事故预想活动进行总结探讨，并结合事故预想中的预控措施对设备进行了技术改造与自动化设计，提升了设备应急水平。

[关键词]事故预想；水电厂；运行管理；技术改造

0　引言

事故预想是以设备的当前情况为基础，对设备运行过程中可能发生的各种故障进行预先假设，以确保能够在第一时间发现问题，对发生的异常情况进行分析找到故障原因，采取恰当合理的措施进行处置，使故障设备能够尽快恢复，保障人员、设备的安全，将设备故障影响范围和危害程度减少到最低。

事故预想是电力系统的优良工作传统。有"中国水电之母"之称的丰满水电站早在20世纪50年代即开展以"从最坏处着想，向最好处努力"为指导思想的"百件事故预想活动"。作为新时代的运行人员，更应将这一优良传统传承好、发扬好。

1　事故预想的意义

事故预想活动是在某种运行方式下，运行人员根据设备系统运行情况，设想系统内、外部发生某种或某类故障或事故，根据设备故障后的逻辑判断系统可能发生的一系列变化情况，并根据进行应急处置，最大限度保证设备安全稳定运行。运行人员根据事故预想结果，可能会发现设备运行方式不合理、设备保护动作逻辑不可靠、人为紧急应对措施不到位等情况，进而有针对性地调整运行方式、加强设备管理、加强人员技能培训等，以消除或减少当该事故真正发生时可能引起的损失或影响。因此，运行人员经常性开展事故预想活动具有重要意义。

（1）对事故发生有一定预判。预则有备，备而无患。当预想到的事故真正来临时，能够做到心中有数，从容应对。在事故处置过程中能够安全、高效、有序地处置。

（2）对设备系统进行检视。①检验当前运行方式的合理性。检查当前系统的薄弱环节。必要时优化调整当前设备运行方式，尤其是厂用电运行方式。②进一步摸清事故情况下设备的动作逻辑，检查系统自动处理事故的可靠程度，必要时提出设备改造建议。

（3）对运行技术管理进行检视。①检验现有处置预案的合理性，是否满足现场处置，必要时修编完善应急预案。②检查在事故情况下，应急处置人员技能水平、现场工器具等设备配置方面是否事故处置要求等，必要时进行相应技术培训和设备设施完善。

（4）事故预想活动是提升运行人员技能水平的重要手段。在事故预想活动过程中，提升运行人员对设备动作逻辑、现场处置方案的掌握，当事故真正来临时，能够更从容地进行事故处置。

2 何时开展事故预想

（1）运行方式改变前。水电厂主辅设备均按冗余配置进行设计，当系统发生 $N-1$ 故障或某一元件因故退出运行时，系统仍能维持正常运行，但系统可靠性有所降低。若系统再发生某元件故障时，即相当于发生 $N-2$ 故障时，可能会引发系统的可靠性进一步降低，甚至引起系统的崩溃。在运行方式倒换、倒闸操作前，运行人员须开展事故预想，制定有针对性的应对措施。

（2）运行工况发生变化时。设备存在异常缺陷时，系统的运行可靠性就受到威胁。随着缺陷的进一步发展，有可能引发系统事故。需对此类情况进行预想。

（3）设备维护检修时。设备检修维护时，需对设备进行动作测试或将设备退出备用，可能对运行设备造成影响，降低系统运行可靠性。运行人员工作许可时，需对此进行预想评估，分析工作中的危险点，制定有针对性的预控措施。

（4）保供电期间。澜沧江公司安全绩效考核细则规定：在保电期间发生机组非计划停运将额外扣分。在保电期间，应结合当前运行方式、设备工况、当前工作情况等开展有针对性的事故预想，确保设备安全稳定运行，严防非停事件发生。

3 事故预想应注意的事项

（1）最不利情况的预想。根据作业条件风险程度评价法 LEC，即风险值 $D=L$（事故发生的可能性）$\times E$（暴露于危险环境的频次）$\times C$（发生事故可能产生的后果），D 值越大，系统危险性越大。因此，应优先在发生事故概率大、事故后果严重的事故上进行预想。

（2）依据相关动作逻辑进行预想。运行人员应了解相关试验结果，掌握设备动作逻辑，如安稳装置、机组调速器动作逻辑等。在设备投产、启动试验过程中，根据相关规程及反措要求，会开展一系列动作验证试验。运行人员应关注并掌握试验工况、试验动作逻辑等情况。如机组甩 100% 额定负荷机组转速上升情况，10kV 厂用电备投试验动作情况等。在有相关试验数据支撑的情况下，事故预想的结果更贴近事故实际。

（3）事故预想的方法。对发生在电力系统内外、流域内外的同类型、季节性、家族性的问题或事故进行举一反三，在本厂设备、机组、系统上进行预想，对同类问题、事故进行归类预想。检查本厂设备是否存在类似问题，并制定出有针对性的预防措施和对策。

（4）事故预想的形式。事故预想应不拘泥于形式，应关注于事故预想活动开展的针对性与实际效果。可以如上述案例的文字描述，也可以是头脑风暴式的预想与讨论。澜沧江公司水电仿真系统可模拟各类主辅设备故障，可在该系统对各类故障进行演示，无风险、低成本验证事故预想的真实性。

（5）事故预想中事故处理的原则。在事故处理过程中，应按照保人身、保厂用电、保大坝、保运行设备的原则进行处置，抓大放小，紧张有序地进行处置。

4 案例：一起事故预想引起的设备改造

4.1 运行方式与背景

乌弄龙水电站为澜沧江流域已投产电站的最上一级，总库容 2.84 亿 m^3，调节库容 0.36 亿 m^3，为日调节水库，水库正常蓄水位 1906m，死水位 1901m，设计洪水位 1906m，坝顶高程 1909.5m。500kV 开关站为四角形接线，共 2 回出线（线路走廊大部分为同杆架设），设有 4 台机组，机组为联合单元接线。1、2、3 号机组通过高压厂用变压器供 10kV 厂用电 I、II、III段，10kV II 段有一路外来电源，10kV III 段设有一 10kV 柴油发电机可供紧急备用。坝顶设有一 400V 柴油发电机可供泄洪设施紧急启动。电站主接线及 10kV 厂用电如图 1 所示。

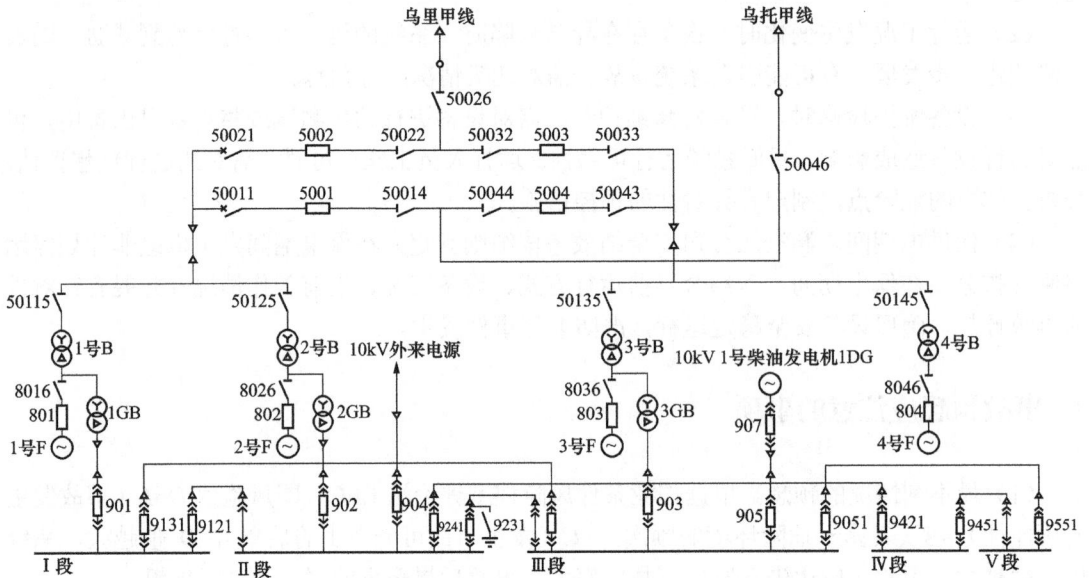

图 1 乌弄龙水电站主接线及厂用电示意图

4.2 事故预想

因电站两回出线线路走廊大部分为同杆架设，可能发生因山火、雷击等原因导致的双回线路跳闸等极端事故，机组在甩负荷过程中发生过速停机，将导致电站全站对外停电、厂用电消失。因电站调节库容较小，为日调节水库，且为澜沧江最上一级电站，事故后可能导致库水位快速上涨。此时需尽快恢复泄洪设施供电，开启泄洪闸门，防止漫坝。

4.3 存在问题

乌弄龙水电站泄洪闸门电源取自坝区 400V 公用电 a、b 段，为双电源供电，供电示意图如图 2 所示。

若使用 10kV 柴油发电机或外来电源向泄洪设施供电操作较为复杂，不利于事故的快速处置，启动坝区 400V 柴油发电机向泄洪设施供电将更为便捷。另外，在事故情况下，启动坝区 400V 柴油发电机后，需应急人员操作 484、483 断路器向 400V 坝区公用电 b 段供电，恢复泄洪设施供电。操作过程中需人为判断相关断路器位置与设备状态，并进行倒闸操作，可能发生人员误操作、走错间隔等情况，不利于事故的快速处置。

针对以上情况，为保证极端事故情况下，乌弄龙水电站泄洪闸门的快速开启，保证大坝安全，有必要对坝区 400V 柴油发电机进行技术改造。

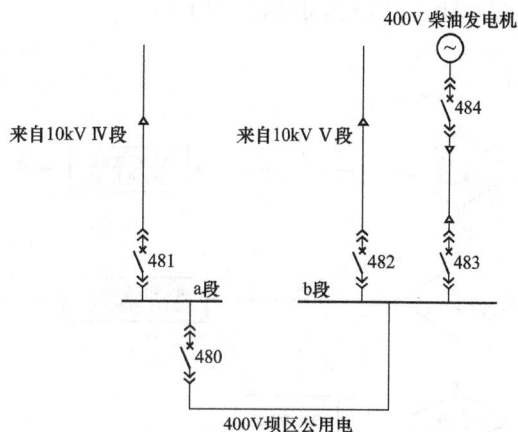

图 2　400V 坝区公用电示意图

4.4　技术改造

4.4.1　完善柴油发电机监控一键启动功能

在投产初期，发现坝区 400V 柴油发电机可现地手动启停，监控远方有 400V 柴油发电机操作画面，但无法在监控远方启动柴油发电机。维护人员检查发现原因为 400V 柴油发电机出口 484 断路器位置信号未上送至监控系统。专业人员敷设相关信号电缆，并优化坝区柴油发电机监控远方启动程序后，实现了监控远方一键启停柴油发电机功能。

4.4.2　完善 483 断路器合闸闭锁逻辑

在设计之初，400V 坝区公用电 b 段 483 断路器合闸条件为：400V 坝区公用电 a、b 段进线 481、482 断路器均在分位，即 400V 坝区公用电 a、b 段全停情况下才允许使用 400V 柴油发电机向 400V 坝区公用电 b 段供电。而实际上，为防止发生非同期并列，只需 400V 坝区公用电 a、b 段联络 480 断路器及 b 段进线 482 断路器均在分位时，即可以用 400V 柴油发电机向 400V 坝区公用电 b 段供电。维护人员据此对 483 断路器合闸闭锁回路进行了修改，并进行了逻辑验证，满足了试验情况下用 400V 柴油发电机向 400V 坝区公用电 b 段供电带负荷的要求。

4.4.3　柴油发电机一键供电改造

根据坝区 400V 柴油发电机启动条件、400V 柴油发电机向 400V 坝区公用电 b 段供电倒闸操作要求，监控专业人员编写改造方案、绘制流程图、编制 PLC 程序。坝区 400V 柴油发电机一键供电流程如图 3 所示。

由坝区 400V 柴油发电机向泄闸设施供电操作流程可知，操作过程中，应遵守相关操作流程，按照"启动坝区 400V 柴油发电机→合 400V 柴油发电机出口 484 断路器→合 400V 坝区公用电 b 段柴油发电机 483 断路器"的操作顺序向泄洪闸门液压启闭机动力配电箱供电。因 400V 负荷断路器无失压脱扣功能，当厂用电消失时，泄洪闸门液压启闭机动力配电箱上级负荷断路器保持在合位，完成坝区 400V 柴油发电机向 400V 坝区公用电 b 段母线供电后，泄洪设施即恢复供电，满足泄洪闸门操作条件。因泄洪闸门调度指令须由集控下达，故未将泄洪闸门开启纳入坝区 400V 柴油发电机一键供电流程。

4.5　试验验证与效果检查

在计算机监控系统完成坝区 400V 柴油发电机一键供电程序更新后，开展了相关静态、动态试验。相关试验情况如下：

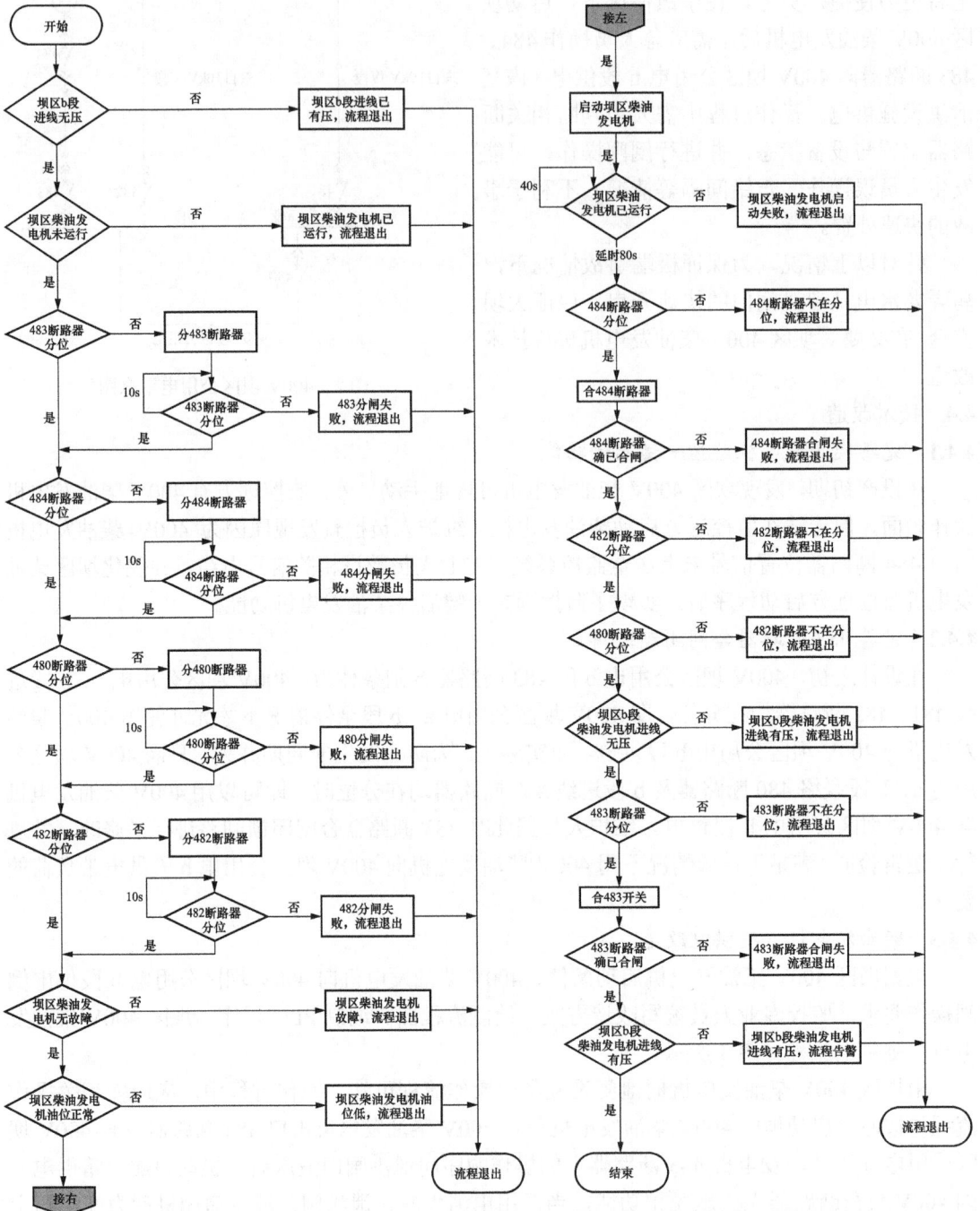

图 3   坝区 400V 柴油发电机一键供电流程图

（1）切除 400V 坝区公用电备投装置，将 400V 坝区公用电 b 段停电。将 480、482、483 断路器摇至"试验"位。

（2）拔出坝区 LCU 柜开出模块开出继电器插箱连接电缆，开展坝区 400V 柴油发电机一键供电静态试验，验收程序流程执行正确，相关开出信号与实际一致。

（3）恢复坝区 LCU 柜开出模件开出继电器插箱连接电缆,在监控远方再次验证 480、482、483 断路器闭锁关系正确，防止发生非同期合闸等异常情况。

（4）将 480、482、483 断路器摇至"工作"位，开展坝区 400V 柴油发电机一键供电动态试验，在上位机点击"坝区 400V 柴油发电机一键供电"按钮，检查坝区 400V 柴油发电机一键供电流程执行正确，柴油发电机启动正常，484、483 断路器合闸正常，400V 坝区公用电 b 段带压正常，泄洪表孔闸门供电正常。

根据试验情况，从在上位机发"坝区 400V 柴油发电机一键供电"令至完成 400V 坝区柴油发电机向泄洪设施供电，整个操作执行完成时间不到 2min。而应急人员从中控室接到操作指令至到达现场完成上述操作任务至少需要 15min，极大地缩短了 400V 坝区柴油发电机向坝区泄洪闸门供电时间。

通过上述技术改造，利用 PLC 编程，实现了在监控系统一键完成坝区 400V 柴油发电机向泄洪闸门操作。当全厂厂用电消失、库水位较高时，需启动 400V 坝区柴油发电机向洪泄闸门供电，应急人员只需在监控系统下发"坝区 400V 柴油发电机一键供电"令，即可完成柴油发电机启动、厂用电倒换操作，再在监控远方完成泄洪闸门启门操作。整个操作流程逻辑清晰，无需人为干预，避免了应急人员在应急处置过程中因操作思路不清、慌张等原因造成走错间隔、误操作等情况，延误事故处理。操作流程中对相关设备状态与开关位置进行了检查判断，防止了误操作，保证了供电操作准确性，提高了操作效率，为保证大坝安全、防止垮坝漫坝赢得了时间。

5 结束语

事故预想活动是运行管理的一项基础性工作，开展好事故预想活动对做好水电厂安全生产工作具有重要意义，运行人员尤其是值班负责人应养成结合运行方式变化、设备工况、运行维护检修工作经常性开展事故预想活动的习惯。在日常运行管理中，应强化事故预想的主动性，加强事故预想内容审核，提高事故预想活动质量。在事故预想活动中发现问题，防微杜渐，提升设备本质安全化水平，为安全生产保驾护航。

参考文献

[1] 姚雷. 事故预想：丰满经验天下传 [J]. 国家电网，2009（10）.

[2] 于为珍. 浅析事故预想在电网运行管理中的重要性 [J]. 电子制作，2016（24）：80.

[3] 高辉，张金刚. 运行班组事故预想管理方法的探索 [J]. 赤峰学院学报：汉文哲学社会科学版，2013（S1）：132-134.

作者简介

蔡红猛（1983—），男，高级工程师，主要从事水电厂运行管理、安全管理工作。E-mail：82029358@qq.com

仝 亮（1985—），男，高级工程师，主要从事水电厂监控自动化、通信、网安系统维护检修管理工作。E-mail：466030407@qq.com

周希文（1986—），男，高级工程师，主要从事水电厂运行管理工作。邮箱：E-mail：519005880@qq.com

无消涡箱涵式进水流道流场数值模拟研究

王其同　程国安

（南水北调东线山东干线有限责任公司，山东省济南市　250100）

[摘　要]箱涵式进水流道如不加任何消涡措施，易导致附底涡产生，从而影响水泵喇叭管口及水泵进口的流速分布而出现不利的水泵进水条件。选用大涡模拟（LES）湍流模型、盒式滤波函数和动态 SGS 模型，研究箱涵式进水流道流场水力特性。结果表明：无消涡措施方案涡旋可视化分析中，涡旋表现为单附底涡、附后壁涡、双附底涡、多个弱附底涡共存等复杂流态，进水流道内的涡旋形态不断地在发生变化；喇叭口后侧存在旋涡，平均涡量达到 $50s^{-1}$，最大涡量超过 $100s^{-1}$。研究成果可为箱涵式进水流道流场数值模拟的模型选择提供依据。

[关键词]箱涵式进水流道；大涡模拟（LES）方法；湍流模型；数值模拟

0　引言

箱涵式进水流道不加任何消涡措施下由于进水沿程流速突变，而导致附底涡产生，从而影响水泵喇叭管口及水泵进口的流速分布而出现不利的水泵进水条件，易导致水泵振动，严重时水泵被迫停机。针对有压箱涵式进水流道流场，国内外学者已开展了大量的研究工作。杨帆[1]等通过物理模型试验及 PIV 流场测试技术验证了数值计算结果的有效性，重点分析了叶轮进口及箱涵式进水流道底部的压力脉动特性；金海银[2]等采用物理模型试验方法对箱涵式双向立式轴流泵装置模型开展了能量性能、空蚀性能及飞逸性能试验，并采用数值模拟技术分析了泵装置内部流动特征；葛强[3]等对钟形箱涵式流道的空蚀、能量、飞逸特性等进行了全面的试验研究；王朝飞[4]等运用 CFD 软件对箱涵式流道进行了三维仿真计算和水力特性的优化设计；杨帆[5]等采用单因素比较法对 6 种不同喇叭管悬空高的立式轴流泵装置进行了全流道的 CFD 数值计算和喇叭管中心区域的 PIV 流场测试，分析了不同方案各工况时箱涵式进水流道内附底涡的初生位置变化情况；石丽建[6]等基于 CFD 数值模拟计算和模型试验的 DOE 正交设计试验方法，对进、出水流道进行三维参数化建模；黄佳卫[7]等采用 CFX 三维软件对高度及喉部高度大、高度及喉部高度小的两种肘形进水流道装置的三维流场进行数值模拟；何钟宁[8]等采用湍流模型和雷诺方程（RANS），模拟了钟形进水流道不同喇叭管悬空高度和不同流量方案下的流道内流场；陆伟刚[9]等选用不同湍流模型对肘形进水流道的水力性能进行三维湍流流动数值模拟分析。数值模拟方法以其建模便捷、可对原形模拟、重复性好、易于修改边界条件等优点在泵站进水流道流场分析、水力损失评估和体形优化等研究中得到了很多应用。因旋涡流动具有强旋转、大曲率特征，LES 方法可以有效捕捉进水流道中的附壁涡和附底涡。鉴此，本文采用大涡模拟（LES）湍流模型方法建立箱涵式进水流道流场计算模型，进行了无消涡措施方案涡旋可视化分析和喇叭口的速度分布、压强分布、速度矢量和涡量分布对比分析。

1　LES 方法

LES 方法首先通过空间滤波将湍流中的小尺度涡滤掉，然后对剩下的大尺度涡采用动量方程和连续方程直接进行求解，在求解时通过亚格子尺度应力（subgridstress，SGS）模型描述小尺度涡对大尺度涡运动的影响。在上述过程中有两个关键环节：①选择数学滤波函数滤掉小尺度涡，建立描述大尺度涡的求解方程；②选择合适的 SGS 模型来模化小尺度涡对大尺度涡运动的影响。

1.1　滤波函数

盒式滤波：

$$G(x-x';\Delta)=\begin{cases}\dfrac{1}{\Delta^3}|x_i-x_i'|<\Delta_i/2\\0\qquad 其他\end{cases}\tag{1}$$

式中：Δ_i 为 x_i 方向上的滤波尺度。

1.2　LES 控制方程

将滤波运算施加到连续方程和动量方程，得到 LES 控制方程，此处假定水不可压，忽略广义源项。

连续方程：

$$\frac{\partial(\overline{u}_i)}{\partial x_i}=0\quad i=1,2,3\tag{2}$$

动量方程：

$$\frac{\partial(\overline{u}_i)}{\partial t}+\frac{\partial(\overline{u}_i\overline{u}_j)}{\partial x_j}=-\frac{1}{\rho}\cdot\frac{\partial\overline{p}}{\partial x_i}+\frac{\partial}{\partial x_j}\left[\upsilon\left(\frac{\partial\overline{u}_i}{\partial x_j}+\frac{\partial\overline{u}_j}{\partial x_i}\right)\right]+\frac{\partial\tau_{ij}}{\partial x_j}\tag{3}$$

式中　$\overline{u}_i$ ——滤波后的速度在 x、y、z 方向上的分量；

$\overline{p}$ ——滤波后的压力。

经过滤波处理后，方程中增加了与 τ_{ij} 有关的一项，τ_{ij} 称为 SGS 应力，它反映了小尺度运动对大尺度运动的影响，其定义为：

$$\tau_{ij}=\overline{u}_i\overline{u}_j-\overline{u_iu_j}\tag{4}$$

τ_{ij} 是一个对称张量，有 6 个独立未知变量。为了使 LES 控制方程（连续方程和动量方程）封闭，需要补充方程，即进行 τ_{ij} 建模，从而对应于不同的 SGS 模型。

1.3　SGS 模型

对原始动量方程和经过一次滤波之后的动量方程分别施以尺度为 $\tilde{\Delta}$ 的检验滤波（$\tilde{\Delta}$ 为检验滤波尺度，其值大于滤波尺度 $\overline{\Delta}$）后得：

$$\frac{\partial(\tilde{u}_i)}{\partial t}+\frac{\partial(\tilde{u}_i\tilde{u}_j)}{\partial x_j}=-\frac{1}{\rho}\cdot\frac{\partial\tilde{p}}{\partial x_i}+\frac{\partial}{\partial x_j}\left[\upsilon\left(\frac{\partial\tilde{u}_i}{\partial x_j}+\frac{\partial\tilde{u}_j}{\partial x_i}\right)\right]+\frac{\partial T_{ij}}{\partial x_j}\tag{5}$$

$$\frac{\partial(\tilde{\bar{u}}_i)}{\partial t} + \frac{\partial(\tilde{\bar{u}}_i\tilde{\bar{u}}_j)}{\partial x_j} = -\frac{1}{\rho} \cdot \frac{\partial \tilde{\bar{p}}}{\partial x_i} + \frac{\partial}{\partial x_j}\left[\upsilon\left(\frac{\partial \tilde{\bar{u}}_i}{\partial x_j} + \frac{\partial \tilde{\bar{u}}_j}{\partial x_i}\right)\right] + \frac{\partial \tilde{\tau}_{ij}}{\partial x_j} + \frac{\partial L_{ij}}{\partial x_j} \qquad (6)$$

式中：上标"～"表示变量的检验滤波。

2 计算模型、网格剖分及网格无关性分析

2.1 计算模型

东湖水库入库泵站箱涵式进水流道喇叭管口下有"L"形导流板，为深入揭示箱涵式进水流道内漩涡性态，本文对不含任何消涡措施（去掉"L"形导流板）的进水流道流场进行数值模拟研究。图 1 为东湖水库入库泵站无"L"形导流板进水流道的计算模型。数值模拟中进水流道总长 21.7m，宽 4.85m，高 5.32m，喇叭口进口直径为 1.75m，喇叭口高 0.7m，进水管管径 1.4m，喇叭口与进水流道底部高差为 1.4m，进水流道末端顶板距底板高差为 2.7m，叶轮直径为 1.4m，流量为 7.5m³/s，计算时的进口、出口及自由液面的位置如图 1 所示。

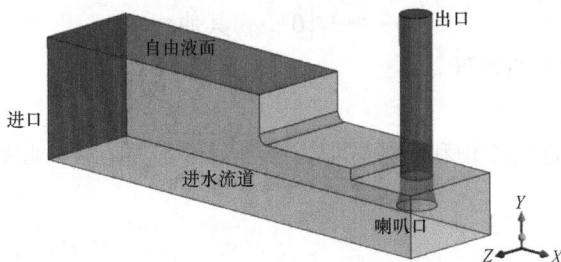

图 1 无消涡措施方案进水流道计算模型图

2.2 网格剖分及网格无关性分析

图 2 为进水流道的网格剖分，采用六面体网格剖分，水泵进水管采用"O"形拓扑结构。本文着重通过数值模拟研究喇叭口进口附近的附底涡和附壁涡的水力特性，所以网格剖分时主要对喇叭口及附近边壁进行了网格加密，图 3 为喇叭口及附近边壁等主要过流部件的网格细节。

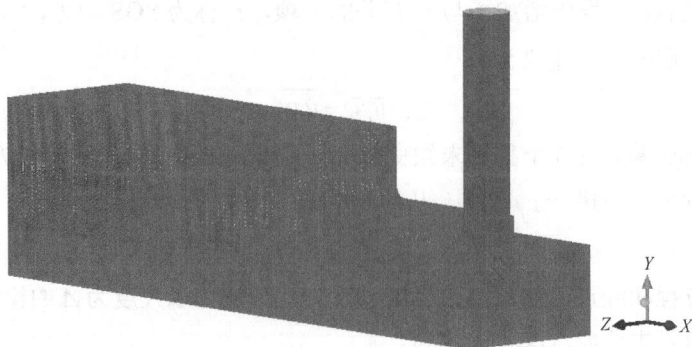

图 2 无消涡措施方案进水流道整体网格示意图

对剖分的网格量进行网格无关性分析，选取 30 万、50 万、120 万、230 万、480 万、670

万、950 万、1300 万、1700 万和 3700 万共计 10 套不同网格单元数的剖分方案，对上述 10
套网格剖分方案采用相同的数值方法进行模拟，图 4 为网格无关性分析结果图，从图中可以
看出网格单元数超过 1300 万时两测压点（进水管附近）压差几乎不变，所以数值计算中网格
单元数取 1300 万。

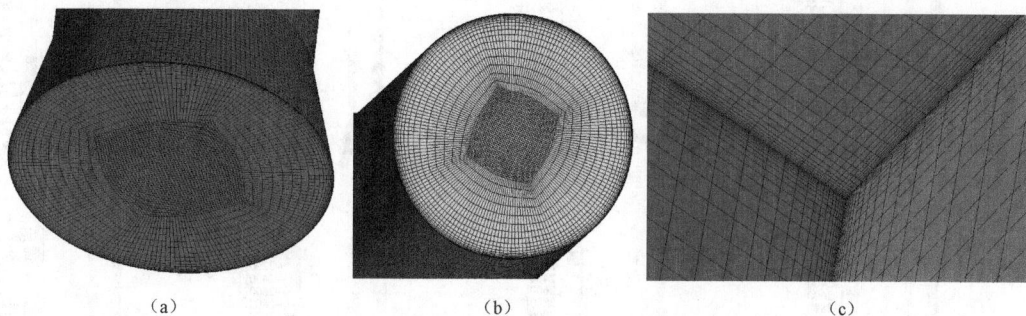

（a）　　　　　　　　　　　　　（b）　　　　　　　　　　　　　（c）

图 3　无消涡措施方案主要过流部件网格细节
（a）喇叭口网格；（b）出水口网格；（c）边壁网格

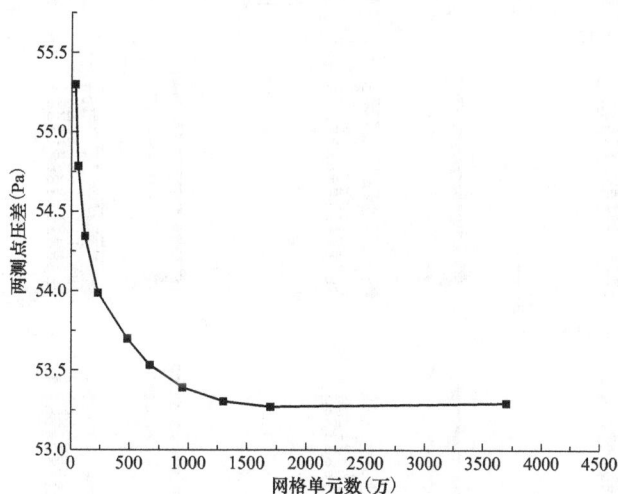

图 4　无消涡措施方案网格无关性分析

3　计算结果分析

3.1　无消涡措施方案涡旋可视化分析

　　LES 模拟中的时间步长为 0.01s，求解涡旋的瞬时结果，每 100 步保存一次，共计保存
400 步（400s）。由于计算前期可能存在数值模拟的不确定性，遂将 160~400s（共计 241s）
的模拟结果进行处理，通过 $P=-2000Pa$ 的等压面将涡旋可视化如图 5 所示（为节省篇幅，呈
现间隔变化图）。从图中可以看出，160~168s（共计 9s）涡旋表现为明显的单附底涡；从 169s
开始，除了附底涡之外又生成一个附后壁涡，直至 193s（共计 25s），这之间附后壁涡的生成位
置逐渐降低，附底涡也逐渐弯曲；194s 开始附后壁涡的强度开始减弱，至 199s 完全消失（减

弱持续 6s），然后保持附底涡至 207s（持续 8s）；从 208s 开始至 362s（155s），间歇性发生单附底涡、双附底涡、多个弱附底涡共存等复杂流态，但是每种形式的流态持续时间都较

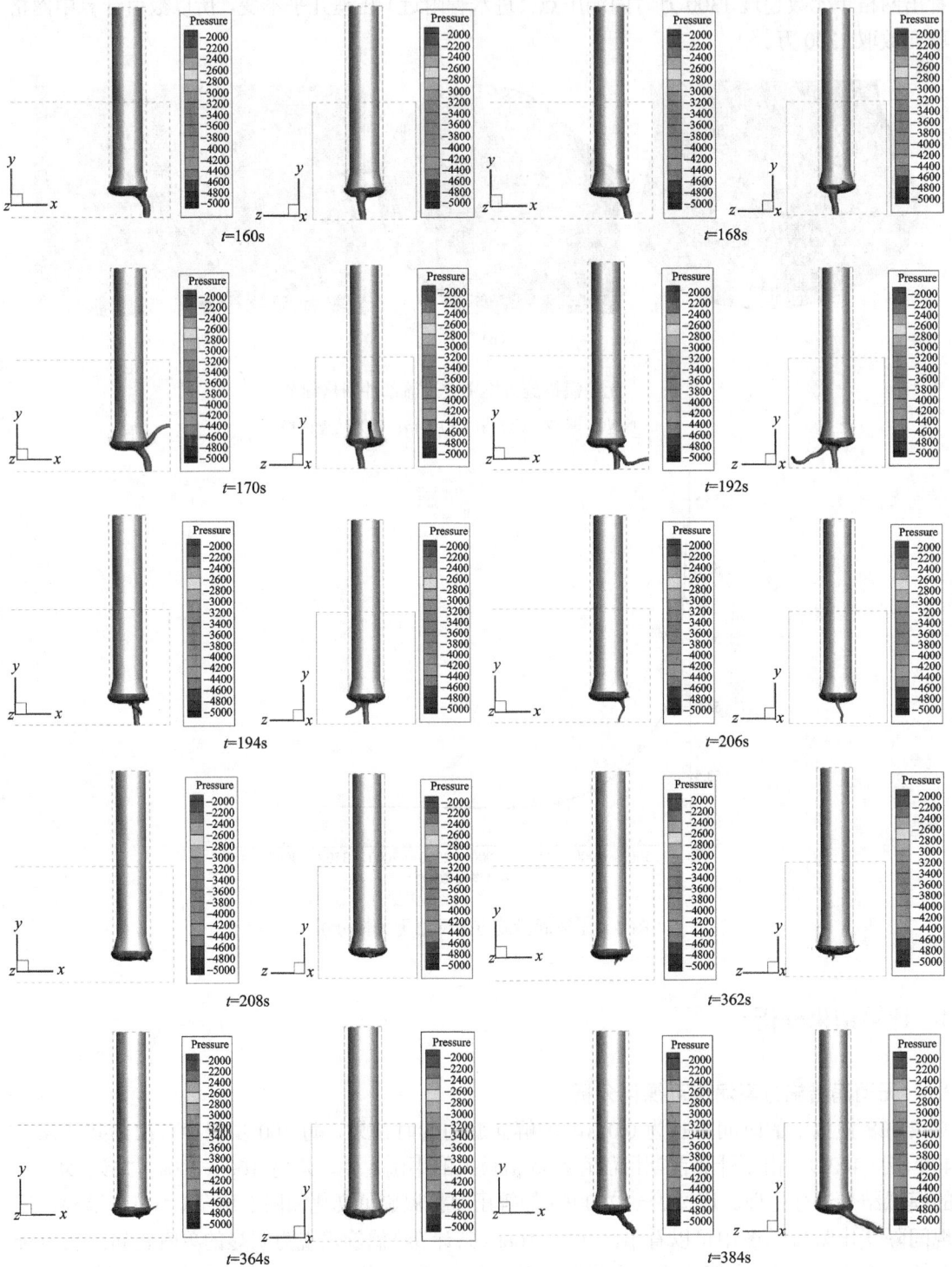

图 5　无消涡措施方案进水管喇叭口附壁涡和附底涡随时间的变化（一）

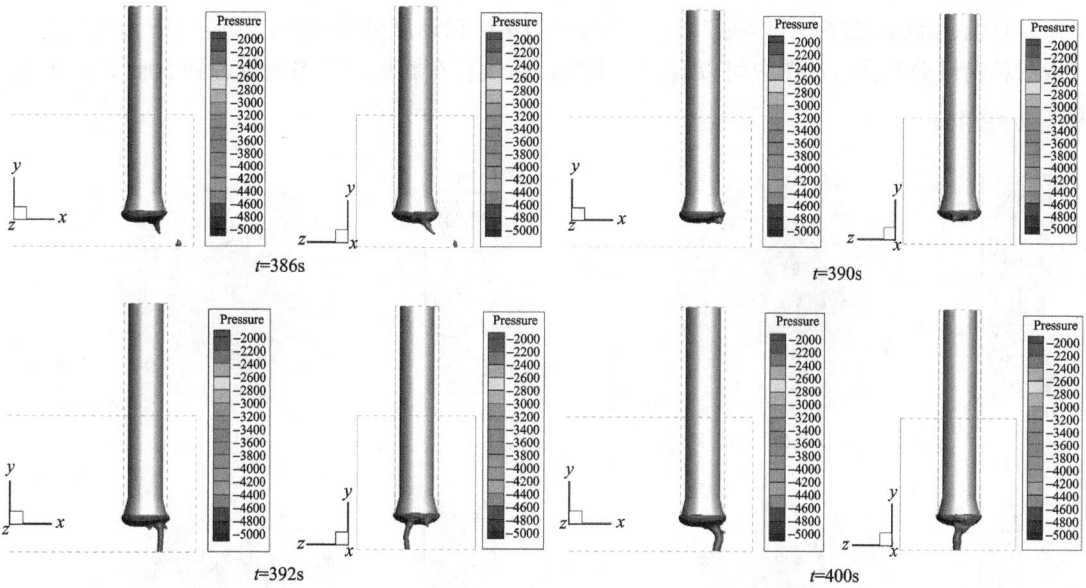

$t=386s$ $t=390s$

$t=392s$ $t=400s$

图 5　无消涡措施方案进水管喇叭口附壁涡和附底涡随时间的变化（二）

短；363s 开始，其中 1 个涡逐渐增强，形成明显的附后壁涡，至 384s 时强度达到最大；385s 开始附后壁涡强度逐渐减弱，直至 391s；392s 开始涡旋又转变成单附底涡直至 400s（共计 38s）。总之，进水流道内的涡旋形态不断地在发生变化。

3.2　无消涡措施方案喇叭口流场分析

为了充分研究喇叭口附近的流场分布，对喇叭口的速度分布、压强分布、速度矢量和涡量分布进行对比分析。取 $t=160s$、180s、226s 和 249s 4 个时刻的流场分布，图 6～图 9 分

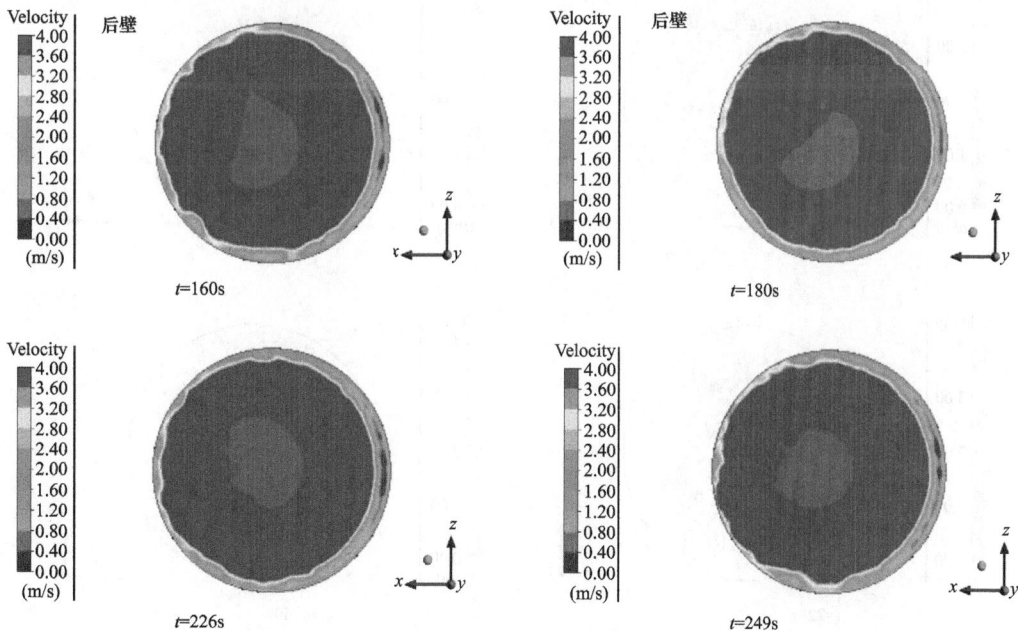

$t=160s$ $t=180s$

$t=226s$ $t=249s$

图 6　无消涡措施方案喇叭口速度分布云图

别为 t=160s、180s、226s 和 249s 共计 4 个时刻的喇叭口速度分布云图、压强分布云图、速度矢量图和涡量分布图。从图中可以看出，喇叭口后侧存在旋涡，平均涡量达到 $50s^{-1}$，最大涡量超过 $100s^{-1}$。

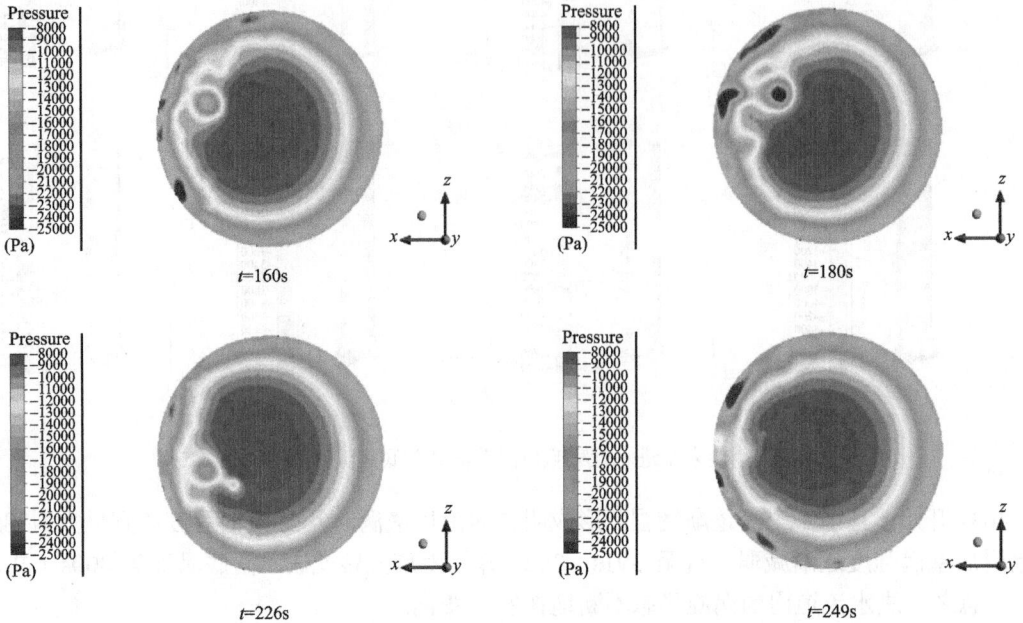

图 7　无消涡措施方案喇叭口压强分布云图

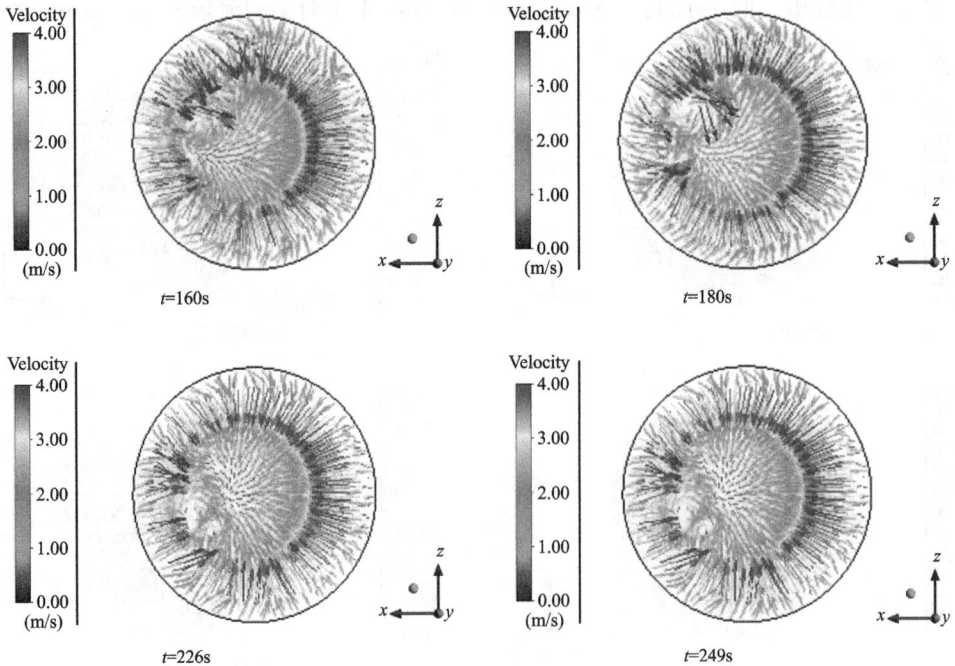

图 8　无消涡措施方案喇叭口速度矢量图

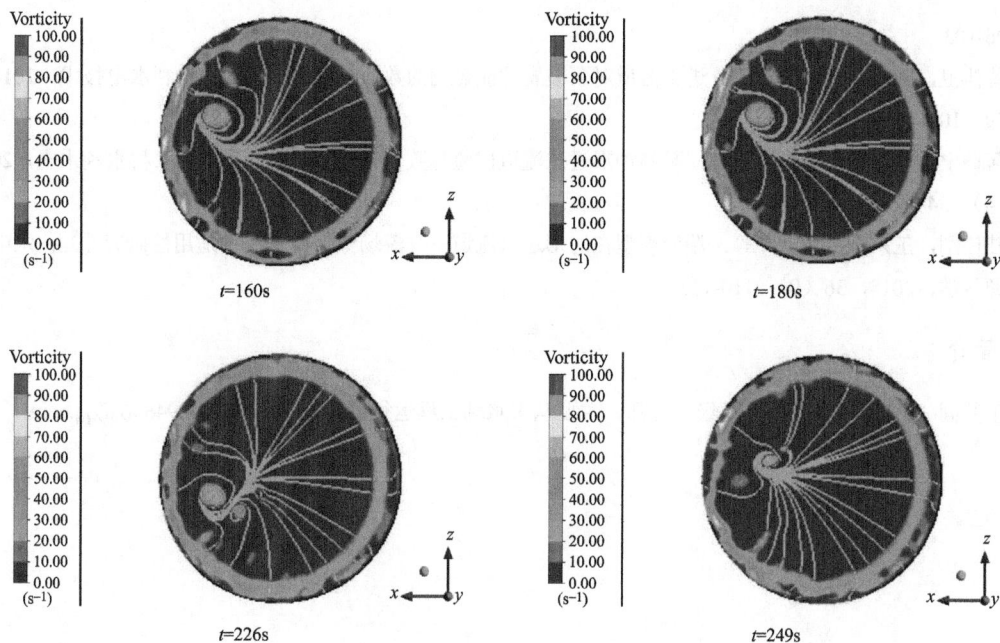

图 9　无消涡措施方案喇叭口涡量分布图

4　结论

（1）本文建立了以大涡模拟 LES 方法为基础的箱涵式进水流道流场计算模型，进行了无消涡措施方案涡旋可视化分析。结果表明，涡旋表现为单附底涡、附后壁涡、双附底涡、多个弱附底涡共存等复杂流态。总之，进水流道内的涡旋形态不断地在发生变化。

（2）为了充分研究喇叭口附近的流场分布，对喇叭口的速度分布、压强分布、速度矢量和涡量分布进行对比分析。结果表明，喇叭口后侧存在旋涡，平均涡量达到 $50s^{-1}$，最大涡量超过 $100s^{-1}$。

参考文献

[1] 杨帆，赵浩儒，刘超，等. 涡带工况下轴流泵装置内部脉动特性数值分析 [J]. 应用基础与工程科学学报，2017，25（4）：670-678.

[2] 金海银，张一祁，袁尧，等. 箱涵式双向立式泵装置性能试验与流场分析 [J]. 灌溉排水学报，2021，40（6）：94-99.

[3] 葛强，陈松山，王林锁，等. 钟形箱涵式进水流道泵装置特性模型试验研究 [J]. 水力发电学报，2006，（5）：129-134.

[4] 王朝飞，汤方平，石丽建，等. 箱涵式轴流泵装置进出水流道优化设计 [J]. 中国农村水利水电，2019，（7）：182-188.

[5] 杨帆，刘超，汤方平，等. 悬空高对泵装置流道内流特性的影响 [J]. 农业机械学报，2015，46（2）：40-45.

[6] 石丽建，汤方平，刘雪芹，等. 大型箱涵式泵装置优化设计与试验 [J]. 农业机械学报，2017，48（1）：

96-103.

[7] 黄佳卫, 刘超, 严天序, 等. 进水流道对泵装置性能影响的数值模拟分析 [J]. 水利水电技术. 2018, 49 (10): 110-119.

[8] 何钟宁, 周正富, 潘光星, 等. 泵站钟形进水流道试验与数值模拟研究 [J]. 中国农村水利水电, 2009 (4): 54-56, 59.

[9] 陆伟刚, 王东伟, 徐磊, 等. 湍流模型在肘形进水流道三维流场数值模拟中的适用性研究 [J]. 水电能源科学. 2018, 36 (9): 110-113.

作者简介

王其同 (1982—), 男, 正高级工程师, 主要从事水利工程运行管理。E-mail: 44894646@qq.com

基于模糊神经网络的水电通信设备评估模型

强亚倩　付高原　潘　宇

（中国长江电力股份有限公司，四川省成都市　610000）

[摘　要]从智能化大水电通信运维的角度出发，探索通信设备状态评估的基本模型，在大水电通信机房设备运维的基础上，收集设备运行指标输入模糊化神经网络模型来进行迭代训练，最终得到适配于水电通信设备评估模型，实验证明，该模型相对传统神经网络有更准确的智能化通信设备状态评估。

[关键词]状态检修；设备评估模型；模糊神经网络

0　引言

在智能化大背景下，面向大水电的通信机房运维也逐渐向着智能化、信息化和数字化方向发展，随着各种物联网监控设备、智能终端的加入，以及大水电厂房内部 5G 设备信号覆盖和 5G 智能化应用的发展，各个设备对整体系统运行的贡献度及评估因子并未有统一的标准化处理。且目前通信设备依赖于计划检修及定期检修，往往存在设备与设备之间检修维护不足或检修维护过度等问题。探索基于设备实时运行状态的检修方式，对设备状态重要性的评估和设备故障预测是设备智能化运维中进行设备状态监控及设备状态评估是大水电智能化通信运维过程中必要的一环。本文以智能化运维为大背景，研究水电站广域条件下的通信设备智能化业务及智能化运维需求，通过业务需求研究提出运维监控和评估模型，为水电站通信设备运维和设备维护提供一种故障可预测的、基于状态检修的系统评估模型。

1　面向大水电的通信机房运维业务

大水电的通信业务运维更偏向于为电力调度、保护、安控等业务提供稳定可靠的信息传输通道。在传输方式上则是以光缆、电缆及网线等有线传输为主，无线传输通常被用于厂区应急通信和其他补充性业务传输。但随着智能化的发展，信息传输方式也逐渐在向无线化传输过渡。目前，大水电厂区内的通信系统可主要分为以下三种类型：一是为电力保护、安控和自动化业务提供稳定传输通道的光电综合传输系统、通信电源系统和调度交换系统；二是为办公及管理区提供稳定信息传输通道的视频会议系统、行政语音交换系统；三是智能化业务发展过程中，随之出现的智能化综合运维管控系统、智能巡检系统和一体化管理系统。三种类型的通信系统覆盖了全部电力生产运行、行政办公管理和电力通信网络安全四大区。在大水电环境下，各个通信机房往往距离较远、设备分散，各个通信机房之间的光电缆布线、机房内的设备运维等故障定位将需要花费大量时间，因此，对于各个系统的指标评价对于故障评估极为重要。在整体的设备状态评估过程中，其评估状态模型主要分为状态感知、状态解读和状态预测三大阶段，整体为检测现阶段设备运行状态、解读可能引起设备运行状态告警的因素，进而对设备运行状态进行预测。基本模型如图1所示。

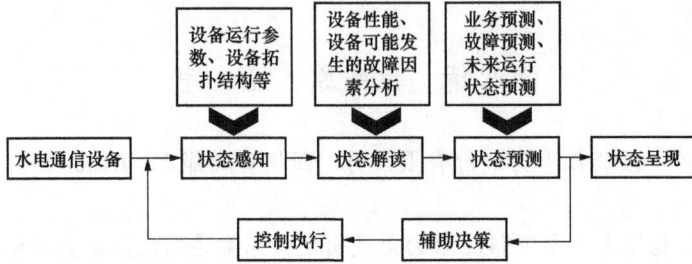

图1　设备状态评估基础模型

本文将设备运行状态分为四个级别进行定级评估，分级标准和采取措施如表1所示。

表1　　　　　　　　　　　　　　　　设备运行状态定级评估

等级	运行状况	处置措施
1	各项状态处于稳定和良好范围内	正常运行
2	有不良情况，但仍可运行	加强监视
3	存在故障隐患	监视运行适时检修
4	有严重超标值	检修或更换

本文对设备状态评估欲使用模糊神经网络算法，在综合考虑多项智能化设备运行监视多项参数情况下建立离散的评价矩阵，同时，根据设备基本运维工作人员及设备专家分析进行实测数据模糊评价矩阵构建，形成整体的设备状态评估模型。

2　基于模糊神经网络的通信设备评估模型

大水电通信行业的设备运维是多系统、多元设备共同运行的结果，各个系统之间相互关联相互影响，对整体系统的运行情况评估及预测需要通过模型数据与实测数据的综合，而通常情况下，各个设备的状态量对设备同时具有正反作用。若将设备各项指标参数整合引入神经网络模型，在迭代过程中对于各个系统之间的关联采用模糊表达，从而实现整体模型的自适应评估能力。

2.1　模糊神经网络

在传统的神经网络中，整体可分为数据输入层、规则迭代层和数据输出层。给传统神经网络添加数据模糊层后即可整体形成四层的模糊神经网络算法，具体结构如图2所示。

第一层为输入层，设置 $i = 1, 2, \cdots, n$ 个输入设备的性能指标，例如设备的电流、电压、CPU温度、内存占用率等，第二层对第一层的输入数值进行模糊处理，第一层与第二层之间的隶属度函数为该模糊程度下指标的激活函数，此处选择高斯隶属函数作为激活函数。

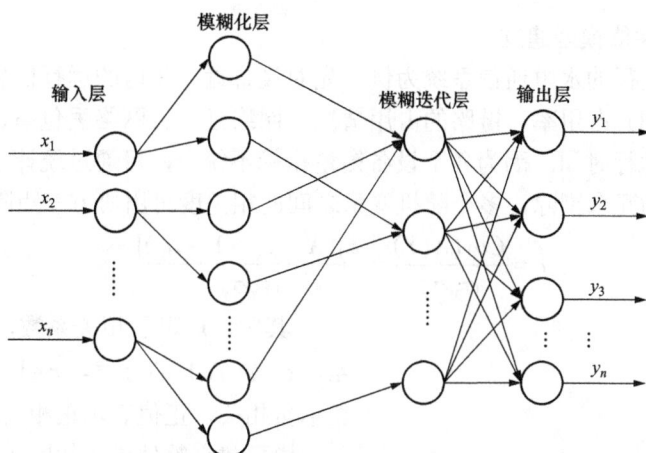

图 2　四层模糊神经网络算法

$$u_{ij} = \exp\left[-\left(\frac{x_i - c_{ij}}{w_{ij}}\right)^2\right], \ i = 1,\ 2,\ 3,\cdots,n;\ j = 1,\ 2,\ 3,\ \cdots,\ m \qquad (1)$$

此处 u_{ij} 表示第 i 个输入变量与第 j 个模糊集合的隶属函数，c_{ij} 表示隶属度函数的中心取值，w_{ij} 为隶属度函数的宽度值。第三层为模糊迭代层，该层主要是根据规则进行多次迭代，输入神经元则为上一层的总和，是对第二层的模糊数组求其隶属度函数的最小值，可通过下式计算：

$$\left.\begin{array}{l} r_k = \min(u_{1m_1},\ u_{2m_2},\ \cdots,\ u_{nm_n}),\ k = 1,\ 2,\ \cdots,\ R \\ R = m_1 + m_2 + \cdots + m_n \end{array}\right\} \qquad (2)$$

第四层为输出层，该层主要是对第三层迭代出的模糊集合进行加权赋值输出，用于表示设备或系统的可能状态。输出可用下式表示：

$$\overline{y} = \frac{\sum\limits_{j=1}^{R}\sum\limits_{k=1}^{4}\omega_{jk}\prod\limits_{i=1}^{n}\exp\left[-\left(\dfrac{x_i - c_{ij}}{w_{ij}}\right)^2\right]}{\sum\limits_{j=1}^{R}\prod\limits_{i=1}^{n}\exp\left[-\left(\dfrac{x_i - c_{ij}}{w_{ij}}\right)^2\right]} \qquad (3)$$

选用均方误差函数作为损失函数。

$$E = \frac{1}{n}\sum_{i=1}^{n}(\overline{y} - y)^2 \qquad (4)$$

式中，需要进行调整的参数 ω_{jk} 为权值系数。ω_{jk}、c_{ij}、w_{ij} 可通过下式进行迭代更新，t 为迭代次数，η 为迭代效率。

$$\left.\begin{array}{l} c_{ij}^{t+1} = c_{ij}^{t} - \eta\dfrac{\partial E}{c_{ij}^{t}} \\[2mm] w_{ij}^{t+1} = w_{ij}^{t} - \eta\dfrac{\partial E}{w_{ij}^{t}} \\[2mm] \omega_{ij}^{t+1} = \omega_{ij}^{t} - \eta\dfrac{\partial E}{\omega_{ij}^{t}} \end{array}\right\} \qquad (5)$$

2.2 水电通信系统评估模型建立

本文以目前在运行的水电通信系统为例，先对设备近一年内的运行信息进行收集，比如收集设备运行的 CPU 占用率、链路的占用情况、网络延迟、网络丢包率、输出电压、电流等情况、灵敏度、运行时间。因为各个设备衡量指标不统一，可通过统计不同设备的指标，然后进行指标之间的冗余剔除，多个随机变量之间的相关度可用协方差矩阵计算。

$$r = \frac{Cov(X,Y)}{\sigma_X \sigma_Y} = \frac{E[(X-\mu_X)(Y-\mu_Y)]}{\sigma_X \sigma_Y} \tag{6}$$

其中，r 表示相关系数，σ_X 表示 X 的方差，σ_Y 表示 Y 的方差，$r \in [-1, 1]$，r 为负值则表示负相关，正值表示正相关。

模型建立整体过程如图 3 所示。

因为不同设备不同指标的值域不同，需要对整体进行归一化处理将所有的指标评估归一化在 [0，1] 之间，归一化公式为：

$$X_{norm}(X_{max} - X_{min}) = X - X_{min} \tag{7}$$

在此模型建立过程中，本模型设置迭代结果与实际结果小于阈值即停止迭代或在误差变大时停止迭代，以此来保证过分收敛并加快模型的收敛速度。在模型确定之后，可通过程序语言直接保存模型，嵌入通信综合管理系统中进行评价使用；在后续的设备及系统增加、删减的过程中，可根据实际情况进行模型调整。

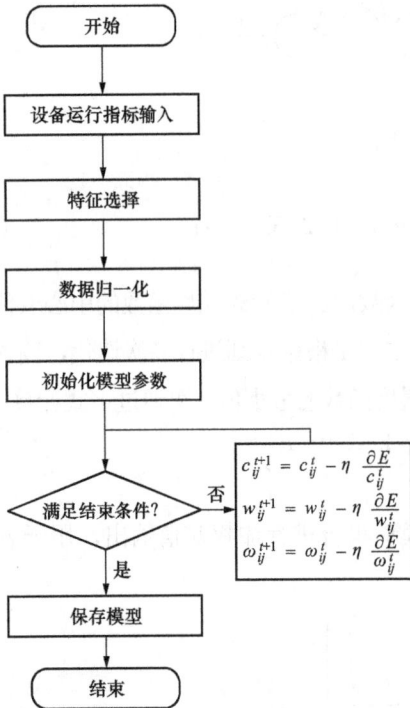

图 3　基于模糊神经网络的水电通信设备评估模型

3　实验验证

为了验证本模型的使用效果，选定某一特定机房内部 109 台分属于不同系统的设备进行检测。收集大约 1230 条设备运行数据分为验证集合、测试集合和训练集。每一条设备数据包含 4 条设备综合运行情况和 4 条设备现运行状态。设备运行状态参数见表 2。

表 2　　　　　　　　　　　设备运行状态参数

设备综合运行情况	设备现运行状态
CPU 占用率	板卡温度
内存占用率	CPU 温度
网络丢包	网络容量
目前运行时间	网络延时

本实验对模型的训练集和测试集均方根误差进行对比分析，随着迭代次数的增加，训练集和测试集的曲线拟合度越高，但在超过一定程度后，会出现过度拟合的情况。因此，可根

据曲线的拟合度选择 72 次迭代次数作为最终模型的确认迭代数。

由图 4 可知，当迭代次数为 72 时，训练数据与测试数据之间的均方根误差最小，随着迭代次数增多，收敛速度减缓，均方误差越大。说明模糊神经网络在进行水电通信评估时，具有较强的适应能力，不仅能建立起水电通信运维行业内的评估模型，对以后设备的投运、退运及智能化的整体推进有更强的模型适应度。

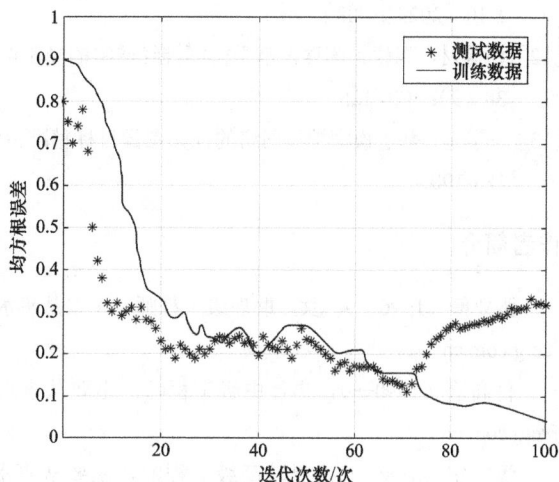

图 4　测试数据与训练数据

4　总结

本文面向于水电通信运维行业，在智能化发展、多系统协同运作的条件下，以水电通信业务运维为出发点进行设备运行状态的评估，建立起基于模糊神经网络的设备评估模型，实验证明，该模型在确认迭代次数后更接近于测试数据，相对传统神经网络有更准确的状态评估。关于系统内的设备评估，也可以模糊神经网络为出发点，加之专家打分进行更为准确的设备状态预测。

参考文献

[1] 周松霖，段佳奇，齐伟强. 基于模糊评判的变电设备评估 [J]. 电力科学与技术学报，2021，36（3）：174-179.

[2] 郭文东，马奎，车靖阳. 大数据分析的电力设备运行安全性综合评估 [J]. 信息技术，2021（4）：159-163，169.

[3] 龚浩，罗传仙，王雅倩，等. 一种关联层次赋权与离散模糊数的变电设备评估方法 [J]. 科学技术与工程，2021，21（4）：1394-1401.

[4] 刁守斌，李辛鹏，于涛，等. 基于 D-S 证据理论的配电网设备健康状态评估 [J]. 电器工业，2020（10）：63-67.

[5] 刘一民，章家欢，杨心平，等. 基于宏观微观的继电保护设备评估体系构建方法 [J]. 电网技术，2020，44（8）：3090-3096.

[6] 高磊，宋亮亮，杨毅，等. 基于多参量模型的智能变电站二次设备状态评估方法及应用 [J]. 电力自动化设备，2018，38（10）：210-215.

[7] 张萍. 浅谈城市轨道交通信号系统的设备评估方法 [J]. 城市建设理论研究（电子版），2018（7）：177.

[8] 吴润泽，陈文伟，邹英杰，等. 基于多因素融合的电网高风险设备评估方法 [J]. 电力系统保护与控制，2018，46（2）：1-7.

[9] 徐继刚. 试论机械设备运行可靠性评估的发展与思考 [J]. 科技风，2018（1）：136.

[10] 靖长财. 基于风险评估的发电机组设备状态评估方法及应用 [J]. 神华科技，2017，15（8）：14-16，22.

[11] 张树华，王继业，王辰，等. 基于分层模糊神经网络的边缘侧光伏发电能量预测 [J/OL]. 现代电力：

1-10［2023-10-08］.

［12］谢国财，温锐，陈琛. 基于模糊神经网络的高压电力设备故障预测模型［J］. 电网与清洁能源，2022，38（9）：120-125.

［13］王学忠. 基于模糊神经网络的视频图像目标精准识别研究［J］. 信息与电脑（理论版），2022，34（16）：188-190.

作者简介

强亚倩（1996—），女，助理级工程师，主要从事水电通信设备智慧化运维工作。E-mail：qiang_yaqian@ctg.com.cn

付高原（1990—），男，中级工程师，主要从事水电通信设备智慧化运维工作。E-mail：fu_gaoyuan@ctg.com.cn

潘　宇（1986—），男，高级工程师，主要从事水电通信设备智慧化运维工作。E-mail：pan_yu2@ctg.com.cn

面向水电通信运维的交互语义研究

强亚倩　吕志超

（中国长江电力股份有限公司，四川省成都市　610000）

[摘　要] 在智能化通信发展的今天，水电通信运维因其广域的特征和传输负载的增加，需要探索智能化运维下的新型数据编码及传输方式，更需要研究智能化运维下人机交互的方式。从传统的水电运维业务出发，探索传统通信编码方式和语义通信的区别，基于智能多任务研究了语义通信信息熵的度量，并根据水电通信业务选择分类编码方式，提高智能化运维的数据传输效率。最后，在智能化多任务的条件下研究了设备智能运维下的人机交互方式，为未来的设备运维交互提供思路。

[关键词] 语义通信；分类决策；人机交互

0　引言

随着物联网技术、云计算与区块链技术的发展，全方位、多角度的通信设备运维也成为智能运维发展模式中的一环。在水电通信运维过程中，由于水电站自身所处广域网环境下，因而其通信设备运行环境复杂、网络连通性不足，且随着智能运维的发展和多地新能源场站建设推进，多种场站通信需求导致多种类型通信设备的快速增长，在基础的通信网络传输方式不改动的情况下，集中式数据监控和分布式设备监管、云边协同能力都对通信传输方式和编码方式提出了新的挑战。前端数据采集与后端数据处理、数据挖掘等使得多交互方式也成为一种研究主题，多种智能化任务的传输和决策需求条件下，通信链路的有效性和可靠性亟需一种新的通信方式来改善。

本文研究水电通信运维领域的交互语义，包含数据采集之后的数据传输语义和人机数据交互语义，前者重点在面向水电通信运维领域的语义通信方式，后者研究人机交互方式探索与呈现。语义通信，不同于传输数据或信息的波形通信，它是以智能化任务的解读和决策为目标的一种新的通信方式，是以特定领域内的业务或信息特征库为参考的通信方式。在以香农信息理论为基础的通信方式中，我们习惯于从概率学的角度以信息熵来定义信息量的大小，语义通信放在特定的行业与领域中，则是以该领域内的基本知识库为基础进行信息衡量，它的信息熵是根据不同领域知识库进行自主动态变化的。

1　面向水电通信运维领域的语义通信架构

在水电通信运维中，智能化设备管理和人员管理一直是相辅相成的，在面向水电通信运维的特定的语义通信情景中，可以突破语义通信本身的语义不确定性，减少传输冗余度。面向水电通信运维的智能化语义通信情景示例如图 1 所示。

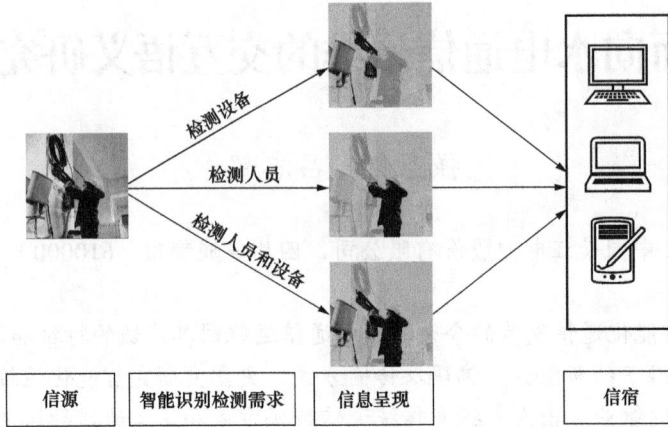

图 1　面向水电通信运维的智能化语义通信情景示例

水电行业通信运维不同于传统的通信领域，本文结合水电通信行业的智能化任务特点，结合智能化语义通信特点，提出面向水电通信运维行业的智能化语义通信架构。传统的通信架构模型与面向水电通信运维的智能化语义通信架构模型如图 2 所示。

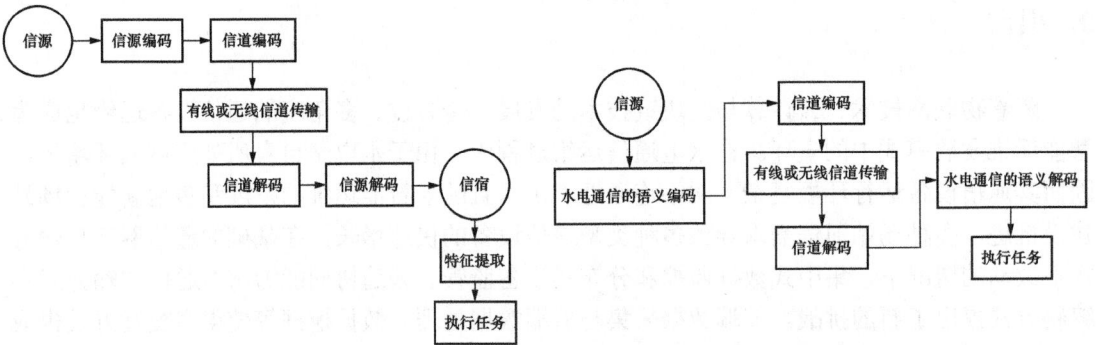

图 2　传统的通信架构模型与面向水电通信运维的智能化语义通信架构模型

传统的通信架构模型与智能化语义通信模型相比，其重点在于在发送端需要对全部信息进行编码传输，在经过信道传输后，接收端需要对全部信息进行译码，然后根据全部信息所要传达的智能任务含义进行译码和特征提取，在多任务智能化通信运维中，这种传输方式不仅增加了传输的冗余度，也增加了信道的传输载荷。在智能化语义通信中，在发送端就根据水电行业通信运维的特征进行智能任务的信源信道联合语义编码，在接收端直接进行语义解码和智能化任务执行，这种通信方式既实现了数据压缩、减少了传输冗余度，也加快了多种智能化任务的执行速度。此处以智能化图像传输举例来说明语义通信与像素编码和特征值编码传输的区别，如图 3 所示。

2　面向水电通信运维领域的语义通信编码方式

语义通信的编码方式应该根据不同领域内的业务类型进行选择，在水电通信基本业务

中，保证其他水力和电力业务传输是水电
通信运维的根本目标。常见的水电通信运
维业务可根据电力生产及管理业务进行划
分，在电力生产业务中，常见业务有水调
自动化业务、电调监控业务、水情遥测业
务、网络安全监管业务、行政交换业务、
调度交换业务、光传输运维监管业务、视
频会议业务、图像监控业务、气象检测业
务、水资源决策业务、水文预报业务……
这些常见的水电运维业务具有较为明显的
领域特征，需要根据业务的特点来判断接
收端是否需要重建信源，例如：图像监控
业务、视频会议业务等依靠尽可能大的信
息熵值来保证业务的稳定性，但行政交换
业务、调度交换及水资源决策等业务通过

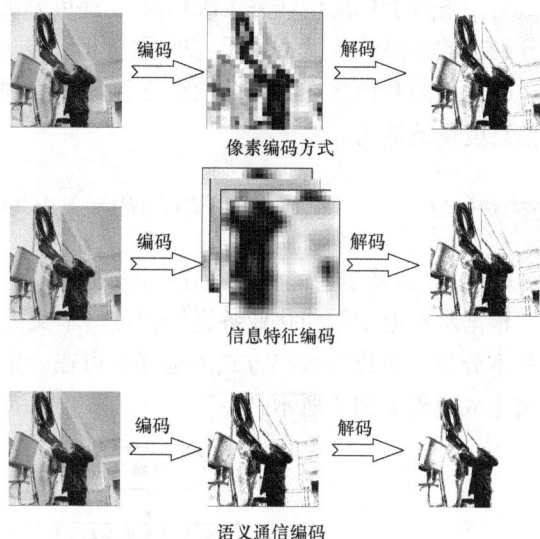

图 3　多种编码传输模式对比

简单的代码数据便可判别和决策业务，此类业务在接收端便不需要重建信源。在编码方式的
选择上，参考文献［3］采用了 RNN 编码方式，RNN 编码方式对于文字类信息的处理能力较
强，针对图像类的数据信息便比较受限了。参考文献［4］提出了联合信源信道编码（JSCC，
joint source channel coding），并验证了深度学习信源信道联合编码的优越性。参考文献［5］
采用了非线性神经网络编码方法，并设计了语义隐空间的先验熵模型。参考文献［6］提出了
面向语音通信的深度神经网络编码方法。但针对水电通信运维行业，编码方式需要根据水电
业务信息库进行逐一分析选择。

　　在智能化多任务运维时期，水电通信运维业务在语义通信模型中信息熵的确定除了需要
收发方拥有共同的知识库之外，还需要对信息熵值进行量化。依照神经元信息化理论，定义
可构成智能化水电通信运维的最小信息单位为特征元，在多样化的智能任务中，每个特征元
对智能化多任务的决策贡献度不同，定义本地所有特征元构成集合 $Q=\{s_1,s_2,s_3,...,s_N\}$，设
定智能化运维任务 θ 有多种智能化推理决策结果 $\theta=\{K_1,K_2,K_3,\cdots,K_M\}$，对于智能化任务 θ
的决策结果贡献程度设为 $g_\theta(s_n)$，则有 $\sum_{n=1}^N g_\theta(s_n)=1$。采用模糊数学模型基本理论，

$K_m=\frac{\lambda_{K_m}(s_1)}{s_1}+\frac{\lambda_{K_m}(s_2)}{s_2}+\cdots+\frac{\lambda_{K_m}(s_N)}{s_N}$，$\lambda_{K_m}(s_n)$ 表示 s_n 对 K_m 的隶属度，满足 $0\leqslant\lambda_{K_m}(s_n)\leqslant1$，
对于唯一的正确决策结果 K_m 的模糊熵 $K_m(s_n)\in[0,l](l\geqslant0)$ 表示了 s_n 对 K_m 的模糊程度，隶属
度与模糊程度之间存在如下关系：

$$K_m(s_n)=-\{\lambda_{K_m}(s_n)\log\lambda_{K_m}(s_n)+[1-\lambda_{K_m}(s_n)]\log[1-\lambda_{K_m}(s_n)]\} \tag{1}$$

　　特征元 s_n 对智能化运维任务 θ 的度量熵值为 M 个度量熵值之和：

$$\theta(s_n)=\sum_{m=1}^M K_m(s_n) \tag{2}$$

267

每一条智能化通信任务运维信息 F 都可分解为无数个基本的信息特征元，即有 $F \subseteq Q$，若分解出的信息特征元不属于 Q，则有相关度 $\mu_F(s_n) = 1$，否则 $\mu_F(s_n) = 0$，当语义通信方式确定时，信源和信宿在共享全部特征元集合 Q 时，则针对某一特定的智能化决策任务 θ 的语义信息度量熵值为：

$$P_i(F \mid \theta) = \sum_{n=1}^{N} \mu_F(s_n) \lambda_\theta(s_n) \theta(s_n) \tag{3}$$

其中，i 为特定智能化决策任务的编号。

根据水电通信智能化业务运维特点，本文提出以最简单的 ID3 决策树算法对通信业务进行基本分类，再进行编码方式的选择，可在一定程度上提高信息处理时间，提高信噪比。决策树生成流程如图 4 所示。

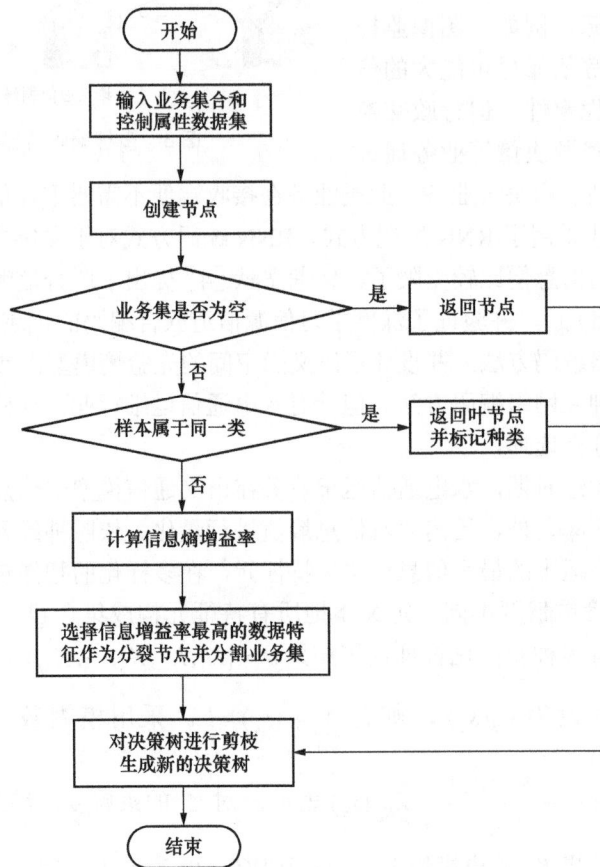

图 4　决策树生成流程

根据 ID3 决策树的基本算法，可将水电通信运维智能化业务进行简单的分类，以其语义编码所占用的传输带宽为分类目标，各项传输类属性进行传输信息的分类可构建如图 5 所示简易版决策树。

按照分类决策树进行智能化任务的分解与选择，再利用相应的编码方式可提升整体的传输速率，降低带宽占用率。

3 基于决策树的信源信道联合编码方式验证

在进行分类决策树的信源信道联合编码过程的验证中，在发送端和接收端共享本地知识库的基础上。选择包含语音、文字和图像等多种传输方式在内的多条业务信息进行编码方式验证其准确率。为了进行对照，对编码后的信息级联分类网络进行信息分类，与常规的编码方式进行分类准确度的验证和传输时延对比验证。本文选择 DNN 编码方式、直接编码方式和深度学习编码方式与本地业务特征库共同训练

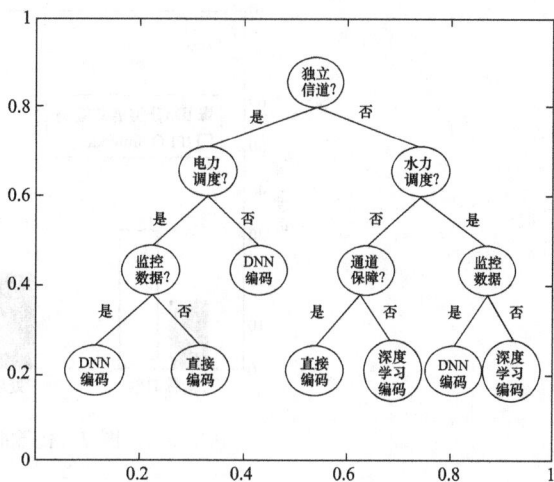

图 5　面向电力通信智能化运维业务分类决策树

编码模型，在前端则加入分类决策树进行业务判定。在传统的图像类信息编码方式上，选择 JPEG 编码方式，传统的文字类信息业务选择 unicode 编码，数字类则直接编码。在智能化语义通信编码模型中，选择 500 张图像训练，200 张图像进行 DNN 编码测试，并将最终确定的较高准确率参数作为实验组。为表示业务信息量与编码方式的关系，本文选择像素深度（bpp，bits per pixel）作为参量，bpp 表示传递信息编码所用的位数，位数越多则编码效率越低，在信息量递增的情况下则信息分类准确率越低。

由图 6 可知，随像素深度增加，普通编码方式和分类语义编码方式的分类准确度逐渐增加，但语义编码因为其前置 ID3 算法分类和本身共享本地知识库，其在编码位数较小时，准确率更高。

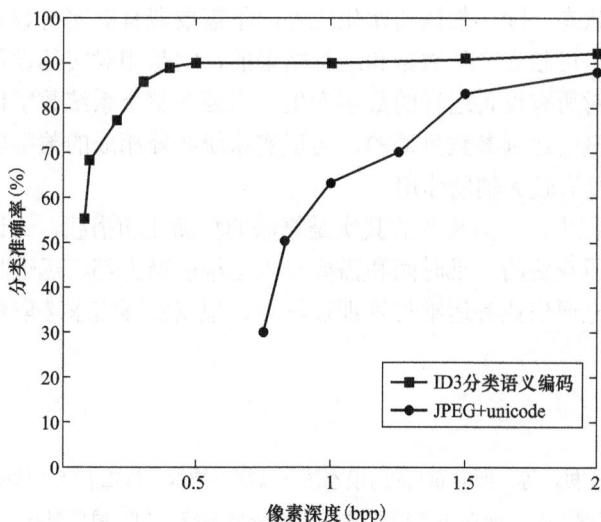

图 6　分类准确性对比

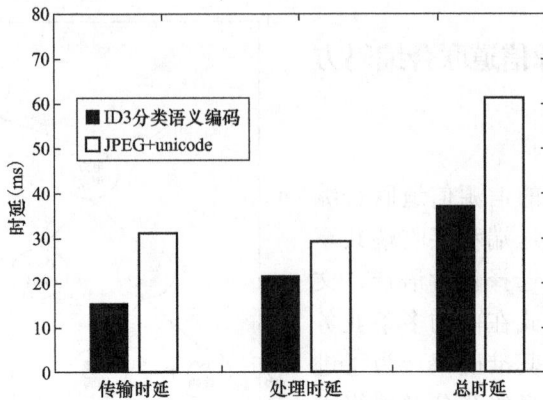

图 7　传输时延对比

4　人机交互方式探索与呈现

在智能运维（Algorithmic IT Operations，AIOps）的发展趋势中，人机交互语义及呈现方式占了较大比重。设备智能运维也正在经历从实体设备运维到智能化—信息化—数字化的变革趋势。从整个设备运维场景的数字化开始，到设备三维建模、数字孪生以及将来所到来的元宇宙，设备与人的交互方式也在不断变换。目前设备二维建模与三维建模的数字化呈现方式已有了较多应用领域。设备的三维建模一般有以下步骤：设备的轮廓建模、设备三维实体建模、对设备运行数据的自动更新、设备数据的实时映射，到设备的全方位观测等，但三维建模的设备并不是一个独立的信息化设备，更无法构成数字化的运行系统。

数字孪生相对于三维设备运维建模，其具有更高的数字化程度，数字孪生即是对现运行系统的全部数字化处理，数字孪生系统与现运行系统参数一致、配置一致，但其更偏近于理想状态下的设备工作状态。除了数据初始化之外，不需要现有的实时数据进行映射或者作为支撑，数字孪生系统是可独立产生数据和运行结果的，它是相对实体设备较为独立的一套数字化系统。若要实现对所有设备运行的数字孪生，需要在整个系统数字化前期投入较大精力建立数字运作系统，最终达到参数可调的、与现实系统相辅相成的数字孪生系统。其对故障预测、故障定位与恢复有较大辅助作用。

在设备 AIOps 过程中，更为重要的其实是算法的精简化和搭载，无论是三维建模还是数字孪生系统，其本身所花费的运维时间和需要投入运维的精力都将远远超过对设备本身的运维投入。在面向大水电通信业务运维与管理过程中，根据实际需求选取数字化的交互方式更具经济性及合理性。

参考文献

[1] 陈鸣锴，柳明浩，王文俊，等. 面向 6G 的跨模态语义编解码技术 [J/OL]. 信号处理：1-14 [2023-05-31].
[2] 张平，戴金晟，张育铭，等. 面向语义通信的非线性变换编码 [J]. 通信学报，2023，44（4）：1-14.
[3] 王衍虎，郭帅帅. 面向任务的语义通信 [J]. 移动通信，2023，47（4）：14-17，24.
[4] 鲁延鹏，戴金晟，牛凯. 面向工业网络的语义通信关键技术 [J]. 移动通信，2023，47（4）：18-24.

［5］朱婷婷，马啸面向语义通信的量化—重构器设计［J］.移动通信，2023，47（4）：31-36.

［6］卢锟，李荣鹏，赵志峰，等.基于统一语义表征的多用户异构语义网络［J］.移动通信，2023，47（4）：37-44.

［7］王寅楚，马啸.LDPC 陪集码的可区分性及其在语义通信中的应用［J］.移动通信，2023，47（4）：54-59.

［8］陆建华，陶晓明.专题导读［J］.中兴通讯技术，2023，29（2）：1.

［9］吕守晔，戴金晟，张平.信源信道联合的新范式：语义通信［J］.中兴通讯技术，2023，29（2）：2-8.

［10］施雨轩，吴泳澎，张文军.基于信息论的语义通信：理论与挑战［J］.中兴通讯技术，2023，29（2）：13-18.

［11］牛凯，姚圣时，戴金晟.语音信源的语义编码传输方法研究［J］.中兴通讯技术，2023，29（2）：34-39.

［12］张振国，杨倩倩，贺诗波.基于深度学习的图像语义通信系统［J］.中兴通讯技术，2023，29（2）：54-61.

［13］辛港涛，樊平毅.语义信息论的回顾与展望［J］.中兴通讯技术，2023，29（2）：9-12.

［14］何晨光，黄声显，陈舒怡，等.基于语义通信的低比特率图像语义编码方法［J］.信号处理，2023，39（3）：410-418.

［15］马楠，宋孟书，刘宜明，等.面向智能机器通信的语义信息刻画及度量［J］.北京邮电大学学报，2022，45（6）：12-20.

［16］张浩，冯春燕，杨佳汇，等.面向语义通信的 3D 骨骼点数据编码与压缩方法［J］.北京邮电大学学报，2022，45（6）：60-67.

［17］刘传宏，郭彩丽，杨洋，等.面向智能任务的语义通信：理论、技术和挑战［J］.通信学报，2022，43（6）：41-57.

［18］徐英姿，刘原，时梦然，等.语义在通信中的应用综述［J］.电信科学，2022，38（S1）：43-59.

［19］张亦弛，张平，魏急波，等.面向智能体的语义通信：架构与范例［J］.中国科学：信息科学，2022，52（5）：907-921.

［20］涂勇峰，陈文.基于深度学习的语义通信系统［J］.移动通信，2021，45（4）：91-94，119.

［21］牛凯，戴金晟，张平，等.面向 6G 的语义通信［J］.移动通信，2021，45（4）：85-90.

作者简介

强亚倩（1996—），女，助理级工程师，主要从事水电通信设备智慧化运维工作。E-mail：761489637@qq.com

吕志超（1986—），男，高级工程师，主要从事水电通信设备智慧化运维工作。E-mail：lv_zhichao@ctg.com.cn

浅谈一种水轮发电机电气制动流程监视的方法

杨雪融 董智磊 杨浩嘉 刘飞扬

（华能澜沧江水电股份有限公司糯扎渡水电厂，云南省普洱市　665005）

[摘　要]主要对某大型水电站水轮发电机电气制动流程监视方法以及现场应用情况作简要介绍，对应用中存在问题不断优化的过程进行说明，为大型水电站的水轮发电机电气制动流程监视方法的设计提供参考。

[关键词]电气制动；流程监视；程序

0　引言

目前，大型水轮发电机在停机过程中广泛采用柔性电气制动方式，其方法为：在水轮发电机组解列后，当机组转速下降至 50%～60% 时，按照设定的程序，由监控系统发出电气制动投入信号，合上机组出口三相短路开关、励磁系统起励，向转子绕组中输入一恒定直流电流，在定子中产生感应电流，该电流在定子绕组中产生铜耗制动力矩，使机组减速制动停机。

1　存在的问题

当前技术下的大型水轮发电机电气制动投入流程较为繁杂，存在继电器动作异常、励磁调节器板卡故障或制动进线开关不能正常动作等多种原因，导致电气制动投入失败，目前，仅只能依靠运维人员在电气制动投入失败后查找失败原因或开展模拟试验，难以直接看出或模拟出故障发生时的现象，且在模拟故障时经常出现电气制动投入均是成功的情况，使运维人员对故障情况不能有正确的判断和定性。因此，为确认电气制动流程故障原因所在，可以设计一种用于监视发电机电气制动过程的流程，并通过可视化的方式直观地将电气制动投入失败的原因表达出来，便于运维人员对故障的直接观察和诊断。

2　电气制动流程监视方法的实现

2.1　方案的提出

本方案通过在 PLC 内将水轮发电机投入电气制动的步骤用程序的方式编写出来，通过 PLC 不同的输入信号对应不同的开出指示灯，以自保持的方式将电气制动的流程直观形象地表示出来，当出现电气制动投入失败的情况时，能够准确地反映出电制动失败原因，以提高人员对电气制动流程失败故障原因查找的效率，并通过下列技术方案实现：

（1）选用 PLC 的备用开出点排列组合作为电气制动失败的信号监视。

（2）编写电气制动失败信号监视程序段，将其加入原电气制动流程程序中，并确保程序更改后不会对励磁系统电气制动流程造成任何影响，也不会影响到 PLC 其他流程。

（3）程序更新完毕后对程序进行模拟试验及验证。

2.2 方案的实施

选用 PLC 的备用开出点 Y12、Y13、Y33、Y34 排列组合作为电气制动失败的信号监视。

编写电气制动失败信号监视程序段，将其加入至原电气制动流程程序中，并确保程序更改后不会对励磁系统电气制动流程造成任何影响，也不会影响到 PLC 其他流程。

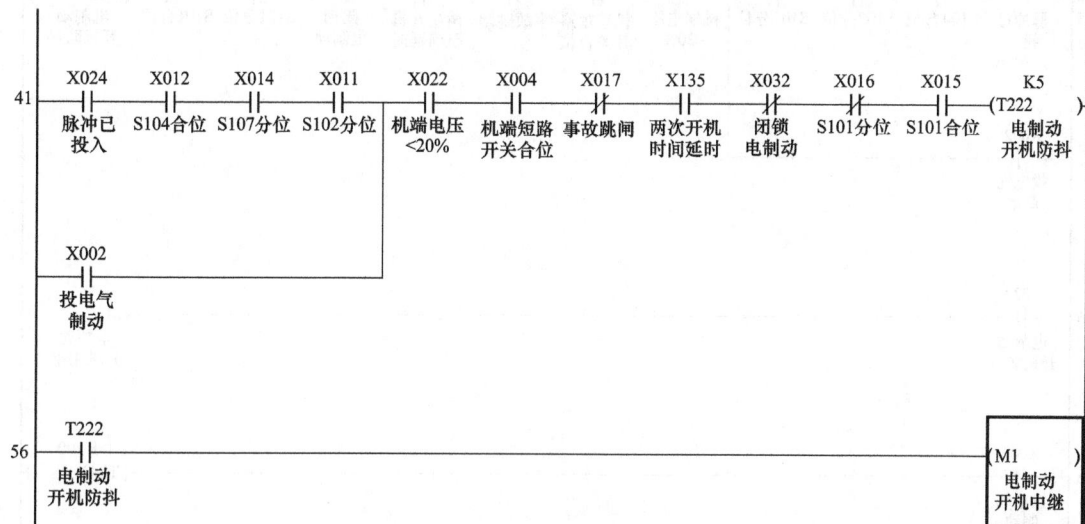

图 1　电气制动投入流程

从图 1 中可以看出，投入电制动条件为：监控电制动投入令&&机端电压＜20%&&发电机出口短路开关合位&&无电气事故停机信号&&两次开机时间间隔＞20s&&无闭锁电制动命令&&S101 开关合位。

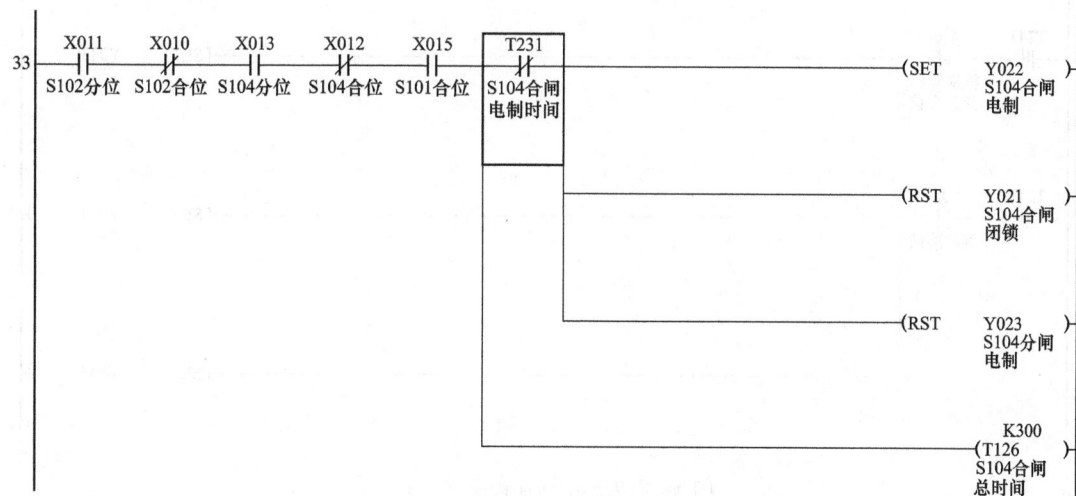

图 2　投入电制动后合 S104 开关 PLC 程序

273

电制动合 S104 条件为：S102 分闸位置&&S104 分闸位置&&S101 合闸位置（此项在投入电制动条件中已经判断）&&两次合闸时间间隔＞2s。故在程序中增加如下部分：

在 PLC 接收到监控的投电制动令延时 1s 后，如果未能启动电制动合开关流程，按照缺少条件开出对应的指示灯；在启动电制动合开关流程后，如果 S104 开关在 1s 内未能合闸，按照条件开出对应的指示灯。

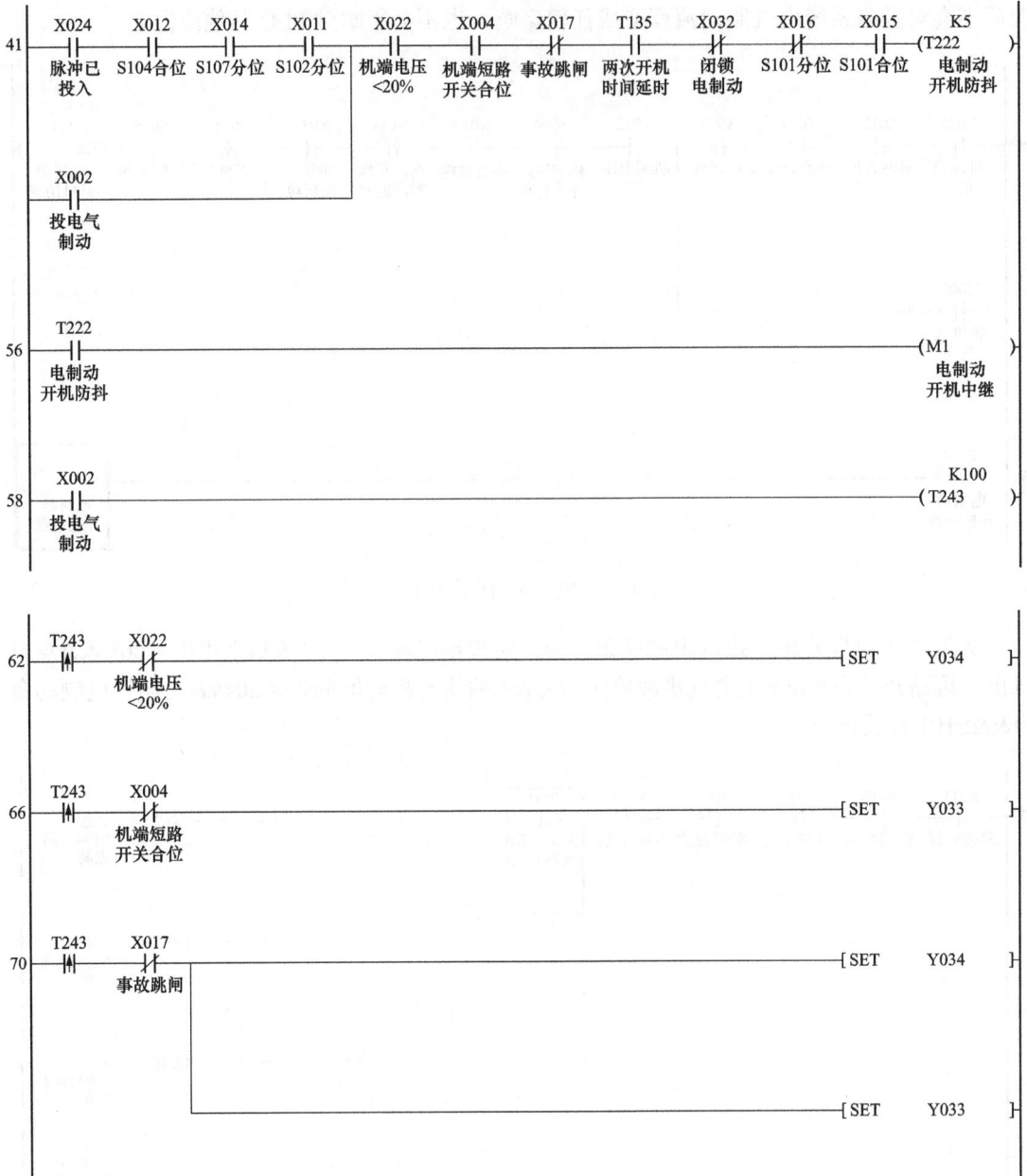

图 3　在程序中增加程序（一）

62 ┤├ T243 ┤╱├ T135   ─[SET   Y013]
                两次开机
                时间延时

79 ┤├ T243 ┤╱├ X032   ─[SET   Y013]
                闭锁
                电制动   ─[SET   Y034]

84 ┤├ T243 ┤├ X016   ─[SET   Y013]
                S101分位
                                                                       ─[SET   Y033]

89 ┤├ T243 ┤╱├ X015   ─[SET   Y013]
                S101合位
                                                                       ─[SET   Y033]

                                                                       ─[SET   Y034]

125 ┤├ T244 ┤╱├ Y022   ─[SET   Y012]
                 S104合闸
                 控制
                                                                       ─[SET   Y034]

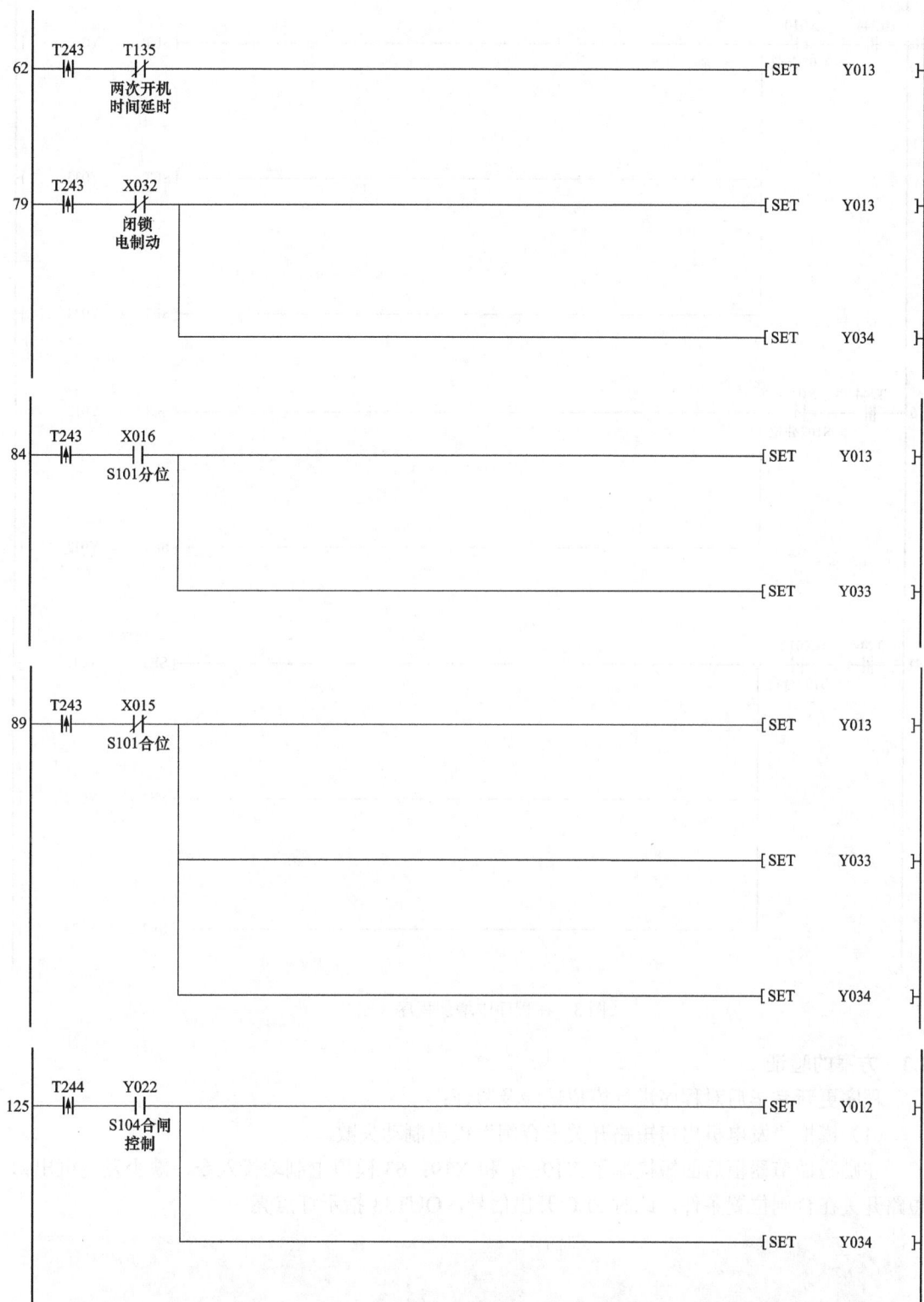

图 3　在程序中增加程序（二）

275

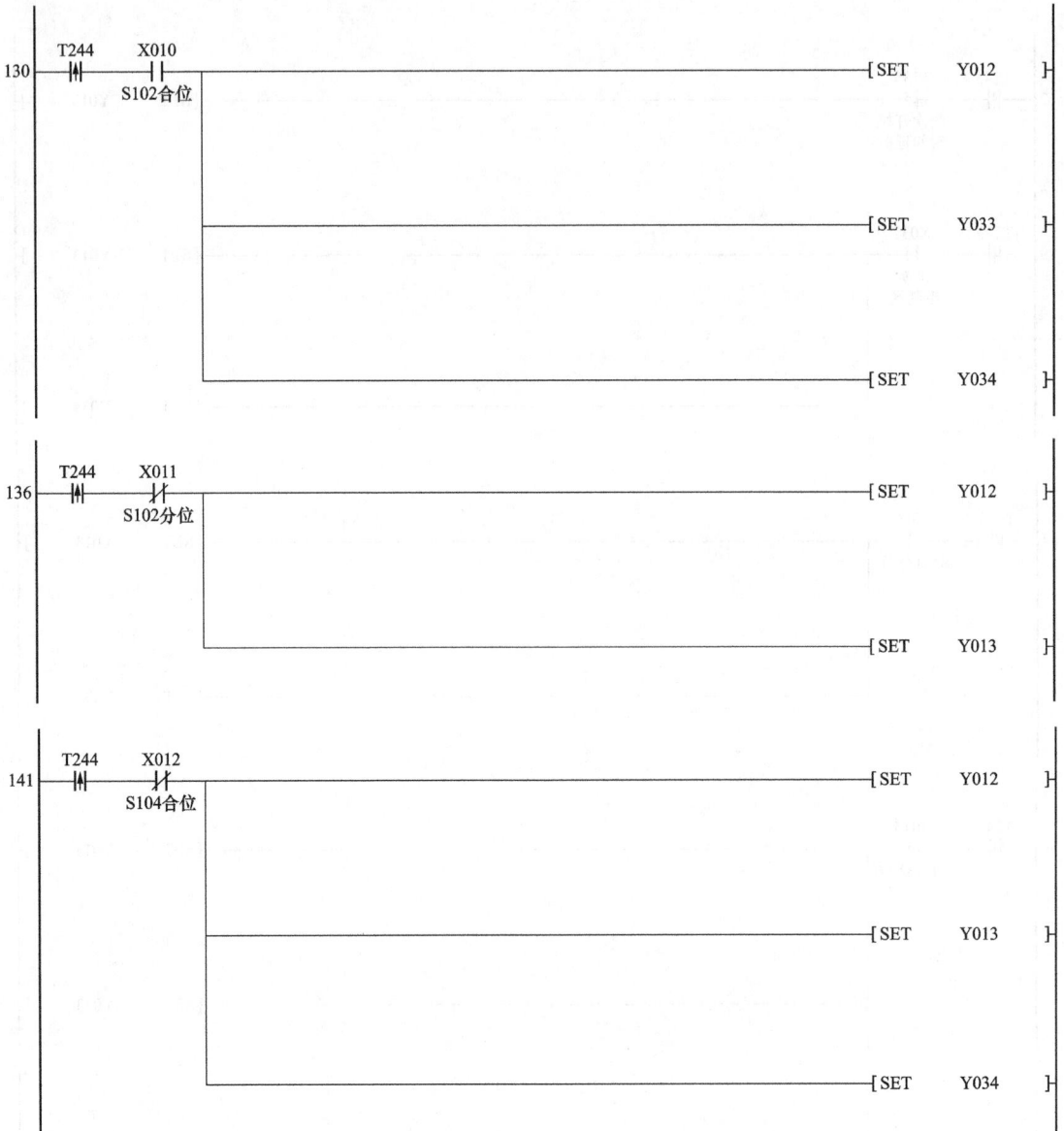

图 3　在程序中增加程序（三）

2.3　方案的验证

程序更新完毕后对程序进行模拟试验及验证：

（1）模拟"发电机出口短路开关未合闸"投电制动失败。

在励磁调节器柜后面短接端子 X19：1 和 X19：63 模拟电制动投入令，缺少发电机出口短路开关在合闸位置条件，此时 PLC 开出信号，OUT33 指示灯点亮。

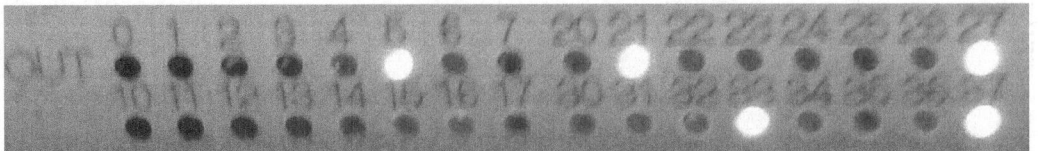

（2）模拟"发电机机端电压≥20%"投电制动失败。

在励磁调节器柜后面短接端子 X19：1 和 X19：67 模拟发电机出口短路开关在合闸位置，解除 PLC 开入端子 X22 模拟发电机机端电压＞20%，在励磁调节器柜后面短接端子 X19：1 和 X19：63 模拟电制动投入令，由缺少发电机机端电压＜20%条件，此时 PLC 开出信号，OUT34 指示灯应点亮。

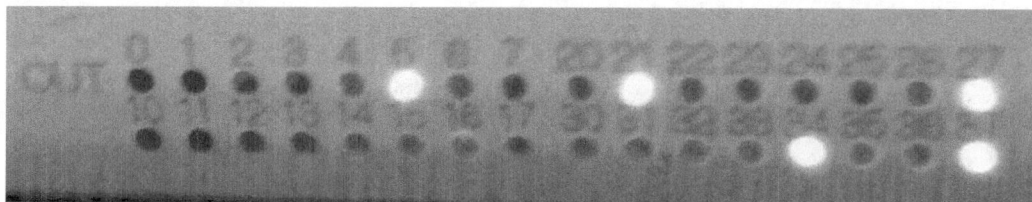

（3）模拟"电气事故跳闸"投电制动失败。

在励磁调节器柜后面短接端子 X19：1 和 X19：67 模拟发电机出口短路开关在合闸位置，短接 PLC 端子 X17 和公共端模拟电气事故跳闸，在励磁调节器柜后面短接端子 X19：1 和 X19：63 模拟电制动投入令，由于有电气事故跳闸信号，此时 PLC 开出信号，OUT33、34 指示灯应点亮。

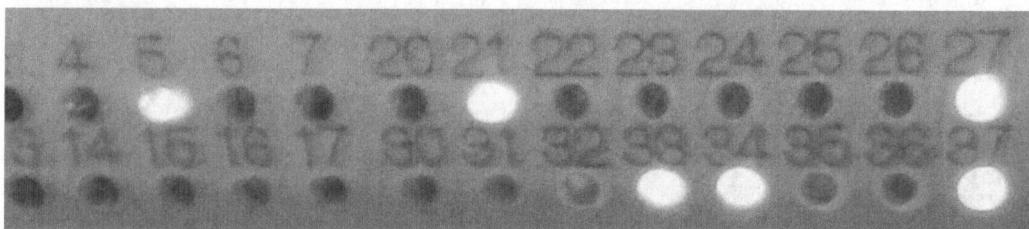

（4）模拟"两次开机延时＜20s"投电制动失败。

在模拟开机后 20s 内在励磁调节器柜后面短接端子 X19：1 和 X19：63 模拟电制动投入令，由于延时小于 20s，此时 PLC 开出信号，OUT13 指示灯应点亮。

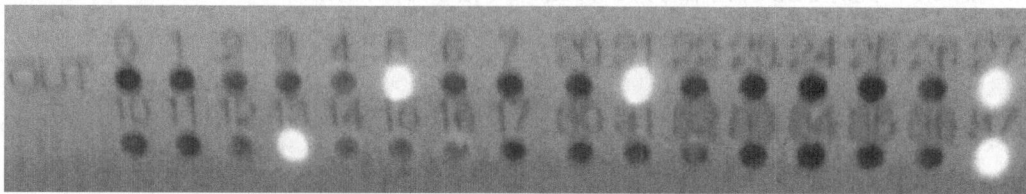

（5）模拟"闭锁电制动"投电制动失败。

在励磁调节器柜后面短接端子 X19：1 和 X19：67 模拟发电机出口短路开关在合闸位置，短接 PLC 端子 X32 和公共端模拟闭锁电制动，在励磁调节器柜后面短接端子 X19：1 和 X19：63 模拟电制动投入令，由于有闭锁电制动信号，此时 PLC 开出信号，OUT13、34 指示灯点亮。

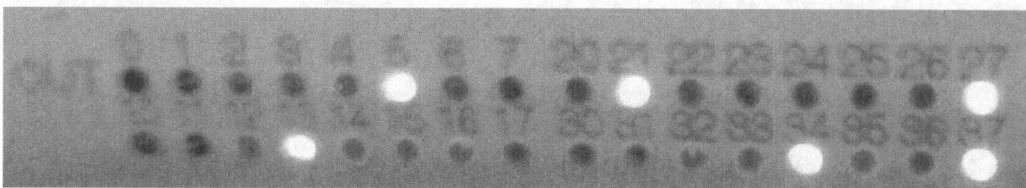

（6）模拟"S101 开关（灭磁开关）在分闸位"投电制动失败。

在励磁调节器柜后面短接端子 X19：1 和 X19：67 模拟发电机出口短路开关在合闸位置，短接 PLC 端子 X16 和公共端模拟 S101 开关（灭磁开关）在分闸位。在励磁调节器柜后面短接端子 X19：1 和 X19：63 模拟电制动投入令，此时 PLC 开出信号，OUT13、33 指示灯应点亮。

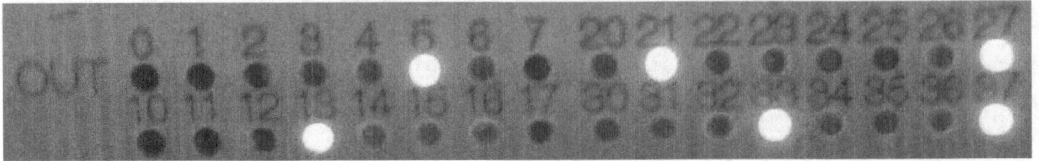

（7）模拟"S101 开关（灭磁开关）没合闸"投电制动失败。

在励磁调节器柜后面短接端子 X19：1 和 X19：67 模拟发电机出口短路开关在合闸位置，解开 PLC 端子 X15 模拟 S101 开关（灭磁开关）没合闸。在励磁调节器柜后面短接端子 X19：1 和 X19：63 模拟电制动投入令，此时 PLC 开出信号，OUT13、33、34 指示灯应点亮。

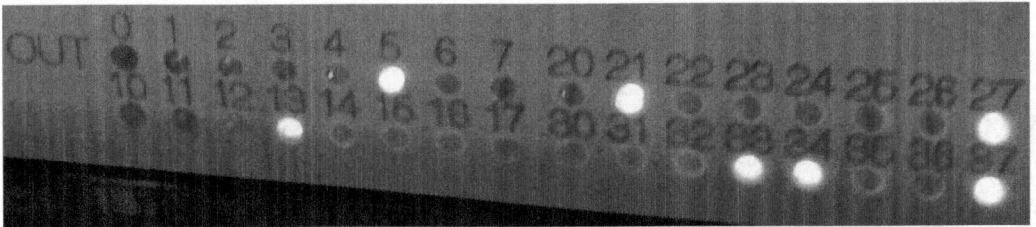

（8）模拟"投电制动 5s 后 S104 开关未合"投电制动失败。

在励磁调节器柜后面短接端子 X19：1 和 X19：67 模拟发电机出口短路开关在合闸位置，断开空开-Q604 模拟 S104 开关未合。在励磁调节器柜后面短接端子 X19：1 和 X19：63 模拟电制动投入令，此时 PLC 开出信号，OUT12、34 指示灯应点亮。

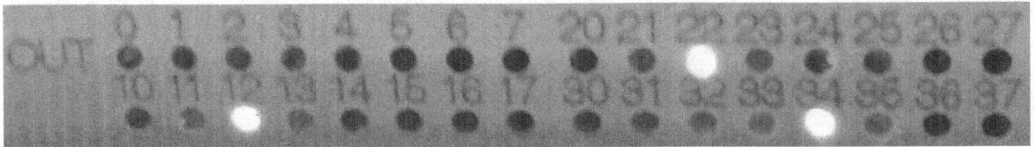

（9）模拟"S102 在合闸位（常开触点未闭合）"投电制动失败。

在励磁调节器柜后面短接端子 X19：1 和 X19：67 模拟发电机出口短路开关在合闸位置，短接 PLC 端子 X10 和公共端模拟 S102 在合闸位（常开触点未闭合），在励磁调节器柜后面短接端子 X19：1 和 X19：63 模拟电制动投入令，此时 PLC 开出信号，OUT12、33、34 指示灯点亮。

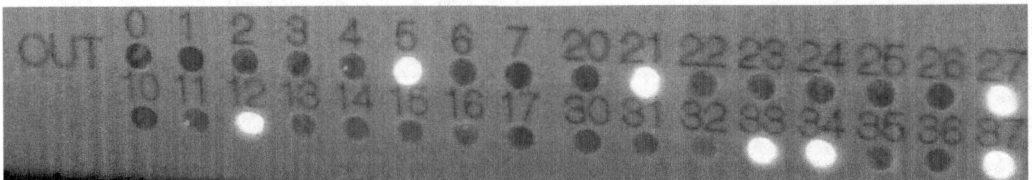

（10）模拟"S102 开关未断（常闭触点未断开）"投电制动失败。

在励磁调节器柜后面短接端子 X19：1 和 X19：67 模拟发电机出口短路开关在合闸位置，解开 PLC 端子 X11 模拟 S102 开关未断（常闭触点未断开）。在励磁调节器柜后面短接端子 X19：1 和 X19：63 模拟电制动投入令，此时 PLC 开出信号，OUT12、13 指示灯应点亮。

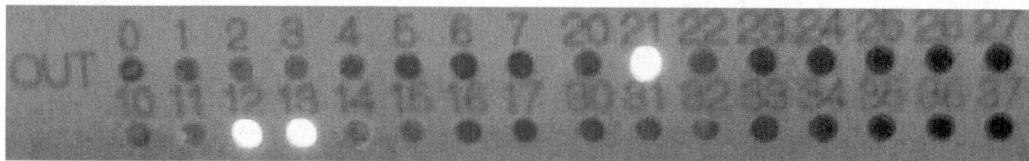

（11）模拟"S104 开关在分闸位（常闭触点未断开）"投电制动失败。

在励磁调节器柜后面短接端子 X19：1 和 X19：67 模拟发电机出口短路开关在合闸位置，解开 PLC 端子 X13 模拟 S104 开关在分闸位（常闭触点未断开）。在励磁调节器柜后面短接端子 X19：1 和 X19：63 模拟电制动投入令，此时 PLC 开出信号，OUT12、13、33 指示灯应点亮。

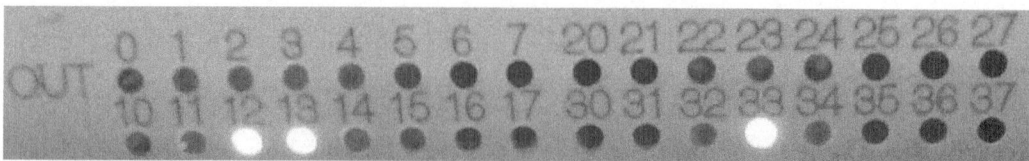

具体指示灯对应变频器参数设定表（见表 1）。

表 1 变频器参数设定表

序号	PLC 装置上 OUT 指示灯亮的情况（1 表示灯亮、0 表示灯不亮）				投电制动失败的原因
	12	13	33	34	
1	0	0	1	0	发电机出口短路开关未合闸
2	0	0	0	1	发电机机端电压≥20%
3	0	0	1	1	电气事故跳闸
4	0	1	0	0	两次开机延时<20s
5	0	1	0	1	闭锁电制动
6	0	1	1	0	S101 开关（灭磁开关）在分闸位
7	0	1	1	1	S101 开关（灭磁开关）没合闸
8	1	0	0	1	投电制动 5s 后 S104 开关未合
9	1	0	1	1	S102 在合闸位（常闭触点未闭合）
10	1	1	0	0	S102 开关未断（常闭触点未断开）
11	1	1	1	0	S104 开关在分闸位（常闭触点未断开）

3 结论

采用在 PLC 内将水轮发电机投入电气制动的步骤用程序的方式编写出来，并通过 PLC

不同的输入信号对应不用的开出指示灯以自保持的方式将电气制动的流程直观形象地表示出来的方法，当出现电气制动投入失败的情况时，能够准确地反映出电制动失败原因，提高人员对电气制动流程失败故障原因查找效率，提高设备运行可靠性及电厂自动化控制水平，为机组的长周期安全稳定运行提供保障。

参考文献

［1］梁建行. 水电厂发电机励磁系统设计［M］. 北京：中国电力出版社，2015.

［2］国家能源局. NB/T 35004—2013 水力发电厂自动化设计技术规范［S］.

作者简介

杨雪融（1992—），男，大学本科，助理工程师，从事水电厂运行维护工作。E-mail：1340586951@qq.com

董智磊（1988—），男，大学本科，工程师，从事水电厂运行维护工作。

杨浩嘉（1996—），女，大学本科，助理工程师，从事水电厂运行维护工作。

刘飞扬（1990—），男，大学本科，助理工程师，从事水电厂运行维护工作。

水电站水轮机顶盖排水控制系统可靠性提升的探索

李　磊　李东双　杨浩嘉

（华能澜沧江水电股份有限公司糯扎渡水电厂，云南省普洱市　665005）

[摘　要] 水轮机顶盖排水系统作为水轮机的重要辅助设备，其运行可靠性和稳定性关系到整个水轮发电机组的安全运行，由此引发水淹水导的事故在行业内也时有发生，更甚会导致水淹厂房事故，致使机组非计划停运。

[关键词] 水轮机；顶盖排水；可靠性

0　引言

本文主要结合糯扎渡水电厂（以下简称糯扎渡）顶盖排水系统改造及优化经验，阐述了糯扎渡顶盖排水系统基本配置及运行中存在的问题，从优化控制方式、完善控制逻辑两方面进行了讨论，旨在对水轮机顶盖排水系统可靠性提升进行分析和探讨，从而降低机组运行风险，保障机组安全稳定运行。

1　顶盖排水控制系统概述

糯扎渡共装设 9 台单机容量为 650MW 的水轮发电机组，总装机容量为 5850MW。1～9 号机组顶盖排水系统各配置 2 台潜水泵，2 台泵互为备用，轮换运行；同时配置 1 台应急排水泵作为紧急备用。

在电站投运初期，仅利用顶盖排水控制系统开关量控制作为控制方式，一方面是相比模拟量可靠性较高，另一方面也考虑模拟量测值跳变、卡涩会导致水泵启停异常等情况，因此，仅将模拟量作为上位机辅助监视及开关量控制方式失效时的备用控制方式。

在后续的运行中，为了提升可靠性，在开关量控制的基础上投入了模拟量控制。目前顶盖排水系统通过浮子液位计与浮球开关共同参与判断水位高程，模拟量（液位计信号）和开关量（浮球开关信号）双路输入，控制逻辑为并列运行，共同完成顶盖排水泵的启停控制：当浮球开关或浮子液位计到达启泵水位，两台顶盖排水泵轮换运行；当浮球开关或浮子液位计到达停泵液位时，排水泵停止运行。

2　顶盖排水系统存在的问题及优化过程

2.1　顶盖排水系统浮球开关改造

2.1.1　面临问题

1～9 号机组顶盖排水系统浮球开关自投建使用至今，更换频率较高，使用寿命不高。一个重要的因素是顶盖排水浮球开关在实际运行中由于顶盖槽多汇集有油污，且库水水质较硬，容易造成浮球聚结水垢、乳化变硬，致使浮球不能灵活翻转，使顶盖排水泵无法进行正常启、停控制，严重地威胁了机组的安全稳定运行。近年来出现数次由于浮球开关老化、变硬而导致顶盖排水泵无法进行正常启、停控制的情况，这个现象在机组检修期间顶盖排水系统调试时尤为普遍。大多数情况是由于检修期间浮球脱离水体，导致球体连接线变硬，无法正常漂浮，尽管于检修期间对浮球开关进行清洁、软化，但实际处理效果不理想。频繁地更换浮球开关，一来增加了维护人员工作量，二来也不适应系统的经济性原则。

目前顶盖排水浮球开关悬挂于顶盖底座焊接支架上，长年浸泡已经导致底座焊接螺栓及原金属支架锈蚀严重，存在支架侧倾或倒塌的隐患，加之各机组顶盖浮球开关由于绑扎方式、实际漂浮工况不一，导致各机组开关量启泵定值不能保持统一，启停泵定值的执行及准确性受到干扰。因此，实际运行过程中绝大多数启停泵情况均由模拟量控制，受机组运行时振动或顶盖液位波动不稳定的影响，模拟量控制相对于开关量控制可靠性稍弱，不能可靠地服务电站无人值班运行模式的需求。

2.1.2 处理方法

为减少浮球开关硬化拒动的问题，首先考虑优化了现有的浮球开关控制方式。经过调研、选型及现场试验，将现有的机组顶盖排水浮球开关统一更换为运行工况更加稳定的电极式液位开关。

同时，在电极式液位开关的选型及现场安装也更加侧重其稳定性：一是使用了模块式继电器单元，电极棒与继电器单元采用分离安装，将电极式液位开关的继电器单元安装于控制柜内，确保其具备相对良好工作环境；二是对电极棒的选择使用了线缆式的电极棒，将电极固定至设计安装好的支架上，与杆式电极棒相比由于安装方式不同，在机组运行中表现更加稳定，受机组运行过程振动影响较小；三是支架选择了具有高耐腐蚀、耐高低温且物理性能稳定的聚四氟乙烯材质，经过对支架重新统一安装，整合了1~9号机组顶盖排水系统开关量动作定值。

自电极式液位开关改造完成运行至今，顶盖排水启停泵液位稳定，未见信号卡涩、异常消失情况，整体运行工况良好。另改造后的电极式液位开关在检修、维保方面相比原浮球开关更加便捷，极大程度提升了设备维护人员的工作效率。

2.2 1~6号机组盖排水控制逻辑优化

糯扎渡电站水轮机分别由哈电集团（1~6号机组）和上海福伊特（7~9号机组）两个厂制造。顶盖排水系统除水泵配置相同外，顶盖排水系统控制逻辑方面略有差异，因此，对控制逻辑的优化需区分讨论。

2.2.1 面临问题

1~6号机组顶盖排水逻辑控制中，起泵条件为：

（1）模拟量及开关量同时投入时：顶盖浮球开关量停泵信号复归&（模拟量起泵水位 or 开关量起主泵水位）。

（2）开关量投入时：开关量起主泵水位&开关量非停泵水位。

（3）模拟量投入时：模拟量非停泵水位&模拟量起泵水位。

停泵条件为：

（1）模拟量及开关量同时投入时：模拟量停泵水位 or 开关量停泵水位。

（2）开关量投入时：开关量停泵水位。

（3）模拟量投入时：模拟量停泵水位。

由此可以看出，当开关量及模拟量控制均处于投入状态时，若顶盖浮球开关量停泵信号一直保持，那么无论开关量或者模拟量起泵水位信号到达与否，顶盖排水泵均不能正常启动。

同时，由于开关量及模拟量均能参与停泵控制，当开关量及模拟量控制均处于投入状态时，若模拟量停泵水位一直保持，由于占用了 PLC 程序控制逻辑内停泵流程的调用，会导致开关量信号不能正常停泵。

2.2.2 处理方法

在遵从 1～6 号机组顶盖排水系统两种控制方式同时投入的前提下，为了解决开关量停泵信号闭锁启泵的问题，需对 1～6 号机组顶盖排水逻辑进行完善，一是需考虑开关量启停泵信号冲突的情况下，如何将水泵正常启动；二是若停泵流程占用后，如何让水泵正常启停泵。在经过讨论及现场验证后，提出了顶盖排水系统逻辑优化的方案，具体优化策略为：

（1）当开关量启泵信号接点动作的同时又有停泵水位信号接点同时开出（即停泵水位信号未复归），则判断为开关量信号异常，程序内"开关量控制"方式自动退出，控制柜 PLC 对应点开出，相对应开关量故障继电器动作，同时向监控系统开出"开关量异常退出"信号。待现场故障消失后，在控制柜投入"开关量投入"信号，"开关量异常退出"信号复归。开关量因故障退出运行后，还能由模拟量单独控制水泵启停。

（2）当模拟量断线、越限亦或是模拟量停泵水位与开关量起泵条件（即开关量起主泵水位&开关量非停泵水位）同时满足情况下即判断为该模拟量信号异常，则"模拟量控制"方式自动退出，控制柜 PLC 对应点开出，模拟量故障继电器动作同时向监控系统开出"模拟量异常退出"信号。故障消失后，在控制柜投入"模拟量投入"信号，"模拟量异常退出"信号复归。模拟量因故障退出运行后，还能由开关量控制水泵启停，防止水淹顶盖。

经现场验证，当开关量停泵信号一直保持，待水位持续上升至开关量启泵水位，则策略 1 将"开关量控制"方式退出，启停泵由模拟量控制；当模拟量停泵液位卡涩，开关量到达启泵条件后，策略 2 将"模拟量控制"方式退出，启停泵由开关量正常控制。

经过优化后的逻辑能有效解决上述"开关量停泵水位一直保持，会导致模拟量控制启泵失效""模拟量停泵水位一直保持，由于占用了 PLC 程序控制逻辑内停泵流程的调用，会导致开关量信号不能正常停泵"两个问题。

2.3 7～9 号机组盖排水控制逻辑优化

2.3.1 面临问题

与 1～6 号机组不同的是，7～9 号机组顶盖排水控制方式分为程序控制和现地控制方式。程序控制包括自动模式及监控发令模式，自动模式下启泵条件为：

（1）顶盖排水浮球起泵信号开入+浮球停泵信号复归。

（2）浮子液位计投入+浮子液位计起泵水位+浮球停泵信号复归。

停泵条件为：浮球停泵信号开入。监控发令模式可以使用监控 LCU 发令启停泵，由于现场未使用该功能，在本文中暂不讨论该方式。

现地控制方式下启停泵可由现地控制柜按钮控制，设计之初为了防止液位过低水泵空抽，浮球停泵信号参与停泵判断。遇特殊情况，停泵信号一直未复归，现地控制方式下可以强制继电器（即将停泵信号复归）实现水泵启停。

从上诉启停泵条件可以看出模拟量停泵水位并不参与顶盖排水泵启停控制，若顶盖浮球停泵信号一直存在，无人为干预下，无论开关量、模拟量、手动方式均不能控制水泵启停。

2.3.2 处理方法

在对 7～9 号机组顶盖排水控制系统控制回路的处理上，首先解决停泵信号闭锁手动控制方式的问题；其次在逻辑优化方面，与 1～6 号机组处理思路大致相同，主要解决开关量停泵信号保持的情况下，如何将水泵正常启动的问题。

首先是回路的优化：将手动方式独立于任何开关量、模拟量信号，此举虽然会导致手动启泵下不能自动停泵，但无疑在应急处理上极大程度简化运行人员的操作步骤。

然后是控制逻辑的完善，相比开关量停泵信号，无疑开关量与模拟量启泵信号同时开出可靠级别要更高，以此条件来跳过开关量停泵信号启动顶盖排水泵也有所依据。同时，还要将此启泵条件作异常信号开出至上位机，确保现场异常及时得到解决，因此，具体优化策略为：若开关量停泵信号未复归，同时满足开关量启泵&模拟量启泵信号条件，则跳过开关量停泵闭锁，启动顶盖排水泵。同时控制柜 PLC 对应点开出，相对应开关量故障继电器动作，同时向监控系统开出"顶盖停泵信号异常"。

由于 7～9 号机组的停泵策略仅使用了开关量停泵信号，所以不能仅单独新增启泵程序段，还要考虑在上述特殊运行工况下如何将水泵自动停止，因此，还需新增在此工况下的停泵流程，具体策略为：当开关量停泵信号未复归，同时开关量及模拟量启泵信号同时开出启动顶盖排水泵后，当次停泵控制由模拟量停泵信号控制。

经过优化后的控制逻辑无疑更加完善，在经过程序模拟、功能测试后，可以满足现场要求，在面临特殊工况下减缓了对应急人员的需求，提高了设备可靠性。

3 结束语

为适应电厂"无人值班"运行模式的改变，通过对顶盖排水系统水位控制方式改造及控制逻辑优化，极大地提高了顶盖排水系统可靠性，确保机组稳定可靠运行，上述处理措施也可为其他水电站类似问题提供借鉴和参考。

参考文献

[1] 渠中权. 岩滩水电站顶盖排水控制系统优化 [J]. 红水河，2016，35（6）：3.
[2] 贾鳌，周帅帅. 水轮机顶盖排水系统的优化运行 [J]. 云南水力发电，2020，36（2）：162-165.
[3] 章铁钟，吴茜琼. 电极式水位计在中水处理控制系统中的应用 [J]. 洛阳理工学院学报，2015，25（4）：73-76.
[4] 高伟. 电极式液位开关失效分析及研究 [J]. 科技展望，2016：201.

作者简介

李 磊（1994—），男，工程师，从事水电厂运行维护工作。E-mail：448316462@qq.com
李东双（1986—），男，高级工程师，从事水电厂运行维护工作。E-mail：546018531@qq.com
杨浩嘉（1996—），女，助理工程师，从事水电厂运行维护工作。E-maill：470292050@qq.com

九个数学概念丰富安全文化内涵

徐声鸿　欧来洪　赵　习　贾世迎　贾启彤

（云南电投绿能科技有限公司，云南省昆明市　650228）

[摘　要] 介绍统筹方法、过程管控、时间、空间、自变量、因变量、集合、映射、圆圈九个数学概念，通过实际案例总结九个数学概念与安全的关系，探索用数学的概念来丰富安全文化内涵。

[关键词] 数学概念；丰富；安全文化；电力安全

0　引言

国家电力投资集团有限公司（简称国家电投）自组建以来，高度重视安全生产工作，认真贯彻落实党和国家关于安全生产工作的决策部署，始终坚持"任何风险都可以控制，任何违章都可以预防，任何事故都可以避免"的安全理念。2016 年 11 月，在总结多年安全生产实践经验的基础上，发布《安全"和"文化建设方案》，确立了安全"和"文化体系。安全"和"文化源于国家电投在电力、煤矿、铝业、物流等行业的深厚积累，源于每一名国家电投人的工作实践，与集团公司发展相生相伴，与个人工作息息相关。吸收核安全文化精髓，以"融合创新"的安全管理文化为手段，以"合规合理"的安全行为文化为抓手，以"天人合一"的安全物态文化为保障，从"零"开始，向"零"奋斗。

云南电投绿能科技有限公司为国家电投下属三级单位，公司秉承集团安全"和"文化，通过实际案例总结九个数学概念与安全的关系，探索用数学的概念来丰富安全文化内涵。

1　九个数学概念

1.1　统筹方法与过程管控

统筹方法说的是对整体过程的优化配置，可以减少工作时间和工作量。

过程管控说的是对单一过程的管理与控制。包括对单一过程质量和安全的管理与控制。

1.2　时间与空间

时间是一种连续的、单向的、不可逆的量，用于衡量事件发生的顺序和持续的长度。

空间则是一种三维的、可测量的、可变化的概念，用于描述物体的位置和尺寸。

1.3　自变量与因变量

函数关系式中，某些特定的数会随另一个（或另几个）会变动的数的变动而变动，这些特定的数是因变量，另一个（或另几个）会变动的数是自变量。

1.4 集合

一般地，把研究对象统称为元素，把一些元素组成的总体叫作集合（简称为集）。

1.5 映射

一一对应也叫映射。如果集合 A 中每一个元素都与集合 B 中的每一个元素对应，反过来，集合 B 中的每一个元素都与集合 A 中的每一个元素对应，即称集合 A 与集合 B 建立了一一对应。

1.6 圆圈

在一个平面内，围绕一个点并以一定长度为距离旋转一周所形成的封闭曲线叫作圆，全称圆形，通俗地叫圆圈。

2 数学概念与安全的关系

2.1 统筹方法、过程管控与安全

2.1.1 风电场 35kV 集电线路 B 相套管更换

更换方案内容应该包含时间、地点、停电设备、临近带电设备、材料准备、工器具准备、人员配置、更换过程等。而更换过程又包含拆除间隔柜顶盖板、拆除扁铜连接螺栓、拆除套管与柜体连接螺栓、取出套管、套管下吊至地面、新套管吊至柜顶、套管放置就位、安装套管与柜体连接螺栓、安装扁铜连接螺栓、安装间隔柜顶盖板。这些过程的先后顺序需要做统筹安排，对单一过程需要做风险管控。更换过程可能危及人身、设备的安全。比如站在柜顶上将套管下吊至地面这一单一过程属于高处作业，需要做两个方面的工作：一是危害辨识；二是风险分析、风险评估、风险控制。危害辨识是确定危害的存在；风险评估是评估风险程度。柜顶高处作业是危害，存在人员坠落这种可能性是风险。做了危害辨识后，要做风险分析、风险评估、风险控制，风险控制就是制定相应控制措施并有效执行，尽可能把风险值降到最低。

2.1.2 小结

过程也就是步骤、工序。对风险进行管控需要从人、机、料、法、环入手，人、机、料、法、环都要做危害辨识与风险分析、风险评估、风险控制。

2.2 时间、空间与安全

2.2.1 事件简要经过

2019 年 10 月，某水电站 2 号发电机组定子接地故障停机，随即该电站对 2 号机组抢修。抢修的核心作业就是对定子故障线棒更换、焊接。11 月 6 日，在对线棒下端接头焊接过程中，动火执行人失误将绑扎线棒的布条引燃。因火势不大，动火执行人采用口对火吹气的方法想将火苗吹灭，经过多次努力后火苗仍未被吹灭。火势逐渐扩大，工作班成员甲赶紧用准备在动火作业旁的灭火器 A 灭火，但是当打开灭火器 A 的安全阀后发现灭火器瓶是空的。

2.2.2 时间与空间的关系

（1）时间改变空间。

在 11 月 2～5 日这个时间段内，工作人员根据需要对作业空间（环境）做了很大改变。其中，在下机架上搭设了临时作业平台、中盖板恢复、中盖板到下机架之间的绝缘梯绑牢。关键的是 11 月 5 日 21～23 时，两名工作人员将中盖板恢复，中盖板到下机架之间的绝缘梯绑牢。也就是说，在一个时间段内，机坑作业空间（环境）的结构发生了改变，我们可以理解为时间改变了空间。

（2）空间改变时间。

11月6日，在对故障线棒下端头焊接过程中，动火执行人失误将绑扎线棒的布条引燃。火势逐渐扩大，位于发电机层的安全员发现后，立即跑向墙边的灭火器柜，取出一只灭火器B。此时在下机架上的工作班成员甲迅速朝发电机层爬，爬到中盖板上，安全员将灭火器B传递给工作班成员甲，甲再将灭火器B传递给在下机架上的工作班成员乙，乙迅速走到着火点处，打开灭火器B将火苗扑灭。由于在下机架上搭设了临时作业平台、中盖板恢复、中盖板到下机架之间的绝缘梯绑牢，因此给应急处置人员赢得了宝贵的时间。也就是说，机坑作业空间（环境）结构的改变，缩短了处置应急事件的时间，可以理解为空间改变了时间。

2.2.3 小结

安全无小事，平时把准备工作做足，可能花费的时间更多，几个小时甚至几天，但是在应急事件处置过程中，却能给处置人员赢得更多宝贵的时间，虽然仅仅只有几分钟。

2.3 自变量、因变量与安全

2.3.1 事件简要经过

2019年10月，某水电站2号发电机组定子接地故障停机，随即该电站对2号机组抢修。更换定子故障线棒后，为了尽快恢复机组发电，工作人员对定子现场加热除湿处理。

2.3.2 自变量与因变量的关系

（1）环境。

1）下盖板被用布条封严；中盖板处搭设了钢管支架，支架上用篷布遮严；风洞门关严。以上三个自变量造成因变量为：机坑形成一个完全的封闭空间。

2）电热丝及其支架上有大量油污和定子清洗液，电热丝发热。以上自变量造成因变量为：电热丝及其支架上不断冒着大量油烟，高浓度的油烟、清洗液蒸汽、水蒸气填满整个机坑。

（2）人员。

2名定子加热员在测量、监视机坑温度，2名接线员在发电机端子箱处接线，2名卫生员在清扫定子铁芯风道碎屑、焊渣、油污。以上自变量造成因变量为：各作业小组形成交叉作业。继而，封闭空间的高浓度油烟、清洗液蒸汽可能造成人员中毒。还有，封闭空间内的高浓度油烟可能爆燃或者爆炸，造成人员烧伤，定子烧损。

2.3.3 小结

初始作业环境的改变、人员的改变，也就是自变量的改变，将引起后续作业环境的改变、作业状态的改变，也就是引起因变量的改变。因此，当自变量改变的时候，一定要考虑因变量可能发生的改变。因变量改变，将会新增一些危险因素，那就需要想办法控制这些危险因素。

2.4 图实账相符与安全

2.4.1 风电场图实账

风电场的图实账相符指的是图纸、设备、台账三者所包含的信息一一对应。这些信息包括但不限于名称、编号、符号、型号、参数、位置、方向等。风电场在设计、建设、维护、检修、技改过程中，需要图纸、设备、台账所包含的信息正确、唯一，并且三者之间的信息一一对应。而实际情况是，很多信息错误、遗失、不对应。日久天长，问题越来越严重，以致增加工作量、简单的问题变得复杂、误操作设备、损坏设备、危及电网运行、造成人身伤害。

2.4.2 图实账不符造成的事件案例

2015 年，某风电场开展更换 400V 开关柜抽屉断路器电源指示灯的工作。更换时需要将 400V Ⅰ 段母线和 400V Ⅱ 段母线分别停电，此时 400V Ⅰ 段母线和 400V Ⅱ 段母线分段运行。在断开 400V Ⅰ 段母线进线断路器时发现该母线仍然带电正常。后排查发现，其 400V Ⅰ 段母线的一条出线与 400V Ⅱ 段母线的一条出线在户外主变压器检修电源箱内经一空气开关联络，该空气开关在合闸位置，其 400V Ⅰ 段母线电源由 400V Ⅱ 段母线经该空气开关反送电。其图实不符，电场运维人员同时将 400V Ⅰ 段母线和 400V Ⅱ 段母线停运后满足工作要求，但是造成 400V 所供 35kV 无功补偿装置（SVG）冷却器失电从而引起无功补偿装置（SVG）断路器跳闸停运。

2.4.3 小结

风电场应尽可能做到图实账相符，但这是一个任重而道远的工作，需要从规范、制度、设计、建设、运维、检修、技改入手，层层把关，避免问题发展到最后造成严重后果。

2.5 圆圈与安全

2.5.1 电力安全遮栏（围栏）的使用

悬挂标示牌和装设遮栏（围栏）是电力安全工作规程中保证安全的技术措施之一。装设遮栏是为了将工作场所与带电区域进行空间隔离，防止工作人员走错间隔误碰带电设备。遮栏包括常设遮栏或临时遮栏。室内高压设备的隔离室及室外低式布置的高压设备四周应设有安装牢固的遮栏。在室外高压设备上工作，应在工作地点四周装设临时遮栏。若室外只有个别地点设备带电，可在其四周装设全封闭遮栏。严禁工作人员在工作中移动或拆除遮栏。遮栏可以看成一个圆圈，圆圈内为停电区域代表安全，圆圈外为带电区域代表危险；圆圈内为带电区域代表危险，圆圈外为停电区域代表安全。

2.5.2 小结

圆圈内代表安全，圆圈外代表危险。反之，圆圈内代表危险，圆圈外代表安全。安全与危险必须通过圆圈进行隔离。将圆圈与安全的关系这种文化渗透到电力安全生产实际中，以不同的视角看安全问题，思路更清晰，也更能做好电力生产安全。

3 结束语

国家电投经过多年的探索和积累，已形成完善的企业安全"和"文化。和谐之"和"，代表国家电投企业文化的本源。坚持尊重自然，走本质安全的发展之路，与自然和谐共生；坚持尊重生命价值，一切以员工为本，与员工和谐共荣。三个任何之"何"，代表国家电投安全生产良好实践的沉淀、提炼和升华是安全"和"文化的核心理念。核安全文化之"核"，代表国家电投安全文化的特色。不断学习、借鉴核安全文化，坚持"一次就把事情做好""人人都是安全的屏障"始终将安全置于一切之上。合作共赢之"合"，代表国家电投的安全发展观。强调形成多元产业安全发展的"合"力，促进多元安全文化的融"合"，实现全员共建、合作共赢。和谐之"和"、三个任何之"何"、核安全文化之"核"、合作共赢之"合"的共同目标是安全之"零",既是对安全生产制度漏洞、人员失误、操作违章、设备缺陷、环境隐患"零"容忍的安全态度,也是坚持"零事故、零伤害、零损失"安全目标的执着信念。从"零"开始,向"零"奋斗,是国家电投坚定不移的安全追求。

参考文献

[1] 王敏,罗嘉.关于培育电力企业安全文化的思考 [J].中国电力教育,2007(4):50-53.

[2] 华罗庚.统筹方法平话及补充(修订本)[M].北京:中国工业出版社出版,1965.

[3] 徐天福,彭兴晖.电网设备"图实相符"专项行动效果显著 [J].供电行业信息.

[4] 王元,文兰,陈木法.数学大辞典(第二版)[M].北京:科学出版社,2017.

作者简介

徐声鸿(1982—),男,高级工程师,注册安全工程师,主要从事变电站运行管理、电力调度运行管理、新能源集控运行管理、安全质量监督管理、电力科技项目管理。E-mail:297504787@qq.com

欧来洪(1998—)男,主要从事变电站运行管理、安全质量监督管理、电力科技项目管理。E-mail:2651345266@qq.com

赵 习(1999—),男,主要从事变电站运行管理、安全质量监督管理、电力科技项目管理。E-mail:3517549753@qq.com

贾世迎(1999—),男,主要从事变电站运行管理、安全质量监督管理、电力科技项目管理。E-mail:jiashiying971@163.com

贾启彤(1998—),女,主要从事变电站运行管理、安全质量监督管理、电力科技项目管理。E-mail:qitongJia1103@163.com

基于特定工况下机组异常振动的研究及应对措施探索

（四川省紫坪铺开发有限责任公司，四川省成都市　610039）

[摘　要]振动是影响水轮发电机组安全、稳定运行的一个重要技术指标。引发振动的因素非常多，从特定工况下机组异常振动的表现形式着手，分析振动产生的原因，探索应对措施，从而有效解决尾水管偏心涡带产生的机组异常振动问题，大大提高机组的安全、可靠性，为水电厂安全稳定运行奠定坚实的基础。

[关键词]水轮发电机组；振动；尾水管偏心涡带；强迫补气

1　概况

某水电厂位于四川省都江堰市，系岷江上游干流第五级电站，距都江堰市 9km，距成都市 64km，电站总装机容量为 760MW，安装 4 台单机容量为 190MW 的混流式水轮发电机组。电站设计额定水头 100.00m，最大静水头 132.76m，最低静水头 68.40m，具有水头变幅大的特点，在系统中主要担任调峰、调频任务，并有较长时间带部分负荷运行的特点。

该电站主机设备均由东方电机股份有限公司供货。水轮机设计有大轴中心补气装置，另外建设时期在尾水管上、下游各预留一个补气口，另一端引至水轮机层，但机组投运后一直是通过大轴中心补气装置自然补气的方式实现对尾水管补气，尾水管上、下游补气管未联通压缩空气未投运。

2　机组异常振动的表现形式及造成的影响

自 2019 年开始，该电厂水轮发电机机组开始出现在特定工况下异常振动的情况，尤其以 1 号机组表现最为突出，特定工况指负荷不定、水头不定，且振动随机组运行工况变化而变化，且时而明显，时而消失。针对不同水头、不同负荷进行试验观察，寻找机组异常振动与机组运行负荷、水头的关系，初步结论：异常振动多发于库水位在 839~852m 之间且机组导叶开度在 87%~92% 的水轮机高效率区，呈现振动区域狭窄不易发现的特点[1]，详见表 1。

2.1　尾水管进人门处振动加剧，伴随"砰砰"的撞击声

机组异常振动发生时，在机组尾水管进人门处观察、测量，尾水管进人处振动加剧，同时能明显听到有"砰砰"撞击尾水管管壁的声响。另外，机组异常振动期间检查机组三部轴承振摆、各部位振动（包含上、下机架及顶盖）数值以及各部位压力脉动变化情况，各部位

表 1　　　　　1 号机组不同水头、不同负荷振动情况统计表

日期	时间	库水位（▽m）	尾水位（▽m）	有功功率（MW）	导叶开度（%）	振动情况
3 月 21 日	10:55	846.1	744.43	180	87	开始
	10:56			185	88.2	最强
	10:59			190	91.7	消失
3 月 22 日	10:52	845.19	744.24	180	88.1	开始
	10:56			185	89.2	最强
	10:59			190	93.1	消失
4 月 1 日	11:13	848.51	744.41	188	86.4	开始
	11:15			190.9	87.2	最强
	11:17			194	88.6	消失
4 月 3 日	11:13	849.22	744.9	188	85.54	开始
	11:16			192	87.5	持续振动
4 月 9 日	9:37	844.47	745.14	181	88.4	开始
	9:25			183	89.9	最强
	9:48			187	92.6	消失
4 月 10 日	17:23	843.17	744.82	176	88.27	开始
	17:25			180.5	90.54	最强
	17:27			183.51	92.57	消失
4 月 12 日	10:22	842.50	744.86	177	89.7	开始
	10:25			180	91.2	最强
	10:29			182	92.54	消失
4 月 13 日	17:08	841.70	745.06	175	90.8	持续振动
4 月 14 日	16:35	840.57	744.37	170	89.14	开始
	16:40			173	91.4	持续振动
4 月 15 日	16:30	839.62	744.98	167.9	89.7	开始
	16:35			171.9	91.56	最强
	16:40			173.8	94.5	消失
4 月 16 日	16:34	838.56	745.13	全厂负荷 480MW，4 台机组运行，负荷从 0 加到 172MW，1 号机组未有明显的振动		
4 月 19 日	9:55	836.63	744.79	全厂负荷 480MW，3 台机组运行，负荷从 0MW 到 160MW，1 号机组未有明显的振动		
4 月 21 日	9:10	834.30	745.06	全厂负荷 500MW，4 台机组运行，负荷从 0MW 加到 153MW，1 号机组未有明显的振动		

摆度以及压力脉动均未发现有明显变化，唯独发电层楼板振动变化较大，且发电机层安装的电气拼柜发出较大的振动声响。具体以 2020 年 3 月 21 日 1 号机组运行数据为例，列举数据进行说明，如图 1～图 3 所示。

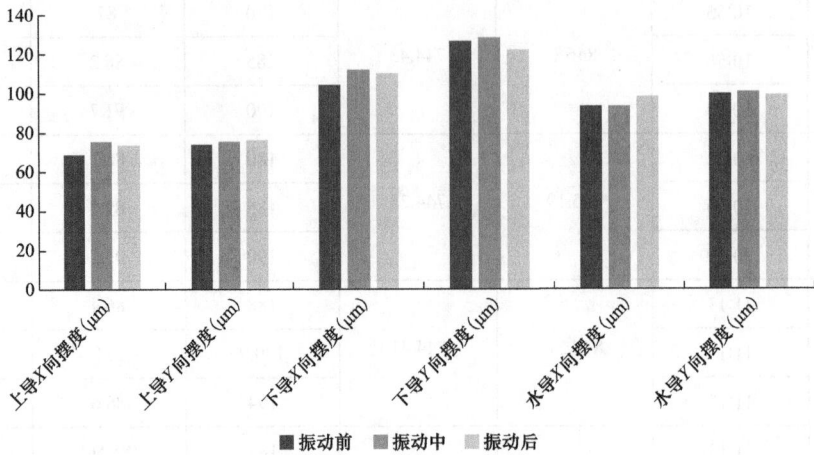

图 1　异常振动前后 1 号机组三部轴承振动摆度变化对照图

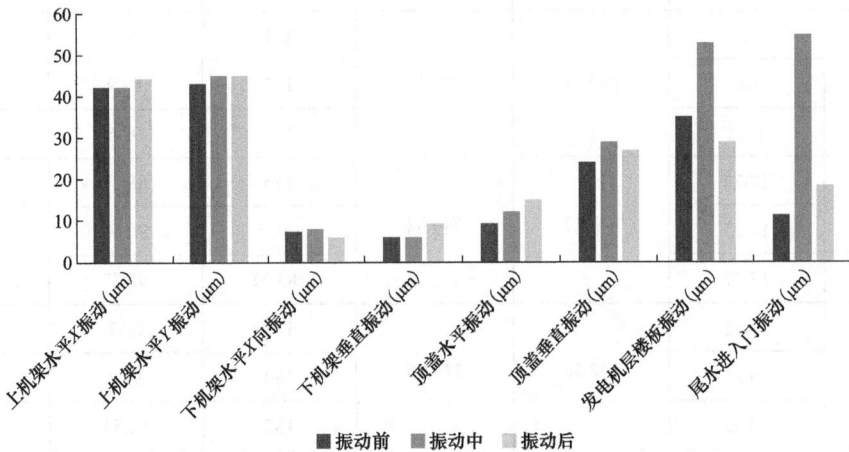

图 2　异常振动前后 1 号机组各部位振动变化对照图

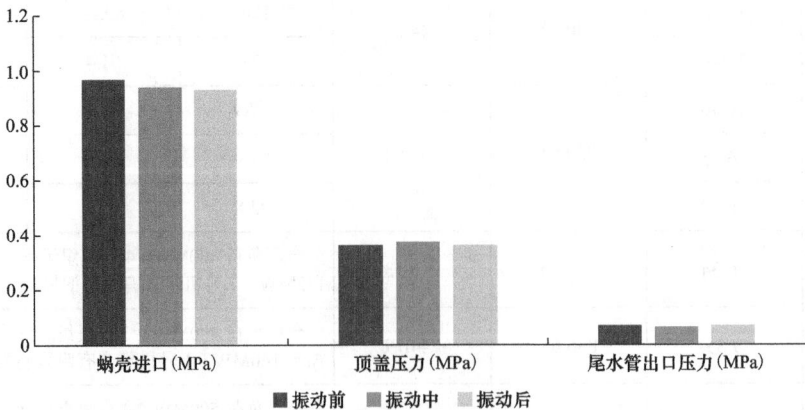

图 3　异常振动前后 1 号机组各部位压力变化对照图

2.2 机组异常振动致使推力油冷却器进排水管焊缝开裂

2019 年 6～7 月，日常巡检时发现 1 号机组推力油冷却器 1、2、3、4、6、7 号进排水管焊缝相继出现开裂的情况（见图 4），造成油冷却器漏水，严重影响机组安全运行。

图 4　推力油冷却器进、排水管焊缝开裂

2.3 机组异常振动致使转轮叶片焊缝贯穿性开裂

当 1 号机组异常振动出现以后，在 2019 年 1 号机组 B 级检修期间，发现转轮叶片与上冠焊缝出现贯穿性裂纹，裂纹长度约 300mm。自机组 2006 年投产运行以来，历年检修从未出现过转轮叶片贯穿性裂纹的情况，分析认为导致转轮叶片焊缝贯穿性裂纹的原因与机组异常振动有直接关系。

2.4 机组异常振动对电厂运行的影响

为处理因机组异常振动引起的 1 号机组推力油冷却器漏水缺陷，前后 3 次向调度申请停机退备，增加了电厂的非计划停运次数，严重影响电厂的年度考核电量。另外，在 1 号机组 B 级检修期间为处理转轮叶片焊缝贯穿性裂纹，将工期延长 15 天，大大增加了检修成本，同时减少了电厂的年度发电量。机组异常振动对整个公司造成了较大的经济损失。

3　机组异常振动的原因分析

引起水轮发电机组振动的因素非常多，现在普遍且比较被业内广泛认可的原因主要分为电气原因、机械原因、水力原因三大类[2-4]。针对上述能够引起水轮发电机组振动的因素，逐一进行分析、论证。

3.1 电气方面的原因

从理论上来讲，电气因素引起机组振动主要分为以下情况：

（1）定、转子间隙不均匀，发电机转动部分将受到不平衡力（主要指磁拉力）的作用而产生振动。主要特征：振动随励磁电流增大而增大，且上机架振动较为明显。

（2）定子铁芯松动，伴随机组运行而引起定子铁芯振动。主要特征：振动随机组转速变化较明显，且当机组带一定负荷后，振动随定子电流增大而增大。

（3）定子绕组固定不良，在较高电气负荷和电磁负荷作用下使绕组及机组产生振动。主要特征：振动随转速、运行工况变化而变化，且上机架处振动较为明显。

依据电气因素引起机组振动的类型以及特点，在 1 号机组 B 级检修期间分别对定、转子空气间隙以及定子铁芯、定子绕组固定情况进行了全面检查，检查结果：

（1）定、转子间隙各实测最大值（最小值）与实测平均值之差与实测平均值之比不大于±8%，满足 GB/T 8564《水轮发电机组安装技术规范》规范要求。

（2）对定子铁芯拉紧螺杆使用扭矩扳手按照设计图纸 1752N·m 力矩逐颗进行检查，未发现松动的情况。

（3）对定子槽楔进行检查，未发现松动的情况。

结合该电厂机组异常振动的表现特征以及对电气因素的分析，认为该电厂引起机组异常振动与电气因素无关。记录情况见表 2。

表 2　　　　　1 号机组 B 级检修定、转子空气间隙测量值记录表

磁极编号	间隙测量值（mm）		磁极编号	间隙测量值（mm）	
	上部	下部		上部	下部
1（+Y）	25.70	27.30	9	24.75	26.90
2	25.50	26.80	10	24.70	27.50
3	24.65	27.00	11	25.34	26.84
4	25.80	26.80	12	25.70	26.50
5	27.50	26.60	13	26.65	27.20
6	27.20	26.80	14	27.20	27.75
7	26.30	27.00	15	27.00	27.70
8	25.20	27.70	16	27.10	27.75
平均值			26.57		
最大值	27.75		最大值-平均值		1.18
最小值	24.65		平均值-最小值		1.92
偏差：−7.2%～+4.4%，满足±8%偏差范围					

3.2　机械方面的原因

引起机组振动的机械因素主要体现在以下几方面：

（1）机组转动部分质量不平衡引起振动。主要特征：机组振幅随机组转速变化较为敏感，且水平振动较大。

（2）机组转动部件与固定部件相碰引起振动。主要特征：振动较强烈，并常常伴随碰撞响声。

（3）因轴承间隙过大，主轴过细、主轴的刚度不够引起振动。主要特征：机组振幅随负荷变化较为明显。

（4）机组轴线曲折、机组不对中、推力轴承受力调整不良引起振动。主要特征：机组空载低速运行时，就会出现明显振动。

针对机械因素引起振动的特征，逐条对照进行排查。该电厂在 2016 年 10 月至 2017 年 1 月期间，对 4 台机组进行了动平衡试验，依据试验结果进行了相应的配重，配重后检查机组各部位摆度、振动均有较大改善，且数据从摆度、振动 B 区优化到了 A 区[5-6]范围内，提高了机组的安全、可靠性，满足机组长期运行要求，图 5 为 1 号机组动平衡试验对照数据，故

机械方面第一条因转动部分质量不平衡引起机组振动被排除。机组异常振动发生时，对各轴承、主轴密封以及定、转子相关机组转动部件与固定部件进行检查，未发现有碰撞的声响，故机械因素第二条也被排除。机组轴瓦间隙均按照设计要求进行调整；主轴 A 级检修进行全面探伤检查未发现有变形等异常情况，查阅 1 号机组上次 A 级检修期间推力轴承受力调整、轴线调整以及中心调整均满足要求，故机械因素第三、四条也不是引起该电厂机组异常振动的原因。

综合上述分析，机械因素不是引起该电厂机组异常振动的原因。

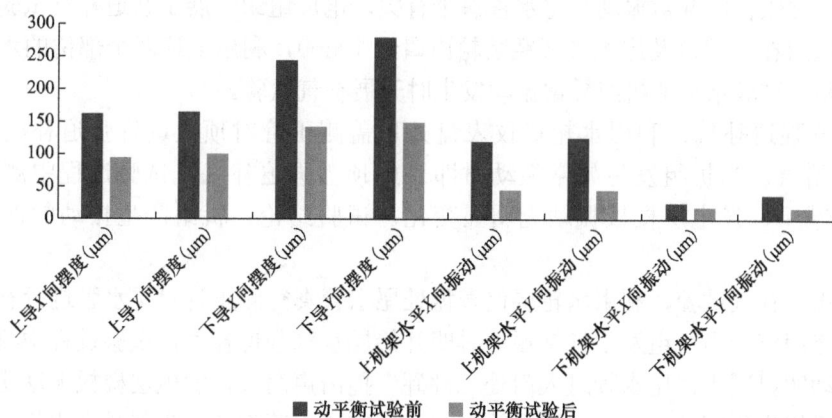

图 5   1 号机组动平衡试验配重前、后摆度、振动对照图

3.3 水力方面的原因

水力因素引起水轮发电机组振动从特征及类型主要分为以下几种：

（1）水轮机进水流道不均匀流场产生漩涡，进入转轮后引起振动。主要特征：振动随机组运行工况变化而变化，且时而明显，时而消失。

（2）转轮叶片尾部的卡门涡列引发的振动。主要特征：振动随过机流量增大而明显增大。

（3）由于水轮机偏离设计工况较远，特别是低水头、低负荷时，转轮出口容易产生旋转水流，形成偏心涡带[7-8]，引起机组振动。主要特征：振动强弱与运行工况密切相关。

（4）高水头混流式机组因止漏环结构形式和间隙组合不当，以及运行间隙不均匀，也会引起机组振动。主要特征：振动随机组负荷和过机流量增大而明显增大。

针对上述水力因素引起机组振动的特征，同时结合该电厂机组振动的表现形式，逐条进行分析。查阅历年检修质量验收记录表，振动发生前后止漏环间隙测量数值未见明显变化，且均符合规范要求，排除水力因素第四条因间隙不均引起机组振动。第二条的特征是振动随过机流量增大而增大，但是该电厂发生异常振动时导叶开度变化区域为 87%～92%，不符合第二条引起振动的特征，故第二条因素也排除。单从机组异常振动时表现出来的特征与水力因素第一条表现的特征比较接近，振动随机组运行工况变化而变化，且时而明显，时而消失。机组异常振动发生时检查大轴自然补气装置，发现大轴自然补气装置未进行补气，说明机组振动无法用常规的大轴自然补气消除，符合转轮出口容易产生旋转水流，形成偏心涡带，引起机组振动的水力因素第三条特征。

综合上述分析，猜想机组产生振动的原因是水轮机进水流道不均匀流场产生漩涡，在转轮出口形成偏心涡带，大轴中心自然补气无法及时消除偏心涡带，涡带随着流体运动在尾水管处破裂，产生撞击尾水管管壁的"砰砰"声，从而引起机组异常振动。

4 试验及应对措施探索

为进一步证实机组异常振动为尾水管偏心涡带所致的猜想，该电厂展开了试验探索。

4.1 强迫补气试验

为进一步探索机组异常振动与尾水管涡带有关，电厂组织开展了强迫补气试验，试验补气位置分别选取在顶盖以及尾水管（距装轮出口约 1.5m），利用上述两个部位的水力测量管进行补气试验，试验条件即机组异常振动发生时开展补气试验。

顶盖位置强迫补气，利用水轮机仪表盘处顶盖测压管对顶盖进行强迫补气，气源采用机组检修用气。当机组发生异常振动时即开始顶盖强迫补气，试验过程中测试尾水管振动无明显减小，发电层楼板振动无明显变化。试验结论：机组产生振动的部位与顶盖无关。

尾水管强迫补气试验，利用水轮层仪表盘处尾水管真空测压管对尾水管进行补气，气源采用机组检修用气。当机组发生异常振动时即开始尾水管强迫补气，试验过程中测试尾水管进人门处振动明显减小，尾水管进人门处"砰砰"撞击声消失，发电层楼板振动明显减小。试验结论：机组产生振动的部位与尾水管有关，证实尾水管偏心涡带就是产生机组异常振动的原因。尾水管强迫补气前、后尾水管进人门处振动对照图如图 6 所示。

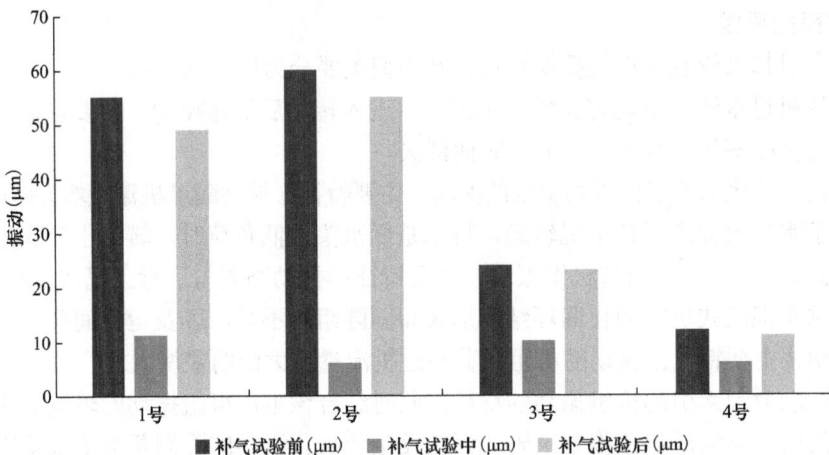

图 6　尾水管强迫补气前、后尾水管进人门处振动对照图

4.2 机组异常振动应对措施

尾水管偏心涡带产生的机组异常振动，依靠大轴中心自然补气无法消除，同时查阅到设计资料，在建设期时在尾水管上、下游各预留了一个尾水管补气口，故决定建立尾水管自动强迫补气系统，从而解决机组异常振动的难题[9]。

尾水管自动强迫补气系统由球阀、流量计、电磁阀、节流阀、止回阀、球阀、补气管道及 PLC 控制程序等组成，布置图见图 7。将机组检修气供气总管与前期预埋的尾水管补气管联通，同时接入尾水管自动强迫补气装置，通过尾水管上、下游预留的 2 个补气口，实现对尾水管位置的强迫补气功能。监控专业敷设线缆及编制 PLC 控制程序，依托电厂计算机监控系统采集的机组运行数据（包含运行水头、有功功率及尾水水位），当同时满足"强迫补气处于自动位置"&"手动控制方式在自动状态"&"机组在发电态"&"水头在 95～105m 之间"&"有功负荷在 165～195MW 区间"&"尾水水位在 745m 以上"条件时，电厂计算机监控系统现地 PLC 自动开启电磁阀；当任意一条件不满足，自动关闭电磁阀，从而实现尾水管强迫补气的自动投入与退出功能。现场针对多个不同水头、不同负荷以及不同尾水水位统计机组振动情况（具体数据可参见表 1），得出机组发生异常振动时所在的运行水头、有功功率以及尾水水位范围，从而确定尾水管自动强迫补气的触发条件。尾水管自动强迫补气装置能实时跟踪机组运行工况，从而实现强迫补气装置的自动投入与退出，既有效弥补原设计的大轴中心补气装置功能不足，又实现了尾水管强迫补气的及时性；另外该装置不需运行人员现场操作阀门即可实现自动投入与退出，大大减轻了运行人员的工作强度，补气工作效率大大提高。

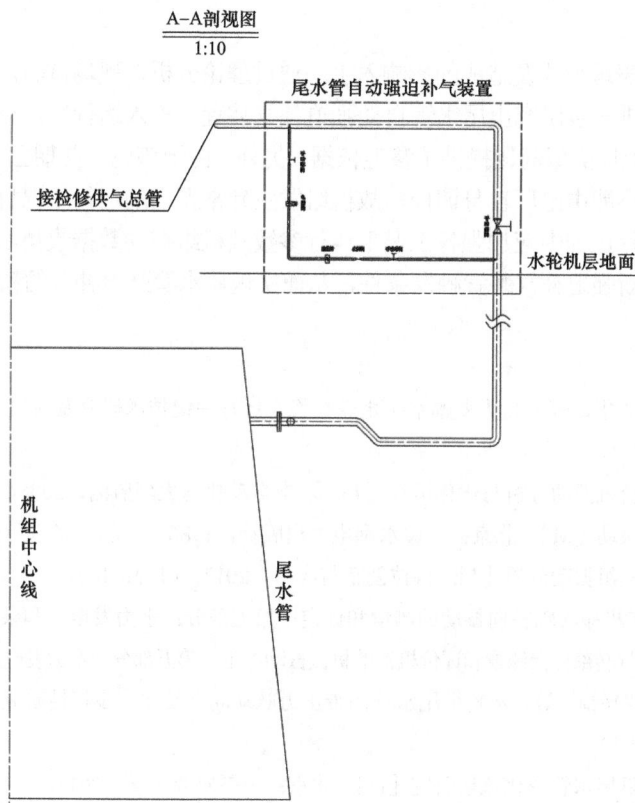

图 7 尾水管自动强迫补气装置布置图

该电厂截至 2023 年 4 月完成 4 台机组尾水管自动强迫补气装置安装、调试及投运，投运至今已接近半年时间，期间日常巡回检查及现地观察，机组异常振动较之前有大幅度改善，大大提高了机组的安全、可靠性，为水电厂安全稳定运行奠定了坚实的基础。

5 运行方式的优化

机组发生异常振动前，消除常规尾水管振动的方式主要是依靠大轴中心自然补气，但当机组特定工况异常振动出现以后，大轴中心自然补气已满足需求，所以需要优化机组补气的运行方式。

依托电厂计算机监控系统采集的机组运行数据（包含运行水头、有功功率及尾水水位），我们可以做到尾水管振动补气精细化管理。当机组运行工况在触发尾水管自动强迫补气装置投入条件以外时，依靠大轴中心自然补气的方式消除尾水管振动；当机组运行工况达到触发尾水管自动强迫补气装置投入条件时，由尾水管自动强迫补气装置对尾水管进行强迫补气，消除尾水管偏心涡带引发的振动。将大轴中心自然补气与尾水管强迫补气有效结合，才能更好地解决尾水管振动问题。

6 结束语

从机组异常振动表现形式及造成的影响入手，通过理论分析、现场试验，探索出引起机组异常振动的真正原因，进一步研究出尾水管自动强迫补气装置，投入运行后，有效解决了机组异常振动的难题，为其他电厂类似问题提供了参考依据。另外，由于该电厂前期已投入 AGC 运行，每台机组具体所带负荷不能由电厂自身调控，故机组发生异常振动的运行工况目前只是一个粗略的范围，在后续机组运行过程中应加强各工况下运行参数及机组振动数据收集，形成一套完整的数据库，进一步准确判断强迫补气装置触发条件，从而实现尾水管强迫补气的精细化管理。

参考文献

[1] 李洪，宋文武，由丽华，等. 超大变幅水头水轮机稳定运行关键技术研究及应用 [M]. 北京：科学出版社，2022.

[2] 冯顺田. 混流式水轮机振动分析与优化运行 [J]. 水电自动化与大坝监测. 2005，29（1）：26-28，36.

[3] 王珂峎. 水力机组振动 [M]. 北京：中国水利电力出版社，1986.

[4] 马骏华. 水轮发电机组振动分析 [J]. 科技创新与应用，2017，（11）：143.

[5] GB/T 11348.5，旋转机械转轴径向振动的测量和评定　第五部分：水力发电厂和泵站机组 [S].

[6] GB/T 6075.5，在非旋转部件上测量和评价机器的机械振动评定　第五部分：水力发电厂和泵站机组 [S].

[7] 孙龙刚，郭鹏程，罗兴锜，等. 水轮机尾水管涡带压力脉动同步及非同步特性研究 [J]. 农业机械学报，2019，50（9）：122-129.

[8] 杨静. 混流式水轮机尾水管空化流场研究 [D]. 北京：中国农业大学，2013.

[9] 冯建军，李文，锋席强，等. 混流式水轮机主轴中心孔补水对尾水管性能的影响 [J]. 农业工程学报，2017，33（3）：58-64.

作者简介

邵飞燕（1988.9—），男，工程师，从事水轮发电机组检修与维护研究工作。E-mail：583569392@qq.com

某光伏电站 35kV 线路通信异常分析及处理

令狐涛¹ 赵显峰² 高 瑞³ 刘姝妮³

（1. 华能龙开口水电有限公司，云南省大理白族自治州 671505;

2. 华能澜沧江水电股份有限公司检修分公司，云南省昆明市 650000;

3. 华能澜沧江新能源有限公司，云南省昆明市 650000）

[摘　要] 电力通信是电力系统安全可靠运行的基础，一旦通信出现故障，应及时查找并排除故障。但通信专业的故障原因较多，往往排查处理难度较大。介绍了某光伏电站 35kV 线路通信异常的原因分析及处理，成功判断故障点，讨论了具体的分析诊断过程、处理方法，为行业内类似问题提供一些预防手段及分析方法。

[关键词] 断路器；线路；通信；光衰；交换机

0　引言

电力系统发展日益加快，各发电厂及变电站通信系统已基本实现光纤全覆盖，使通信系统运行可靠性得到大大提高。但在实际运行中，仍然会出现一些通信异常问题，一旦通信系统异常未及时发现并处理，会对电力系统安全运行造成极大的隐患或者事故。本文针对某光伏电站线路通信通道频繁中断故障，从原因分析及故障排查角度入手，进行简单论述，提出故障处理措施。若线路通信通道发生中断故障，对电网系统安全运行有着极大的影响。因此，加强研究并提出故障处理对策，十分有必要。

1　故障描述

某光伏电站线路保护装置采用长源深瑞设备，监控后台采用安德里兹设备，中间通信链路包含沈瑞 7910a 规约转换装置，光电转换器、8050 通信机、交换机及核心交换机，通过核心交换机出口，分别将数据送给电站监控系统、上级集控中心、地调及省调。线路通信拓扑图如图 1 所示。

某 35kV 光伏电站甲、乙、丙线于 2023 年 2 月投运，2023 年 4～9 月期间，上级集控中心多次收到故障报警信号刷屏，而电站本侧并未收到此类信息。故障具体表现为：在正常运行（发电）过程中，集控中心监控上位机突然收到以上三条线路间隔突然显示通信中断状态，后台显示开关在分位，后台分位告警；短时间后通信恢复开关状态恢复正常合位，合位告警。另外，以上三条线路间隔的所有设备位置信息会重新刷屏。简报信息如图 2 所示。

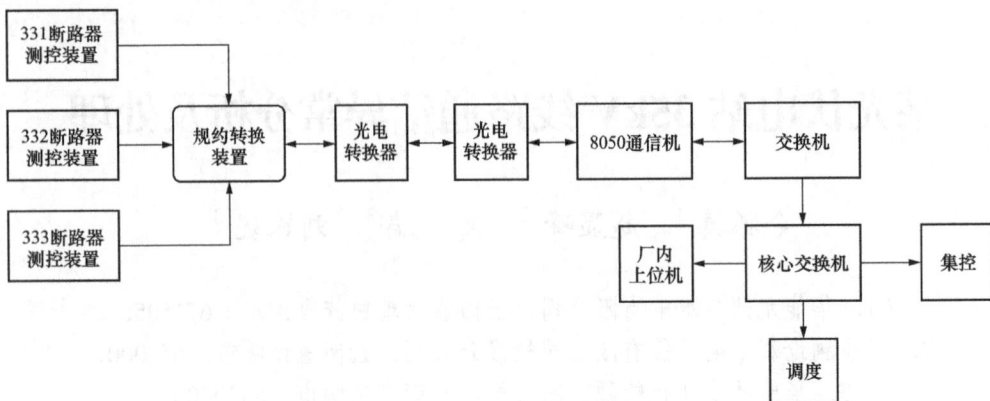

图 1　线路通信拓扑图

图 2　通信中断故障简报信息（集控）

2　故障分析

线路通信异常或故障的原因一般分为以下几种：一是设备本身故障导致通信异常，包括协议转换与内部配置等问题；二是由电腐蚀、环境腐蚀、外力破坏引起的光缆损坏导致通信异常；三是网线传输数据包丢失过多；四是外部接线出现错误、接触不良、外部电磁干扰等。

基于以上现象与初步判断，保护专业连同通信专业人员对保护测控装置到监控后台交换机整个链路进行了排查。

（1）保护人员对保护测控装置及规约转换装置历史事件信息查询，未发现断路器合闸、分闸位置同时有效异常（由于装置本身原因，最早历史事件记录时间为 2023 年 8 月 12 日）。

（2）保护人员对装置外部接线全面排查：对现场接线进行了确认，无接线错误、接线端子松动等情况出现。

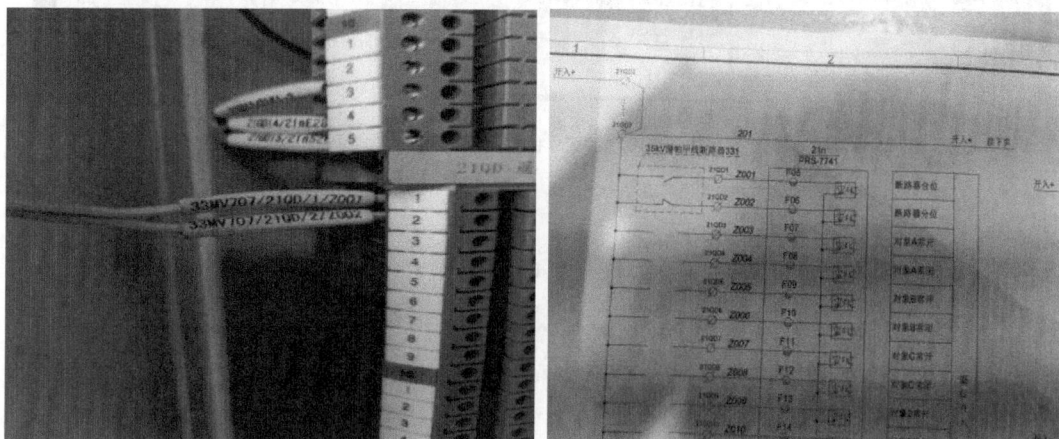

图 3　图纸与实际接线核对

（3）保护人员对保护测控装置、规约转换装置内部配置等进行全面检查，未发现配置错误的情况出现。

（4）对开关实际位置信号确认：对现场断路器分、合闸位置接线端子进行电位检查，对照现场实际断路器位置，测出的正负电情况符合实际情况，未发现电位异常情况出现。

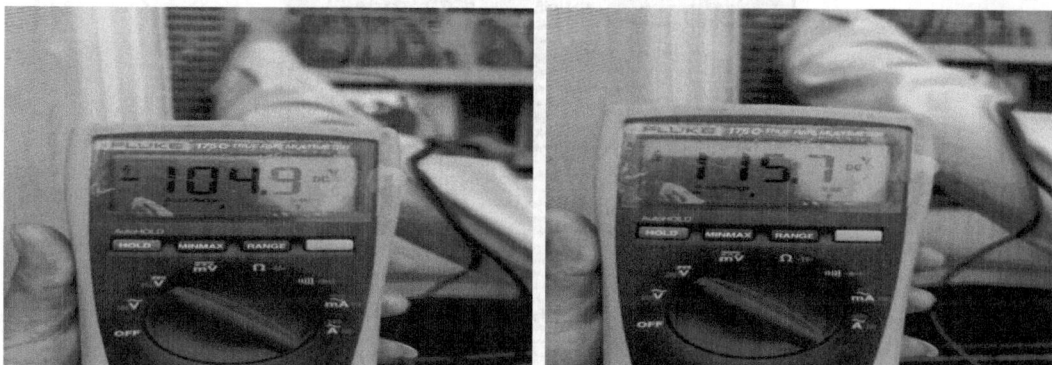

图 4　断路器分、合闸位置电位测量

（5）对现场监控后台收到断路器实际位置与规约转换器上送实际位置一致，无分合位异常情况和上送报文异常出现。

（6）现场模拟分、合闸变位：现场对装置进行模拟分、合闸，对分、合闸信号报文抓取，与实际分、合闸信号一致，未出现异常信号。

（7）现场模拟通信中断故障：集控中心收到异常信号，与之前出现的异常报警信号一致。

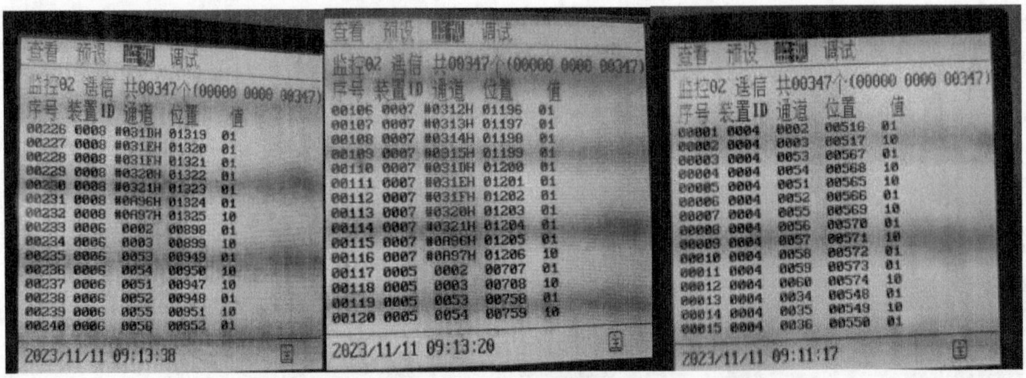

图 5　甲、乙、丙线三台断路器位置实际信息

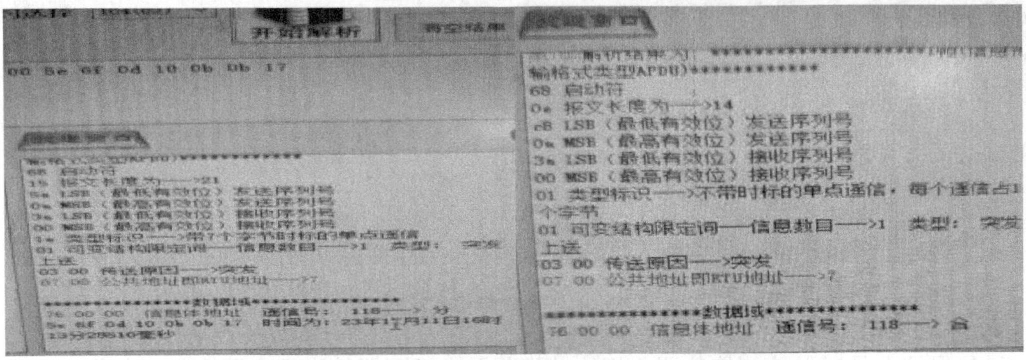

图 6　甲、乙、丙线三台断路器模拟变位信息

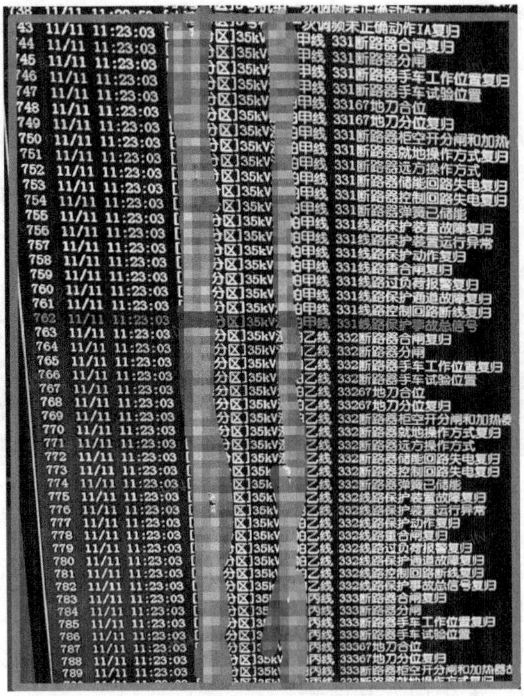

图 7　模拟通信中断事故简报信息（集控）

根据以上排查过程的现象，基本确定集控中心多次收到甲、乙、丙线间隔异常信号的原因为通信异常中断（短时复归）造成。所以专业人员又重点对通信通道进行排查。

（8）通信通道检查：对通信链路光纤光衰情况进行检测，并向交换机 ping 数据，未发现光衰及数据包丢失情况。

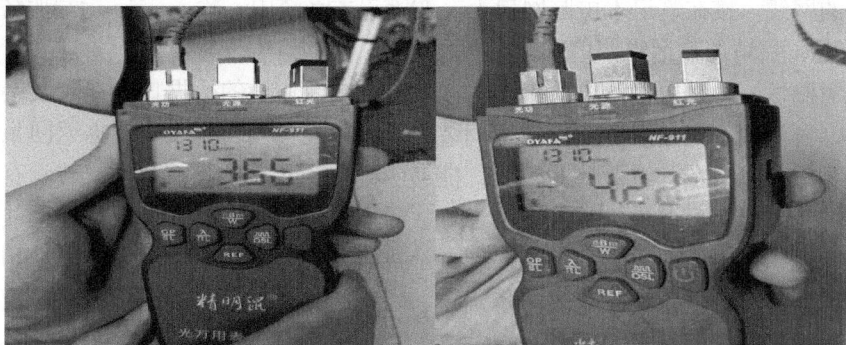

图 8　通信通道光纤光衰检测

（9）监控后台历史数据分析：监控后台安德里兹厂家在交换机入口处进行历史数据抓取及分析，发现确有断路器分、合位置同时有效的报文出现。

3　初步结论

基于以上现象，初步判断规约转换装置或光电转换器偶发性异常，导致通信链路短时中断复归。电厂侧通信信号中断后通过在画面上显示灰色来显示通信信号中断，当通信信号恢复，灰色恢复为白色，不会再在事件表中报出，由于计算机监控系统上位机软件固有报警机制所致，属于正常现象，电厂监控系统上位机软件报警基于变位报警，即发生过 1→0→1 变位后监控系统才会显示两条报警报文。而有部分监控系统上位机软件是基于报文进行报警，即收到 1→1 报文后，将会报出两条报警信号，集控侧即属于该种上位机报警机制。当通信中断时电厂监控系统通过画面显示灰色，当通信恢复后，由于信号相比通信中断之前未发生变位，电厂计算机监控系统在画面显示白色，不在事件表中进行显示，而集控在通信中断恢复后收到了新的报文，即在事件表中进行了显示。

4　故障处理及总结

专业人员将原因分析报告上级集控中心及地调省调自动化及通信专业人员后，得到各级机构许可后，对规约转换装置及光电转换器进行更换，截至目前，未出现通信短时中断又复归的情况，此故障得到消除。

对于通信通道故障，在进行处理时，主要使用的测试工具包括示波表、测试计算机、网线测试仪、万用表等。日常管理工作中，要做好故障处理设备准备和维护工作，确保设备使用性能。当故障发生后，要做好排查工作。对于网络通道故障的排查，要从以下方面入手：

（1）安全防护装置。具体包括防火墙、加密认证装置、交换机，若发现故障问题，及时联系相关部门或者厂家，做好装置维修工作。

（2）网络设备。在进行检查时，主要开展网线测试以及以太网测试。在进行以太网测试时，要确定安全防护装置和网线均没有故障，使用笔记本设备的 ping 命令，进行调度数据网网络测试，看其连通性。对计算机的 IP 地址、网关远动装置、子网掩码，进行相应的设置，将远动装置的网线，接在笔记本电脑网口上。在笔记本系统中，输入 ping 远端服务器地址。如果 ping 不通，需请通信运维部门来配合数据网。

对于通道测试，可采取以下方法：首先，对装置或者通道的数据口，在收发接线端连接导线。其次，利用调度主站或者变电站远动装置，进行模拟测试报文，依据返回系数，来分析故障。在各设备端子上，进行环回检测，能够明确端子故障位置。其次，若没有发现远动装置或者通道故障后，可采用排除法，再进行故障点排查。结合具体情况，进行故障分析。若调度能够收到总控制中心上传的信息，但无法执行遥控命令，则考虑厂站地址和目标地址没有对应，采取源码分析方法，来进一步确定。除此之外，还可能因为电平不对应，可在通信装置上，进行电平调整。

5 结束语

综上所述，若电站远动通道通信发生中断，要立即开展故障诊断和处理。在进行处理时，要坚持先观察后测量、先整体再分段检查的原则，快速完成故障诊断和排查，明确设备本身或者外部因素造成的故障原因，采取相应的处理措施。

参考文献

[1] 夏敏. 变电站远动通道中断的检测方法 [J]. 自动化技术与应用，2013，32（11）：115-117.

[2] 肖满盈. 分析变电站远动通道通信中断常见故障原因及处理 [J]. 福建质量管理，2017（24）.

作者简介

令狐涛（1986—），男，高级工程师，主要从事水电厂及新能源光伏电站设备运维管理工作。E-mail：361420645@qq.com

赵显峰（1972—），男，高级工程师，主要从事水电厂电气一次设备检修维护管理工作。

高 瑞（1992—），男，工程师，主要从事新能源光伏电站设备运维管理及技术监督管理工作。E-mail：736245561@qq.com

刘姝妮（1989—），女，工程师，主要从事新能源光伏电站设备运维管理及项目管理工作。E-mail：421244503@qq.com

某抽水蓄能电站机组由于球阀油罐油位低导致抽水启动失败原因分析及处理

孙 政 徐 帅

（湖北白莲河抽水蓄能有限公司，湖北省黄冈市 438616）

[摘 要] 阐述了某抽水蓄能电站机组由于球阀油罐油位低导致抽水启动失败问题，着重介绍了问题的可能原因及排查过程，对国内抽水蓄能电站同类问题分析与处理具有一定的借鉴意义。

[关键词] 抽水蓄能；油位低；抽水；启动失败

0 引言

某抽水蓄能电站共装设 4 台单机容量 300MW 的立轴混流可逆式机组，以 500kV 电压等级接入系统，服务于华中和湖北电网，在系统中担负着调峰、填谷、调频、调相和事故备用等任务。为了满足机组运行与检修的需要，在水轮机蜗壳前装设有进水球阀，水轮机进水球阀是水电站进水管线系统中截断或接通水流的控制设备。2017 年 2 月，4 号机组在某次抽水启机过程中，由于球阀油罐油位低导致启机失败。本文对此故障现象进行了介绍，对故障查找、现场处理情况及故障原因分析进行了全面阐述。

1 故障经过

2 月 7 日 02:15:00，依据抽水计划负荷曲线及调度令，值守人员发 4 号机组抽水调相工况启机令，02:21:00，4 号机组抽水调相工况稳态运行，值守人员确认各系统正常后随即发 4 号机组抽水调相转抽水令，转换流程执行至打开主进水阀步骤时，由于 4 号球阀压力油罐油位迅速异常降低至跳机油位以下，导致 4 号机组工况转换失败，4 号机组机械停机。

2 缺陷分析及处理

2.1 情况梳理

通过查找监控系统历史事件及油位历史曲线，将油位和事件对应如图 1 所示。

（1）02:22:24 执行球阀开启流程（油位/油压：710.63mm/63.45bar）。

（2）02:22:28 下游密封操作水三通阀 504VE 动作至退出侧，三通阀位置开关 535FC 信号到位（油位/油压：710.63mm/62.72bar）。

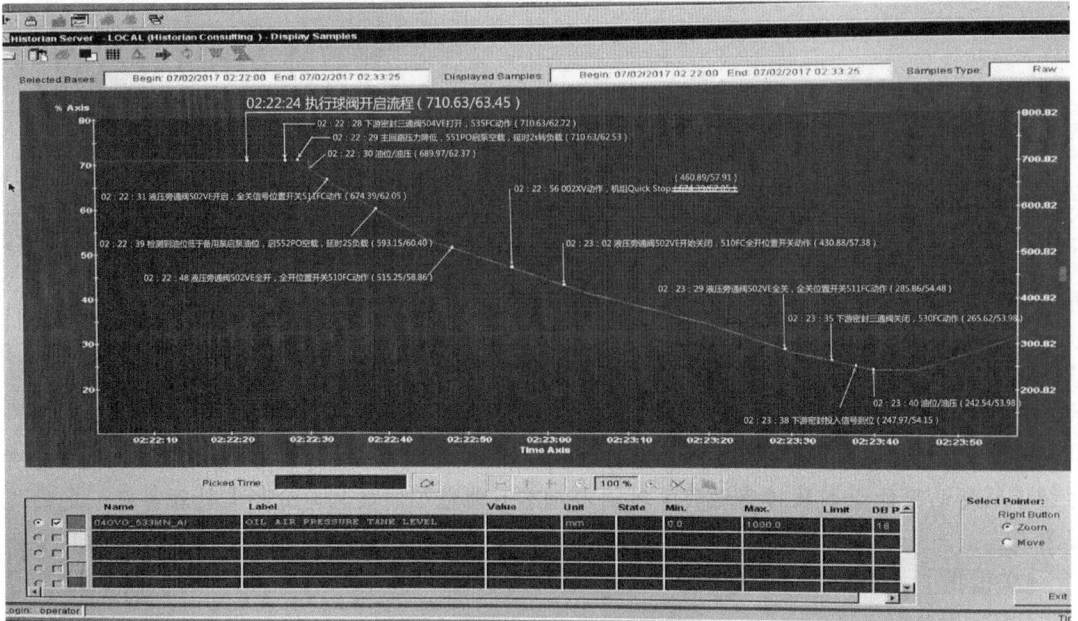

图 1   4 号球阀压力油罐油位下降曲线及对应历史事件图

（3）02:22:29 主回路压力传感器监测压力低于 63bar，启动 1 号油泵 551PO 空载运行，2s 后转负载（油位/油压：710.63mm/62.53bar）。

（4）02:22:31 液压旁通阀 502VE 准备开启，全关信号位置开关 511FC 信号消失（油位/油压：674.39mm/62.05bar）。

（5）02:22:39 压力油罐油位传感器检测到油位低于 620mm，启动备用泵 552PO 空载运行，2s 后转负载（油位/油压：593.15mm/60.40bar）。

（6）02:22:48 液压旁通阀 502VE 全开，全开信号位置开关 510FC 信号动作（油位/油压：515.25mm/58.86bar）。

（7）02:22:56 压力油罐油位传感器检测到油位低于跳机值 460mm，主跳继电器 002XV 动作，4 号机组 Quick Stop（油位/油压：460.89mm/57.91bar）。

（8）02:23:02 液压旁通阀 502VE 开始关闭，全开信号位置开关 510FC 信号消失（油位/油压：430.88mm/57.38bar）。

（9）02:23:29 液压旁通阀 502VE 全关，全关信号位置开关 511FC 信号动作（油位/油压：285.86mm/54.48bar）。

（10）02:23:35 下游密封操作水三通阀 504VE 动作至投入侧，三通阀位置开关 535FC 信号消失（油位/油压：265.62mm/53.98bar）。

（11）02:23:40 球阀油站油位及油压降至最低值，随后在 2 台油泵运行的作用下恢复正常（油位/油压：242.54mm/53.98bar）。

工况转换过程中，4 号球阀压力油罐油位下降曲线及对应历史事件如图 1 所示：油罐油位在球阀下游密封退出及液压旁通阀开启时开始下降，在上述两者动作后 26s，压油罐油位由710.63mm 降低至 460.89mm，机组转机械停机，此过程中两台油泵均分别启动转负载运行。而后 44s 时间内，油位持续降低至 242.54mm，直至液压旁通阀关闭（电磁阀 512EM 失磁），

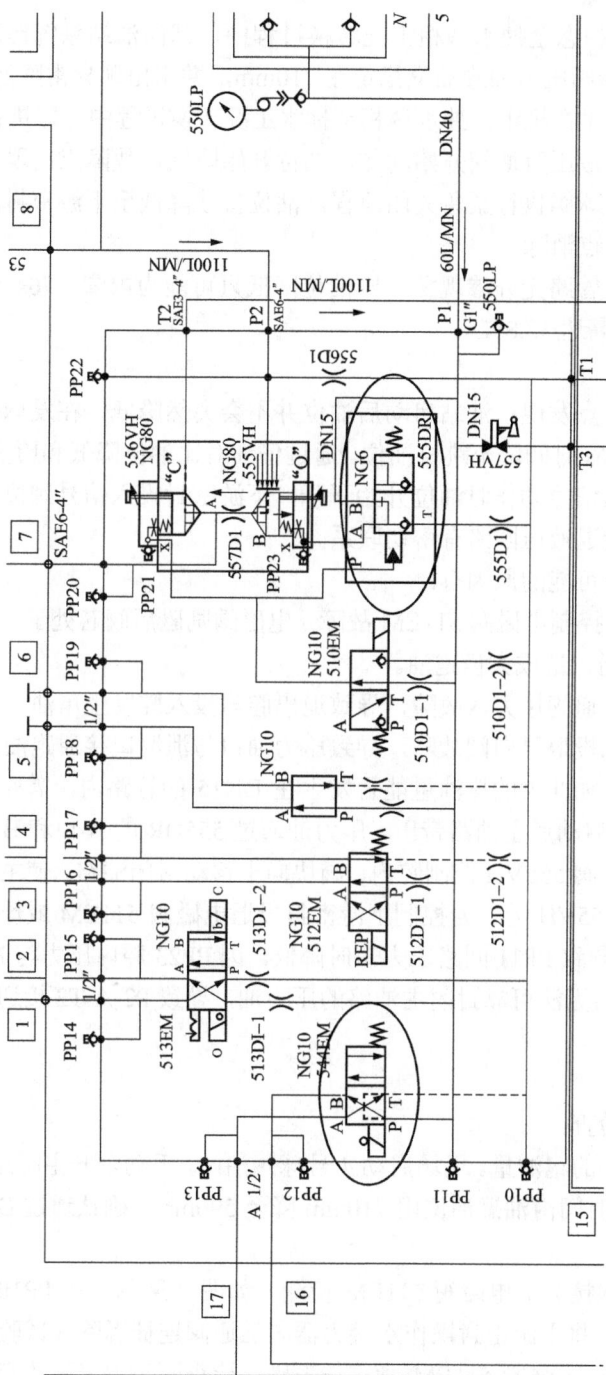

图 2　球阀液压系统控制回路图

下游密封重新投入（电磁阀 511EM 失磁），在油泵作用下油位开始上升至正常值。经初步估算，70s 时间内液压系统泄漏量在 2.3m³ 左右。整个过程中，球阀主接力器并未动作。

此故障存在的特征现象：

（1）4 号机组由停机稳态至抽水调相工况转换过程中，球阀油站系统已启动运行，运行时长为 7min，此过程中球阀压力油罐油位稳定在 710mm，并未出现异常降低情况。

（2）油位异常降低发生在机组由抽水调相至抽水工况转换过程中，即执行 4 号球阀开启流程。此时，下游密封及液压旁通阀开始动作，油位开始降低，故障点出现；油位降至跳机值以下，机组机械停机，球阀执行紧急关闭流程，油位持续降低至下游密封重新投入后，再在油泵作用下上升，故障点消除。

（3）现场检查各液压管路无外渗现象，则油位降低只可能为内漏。70s 时间内漏油量为 2300L，平均每秒漏油量高达 32.85L。

2.2 原因分析

结合油位突降时间节点发现：油站启动后油位并不会突然降低，在发球阀开启令各液压回路开始动作后油位在 26s 时间降至跳机油位。通过仔细对比油位降低和历史事件时间节点，发现在球阀下游密封退出信号动作时油位开始下降，下游密封投入信号到位后油位回升，判断油位突降与下游密封投退液压回路有密切联系。

按照以上分析，确定可能的原因有：

（1）下游密封接力器控制电磁阀 511EM 故障，电磁阀励磁后阀芯处于一中间状态，导致供油口 P 与排油口 T 接通，造成大量跑油。

（2）下游密封供水三通阀接力器故障，导致退出腔与投入腔发生窜油。

（3）下游密封操作水投退导向阀故障，导致压力油口与泄漏口接通跑油。

查看液压系统图纸，如此大的排油量能否发生在 DN15 的管路内，需要试验论证。如图 2 所示，正常情况下油站启动后主油路带压，压力油通过 555DR 的 A 口和 B 口接通，压力油进入球阀接力器开启导向阀 555VH 控制腔内，阀块向上移动封闭油路，使主油路通向接力器开侧压力油暂时封闭在 555VH 处。若控制下游密封投退电磁阀 511EM 或球阀液压旁通阀启闭电磁阀 512EM 动作，导致 PP11 回路压力短时降低，因 PP23 腔内压力与 PP11 回路压力相等，PP23 腔内压力降低后无法可靠封闭主油路的压力油，导致 P2-A-T2 接通，造成大量跑油现象。

2.3 问题排查

按照以下步骤开展检查：

（1）测试 DN15 管路的跑油量。现场启动 4 号球阀油站，手动全开主回路泄压阀 557VH，（DN15 的管路），在 12s 时间内油罐油位由 710mm 降至 590mm，确认通过 DN15 的管路即可达到该泄漏油量。

（2）下游密封操作水接力器电磁阀 511EM 检测。如图 2 所示，在 PP10 和 PP11 处分别接上 0～10MPa 压力表，将下游密封操作水接力器与三通阀连杆拆除（试验过程中不让下游密封真动作），启动油站后，强制 511EM 励磁与失磁，检查两压力表读数变化正常，未发现 511EM 故障现象。

（3）同理，按照上述方案分别在 PP14/PP15 测压口上加装压力表（见图 3），检测液压旁通阀是否窜油。均未发现异常现象。

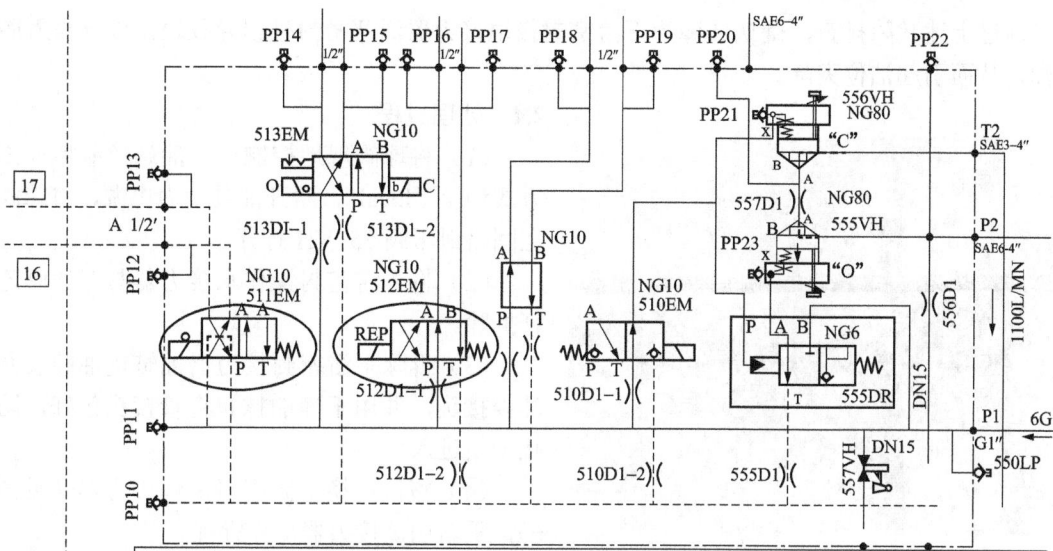

图 3　液压系统原理图（局部）

（4）下游密封投退接力器拆卸检查。对下游密封投退接力器进行拆卸检查，发现接力器活塞密封已破损（见图 4），该接力器为进口产品，密封为特殊密封。

（5）下游密封操作水投退导向阀 510DR 阀芯位置调整。现场启动 4 号球阀油站，对下游密封操作水投退导向阀顶部螺杆进行调节，模拟阀芯动作过程，调节过程中球阀油罐油位并未发生降低现象。且下游密封操作水投退导向阀结构图见下图 5 所示，阀芯为正开口，在过渡过程中 P-A-T 窜油可能性不大。

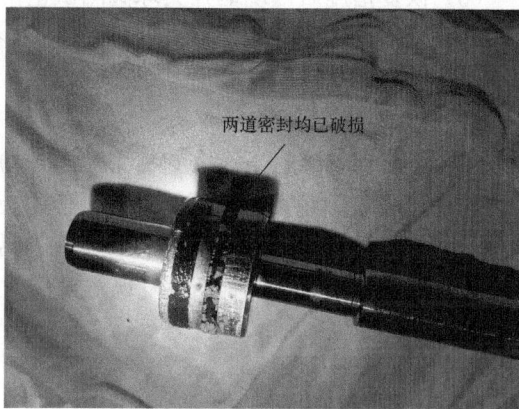

图 4　下游密封操作接力器活塞拆解图

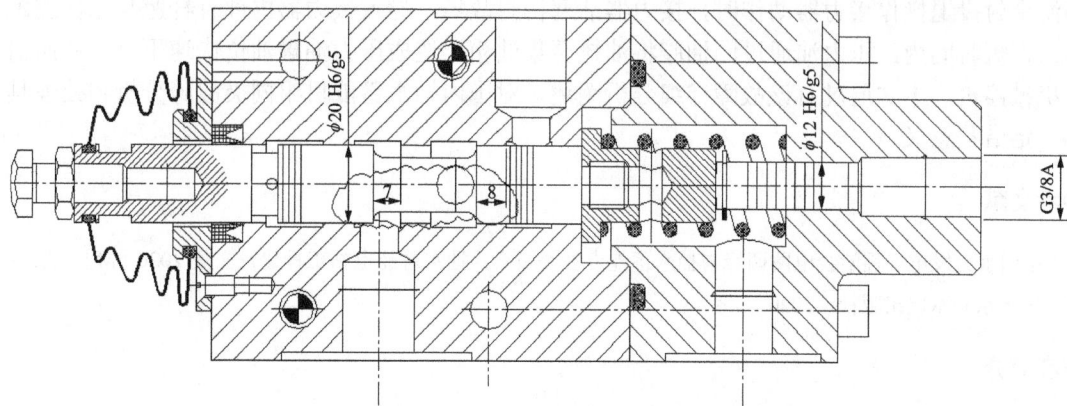

图 5　下游密封操作水投退导向阀 510DR 结构图

309

通过上述故障排查，确认故障为下游密封投退接力器活塞密封破损导致退出腔与投入腔窜油，从而引起油位突降。

图6　更换新的下游密封操作接力器

（6）恢复措施后，现地开关球阀测试正常。

2.4　处理过程

（1）将球阀现地控制柜、油站控制柜控制方式切至"local"，断开油泵动力电源，将球阀主回路泄压阀557VH打开。

（2）将下游密封操作水接力器与三通阀连杆拆除。

（3）拆除下游密封接力器油缸进油腔及回油腔接头，并用干净的抹布将管接头包好，防止杂质进入。

（4）整体更换下游密封操作接力器（见图6），重新调试接力器动作行程。

（5）回装进油腔及回油腔管接头、下游密封操作水接力器与三通阀连杆。

3　暴露的问题及防范措施

未结合机组检修对下游密封接力器拆卸检查，未及时发现该接力器内部活塞密封老化失效，对于该类型的设备在以后的运维过程中应该加强检查维护。在日常运维过程中，加强球阀液压系统油位油压变化趋势分析，发现异常及时查找原因，并结合机组检修周期对球阀下游密封接力器进行拆卸检查，发现密封失效及时进行更换，必要时对接力器进行整体更换。

4　结束语

本次故障原因为球阀开启过程中，油站启动，隔离阀打开，球阀下游密封需要退出，在下游密封投退操作接力器动作时，接力器活塞密封故障，导致接力器内部有杆腔与无杆腔窜油，在短时间内，压力油通过回油腔将油排至集油箱，造成压力油罐油位快速下降，从而引起机械停机。本文通过对该故障详细分析阐述，对国内抽水蓄能机组同类故障分析和处理具有一定借鉴意义。

参考文献

［1］中国水力发电工程学会电网调峰与抽水蓄能专业委员会. 抽水蓄能电站工程建设文集2020［M］. 北京：中国水利水电出版社，2020.

作者简介

孙　政（1988—），男，高级工程师，主要从事水电站机电运维管理工作。E-mail：627539068@qq.com

徐　帅（1988—），男，高级工程师，主要从事水电站机电运维管理工作。E-mail：982553504@qq.com

小湾水电厂国产化励磁系统晶闸管选型设计

骆 军[1] 张会军[1] 刘志坚[2]

（1. 华能澜沧江水电股份有限公司小湾水电厂，云南省大理白族自治州 675702;
2. 昆明理工大学电力工程学院，云南省昆明市 650500）

[摘 要] 国产化励磁系统整流装置的温度可靠性逐渐制约着大型水电站的稳定运行，正成为水电运维人员的重点关注问题。其中，晶闸管选型设计与结温阈值计算尚未给出系统化的分析过程。基于此，首先结合小湾水电厂实际运行环境对比分析了国产化励磁系统与西门子励磁系统配置差异性；然后计算出电厂励磁系统整流装置配置要求，并揭示芯片工作温度与等效热传规律；其次，以整流器额定输出电流、晶闸管元件选择以及功率整流柜晶闸管元件损耗计算三部分详细剖析出励磁系统晶闸管选型设计过程，进而实现两类晶闸管结温校核；最后，提出国产化励磁系统整流柜运行维护建议，为现代国产化励磁系统的设计与运行提供重要的参考意义。

[关键词] 励磁系统；晶闸管；选型设计；热稳定计算

0 引言

现代励磁系统作为大容量、高参数的巨型水电机组中核心构成部分，是保障电网安全稳定的关键一环[1, 2]。然而，由于励磁系统整流晶闸管存在选型设计不合理且应用工况多变等方面不足，导致晶闸管运行温度跨度较大，更甚出现晶闸管损坏、击穿等严重事故，制约现代励磁系统的可靠运行[3, 4]。

针对上述问题，文献[5]详细介绍3桥并列运行时功率柜温度仿真计算过程，弥补了运行维护参考依据空白。文献[6]对水电站励磁系统选型计算存在公式多样且概念不清晰等问题探讨和分析。文献[7]计及风速及散热器表面清洁情况剖析了风速与散热器表面污垢对散热器热阻的影响规律。然而，当前我国部分大型水电站忽略了晶闸管结温对运行的影响，抑或未给出选型设计分析较为明细计算过程[8]。此外，随着国产化励磁系统在大方式下出现温度报警，亟需明晰晶闸管结温的设置区间。

基于此，本文对比分析两类晶闸管的结温设置参数并总结差异，为国产化励磁系统正常运行提供合理的定值制定方案与设置区域。

1 小湾电厂国产化与西门子励磁系统简述

水电站励磁系统具备维持机端电压输出稳定、合理配置机组无功负荷平衡、灵活依靠运行要求实现强励反时限、欠励限制与定子电流限制等励磁运行限制功能，且当系统一旦短路

基金项目：云南省基础研究专项（202301AS070055）。

故障，可及时提高故障处短路电流，以增强带时限继电保护灵敏性等功能。小湾水电厂共装设有 6 台单机容量 700MW 的半伞立式水轮发电机组，投产初期励磁系统为国电南瑞公司成套配备的德国西门子 THYRIPOL 系列静止自并励方式励磁系统。其中，每套系统由励磁调节柜（1 柜）、励磁辅助柜（1 柜）、晶闸管整流柜（4 柜）、灭磁及过电压保护柜（1 柜）构成。后期改造后为自主可控全国产的华能睿渥 HNIES-H316-7100 发电机励磁系统，屏柜数量保持不变，包括：励磁调节柜（1 面）、功率柜（4 面）、灭磁开关柜（1 面）、灭磁电阻柜（1 柜）。该套励磁系统所有设备均为国产设计，首次实现了我国水电励磁系统 100%国产化。两套励磁系统的设备型号、生产厂商与主要参数分别如表 1 和表 2 所示。

表 1　　　　　　　　　小湾水电厂励磁系统主设备对比表

设备名称	原设备型号	现设备型号
励磁调节器	西门子：SIMOREG	华能睿渥 HNIES-H316-7100
磁场断路器	法国雷诺：CEX 06 5000 4.2	武汉长海电气：ZDS6-1842
灭磁电阻	碳化硅电阻 M&I：600A/US210/105P/2S 11280A 1900V 15750KJ	氧化锌电阻 安徽微凯：450V/60A、20kJ 四串两共 84 组，671 阀片 1800V、13.44MJ
晶闸管	ABB：5STP28L4200 系列	株洲中车：KP_B3200-42 系列

表 2　　　　　　　　　小湾水电厂励磁系统配置参数表

励磁方式	静止自并励	额定容量	777.8MVA
机组额定功率	700MW	功率因数	0.9
额定励磁电压	370V	额定定子电压	18kV
额定励磁电流	3760A	额定定子电流	24948A
空载励磁电压	210V	励磁变压器二次侧电压	809V
空载励磁电流	2100A		

据上表可知，国产化励磁系统可实现原西门子励磁系统的全部运行功能要求，且在通信配置快速性、数据传输灵活性、功能面板显示方便性、模拟量采集分析准确性、核心设备可自主更换以及维护成本降低等方面均有较大提升。进一步，以小湾电厂国产化励磁系统控制逻辑对励磁系统运行逻辑进行说明，如图 1 所示。

综上，小湾水电厂励磁系统具有逻辑清晰、功能完善的特点。但随着国产化改造进程中，4 号机组暂以原西门子励磁系统运行（1、2、3、5、6 号机组励磁系统国产化改造已完成），使得电厂以两套励磁系统同时生产，进而由于设备元件参数存在些许互异，设备使用类型不一致导致以晶闸管结温参数不清晰与运行温度偏差较大的突出问题出现。为此，亟需进一步对比分析两套励磁系统整流设备晶闸管在选型设计、结温计算以及运行维护等方面的差异性。

2　小湾电厂励磁系统整流装置配置分析

经查阅相关指标可知小湾水电厂发电机额定励磁电流 I_{fN}=3760A，且根据整流桥输出电流在退出 1 柜之后仍能满足所有工况运行的基本原则（*N*–1 原则），则可按以下方式确定小湾电厂可运行整流桥的数量，如下：

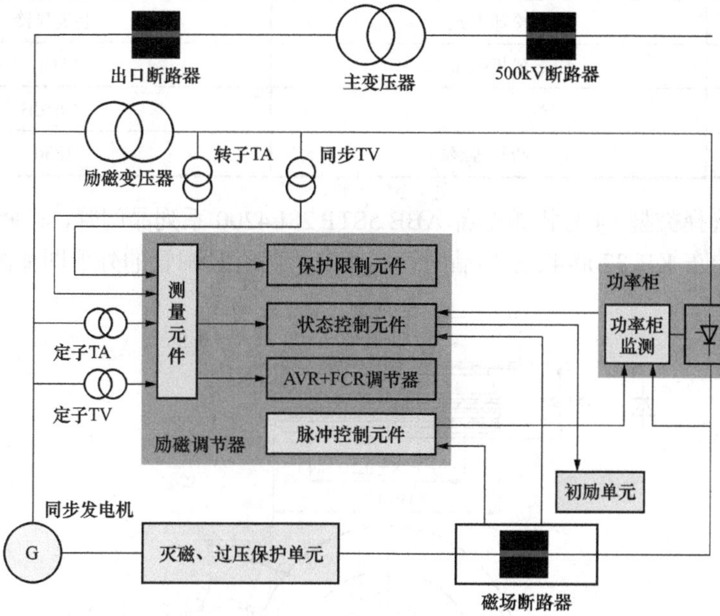

图 1　小湾电厂励磁系统控制逻辑框图

（1）0＜1.1I_{fN}≤2500A，按 2 桥配置。
（2）2500A＜1.1I_{fN}≤4000A，按 3 桥配置。
（3）4000＜1.1I_{fN}≤5000A，按 4 桥配置。
（4）5000＜1.1I_{fN}≤6000A，按 5 桥配置。

　　由此，可确认小湾水电厂国产化励磁系统整流柜并联运行满足 4 桥配置。同样地，4 号机组西门子励磁系统整流柜也能达到 4 台整流柜并联运行要求。

2.1　小湾水电厂国产化与西门子励磁系统整流装置概括

　　励磁系统功率柜部分设置为单柜单桥结构，即每个全控整流桥独立成柜，共 4 桥并列。国产化励磁系统盘底部装设 1+1 冗余风机（西门子励磁系统装设在盘顶），采用前后出风运行结构，百叶窗出风口，可实现防尘防滴淋，防护等级达到 IP30，参数如表 3 所示。

表 3　　　　　　　　　　　　功 率 柜 主 要 参 数

序号	参数名称	参数值及单位
1	单桥负荷能力	2500A
2	桥臂串联元件数	1 只
3	桥臂并联元件数	1 只
4	触发方式	双脉冲
5	脉冲宽度	18Deg
6	反复重复峰值电压	5200V
7	出线方式	下进下出

序号	参数名称	参数值及单位
8	冷却方式	强迫风冷
9	风机数量	1+1
10	噪声	＜65dB
11	防护等级	IP30

对于晶闸管选择类型，4 号机组配备 ABB 5STP 28L4200 系列晶闸管，其余机组经国产化改造后配置株洲中车 $KP_B3200\text{-}42$ 系列晶闸管。其中，两类晶闸管的外形图如图 2 所示。

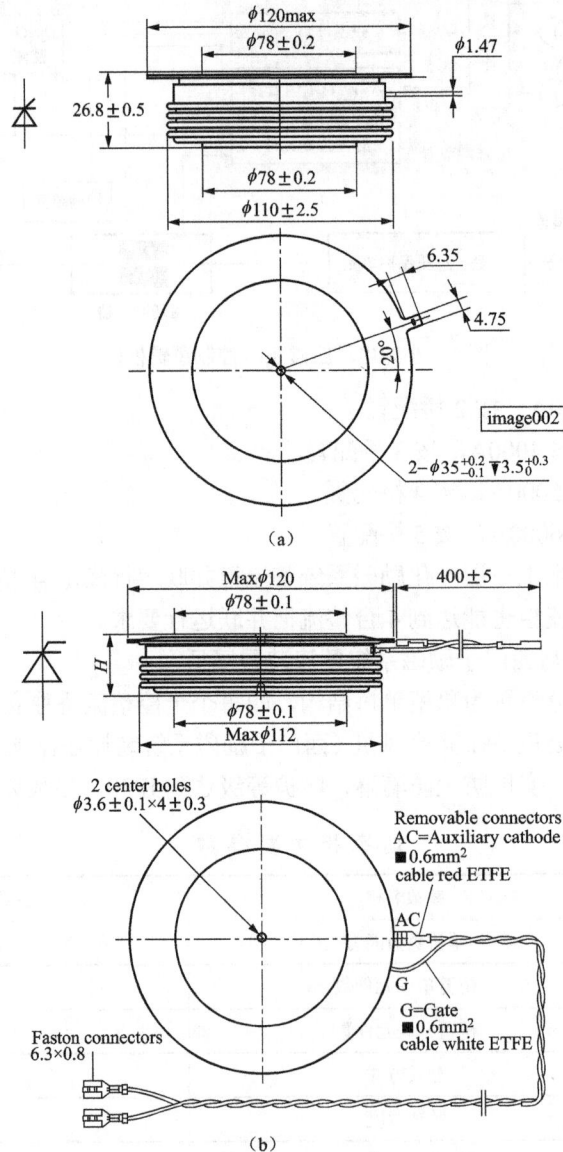

图 2 两类晶闸管外形对比图

（a）株洲中车 $KP_B3200\text{-}42$ 系列晶闸管外形图；（b）ABB 5STP 28L4200 系列晶闸管

可见，两类晶闸管的外形设计方面保持相似，仅在设计工序、运行参数等方面存在不同。进一步，两类晶闸管的相关参数可由表4给出。

表4 小湾电厂两类晶闸管相关参数

名称	株洲中车 KPB3200-42 系列晶闸管	ABB 5STP 28L4200 系列晶闸管	单位	备注
R_{jc}	0.007	0.007	K/W	晶闸管元件结壳热阻
R_{cs}	0.002	0.003	K/W	管壳与散热器接触热阻
R_{sa}	0.057	0.047	K/W	散热器散热电阻
U_{T0}	0.96	0.97	V	晶闸管门槛电压
r_T	0.161	0.158	mΩ	晶闸管斜率电阻
$I_{AV(max)}$	3200	3170	A	流过晶闸管的电流平均值

需要注意的是，散热热阻作为重要参数影响晶闸管散热器的温升变化，有必要重点分析两类晶闸管的散热热阻计算过程，其计算公式为：

$$R_{sa(max)} = \frac{T_{C(max)} - P_{TOT}R_{cs} - T_a}{P_{TOT}} \quad (1)$$

式中 P_{TOT} ——单个晶闸管总损耗；

$T_{C(max)}$ ——晶闸管设计最大结温，取为 125℃。

其中，单个晶闸管总损耗 P_{TOT} 其数学表达式为：

$$P_{TOT} = P_T + P_{ON} + P_{OFF} \quad (2)$$

式中 P_T ——通态损耗；

P_{ON} ——开通损耗；

P_{OFF} ——关断损耗。

将以 ABB 系列晶闸管总损耗计算为例展开分析。小湾水电厂整流桥的单桥输出容量 I_f=2500A〔ABB 系列晶闸管计算：通态损耗 P_T=f（$I_{T(AV)}$），其中 $I_{T(AV)}$=I_f/3=833.3A，查表可知 P_T=1100W；取 di/dt=10A/μs，查阅 W_{ON}=f（$I_{T(AV)}$）曲线可知，当 $I_{T(AV)}$=833.3A 时，W_{ON}=0.34W，则 P_{ON}=50Hz×0.34=17W；取 di/dt=5A/μs，励磁变压器二次侧最大峰值电压 U_0=809×1.414=1144V，查阅 W_{OFF}=f（U_0）曲线可知，W_{OFF}=9.8W，则 P_{OFF}=50Hz×9.8=490W；P_{TOT}=1100+17+490=1607W〕。为此可计算出，ABB 系列晶闸管 $R_{sa(max)}$=(398.15–31.315–3×1.607)/1.067=47K/kW。然而，由于中车系列晶闸管热阻相关参数说明书未给出，则无法精确计算出散热器热阻值，仅在 ABB 系列晶闸管散热热阻基础上依靠运行维护经验参数给出，设置中车系列晶闸管为 57K/kW。

2.2 晶闸管热传导及等效电路图

当热源的热量在物体中传导时，会在物体产生温度差，其与热源发热功率的比值则为热阻的定义。图3为芯片工作温度与等效热传递图。

图中，T_j 表示为芯片结温；T_c 表示为芯片外壳温度；T_b 表示为 PCB 板温度。芯片发出的热量通过导热材料传递给散热器，再通过风扇的高速转动将绝大部分热量通过对流（强制对流和自然对流）方式带走到周围的空气中，强制将热量排除，进而形成了从芯片通过散热器和导热材料到周围空气的散热通路。R_{jc}、R_{cs} 和 R_{cs} 三热阻间的连接关系可由图 3 清晰呈现。需要注意的是，本文尚未考虑到 PCB 与晶圆之间的热阻和 PCB 与环境间的热阻，其原因为该部分影响作用小，且实际变化值较大，在结温计算时忽略该值影响。

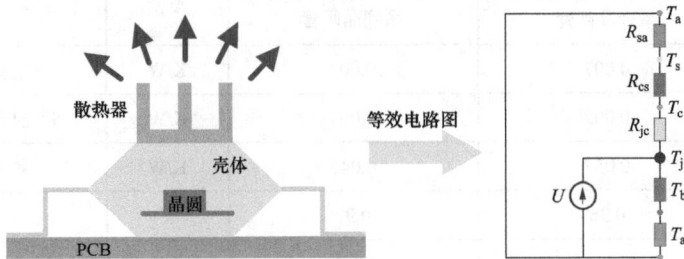

图 3 芯片工作温度与等效热传递图

3 国产化与西门子励磁系统晶闸管校核计算

本部分将分为整流额定输出电流、晶闸管元件选择以及功率整流柜晶闸管元件损耗计算三部分展开分析，具体如下：

3.1 单个整流桥额定输出电流计算

考虑极限情况下运行上限，即 5 台整流柜并联时；N–1 退出 1 柜时，4 柜并联；N–2 退出 2 柜时，3 柜并联运行；N–1 退出 1 柜时，4 柜并联运行满足 2 倍强励，持续时间不小于 20s 的要求。在四种运行方式下，取单柜输出电流最大状态时进而可确定出晶闸管通态平均电流。

（1）当 5 台整流柜并联时，每柜 1 组整流桥，每臂串、并联元件数均为 1，要求 1.1 倍额定励磁电流长期运行，单柜输出计算公式为：

$$I_{d5} = \frac{1.1 \times I_{fN}}{K_a \times N} = \frac{1.1 \times 3760}{0.9 \times 5} = 919.11(A) \tag{3}$$

（2）N–1 退出 1 柜，即整流柜并联运行方式满足 4 台，即 N=4。则可计算为：

$$I_{d4} = \frac{1.1 \times I_{fN}}{K_a \times N} = \frac{1.1 \times 3760}{0.9 \times 4} = 1148.89(A) \tag{4}$$

（3）N–2 退出 2 柜时，3 柜并联运行，则单柜输出为：

$$I_{d3} = \frac{1.1 \times I_{fN}}{K_a \times N} = \frac{1.1 \times 3760}{0.9 \times 3} = 1531.85(A) \tag{5}$$

（4）N–1 退出 1 柜，4 柜并联运行满足 2 倍强励，持续时间不小于 20s 的要求，单柜输出电流为：

$$I_{d4f} = \frac{1.1 \times I_{fN}}{K_a \times N} = \frac{2 \times 3760}{0.9 \times 4} = 2088.89(A) \tag{6}$$

式中　　I_{dn}——单个功率整流桥额定输出电流，A；

　　　　I_{fN}——对应发电机额定容量的励磁电流，为 3760A；

　　　　K_a——均流系数，取 0.9；

　　　　N——功率整流桥数量。

综上，在第（4）种条件时单柜输出的电流最大，则可选择此运行工况下进一步计算出最大晶闸管通态平均电流 $I_{T(AV)max}$。

3.2　晶闸管元件选择计算

3.2.1　U_{RRM} 反向重复峰值电压

根据文献［9］所提技术规划，满足两个指标：①励磁绕组两端过电压瞬时值应不大于试验电压最大值的 70%，及 U_{RRM} 应大于该值；②U_{RRM} 应不小于励磁变压器二次侧最大峰值电压的 2.75 倍。

（1）参照 DL/T 596《电力设备预防性试验规程》，小湾水电厂发电机励磁绕组试验电压有效值为 3700V，峰值为 5231V。则要求其满足 1767×0.7=3662V，则所选取晶闸管反向重复峰值电压 U_{RRM} 应大于该值。

（2）按照 DL/T 1627《水轮发电机励磁系统晶闸管整流桥技术条件》可知：

$$U_{RRM} > K_u \sqrt{2} U_{2N} = 3146(V) \tag{7}$$

式中　　K_u——电压裕度系数，取 1；

　　　　U_{2N}——励磁变压器额定二次电压，其值为 809V。

过电压倍数 K_a，取 2.75，综上，选择晶闸管 U_{RRM} 为 4200V，可满足要求。

3.2.2　晶闸管实际平均通态电流平均值

晶闸管的额定电流 $I_{T(AV)}$（元件通态平均电流），是指在环境温度为 +40℃ 和规定冷却条件下，晶闸管元件在电阻负载的单相工频正弦半波电流，当结温不超过额定结温且稳定时，在一个周期内的平均电流值称为额定通态平均电流，并按标准取其整数作为该元件的额定电流，其计算过程如下：

假定峰值为 I_m 的单相正弦半波电流在一个周期中平均电流为 $I_{T(AV)}$，电流的有效值 $I_{T(RMS)}$，其关系为：

$$I_{T(AV)} = \frac{1}{2\pi} \int_0^{\pi} I_m \sin \omega t = \frac{I_m}{\pi} \tag{8}$$

$$I_{T(RMS)} = \sqrt{\frac{1}{2\pi} \int_0^{\pi} (I_m \sin \omega t)^2 \mathrm{d}\omega t} = \frac{I_m}{2} \tag{9}$$

$$I_m = \pi I_{T(AV)} = 2 I_{T(RMS)} \Rightarrow I_{T(RMS)} = \frac{\pi I_{T(AV)}}{2} \tag{10}$$

在三相全控桥中，假定直流侧电抗无穷大，输出电流为 I_d，则每只晶闸管流过平均电流为 $I_{T(AV)}$，电流的有效值 $I_{T(RMS)}$ 为：

$$I_{T(AV)} = \frac{1}{2\pi} \int_0^{\frac{2\pi}{3}} I_m \sin \omega t = \frac{I_d}{3} \tag{11}$$

$$I_{T(RMS)} = \sqrt{\frac{1}{2\pi} \int_0^{\frac{2\pi}{3}} I_d^2 \mathrm{d}\omega t} = \frac{I_d}{\sqrt{3}} \tag{12}$$

当假定上述两种导电波形下的电流有效值相等，则可得出以下：

$$I_{T(RMS)} = I_{T1(RMS)} \Rightarrow \frac{\pi}{2} I_{T(AV)} = \frac{I_d}{\sqrt{3}} \tag{13}$$

$$I_{T(AV)} = \frac{I_d}{\frac{\pi}{2} \times \sqrt{3}} \tag{14}$$

实际工程中由于散热条件的限制，需要考虑电流裕度，如下：

$$I_{T(AV)} \geq \frac{2I_d}{\sqrt{3}\pi} = 1653.99 \sim 2113.43 \tag{15}$$

式中：I_d 为单个功率整流桥额定输出电流，其值为 2500A。

综上，则可确定出晶闸管流过平均电流 $I_{T(AV)}$ 至少为 0.367 倍的晶闸管输出电流 I_d。

3.3 功率整流柜晶闸管元件损耗计算

单个晶闸管的通态平均功率满足下式：

$$P_{AV} = U_{T0}I_{T(AV)} + kI_{T(AV)}^2 r_T \tag{16}$$

式中　P_{AV} ——晶闸管平均损耗；

$\quad\quad U_{T0}$ ——晶闸管门槛电压，0.96V；

$\quad\quad r_T$ ——晶闸管斜率电阻，0.161mΩ；

$\quad I_{T(AV)}$ ——流过晶闸管的电流平均值；

$\quad\quad k$ ——波形系数，三相全控桥整流计算中 k=3。

（1）当单柜输出为 919.11A 时，相应晶闸管实际通态电流平均值 $I_{T(AV)}$=0.367×919.11=337.31（A）。即可计算出：

$\quad\quad P_{AV1}$=0.96×0.367×919.11+3×(0.367×919.11)^2×0.161×10^{-3}=378.78（W）

（2）当单柜输出为 1148.89A 时：

$\quad\quad P_{AV2}$=0.96×0.367×1148.89+3×(0.367×1148.89)^2×0.161×10^{-3}=404.78（W）

（3）当单柜输出为 1531.84A 时：

$\quad\quad P_{AV3}$=0.96×0.367×1531.84+3×(0.367×1531.84)^2×0.161×10^{-3}=539.70（W）

（4）当单柜输出为 2088.89A 时：

$\quad\quad P_{AV4}$=0.96×0.367×2088.89+3×(0.367×2088.89)^2×0.161×10^{-3}=735.96（W）

4　国产化与西门子励磁系统晶闸管元件结温校核

4.1　晶闸管元件结温校核

基础说明：晶闸管型号为 KP$_B$3200-42，满足晶闸管反向重复峰值电压为 4200V，通态平均电流为 3200A。

根据 DL/T 1627《水轮发电机励磁系统晶闸管整流桥技术条件》中第 5.8 条款：各种工况下晶闸管设计结温不超过 125℃。

结温可依照下式计算[9]：

$$\begin{cases} T_{jmax} = \Delta T_j + \Delta T_s + T_a \\ \Delta T_j = P_{av}(R_{jc} + R_{cs}) \\ \Delta T_s = P_{av}R_{sa} \\ \Delta T = 125 - T_{jmax} \end{cases} \quad (17)$$

式中　T_{jmax}——晶闸管允许最高结温，125℃；

　　　R_{jc}——晶闸管元件结壳热阻，双面散热 0.0087K/W；

　　　ΔT_s——散热器温升；

　　　ΔT_j——晶闸管元件温升；

　　　ΔT——安全裕度。

接下来，将分别计算上述 4 种运行工况下晶闸管温升变化情况。

（1）当 5 柜并列 1.1 倍长期运行时，即单柜输出为 919.11A 时，稳态温升计算如下：

散热器温升：ΔT_s=378.78×0.057=21.6（℃）

晶闸管元件温升：ΔT_j=378.78×0.009=3.4（℃）

晶闸管元件结温：T_j=ΔT_j+ΔT_s+T_a=21.6+3.4+40=65（℃）

安全裕度：ΔT=125−65=60（℃）

（2）当 4 柜并列 1.1 倍额定电流长期运行时，即单柜输出为 1148.89A 时，稳态温升计算如下：

散热器温升：ΔT_s=404.78×0.057=23.1（℃）

晶闸管元件温升：ΔT_j=404.78×0.009=3.6（℃）

晶闸管元件结温：T_j=ΔT_j+ΔT_s+T_a=23.1+3.6+40=66.7（℃）

安全裕度：ΔT=125−66.7=58.3（℃）

（3）当 3 柜并列 1.1 倍额定电流长期运行时，即单柜输出为 1531.84A 时，稳态温升计算如下：

散热器温升：ΔT_s=539.70×0.057=30.8（℃）

晶闸管元件温升：ΔT_j=539.70×0.009=4.9（℃）

晶闸管元件结温：T_j=ΔT_j+ΔT_s+T_a=30.8+4.9+40=75.7（℃）

安全裕度：ΔT=125−75.7=49.3（℃）

（4）4 柜并联运行满足 2 倍强励，且持续时间不小于 20s 的要求，即单柜输出为 2088.89A 时计算稳态温升，此工况要求最高，4 柜并联 1.1 倍额定稳定运行时发生 2 倍强励，在 20s 内晶闸管产生的热量增量为：

$$Q=(P_{AV4}-P_{AV2})\times t=(735.96-404.78)\times 20=6623.6（J）$$

已知散热器的质量为 10kg，散热器的比热容 903J/（kg·K），不考虑该热量对外传导，全部由散热器吸收，则散热器的温升增量为：

$$\Delta T_{sa}=6623.6/(10\times 903)=0.73（℃）$$

即 4 柜并联运行工作时，20s 强励所产生的增加损耗在不考虑对外散热的情况下，仅使散热器温度升高不到 0.73℃。

散热器温升：ΔT_s=23.1+0.73=23.8（℃）

晶闸管元件温升：ΔT_j=735.96×0.009=6.6（℃）

晶闸管元件结温：$T_j=\Delta T_j+\Delta T_s+T_a$=23.8+6.6+40=70.4（℃）

安全裕度：ΔT=125−70.4=54.6（℃）

根据上述计算将晶闸管结温及散热器的温升计算结果如表 5 所示。

表 5　　　　　　　　株洲中车 KP_B3200-42 晶闸管结温及散热器温升计算结果

运行条件	晶闸管温升（℃）	散热器温升（℃）	晶闸管结温（℃）	温度裕量（℃）
5 柜并联，1.1 倍额定电流，长期	3.4	21.6	65	60
4 柜并联，1.1 倍额定电流，长期	3.6	23.1	66.7	58.3
3 柜并联，1.1 倍额定电流，长期	4.9	30.8	75.7	49.3
4 柜并联，2 倍额定电流，20s	6.6	23.8	70.4	54.6

同理，可根据附录部分计算出 ABB 5STP 28L4200 系列晶闸管相关运行温度参数，如表 6 所示。

表 6　　　　　　　　ABB 5STP 28L4200 系列晶闸管结温及散热器温升计算结果

运行条件	晶闸管温升（℃）	散热器温升（℃）	晶闸管结温（℃）	温度裕量（℃）
5 柜并联，1.1 倍额定电流，长期	3.3	15.4	58.7	66.3
4 柜并联，1.1 倍额定电流，长期	4.1	19.2	63.3	61.7
3 柜并联，1.1 倍额定电流，长期	5.5	25.6	71.1	53.9
4 柜并联，2 倍额定电流，20s	7.4	20.0	67.4	57.6

对比分析表 5 和表 6 可知，两类晶闸管对温度具有较好的控制性，有着较大的温度变化裕度。然而，4 柜并联正常情况下，株洲中车 KP_B3200-42 系列晶闸管较之于 ABB 5STP 28L4200 系列晶闸管在晶闸管结温更大、晶闸管温升更高，温度裕量较低，更易受大方式运行工况下温度变化影响。上述变化规律与实际运行维护时一致。持续一个月的大方式运行下小湾水电厂晶闸管温度设定置进行上升校正。此外，在强励、极限等非正常运行下株洲中车系列晶闸管也同样表出对温度的敏感性更强。

4.2　国产化励磁系统整流柜运行维护建议

运行人员应多关注晶闸管结温变化情况，且在大方式运行下风机启动定值应适当结合晶闸管结温与 DSP 芯片等温度敏感元件调整，否则热效率将会降低。此外可根据荧光测温装置检测晶闸管做到对晶闸管设备温度的实时监控，并实现整流柜内温度预警、告警。此外，小湾水电厂国产化励磁系统晶闸管的各项技术参数与其工作温度、运行方式等密切相关，在不同工作温度下，晶闸管参数数值变化较大。为此，制造厂给定的设备出厂参数值多在固定温度定值条件下测试，设备实际运行工况与给定条件呈现出较大差异，需及时注意分析、修正并进行适当调整参数。

5　结论

本文针对小湾电厂两类励磁系统晶闸管结温计算不明确的问题，剖析出国产化与西门子两类晶闸管选型设计过程，且详细计算多工况下的晶闸管结温运行裕度，进而提出国产化励磁系统的温度运行建议，主要结论如下：

（1）对比分析出国产化与西门子励磁系统的运行差异性，并推导出晶闸管的等效工作温度与热传递，进而揭示出晶闸管的结温的计算过程。

（2）基于整流器额定输出电流、晶闸管元件选择以及功率整流柜晶闸管元件损耗计算三部分对两类晶闸管进行选型设计分析，并在此基础上实现两类晶闸管的结温分析校核。

需注意的是，计算中由于没有中车系列晶闸管散热器热阻参数，基于西门子计算数值按经验取得，使得计算精确度有所偏差，此外，由于 PCB 板与芯片热阻和 PCB 板与环境间热阻较小，进行忽略，但上述简化后使得结果同样具有一定代表性。

参考文献

[1] 陈小明，王德宽，朱必良，等. 巨型水轮发电机组励磁系统关键技术 [J]. 水电与抽水蓄能，2018，4（4）：13-21.

[2] 何长平，高劲松. 静止励磁系统中晶闸管损坏原因分析与判断 [J]. 水力发电，2005，（9）：51-52.

[3] 陈秋林，李兵伟，张振，等. 热管散热技术在高原大型水电站励磁系统应用优势分析 [J]. 水电站机电技术，2021，44（8）：49-52，86.

[4] 张兴旺，孙君光，熊巍，等. 国内外励磁系统技术发展综述 [J]. 水电站机电技术，2014，37（3）：93-96.

[5] 何长平，王波，孔丽君，等. 向家坝电厂励磁系统晶闸管选型设计分析 [J]. 水电站机电技术，2012，35（5）：76-78.

[6] 邓丛林，陈鹏，张鹏. 水电站励磁系统主要元器件选型计算探讨 [J]. 水电站设计，2022，38（4）：76-79.

[7] 刘伟，许其品，耿敏彪，等. 励磁系统中积灰对晶闸管整流装置散热的影响分析 [J]. 水电自动化与大坝监测，2013，37（5）：53-56.

[8] 史振利，崔宇翔，刘冲，等. 现代励磁系统典型事故案例分析及整改措施 [J]. 东北电力技术，2023，44（9）：21-26.

[9] 李基成. 现代同步发电机励磁系统设计及应用（第三版）[M]. 北京：中国电力出版社，2017.

作者简介

骆　军（1997—），男，硕士，主要从事水利水电工程励磁系统运行与维护。E-mail：luo_jun1997@163.com

张会军（1986—），男，高级工程师，主要从事水电厂励磁及继电保护、维护及检修工作。E-mail：114495460@qq.com

刘志坚（1975—），男，教授，博导，主要从事电力系统稳定性分析与新能源并网控制。E-mail：248400248@qq.com

某水电站主变压器单相接地试验导致
接地开关及 LCU 损坏分析

白向尧　张岚彬　廖海波　代国鑫

（中国长江电力股份有限公司，云南省昆明市　100000）

[摘　要] 随着电力系统设备技术的高速发展，500kV 开关站内多为集成式封装设备，因某些原因在试验或运行过程中产生悬浮电位导致放电，会严重损害设备，影响设备稳定运行可靠性。针对某水电站一起主变压器单相接地试验过程中产生悬浮电位导致接地开关及 LCU 损坏的事件进行分析，并提出改进措施。

[关键词] GIS 设备；悬浮放电；二次设备损坏

0　引言

高压电力设备的金属部件实际接地或与其他导体相连，但在运输、安装、运行过程中与大地导体接触不良或脱离接触，导致通电后产生悬浮电位与周围的部件形成电位差，当周围绝缘介质的强度小于电场击穿场强时，电压击穿对周围部件放电，产生故障电流[1]。特别是由一次设备向二次设备放电的，其危害很大，故障电流会使二次盘柜及线缆损坏、烧毁甚至引起火灾和设备跳闸。

1　事件过程

1.1　运行方式

某水电站右岸 500kV 开关站串内采用 3/2 接线方式，设置两条 500kV 母线，机组通过 GCB 出口断路器、主变压器接入 500kV 系统，52316 隔离开关为 9F 机组主变压器高压侧至串内的隔离开关，如图 1 所示。LCU14C 为右岸第三串 5231、5232、5233 三个断路器的现地 LCU，负责控制串内三个断路器及所属隔离开关，接地开关。

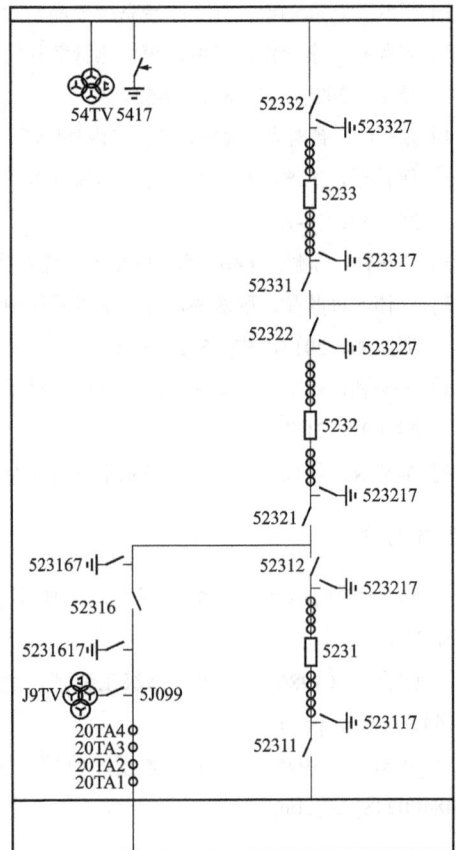

图 1　电气接线图

1.2 故障现象

2020 年 11 月 11 日 16:17 监控系统报"LCU14C 同期装置 1、2 告警""LCU 机架 1 模件故障""开关站直流系统 2、3 号直流分电柜绝缘异常"等大量信号。

查看监控右岸 GIS 第三串控制画面，发现右岸 GIS 第三串控制画面中断路器、隔离开关、接地开关状态不明，但中控室大屏主接线上显示右岸 GIS 第三串设备状态均正常。

运行人员至现场检查发现：

（1）右岸 GIS 第三串 LCU14C PC01 柜 DI 模件损坏有灼烧痕迹，如图 2 所示。

（2）5231617 接地开关 C 相操作箱损坏，航空插把损坏掉落，如图 3、图 4 所示。

图 2　LCU14C PC01 柜模入模件损坏

图 3　5231617 接地开关 C 相插把损坏

（3）右岸开关站直流系统 2 号充电机柜上绝缘监测仪故障灯点亮，绝缘监测仪上显示正控母对地电压降低，绝缘电阻降低。

1.3 处置过程

（1）检查 GIS 室内 3 号直流分电柜上绝缘监测仪分机上支路信息，确认绝缘降低支路为控二 008 支路，绝缘电阻正对地仅为 187.2kΩ，控二 008 支路为 5231 断路器汇控柜 2 号电源。经维护分部查找确定绝缘异常后，依次断开 5231 断路器汇控柜内指示空气开关 2 Q126、5231 断路器汇控柜内控制电源总断路器 Q12、右岸开关站直流系统 3 号直流分屏 5231 断路器汇控柜 2 号电源 ZK608 后，右岸开关站直流系统母线绝缘恢复正常，故障信号复归。

图 4　5231617 接地开关操作机构箱损坏

（2）为避免故障扩大，提交检修申请单将右岸开关站 3 串 GIS LCU14C 由运行转检修。

（3）配合保护及测控分部检查 5231617 接地开关本体至现地汇控柜电缆情况，将 5231

断路器现地汇控柜转检修。

（4）转检修后更换损坏的 C 相操作箱航空插把、LCU14C PC01 柜 DI 模件以及 5231617 接地开关操作机构箱损坏部件，检查直流绝缘合格。

2　原因分析

当日 14 时许，试验人员完成《机组启动试运行调试方案》中"发变组短路热稳定试验"项目。根据调试方案"发变组短路热稳定试验"内容可知，在进行此项试验过程中，5231617 接地开关的状态为：①5231617 接地开关三相合闸；②5231617 接地开关三相接地连片解除，每相用两根铜芯线进行三相短接，如图 5 所示。

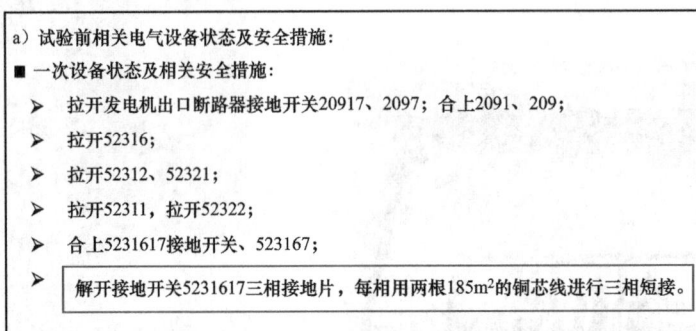

```
a）试验前相关电气设备状态及安全措施：
■ 一次设备状态及相关安全措施：
  ➤  拉开发电机出口断路器接地开关20917、2097；合上2091、209；
  ➤  拉开52316；
  ➤  拉开52312、52321；
  ➤  拉开52311、拉开52322；
  ➤  合上5231617接地开关、523167；
  ➤  ┌──────────────────────────────────────────────────┐
      │ 解开接地开关5231617三相接地片，每相用两根185m²的铜芯线进行三相短接。│
      └──────────────────────────────────────────────────┘
```

图 5　9F 发变组短路热稳定试验一次设备状态及相关安全措施

在完成"9F 发变组短路热稳定试验"后 15 时许试验人员至运行注销工作票，并办理"解开 9 号主变压器高压侧 5231617 接地开关 A 至 B 至 C 相两根铜缆，并恢复 A 相接地片"工作票以调整试验接线，准备进行后续的单相接地实验。

经过拆除三相短接铜芯线并恢复 A 相接地工作后，在进行"9F 主变单相接地试验"前5231617 接地开关的状态为：①5231617 接地开关 A、B、C 三相合闸；②5231617 接地开关 A 相接地；③5231617 接地开关 B、C 相未接地。

"主变压器高压侧单相接地试验"的安措内容为：断开 5231、5232 断路器，拉开 52311、52312、52321、52322、52316 隔离开关，合上 5231617 接地开关。发变组升压，通过 5231617 接地开关接地。

因 GIS 接地开关结构特点：接地开关装在壳体中的动触头通过密封轴、拐臂和连接机构相连，壳体采用转动密封方式和外界环境隔绝；当接地开关合闸时其接地通路是：静触头—动触头—接地开关壳体—接地连片—接地扁铁—GIS 壳体—地面接地网。同时，为了主回路电阻的测量，接地开关壳体与 GIS 壳体之间具有绝缘隔板，如图 6～图 8 所示。

进行主变压器高压侧单相接地试验，机组起励后逐步增大励磁电流，发变组升压，由于52131617 接地开关 B、C 相内部处于合闸状态，但 GIS 壳体又没有与大地接通。因此构成了经过导体—接地开关静触头—接地开关动触头—接地开关壳体的导电通路[2]。接地开关壳体与 GIS 壳体之间具有绝缘隔板且 5231617 接地开关 B、C 相接地连片已被拆除，因此在5213617 接地开关壳体上形成悬浮电位。当机端电压逐步升高，接地开关壳体上的悬浮电位也逐渐升高,当接地开关壳体与操作机构内各电缆及金属机构的距离不满足安全绝缘距离后,接地开关壳体向操作机构内各电缆及金属机构放电。放电电流沿航空插头及控制电缆放电至LCU 模入模块及 5231 断路器现地汇控柜内,造成 LCU 模入模块及 5231 断路器现地汇控柜内相关元器件及电缆损坏,同时引起开关站直流报警。

图 6 接地开关本体及操作机构

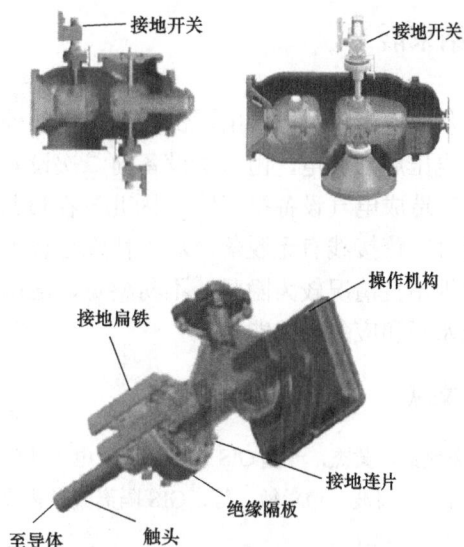

图 7 接地开关内部结构

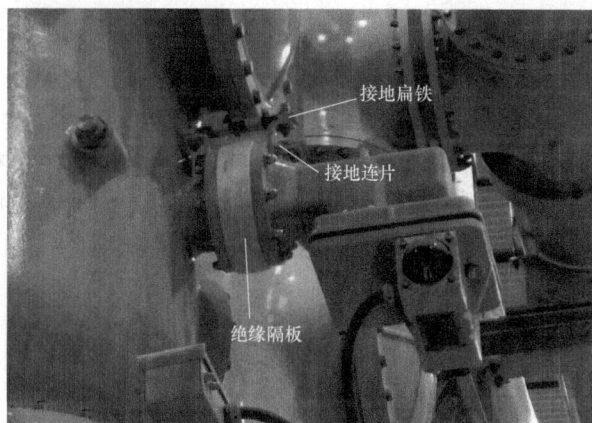

图 8 GIS 接地开关结构

3 改进措施及建议

GIS 接地开关接地回路经过 GIS 设备壳体。正常情况下,接地连片是禁止解开的;在某些特殊的运行方式下,接地连片解开后,若接地开关需进行合闸操作,应仔细复核导电回路通路,避免接地开关壳体形成悬浮电位异常放电导致设备损坏。发变组单相接地试验及 GIL

高压试验中，应将相应接地开关拉开，仅合需要接地的一相即可。

在进行设备试验时远方监视人员和现场试验人员应引起足够重视，加强设备的巡视检查记录，试验人员在进行相应工作时，应对当前设备运行方式有全面的了解，熟悉设备结构。同时加强学习，特殊试验开始前做好安全隐患分析。同时在进行高压试验时，应远离带压设备外壳及导体，避免触电，不在操作机构及航空插把下停留，避免高处坠物造成人员受伤。

4 结束语

从此次事件可以看出，保证高压设备外壳正常接地是非常重要的，由于其接地不良生产悬浮电压局部放电，由一次设备向二次设备放电，使一次设备操作机构及相关二次设备绝缘击穿，造成电气设备损坏[3]。因此，在日常巡检维保过程中，应特别注意设备外壳接地线是否良好，跨接线有无脱落。对于特殊运行方式下的试验操作应梳理带电部位及导通回路，部分接地不良情况较为隐蔽，不易察觉，应引起足够重视。同时，应加强培训，提高运行人员技能水平和应急处置能力。

参考文献

[1] 刘剑清，黄杰. 一起 GIS 设备悬浮放电事件分析及处理 [J]. 电气开关，2021（1）：91-93，98.

[2] 郭超，周波，谭学敏，等. GIS 隔离开关内悬浮放电缺陷带电检测与解体分析 [J]. 高压电器，2021（5）：168-174.

[3] 马飞越，王博，王沛，等. 电气设备悬浮放电与接地电流间关系研究分析 [J]. 宁夏电力，2019（1）：29-34.

作者简介

白向尧（1994—），男，工程师，主要从事水电站值班员工作。E-mail：bai_xiangyao@ctg.com.cn

张岚彬（1993—），男，工程师，主要从事水电站值班员、电力调度工作。E-mail：zhang_lanbin@ctg.com.cn

廖海波（1995—），男，助理工程师，主要从事水电站值班员工作。E-mail：liao_haibo1@ctg.com.cn

代国鑫（1994—），男，助理工程师，主要从事水电站值班员工作。E-mail：dai_guoxin@ctg.com.cn

高清视频会议室智能中控系统应用研究

张停伟 龙 林 吕志超 潘 宇 卓 莹

（中国长江电力股份有限公司，四川省成都市 610000）

[摘 要] 基于物联网通信技术，研究一套视频会议室设备可视化、集中化、智能化管控的中控系统，实现视频会议室内电子设备的统一管理和集中控制，提高会议管理效率和会议室资源的使用率。首先对高清视频会议室内智能中控系统需要进行统一管控的设备分析，提出实现会议室智能管理系统的解决方案，最后实现中控系统对会议室内所有设备进行集中化、智能化控制。

[关键词] 会议室；智能化；中控系统

0 引言

随着物联网技术的不断发展，其技术应用更加深入化、智能化。物联网通过信息采集与获取，实现可靠连接和智能感知，进而对数据进行传输处理和应用，可以说是信息基础设施的"底座"[1]。

将物联网技术应用于视频会议室设备的智能管控，简化视频会议操作复杂度，节约设备运维成本，提高会议管理效率和会议室资源的使用率。实现推动视频会议设备状态管理的智能化，同时加强设备维护、信息展示、决策支持等核心功能的应用。结合可视化平台，将视频会议设备实际运行的信息，通过数据集成和处理、综合可视化等手段，实现信息全景、直观、有效展示，并给出高效的辅助决策支持。

根据视频会议室设备的现状，对实现视频会议室内各类电子设备统一控制进行研究，首先对所有设备型号、支持协议等进行研究，后续根据研究结果结合物联网等技术实现设备集中管控。系统最终实现将多种信号的选择输出及具体设备的操作集中在一个带视频功能触摸屏上，操作者通过直观的控制界面操作，将复杂的会议室设备操作及环境控制变得轻松自如。

1 系统设备

高清视频会议室智能中控系统通过可视化的控制提高会议场控人员工作效率，简化会场会议操作流程[2]，增加企业会议系统的智能化程度，提高企业协作通信的效率和企业会议系统的利用率。系统设备统一控制结构图如图1所示。

系统所需管控设备：

（1）视频设备管控。

摄像头：控制摄像机旋转角度、图像放大缩小、设置摄像头预设方位等。

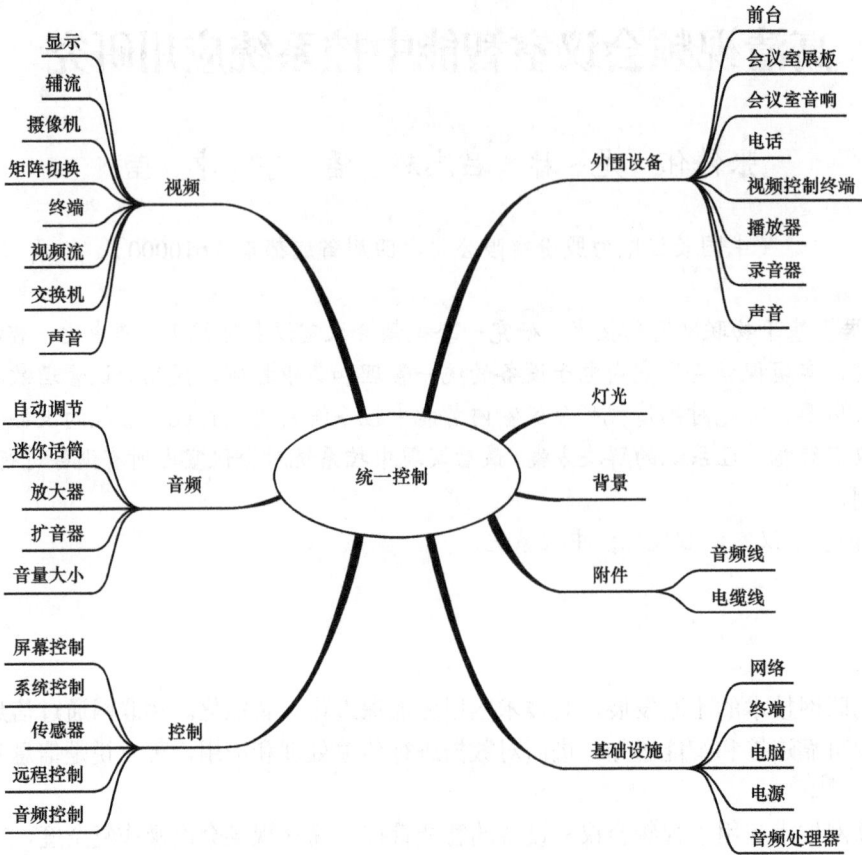

图 1　系统设备统一控制结构图

矩阵：可视化界面控制矩阵切换，实现视频主流及辅流信号的任意切换控制。

电视：可视化界面集成电视设备控制界面，实现视频显示信号的任意切换及电视机呼叫、开关等控制功能。

（2）音频设备管控。

将传统的音频处理设备化繁为简，使用数字化音频系统，用音频处理器、调音台替换较复杂的音频系统，能够长距离、低噪声、无损耗地传输会议音频信号和语音信息，便于和其他设备相连接与控制。

（3）设备电源管控。

实现会议设备开关机。控制时序电源一键通断电，从而控制机柜内所有设备电源，包括会议终端、音频处理器、矩阵、功放等设备[3]。

（4）环境设备管控。

实现会议室内灯光调节、窗帘升降等环境设备的管控。

（5）会议模式控制。

根据会议形式的不同，分为四种不同的开机模式，包括：本地会议（无辅流）、本地会议（有辅流）、视频会议（无辅流）、视频会议（有辅流）。

2　系统设计与解决方案

2.1　系统设计

由图 2 可以看出，系统底层包括：音视频设备、环境设备、线缆连接、设备联网。其中，音视频设备包括视频会议终端、音频处理器、调音台、矩阵等设备；环境设备主要包括灯光、窗帘等设备的控制；线缆连接包括音视频线缆、网线等；联网设备包括 IPad、终端、无线路由器、交换机等设备。接口层主要提供各类接口，如 RJ45、VGA、HDMI 等接口，或通过传感器采集所需要的信息。数据传输层是将接口层采集的设备信息、设备状态、资源数据等，通过交换机、管理网等向上传输至中控管理系统，同时，可以向下传输控制命令、控制开关量等信息。智能中控管理系统则提供多种会议模式控制、设备管控、环境控制、设备状态显示等。

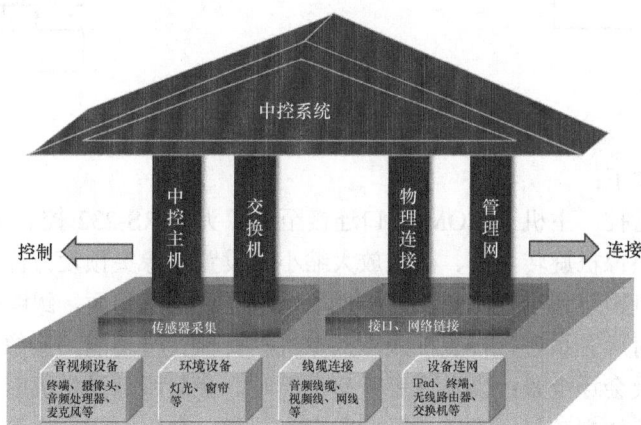

图 2　系统设计示意图

2.2　解决方案

如图 3 所示为视频会议室设备连接示意图。

每一个视频会议室中设计一套可编程中控主机、iPad 无线路由器、总线设备包括八路电源开关控制器，音视频切换矩阵等。整个系统以中央控制器为核心，中控主机内含丰富的接口电路，如可编程 RS-232、RS-485 接口、红外接口、I/O 接口、继电器接口、PC 电脑控制接口、多功能 USB 接口等，通过各种接口将会议室内各种电子设备连接至中控主机，根据系统的需求对中控系统进行再次开发，将所有受控设备的红外遥控码进行学习和对所有设备模拟控制，然后集中在 iPad 上，通过编辑、调试和下载控制程序到中控主机，中控通过网络与 iPad 相连，操作者通过 iPad，在预先编制好的控制界面控制会议室内各种受控设备，将复杂的会议室设备操作及环境控制变得轻松自如，实现会议室电子设备的集中控制和联动功能[4]，做到"一键到位"即单击一个按键便可实现整个模式环境达到实时操控的效果，如投影模式：打开投影机的同时，电动幕自动放下、投影机升降架自动降下、电动窗帘自动关闭、灯光自动调暗的动作；投影结束模式则相反，从而减少操作复杂性，实现会议室环境、会场信号、会场设备统一控制，满足对会议室的智能控制。

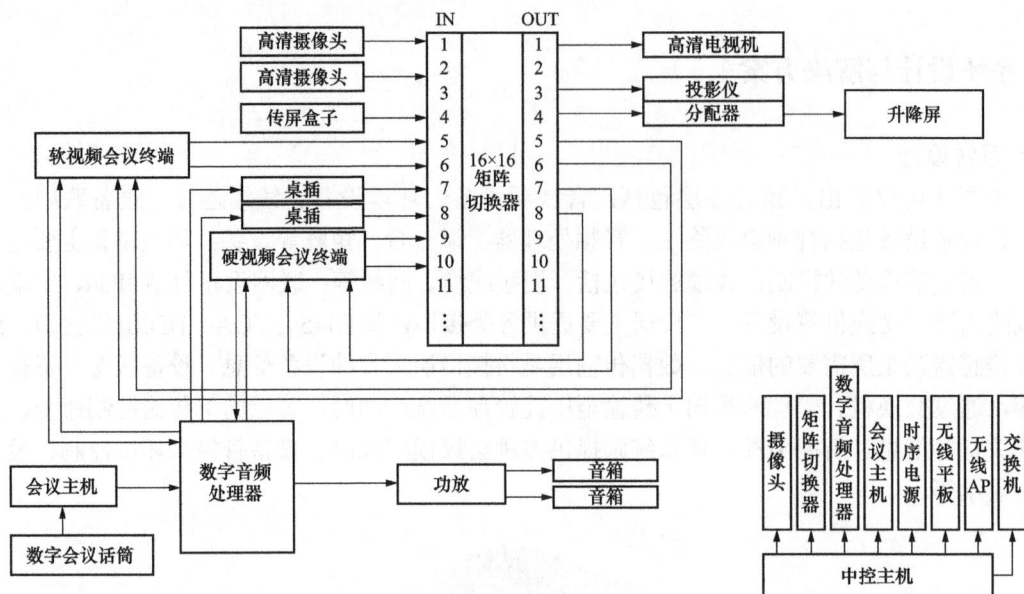

图 3　视频会议室设备连接示意图

功能实现方式如下：

（1）视频设备管控。主机上 COM 端口连接至摄像头的 RS-232 控制端口，通过 iPad 上智能管控界面控制摄像机旋转角度、图像放大缩小、设置摄像头预设方位。会场摄像跟踪功能实现：跟踪摄像机镜头采用变焦镜头，能摄取所有需要跟踪画面，跟踪摄像系统对摄像机与会议单元之间的对应关系进行设置；跟踪摄像机具有预置位功能，摄像机可根据需要设置为会场的不同近景及会场全景；当发言者开启话筒时，会议跟踪摄像机应自动跟踪发言者，并自动对焦放大，联动视频显示设备，显示发言者图像；会议跟踪摄像系统可实现多台摄像机之间及视频信号之间的快速切换。当会场无人使用麦克发言时，会场自动输出会场要求的初始画面（由使用方根据会场情况确定会场初始画面）。

（2）音频设备管控。采用软件可视化的界面控制硬件的模式，通过各会议室配备的平板电脑，来控制各种音频信号的音量、效果、是否静音等会议音频模式需求，实现音量的可视化管理和控制。

（3）设备电源管控。主机上 COM 端口连接至时序电源的 RS-232 端口，通过 iPad 上时序电源控制界面实现远程控制时序电源通断电，从而控制机柜内所有设备的电源，包括视频会议终端、音频处理器、矩阵、功放等设备。中控与红外发射棒对接，实现带红外遥控设备的远程操控及开关，并学习遥控操作设置菜单，例如投影、电视、视频会议终端等设备。

（4）环境设备管控。根据现场实际电路情况进行会议灯光系统的升级改造，采用电源管理模块给设备提供电源，设备供电信息通过电源管理模块与中控系统对接，实现会议室灯光等控制功能。采用电动窗帘控制模块将原有独立的电动窗帘系统合并控制，通过平板电脑统一控制，实现各个会议室的窗帘一键升降、停止等操作。

（5）会议模式控制。视频会议室集中管控系统根据会议形式的不同，分为四种不同的会议模式，包括：本地会议（无辅流）、本地会议（有辅流）、视频会议（无辅流）、视频会议（有辅流）。

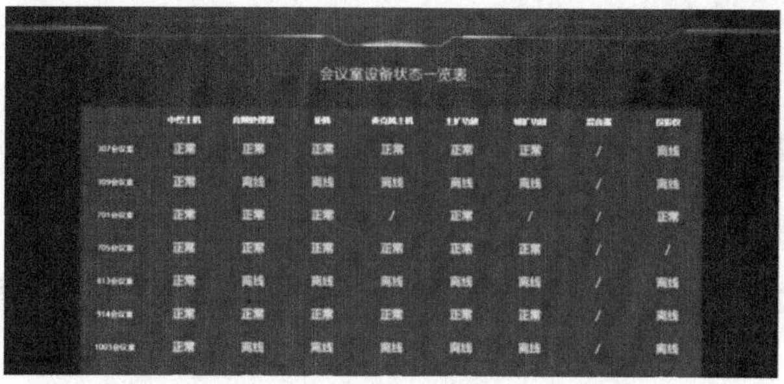

图 4 智能中控系统管控设备状态示意图

将中控系统部署在三个地区的视频会议室。把三地会议室管理网互联，通过各会议室中控主机的数据交互，实现会控中心人员可在用户端统一管理及控制各会议室的环境及设备情况，并可实时远程查看各会议室内设备的在线及告警状态[5]。

3 结束语

为实现视频会议室内所有会议设备的集中控制，本文对视频会议室内需管控的视频、音频、环境等设备进行统计，以及需要实现的会议模式进行分析，提出高清视频会议室智能中控系统的设计和解决方案，并着重对会议室的投影显示系统、音视频会议系统、中央控制系统、会议环境效果等进行多方面、自动化、智能化升级，最终通过中控系统部署实现会议室环境、会场信号、会场设备统一控制，满足对会议室的智能控制。

参考文献

[1] 刘幺和. 物联网原理与应用技术 [M]. 北京：机械工业出版社，2011.

[2] 姜斌. 智能会议室视频会议系统设计及实现 [J]. 中国宽带，2022（2）：2.

[3] 陈龚，邵时. 嵌入式会议系统终端控制器的设计与实现 [J]. 计算机应用与软件，2011，28（1）：3.

[4] 赵霄峰. 浅析会议室、会议厅环境的智能控制技术 [J]. 数字化用户，2018，24（31）：16.

[5] 李怀义，童话，倪斌，等. 消防视频会议室物联控制系统的设计与实现 [J]. 物联网技术，2021，11（3）：3.

作者简介

张停伟（1991—），女，工程师，主要从事水电通信设备智慧化运维工作。E-mail：1043033868@qq.com

龙　林（1981—），男，高级工程师，主要从事水电通信设备智慧化运维工作。E-mail：35807969@qq.com

吕志超（1986—），男，高级工程师，主要从事水电通信设备智慧化运维工作。E-mail：43513312@qq.com

潘　宇（1986—），男，高级工程师，主要从事水电通信设备智慧化运维工作。E-mail：85558681@qq.com

卓　莹（1989—），女，工程师，主要从事水电通信设备智慧化运维工作。E-mail：123486133@qq.com

某水电站导流洞堵头渗水原因分析

蒉维欣 夏 帆 尤治博 刘 鑫 胡长浩 李文海

（中国长江电力股份有限公司 溪洛渡水力发电厂，云南省昭通市 657000）

[摘 要] 针对某国内大型水电站导流洞堵头出现大量渗水且渗水原因不明的问题，利用相关性分析 Pearson 系数对导流洞堵头渗水量与大坝上下游水位、区域降雨量和机组发电量等可能影响堵头渗水的因素进行相关性分析。结果表明，导流洞堵头渗水量与下游水位和机组发电量相关性较强，与上游水位相关性较弱，与降雨量基本没有相关性。因此，下游水位、机组发电量是影响导流洞堵头渗水的主要因素，下游水位升高和机组发电增大从而引起的导流洞堵头周围岩体渗水增大是导流洞堵头渗水异常的主要原因。

[关键词] 水电站；导流洞堵头；渗水；相关性分析

0 引言

水电站某些地下洞室会在运行期设置堵头，以保障水工建筑物的运行安全，因而地下洞室堵头的安全稳定运行十分重要。地下洞室堵头经常出现渗水情况，通常设置集水井以抽排渗漏来水，分析影响渗漏来水的因素成为一项重要工作，对于设置集水井抽水泵的运行状态和应对处理堵头渗水具有重要的参考意义。目前，水电站地下洞室堵头渗漏来水原因分析主要依据主观判断，没有可靠的数据支撑，且影响因素对渗漏来水的影响程度没有可靠的指标。相关性分析是统计两个要素相互之间影响程度的数学方法，已经在各个领域应用成熟，但在水电站地下洞室堵头渗水原因分析方面应用欠缺。

某大型水电站左岸设置 3 条导流洞，其中，3 号导流洞上下游设置堵头，堵头渗漏来水汇集于下游堵头集水井，因此，本文以集水井来水量表示堵头渗水量。该水电站左岸导流洞布置见图 1。本文统计 2022～2023 年某大型水电站 3 号导流洞堵头渗水来水量时序数据，并

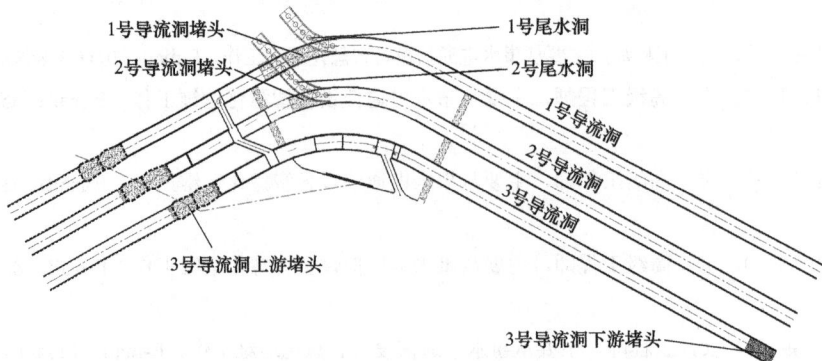

图 1 某大型水电站左岸导流洞布置

与上下游水位、降雨量、发电量的时序数据进行相关性分析，得到渗水量与各影响因素的相关性系数，从而分析渗漏来水原因。本文的分析过程和结论可为探究水电站地下洞室堵头渗漏来水原因提供参考，为堵头稳定运行提供数据支撑。

1 研究方法

相关性分析是指对两个或多个具有相关性的变量进行分析，从而衡量变量间的密切程度。Pearson 相关系数又称 Pearson 积矩相关系数（Pearson Product-Moment Correlation Coefficient，简称 PPMCC），由 Karl Pearson 于 19 世纪 80 年代提出，被广泛应用于衡量两个变量的相关程度，数值介于–1 至 1 之间[1]。

$$r = \frac{\sum_{i=1}^{n}(X_i - \bar{X})(Y_i - \bar{Y})}{\sqrt{\sum_{i=1}^{n}(X_i - \bar{X})^2}\sqrt{\sum_{i=1}^{n}(X_i - \bar{Y})^2}} \quad (1)$$

式中，r 为变量 $X=\{X_i\}$（$1 \leq i \leq n$）与变量 $Y=\{Y_i\}$（$1 \leq i \leq n$）的相关系数，$r>0$ 表明变量 X 与 Y 正相关，r 值越大表明正相关性越强，$r<0$ 表明负相关，r 值越小表明负相关性越强，$r=0$ 表明二者不相关。X_i 为变量 X 在 i 日期的数值。$\bar{X}$ 为变量 X 的均值；Y_i 为变量 Y 在 i 日期的数值；$\bar{Y}$ 为变量 Y 的均值；n 为变量 X 或 Y 的个数。

本文以 3 号导流洞集水井日来水量为变量 Y，以 i 日上下游水位、降雨量、发电量为 X_i 值，计算变量 Y 与变量 X 的 Pearson 相关系数，从而判断 3 号导流洞堵头渗漏来水量与影响变量的相关性。

2 导流洞堵头渗漏来水量与各因素的相关性分析

2.1 导流洞堵头渗漏来水量

以 3 号导流洞集水井 2022 年 1 月 13 日～2023 年 6 月 4 日来水量为实验数据进行统计分析。其中，2022 年 6 月～2022 年 9 月和 2023 年 6 月 5 日～2023 年 7 月 4 日两个时间段内，3 号导流洞集水井来水量突增且数值较大，原因为深孔开启泄洪和导流洞排水沟开凿作业致使积水排入集水井。因此，为降低人工干预下的异常因素影响，对本文选取的影响因素进行较为准确的相关性分析，选取 2022 年 1 月 13 日～2022 年 6 月 20 日（泄洪前），2022 年 6 月 21 日～9 月 1 日（泄洪期间），2023 年 1 月 1 日～2023 年 6 月 4 日（排水沟开凿前）三个时段来水情况进行分析。期间 3 号导流洞集水井时序来水量数据见图 2。

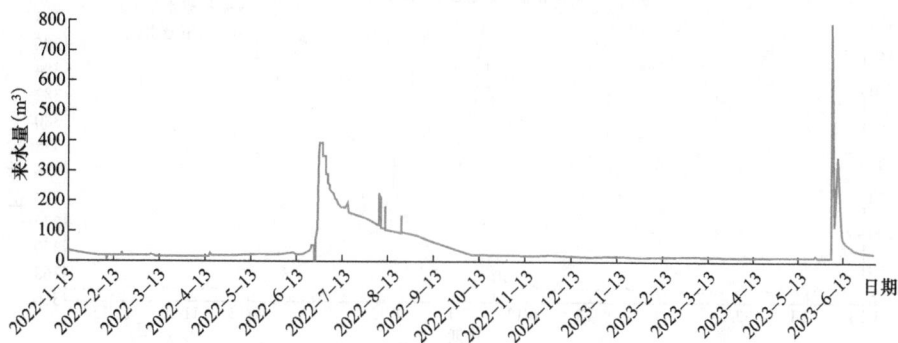

图 2　3 号导流洞集水井来水量时序数据（2022 年 1 月 13 日～2023 年 7 月 4 日）

2.2 导流洞堵头渗漏来水量与上下游水位相关性分析

如图 3、图 4 所示，图中来水量与上游水位时序变化曲线具有一定的相对性，与下游水位时序变化曲线具有一定的相关性。2022 年泄洪期间（6 月 21～30 日）及后续三个月内，泄洪导致上游水位显著降低，来水量也显著增大，2023 年导流洞排水沟开凿（6 月 5 日～7 月 4 日），导流洞堵头区域积水排水集水井，来水量突增。

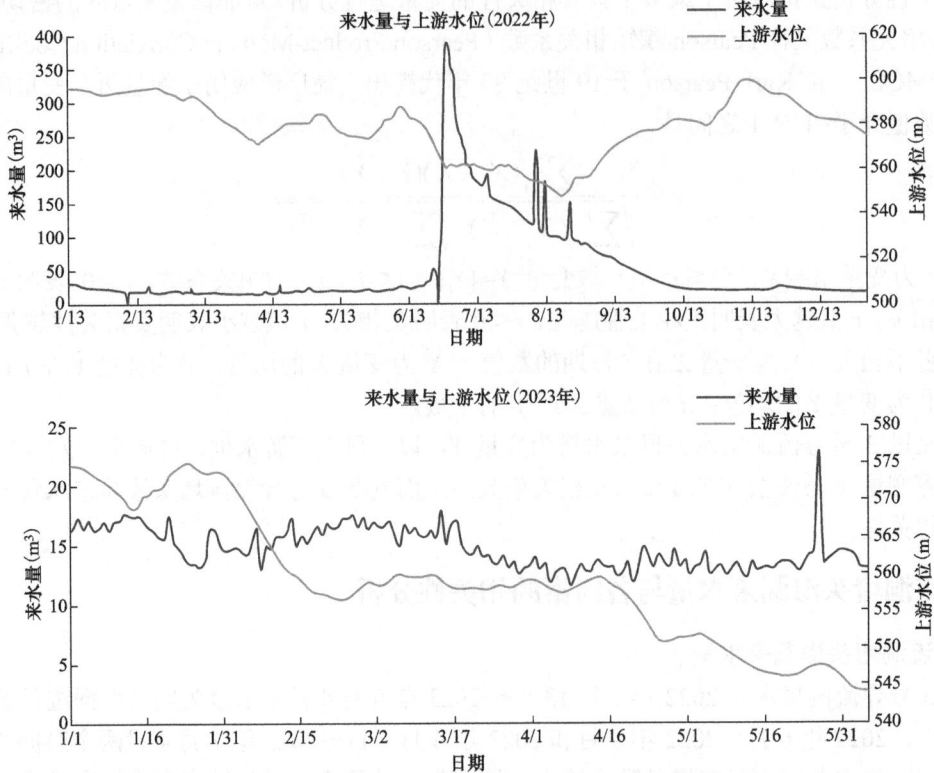

图 3 3 号导流洞集水井来水量与上游水位关系图（2022 年 1 月 13 日～2023 年 6 月 4 日）

2022 年 1 月 13 日～6 月 27 日、2022 年 6 月 28 日～9 月 1 日和 2023 年 1 月 1 日～6 月 4 日三个时间段每日来水量与上下游水位散点图如图 5 所示，三个时段来水量与上游水位相关系

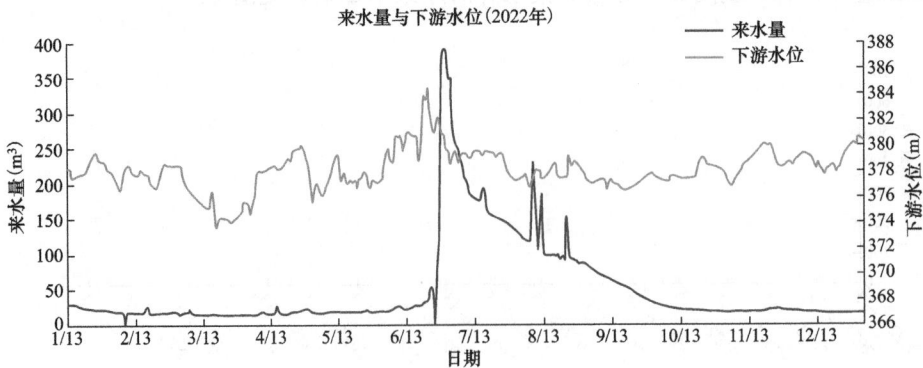

图 4 3 号导流洞集水井来水量与下游水位关系图（2022 年 1 月 13 日～2023 年 6 月 4 日）（一）

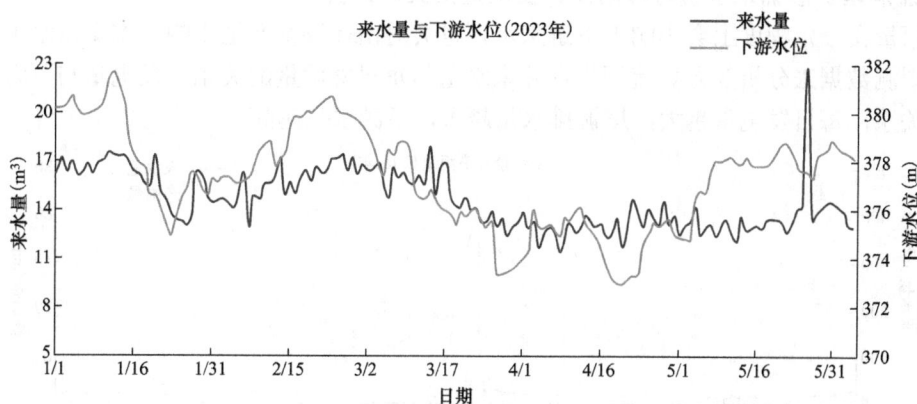

图4 3号导流洞集水井来水量与下游水位关系图（2022年1月13日～2023年6月4日）（二）

数分别为 0.2857、0.5719 和 0.3996，来水量与下游水位相关系数分别为 0.6062、0.5027、0.6458，3 号导流洞来水量与上下游水位均呈正相关，与下游水位相关性较大。

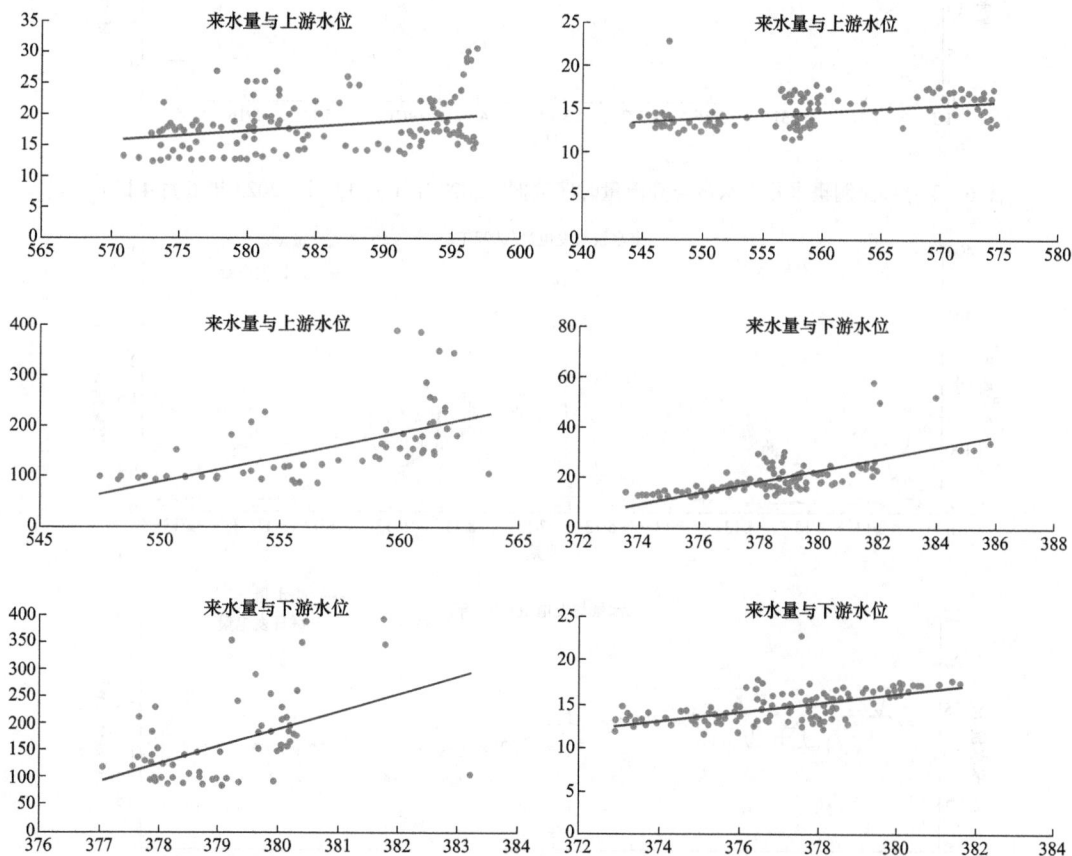

图5 3号导流洞集水井来水量与上下游水位散点图

2.3 导流洞堵头渗漏来水量与降雨量、发电量相关性分析

降雨量在一定程度上会影响上下游来水，也会对山体渗水产生影响。本文以水电站附近的水文观测数据来分析 3 号导流洞集水井来水量与每日降雨量的关系。发电量与下游水位具有密切关系，每日发电量越大，尾调排水量越大，下游水位越高。

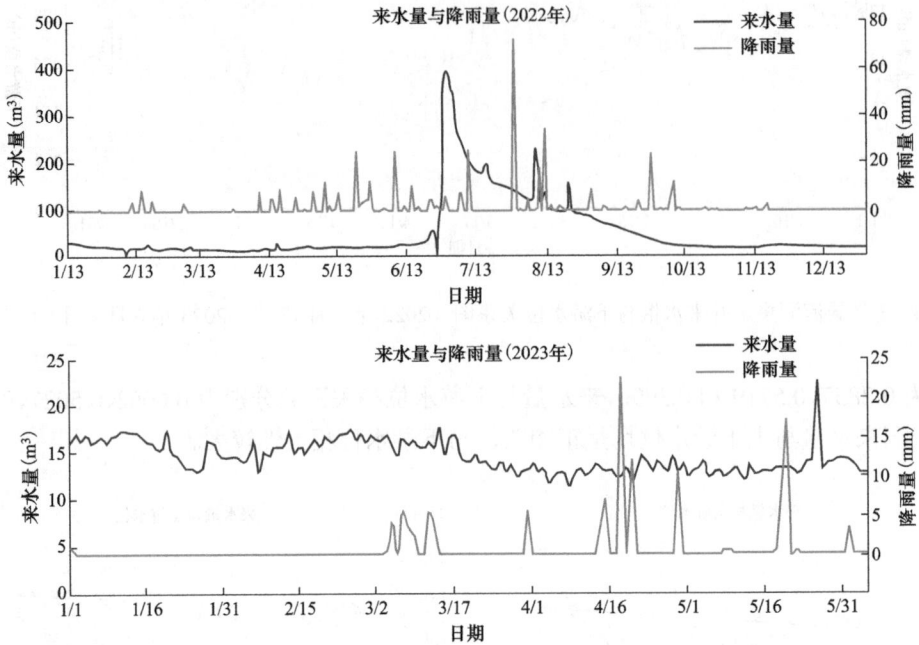

图 6 3 号导流洞集水井来水量与降雨量时序数据（2022 年 1 月 13 日～2023 年 6 月 4 日）

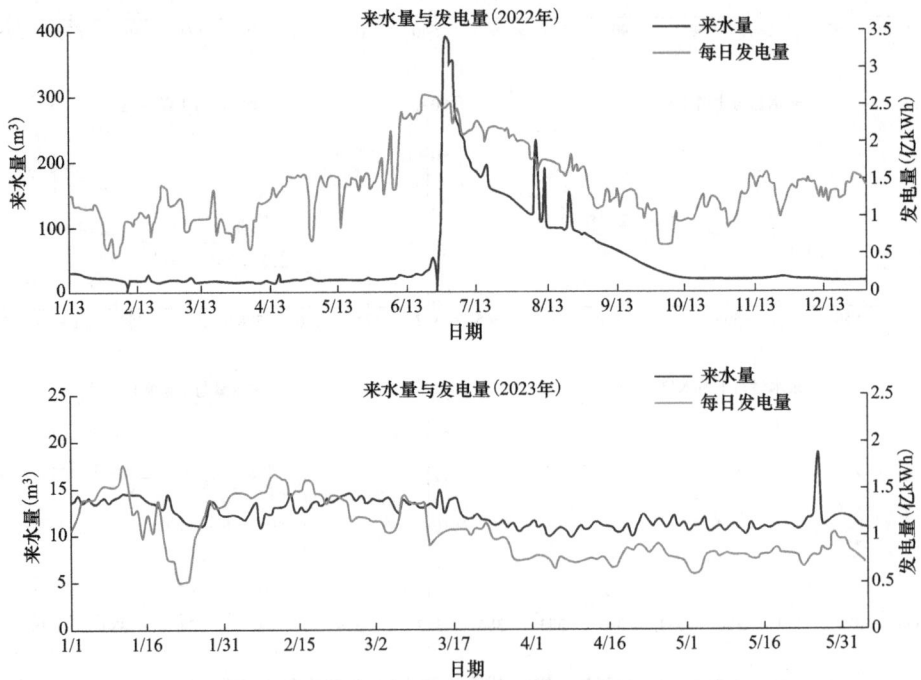

图 7 3 号导流洞集水井来水量与发电量时序数据（2022 年 1 月 13 日～2023 年 6 月 4 日）

2022 年 1 月 13 日～6 月 27 日、2022 年 6 月 28 日～9 月 1 日和 2023 年 1 月 1 日～6 月 4 日三个时间段每日来水量与降雨量和发电量散点图如图 8 所示。3 号导流洞集水井来水量与降雨量基本上无相关关系，与发电量相关系数分别为 0.4919、0.7237 和 0.6188，说明二者呈较强的正相关关系。

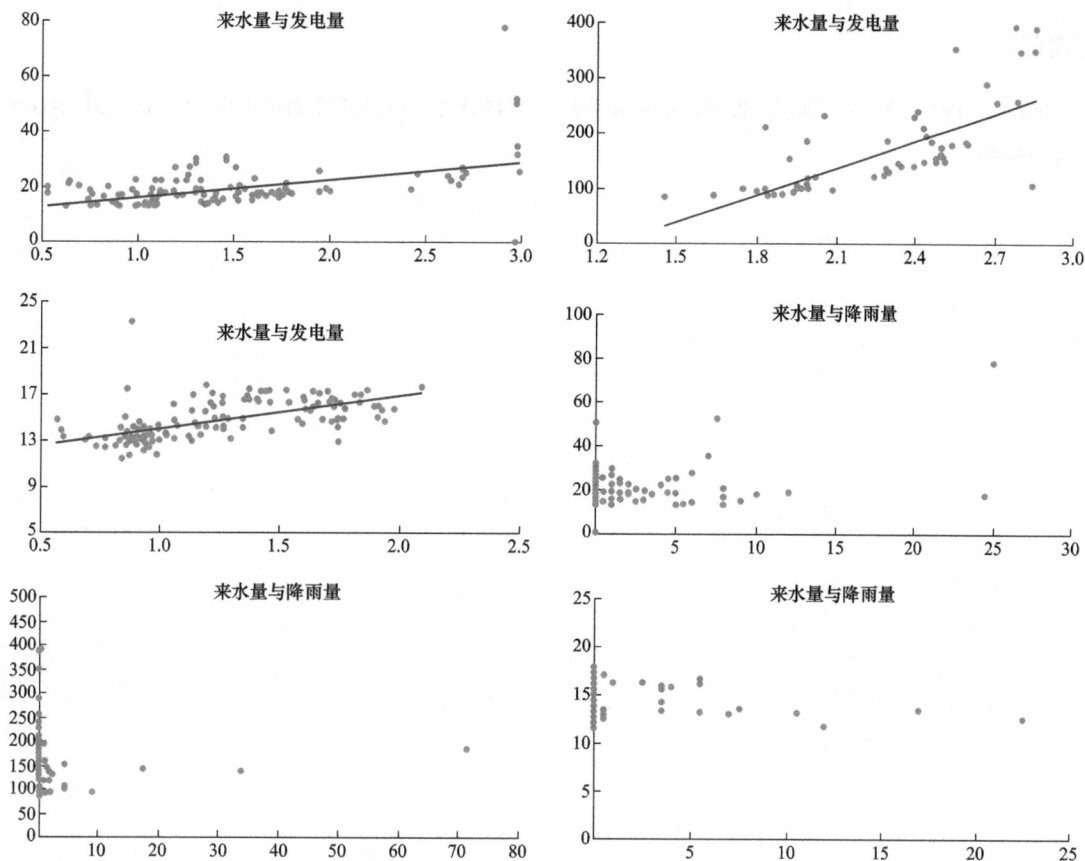

图 8 3 号导流洞集水井来水量与发电量、降雨量散点图

3 结论

（1）某大型水电站导流洞堵头渗漏来水原因主要为上游水位上涨、机组发电量增加、下游水位上涨，并对渗漏来水增大的作用依次增强。相关性分析 Pearson 系数可作为水电站地下洞室堵头渗漏来水原因分析方法。水电站地下洞室堵头渗漏来水主要受上下游水位和机组发电量影响，与上下游河道渗水具有较为密切的关系。降雨量几乎不影响集水井渗漏来水量，可能与降雨与渗水过程存在时间差、集水井距离地面高差较大有关。

（2）本文为水电站地下洞室渗漏来水原因分析提供了一种思路和方法，但存在原因分析要依据已知的影响因素来进行，各影响因素之间的相互影响未进行分析等问题，将在以后的研究中加以补充。

参考文献

[1] 张占阳，周铭辉，高艳龙，等. 基于 Pearson 相关系数分析唐山台断层 CO_2 浓度与地温相关性及其与地震的关系 [J]. 内陆地震，2022，36（3）：229-230.

[2] 张茂林. 彭水电站渗漏集水井异常来水运行分析 [J]. 水电与新能源，2013（z1）：124-128.

作者简介

蒉维欣（1996—），男，助理工程师，主要从事水工建筑物维护与大坝安全监测工作。E-mail：xi_weixin @ctg.com.cn

大型水电站顶盖垂直振动及压力脉动异常波动分析与处理研究

文仁学　齐巨涛　李永双　张炳艳

（华能澜沧江水电股份有限公司，云南省昆明市　100000）

[摘　要] 通过对某大型水轮发电机组的振动、导叶开度、负荷、水头等运行曲线图进行分析，发现导叶大开度下机架及顶盖存在垂直振动异常波动，并在机架及顶盖异常振动发生前伴随着压力脉动异常波动。利用工业互联网、KDM 数据采集平台等手段分析，该异常波动需同时满足导叶大开度及较低水头才会出现，说明该垂直振动异常波动为水力因数引起的。初步判断为导叶开度下转轮出口形成反向涡带，造成机架及顶盖垂直异常波动。通过模型机组效率试验、压力脉动试验、空化试验等试验确定，对转轮叶片出水边近上冠部分切割修型，改变转轮的出口速度方向，消除转轮出口形成的反向涡带，可将压力脉动值变大的拐点延至额定负荷后，从而解决机架及顶盖垂直振动异常波动问题，保障机组的长周期安全稳定运行。

[关键词] 机架、顶盖异常波动；水力因数；压力脉动试验；转轮修型

0　引言

本次分析与处理方法，使用了华能澜沧水电股份有限公司近几年开发的工业互联网、KDM 数据采集客户端平台对数据进行科学分析，将导叶大开度下顶盖异常波动锁定为水力因数影响导致。采用修型前后模型转轮效率试验、压力脉动试验对比分析，推断出压力脉动大是由于导叶大开度转轮偏离了最优工况，根据水轮机理论，导叶大开度时转轮出口形成的涡带为反向涡带，压力脉动随之升高。依据其导叶大开度下转轮出口速度三角形特点，将转轮叶片出口边从下环、A、B、C、D、E、F、上冠划出七个区，下环-A、上冠-F 之间区域为常规转轮修型工法，B-C 之间区域为针对导叶大开度下转轮出口压力脉动大特殊的修型工法，D-E 之间区域按要求划线、去除棱边、粗磨修型、抛光精磨，C-D、E-F 为 D-E 类叶型过渡区域。通过本工法处理，将额定负荷产生的压力脉动增大的拐点沿至额定负荷以后，消除机组运行时导叶大开度下压力脉动大的情况，成功分析解决了水电站出现的导叶大开度下顶盖异常振动问题。通过此转轮修型工法，消除导叶大开度下转轮出口压力脉动大引起的顶盖、机架等振动异常波动，提供了流程化、科学化的处理方法。

1　数据现象及相关性分析

1.1　利用工业互联网分析

1.1.1　统计分析

使用工业互联网对 2021 年 10 月～2022 年 8 月波动情况进行查询、统计分析，统计顶盖

垂直振动发生异常波动的情况发生的条件，见图1。1号机组：导叶开度90%以下，顶盖垂直振动在15μm以内，导叶开度98%左右，顶盖垂直振动偶发性垂直振动异常波动最大到97μm，压力脉动偶发性垂直振动异常波动最大到145μm。2号机组：导叶开度90%以下，顶盖垂直振动15μm以内，导叶开度97%左右，顶盖垂直振动偶发性异常波动最大到60μm，压力脉动偶发性异常波动最大到90μm。3号机组：导叶开度90%以下，顶盖垂直振动15μm以内，导叶开度98%左右，顶盖垂直振动偶发性异常波动最大到90μm，压力脉动偶发性异常波动最大到110μm。

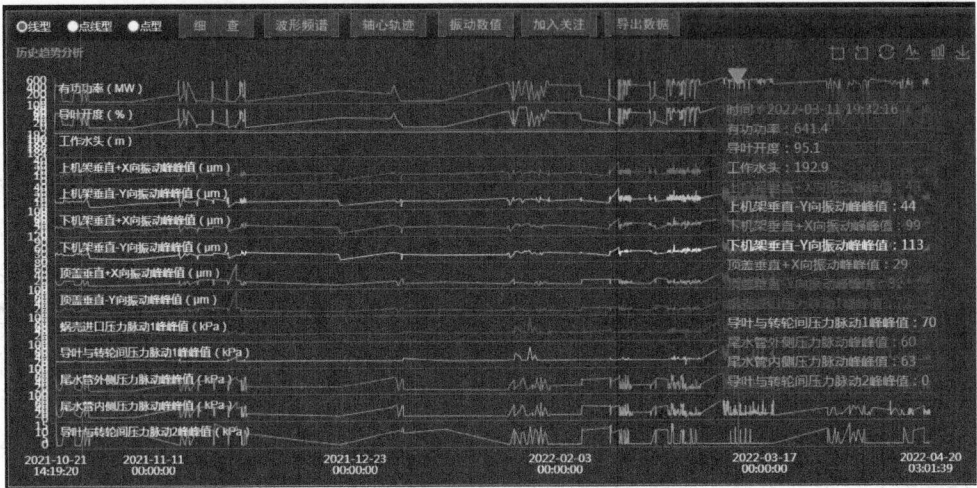

图1　利用工业互联网开展波形查询

通过查询工业互联网统计分析得出，顶盖垂直振动异常波动发生在导叶开度超过95%时，导叶开度≤90%时，顶盖垂直振动未发生异常波动。顶盖垂直振动异常波动时，伴随着压力脉动增大，两者变化趋势一致。

1.1.2　相关性分析

通过查询工业互联网2020年10月~2022年8月份波形分析，对比顶盖、机架在不同水头区间导叶大开度时垂直振动波动情况，分析水头对顶盖、机架异常波动的影响。统计分析如表1所示，机组处于稳定运行区运行时，顶盖垂直振动异常波动发生在导叶开度超过95%时，且水头处于185~192.9m区间（设计水头187m附近）。

表1　　　　　　　　　　　　　使用工业互联网开展相关性分析

数据采集位置	下机架垂直振动值						顶盖垂直振动值						压力脉动值					
机组	1号机组		2号机组		3号机组		1号机组		2号机组		3号机组		1号机组		2号机组		3号机组	
导叶开度	≥96%																	
水头（m）	171	188	172	192	198	204	171	188	172	192	198	204	171	188	172	192	198	204
对应特征值（μm）	36	188	59	134	76	30	26	45	26	58	32	16	16	97	20	89	26	21

利用工业互联网进行异常现场统计、相关性分析，水头在185~192.9m区间，1~3号机组在稳定运行区运行时，机架及顶盖垂直振动异常波动发生在导叶大开度大于95%区域，导

叶开度小于 90%时（导叶开度 90%～95%为瞬时过度变化过程），未发现异常波动。得出以下结论：顶盖垂直振动发生异常波动时，水头和导叶大开度为主要原因。根据水轮机理论，水头和导叶大开度引起的因数为水力因数。

1.2 使用 KDM 数据采集客户端分析

从电厂测点配置 EXCEL 表格中将所需查询的有功功率、导轴承摆度、机架振动、顶盖振动、压力脉动的 ID、标签、描述复制到一个专用 Excel 表内，使用 KDM 数据采集客户端载入测点配置文件，查询后导出数据，将数据通过 Excel 表格转化为图形如图 2 所示。

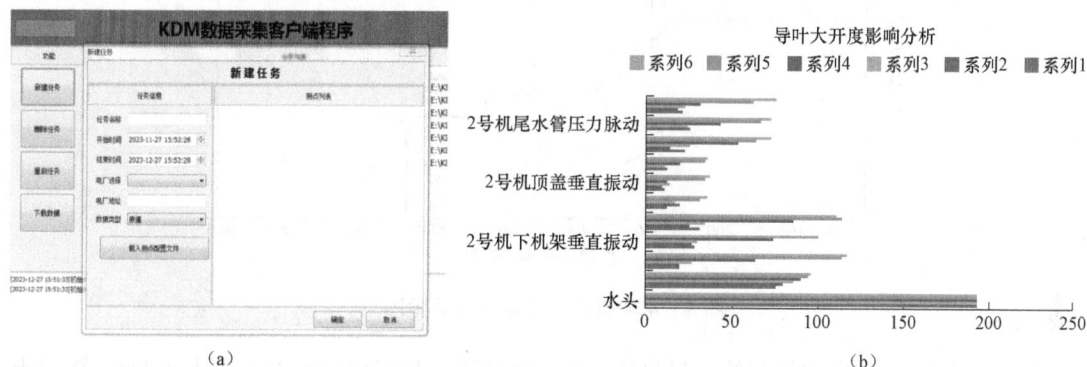

（a）　　　　　　　　　　　　　　　（b）

图 2　利用 KDM 平台分析

（a）利用 KDM 开展数据分析；（b）将 KDM 转化为图形分析

利用 KDM 数据采集平台开展数据分析，机组在额定水头 187m 附近稳定运行区运行时，导叶大开度下压力脉动首先增大，其次是顶盖垂直振动开始变大，顶盖垂直振动变大后，机架振动伴随变化。得出以下初步结论：额定水头附近和导叶大开度引起压力脉动升高，压力脉动升高为造成顶盖垂直振动根本原因。根据水轮机理论，导叶大开度时机组运行开始偏离最优工况，转轮出口形成反向涡带，压力脉动随之升高。水轮机进口在高负荷区域时，随着导叶开口逐渐增加，水流的副环量逐渐增加，产生了转轮叶片进口处大范围的正面脱流，进而导致机组压力脉动和振动的陡增。

1.3 效率试验分析

为进一步验证是否脱离最优工况，利用水轮机模型进行修型前后效率试验与压力脉动试验分析。转轮修型可使得转轮出口绝对速度、相对速度、圆周速度的方向，当绝对速度与圆周速度成 90°或接近 90°时，水流的副环量消失，转轮出口也不会形成反向涡带，即不会产生压力脉动。

首先需论证修型后对转轮关键指标效率、单位转速、单位流量等无明显影响。即通过模型转轮进行效率试验分析，复核试验及修型后对模型最优效率没有明显影响，模型转轮叶片修型后，在大流量区的效率明显提升，在各个特征水头下的出力均满足合同要求。除验证效率外，还需验证模型转轮叶片修型后，对最优效率和加权平均效率、空化、飞逸性能影响小。通过模型试验，确定转轮修型后基本不影响转轮的效率、空化系数及飞逸性能。

1.4 压力脉动特性试验

电站装置空化系数 σ_p 定义为：

$$\sigma_p = (10 - \bigtriangledown_{安}/900 - H_s)/H_p \tag{1}$$

式中　$\bigtriangledown_{安}$——水轮机安装高程，m；

　　　H_p——水轮机的相应运行水头，m；

　　　H_s——吸出高度，m。

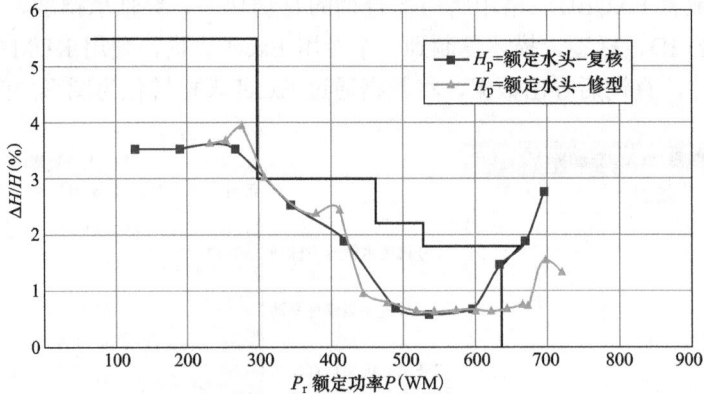

图3　水轮机压力脉动特性试验图

导叶大开度时机组运行开始偏离最优工况，绝对速度与圆周速度的夹角大于90°，转轮出口形成反向涡带，压力脉动随之升高。为进一步验证是否脱离最优工况，利用水轮机模型进行修型前后效率试验与压力脉动试验分析。转轮修型可使得转轮出口绝对速度、相对速度、圆周速度的方向，当绝对速度与圆周速度成90°或接近90°时，水流的副环量消失，转轮出口也不会形成反向涡带，即不会产生压力脉动。通过对转轮修型压力脉动试验判断，转轮修型后，满负荷区效率有所提高，无叶区和尾水管压力脉动有所下降，使压力脉动变大的拐点延后，拐点理论值延后至水轮机额定出力后，即机组稳定运行时，不再出现导叶大开度下的顶盖垂直振动异常波动，能提高该区域的水力稳定性。

2　叶片修型方法

将转轮叶片出口边从下环、A、B、C、D、E、F、上冠划分出七个区，分三种修型工法进行处理。下环-A、上冠-F之间区域为常规转轮修型工法，B-C之间区域为针对导叶大开度下转轮出口压力脉动大特殊的修型工法，通过本工法处理，将额定负荷产生的压力脉动增大的拐点沿至额定负荷以后，消防机组运行时导叶大开度下的压力脉动大的情况。

具体做法如下：

（1）转轮叶片出水边进行修型处理。下环-A、上冠-F按常规转轮叶片出水变修型方式处理。D-E之间区域按要求划线、去除棱边、粗磨修型、抛光精磨，C-D、E-F为D-E类叶型过渡区域。

（2）依据修型样板图在叶片出水边样板截面位置区域划出修型边界线。使用直角样板，划出位置D-E之间叶片需去除部分的边界线与看线，看线与原始叶片出水边边界线距离为100mm。根据已经划好的边界线与看线，划出C-D之间、位置E-F-需去除部分的边界线与看线。

（3）依照叶片出水边边界线，使用碳弧气刨的方法，将叶片待去除部分去除，叶片切割深度为45mm，然后沿叶片过水面与背面成45°角进行切除。

（4）对每一叶片样板截面位置区域，使用砂轮机铲磨出50～100mm宽的基准面，并通过修型样板检查合格。

（5）以铲磨合格的基准面为基准，划出叶片其他区域修型线。对于叶片与上冠、下环焊缝圆角附近的修型区域，应与焊缝圆角圆顺过渡。

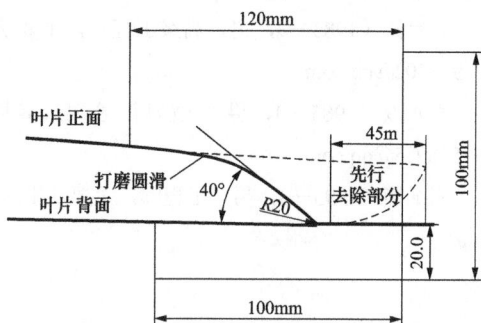

图4　转轮叶片修型放大图

（6）以碳弧气刨的方式，去除修型区域大部分金属，并预留不少于5mm的铲磨余量气刨表面应尽量平整。

（7）使用砂轮机沿着基准面对修型区域进行粗磨、精磨，用抛光机、砂轮机对修型区域进行抛光，使得出水边过渡平滑、圆顺。

（8）对转轮叶片出水边区域抛光时，打磨方向沿着出水边自上冠至下环方向（或自下环至上冠方向），所有叶片的打磨方向保持一致，禁止出现凹坑、凸台、磨痕和明显横向纹路。

（9）对转轮叶片和上冠、下环相关区域抛光时，抛光的方向要求从上冠、下环侧向叶片出水边的方向，打磨纹路呈发散性，所有叶片的打磨方向应一致，禁止出现凹坑、凸台、磨痕和明显横向纹路。

3　结束语

水力因数是常见的影响机组振动的因数之一，本电站额定水头附近顶盖垂直振动与压力脉动异常波动是因为在转轮出口形成的与转轮运行方向相反的涡带导致，对转轮叶片出水边修型处理后，在额定水头附近导叶大开度下顶盖垂直振动异常波动消失。本文针对额定水头下导叶大开度时机架及顶盖振动问题提供了系统分析与处理方法，旨在帮助运维人员针对同类型问题能快速找到转轮出水形成反向涡带这个主因，针对此主因科学地制定本转轮修型方法，为解决此类问题提供了实践依据，提高了解决这一问题的科学性、效率性，保障了该水轮发电机组的安全稳定运行。

参考文献

[1] 杨洁. 水轮机检修、故障处理、运行调试与维护综合技术手册 [M]. 北京：北京科大电子出版社，2025.

[2] 全国水轮机标准化技术委员会. GB/T 10969—2008，水轮机、蓄能泵和水泵水轮机通流部件技术条件 [S].

作者简介

文仁学（1992—），男，工程师，主要从事水轮发电机组安装管理及检修维护工作。E-mail：1360996515

@qq.com

齐巨涛（1983—），男，高级工程师，主要从事水轮发电机组安装管理及机组运行管理工作。E-mail：271933302@qq.com

李永双（1985—），男，工程师，主要从事水利水电工程地质勘查、地质灾害防治与评估工作。E-mail：657578935@qq.com

张炳艳（1993—），男，工程师，主要从事水轮发电机组安装管理及检修工作。E-mail：761034665@qq.com

水电站运行期大坝渗透压力评价指标的研究

杨 光 刘梦妮

（中国电建集团国际工程有限公司，北京市 100036）

[摘 要]目前，在混凝土坝运行过程中，通常采用渗压系数评价坝基扬压力的大小，并进一步评价大坝渗控系统的工作性态。根据沙沱、光照水电站的实测数据分析发现，采用渗压系数作为监控指标虽然简单、直观，但并不能真实反映坝基的工作状况，并提出了改进建议。

[关键词]坝基渗压系数；扬压力；监控指标；抗滑稳定；建基面应力

0 引言

根据相关规范的要求，监测资料整编分析包括日常资料整理和定期资料整编[1-3]，其中在进行渗流资料整编分析时，文献[1]～文献[3]均规定了坝基渗压系数的计算方法，以此评价坝基扬压力的大小，并进一步评价大坝渗控系统的工作性态。

但在实际工程中，往往会出现渗压系数超过设计取用值或规范推荐值的情况，而且比较普遍[4]，给运行单位的日常分析与评价工作带来困扰，也给大坝注册和定检增加工作量，需要进一步进行专题分析。

而在多个工程实践中，对坝基渗压系数超过设计取用值或规范推荐值进行专题分析后发现，坝基扬压力并未超过设计值，坝体稳定与应力无异常。因此，仅仅依靠坝基渗压系数评价坝基扬压力及坝基工作状况不是很合理。

1 渗压系数的来历

1.1 什么是渗压系数

从最早的 SDJ 336—1989《混凝土大坝安全监测技术规范》（试行）开始，就有一个渗压系数的概念，其公式为[5]：

$$a_i = \frac{H_i - H_2}{H_1 - H_2} \tag{1}$$

式中 a_i ——第 i 测点渗压系数；

H_1 ——上游水位，m；

H_2 ——下游水位，m；

H_i ——第 i 测点实测水位。

随后，在 DL/T 5209—2005《混凝土坝安全监测资料整编规程》以及 SL 601—2013《混

凝土坝安全监测技术规范》中，又区分为坝体渗压系数和坝基渗压系数。[6-7]

坝体渗压系数：

$$
\begin{cases}
下游水位高于测点高程时：a_i = \dfrac{H_i - H_2}{H_1 - H_2} \\[2mm]
下游水位低于测点高程时：a_i = \dfrac{H_i - H_3}{H_1 - H_3}
\end{cases}
\tag{2}
$$

式中　a_i——第 i 测点渗压系数；

H_1——上游水位，m；

H_2——下游水位，m；

H_i——第 i 测点实测水位；

H_3——测点高程。

坝基渗压系数：

$$
\begin{cases}
下游水位高于基岩高程时：a_i = \dfrac{H_i - H_2}{H_1 - H_2} \\[2mm]
下游水位低于基岩高程时：a_i = \dfrac{H_i - H_4}{H_1 - H_4}
\end{cases}
\tag{3}
$$

式中　H_4——测点处基岩高程。

根据 DL 5077—1997《水工建筑荷载设计规范》，由于扬压力是在上、下游静水头作用下所形成的渗流场产生的，是静水压力派生出来的荷载，故其计算水位应与静水压力的计算水位一致。为便于对岩基上各类混凝土坝坝底面的扬压力分布图形进行分类，设定了渗透压力系数 α，扬压力强度系数 α_1，残余扬压力强度系数 α_2，在计算坝体内部截面上的扬压力分布图形时，又引入了坝体内部渗透压力强度系数 α_3，根据不同的坝型、是否设置帷幕及排水孔，对 3 个系数的取值给出了范围。[4]

对坝基设有防渗帷幕和排水孔时，统计分析排水孔处的渗透压力强度系数 α，定义为：

$$
\alpha = \frac{h_i - H_2}{H_1 - H_2}
\tag{4}
$$

式中　h_i——排水孔处的实测水头；

H_1、H_2——坝底面上的上、下游计算水头。

对坝体内部上游面附近设有排水孔时，统计分析排水孔处的渗透压力强度系数 α_3，并定义为：

$$
a_3 = \frac{h_i - H_2}{H_1 - H_2}
\tag{5}
$$

将监测规范中的渗压系数与荷载设计规范中的渗透压力强度系数进行对比，发现它们是完全一样的。也就是说，用监测数据计算的渗压系数，其实就是混凝土坝结构计算过程中，计算扬压力的渗透压力强度系数。

1.2　渗压系数的作用

混凝土坝施工时通常采用分层浇筑混凝土，浇筑层面及混凝土与基岩接触面常是可能渗水的通道。由于渗流观测采取的都是选择性、点式布置仪器，监测资料不多，估算层面或接触面可能脱开部分面积占总面积的百分比往往有困难，为便于安全计算，我国现行混凝土坝设计规范均假定计算截面上扬压力的作用面积系数为 1.0。这与美国、日本的有关设计规范中关于"坝体内部和坝基面上的扬压力均作用于计算截面全部截面积上"的规定是相同的。[8-11]

在扬压力计算时，规范对于不同情况的渗透压力强度系数规定了取值，如重力坝设置了防渗帷幕及排水孔时，坝基渗透压力强度系数取 0.25，坝体取 0.2，拱坝根据不同渗控方案，渗透压力强度系数取值可在 0.25～0.6 之间。由此，混凝土坝扬压力，是按垂直作用于计算截面全部截面积上的分布力进行计算的。

而渗压计、测压管等测点计算得到水位，仅仅能代表此处扬压力或渗透压力，无法代表整个截面积的全部力。

实践中，往往有很多工程师按照由实测值计算得到的渗压系数，与设计规范中的相应强度系数进行对比，以此来判断防渗系统的优劣，其方式值得商榷。

2 案例分析

2.1 沙沱水电站

沙沱水电站规模为二等大（2）型，枢纽由碾压混凝土重力坝、坝身溢流表孔、左岸取水坝段、坝后厂房及右岸垂直升船机等建筑物组成。拦河大坝为全断面碾压混凝土重力坝，坝顶高程 371.00m，河床最低建基面高程 270.00m，最大坝高 101m，电站装机容量 1120MW（4×280MW），保证出力 322.9MW，多年平均发电量 45.52 亿 kWh。

在坝纵 0+006.500m 桩号 1～16 号坝段共布置 17 个测压管，26 支渗压计；其中，在坝纵 0+005.5m 桩号上游主灌浆廊道内布置 8 套测压管，监测坝基帷幕后扬压力纵向分布情况；在坝横 0+168.0m、坝横 0+295.5m、坝横 0+386.0m 和坝横 0+504.0 桩号的 4 个横向排水廊道内布置测压管，监测坝基帷幕后扬压力横向分布情况，共计 8 套测压管。

根据多年实测数据（见表 1），5、8、9、10、11、12、13、14 号坝段帷幕后扬压力系数均超过设计值 0.2，如果仅以扬压力系数作为监控指标，整个河床部位坝基工作状态均存在问题。

表 1 沙沱水电站坝基扬压力系数统计表

坝段	测点	扬压力强度系数			备注
		实测值	控制值	判别	
5 号	PBZ2-1	0.25	0.2	超	
8 号	PBZ13	0.51	0.2	超	
9 号	PBZ5	0.58	0.2	超	
10 号	PBZ11 增	0.31	0.2	超	
11 号	PBZ6-1	0.48	0.2	超	
12 号	PBZ7	0.26	0.2	超	
13 号	PBZ15	0.37	0.2	超	
14 号	PBZ8-1	0.47	0.2	超	

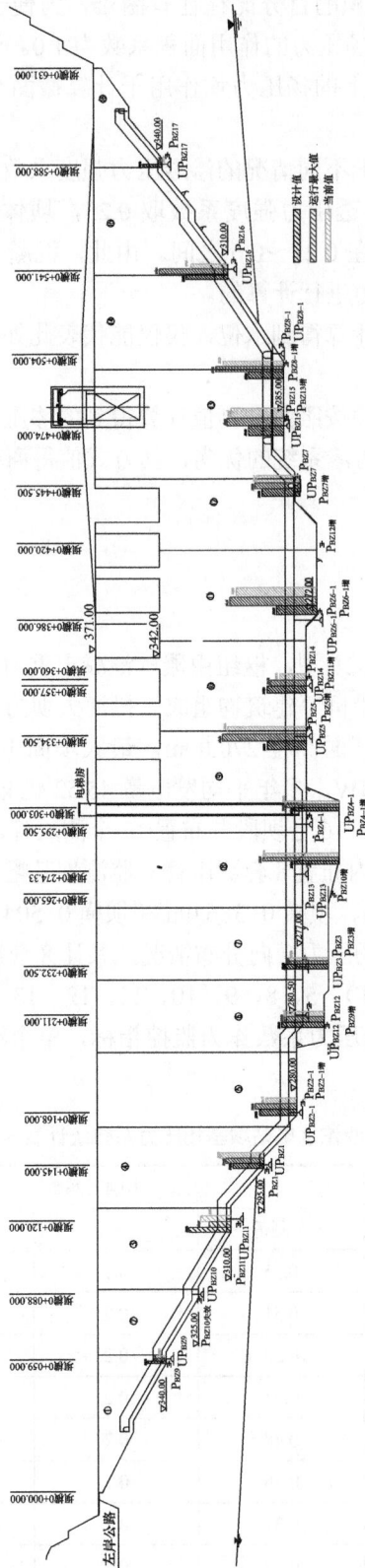

图 1　坝基扬压水位纵向分布图

　　为了准确评价坝基工作状况，根据 NB/T 35026—2014《混凝土重力坝设计规范》，采用概率极限状态设计原则，以最大的实测数据计算坝基实际承受的扬压力荷载，并复核建基面抗滑稳定和应力。

　　经过复核计算，坝基实际承受的扬压力荷载均小于设计荷载，接触面抗滑稳定与上下游垂直应力均满足规范要求，坝基实际工作状态良好。显然，采用扬压力强度系数作为控制指标评价坝基工作状态不能反映真实情况，但是每次分析都对坝基实际承受的荷载、稳定、应力进行复核，工作量繁重，而且需要专业的设计单位承担。

　　因此，为了准确评价坝基工作状态，并减轻运行单位的工作量，有必要提出简单、可靠的监控指标供运行单位使用。

表2　　　　　　　　　　　　　　　　　计 算 情 况 及 其 水 位

计算情况		上游水位（m）	下游水位（m）	设计状况
基本组合	正常水位	365.00	316.48	持久状况
偶然组合	校核水位	369.33	328.32	偶然状况
实际组合	实测水位	360.00	292.61	实际状况

表3　　　　　　　　　　　　　　　　　抗 滑 稳 定 复 核 计 算 表

剖面	设计状况	作用组合	考虑情况	扬压力荷载（kN）	接触面抗滑稳定（kN）			坝趾抗压承载能力（kPa）		
					$\gamma_0\psi S(\cdot)$	$R(\cdot)/\gamma_d$	判断	$\gamma_0\psi S(\cdot)$	$R(\cdot)/\gamma_d$	判断
8号坝段	持久状况	基本组合	正常水位	28344	33701	54568	√	1352	2778	√
	偶然状况	偶然组合	校核水位	23336	27284	51738	√	1274	2778	√
	实际状况	基本组合	实测水位	17343	36116	55455	√	1325	2778	√
11号坝段	持久状况	基本组合	正常水位	32723	34991	44420	√	1386	2333	√
	偶然状况	偶然组合	校核水位	23776	28246	43926	√	1240	2333	√
	实际状况	基本组合	实测水位	16299	37802	45359	√	1380	2333	√

表4　　　　　　　　　　　　　　　　　建 基 面 应 力 复 核 计 算 表

剖面	设计状况	作用组合	主要考虑情况	上游垂直应力 σ_{yu}（kPa）	下游垂直应力 σ_{yd}（kPa）	判断
8号坝段	持久状况	长期组合	正常水位	358.10	344.83	√
	持久状况	长期组合	实测水位	568.12	1263.15	√
11号坝段	持久状况	长期组合	正常水位	555.46	1373.29	√
	持久状况	长期组合	实测水位	641.32	1320.54	√

2.2　光照水电站

　　光照水电站枢纽工程为一等大（1）型工程，由碾压混凝土重力坝，坝身溢流表孔、放空底孔及下游消能防冲设施，右岸引水系统及地面厂房、开关站等组成。大坝为全断面碾压混凝土重力坝，由河床溢流坝段和两岸挡水坝段组成，坝顶全长 410m，最大坝高 200.5m，坝体上游面从坝顶至 615m 高程为垂直面，615m 高程至坝基为 1:0.25 斜坡，下游坝坡 1:0.75。

大坝分 20 个坝段，由左右岸非溢流坝和河床溢流坝组成，其中左右岸非溢流坝段分别长 163m 和 156m。

在坝体设置抽排措施的 7～14 号坝段，选取坝纵 0+000.00m、坝纵 0+030.40m、坝纵 0+129.80m、坝左 0+018.75m 和坝右 0+014.25m 组成三个纵向监测断面和两个横向监测断面，监测坝基纵横向扬压力分布。测压管安装在固结和帷幕灌浆之后进行，以免管内堵塞。在廊道内钻孔，穿过建基面 1m 基岩内安装花管段，在测压管内安装渗压计，布置了 26 支测压管，共计 26 支渗压计及相应孔口压力表。

其中，7 号坝段、8 号坝段水位较高，水头折减不明显，实测最大扬压力强度系数为 0.48 和 0.35，超过了设计值与规范推荐值。

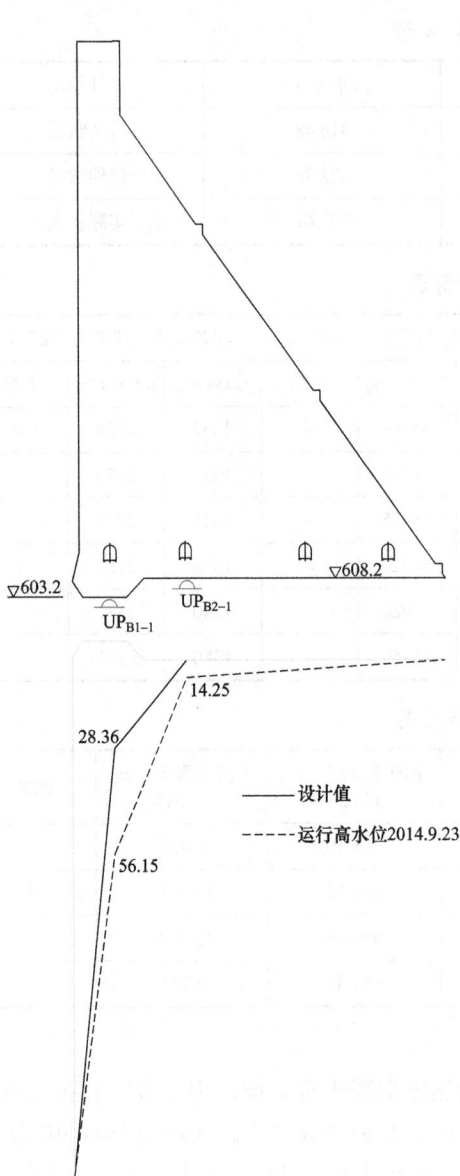

图 2　7 号坝段扬压力横向分布　　　　图 3　8 号坝段扬压力横向分布

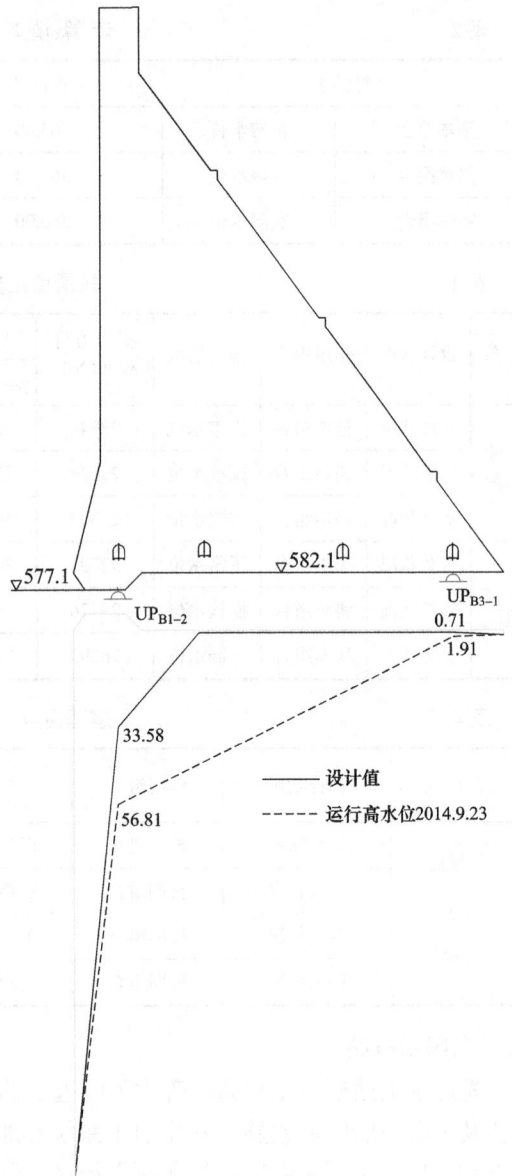

按照实测的最大扬压力强度系数对坝基稳定、应力进行复核计算，坝基实际工作状态良好。显然，以单一的扬压力强度系数作为监控指标评价坝基工作状态不甚合理。

表 5 　　　　　　光照大坝 7、8 号坝段坝基面抗滑稳定复核表 　　　　　（单位：kN）

坝段	荷载组合	作用效应	混凝土抗力	是否满足要求
		$\gamma_0\psi S(\cdot)$	$\dfrac{1}{\gamma_d}R\left(\dfrac{f_k}{\gamma_m},a_k\right)$	
7 号	正常蓄水位（基本组合）	101146.73	102302.77	满足
	校核洪水位（偶然组合 1）	88482.64	102237.84	满足
	地震情况（偶然组合 2）	89258.44	103627.36	满足
8 号	正常蓄水位（基本组合）	146800.56	148763.94	满足
	校核洪水位（偶然组合 1）	124529.54	139532.51	满足
	地震情况（偶然组合 2）	128585.33	143093.60	满足

表 6 　　　　　　光照大坝碾压混凝土 7、8 号坝段坝基面应力计算复核 　　　　　（单位：kPa）

坝段	荷载组合	坝踵抗拉强度正常使用极限状态核算		坝踵抗压强度承载能力极限状态核算			是否满足规范要求
		设计值	是否大于 0	作用效应 $\gamma_0\psi S(\cdot)$	混凝土强度抗力 $\dfrac{1}{\gamma_d}R(\cdot)$	基岩承载力 f_R	
7 号	正常蓄水位（基本组合）	562.54	是	2707.43	6185	5500	是
	校核洪水位（偶然组合 1）	435.40	是	2417.45	6185	5500	是
	地震情况（偶然组合 2）	141.06	是	4582.78	5964	5500	是
8 号	正常蓄水位（基本组合）	710.61	是	3151.69	6185	5500	是
	校核洪水位（偶然组合 1）	601.61	是	3163.90	6185	5500	是
	地震情况（偶然组合 2）	337.34	是	3273.92	5964	5500	是

3　结束语

通过对沙沱水电站、光照水电站碾压混凝土重力坝坝基扬压力系数的分析表明：

（1）以单一的扬压力强度系数作为监控指标评价坝基工作状态不甚合理，对大坝监测数据的分析，应重视特征值、分布情况以及变化过程，更要联合变形、渗流、应力应变及温度等多个监测项目综合分析，更不能去附会一个本来是用来计算扬压力的系数。

（2）但是，这并不代表扬压力监测不重要或者不可信。渗压计或测压管测量所得的数据是真实可信的，这一点毋庸置疑，但它不能反映整个坝基面上的扬压力，主要原因是：各测点的测值只能反映被观测孔打穿的岩基裂隙或节理面的渗压力，或者是岩石或混凝土的孔隙水压力，与岩基的特性、产状以及裂隙或节理的大小、多少、渗透性、施工条件等有关，具有一定的偶然性，并不反映建筑物全部实际情况。

（3）另外，扬压力强度系数的取值是坝工设计人员经过多年的工作总结，用以计算结构荷载的一个中间值，其计算工况的水位组合与实际运行的水位组合是不一样的，实测扬压力强度系数超过设计值并不代表实际荷载就超过设计荷载。

因此，在扬压力强度系数未超过设计值或规范值的情况下，采用其作为监控指标，简单、直观、可靠，不失为一种方便、快捷的评价手段。但是，当其超过了设计值或规范值，需要进一步复核，并结合变形、渗流、应力应变及温度等多个监测项目综合分析时，工作量往往比较大，同时，对于运行管理单位来说，具有一定的难度。

建议设计单位在进行结构计算时，除了提供单一的扬压力系数取值外，应根据计算工况、安全余度反算各坝段的扬压力水位控制值供运行单位使用；运行单位在日常资料分析中，除了关注扬压力系数、扬压力水位外，还应该结合其变化过程以及其他监测项目综合分析。

参考文献

[1] DL/T 5178—2016，混凝土坝安全监测技术规范［S］.

[2] DL/T 5209—2020，混凝土坝安全监测资料整编规程［S］.

[3] DL/T 1558—2016，大坝安全监测系统运行与维护规程［S］.

[4] DL 5077—1997，水工建筑物荷载设计规范［S］.

[5] SDJ 336—1989，混凝土大坝安全监测技术规范（试行）［S］.

[6] DL/T 5209—2005，混凝土坝安全监测资料整编规程［S］.

[7] SL 601—2013，混凝土坝安全监测技术规范［S］.

[8] 吴胜光. 混凝土重力坝扬压力的计算分析［J］. 广西水利电力科技，1977（2）：8-37.

[9] 徐家海，徐世果. 岩基上混凝土坝坝基扬压力的分布［J］. 岩土工程学报，1981（1）：46-56.

[10] 李思慎. 水工建筑物扬压力设计中的几个问题［J］. 长江水利水电科学研究院院报，1985（1）：76-85.

[11] 顾俊彦. 关于混凝土重力坝坝基扬压力的若干问题［J］. 大坝观测与土工测试，1982（3）：45-49，41.

作者简介

杨　光（1986—），男，正高级工程师，主要从事大坝安全监测及信息化工作。E-mail：yangguang@powerchina-intl.com

刘梦妮（1990—），女，工程师，主要从事水利水电工程建设工作，E-mail：liumengni@powerchina-intl.com

镁磷比和水胶比对磷酸镁水泥砂浆强度的交互影响

夏　强 [1, 2, 3, 4]　刘兴荣 [1, 2, 3, 4]　杜志芹 [1, 2, 3, 4]　王　松 [2, 4]　王　凤 [2, 4]

（1. 南京水利科学研究院，江苏省南京市　210029;
2. 南京瑞迪高新技术有限公司，江苏省南京市　210024;
3. 水利部水工新材料工程技术中心，江苏省南京市　210024;
4. 安徽瑞和新材料有限公司，安徽省马鞍山市　238281）

[摘　要] 磷酸镁水泥砂浆具有凝结硬化快、早期强度高、黏结性好等优点，其性能主要受镁磷比（M/P）、水胶比（W/C）等因素的影响。设计了不同 M/P 和不同 W/C，分析了 M/P 和 W/C 对磷酸镁砂浆 3h 和 3 天强度的影响。结果表明，M/P 和 W/C 对磷酸镁水泥砂浆的 3h 和 3 天抗压强度及抗折强度存在着交互作用影响；在不同的 W/C 条件下，磷酸镁水泥砂浆 3h 和 3 天抗压及抗折强度最高时对应的 M/P 并不相同，随着 W/C 的增大，力学强度最高时对应的 M/P 值逐渐减小；当实际 W/C 与理论 W/C 接近时，既可以保证磷酸镁水泥胶凝材料的充分水化，也不会留下过多的孔隙，此时砂浆的强度最高。

[关键词] 磷酸镁水泥砂浆；镁磷比；水胶比；强度；交互作用

0　引言

磷酸镁水泥砂浆是由过烧氧化镁、可溶性磷酸盐（磷酸二氢铵或磷酸二氢钾）、缓凝剂和细集料等按照一定比例制备的新型特种胶凝材料[1]。当与水混合后，迅速发生酸碱反应，生成具有快硬早强、黏结性好的胶凝材料，因此又被称为"化学结合磷酸镁陶瓷"。磷酸镁水泥最早可以追溯到 1939 年，Posen[2] 多次报道了磷酸镁基材料并将其用作合金铸造的包埋材料。在 1981～1982 年，英国成功将磷酸镁水泥材料大规模用于公路、桥梁、机场跑道和水利等工程结构的快速修补工程中，修补面积多达 3 万～4 万 m^2[3]。此外，从 20 世纪 90 年代开始，美国阿贡国家实验室将磷酸镁水泥材料应用于有毒有害物质和放射性核废料的固化处置领域[4]。

由于具有突出的凝结硬化快、早期强度高、黏结性好等优点，磷酸镁水泥材料一直是国内外研究热点[5-8]。为了制备出性能优异的磷酸镁水泥材料，许多研究者考察了原材料性能[9]、配合比[10]、缓凝剂[11-12] 等因素对磷酸镁水泥水化机理、微观结构、力学强度和耐久性的影响。然而，现有研究一般集中于磷酸镁水泥净浆体系，在砂浆体系中由于含有细集料，水胶比 W/C 比净浆体系更大[13]，配合比设计参数的影响规律可能存在差异。因此，本文设计了不同 M/P 和不同 W/C，探究了 M/P 和 W/C 对磷酸镁水泥砂浆力学强度的影响，重点探讨了 M/P 和 W/C 对磷酸镁水泥砂浆强度的交互作用影响。

1 试验

1.1 原材料

过烧氧化镁（简写为 M）由辽宁省海城市镁矿集团有限公司提供，由菱镁矿（$MgCO_3$）在 1700℃高温中煅烧形成的重烧重质氧化镁，氧化镁细度为 200 目，外观为棕黄色粉末。

磷酸盐材料选用磷酸二氢钾（KH_2PO_4，简写为 P），工业级产品，为白色晶体，含量高于 99.0%，相对分子质量为 136.1，易溶于水，水溶液呈酸性。缓凝剂采用硼砂（$Na_2B_4O_7 \cdot 10H_2O$，简写为 B）。细集料（简写为 S）为河砂，细度模数为 2.6。水（简写为 W）为市政自来水。

1.2 试验设计

磷酸镁水泥砂浆的配合比设计参数主要包括镁磷比（过烧氧化镁与磷酸二氢钾的质量比）、缓凝剂掺量（硼砂与过烧氧化镁的质量比）、水胶比（水与过烧氧化镁、磷酸二氢钾、硼砂等胶材总质量之比）和胶砂比（总胶材与砂质量之比）。当原材料选定后，磷酸镁水泥砂浆的水化和性能就主要受到镁磷比（M/P）、水胶比（W/C）、缓凝剂掺量（B/M）和胶砂比（C/S）等因素的影响。

为了简化试验，磷酸镁水泥砂浆的胶砂比选为 1:1，硼砂掺量为过烧氧化镁质量的 10%，设计 7 个不同镁磷比（4.5:1、4:1、3.5:1、3:1、2.5:1、2:1、1.5:1）和 7 个不同水胶比（0.16、0.18、0.20、0.22、0.24、0.26、0.30），探究镁磷比和水胶比对磷酸镁砂浆性能的影响，具体试验设计情况见表 1。

表 1   磷酸镁水泥砂浆试验设计

设计参数	M/P	B/M	C/S	W/C
取值范围	4.5:1、4:1、3.5:1、3:1、2.5:1、2:1、1.5:1	0.1	1:1	0.16、0.18、0.20、0.22、0.24、0.26、0.30

注：W/C 为指水与胶材（M+P+B）的质量比，水包含十水硼砂中结晶水的质量。

1.3 试件制备及测试方法

磷酸镁水泥砂浆拌和时首先将磷酸镁水泥砂浆各组分（过烧氧化镁、磷酸二氢钾、硼砂以及细集料等）进行预混，当各材料组分搅拌均匀后加入水慢速搅拌 10s，然后快速搅拌 1min。

磷酸镁水泥砂浆的抗折强度和抗压强度测定参照 GB 17671—2021《水泥胶砂强度测试方法》。将成型好的磷酸镁水泥砂浆试件在 3h 后脱模，在干养室内进行自然养护（20±2℃，60%±5%）至规定龄期，并测量 3h、3 天、7 天、28 天的抗折强度和抗压强度。

2 结果与讨论

2.1 M/P 对磷酸镁水泥砂浆力学强度影响

磷酸镁水泥砂浆 3h 和 3 天抗压强度及抗折强度随 M/P 的变化曲线如图 1～图 4 所示。由图 1 可见，当 W/C 为 0.18 及更低时，M/P=3:1 时砂浆的 3h 抗压强度最高；当 W/C 为 0.2 时，

M/P=2.5:1 时砂浆的 3h 抗压强度最高；当 W/C 为 0.22 时，M/P=2:1 时砂浆的 3h 抗压强度最高；当 W/C 大于 0.22 时，M/P=1.5:1 时砂浆的 3h 抗压强度最高。在不同的 W/C 条件下，砂浆 3h 抗压强度最高时对应的 M/P 并不相同，随着 W/C 的增大，3h 抗压强度最高时对应的 M/P 逐渐减小。

由图 2 可知，当 W/C 为 0.16 时，M/P=3.5:1 时砂浆的 3h 抗折强度最高；当 W/C 为 0.18 时，M/P=3:1 时砂浆的 3h 抗折强度最高；当 W/C 为 0.2 时，M/P=2.5:1 时砂浆的 3h 抗折强度最高；当 W/C 为 0.22 时，M/P=2:1 时砂浆的 3h 抗折强度最高；当 W/C 大于 0.22 时，M/P=1.5:1 时砂浆的 3h 抗折强度最高。可见，在不同的 W/C 条件下，砂浆 3h 抗折强度最高时对应的 M/P 也并不相同。

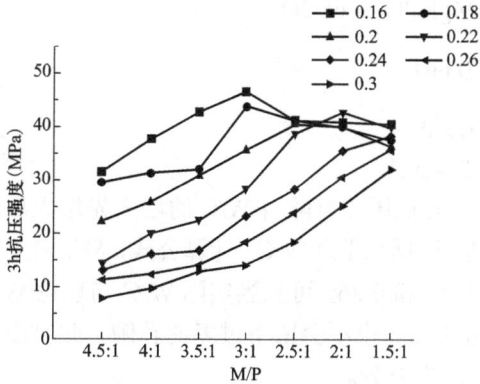

图 1　M/P 对砂浆 3h 抗压强度的影响　　　　图 2　M/P 对砂浆 3h 抗折强度的影响

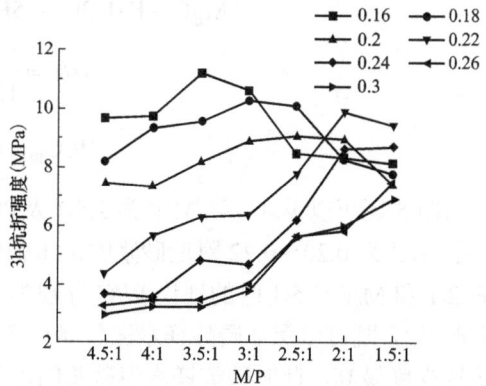

由图 3 可见，对于 3 天抗压强度，也存在于 3h 抗压强度类似的规律。当 W/C 为 0.16 时，M/P=4:1 时砂浆的 3 天抗压强度最高；当 W/C 为 0.18 时，M/P=3.5:1 时砂浆的 3 天抗压强度最高；当 W/C 为 0.2 时，M/P=3:1 时砂浆的 3 天抗压强度最高；当 W/C 为 0.22 时，M/P=2:1 时砂浆的 3 天抗压强度最高；当 W/C 大于 0.22 时，M/P=1.5:1 时砂浆的 3 天抗压强度最高。

由图 4 可见，对于 3 天抗折强度，也存在于 3h 抗折强度类似的规律。当 W/C 为 0.16 时，M/P=4:1 时砂浆的 3 天抗折强度最高；当 W/C 为 0.18 时，M/P=3.5:1 时砂浆的 3 天抗折强度最高；当 W/C 为 0.2~0.22 时，M/P=2.5:1 时砂浆的 3 天抗折强度最高；当 W/C 大于 0.22 时，M/P=1.5:1 时砂浆的 3 天抗折强度最高。

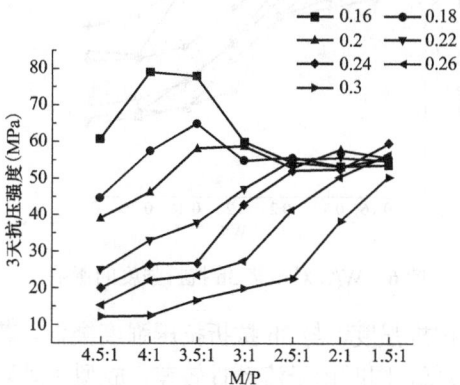

图 3　M/P 对砂浆 3 天抗压强度的影响　　　　图 4　M/P 对砂浆 3 天抗折强度的影响

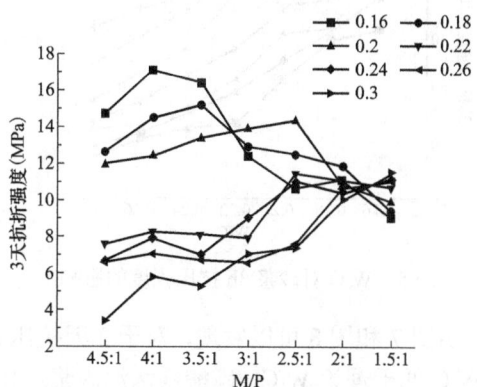

2.2 W/C 对磷酸镁水泥砂浆力学强度的影响

磷酸镁水泥砂浆 3h 和 3 天抗压强度及抗折强度随 W/C 的变化曲线如图 5～图 8 所示。由图 5 可以发现，当 M/P 大于 3:1 时，3h 抗压强度随着 W/C 的增大而减小。由磷酸镁水泥胶凝体系的反应方程式（1）可知，磷酸镁水泥胶凝材料完全水化的理论需水量 W/P=0.661，因此当 M/P 不同时，体系完全水化时的 W/C 也是不同的。当 M/P 及缓凝剂掺量确定时，磷酸镁水泥体系完全水化时的理论 W/C 可以按式（3）计算，根据式（3）计算方法，M/P=4.5:1、M/P=4:1、M/P=3.5:1 和 M/P=3:1 时的理论 W/C 分别为 0.12、0.13、0.14 和 0.16，可见本试验选取的 W/C 范围内均超出了理论 W/C，W/C 越大，在磷酸镁水泥砂浆硬化体中留下的孔隙越多[14]，从而影响砂浆的密实性，抗压强度减小。

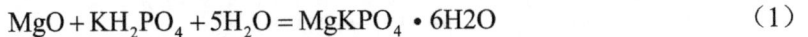

$$MgO + KH_2PO_4 + 5H_2O = MgKPO_4 \cdot 6H2O \tag{1}$$

$$W/P = \frac{5 \times 18}{136.1} = 0.661 \tag{2}$$

$$W/C_{理论} = \frac{0.661 \times P}{M+P+B} \tag{3}$$

由图 5 还可以发现，当 M/P 为 2.5:1 及以下时，3h 抗压强度随着 W/C 的增大先增大后减小，在 W/C 为 0.20～0.22 附近砂浆的抗压强度最高。根据"理论 W/C"计算公式，M/P=2.5:1、M/P=2:1 和 M/P=1.5:1 时的理论 W/C 分别为 0.18、0.21 和 0.26，可见当实际 W/C 与理论 W/C 接近时[15]，既可以保证磷酸镁水泥胶凝材料的充分水化，也不会留下过多的孔隙，此时砂浆的抗压强度最高，此时磷酸镁水泥砂浆的水化程度最为充分。

由图 6 可见，对于 3h 抗折强度，也存在类似规律，当 M/P 大于 3:1 时，抗折强度随着 W/C 的增大而减小。当 M/P 为 2.5:1 及以下时，3h 抗折强度随着 W/C 的增大先增大后减小，在 W/C 为 0.18～0.22 附近砂浆的抗折强度最高。若实际 W/C 过小，磷酸镁水泥砂浆没有充足的水量，酸碱反应的水化程度较低，同时由于浆体的流动性较差，成型也难以振捣密实，因此砂浆强度较低；而当实际 W/C 过大时，过量的水也会在砂浆基体内部形成大量孔隙，因此导致强度下降。

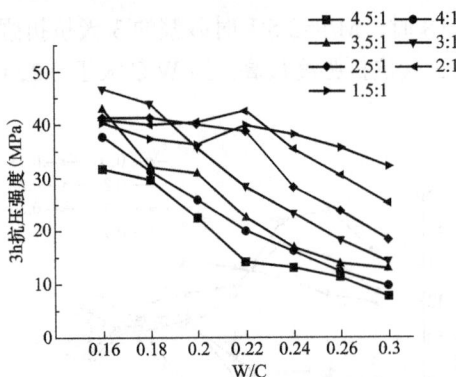

图 5 W/C 对砂浆 3h 抗压强度的影响　　　　图 6 W/C 对砂浆 3h 抗折强度的影响

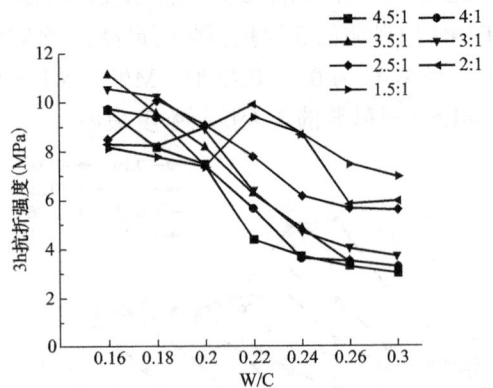

由图 7 和图 8 可以发现，对于 3 天抗压强度和抗折强度，与 3h 抗折抗压强度类似，若实际 W/C 低于理论 W/C，磷酸镁水泥砂浆水化程度较低，同时由于流动性较差，成型也难以振捣密实，因此强度较低；而当实际 W/C 过大时，过量的水也会在砂浆基体内部形成大量孔隙，

因此导致强度下降。因此，当实际 W/C 与理论 W/C 接近时，磷酸镁水泥砂浆的水化程度最高，砂浆的抗压强度也最高。

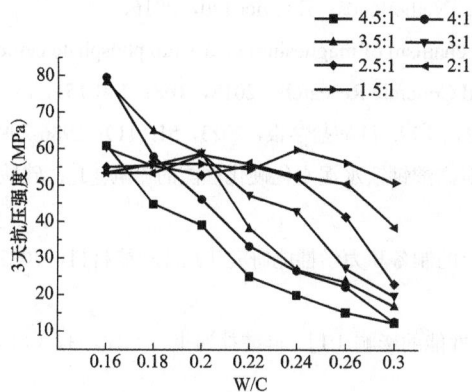

图 7　W/C 对砂浆 3 天抗压强度的影响

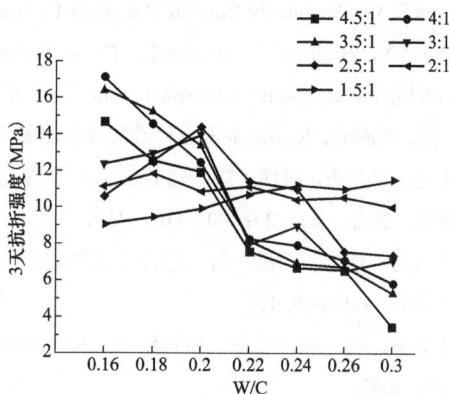

图 8　W/C 对砂浆 3 天抗折强度的影响

2.3　M/P 和 W/C 交互作用分析

综合以上试验结果分析可以发现，M/P 和 W/C 对磷酸镁水泥砂浆体系的 3h 和 3 天抗压强度及抗折强度存在着交互作用影响。首先，在不同的 W/C 条件下，磷酸镁水泥砂浆 3h 和 3 天抗压及抗折强度最高时对应的 M/P 并不相同，并且 3h 抗压强度、3h 抗折强度、3 天抗压强度和 3 天抗折强度难以在某一个 M/P 时同时取到最大值。同时可以发现，随着 W/C 的增大，力学强度最高的 M/P 值逐渐减小。因此，相比于净浆体系（W/C 往往较小），砂浆体系的 W/C 往往更大，M/P 应该往小的方向调整。

其次，在不同的 M/P 条件下，砂浆 3h 和 3 天抗压及抗折强度随着 W/C 的变化规律也不相同。当 M/P 及缓凝剂掺量确定时，可以根据磷酸镁水泥反应方程式来计算磷酸镁水泥体系完全水化时的理论 W/C。若实际 W/C 低于理论 W/C，磷酸镁水泥砂浆水化程度较低，同时由于流动性较差，成型也难以振捣密实，因此强度较低；而当实际 W/C 过大时，过量的水也会在砂浆基体内部形成大量孔隙，因此导致强度下降。因此，当实际 W/C 与理论 W/C 接近时，磷酸镁水泥砂浆的水化程度最高，砂浆的抗压强度也最高。

3　结论

（1）其他条件不变时，M/P 和 W/C 对磷酸镁水泥砂浆体系的 3h 和 3 天抗压强度及抗折强度存在着交互作用影响。

（2）在不同的 W/C 条件下，磷酸镁水泥砂浆 3h 和 3 天抗压及抗折强度最高时对应的 M/P 并不相同，随着 W/C 的增大，力学强度最高时对应的 M/P 值逐渐减小。

（3）当实际 W/C 与理论 W/C 接近时，既可以保证磷酸镁水泥胶凝材料的充分水化，也不会留下过多的孔隙，此时砂浆的力学强度最高。

参考文献

[1] 秦继辉，钱觉时，宋庆，等. 磷酸镁水泥的研究进展与应用 [J]. 硅酸盐学报，2022，50（6）：1592-1606.

［2］Prosen M. Refractory material for use in making dental casting：USA，2152152［P］，1939.

［3］El-Jazairi B. Rapid repair of concrete pavings［J］. Concrete，1982，16：12-15.

［4］Arun S. W. Chemically Bonded Phosphate Ceramics［M］. Netherlands：Elsevier Ltd，2016.

［5］Biwan X，Barbara L，Andreas L，Frank W. Reaction mechanism of magnesium potassium phosphate cement with high magnesium-to-phosphate ratio［J］. Cement and Concrete Research，2018，108：140-151.

［6］庞博，刘润清. K 型鸟粪石强化磷酸镁水泥固化 Pb～（2+）［J］. 硅酸盐学报，2023，51（11）：2986-2991.

［7］叶飞，师文杰，吴博，等. 硼砂/三乙醇胺复合缓凝剂对磷酸钾镁水泥水化硬化性能的影响［J］. 硅酸盐通报，2023，42（2）：403-410，419.

［8］贾兴文，连磊，田昊，等. 超高性能磷酸镁水泥混凝土的制备和力学性能研究［J］. 功能材料，2022，53（6）：6019-6024.

［9］江玉明，杨建明，盛东. 原料组成结构对 MAPC 砂浆性能的影响［J］. 硅酸盐通报，2018，37（12）：4056-4062.

［10］杨辉，袁伟，严思阳，等. 超细掺合料改性高强磷酸镁水泥砂浆的性能研究［J］. 新型建筑材料，2023，50（3）：60-63.

［11］杨辉，徐鹏，袁伟，等. 复合缓凝剂对高强磷酸镁修补砂浆性能的影响［J］. 硅酸盐通报，2022，41（5）：1562-1569.

［12］韦宇，周新涛，黄静，等. 缓凝剂对磷酸镁水泥性能及其水化机制影响研究进展［J］. 材料导报，2022，36（4）：77-83.

［13］马锋玲，王刚，徐耀，等. 磷酸镁水泥砂浆性能试验研究［J］. 水利规划与设计，2020（8）：62-67.

［14］张涛，朱成. 水泥—硅灰/粉煤灰体系强度、收缩性能与微观结构研究［J］. 硅酸盐通报，2022，41（3）：903-912.

［15］尤超. 磷酸镁水泥水化硬化及水化产物稳定性［D］. 重庆：重庆大学，2017.

作者简介

夏　强（1989—），男，工程师，主要从事水工新材料及工程结构耐久性相关研究工作。E-mail：qxia@nhri.cn

某水电站轴绝缘异常分析

牛麒红　熊腾清　张　鑫　潘　锐　穆　攀　张晓跃　王学宁

（中国长江三峡集团长江电力股份有限公司乌东德水力发电厂，云南省昆明市　651512）

[摘　要] 对大型立轴半伞式水轮发电机组轴电流产生的原因和监测方法以及大型水电站水轮发电机组轴绝缘在出现异常时的处置进行总结，充分结合某水电站 3 号机组轴绝缘出现异常时处置情况及原因进行分析，对大型水电站机组处理轴绝缘异常原因分析和处置具有很大参考意义。

[关键词] 水轮发电机组；大轴绝缘；轴电流；接地电刷；上导轴承；内层绝缘；外层绝缘

0　引言

某大型水电站左、右岸均安装 6 台额定容量为 85 万 kW 的水轮发电机组，且都为立轴半伞式结构，机组投产后一切运行正常，但该电站左岸 3 号机组在运行过程中出现轴绝缘异常情况。经检查分析，判断为大轴绝缘层部分受到破坏。水轮发电机组在正常运行时，发电机大轴通过接地电刷接地，大轴与轴承间基座绝缘，在绝缘良好的情况下，不会形成轴电流，而在发电机当大轴与轴承间的绝缘或间隙被破坏时，轴电流才会形成回路。轴电流对水轮发电机组长期稳定有较大的影响，由于轴电流产生后会经过发电机大轴、轴承、基座接地，形成闭合回路，其长期存在会对发电机轴领轴瓦产生电化学作用，使得油膜被破坏，轴领和轴瓦之间摩擦增加温度升高，摩擦加剧，工作面持续性被破坏，同时轴电流的存在会对油电解，使得润滑油变质以及润滑和冷却效果降低[1]。如此，轴承温度会升高长期下去会对机组稳定运行造成很大的影响，所以防范轴电流是必要的。

1　轴电压和轴电流基本原理简介

水轮发电机在运行过程中，不可避免地在大轴上感应产生轴感应电荷，当感应电荷在大轴两端分布形成轴电压，造成轴电压的原因很多，只要主轴所处的磁场不对称就会产生，这是不可避免的，当然正常情况下轴电压不会太高，大轴只要不与大地形成闭合回路就不会形成轴电流，同时发电机大轴也有接地部分，电荷可转移至大地消除。但是，机组主轴在运行过程中还会出现主轴、轴承、基座之间无绝缘的情况，如油膜被破坏，则将形成闭合回路产生轴电流。

当绝缘内外层遭到破坏后，轴电流将从大轴经过已破坏的绝缘层—轴领—上导轴瓦—机架—接地—大轴形成回路对轴瓦油膜击穿放电，轴电流较大时将对轴瓦造成电气侵蚀，同时使润滑油变质，进一步恶化轴瓦的运行环境，导致油质劣化、轴承振动增大、轴瓦烧伤等事故[2]。在早期，大部分电站通过电流互感器来监视轴电流（见图 1），此方法是直接监测轴电流，如果主轴产生轴电流时，电流互感器会有输出，发出信号。

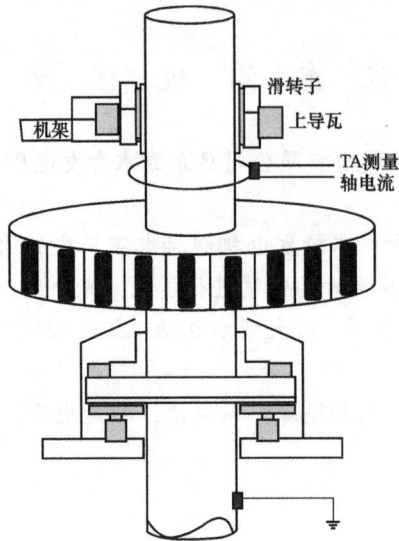

图 1　TA 测量原理图

　　而某大型水电站采用的是通过电阻测量方法，这对于半伞式结构机组来说这是一种较好的方法，此方法要求发电机上端轴要与机座、轴承之间有绝缘层介质。某大型水电站机组为半伞式结构机组，其上端轴制造时便在上导轴领与大轴之间装设绝缘层，使得大轴上端与轴领隔绝开来防止形成回路，然后再通过监测装置测量绝缘层的电阻值来判断大轴与大地绝缘情况，是否会存在接地回路，这种方式准确来说是属于预防性监测，如图 2 所示为某大型水电站轴绝缘监视原理：

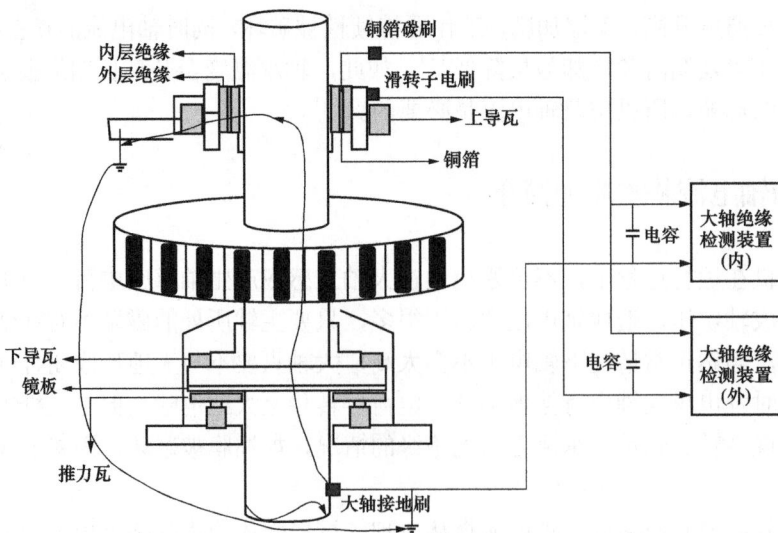

图 2　某大型水电站轴绝缘监视原理图

　　某大型水电站轴绝缘监测装置利用电阻法对上导轴领与铜箔、铜箔与大轴的绝缘电阻值进行测量，间接地起到轴电流监视，以保证在形成轴电流回路前发出报警。所谓内、外层绝缘是在上导轴领与大轴的绝缘层中加装金属铜箔将其分成两层，在轴领和铜箔之间的绝缘层为外部层绝缘，铜箔与大轴之间的绝缘层为内部绝缘层，然后发电机上端轴轴领通过热套方式套在主轴上使得轴领和主轴隔绝开。轴领部分由内环、内部绝缘层、铜箔、外部绝缘层、外环组成。其中轴领内、外两层绝缘层很薄，内层绝缘厚度为 0.25mm，外层绝缘厚度 0.375mm，中间的铜箔用导线引出到大轴表面的金属环上再通过电刷测量绝缘电阻值。

　　如图 3 所示，轴绝缘监测装置通过电刷分别和旋转的轴领相连的滑转子、铜箔相连的金属环、大轴（水车室上方）相接触，对大轴对地绝缘情况进行监视，如图 4 所示，绝缘监测装置采用两块 SINEAX V604S 通用可编程变送器利用欧姆法监测大轴内外层绝缘。该装置通过注入自适应的恒定电流信号，然后测量端口电压来计算回路绝缘电阻值。

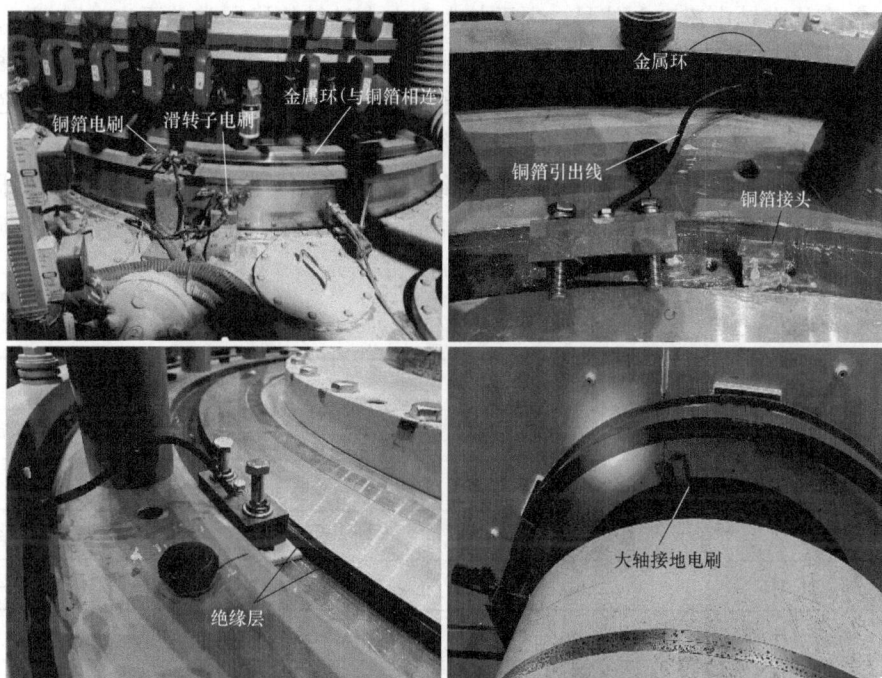

图 3　某大型水电站轴绝缘监视安装情况

图 4　某大型水电站轴绝缘监视装置

2 轴绝缘异常情况

某大型水电站轴绝缘监测装置通过监测内层绝缘电阻值和外层绝缘电阻值，并上送机组 LCU 到监控系统，同时当外层、内层绝缘均降低至 2.5kΩ 时报轴绝缘异常信号，且发电机保护装置重动回路动作发信。但该电站发电机保护 PCS-985GW 装置里的发电机轴电流保护功能未使用，当绝缘电阻值低于 2500Ω 时监控系统只发出报警、不开出跳闸信号。

2021 年 1 月中旬，某大型水电站 3 号机组在运行过程中监控系统报出大量轴绝缘异常信号，经过运行人员梳理检查发现外部轴绝缘由 5000Ω 下降至 1600Ω（低限报警值 2500Ω），内部轴绝缘由 5000Ω 下降至 1800Ω（低限报警值 2500Ω），并维持在当前值未复归。并现场检查发现发电机仪表柜内轴绝缘监视器 T05 有告警信号，外部轴绝缘继电器 K14 吸合，发电机保护 A、B 套均有轴电流开入信号。由于某大型水电站轴绝缘异常并不启动跳闸，只报警，所以并未造成机组保护动作。在对励磁电刷及刷架周边的粉尘进行清扫处理后，绝缘降值又恢复，轴绝缘装置报警复归，对轴绝缘电刷及刷架进行清扫，同时测量铜箔对地绝缘大于 550MΩ，轴绝缘装置及二次回路均无异常，机组恢复正常运行。

2021 年 1 月下旬后，某大型水电站 3 号机组在运行过程中监控系统又开始频繁报出大量轴绝缘异常信号，初步怀疑 3 号机组轴绝缘可能遭到破坏，便再次对 3F 轴绝缘进行测量，同时选择一台无异常机组进行对比，具体测量值如表 1 所示。

表 1 　　　　　　　　　　　　　　　轴绝缘测量情况

机组状态	3F 轴绝缘测量情况			4F 轴绝缘测量情况		
	对应关系	电压（V）	电阻	对应关系	电压（V）	电阻
停机状态	大轴对地	0	0.8Ω	大轴对地	0	2Ω
	轴领对地	0	0.7Ω	轴领对地	0	45Ω
	轴领对大轴	0	1.3Ω	轴领对大轴	0	43Ω
	铜箔对地	0	102Ω	铜箔对地	0	∞
	铜箔对大轴	0	102Ω	铜箔对大轴	0	∞
注意	大轴和轴领停机态下均接地，3F 测出铜箔对地绝缘电阻约 100Ω，数据吻合			4F 大轴和轴领停机状态下可靠接地，铜箔与大轴和轴领绝缘完好		
空转态	大轴对地	0	**2.5MΩ**	大轴对地	0	2Ω
	轴领对地	0～0.5	>5MΩ	轴领对地	0.4	>5MΩ
	轴领对大轴	0～0.4	>5MΩ	轴领对大轴	0.4	>5MΩ
	铜箔对地	0.02	2.5MΩ	铜箔对地	0.02	∞
	铜箔对大轴	0.02	**5000Ω**	铜箔对大轴	0.02	∞
	轴领对铜箔	0～0.5	∞			
注意	3F 空转状态下，大轴和轴领均未接地，铜箔对大轴绝缘较低			4F 空转状态下，大轴接地良好，轴领未接地		

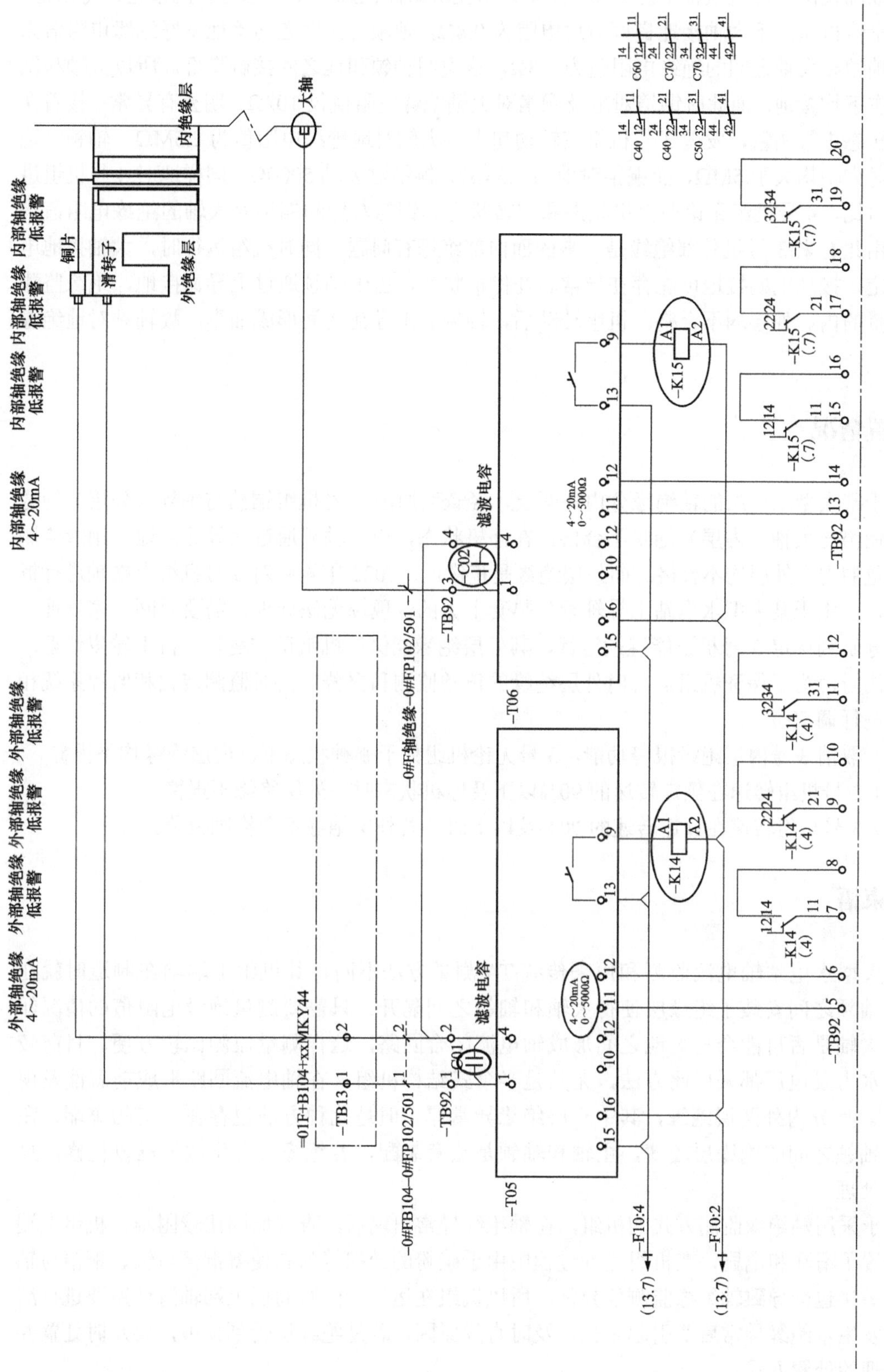

图 5 某大型水电站轴绝缘监视一次图

为准确找出 3 号机组轴绝缘异常原因,分别在机组停机态和空转态进行测量绝缘电阻值,经过测量停机状态下大轴接地良好对地电阻为 0.8Ω,轴领与大地之间接地良好绝缘电阻值为 0.7Ω,轴领和大轴之间的绝缘电阻值为 1.3Ω,这说明轴领和地之间接触良好。所以大轴和轴领停机态下均接地。而此时铜箔对地及铜箔对大轴绝缘电阻值仅 102Ω,明显有异常;接着在机组空转态进行测量,发现 3 号机组在转动起来后大轴对地绝缘电阻值为 2.5MΩ,轴领对地及轴领对大轴均大于 5MΩ,而铜箔对地为 2.5MΩ,铜箔对大轴 5000Ω。同样地对 4 号机组进行测量对比,4 号机组无论在停机状态和空转状态其铜箔对地和铜箔对大轴的绝缘电阻值均为 ∞。由此看来 3 号机外部绝缘是正常的而内部绝缘有问题。同时机组运行时,大轴接地电阻不稳定,接地电刷接地可能存在异常。在停机状态,由于轴领通过上导瓦接地,绝缘监测系统测量的内、外层均不合格。机组转动后,轴领和上导瓦之间形成油膜,故轴领对地绝缘良好。

3 处置情况

由于某大型水电站的轴绝缘分内外两层,经查明原因 3 号机组铜箔与轴领(外层)绝缘完好,铜箔与大轴(内层)绝缘不合格。在停机状态,由于轴领通过上导瓦接地,绝缘监测系统测量的内、外层均不合格,而外层绝缘是正常的。2022 年岁修对 3 号机组上端轴进行拆卸检查,但由于某大型水电站上导轴领为热套上去的,现场无法处理,需要返回厂家处理。经过充分研判认定 3 号机组能继续运行,其外层绝缘能保证机组正常运行,待下轮岁修返厂处理。同时,为了保证机组运行时外层绝缘的正常监测和报警,需对监测装置和监控系统相关程序进行调整:

(1)取消 3 号内层绝缘报警功能,3 号无论机组处于哪种状态下,内层绝缘均不报警。

(2)3 号机组转速在额定转速的 90% 以下及停机状态时,外层绝缘不报警。

(3)3 号机组转速在额定转速的 90% 及以上时,若外层绝缘不合格则报警。

4 结束语

某大型水电站轴电流监测和原来传统 TA 测量方法不同,其机组上端轴在制造时就在大轴与轴领之间安装了绝缘层使得大轴和轴领之间隔开。只需要测量绝缘电阻值的情况即可判断大轴是否可能会与大地之间形成轴电流闭合回路,这样测量监测比较方便。目前较多大型水力发电厂都采用此方法,尤其是半伞式结构机组,在轴电流回路形成前就能发现问题 [3]。且分内外两层绝缘,其中一层绝缘异常厚,但是此种方法也存在一定的弊端,在主轴和轴领之间的绝缘层较薄,主轴和轴领是热套装配,若绝缘层发生故障难以检修,只能返厂处理。

对于采用轴绝缘监测方式的机组,在轴绝缘异常出现后,查找原因比较困难,机组上端轴还布置了滑环和电刷,在机组运行过程中由于碳粉的淤积等问题使得铜箔与轴、铜箔与轴领之间短接也会导致轴绝缘监测值异常,所以机组在运行一段时间后上端轴滑环室要进行清扫。在发生轴绝缘异常后要引起重视,及时查找原因,若是绝缘层受到损害,要及时处置并选择合理的处置方式。

参考文献

[1] 朱梅生，李志超，卢继平. 水轮发电机轴绝缘监测方法及效果分析 [J]. 电力系统保护与控制，2010，38（4）：126-129.

[2] 张舸. 三峡电站水轮发电机组大轴绝缘监视的方案研究及工程应用 [J]. 电力系统保护与控制，2010（14）：153-155.

[3] 邹祖兵. 水轮发电机轴电流在线监测方案探讨 [J]. 水电自动化与大坝监测，2009（10）：39-41.

作者简介

牛麒红（1997—），男，助理工程师，主要从事水电站运行管理工作。E-mail: niu_qihong@ctg.com.cn

熊腾清（1990—），男，高级工程师，主要从事水电站运行管理工作。E-mail: xiong_tengqing@ctg.com.cn

张 鑫（1990—），男，助理工程师，主要从事水电站运行管理工作。E-mail: zhang_xin12@ctg.com.cn

潘 锐（1993—），男，工程师，主要从事水电站运行管理工作。E-mail: pan_rui@ctg.com.cn

穆 攀（1999—），男，主要从事水电站运行管理工作。E-mail: mu_pan@ctg.com.cn

张晓跃（1998—），男，助理工程师，主要从事水电站运行管理工作。E-mail: zhang_xiaoyue@ctg.com.cn

王学宁（2001—），男，主要从事水电站运行管理工作。E-mail: wang_xuening@ctg.com.cn

一种提高水电机组自动开机成功率的机组状态设计及方法

熊腾清　农淇杰　张　鑫　牛麒红　伍洪科　王学宁　乔超亚

（中国长江三峡集团长江电力股份有限公司乌东德水力发电厂，云南省昆明市　651512）

[摘　要] 由于水电站机组具有启停迅速、控制精度高、运转灵活、能够快速响应电力系统的负荷变化等特点，在电网中主要承担调峰、调频的任务。伴随经济的快速发展，电网负荷峰谷差不断增大，调峰幅度也随之增大，这不可避免地造成更加频繁的开停机，水轮发电机组的频繁启停会导致水耗增加、机组稳定性降低、各部件的磨损加大，严重影响机组自动开停机成功率，这就给水电机组的自动开停机流程设计和运维水平提出了更高的要求[1]。通过对某电站 9 台混流式水轮发电机组连续三年自动开机流程异常退出的原因、故障分布和故障类型进行分析，找出影响水轮发电机组自动开机成功率的主要原因，进而优化水轮发电机组自动开机流程，以提高水电机组自动开机成功率。

[关键词] 水轮发电机机组；辅助设备运行态；开机成功率

0　引言

在电力系统中，水电机组以其调节性能优越、调节成本低廉等特点，常为电力系统安全稳定运行提供削峰填谷、无功补偿、旋转备用等服务。近年来，随着电力市场改革的不断深入、全球经济形势的变化和电网"两个细则"的实施，对水电机组的开停机成功率提出了更高的要求，提高水轮发电机组自动开停机成功率对电网的安全、稳定、高效运行具有重要意义[2]。本文通过对某水电站 9 台混流式水轮发电机组三年自动开机过程中流程异常退出的原因进行分析，找出影响水轮发电机自动开机成功率的主要原因，在水电机组自动开停机流程中增加一种新的机组运行状态——辅助设备运行态，进而优化水轮发电机组自动开停机流程，提高水电机组自动开停机成功率。

1　现状分析

水轮发电机组自动开停机成功率是水电厂可靠运行的一个重要指标，开停机成功率的统计是以机组开、停全过程完成考虑，即从开机指令起至同期并列和停机指令至自动恢复备用状态，否则为不成功。随着电网峰谷负荷的增大和电力市场的运作，水电机组的启停日趋频繁，表 1 为某水电站 9 台混流式水轮发电机组连续三年启停情况统计，可以看出，2017 年度 11 号机组一年内启停次数最多，超过了 400 次，其次，该电站机组的年启停次数也呈逐年上升趋势。

表1　　　　　　　　　　　某水电站10～18号机组年启停情况统计

机组	2016年			2017年			2018年		
	启停次数（次）	异常次数（次）	成功率（%）	启停次数（次）	异常次数（次）	成功率（%）	启停次数（次）	异常次数（次）	成功率（%）
10号	179	1	99.44	256	1	99.61	338	3	99.11
11号	242	3	98.76	410	0	100.00	342	1	99.71
12号	237	1	99.58	374	0	100.00	269	0	100.00
13号	187	0	100.00	268	0	100.00	340	0	100.00
14号	223	1	99.55	272	3	98.90	289	1	99.65
15号	182	1	99.45	216	0	100.00	245	0	100.00
16号	175	2	98.86	241	2	99.17	228	0	100.00
17号	154	2	98.70	168	0	100.00	177	0	100.00
18号	109	1	99.08	137	2	98.54	144	0	100.00
总计	1688	12	99.29	2342	8	99.66	2372	5	99.79

为分析影响水电机组自动开停机不成功的主要原因，我们对该电站近三年引起机组自动开停机不成功的故障原因、故障类型和故障分布进行了统计，表2为某水电站10～18号机组2016～2018年自动开停机不成功故障原因、类型统计表。

表2　　　某水电站10～18号机组2016～2018年自动开停机不成功原因、类型统计表

序号	机组	时间	类型	所属系统	故障原因	故障类型
1	11号	2016/1/26 17:09	开机	技术供水系统	机组冷却水流量不足，开机流程超时退出	控制参数不合理
2	16号	2016/1/26 17:13	开机	机械过速装置	机械过速装置接线松动致开机过程中水机保护动作落机组进水口快速门，开机流程退出	接线松动
3	18号	2016/1/26 17:22	开机	技术供水系统	水导外循环热油流量低，开机流程超时退出	控制参数不合理
4	11号	2016/1/26 17:23	开机	水导系统	水导外循环总冷却水流量低，开机流程超时退出	控制参数不合理
5	17号	2016/3/15 8:18	开机	调速器系统	泵安全阀整定值漂移致开机过程中调速器液压系统2号泵加载失败，开机流程超时退出	控制参数不合理
6	17号	2016/3/20 16:09	停机	蠕动装置	蠕动装置故障致停机过程中蠕动装置拒动，停机流程超时退出	装置故障
7	12号	2016/3/24 22:19	停机	调速器系统	调速器信号继电器故障致停机过程中投锁锭失败，停机流程超时退出	继电器故障
8	14号	2016/5/13 14:51	开机	筒形阀	控制流程设置不合理致开机流程启动后，操作人员下发提筒阀令，筒阀提起，流程误判筒阀位置不明，开机流程超时退出	控制程序不完善
9	16号	2016/9/3 8:40	开机	同期装置	同期装置参数设置不合理致同期并网过程中GCB合闸失败，开机流程超时退出	控制参数不合理
10	10号	2016/9/6 23:33	停机	高压油系统	高压油回路接线错误致停机过程中高压油建压失败，停机流程超时退出	检修质量

续表

序号	机组	时间	类型	所属系统	故障原因	故障类型
11	14 号	2016/11/26 8:30	开机	LCU 系统	LCU 程序修改有误致机组并网后调速器"有功闭环"模式无法投入，机组有功功率无法增加，立即停机处理	检修质量
12	17 号	2016/12/26 11:27	停机	蠕动装置	停机过程中蠕动投入接点未动导致电机堵转过热烧毁，停机流程退出	接线松动
13	10 号	2017/1/7 16:21	开机	调速器系统	调速器 A 套传感器信号电缆绝缘破损致开机过程中调速器电调严重故障，开机流程退出	装置故障
14	18 号	2017/3/15 21:27	停机	蠕动装置	机组蠕动投入继电器损坏致停机过程中蠕动投入失败，停机流程超时退出	继电器故障
15	16 号	2017/5/6 8:59	开机	蠕动装置	蠕动装置损坏致开机过程中蠕动退出失败，开机流程超时退出	装置故障
16	14 号	2017/6/3 21:27	停机	蠕动装置	蠕动装置内部反馈节点动作不到位致停机过程中蠕动投入失败，停机流程超时退出	装置故障
17	14 号	2017/6/5 11:48	停机	蠕动装置	蠕动装置内部反馈节点动作不到位致停机过程中蠕动投入失败，停机流程超时退出	装置故障
18	14 号	2017/6/5 21:07	停机	蠕动装置	蠕动装置内部反馈节点动作不到位致停机过程中蠕动投入失败，停机流程超时退出	装置故障
19	16 号	2017/6/17 11:23	停机	蠕动装置	蠕动投入回路上的端子老化导致电缆与端子接点间接触不良，从而造成停机过程中蠕动投入失败，停机流程超时退出	装置故障
20	18 号	2017/9/23 11:46	停机	转速装置	机端 TV 熔断导致低转速时 TV 转速信号受干扰，转速小于 1%节点未动作，停机流程超时退出	装置故障
21	11 号	2018/1/3 8:14	开机	技术供水系统	开机过程中水导外循环水流量不足，开机流程超时退出	控制参数不合理
22	14 号	2018/4/13 21:42	开机	调速器系统	调速器电气柜触摸屏给定值页面中"开限模拟量给定"触点黏连，导致 PID 投入时开限为 0，调速器开机失败，开机流程超时退出	装置故障
23	10 号	2018/5/14 8:51	开机	筒形阀	接力器数据模块通信异常致开机过程中圆筒阀开启失败，开机流程超时退出	装置故障
24	10 号	2018/10/3 14:53	开机	自动锁锭	锁锭行程开关故障致开机过程中拔锁锭失败，开机流程超时退出	继电器故障
25	10 号	2018/10/23 7:24	开机	自动锁锭	锁锭行程开关故障致开机过程中拔锁锭失败，开机流程超时退出	继电器故障

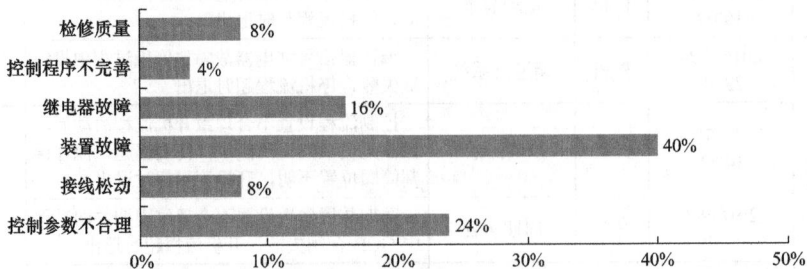

图 1　某水电站自动开停机故障类型分布

从图 1 可以看出，影响该电站水轮发电机自动开停机成功率的主要因素为装置故障、继电器故障和控制参数设置不合理，占总不成功次数的 80%，其中装置故障主要表现为控制装置故障。自动化元器件因长时间带电运行、使用年限长、所处运行环境振动大，性能逐年劣化，可靠性能降低，水电站中自动化元件故障造成的缺陷几乎占缺陷总量的多半。因此，可通过提高设备检修质量、自动化水平和优化自动开停机流程，提高水电机组自动开机成功率。

目前水电机组自动开机流程仅有开机至冷却水系统运行、空转、空载和并网 4 种状态，开机至冷却水系统运行由于操作设备少，仅能检验机组技术供水系统是否正常；而开机至空转、空载和并网 3 种操作都会使机组转动起来，如果开机时间过早，会造成水资源浪费和增加机组磨损，所以水电机组开机操作一般都是根据负荷曲线和开机流程动作时间，提前几分钟发开机令，对于开机流程执行过程中出现的自动化元件故障几乎没有处理时间，很容易造成开机失败和发电计划偏差[3]。为此，设计了一种机组控制状态——辅助设备运行态，旨在机组不发生转动的情况下，尽可能多地将机组辅助设备启动运行，便于厂站值班人员能提前发现并消除设备隐患，从而提高水轮发电机组自动开机成功率。

2 辅助设备运行态定义

根据水轮发电机组及其附属设备运行特点和控制要求，常规水电机组一般定义了 7 种机组状态：停机态、水系统运行态、空转态、空载态、并网态、过渡态和状态不明，其中，停机态、水系统运行态、空转态、空载态、并网态 5 种机组状态又称为稳态，过渡态和状态不明 2 种机组状态又称为不定态。

本文将发电机出口断路器分闸、机组转速 0%、导叶全关、自动锁定投入、机组技术供水系统运行、调速器液压系统运行、机坑加热器停运、上导油雾吸收装置运行、推导油雾吸收装置运行、碳粉吸收装置运行和水导外循环系统运行时的机组状态定义为辅助设备运行态，如图 2 所示。

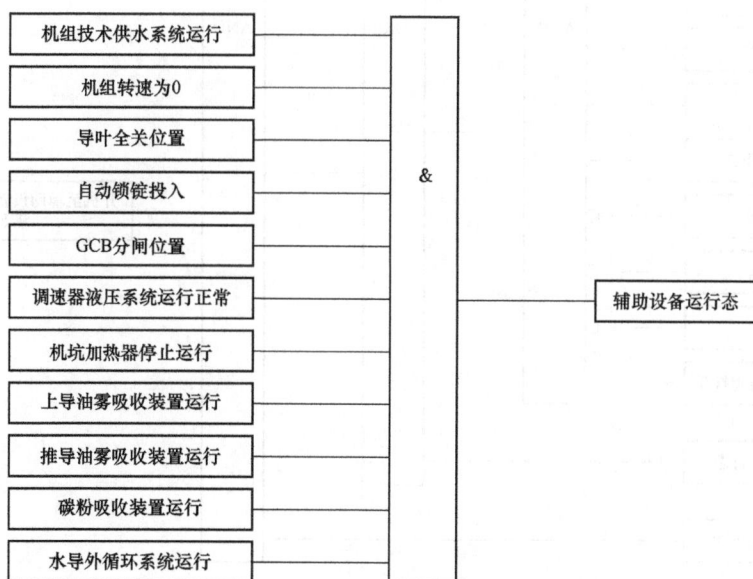

图 2　机组辅助设备运行态定义

机组处于辅助设备运行态时机组并未转动，仅机组技术供水系统、调速器液压系统和碳粉吸收装置等辅助设备运行，厂站运行值班人员根据调度下发的发电计划执行开机并网操作前，可提前一段时间发令将机组开启至辅助设备运行态，待开机流程执行至机组辅助设备运行态运转正常后再发开机至并网令，这样可以提前发现影响机组正常开机的绝大多数自动化元件故障，为运维人员争取更多开启备用机组和故障处理的时间，在一定程度上减少了由于开机失败造成发电计划偏差。

3 开机至辅助设备运行态条件

在水电机组控制流程设计中，为防止再次操作已故障的设备，加重设备损坏程度和成事故扩大，我们需要把机组现地控制单元（LCU）采集的直接影响机组开机流程执行和转换的所有测点经过一定的逻辑组态后作为流程启动的条件，厂站操作人员在电站计算机监控系统上发开机至辅助设备运行态控制命令后，机组现地控制单元（LCU）首先会根据控制目标状态自动判断相应的启动条件是否满足，条件满足后方可启动流程，从而避免设备损坏和事故扩大。

同时，在电站计算机监控系统上绘制出机组开机至辅助设备运行态流程启动条件画面，将画面以动态链接的形式直观地将现地设备状态在监控系统操作员站上展示出来，操作人员在监控系统上执行开机操作前，提前调出开机条件监视画面，通过画面快速、准确地发现影响机组开机的障碍，提前干预，从而达到提高机组开停机成功率的目的。机组开机至辅助设备运行态流程启动条件如图 3 所示。

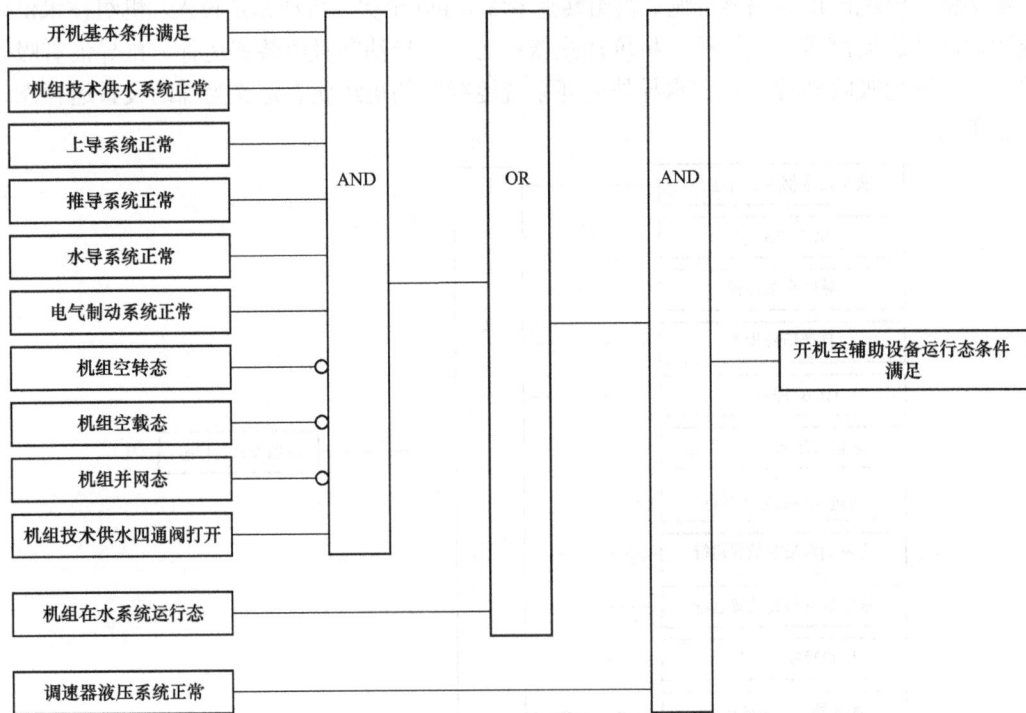

图 3 开机至辅助设备运行态流程启动条件

4 机组各状态转换流程设计

根据机组状态定义，设计出辅助设备运行态与其他机组状态间转换的流程图，如图 4 所示，共有 11 个子流程，辅助设备运行态介于水系统运行态和空转态之间。

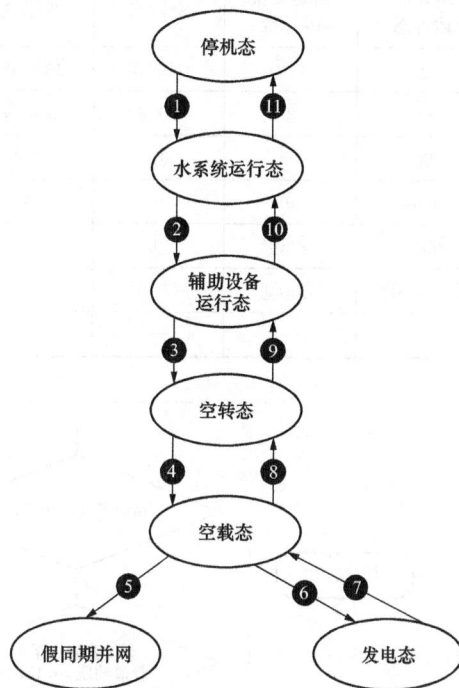

图4 机组辅助设备运行态与其他机组状态转换流程图

在设计出机组辅助设备运行态与其他机组状态间的转换流程图后，结合现场设备进一步梳理出水系统运行态至辅助设备运行态、辅助设备运行态至空转态、空转态至辅助设备运行态和辅助设备运行态至水系统运行态 4 个子流程所需控制的对象和转换条件，转换条件是指流程执行过程中，因设备状态不满足要求导致流程退出的条件。

5 确定机组稳态到目标状态表

机组在状态转换过程中，即机组处于过渡态或机组状态不明时，闭锁监控下发新的状态转换命令，此设计主要是为了避免在流程执行过程中，由于监控系统没有机组状态反应，运行人员在不知道机组状态的情况下误发状态转换命令。下面以状态表的形式将机组从某一稳定状态向目标稳定状态的子流程进行组合，程序通过调用组合表中相应的子程序即可实现机组由某一稳定状态向目标稳定状态的转换，如表 3 所示。

机组从稳态到目标状态的执行过程为，机组 LCU 收到上位机下发的状态转换命令后，首先会判断机组当前状态，然后根据目标状态调用表 5 中相应的子流程。例如，从停机状态到发电状态，状态转换过程为执行子流程①②③④⑥（停机—水系统运行态）、子流程②（水系

371

统运行态—辅助设备运行态)、子流程③(辅助设备运行态—空转态)、子流程④(空转态—空载态)和子流程⑥(空载态—并网态),在中间状态(水系统运行态、辅助设备运行态、空转态、空载态)不停留。辅助设备运行态与其他机组状态间的转换子流程如图5~图8所示。

表3   稳态—目标状态转换表

稳态＼目标状态	停机态	水系统运行态	辅助设备运行状	空转态	空载态	发电态	假同期并网
停机态	—	①	①②	①②③	①②③④	①②③④⑥	①②③④⑤
水系统运行态	⑪	—	②	②③	②③④	②③④⑥	②③④⑤
辅助设备运行态	⑩⑪	⑩	—	③	③④	③④⑥	③④⑤
空转态	⑨⑩⑪	⑨⑩	⑨	—	④	④⑥	④⑤
空载态	⑧⑨⑩⑪	⑧⑨⑩	⑧⑨	⑧	—	⑥	⑤
发电态	⑦⑧⑨⑩⑪	⑦⑧⑨⑩	⑦⑧⑨	⑦⑧	⑦	—	—
假同期并网	—	—	—	—	—	—	—

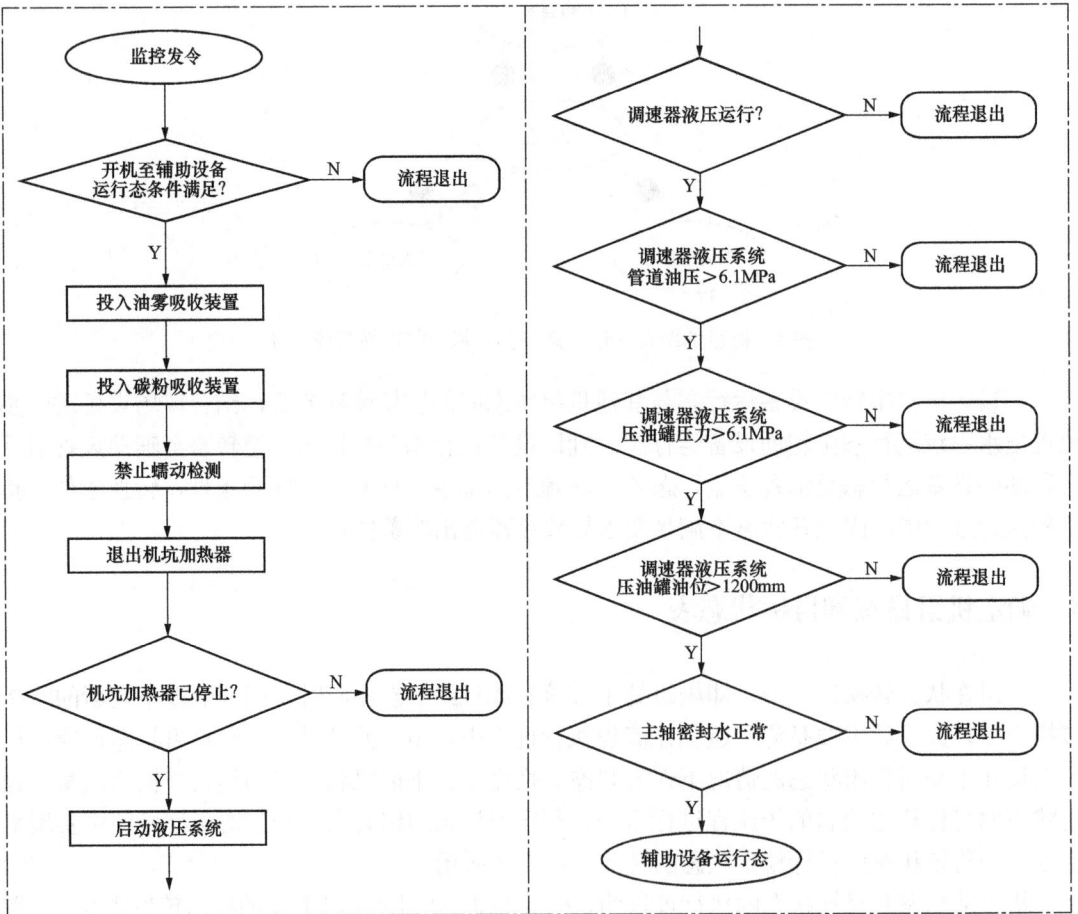

图5   水系统运行态至辅助设备运行态流程图

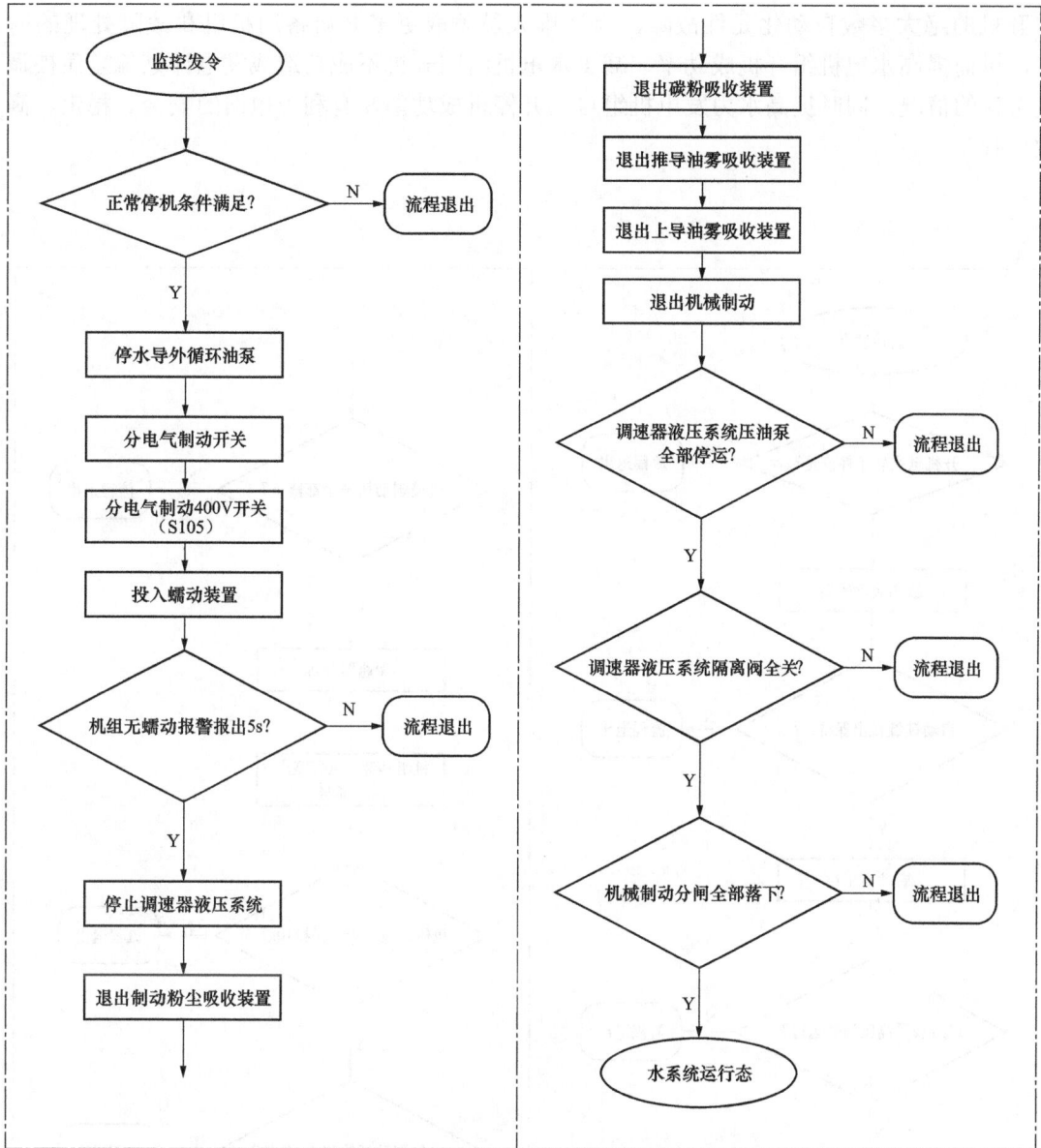

图 6　辅助设备运行态至水系统运行态流程图

6　绘制流程图

根据流程启动条件，各子流程所需操作的设备和转换条件，用逻辑符号绘制出相应的流程图，选择一种编程语言即可完成控制流程编辑。

7　结论

本文通过设计一种新的机组运行状态即辅助设备运行态，有利于及时发现影响机组正常开机的绝大多数自动化元件故障，为运维人员争取更多开启备用机组和故障处理的时间，进而提高水电机组开机成功率，减少水电机组因开机不成功造成发电计划偏差而被调度考核的情况，同时提高水力发电机组自动开停机成功率，有利于电网的安全、稳定、高效运行。

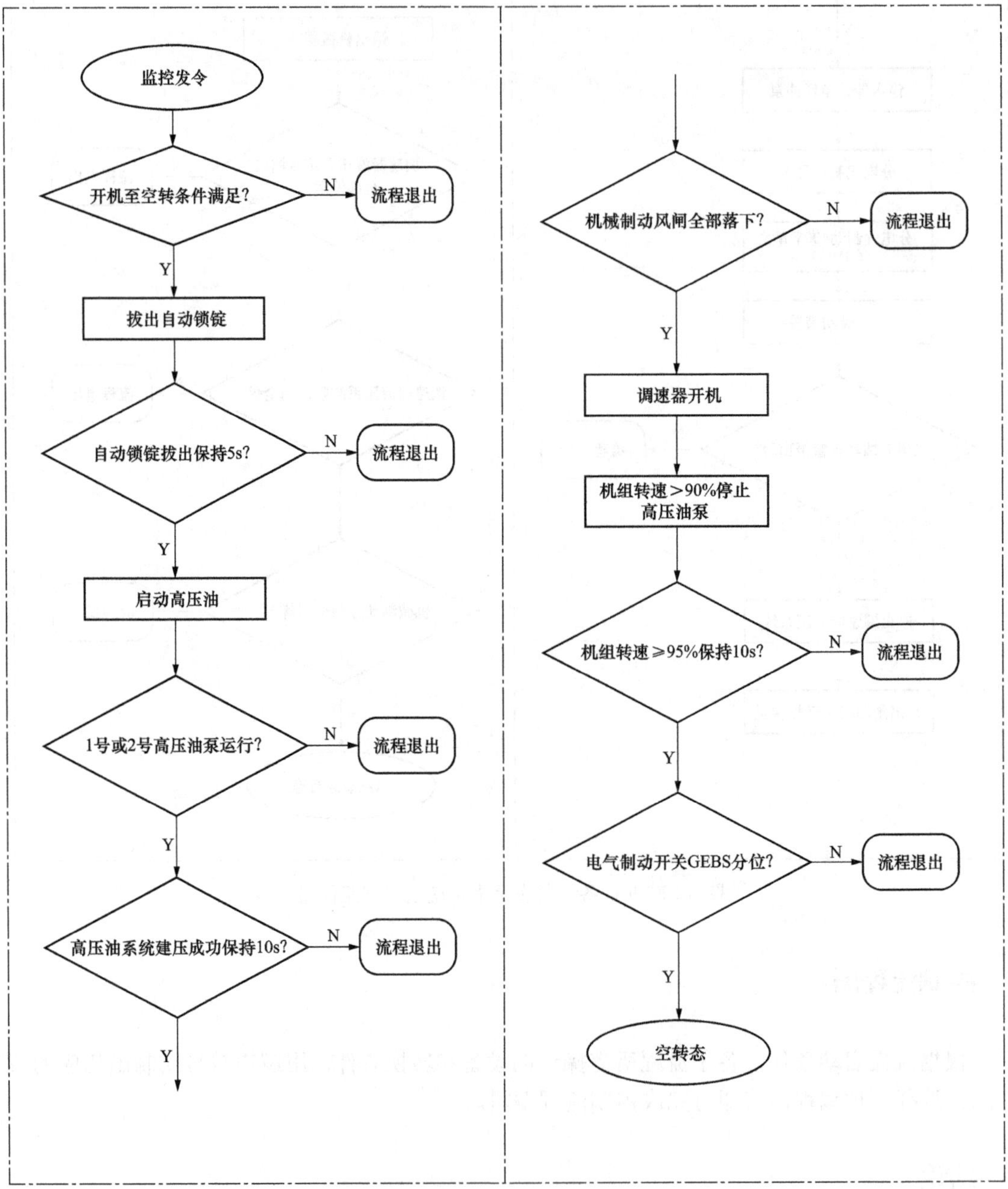

图 7　辅助设备运行态至空转态流程图

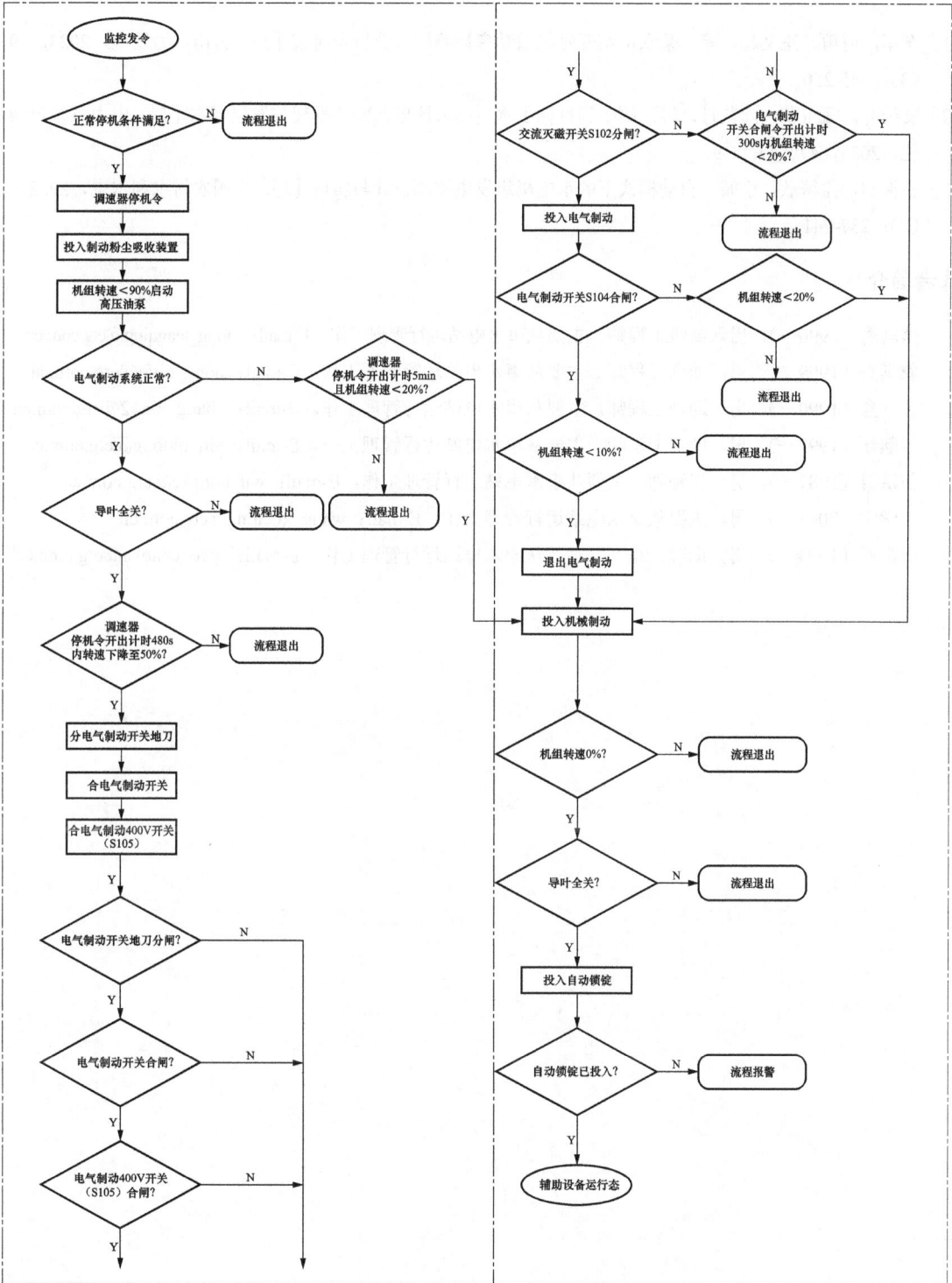

图 8　空转态至辅助设备运行态流程图

375

参考文献

[1] 车军，何勇，王文超，等. 某水电站开停机成功率影响因素分析及对策 [J]. 云南水力发电，2023，39（3）：245-250.

[2] 文云峰，甄玉萌，陆艺丹，等. 碳中和目标下水电高占比电网研究框架与发展形态 [J]. 电力系统自动化，2023，47（4）：1-9.

[3] 王振羽，孟繁欣，徐麟. 自动模式下的水电机组发电控制设计与实现 [J]. 中国农村水利水电，2022，（8）：237-241.

作者简介

熊腾清（1990—），男，高级工程师，主要从事水电站运行管理工作。E-mail：xiong_tengqing@ctg.com.cn

农淇杰（1999—），男，助理工程师，主要从事水电站运行管理工作。E-mail：nong_qijie@ctg.com.cn

张　鑫（1990—），男，助理工程师，主要从事水电站运行管理工作。E-mail：zhang_xin12@ctg.com.cn

牛麒红（1997—），男，助理工程师，主要从事水电站运行管理工作。E-mail：niu_qihong@ctg.com.cn

伍洪科（1987—），男，工程师，主要从事水电站运行管理工作。E-mail：wu_hongke@ctg.com.cn

王学宁（2001—），男，主要从事水电站运行管理工作。E-mail：wang_xuening@ctg.com.cn

乔超亚（1994—），男，助理工程师，主要从事水电站运行管理工作。E-mail：qiao_chaoya@ctg.com.cn

浅析某巨型水电站事故停机流程及启动条件

张　鑫　张晓跃　牛麒红　熊腾清　陈栩骁　姜桂元　王浩东

（中国长江电力股份有限公司乌东德电厂，云南省昆明市　650000）

[摘　要]对某巨型水电站的监控系统事故停机流程的部分启动条件进行了总结，同时对某些情况下事故停机流程误动风险进行了分析，有助于电站运维人员判断机组非计划停运的故障原因及提高应急处置能力。

[关键词]水轮发电机；事故停机；应急处置

0　引言

某大型水电站位于四川省和云南省交接处，是金沙江下游流域梯级电站中的重要组成部分。厂房布置在左、右岸山体内，分别安装有 6 台 850MW 混流式水轮发电机组，设计水头137m，年设计发电量 389.1 亿 kWh，是实施"西电东送"的国家重大工程。

水轮发电机组在运行过程中，可能由于设计不合理、制造及安装工艺不良、运维水平不高、运行工况差、电力系统故障等原因导致机组发生严重故障。发电机组发生电气事故时，继电保护能快速、有选择地将机组从系统中切除，避免电力系统及机组遭受进一步破坏，同时通过监控系统紧急停机流程使机组停机。发电机组发生机械事故时则通过监控系统快速停机流程来停机。

1　快速停机流程介绍

该电站监控系统设置了紧急停机流程和快速停机流程两种事故停机流程，两个流程均通过监控系统顺控流程实现，其中紧急停机流程的启动源来自发变组保护装置开出的停机信号。当发变组发生绕组短路、定子接地等电气事故后，保护装置在开出跳 GCB、跳直流灭磁开关命令的同时，会向监控系统发出停机总信号（DI 及 SOE），监控系统启动紧急停机流程使机组紧急停机。

快速停机流程的启动源则是发变组的机械事故，机械事故具有分布广、发生概率大、原因复杂的特点，导致判别难度大，误动概率大。此外，该电站设置了水机后备保护停机流程，以应对监控系统瘫痪后机组紧急停机的需要。水机后备保护停机流程主要由水机后备保护柜依次开出跳 GCB、跳直流灭磁开关、动作紧急停机电磁阀、投高压油、投风闸等，启动条件与快速停机流程有相似之处，且流程更为简单，因此，本文主要分析该电站的快速停机流程及启动条件。

快速停机流程的主要步骤见图 1，主要包括：动作紧急停机电磁阀、解列、停励磁、停调速器、电气制动准备、投电制动、投机械制动、停水导外循环系统及投锁定、分电制动短路开关、停高压油系统、停液压系统及辅助设备，最后保持机组在水系统运行态。

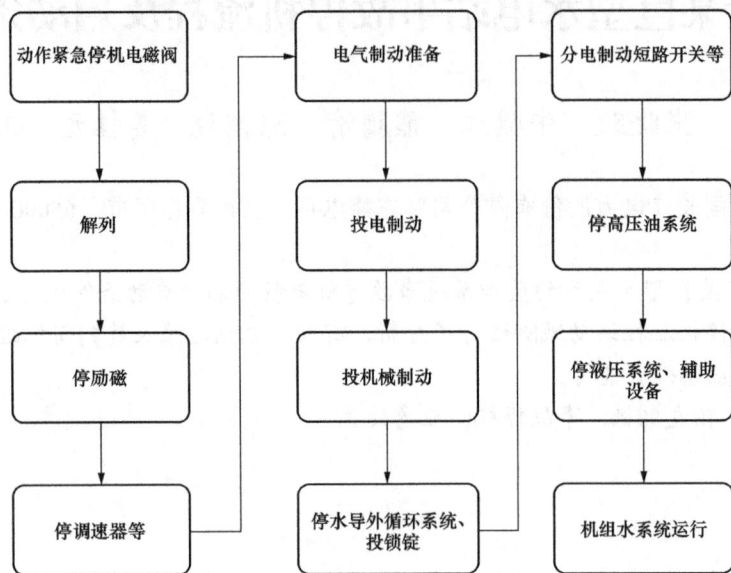

图 1　快速停机流程步骤

2　快速停机流程启动条件

2.1　调速器事故

水轮机的有功调节是通过调速器来实现的，调节的任务是根据用户负荷的变化，不断地调节过机流量（即水能），从而改变水轮发电机组输出的有功功率（即电能），适应负荷变化的要求，以维持机组转速（频率）在规定范围内，或按某一预定的规律变化。[1] 调速器采用两套 PCC 控制器（即 A 套、B 套），分别为主用和备用，互为热备冗余，互相可进行无扰动切换。调速器大故障主要包括导叶反馈故障、频率总故障、切换装置 ZEN 故障、导叶液压故障、伺服阀总故障、伺服阀随动总故障、导叶随动故障、主配传感器总故障、I/O 模块故障等。当 A 套、B 套同时发生大故障时，经 5s 延时启动快速停机流程。

2.2　液压系统事故

液压系统主要作用是为水轮机有功调节提供稳定可控的动力，在水轮发电机组运行过程中，水轮机调速器液压系统常见故障包括：摆动、震动、跳动、抽动、爬行、漂移、迟阻以及泄漏等。[2] 其中，泄漏严重时会导致油泵起动频繁、液压系统失压、油量不足，从而使导叶失去控制，甚至威胁人身安全。当压油罐油位下降到事故低油位且压力下降到事故低油压时，经 1s 延时启动快速停机流程。

2.3　机组电气过速

过速会给水轮发电机组机械结构造成严重破坏，同时可能导致轴承烧瓦，因此，当机组过速时，必须采取措施使机组转速降低到额定转速以下。机组过速报警的原因包括测速装置或回路故障、切机甩负荷、调速器试验等，为了防止信号误报导致监控系统误开出停机令，该电站的电气过速是转速 N 达到定值、转速通道未故障、机组非并网态等条件的综合逻辑与量。监控系统上定义了四级电气过速，即电气一级过速 115%N_e、电气一级过速冗余 151%N_e、电气二级过速 153%N_e、机械过速 155%N_e。一级过速动作且主配不在关位、一级过速冗余、二级过速、机械过速均会启动快速停机流程，其中，二级过速及机械过速动作在启动快速停机流程的同时还会触发落进水口快速门。

2.4 纯机械过速

纯机械过速装置安装在水轮机主轴上，采用离心飞摆的原理，当转速达到整定值，飞摆甩出作用于距离离心飞摆几毫米的脱扣器上的摆轮，使脱扣器产生脱扣动作，并推动行程阀运动，切换控制油路，使事故配压阀直接动作，快速回关导叶，同时机械过速装置的发信器向监控系统发出动作信号。纯机械过速能在电厂计算机监控系统、调速器失效或厂用电消失的情况下，仍然能可靠动作，切断水源，及时限制机组转速，避免机组飞逸。[3] 监控系统收到机械过速动作且事故配压阀动作，延时 1s 启动快速停机流程，实现对机组的过速保护。纯机械过速装置原理图如图 2 所示。

2.5 轴承或定子温度过高

水轮发电机组的四部轴承包括水导轴承、推力轴承、下导轴承、上导轴承。机组运行过程中造成瓦温迅速升高的原因主要有冷却水中断、机组运行工况恶化导致振摆越限、轴承油箱漏油、油混水、轴绝缘损坏等。轴承瓦温过高会导致轴瓦间油膜破坏，降低润滑性能，最终导致烧瓦。定子温度过高的原因主要包括冷却水中断、风洞密封性破坏、工况不良等。定子温

图 2　纯机械过速装置原理图

度过高会降低绝缘寿命，最终导致绝缘破坏内部短路。因此，轴承或定子温度达到设定值，会启动快速停机流程。同时，为避免单个测温回路故障导致信号误动，采用两个及以上测温点同时动作延时 2s 出口启动快速停机流程。

2.6 剪断销剪断

水轮机剪断销作为水轮机导水机构的过力矩保护装置，若发生剪断，将导致部分导叶失控，影响机组正常运行。剪断销剪断的原因主要包括：二次回路误报警、异物卡塞、制造安装工艺问题、抗磨板凸起、特殊工况下甩负荷等。一般情况下剪断销剪断只发出报警信号，运行人员及时采取处置措施即可。当剪断销剪断且机组转速达到 115%N_e 时，则启动快速停机流程。

2.7 进水口闸门事故

机组运行过程中，进水口闸门下滑的原因主要包括油缸内漏、PLC 误开出、电磁阀误动作、人员误操作等。进水口闸门下滑过程中，发电机出力会迅速减小，直至出现逆功率。因此，进水口闸门下滑到开度小于 90% 时，会启动快速停机流程。并且在满足以下任一条件时，监控系统会主动开出快速闭门的命令：①剪断销剪断且电气一级过速（115%N_e）；②电气二级过速（153%N_e）；③机械过速动作（155%N_e）；④闸门下滑到事故位置；⑤中控室模拟屏、水机后备保护柜上的"快速闭门"按钮按下。

2.8 紧急停机按钮按下

电站在中控室模拟屏、水机后备保护柜以及调速器电器柜上均设置有一个"紧急停机"按钮，按钮按下立即启动快速停机流程，以应对特殊情况下人为快速将机组停机。

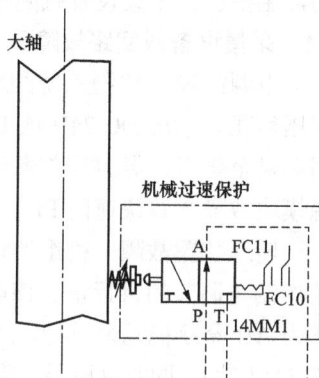

2.9 其他事故

火灾报警、水淹厂房、振摆越限、主轴密封水中断等其他事故，由于误报率较高，留给工作人员确认信号真伪的时间也较长，故监控系统报出相应信号后，须人为确认后才启动快速停机流程。

3 可能误启动快速停机流程的情况分析

本文所述的快速停机流程误启动是指发变组及其控制设备本身没有发生故障，而是由于上送监控系统的压力、流量、温度、振摆、转速、开度等物理量信号失真或中断引起的误启动，主要包括采集设备或回路故障、人员误操作等。

3.1 采集设备或回路故障

电源故障：控制系统回路的电源一般由电源装置将 AC 220V 和 DC 220V 输入电压整流降压后冗余输出 DC 24V 或 DC 12V，但电源装置在运行过程中，可能由于长期发热造成绝缘损坏甚至烧毁，导致控制系统失电，最终导致系统报严重故障信号。某电站曾发生一起因电源模块故障导致快速门 PLC 误开出闭门令的事件。

转速装置故障：机组的转速信号，除了作为事故停机流程的判断依据之外，还作为机组的控制与调节的目标量。该电站上送监控系统的转速信号均来自转速测量装置。转速测量装置为 AB 套双机冗余设计，两个 PLC 参与控制。每套 PLC 的信号来源包括两路齿盘信号、一路 TV 信号，同时读取另一套 PLC 的两路齿盘信号，通过内部投票逻辑选出最终结果输出转速信号，信号可靠性得到提高。转速装置输出的转速信号包括多个开关量和模拟量，若出现端子松动、TV 断线、通道故障等情况，依然可能输出错误的转速信号到监控系统。监控系统上的机组过速信号均加入了机组非并网态的判断条件，因此，在机组并网状态下，转速装置输出的错误信号不会启动快速停机流程，但可能导致监控系统误调节机组出力。机组在非并网态时，转速装置故障则可能导致监控系统误启动快速停机流程。某电站曾发生一起因转速装置故障导致停机流程中提早投入风闸的事件。

机械过速装置误动：机械过速装置安装在大轴上，长期受振动影响，机组运行过程中，离心飞摆可能误甩出，脱扣器可能误动作，导致事故配压阀误动作，进而导致机组快速停机流程启动。某电站曾发生一起因机械过速装置误动作导致运行机组非计划停运的事件。

传感器故障或信号回路异常：传感器采集到的物理量须转换成电气量后才能上送 PLC 或监控系统，因此若传感器本身故障或信号回路异常将直接导致信号失真或中断。某电站曾发生一起暴雨天气快速门现地端子箱进水导致监控系统误报快速门闭门信号。

3.2 人员误操作

人员安全意识不强，业务技能水平不高、精神状态不佳等原因均可能导致误动或误操作现场设备，引起快速停机流程启动。比如误关闭调速器隔离阀手自动切换阀、误关闭液压系统油位及压力开关表前阀、误碰紧急停机按钮或快速闭门按钮等。

4 结束语

水轮发电机组发生严重故障，若不能迅速使机组停止运行，极易造成水淹厂房、人身伤亡、重大设备损坏等严重事故。监控系统设置事故停机流程的目的就是在机组发生严重故障时，能自动地、迅速地使机组快速停止运行，限制事故发展。因此，电站运维人员必须熟练掌握事故停机流程，并且在其启动后快速判断动作原因及后果，正确处置。同时，必须对可能影响事故停机流程可靠性的关键设备加强管理，包括提高对关键设备的巡检频次和维护质量，加强关键设备诊断分析能力，及时发现并消除设备隐患缺陷。

参考文献

[1] 程远楚，张江滨. 水轮机自动调节 [M]. 北京：水利水电出版社，2010.

[2] 孙邦彦. 水轮机调速器液压系统常见故障及处理 [J]. 小水电，2003（4）：32-38.

[3] 许映霞，张宏. 漫湾电厂纯机械过速保护装置改造 [J]. 硅谷，2014，7（16）：2.

作者简介

张　鑫（1990—），男，工程师，主要从事水电站运行管理工作。E-mail：zhang_xin12@ctg.com.cn

张晓跃（1998—），男，助理工程师，主要从事水电站运行管理工作。E-mail：zhang_xiaoyue@ctg.com.cn

牛麒红（1997—），男，助理工程师，主要从事水电站运行管理工作。E-mail：niu_qihong@ctg.com.cn

熊腾清（1990—），男，高级工程师，主要从事水电站运行管理工作。E-mail：xiong_tengqing@ctg.com.cn

陈栩骁（1998—），男，助理工程师，主要从事水电站运行管理工作。E-mail：chen_xuxiao@ctg.com.cn

姜桂元（1994—），女，工程师，主要从事水电站运行管理工作。E-mail：jiang_guiyuan@ctg.com.cn

王浩东（1996—），男，工程师，主要从事水电站运行管理工作。E-mail：wang_haodong@ctg.com.cn

小浪底10kV厂用电断路器闭锁逻辑优化研究

汤建军　　崔培磊

（黄河水利水电开发集团有限公司，河南省济源市　459000）

[摘　要]为应对小浪底10kV厂用电断路器备自投电气闭锁逻辑与上位机监控系统断路器闭锁逻辑之间的矛盾，提出了小浪底10kV厂用电断路器闭锁逻辑优化策略。首先，研究了小浪底10kV厂用电断路器备自投电气闭锁及上位机监控系统断路器闭锁逻辑；其次，分析了小浪底10kV厂用电断路器的备自投电气闭锁与上位机监控系统闭锁逻辑冲突引发的问题；最后，通过对小浪底10kV厂用电断路器试验验证了所提策略的有效性。

[关键词]10kV断路器；备自投；电气闭锁；上位机监控系统

0　引言

随着电站对厂用电的安全运行要求越来越高，厂用电采用单母三分段以上运行方式屡见不鲜，由于各段母线的进线分别由不同的电源点接入，不允许并列运行，因此，在各段母线进线及联络断路器之间设置合理的闭锁逻辑，成为厂用电安全稳定运行的关键。

目前，断路器之间的闭锁功能可采用机械闭锁、程序锁、电气闭锁、微机防误闭锁及监控综合闭锁等实现。其中，机械闭锁与程序锁配合可基本实现成套断路器柜的"五防"功能[1]。电气闭锁是防误操作的重要防线[2]，针对多电源进线的单母分段运行厂用电，均有相应防误闭锁电路设计方案[3-5]。随着计算机技术的发展，微机防误闭锁系统及监控综合闭锁也在生产中广泛应用[6]。目前针对单一防误闭锁方案的研究较多，但对于不同闭锁方案之间的逻辑冲突及由此引发的一系列生产问题则鲜有报道。本文以实际生产中的厂用电为例，研究了电气闭锁与监控系统闭锁的逻辑冲突，并提出了优化策略，通过试验验证了策略的有效性。

1　设备现状

小浪底10kV厂用电系统由4段构成，分别为引自35kV蓼小线的10kVⅠ段、引自小浪底3号机组机端的10kVⅡ段、引自断路器站220kV高备变的10kVⅢ段和引自6号机组机端的10kVⅣ段，4段厂用电之间首尾相连，整体电气连接如图1所示。

10kV厂用电系统正常状态各段独立运行，Ⅰ段与Ⅱ段互为备自投、Ⅲ段与Ⅳ段互为备自投、Ⅱ段与Ⅲ段可手动互带、Ⅳ段与Ⅰ段可手动互带。

为避免10kV厂用电并列运行，10kV 4段厂用电进线断路器、各段段首联络断路器、各段段尾联络断路器共12个断路器之间存在闭锁关系。以1121断路器为例，从图2中可以看出，当断路器手车处于运行位置时（BT1处于合闸状态下），备自投合闸、远方合闸、现地手动合

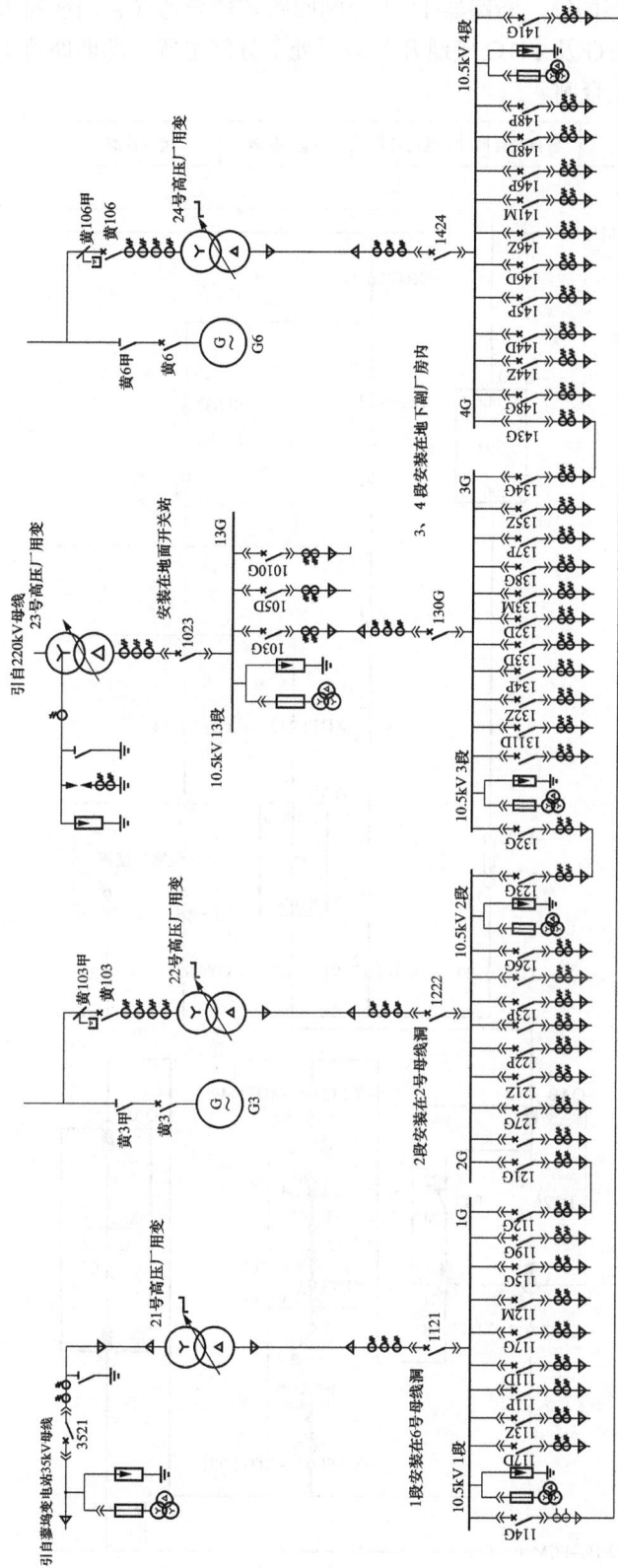

图 1　小浪底厂用电连接图

闸均经过断路器本体回路闭锁。断路器 1121 合闸回路若能导通（合闸线圈-MC 带电）的前提是，断路器 112G、141G 及 141G 接地开关必须处于分闸位置，即断路器 112G、141G 及 141G 接地开关闭锁 1121 合闸。

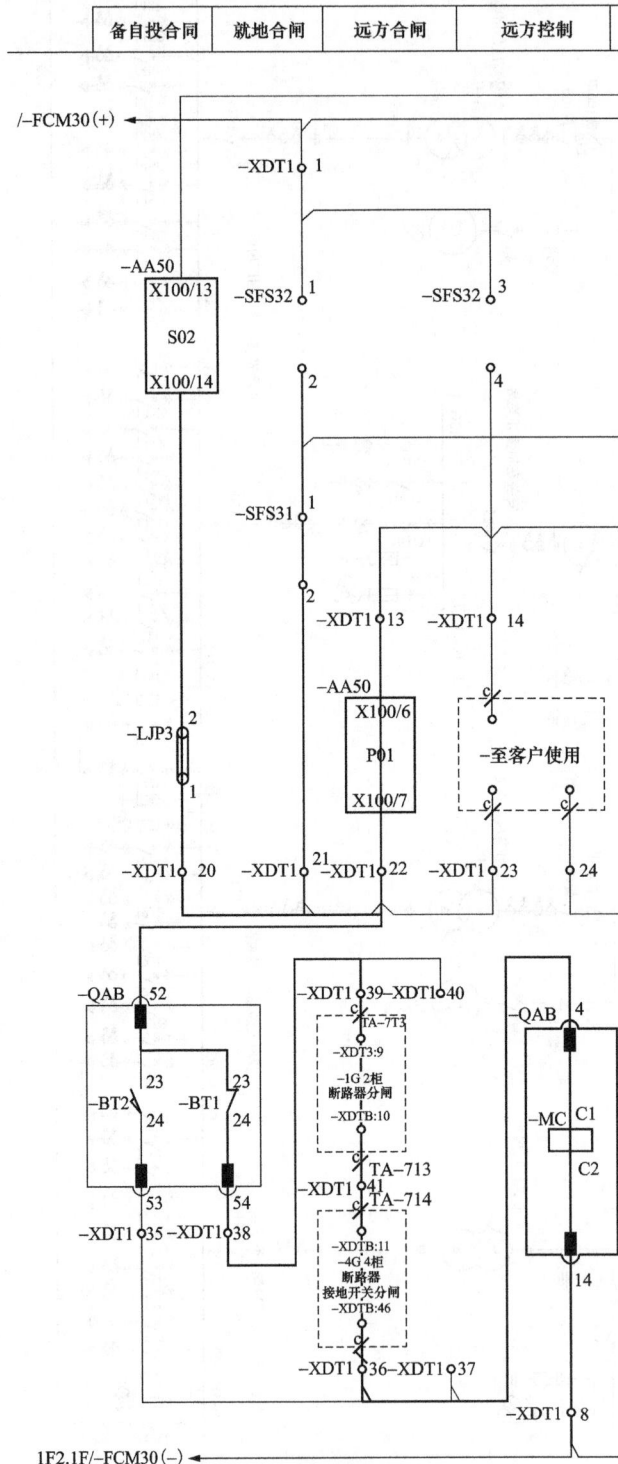

图 2　10kVⅠ段进线断路器 1121 合闸回路图

笔者查阅了所有 10kV 进线断路器、各段段首联络断路器、各段尾联络断路器共 12 个断路器的合闸回路图，得出 10kV 进线断路器、各段段首及段尾联络断路器内部闭锁逻辑如表 1 所示。

表 1 　　　　　10kV 进线断路器、各段段首及断尾联络断路器内部闭锁逻辑

	断路器编号	闭锁断路器编号		闭锁接地开关编号
各段进线断路器	1121	112G	141G	141G 接地开关
	1222	123G	112G	112G 接地开关
	130G	134G	123G	123G 接地开关
	1424	141G	134G	—
各段首断路器	114G	—	141G	141G 接地开关
	121G	—	112G	112G 接地开关
	132G	—	123G	123G 接地开关
	143G	—	134G	134G 接地开关
各段尾断路器	备自投断路器 112G	1121	141G	141G 接地开关
		1222	123G	121G 接地开关
	备自投断路器 134G	130G	123G	123G 接地开关
		1424	141G	143G 接地开关
	不自投断路器 123G	1222	112G	112G 接地开关
		130G	134G	132G 接地开关
	不自投断路器 141G	1424	134G	—
		1121	112G	114G 接地开关

同时，监控系统为避免 10kV 厂用电并列运行又对各段联络断路器远方合闸令进行逻辑闭锁。以 121G 合闸逻辑为例，具体闭锁逻辑如图 3 所示。

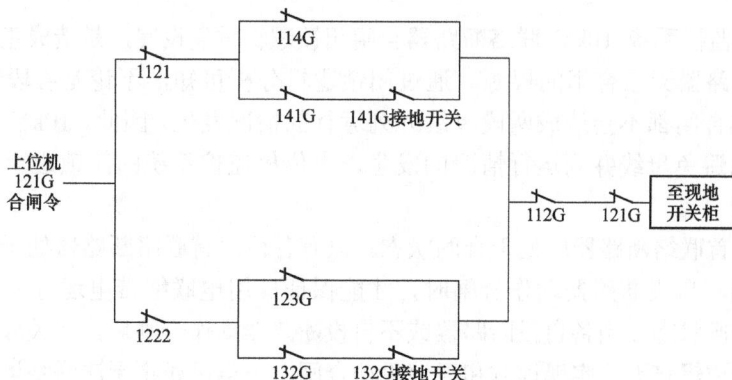

图 3　10kVⅡ段联络断路器 121G 上位机合闸令闭锁逻辑图

2 10kV 断路器闭锁逻辑分析及存在的问题

2.1 断路器闭锁逻辑分析

通过对表 1 进行分析，以 10kV Ⅱ 段为例，得出以下结论：

（1）121G 断路器合闸只判定 112G 断路器状态，121G 断路器要成功合闸必须 112G 断路器处于分闸状态。若 112G 断路器处于合闸状态，则 121G 断路器将无法合闸，避免了因 121G 断路器合闸造成的厂用电并列运行问题。

（2）1222 断路器合闸需判定 123G 断路器和 112G 断路器 2 个断路器状态，1222 断路器要成功合闸必须 123G 断路器和 112G 断路器均处于分闸状态。换言之，1222 断路器要成功合闸 Ⅱ 段必须处于非联络运行状态。若 Ⅱ 段厂用电处于联络运行状态，则 Ⅱ 段进线断路器将无法合闸，避免了因 Ⅱ 段进线断路器合闸造成的厂用电并列运行问题。

（3）123G 断路器合闸需判定 1222 断路器和 112G 断路器均处于分闸状态，或 130G 断路器和 134G 断路器均处于分闸状态。换言之，123G 断路器要成功合闸必须 Ⅱ 段处于停运状态或 Ⅲ 段处于停运状态，只有 Ⅱ 段或 Ⅲ 段母线处于停运状态，才允许合 123G 断路器进行联络运行。因此，避免了因 123G 断路器合闸造成的厂用电并列运行问题。

综上所述，10kV Ⅱ 段无论是 1222 断路器、121G 断路器、123G 断路器合闸，均不会造成 Ⅱ 段母线与其他段母线并列运行问题；同理，10kV Ⅰ 段、Ⅲ 段、Ⅳ 段各进线联络断路器合闸均不会造成厂用电并列运行问题。

通过对图 3 中 10kV Ⅱ 段联络断路器 121G 上位机合闸令闭锁逻辑图进行分析，121G 合闸令要下发，必须 Ⅰ 段停运或 Ⅱ 段停运，且 112G 处于分闸状态，才可以下发 121G 合闸令。此逻辑的作用也是为了防止 10kV 厂用电并列运行。

2.2 存在的问题

（1）当 10kV Ⅰ 段、Ⅱ 段分段运行，112G、121G 断路器均在断开时，上位机无法远方合闸 121G。为保证 10kV 厂用电失电时能快速恢复厂用电，在正常运行状态，10kV 各段段首联络断路器均应处于合闸状态。但是上位机为避免厂用电并列运行而设置的闭锁逻辑恰恰闭锁了上位机对 121G 的合闸操作，当生产中发生某段厂用电丢失时，极不利于事故处理。

（2）上位机监控系统 10kV 联络断路器合闸闭锁逻辑重复设置，是造成正常运行方式下各段段首联络断路器无法合闸的根源。通过闭锁逻辑分析可知，不论是各段进线断路器、各段联络断路器合闸都不会造成两段母线并列运行的情况发生。因此，10kV 断路器电气闭锁逻辑完全可以避免母线并列运行情况的发生，上位机监控系统的闭锁逻辑与电气闭锁逻辑冲突。

（3）各段段首联络断路器应处于合闸状态。只有各段段首联络断路器处于合闸状态，当备自投断路器或不自投断路器动作合闸时，才能保证厂用电联络带电运行。若各段段首联络断路器处于分闸状态，当备自投断路器或不自投断路器动作合闸后，相关段段首联络断路器因监控系统闭锁逻辑将无法实现远方和现地手动合闸，失电母线将无法联络运行，造成母线失电。

3 断路器闭锁逻辑优化策略及生产中的效果

3.1 断路器闭锁逻辑优化策略

综合以上分析，需全面梳理分析上位机监控系统中 10kV 4 段厂用电系统各段进线断路器、联络断路器合闸闭锁逻辑，取消上位机监控系统中的 10kV 4 段厂用电断路器合闸令闭锁逻辑。同时，在生产中确保 10kV 各段段首联络断路器应处于合闸状态。

3.2 在生产中的效果

为验证断路器闭锁逻辑优化的正确性，利用生产中厂用电倒闸的机会，验证了 2.2 中所提的问题确实存在。在保证 10kV 厂用电运行安全的前提下，屏蔽了上位机监控系统中的 10kV 4 段厂用电断路器合闸令闭锁逻辑，并将 10kV 各段段首联络断路器置于合闸状态，对 4 段厂用电丢失的情况进行逐一模拟验证，所有备自投断路器均可正常动作，且不自投断路器均可正常远方、现地操作，解决了因 10kV 断路器上位机监控系统的闭锁逻辑与电气闭锁逻辑冲突引发的问题。

4 结束语

10kV 断路器设置电气闭锁及上位机监控系统闭锁均是解决断路器误动作的重要手段，本文详细分析了小浪底 10kV 厂用电断路器备自投闭锁逻辑与上位机监控系统断路器闭锁逻辑之间的矛盾，并提出了优化策略，通过生产中的试验验证了所提策略的有效性，解决了小浪底厂用电 10kV 母线分段运行时，各段联络断路器无法远方合闸情况，避免某段厂用电失电等紧急情况发生，大大提高小浪底电站 10kV 厂用电可靠水平。

参考文献

[1] 蒋春钢，梁睿光. 抽水蓄能电站防误闭锁装置配置研究 [J]. 水电站机电技术，2020，43（8）：30-33.

[2] 董帅，杨柳青，夏澍. 10kV 断路器柜五防闭锁装置异常的辨识方法 [J]. 电气时代，2023，(11)：113-117.

[3] 李萍，卢万里. 引水式水电站厂用电设计研究 [J]. 水电站机电技术，2021，44（1）：43-45.

[4] 刘渊. 防止 10kV 开关站三电源并列运行的四种防误闭锁电路设计方案 [J]. 电气技术，2014，(11)：77-82.

[5] 郑传标. 某电厂 10kV 厂用电系统断路器闭锁逻辑探讨 [J]. 水电站机电技术，2022，45（4）：108-109.

[6] 邹广成. 变电运行中微机防误闭锁装置的应用 [J]. 电气技术与经济，2019，(5)：10-12.

作者简介

汤建军（1995—），男，工程师，主要从事水电站运行管理工作。E-mail: tangjianjun@xiaolangdi.com.cn

崔培磊（1987—），男，高级工程师，主要从事水电站运行管理工作。E-mail: cuipeilei@xiaolangdi.com.cn

基于联合调度经济性的西霞院反调节
水库运行水位优化研究

邓自辉　李航行　陈　磊

（水利部小浪底水利枢纽管理中心，河南省济源市　459000）

[摘　要] 构建了小浪底、西霞院水库群联合优化调度函数，并通过与现场实测对比的方法，研究了西霞院反调节水库运用水位对小浪底水文站测流断面水位、发电尾水位及发电效益的影响，得出了小浪底、西霞院两站联合调度经济性的条件下，西霞院反调节水库运用水位上下限值及最佳运行水位，结果表明，优化调度函数较常规调度方案年均可增加发电量2.85%，具有良好的经济效益。

[关键词] 西霞院；联合调度；最佳运用水位；运用分析

0　引言

西霞院水利枢纽作为小浪底水利枢纽的反调节水库，位于小浪底水利枢纽下游 16km 处，是黄河小浪底水利枢纽的配套工程[1-2]。作为日调节电站，西霞院电站设有 4 台 35MW 轴流转桨式水轮发电机组，设计正常尾水位 121.10m，设计水头为 11.50m，最高水头为 13.82m。多年平均发电量约为 5.83 亿 kWh。西霞院反调节水库总库容 1.62 亿 m³，正常蓄水位 134m，汛期限制水位 131m。

西霞院反调节水库通过对小浪底水电站调峰发电的不稳定下泄流进行再调节，可保持下泄水流相对均匀稳定，满足黄河下游河南、山东河段的工农业用水及河道整治工程安全要求，有效缓解"电调"与"水调"的矛盾[3]，对提高小浪底水利枢纽的综合效益、实现黄河水资源优化配置具有重要意义。本文通过对建立的经济调度目标函数和实测数据进行综合比较分析，得出西霞院反调节水库在正常运用水位情况下的经济运行水位。

1　经济优化调度模型

西霞院作为日调节水库，其蓄水量较小，因此本研究以日为例，以一个自然日作为短期调峰的调度期来计算两站的调度经济性。

1.1　经济目标函数

小浪底西霞院两站在非汛期运用时，在满足规定下泄流量的基础上，以发电功能为主，此时的优化目标为最大发电量[4]，如式（1）所示：

$$F = \text{Max} \sum_{t=1}^{T} (P_{l,t} + P_{x,t}) \Delta t \tag{1}$$

式中　T——计算周期的总时长，因西霞院为日调节电站，此处 T 取 24h；

$P_{l,t}$——t 时段内小浪底电厂出力，MW；

$P_{x,t}$——t 时段内西霞院电厂出力，MW；

Δt——计算时段长。

两站机组发电功率计算公式为：

$$\begin{cases} P_{l,t} = 9.81 Q_{l,t} H_{l,t} \eta_l \\ P_{x,t} = 9.81 Q_{x,t} H_{x,t} \eta_x \end{cases} \tag{2}$$

式中　$Q_{l,t}$——小浪底机组的过机流量，m³/s；

$H_{l,t}$——小浪底机组工作水头，m；

η_l——小浪底机组发电机工作效率；

$Q_{x,t}$——西霞院机组的过机流量，m³/s；

$H_{x,t}$——西霞院机组工作水头，m；

η_x——西霞院机组发电机工作效率。

两站机组工作水头计算公式如下：

$$\begin{cases} H_{l,t} = H_{浪,t} - H_{尾,t} - \Delta H_l \\ H_{x,t} = H_{霞,t} - H_{下,t} - \Delta H_x \end{cases} \tag{3}$$

式中　$H_{浪,t}$——小浪底库水位，m；

$H_{尾,t}$——小浪底尾水水位，m；

ΔH_l——小浪底机组引水系统水头损失；

$H_{霞,t}$——西霞院库水位，m；

$H_{下,t}$——西霞院坝下水位，m；

ΔH_x——西霞院机组水头损失。

研究中，$H_{浪,t}$、$H_{下,t}$ 受日调峰发电量影响较小，因此主要讨论 $H_{尾,t}$ 和 $H_{霞,t}$ 之间的函数关系，即：

$$H_{尾,t} = F(H_{霞,t}) \tag{4}$$

1.2　约束条件

水库蓄水限制公式如下：

$$VL_t \leqslant V_t \leqslant VU_t \tag{5}$$

式中　V_t——西霞院水库 t 时刻对应的容积；

VL_t——水库允许的最小蓄水量，此处取西霞院死库容；

VU_t——西霞院水库最大需水容积，本文主要讨论在非汛期时经济运行状况，因此取库水位正常高水位 134m 时对应的库容。

水库出库流量限制如下：

$$QL_t \leqslant Q_t \leqslant QU_t \tag{6}$$

式中　QL_t——水库放水量下限；

QU_t——水库放水量上限。

流量上下限根据黄委防汛处给出，一般取±5%。

西霞院水库的水量平衡方程为：

$$V_{t+1} = V_t + (I_t - Q_t)\Delta t \tag{7}$$

式中　　V_t、V_{t+1}——西霞院水库 t 时段初、末的蓄水容积；

　　　　I_t——第 t 时间段内西霞院水库平均入库流量；

　　　　Q_t——西霞院水库平均出库流量。

本文中，小浪底、西霞院水库之间距离较近，且无其他支流流入，在忽略蒸发效应的情况下，近似可认为 $I_t = Q_{l,t}$，$Q_t = Q_{x,t}$。

2　实测数据分析

2.1　西霞院库水位对小浪底水文站测流断面水位的影响

小浪底水文站测点距上游小浪底电站约 4km，其测流断面瞬时流量在 600m³/s 附近时，西霞院反调节水库不同运用水位所对应小浪底水文站断面水位影响[5]，如表 1 所示，其中水位基准高程均以 1985 黄海高程为准。

表 1　　　　　　小浪底水文站断面水位与西霞院反调节水库水位关系

西霞院库水位 （m）	小浪底水文站瞬时流量 （m³/s）	小浪底水文站断面水位 （m）	小浪底水文站断面平均水位 （m）
134.0	656	134.12	134.2
134.0	620	134.29	
133.8	696	134.16	134.1
133.8	656	134.12	
133.6	640	133.94	133.9
133.6	651	133.86	
133.5	651	133.86	133.8
133.5	591	133.79	
133.3	624	133.72	133.6
133.3	611	133.57	
127.5	628	133.34	133.3

根据上表实测数据，西霞院反调节水库接近敞泄（127.50m）运用时，小浪底水库下泄流量在 600m³/s 附近时小浪底水文站断面水位约为 133.30m；西霞院反调节水库库水位在 134.00m 运用时，小浪底水库下泄流量在 600m³/s 附近时小浪底水文站断面水位约为 134.20m。说明小浪底水库下泄流量在 600m³/s 时对小浪底水文站断面水位有一定程度的抬升，最大抬升高度 0.9m。当小浪底水库大流量下泄时，小浪底水文站断面水位抬升幅度较小。

2.2　对小浪底水利枢纽防淤闸断面水位的影响分析

小浪底水利枢纽防淤闸断面位于小浪底水利枢纽坝后防汛交通桥上游约 1km 处。经现场实测，当小浪底水利枢纽发电出力在 300MW 左右（对应下泄流量约 300m³/s），西霞院反调节水库库水位在 134.00m 运用时小浪底水利枢纽防淤闸断面水位为 134.70m，与西霞院水库水位在 133.93m 时防汛交通桥水位 134.67m 相比较，西霞院反调节水库库水位在 134.00m 运用时回水对小浪底水利枢纽防淤闸断面水位无雍高影响。

2.3 对小浪底水利枢纽尾水位的影响分析

小浪底水利枢纽水轮机设计安装高程为 129.50m，设计吸出高度–6.5m。小浪底水利枢纽设计工况下运行时，发电尾水位为 136.00m。小浪底水利枢纽防淤闸距离小浪底尾水闸下游约 900m，考虑到尾水洞水流比降，当小浪底水利枢纽发电出力在 300MW 左右时（对应下泄流量约 300m³/s），西霞院反调节水库库水位在 134.00m 运用时小浪底水利枢纽尾水闸断面水位应略高于 134.70m，小于设计工况下尾水位 136.00m。

根据实测数据，计算了小浪底不同下泄流量情况下小浪底尾水位与西霞院库水位相关系数 r，以研究两者之间线性相关程度，两者进行相关性表 2 所示。可知，小浪底尾水位与西霞院库水位之间可以认为具有高度正相关关系。

表 2　　　　　小浪底水文站不同流量与西霞院反调节水库水位相关系数

小浪底流量（m³/s）	300	400	500	600	800
r	0.78	0.86	0.85	0.92	0.93

3 模型求解分析

3.1 调度模型求解

采用西霞院 14 年非汛期发电数据（无弃水）作为边界条件，分别对不同下泄流量（m³/s）时的发电数据以旬为单位进行计算，对前文中的优化调度模型进行迭代求解，得到理论近似最优解如表 3 所示。

表 3　　　　　　理 论 近 似 最 优 解

发电方案	500	550	600
实际发电量（万 kWh）	1083.7	1326.2	1583.5
平均库水位（m）	133.57	133.56	133.35
理论最优电量（万 kWh）	1115.4	1364.2	1628.9
理论库水位（m）	133.8	133.75	133.7

3.2 结果分析

作为河南省内主要调峰电站，小浪底每日高出力时段主要为河南电网早、晚高峰时段，每个时段持续约 4h。小浪底水库泄流到西霞院反调节水库坝前需约 1h，西霞院反调节水库可利用这 1h 时间差预泄腾库，小浪底机组调峰满出力运行时，相应两库出库流量差约为 650m³/s（小浪底水利枢纽 6 台机组满出力运行时下泄流量约 1800m³/s，西霞院反调节水库 4 台机组在 133.80m 库水位满出力运行时下泄流量约 1150m³/s），3h 高出力需要西霞院反调节水库预留相应调节库容约 702 万 m³，对应库水位 133.70m。根据调度运行经验精确制定日发电计划，通过对机组出力提前 1h 进行预判、每小时微调，精确控制西霞院反调节水库运行水位。根据理论计算和实际运行统计资料，建议西霞院反调节水库正常运用下限水位 133.70m。

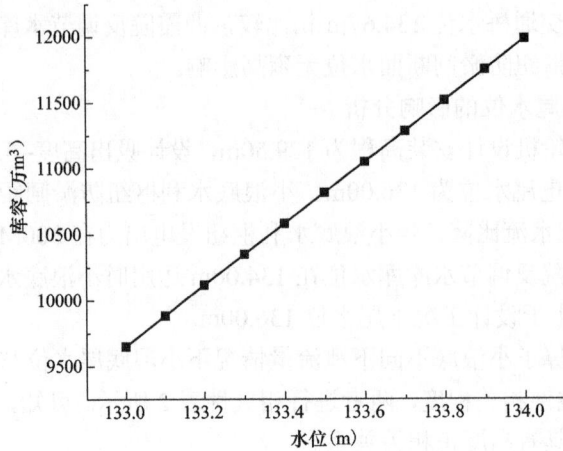

图1　西霞院反调节水库水位库容关系

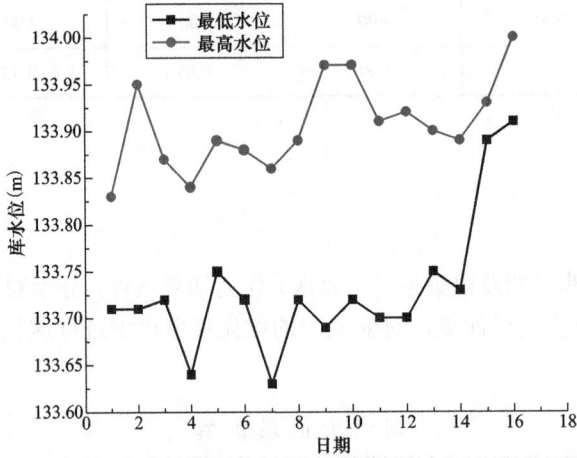

图2　2014年9月西霞院反调节水库运用水位

　　目前西霞院反调节水库库水位一般在133.80m以上高水位运用，当小浪底水利枢纽机组调峰大流量下泄时，利用其下泄水流需要1h之后才能到达西霞院反调节水库坝前的特点，西霞院反调节水库提前1h适当加大下泄量，确保西霞院反调节水库库水位最高不超过134.00m运用。西霞院反调节水库高水位运用不影响小浪底水利枢纽正常运用，不影响小浪底水利枢纽调峰运用。2014年9月西霞院反调节水库平均库水位133.84m，2013、2012年9月西霞院反调节水库同期平均库水位分别为133.5m和133.48m，分别提高0.29、0.36m，平均提高0.325m。西霞院反调节水库水轮机额定水头为11.5m，发电水头提高2.83%，可相应增加发电量2.83%。按照近5年西霞院平均年发电量6亿kWh计算，每年可增加发电量1702万kWh。

4　结论

　　本文通过构建调度优化模型和现场实测数据进行对比，得出了西霞院反调节水库库经济运行水位，结果表明：

（1）水位不超 134.00m 运用且小浪底水利枢纽小出力运行时，对小浪底水利枢纽尾水位没有影响。

（2）小浪底水利枢纽大出力运行时，小浪底水利枢纽尾水水位和西霞院库水位之间有较强的相关性。

（3）结合实际运行统计资料，建议提高西霞院反调节水库正常运用下限水位。

（4）根据理论模型求解，优化调度函数较常规调度方案年均可增加发电量 2.85%，具有良好的经济效益。

参考文献

［1］王小平．西霞院水库软岩硬土工程特性试验研究［D］．南京：河海大学，2007．

［2］刘宗仁，王亚春．西霞院反调节水库工程设计综述［J］．人民黄河，2006（9）：4-5，62，79．

［3］白涛．基于调峰的梯级水库短期联合优化调度研究［D］．西安：西安理工大学，2010．

［4］刘攀，郭生练，张文选，等．梯级水库群联合优化调度函数研究［J］．水科学进展，2007，81（6）：816-822．

［5］张厚军，安催花．黄河西霞院水库特征水位分析［J］．人民黄河，2003（10）：7-9．

作者简介

邓自辉（1981—），男，高级工程师，从事水电厂运行工作。E-mail：dengzihui@xiaolangdi.com.cn

李航行（1995—），男，工程师，从事水电站运行工作。E-mail：358159691@qq.com

陈　磊（1980—），男，工程师，从事水电站运行工作。E-mail：chenlei@xiaolangdi.com.cn

西霞院电站副厂房生活水中断分析及处理

陈建祥　李银铠　刘益伟　桂　宁　方建熙　沈远航

（黄河水利水电开发集团有限公司，河南省济源市　454684）

[摘　要] 西霞院水电站用水主要包括机组技术供水及泵润滑水、厂房消防供水、副厂房生活用水，由南岸深井泵房通过两根供水管道输送至厂房消防主管道后，再进行分支使用，因此会相互影响。西霞院电站厂房内近期多次出现电站技术供水压力降低、副厂房生活水中断现象，由于机组技术供水方式具有多种方式，且厂房内用水支路结构复杂，通过本次分析研究及现场实验验证查找出问题原因，并采取一定措施进行解决，提高西霞院电站供水系统的稳定性。

[关键词] 技术供水；压力；生活水中断；稳定性

0　引言

西霞院电站作为黄河小浪底电站的反调节水电站，将小浪底水库下泄的不稳定水流变成稳定水流，保证黄河河道不断流的同时，还从根本上消除了小浪底水电站调峰对下游河道的不利影响[1]。西霞院电站安装 4 台 35MW 的轴流转桨式水轮发电机组，总装机容量为 140MW，年平均发电量约为 5.83 亿 kWh。西霞院电站副厂房生活水、消防水和发电机组技术供水冷却水都是由南岸泵房至发电厂房供水管道供水[2]。发电机技术供水主水源采用循环水池供水方式为空冷器、推力瓦、下导瓦冷却供水，当循环水池内水消耗不足时，则通过补水阀从供水管道内补水[3]。其中，7、8 号机组共用 1 号循环水池，9、10 号机组共用 2 号循环水池，西霞院电站内副厂房生活水、消防水、机组主轴密封冷却供水则由供水管道直接供水。因此，它们都会对厂房内供水系统产生影响，导致厂房内生活消防用水压力降低甚至中断。

1　事件经过

2023-12-15 13:57 8 号机组、9 号机组正常运行；积水供水为循环供水方式，1 号循环水池补水阀自动开启为循环水池补水。

2023-12-16 11:26 8 号机组、9 号机组主轴密封压力降低至 0.22MPa 左右；副厂房消防水、生活水中断。

2023-12-16 16:00 手动关闭 1 号循环水池补水电动阀，阀门控制方式在"自动"位。

2023-12-16 18:42 1 号循环水池补水电动阀，自动打开补水。

2023-12-17 16:11 8 号机组、9 号机组主轴密封压力为 0.22MPa，副厂房仍没有消防水、生活水，通知机械室去副厂房楼顶为消防供水管路排气。

2023-12-18 16:57 发现 1 号循环水池补水阀仍在开启状态，并为循环水池补水；手动关闭 1 号循环水池补水电动阀，阀门控制方式在"自动"位。

2023-12-19 00:19 西霞院副厂房生活水恢复，机组主轴密封水压力恢复至 0.27MPa。

2 现场检查

经查看上位机历史数据，发现 12 月 15~16 日循环水池补水阀全开后机组主轴密封冷却水压力一直下降，在此期间与厂房技术供水相关的工作主要有"西霞院工程坝前取水滤水器前管路利用 7 号、10 号机空冷器通水冲淤"，执行此项工作安措后 1 号循环水池补水阀全开，副厂房生活水压力开始降低、中断；在 2023 年 12 月 19 日 09：50 执行西霞院工程坝前取水滤水器前管路利用 7 号、10 号机空冷器通水冲淤工作结束后，西霞院副厂房生活水也恢复正常，运行机组主轴密封压力也恢复正常。现地查看其他相关补水阀、泵的润滑水等管路均正常。

3 问题分析及处理

3.1 问题分析

主轴密封水压力表位于厂房 115m 高程，该压力表位于厂房内直接连接在清水供水干管最低高程的压力表，可用于反应厂房内清水供水管路压力[4]。线路①为坝前取水滤水器前管路利用 7 号、10 号机空冷器通水冲淤排水线路；线路②为供水干管为循环水池补水线路；线路③为机组冷却水循环供水线路。西霞院副厂房生活水是通过厂房消防水主管路上某一支路引水至最高供水点（高程为 143m）后再向下进行副厂房生活供水。

由于 12 月 15 日西霞院工程坝前取水滤水器前管路利用 7 号、10 号机空冷器通水冲淤安措中将 7 号机组冷却水至下游尾水电动阀 F20721 全开，1 号循环水池漏水开始出现漏水现象，运行机组主轴密封压力降低，西霞院生活水缺失。在 12 月 19 日 09：50 将西霞院工程坝前取水滤水器前管路利用 7 号、10 号机空冷器通水冲淤安措解除后，关闭 7 号机组冷却水至下游尾水电动阀 F20721 后，1 号循环水池就不再出现漏水现象，补水电动阀也未再开启，西霞院副厂房生活也恢复正常，运行机组主轴密封压力也恢复正常。与循环供水管路和坝前取水滤水器冲淤管路相关的隔离阀有：7 号机组循环供水进口闸阀 F20704 阀门为手动阀门处于常开状态，7 号机组循环供水进口阀 F20703 为电动阀门经常进行开启和关闭。综合以上现象，分析为进口电动阀 F20703 关闭不严，导致在坝前取水滤水器前管路利用 7 号、10 号机组空冷器通水冲淤安措做完后，如图 1 中的路线④所示由于冲淤管路压力约为 0.2MPa，机组循环供水管路压力约为 0.4MPa，存在压差，1 号循环水池的水通过电动阀 F20703 和闸阀 F20704 流至机组空冷器，最后通过机组冷却水至下游尾水电动阀 F20721 漏至尾水。

如图 1 所示经过实验手动全开 7 号机组冷却水至下游尾水电动阀 F20721，其他阀门不动，现地查看 7 号机组循环供水进口电动阀 F20703 虽然在全关状态，但有明显的过流声，且空冷器流量计从 0 变为 16.4m³/h。这证明电动阀 F20703 确实存在关闭不严的问题。由于电动阀 F20703 关闭不严导致 1 号循环水池内的水通过 F20703 阀跑水至坝前取水冲淤工作管路中排至尾水导致补水阀一直开启为循环水池补水，无法达到关阀水位及时关闭补水阀，致使副厂房生活水压逐步降低直至停水[4]。

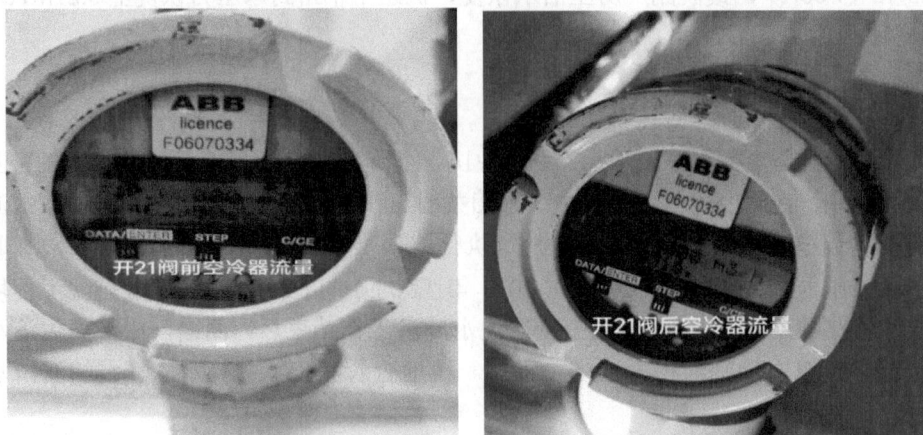

图 1   实验前后空冷器流量对比图

3.2   问题处理措施

针对 7 号机组循环供水进口电动阀 F20703 关闭不严问题，为防止类似问题出现及时检查与循环供水方式相关的阀门能否关严。例如：机组循环供水进口电动阀 F2XX03、机组冷却水至下游尾水电动阀 F2XX21 等。及时检查 1、2 号循环水池各泵及渗漏排水泵润滑水阀门漏水情况，循环水池补水阀是否能正常根据水池水位开启或关闭。

针对补水阀无法及时关闭问题，现地查看补水阀与水池溢流阀位置较为接近，适当降低循环供水补水阀全关时的水池水位定值，可及时关闭补水阀，使厂房生活水压力不会一直降低中断生活水。

4   结论

本次西霞院电站副厂房生活水中断事件是由于 7 号机组循环供水进口电动阀 F20703 关闭不严，1 号循环水池内的水通过 F20703 阀跑水至坝前取水冲淤工作管路中排至尾水，导致循环水池内水量不足，补水阀为循环水池补水，且水池水位无法达到 2.42m 关阀水位，因此补水阀一直处于全开补水状态。致使副厂房生活水压力逐步降低直至生活水中断。副厂房生活水在主轴密封压力降低至 0.235MPa 时，副厂房生活水会丢失；压力上升至约为 0.285MPa 时（不去顶楼排气，打开水龙头即可），生活水可恢复。若再次出现该情况时，应及时检查厂房内循环水池补水阀及管路、循环水池及渗漏集水井润滑水及管路、主轴密封水管路、消防栓等有无漏水，根据实际情况采取关闭补水阀、润滑水阀门、副厂房楼顶排气、打开副厂房水龙头等措施使厂房内主轴密封冷却水压力恢复正常，恢复副厂房消防生活用水。本次事件直接原因是由于 7 号机组循环供水进口电动阀 F20703 关闭不严和补水阀关阀水位定值设置不合理导致副厂房消防生活水中断，已在积极整改中；根本原因还是西霞院南岸泵房至发电厂房供水流量有限造成的，此问题还有待后续继续探索研究，通过解决如何增强供水能力来提高西霞院厂房整体供水系统稳定性，彻底消除可能导致机组停运、消防水功能丢失的隐患。

参考文献

[1] 李鹏，孔卫起. 小浪底电站技术供水系统运行实践 [J]. 电网与清洁能源，2016，32（5）：114-117.

[2] 陈伟，李鹏，李玉明. 小浪底水电厂技术供水系统的介绍及应用 [J]. 水力发电，2004（9）：7-9.

[3] 孔卫起，李国怀，田武慧. 循环冷却技术供水在西霞院反调节电站的应用 [C] //科技创新与现代水利——2007 年水利青年科技论坛论文集. 2007：201-204.

[4] 崔培磊，赵志民，张阳，等. 西霞院水电站技术供水管路残压和主轴密封水示流信号器异常分析 [J]. 水电能源科学，2011，29（10）：127-129.

作者简介

陈建祥（1992—），男，工程师，主要从事水电站运行管理工作。E-mail：1343949022@qq.com

李银铛（1983—），男，高级工程师，主要从事水电站运行管理工作。E-mail：lydang@163.com

刘益伟（1993—），男，工程师，主要从事水电站运行管理工作。E-mail：191468226@qq.com

桂　宁（1989—），男，工程师，主要从事水电站运行管理工作。E-mail：1012785280@qq.com

方建熙（1982—），男，高级工程师，主要从事水电站运行管理工作。E-mail：fanganran@163.com

沈远航（1995—），男，工程师，主要从事水电站运行管理工作。E-mail：770636943@qq.com

西霞院水电站8号机组出力降低原因分析及应对措施

刘益伟　杨可可　陈建祥

（黄河水利水电开发集团有限公司，河南省济源市　459000）

[摘　要]通过分析研究找出西霞院水电站8号机组出力降低的原因，并采取相应的措施提升机组出力，改善机组运行工况，减少机组的振动和摆度，提高机组安全稳定可靠性、使机组发电效益和经济效益最大化，同时提高西霞院水库水资源的利用率，取得一定的社会效益。

[关键词]西霞院水电站；出力降低；应对措施

0　引言

西霞院反调节水利枢纽工程是小浪底水利枢纽工程的配套工程，其开发任务是以反调节为主，结合发电，兼顾供水、灌溉等综合利用。2003年1月前期工程开工，2004年1月主体工程开工，2006年11月实现截流，2007年5月下闸蓄水，2008年1月主体工程全部完工，2011年3月，通过水利部组织的竣工验收。

西霞院反调节水电站为河床式厂房，最大高度为51.5m，共设有4台单机容量为35MW的轴流转桨式水轮发电机组，总装机容量为140MW，多年平均发电量约5.83亿kWh。机组正常运行净水头为5.83~13.82m。单机最大过流量为345m³/s。

1　8号机组出力降低原因分析

调水调沙期间，随着西霞院水库降水位运用，库水位持续下降，从133.35m一直降至130.05m，其中并网运行的4台水轮发电机组随水头降低有功持续下降，机组负荷连续下降，有功功率从35MW降至25.11MW，期间有段时间上游水位有所上涨，库水位逐渐抬升至131.85m，机组有效水头也应该增加，机组出力理应增加，其中，7、9、10号机组出力随水头增加而增加，但8号机组有功不增反降，最低降至13.50MW，机组运行工况严重恶化，振动和摆度大幅增加，发电量大幅下降，机组发电效益损失严重。

表1　　　　　　　　　　　　　7、8号机组出力变化统计表

日期	8月7日	8月8日	8月9日	8月10日	8月11日	8月12日	8月13日
水头（m）	11.35	10.61	9.87	9.13	8.4	9.15	9.85
7号机组出力（MW）	35	32.49	29.85	26.51	25.11	26.55	29.80
8号机组出力（MW）	35	31.21	28.39	25.15	23.30	20.12	13.50

运行人员针对可能造成 8 号机组出力降低的原因进行逐个分析排查，包括机组导叶与桨叶协联关系错误、机组过流不足、机组过机含沙量较大、水位信号计故障、上下游水位落差、拦污栅栅格过密、机组拦污栅淤堵等[1]。在 8 号机组出力持续降低过程中，重新调整出力，机组导叶开至 100%，而出力仍继续下降，立即将调速器控制方式切至手动模式，机组出力达到出力设定值，而随后出力又继续开始下降，说明机组导叶和桨叶协联关系没有出现错误；而通过计算发现 8 号机组过机流量也在正常范围内，通过现场检查发现水位信号计工作正常、上下游计算水位差在正常范围。

通过现场检查发现 8 号机组拦污栅前漂浮物聚集较多，有大量垃圾，淤堵严重，而其他机组拦污栅前垃圾较少，停机之后进一步检查发现拦污栅已严重淤堵，确定拦污栅淤堵为导致 8 号机组出力降低的主要原因。西霞院反调节水电站每台机组前设置有 3 扇拦污栅，每扇拦污栅孔口尺寸为 5.33m×21.1m。由于西霞院水质的关系，拦污栅基体表面更是附着了大量的贝壳类水生物[2]。机组拦污栅淤堵情况如图 1 所示。

图 1　机组拦污栅清理前

2　机组出力降低应对措施

2.1　机组运行工况恶化后的应急处置

8 号机组出力下降的初期阶段，运行人员判断是由于水头降低造成，所以相应的调低西霞院机组负荷，确保机组运行工况良好。当机组负荷持续下降，通过上位机调整机组出力已不能达到稳定机组负荷的目的，立即派人到现场将调速器控制方式切至手动模式，以维持机组负荷稳定。同时到现场查看拦污栅是否淤堵，现场实测机组运行水头，如果实际水头过低，则立即向中调申请西霞院机组全部停机。在西霞院上游库区设置拦漂设施，拦截较大漂浮物，然后驾船进行打捞，对拦漂设施进行定期维护。机组拦污栅清理后如图 2 所示。

图 2　机组拦污栅清理后

2.2　针对漂浮物形成处理方案和制度

针对 8 号机组拦污栅淤堵严重，公司要求各部门分工明确，完成西霞院坝前库面漂浮物现状全面梳理工作，收集相关资料，最终形成漂浮物处理制度编制、调度规程等，并发布实施。综合应用排漂、捞漂、抓漂、清漂、拦漂、控漂方式对库面漂浮进行清理和治理。针对 8 号机组出力降低的异常情况，吸取教训，对其他机组的拦污栅进行及时清理，防患于未然。全停西霞院 4 台机组，全关排沙底孔，打开泄洪闸门将污物引流至泄洪孔排走[3]。

2.3　各台机组拦污栅后安装雷达水位监测计

吸取 8 号机组拦污栅淤堵导致出力减低的教训，为提高现场实时数据采集的准确性，也为运行值班人员提供可靠的判断依据，在机组拦污栅后安装准确性更高的雷达水位监测计，实时反馈精准的水位信息。加强对水位监测装置的定期维护与试验，保证水位监测装置的可靠性。

2.4 深入贯彻落实河长制

全面加强西霞院库区流域河道管理工作，规范库区水事秩序管理，清理网箱养鱼、拦河绳索，严禁废渣入库等违法违规事件，严格监管涉水取水项目，加大水陆巡查力度，从根本上清理西霞院库区的漂浮杂物，提高西霞院机组的发电效益。

3 效果检验及巩固措施

3.1 效果检验

通过对西霞院反调节电站 8 号机组拦污栅进行清理的同时进行排漂运用，清理排漂后，西霞院水电站上游的漂浮杂物明显减少，机组拦污栅前已无淤堵，机组的运行有效水头已达到要求，机组运行工况明显改善，机组出力也达到了 31MW，8 号机组每日累计发电量提高约 42 万 kWh，发电效益可观。西霞院机组运行水头的提高降低了耗水率，节约了黄河水资源[4]。

3.2 巩固措施

健全完善针对汛期西霞院机组运行工况恶化的应急预案，定期组织反事故演习，在演习中发现问题并总结、解决问题，提高运行管理人员出力紧急事故的反应能力。在中控室监屏的上位机界面中新增西霞院各台机组实时运行水头的数据显示界面，运行值班人员可以实时了解机组的运行工况，保证机组的稳定运行。在西霞院工程进水口机组段设置拦漂排，提前拦截，便于人工清污，不影响机组运行[5]。采购合适的清污船只，根据西霞院库面漂浮物清理的实际需求确认采购船只的规模和数量。在拦污栅前加装自动清污设备，清污机及时清除发电洞栅前污物，降低"栅差"或彻底解决"栅差"问题，保证机组正常发电出力和稳定运行。在机组进水口前设置浮动式拦污栅，定期进行引流排漂[6]。

4 结论

通过分析研究发现，西霞院水电站 8 号机组拦污栅淤堵是造成机组出力降低的主要原因，对机组拦污栅进行清理，并对坝前漂浮物进行排漂，并制定西霞院库区漂浮物处理方法与制度。采取措施后，8 号机组运行工况明显改善，振动和摆度大幅降低，机组出力由 13.5MW 提升至 31MW，提高了机组的安全稳定可靠性、使机组发电效益和经济效益最大化，同时提高西霞院水库水资源的利用率，取得一定的社会效益。

参考文献

[1] 李鹏. 小浪底和西霞院两站优化运行探讨 [C] //中国水利学会 2021 学术年会论文集第一分册，2021：158-161.

[2] 沈笛，赵珂，王渤权，等. 考虑减淤的小浪底—西霞院水库联合优化调度 [J]. 人民黄河，2020，42（12）：23-28.

［3］刘耀，宋丽波，张鹏飞，等. 西霞院水库优化运行分析［J］. 机电信息，2020（26）：39-40.

［4］刘耀，陈伟，宋丽波. 西霞院电站机组尾水异常上升的原因分析［J］. 机电信息，2020（29）：24-25.

［5］闫振峰，马怀宝，蒋思奇，等. 西霞院水库库区淤积泥沙清淤方案设计［C］//水库大坝高质量建设与绿色发展——中国大坝工程学会 2018 学术年会论文集，2018：37-41.

［6］朱旭萍，廖昕宇，张松宝，等. 西霞院水库库区防淤堵情况分析［J］. 水利科技与经济，2014，20（9）：10-12.

作者简介

刘益伟（1993—），男，中级工程师，主要从事水电厂发供电设备运行与管理工作。E-mail：191468226@qq.com

杨可可（1991—），男，中级工程师，主要从事水电厂发供电设备运行与管理工作。E-mail：2390513032@.qq.com

陈建祥（1993—），男，中级工程师，主要从事水电厂发供电设备运行与管理工作。E-mail：1343949022@qq.com

境外某水电站事故统计分析及防范对策

郑艺远[1] 涂志章[1] 苏 江[2] 丁德强[1] 孙体政[1]

（1. 华能澜沧江水电股份有限公司·桑河二级水电有限公司，云南省昆明市 650214；

2. 云南华电金沙江中游水电开发有限公司，云南省昆明市 650228）

[摘 要]境外某水电站运营期间系统侧发生多起事故，或引起机组停机，或造成线路跳闸，给电站安全运行造成严重影响，故有必要对电站历年来发生的事故进行统计分析。采用描述性统计分析方法，对 2018～2021 年电站内各系统发生的事故进行统计，分析事故的主要原因，并提出有效的防范对策，防止事故重复发生。

[关键词]水电站；事故；统计分析；主要原因；对策

0 引言

柬埔寨电网正处于发展阶段，电网架构较为薄弱，境外某水电站安装 8 台单机容量 50MW 的灯泡贯流式机组，在薄弱电网中属于大机小网。目前，事故分析的方法很多，凌津滩水电厂事故统计分析按设备分类方法，仅采用统计表的方法进行事故统计和原因分析，分析过程不够形象。[1]基于数据统计的水电厂设备运行分析和 110kV 及以上电力电缆系统故障统计分析采用柱形图、折线图，并辅助统计表进行事故统计及原因分析，统计分享方法的运用丰富，但事故分类局限于厂内设备，未考虑电网系统及环境因素，不适用于薄弱电网系统中电站事故的统计分析。[2-3]截至目前，针对境外电站事故统计分析的研究相对较少，相关综述性文章更是寥寥无几。本文以境外水电站为例，采用描述性统计分析方法，对历年来该电站发生的事故进行了统计和事故简况分析，找出事故的主因，并采取有效的防范对策，有效降低了机组非停及线路跳闸事故的发生率，为境外类似电站的事故防范提供参考。

1 境外某水电站各系统事故统计

境外某水电站机组及辅助设备常年运行于高温高湿环境，输电线路长，且途经森林或草地，加之雨旱季分明，雷雨大风天气频繁，相比国内同类型水电站，运行环境较为恶劣。电站从首台机组投产发电以来至 2021 年底，每年发生的事故总数呈逐年上升趋势，严重影响机组的安全稳定运行，故急需找出事故发生的主要原因，采取有效措施进行防范。根据初步统计，境外某水电站从 2017 年底首台机组投运至今，230kV 出线系统、35kV 系统、发变组、10kV 及 400V 厂用电系统由于事故造成机组停运或线路跳闸事故屡见不鲜。由于设备、线路或柬埔寨电网故障导致机组甩负荷或地区电网停电事故的次数就超过 164 次。其中，对电站安全稳定运行影响较大的系统，如 230kV 系统故障，造成机组空载运行或事故停机就多达 20 起，平均每年超过 4 起，给机组安全稳定运行埋下严重隐患。

为便于对不同年度的故障进行统计分析，以 2018～2021 年境外某水电站各系统发生的事故为例，各年度各系统发生的事故统计见表 1。

表 1　　　　　　　　　　　　2018～2021 年境外某水电站各系统事故统计

年份	230kV 系统故障次数	35kV 系统故障次数	10kV 及 400V 系统故障次数	发变组故障次数	故障总次数
2018	6	15	2	1	24
2019	5	20	4	1	30
2020	4	47	0	1	52
2021	3	49	1	0	53
合计	18	131	7	3	159

由表 1 得到 2018～2021 年各系统故障占比，见图 1。

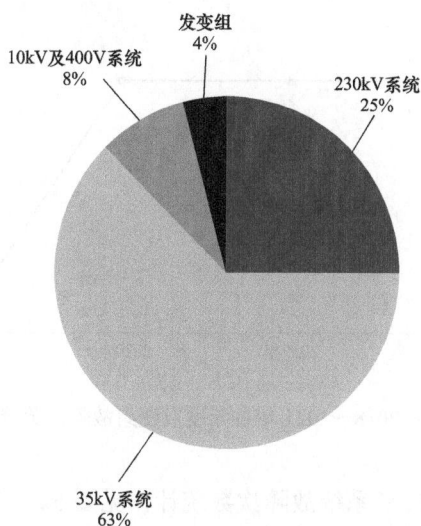

图 1　2018～2021 年各系统故障占比

2018～2021 年各年度故障总次数，见图 2。

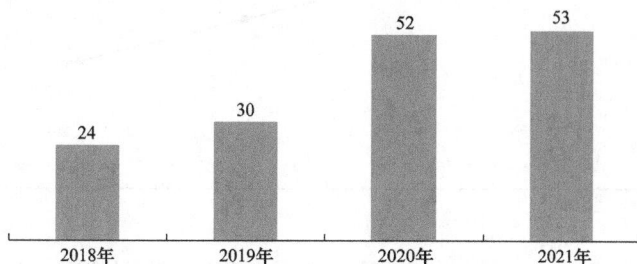

图 2　2018～2021 年各年度故障总次数

2018～2021 年各年度 10kV 及 400V 厂用电系统故障次数统计，见图 3。

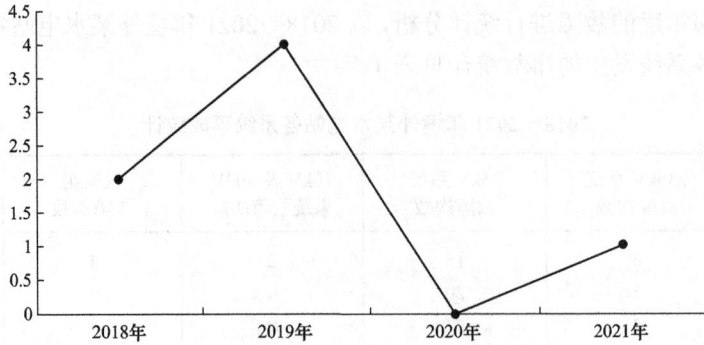

图 3　2018～2021 年各年度 10kV 及 400V 厂用电系统故障次数统计

2018～2021 年各年度发变组故障次数统计，见图 4。

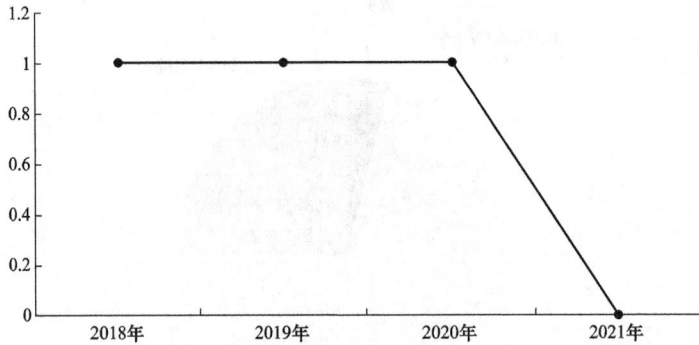

图 4　2018～2021 年各年度发变组故障次数统计

2018～2021 年各年度 230kV 系统故障次数统计，见图 5。

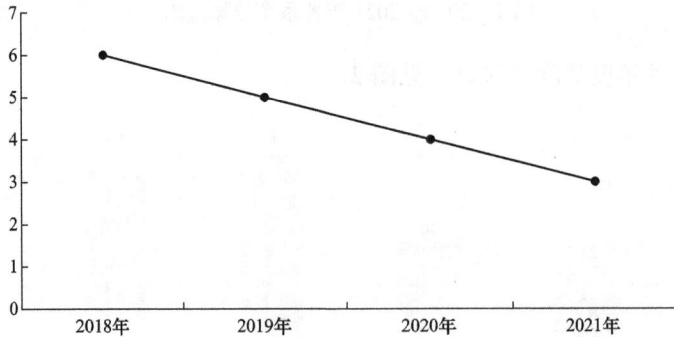

图 5　2018～2021 年各年度 230kV 系统故障次数统计

2018～2021 年各年度 35kV 系统故障次数统计，见图 6。

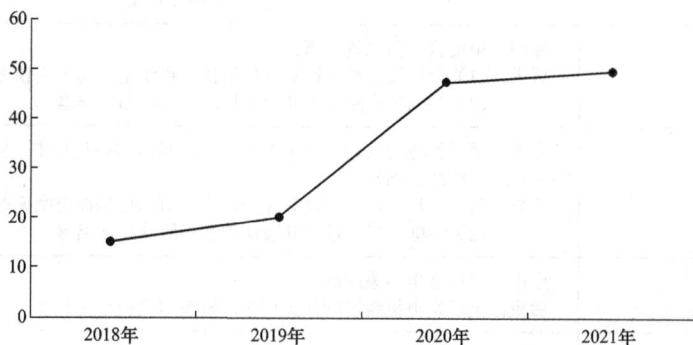

图 6　2018～2021 年各年度 35kV 系统故障次数统计

2　事故分析及要因确认

2.1　各系统事故分析

根据图 1，2018～2021 年内 230kV 系统、35kV 系统、10kV 及 400V 厂用电、发变组单元发生故障的占比差异较大。其中，35kV 系统共发生 131 次故障，占总故障的 63%，占比最大；230kV 系统次之，占比 25%。此两者约占境外某水电站故障总数的 90%，在所有系统各种故障类型中占比最大。根据图 2，2018～2021 年各年度故障总次数呈递增趋势，递增幅度先大后小，越往后故障总次数越多。

2.2　事故构成的要因确认

根据图 3 可知，2018～2021 年 10kV 及 400V 厂用电系统各年度发生故障的次数不超 4 次，2018 年、2019 年发生故障次数较多，2020～2021 年仅发生一次。发生故障的主要原因有雷击，设备质量问题，当地居民伐树、烧荒，树木搭接，小动物等引起保护跳闸。发生故障后，电站专业人员均及时对以上问题进行处理，如改用 10kV 电缆替换裸线，清理 10kV 输电线路沿线树木，更换质量可靠的设备、进行盘柜孔洞封堵等措施，问题得到有效解决。当前 10kV 及 400V 厂用电系统故障已得到有效控制。故 10kV 及 400V 厂用电系统故障不是境外某水电站事故构成的主因。

根据图 4，可以看出 2018～2021 年发变组各年度发生故障的总次数为 3 次，且均发生于机组投运后前三年。故障原因分别为：电刷磨损短路；制动行程开关未复位；机组液压锁锭电磁阀线圈断线。以上均是机组设备问题导致机组停运或开机失败，属于偶然发生事件，对其余机组进线对照检查及处理后，已无同类故障发生。故发变组故障不是境外某水电站事故构成的主因。

根据图 5，2018～2021 年 230kV 系统故障总次数达 18 次，各年度故障次数呈递减趋势，但每年发生 230kV 系统事故的次数不低于 3 次。虽然 230kV 系统故障次数逐年降低，但由于每次故障往往造成严重后果，故需重视。2018～2021 年 230kV 系统事故简况统计见表 2。

表 2   2018～2021 年 230kV 系统事故统计

发生时间	事故原因及后果
2022/1/16	原因：柬埔寨电网系统故障。 后果：（1）全厂发电机组过频保护动作，机组甩负荷至空载态。 　　　（2）230kV 线路过压 Ⅱ 段保护动作跳线路断路器
2021/1/8	原因：柬埔寨电力公司（EDC）工作人员检修线路过程中，安全措施不到位导致 230kV 运行线路跳闸。 后果：（1）全厂发电机组过频保护动作，机组甩负荷至空载态。 　　　（2）230kV 线路过压 Ⅱ 段保护动作跳线路断路器
2021/1/14	原因：柬埔寨电网系统故障。 后果：全厂发电机组过频保护动作，机组甩负荷至空载态
2021/9/29	原因：柬埔寨电网系统故障。 后果：（1）全厂发电机组过频保护动作，机组甩负荷至空载态。 　　　（2）230kV 线路过压 Ⅱ 段保护动作跳线路断路器
2020/1/2	原因：柬埔寨电网系统故障。 后果：（1）全厂发电机组过频保护动作，机组甩负荷至空载态。 　　　（2）230kV 线路过压 Ⅱ 段保护动作跳线路断路器。
2020/6/10	原因：老挝线路跳闸。 后果：（1）230kV 线路过压 Ⅰ 段保护动作跳线路断路器。 　　　（2）全厂发电机组过频保护动作，机组甩负荷至空载态
2020/10/9	原因：柬埔寨电网系统故障。 后果：（1）全厂发电机组过频保护动作，机组甩负荷至空载态。 　　　（2）230kV 线路过频 Ⅱ 段保护动作跳线路断路器
2020/10/31	原因：230kV 输出线路遭雷击，导致 230kV 线路差动保护动作跳闸。 后果：（1）230kV 线路差动保护动作跳线路断路器。 　　　（2）全厂发电机组过频 Ⅱ 段保护动作，机组甩负荷至空载态。 　　　（3）2 号机组低频 Ⅴ 段保护动作跳 35kV 出线断路器。 　　　（4）10kV 厂用电备自投装置动作
2019/3/3	原因：柬埔寨电网系统故障。 后果：（1）全厂发电机组过频保护动作，机组甩负荷至空载态。 　　　（2）10kV 厂用电备自投装置动作
2019/5/8	原因：柬埔寨电网系统故障。 后果：（1）全厂发电机组过频 Ⅱ 段保护动作，机组甩负荷至空载态。 　　　（2）10kV 厂用电备自投装置动作
2019/5/22	原因：柬埔寨电网系统故障。 后果：（1）全厂发电机组励磁系统强励。 　　　（2）全厂发电机组过流二段保护动作事故停机，造成全厂失电
2019/7/20	原因：柬埔寨电网系统故障。 后果：（1）230kV 线路过压 Ⅰ 段保护动作跳线路断路器。 　　　（2）全厂发电机组过频保护动作，组甩负荷至空载态
2019/11/29	原因：柬埔寨电网系统故障。 后果：（1）全厂发电机组过频 Ⅱ 段保护动作，机组甩负荷至空载态。 　　　（2）230kV 线路过压 Ⅰ 段保护动作跳线路断路器
2018/1/28	原因：柬埔寨电网系统故障。 后果：全厂发电机组过频保护动作，机组甩负荷至空载态
2018/2/1	原因：柬埔寨电网系统故障。 后果：全厂发电机组过频 Ⅱ 段保护动作，机组甩负荷至空载态

发生时间	事故原因及后果
2018/3/10	原因：柬埔寨电网系统故障。 后果：全厂发电机组过频保护动作，机组甩负荷至空载态
2018/3/21	原因：柬埔寨电网系统故障。 后果：全厂发电机组过频保护动作，机组甩负荷至空载态
2018/4/6	原因：柬埔寨电网系统故障。 后果：全厂发电机组过频保护动作，机组甩负荷至空载态

从表 2 可以看出，230kV 系统故障原因有很多，主要包括：由于柬埔寨电网故障导致机组过频切机；由于柬埔寨电网故障，造成系统频率及电压下降，引起机组强励动作，机组复压过流动作停机，造成电站机组全停；由于越南或老挝线路故障跳闸，导致线路过压动作跳闸，机组过频切机，系统电压崩溃；由于自然因素如雷击造成线路差动保护动作，机组过频切机等。每次故障均造成电站电力送出受阻，机组甩负荷空载运行或机组停机，后果较为严重，故 230kV 系统故障是境外某水电站事故构成的主因，需采取有效措施加以防范。

根据图 6，2018～2021 年内 35kV 系统故障总次数高达 131 次，且呈现逐年递增的趋势，根据图 1，35kV 系统故障占境外某水电站各系统总故障的 63%，占比最大，是境外某水电站事故构成的主因，有必要对其事故原因及发生频次进行进一步分析。

境外某水电站 35kV 出线供往柬埔寨地区电网，主线长度超过 250km，输电线路多采用架空裸线，且穿越草地或森林，供电环境恶劣。造成 35kV 系统故障跳闸的原因主要由于树枝、异物搭接，杆塔倒塌，当地居民烧山、烧荒，动物造成短路，雷雨大风天气，输电线路故障，线路互感器炸裂，负荷侧故障等。2018～2021 年 35kV 系统事故简况统计见表 3 和图 7。

表 3 2018～2021 年 35kV 系统事故统计

故障原因	故障次数
树枝、异物搭接	5
杆塔倒塌	1
烧山、烧荒	5
动物	1
雷雨大风	16
线路故障	100
线路附属设备故障	1
负荷侧故障	2

根据表 3 和图 7，35kV 系统事故发生频次最多的是输电线路发生的各种瞬时或永久性故障，多达 100 次，占比高达 76.3%，需重点关注。其次是雷雨大风天气，为 16 次，占比为 12.2%，雷雨大风天气往往造成线路搭接短路或避雷器击穿短路等事故，也需重视。另外，由于 35kV 系统输电线路长，且多采用架空裸线，穿越草地或森林，所以发生树枝或异物搭接短路，当地居民烧山、烧荒引起线路绝缘击穿的现象也较为常见，分别有 5 次，占比为 3.8%。以上四种事故原因是构成 35kV 系统事故的主因，需重点关注，并采取措施加以防范。其余类型的故障均为小概率事件，可以通过采取有针对性的预防措施，如定期对输电线路附属设备及杆

塔进行维护或消缺，即可有效避免，不构成 35kV 系统事故的主要原因。

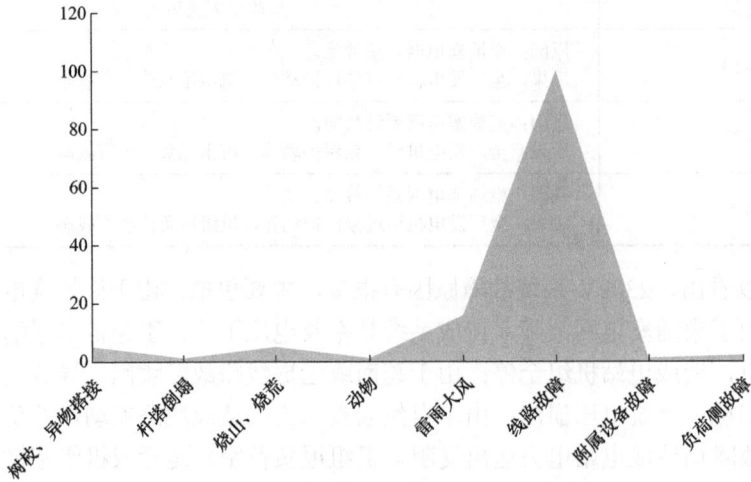

图 7　2018～2021 年 35kV 系统事故简况统计

3　事故防范措施

综合以上分析，根据故障对电站机组及设备的影响程度和故障发生的频次，不难看出 230kV 系统及 35kV 系统故障中的部分故障是境外某水电站事故构成的主要原因，必须进行重点关注和防范。境外某水电站事故构成的主因汇总见表 4。

表 4　　　　　　　　　　　　　　境外某水电站事故构成的主要原因

系统	故障主要原因
230kV 系统	柬埔寨电网系统故障
35kV 系统	输电线路故障
35kV 系统	雷雨大风天气
35kV 系统	树枝、异物搭接
35kV 系统	烧山、烧荒

3.1　防范柬埔寨电网系统故障导致机组、线路跳闸的措施

（1）加装安全稳定控制装置。柬埔寨电网处于发展阶段，基础较薄弱，给电站安全稳定运行带来较大隐患。针对当前电网系统故障，只能通过机组过频保护功能将电站机组与电网系统脱离。机组频率保护属于继电保护范畴，是电力系统中的第一道防线，同一电站内的机组过频保护无法根据机组所带负荷大小或根据优先级切除，故一般将其动作定值及时间整定相同，导致机组过频保护无法保证选择性。当电网出现轻微频率稳定事故达到过频保护动作值时，将切除电站全部机组，往往造成故障切除后系统失稳，出现电网系统频率及电压崩溃事故[4-6]。电力系统维持稳定、防止崩溃的重要措施，是由电力系统中的第二道防线——安全稳定控制装置和第三道防线——失步解列装置实现的，此两种安全自动装置是保证电力系统安全稳定的重要组成部分[7]。所以，可以通过加装安全稳定控制装置，当系统出现轻微频率

稳定事故时，根据安全稳定控制装置事先设定的切机策略切除电站内的部分机组，使系统频率恢复稳定，防止电站与电网系统脱离、线路跳闸或系统崩溃。

（2）持续做好230kV线路、发变组保护装置运行维护，优化与完善电厂保护系统定值策略与电网系统匹配，防止发生电网系统轻微波动时，由于装置或定值问题造成保护跳闸。

（3）定期开展电网故障导致机组、线路跳闸的事故预想及演练，进一步提高专业人员应急处置能力，防止人为处置不当导致跳闸事故。

3.2 防范35kV系统事故造成35kV线路跳闸的措施

（1）柬埔寨一年中雨季和旱季分明，雨季集中发生于5～11月，其余时间为旱季。雨季持续时间长，树木生长快，雷雨大风等恶劣天气频繁，极易发生树木搭接，雷电入侵导致线路跳闸事故。而枯期，由于当地居民有烧山、烧荒习俗，又容易发生烧山、烧荒引起线路绝缘击穿短路，避雷器、互感器烧损接地等故障。故电站专业人员需采取应对雨季及旱季有针对性的防范措施，如雨季来临前清理输电线路沿线的树木及异物；加强备品物资管理，保证备品物资充足，对线路避雷器及电压互感器等容易击穿或烧损的设备，应增加巡检频次，发现线路、设备缺陷或损坏应及时消除或更换；加强与当地政府沟通，当地居民开展烧山或烧荒前，提前做好计划，并告知电站人员，以便提前对沿线树木、异物等可燃物进行清理等。

（2）优化35kV线路保护定值。根据35kV线路较长，从事故后处理情况来看，80%以上事故均为单相瞬时性故障。由于35kV为单侧电源、部分敷设电缆线路，根据规程规定，可以选用单相重合闸方式，投入线路单相重合闸功能，通过重合闸动作来提高线路供电的可靠性。[8]

（3）加强35kV系统供电线路及设备管理，编制35kV系统供电线路的专业巡检工作清单，定期开展线路巡检，并建立设备巡检台账，做好巡检记录，发现问题及时处理。

（4）对露天运行设备通过搭设防雨棚等措施，改善设备运行环境；对沿线的设备盘柜孔洞进行封堵，做好防护措施，防止蛇鼠等小动物进入造成短路。

（5）专业人员应加强技能培训，提升业务技能，同时定期开展恶劣气候下事故预想及应急演练，提高事故应急处置能力，防止发生事故应急处置不当造成设备损坏或事故扩大。

4 结论

境外某水电站由于地处境外，电站及线路运行环境恶劣以及柬埔寨电网薄弱等原因，导致电站每年发生的事故的概率远超国内同类型电站。本文以年为单位，运用描述性统计分析方法，通过对电站投运以后4年间电站发生的各种类型故障进行统计分析，分系统归类汇总同类型故障，辅以Excel工具中的饼状图、柱状图、折线图及面积图等功能，得到构成电站事故的主要系统和导致事故发生的主要原因，并提出有针对性的防范措施及对策，达到减少同类事故重复发生的目的。目前境外某水电站已采取部分防范对策，如加装电站侧安稳装置，采用适合电网现状的稳控策略[9-10]；又如协调当地电力人员和居民定期清理35kV沿线树木、异物，减少烧荒等，截至2023年底，电站近2年内发生35kV系统事故总数减少了近30次；再如研究投入35kV线路单相重合闸功能，优化35kV系统定值，使输电线路上下级保护在定值和时间上合理配置。根据前文分析，若投入35kV重合闸功能，电站事故总数将减少75%以上，这将有效提升地区电网的供电可靠性。

统计发现，电站事故中 90%以上为 35kV 系统故障造成，由于电站与当地人员在语音、专业知识、供电可靠性观念等方面存在差异，造成沟通及整改效率低下，导致 35kV 系统事故频发，仍然构成了电站事故的主因。基于此，建议境外电站应加强与当地电力人员和居民的沟通，深入了解当地文化、习俗和居民需求，制定切实有效的防范措施，进一步减少 35kV 系统事故。

综上所述，运用描述性统计分析方法对电站各类事故进行统计分析，并提出防范对策的可行性和有效性显著，本文还分析了措施实施过程中所面临的困难和挑战，并提出了相关建议，具有一定的借鉴意义和推广价值。

参考文献

[1] 孙立峰，张舜. 凌津滩水电厂事故统计分析 [J]. 华中电力，2001，14（5）：16-17，65.

[2] 高凡，柏文珺，李宁. 基于数据统计的水电厂设备运行分析 [J]. 水电与新能源，2021，35（8）：44-47.

[3] 惠宝军，傅明利，刘通，等. 110kV 及以上电力电缆系统故障统计分析 [J]. 南方电网技术，2017，11（12）：44-50.

[4] 电力行业电网运行与控制标准化技术委员会. DL 755—2001，电力系统安全稳定导则 [S]. 北京：中国电力出版社，2001.

[5] 中国电机工程学会继电保护专委会. DL/T 723—2000，电力系统安全稳定控制技术导则 [S]. 北京：中国电力出版社，2000.

[6] 张勇，李建设，黄河，等. 安全稳定控制装置线路跳闸判据的改进 [J]. 南方电网技术，2009，3（3）：74-76.

[7] 方勇杰. 电力系统的自适应解列控制 [J]. 电力系统自动化，2007，31（20）：41-44，48.

[8] 中国电力企业联合会. DL/T 584—2017，3kV～110kV 电网继电保护装置运行整定规程 [S]. 北京：中国电力出版社，2018.

[9] 郑艺远，胡利，苏江. 薄弱电网下稳控装置控制策略设计分析及工程应用 [C] //中国电力技术市场协会，2022 年电力行业技术监督工作交流会暨专业技术论坛论文集，2022 年 11 月 22 日，杭州，中国：200-207.

[10] 夏彦辉，董宸，孙丹，等. 小规模电网安全稳定实时控制系统研制与应用 [J]. 电力系统保护与控制，2018，46（18）：67-72.

作者简介

郑艺远（1987—），男，工程师，主要从事电厂继电保护运维检工作。E-mail：451394185@qq.com

涂志章（1992—），男，研究生，主要从事电厂继电保护运维检工作。E-mail：1179980936@qq.com

苏 江（1989—），男，工程师，主要从事水电厂二次设备维护检修工作。E-mail：137637833@qq.com

丁德强（1987—），男，工程师，主要从事发电机监控自动化控制系统运维检工作。E-mail：419530504@qq.com

孙体政（1991—），男，工程师，主要从事调速器及辅机系统运维检工作。E-mail：10832117@qq.com

水电站压缩空气系统自动排污功能
设计与应用浅析

薛　锋　解　志　段恋鸿　杨升正

（中国长江电力股份有限公司乌东德电厂，云南省禄劝县　651500）

[摘　要]压缩空气系统是常规水电站必不可少的辅助控制系统，广泛应用于水电站的机组机械制动系统、调速器液压系统、封闭母线供气及空气围带等不同场景。压缩空气系统储气罐排污的彻底与否直接影响着供气质量，严重时将影响各系统正常运行。本文旨在讨论水电站压缩空气系统自动排污功能的设计与应用效果。

[关键词]压缩空气系统；自动排污；温差；水电站

0　引言

某水电站装配了 12 台立轴混流式水轮发电机组，为保障水电站各系统正常运行，配置了中压气系统、低压气系统，其中，低压气系统又分为机械制动用气系统、微正压用气系统和工业用气系统，两个压力等级的 4 套压缩空气系统独立运行。中压气系统供气压力为 8.0MPa，主要用于水轮发电机组调速器液压系统供气。低压气系统供气压力均为 0.8MPa，分别用于机械制动和空气围带、封闭母线微正压系统、检修吹扫供气。[1-3]

该水电站为了保证压缩空气系统供气的质量（干燥度、清洁度），采用定期工作的形式在控制柜触摸屏进行电动操作或现地纯手动操作对压缩空气系统进行人工排污。该排污方式不仅对人力资源造成了极大的浪费，在水电站少人化、无人化的大趋势下，会使人力资源进一步紧张。同时，由于值班人员技能水平、操作习惯、操作经验各不相同，对于排污是否完成的判断也不尽相同，可能造成储气罐排污不充分，影响压缩空气系统的供气质量，严重时甚至导致设备损坏影响各压缩空气系统及其供气负荷正常运行。

1　储气罐排污不彻底危害分析

压缩空气储气罐排污不彻底时会使液态水、油污等杂质汇集在储气罐的底部，使气体中的含水量增加，从而严重影响供气质量。具体影响如下：

1.1　在供气管路低点产生积水

该水电站在运行初期时，由于微正压用气系统负荷多、漏气量大等客观原因，造成该气系统空气压缩机频繁启动，日均启停约 50 次。由于空气压缩机启动过于频繁，汽水分离器及冷干机无法达到预期效果，造成气罐底部长期积水，气体中水分含量严重超标。经过长时间累积，在微正压系统的供气管路地点产生大量积水。该积水不仅会造成管路锈蚀，甚至有可能反水至各机组微正压控制柜，造成二次控制回路短路故障，严重影响系统功能。

1.2 造成供气系统元器件动作卡涩

当供气中的含水量超标时，会使气系统元器件运行环境恶化，长期运行在该环境下会造成阀组、活塞等元器件性能异常，甚至出现卡涩后无法动作的情况。某电站机械制动供气系统气罐排污采用人工排污方式，由于排污不彻底造成供气中含水量增加，同时，由于该电站水分过滤器功能失效，大量液态水、油滴、铁锈被带入制动器中。制动器长时间运行在恶劣环境下，制动器内部锈蚀、结垢，使活塞与套筒间摩擦阻力变大，最终导致制动器无法动作而失效。[4]

2 自动排污功能设计

根据液体和气体通过局部开启的阀门所表现的外部特性差异，可以实现压缩空气系统全自动排污功能，设计的系统结构详情如图 1 所示。正常状态下手动阀保持局部开启（开度可根据实际需求进行开度调整），电动阀 1、电动阀 2 关闭。达到 PLC 设定的排污周期或积水报警器动作后，PLC 发令将电动阀 1、电动阀 2 依次开启，开始排污，此时局部开启的手动阀流过的是液体，测温模组 1、2 的温度和环境温度相当，温差接近零。当排污完成后，局部开启的手动阀流过气体，气体在手动阀处膨胀吸热，阀门前后出现较大的温差，当温差 ΔT 达到 PLC 设定的定值后延时开出关电动阀指令，电动阀 1、电动阀 2 关闭，排污流程结束。在规定的时间内温差未达到设定值时，PLC 开出排污超时异常报警，并开出关电动阀指令关闭电动阀 1、电动阀 2。同时若排污过程储气罐压力低于报警定值时，为避免压力进一步降低对供气对象产生影响，PLC 开出指令紧急关闭电动阀 1、电动阀 2。

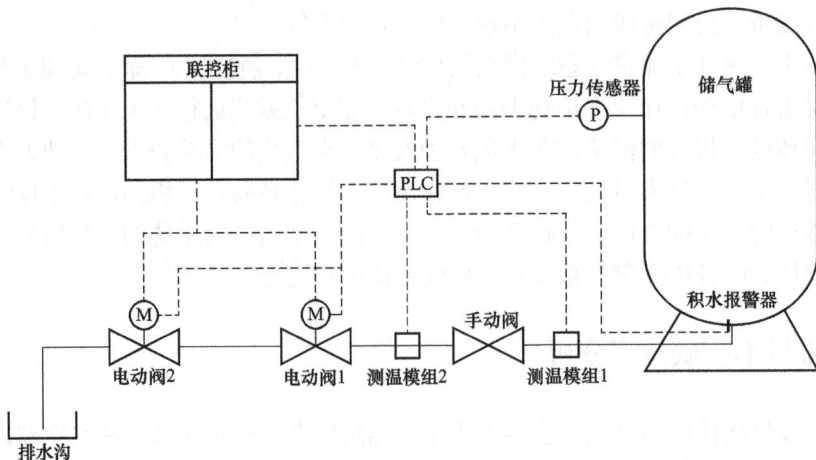

图 1　自动排污系统结构图

3 现场试验验证

为对设计的自动排污系统功能进行验证，分别对该电站中压气系统、制动用气系统在不同情况下进行试验数据测量，测量原则如下：

（1）排污开始前记录手动阀两侧管路温度即为零时刻温度，开始排污后每隔 30s 记录一次温度。

（2）排污前记录气罐压力初始值及手动排污阀开度百分比。

（3）待手动阀两侧温差基本保持不变即可停止测量。

中压气系统在手动排污阀开度为 30%、40%的情况下进行试验数据测量，相关试验数据如表 1、表 2 所示。

表 1 中压气罐试验数据 1

中压气罐（压力初始值 8.3MPa、手动排污阀 30%开度）			
时间（min）	阀前温度（℃）	阀后温度（℃）	温差（℃）
0	19.6	19.6	0
0.5	19.6	5.6	14
1	19.6	4.2	15.4
1.5	19.6	3.7	15.9
2	19.6	3.2	16.4
2.5	19.6	2.9	16.7
3	19.4	2.6	16.8
3.5	19.4	2.5	16.9

表 2 中压气罐试验数据 2

中压气罐（压力初始值 8.3MPa、手动排污阀 40%开度）			
时间（min）	阀前温度（℃）	阀后温度（℃）	温差（℃）
0	20.1	20.1	0
0.5	19.5	10	9.5
1	17.2	7.1	10.1
1.5	16.8	5.9	10.9
2	16.2	5.2	11
2.5	14.6	5	9.6
3	13.8	4.7	9.1
3.5	13.6	4.5	9.1
4	13.5	4.4	9.1
4.5	13.3	4.4	8.9
5	13.3	4.3	9

制动气系统在手动排污阀开度为 30%、70%的情况下进行试验数据测量，相关试验数据

如表 3、表 4 所示。

表 3 制动气罐试验数据 1

制动气罐（压力初始值 0.75MPa、手动排污阀 30%开度）			
时间（min）	阀前温度（℃）	阀后温度（℃）	温差（℃）
0	20.6	20.6	0
0.5	20.6	17.5	3.1
1	20.6	16.2	4.4
1.5	20.6	16.2	4.4
2	20.6	16.1	4.5

表 4 制动气罐试验数据 2

制动气罐（压力初始值 0.75MPa、手动排污阀 70%开度）			
时间（min）	阀前温度（℃）	阀后温度（℃）	温差（℃）
0	20.6	20.6	0
0.5	20.6	18.6	2
1	20.6	18.4	2.2
1.5	19.6	18.1	1.5
2	19	17.6	1.4
2.5	18.6	17	1.6
3	18.6	16.6	2
3.5	18.6	16.3	2.3
4	18.6	16.6	2

通过对上述试验数据进行分析可以发现：

（1）在不同压力等级（中压、低压气系统）、不同阀门开度等多种情况下进行试验数据测量，测量结果均显示手动排污阀后（远离气罐）温度均能在下降后趋于稳定，手动排污阀前后温差逐步上升后也能趋于稳定。

（2）通过试验数据分析发现手动排污阀开度越大，阀后压力下降越快，同时由表 2、表 4 数据可以发现手动排污阀开度过大会使阀后温度急速下降并在一定程度上影响阀前温度。

（3）实验数据显示对于低压气系统（0.8MPa）阀门前后温差最高能达到 4.5℃，对于中压气系统（8.0MPa）阀门前后温差最高能达到 16.9℃。在不同压力等级（中压、低压气系统）、不同阀门开度等多种情况下进行试验数据测量，测量结果均满足自动排污功能设计要求。

4 结论

通过现场实际设备相关试验可以发现，文中所设计的自动排污功能是可行的，由于自动排污完成所采用的判据为手动排污阀前后温差，因此可以保证压缩空气系统储气罐排污的彻底性，有效提高压缩空气系统供气质量，同时还能极大地减少人力资源的无效占用，具备应用推广的实际条件。

但在实际应用中需要注意以下问题：

（1）为保证气系统的安全运行，手动排污阀不宜全开，避免气罐压力骤降对整个气系统造成冲击。

（2）手动排污阀开度过大会使阀后温度急剧下降，并使阀前温度随之降低，同时对于中压气系统还需关注在该情况下排污管路结冰问题，因此具体开度设定宜根据试验结果进行确定。

（3）对于不同系统温差变化情况不尽相同，具体定值宜根据试验结果进行确定。

参考文献

[1] 林锦生. 中小型水电站用气系统设计方案的选择 [J]. 中国农村水利水电，2004（9）：122.

[2] 文红. 压缩空气系统的节能设计 [J]. 建筑技术开发，2016，43（4）：119-120.

[3] 石映飞. 浅析压缩空气系统节能 [J]. 冶金设备，2022（278）：118-121.

[4] 郑航. 落脚河水电站机组制动系统故障原因分析及处理 [J]. 贵州水力发电，2010，24（5）：60-61.

作者简介

薛　锋（1990—），男，工程师，主要从事水电厂运行维护相关工作。E-mail：xue_feng1@ctg.com.cn

解　志（1991—），男，工程师，主要从事水电厂运行维护相关工作。E-mail：xie_zhi@ctg.com.cn

梯级电站集控中心运行防误操作设计研究

田祚堡 周 敏 赵 全

（三峡水利枢纽梯级调度通信中心成都调控部，四川省成都市 610094）

[摘 要] 水电站集控中心在"调控一体化"调度管理模式，调控业务复杂，缺乏必要的智能化技术手段支撑，存在潜在人为误操作安全风险。为了保证集控中心网络调控下令、检修任务等调度业务的全流程正确性，利用当前调度自动化系统和监控系统，按调度业务流程设计防误规则，通过调度自动化系统的智能防误技术措施，实现调度下令、操作命令票拟写、检修全流程、倒闸操作防误闭环控制，可有效控制人为误操作的重大风险，对提升梯级电站集控中心安全调度运行能力意义重大。

[关键词] 调控一体化；误操作；智能防误；倒闸操作

0 引言

三峡梯调成都调控中心是金沙江下游溪洛渡—向家坝梯级电站（以下简称"溪向梯级电站"）的调控管理机构，是梯级电站"调控一体化"值班模式与"水电合一"值班方式的探索者和践行者，通过实施联合优化调度，最大程度发挥梯级枢纽防洪、发电、航运、生态等综合效益[1]。溪向梯级电站配置 18 台 770MW、8 台 800MW 的大型水轮发电机，总装机容量 2026 万 kW，是我国"西电东送"的骨干工程[2]。

国内部分流域梯级水电站的远程调控中心采用了"调控一体化"模式进行调度生产管理。集控中心与电厂通过操作命令票的方式下发操作指令，电厂运行操作人员根据调控中心下达的操作指令在监控系统上进行远方操作，涉及梯级电站主设备如机组、500kV 断路器、泄洪闸门等。随着梯级电站投产机组增多，检修工作日益繁重，运行操作变得更为频繁，运行操作人员在监控系统上出现误操作的概率有所上升。因此，研究调控中心倒闸操作防误闭锁方案以防范运行人员人为误操作显得尤为重要。

1 防误管理及误操作风险分析

为了防止值班员在倒闸操作或检修申请执行过程中出现人为误操作，需要判定严格的安全组织措施、安全技术措施。

1.1 组织措施

（1）制定并执行相关管理制度。为规范管理，集控中心制定了《调控运行管理细则》《操作命令票管理细则》《工作票管理细则》等一系列相关管理制度，严格执行这些制度，可以有效地防范人为电气误操作的发生。

（2）严格执行"两票三制"。运行操作人员必须严格执行"两票三制"管理制度。通过加强安全培训教育，提高员工对两票制度的认识和重视程度，严肃操作纪律，确保操作准确安全，做好交接班相关工作。

（3）开展安全培训及落实奖惩制度。集控中心会定期开展安全培训工作，提高员工的安全意识和业务素质，严格执行奖励惩罚制度，增强员工的责任心和参与度。

1.2　技术措施

（1）电气操作标准化、规范化。集控中心制定了详细的电气操作标准、规范和程序，要求操作人员严格按照规程规定执行操作，从而有效防止人为电气误操作的发生[3]。

（2）配置防误装置。按《防止电气误操作装置管理规定》，集控中心的监控系统和电气设备均配备了防误闭锁装置，从而有效避免了人为电气误操作的发生。

（3）标准化作业指导书。集控中心编制了标准化作业指导书，要求员工按照指导书进行各项操作，使得作业流程规范化，减少误操作事故的发生。

1.3　人为误操作风险分析

在操作过程中，电气人为误操作事件不断发生，对电力系统构成危害，也成为安全管理的一大痛点。这些误操作的发生因素主要包括人员、设备和管理三个方面[4]。人员的不安全行为是操作成电气误操作的直接原因，包括：人员误听、误动、误判；擅自操作设备；处理不当；跳项、漏项；走错间隔；无票操作；操作票填写错误；无监护；擅自解锁；随意改变警示标志牌；忽视警告；注意力不集中；违规操作等情况。同时，人员的身心、情绪、心理问题，性格因素，业务能力不足、安全意识认知不足、工作积极性、工作压力承受因素等，也可能引发人为误操作。

集控中心需要与国调、总调同时展开业务联系沟通，检修、操作等业务仍在使用传统方式电话联系，或在电网调度自动化系统中进行人工填写申请与受令，或凭借个人能力，人工把控检修各个流程执行的准确性。在这种调度业务管理模式，集控中心值班人员面对日益频繁的操作和越来越多的检修工作任务，检修流程各个环节繁多，调控操作倒闸跟踪与安全校验缺失，容易引发人为电气误操作等电力安全事故事件。

2　水电电站防误闭锁系统设计

调控运行管理系统是一个高度集成的智能化调度自动化系统，与电网检修管理系统、网络下令系统、成都电调监控系统实现数据交互，系统基础功能包括调度下令、检修申请单、操作命令票、信息报送等功能。该系统可根据运行操作人员调度下令、操作命令票拟写、检修申请单执行过程、监控系统倒闸操作的防误闭锁功能，实现这些过程的防范人为误操作目标，实现调控倒闸操作智能防误闭锁方案的智能化、专业化、安全化，提高梯级电站倒闸操作的安全性，提高实时调度运行安全水平（见图1）。

2.1　调度下令防误闭锁功能设计

调度下令操作前和操作后可根据设备状态设计防误闭锁功能。在每次下达指令之前，必须对相关设备的状态进行校核，确保遥信状态与指令设备的初始状态一致，否则操作将被暂停并形成闭锁，只有负责人密码解锁后才能执行下一步相关操作。同样，在每次指令收令前，也需要对设备状态进行校核，只有当监控系统的采集设备实时状态与设备的目标状态一

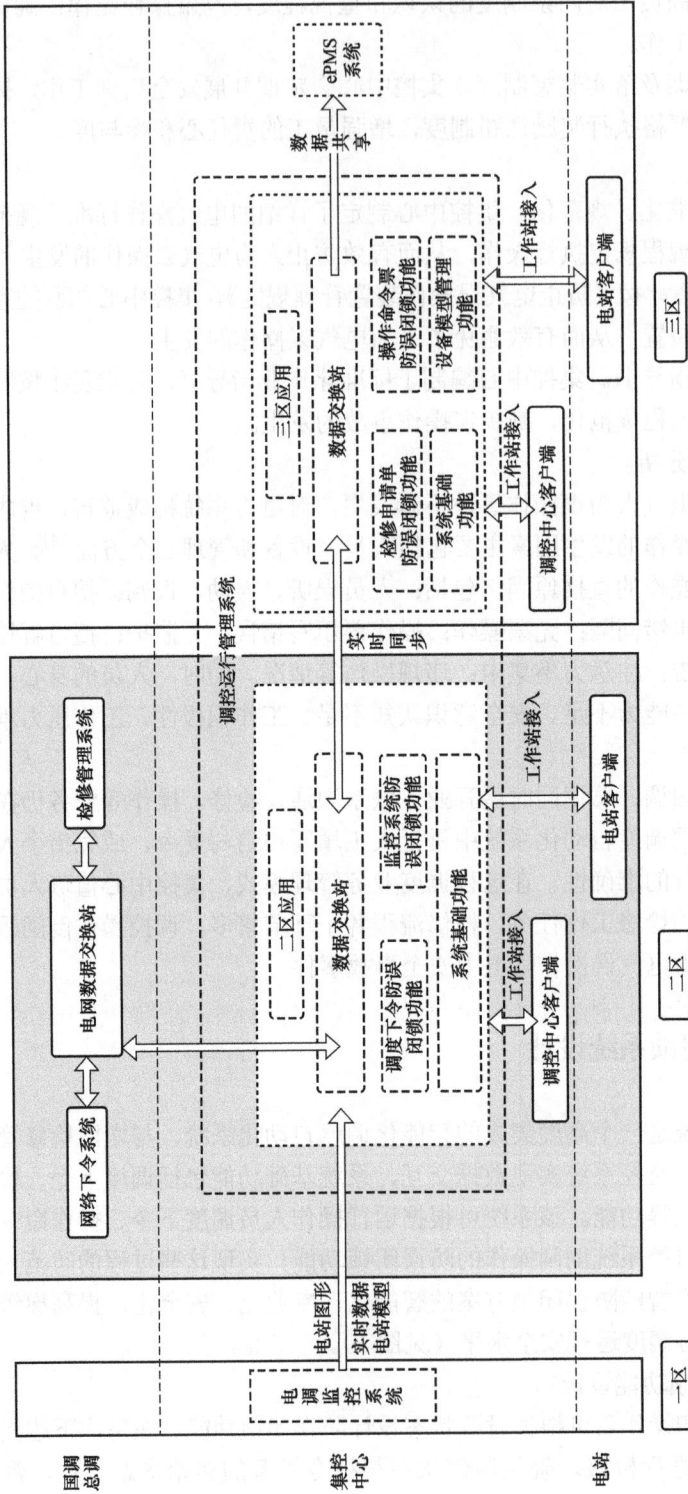

图 1 调控运行管理系统功能架构示意图

致，状态校核才能通过，否则操作也将被暂停并形成闭锁，需值班负责人确认后才能进行下一步操作。在操作过程中，还能设计显示设备实时状态，以便下令人监视倒闸操作过程。

2.2 操作命令票防误闭锁功能设计

操作命令票拟票时的防误功能设计基于拓扑逻辑进行电气"五防"防误校核。通过使用拓扑校核和操作前校核等方法，确保拟票的准确性和安全性。

在拟写断路器操作时，存在断开断路器电闭锁规则，即断开断路器会导致与其相连的母线失电。对于 3/2 接线方式和 4/3 接线方式，断路器的操作顺序也有一定的规则，如断母线侧断路器时，中间断路器必须在合位。此外，合上断路器时，需要遵守禁止带接地开关合断路器的规则，即如果接地开关在合位，禁止合上断路器。同时，合断路器与隔离开关的操作也有一定的闭锁规则，即只有当断路器两侧都有隔离开关在合位时，才能合上断路器。

在进行隔离开关操作时，需要遵守禁止带电拉隔离开关的规则。同时，拉开和合上隔离开关时，也存在一定的顺序闭锁规则，如拉开断路器两侧隔离开关时，应先拉负荷侧（线路侧），后拉电源侧（母线侧）；合上断路器两侧隔离开关时，应先合电源侧（母线侧），后合负荷侧（线路侧）。此外，隔离开关与断路器也存在一定的闭锁规则，如果断路器处于合位，则不允许拉开或合上断路器两侧的隔离开关。

在进行接地开关操作时，需要搜索直接连接的线路或断路器，如果设备处于运行或热备用状态，则不允许合上接地开关。同时，也需要搜索接地开关作用范围内的隔离开关，只有当这些隔离开关全部处于分位时，才允许合上接地开关。

2.3 检修申请单防误闭锁功能设计

为了避免检修执行过程中的操作安全风险，可以基于调控运行管理系统来实现针对检修申请单执行流程各环节与操作执行的智能防误闭锁方法，主要通过采用相关联的闭锁数据信息确认相关状态是否满足要求，即校核相关操作命令票与检修申请单业务流程状态、校核流程执行所需设备实际状态与设备实时状态，设备实时状态从监控系统实时获取，防误闭锁的核心设计思路就是在执行相关业务操作时校验下令状态、检修申请单状态、设备实时状态，如果自动校验不一致，则暂停指令执行或者闭锁流程，操作纠正后再次校验，如果自动校验通过，则流程可正常执行。在检修申请单执行各个环节均可由系统不同功能模块间联动闭锁，实现全过程防误校核闭锁。

（1）停电操作调度下令防误设计。在停电执行环节，需要确认上级调度操作命令已下令或已下达，防止未下令而操作。可设计集控中心操作命令票下令校核电网侧操作命令票或操作许可书面命令，实现停电操作前确认电网是否下令。

（2）检修申请单开工申请防误设计。在检修开工申请时，为防止未满足电网开工要求而执行开工申请，需要设计开工申请防误闭锁。需校核停电设备状态，满足要求则可申请开工，反之闭锁流程。

（3）检修申请单开工下令防误设计。在梯级电站检修申请单执行流程中，通过调控运行管理系统设置梯调检修申请单模块执行全部流程，包括电厂发起、梯调接收、会签等。同时，梯调检修申请开工下令与电网检修申请单状态闭锁，电网检修申请单已开工则可下令开工，否则闭锁流程提示。同时需校核设备状态，满足要求则可下令开工，否则闭锁流程提示。

（4）检修申请单延期防误设计。在检修申请单延期申请环节时，通过调控运行管理系统检修申请单模块中校验梯调检修申请单状态是否为延期接受状态方可向电网申请延期。同时，梯调检修申请单延期批准需与电网检修申请单延期状态闭锁，梯调检修申请单延期批准时校验电网检修单状态是否为延期状态，满足要求则可延期批准，否则值班员不可批准梯调检修申请单延期并提示。

（5）检修申请单完工确认防误设计。在处理梯调检修申请单完工时，需要核实停电设备状态，满足要求则可完工确认。具体设计为梯调检修申请单完工确认时需校核设备状态，如果设备状态与检修申请单要求一致则可完工确认，反之则闭锁流程并提示。

（6）检修申请单完工申请防误设计。在进行电网申请检修申请单报完工时，需要报完工前核实设备实时状态。为防止设备状态不满足完工要求报完工，可在电网检修申请单完工申请时校核设备实时状态，校核通过则可进行完工申请，反之则闭锁流程并进行提示，同时还需与集控中心检修申请单状态闭锁，梯调检修申请单为已完工状态才可申请电网检修申请单完工，否则闭锁流程提示。

（7）复电环节调度下令防误设计。在复电操作环节，需要确认上级调度操作命令已下达。具体设计为集控中心复电操作下令流程中设计两个校验闭锁环节：一是集控中心操作命令票下令校验电网操作命令票下令状态，上级调度已下令则集控中心操作指令可下令，否则闭锁下令流程并提示；二是集控中心复电操作下令还需校验对应检修申请单状态，集控中心检修申请单完工后方可下令复电操作，否则校核失败闭锁流程并提示。

（8）机组启停操作的防误设计。机组启停申请环节，在向电网申请机组启停操作的过程中，操作人员在自动化系统中发起机组启停申请，系统自动对填写内容进行票面校核，运行操作人员签收并检查申请内容，最后值班负责人审核批准。该防误设计来避免信息填写错误。

机组启停操作命令票下令环节，为避免值班员未待电网机组启停操作命令下令许可而下达梯调机组启停操作命令的情况，对电网机组启停许可操作申请单状态进行校验，若状态为"许可操作"状态则允许下令，否则闭锁流程并给出相应提示。

2.4 监控系统防误闭锁功能设计

为了防止操作命令执行过程中出现人为误操作，可在监控系统上进行操作防误设计。在已下令状态下，我们对每条指令内容进行智能分析和判断，以确保操作设备的初始状态和目标状态准确无误。随后，我们按照操作命令的顺序，将所有设备状态调整的完整顺序发送到电调监控系统中。当电调监控系统接收到相关信息后，电调监控系统会按照设备操作顺序进行实时状态比对，确认状态一致后，自动解锁此步骤的操作设备权限。如果状态不一致，系统将暂停操作并锁定误操作设备，同时发出校验提示。

3 结论

为了集控中心网络调控下令、检修任务等调度业务的全流程的执行正确性，按调度业务流程设计防误规则，从电气设备操作拟票前及操作前防误校核闭锁，对操作命令票内容和电调监控系统设备状态对比防误校核闭锁，在检修流程全过程防误校核闭锁，在机组启停环节防误校核闭锁，以及在电调监控系统上操作防误闭锁。通过调度自动化系统的智能防误技术措施，实现全流程防误闭环控制，可有效控制人为误操作的重大风险，对提升梯级电站集控中心安全调度运行能力意义重大。

参考文献

[1] 关杰林．溪洛渡—向家坝梯级电站"调控一体化"调度运行管理模式研究 [J]．华东电力，2010（8）：1185-1187.

[2] 何尧玺．"调控一体化"在溪洛渡—向家坝梯级电站的应用 [J]．水电与新能源，2015（10）：35-39.

[3] 刘秋华．大中型水电站电气防误系统设计 [J]．电力自动化设备，2010（3）：103-106.

[4] 王洪，张广辉，林雄武，等．调控一体化运行模式下的智能化防误系统 [J]．华北电力技术，2013（10）：29-33.

作者简介

田祚堡（1986 年—），男，高级工程师，主要从事梯级水电站集中水、电调度运行管理工作。E-mail：tian_zuobao@cypc.com.cn

某抽水蓄能机组逆功率保护动作故障分析及处理

赵晓明 任 帅 刘 肖 钱 力 赵雪鹏

（河北张河湾蓄能发电有限责任公司 河北省石家庄市 050300）

[摘 要]某电站机组在发电运行过程中，监控系统报机组逆功率保护动作，触发机组电气事故停机。针对此问题进行全面排查，通过查看监控报文及设备图纸，采用逐项排查法确认故障点为紧急停机电磁阀线圈故障失磁，导致导叶突然关闭，触发机组逆功率保护。更换新线圈后，进行机组发电方向并网试验，机组试验运行正常，发电运行正常，缺陷处理完毕；并对于处理过程中遇到的阀组位置影响消缺效率问题进行研究，改造优化了电磁阀组，减少了此类问题消缺时间。

[关键词]逆功率保护；电磁阀；导叶

0 引言

张河湾抽水蓄能电站处于河北南部电网负荷中心，主要承担系统调峰、填谷、调频、调相等任务，并且在电网故障甚至瓦解时，可以充当电网最佳的紧急事故备用和"黑启动"电源，总装机容量 100 万 kW，安装 4 台 25 万 kW 的单级混流可逆式水泵水轮机组，以一回 500kV 线路接入河北南部电网，设计年发电量 16.75 亿 kWh，年抽水用电量 22.04 亿 kWh，电站综合效率为 0.76，逆功率保护设置两套，主要用于机组在发电工况运行时导叶意外关闭的保护。

1 逆功率保护简介

由于各种原因导致失去原动力，发电电动机变为电动机运行，此时为防止水轮机损坏，需配置逆功率保护。该保护通过检测发电工况下系统流向发电电动机的有功功率，为带反时限动作特性的方向性功率保护；发电机功率用机端三相电压、三相电流计算得到。

发电机逆功率保护闭锁逻辑：发电调相工况、水泵运行工况、水泵调相工况、被拖动机运行工况、拖动机运行工况、电制动工况、黑启动工况和断路器分闸状态时闭锁。

2 故障现象

张廉线 5002 断路器运行，5003 断路器运行，1、3、4 号机组发电运行，2 号机组正常备用；厂用电 10kV I 段由 1001 供电，I 段带 II 段，III 段由 1004 供电。3 号机组发电运行，出力 15 万 kW，运行时间约 30min，监控报警机组逆功率保护动作，3 号机组电气事故停机，主要报警信息及监控报警画面如下所示：

17：33：14.644 jz3cpm2：3 号机组发电机保护 B 套——逆功率信号（保护通信）

17：33：14.644 jz3cpm2：3 号机组发电机保护 B 套——装置报警（保护通信）

17：33：14.649 3 号机组保护 B 盘装置信号出口（SOE316）动作

17：33：14.650 3 号机组保护 B 盘报警（SOE269）动作

17：33：14.688 jz3cpm2：3 号机组发电机保护 A 套——逆功率信号（保护通信）

17：33：14.688 jz3cpm2：3 号机组发电机保护 A 套——装置报警（保护通信）

17：33：14.649 3 号机组保护 A 盘装置信号出口（SOE259）动作

17：33：14.650 3 号机组保护 A 盘报警（SOE261）动作

17：33：21.000 机组保护 B 盘跳闸动作，3 号机组电气事故流程操作（流程自启动）

17：33：21.653 3 号机组保护 B 盘跳闸（SOE315）动作

17：33：21.696 3 号机组保护 A 盘跳闸（SOE257）动作

3　故障原因分析

3 号机组发电运行出力 15 万 kW，向电网输送有功功率，此时机组发生逆功率保护动作，导致机组电气跳机，说明机组此时向电网吸收有功功率，有功方向发生变化。查看监控报文中，机组保护 A、B 盘动作（水机）、跳闸动作，电气事故停机启动信号动作以及 PLC 电气事故停机（水机），导叶在全关位置（水机），从报文中初步分析，原因有：①机组保护盘逆功率保护信号误动作导致机组跳机；②机组发电工况运行，导叶意外关闭[1]，机组吸收电网有功导致机组跳机。

4　排查及处理过程

机组故障跳机，运行值守人员密切关注机组电气机流程正常，各个辅机系统正常运转，保证机组平稳停机，机组未过速，同时维护人员根据初步分析原因进行逐项排查。

（1）电气跳机后对监控系统报文和保护装置信息进行查看，机组保护 A 套、B 套同时发 3 号机组电气跳闸信号，3 号机组电气跳机，保护正确动作；同时检查保护盘柜逆功率保护压板投入状态正常无误，各端子接线无松动，初步排除保护误动。

（2）查看故障时 3 号机组有功测值和导叶开度曲线图，发现导叶开度和有功功率在跳机前曲线有波动现象，初步判断是调速系统发生故障；首先进行检查调速器控制盘，盘柜上未发现异常报警和故障信息，调速系统 OPC 和 UPC 均无报警和故障信息，故此排除调速器电气部分故障。

其次，查看油压回路图纸，根据导叶接力器油压控制回路判断导致导叶关闭的原因可能为[2]：导叶接力器漏油导致油路失压、有关导叶开启和关闭的油压回路控制的电磁阀故障，主要涉及紧急停机电磁阀 AD200、调速器主配压阀、电液转换器。

根据预想原因逐项检查，现地水车室检查导叶接力器油回路，无跑冒滴漏现象，接力器本体无异常，排除接力器油回路原因[3]；接下来对三个元件进行排查，查看调速器主配压阀本体及阀座均无渗油，未发现异常；利用万用表测量电液转换器阻值为 26Ω，测值正常；测量紧急停机电磁阀线圈，阻值 9.4Ω，正常阻值 1.3kΩ 左右，判断紧急停机电磁阀线圈故障，基本处于短路状态，确定故障点在紧急停机电磁阀 AD200 线圈。同时，监控查看 3 号机组有功测值和导叶开度曲线，导叶开度和有功功率在跳机前曲线有波动现象，此时猜想导叶和有功功率波动原因可能为紧急停机电磁阀线圈在烧毁故障时出现短暂失磁和励磁，导致曲线抖动现象。

（3）故障处理。根据线圈型号，找到同型号的线圈备件，测量阻值为 1.385kΩ，进行更换故障线圈，更换过程中发现此处阀座由于初始设计原因，紧急停机电磁阀位置安装不当，导致不能够直接拔出其线圈，最后只能整体将阀组拆除后，更换故障线圈，此操作需要将油压回路做隔离措施，整体处理时间约为 2h，时间较长。

更换完成后，进行现地开导叶试验，油压系统现地启动，从现地控制盘进行开关导叶操作，水车室检查确认导叶液压锁定正常退出，将控制旋钮旋至开导叶方向，发现导叶未动作，检查油压系统运行正常，再次测量各元件阻值正常；查看油压控制柜图纸，回路中检查各端子接线正常，无松动；测量回路保险 FU42 为无穷大，其额定电流为 3A，判断保险烧损故障，因此导致控制回路不通，查找同型号保险备件，更换完成后，再次进行现地开、关导叶试验，导叶开启、关闭均正常，向调度申请机组发电方向并网试验，机组运行正常，缺陷消除。

综上所述，此次故障机理为：机组发电运行过程中，导叶动作油压回路上紧急停机电磁阀 AD200 线圈烧损短路，同时导致其控制回路保险 FU42 烧损，此时紧急停机电磁阀失磁，导致压力油回路直接泄压，导叶直接关闭，机组有功输出变为向电网吸收功率，机组逆功率保护正确动作，触发机组电气事故启动信号动作，机组出口断路器跳开，从解列电网。

5 总结及改造

（1）针对此次换下的电磁阀线圈进行拆解检查，发现线圈内部漆包线黏连在一起，绝缘已被破坏，内部发黑，说明线圈温度较高。拆解线圈内部如图 1 所示。

机组运行时，紧急停机电磁阀 AD200 为常励电磁阀，电磁阀励磁会使其线圈发热，长时间发热会导致内部铜线绝缘老化；根据每月测量油压系统二极管电阻值发现，电磁阀线圈电阻会随运行时长的增长而减小，当电阻值小到一定值时再加上发热容易导致线圈绝缘损坏发生短路，烧毁线圈。因此，对于设备维护总结经验：①电磁阀备件购买质量及验收要严格把关；②机组运行常励磁电磁阀制定定期更换周期。

图 1 电磁阀线圈拆解

（2）紧急停机电磁阀安装位置改造优化，此次缺陷处理时间整体约 2.5h，主要时间在于电磁阀线圈更换，由于阀组安装位置原因导致线圈不能直接拔出，需将整个阀组拆下后才能更换。紧急停机电磁阀线圈正前方为球阀主配压阀，线圈距离主配位置较短，不能直接取下，需要将液动阀、导叶延时关闭规律电磁阀、液动阀及管路整个阀组全部拆除后才能将线圈取下。因此，将紧急停机电磁阀布局进行了优化改造，这样紧急停机电磁阀线圈故障时可直接取出，更换线圈时间将缩短至 5min，大大缩短了处理时间，机组停运时间。如图 2～图 3 所示分别为电磁阀组改造前、优化改造后情况。

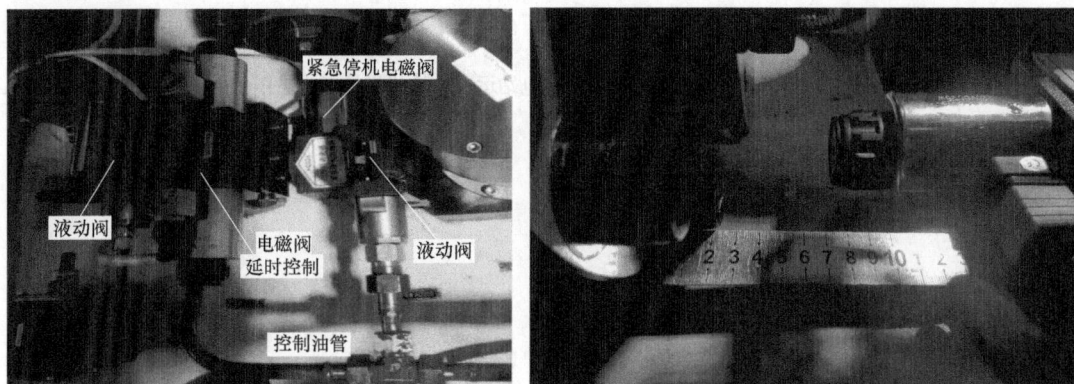

图 2 改造前电磁阀组

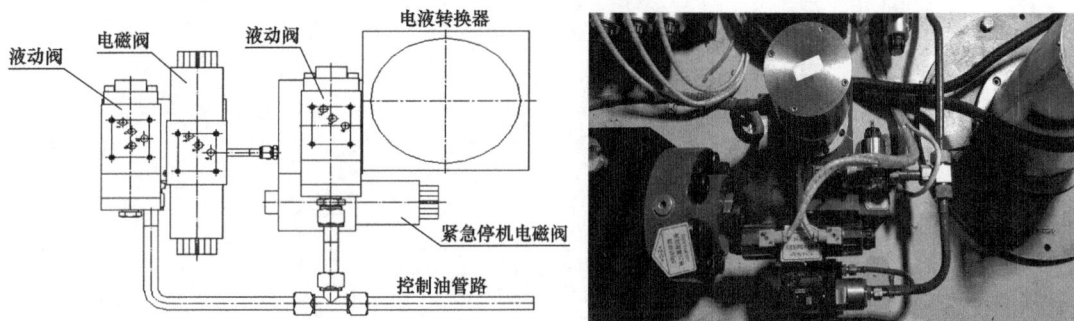

图 3 优化改造后电磁阀组

6 结论

机组设备维护良好是保障机组稳定运行的前提，缩短缺陷处理时间，可保障机组及时归调，更好地服务电网。

调速器系统是抽水蓄能机组的重要设备，在日常维护设备中需要发现设备运行规律，根据设备运行情况，定期对重要设备进行检查并总结，对于各种电磁阀阀芯动作行程、线圈阻值及常励运行状态熟悉掌握；对重要设备元器件参数、产品编号、使用期限进行全面梳理并做好台账管理；在消除缺陷过程中遇到问题，积极思考，缩短消缺时间，优化设备维护及管理。

参考文献

[1] 权强，林文峰，瞿洁，等. 抽水蓄能机组导叶开启故障分析及处理 [J]. 水电与抽水蓄能，2017（5）：17-19.

[2] 卢彬，关君，陈波，等. 一起典型的导叶关闭时间偏长的原因分析及处理 [J]. 水电站机电技术，2020

（12）：33-34，69.

［3］李永杰，昌杰朋. 3 号机组调速器压力油罐缺陷分析及处理 ［J］. 水电站机电技术，2020（12）：24-26.

作者简介

赵晓明（1991—），男，工程师，主要从事抽水蓄能电站运行与检修维护工作。E-mail：435950116@qq.com

某大型水电站渗透流量自动化
监测技术分析与研究

林昱光　赵中阳

（华能澜沧江水电股份有限公司，云南省昆明市　450000）

[摘　要] 渗透流量监测是大坝安全监测的重要项目，渗透流量监测数据能直观、准确地反映大坝及水工建筑物的渗流变化情况，进而反映水工建筑物的运行状态。某大型水电站渗透流量监测测点布置于大坝基础、大坝坝体、水垫塘廊道、8号机组排水洞、二期厂房及洞室 5 个区域，共计 22 个测点，重点监测点 17 个。从 2019 年的监测数据来看，某大型 17 个重点渗透流量监测测点中有 8 个测点渗透流量小于 10mL/s。由于流量过小，为确保监测数据可靠性，目前以人工监测手段为主进行渗透流量监测。为实现渗透流量自动化监测，结合渗透流量监测技术手段，针对某大型水电站渗透流量特点，分析研究适用于小于 1L/s 的自动化渗透流量监测技术手段，为某大型水电站及行业渗透流量自动化监测技术应用提供借鉴。

[关键词] 大坝安全监测；渗透流量；小流量；自动化监测

1　概述

某大型水电站工程位于云南省云县和景东县交界的澜沧江中下游河段上，是澜沧江流域综合规划布置的干流梯级之一，澜沧江中下游河段水电规划报告推荐的两库八级开发方案中的第三个梯级，为澜沧江干流上修建的第一个大（1）型水电工程。该水电站总装机容量 1670MW，拦河坝为混凝土重力坝，坝顶长 418m，最大坝高 132.0m，共 19 个坝段，消能建筑物采用水垫塘消能布置方案，水垫塘顺水流方向长 140m，宽约 120m。

渗透流量监测是大坝安全监测的重要项目，渗透流量监测数据能直观、准确地反映大坝及水工建筑物的渗流变化情况，进而反映水工建筑物的运行状态。为监测大坝坝基、坝体及消能建筑物水垫塘的渗透流量，某大型电厂依据大坝安全监测规程规范，结合电站运行实际情况，在大坝基础、大坝坝体、水垫塘廊道、8号机组排水洞、二期厂房及洞室 5 个区域设置渗透流量监测点，定期开展渗透流量监测工作。

2　该电站渗透流量监测现状分析

2.1　该电站渗透流量监测测点布置

针对该水电站渗流水的流向、集流和排水设施，同时，区分坝体、坝基、河床坝段、消能建筑物（水垫塘）等因素，为满足大坝安全监测要求，该水电站在大坝基础、大坝坝体、水垫塘廊道、8 号机组排水洞、二期厂房及洞室 5 个区域，设置 22 个渗透流量测点，重点监测点 17 个，具体见表 1。

表 1   电站渗透流量监测点布置

序号	监测区域	测点编号	位置		说明
			高程	桩号	
1	大坝基础	WE1	888	纵 0+156	1～8 号坝段帷幕灌浆廊道渗流量
2		WE3	887	纵 0+212	9～10 号坝段帷幕灌浆廊道渗流量
3		WE5	880	纵 0+238	12～19 号坝段帷幕灌浆廊道渗流量
4		WE 坝基	WE 坝基=WE1+WE3+WE5		坝基渗流总量
5	大坝坝体	WE2	12 号坝段帷幕灌浆廊道		大坝帷幕灌浆廊道
6		WE4	12 号坝段基础廊道		
7		WE13	961m 高程		961mm 高程 10～17 坝段坝体渗流量
8		WE14	961m 高程		961mm 高程 1～7 坝段坝体渗流量
9		WE15	930m 高程		930mm 高程面上坝体渗流量
10		WE 坝体	WE 坝体=WE2+WE4+WE13+WE14+WE15		坝体渗流总量
11	8 号机组排水洞	WE-TB-02	8 号机厂房排水洞		8 号机组厂房排水洞渗流总量
12	二期厂房区域	WE-01CF	二期第三层排水洞		二期第三层排水洞渗流量
13		WE-02CF	二期技术供水室		二期技术供水室渗流量
14		WE-03CF	二期盘形阀室		二期盘形阀室渗流量
15		PSD-WE01	二期厂房第一层排水洞左侧出口		二期厂房第一层排水洞渗流量
16		PSD-WE02	二期厂房第一层排水洞右侧出口		二期厂房第一层排水洞渗流量
17		WE 二期厂房	WE 二期=(WE-01CF)+(WE-02CF)+(WE-03CF)		二期厂房渗流总量
18	水垫塘排水廊道	WE 水垫塘	水垫塘集水井		水垫塘总渗流量

2.2 该电站渗透流量监测数据分析

选取 2019 年 1 月 1 日～12 月 31 日期间该水电站渗透流量人工监测数据，其 17 个渗透流量监测数据及过程线如表 2、图 1 所示。

表 2   2019 年该大型水电站渗透流量监测数据统计表

序号	监测区域	测点编号	测值（mL/s）						
			1 月	2 月	3 月	4 月	5 月	6 月	7 月
1	大坝基础	WE1	2.34	5.09	4.3	1.86	15.9	2.56	3.37
2		WE3	0.21	0	0	0	0	0	0
3		WE5	1.06	0.87	2.09	2.33	2.49	2.2	2.63
4		WE 坝基	3.61	5.96	6.4	4.19	18.39	4.77	6

序号	监测区域	测点编号	测值（mL/s）						
			1月	2月	3月	4月	5月	6月	7月
5	大坝坝体	WE2	0.21	0	0	0	0	0	0
6		WE4	0.41	0.87	0.81	0.81	0.43	0.66	0.92
7		WE13	0.71	0	0	0	0.92	2.57	2.37
8		WE14	58.95	61.09	57.67	56.98	61.57	59.86	59.25
9		WE15	0.18	0	0	0	0	0.46	0
10		WE坝体	60.46	67.92	58.49	57.79	62.92	63.55	62.54
11	8号机组排水洞	WE-TB-02	17.43	10.02	18.6	16.63	19.09	15.88	20.92
12	二期厂房区域	WE-01CF	172.58	34.35	53.49	46.16	0.98	25.98	48.32
13		WE-02CF	46.83	0	0	2.56	34.58	26.19	0
14		WE-03CF	0.7	0.83	1.28	1.28	0.78	0.76	0.42
15		PSD-WE01	9.3	7.16	6.63	7.56	7.3	4.78	4.42
16		PSD-WE02	8.67	7.83	7.44	7.67	7.6	6.34	5.92
17		WE二期厂房	220.11	50.17	54.77	50	36.34	52.93	48.74
18	水垫塘排水廊道	WE水垫塘	344.17	423.26	379.53	334.88	337	298.83	374.06

序号	监测区域	测点编号	测值（mL/s）						
			8月	9月	10月	11月	12月	最大值	最小值
1	大坝基础	WE1	5.33	3.28	4.74	8.22	1.53	15.9	1.53
2		WE3	1.32	1.28	0.34	0	0	1.32	0
3		WE5	3.07	3.33	1.65	2	1.85	3.33	0.87
4		WE坝基	9.72	7.89	6.73	10.22	3.38	18.39	3.38
5	大坝坝体	WE2	0.29	0.29	0.24	0	1.54	1.54	0
6		WE4	0.46	0.82	0.5	0.63	0.58	0.92	0.41
7		WE13	5.1	5.34	2.79	1.87	1.47	5.34	0
8		WE14	59.29	49.64	60.08	59.52	56.12	61.57	49.64
9		WE15	0	0.33	0.8	0.47	0	0.8	0
10		WE坝体	65.14	56.42	64.41	62.49	59.71	67.92	56.42
11	8号机组排水洞	WE-TB-02	23.34	16.72	20.82	18.68	14.15	23.34	10.02
12	二期厂房区域	WE-01CF	24.5	0	0	0	0	172.58	0
13		WE-02CF	129.7	107.05	86.22	58.15	35.79	129.7	0
14		WE-03CF	0.8	0.9	0.82	0.9	1.13	1.28	0.42
15		PSD-WE01	17.99	17.53	14.29	6.19	3.03	17.99	3.03
16		PSD-WE02	6.77	8.04	9.6	7.27	6.79	9.6	5.92
17		WE二期厂房	155.01	107.95	87.04	59.05	36.92	220.11	36.34
18	水垫塘排水廊道	WE水垫塘	460.87	383.91	377.86	337.44	332.5	460.87	298.83

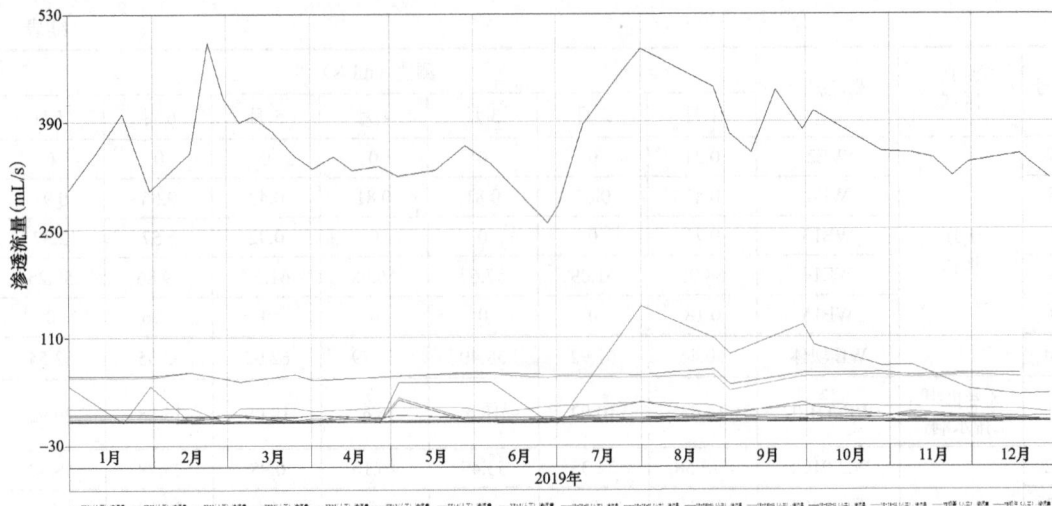

图1 2019年该大型水电站渗透流量监测数据过程线

从监测数据可知，该水电站17个渗透流量监测点中，WE2、WE3、WE4、WE5、WE13、WE15、WE-03CF、PSD-WE02共计8个测点渗透流量全年监测值均小于10mL/s；WE1、WE坝基、WE14、WE坝体、WE-TB-02、WE-01CF、WE-02CF、PSD-WE01共计8个测点渗透流量全年监测值均在10～200mL/s；WE水垫塘全年监测值均小于1000mL/s；由此可以得出结论：某大型水电站17个渗透流量监测点，2019年渗透流量年监测值均小于1000mL/s，即1L/s。

2.3 该电站渗透流量监测方法说明

根据《混凝土坝安全监测技术规范》中的相关规定，对于廊道或地下洞室排水沟内的渗水，一般采用量水堰进行监测，当渗流量小于1L/s时，宜采用容积法监测。因某大型水电站自动化量水堰仪监测数据不符合现场实际情况，且该水电站17个重点渗透流量监测点测值长期小于1L/s，因此，该水电站渗透流量监测采用人工容积法，每月开展2次，并取平均值作为月度人工观测值。

2.4 该电站渗透流量监测存在问题

（1）自动化量水堰仪测量数据远大于人工容积法测量数据，且明显不符合现场实际。

以2020年1～10月WE961-4渗透流量自动化监测与人工监测数据比对可知，自动化量水堰仪测量数据远大于人工容积法测量数据，比对情况如表3所示。

表3 2020年1～10月WE961-4渗透流量自动化监测与人工监测数据比对表

观测时间	渗流量（量水堰仪）（mL/s）	渗流量（人工测量）（mL/s）
2020/1/9 0:00	362802	53.95
2020/2/19 0:00	197334	53.694
2020/3/6 0:00	330336	54.256
2020/4/19 0:00	382966	50.903
2020/5/18 0:00	384206	54.33

观测时间	渗流量（量水堰仪） （mL/s）	渗流量（人工测量） （mL/s）
2020/6/24 0:00	362845	52.458
2020/7/20 0:00	439216	50.448
2020/8/6 0:00	405379	53.212
2020/9/15 0:00	488531	50.663
2020/10/5 0:00	296805	50.51

（2）人工容积法监测渗透流量偶然误差较大。

在人工渗透流量监测过程中，该水电站大部分测点所在位置不便直接使用量筒取水测量，且各测点渗流量及其流速大小不同，需两人配合方可开展，计时与接水同步与否、盛水容器测量前后湿润程度等均会导致测量结果偏差，经现场试验，甲乙两人在同一时段分别测量同一测点渗透流量，测量结果偏差率可达 20% 以上，特别是针对渗透流量小于 10mL/s 的测点。同时，人工容积法测量渗透流量，无法实现监测数据自动化采集。

3 该电站渗透流量自动化监测技术分析与研究

3.1 该电站渗透流量监测自动化设计思路

目前国内对于大坝渗透流量的监测主要有压差法、量水堰法和容积法三种方法，针对某大型水电站渗透流量测点实际情况，并结合多年监测工作经验及采用的技术方法，提出自动化容积式流量计、自动化翻斗式流量计和自动化量水堰仪三种设计思路，并对其进行分析、评价，具体如表 4 所示。

经对比分析，结合该水电站 17 个重点渗透流量测值均小于 1L/s 的实际情况，选择自动化容积式流量计为设计思路。

表 4　　　　　　　该水电站渗透流量监测自动化设计思路对比分析表

项目	结构示意图	原理	优点	缺点
容积式 流量计		记录单位体积的水流通过的时间来求出流量	计量精度高，适用面广，测量度宽，操作简便，静态测量，只需把握好液位感应装置及分流装置的可靠性，测量精度可以保证，预期测量精度较高	结构复杂，大部分仪表适用于洁净单相流体，安全性差

续表

项目	结构示意图	原理	优点	缺点
翻斗式流量计	 1—翻斗；2—平衡杆；3—电磁铁； 4—磁控开关；5—安装底板；6—支架；7—推板	计算单位时间内翻斗翻转的次数来计算容积求出流量	结构简单、体积小，适用于无压低水头小流量，适宜在恶劣环境下长期使用	量程比很小，不能兼测不同流量，动态测量，无法避免水流冲击对测量精度造成的影响，预期测量精度差
量水堰仪		待测流体流过一定形状的堰板（如三角堰、矩形堰等），通过测量流体在堰板上的水头的高度结合不同形状对应不同的经验公式加以计算得到待测流体的流量	性能稳定可靠，无温漂、时漂，抗强电磁干扰，分辨率高，可靠性高，使用寿命长	当流量很小或堰板由于污垢敷积等原因改变形状时，拟合公式就会与现场情况严重不符，计算出来的流量也就十分不准确，甚至是错误的，不适应小流量测量，预期测量精度差

3.2 该电站渗透流量监测自动化设计方案

采用容积式流量计基本原理，该水电站自动化渗透流量计整体结构主要由容器、电动机、液位开关、进水管及排水阀等组成。电动机驱动连接引水部件和排水阀的联动机构，液位开关感应容器内水位变化，控制电动机的启动及停止，图 2 为该水电站自动化渗透流量监测系统网络架构图。

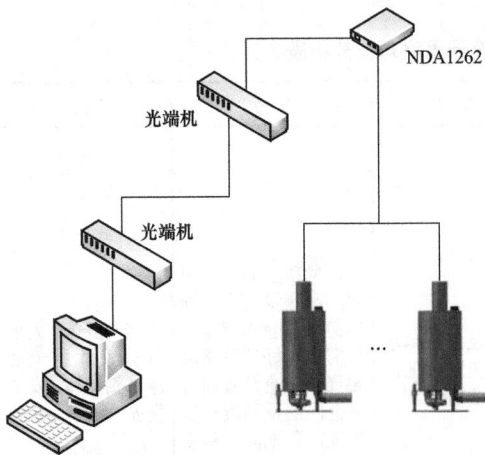

当流量计开始测量时，采集模块下达测量指令，电机开始转动，带动引水部件旋转，使引水部件的引水弯管接头转动至引水管正下方，将待测渗漏水引入容器内，同时关闭容器排水阀，待测渗漏水逐渐注入容器，容器内置液位开关，为了避免引水部件开始动作直至其引水弯头接管转动到引水管正下方此时间段内待测渗漏水不能完全进入容器而影响测量精度

图 2　系统网络架构图

的问题，当容器内水位上升到一定高度后，液位才向采集模块反馈开始计时命令，时间为 t_0，渗漏水平稳地注入容器，待液位在升高到某一高度时，液位开关向采集模块反馈计时结束命

令，时间为 t_1，此段时间内注入到容器内的水为有效水量，因为液位开始计时到计时结束的高度差是固定的，注入到容器内的有效水量是一定值 1095mL，两次计时的时间差为 (t_1-t_0)，渗漏水的流量=［1095/(t_1-t_0)］。当液位发出计时结束命令时，电机反转，转动杆带动引水部件将引水直排管转置引水管下方，待测渗漏水直接排出流量仪，同时排水阀打开，放空容器中的水。

当流量计处于待测状态时，流体不从容器里经过，这样流体的污垢物就不会沉积到容器里，不影响容器的体积，能保证仪器长期稳定测量，同时可以根据设计其容器的体积来实现小量程的测量。

3.3 该电站渗透流量监测自动化实施效果

按照该水电站渗透流量监测自动化设计思路和设计方案，制作出该水电站自动化容积式流量计样机，并现场在 WE961-4 渗透流量监测点安装调试后，接入"某大型水电站大坝安全信息管理系统"，截至目前，该水电站自动化容积式流量计设备运行稳定，自动化监测数据与人工容积法监测数据偏差率小于 3%，2020 年 10 月 WE961-4 自动化容积式流量计与人工容积法测量结果如表 5 所示。

表 5   2020 年 10 月 WE961-4 自动化容积式流量计与人工容积法测量结果对比表

观测时间	流量（小流量渗流设备）（mL/s）	流量（人工测量）（mL/s）	偏差率（%）
2020/10/16 10:10	49.21	49.23	0.4
2020/10/16 16:10	50.58	50.24	0.68
2020/10/17 10:10	53.52	53.86	0.63
2020/10/17 16:10	53.89	53.88	0.02
2020/10/18 10:10	53.68	54.39	1.33
2020/10/18 16:10	55.08	55.60	0.95
2020/10/19 10:10	54.18	54.35	0.31
2020/10/19 16:10	54.34	54.24	0.19
2020/10/20 10:10	53.57	54.04	0.87
2020/10/20 16:10	54.59	53.90	1.27
2020/10/21 10:10	55.39	54.90	0.89
2020/10/21 16:10	55.87	55.90	0.04

从监测数据可知，针对 WE961-4 单点渗透流量监测点，自动化容积式渗流计与人工容积法测量结果偏差率均小于 3%，监测数据可靠性较高，满足某大型水电站部分渗透流量自动化监测要求。

3.4 该电站渗透流量监测自动化应用中的问题思考

（1）自动化容积式流量计安装需满足 40cm 水位差，部分监测点无法满足安装要求。

为确保流量计内流体正常排出，该水电站自动化容积式流量计样机安装需满足 40cm 水位差，针对 WE-02CF、WE-03CF、WE-TB-02、WE-STD-01 等测点，不满足安装要求，需对自动化容积式流量计进一步研究，优化完善设备结构，降低设备安装水位差要求。

（2）自动化容积式流量计长期运行过程中，需考虑消除污垢的影响。

大坝内渗水含有许多游离的杂质，呈粉末状，无法用设备过滤，时间一长就会敷着在流经的物体表面，导致测值不准确或监测仪器设备故障。因此，需对自动化容积式流量计进一步研究，优化完善消除设备长期运行过程中消除污垢影响的技术措施。

4 结束语

通过对该水电站渗透流量监测测点、监测技术方案的分析，研究开发了适用于渗透流量小于1L/s的自动化渗透流量监测设备及系统，并匹配"某大型水电站大坝安全信息管理系统"，实现了对某大型水电站渗透流量小于1L/s的自动化监测，进一步提升了该水电站大坝安全监测管理水平，也为水利水电工程行业就渗透流量监测工作提供了重要的参考意义，在大坝安全运行管理大坝安全监测工作中具有较高的推广应用价值。

与此同时，该水电站自动化容积式流量计样机在设备安装要求、消除污垢影响等结构方面仍需进一步改进，以进一步提高其普适性和可靠性。

文献参考：

[1] 莫剑，王亮，夏国勋. 拓展大坝渗流量自动化监测应用范围的方法研究［J］. 大坝与安全，2010（6）：31-34.

[2] 徐建峰，罗孝兵，卢欣春. 一种新型大坝小渗流量传感器的研制［J］. 工程技术，2016（5）：231-232.

作者简介

林昱光（1990—），男，中级工程师，主要从事水电运维工作。E-mail：295800954@qq.com

赵中阳（1986—），男，中级工程师，主要从事水电运维工作。E-mail：zzygood1217@126.com

关于水电站应急演练平台建设的思考

宋训利　王　军　母德超

（雅砻江流域水电开发有限公司，四川省成都市　610051）

[摘　要] 应急演练属于应急管理中的应急准备范畴，可实现检验预案、完善准备、锻炼队伍及磨合机制等目的。定期执行应急演练是一种有效的在事故发生时将损失降到最小的方式。以该水电站应急演练组织形式、业务流程为突破口，全面剖析应急演练在场景设置、演练频次及演练效果、演练评估等方面存在的问题，提出了应急演练平台建设的初步构想的思考。该应急演练平台的建设能促进应急演练流程规范化以及设计专业化，创新水电站安全管理手段。

[关键词] 水电站；应急演练；平台；设计

0　引言

水电站生产事故具有易突发、暂态过程短、发展速度快、对人员和设备威胁大等特点[1]，且事故一旦发生，运行人员必须迅速作出正确判断，果断采取措施进行处置，否则可能因贻误最佳时机而使事故扩大，进而可能造成重大人身伤亡、设备损坏等[2]。应急演练是指为提升突发事件应急处置能力而开展的有计划、有组织的练习活动[3]。水电站开展应急演练能有效提升生产事故处置能力，在我国"十四五"规划和2035年远景目标纲要中，建设电力应急指挥系统、大型水电站安全和应急管理平台将作为经济安全保障领域的重点工程之一[4]。

1　该水电站应急演练组织形式

该水电站应急演练通常采用桌面演练形式开展，即针对某一特定场景开展的检验性演练，主要考察演练人员的指挥、协调、操作、风险控制等能力。应急演练项目确定（立项）后，将成立专项工作团队。工作团队一般包括：

1.1　领导小组

领导小组负责确定导演组人选，决定演练的规格层次，批准整场演练的策划方案及演练开始、实施、中断、终止等重大决策。

1.2　导演组

导演组职责主要有：

（1）负责演练方案编制、参演者确定、演练方式等核心内容策划，并对演练工作的目标和效果达成负责。

（2）控制演练进程，保证演练进度，确保演练活动对参演者具有一定的挑战性。

（3）负责观察参演者的应急行动及演练进展情况并予以记录，作出指导、建议并提出改进措施。

1.3 参演组

参演组负责参与演练实施，分为参演人员、模拟人员与观摩人员，其各自职责见表1。

表1 该水电站应急演练人员角色和职责

人员角色	职责
参演人员	在演练过程中对模拟事件作出其在真实情景下所采取的响应行动
模拟人员	在演练过程中与参演人员相互沟通的机构或服务部门人员，如调度、检修部门、外委单位人员
观摩人员	旁观演练过程的观众

1.4 辅助人员

辅助人员包括时间掌控、摄影摄像等人员，负责提供演练所需的器材设备。

2 该水电站应急演练业务流程

该水电站应急演练业务流程主要包括演练计划、演练准备、演练实施、演练总结四部分。各部分业务流程由许多分支环节构成，各环节、流程的衔接、配合形成了应急演练的业务流程体系，如图1所示。

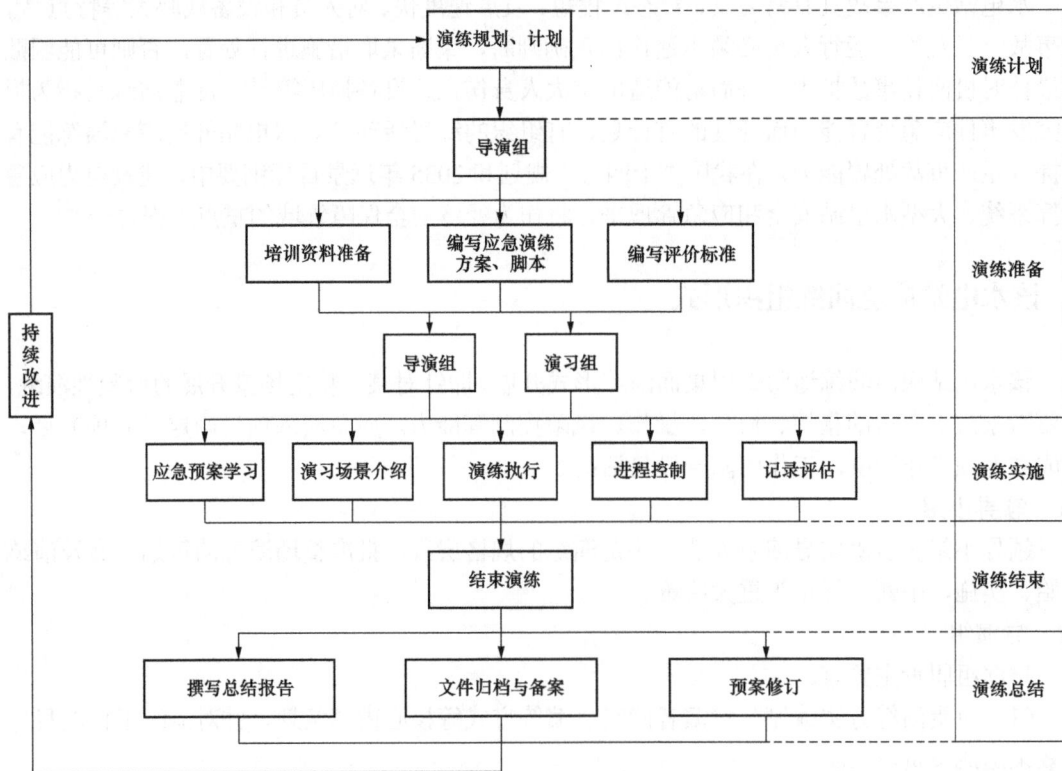

图1 该水电站应急演练流程体系

2.1 演练准备

演练准备决定了一场桌面演练的规格和质量[5]。演练准备工作主要包括：人员培训准备、应急演练方案编写、评估表编写等。导演组依据年度应急演练计划提前编写演练方案，演练方案内容包括演练目的、演练原则、演练组织机构、演练背景、演练时间及地点、参演人员安排及注意事项、演练流程及演练脚本。

2.2 演练实施

演练开展前，参演者应对应急管理办法、应急预案进行学习，明确各自职责。

演练培训后，导演组根据演练方案，介绍演练背景，推送脚本信息。参演人员根据推送的消息，开展应急处置行动，完成各项演练活动，并作出信息反馈。

演练评估采用两种方式进行：一是各参演人员进行反思和经验总结；二是导演组对于出现的问题，深入分析背后的原因并给出相关建议。

2.3 演练结束

演练结束后，由导演组对整个演练过程进行总结回顾，由参演人员编写演练总结并提交至领导小组。

3 该水电站应急演练存在的问题

虽然应急演练活动越来越规范，但仍存在以下缺点和不足：

3.1 智能化元素不足

应急演练活动完全依靠人工进行，在方案编制智能化、信息推送自动化、演练评估流程化方面有所欠缺。

3.2 情景模拟效果不佳

一般采用纸条、PPT 推送事故信息，信息推送形式单一，代入感较差，情景模拟效果不佳。

3.3 应急演练的规模和次数有限

受人员、时间、场地等因素的多重限制，现有模式下大规模和高频次开展应急演练困难重重。

3.4 导演组的控场能力偶有不满足现场演练要求的情况

实际演练过程中，存在因导演组的控场能力不足，导致演练方向严重偏离，致使演练中断的情况，不能满足现场演练要求。

3.5 演练评估不足

实际演练过程中，存在因评估人员经验不足、技能水平欠缺等原因导致评估不充分、不全面，无法满足实际应急演练要求的情况。

针对该水电站应急演练活动存在的问题与不足，需建设完整且规范的应急演练系统，为不同岗位员工提供一个符合其工作特点的应急演练系统平台，并能够在该系统平台上开展更为真实、更加贴近生产的应急演练，全面提升员工应对突发事件的处置能力。

4 水电站应急演练平台建设设想

应急演练平台可划分为 4 个部分，即演练资源管理子系统、综合演练子系统、历史异常事件/应急预案演练方案子系统及系统管理，在各子系统内构建相应的功能模块，具体功能模块如图2所示。

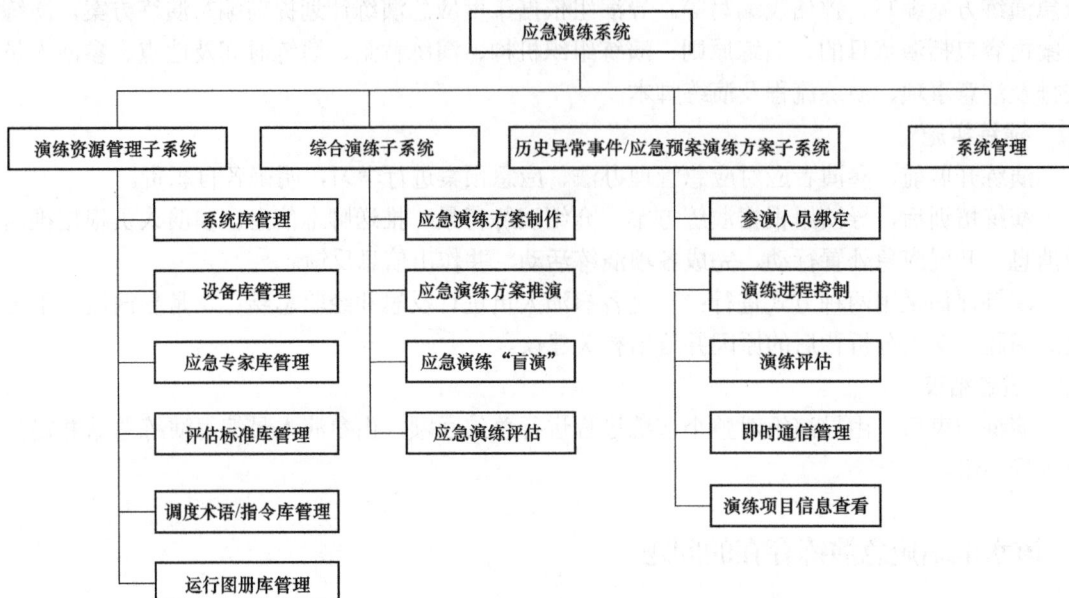

图2　水电站应急演练平台功能模块

演练资源管理子系统是设计应急演练情景的基础，其包含系统库管理、设备库管理、应急专家库管理、评估标准库管理、调度术语/指令库管理、运行图库管理等功能模块，具有管理应急处置场景、系统运行方式、评估标准等演练重要元素的功能。

综合演练子系统分为演练方案推演模块和盲演模块。演练方案推演模块由应急演练方案制作、推演模块组成，实现演练方案智能化编制和过程推演。盲演模块由应急演练实施和应急演练评估模块组成，实现流程化"单盲"应急演练和"双盲"应急演练功能。应急演练方案制作完成后，将演练方案导入推演功能模块，边推演边修改完善，最后一键导出新的应急演练方案，并利用盲演模块完成应急演练的实施和评估。

应急演练实施模块由演练进程控制、即时通信管理、演练信息推送和演练过程信息记录等功能组成，实现应急演练全过程管控。应急演练评估模块具有评估标准查看、演练过程评估、评估结果管理等功能。演练进程控制流程图如图3所示。

"单盲"应急演练需导演组提前编制应急演练方案，但参演组并不知晓该方案，对参演组进行演练，锻炼参演组应急处置能力。当进行"单盲"应急演练时，需提前使用演练方案推演模块，调用演练资源管理子系统相关内容编制演练方案，再上传盲演模块进行演练，完成应急演练实施和评估过程。"单盲"应急演练管理流程如图4所示。

"双盲"应急演练，导演组无需提前编制应急演练方案，可随机设置故障，锻炼导演组故障设置能力和参演组应急处置能力。当进行"双盲"应急演练，无需使用演练方案推演模块，直接在盲演模块上调用演练资源管理子系统相关内容，一是生成脚本，推送至监盘员、操作人员等特定参演者，控制演练进程；二是生成评估标准，完成应急演练过程评估和结果评估。"双盲"应急演练管理流程如图5所示。

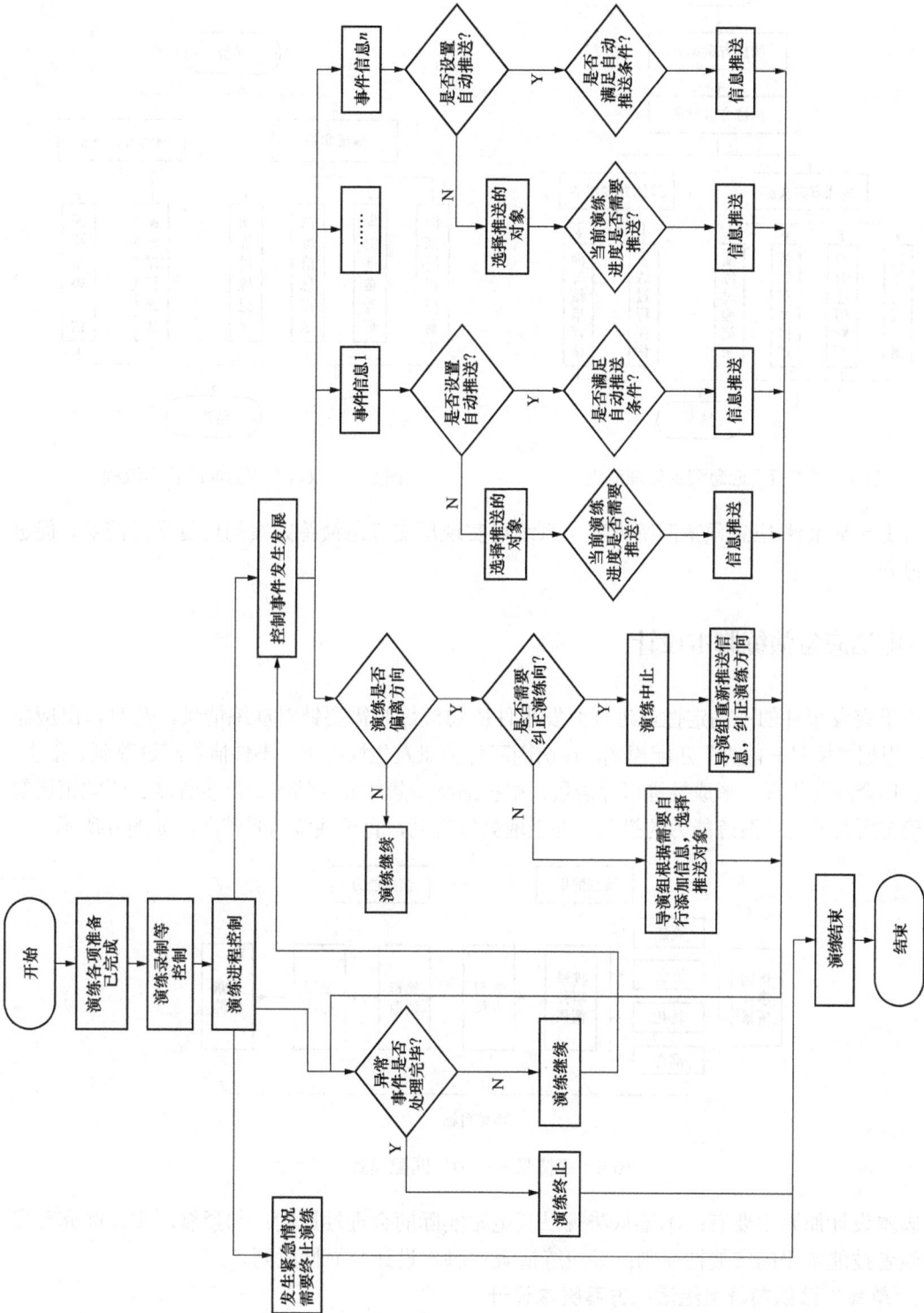

图 3　演练进程控制流程图

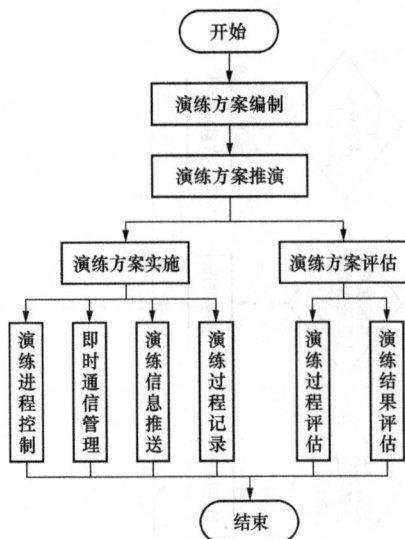

图 4　"单盲"应急演练管理流程　　　图 5　"双盲"应急演练管理流程

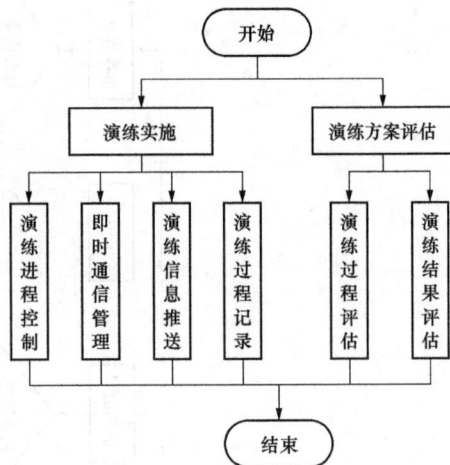

历史异常事件/应急预案演练方案子系统可实现历史应急演练方案的反复学习演练，促进持续提升。

5　水电站应急演练脚本设计

由于突发事件的不确定性，进行突发事件应急演练时需要针对演练情景，及时作出应急决策。根据"情景—能力"匹配模式，在诱因事件情景发生情况下，事件情景经过蔓延、衍生、转化、耦合演化机理，形成推进事件情景，根据演练情景的发展情况、严重程度、影响范围等因素确定所要匹配的演练能力的投入，并采取处置行动，直至演练情景消除，如图 6 所示。

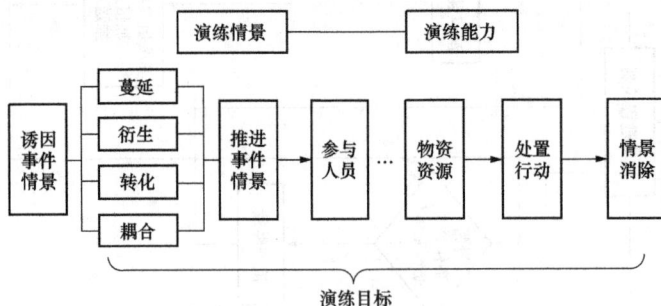

图 6　"情景—能力"匹配模式

脚本设计原则主要有：①遵从法规以及电站实际的合理性原则；②紧靠现实，能充分发挥参演者技能水平的实战性原则；③演练情景、脚本设计全面性原则。

5.1　"单盲"演练前导演组演练方案脚本设计

演练前，导演组需根据设定的演练场景，充分利用演练资源管理子系统，合理调用系统库、设备库、应急专家库、评估标准库以及调度术语/指令库等功能，设计标准演练脚本，方便在演练时供导演组使用。为确保盲演效果，提升演练水平，参演组事先并不知晓导演组的脚本设计。

5.2 "单盲"演练中临时变更的脚本设计

演练中参演组并非完全按照演练方案预设的方向进行演练，偶尔出现偏离演练方案的情况，在这种情况下，导演组可充分利用应急场景库、基本参数库、设备现象库以及简报事件库，根据需设计的场景，合理触发相关参数、简报事件以及现地设备现象，及时推送给参演者，引导演练按预定方向发展。

5.3 "双盲"演练中脚本设计

"双盲"演练事前不设计演练方案脚本，需要导演组借助应急演练资源子系统随机设计生成演练脚本推送给指定的人员，完成演练过程，此过程中的脚本共有两种设计方法：

（1）借助异常事件处置专家库生成的"盲演"系统联动事件库快速、精确推送监控简报事件和现地设备现象。当点击需要演练的异常事件时，自动弹出相应的监控简报事件和现地事件现象，导演组关联相应的参演者，即可实现信息的自动推送，达到"盲演"效果。

（2）借助应急场景库、基本参数库、设备现象库以及简报事件库，生成相应的演练脚本，绑定相关人员即可推送演练信息。为进一步提高智能化水平，设备现象库和简报事件库相同的事件彼此相互关联，如图7所示。

针对每一条设备现地现象，都有与之匹配的一条或数条简报事件信息。在简报事件和现地现象绑定后，即可实现打包推送，避免了每次开展综合演练时都需要分别设定现地现象和简报事件。

相关的故障点简报事件信息及现地现象信息将根据事先设置的时间点推送，此外导演组也可根据演练现场的实际情况修改故障点的推送时间或者取消故障点简报事件信息和现象信息的推送，其实现的流程如图8所示。

如演练偏离了原导演组设定的方向，导演组可选择临时点击相关设备按钮，合理选择信息予以推送，适时纠正演练方向，也可通过此手段，临时增加演练难度，达到"双盲演"目的。

6 水电站应急演练系统评估流程设计

评估演练活动是在演练目标指导下，针对演练过程中参演者的行为表现与行动效果来进行。其内容既要对参演者个体表现进行评估，也要对参演者集体表现进行评估。演练组织活动评估的步骤主要如下：

步骤一：演练评估准备。包括编制评估标准，可采用调取通用评估标准库和专用评估标准库，也可根据实际情况添加评估标准。

步骤二：对参演者行为进行观察和记录。

步骤三：汇总分析，将相关数据填入应急演练系统。

步骤四：根据填入应急演练系统的数据，自动生成评估报告，包括演练过程评估报告和演练结果评估报告。

步骤五：确认评估结论，并进而提出改进建议和改进措施。

步骤六：最终完成并提交评估报告。

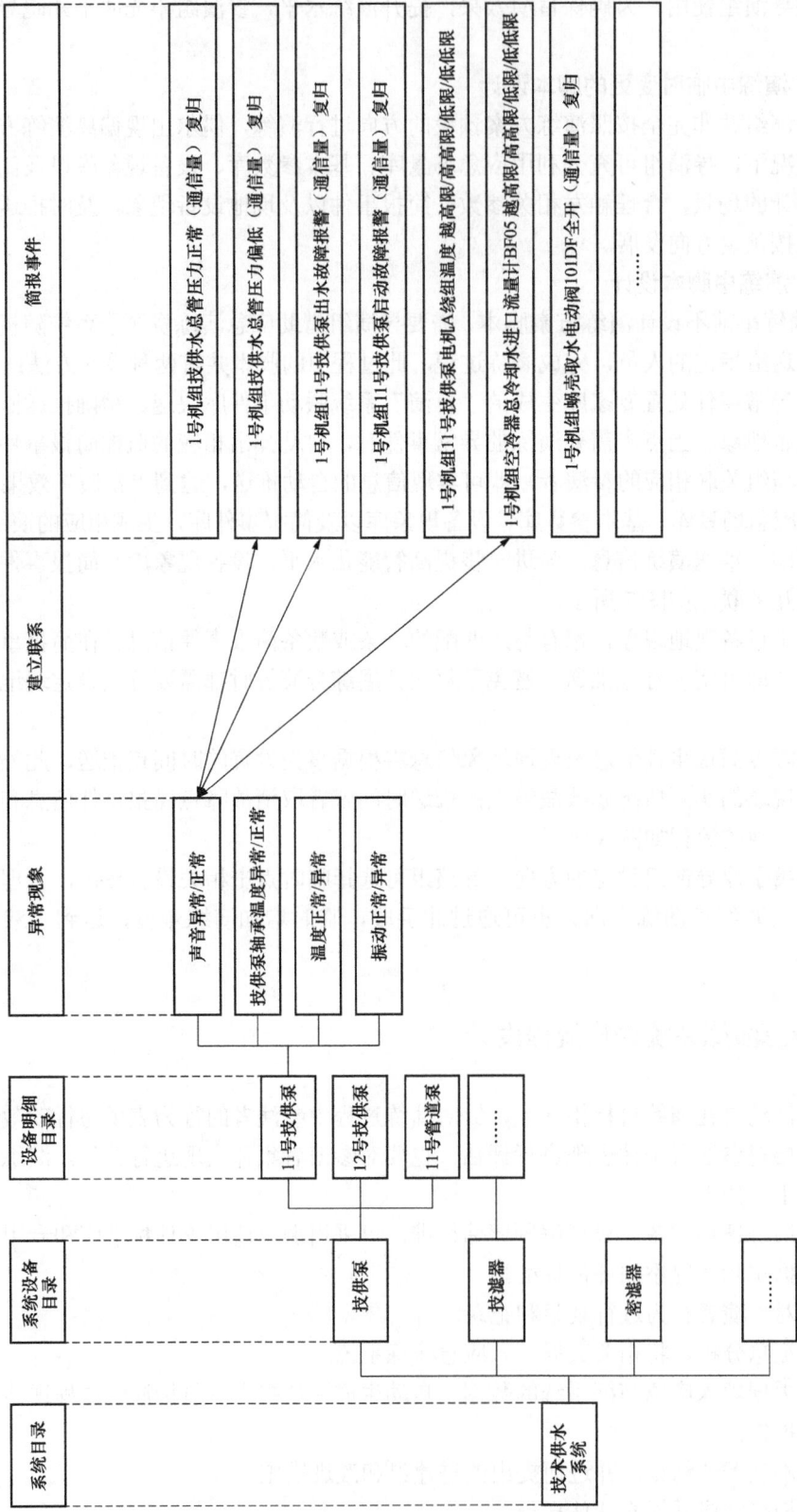

图 7 现地现象和简报事件的绑定图

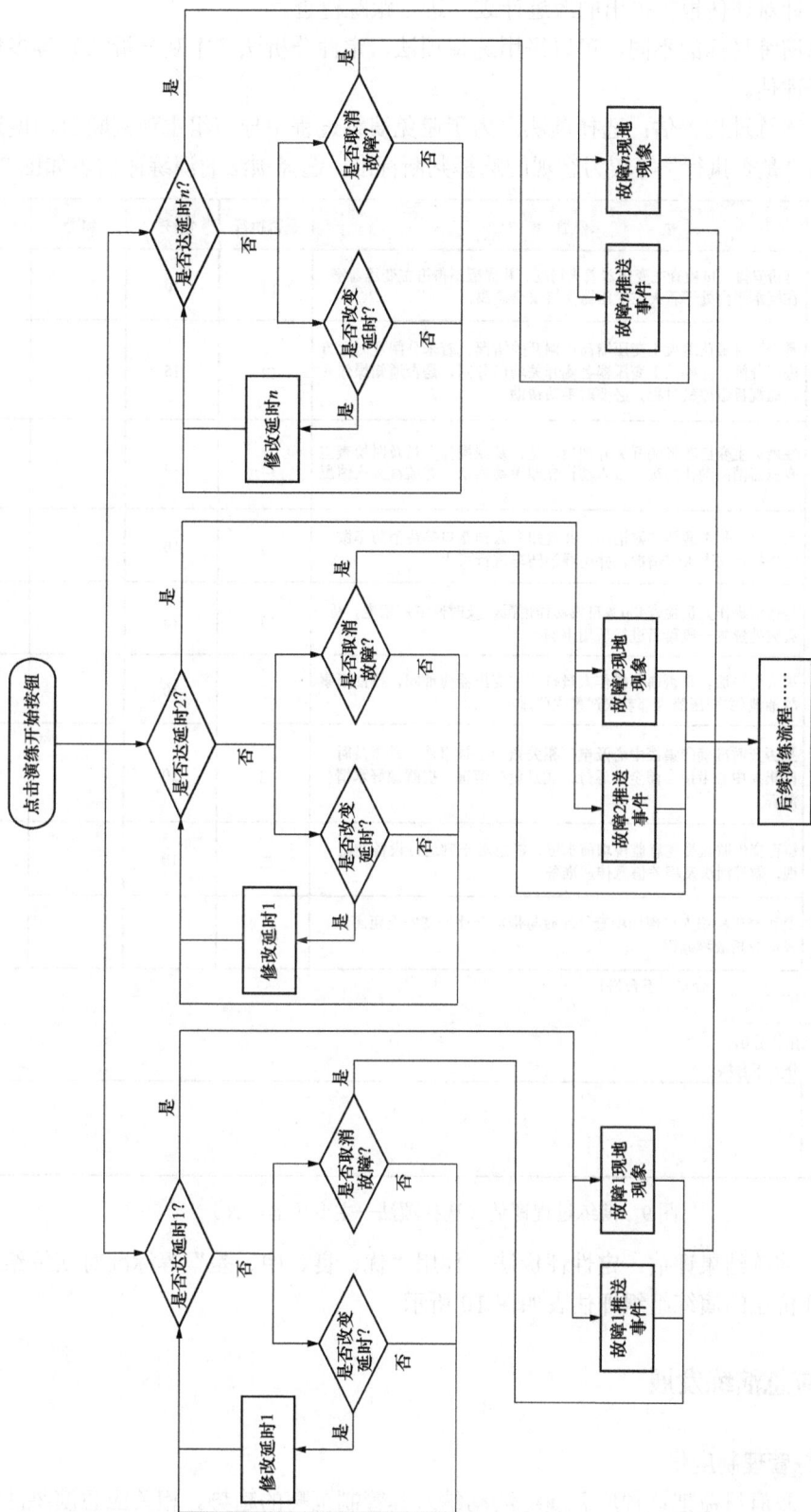

图 8 信息推送示意图

步骤七：针对评估报告提出的改进计划，进行跟踪检查。

根据应急演练目标的不同，可以采用选择项法、定性分析法（主观分析法）等多种等级评价方法进行评估。

第一种，演练过程评估：选择项法。为了避免演练过程中导演组主观判断自由度过大，在评估时采用"是否执行"等较为客观的选择判断标准。选择项法的演练评估表如图9所示。

评估对象		评估内容	是否执行	满分	得分	备注
参演值长	运行操作人员	是否安排人员检查主变压器着火情况，并提醒不得进主变压器室，在尾水平台处于着火主变压器保持安全距离	☐	10		
		是否及时确认着火主变压器高压侧开关情况，若未分闸及时远方进行分闸，并确认主变压器各侧开关均已分闸，是否通知操作人员监视机组停机过程，必要时手动帮助	☐	15		
		在着火主变压器各侧开关分闸后，是否派操作人员及时检查主变压器消防动作情况，若未动作立即手动启动，并监视灭火情况	☐	15		
		第一时间是否通知二滩消防，并通知专人到路口等待消防车做好告知消防人火灾情况，并引导消防车进行灭火	☐	10		
		是否派操作人员检查400备自投动作情况，及时恢复厂用电，待火灾处置告一段落后进行厂用电倒换	☐	15		
		灭火完毕后，是否通知操作人员打开主变压器排油阀，排油至事故油池(主变压器内部着火严禁立即排油)	☐	10		
	集控中心	是否及时准确向集控中心及电厂相关领导汇报事件，是否及时向集控中心申请当前全站运行方式及负荷情况，提醒做好水情测算	☐	10		
	监盘人员	是否交代监盘员注意监视坝前水位，注意对正常运行设备的监视，做好泄洪及相关信息传递准备	☐	10		
	检修人员	是否交代检修人员现场检查处理时与带电部件保持安全距离，及时分析故障原因	☐	5		

处置总结论:＿＿＿＿＿ (合格、不合格)

演练得分:＿＿＿＿＿

规则:1.评分规则采用扣分制;
　　　2.扣分达到20分为不合格。

| 问题与建议 | |

图9　演练过程评估（选择项法—主变压器着火）

第二种，演练结果评估：定性评价法。使用"优、良、中、差"等标准对演练结果进行评价。定性评价法的演练组织评估表如图10所示。

7　水电站应急演练发展

7.1　应急演练管理制度化

近年来，政府日益把这种应急演练活动纳入其管制范畴的趋势。相关应急演练法制依据的确立、管理制度的丰富和完善等都意味着其制度化趋势的加强。作为水电站，更应积极响应国家要求，将应急演练纳入其制度管理范畴。

序号	评估内容	评估结果			
		优	良	中	差
1	演练方案的编写				
2	演练节奏的控制				
3	演练仿效的把握				
4	演练目标的实现				
总体表现评估					
存在的问题与建议					

图 10　演练结果评估（定性评价法）

7.2　应急演练流程规范化

随着国家应急演练法律法规的实施，应急演练实践日益趋同，演练的程序逐步趋向统一，演练的文件逐步趋向健全，信息要素也日益健全。

7.3　应急演练设计专业化

随着应急演练实践的丰富，应急演练的知识也日趋系统化，演练指南日益完善，关于演练场景的设计、演练评估指标的设计等越来越充分，应急演练培训从经验式师徒培养演变为专门的培训。

8　结束语

本文选取该水电站典型的应急演练进行现状研究，阐述目前水电站应急演练的不足之处，提出了应急演练平台建设的构想。该平台能实现演练方案编写、演练方案推演、"单盲"应急演练、"双盲"应急演练、应急培训等功能，同时各功能模块之间相互关联，智能化程度高。该应急演练平台的建设能进一步促进应急演练流程规范化以及设计专业化，创新水电站安全管理手段。

参考文献

[1] 李学波. 应急管理智能化平台建设思路与应用 [J]. 中国高新科技，2019，4（23）：27-29.

[2] 闫瑞杰，李海香，苏华莺，等. 情景模式背景下电力应急演练仿真平台研究 [J]. 电子测试，2016，4（23）：95-96.

[3] 王欢. ××市供电公司应急演练系统设计与实现 [D]. 成都：电子科技大学，2019.

[4] 王鹏. 应急演练培训平台软件体系结构的设计与应用 [D]. 天津：天津大学，2012.

[5] 高原. 电力系统应急预案推演系统研究与设计 [D]. 北京：华北电力大学（北京），2016.

作者简介

宋训利（1988—），男，工程师，主要从事水电站运行管理。E-mail：songxunli@sdic.com.cn

王　军（1986—），男，高级工程师，主要从事水电站运行管理。E-mail：wangjun@sdic.com.cn

母德超（1994—），男，工程师，主要从事水电站运行管理工作。E-mail：mudechao@sdic.com.cn

某大型水电厂"远程控制、现场值守"
模式下运行管理的创新实践

王龙祥　王东泉　王炳辉　李　强　吴　斌　和吉春

（雅砻江流域水电开发有限公司，四川省成都市　610051）

[摘　要] 随着电力行业自动化技术的不断进步，越来越多的水电站逐步走向无人值班、少人值守、远程集控等模式，某大型水电厂总结多年运行管理经验，在"远程控制、现场值守"模式下，从安全管控、培训管理、监督检查方面提出一套创新性运行管理模式，有效地提升了安全管理水平。

[关键词] 远程控制；现场值守；安全管控；培训管理；监督检查

0　引言

水电站无人值班已成为一种趋势，主要特点为异地值班、少人值守[1]，对于年轻员工占比高的电站来说，异地值班必然会面临远控和现场人员配置不均衡、人员技能水平提升慢等问题。目前，针对无人值班下运行管理的探索主要集中在厂区运维合一[2]，运维一体化虽然能在一定程度上优化人员配置，但前期需对运维合一人员进行长周期、跨专业、跨岗位培训，可能会引起电站专业人员短暂性短缺，导致电站安全运行风险增大。而"远程控制、现场值守"模式下，通过对以往运行管理经验的总结，依托多种智能化安全管控平台的实践，探索出一种能有效降低电站运行风险、优化人员配置[3]、快速提高员工技能水平的运行管理方法，达到挖掘人员潜能、提高电站安全管理水平[4]的目的。

1　"远程控制、现场值守"运行管理模式

1.1　人员管理

某水电站运行人员划分为 A、B 两个组，正常情况下一组人员上班（简称当班组），另一组人员休假（简称休假组）。当班组又分为远控值班组和现场值守组，远控值班组和现场值守组人员每 32 天轮换 1 次。其中远控值班组实行"四班三倒"制，每班次配一名值长（简称值长）和一名主值班员，现场值守组采用"白班值守+夜班值守"方式，值守每班次配一名值长（简称值守长）和两名值班员，白班值守和夜班值守一般每 4 天轮换 1 次，见图 1。

1.2　远控工作模式

在调度业务联系方面，按调令进行负荷、闸门、开停机、运行方式调整、设备状态监视、检修申请单开完工申请，远控人员专注于监盘、调度业务联系、日常设备分析。在工业电视

巡检方面，中班、夜班分别通过工业电视对电站设备巡视一次。在执行远控侧操作票方面，将操作票细分为远控侧和值守侧，分工明确，确保调管设备操作更加精准，提高操作效率。在泄洪预警信息发布方面，在微信群发布预警信息、启动沿江预警广播。在应急处置方面，当发生危及电网、设备、人身，负责先期应急处置，如降低负荷、关闭泄洪闸门。在工作交接方面，通过视频会议参加早班会、交接班方面，对运行方式、负荷计划、监控系统隐患进行交接。

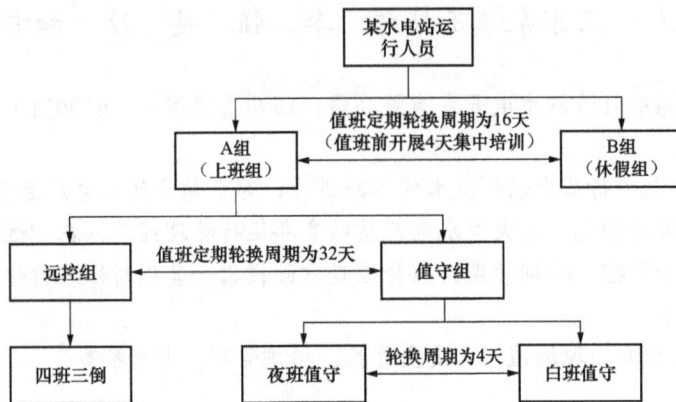

图 1　人员轮换

1.3　现场工作模式

在设备巡回检查方面，白班值守、夜班值守分别到现场巡检一次。在"两票"执行方面，现场设备侧操作由值守侧负责，监控侧操作由远控侧完成，工作票由值守侧办理，影响电站设备运行时需向远控侧汇报。在设备定期试验方面，按要求开展调度台和行政电话测试、卫星电话测试、应急广播测试、对讲机测试、柴油发电机定期启动试验、消防定期排污。在泄洪预警信息发布方面，向政府部门、影响乡镇发传真，并进行电话确认，保证预警信息准确高效传递。在应急处置方面，协助远控侧应急处置，负责对现场设备隔离。在工作交接方面，开展早班会、交接班，对现场设备隐患、工作安排、注意事项进行交接。远控、现场人员分工见图 2。

2　运行管理创新实践

2.1　安全管控创新

2.1.1　智能巡检系统

巡检是运行人员监视设备运行状况的重要手段，传统的巡检系统采集数据后对设备状况精确实时分析较为薄弱，同时受限于网络、点位、点检仪的制约。某水电站建设了一套基于 B/S、移动 APP 应用构建的智能巡检系统[5]，可基于二维码和 NFC 定位两种方式实现对巡检定位，从解决巡检中"走到、看到、听到、闻到、摸到、分析到"的感知入手，实现巡检管理、巡检 WiFi 实时定位、数据分析统计、拍照识别功能、设备缺陷管理等功能见图 3。

该智能巡检系统的特点为通过在巡检系统内录入设备正常运行时的声音、振动频率及温度等参数作为对比数据库，人员在巡检时现场实施采集设备相关参数后与之对比，系统判断给出对比结果，并将结果记录上传至系统数据库中提供查询。巡检过程中通过巡检手持终端实时采集现场数据，与定值和历史数据进行越限判断，异常情况主动预警，提示巡检人员进行相应处理。该智能巡检系统结构见图3。

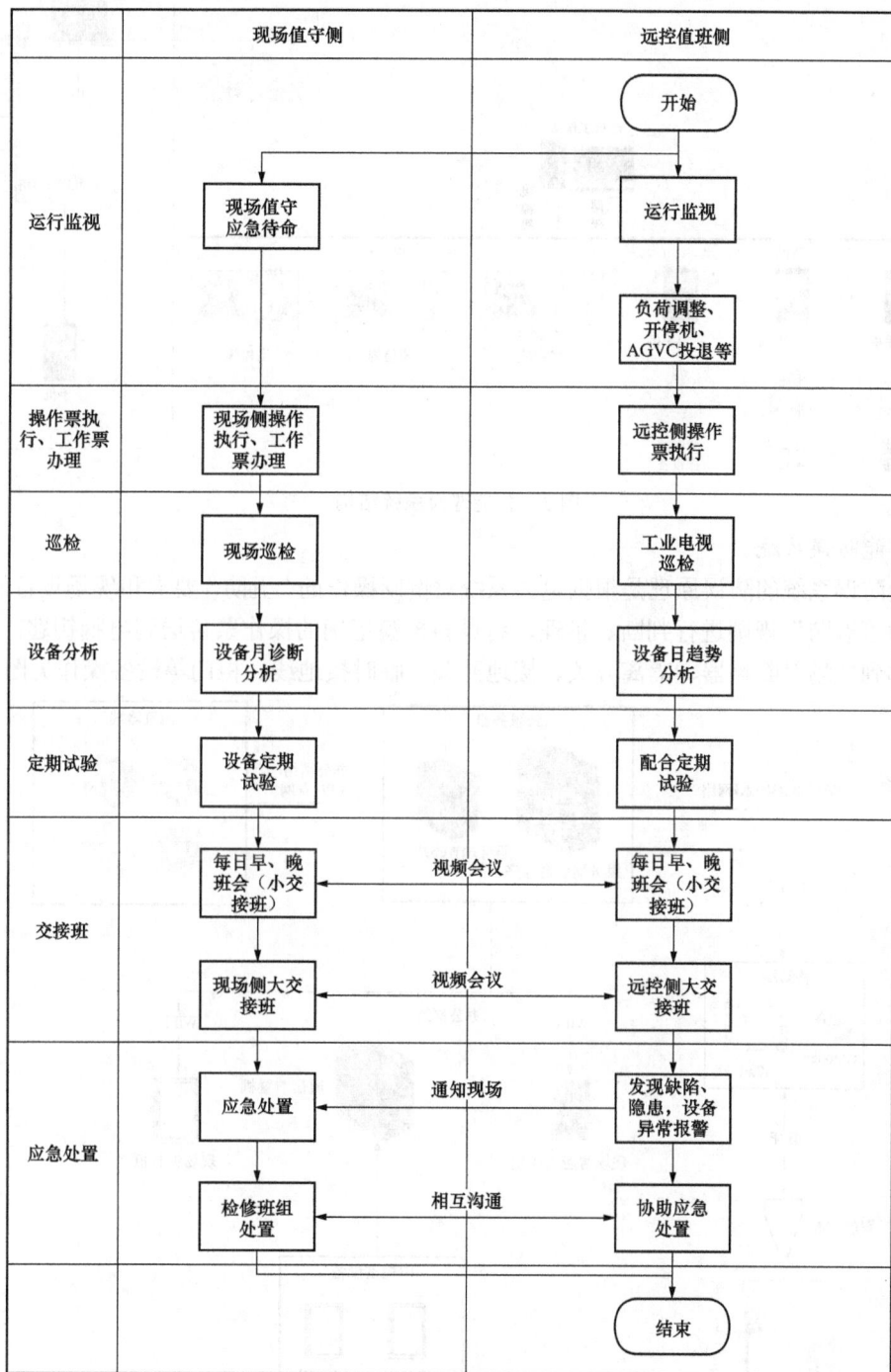

现场值守侧	远控值班侧
	开始
运行监视 · 现场值守应急待命	运行监视
	负荷调整、开停机、AGVC投退等
操作票执行、工作票办理 · 现场侧操作执行、工作票办理	远控侧操作票执行
巡检 · 现场巡检	工业电视巡检
设备分析 · 设备月诊断分析	设备日趋势分析
定期试验 · 设备定期试验	配合定期试验
交接班 · 每日早、晚班会（小交接班） ←视频会议→	每日早、晚班会（小交接班）
现场侧大交接班 ←视频会议→	远控侧大交接班
应急处置 · 应急处置 ←通知现场	发现缺陷、隐患，设备异常报警
检修班组处置 ←相互沟通→	协助应急处置
	结束

图2　远控、现场人员分工

449

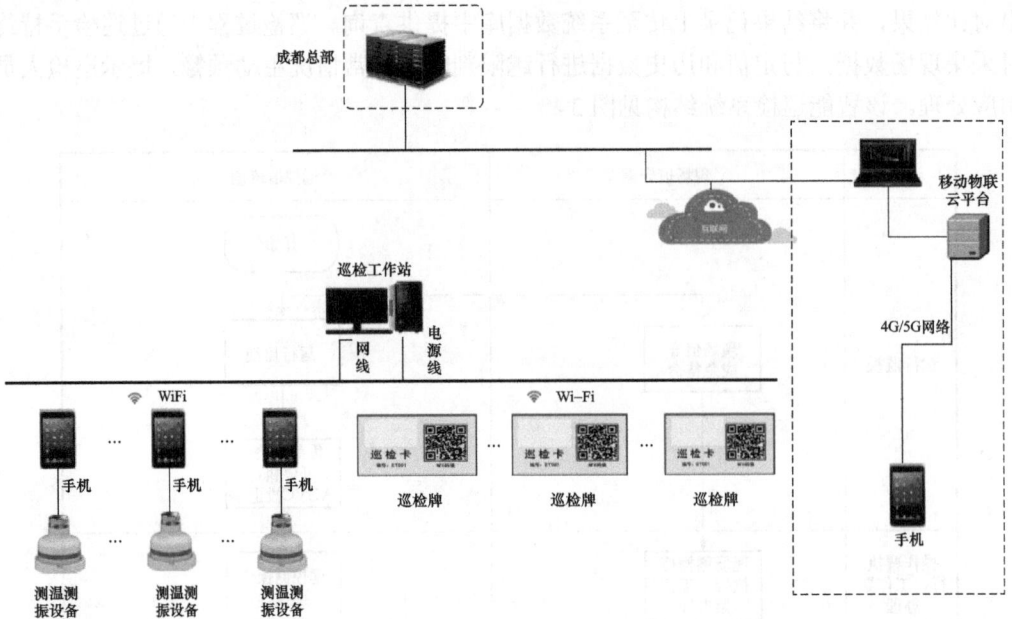

图 3　智能巡检系统结构

2.1.2　智能防误系统

智能防误系统的防误原理是根据电力系统对倒闸操作的"五防"要求和现场设备的状态，按照电力"五防"规则进行判断、推理，将逻辑校验正确的操作票传送到电脑钥匙，然后拿电脑钥匙到现场对断路器、隔离开关、接地开关、临时接地线、柜门等设备操作见图 4。

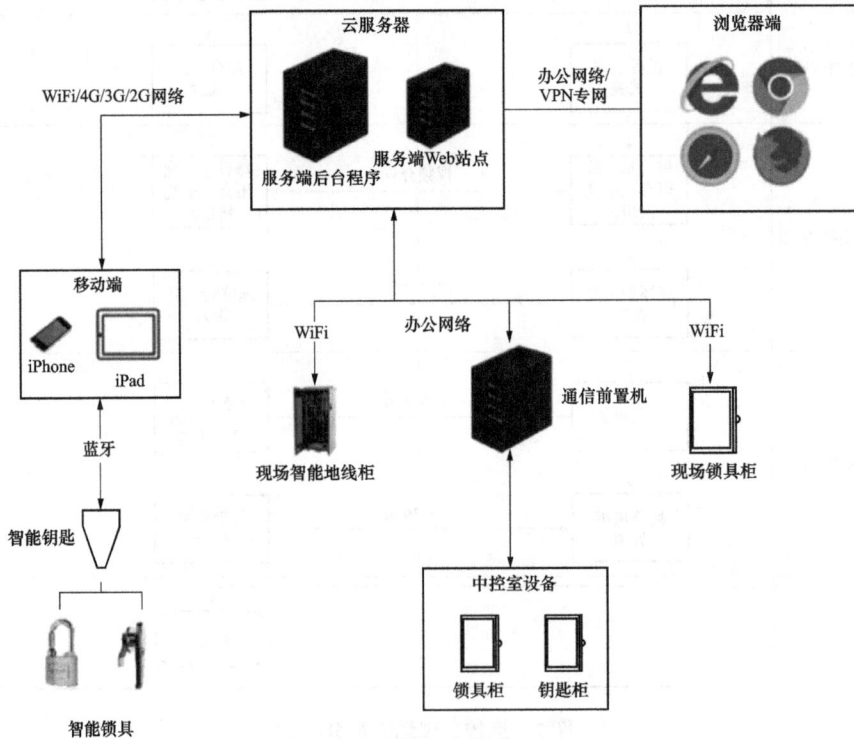

图 4　智能防误系统架构

该系统采用模拟屏表示现场电气主接线关系，由工控主机对开关量进行采集。工控主机内存有电气接线图"五防"逻辑关系库，监测模拟屏上高压一次操作程序，并监督运行人员高压一次操作不违反"五防"规则，模拟屏上进行的每一步操作都通过微机"五防"系统的"五防"判断，正确后才能将操作命令发出。在演练完正确操作步骤后，由主机经过传输适配器传给电脑钥匙，运行人员持电脑钥匙，并根据电脑钥匙显示器所提供的操作程序，到现场去操作高压一次设备。当所有操作程序完成后，把电脑钥匙信息回传主机，由主机根据回传信息确认操作票完成，并刷新开关量实际状态。

2.1.3 智能钥匙管理

传统的钥匙管理需要依靠人员进行借用、归还登记，耗时耗力。班组开发出智能钥匙管理系统见图 5，将钥匙的借用和归还流程操作通过柜体操作终端、网页应用端和手机 App 同步实现，使用者可自助完成钥匙的领取和归还。

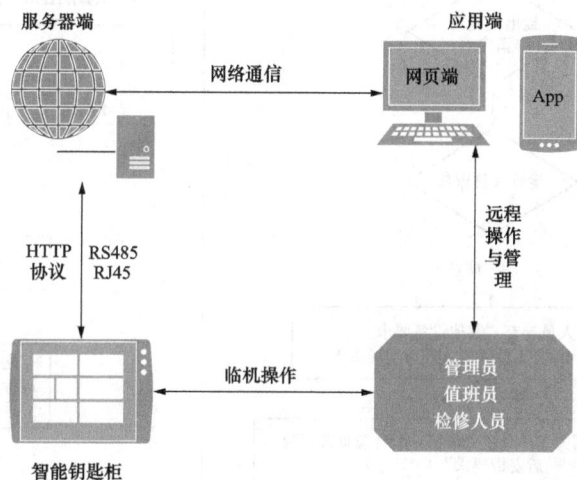

图 5　智能钥匙管理系统架构

智能钥匙管理系统通过精确的管理和追踪，确保每个钥匙的使用都经过授权且被正确记录，解决了钥匙漏拿、误拿、错拿、丢失等问题，确保电力生产的安全。同时，可实时追踪钥匙的位置和使用状态，可以快速找到所需的钥匙，大大提高了工作效率，通过预设规则，在规定时间未归还钥匙时自动发送提醒，提高管理效率。

2.1.4 交叉作业配合

以往检修工作配合工作均采取申请工作负责人及安措交叉工作负责人到中控室填写纸质交代后，再进行相关配合试验。因交叉工作面多、工期紧、人员紧张、对其他工作面不了解等原因，造成配合试验效率低、风险控制存在漏洞等问题。

借助现有"五防"系统，将检修交代、配合工作流程电子化，实现交叉工作面安全措施相互挂牌闭锁见图 6。开展检修工作配合前需要得到工作恢复安全措施影响的交叉工作面负责人和运行人员同意，并由交叉工作面负责人将需恢复的安全措施拆牌解锁，然后才能进行相关的配合工作，切实规范检修配合工作，有效降低了交叉作业带来的风险。

2.1.5 数据智能分析

基于 Go 语言开发的 Grafana 数据分析平台[6]，通过高速的数据处理能力，能够实时展示

451

设备的各项关键指标，为值班人员提供及时、准确的数据支持，见图7。通过预设的数据对比模型，对设备运行数据进行深入分析，以曲线形式直观显示设备参数变化趋势，快速定位设备故障或潜在问题，提高设备故障诊断效率。

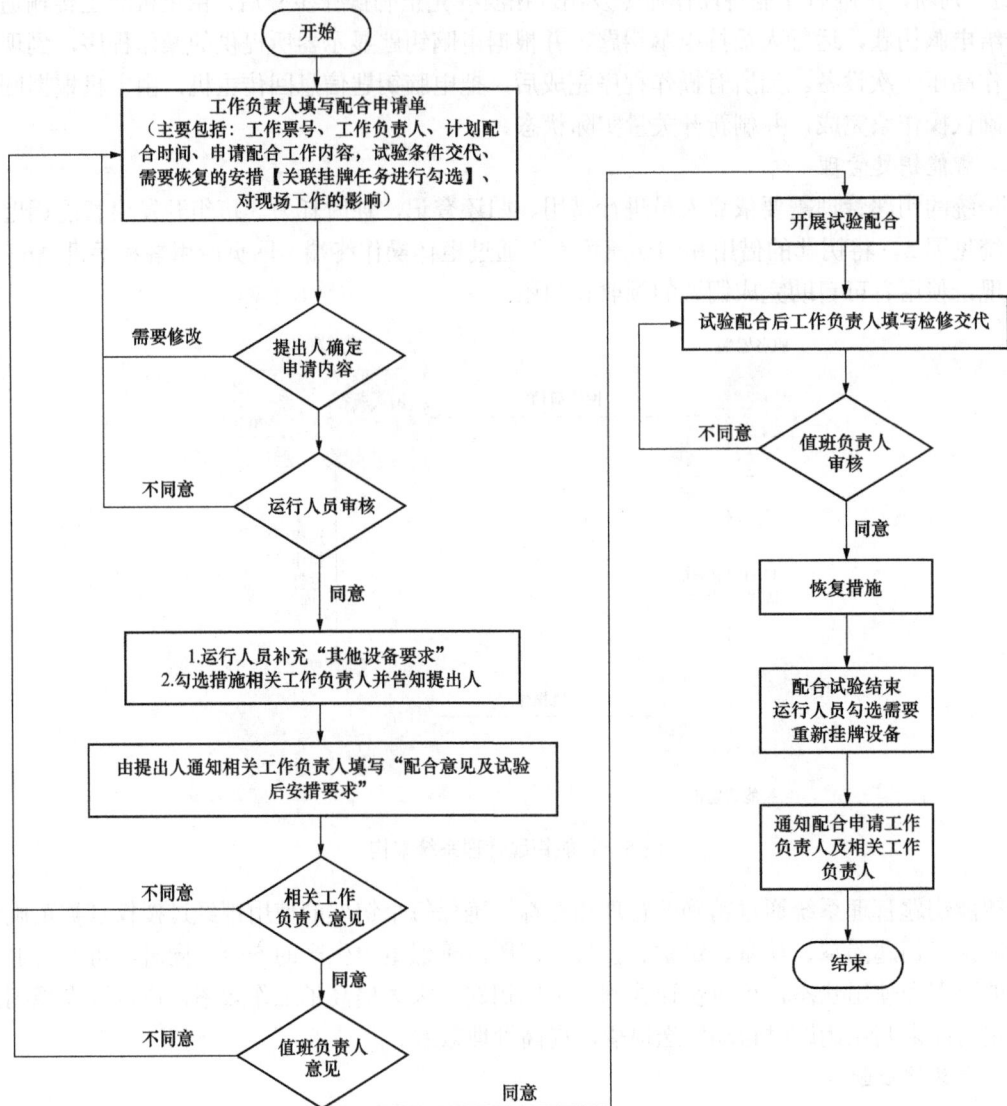

图 6　检修配合工作流程

2.1.6　在线应急演练平台

应急演练是对运行值班人员理论学习和心理素质的综合考量，在"远程控制、现场值守"运行模式下，应急演练要讲求协同，各部门需紧密配合。通过线上培训系统所设立的应急演练模块，以智能推送模拟事故信号的方式提升演习流畅度以及更真实模拟还原发生事故时应急处置的紧迫性，避免了以往因人声朗诵推送相关事故信号从而影响演习流畅性的事件发生。

1号机轴承油位

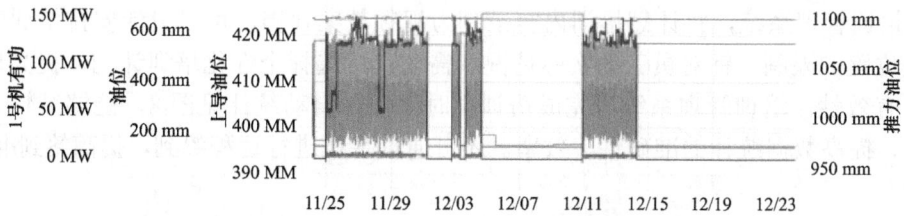

11/25　11/29　12/03　12/07　12/11　12/15　12/19　12/23

——1号机上导轴承油槽油位 Min: 382 MM Max: 426 MM　——1号机下导轴承油槽油位 Min: 577 mm Max: 718 mm
——1号机水导油槽液位变送器 Min: 83.2 mm Max: 145 mm　——1号机有功 Min: −0.075 MW Max: 151 MW
——1号机推力轴承油槽油位 Min: 940 mm Max: 1117 mm

2号机轴承油位

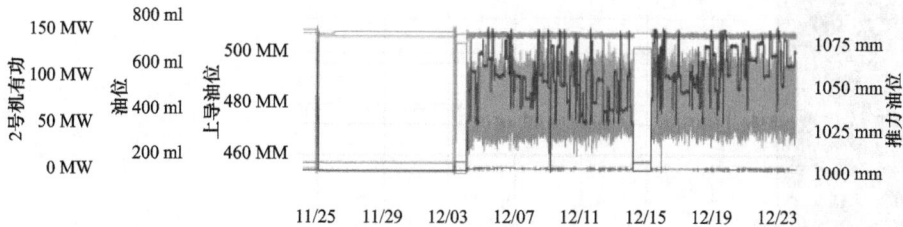

11/25　11/29　12/03　12/07　12/11　12/15　12/19　12/23

——2号机上导轴承油槽油位 Min: 452 MM Max: 518 MM　——2号机下导轴承油槽油位 Min: 666 ml Max: 758 ml
——2号机水导油槽液位变送器 Min: 119 ml Max: 173 ml　——2号机有功 Min: −0.087 MW Max: 153 MW
——2号机推力轴承油槽油位 Min: 975 mm Max: 1086 mm

3号机轴承油位

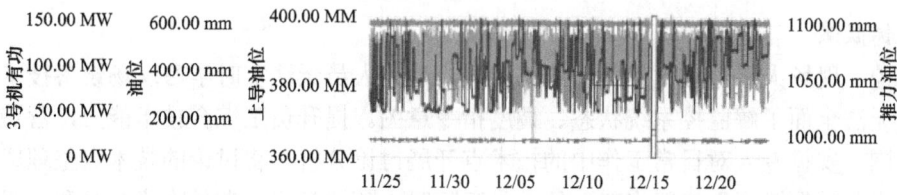

11/25　11/30　12/05　12/10　12/15　12/20

——3号机上导轴承油槽油位 Min: 364.19 MM Max: 400.25 MM　——3号机有功 Min: 0 MW Max: 152.82 MW
——3号机下导轴承油槽油位 Min: 578.09 mm Max: 632.56 mm　——3号机推力轴承油槽油位 Min: 1000.56 mm Max: 1108.84 mm
——3号机水导油槽液位变送器 Min: 96.69 mm Max: 156.26 mm

4号机轴承油位

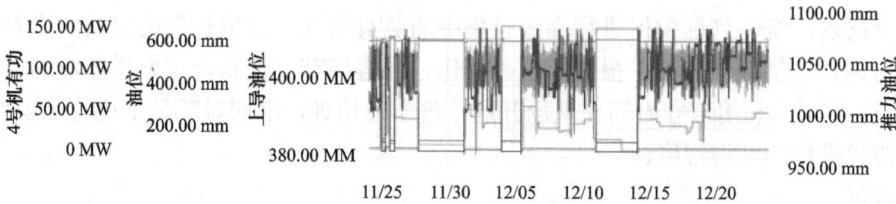

11/25　11/30　12/05　12/10　12/15　12/20

——4号机上导轴承油槽油位 Min: 380.56 MM Max: 414.31 MM　——4号机有功 Min: −0.11 MW Max: 152.11 MW
——4号机下导轴承油槽油位 Min: 543.22 mm Max: 682.16 mm　——4号机推力轴承油槽油位 Min: 966.50 mm Max: 1083.50 mm
——4号机水导油槽液位变送器 Min: 74.99 mm Max: 137.05 mm

图 7　GUEST 平台数据智能分析

2.2　培训管理创新

2.2.1　培训管理系统

　　班组员工分别在远控侧、现场侧办公，问题主要表现为培训人员不集中、签到困难、培训数据统计效率低。

研发培训管理系统，将计划培训内容录制为视频教案存档，可以灵活安排培训时间，不受地理位置的限制。针对员工的实际情况和需求，可选择个性化培训计划，提高培训的针对性、有效性。培训管理系统可完成培训学时、项目自动统计见图8，能够减轻人工统计工作量，提高数据统计的准确性、效率。还可通过手机进行远程签到，提高签到准确性、及时性。

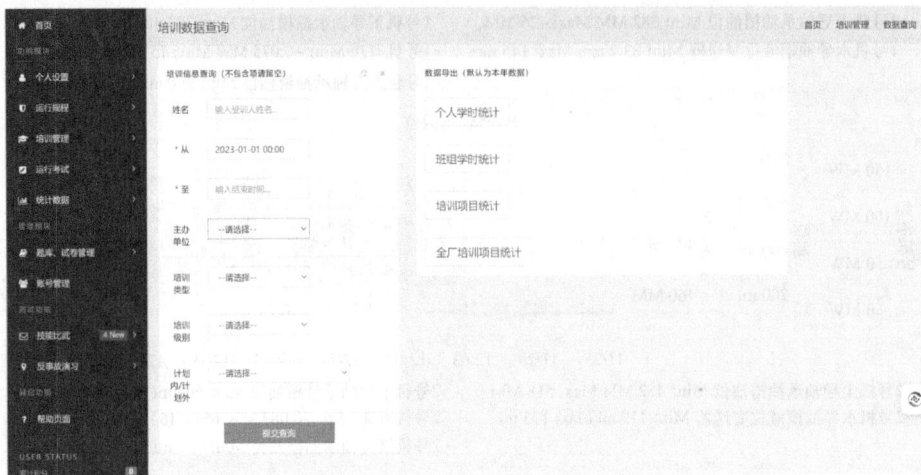

图8　培训学习自动统计

2.2.2　强肌补钙微课

因运行远控、现场人员分散，且工作分工不同，远控人员无法实时学习现场设备技术要点，现场人员无法全面了解监控系统状态、调度指令意图。提升员工综合技术能力，营造主动培训学习氛围，安排专人对日常工作中的技术点开展讨论分析，将讨论的技术点整理成简短、精练的"强肌补钙微课"资料资料，便于员工随时、随地学习。在早晚班会时间，组织员工观看和讨论这些微课程资料，通过互动问答、实操演练等方式，加深员工对技术点的理解和掌握。

2.2.3　新员工监盘培训

新员工上岗后，统一到远控侧进行高效且集中的监盘培训，由值长及监盘员负责对新员工进行指导培训，包括数据监控、报警处理、操作记录等环节，使新员工熟悉监盘的具体流程和操作要点。同时，利用值守时间在现场开展监盘学习培训，定期对新员工进行知识拷问，评估他们对监盘操作的掌握程度。

2.2.4　融合培训

某水电站为一厂两站管理模式，目前远控侧两站各配置1个值长、1个值班员进行远控值班，通过融合培训，将两站部分值长、值班员互换进行培训，掌握两站设备知识后，开展两站融合可行性探索见图9，远控只需1个值长、1个值班员即可，在保证值班质量的前提下，可极大地优化人员配置。

2.3　监督检查创新

2.3.1　交叉监督检查

根据班组人员任务分工，制定有明确的合格标准的检查清单，在交接班前接班组对交班组的安全、培训、工器具、物资、台账、内业进行全面交叉互查，对发现的问题和不足进行详细记录、拍照。检查结束后，将发现的问题汇总整理成报告通过邮件通报学习，督促其在交班前完成整改，避免将问题留到下一组，部门再对整改情况"回头看"，有效督促员工完成问题整改。

2.3.2 应急能力检查

部门管理人员通过电话或突然到场以突击形式开展技术知识抽问、现场事故演练处置等，可以检验员工对技术原理、操作规程、事故处置的掌握程度。对于突发的模拟事故，可观察和评估远控侧和现场侧的响应速度，检验双方在应对事故时的沟通效率和协作能力，确保在真正的紧急情况下能够高效配合，也可同步检验值守人员在模拟的事故现场是否能按照事故处置流程进行正确的检查汇报、设备操作等。

2.3.3 云监督检查

云监督检查主要依赖于远程监控技术，远控侧人员参加培训时需全程打开视频摄像头，可实时观察员工的培训状态、培训参与度等信息，实现对员工培训效果的全面评估，持续优化培训方式。还可通过云监督收集员工到岗时间、离岗时间、工作状态等信息，帮助员工发现自身问题和改进的方向。

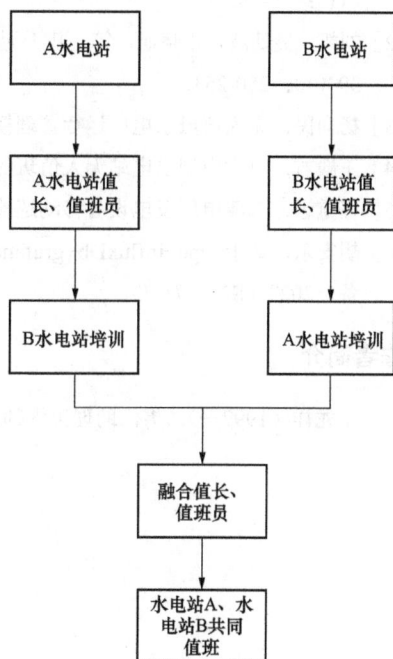

图 9　融合培训

2.3.4 作业过程检查

水电站一般配置完备的工业电视系统，借助巡检系统打卡时间追溯班组员工巡检到位信息，帮助员工纠正不足、提高技能。基于视频回顾的结果，不断优化巡检和操作流程，通过收集员工的反馈和建议，对现有的工作程序进行改进和调整。

通过定期回顾执法记录仪录制的操作票执行过程视频，检查员工在操作过程中的表现，检查员工是否按照规定的程序和标准进行操作，通过对比不同时间的视频，可以评估员工的工作是否有所改进，提高操作过程的规范性和准确性。

3 结束语

在无人值班大趋势下，某水电站通过对运行管理历史经验的总结，在安全管控、培训管理、监督检验等多方面，提出了一套基于"远程控制、现场值守"下创新运行管理模式。在安全管控方面，注重预防和控制，采取多样化智能安全管控手段来确保安全生产的顺利进行；在培训管理方面，通过多重化措施提高培训效果；在监督检查方面，通过定期自查、互查云监督和过程检查等方式对运行管理工作进行全面的评估和监督。

参考文献

[1] 董第永，卢毅. 浅谈水电厂无人值班（少人值守）运行模式的实际应用及成效 [J]. 广西电业，2020

（11）：35-38.

[2] 刘凯，吴劲波，张晓旭，等. 基于无人值班模式的水电厂运行优化策略探讨 [J]. 云南水力发电，2023，39（1）：250-253.

[3] 杨向民. 无人值班水电厂运行管理模式及应用研究 [J]. 电子世界，2016（17）：156.

[4] 王殿君. 对大中型水电站无人值班的探索与研究 [J]. 黑龙江电力，2017，39（2）：166-169.

[5] 任重远. 二滩电厂发电设备移动巡检管理系统的设计与实现 [D]. 成都：电子科技大学，2020.

[6] 胡安东. 基于 Opc+influxDb+grafana 的数据可视化设备运维平台在钢铁企业的开发应用 [J]. 冶金设备，2022（S2）：71-73.

作者简介

王龙祥（1997—），男，助理工程师，主要从事水电站运行管理。E-mail：wanglongxiang@sdic.com.cn

浅析某水电站厂用电倒闸效率提升措施研究

朱 保 王夏光 安丹阳

（雅砻江流域水电开发有限公司，四川省成都市 610051）

[摘 要]当前某水电站厂用电倒换存在倒电步骤多，操作时间长等弊端，降低了厂用电的可靠性，有厂用电失电的风险。本文针对某电站倒电方式进行了优化，对带载送电的励磁涌流进行了计算，论证了母线带载送电的可行性，提升了某水电站厂用电倒换效率。

[关键词]厂用电；带载倒闸；励磁涌流

0 引言

某水电站装机 4 台，机组单机容量为 150MW，全站总装机容量为 600MW。厂用电系统电压等级分为 10kV 和 400V 两个电压等级，其中，10kV 电压等级母线有 6 段母线，母线间通过母联开关实现相互备用。厂用电系统简图如图 1 所示。当前，该水电站厂用电倒换方式存在倒电步骤多、操作时间长（约为 3 小时）等弊端，不仅耗费人力物力，还会降低厂用电的可靠性，增大了厂用电失电的风险。

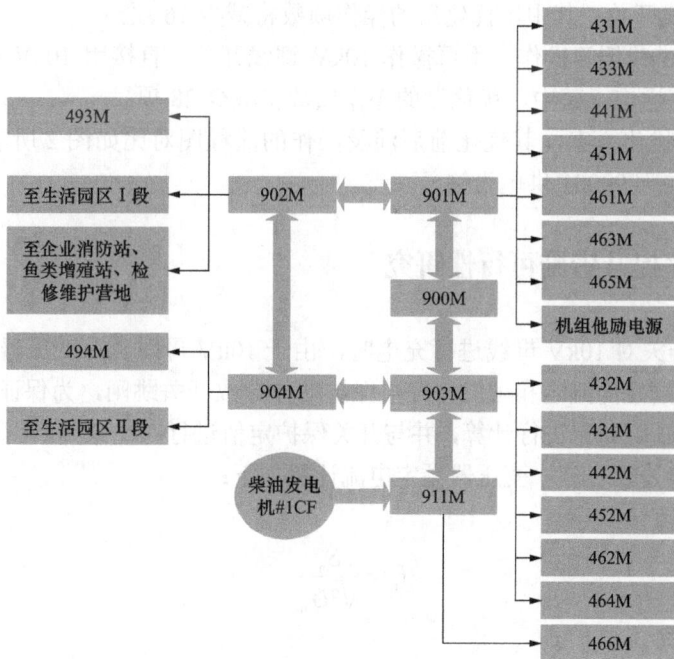

图 1 水电站厂用电系统简图

1 影响倒闸操作效率的原因分析

针对厂用电倒换效率低等问题，通过查询水电站历史数据、历年厂用电倒换操作票、生产系统值班日志，总结历史操作经验，发现其主要原因是母线没有采取带载送电的倒闸方式，在当前倒换 10kV 母线过程中，需先拉开 10kV 馈线开关，再拉开进线开关，然后合上 10kV 母联开关，最后再合上 10kV 馈线开关。另外，当前倒换方式还存在大量拉开、合上馈线开关的冗余步骤，降低了操作效率。若通过母线带载送电，可大量减少冗余步骤，节省大量时间。

当变压器空载投入或外部故障切除后电压恢复时，有可能出现数值很大的励磁涌流[1]。所以，若采用母线带载倒闸，则主要需要考虑励磁涌流对开关的影响，如果带载倒闸产生的励磁涌流值在厂用电系统开关保护定值以下，则可认为带载倒闸对开关无影响。

2 倒闸操作效率提升措施

针对厂用电带载倒闸操作，提出以下两种优化方案：

方案一为部分带载倒闸。对于 901M 和 903M 厂用电倒换，自用电、照明电、公用电系统仍采用先拉开 10kV 馈线开关，然后将 10kV 母线停电，待 10kV 母线送电后合相应 10kV 馈线开关对相应系统送电的方式进行倒换，排水系统、大坝左岸用电、大坝右岸用电系统采用不操作 10kV 馈线开关，直接用进线/联络开关对 10kV 母线带负荷停送电，对于 902M 和 904M 厂用电倒换，因其负荷较少，直接用 10kV 进线/联络开关对 10kV 母线带负荷停送电，不再操作 10kV 馈线开关。其中，优化后的操作项数将减少 16 项。

方案二为全部带载倒闸操作。不再操作 10kV 馈线开关，直接用 10kV 进线/联络开关对 10kV 母线带负荷停送电。其中，优化后的操作项数将减少 28 项。

根据上述两种优化方案，其优化前后涉及操作的流程图对比如图 2 所示（此处以 10kV 901M 由 921 供电转为 90001 供电为例）。

3 倒闸操作效率提升措施可行性研究

用进线/联络开关对 10kV 母线进行充电时，由于 10kV 母线负荷变压器较多，在充电瞬间各变压器产生的励磁涌流之和可能将开关保护动作导致开关跳闸，为保证倒电安全，需对各母线负荷变压器励磁涌流进行计算，并与开关保护定值进行对比来判断用进线/联络开关对 10kV 母线进行充电是否合理。变压器额定电流计算如下：

高压侧额定电流：

$$I_h = \frac{S_n}{\sqrt{3}U_n} \tag{1}$$

低压侧额定电流：

$$I_l = \frac{S_n}{\sqrt{3}U_l} \tag{2}$$

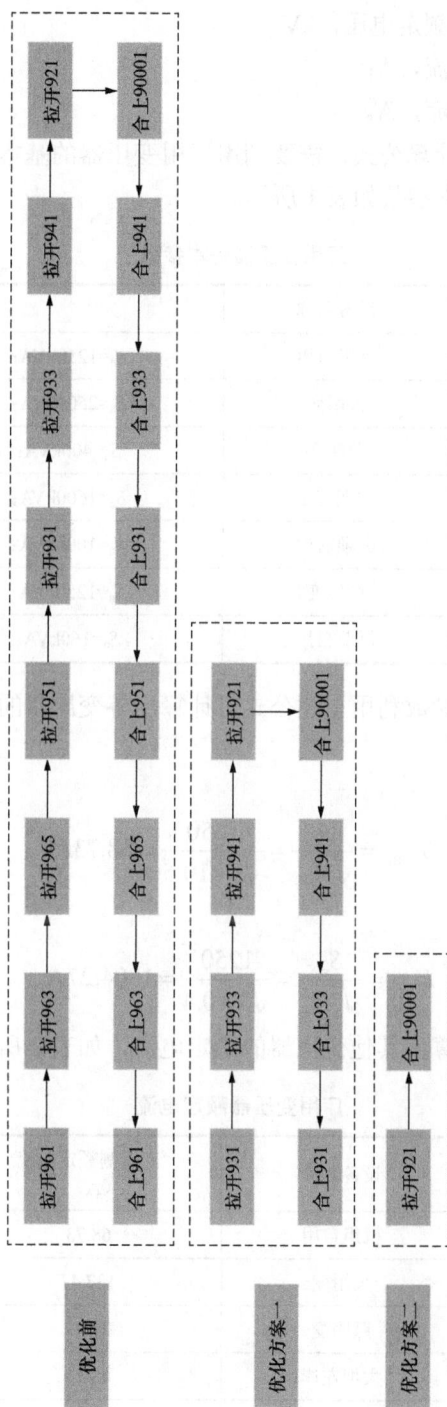

图 2 操作流程优化对比

式中 S_n ——变压器的额定容量，kVA；

U_h ——变压器高压侧额定电压，kV；

U_l ——变压器低压侧额定电压，kV；

I_h ——高压侧额定电流，A；

I_l ——低压侧额定电流，A。

根据变压器额定电流的计算公式，需要利用厂用变压器的基本参数进行计算，经查询设备说明书得厂用变压器的基本参数如表 1 所示。

表 1   厂用变压器基本参数

设备编号	设备名称	设备参数
31B、32B、33B、34B	机组自用	S_n=1250kVA；U_n=10.5/0.4kV；U_k=6%
41B、42B	公用变	S_n=2500kVA；U_n=10.5/0.4kV；U_k=6%
51B、52B	照明变	S_n=400kVA；U_n=10.5/0.4kV；U_k=4%
61B、62B	大坝左岸	S_n=1600kVA；U_n=10.5/0.4kV；U_k=6%
63B、64B	大坝右岸	S_n=1000kVA；U_n=10.5/0.4kV；U_k=6%
65B、66B	检修变	S_n=1250kVA；U_n=10.5/0.4kV；U_k=6%
93B、94B	厂前自用	S_n=160kVA；U_n=10.5/0.4kV；U_k=4%

根据厂用变压器的基本参数利用上述公式可计算出各变压器的额定电流，以下以 31B 为例计算其变压器的额定电流：

31B 高压侧额定电流：

$$I_{31Bh} = \frac{S_n}{\sqrt{3}U_e} = \frac{1250}{\sqrt{3}\times 10.5} = 68.73A$$

31B 低压侧额定电流：

$$I_{31Bl} = \frac{S_n}{\sqrt{3}U_e} = \frac{1250}{\sqrt{3}\times 0.4} = 1804.27A$$

同理，根据该公式可计算出其他变压器的额定电流，如表 2 所示。

表 2   厂用变压器额定电流

设备编号	设备名称	高压侧额定电流（A）	低压侧额定电流（A）
31B、32B、33B、34B	机组自用	68.73	1804.27
41B、42B	公用变	137.47	3608.55
51B、52B	照明变	21.99	577.37
61B、62B	大坝左岸	68.73	1804.27
63B、64B	大坝右岸	87.98	2309.47
65B、66B	检修变	54.99	1443.42
93B、94B	厂前自用	8.8	231

励磁电流最大峰值可达到变压器额定电流的 6～8 倍，为保证操作安全，取最大倍数 8 倍，由此可计算出采用方案一对 10kV 母线带负荷充电时其励磁涌流峰值为：

901M：

$$I_{901M} = (I_{51Bh} + I_{61Bh} + I_{63Bh} + I_{65Bh}) \times 8$$

903M：

$$I_{903M} = (I_{52Bh} + I_{62Bh} + I_{64Bh} + I_{66Bh}) \times 8$$

902M：

$$I_{902M} = I_{93Beh} \times 8$$

904M：

$$I_{904M} = I_{94Beh} \times 8$$

采用方案二对 10kV 母线带负荷充电时其励磁涌流峰值为：

901M：

$$I_{901M} = (I_{31Bh} + I_{33Bh} + I_{41Bh} + I_{51Bh} + I_{61Bh} + I_{63Bh} + I_{65Bh}) \times 8$$

903M：

$$I_{903M} = (I_{32Bh} + I_{34Bh} + I_{42Bh} + I_{52Bh} + I_{62Bh} + I_{64Bh} + I_{66Bh}) \times 8$$

902M：

$$I_{902M} = I_{93Beh} \times 8$$

904M：

$$I_{904M} = I_{94Beh} \times 8$$

根据上述公式可计算出 10kV 各母线带变压器充电励磁涌流峰值如表 3 所示。

表 3 　　　　　　　　　　　励磁涌流峰值计算结果

方案	I_{901M}	I_{903M}	I_{902M}	I_{904M}
方案一	1869.52A	1869.52A	70.4A	70.4A
方案二	4068.96A	4068.96A	70.4A	70.4A

用 10kV 进线/联络开关对 10kV 母线带负荷充电时，只要各开关保护能躲过励磁涌流峰值，那么开关可正常合闸，即满足 10kV 母线带负荷充电要求，查询 10kV 进线、联络开关保护配置及定值，如表 4 所示。

表 4 　　　　　　　　　　　10kV 进线、联络开关保护配置

开关编号	过流 I（A）	延时（s）	过流 II（A）	延时（s）	过负荷（A）	延时（s）
921	2120	0.3	1640	2.2	752	15
923	2120	0.3	1640	2.2	752	15
922	—	—	—	—	—	—
924	—	—	—	—	—	—
90001	—	—	2200	1.9	752	12
90003	—	—	2200	1.9	752	12

续表

开关编号	过流Ⅰ（A）	延时（s）	过流Ⅱ（A）	延时（s）	过负荷（A）	延时（s）
90102	1830	0.5	660	1.5	—	—
90304	1830	0.5	660	1.5	—	—
90204	—	—	335	1.3	—	—

注：为了便于比较，上述保护定值已折算到一次值。

方案一：①用921（923）开关给901M（903M）带部分负荷送电时，励磁涌流峰值小于过流Ⅰ段保护定值，略大于过流Ⅱ段和过负荷定值，且过流Ⅱ段和过负荷延时较长，根据励磁涌流衰减特性（一般经0.5～1s后其值不超过0.25～0.5额定电流），理论上励磁涌流能衰减至过流和过负荷定值以下，所以可以采用该种方式。②用90001（90003）开关给901M（903M）带部分负荷送电时，由于90001开关未配置过流Ⅰ段保护，所以只考虑励磁涌流是否会引起过流Ⅱ段和过负荷保护动作的情况，励磁涌流峰值小于过流Ⅱ段定值，大于过负荷定值，但过负荷延时长达12s，根据励磁涌流衰减特性，理论上励磁涌流能衰减至过负荷定值以下，所以可以采用该种方式。③用90102（90304）开关给901M（903M）带部分负荷送电时，虽然励磁涌流峰值大于90102（90304）开关过流Ⅰ段、过流Ⅱ段定值，但过流Ⅰ段、过流Ⅱ段都带有延时，根据励磁涌流衰减特性（一般经0.5～1s后其值不超过0.25～0.5额定电流），理论上励磁涌流能衰减至过流Ⅰ段和过流Ⅱ段定值以下，所以可以采用该种方式。

方案二：①用921（923）开关给901M（903M）带负荷送电时，励磁涌流峰值远大于过流Ⅰ段、过流Ⅱ段和过负荷定值，虽然励磁涌流开始衰减较快，但由于其峰值较大，其在保护延时内能否衰减至相关定值以下还需试验验证。②用90001（90003）开关给901M（903M）带负荷送电时，由于90001开关未配置过流Ⅰ段保护，所以只考虑励磁涌流是否会引起过流Ⅱ段和过负荷保护动作的情况，经计算，励磁涌流峰值远大于其过流Ⅱ段和过负荷定值，所以励磁涌流在保护延时内能否衰减至相关定值以下需试验验证。③用90102（90304）开关给901M（903M）送电时，励磁涌流峰值远大于90102（90304）开关过流Ⅰ段、过流Ⅱ段和过负荷定值，虽然保护带有延时，但由于励磁涌流峰值较大，所以励磁涌流在保护延时内能否衰减至相关定值以下需试验验证。

另外，用922（924）开关给902M（904M）带负荷送电时，由于开关未配置相关保护，且该情况下励磁涌流数值较小，所以理论上可以采用该种送电方式。用90204开关给902M（904M）带负荷送电时，由于90204开关仅配置过流保护，且该情况下励磁涌流小于过流保护定值，所以理论上可以采用该种送电方式。用90102（90304）开关给902M（904M）送电时，该情况下励磁涌流小于90102（90304）开关速断和过流保护定值，所以理论上可以采用该种送电方式。

4 总结及建议

针对电站原厂用电倒换方式存在的操作效率低、操作步骤冗余多、厂用电供电可靠性低等问题，本文提出了两种母线带载送电方案，并通过对两种方案下各母线负荷变压器励磁涌流进行计算，以此研究母线带载送电的可行性。通过计算研究，采用方案一进行厂用电倒换是可行的，方案二仍需通过实际操作进行验证。

目前，方案一已进行了实操验证，证实方案可行，期间未发生开关保护动作的情况，操作用时由原来的 3 小时减至 1.1 小时，厂用电倒闸操作效率显著提升。基于此，电站已将该方式作为常规操作方式。同时，方案二因暂不具备验证条件，暂未进行相关实操验证，需待后续具备条件后进行验证，如验证可行，则可进一步提升厂用电倒换效率。

参考文献

[1] 王庆东，王渊博. 励磁涌流引起 10kV 线路不能合闸的应对措施 [J] 农村电工. 2016，24（05）.

作者简介

朱　保（1996—），男，工程师，主要从事水电站运行管理工作。E-mail：zhubao@ylhdc.com.cn

王夏光（1995—），男，工程师，主要从事水电站运行管理工作。E-mail：wangxiaguang@ylhdc.com.cn

安丹阳（1999—），男，助理工程师，主要从事水电站运行管理工作。E-mail：andanyang@ylhdc.com.cn

分布式清洁能源多样互补发电系统特性分析
与要点研究

柏建双　王　伟　曹文志　卜　康　傅　充

（雅砻江流域水电开发有限公司，四川省成都市　610051）

[摘　要]随着我国提出 2030 年实现碳达峰，2060 年实现碳中和的目标，加快清洁能源开发利用，减少对传统化石燃料的依赖，构建以清洁能源为主体的新型电力系统成为时下热点。目前应用最广的分布式清洁能源主要有风电、光电、水电等，其互补发电技术与电力储能技术相结合，不仅可以充分利用局部地区风光水等自然资源，还能大大降低电能在远距离输送过程中的功率损耗，同时加强局部电网故障时的带载能力。

[关键词]分布式清洁能源；互补发电技术；电力储能技术

0　引言

面对当前环境和能源问题的双重压力，不断开发利用风能、光能、水能等分布式清洁、可再生能源进行发电，同时深入研究电力储能装置，有效提高资源利用率，已是大势所趋[1]。由于环境天气、地理位置等对单个分布式清洁能源的出力影响较大，会导致其在单独并网后带载能力发生随机跳变或间歇性变化，影响电力系统的安全稳定运行[2,3]。而风光水等多样分布式清洁能源进行联合调度形成互补发电系统时，却可以通过其相互间的季节与区域环境等互补特性，实现清洁能源利用率的最大化，并降低电能在输送过程中的损耗，满足偏远地区的供电需求，提高系统可靠性[4]。

本文旨在总结多样分布式清洁能源互补发电系统的应用研究与展望工作，首先从风力发电系统、光伏发电系统、水力发电系统与电力储能系统出发，对现有的分布式清洁能源技术进行了概述，然后以多样互补发电系统在系统能量优化配置、系统发电调度策略两方面的研究要点为引，对雅砻江流域风光水互补清洁能源示范基地的风光水系统互补特性进行分析与研究。

1　分布式清洁能源发电技术概述

多样分布式清洁能源互补发电系统主要由风力发电系统、光伏发电系统、水力发电系统、电力储能系统等组成[5]。风力与光伏发电系统通过斩波器或整流器等模块后，将环境中的风能与太阳能转变为直流电，再通过能量管理平台的分配，可将能量储存在电力储能装置中，或经逆变器转变为交流电后，与将水力机械能转为电能后通过变压器升压的水力发电系统出口合并，将电能输送至电网。其中，能量管理平台作为其控制单元，会依据风速、流量、光照强度以及负荷变化等，实现各系统的联调控制，全面保障电力系统的安全稳定运行[6]。

1.1 风力发电系统

风力发电系统主要是将空气流动所产生的风能转换为风轮转动的机械能，然后通过传动系统与发电机，将机械能最终转变为电能。桨叶、传动系统、发电机、调速器、塔架等构成了风力发电系统的核心——风力发电机[7]。风力发电机发出的功率一般需通过 DC/DC 控制器消除谐波，稳定输出电压，然后通过逆变器变换为交流电后，经滤波器送出后与大网相连。

风机发电机风轮可产生的机械能大小满足以下公式：

$$P = \frac{1}{2}\rho S v^3 \tag{1}$$

式中　P——机械能，J；

ρ——空气密度，1.29kg/m^3；

S——风轮受力面积，m^2；

v——风速，m/s。

由此可以看出，风力大小直接影响了风力发电的出力大小。理论而言，风速满足 Weibull 分布，风速与出力 P_w 之间应满足以下关系[8]：

$$P_w = \begin{cases} 1(0 \ll V_{ci}, V_{co} \ll v) \\ \frac{1}{2}\rho S v^3 C_p(\beta, \gamma)(V_{ci} \ll v \ll V_r) \\ P_r(V_r \ll v \ll V_{co}) \end{cases} \tag{2}$$

式中　P_r——额定功率，W；

$C_p(\beta, \gamma)$——风能利用系数；

V_{ci}——切入风速，m/s；

V_r——额定风速，m/s；

V_{co}——切出风速，m/s。

由此可看出，风力发电系统的功率曲线随着风速的变化，具有典型的日变化规律与季节性变化规律。

在 2010 年时我国风力发电系统的总装机容量已位居世界之首，截至 2019 年底，全国风力发电系统总装机量已达 2.1 亿 kW，弃风率也同比减少 3%，预计到 2050 年，风电装机将达到 10 亿 kW，供电量占全国总量约 17%[9]。

1.2 光伏发电系统

光伏发电系统属于太阳能发电中的一种，主要是通过光伏阵列吸收光照中的能量，通过光生伏特效应吸收太阳光中的辐射能，使光伏电池 PN 节中的空穴与电子被迫分离后产生相互运动，从而产生电流，最终输出功率，实现太阳能与电能之间的转换[10, 11]。

光伏电池的转换效率 η 影响因素较多，数值上可用以下数学式表示：

$$\eta = \frac{U_m I_m}{S_t P_{in}} \tag{3}$$

式中　U_m——最大输出功率下的电压，V；

I_m——最大输出功率下的电流，A；

S_t——电池板受到光照的总面积，m^2；

P_in——单位面积内光照入射的功率，W。

此外，光伏发电系统的出力还会受到光照强度、光照角度、环境温度等温度的影响，因此其实时出力存在较大的随机性，在实际运行中需对各时刻下的出力进行准确计算与预估，从而实现更为精确的管控。光伏发电系统的出力 P_w 应满足以下公式[12]：

$$P_\text{w} = \begin{cases} \dfrac{\eta}{K} \times S \times G(t)^2 & 0<G(t)<K \\ \eta \times S \times G(t)^2 & G(t)>K \end{cases} \tag{4}$$

式中　K——功率温度系数，0.34%；

$G(t)$——光照辐射强度，Lux；

S——光伏阵列总面积，m^2；

η——光伏阵列转换系数。

在 2015 年底我国成为全球光伏发电装机量第一大国，总装机量达到 43GW，截至 2020 年底，全国光伏发电系统总装机量已达 100GW[13]。但由于光伏发电技术能量密度低、供电连续性差、功率波动易波动等缺点，还需进行更深入的研究，不断提高其实用性与供电质量。

1.3　水力发电系统

水力发电系统是通过水轮机将水能转换为转轮旋转的机械能，再通过带动同轴发电机转动，在励磁线圈通电的情况下，通过电磁感应原理，将机械能转换为电能。

水力发电系统的出力主要受水库水位、水轮机水头（即上游水面至水轮机入口间垂直距离）、发电机效率等因素的影响。在实际运行中，水轮机的输出功率 P 与水头 H 和流量 Q 满足以下关系：

$$P = 9.81\eta_1\eta_2\eta_3 QH \tag{5}$$

式中　η_1——水轮机效率；

η_2——发电机效率；

η_3——机组传动效率。

通过大量实践与计算得出，对于小型水电站，$6 \ll 9.81\eta_1\eta_2\eta_3 < 8$；对于中型水电站，$8 \ll 9.81\eta_1\eta_2\eta_3 < 8.5$；对于大型水电站，$8.5 \ll 9.81\eta_1\eta_2\eta_3 < 9$。水电站在枯水期、中水区、丰水期三个时间段的运行方式不同，也会导致机组满发总容量不一致，从而使大部分水力发电系统也随着季节性流量变化呈年周期性变化趋势[14]。

水力发电系统具有发电效率高、能量可储存调节、出力调整快速准确等优点。在我国占有全球总水能的 17%，可开发水电资源发电量 1.28 亿 kW 的能源总量支撑下，水力发电系统一直保持迅猛的增长势头，且将在后续较长的一段时间内作为我国分布式清洁能源的中坚力量。

1.4　电力储能系统

风光水等发电系统出力具有一定的不确定性，且易受到环境影响而产生波动，而电力储能系统具有良好的削峰填谷、功率波动小等优点，在多样互补发电系统中，电力储能系统的适当配置，可以大大提高电力系统的供电可靠性[15]，同时通过储能系统的充放电，实现电源功率波动平滑与负荷功率跟踪的功能。

当前电力储能系统主要分为以超级电容器储能、超导储能、飞轮储能等为代表的功率型储能系统，和以抽水蓄能、电池储能、压缩气体储能等为主的能量型储能系统。除去受地理限制较大的抽水蓄能外，电池储能无疑成为当下热门的储能方式，镍镉蓄电池、铅酸蓄电池、锂电池则是使用最为广泛的三类储能电池[16]。而铅酸蓄电池在耐用度、技术成熟度、成本等方面表现均为最佳，因此其也被广泛应用于电力储能系统中。

铅酸蓄电池主要是通过氧化还原反应，使内部活性物质在充电时再生，从而实现电能—化学能—电能的转换过程[16]。铅酸蓄电池在固定时刻 t 的充放电功率 $P_{\text{bat}(t)}$ 应满足以下公式：

$$P_{\text{bat}(t)} = \eta_{\text{in}} \times P_{(\text{in},t)} + \eta_{\text{out}} \times P_{(\text{out},t)} \tag{6}$$

式中　η_{in}——蓄电池充电效率；

　　　η_{out}——蓄电池放电效率；

　　　$P_{(\text{in},t)}$——固定时刻 t 时的充电功率；

　　　$P_{(\text{out},t)}$——固定时刻 t 时的放电功率。

当蓄电池放电过程中小于最大放电功率时，η_{in} 的取值为 0，η_{out} 的取值为 -1；当蓄电池充电过程中小于最大充电功率时，η_{in} 的取值为 1，η_{out} 的取值为 0。

2 多样互补发电系统要点研究

2.1 系统能量优化配置研究

系统能量优化配置主要在于充分考虑各分布式清洁能源的约束条件，均衡能量配比与容量配置，在满足地区供电需求的同时，实现电力系统投资成本和储能容量的最小化。

若定义多样互补系统每日发电量与耗电量之间的不平衡差值为 W_i，则其数值可表示为：

$$W_i = E_{D(i-1)} \times \eta_{\text{in}} + E_{\text{all}} - Q_{P(i)} \tag{7}$$

式中　$E_{D(i-1)}$——前一天电力储能系统的剩余储存电量，kWh；

　　　η_{in}——电力储能系统储存效率；

　　　E_{all}——当日发电总量，kWh；

　　　$Q_{P(i)}$——当日负荷总量，kW。

只有当 W_i 的值为正时，系统能量才能满足当日负荷需求[17]。

在将风光水储形成集群化耦合控制模式的同时，也可对风力与光伏发电系统中的离散型运行数据进行分布集合，也可引入 Z-Score 标准化理论，采用聚类算法[18]、场景数构建法[19]等，通过各集群的自我约束程度与汇聚密度，将随机优化问题转换为区域联调问题。对于小型互补系统，功率调节容量、电压灵敏度、供需匹配指标等将作为反应系统自治能力强弱的具体指标[20]。对于大型互补系统，则还需更多地考虑间歇性发电成本、能源丢弃比率、平抑波动性等重要因素。

2.2 系统发电调度策略研究

系统发电调度策略优化的主要目标是在一定周期内充分利用水力发电系统的日内灵活调节能力平抑风力与光伏发电系统的出力间歇性与波动性影响[21]。

对于日内波动区间分析，可从系统出力极值分析入手，对功率偏差的分布规律与不同类型分布式清洁能源出力间的多时空耦合约束条件进行量化。对于年内波动区间分析，则可以最大化综合发电效益与最小化能源丢弃比率为评估指标，引入多目标优化算法，对不同季节节点的水位与储能量进行精准调节。也可引入神经网络算法[22]、量子蚁群算法[23]等自适应学习算法对出力数据与约束条件变化趋势进行学习预测，并将预测所得的数据与实际出力数据进行偏差对比，引入置信区间理论[21]，制定合理的置信边界，以构建适应运行实际的调度约束生成规则。

$$\begin{cases} \sum_{n=1}^{N}(Ph_{n,t}^{max}-Ph_{n,t}) \gg \overline{R_a} \times P_t^{max} \\ \sum_{n=1}^{N}(Ph_{n,t}-Ph_{n,t}^{min}) \gg \overline{R_a'} \times P_t^{max} \\ \min_{1 \ll t \ll T}(Ph_{n,t}-Ph_{n,t+1}) \gg \overline{R_a''} \times P_t^{max} \end{cases} \qquad (8)$$

式中　$\overline{R_a}$ ——极大值置信区间边界；

　　　$\overline{R_a'}$ ——极小值置信区间边界；

　　　$\overline{R_a''}$ ——波动极值置信区间边界；

　　　$Ph_{n,t}$ ——水电站 n 在 t 时段的出力，kWh；

　　　$Ph_{n,t}^{max}$ ——该时段内出力的极大值，kWh；

　　　$Ph_{n,t}^{min}$ ——该时段内出力的极小值，kWh；

　　　P_t^{max} ——风力与光伏发电系统的总装机量，kW。

2.3　多样互补发电系统特性分析

分布式清洁能源系统不确定性会导致发电出力与用电负荷间的矛盾，导致供给关系的不平衡，从而影响供电可靠性[24]，因此需多样能源调控互补，才能实现发电效率的最大化。以雅砻江流域风光水互补清洁能源基地为例，对风光水系统互补特性进行深入分析[25]。

由图1可以看出，雅砻江流域水力资源三大水库总调节库容达148.4亿 m^3，具有多年调节性能，可使整个雅砻江中下游水电站群基本达到年调节性能，丰枯出力差很小，枯水年甚至枯水期出力较丰水期出力更大。受制于降雨汇流的特点和水库的调蓄作用，水电出力特点是季节性波动大（入库流量差异造成），但日波动较小。

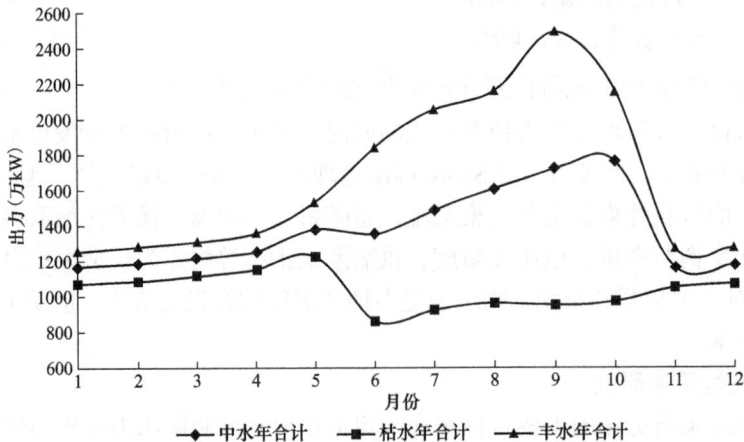

图 1　2025 年水平雅砻江梯级电站出力过程示意图

由图 2 可以看出，雅砻江流域风电场月平均出力的变化规律基本一致，一般 11 月～次年 4 月出力较大，5～10 月出力较小。在大风季节，各风电场出力系数为 0.30～0.68；在小风季节，出力系数为 0.05～0.12。风电场风能资源分布有明显的季节性差异（风速的季节变化造成）。

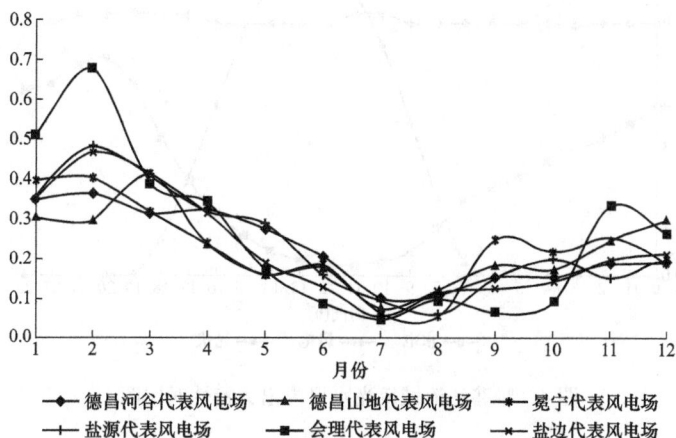

图 2　雅砻江流域风电场月出力系数变化曲线

由图 3 可以看出，雅砻江流域光伏电站平均日变化特性较为稳定，各月相邻两日变化幅度平均值低于 5%，2 月及 12 月仅有个别天受阴雨或云雾等因素影响略有突变，相邻两日变化幅度最大值为 15%。光伏发电日内波动较大（受每日气候影响），且只在白天发电，夜晚出力为零。

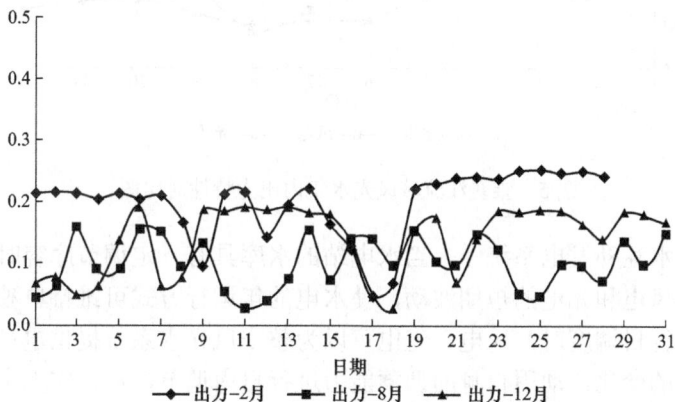

图 3　雅砻江流域光伏电站月/日出力变化曲线

由图 4 可以看出，雅砻江流域水电站日内波动较小，风电和光伏发电的日内波动性较大。光伏发电出力集中为 9:00～16:00，晚上出力为 0，风电出力在下午和夜间较大，9:00～14:00 较小，光伏发电和风电的日内出力存在一定的互补性。因此，水电、风电、光伏发电联合运行消除了风电、光伏发电的日内波动，可更好地满足电力负荷要求。

由图 5 可以看出，雅砻江流域风电、光电与水电互补运行，年内主要是考虑利用其出力天然的互补特性。对于具有季调节性能以上的水库电站，可以考虑结合风光年内的分布特点调整水库电站的年内运行方式，以更好地与风电和光伏进行年内互补，进一步减小年内弃风弃光。

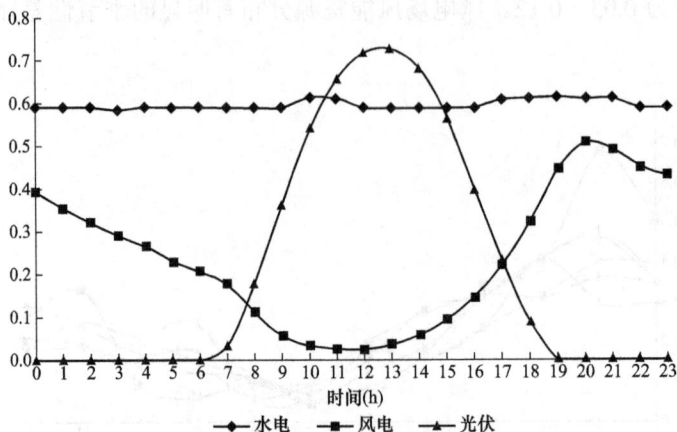

图4 雅砻江流域风光水日内出力特性对比图

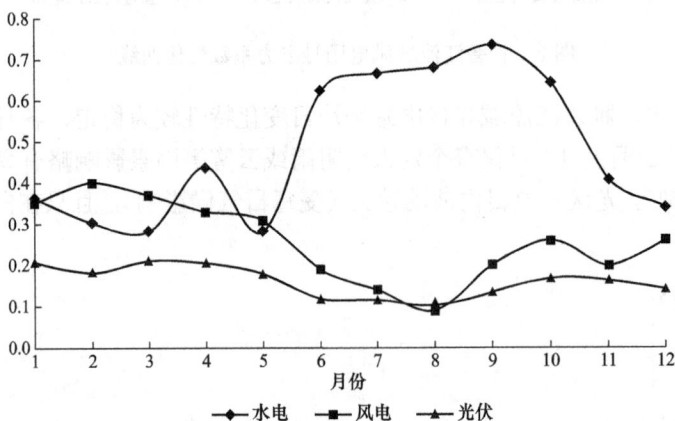

图5 雅砻江流域风光水年内出力特性对比图

综上，在风光水互补发电系统中，当水电站的水库具有一定调节库容时，水电站的短期波动平抑能力弥补风电和光电的短期波动，使水电的年运行方式可维持单独运行时的调度原则和方式。而在进行日调度时，风电、光电可以为整个风光水系统提供电量保证。水电可根据风电、光电出力的变化，动用自身的调蓄能力进行日内调节，从而实现全时段风光水系统的互补与稳定[25]。

3 结论

多样互补发电系统在解决新能源消纳问题上得到了国内外专家的一致认可[26-28]，主要思路是利用水力发电系统、电力储能系统等灵活性电源平抑风力发电系统、光伏发电系统的间歇性和随机性，以提升电网电能质量和运行可靠性，有效解决分布式能源大规模集中上网难的问题，提升通道利用率。随着多样互补发电系统在能量优化配置方面的稳步提升与发电调度策略上的不断优化，分布式清洁能源必将在“双碳”目标催动下，焕发出新的生机与活力。

参考文献

[1] 王拥．区域综合能源系统规划及优化运行［D］．南京：东南大学，2017.

[2] 钟嘉庆．低碳电源不确定性多目标优化及多属性决策研究［D］．秦皇岛：燕山大学，2015.

[3] 胡娟，杨水丽，侯朝勇，等．规模化储能技术典型示范应用的现状分析与启示［J］．电网技术，2015，39（04）：879-885.

[4] 余志勇，陈浩，孙春顺，等．基于改进粒子群算法的风光水蓄互补微电网优化运行研究［J］．供用电，2014（7）：58-61.

[5] 陶琼，桑丙玉，叶季蕾，等．高光伏渗透率配电网中分布式储能系统的优化配置方法［J］．高电压技术，2016，42（7）：2158-2165.

[6] 王世勇，孙健．分布式电源并网对配电网规划的影响研究［J］．电气应用，2015，34（S1）：21-24.

[7] 祁欢欢，荆平，戴朝波，等．分布式电源对配电网保护的影响及保护配置分析［J］．智能电网，2015（1）：8-16.

[8] 李军，颜辉，张仰飞，张玉琼，等．配电网中分布式电源选址定容方法对比分析［J］．电力系统保护与控制，2017，（05）：147-154.

[9] 王宗瑞，李昔真，苏则立．中国风光互补联合发电技术的现状与展望［J］．节能，2017，36（8）：4-7，2.

[10] 陈虎，张田，裴辉明，等．分布式光伏接入对电网电压和网损的影响分析［J］．电测与仪表，2015，52（23）：63-69.

[11] 崔红芬，汪春，叶季蕾，等．多接入点分布式光伏发电系统与配电网交互影响研究［J］．电力系统保护与控制，2015（10）：91-97.

[12] 胡滢，臧大进，张勇，等．基于知识融合 PSO 的风光互补发电系统优化［J］．控制工程，2019，26（5）：799-805.

[13] 卢茂茂．分析风光互补发电的现状和未来发展［J］．现代经济信息，2019（13）：1-2.

[14] 包广清，杨国金，杨勇，等．基于改进遗传算法的分布式电源并网优化配置［J］．计算机工程与应用，2016（16）：251-256.

[15] 许一帆．采用极限学习机改进遗传算法的分布式电源优化配置［D］．长沙：长沙理工大学，2014.

[16] 常瑞莉．风光水储互补发电系统容量优化配置研究［D］．西安：西安理工大学，2020.

[17] 吴万禄．低碳经济下基于合作博弈的风电容量规划方法［J］．电力与能源，2014．35（1）：88-92.

[18] 王群，董文略，杨莉．基于 Wasserstein 距离和改进 K-medoids 聚类的风电/光伏经典场景集生成算法［J］．中国电机工程学报．2015，（11）：2654-2661.

[19] J D.，N G，W R.. Scenario Reduction in Stochastic Programming：An Approach Using Probability Metrics［J］．Mathematical Programming，2003，95（2）：493-511.

[20] Hongbin Wu，Zhongqian Liu，Yu Chen，et al. Equivalent Modeling Method for Regional Decentralized Photovoltaic Clusters Based on Cluster Analysis［J］．CPSS Transactions on Power Electronics and Applications，2018，3（2）：146-153.

[21] 申建建，王月，张一，等．水风光多能互补发电调度问题研究现状及展望［J/OL］．中国电机工程学报：1-14［2022-04-22］.

[22] 刘社民，李建功，裴付中，等．基于改进神经网络算法的电力系统经济调度［J］．吉林大学学报（信

息科学版），2019，37（01）：80-87.

[23] 安家乐，刘晓楠，何明，等. 量子群智能优化算法综述 [J]. 计算机工程与应用，2022，58（07）：31-42.

[24] 郑锁珍. 风光互补发电是最合理的独立电源系统 [J]. 机械管理开发，2008，23（6）：93-94.

[25] 李良县，刘颖莲，郁永静，等. 雅砻江流域风光水互补清洁能源基地规划 [R]. 新能源，2017（8），22-58.

[26] Reza Hemmati. Optimal cogeneration and scheduling of hybrid hydro-thermal-wind-solar system incorporating energy storage systems [J]. Journal of Renewable and Sustainable Energy，2018，10（1）：014102.

[27] XianXun Wang, YaDong Mei, YanJun Kong, et al. Improved multi-objective model and analysis of the coordinated operation of a hydro-wind-photovoltaic system [J]. Energy，2017（134）：813-839.

[28] 朱燕梅，陈仕军，马光文，等. 计及发电量和出力波动的水光互补短期调度 [J]. 电工技术学报，2020，35（13）：2769-2779.

作者简介

柏建双（1993—），男，中级工程师，主要从事水光互补调度、大型水电站电力生产运行工作。E-mail: bojianshuang@ylhdc.com.cn

王　伟（1985—），男，高级工程师，主要从事水光互补调度、大型水电站电力生产运行工作。E-mail: wangwei@ylhdc.com.cn

曹文志（1997—），男，助理工程师，主要从事水光互补调度、大型水电站电力生产运行工作。E-mail: caowenzhi@ylhdc.com.cn

卜　康（1998—），男，助理工程师，主要从事水光互补调度、大型水电站电力生产运行工作。E-mail: bukang@ylhdc.com.cn

傅　充（1997—），男，助理工程师，主要从事水光互补调度、大型水电站电力生产运行工作。E-mail: fuchong@ylhdc.com.cn

高寒高海拔水电站综合厂用电率的
分析与探索

曹文志　鞠　聪　柏建双

（雅砻江流域水电开发有限公司，四川省成都市　610051）

[摘　要] 水电站综合厂用电率是衡量其经济指标的重要标准，这一指标直接影响着能源的利用效率和生产效益。本文以高寒高海拔电站 A 为例，从节能技术监督的角度进行分析，从电站辅助设备电能利用效率、通风空调及照明等公用设备利用效率以及机组旋转备用等多方面出发，持续探寻影响综合厂用电的因素，提出减少水电站综合厂用电率的改善方法。在响应国家节能战略计划的同时保障水电站安全稳定运作，降低成本，提质增效，优化设备运行条件。

[关键词] 水电；综合厂用电率；高寒高海拔；节能降耗；提质增效

0　引言

电站 A 地处于川西高寒高海拔地区，属于中国西部某江流域梯级开发水电站的控制性能龙头水库工程。电站 A 以发电为主要目的，兼具有防洪防灾、蓄能蓄水、改善下游航道枯水期航运条件等功能。作为我国调节性能最好的水电站之一，电站 A 具备多年调节能力，对该流域及下游数十座巨型或大型水电站有巨大的补偿调节效益，并且可进一步改善流域生态环境。而该项目建设成混蓄电站之后，又可以通过发电"双向调节"的作用，进一步与周边风电、光伏电站的发电特性互补，再次增加水资源的一次循环利用，并有着将光伏和风力发电调整为平稳且优质电源的作用，经济效益显著。因电站 A 地理位置比较特殊，且考虑到混蓄电站及周边光伏、风电等项目投产后的调节性能，电站 A 所处的运行情况将会愈加复杂。通过对节能监督技术及数据比对，举一反三，持续寻找影响综合厂用电的要素，可以得出减少电站 A 综合厂用电率的部分举措及所得成效，优化设备运行条件，达到节能降耗的目的，同时提升资源利用效率，提高企业的经济效益[1-4]。

1　综合厂用电概述

综合厂用电量是厂用电量、变压器及励磁系统等损耗之和，也即发电量与上网电量之差，反映了电厂辅助设备和变压器及励磁系统电能消耗量占发电量的比例。综合厂用电率是综合厂用电量同水电厂发电量的比值，反映了水电机组以及辅助设备的工作效率。因此在保证设备安全生产的基础上减少综合厂用电的用电量，可以达到提高经济效益的目的，有效、安全、最大限度地利用水能，以求得经济效益最大化[5-7]。

2 电站 A 综合厂用电能耗分布情况

电站 A 厂用电设备负荷分布相对分散，电站枢纽范围较大、厂用电负荷较多，且有较多的高压厂用电动机负荷，故电站 A 采用 10kV 及 400V 二级电压供电，该供电方式有利于厂房布置，规范厂用配电装置数目，且可有效提升厂用电供电可靠性，并能相对减少各类变压器损耗。电站 A 综合厂用电量由电气设备损耗及厂用电量组成，其中电气设备损耗电量包括机组励磁系统损耗及各类变压器损耗。厂用电量主要包括机组各类辅助系统用电量（技术供水系统、排水系统等）、厂内外照明及通风空调系统等公用设备电量耗损、电站控制楼等办公区域用电等。综上所述，电站 A 综合厂用电量耗用情况如图 1 所示。

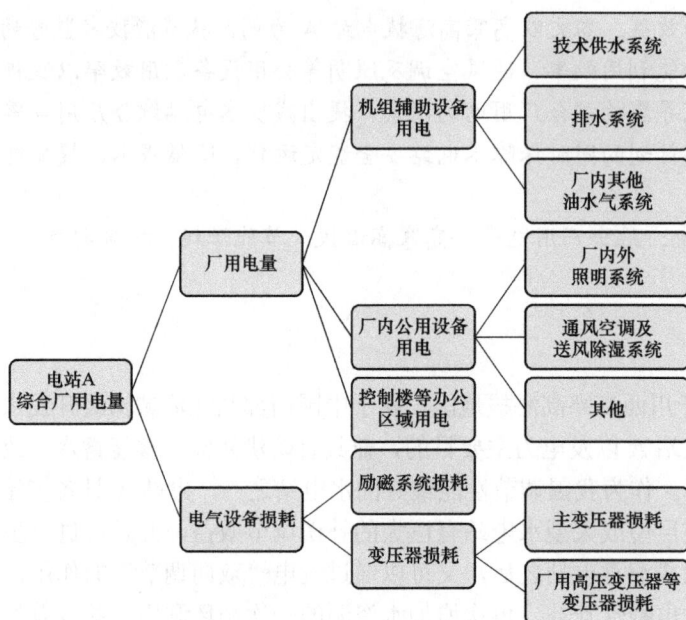

图 1　电站 A 综合厂用电量耗用情况

有目的性地减少电站 A 的综合厂用电量，降低综合厂用电率，可减少不必要的电能资源浪费，提高该电站的经济效益。本文将排除掉电站 A 发变组及 500kV 线路检修额外用电、电站特殊运行方式下所耗用电量等不可避免的因素，以及各类变压器或励磁系统固有耗损，主要对该电站综合厂用电率的各项影响原因及节电分析，图 2 为电站 A 一年以来综合厂用电量月度耗用情况。

3 电站 A 综合厂用电量影响因素及节电措施

3.1 辅机设备对综合厂用电率的影响

水电站在运转设备生产电量的同时耗电量也极大，在一般水电站中，各类辅机设备中电动机的耗电总量，约占整个厂用电耗电量的 2/3 左右。而在实际运行过程中，由于设计、施工以及后期运行维护等多个方面的原因，很多辅机设备电动机存在选型不当、功率负荷不匹配、自动化控制水平较低等问题，造成电动机长期运行在较低工作效率工况条件下，不仅造成大量电能资源浪费，同时由于运行环境不优越而缩短电动机综合使用寿命[8]。

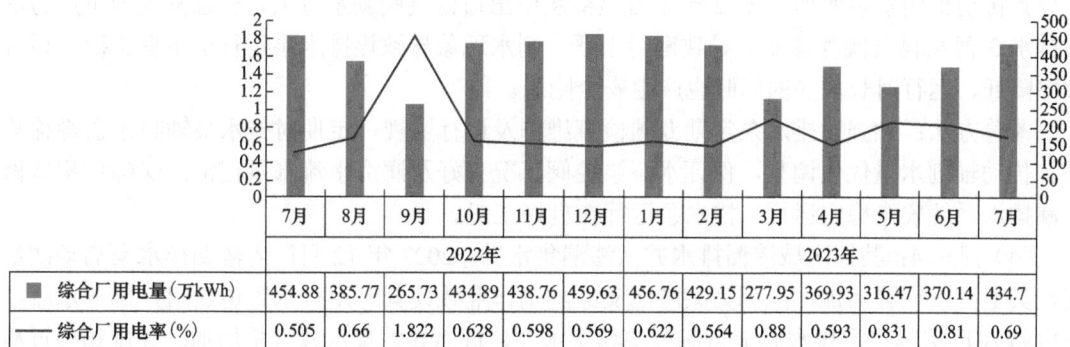

	7月	8月	9月	10月	11月	12月	1月	2月	3月	4月	5月	6月	7月
				2022年						2023年			
■ 综合厂用电量（万kWh）	454.88	385.77	265.73	434.89	438.76	459.63	456.76	429.15	277.95	369.93	316.47	370.14	434.7
— 综合厂用电率（%）	0.505	0.66	1.822	0.628	0.598	0.569	0.622	0.564	0.88	0.593	0.831	0.81	0.69

图 2　电站 A 近一年综合厂用电量月度能耗分布情况

对于电站 A 这类高寒高海拔类型水电站，各辅助设备选型更是需要考虑到海拔、气候、来水情况、生态环境等多个因素综合影响，并需要考虑对风电、光电等新能源负荷调控的接纳空间，一般会对水电机组辅助设备有特殊的选型、更高的要求以及更加全面的保障措施，故而该类水电机组辅机设备在设计之初的各类参数会有更高的冗余空间，电站 A 投产发电已近两年，机组各类辅助设备呈现出较为良好的工况便部分得益于此，但也能说明在辅机设备减少综合厂用电率上有一定的优化空间。

通过分析电站 A 的月度节能技术监督报告，可以得到技术供水系统、空气压缩系统、顶盖排水系统等大功率电机运行设备的工况，并对其进行分析、比对，可知影响机组辅助设备运行效率的主要因素有机组运行时间、电站环境、电机自身运行工况等因素影响。以下将通过已出现的现象分析出改善方法，降低综合厂用电率[9-11]。

3.1.1　厂房检修渗漏排水泵

（1）问题 1：机组检修期间尾水排水控制不合理导致检修排水泵运行超时。2022 年 4、5 月机组检修期间均出现多台检修排水泵运行超时的现象，水泵长时间运行，内部回流大幅增加，使泵内液体温度升高，引起泵体发热，影响泵零部件的机械性能，同时也会使泵的汽蚀性能恶化，进一步影响泵的吸入条件，影响水泵工作效率，进而大幅度增加功耗，且会减少水泵运行寿命，破坏设备安全运行条件。

改善方法：在机组检修期间对蜗壳及尾水检修排水时，操作人员应熟悉多台检修排水泵排水启停规律，合理控制蜗壳及尾水排水阀开度，进而控制检修排水速率，有效减少或避免检修排水泵运行超时现象。

（2）问题 2：检修排水泵定期渗水检查及滤网清洗期间其他检修排水泵运行超时。电站 A 于 2022 年 8 月机组检修排水进行了检修排水泵定期渗水检查及泵控阀控制管路滤网清洗，在此期间出现单台排水泵运行超时现象，水泵效率降低，功耗增加。

改善方法：对排水系统进行定期渗水检查及滤网清洗是保障排水泵长期处于良好工况的保障措施，不可避免，但可以合理控制排水泵停运时间，运行操作人员加强对其他排水泵运行监视，轮次停泵，合理倒切，并保障其他检修排水泵备用良好，减少单台检修排水泵平均运行时长的问题。

（3）问题3：渗漏泵运行中出现刺水现象，排水泵运行效率降低。电站A在2022年度曾多次出现运行过程中排水泵盘根部位刺水现象，经分析原因为水泵长时间运行盘根压缩量回弹导致传动轴刺水量增加；2022年8月巡检发现出口排气阀刺水过大，检查发现地下厂房渗漏排水3号泵排气阀浮球变形导致密封不严，刺水现象导致该排水泵运行于不良工况，运行效率降低、运行时长增加的同时也产生安全隐患。

改善方法：加强对排水泵定期专项检查维护及运行监视，定期对排水泵轴封压盖螺栓紧固、传动轴刺水量优化调整，保证水泵泵控阀工况良好及润滑水流水量正常，保障厂房检修渗漏排水系统安全稳定运行，排水泵运行在良好工况。

（4）问题4：其他区域渗漏排水并入渗漏集水井。2022年12月厂内渗漏排水泵启动次数相较其他月份明显增加，原因为某隧洞支路刻槽作业致使其专用排水管道受阻，部分水流经过电站A厂房第3层排水廊道自流至渗漏集水井，进而导致集水井水量增加。经现场经过清理、疏排，大部分已通过专用通道排至下游。

改善方法：电站A投产初期部分项目为建管结合状态，会出现部分排水管路共用现象，后期经过不断优化整改，排水管路现已呈现合理布局和规划。

3.1.2 机组调速器油压装置

问题：机组调速器油泵动作定值漂移导致油泵运行超时。电站A 2022年8月某机组调速器油压装置辅助油泵出口安全阀动作定值下降至约6.35MPa，导致油泵无法在25min内将压油罐压力升压至6.3MPa从而导致运行超时，频繁启动油泵，导致油泵启停次数、运行时长增加，提高了厂用电损耗。

改善方法：将机组调速器油压装置油泵出口安全阀动作定值进行调整，避免调速器油压装置油泵出口安全阀定值漂移现象。增加对调速器系统的运行监视及定期专项检查维护，定期对油泵机械及控制装置原理分析及检验，消除类似油泵运行逻辑死区，若发现设备缺陷或异常应及时检查、消缺，提升设备运行效率。

3.1.3 机组顶盖排水系统

问题：机组顶盖排水系统在异常水位启动排水泵。电站A多次出现机组顶盖排水泵未达到正常启泵水位便启动水泵进行排水，导致水泵启动频繁，启泵效率降低；2022年5月某机组最大运行时长比正常情况（约5min）多约2min，经分析原因为顶盖液位传感器卡涩导致顶盖排水泵在较高顶盖水位时启动，运行时间延长。两种情况均导致顶盖排水泵效率降低，电量损耗增多。

改善方法：顶盖排水系统主要采用浮子式液位变送器输出模拟量的逻辑进行判断，若液位变送器的浮子存在卡涩情况或定值漂移现象，便可能出现以上情况。故而应加强定期对顶盖排水系统检查维护及运行监视，优化顶盖排水泵启停逻辑，调整顶盖启泵水位定值，若发现设备异常应及时处理，使得设备运行在良好工况。

综上所述，电站A辅机设备运行时间及启动次数的异常增多均体现了设备工况变差，导致厂用电大量浪费，且通过分析该设备厂用电耗损异常增多也印证出该设备出现了异常情况，相辅相成。该电站空压机系统、透平油系统及技术供水系统等部分电机也存在类似现象，并已妥善处理，在此不做赘述。

3.2 通风空调、排风除湿及照明等公用设备对综合厂用电率的影响

3.2.1 通风空调、排风除湿装置

电站 A 地处青藏高原东南横断山脉地带、川西北丘状高原山区，属于大陆性季风高原性气候，平均海拔可达 3000m，所在地区年平均温度 10.9℃，极端最高温度 35.9℃，极端最低温度可达–15.9℃，并且由于该区域日照多、辐射强，且空气稀薄、水汽尘埃含量少，导致该区域相对湿度偏低，昼夜温差大，冬春寒冷干燥，无明显夏季。故相较于其他同类型水电站，电站 A 气候差异特殊，电站设备需长期使用取暖、制冷、通风、除湿等公用设备，电站 A 多年平均气温及降水情况见图 3（电站 A 所在地区多年平均气温及降水相关数据取自中央气象台所公布的天气预报气候背景）。鉴于电站 A 所处区域的气候条件，电站设备对通风空调、排风除湿等公用设备依赖性更强，该电站地面及地下各厂房内二次设备室、蓄电池室、通信设备室等重点区域需要长时间保持在既定温度，故通风空调设备电量消耗必然会占用厂用电消耗量的较大比重。尤其在冬春季综合厂用电率幅度上升明显[12]。

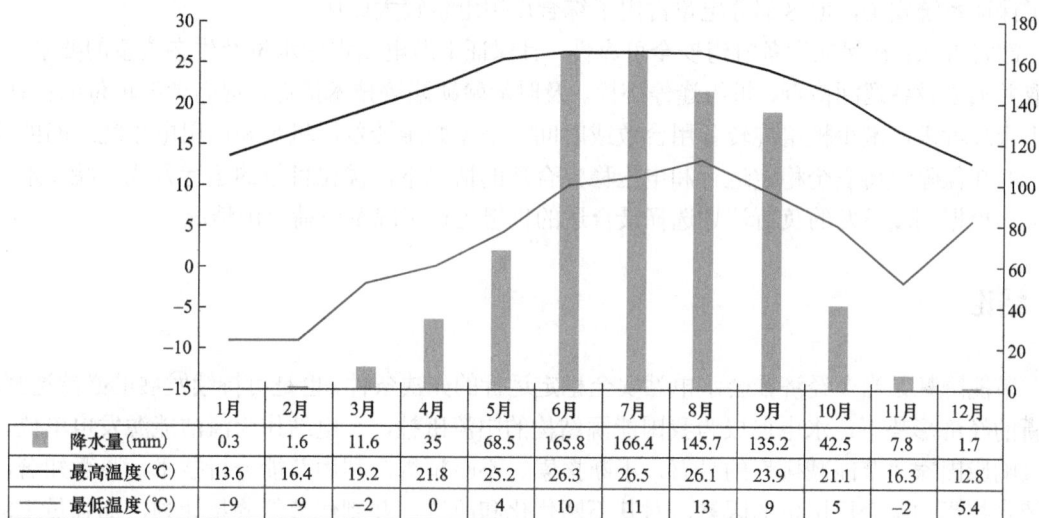

	1月	2月	3月	4月	5月	6月	7月	8月	9月	10月	11月	12月
降水量(mm)	0.3	1.6	11.6	35	68.5	165.8	166.4	145.7	135.2	42.5	7.8	1.7
最高温度(℃)	13.6	16.4	19.2	21.8	25.2	26.3	26.5	26.1	23.9	21.1	16.3	12.8
最低温度(℃)	–9	–9	–2	0	4	10	11	13	9	5	–2	5.4

图 3　电站 A 多年平均气温及降水情况

改善方法：通风空调、排风除湿等公用设备耗用电量是厂用电的重要部分。因此，采取合适的技术措施节能降耗，高效地实现经济效益转换，是电站 A 后续重要举措。投产以来电站 A 已经对通风空调设备进行了优化整改，现已在全厂设备区域采用多联机空调设备系统及精密空调智能控制系统合理协调控温，并充分考虑地域因素后，夏季停用取暖器等大功率设备，春冬季合理控制取暖器温度；根据厂内规程及运行经验，电站 A 考虑分季节控制风机的开启运行，具体举措为：夏季采用所有风机全负荷运行，过渡季节采用 50%左右风机运行，冬季采取 50%左右的风机间歇运行。合理利用季节因素启用通风设备，有效降低通风空调设备电能消耗。

3.2.2 厂内外照明设备

由于电站 A 发电及水工建筑规模巨大，覆盖面积较广，厂内照明及应急照明系统分布非常广泛，照明设备分布范围也非常大，同时也就会出现照明系统比较庞杂。电站投产后部分区域处于手动方式控制照明系统，这使大量的照明灯具处于运行状态，且部分照明设备线路

老化等问题，不可避免会出现过度照明现象，不仅浪费了能源，拉高综合厂用电率，同时也是造成环境光污染的重要因素。

改善方法：对于照明系统，电站 A 将部分区域手动方式控制照明系统进行优化整改，重要区域以外部分逐步设置成自动声控照明系统，在照明需求较高的区域适当采用高瓦数节能照明设备，在对照明需求不严格的区域可使用低瓦数节能设备，减少在非重点区域无人情况下长期照明设备运行的现象。另外加强对照明系统及应急照明系统的维护巡查，对于照明设备缺陷，及时发现及时解决，在保障重要区域供电的情况下，替换掉厂内外区域大功率非节能类型灯具，采用节能照明灯具，部分区域按照需求可使用自然光源替代，进一步节能减耗。

3.3 机组旋转备用时间长，增加了辅助设备额外耗电

机组在正常运行的时候，辅助设备可以为机组提供良好、安全的发电条件。为了电网安全保供，调度员通常会让相关电站多开机组以增加旋转备用，例如一台机组就能满足所带的负荷需求，需要开启两台机组才能满足旋转备用容量，则另外一台机组所消耗的电量完全是为了保证系统安全，但这部分电量占用了综合厂用电量较大比例。

改善方法：在保证设备机组安全可靠性，且保证下游电站水库水位及生态流量的要求下，采取并加强设备巡回检查、机组逢停必检、及时消除缺陷等技术措施，提高调度单位的信任，提出合理诉求，减少机组旋转备用台数或时间，平衡好旋转备用机组和厂用电损耗之间的关系。并在保障设备安全稳定运行和电压稳定合理的情况下，优化机组的运行方式，减少水头损失，根据调度下发的负荷计划选择最合适的机组运行工况及负荷分配情况。

4 结论

节能降耗是当今经济社会水电站安全稳定运行的先决条件，也是可持续发展的必然选择，在新的经济形势下，水电已成为我国能源结构的中流砥柱，A 电站作为清洁能源发电单位，积极响应国家"节能减排"的号召，不断探索、不断精进，利用节能分析技术，见微知著，持续寻找影响综合厂用电的因素，对其不断优化和改进，并制作节能降耗计划，加强员工的节约意识，减少更多的电能损耗，提升资源利用效率，为水电站企业创造更多的生产经济效益[13-16]。

参考文献

[1] 赵家礼. 电机节能技术问答 [M]. 北京：化学工业出版社，2008.

[2] 任尚坤，赵训海，吴延宾，等. 百万千瓦机组节能降耗的研究与措施 [J]. 华电技术，2008（09）.

[3] 张永兴，祁晓枫. 电力节能减排的形势和对策 [J]. 东北电力技术，2007（11）.

[4] 叶瑞，邹金，卢斯煜，等. 含控制性水库水电站在电力系统中的综合价值研究 [J]. 水力发电. 2022，48（10）.

[5] 张镇江. 环保视角下水电企业节能减排研究 [J]. 环境科学与管理，2020，45（03）.

[6] 卢熹，刘先科，焦江明. 浅析降低三峡水电站综合厂用电率的措施 [J]. 机电信息，2015（08）.

[7] 刘超辉，王傲林. 百万机组综合厂用电率与发电厂用电率偏差大的优化处理 [J]. 电力设备管理，2019（08）.

[8] 张杰，黄忠玉. 降低水电厂综合厂用电率的探索 [J]. 水电与新能源，2022，36（12）.

[9] 罗信芝，谭文胜，胡春林. 水电厂综合厂用电率数学模型探讨 [J]. 湖南电力，2010.

[10] 万强. 水电厂综合厂用电率偏高原因分析与探讨 [J]. 大众用电，2022，37（08）.

[11] 张皓鹏，周晓航，冯冰梅，等. 浅谈发电厂厂用设备运行方式优化与减排 [J]. 技术与市场，2019，26（12）.

[12] 杨永江，张晨笛. 中国水电发展热点综述 [J]. 水电与新能源，2021，35（09）.

[13] 曹广晶，赵鑫钰. 水电是实现可持续发展的重要能源 [J]. 中国能源，2007.

[14] 刘飞. 水利水电工程中的电气节能设计分析 [J]. 水电站机电技术，2023，46（04）.

[15] 吴世勇，曹薇. 四川水电开发现状及效益 [J]. 四川水力发电，2013.

[16] 周方，马强. 水电开发对资源地可持续发展的影响研究——以四川高原地区为例 [J]. 现代经济信息，2016（16）.

作者简介

曹文志（1997—），男，助理工程师，主要从事水光互补调度、大型水电站电力生产运行工作。E-mail：caowenzhi@ylhdc.com.cn

鞠　聪（1985—），男，中级工程师，主要从事水光互补调度、大型水电站电力生产运行工作。E-mail：jucong@ylhdc.com.cn

柏建双（1993—），男，中级工程师，主要从事水光互补调度、大型水电站电力生产运行工作。E-mail：bojianshuang@ylhdc.com.cn

某大型水电站主轴密封滤水器控制
系统改造与应用

朱 力 杨倚森 姜 巍 何云飞

（雅砻江流域水电开发有限公司，四川省成都市 610051）

[摘 要] 主轴密封紧靠水轮机主轴下法兰端面，在水导轴承下方由内顶盖支撑，作用是有效的阻挡水流从大轴与内顶盖之间的间隙上溢，控制机组旋转部分和固定部分的漏水量，防止水导轴承和顶盖被淹，主轴密封供水的可靠性直接关系到机组安全稳定运行。本文对该水电站主轴密封滤水器系统改造进行了探讨，重点讨论了主轴密封滤水器的控制系统设计改造，详细介绍了总计思路及控制逻辑，为同类工程设计与改造提供借鉴。

[关键词] 主轴密封；滤水器；总体设计；自动控制

0 引言

某大型水电站主轴密封原设计供水方式为水厂清洁水主用（6台机组同时供水）、机组技术供水备用（机组独立供水），现供水方式为水厂清洁水、机组技术供水同时供水，主要由水轮机层的双联过滤器、主轴密封及大轴补气滤水器、旁路过滤器及相关管路、阀门等组成。由于主轴密封用水要求较高，为保证主轴密封水质，设置一套双联过滤器，因双联过滤器的过滤精度高，滤网面积小，水流经过滤网时过栅流速高，造成水力损失大，且未设置自动排污功能，易造成过滤器堵塞，在汛期经常发生供水流量低及压差报警，另主轴密封及大轴补气滤水器结构陈旧，多次发生轴封漏水烧毁冲洗电机的缺陷，严重影响主轴密封供水系统的可靠性。

1 总体设计

1.1 机械设计

计划通过优化主轴密封供水方式、更换具备自动排污功能的"全自动反冲洗过滤器"，对该水电站主轴密封供水系统进行改造，进一步提高主轴密封供水可靠性，保障机组的安全稳定运行。

每台水轮机的主轴工作密封技术供水系统分为主轴工作密封主用供水子系统和主轴工作密封备用供水子系统，两系统管路为并联连接方式，改进原串联关系造成的主轴密封供水管路的水力损失。

主轴工作密封主用供水子系统和主轴工作密封备用供水子系统运行方式为水厂清洁水主

用，主变压器技术供水备用，两种供水方式可通过远程控制方式实现。特殊情况下，当主轴工作密封主用供水子系统和主轴工作密封备用供水子系统的任何之一出现故障（并发出报警信号），控制系统可以通过切换各子系统的电动球阀，将系统切换至另外一路可以正常工作的子系统。对于水轮机层两个并联过滤器，当一路过滤器发生异常时，立即切换至另一台进行供水，并发出报警信号，控制系统可自动切换至相应水源的过滤器继续运行，如图1所示。

1.2 电气设计

主轴密封滤水器控制系统包含1套总控箱、4个电动球阀、3套过滤器，每一套过滤器配置一套现地单控箱。

（1）主轴密封供水系统单控箱采用PLC控制，控制箱内应装设满足整套主轴密封滤水器系统控制所需要的所有控制设备，主要包括自动空气开关、开关电源、PLC、继电器、指示灯、操作控制开关、I/O模块。各设备型号规格、数量和接线，应满足控制和监视功能的要求。本套滤水器有差压排污、定时排污功能，能将运行信号、差压信号、差压过高等信号上送至总控箱。

（2）主轴密封滤水器控制系统总控箱（坐箱）：控制柜内带PLC、电源模块、开关电源、I/O模块、继电器、触摸屏、风扇等，具备加热除湿功能，并可直观反映滤水器工作状态，如过滤器反冲洗运行、差压过高报警等。并将相关状态、报警信号通过MB+方式上送至监控系统。

（3）控制系统逻辑至少包含如下几方面：总控系统能反应水轮机层主轴密封滤水器主备用状态、电动球阀状态等；正常运行时，水轮机层主轴密封主用滤水器运行，当其故障时，自动切换至水轮机层主轴密封备用滤水器运行，并切换主备状态；当主轴密封总管上电磁流量信号过低时，应打开水轮机层主轴密封另外一个滤水器电动球阀与技供泵房主轴密封滤水器备用球阀、旁路球阀，同时供水补充流量；总控系统设置有手动、切除、自动方式：手动方式时，能单独对四个电动球阀进行控制；切除方式时，不对其进行控制；自动方式时，总控系统能够利用主轴密封总管上电磁流量计流量信号（4～20mA），根据流量大小对水轮机层及技供泵房共4个电动阀进行联动控制[1]。

2 控制系统工况介绍

控制系统控制柜作为清洁水1号球阀、清洁水2号球阀、技供泵房备用球阀以及技供泵房旁路球阀的控制器，能够判断当前主轴密封总管流量，根据控制目标值下发控制指令。其主要功能有测量与处理数据、机组工况管理、执行机构控制、故障诊断与报警等[2]。

控制柜根据外部命令、内部状态量判断当前设备的工作状况及故障信息，并且根据设定的调节目标值进行工况的转换及故障后的响应操作。按照外部实际操作情况，可以将球阀的工作状态设定为"球阀纯手动控制""球阀电手动控制""球阀自动控制"。在每个状态下，设备只响应特定的命令，工况转换动作明确，防止误动作，如图2所示。

2.1 纯手动控制

控制柜配置了球阀手动操作功能，手动操作时为开环控制，与控制柜采集的主轴密封总管流量无关系，需要人为干预才能实现对设备的控制。

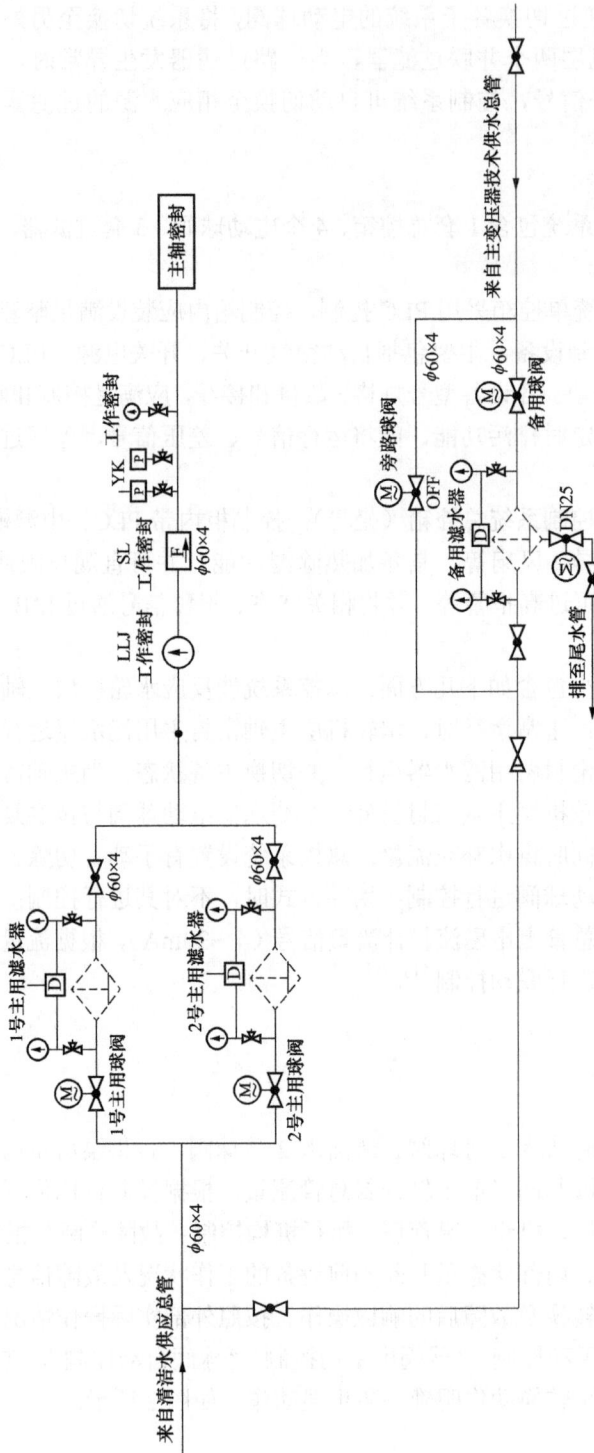

图 1 主轴密封技术供水系统示意图

手动操作方法：通过控制柜操作面板上旋钮，将球阀旋钮旋至切除状态，此时手动控制球阀面板上的远方与现地按钮，旋至现地控制，旋动纯手动控制球阀面板上的开与关旋钮，从而实现对球阀的开阀与关阀控制，如图 3 所示。

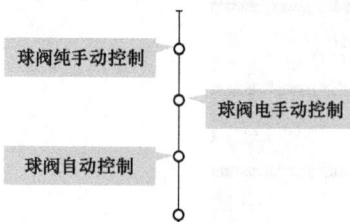

图 2　控制柜运行工况示意图　　　　图 3　手动运行球阀逻辑图

2.2　电手动控制

控制柜在任意状态下，都能够切换到电手动模式。电手动模式是一种试验模式，能测试控制柜随动系统的控制功能，或者试验状态下测试各球阀的开与关性能，试验完成后应切回原工作模式，如图 4 所示。

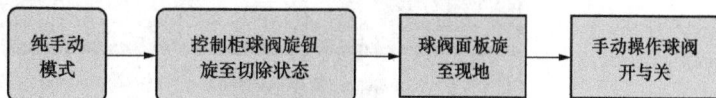

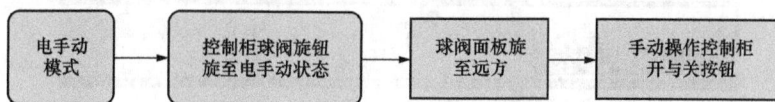

图 4　电手动运行球阀逻辑图

2.3　自动控制

控制柜正常运行时各球阀处于自动操作的状态，此时根据采集的主轴密封总管流量信息、各球阀及滤水器开关量判断当前所处的工况，不需要人为干预就能够自动完成各球阀的开关阀功能，如图 5 所示。

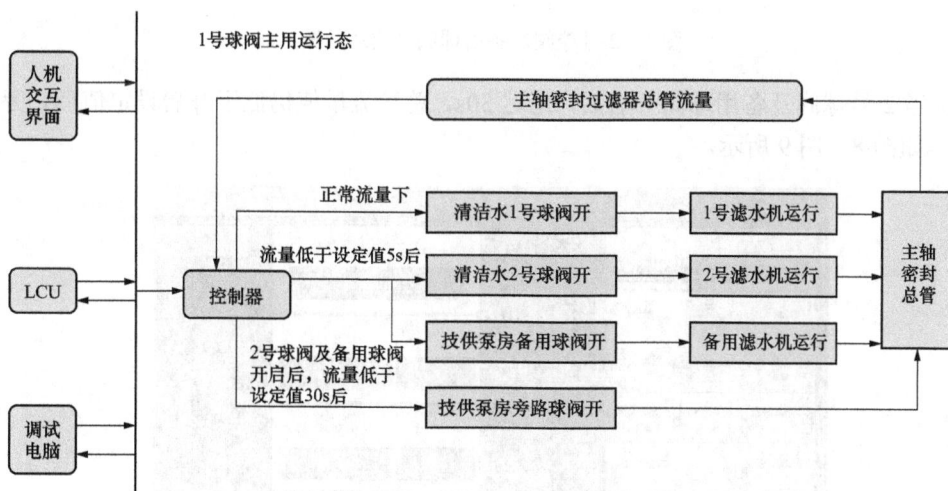

图 5　1 号球阀主用自动运行逻辑图

（1）正常运行工况：以 1 号球阀主用状态下为例，主轴密封总管流量大于初始开启设定值（11m³/h），如图 6 所示。

图 6　1 号球阀主用自动运行图

（2）当主轴密封总管流量小于初始开启设定值（11m³/h）后，延时 3s，2 号球阀及备用球阀开启，备用球阀由等待开启状态变为开启工况状态，如图 7 所示。

图 7　2 号球阀及备用球阀开启运行图

（3）当 2 号球阀及备用球阀开启后，延迟 30s，总管流量值仍低于开启设定值后，旁路球阀开启，如图 8、图 9 所示。

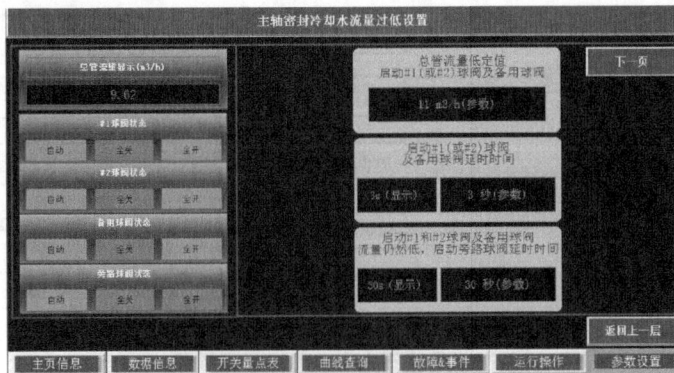

图 8　延时设定时间运行图

图 9　流量低四个电动阀全开运行图

（4）当"总管流量恢复自动关阀功能禁用"时，各阀全开运行一段时间后，总管流量达到关闭设定值（15m³/h）后，各阀会继续保持全开状态，如图 10 所示。

图 10　四个电动阀保持全开运行图

（5）当"总管流量恢复自动关阀功能启用"时，各阀全开运行一段时间后，总管流量达到关闭设定值（15m³/h）后，延时时间即开始计时，各阀会按延时设定时间值依次关闭，如图 11 所示。

图 11　各球阀延时关闭运行图

（6）当达到旁路球阀延时关闭设定值 60s 后，旁路球阀即关闭，并由开启工况状态变为等待开启状态，如图 12 所示。

图 12　旁路球阀全关运行图

（7）当达到备用球阀延时关闭设定值 120s 后，备用球阀即开始关闭至全关状态，如图 13 所示。

图 13　备用球阀全关运行图

（8）当达到 2 号球阀延时关闭设定值 180s 后，2 号球阀即开始关闭至全关状态，如图 14 所示。

图 14　2 号球阀全关运行图

（9）以上即为基于 1 号球阀主用，一个完整的低流量自动运行和流量恢复自动运行的过程，流程图如图 15 所示，2 号球阀主用亦是如此。

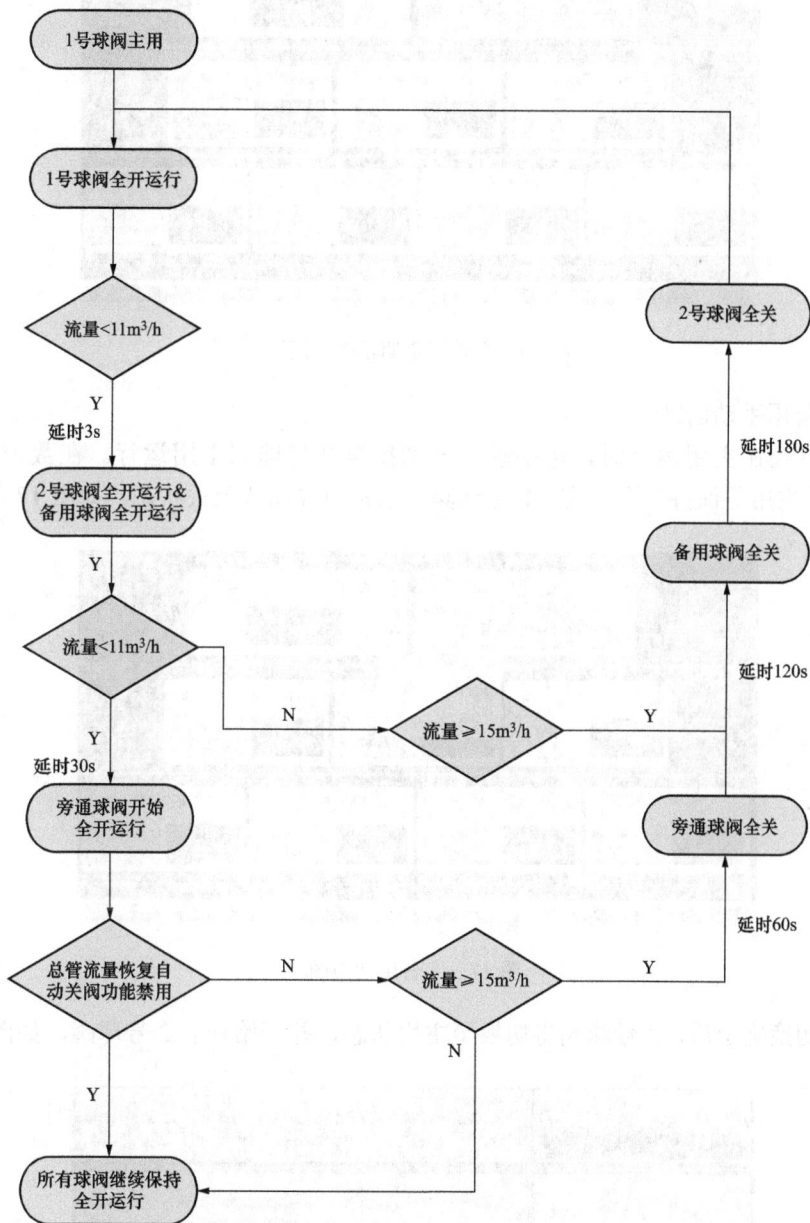

图 15　1 号球阀自动运行流程图

2.4　正常轮换工况

控制柜具备球阀轮换运行功能，在初始值默认运行情况下，主备用球阀定期轮换运行为十天（此值为暂定值，可手动设置）；即在 1 号球阀在主用运行情况下，2 号球阀备用运行，系统运行十天后，将自动切换至 2 号球阀主用运行，1 号球阀切至于备用运行态，如图 16 所示。

图 16　主备用定期轮换时间图

2.5　球阀主备用手动切换

在 1 号球阀在主用运行时，可手动点击切换至 2 号球阀主用运行。在数据信息界面，1 号球阀显示主用并保持全开状态，2 号球阀显示备用并保持全关状态，如图 17 所示。

图 17　主备用切换图

主备用切换确定后，2 号球阀将切换至主用状态，并开始开启 2 号球阀，如图 18 所示。

图 18　2 号球阀开始开启图

2 号球阀运行至全开状态后，且流量大于关闭设置值时，1 号球阀将执行关闭工况，如图19 所示。

图 19　1 号球阀开始关闭图

2.6　故障切换工况

在 1 号球阀主用、2 号球阀备用，1 号球阀故障或 1 号过滤器故障或 1 号过滤器高差压报警时，控制柜将自动切换至 2 号球阀主用，2 号球阀会自动开启至全开状态。1 号球阀故障若不消失，则 1 号球阀备用状态消失，1 号球阀故障若在短时间内消失，则 1 号球阀还是备用状态，如图 20 所示。

图 20　1 号球阀故障，2 号球阀开启图

3　结语

本年度检修时期，按照上述设计思路对 1～6 号机组主轴密封滤水器系统进行改造，在水轮机层布置了一套主轴密封滤水器控制系统，通过对控制系统改造后的效果进行跟踪评估，确认其运行稳定、功能可靠，达到预期目标，本次控制系统改造思路也值得其他兄弟电厂借鉴。

参考文献

[1] 邓浩宇．关于某大型水电站主轴密封优化运行实践 [C] //中国水力发电工程学会自动化专委会，2021 年年会暨全国水电厂智能化应用学术交流会论文集，2021 年 12 月.

[2] 徐刚．龙滩电站水轮机主轴工作密封供水过滤系统改造 [C] //中国电力企业联合会科技开发服务中心，全国大中型水电厂技术协作网技术交流文水电厂改造专集，2010 年 4 月.

作者简介

朱　力（1987—），男，高级工程师，主要从事水电厂二次设备检修维护工作，高级工程师。E-mail：zhuli1@ylhdc.com.cn

杨倚森（1997—），男，助理工程师，主要从事水电厂二次设备检修维护工作。E-mail：yangyisen @ylhdc.com.cn

基于物联网的高原水电站大坝廊道
有害气体监测应用

田顺德　陈　鑫　陈秋林　王　江　黄贞贵

吴文彪　巩学彬　易　枫　袁　冲　刘仁萨

（华能西藏雅鲁藏布江水电开发投资有限公司，西藏自治区山南市　856400）

[摘　要] 随着物联网技术的不断发展，水电站在监控系统大量采用了智能装置，本文介绍了基于物联网技术在高原水电站将其有害气体检测数据与计算机结合，通过大数据分析对气体设定报警值及联动设备进行通风，对其他电站大坝廊道气体检测具有借鉴和参考意义。

[关键词] 物联网；高海拔地区；水电站大坝廊道；有害气体监测

0　引言

西藏 JC 水电站位于高原温带季风半干旱气候地区，光照充足，辐射强，日温差大，雨季集中，冬春季干燥多风，区域构造背景复杂。目前雅江中游已建成的水电站有 DG 水电站、ZM 水电站、JC 水电站，平均海拔都在 3200m 以上，随着海拔的增加，大气压力、空气密度及湿度相应的较少[1]，普通的气体检测设备在这样的环境下不适用，因此 JC 水电站对廊道气体检测设备要求高，对于检测设备除了满足防潮、防爆外，还应满足高海拔检测技术。

廊道内不可避免地会产生有毒有害气体，对专业巡检人员安全造成威胁，为了能够快速、准确、实时监测有毒有害气体，本文基于物联网技术通过采集设备对有毒有害气体进行实时监测并报警。

1　工程概况

JC 水电站在坝体内布置有基础灌浆廊道、坝基排水廊道及电梯井等，同时兼顾坝内交通和原型观测。在 4~24 号坝段坝踵处设置一道基础帷幕灌浆兼排水廊道，断面为城门洞形，基础灌浆廊道最低，位于主河床 9~13 号厂房坝段，随后廊道高程向两岸逐渐抬高。在 4 号坝段和 24 号坝段，基础灌浆廊道接交通廊道通往大坝下游出口。在 9 号坝段设置电梯通向坝顶。在基础灌浆廊道兼排水廊道下游，6~8 号、14~19 号坝段坝趾处布置一条基础纵向辅助排水廊道。在 6~8 号、14~19 号坝段间布置 6 条横向辅助排水廊道，横向辅助排水廊道也起到连接基础灌浆廊道与各纵向辅助排水廊道和集水井的作用。基础纵向辅助排水廊道为方圆形，横向辅助排水廊道顶拱为三角形，廊道底部均设排水沟。

2 环境标准

根据《密闭空间直读式仪器气体检测规范》（GBZ/T 206—2007）[2] 规定，JC 水电站大坝廊道内主要检测气体为甲烷、硫化氢、氧气、二氧化碳，其标准如表 1 所示。

表 1　　　　　　　　　　空气中有毒有害气体允许浓度

名称	体积浓度		重量浓度（mg/m³）
	ppm（×1.0⁻⁶）	%	
二氧化碳（CO_2）	≤5000	≤0.5	≤10
硫化氢（H_2S）	≤6.6	≤0.00066	≤10
甲烷（CH_4）	—	<1	—
氧气（O_2）	—	19.5%～23.5%	—

因 JC 水电站处于高原，空气密度只有海拔平面的 70%左右，氧含量只有平原地区的 3/4 左右，氧分压大于平原地区的 20%～25%，常规气体检测设备在高原不适宜，经测试，JC 大坝廊道内与外部空气含氧量保持一致，春冬季在 19.4%左右，夏秋季保持在 19.85%左右，根据现场实际设置报警值为 19.3%。

设备维护专业人员在巡检过程中，常见的窒息气体为甲烷及硫化氢，主要通过呼吸道吸入或皮肤吸入，对人体口腔黏膜、呼吸道黏膜、消化道黏膜具有强烈的刺激作用，空气中含有 0.197mg/m³H_2S 时 [3]，会弥漫着臭鸡蛋味道，长期接触，会引起神经衰弱等症状；甲烷和二氧化碳一样，本身是没毒的，但在空气中所占含量较高时，会导致含氧量降低，人体就会产生眩晕，浓度达到 25%～30%就会使人麻痹，反应迟钝，呼吸困难，达到 70%以上就会导致窒息死亡，如遇明火也将发生爆炸，这对设备及人身造成巨大危害。

为解决以上危险点，通过基于物联网技术的大坝廊道有害气体监测系统，对廊道气体进行监测分析并处理，以保证人员及设备安全。

3 物联网技术在 JC 电站大坝廊道的应用

3.1 物联网技术概述

物联网是一个层次化的网络，行业内物联网架构从下至上大致分为以下三层，感知层、网络层和应用层，感知层主要实现仪器仪表等设备的数据采集，并将信息转换为电信号传输至网络层；网络层将感知层所采集数据传送至应用层，通过有线网络、专线网络、无线网络、WIFI 等传输介质安全可靠地进行数据交换；应用层是实现数据交换的一层，包括大数据分析、大数据处理、储存管理等应用。其关键核心技术有 RFID 技术、传感器技术、人工智能技术、云计算技术等 [4]。

3.2 物联网在 JC 水电站中应用的优势

JC 水电站建设初期，提倡建设智能化电站，建设完成后，电站已实现无人值班，通过流域计算机监控自动化控制，有这样一个成熟的智能化建设，物联网技术也可应用在气体检测中，为生产管理者提供安全运行信息、分析气体报警值及身份授权管理等，通过数据分析，及时发现并处理大坝廊道内气体安全隐患，提升气体检测水平、促进长期平稳发展，减少不必要的风险，从而真正提升电厂整体的安全运行水平。其主要优势有：①测量不同类型气体，其设备种类多、通信规约不同，通过设备终端及处理软件平台进行配置后，采集数据能够准确显示及刷新。②其采集数据，能够进行一年自动保存。③大坝廊道内运行环境恶劣，通过采集设备将数据外送至终端后，能够准确判断廊道内当前状态。

4 系统布局

4.1 通风送风规划

JC 水电站大坝廊道为密闭空间，廊道内安装风机作用为将廊道内空气质量的更换，廊道内分为送风系统及通风系统。

送风系统根据当前检测数据进行联动，数据无变化时，风机周期启动；通风系统，PLC 上电后，控制权在"远方"控制时一直保持运行。

4.2 检测系统布局

如图 1 所示，大坝廊道内安装 18 组气体检测仪，气体检测根据不同探测技术，对应不同气体传感器，每一种探测器对有毒有害响应不同，测量范围及精度不一样[5]。按照不同的气体安装相应检测仪表，并设置测量仪表报警参数，根据《工作场所有毒气体检测报警装置设置规范》GBZ/T 223—2009[6] 附表 A.1 中，二氧化碳检测误差≤5%F.S.，响应时间≤30s；硫化氢检测误差≤5%F.S.，响应时间≤60s。

JC 大坝廊道检测设备具有显示实时值及能够有效地检测廊道内气体，根据《作业场所环境检测报警仪通用技术要求》（GB 12358—2006）[7]，基于物联网技术，优化了 SCADA 系统对传统气体检测报警仪的实时显示及报警，能够更直观地观察当前气体浓度、设备状态、历史曲线等。

4.3 系统结构

廊道内的距离小于 100m 的设备，采用 4～20mA，接入分布式离散 I/O 的 AI 模块；距离大于 100m 的设备，采用 RS485 通信，接入分布式离散 I/O 的通信模块进行数据交换，设备与设备之间并联；因大坝右岸传输距离太长，采用 RS485 通信，在终端显示时，数据经常不刷新和报断线，经研究在廊道内安装分布式信号放大器，通过远端机及近端机将信号传输至 4G 模块，4G 模块与 PLC 通信；PLC 通过 PROFINET 专线寻址，与离散 I/O 设备交换输入和输出信号。RS485 地址为设备地址标识[8]，在通信速率、通信距离及数据交换上对比 TCP/IP 具有明显劣势，因此 JC 水电站针对大坝廊道在数据处理单元采用 TCP/IP 进行组网。

大坝控制室安装总配线架，采集数据通过电厂专用网传送至中控室，所有数据在中控室终端进行处理显示，中控室终端依托物联网技术，可扩展移动 4G 信号、WIFI 等通信，实现远程控制及数据传输，在同一局域网内也可远程进行程序的修改。物联网模块将模拟量码值以原始数据传送至云端，在公司总部进行数据分析，判断气体增长趋势及廊道状态等。其连接如图 1 所示。

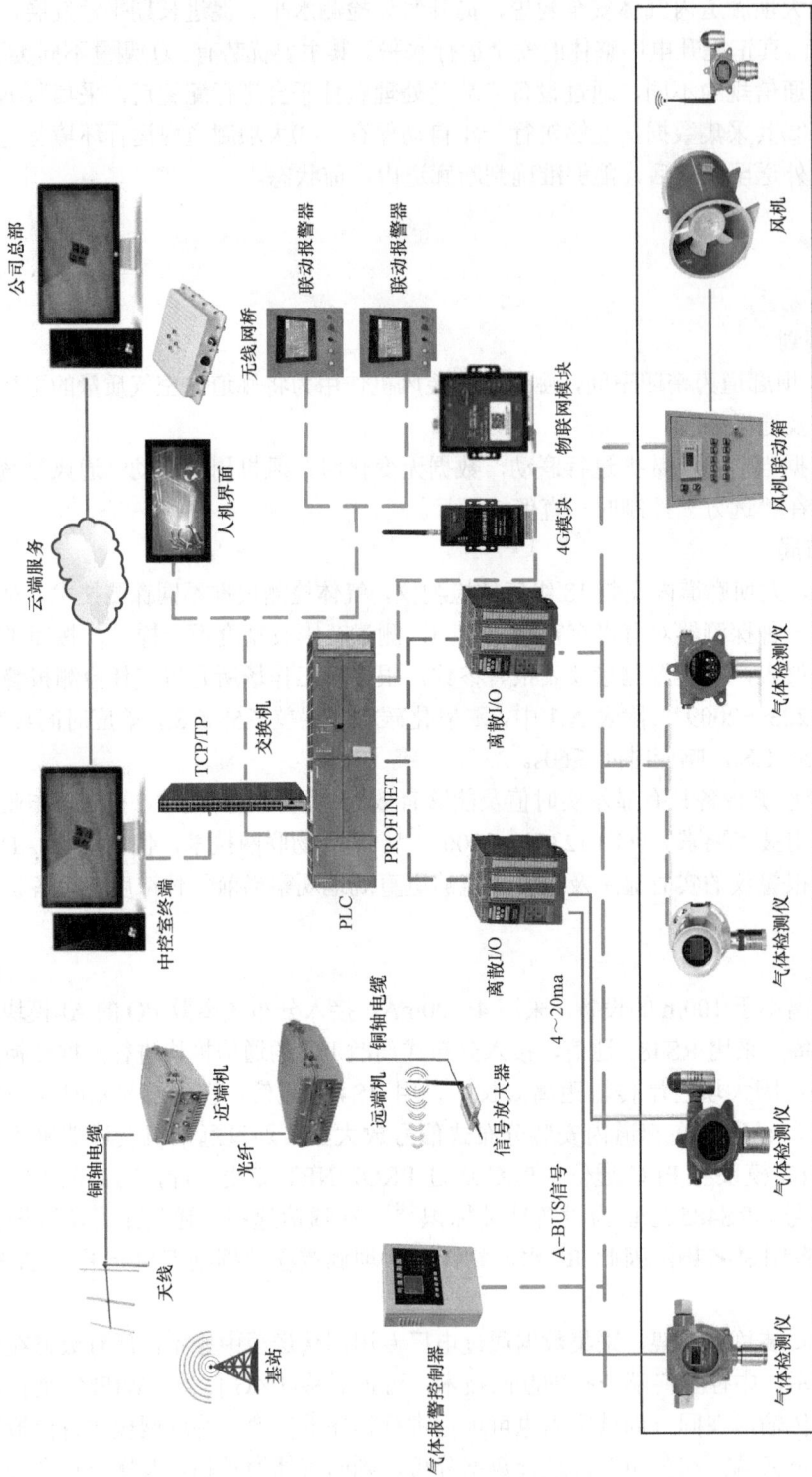

图 1　通信布置示意图

4.4　整个系统特点

（1）预留多种通信扩展接口，保证数据高效、稳定。

（2）友好的人机交互，通过通信查看设备运行状态。

（3）多渠道地实时推送报警、故障、离线等信息，支持数据查看及表格导出功能。

（4）气体检测报警，联动风机自动进行排风送风。

（5）产品全生命周期管理，大数据分析。

（6）综合性设备管理平台，兼容其他类型、其他厂家设备通信协议。

5　检测成果及结论

JC 水电站大坝廊道监测装置于 2022 年 4 月正式安装调试，经过 5 个月时间检测，检测数据成果（2022 年 4～8 月）如表 2 所示。

表 2　　　　　　　　　　　　有毒有害气体检测值统计

气体	单位	4 月最大值/最小值	5 月最大值/最小值	6 月最大值/最小值	7 月最大值/最小值	8 月最大值/最小值	超标次数	超标率%
甲烷	%LEL	0.8/0	0.54/0	0.51/0	0.73/0	0.4/0	0	无
硫化氢	ppm	0.5/0	0.5/0	0.4/0	0.4/0	0.4/0	0	无
氧气	%VOL	19.83/19.35	19.91/19.4	19.97/19.64	19.86/19.7	20.02/19.71	0	无
二氧化碳	%VOL	0.24/0	0.2/0	0/0	0.2/0	0/0	0	无

从表 2 中得到的检测数据来看，有毒有害气体无超标情况，满足《工作场所有毒气体检测报警装置设置规范》GBZ/T 223—2009 要求。

6　结语

基于物联网技术的 JC 水电站大坝廊道气体检测，能够及时有效的检测有毒、易燃易爆气体并报警采取风机联动，在专业人员巡检过程中提供了有效安全数据，保障了职工的健康安全，杜绝事故的发生，将危险消灭在萌芽状态，为电站安全运行保驾护航。

参考文献

[1] 陈秋林. 热管散热技术在高原大型水电站励磁系统应用优势分析 [J]. 水电站机电技术, 2021（8）：49-01.

[2] 中华人民共和国卫生部. GBZ/T 206—2007 密闭空间直读式仪器气体检测规范 [S]. 北京：人民卫生出版社, 2008.

[3] 张莲花, 于静, 沈定斌. 铜街子大坝排水孔中 H2S 气体特征研究及大坝安全运行意义 [J]. 地质灾害与环境保护, 2009（01）：106.

[4] 赵英宏. 物联网技术在计算机监控系统中的应用 [J]. 科技与创新, 2019（14）：142-01.

[5] 倪佳才. 有毒有害气体检测报警仪的选择和使用 [J]. 安全健康和环境, 2003（10）：25-26.

[6] 中华人民共和国卫生部. GBZ/T 223—2009 工作场所有毒气体检测报警装置设置规范 [S]. 北京：人民卫生出版社, 2010.

[7] 国家质量监督检验检疫总局. GB 12358—2006 作业场所环境检测报警仪通用技术要求 [S]. 北京：中国标准出版社，2006.

[8] 冯平. 基于 RS485 和以太网通信的压缩机注油管理系统设计 [D]. 青岛：青岛大学，2008.

作者简介

田顺德（1996—）男，本科学历，助理工程师，从事监控通信自动化维护及技术管理工作。E-mail：1303331708@qq.com

浅谈大型发电机灭磁及过电压保护试验方法

陈秋林 陈 明 刘 卫 刘 牵 黄贞贵 袁 冲 刘仁萨

（华能西藏雅鲁藏布江水电开发投资有限公司，西藏自治区山南市 856400）

[摘 要]本文介绍了大型发电机励磁系统跨接器+氧化锌非线性灭磁及过电压保护回路的原理和试验方法，介绍了采用高压试验仪器测试氧化锌非线性电阻方法；验证转折二极管的导通特性，晶闸管触发回路和导通回路；用高压电子绝缘电阻表测试 BOD 板的方法。

[关键词]励磁系统；氧化锌非线性电阻；跨接器；BOD 板；转折二极管

0 引言

大型发电机灭磁及过电压保护回路是励磁系统重要组成部分，也是励磁专业技术监督检查的重点项目。如何确定灭磁及过电压保护回路功能完善，动作值正确；如何完成定期试验，是每个励磁专业技术监督人员都不得不面对的问题。

要独立完成灭磁及过电压保护回路的定期试验，试验人员必须对灭磁回路的氧化锌（ZnO）非线性灭磁电阻［有些电厂是碳化硅（SiC）灭磁电阻或线性电阻］的特性；跨接器的晶闸管触发回路和导通特性；BOD 板的转折二极管的特性了解清楚后才能完成试验。如何将这些知识点串联起来，并应用于工作实际，以下是作者结合自己工作实际，将灭磁及过电压保护回路的定期试验方法做简单总结，希望给大家有所借鉴。

1 灭磁及过电压保护回路工作原理

灭磁是当发电机正常停机或故障跳机时，需要快速断开励磁回路。因为发电机转子绕组是个储能的大电感，根据电感电路物理特性，当励磁电流突变时，在转子绕组两端会产生相当大的反向暂态过电压。

如果输电线路遭到雷击，雷击过电压也会从变压器、发电机定子线圈感应至转子绕组。发电机失步运行，或者非同期合闸等状态下转子绕组也会产生感应电压。这些电压的幅值非常高，能量也很大，如果不加以限制，会造成发电机转子绝缘击穿。灭磁及过电压保护回路就是当转子绕组两端出现过电压时，将过电压范围控制在设定值以内，同时，将这些剩余能量转移到灭磁电阻或过电压保护电阻上予以快速消耗。

早期有些励磁设备制造厂将灭磁回路和过电压保护回路分开设置，灭磁电阻和过电压保护电阻的电压取值不一样。随着技术的发展，很多制造厂将灭磁和过电压保护用的电阻集中到一起，再加装一套跨接器（Crowbar），回路相对简单，维护也方便。图 1 是某大型发电机机组励磁系统采用跨接器+氧化锌非线性电阻组成的灭磁及过电压保护回路的原理图。跨接器是指双晶闸管并联或一个正向晶闸管与一个反向二极管并联组成的一种大功率的跨接电路。

一般由晶闸管静态开关和 BOD 转折二极管触发电路组成。

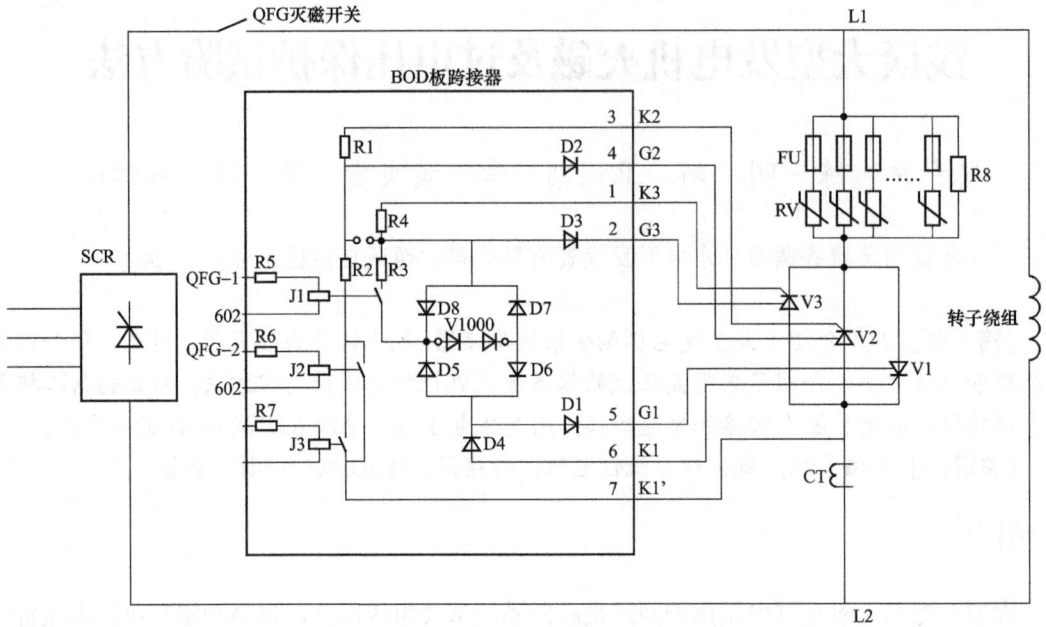

图 1　某大型发电机励磁系统灭磁及过电压保护回路原理图

图 1 中，由氧化锌（ZnO）非线性灭磁及过电压保护电阻 RV 和串联在支路上的快速熔断器 FU；跨接器（晶闸管 V1、V2、V3 以及 BOD 板）组成灭磁及过电压保护回路。

励磁系统正常工作时，晶闸管整流桥 SCR 输出的电流经灭磁开关 QFG 流向转子绕组，电压为上+下−（L1 为+，L2 为−），此时回路中的晶闸管 V1、V2、V3 均不导通。晶闸管导通分以下几种情况：

（1）灭磁开关 QFG 动作时。灭磁开关跳开瞬间，转子绕组感受到电流开始减少，根据电感电流不能突变的原理，立刻产生反向的感生电势来抑制电流减少。回路电压变为上−下+（L1 为−，L2 为+）。灭磁开关的辅助接点接通继电器 J1 和 J2。J2 的回路是 L2（+）→7（K1'）→J2 接点→R2→D2→4（V2 的控制极 G2）→V2 的阴极→R8→L1（−），晶闸管 V2 导通。J1 的回路是 L2（+）→6（K1）→D4→D5→J1 接点→R3→D3→2（V3 的控制极 G3）→V3 的阴极→R8→L1（−），晶闸管 V3 导通。如果继电器 J1 和 J2 失效了，或者灭磁开关辅助接点未能接通回路，那么过电压经过 L2（+）→6（K1）→D4→D5→V1000→D7→R3→D3→2（V3 的控制极 G3）→V3 的阴极→R8→L1（−），晶闸管 V3 导通。

V2 或 V3 导通后灭磁电阻 RV 投入工作，转子绕组的能量（$W=1/2LI^2$，L 为转子绕组的电感量，I 为励磁电流）转移到灭磁电阻 RV 上消耗。值得注意的是 R8 的作用是给晶闸管的触发回路提供一个通路，如果没有 R8 电阻，氧化锌（ZnO）灭磁及过电压保护电阻 RV 未导通前，晶闸管 V1-V3 回路始终处于断态的，V1-V3 的触发回路无法形成回路，灭磁回路无法起到作用。

（2）过电压保护动作时。当运行中的转子绕组感应的雷击过电压，或在发电机异步运行时感应的过电压，均为交变的过电压。过电压与正常运行的励磁电压相叠加，电压幅值超过设定值时，正半周电压流向为：L1（+）→R8→1（K3）→R4→D8→V1000→D6→D1→5（V1 的控制极 G1）→V1 的阴极 K→L2（−）。负半周电压流向为 L2（+）→6（K1）→D4→D5→V1000→D7→D3→2（V3 的控制极 G3）→V3 的阴极 K→R8→L1（−），晶闸管 V2 或 V1 导通，灭磁及过电压保护电阻 RV 投入。

无论是灭磁开关动作还是转子过电压，V1-V3 导通后，将转子绕组过电压值抑制在灭磁电阻动作阀值以内，剩余能量均消耗在非线性电阻 RV 上。当剩余能量释放完，转折二极管 V1000 自动恢复断开，V1-V3 的触发回路断开，流经 V1-V3 的电流小于晶闸管的最小导通维持电流，晶闸管关断。

关于转折二极管 V1000 和灭磁及过电压保护电阻 RV 的电压定值如何选择，标准 DL/T 583《大中型水轮发电机静止整流励磁系统及装置技术条件》规定：发电机转子绕组暂态过电压设定值小于或等于出厂耐压值的 70%，具体的数据本篇不做赘述。

2 试验方法

对于准备投运或经过 A/B 级检修的励磁系统来说，需要开展灭磁及过电压保护回路检查工作，下面详细介绍灭磁及过电压保护回路试验方法。

2.1 氧化锌（ZnO）非线性灭磁及过电压保护电阻 RV 的导通特性试验

用高压试验仪器完成此项试验，由于是高电压试验，为防止高电压击穿其他电子设备，务必拆掉励磁柜至转子绕组的电缆，拆掉励磁电压、励磁电流测量回路以及转子接地保护回路的接线。断开晶闸管整流柜的直流侧隔离开关，拆掉串联在氧化锌（ZnO）非线性电阻上的快速熔断器 FU，将高压试验仪器的高压侧接在 RV 电阻两端，试验接线如图 2 所示。

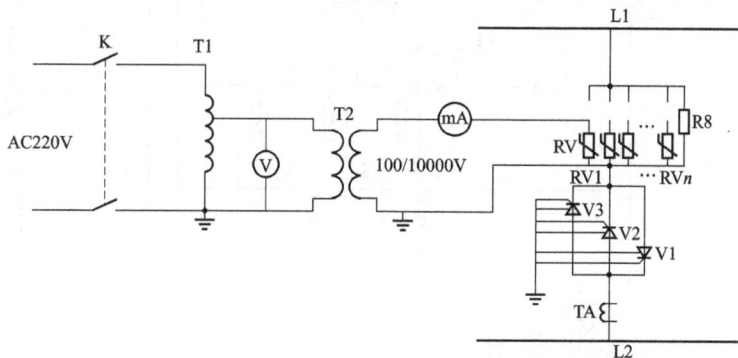

图 2 氧化锌（ZnO）非线性电阻测试接线示意图

图 2 中，T1 为单相调压器，T2 为升压变压器（也可以用电压互感器代替），有条件的可以用高压试验仪器代替。拆开 BOD 板 V1-V3 的门极 G 和阴极 K，全部短接并接地，防止过电压击穿晶闸管触发极。

接通电源后，缓慢增加电压，记录高压侧电流为 10mA 时的电压值，便是氧化锌（ZnO）非线性的导通电压 U_D 的值，按照以上方法依次完成所有支路的测试。

将测试结果与励磁厂家提供的氧化锌（ZnO）非线性电阻出厂数据对比，如果数据偏差10%以上，说明该支路非线性电阻特性出现了老化，需要更换。或者用残压（电流为 100A 时的电压值 U_c）除以导通电压，残压比不大于 1.35 是完好的。

2.2 灭磁及过电压保护回路试验

试验前，同样拆掉至转子绕组的电缆，拆掉励磁电压、励磁电流测量回路以及至转子接地保护回路的接线。断开晶闸管整流柜的直流侧隔离开关，拆掉串联在氧化锌（ZnO）非线性电阻上的快速熔断器 FU，将升压变压器的高压侧接在 L1 和 L2 两端，试验接线如图 3 所示。

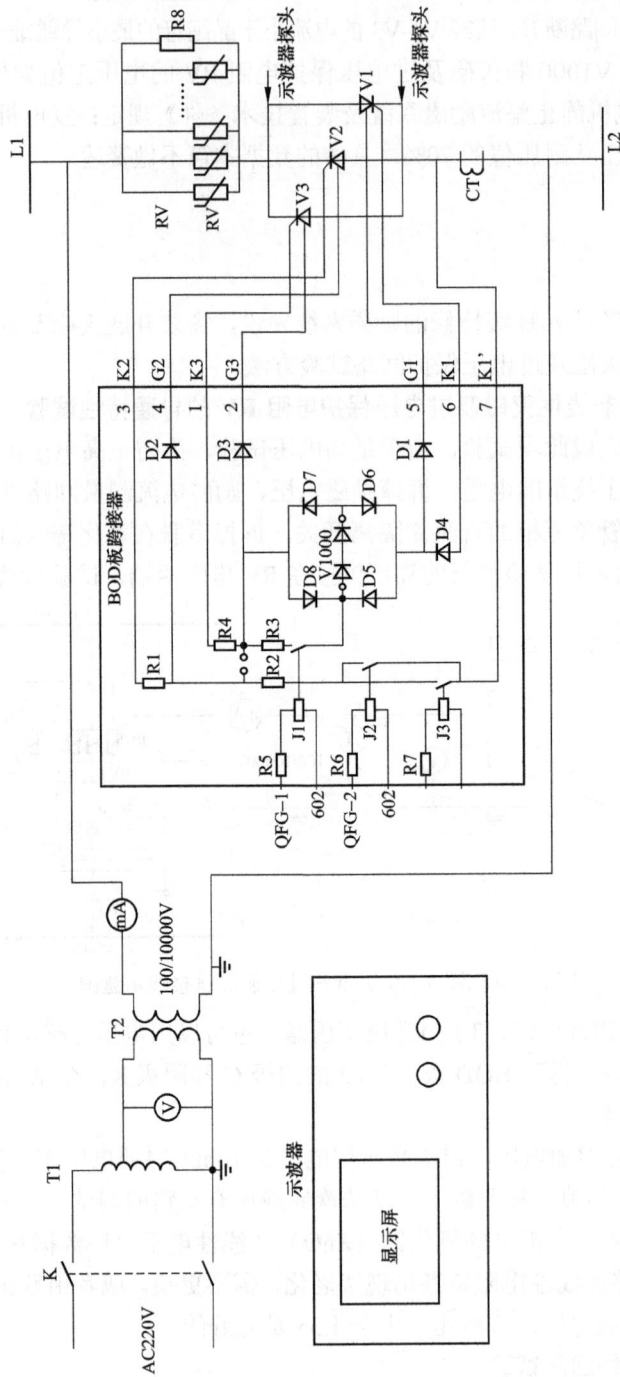

图 3　灭磁及过电压保护回路试验接线示意图

将示波器的高压探头（也可以用分压电阻代替）接在晶闸管 V1-V3 两端。解开灭磁开关至 BOD 板的接点控制回路 QFG-1、QFG-2 和 602。依次做 V1、V2、V3 的触发和导通特性试验。确认并联在非线性电阻两端的电阻 R8 的功率和阻值（功率 $P \geqslant 300W$、阻值 $R \geqslant 10k\Omega$），因为一旦晶闸管导通后，电压全部加来电阻 R8 上，功率和阻值必须满足要求才能完成试验。

（1）晶闸管 V1 触发和导通特性试验（模拟正向过电压回路试验）。

解开 BOD 板上 3（K2）、4（G2）、2（G3）至晶闸管的导线并用绝缘胶带包裹严实。缓慢增加电压，观察示波器上的波形。当波形正半周峰值达到转折二极管 V1000 动作电压时，V1 触发回路接通，晶闸管 V1 导通，电阻 R8 两端有电压流过。晶闸管 V1 导通后电压波形如图 4（a）所示，电阻 R8 电压波形如图 4（b）所示。

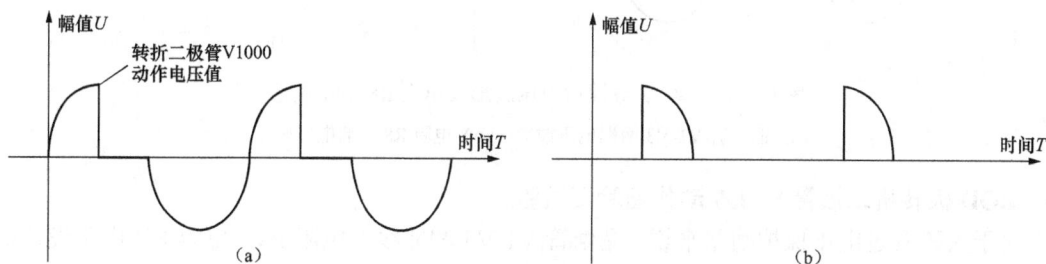

图 4　晶闸管 V1 导通后电压波形及电阻 R8 电压波形

（a）晶闸管 V1-V3 两端电压波形；（b）电阻 R8 两端电压波形

（2）晶闸管 V1 和 V3 的触发和导通特性试验（模拟正反向过电压试验）。

解开 BOD 板上 3（K2）、4（G2）至晶闸管的接线并用绝缘胶带包裹严实，恢复 2（G3）接线。缓慢增加电压，观察示波器上的波形图。晶闸管 V1、V3 导通后两端电压波形如图 5（a）所示，正负半周的峰值即为 BOD 板中转折二极管 V1000 的导通电压值，电阻 R8 电压波形如图 5（b）所示。

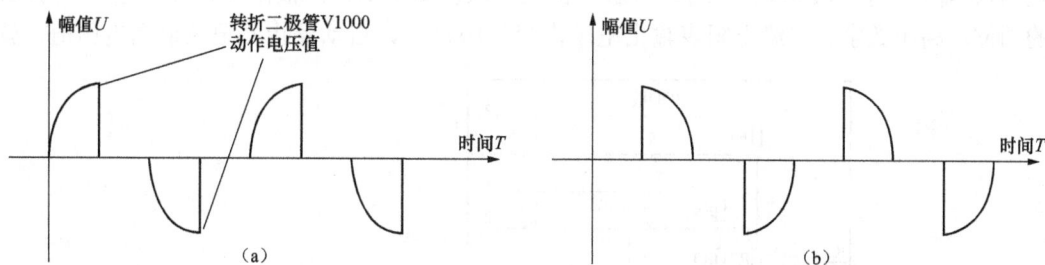

图 5　晶闸管 V1 和 V3 导通后电压波形及电阻 R8 电压波形

（a）晶闸管 V1-V2 两端电压波形；（b）电阻 R8 两端电压波形

（3）晶闸管 V2 触发和导通特性试验（模拟灭磁开关动作试验）。

解开 BOD 板上 2（G3）至晶闸管的接线并用绝缘胶带包裹严实，恢复 BOD 板上 3（K2）、4（G2）至晶闸管的接线，恢复灭磁开关至 BOD 板的接点控制回路线 QFG-1 和 602 接线。闭合 QFG-1 和 602，模拟灭磁开关动作，BOD 板上的继电器 J2 动作。

缓慢增加电压，电压增加至几十伏，能维持晶闸管导通即可，不需要增加到转折二极管

V1000 导通的电压值。

晶闸管 V2 导通后两端电压波形如图 6（a）所示，正半周电压不经过转折二极管 V1000，直接通过 J2 回路触发晶闸管 V2。负半周电压值由于没有达到 V1000 的动作值，所以被截波了。电阻 R8 电压波形如图 6（b）所示。

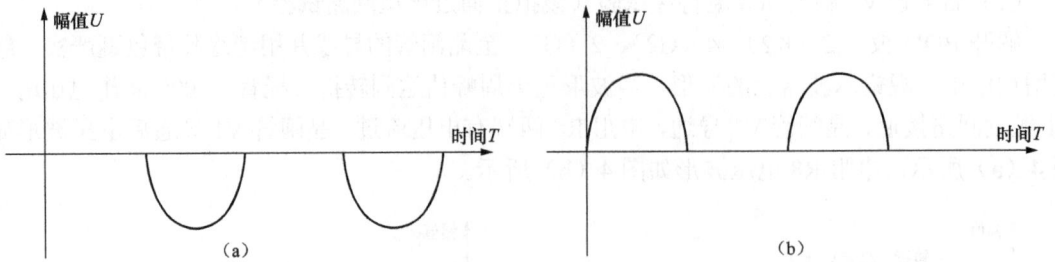

图 6　晶闸管 V2 导通后电压波形及电阻 R8 电压波形

（a）晶闸管 V1-V3 两端电压波形；（b）电阻 R8 两端电压波形

2.3　BOD 板转折二极管 V1000 动作值验证试验

对于灭磁及过电压保护回路来说，晶闸管 V1-V3 和非线性电阻 RV、电容 FU 由于设计选型的裕量一般都比较大，不容易出故障，不需要每次用高压试验仪器测试。定期试验只需要验证 BOD 板转折二极管 V1000 的动作值就可以了。

转折二极管动作值可以用高压数字式绝缘电阻表验证。高压数字式绝缘电阻表的优点是高电压输出可选择，最大可达 5000V，且高电压是斜波上升，具有漏电流保护功能，一旦漏电流保护动作，高电压输出立即停止，能够记录和显示最高的输出电压值。

为防止转折二极管 V1000 在导通瞬间过电流而损坏，高压数字式绝缘电阻表的输出线不能直接并联在 V1000 两端，回路中需要增加限流电阻，如图 7 所示。焊开 V1000 的 K 极，然后串联限流电阻 R11、R12、R13（电阻功率 $P \geqslant 10W$、阻值 $R \geqslant 10k\Omega$）。高压数字式绝缘电阻表的+极输出线接 V1000 的 A 极，–极输出线接限流电阻 R13。根据 V1000 的参数选择合适的挡位，高压数字式绝缘电阻表输出电压击穿 V1000 后，自动停止并记录最高电压值，就

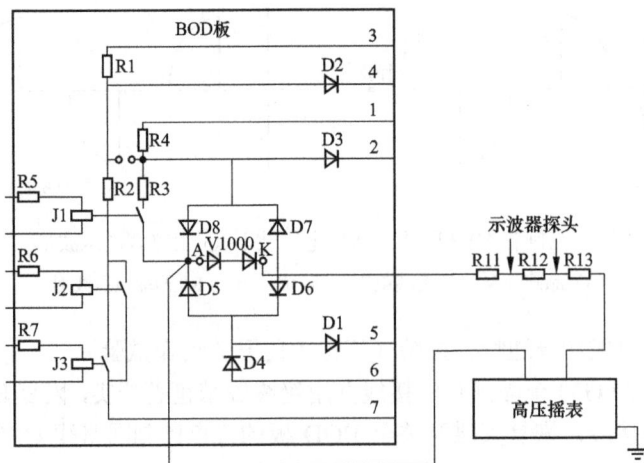

图 7　BOD 板转折二极管 V1000 动作值验证试验接线图

是转折二极管 V1000 的动作值，在电阻 R12 两端接示波器探头观测 V1000 导通后电阻的电压波形。也可以用手摇式电子绝缘电阻表，它的优点是波形是连续的，缺点是不能准确记录 V1000 的动作值。

3　某电厂试验数据

某大型水电厂安装 3×120MW 水轮发电机组，发电机电压 13.8kV，电流 5737.6A，空载励磁电压 170V，额定励磁电压 355V，空载励磁电流 770A，额定励磁电流 1350A。采用双微机控制静止晶闸管励磁系统，励磁变压器电压变比 13.8/0.71kV，容量 1800kVA。灭磁及过电压保护回路如图 1 所示，氧化锌（ZnO）非线性灭磁电阻的残压（U_c）1200V，每个支路由 3 片 ZnO 电阻和 1 只特种快熔串联，共 32 个支路并联，总灭磁容量 1.92MJ。

BOD 板是励磁厂家自制的电路板，板中的转折二极管是 IXYS 公司 IXBOD1-20R，动作电压 2000±50V。并联在 ZnO 电阻两端的电阻 R8 参数 300W/10kΩ。跨接器中的晶闸管 V1-V3 是英国 DYNEX 公司 DCR2040L42，反向峰值电压 4200V，通态平均电流 2040A。2020 年励磁设备投运前根据上述试验方法完成灭磁及过电压保护回路试验，试验数据如表 1 所示。

表 1　　　　　　　　　　　　氧化锌（ZnO）非线性电阻 RV 检测

支路	1	2	3	4	5	6	7	8	9	10	11	12	13	14	15	16
U_{10mA}	902	899	901	898	903	900	902	904	903	899	899	905	903	905	903	905
U_{100A}	1200	1200	1200	1200	1200	1200	1200	1200	1200	1200	1200	1200	1200	1200	1200	1200
残压比	1.33	1.33	1.33	1.34	1.33	1.33	1.33	1.33	1.33	1.33	1.33	1.33	1.33	1.33	1.33	1.33
支路	17	18	19	20	21	22	23	24	25	26	27	28	29	30	31	32
U_{10mA}	903	905	899	898	901	900	902	903	905	901	899	899	898	901	901	900
U_{100A}	1200	1200	1200	1200	1200	1200	1200	1200	1200	1200	1200	1200	1200	1200	1200	1200
残压比	1.33	1.33	1.33	1.34	1.33	1.33	1.33	1.33	1.33	1.33	1.33	1.33	1.34	1.33	1.33	1.33

表 1 中，导通电压 $U_{10mA}=U_D$ 是灭磁电阻通过 10mA 时两端的电压，灭磁残压 $U_{100A}=U_C$ 是灭磁电阻通过 100A 时两端的电压，残压比 $K=U_C/U_D$，$K\leqslant1.4$ 表示氧化锌非线性电阻性能良好。

（1）灭磁及过电压保护电路试验。

灭磁及过电压保护回路试验，采用上面介绍的方法，用高压试验仪器模拟正向过电压，测试晶闸管 V1 的触发和导通特性，晶闸管 V1 被触发后，A、K 两端的波形如图 8 所示。

通过图 8 可以看出，在正向半周波峰处，转折二极管 V1000 动作，晶闸管 V1 导通，V1000 动作电压也就是在峰值电压处 2000V 左右，V2、V3 的触发及导通试验不再累述。

（2）BOD 板转折二极管 V1000 动作值验证。

分别用高压数字式绝缘电阻表和高压手摇式电子绝缘电阻表测试转折二极管的动作值，试验接线和 V1000 动作前后的波形如图 9 所示。

试验中的限流电阻 R11=R12=R13（P=10W、阻值 R=15kΩ）。高压数字式绝缘电阻表输出电压 500～5000V 可选，高压手摇式电子绝缘电阻表输出电压 0～2500V。

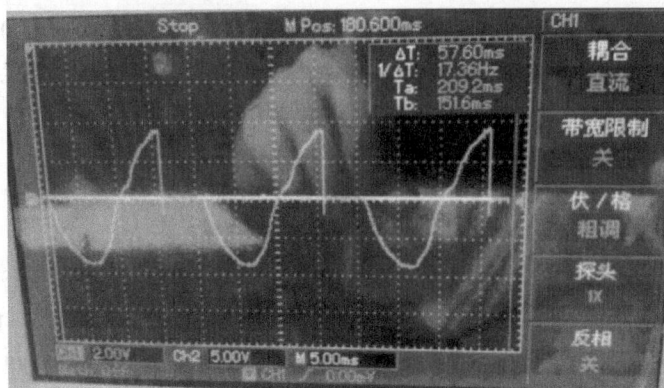

图 8　某电站跨接器晶闸管 V1 两端波形

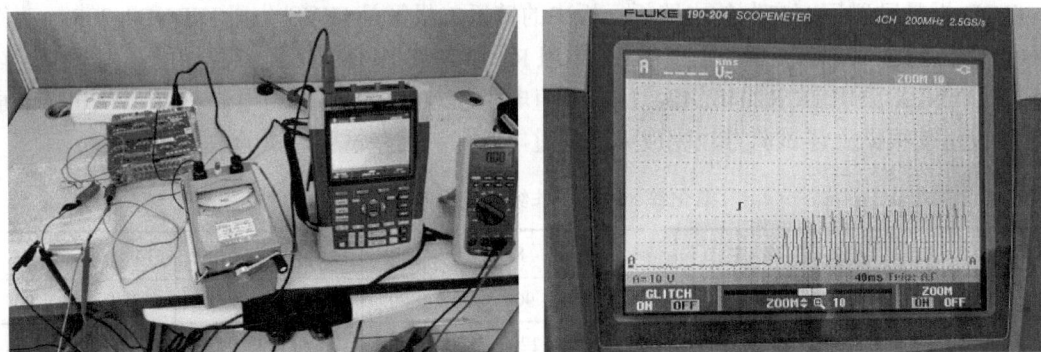

图 9　转折二极管 V1000 动作值试验接线图和电阻 R12 的波形图

高压数字式绝缘电阻表测试 V1000 动作电压为 2080V。采用高压手摇式电子绝缘电阻表测试时，通过波形图分析，可以看出电压超过 2000V 时，V1000 导通，电阻上有电压和电流通过。

4　结语

一直以来，有大量的文献介绍发电机励磁系统灭磁及过电压保护回路的原理，却很少有介绍如何完成试验的资料。对于发电厂励磁专业技术监督管理人员来说，全靠自己去摸索、验证。本文作者结合工作实际经验，详细介绍了跨接器+氧化锌（ZnO）非线性灭磁及过电压保护回路的试验方法，试验数据和波形图片等。通过上述介绍，希望对广大电厂励磁专业技术监督管理人员有一定的帮助。

参考文献

[1] 国家发展和改革委员会. DL/T 491 大中型水轮发电机自并激励磁系统及装置运行和检修规程［S］. 北京：中国电力出版社，2008.

[2] 国家发展和改革委员会. DL/T 489 大中型水轮发电机静止整流励磁系统及装置试验规程［S］. 北京：中国电力出版社，2007.

[3] 国家发展和改革委员会. DL/T 583 大中型水轮发电机静止整流励磁系统及装置技术条件 [S]. 北京：中国电力出版社，2007.

[4] 国家发展和改革委员会. DL/T 1049 发电机励磁系统技术监督规程 [S]. 北京：中国电力出版社，2007.

[5] 中国华能集团有限公司. Q.HN-1-0000.08.039 水力发电厂励磁监督标准 [S]. 北京：中国电力出版社，2015.

[6] 陈秋林.高原水电站励磁系统整流回路过电压解决方法 [J].水电站机电技术，2021（1）.

作者简介

陈秋林，男，本科学历，工程师，从事发电机励磁系统及继电保护系统维护及技术管理工作。E-mail：710641110@qq.com

浅谈某水电厂 10kV 厂用电系统备自投装置改造

陈秋林　余志勇　李正能　陈　明

刘　卫　黄贞贵　袁　冲　刘仁萨

（华能西藏雅鲁藏布江水电开发投资有限公司，西藏自治区山南市　856400）

[摘　要] 本文介绍了西藏某大型水电厂 10kV 厂用电系统备自投装置工作情况、存在的设备缺陷安全隐患。为确保厂用电系统安全可靠运行，提出了设备更新改造方法。根据电站实际运行情况提出了更新改造后 10kV 备自投装置的简要动作逻辑和设备功能。

[关键词] 大型水电厂；10kV 厂用电系统；备自投装置

0　序言

某大型水电站位于海拔 3000 多米的西藏高原雅鲁藏布江中游，是西藏电网的骨干电源。电站安装 3×120MW 轴流转桨式水轮发电机组，总装机容量 360MW，采用单元接线方式。发电机出口电压 13.8kV，经主变压器升压至 220kV，采用双母线接线方式，通两回 220kV 出线至 500kV 枢纽变电站。

电站厂用电接线采用 10kV 和 400V 两级电压供电。厂内设 10kV 配电系统，采用 10kV 等级电压供电至各机组和公用负荷点后降压至 400V，再供电到各用电负荷。

1　10kV 厂用电接线方式

10kV 厂用电分别从 3 台主变压器低压侧（未设置断路器）引接的 13.8kV 电源经高压厂用变压器降压至 10kV 后分别接至 10kV Ⅰ、Ⅱ、Ⅲ三段母线，每段母线互为备用。Ⅲ段母线上外接有 35kV 变电站来的保安电源作为紧急备用电源；另外，10kV 柴油发电机单独带第Ⅳ段应急母线，单独供电站 2 号公用系统负荷，主要是厂房渗漏排水、检修排水等防止水淹厂房的重要负荷。Ⅲ、Ⅳ段母线之间设有联络开关，正常工作时联络运行，10kV 柴油发电机作为应急备用电源。

2　10kV 厂用电备自投工作方式

正常情况下 1 号高压厂用变压器带Ⅰ段母线运行，2 号高压厂用变压器带Ⅱ段母线运行，3 号高压厂用变压器带Ⅲ段母线和Ⅳ段母线运行（Ⅲ、Ⅳ段母联开关保持合闸位置，不参与备自投控制），外来保安电源作为厂用电的正常后备电源，10kV 柴油发电机作为全厂事故后的备用电源。10kV 厂用电Ⅰ、Ⅱ、Ⅲ三段母线共安装一套备自投装置，用于Ⅰ、Ⅱ、Ⅲ段母线之间的备自投操作。

电站 10kV 备自投装置是为该电站特殊定制的 10kV 四路进线开关、两路母联开关之间备用电源的自投装置。装置采样电压取自电压互感器二次侧线电压 0~100V，电流取自电流互感器二次侧电流 0~1A。

10kV 厂用电系统Ⅰ、Ⅱ、Ⅲ、Ⅳ四段母线及备自投装置如图 1 所示（备自投装置安装在Ⅰ、Ⅱ段母线联络开关 5QF 柜内）。7QF、8QF 只闭锁备自投功能，不参与逻辑控制。

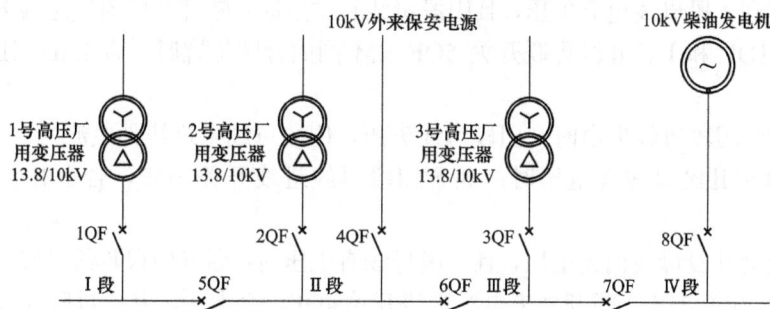

图 1 10kV 厂用电一次系统示意图

（1）10kV 厂用电系统运行方式如表 1 所示。

表 1   10kV 厂用电系统运行方式

正常运行状态	运行方式 1	1QF、2QF、3QF 合位	4QF、5QF、6QF 分位
	运行方式 2	2QF、3QF、5QF 合位	1QF、4QF、6QF 分位
	运行方式 3	1QF、3QF、6QF 合位	2QF、4QF、5QF 分位
	运行方式 4	1QF、2QF、6QF 合位	3QF、4QF、5QF 分位
	运行方式 5	2QF、5QF、6QF 合位	1QF、3QF、4QF 分位
	运行方式 6	1QF、5QF、6QF 合位	2QF、3QF、4QF 分位
	运行方式 7	4QF、5QF、6QF 合位	1QF、2QF、3QF 分位
	运行方式 8	3QF、5QF、6QF 合位	1QF、2QF、4QF 分位
检修状态	运行方式 9	2QF、3QF 合位	1QF、5QF、4QF、6QF 分位
	运行方式 10	1QF、2QF 合位	3QF、5QF、4QF、6QF 分位
	运行方式 11	3QF、6QF 合位	1QF、2QF、4QF、5QF 分位
	运行方式 12	2QF、6QF 合位	1QF、3QF、4QF、5QF 分位
	运行方式 13	1QF、5QF 合位	2QF、3QF、4QF、6QF 分位
	运行方式 14	2QF、5QF 合位	1QF、3QF、4QF、6QF 分位

表 1 中，运行方式 1 为默认为系统初始正常运行方式，运行方式 9~14 为检修状态。

（2）备自投装置动作逻辑。

1）当检测到Ⅰ段母线失电时（Ⅰ段母线失压，Ⅰ段母线主进线无电流）。

a. 当检测到Ⅱ段母线有电压时：断开Ⅰ段母线进线开关 1QF、合上Ⅰ、Ⅱ段母联开关 5QF。

b. 当检测到Ⅱ段母线也失电，且Ⅲ段母线有电压时：断开Ⅰ段母线进线开关 1QF、断开Ⅱ段母线进线开关 2QF、合上Ⅰ、Ⅱ段母联开关 5QF、合上Ⅱ、Ⅲ段母联开关 6QF。

2）当检测到Ⅱ段母线失电时（Ⅱ段母线失压，Ⅱ段母线主进线无电流，外来电源进线开关 4QF 分闸）。

a. 当检测到Ⅰ段母线有电压时：断开Ⅱ段母线进线开关 2QF、当Ⅲ段进线开关 3QF 和Ⅱ、Ⅲ段母联开关 6QF 在不同的合闸位置时，合上Ⅰ、Ⅱ段母联开关 5QF。

b. 当检测到Ⅰ段母线也无电压，且Ⅲ段母线有电压时：断开Ⅱ段母线进线开关 2QF、当Ⅰ段进线开关 1QF 和Ⅰ、Ⅱ段母联开关 5QF 在不同的合闸位置时，合上Ⅱ、Ⅲ段母联开关 6QF。

3）当检测到Ⅲ段母线失电时（Ⅲ段母线失压，Ⅲ段母线主进线无电流）。

a. 当检测到Ⅱ段母线有电压时：断开Ⅲ段母线进线开关 3QF、合上Ⅱ、Ⅲ段母联开关 6QF。

b. 当检测到Ⅱ段母线也无电压，且Ⅰ段母线有电压时：断开Ⅲ段母线进线开关 3QF、断开Ⅱ段母线进线开关 2QF、断开外来电源进线开关 4QF、合上Ⅰ、Ⅱ段母联开关 5QF、合上Ⅱ、Ⅲ段母联开关 6QF。

（3）备自投装置设置有 15 种自投方式，根据电站实际需要通过软件中的"主菜单->投退开关设置"菜单设置，如表 2 所示。

表 2 备自投装置自投方式

自投名称	系统运行方式转换		投退开关
自投方式 1	运行方式 1→	运行方式 2	SWzt1
	运行方式 4→	运行方式 5	
自投方式 2	运行方式 4→	运行方式 6	SWzt2
自投方式 3	运行方式 3→	运行方式 6	SWzt3
自投方式 4	运行方式 3→	运行方式 8	SWzt4
自投方式 5	运行方式 1→	运行方式 3	SWzt5
自投方式 6	运行方式 1→	运行方式 4	SWzt6
	运行方式 2→	运行方式 5	
自投方式 7	运行方式 2→	运行方式 8	SWzt7
自投方式 8	运行方式 1→	运行方式 8	SWzt8
自投方式 9	运行方式 1→	运行方式 5	SWzt9
自投方式 10	运行方式 1→	运行方式 6	SWzt10
自投方式 11	运行方式 1/2/3/4/5/6/8→	运行方式 7	SWzt11
自投方式 12	运行方式 10→	运行方式 14	SWzt12
自投方式 13	运行方式 10→	运行方式 13	SWzt13
自投方式 14	运行方式 9→	运行方式 11	SWzt14
自投方式 15	运行方式 9→	运行方式 12	SWzt15

（4）备自投自恢复方式。可通过设置"主菜单→投退开关设置"中的相应动作方式为"投入""退出"，来实现各自恢复方式的投退。根据实际情况需要，电站目前没有投入自恢复功能。

3 10kV 厂用电备自投工作情况

10kV 厂用电备自投装置自 2020 年 5 月初步调试后开始投运，自投运以来，暴露了以下问题。

（1）自投逻辑过于复杂，实际工作时容易出现问题。

根据上面介绍，10kV 厂用电备自投装置设置了 14 种工作方式 15 种自投逻辑。虽然这 15 种自投逻辑考虑了电站 10kV 厂用电的各种运行工况，但是实际工作中，备自投装置需要采集 4 个进线开关（3 个高压厂用变压器低压侧开关 1QF、2QF、3QF，1 个外来保安电源开关 4QF）的电压、电流量；3 段母线的电压量；7 个开关的分合闸状态量。这么多的二次接线，如果有某个二次线回路接线松动，则会影响到整个装置的逻辑判断，容易造成备自投装置误动或拒动，反而扩大了事故，降低了设备的可靠性。

（2）检修维护不方便。

装置安装在 10kVⅠ、Ⅱ段母线联络 5QF 开关柜内，上面介绍的 5 个进线开关和 4 段母线的二次电压电流、7 个开关的分合闸控制回路接线繁多。造成了装置接线和安装柜内二次端子接线繁多而且杂乱不堪，如图 2 和图 3 所示。图 2 是 10kV 备自投背面接线图，图 3 是 10kV 备自投装置柜内（5QF 柜）端子排接线图，图中电缆底下还有一层端子排，被电缆完全覆盖在底下，日常维护和检修工作根本没办法开展。

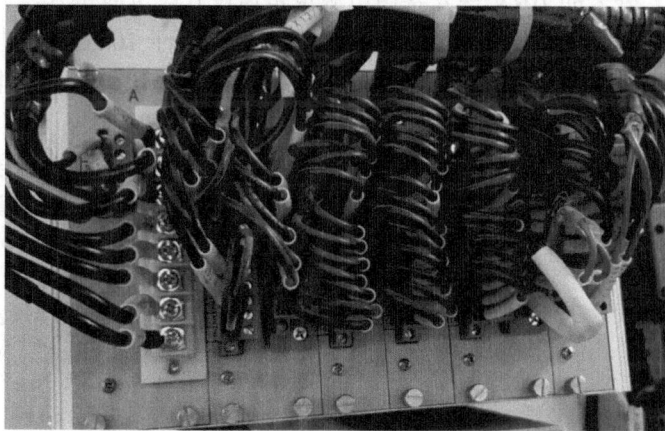

图 2 10kV 备自投装置背面接线图

（3）操作不方便。

该装置未设置"远方/现地"切换功能和接线，同时未设置远方"投入/退出"功能和接线。导致无法实现远程操作和监控。定期开展 10kV 厂用电切换工作时，ON-CALL 人员需要到现地操作装置上的"投入/切除开关"，闭锁备自投装置。再通知集控人员远方开展厂用电切换工作。

图 3　10kV 备自投装置柜内（5QF 柜）端子排接线图

（4）功能不完善。

装置面板上未设置"充电已完成"功能和状态指示。当设备正常运行时，各段电压测量正确，各开关状态均对应的状态下，装置应该有"充电已完成"的指示灯，表示装置处于正常工作状态，为 ON-CALL 人员和维护巡检人员判断该设备的状态做出依据。

4　改造建议

鉴于目前运行的 10kV 备自投装置存在以上缺陷，为确保 10kV 厂用电系统运行安全可靠，在厂用电消失时备自投能正确动作，迅速恢复厂用电水平，对备自投装置做以下改造建议。

（1）在 10kV 厂用电系统的 I、III 段母线之间增加一个联络开关，改造成环形供电网络。

就目前 10kV 厂用电系统接线来说，如果 II 段母线发生故障或年度检修时，I、III 段母线失去了备用电源。外来的 10kV 保安备用电源也是通过 II 段母线接入，当 II 段母线退出运行时，外来保安备用电源无法给 I、III 段母线提供备用。由于 10kV 厂用电系统检修时间随主变压器一起开展，C 修一般为 6 天左右，这期间，如果 I、III 段母线的电源进线故障，则因无备用电源而导致退出运行，相应的下级 400V 电源退出，机组因无厂用电源而被迫停运。

如图 4 所示，在 I、III 段母线之间增加联络开关 9QF，将 I、II、III 段母线形成环形供电网络，这样不管哪一段母线检修，另外两条母线均能形成互相备用，提高了厂用电系统可靠性。

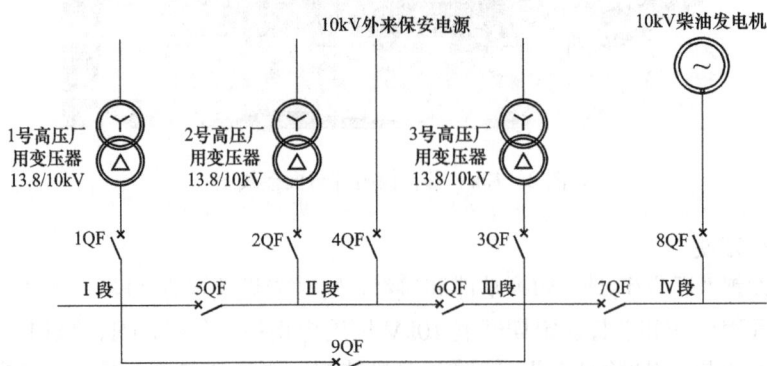

图 4　10kV 母线环形供电网络图

（2）将原来 3 段母线共用一个备自投装置改成两个，采用分段控制。

如图 5 所示，BZT1 装置控制 10kVⅠ、Ⅱ段母线进线开关及联络开关 5QF；BZT2 装置控制 10kVⅡ、Ⅲ段母线进线开关和 10kV 外来电保安电源开关 4QF 及联络开关 6QF。

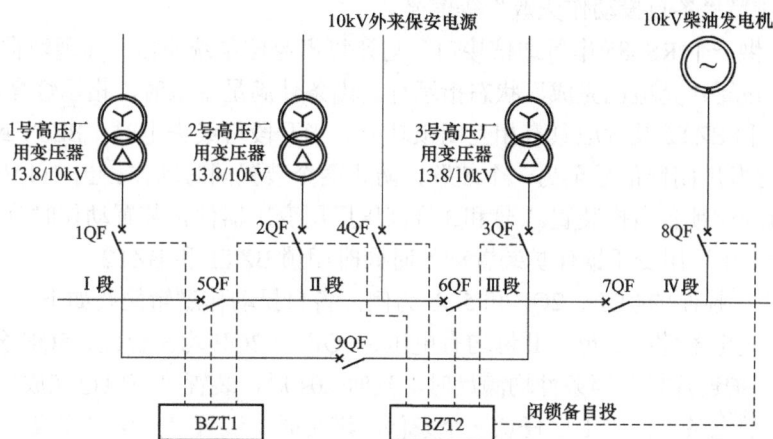

图 5　改造后的备自投装置控制原理图

改造后的 BZT1 装置安装在原备自投处（5QF 开关柜内），BZT2 装置安装在 6QF 开关柜内。每个备自投装置只测量两个进线开关的电压和电流量和两段母线的电压量，以及 3 个开关的状态（BZT2 装置多一个 4QF 回路）。Ⅰ、Ⅲ段母线联络开关 9QF 不参与备自投逻辑控制，由运行人员根据实际情况操作。

改造后的备自投装置接线简单，维护方便。同时自投逻辑少，提高了系统的可靠性。电站目前使用的控制两段母线的备自投装置背面及装置柜内端子排接线如图 6 和图 7 所示，相比图 2 和图 3 来说，二次接线少，柜内空余空间大，便于后期的检修和维护。

图 6　两段母线用的备自投装置背面接线图

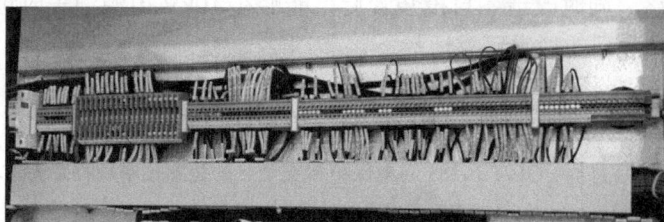

图 7　两段母线用的备自投装置柜内端子排接线图

（3）改造后的备自投装置除了常规功能外，还应有以下功能。

1）装置能在现地和远方投入/切除备自投自投功能和自恢复功能。

2）装置能实现"远程投/退"功能。

3）装置具有手跳和保护动作闭锁功能。即当某段母线故障、高压厂用变压器保护动作、或手动跳开开关时，自动闭锁该段母线的备自投功能。

4）装置能送出开关量信号至电站计算机监控系统。如"备自投投入""备自投装置动作""备自投装置故障""备自投动作失败"等信号。

5）装置提供一个 RS485 串行通信接口，与计算机监控系统通信，实现数据上传。

6）装置应设置"充电已完成"状态指示灯。当条件满足要求时，指示灯亮，否则熄灭。

（4）BZT1 和 BZT2 装置应具有相互闭锁功能。当Ⅱ段母线失电时，BZT1 或 BZT2 备自投动作时，同时发出闭锁信号至另一个装置，防止两个装置同时动作。当 10kV 外来电 4QF 开关合上时，自动闭锁备自投装置。1 号和 3 号高压厂用变压器保护装置动作时分别闭锁 BZT1 和 BZT2，2 号高压厂用变压器保护装置动作时同时闭锁 BZT1 和 BZT2。

（5）以 BZT1 控制的 1QF、2QF 和 5QF 为例，备自投动作逻辑简要如下。

1）备自投充电条件：Ⅰ母、Ⅱ母均有电压、1QF 和 2QF 均在合位、5QF 分位、分段备自投控制字和保护连片投入等条件均满足时，延时 20s 后，装置"充电已完成"指示灯亮。

2）备自投放电条件：当上面任意一个条件不满足时，装置"充电已完成"指示灯熄灭。

3）分段备自投动作条件：Ⅰ母无电压、Ⅱ母有电压、1QF 回路无电流、分段备自投已充电，则跳 1QF，合 5QF。Ⅱ母无电压、Ⅰ母有电压、2QF 回路无电流、分段备自投已充电，则跳 2QF，合 5QF。

5 结语

水电站 10kV 厂用电系统属于一类负荷，只允许瞬时中断电源。如果电源消失而备自投装置不能正确动作，不能迅速恢复厂用电。轻则导致主变压器冷却系统、水轮机调速系统、油压装置油泵、快速闸门启闭设备、励磁装置晶闸管冷却系统、技术供水泵和消防用水泵等设备损坏。严重的会导致发电机组非正常停运，影响到电网的安全稳定运行。如果长时间不能恢复厂用电系统，大坝弧门操作装置、厂房渗漏排水装置因失去电源而无法操作，容易造成漫坝以及水淹厂房等重大事故。

通过以上分析，某水电站正在运行的 10kV 备自投装置存在严重的安全隐患。采用以上方案更新改造后，将目前备用的一个间隔改成Ⅰ、Ⅲ段母线的联络开关，将 10kV 厂用电系统形成环形供电网络。同时改造备自投装置后，能够在 10kV 电源消失时迅速恢复厂用电，确保电站设备设施和电网的稳定可靠运行。

参考文献

[1] 国家质量监督检验检疫总局. GB/T 14285 继电保护和安全自动装置技术规程 [S]. 北京：中国标准出版社，2024.

[2] 中国华能集团有限公司. Q/HN-1-0000.08.038 水力发电厂继电保护及安全自动装置监督标准 [S]. 北京：中国电力出版社，2015.

[3] 国家能源局. DL/T 1073 电厂厂用电源快速切除装置通用技术条件 [S]. 北京：中国电力出版社，2019.

[4] 国家能源局. DL/T 5132 水力发电厂二次接线设计规范 [S]. 北京：中国电力出版社，2016.

[5] 电安生〔1994〕191 号　电力系统继电保护及安全自动装置反事故措施要点.

[6] 国能安全〔2014〕161号　防止电力生产事故的二十五项重点要求.

作者简介

　　陈秋林（1977—），男，本科学历，工程师，从事发电机励磁系统及继电保护系统维护及技术管理工作。
E-mail：710641110@qq.com

抽水蓄能电站变压器非电气量保护动作原因分析及处理

杨　堃　李立胜　陈　寅　许明达　陈俣骁　方子豪

（浙江宁海抽水蓄能有限公司，浙江省宁波市　315600）

[摘　要]变压器保护可分为电气量保护与非电气量保护，其中非电气量保护包括气体保护（轻气体、重气体）、压力释放保护、温度保护等。本文通过统计近三年系统内出现有关变压器非电气量保护动作事故案例报告，分析总结此类故障处理的关键与要点，最后通过事故模拟，从电站运行角度分析异常情况，以提高运行人员的事故处理能力，防止事故扩大，避免出现人身伤害。

[关键词]变压器；非电气量保护；气体保护

0　引言

变压器作为抽水蓄能电站重要的高压设备之一，大都采用三相油浸式强油水冷电力变压器，电站在日常运维过程中需要对变压器各参数进行监视，其本身故障会造成严重后果，不仅会导致变压器损坏，严重时导致人员伤亡。在日常运行期间，电站运行人员要加强现场巡视及时发现缺陷防患于未然；事故发生时，电站值守人员应迅速向值长汇报，组织人员现场排查故障，做好设备隔离操作，同时向调度汇报事故内容；事故发生后，要总结本次故障，梳理事故隐患，制定预控措施，提高认识防范同类型事故再发生[1]。

1　研究背景

1.1　事故统计

近三年来，水电站连续发生了几起因变压器非电气量保护动作导致变压器跳闸的事故，按变压器类型可分为主变压器非电气量保护动作导致主变压器跳闸以及 SFC 输入变压器非电气量保护动作导致开机失败两类；按故障类型可分为变压器内部故障、非电气量继电器损坏、事故排油阀阀门松动导致非电气量保护动作等，具体故障情况见表 1。

表 1　　　　　　　　　　近三年变压器非电气量事故汇总

电站名称	事故描述	次数	故障原因
X 电站	SFC 输入变压器气体继电器动作	2	气体继电器故障
Z 电站	主变压器漏油	1	事故排油阀损坏漏油

电站名称	事故描述	次数	故障原因
B 电站	主变压器非电气量保护动作	1	主变压器高压侧隔离开关位置错误
F 电站	主变压器气体继电器动作	1	继电器绝缘损坏

通过表 1 可以将故障原因分为两类，一类为非电气量保护装置或控制回路故障导致，另一类为油箱内部油位下降导致，根据故障可确定非电气量保护动作逻辑，如图 1 所示。

除了上述原因导致非电气量保护动作外，可能还有其他原因：变压器本体内部故障或穿越性短路故障，空气进入，油温升高或下降，油混水，冷却器故障，误报警等。因此当变压器发生非电气量保护动作后，应立即考虑事故原因以及可能出现的故障点，这样才能减少故障排查时间，防止事故扩大[2]。

为了说明非电气量保护动作后的处置流程及处理原则的重要性，下面对某电站油浸式变压器进行举例说明，变压器本体上配置了以下非电气量保护：气体保护、压力释放保护、温度保护，此外主变压器还设计了速动油压保护以及冷却器故障保护，其中气体保护作为非电气量主保护，动作最为灵敏，能够反应变压器多数故障，而其他非电气量保护具有一定滞后性，不能及时地反应变压器故障，下面具体介绍。

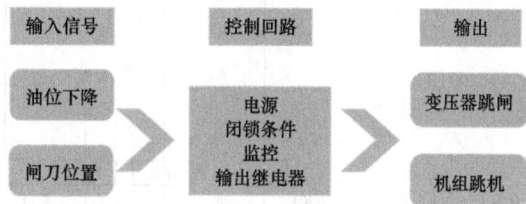

图 1　非电气量保护动作逻辑

1.2　气体继电器

气体继电器又称气体继电器，作用为判断变压器内部有无故障的机械元件，安装于油箱与油枕间的连接导管（与地面呈一定角度），其结构包括 1 个封油容器，1 个上浮子带轻气体报警节点，1 个下浮子带重气体跳闸节点，2 个接头（一个用于取气，一个用于外部加气压检验），具体结构如图 2 所示。

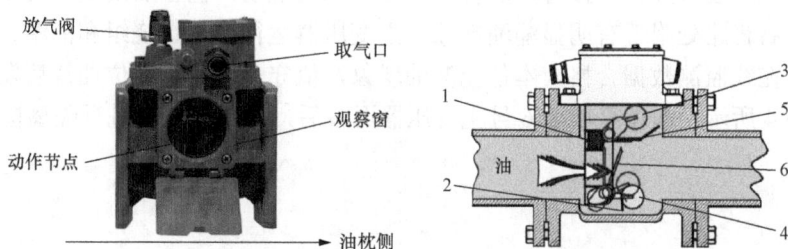

图 2　气体继电器本体及内部结构

1—恒磁体；2—重瓦斯信号节点；3—上浮子；4—下浮子；5—轻瓦斯信号节点；6—挡板

当变压器内部出现匝间短路、绝缘损坏、接触不良、铁芯多点接地等故障时，故障点局部高温使变压器油温升高，变压器油的体积膨胀，油内气体被排出而形成上升气流，向油枕方向流动，聚集于气体继电器上部，随着气体增多气体继电器的两副节点相继动作。此外故障越严重，所产生的气体就越多，流向油枕的气流速度越快，带动油流冲击气体继电器内跳闸挡板，也能够导致输出跳闸信号[3]。其次，根据内部结构图可知，当变压器本体发生漏油现象时也会导致气体继电器输出报警或跳闸信号,因此日常对变压器油位的监视也必不可少。某电站主变压器气体继电器动作控制回路如图 3 所示。

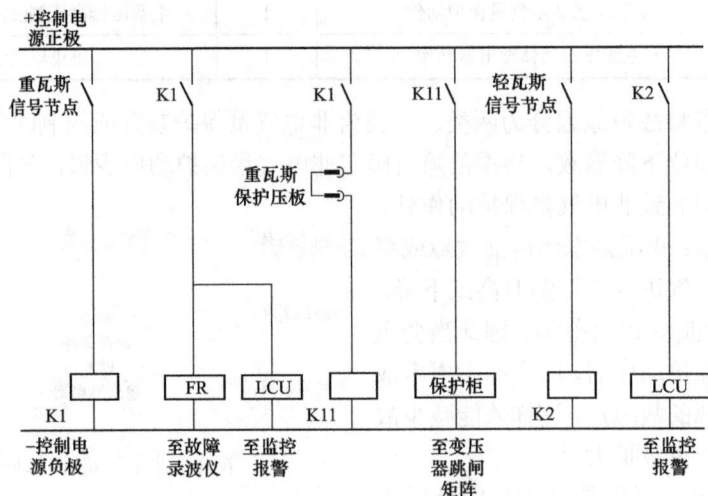

图 3　气体继电器动作逻辑图

当气体继电器中轻重气体相应节点动作,则会输出动作信号,使 K1 继电器励磁,并将动作信息上送至监控系统,此时中控室值守人员能查看到气体继电器动作报警。当重气体节点动作后,并且其保护压板在投入位置,则重气体动作信号输入至跳闸矩阵,通过跳闸矩阵输出各类跳闸信号。

2　案例分析

案例一:Z 电站内 6 台机组都在停机备用状态时,监控系统出现"6 号主变压器本体油位异常、非电量保护装置异常"报警,运行人员迅速到达现场,检查后发现主变压器事故排油阀至地面鹅卵石管路处附近有明显漏油现象,主变压器运行声音、绕组和油温、保护回路无异常,油色谱在线监测数据合格,本体无漏油现象,值守人员查看油位曲线后发现油位已达报警值,如图 4 所示。向调度申请 6 号主变压器退备后,对主变压器进行隔离检修。

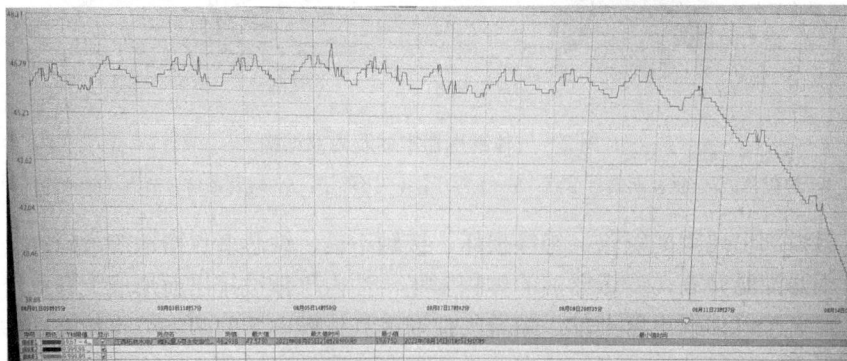

图 4　6 号主变压器本体油位曲线

案例二：X 电站 2 号机组停机转抽水调相启动失败，监控显示"2 号机组 SFC 事故停机、SFC 输入变压器气体继电器动作"，运维负责人立即现场检查处理，同时汇报省调，申请现场设备检查后再抽水调相开机，现场人员检查 SFC 控制面板报警信息为 SFC 输入变压器气体继电器动作，查看 SFC 输入变压器保护盘柜与气体继电器本体，无相应动作信号，排除 2 号机组本身的问题后，对 2 号机组跳闸信号进行复归后，向省调申请 2 号机组背靠背抽水调相启动；申请 SFC 退备隔离检查并修改负荷计划（见图 5）。

图 5　气体继电器本体跳闸挡板

以上两起案例暴露出以下问题：运行人员履职不到位，缺陷发现不及时，变压器油位已有下降趋势，但运行人员巡视检查未能及时发现，白班运行人员发现油位下降后未引起高度重视；其次运行人员向调度汇报内容不准确，且未按规定时间内向调度汇报；最后运行人员隐患排查治理不到位，预控措施不全面，对近年多次发生的同类型事故隐患分析和认识不到位。

2.1　事故预想与处置

通过以上对气体继电器原理和动作逻辑的介绍，可以快速分析出事故原因，对后续事故处理更加游刃有余。当变压器气体保护动作，一般伴随着其他主保护一起动作，运行人员应对此类处理流程十分熟悉，因此需要运行人员制定一种变压器非电气量主保护动作后事故处理流程[4]。假设主变压器气体保护动作，以时间为处理尺度，分为四阶段处理过程如图 6 所示。

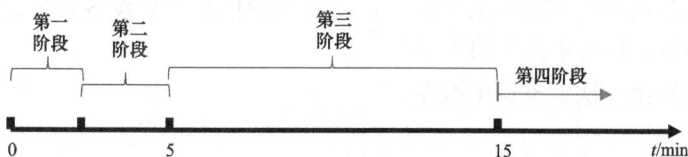

图 6　阶段处理流程

2.1.1　第一阶段

（1）中控室值守人员在监控系统确认具体报警信息，有无其他报警，锁定那些保护动作跳闸。

（2）中控室值守人员监控系统查看保护动作后果是否正确，报警前后 500kV 开关、机组、厂用电倒换、消防启动等变化状态。

（3）中控室值守人员监控检查几台机组跳机，损失多少负荷，有无备用机组。若发生火灾或冒烟情况，中控室值守人员应第一时间通过工业电视调出变压器室内画面。

（4）若保护跳机组，中控室人员立马监视 GCB、导叶球阀关闭、转速下降，同时报告值长：①保护动作情况；②保护动作后果，相关开关跳闸，开关无异常反馈；③有无消防或者火灾报警；④厂用电倒换是否成功；⑤若发生火灾，则通过摄像头查看现场火灾，冒烟，消防动作情况，告知值长危险点。

2.1.2 第二阶段

（1）值长安排运行人员现场进行检查：①检查两套主变压器保护盘柜气体信号是否正确输出动作；②检查机组是否达停机稳态，主变压器外观是否正常；③检查变压器储油柜油位是否正常；④检查变压器本体及强迫油循环冷却系统是否漏油；⑤检查变压器的负荷、温度和声音等的变化，判明内部是否有轻微故障；⑥将故障情况汇报相关领导，现场所掌握情况反馈中控室。

（2）中控室值守人员做好 5 分钟内第一次汇报调度准备。

2.1.3 第三阶段

（1）运行人员迅速至现场检查机电设备情况，对保护范围内一次设备外观等情况进行检查，各开关现地位置，没有着火、放电、冒烟等情况确保事故没有扩大，现场有无相关人员工作。

（2）运行人员现场确认保护柜报警信息及故障滤波信息。同时分析保护动作情况，锁定故障范围，检查故障点。

（3）原因分析：①若变压器油位过低引起，观察油位曲线，根据具体情况申请退备进行补油；②若变压器本体及冷却系统漏油，可能有空气进入，应消除漏油，严重漏油则应直接停电隔离主变压器后向调度申请退备，并恢复同单元机组；③若变压器的油温异常上升或内部声音有明显异常变化，查看在线油色谱气体检测装置中的特征气体含量[5]、局放在线监测数据，初步判明内部有故障，先转移负荷，然后停机，将主变压器停电后做油化验；④变压器外部检查正常，轻气体保护动作报警继电器内气体积聚引起时，应记录气体数量和报警时间，并收集气体进行化验鉴定，根据气体鉴定的结果再做出相应处理；⑤若以上都没问题且气体继电器内无气体，则考虑二次回路故障造成误报警此时，通知相关人员检查处理。

（4）值长通知相关一二次设备人员进厂，并将事故信息告知设备人员。将事故现场检查情况再次告知中控室，同时汇报当班领导。

（5）中控室做好第二次汇报调度准备。

2.1.4 第四阶段

（1）隔离操作：确定具体故障点后，值长安排运行人员准备隔离操作票，将主变压器隔离，厂用电倒换，移机组负荷，同单元主变压器恢复备用等。

（2）记录汇报：按照规范记录信号、调度令、缺陷、处置过程等内容，将故障处置情况汇报调度、相关领导等。

2.2 反措要求

根据国家电网公司反措要求，应加强轻气体保护动作后的管理：

（1）对于 220kV 及以上的变压器在轻气体保护动作后应检查在线油色谱气体检测装置中的特征气体含量、局放在线监测数据，若无法判定为误动则应立即退备检查。

（2）110kV 及以下变压器轻气体动作后应直接停电检查。

（3）一天内连续 2 次轻气体报警时，应立即申请停电检查。

（4）对于运行中的变压器气体继电器取气阀直接取气，存在人身安全事故和误碰探针风险，需从地面取气盒进行取气。如气体继电器内有气体，应立即取气并进行气体成分分析并取油样就近进行分析，同时应立即启动在线油色谱装置进行分析比对。

3 总结

通过以上章节描述，对于减少变压器非电气量保护事故的发生有以下几点建议：

（1）对于新投运变压器的设计应合理，并加强制造与安装过程中气体继电器工艺管控。变压器非电量保护输出宜采用常开节点，减少气体继电器误动可能。

（2）对于油浸式变压器应装设全组分在线油色谱检测装置或者装设新型气体继电器[6]，并可在变压器的油位计上设置油位低报警节点，或采集油位等模拟量信息实时检测变压器内部状况。

（3）严格执行变压器巡检频次，运行人员每日定时监视记录油色谱和油位信息。

（4）应对变压器室内温湿度进行控制，减少阀门生锈、密封老化损坏等情况的出现。

综上所述，变压器的故障对供电的可靠性和系统的正常运行产生严重影响。因此作为一名合格的运行人员应重视日常变压器的运行维护工作，努力做到"操作零失误、行为零违章、设备零缺陷、安全零事故"，力争把一切隐患消除在萌芽之中，确保人身安全、电网安全、设备安全。

参考文献

[1] 王伟，王婷婷，张里．某主变压器压器保护多次动作跳闸事故分析 [J]．四川电力技术，2022，45（1）：78-80.

[2] 李能文．一起变压器气体保护动作原因分析及对策 [J]．电工技术，2021（23）：102-104.

[3] 雷富坤，何滔．浅析电力变压器继电保护原理及配置 [J]．技术与市场，2021，28（3）：59-61.

[4] 张国亚．一起主变压器压器气体误动原因分析 [J]．东北电力技术，2017，38（4）：49-51.

[5] 邢盛．浅析变压器在线色谱分析系统 [J]．山东工业技术，2018（9）：150.

[6] 郑玉平，彭凯，李雪飞，等．基于游离气体特征的新型轻气体保护技术 [J]．电力系统自动化，2023，47（21）：165-172.

作者简介

杨　堃（1996—），男，助理工程师，主要从事抽水蓄能电站运行与维护工作。E-mail：466243864@qq.com

抽水蓄能电站几起调速器故障分析及处置

许江南　张斯迪　史鹏参　仇　洋　王　旭　叶雨亮

（浙江宁海抽水蓄能有限公司，浙江省宁波市　315600）

[摘　要]近三年抽水蓄能电站发生了较多次调速器系统故障案例，将收集到的十二次调速器故障分为调速器电器柜、机械液压柜两部分进行归纳整理，方便运行人员学习调速器系统故障处置。

[关键词]抽水蓄能；调速器；故障处置

0　引言

将近三年调速器故障案例统计（见表 1 和图 1）整理发现调速器发生故障后，几乎都造成机组跳机的严重后果，也可能对机组的损害很大，于是本文从调速器电气控制柜、机械液压柜中各选取一个故障展开，分别对现场事故处置流程、机组顺控流程优化等方面进行分析，有助于运行人员对故障元件的提前发现，加强运行人员对调速器故障的应急处置能力。

表 1　　　　　　　　　　　　2021～2023 年调速器故障统计

类型	故障原因	预防措施
电气控制柜	调速器通信模块故障	对于控制盘卡件要有明确的更换周期和定期检测维护手段
	监控装置硬件老化	
	监控系统 DO6 开出板卡异常	
	尾水管压力传感器异常波动	长时间调相运行后，对各部位管路进行检查、排气
机械液压柜	导叶开度传感器本体故障	导叶开度传感器反馈信号差值大报警延时过长，未能及时切换主备通道
	高水头下导叶开启力矩不足	
	紧急停机电磁阀线圈故障	常励磁电磁阀的维护深度不够；线圈进行定期更换
	接力器液压锁锭退出位置开关接线松动	对平时巡检无法观察到的位置开关、传感器等自动化元件中间接线进行检查紧固和包扎防护
	事故配压阀内部密封垫损坏，下侧泄油	密封垫进行更换，更换为聚四氟乙烯密封垫或者金属缠绕丝密封垫
	油罐液位计密封垫片老化，油罐异常泄压	
	调速器油罐补气装置损坏，补气无法关闭	供气回路中增加气水分离器，改善气体洁净、干燥度
	接力器存在串油	检修后推拉头与控制环高程高程检查不到位

1 调速器通信模块故障

某电站 1 号机组抽水稳态运行过程中，1 号机组调速器电气柜通信（见图 2）模块故障，因调速器电气柜 CPU 收不到 PE6410 1、2 板卡信号，故判断出"调速器严重故障"等报警信号，因通信模块故障恢复时间导致相关报警信号送监控上位机存在一定延迟，2min 后，01:01:59 监控上位机收到"调速器严重故障"信号并启动机械跳机流程导致机组跳机。

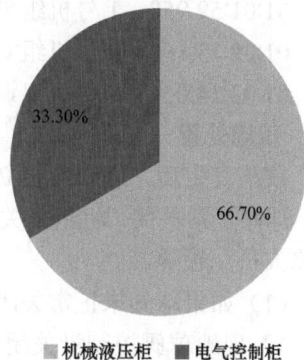

图 1 2021～2023 年调速器故障分类统计图

1.1 事件经过

某年 2 月 6 日，1 号机组抽水稳态过程中，上位机报"1号机组调速器比例阀 1 故障""1 号机组调速器比例阀 2 故障""1 号机组导叶反馈 1 故障""1 号机组导叶反馈 2 故障""1 号机组调速器严重故障""1 号机组机械跳闸动作"。

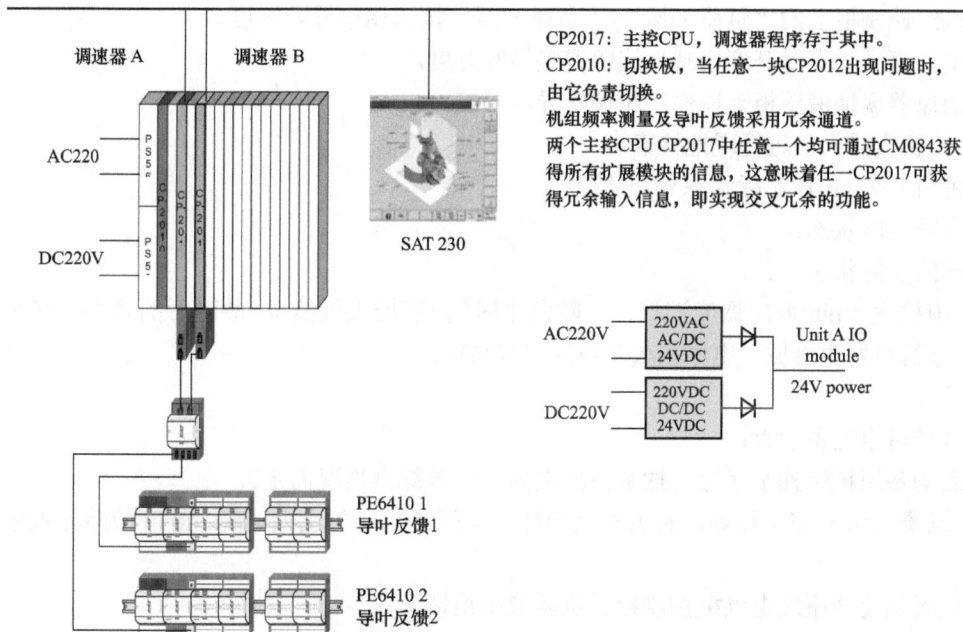

CP2017：主控CPU，调速器程序存其中。
CP2010：切换板，当任意一块CP2012出现问题时，由它负责切换。
机组频率测量及导叶反馈采用冗余通道。
两个主控CPU CP2017中任意一个均可通过CM0843获得所有扩展模块的信息，这意味着任一CP2017可获得冗余输入信息，即实现交叉冗余的功能。

图 2 调速器电气柜通信示意图

缺陷发生时监控事件如下：

00:54:11.950 1 号机组抽水稳态；

00:59:48.110 1 号机组调速器比例阀 1 故障；

00:59:48.110 1 号机组调速器比例阀 2 故障；

00:59:48.110 1 号机组导叶反馈 1 故障；

00:59:48.110 1 号机组导叶反馈 2 故障；

01:01:59.750 1 号机组抽水稳态；

01:01:59.863 1 号机组调速器严重故障；

01:01:59.950　1 号机组机械跳闸动作；

01:02:13.100　1 号机组 GCB 位置；

01:02:14.054　1 号机组调速器严重故障。

1.2　现场处置

缺陷发生后，值守人员立即监视 1 号机组转停机工况流程，此时中控室值班人员查看导叶、球阀正常关闭，机组开关 GCB 正确动作，以及负荷变化情况，并将异常汇报值长。通知检修人员、领导。

（1）如果球阀未正常关闭。

1）现地球阀控制盘关闭：去球阀现地控制盘将球阀控制开关切至现地位置，然后在球阀控制柜上，按下主进水阀关闭按钮关闭球阀。

2）现地球阀液压控制盘柜关闭：先检查球阀工作密封和检修密封均退出（两密封投入腔压力指示为零）；手动打开球阀紧急关闭阀待球阀全关，检查球阀工作密封投入腔压力指示上升；手动励磁球阀接力器锁定电磁阀，使球阀液压锁定投入。

（2）如果导叶未正常关闭。

1）机组控制柜上的"负荷·增"/"负荷·减"按钮调整导叶开度。

2）电调柜上"导叶开度增减"旋钮调整导叶开度。

3）调速器现地液压柜上操作手轮调整导叶开度。

（3）值长安排人员进行现地检查。

1）机组开关 GCB 实际状态外观情况；

2）导叶实际状态；

3）球阀实际状态。

（4）中控室 5min 内向调度汇报：故障发生时间+现场天气情况+故障后的状态，××现象导致×号机组发生机械，电站损失负荷×××MW。

现申请：

1）×号机组退备检查；

2）启动备用机组抽水运行（抽水工况根据水头等综合情况而定）。

（5）运维负责人安排任务。着重检查导叶、球阀情况，防止因球阀、导叶故障导致事故扩大。

1）检查调速器系统电气柜控制柜、机械液压柜情况：

检查电气柜液晶屏上是否出现卡件报警、油泵过流报警；检查机械液压柜紧急停机阀、液压锁定投入；油压管路是否出现喷油、漏油现象；检查调速器主油阀关闭。

2）检查球阀系统：

检查球阀在全关位置；检查接力器锁定投入。

期间还需查看厂房内母线洞内设备、厂用电设备以及机组转动等设备是否出现异常情况。

（6）中控室 15min 内向调度汇报：故障发生时间+现场天气情况+故障后的状态，因××原因（××现象）导致×号机组发生机械/电气跳闸，机组××保护正确动作，一次设备现场检查情况××，现场××（有/无）人员工作，厂用电××（未受/受）影响。汇报结束。

1.3　优化建议

调速器通信设计结构不合理，没有考虑到单一的通信模块元件故障，造成机组跳机的后果，建议改进调速器通信结构，采用双冗余结构。

2 事故紧急关闭电磁阀线圈故障

抽水方向启动过程中，事故紧急关闭电磁阀线圈故障，导致叶未打开，顺控流程超时机组转机械停机，进行运行人员现场处置预演以及技术分析。

事故紧急关闭阀 VP003 线圈励磁后电磁阀中油回路走平行位，调速器主油阀液压油通过紧急停机电磁阀、失电紧急关闭阀到达导叶主配压阀 VP001 上腔，做好开导叶准备。在整个油回路中，如果紧急停机电磁阀未励磁，导叶主配无法下压，导叶不可能开启。机组运行期间，紧急停机电磁阀投入侧一旦励磁，会导致导叶主配上侧的油压将消失，导叶主配阀芯将第一时间顶上去，导叶立即紧急关闭。调速器液压原理见图 3。

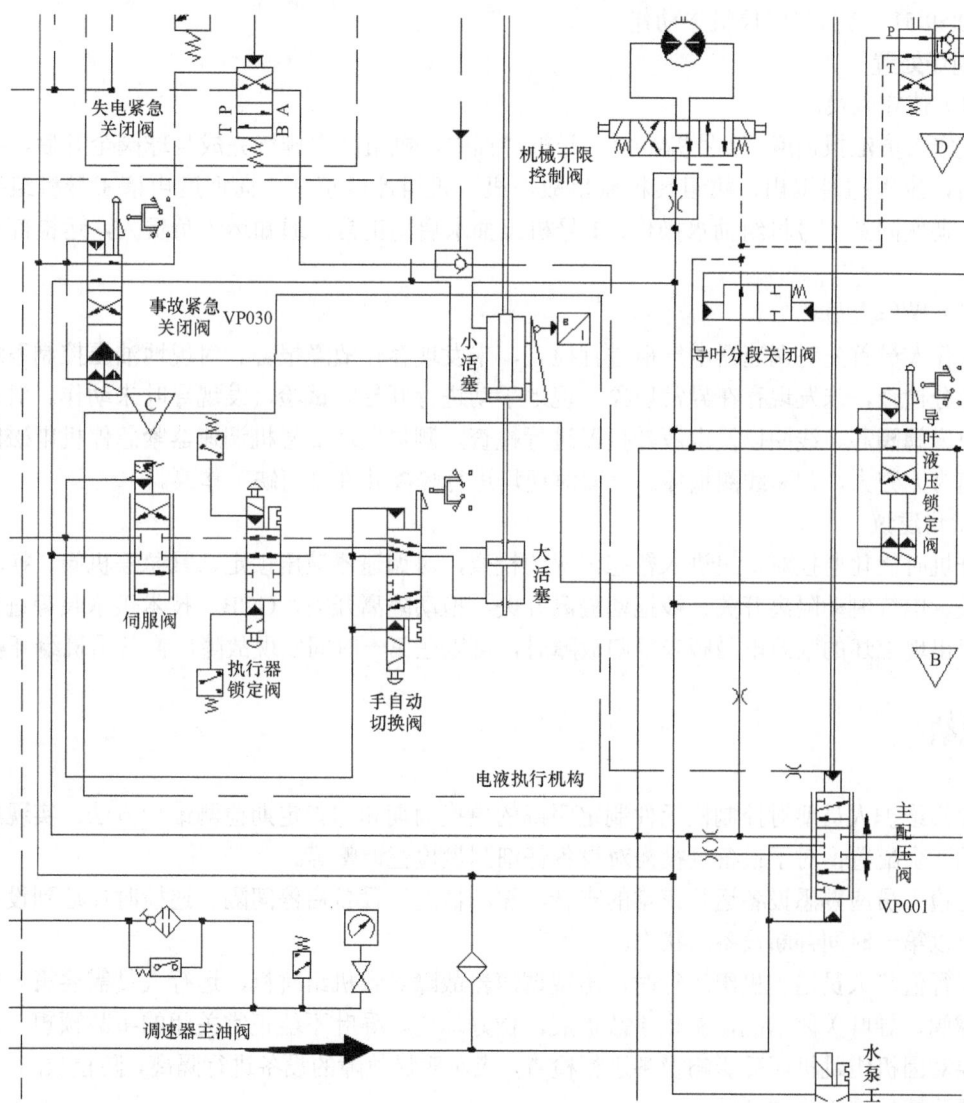

图 3　调速器液压原理图

2.1 事件经过

10:46:24 2 号机组选择 SFC 拖动操作。

10:46:40 2 号机组开出 2 号机组调速器紧急停机电磁阀励磁复归。

10:47:05 2 号机组停机热备至 SFC 抽水调相流程执行中动作。

10:47:48 2 号机组充气压水成功动作。

10:52:52 2 号机组抽水调相态动作。

10:54:03 2 号机组排气回水完成动作。

10:54:05 2 号机组球阀全开标志位动作。

10:55:35 2 号机组导叶接力器未开启，流程退出。

（从 10:54:05 开始到 10:55:35 导叶未开启，延时 90s 流程超时，机械停机）

10:55:35 2 号机组机械事故停机流程启动。

10:59:51 2 号机组停机态动作。

2.2 现场处置

（1）值守人员。

值守人员汇报调度，2 号机组抽水开机过程中，机组回水排气完成且球阀全开后，导叶未开启，流程超时退出，机组转机械事故停机，机组停机正常，向调度申请 1 号机组抽水启动。调度同意 1 号机组抽水操作，1 号机组抽水启动正常。通知运维负责人，运检部值班主任。

（2）操作人员。

操作人员首先对调速器电气柜进行检查，未发现存在故障报警。对现地油压控制系统及机械部分检查，未发现存在异常现象。现地手动进行开导叶试验，发现导叶未动作。对紧急停机电磁阀阀芯、线圈以及电液转换器进行检查，测量发现 2 号机调速器紧急停机电磁阀线圈阻值为无穷大，判断线圈损坏。立即对现场进行隔离并许可消缺工作票。

2.3 优化建议

开机时优化监控对机组进入暂态工况的检查，对调速器液压锁定、紧急停机阀、换相隔离开关、电气制动隔离开关、被拖动隔离开关、拖动隔离开关、GCB、技术供水泵等进行检测。当出现上述的紧急电磁阀未复归故障时，可以在第一时间发现故障，换备用机组开机。

3 总结

检修维护人员要对控制柜元件制定明确的更换周期和完善定期检测维护方法；实现控制回路的冗余配置；对于设备复役需对设备仔细测量检查调整等。

巡检人员应熟悉设备运行正常的声音、振动情况，设备启停间隔。巡检时在遇到设备异常时可以第一时间判断设备的状态。

运行值班人员遇到机组运行时，出现调速器故障导致机组跳机，运行人员需要第一时间检查球阀、导叶关闭情况，防止事故扩展，做好球阀、导叶不能正常关闭的事故预想。后续还需对因机组跳机而受影响设备进行检查，应对明显故障的设备进行隔离，防止故障扩展，也方便后续检修工作的开展。

监控方面，在操作员站的监控画面上增加一些关键元器件的动作反馈（油压、位置信号）

画面，有助于监盘人员更快发现异常的元器件、隔离异常设备，可以限制故障的进一步扩大。

参考文献

[1] 李浩良，孙华平. 抽水蓄能电站运行管理 [M]. 杭州：浙江大学出版社，2013.

[2] 李永国. 调速器的调试与故障处理 [M]. 南京：河海大学出版社，1991.

[3] 陈化钢. 电力设备异常运行及事故处理手册 [M]. 北京：中国水利水电出版社，2009.

作者简介

许江南（1998—），男，助理工程师，主要从事抽水蓄能电站运行与维护工作。E-mail：278368108@qq.com

抽水蓄能机组主进水阀故障的分析和处置

乔晨恩　陈　寅　许明达　陈俣骁　方子豪　吴　桐

（浙江宁海抽水蓄能有限公司，浙江省宁波市　315600）

[摘　要]抽水蓄能机组是一种涉及水力与电力耦合的复杂动力系统，其监测点分布广泛，数据类型多样化。机组因运行工况多变，抽水与发电状态交替进行，导致主进水阀的动作频繁，相较于传统水电站更易出现故障。主进水阀的故障不仅会干扰机组输水系统的正常工作，影响电网的安全性和稳定性，而且在严重情况下可能导致重大的生命和财产损失。对主进水阀发生过的故障进行分析总结，以便于在事故发生时能够迅速做出反应，防止事故扩大。

[关键词]抽水蓄能电站；主进水阀；故障分析

0　引言

随着全球能源结构的转型和可再生资源的广泛运用，抽水蓄能电站成为电网调峰和储能的重要设施，其高效稳定的运行对于电网安全有着至关重要的作用。在众多抽水蓄能电站设备中，主进水阀承担着控制水流，保护机组的重要作用。本文采用案例分析的方法，结合现场检查、故障诊断和现场处置，旨在提高运维人员针对进水阀的故障预防和应急处置能力。

1　主进水阀简介

水电站机组主进水阀是指设置在水轮机蜗壳与压力管道之间的阀门，用于停机时减少机组的漏水量以及机组事故时防止飞逸事故扩大等。在大中型机组中，主进水阀主要分为两种，一种是蝴蝶阀，主要用于水头 200m 以下水电站；另一种是球阀，主要用于水头 200m 以上水电站、管路直径在 2～3m，水电机组主阀示意图如图 1 所示。

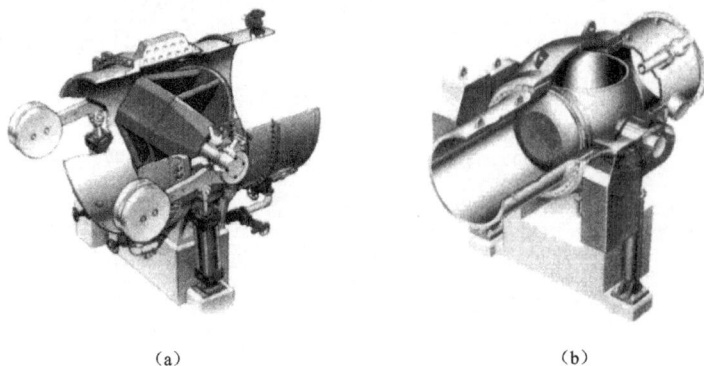

（a）　　　　　　　　　　　　　　（b）

图 1　水电机组主阀示意图

（a）蝴蝶阀；（b）球阀

2 故障统计

国网新源公司以抽水蓄能电站为主,主进水阀球阀占比较大,主进水阀的故障可以根据系统组成分为本体部件、电气控制系统及液压控制系统三个部分。结合近三年的故障案例,进行统计故障次数如图 2 所示。

从图 2 中可看出,在球阀系统中的故障多为电气或液压控制系统故障,本体部件较为稳定,发生故障次数较少。电气、液压系统故障次数多,占比较大,值得检修时多加关注。

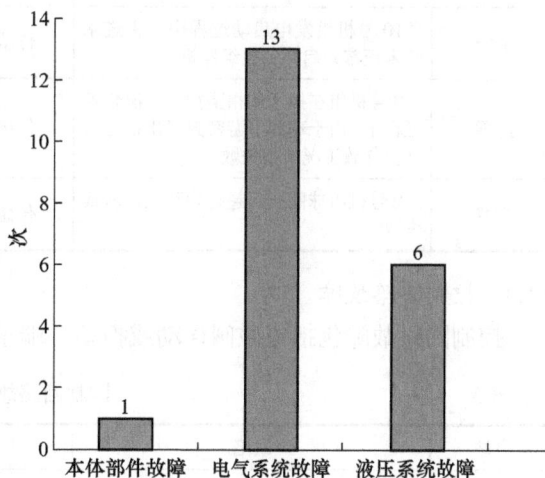

图 2 近三年球阀系统故障次数

3 故障分析

3.1 电气控制系统

电气控制系统故障主要发生在 PLC 逻辑控制器的逻辑不合理,输入输出继电器误动或拒动,位置开关/压力开关传感器故障导致的球阀开启或关闭失败。

3.1.1 程序故障

程序故障是指在执行球阀启闭过程中由于 PLC 逻辑设计不合理和或控制回路设计不合理导致球阀启闭失败,程序故障案例如表 1 所示。

表 1   程序故障案例

电站	缺陷	故障	故障原因	发生时间
黑麋峰	3 号机组抽水开机过程中,球阀工作密封未正常退出导致工况转换失败	程序	PLC 中程序关阀保持逻辑设置不合理	2023 年 8 月 12 日
文登	3 号机组发电稳态运行过程中,由于球阀异常关闭导致机组机械事故停机	程序	尾闸位置信号传至球阀控制柜硬布线回路设计不合理	2023 年 9 月 27 日

3.1.2 传感器故障

传感器故障包括位置开关、开度传感器、压差开关等信号测量元件发生偶发性故障、信号抖动等原因造成信号测量与实际不符,传感器故障案例如表 2 所示。

表 2   传感器故障案例

电站	缺陷	故障	故障原因	发生时间
牡丹江	2 号机组在抽水调相工况转抽水工况过程中,由于球阀开启失败导致工况转换失败	传感器	球阀开度传感器偶发性故障	2023 年 4 月 4 日
洪屏	3 号机组抽水调相转抽水流程中,开启球阀过程中球阀开度异常导致机械事故跳机	传感器	开度传感器故障	2023 年 6 月 11 日

续表

电站	缺陷	故障	故障原因	发生时间
丰宁	7 号机组在发电启动过程中，由于主进水阀全开信号 1 信号抖动导致"空转转空载条件不满足，流程退出"	传感器	全开信号抖动（位置节点）	2023 年 4 月 21 日
丰宁	10 号机组发电启动过程中，主进水阀未正常开启导致机组停机	传感器	主进水阀差压开关故障	2022 年 2 月 9 日
莲蓄	2 号机组在抽水调相至抽水工况转换过程中，由于球阀下游密封退出信号未到位导致工况转换失败	传感器	下游密封位置传感器触点间距变大	2022 年 3 月 10 日
文登	2 号机组球阀开启超时导致工况转换失败	传感器	位置开关触点动作不可靠	2023 年 6 月 18 日

3.1.3 控制回路故障

控制回路故障包括电磁阀误动或拒动、端子松动、导线断裂等，故障案例如表 3 所示。

表 3　　　　　　　　　　　　　控制回路故障案例

电站	缺陷	故障	故障原因	发生时间
牡丹江	1 号机组在发电启动过程中，由于球阀开启失败导致机械事故停机	电磁阀	偶发原因导致球阀液压锁定电磁换向阀卡涩，未正确动作	2022 年 9 月 12 日
敦化	2 号机组在发电工况停机过程中，进水阀关闭失败	电磁阀	进水阀控制电磁阀阀芯卡涩	2022 年 1 月 1 日
金寨	2 号机组在抽水工况带−308MW 稳态运行中，由于水机保护动作导致机械事故停机	端子虚接	频繁振动导致短接片松动脱出	2023 年 4 月 16 日
沂蒙	3 号机组发电转停机过程中，球阀全关信号超时未收到	端子虚接	端子虚接	2023 年 1 月 12 日
敦化	3 号机停机至发电过程中，进水阀开启失败，流程退出，导致开机不成功工况转换失败	继电器	继电器节点氧化导致电阻过高	2023 年 5 月 4 日

3.2 液压控制系统

3.2.1 本体卡涩

本体卡涩包括液压系统各元件卡涩造成无法动作，故障案例如表 4 所示。

表 4　　　　　　　　　　　　　本体卡涩故障案例

电站	缺陷	故障	故障原因	发生时间
仙居	1 号机组球阀工作密封投退液动阀本体卡涩	工作密封	本体卡涩，导致工作密封无法正常退出	2023 年 3 月 3 日
文登	1 号机组在抽水调相工况转抽水工况过程中，监控显示 1 号球阀液压锁锭退出信号未收到，导致抽水调相转抽水工况转换失败	电磁阀	球阀开关电磁阀阀芯卡涩	2023 年 5 月 6 日
牡丹江	2 号机组在抽水调相工况转抽水工况过程中，由于球阀工作密封退出失败，导致工况转换失败	工作密封	球阀油控水阀调节弹簧压紧量的螺栓松动	2023 年 4 月 13 日

电站	缺陷	故障	故障原因	发生时间
白山	7G/M 机组发电工况开机过程中，流程 S6-2 超时，机组未启动	锁定	蝶阀锁定销与锁定销孔发生相对接触，导致摩擦力增大，锁定销无法拔出	2021 年 7 月 4 日

3.2.2 液压回路故障

液压回路故障包括漏油、堵塞等问题，故障案例如表 5 所示。

表 5 　　　　　　　　　　　　液压回路故障案例

电站	缺陷	故障	故障原因	发生时间
张河湾	3 号机组球阀全开时间偏长	接力器	密封条的堵塞	2021 年 11 月 23 日
文登	1 号机组抽水稳态球阀接力器供油软管连接法兰漏油	漏油	左侧接力器关闭腔供油软管连接法兰面 O 形密封圈撕裂现象	2023 年 3 月 2 日

3.3 本体部件

3.3.1 焊缝开裂

焊缝开裂是指球阀本体焊接部分由于震动或腐蚀引起开裂导致球阀本体漏水漏油等案例如表 6 所示。

表 6 　　　　　　　　　焊 缝 开 裂 案 例

电站	缺陷	故障	故障原因	发生时间
黑麋峰	2 号机组球阀阀芯排水管焊缝裂纹漏水缺陷	阀芯	焊缝开裂	2021 年 10 月 20 日

4 案例分析

根据对近三年的故障统计，工作密封发生故障的次数最多，原因包括位置开关、本体卡涩、传感器故障等原因。下面以其中典型的案例进行分析。

4.1 案例一

2023 年 6 月 18 日，文登电站 2 号机组球阀开启超时导致工况转换失败，监控出现"2 号机组：球阀工作密封位置反馈不一致动作"，导致机组机械事故停机。现地检查球阀在全关位置，液压锁定投入，工作密封退出。经检查发现，3 号工作密封退出位置开关触点未动作到位。

（1）现场处置。

现地检查球阀状态，发现球阀全关、液压锁定投入，工作密封位置反馈不一致，球阀控制柜 PLC 输入模块显示 3 号工作密封位置开关信号未收到。

可能导致缺陷发生的原因：①检查工作密封退出信号继电器动作情况；②检查工作密封退出位置开关动作情况；③检查工作密封退出位置信号继电器动作情况；④检查工作密封控制回路端子情况。

在原因排查时发现，手动掰动 3 号工作密封退出位置开关发现，球阀控制柜工作密封位置反馈不一致信号消失，工作密封退出位置信号收到。检查发现位置开关触点动作不可靠，工作密封退出位置信号未收到，进而导致球阀开启失败。

（2）原因分析。

工作密封退出是球阀开启的必要条件，而文登电站工作密封有 3 个位置指示器，共 6 个位置开关（投入位置和退出位置各 3 个），退出位置开关动作后，3 个位置开关信号通过自动化端子箱送入球阀控制柜，PLC 进行判断输出工作密封退出信号，由于 3 号工作密封位置开关退出信号未收到，至球阀 PLC 将输出工作密封位置反馈不一致信号，球阀开启流程停留在退工作密封阶段，最终超时跳机（见图 3）。

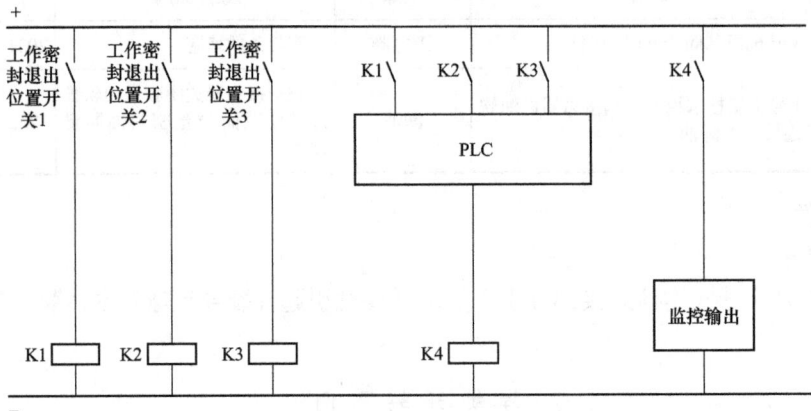

图 3　工作密封退出

（3）思考。

国家电网公司反措中要求球阀活门和下游密封动作顺序应设计有闭锁功能，宜采取液压阀回路和控制逻辑双重闭锁，在执行过程中还需要考虑对于位置开关动作不可靠的情况，可以采用可靠的位置开关或增加压力开关传感器，通过对工作密封投退腔的压力辅助判断工作密封是否可靠投入或退出，在机组定检时也需要重视工作密封位置开关的试验，避免同类故障的发生。

4.2　案例二

2023 年 9 月 27 日，文登电站 3 号机组发电稳态运行过程中由于球阀异常关闭导致机组机械事故停机，监控出现"3 号机组：球阀全开信号复归""3 号球阀异常关闭，启动机械事故停机"，此前还出现尾闸重提门的报警。经检查发现是由于尾闸全开信号丢失导致球阀非正常关闭。

（1）现场处置。

现场查看球阀液压回路无明显异常情况；对尾闸系统进行检查，检查设备无明显故障。相关人员到尾水闸门室进行检查闸门实际开度、位置开关动作情况以及控制柜报警信息并进行分析处理。

球阀异常关闭的可能原因：①球阀全开信号丢失；②球阀液压回路异常；③尾闸全开信号丢失。

检查监控无球阀全开位置信号复归信号，故暂时排除前面两条可能原因。查阅尾闸控制回路原理图发现尾闸硬布线闭锁球阀开启和关闭回路中串联了启门控制和闭门控制继电器的辅助常闭接点，可能导致尾闸在执行启门/闭门流程时，尾闸硬布线闭锁球阀回路断开，球阀控制柜内的尾闸全开信号丢失，致使球阀异常关闭。

（2）原因分析。

文登电站尾闸控制回路原理图（见图4）中尾闸硬布线闭锁球阀开启和关闭回路串联了启门控制和闭门控制继电器的辅助接点（常闭节点），当有启门/闭门动作，相应继电器励磁后常闭辅助接点断开，闸门全开信号丢失，球阀控制柜内的尾闸全开信号丢失。

（3）思考。

国家电网公司反措中要求抽水蓄能机组主进

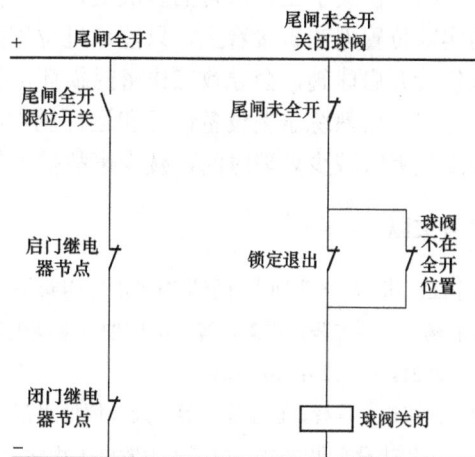

图 4　尾闸控制回路原理图

水阀与尾闸应有主进水阀全关后尾闸方可关闭，尾闸全开后主进水阀方可开启的闭锁关系。在设备调试时需要考虑尾闸位置信号传至球阀控制柜硬布线回路设计是否合理，避免由于程序问题导致事故发生。通过参考发生过的案例，避免出现类似的缺陷。

5　故障处置

根据近年来的故障案例情况，总结了主进水阀工作密封发生故障时基本处置步骤。

（1）首先应在故障发生后，确认故障设备的状态，判断有无事故扩大的风险，采取防止事故扩大的措施。

（2）现地检查工作密封投入/退出腔压力以及对应信号继电器、工作密封退出位置开关对应继电器，检查液压系统油回路有无漏油，检查相关电气回路是否存在故障，根据可能导致故障发生的原因以及现场检查结果，初步判断故障范围。

（3）根据故障原因和后果，判断是否需要停机处理。如需停机处理，待机组停稳后隔离故障点，分析和排查故障发生的原因。找到原因后认真对待处理，避免同类型的故障再次发生。

6　总结

主进水阀作为水电站机组的关键组成部分，其故障处理不仅关系到电站的正常运行，更关乎电网的安全稳定以及重大财产损失的预防。本文通过对国网新源公司近三年来主进水阀故障的详细分析，列举一系列的故障案例研究，探讨电气控制系统、液压控制系统及本体部件的常见故障类型及其成因。故障的成因多样，既有常见的电气系统的程序错误、传感器故障、控制回路等问题，也有液压系统的本体卡涩、回路故障等问题。这些故障案例的成功处理强调了现场快速诊断和正确处置的重要性，同时也指出了在设计、运行和维护过程中需要重视的几个方面。

（1）在关于工作密封的事故处理中，如果发生工作密封退出位置未收到，由于工作密封的实际位置无法直接看到，只能通过位置开关或者压力开关来判断，如果发生工作密封在投入位置开启球阀，会导致工作密封损坏，带来严重的后果，影响到生产运行。

（2）要熟练掌握设备情况和运行规程，根据现场检查情况快速判断故障发生的位置，在故障处置时减少处理时间，减少事故扩大的风险。

参考文献

[1] 江应伟. 高水头抽水蓄能机组进水球阀安装工艺探讨 [J]. 水电站机电技术，2021，44（9）：53-54，119.

[2] 杨昭，顾志坚，雷慧，等. 深圳抽水蓄能电站引水系统充水进水阀关键设备试验研究 [J]. 水力发电，2021，47（2）：105-109.

[3] 何张进，曾辉，郁小彬，等. 天荒坪抽水蓄能电站主进水阀伸缩节密封槽改造工艺 [C] //抽水蓄能电站工程建设文集 2020. 中国水力发电工程学会电网调峰与抽水蓄能专业委员会，2020.

[4] 孙政，李波. 白莲河抽水蓄能电站球阀旁通管改造优化分析 [J]. 水电站机电技术，2020，43（10）：35-37.

[5] 王齐飞. 抽水蓄能电站主进水阀故障诊断及综合状态评估研究与集成应用 [D]. 武汉：华中科技大学，2020.

[6] 戚晓虎，陈伟，周浩琪. 海南琼中抽水蓄能电站进水阀系统自动控制逻辑分析与总结 [J]. 水力发电，2019，45（1）：73-76.

[7] 陈泓宇，程振宇. 清远抽水蓄能电站进水阀结构特点分析 [C] //抽水蓄能电站工程建设文集 2017. 中国水力发电工程学会电网调峰与抽水蓄能专业委员会，2017.

作者简介

乔晨恩（1998—），男，助理工程师，主要从事与抽水蓄能电站运行和维护工作。E-mail：1838315688 @qq.com

冲刷对海上风电三脚架基础刚度影响数值研究

朱元张　禹杨华　顾凌波

（三峡新能源海上风电运维海上风电江苏有限公司，江苏省盐城市　224000）

[摘　要]通过建立三脚架基础 1g 数值模型，研究了在不同加载方向、不同加载高度的水平静力作用、不同冲刷坑形态下的结构静刚度变化以及基桩内力分配规律和桩土相互作用变化规律。局部冲刷对三脚架基础有不可忽视的影响，局部冲坑深度增加会极大弱化 0°方向加载时基础的水平静刚度，1 倍桩径的冲刷坑深度对三脚架基础刚度影响很小；2 倍桩径深度水平静刚度下降约为 30%。局部冲刷与整体冲刷同时出现相比局部冲刷受加载方向影响更为明显，0°方向加载受影响最小，60°方向受影响最为显著，建议在受局部冲刷和整体冲刷时，要特别关注 60°方向的刚度下降问题。

[关键词]冲刷；三脚架；数值模型

0　引言

海上风机受风浪流等荷载的联合作用，承受非常大的水平力和弯矩荷载作用[1]。冲刷使得桩基的入土深度减小和桩基的悬臂长度增加，使得荷载产生的弯矩增大（即相对于桩土界面处的弯矩更大），弯矩荷载增加而影响桩基变形和桩土间作用力的分布[2]，降低基础承载力及减弱基础刚度，从而降低系统的自振频率并加剧基础的累积位移，严重影响了整体结构的安全性，也降低了桩基的使用寿命。目前，关于桩基础局部冲刷、桩土相互作用等方面虽然开展了许多研究，但多集中于对于单桩基础刚度、承载力的影响的研究[3-5]：Lin 等[6-9]发现砂的应力历史对横向受荷桩有显著影响，冲刷造成的桩侧承载力损失在密实砂土中比在松散砂土中更为显著（大约高出 10%），并且指出冲刷深度是冲坑形态（宽度、深度、坡脚）中对桩响应影响最大的因素。

前人对于三脚架基础冲坑演变和冲刷坑深度与水动力参数关系的研究较多。Yuan 等[10]开展了稳定流动条件下在均匀床沉积物中对三脚架基础的冲刷物理模型试验研究发现对于三脚架基础最终的平衡冲刷深度与三脚架腿直径的比率的最大值为 3.5，明显大于海上风机设计指南中 1.3 或 2.5 的值，在 60°方向进行冲刷的冲刷坑深度增加。Hu 等[11]模拟海流、波浪同向作用开展了对三脚架基础不同方向的冲刷试验，30°方向下冲刷最为明显。

为探究冲刷模式、冲刷坑深度、加载方向对三脚架基础刚度的影响机理，研究基桩内力分配规律和桩土相互作用变化，本文采用数值模拟进行更深入的研究。

1　模型设置

水平荷载下三脚架动力表现的有限元数值模拟已经比较成熟。Ma[12]利用有限元模型研究不同极限状态下冲刷对原型尺度三脚架基础的影响，证明通过有限单元法可以较好地实现对三脚架基础的数值模拟。本章借助有限元模拟，进一步研究不同方向、不同冲刷下三脚架基桩的内力变化以及桩土相互作用。模型参数通过试验数据和工程经验进行取值，模型介绍如下。

有限元模型结构尺寸和本文所进行的室内模型试验三脚架模型、土体尺寸一致。桩基直径 D=3cm，壁厚 h=2mm，桩基入土深度 L=24cm，长径比 L/D=8，塔筒高度 70cm，土体尺寸为 0.6m×0.6m×1m。

图 1 给出了有限元模型示意图及网格划分。有限元模型中土体和桩基采用实体单元建模，土体采用六面体八节点线性缩减积分单元（C3D8R）划分网格，三脚架上部基础使用梁单元建模，采用（B31）划分网格。

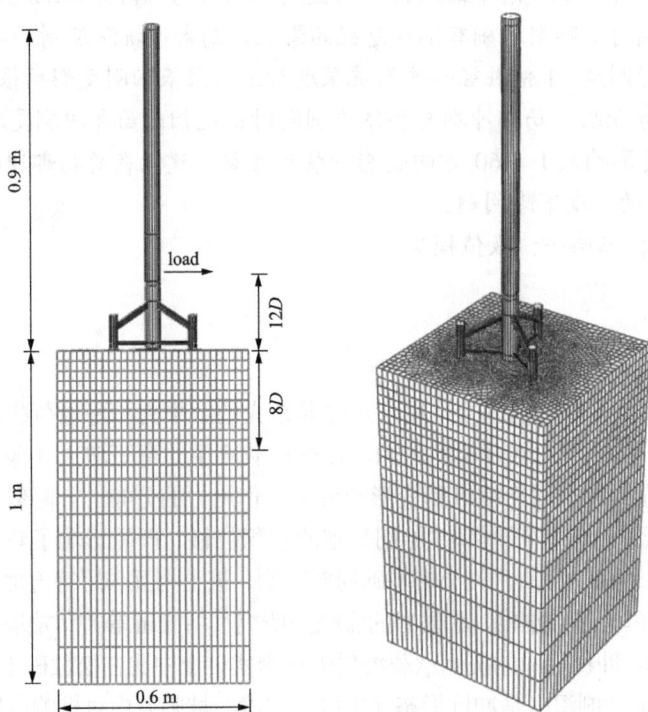

图 1　室内 1g 三脚架模型试验尺寸有限元模型示意图

图 2 所示数值模型约 7 万网格，桩基埋深区域土体纵向每 3cm 布置网格，由于底部土体的网格疏密程度对计算结果影响较小，故稀疏桩基埋深以下位置的土体网格，简化计算；水平向对桩周附近的土体进行了网格加密。对比了土体纵向每 3.5、3、2.5cm 划分网格，纵向每 3cm 划分网格满足收敛性分析。三脚架模型基桩材料采用线弹性模型，桩基弹性模量 E_p=71GPa，密度 ρ_p=2700kg/cm^3，泊松比 ν=0.3。通过在桩身附近按照坡脚为 30°，挖出深度分别为 $1D$、$2D$、$3D$ 的圆锥形冲坑模拟三脚架基础受冲刷产生局部冲坑的情况。数值模拟中边界条件与试验条件一致，地基土的四周对平动自由度进行约束，土底面采用固定约束。

有限元模型计算土体模型参数设置如表 1 所示。

图 2　三脚架模拟冲刷有限元模型示意图

（a）无冲刷 $S/D=0$；（b）局部冲刷 $S/D=1$；（c）局部冲刷 $S/D=2$；（d）局部冲刷 $S/D=3$；

（e）整体冲刷 $0.5D$+局部冲刷 $S/D=3$；（f）整体冲刷 $3D$

表 1　　　　　　　　　　　　三脚架有限元静力分析土体参数

D_r	密度 ρ （kg/m³）	孔隙比 e	剪切模量 G （Pa）	泊松比 v	弹性模量 E （MPa）	折减弹性模量 E （MPa）	摩擦角 φ （°）	剪胀角 ψ （°）	黏聚力 c （Pa）
77%	1500	0.77	4112779	0.25	10.7	3.2	30	1	50

对于桩土界面的接触，有限元模拟采用主—从面算法，面对面接触，刚度大的面作为主面，刚度小的面作为从面，即在桩土界面上，桩面建立为主面，土面设置为从面，通过法向和切向两个性质定义相互接触，在桩侧以及桩端建立桩土之间的接触。采用有限滑移算法，自动调节接触过盈，平衡接触面。法向使用"硬"接触，允许脱开，切向作用采用摩尔—库仑罚函数，界面相对滑动摩擦系数可用下式计算[13]：

$$\mu = \tan(0.75\varphi) \tag{1}$$

式中　φ——土体内摩擦角，本文为 0.414。

对三脚架基础进行静力分析之前，应该先对土体进行地应力平衡。实际土体在重力长期作用之下，变形已经达到稳定。而在有限元模型当中，如果直接对土体施加重力，可以得到与实际土体接近的内力，但是会发生很大的变形，与现实不符，因此需要先进行土体地应力平衡分析。地应力平衡分析步骤如下：①对土体施加重力，从而得到土体内力，即土体初始

535

应力场；②将土体初始应力场作为土体初始内力值，这部分内力与土体受到的重力相互抵消，计算出的土体变形将会很小，达到 10^{-5} 量级，则说明土体地应力平衡结果正确。图 3 给出了地应力平衡之后的竖向正应力和土体竖向位移结果。土体底部应力约为 15kPa 与理论解一致，地应力平衡合理。

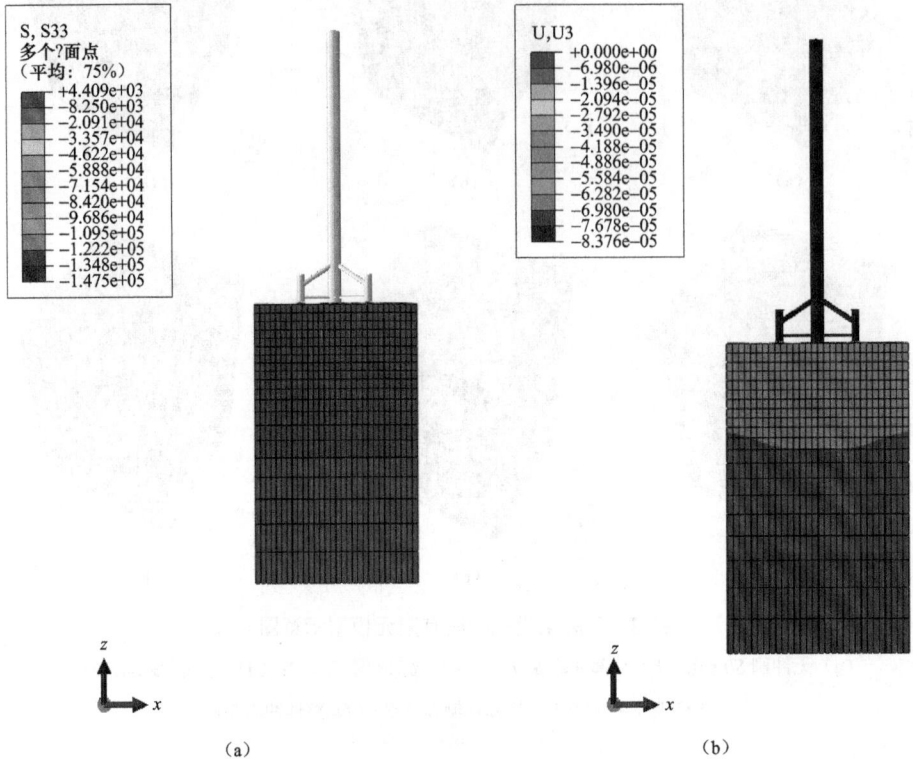

图 3　有限元模型地应力平衡示意图
（a）地应力平衡土体竖向正应力云图；（b）地应力平衡土体竖向位移

为研究不同冲刷深度刚度下降幅度、不同冲刷模式（单一局部冲刷、单一整体冲刷、局部冲刷与整体冲刷相结合）与来自不同方向的冲刷对三脚架静刚度的影响和作用机理以及基桩桩身内力表现，设置了不同冲刷形式、不同局部冲坑深度、不同加载方向的有限元模拟组次进行研究，组次设置如表 2 所示。

表 2　　　　　　　　　　冲刷对三脚架水平静刚度影响有限元模拟组次

组次	局部冲刷深度	整体冲刷深度	加载方向
S0-0			0°
S0-30	0D	—	30°
S0-60			60°
S1-0			0°
S1-30	1D	—	30°
S1-60			60°

组次	局部冲刷深度	整体冲刷深度	加载方向
S2-0			0°
S2-30	2D	—	30°
S2-60			60°
S3-0			0°
S3-30	3D	—	30°
S3-60			60°
S3+A05-0			0°
S3+A05-30	3D	0.5D	30°
S3+A05-60			60°
A3-0			0°
A3-30	—	3D	30°
A3-60			60°

图 4 给出了有限元模拟与试验结果对比验证，可以看出有限元模拟能够较好反映不同组次试验结果，故后续采用有限元模拟进行更深入的研究。

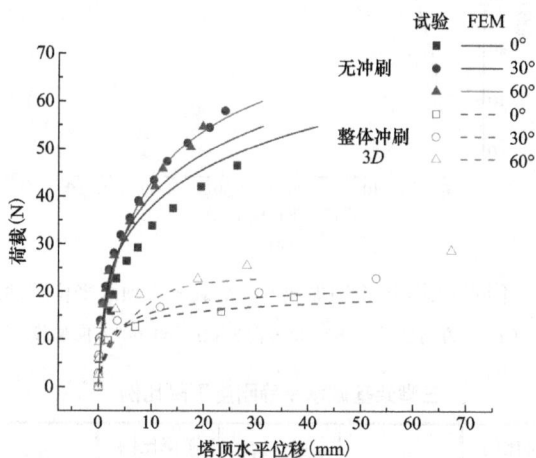

图 4　有限元模拟与试验结果比较

2　不同方向冲刷静刚度下降幅值

研究冲刷与不同加载方向相结合对三脚架静刚度影响，寻找不同冲刷模式下的最不利加载方向。图 5 给出了加载方向为 0°、30°、60°时，局部冲坑深度 0D、1D、2D、3D，以及两种冲刷模式（整体冲刷、局部冲刷与整体冲刷相结合）三脚架基础塔顶水平位移。

由图 5 可以看出，随荷载增大，三脚架基础水平静刚度开始变化较小，当增加到一定荷载时，水平静刚度随荷载增大减小。当基础受局部冲刷时，随冲坑深度增加水平静刚度减小。

表 3 给出了塔顶水平位移为 10mm 时，不同组次对应的水平荷载，以及随冲刷深度增加

水平静刚度下降比例。

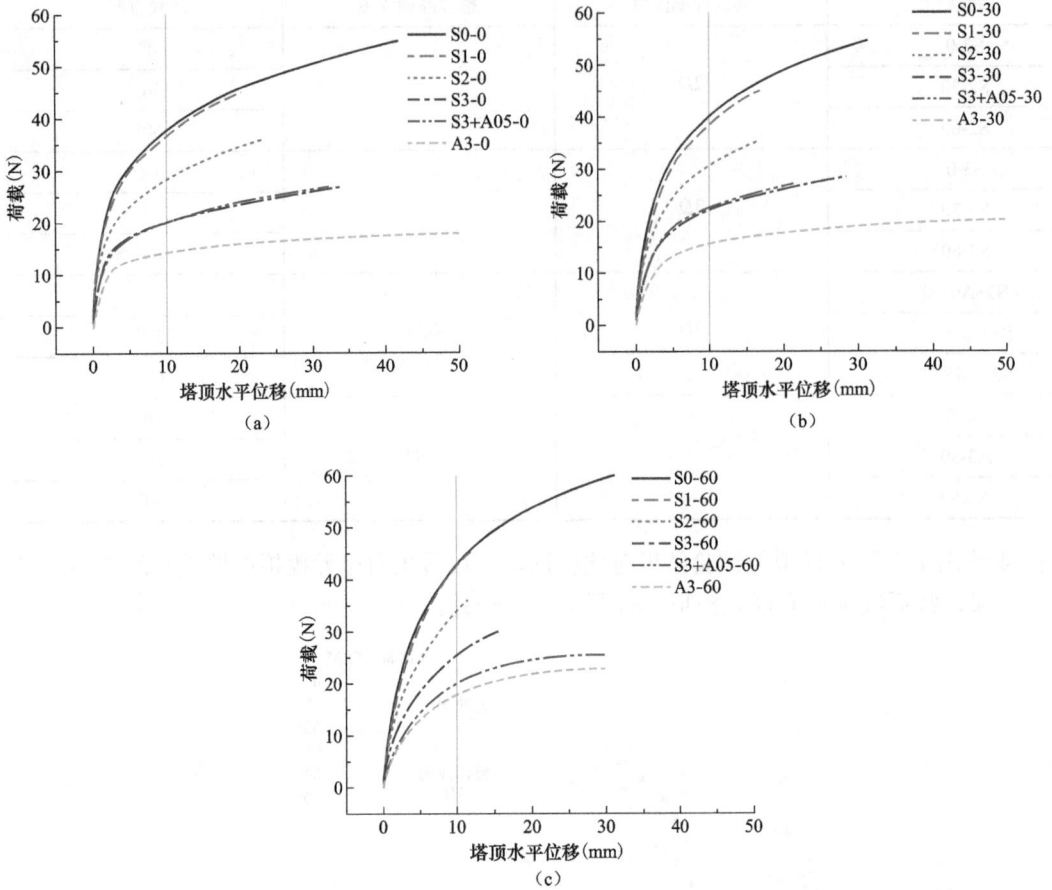

图 5 不同冲刷深度不同加载方向荷载—塔顶水平位移曲线

（a）0°方向加载；（b）30°方向加载；（c）60°方向加载

表 3   三脚架基础水平静刚度下降比例

组次	荷载（N）	下降比例（%）	组次	荷载（N）	下降比例（%）	组次	荷载（N）	下降比例
S0-0	38.0		S0-30	40.4		S0-60	43	
S1-0	37.0	2.70	S1-30	38.5	4.9	S1-60	42	2.4%
S2-0	28.4	33.80	S2-30	30.6	32.0	S2-60	33.7	27.6%
S3-0	20.2	88.12	S3-30	22.7	78.0	S3-60	25.6	68.0%
S3+A05-0	20.2	88.12	S3+A05-30	22.0	83.6	S3+A05-60	20.1	113.9%
A3-0	14.2	167.61	A3-30	15.6	159.0	A3-60	18.0	138.9%

2.1 局部冲刷的影响

当三脚架基础受局部冲刷时，不同冲坑深度都表现为 60°方向水平静刚度最大，30°方向次之，0°方向最弱。且随冲坑深度增加，0°方向水平静刚度下降比例最大，30°方向次之，60°方向下降较少。当冲坑深度为 1 倍桩径时对水平静刚度影响很小，冲坑深度增加为 2 倍桩径时，水平静刚度下降约为 30%，3 倍桩径时下降约为 80%，因此在三脚架基础受 0°方向荷载时要特别关注刚度下降。

2.2 冲刷模式的影响

对比 3 倍冲刷深度时 S3 与 A3 组次，整体冲刷 3 倍桩径深度比局部冲刷多降低一倍水平静刚度，且 0°方向下降最多，30°次之，60°最少。对比 3 倍冲刷深度时 S3 与 S3+A05 组次，局部冲刷与整体冲刷结合的冲刷模式受加载方向影响明显，0°方向时二者几乎没有区别，30°方向和 60°方向差别明显，60°方向受局部冲刷与整体冲刷结合的冲刷模式最为显著，因此在三脚架基础受局部冲刷与整体冲刷结合的冲刷模式下，要特别关注 60°方向的刚度下降问题。

3 不同方向加载对基桩内力影响

为研究相同荷载下不同加载方向对基桩内力影响，对比了水平荷载为 18N、54N 时 0°、30°、60°加载的基桩内力。图 6 给出不同加载方向的基桩桩身轴力，图 7 给出不同加载方向的基桩桩身弯矩。

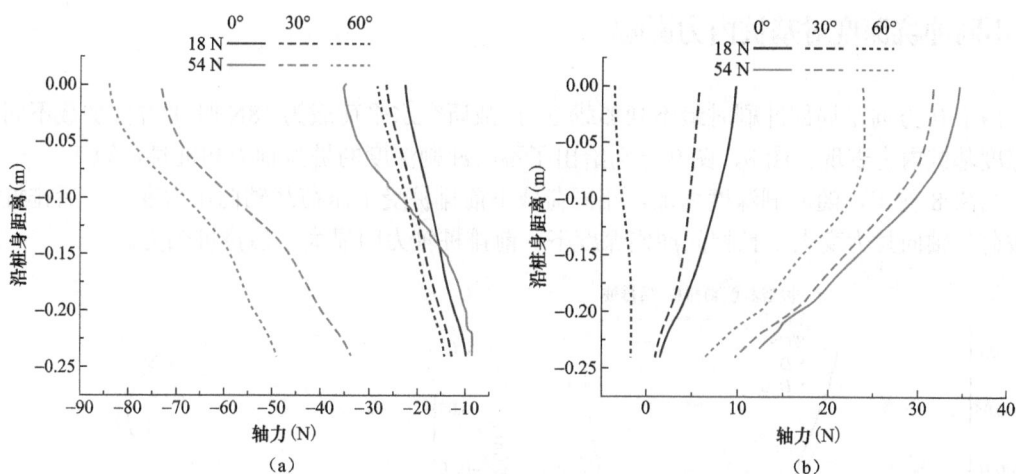

图 6　不同方向加载时的基桩桩身轴力
（a）前排桩轴力；（b）后排桩轴力

由图 6 可以看出，荷载为 18N 时，不同加载方向的前排桩轴力差别较小，后排桩轴力 0°方向最大、30°次之、60°最小。荷载为 54N 时，30°和 60°方向加载的前排桩受下压产生的轴力增量较大，这是由于在 30°方向和 60°方向加载只有一根前排桩，0°方向加载有两根前排桩导致的；荷载增大，后排桩受上拔力桩身轴力依然保持 0°方向最大、30°次之、60°最小的比较关系。

由图 7 可以看出，荷载为 18N 时，前排桩桩身弯矩 60°方向最大、0°次之、30°最小，后排桩桩身弯矩 60°方向最大、30°次之、0°最小，不同方向加载的前后排桩弯矩基本一致。当荷载增大至 54N 时，60°方向的前后排桩桩身弯矩基本一致，0°方向和 30°方向的后排桩弯矩大于前排桩，且后排桩桩身弯矩最大值出现在泥面附近，而前排桩桩身最大弯矩约在泥面以下 3 倍桩径位置处。

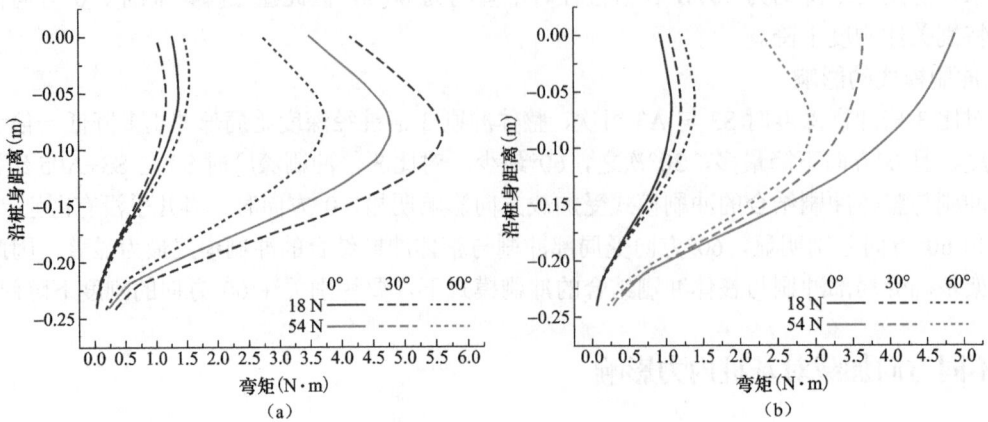

图 7　不同方向加载基桩桩身弯矩

（a）前排桩弯矩；（b）后排桩弯矩

4　不同冲坑深度对基桩内力影响

由于 0°方向是局部冲刷时最不利加载方向，故研究水平荷载为 18N 时 0°方向加载不同冲刷深度基桩内力表现。图 8、图 9 分别给出了不同冲刷深度的桩身轴力和桩身弯矩。

由图 8 看出，随冲刷深度增加，相同荷载下前排桩受下压荷载轴向压力变大，后排桩受上拔荷载轴向拉力变大，且相同冲刷深度下，前排桩轴力明显大于后排桩轴力。

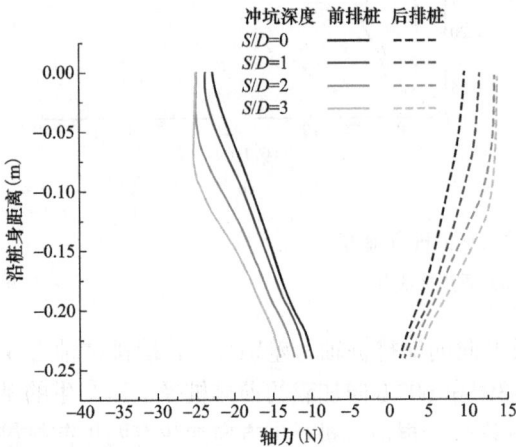

图 8　不同冲刷深度的桩身轴力

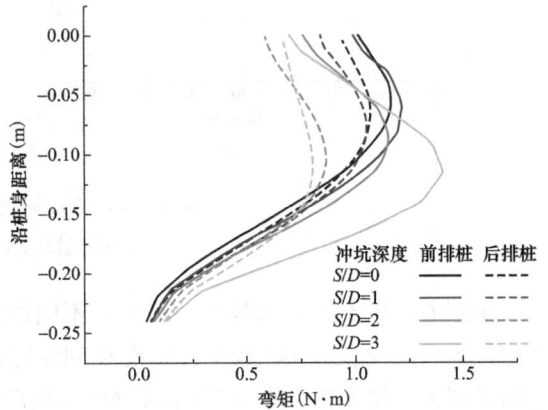

图 9　不同冲刷深度的桩身弯矩

由图 9 看出，相同荷载下，冲刷深度增加，前排桩桩身最大弯矩变大，当冲刷深度为 3 倍桩径时较为明显，后排桩桩身弯矩随冲刷深度增加减小，且当基桩冲坑深度为 1 倍桩径时减小明显，当冲坑深度从 1 倍桩径增加至 3 倍桩径弯矩变化不明显。前后排桩弯矩最大值点随冲刷深度增加产生下移；无冲刷时，前后排桩弯矩分布较为一致，随冲刷坑深度变大，前排桩最大弯矩与后排桩差值变大。

5 不同冲刷模式对基桩内力影响

由于 60°方向加载时基桩内力受冲刷模式影响明显,故研究 60°方向加载,水平荷载为 18N,冲刷深度为 3 倍桩径,不同冲刷模式下的基桩内力。图 10、图 11 分别给出不同冲刷模式下桩身弯矩、桩身轴力。

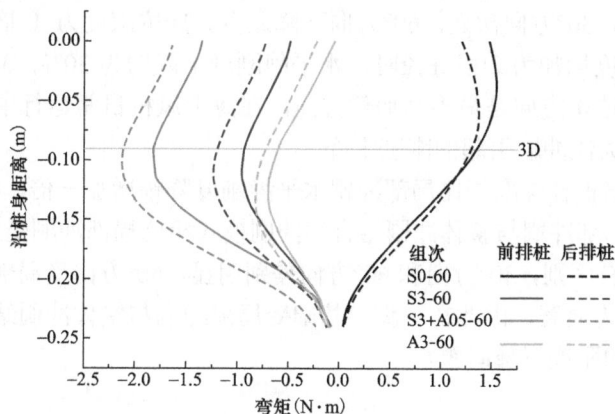

图 10　桩身截面弯矩

由图 10 可以看出,局部冲刷与整体冲刷模式结合的基桩弯矩最小,整体冲刷模式下基桩弯矩最大,且整体冲刷桩身最大弯矩点比其他两种冲刷模式偏下。

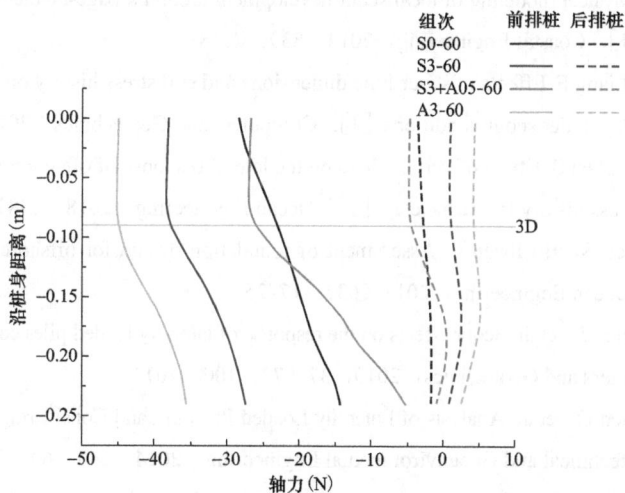

图 11　桩身截面轴力

由图 11 可以看出,前排桩桩身轴向压力整体冲刷模式大于局部冲刷大于两者结合的冲刷模式,后排桩轴向拉力表现规律相同。

6 小结

通过三维有限元数值模拟研究了冲刷坑对三脚架基础静刚度的影响,得出以下结论:

（a）无冲刷时，相同荷载条件下，60°、30°、0°方向上的水平位移逐渐增大，刚度逐渐减小，随荷载增大刚度下降更为明显。60°方向的水平静刚度最大，30°方向次之，0°方向最弱，当加载方向为30°时，中排桩几乎不发生竖向位移，只有当荷载较大时中排桩产生较小竖向位移。

（b）当三脚架基础受局部冲刷时，冲刷深度在3倍桩径以内时，三脚架基础刚度都表现为60°方向水平静刚度最大，30°方向次之，0°方向最弱。并且随冲坑深度增加，0°方向水平静刚度下降比例最大，30°方向次之，60°方向下降最少。冲坑深度为1倍桩径时对水平静刚度影响很小，冲坑深度增加为2倍桩径时，水平静刚度下降约为30%，3倍桩径时下降约为80%，在受局部冲刷时0°方向是最不利加载方向，在海上风机日常运行中，当三脚架基础受0°方向荷载时要特别关注冲刷引起的刚度下降。

（c）整体冲刷3倍桩径深度相比局部冲刷水平静刚度降幅增加一倍，且0°方向下降最多，30°次之，60°最少。局部冲刷与整体冲刷结合的冲刷模式相比局部冲刷受加载方向影响明显，0°方向时二者几乎没有区别，30°方向和60°方向差别明显，60°方向受局部冲刷与整体冲刷结合的冲刷模式影响最为显著，因此在三脚架基础受局部冲刷与整体冲刷结合的冲刷模式下，要特别关注60°方向的刚度下降问题。

参考文献

[1] Lesny K. Foundations for offshore wind turbines: tools for planning and design [M]. VGE Verlag GmbH, 2010.

[2] Qi W-G, Gao F-P. Physical modeling of local scour development around a large-diameter monopile in combined waves and current [J]. Coastal Engineering, 2014（83）: 72–81.

[3] Zhang H, Chen S, Liang F. Effects of scour-hole dimensions and soil stress history on the behavior of laterally loaded piles in soft clay under scour conditions [J]. Computers and Geotechnics, 2017（84）: 198–209.

[4] Liang F, Zhang H, Chen S. Effect of vertical load on the lateral response of offshore piles considering scour-hole geometry and stress history in marine clay [J]. Ocean Engineering, 2018（158）: 64–77.

[5] Peder Hyldal Sørensen S, Bo Ibsen L. Assessment of foundation design for offshore monopiles unprotected against scour [J]. Ocean Engineering, 2013（63）: 17–25.

[6] Lin C, Bennett C, Han J, et al. Scour effects on the response of laterally loaded piles considering stress history of sand [J]. Computers and Geotechnics, 2010, 37（7）: 1008–1014.

[7] Lin C, Han J, Bennett C, et al. Analysis of Laterally Loaded Piles in Sand Considering Scour Hole Dimensions [J]. Journal of Geotechnical and Geoenvironmental Engineering, 2014, 140（6）: 04014024.

[8] Lin C, Wu R. Evaluation of vertical effective stress and pile lateral capacities considering scour-hole dimensions [J]. Canadian Geotechnical Journal, 2019, 56（1）: 135–143.

[9] Lin Y, Lin C. Effects of scour-hole dimensions on lateral behavior of piles in sands [J]. Computers and Geotechnics, 2019（111）: 30–41.

[10] Yuan C, Melville B W, Adams K N. Scour at wind turbine tripod foundation under steady flow [J]. Ocean Engineering, 2017（141）: 277–282.

[11] Hu R, Wang X, Liu H, et al. Experimental Study of Local Scour around Tripod Foundation in Combined Collinear Waves-Current Conditions [J]. Journal of Marine Science and Engineering, 2021, 9（12）: 1373.

［12］Ma H，Yang J，Chen L. Effect of scour on the structural response of an offshore wind turbine supported on tripod foundation ［J］. Applied Ocean Research，2018（73）：179–189.

［13］孙永鑫，刘海涛，何春晖，等. 循环荷载作用下粉土地基中刚性桩桩土相互作用研究 ［J］. 工业建筑，2018，48（11）：111-115，181.

作者简介

朱元张（1997—），男，助理工程师，主要从事海上风电基础设计及冲刷防治。E-mail：1040625694@qq.com

禹杨华（1986—），男，工程师，主要从事海上风电运维海洋工程技术管理工作。

顾凌波（1994—），男，助理工程师，主要从事海上风电运维海洋工程施工管理工作。

风力发电系统中储能技术的应用分析

张新成　漆召兵　张兴生

（三峡新能源海上风电运维江苏有限公司，江苏省盐城市　224000）

[摘　要]随着可再生能源的快速发展，风力发电系统在全球范围内得到广泛应用。然而，由于风力的不稳定性，如何有效地储存并调节电能引起广泛讨论。本文通过对风力发电系统中储能技术的探讨，揭示其在提高系统稳定性和可靠性方面的作用。通过案例分析，剖析各种储能技术在实际中的应用效果，为未来风能行业的发展提供了参考。本研究旨在为推动清洁能源技术的发展，以及解决风力发电系统面临的挑战，提供见解和实用建议。

[关键词]风力发电系统；储能技术；能源转型

0　引言

随着可再生能源的快速发展，风力发电系统在全球范围内得到广泛应用。然而，由于风力的不稳定性，如何有效地储存并调节电能成为当前研究的焦点之一。本文旨在深入探讨风力发电系统中储能技术的应用，通过对不同储能技术的概览和分析，揭示其在提高风力发电系统稳定性和可靠性方面的关键作用。通过翔实的案例分析，将剖析各种储能技术在实际项目中的应用效果，为未来风能行业的发展提供有力的参考。本文的研究旨在为推动清洁能源技术的发展，以及解决风力发电系统面临的挑战，提供深入见解和实用建议。

1　风力发电系统概述

1.1　风力发电基本原理

风力发电是一种通过气流动能转化为电能的工程应用。基本原理涉及风机叶片受风力作用而产生的扭矩，该扭矩通过发电机将机械运动转换为电能。在风力发电机的设计中，叶片的形状和结构是关键因素之一。它们被精心设计，以在不同风速和风向下捕捉最大的风能。在现代水平轴风力发电机中，气动力学和结构工程的深度融合是实现高效转化的关键。叶片的截面和弯曲角度经过精确计算，以最大限度地提高气动效率。同时，为确保结构的稳固性，采用先进的轻质复合材料。

1.2　风力发电系统应用情况

全球范围内，风力发电系统已广泛应用于电力生产。水平轴风力发电机成为主流选择，其智能控制系统能够根据实时风速和方向调整叶片的角度，以最大限度地提高风能捕捉效率。在风电场中，多台风力发电机组成风电场布局，考虑到地形、气象和风机之间的相互影响。高度数字化的监测系统通过实时数据分析，提高了对风电场性能的监控和调整能力。电气系统采用高效的逆变器和同步技术，确保电能的高质量输出。

分布式风力发电系统在农业和偏远地区得到广泛应用。小型风机通过精密的电力电子装置与储能系统集成，实现电力平稳输出。先进的微网技术使得分布式系统能够更好地应对电力波动和需求变化。

风力发电系统在解决电力需求和环保挑战方面发挥着关键作用。在电力不稳定或未电气化的地区，风力发电系统为当地居民提供了可靠的电力来源[1]。新型风机设计采用轴流式和混流式结构，以提高性能和适应性。技术的不断创新推动着风力发电系统的发展。新型材料的应用、智能电网技术的提升以及风机设计的改进都为系统的整体性能提供了新的机遇。未来，随着技术的不断进步，风力发电系统将继续在清洁能源领域发挥关键作用，为实现可持续发展目标做作出贡献。

2 储能技术概览

2.1 储能技术种类

储能技术的种类多样，主要包括电化学储能、机械储能和热储能。电化学储能是一类通过电化学反应储存和释放能量的技术。其中，锂离子电池因其高能密度和长循环寿命而备受关注，适用于多种规模的储能需求。此外，钠硫电池以其高温工作特性在大型储能系统中表现出色，而纳米电池技术则通过纳米材料的运用提高电池性能和循环寿命。机械储能通过转换和存储机械能实现能量的储存。抽水蓄能是一种通过将水抽升至高处储存潜在能量，需要时通过下泄产生电力的方法。压缩空气储能则通过将空气压缩储存在地下或储气罐中，释放时通过涡轮发电。飞轮储能则利用高速旋转的飞轮储存机械能，需要时将其转换为电能。热储能是一种通过存储和释放热能来实现能量储存的技术。热储罐技术通过储存高温热能，使用热机或热泵将其转换为电能。融盐储热技术则通过储存高温融盐的热量，实现稳定的热能输出。

2.2 不同技术的优势劣势

在电化学储能方面，锂离子电池具有高能量密度、长循环寿命和相对低的自放电率，但其成本相对较高，而且面临锂等稀缺材料的限制。钠硫电池适用于大规模储能系统，但其高温操作对系统设计提出了一定挑战。纳米电池技术通过纳米材料的运用提高了性能，但其成熟度和商业可行性仍在发展中。机械储能方面，抽水蓄能具有高效转换机械能为电能的特点，但需要大规模水体的支持，且建设成本较高。压缩空气储能通过涡轮发电实现能量释放，但系统效率受到温度变化的影响[2]。飞轮储能适用于频繁充放电应用，但能量密度相对较低。热储能技术能够实现较长时间的能量存储，对环境影响较小。然而，其能量转换效率相对较低，建设和维护成本较高。储能技术的优势劣势见表1。

表1 储能技术的优势劣势

储能技术种类	特点	优势	劣势
电化学储能	锂离子电池、钠硫电池、纳米电池技术	高能量密度、长循环寿命、相对低的自放电率	成本相对较高、资源限制（如锂等稀缺材料）
机械储能	抽水蓄能、压缩空气储能、飞轮储能	高效转换机械能为电能、相对较长的寿命	大规模系统建设成本较高、能量密度相对较低

储能技术种类	特点	优势	劣势
热储能	热储罐技术、融盐储热技术	实现较长时间的能量存储、对环境影响较小	能量转换效率相对较低、建设和维护成本较高

综合考虑各种储能技术的特点和应用场景，选择合适的储能技术是确保风力发电系统平稳输出的重要因素。随着科技的不断进步，储能技术的创新将为清洁能源的可持续发展提供更多可能性。

3 储能技术在能源转型中的重要性

3.1 能源转型的背景

随着全球能源需求的不断增长和对气候变化的担忧，能源转型成为解决当前能源挑战的关键议题。传统的化石燃料能源模式导致了碳排放的增加，对环境和气候产生了负面影响。因此，能源转型旨在转变能源生产和消费方式，实现向可再生、清洁、低碳的能源体系的过渡。能源转型的背景可追溯到对气候变化和环境污染的日益严峻的认识。科学界对温室气体的排放导致全球气温上升、极端天气事件增多等问题的深刻认识，促使了政府、企业和社会对可持续能源的需求。同时，化石燃料的有限性以及地缘政治和经济不稳定性也推动了对能源结构的重新思考。国际社会纷纷制定了碳中和、减排目标，推动清洁能源在能源供应中的占比逐渐增加。可再生能源，尤其是风力发电作为其重要组成部分之一，成为实现能源转型的主力军。然而，由于可再生能源的不稳定性和间歇性，储能技术应运而生，为解决这一问题提供了关键性的解决方案。

3.2 储能技术在推动能源转型中的角色

储能技术在能源转型中扮演着不可或缺的角色，它为可再生能源的大规模应用提供了关键的支持。

（1）弥补可再生能源波动性。可再生能源如风力和太阳能存在昼夜变化、季节性波动等特点，这使得其直接接入电力网络可能导致不稳定的电力输出。储能技术通过存储过剩能量，并在需求高峰时释放，有效弥补了可再生能源的波动性，提高了电力系统的稳定性。

（2）提高电力系统调度灵活性。储能技术赋予电力系统更大的灵活性和调度能力。通过在低负荷时段储存电能，在高负荷时段释放，储能系统可以调整能源的供应与需求，优化电力系统的运行。这种灵活性对于逐步淘汰基于燃煤等高碳能源的电力系统具有重要意义。

（3）支持分布式能源系统。随着分布式能源系统的兴起，包括小型风力发电机、光伏发电等在社区和工业用地的广泛应用，储能技术在存储分散式能源、平滑能源输出方面发挥了关键作用。这有助于实现电力的本地化和去中心化，提高能源的可靠性和稳定性。

（4）应对突发能源需求。储能技术可以迅速响应电力系统的突发能源需求。在电力需求剧增或可再生能源供应不足的情况下，储能系统能够快速释放储存的电能，为电力系统提供迅速而可靠的支持，确保电网的平稳运行[3]。

总体而言，储能技术为可再生能源的大规模集成提供了技术支持，对推动能源转型、提高能源利用效率和减少碳排放具有深远的影响。在未来的能源发展中，储能技术的创新将进一步推动清洁能源的普及，助力建设更可持续、稳定和高效的能源体系。

4 风力发电系统中储能技术的应用案例分析

4.1 案例一：张北风光储输示范项目

张北风光储输示范项目是我国首个集风力发电、太阳能发电、储能和输电于一体的综合性示范项目，位于河北省张家口市。该项目的储能系统由飞轮储能、超级电容储能和锂离子电池储能三种技术组成，总容量为 14MW，主要用于平滑风光输出的功率波动，提高风光发电的可控性和可调度性，降低对电网的影响。该项目的储能系统还可以提供调频、调峰、备用等辅助服务，增加风光发电的经济效益。储能系统在运行中表现出了良好的技术性能和经济性能，为风光储能并网提供了有价值的经验。

4.2 案例二：德国 E.ON 公司的风电场储能项目

德国 E.ON 公司是欧洲最大的能源企业之一，也是全球最大的风电场开发商之一。E.ON 公司在美国德州开发了一个 20MW 的风电场储能项目，该项目采用了 Greensmith Energy 公司的储能管理软件和 Primoris Renewable Energy 公司的储能设备，主要用于向 ERCOT（德州电网运营商）提供辅助服务。储能系统由两个 10MW 的锂离子电池储能装置组成，可以在 4 小时内提供 40MWh 的储能容量，可以实现快速的充放电，响应电网的调节需求[4]。储能系统不仅可以提高风电场的运行效率，还可以为电网提供更多的灵活性和可靠性。

4.3 案例三：英国 Dong Energy 公司的海上风电场储能项目

英国 Dong Energy 公司是全球最大的海上风电场开发商之一，也是全球最大的海上风电场运营商之一。Dong Energy 公司在英国开发了一个 2MW 的海上风电场储能项目，该项目采用了 ABB 公司的储能技术，主要用于为英国电网提供调频服务。该项目的储能系统由一个 2MW 的锂离子电池储能装置组成，可以在 30 分钟内提供 1MWh 的储能容量，可以实现快速的充放电，响应电网的频率调节需求。储能系统不仅可以提高海上风电场的稳定性和可控性，还可以为电网提供更多的辅助服务，增加海上风电场的收益。

这些案例展示了储能技术在风力发电系统中的成功应用，为提高可再生能源的可控性、稳定性和经济性提供了有益的经验。这些实际项目不仅推动了清洁能源的发展，也为其他地区和企业在能源转型中的实践提供了有益的启示。

5 结论

风力发电系统中储能技术在提高系统稳定性、可靠性以及推动能源转型方面发挥着关键作用。随着可再生能源需求的增长，储能技术成为解决风力发电系统波动性的有效手段。不同储能技术种类包括电化学储能、机械储能和热储能，它们各自具有优势和劣势，选择合适的技术对系统平稳输出至关重要。在能源转型背景下，储能技术在推动清洁、可持续、低碳的能源体系过渡中扮演着不可或缺的角色。其在弥补可再生能源波动性、提高电力系统调度灵活性、支持分布式能源系统以及应对突发能源需求等方面的作用得到充分体现。通过实际案例分析，如张北风光储输示范项目、德国 E.ON 公司的风电场储能项目和英国 Dong Energy 公司的海上风电场储能项目，可以看到储能技术在提高可再生能源的可控性、稳定性和经济性方面取得了成功应用。这些实际项目不仅为清洁能源的发展做出了贡献，也为其他地区和企业在能源转型中提供了有益的启示。

参考文献

［1］贾浩. 基于风力发电系统中储能技术的应用分析［J］. 建筑工程技术与设计，2019（15）：5382.

［2］贾宏新，张宇，王育飞，等. 储能技术在风力发电系统中的应用［J］. 可再生能源，2009，27（6）：6.

［3］张宏伟. 风力发电系统中应用储能技术的分析［J］. 中文科技期刊数据库（全文版）工程技术，2023（1）：0030-0033.

［4］段同裕. 风力发电系统中储能技术的应用探究［J］. 中文科技期刊数据库（全文版）工程技术，2023（6）：0193-0195.

作者简介

张新成（1994—），男，助理工程师，主要从事风力发电相关工作。Email：1454687054@qq.com

漆召兵（1986—），男，高级工程师，主要从事风力发电相关工作。Email：qi_zhaobing@ctg.com.cn

张兴生（1991—），男，助理工程师，主要从事风力发电相关工作。Email：zhang_xingsheng@ctg.com.cn

探析海上风电场陆上集中监控的必要性

杨伟本　罗子军　陈文刚

[中国三峡新能源（集团）股份有限公司甘肃分公司　甘肃省兰州市　730000]

[摘　要]随着全球现代化社会的快速发展，为满足我国各行业对电能的使用需求。电力能源供应渠道多样化发展逐渐成为电力行业发展的必要趋势。结合这些年新能源行业发展的情况，我国以海上风电为代表的可再生能源产业在国家政策红利的前提下迎来了发展的黄金期，海上风电成为我国大力发展的可再生能源产业，海上风电凭借其诸多优势有望成为我国风电产业发展的新动力，这个主要取决于海上风电场的安全稳定运行和经济可续性健康发展，逐渐成为电力行业学者研究发展的方向。一方面，我国海上风力资源较为丰富，而且风力资源有着可持续性和清洁性等特点。另一方面，相比火电更加具有环保性等优点。在全球气候不断改变的情况下，风力发电越来越受到全球性的认可，如何做好海上风电场陆上远程集中监控显得越来越重要。本文主要介绍我国海上风电场陆上远程集中监控的必要性。

[关键词]海上风电陆上远程集中监控；网络安全；经济性；安全性；

0　引言

　　随着新能源行业持续快速发展，海上风力发电迎来了发展的黄金期，海上风电场也随之越来越多。海上风电场项目的主要特点是距离海岸线近、场地原始地貌大多为临海的低山丘陵和丘间洼地，运维成本高，各电站之间数据不互通，通信需求高，传统生产运维管理模式已不能满足海上风电发展的规范化、精细化管理要求，针对海上风电场建设一个技术先进、功能完善的经济型陆上远程集控监控中心显得极为必要。

1　陆上远程集中监控中心的建设与运维

1.1　如何实现对海上风电场的远程集中监控

　　海上风力发电机组的运行状况与整体设计水平、机械设备材料、对风力发电机组的日常维护、气候等息息相关，为了更好地保证海上风力发电机组在陆上远程集中监控情况下的安全稳定运行。本文主要从技术角度分析如何实现陆上远程集中监控并保证风力发电机组的安全稳定运行。结合目前形势下海上风电场的实际运维情况，通过专用网络通道将海上各风电场所有的相关数据全部转发至陆上远程集中监控中心后台，陆上远程集中监控中心可以实时监控到海上各风电场设备的实时运行情况。比如风力发电机组的有功功率、风速、电压、电流等相关数据，在每台风力发电机组画面中设置遥控点位，陆上远程集中监控中心可远程实现对现场风力发电机组的远程启停、远程偏航、对箱式变压器进行远程操作等功能，同时在对设备进行操作时可以实时监控到设备的参数变化，通过相关参数变化可以确保设备安全启停机。例如，风力发电机组出现故障时，通过后台对发生故障的设备设置推图的模式，当设备发生故障时将该故障设备界面推送至后台并及时告知现场运维人员进行处理，提高设备可利用率。

1.2 如何确保陆上远程集中监控中心后台异常后对风力发电机组的启停

鉴于海上风电近几年的飞速发展，风力发电机组的单机容量在不断增大和风机厂家多元化的情况。通过专业技术和专用通道将各个厂家风力发电机组的后台转发至陆上远程集中监控中心，这样可以保证在陆上远程集中监控中心后台系统出现问题时，通过风力发电机组厂家后台也可以实现对风力发电机组的启停操作，确保设备的安全稳定运行。通过厂家风力发电机组的后台监控画面也可以看到风机各部件的实时工况以及报警信息，实现对现场设备的精细化管理。

1.3 如何确保海上风电场发生异常时高效及时处理

为确保出海作业人员安全、高效地完成各项工作，从码头出发至海上作业区域信号全覆盖，通信定位系统拟采用基站 IP 互联，确保信号无感切换，在岸上高处架设岸基基站并采用覆盖距离较远的频谱，海上作业区域架设海上基站，并采用穿透力较强的频谱，确保作业人员后期在机组内作业时，信号能够持续应用，两处的基站设备通过海底光纤 IP 互联，实现两处之间的数据交互。并基于 IP 互联的通信定位系统，既可满足该项目的通信定位需求，也可以将该项目的语音以及定位信息实时传送到陆上远程集控中心，便于统一调度管理和及时沟通，同时便于系统的扩展性、冗余性。既保证了设备的安全稳定运行，也保证了运维人员作业时的安全。

1.4 如何确保海上设备发生异常时和陆上远程集中监控中心后台时间保持一致性

随着海上风电产业的快速发展，对海上风电的要求也越来越高，挑战性也越来越大，精细化管理不断进行普及，在细节方面也有了明确的要求。因为陆上远程集中监控中心成立以后，海上风电场是无人值班模式，为确保故障发生以后陆上远程集中监控中心显示的时间与现场设备发生故障时的时间保持一致性，及时准确地上报相关信息。陆上远程集中监控中心通过使用时钟同步装置，通过 GPS 和北斗对时天线获取时间基准信号，提供校时服务，确保时间的一致性。

1.5 如何确保陆上远程集中监控以后各场站和电网之间的高效沟通

随着各新能源公司的高速发展，各新能源公司的海上风电场项目越来越多。全部接入陆上远程集中监控中心以后，为实现各场站与电网之间的高效沟通，陆上远程集中监控中心通过专用的通道将各场站的电网调度电话全部接入陆上远程集中监控中心。由陆上远程集中监控中心统一与电网联系，提高沟通效率及时有效地开展各项工作。

2 陆上远程集中监控中心网络安全

随着全球信息化的高速发展，网络安全成为全球热点话题，网络安全在各行各业也显得尤为重要。为确保各新能源公司陆上远程集中监控中心的网络安全，各新能源公司严格按照电力监控系统网络安全防护"纵向认证、横向隔离、安全分区、网络专用"的要求进行布置。通过对隔离装置、加密装置、防火墙进行配置。并且在安全计算环境方面，通过购买第三方安全加固服务，对主机设备进行加固，安全设备多余端口均通过封条进行封堵等方法，确保远程集中监控中心运行过程中的电力网络安全。

3 陆上远程集中监控中心的经济性和运维人员的安全性

3.1 人员配置更加合理化、经济化

随着新能源行业海上风电的不断发展，各新能源公司在海上风电的装机规模越来越大，对运维人员的需求也随之增大，陆上远程集中监控中心成立以后，人员配置相比分散式运维模式会更加合理化、经济化，运维人员成本得到大幅度减少。例如：某公司在该省份海上风电项目有 10 个风电场，分散式运维方式需要运行人员大概 60 人左右。远程集中监控中心成立以后，10 个风电场运行人员大概需要 15 人左右。对比而言，海上风电场远程集中监控中心的成立和发展势在必行。

3.2 运维人员的安全性

海上风电场主要分布在近海及距离陆地有一定距离的深海区域，对于运维人员的各项要求随之提高，将远程监控中心建立在口岸附近的陆上，减少了运维人员来回往返的出海次数。只是在作业的时候出海，这样极大地降低了往返过程中的风险，使运维人员的安全性得到了极大的保证。陆上远程集中监控中心效果图示见图 1。

图 1　陆上远程集中监控中心效果图示

4 结语

查阅相关文献资料，结合国内新能源海上风电运行发展实际状况可知，中国海上风力发电等新能源发电行业前景较为广阔，从目前全球新能源行业发展情况来看，今后必然会出现

海上风电的高速发展态势,针对海上风电建设陆上远程集中监控的技术水平也会不断得到提升,在这样的情形下,结合新能源行业的高速发展,海上风电场陆上远程集中监控中心实施的必要性显得尤为重要。关注海上风电陆上远程集中监控中心发展趋势,有着非常重要的现实价值。其不仅有助于发展过程中人员配置的合理化,而且还能够推动海上风力发电行业陆上远程集中监控的快速发展,综上所述,海上风电场陆上远程集中监控的必要性势在必行。

参考文献

[1] 李慧元. 风力发电机组运行安全及控制措施的探索 [J]. 中国战略新兴产业, 2018 (44): 92.

[2] 李鑫泉, 胡建华, 薛鹏, 等. 风力发电机组安全运行控制措施探析 [J]. 中国高新区, 2017 (11): 102.

[3] 牛泽群. 风力发电机组运行安全及控制措施的探索 [J]. 电力系统装备, 2019 (008): 44-45.

[4] 霍延来. 风力发电机组运行安全及控制探讨 [J]. 百科论坛电子杂志, 2019 (017): 162.

[5] 周鹤良. 加快发展风电新能源 [J]. 电气时代, 2002 (10).

作者简介

杨伟本(1989—),男,中级工程师,主要从事新能源集控中心建设及运行维护工作。E-mail: 940223152@qq.com

罗子军(1986—),男,中级工程师,主要从事新能源集控中心建设及运行维护工作。E-mail: 1044487253@qq.com

陈文刚(1993—),男,中级工程师,主要从事新能源集控中心建设及运行维护工作。E-mail: 1134470827@qq.com

大型水电站励磁系统巡检可视化系统研究

杨　翼　杨朝廷　丁进伟　燕　锋　张　烨

（中国长江电力股份有限公司，云南省昭通市　657300）

[摘　要]本文简要分析了某大型水电站励磁系统巡检现状，针对维护人员日常维护、巡检中所面对的数据繁多、整理分析较为困难的问题。基于以上存在的问题，本文设计了一种智能识别水电站监控页面数据并进行提取整合的方案，通过运用基于深度学习的前沿的 OCR 算法模型，结合自主设计的数据匹配算法，该方案达到了良好的效果，能够较为明显地节省时间和人力，同时也为大型水电站其他系统的运行维护提供了一定的思路。

[关键词]水电站励磁系统；Python；图像识别；OCR 算法；神经网络

0　引言

随着当今科学技术与人工智能的发展，电力系统也在朝着智能化发展，本文着重于发电侧的智能化研究，初衷是解决大型水电站一线维护人员在日常生活中所面对的困难。某大型水电站装机容量巨大，机组数量和单机容量在国内处于前列，因此对励磁系统的维护人员提出了较高的要求。

1　主要研究内容

1.1　项目背景和目的

在某大型水电站的日常巡检任务中，人工填写各种测量数据和参数是一项繁琐且容易出错的任务。为了解决这个问题，开发了一个基于 PyQt 的程序，利用百度公司开源的 Paddle OCR 预训练神经网络模型进行针对性训练，自动识别监控页面的图像或者工作人员在设备现场拍摄的照片，并自动从中提取机组编号、功率柜编号、励磁电流、功率柜单柜电流、功率柜桥臂电流等巡检信息，并自动填写至 Excel 表格中。该项目目的是简化填写过程，提高效率，并提供直观的可视化展示，使日常巡检中对励磁系统关键数据的提取和处理更加高效和准确。

1.2　使用的技术和工具

在此项目中，采用了多种技术和工具。首先，使用 PyQt 框架来设计和实现程序的图形用户界面（GUI），以提供用户友好的交互体验。通过 GUI，用户可以选择监控页面的图像或者照片，并查看识别结果和填写的 Excel 表格。其次，利用百度公司开源的 Paddle OCR 预训练神经网络模型，该模型在文字识别和提取方面表现出色[3]，利用该模型进行图像文字处理。通过集成该模型，能够从监控页面图像中准确地提取所需的文本信息。此外，还使用了 Python

中的 Excel 操作库，以便将识别的数据自动填写至 Excel 表格中，并打印成平时所需要的巡检数据记录表。最后，在数据预处理方面，运用了图像处理技术对输入图像进行预处理，以提高 OCR 模型的识别准确性。

通过上述技术和工具的综合应用，能够实现一个在水电站监控页面或者拍摄照片中自动提取关键数据并自动填写 Excel 表格的程序。这样的自动化解决方案不仅提高了工作效率，还减少了人为错误的风险，并以可视化的方式展示了数据提取的过程。接下来将详细介绍数据收集和准备的步骤，以及 Paddle OCR 模型的特点和功能。

2　OCR 模型的获取

由于当前场景文本与计算机视觉、模式识别、神经网络等技术的结合，文本信息在很多应用场景和实际应用中的重要性日益凸显。然而，从自然场景中获取文本并将其应用到现实生活中是一个非常复杂的过程[8]。本次研究 OCR（Optical Character Recognition，光学字符识别）是一种将图像或手写文字转换为可编辑文本的技术。它使用图像处理、模式识别和机器学习等方法，将输入的图像或文档转化为计算机可理解的文本形式。传统 OCR 识别采用统计模式，处理流程较长，包括图像的预处理、二值化、连通域分析、版面分析、行切分、单字符识别和后处理等步骤[6]。但是传统 OCR 虽然对数字、英文字符的识别效果普遍较好，然而其对中文的识别相对效果较差，这与中文字体的复杂形状有直接关系[4]。因此本文使用了基于深度学习的智能 OCR 技术，有效规避了传统 OCR 识别技术缺陷。

表 1　　　　　　　　　　　当前主流开源 OCR 模型对比

开源 OCR 模型	预训练模型大小	能否自定义训练	F1-Score	能否原生端部署
PaddleOCR-v3	11.6M	√	0.5244	√
Chineseocr-lite	4.7M	√	0.3899	√
EasyOCR	218M	×	0.2214	×
Tesseract	—	√	—	√

表 1 中展示了当前几种主流的开源 OCR 模型的对比数据，综合来看，在本文的应用场景中，选取 PaddleOCR-v3 [7]作为预训练模型。Paddle OCR 模型是由百度公司开发的开源 OCR 工具包。它提供了一系列用于文字检测和识别的预训练模型，包括检测模型和识别模型。检测模型用于定位和提取文本区域，而识别模型用于将提取的文本区域识别为可编辑的文本。Paddle OCR 以 CRNN[10]（Convolutional Recurrent Neural Network，卷积循环神经网络）作为识别文本的方法，该网络用于解决基于图像的序列识别问题，特别是场景文字识别问题[5]，CRNN 文本识别算法引入了双向 LSTM（Long Short-Term Memory）[11]用来增强上下建模，使得识别过程中可以有效联系上下文[1]。

为了提高 Paddle OCR 模型在监控照片上的特定识别能力，采用了预训练模型，并利用自建数据集对其进行了针对性处理，以提高其识别率。

2.1　数据收集

为了训练针对监控页面或者照片的 OCR 模型，需要收集大量的图片数据。这些图片应包含各种不同的励磁系统功率柜页面，以覆盖各种可能的情况和布局。可以在定期的巡检任务中将拍摄到的功率柜页面的图像汇总为原始数据集。该原始数据集总共包含 1000 张原始图片，每张图片大小在 2～3MB。

2.2 数据标注

在进行针对性训练之前，需要对收集到的照片数据进行标注。对原始数据集中每张图片的关键识别区域进行标注，例如机组编号、功率柜编号、励磁电流、功率柜单柜电流、功率柜桥臂电流等文本所在的区域。这样，可以为模型提供有关励磁系统页面布局和目标文本位置的标注信息，以便训练模型能够准确地识别和提取这些文本信息。数据标注使用 PPOCRLabel 来对自定义数据集中的每一张图片进行标注。PPOCRLabel 是一款针对 OCR 领域设计的半自动化图形标注工具，它内置了 PP-OCR 模型，能够自动标注和重新识别数据。它还支持矩形框标注和四点标注模式，并且可以直接导出格式用于 PaddleOCR 检测和识别模型的训练。为了节省时间，先使用自动标注，再一一人工核对进行标注。

2.3 数据扩充和数据集划分

为了获取更多具有针对性的数据样本，使用了 TextRecognitionDataGenerator 对数据集进行进一步扩充，TextRecognitionDataGenerator 是一种针对 OCR 模型提出了数据扩充技术，它可以让用户针对特定的场景生成具有特定风格的图片，这些图片中的文字内容可以说是用户自己指定规则的文字组合，此外用户还能自定义图片中文字的模糊程度、倾斜角度等，TextRecognitionDataGenerator 技术具有极强自定义特性，若让通用模型在它生成的特定数据集上进一步训练，可以一定程度上解决模型在特定场景下的识别准确率不佳的问题。图 1 是 TextRecognitionDataGenerator 的技术原理简图。

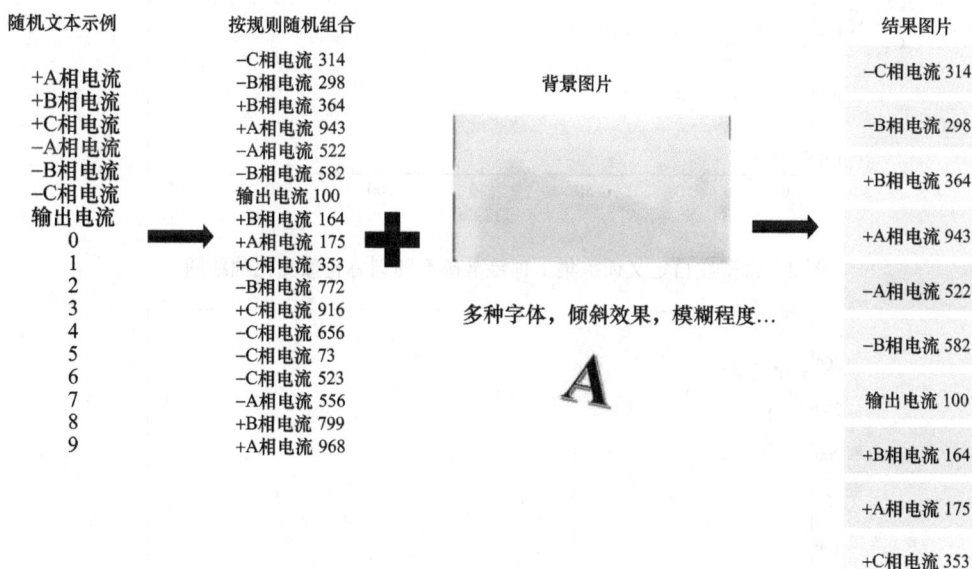

图 1 利用 TextRecognitionDataGenerator 按规则随机生成文字组合图片

利用 TextRecognitionDataGenerator，额外生成了 9000 张带有标注的图片，其中每张图片包含 1 个至 10 个样本不等，结合原始的 1000 张图片的数据集，总共 10000 张图片，简单将其分为训练集和验证集，其中训练集包含 7000 张图片，验证集总共 3000 张图片。

2.4 模型选择和硬件软件环境

Paddle OCR 提供了多种可用的预训练模型，这些预训练模型基于大型数据集进行了训练，具有优秀的识别能力。在本文的研究中，根据数据集中的中文识别需求，分别选择了中文检测模型 ch_PP-OCRv3_det 和中文识别模型 ch_PP-OCRv3_rec，它们同时也支持英文和数字的检测或识别。

本次训练的 GPU 是 NVIDIA RTX 3090，CPU 是 i5 12400F，Window11 系统，飞桨 2.5 版本，CUDA 版本是 11.7。

2.5 模型评估和优化

在进行针对性训练后，需要对训练后的模型进行评估和优化。将收集到的带有标注信息的测试数据集用于评估模型的性能和准确性。

图 2 中展示了模型在自定义训练集上的准确率随着训练轮数的变化情况，可以看得到在总共 300 个 epoch 的训练过程中，模型在前 50 个 epoch 上的准确率逐渐上升，在达到 0.979 的准确率后，接下来的 250 个 epoch，准确率没有明显变化。图 3 展示了训练过程中损失值的变化情况，其在第 50 个 epoch 时，损失降低到 0.248 后也达到了最低值，这表示模型已经达到了收敛状态。

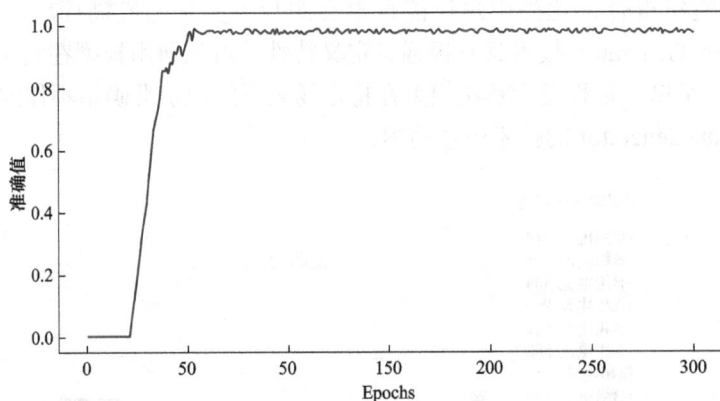

图 2　模型在自定义训练集上训练准确率随训练轮数变化曲线图

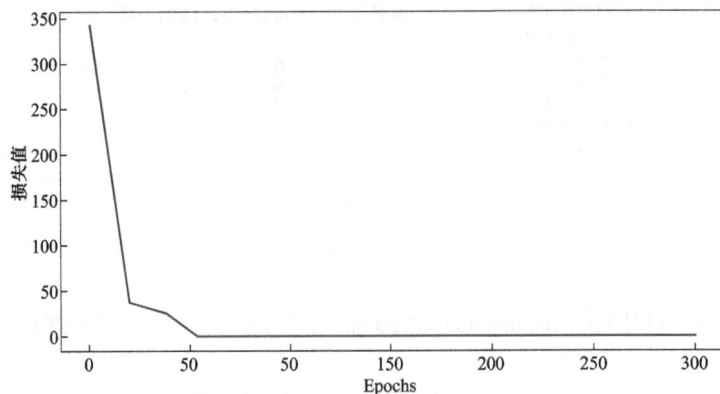

图 3　模型在自定义训练集上训练损失随训练轮数变化曲线图

将训练好的模型在自定义验证集上对各种关键指标进行测试，包括检测准确率、检测召回率、识别准确率和平均耗时。定义模型识别标注的检测框总数为 M，验证集的标注框总数为 N，若检测框和标注框的框出的内容相同，即该检测框为正确，记为检测正确的检测框总数为 A。若检测框中的字符识别全部正确，则该检测框为识别正确的检测框，记识别正确的检测框总数为 B。根据以上定义，可以得出以下的计算公式，检测准确率计算公式为：

$$检测准确率 = \frac{A}{M} \times 100\% \tag{1}$$

检测召回率计算公式：

$$检测召回率 = \frac{A}{N} \times 100\% \tag{2}$$

识别准确率计算公式为：

$$识别准确率 = \frac{B}{N} \times 100\% \tag{3}$$

表2 模型在自定义验证集上训练前后关键指标的对比

模型	检测准确率	检测召回率	识别准确率	平均耗时
模型优化前	85.8%	87.5%	88.3%	9.3ms
模型优化后	92.2%	93.1%	95.5%	9.5ms

从表2的数据可以看出，经过在训练集上训练后，该模型在平均耗时变化不大的情况下取得了对水电站监控图片的检测准确率和识别准确率明显的提升效果，这表明针对性训练是有效的。此外还统计了监控图片中某些关键字符的识别准确率提升情况，在图4中可以看出，多个关键字符的识别准确率均取得了明显提升效果，数字0的提升效果最大，猜测是因为监控图片中的数字0符号字体较为特殊，因其中间有斜杠。

通过上述过程，能够利用 Paddle OCR 的预训练模型进行针对性训练，以提高其在照片上的特定识别能力。这将使得 OCR 模型能够更准确地识别并提取照片中的关键文本信息，为水电站监控系统的数据提取和处理提供更高效和准确的解决方案。

3 PyQt 框架

本项目选择 PyQt 作为本方案程序的可视化操作的实现载体。PyQt 是一个面向 Python 编程语言的 GUI（图形用户界面）框架，它是基于 Qt 框架的 Python 绑定。Qt 是一个跨平台的应用程序框架，可以用于开发图形用户界面、嵌入式系统和移动应用等。PyQt 将 Qt 的功能和特性与 Python 语言的灵活性结合在一起，提供了丰富的 GUI 编程功能。PyQt 框架在 GUI 开发中具有多种优点。首先，它提供了丰富的组件库，包括按钮、标签、文本输入框、列表框等，这些组件可以方便地拖拽和布局，使界面设计更加灵活和直观。其次，PyQt 支持事件驱动编程，开发者可以通过事件处理函数响应用户的操作，比如点击按钮、文本输入等，从而实现交互性的用户界面。此外，PyQt 还提供了强大的布局管理器，能够自动调整组件的大小和位置，适应不同窗口大小和平台的需求。另外，PyQt还支持丰富的图形和多媒体功能，如绘图、动画、音频和视频处理等，可以满足各种不同应用场景的需求。

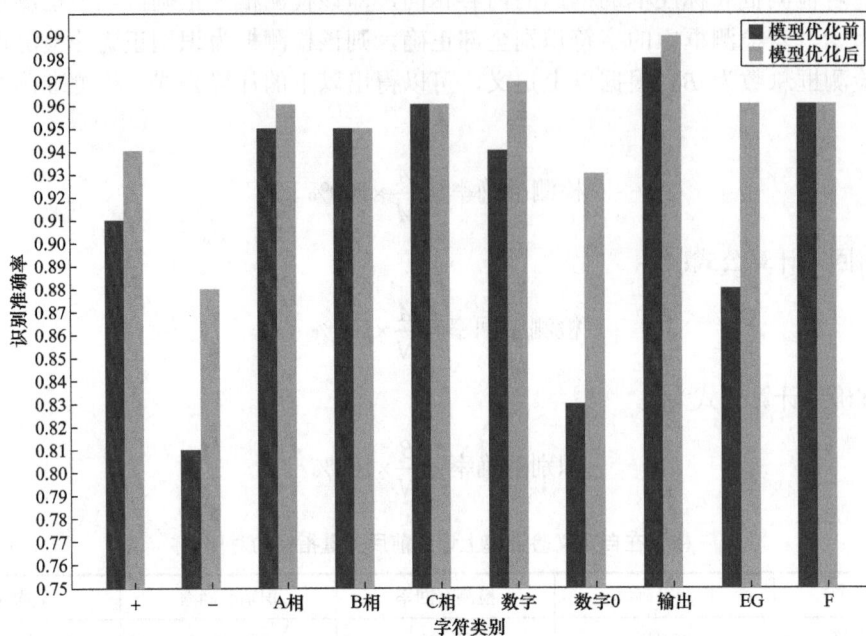

图 4 模型优化前后不同类型字符准确率变化柱状图

4 GUI 设计和功能实现

该程序秉持简单易用的原则，在功能界面的设计上较为简洁明了，在程序主界面的右半部分是当前正在识别的监控图片，在程序的左半部分则是从中提取的有效数据，提取的数据和其所归属的栏目一一对应。在程序左下角有实时的提示信息，提示当前识别的状态。使用者可以手动选取待识别图片所在文件夹。本程序有全自动和单张识别两种模式，在全自动模式下，当使用者选择好待识别图片所在文件夹后，点击自动运行按钮，程序会一次性读取文件夹中的图片进行识别，提取数据后，自动写入 excel 的对应位置当中，直到文件夹中的所有图片识别完成，程序停止。在单张识别模式下，当使用者选择好待识别图片所在文件夹后，程序每次只会识别一张图片，识别后，将识别的数据填入对应栏目的可编辑文本框中，使用者可以核对数据是否识别正确，核对完毕后，点击写入 excel 的按钮，则可完成单张图片识别提取和写入。虽然在单张模式下，识别的结果由于有了人工校对使得其可靠性更高，但是因为本程序所使用的 OCR 模型经过针对性训练，所以识别的准确率极高，因此，更推荐全自动模式，在此模式下励磁系统 9 台机组共计上百余个数据将不再需要人工手动填写，将自动将拍摄照片生成数据表。图 5 为某功率柜照片，图 6 为系统主界面识别结果。

在将 OCR 模型集成到 GUI 程序的过程中，使用了多线程开发技术，在本程序中将 OCR 识别的逻辑程序从 GUI 程序的主线程中分离出来，使其在单独的线程上运行，防止 OCR 识别时，主界面的 GUI 相应延迟。在全自动的模式下，为了提高识别速度，在程序中一次性生成了 4 个 OCR 识别线程，这样每轮识别即可一次性识别 4 张图片，即对应一台机组的 4 个功率柜，极大提高了运行效率和识别速度。

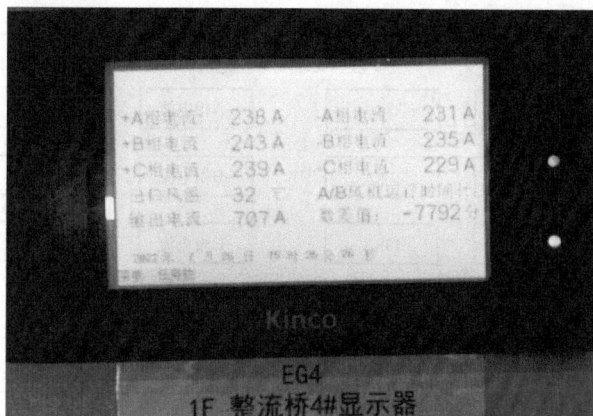

图 5　某功率柜照片

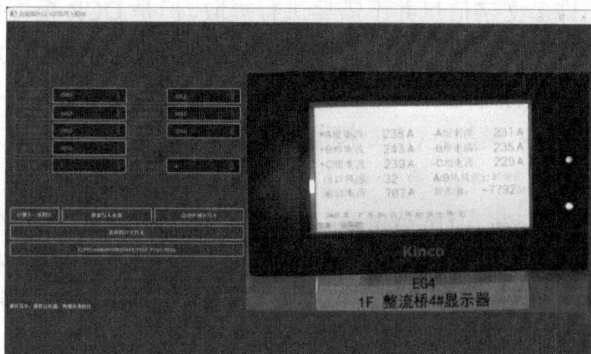

图 6　系统主界面识别示意图

5　识别信息匹配算法的设计与实现

本项目的识别图片因项目需要具有高度的结构相似性，因此其识别信息匹配算法可针对图片中的信息结构进行设计。由于输入图片中的显示屏信息并不是严格的垂直的，可能存在一定的倾斜角度，这给识别算法的设计提出了一定困难。此外为了保证识别的正确性和信息之间的匹配程度，如何将识别到的关键数字和其对应的参数进行一一匹配也是识别算法的设计难点。具体来说可以分为两步，一是通过 Paddle-OCR 的输出结果定位文本块在图像中的大致位置[2]，二是将文本块之间的信息进行匹配。

以图 7 来说明识别算法的设计。

首先最外面的矩形框表示的是待识别图片的边框轮廓，对于 OCR 模型而言，图片是由单个像素组成的，每个像素都有其在图片中相对于其他像素的唯一坐标。OCR 模型会对识别到的文字标注矩形识别框，识别框通过矩形的四个顶点进行定位。顶点坐标是通过二维笛卡尔坐标系进行表示的。如图 7 所示，图片左上角的顶点作为笛卡尔坐标系的原点，横向为 X 轴，

纵向为 Y 轴。单个识别框坐标通过可以通过 $\{(x_1, y_1), (x_2, y_2), (x_3, y_3), (x_4, y_4)\}$ 的坐标集合进行表示。

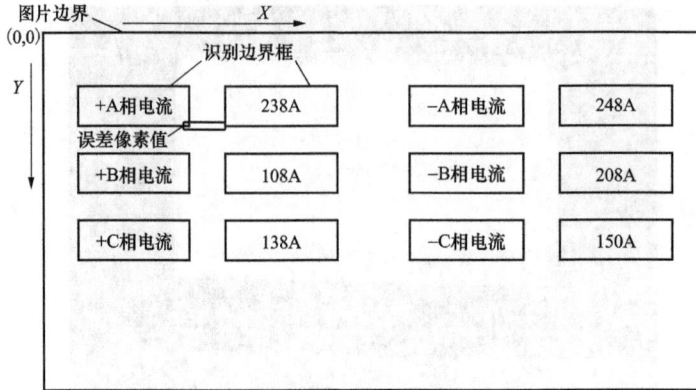

图 7　算法识别示意图

待识别图片中存在许多文字信息并不需要进行提取，但是 OCR 模型仍然会将其标注识别出来，需要将关键信息从所有文字信息中提取出来。考虑到 OCR 模型的识别率问题，将"A相""B相""C相"作为识别关键词。识别信息匹配算法核心步骤如下：

（1）将图片输入到 OCR 模型，OCR 模型输出识别到的所有文字信息和其附带的矩形定位框。

（2）遍历所有文字信息，将含有"A相""B相""C相"的文字识别框坐标提取并保存下来。

（3）将包含 A 相的两个矩形识别框单独提取出来，将两者矩形识别框的左上角的坐标点的 X 轴上的值进行比较，将 X 值较小的矩形识别框作为+A 相电流的识别框，将 X 值较大的矩形识别框作为–A 相电流的识别框。同理，对于 B 相和 C 相的识别框，也依据此法将其区分开来。

（4）得到+A、+B、+C、–A、–B、–C 相电流的指示文字定位信息，即可以依据该定位信息，将包含电流数值的识别框进行归类。此处以简图中的 238A 电流为例。识别匹配算法会首先遍历所有识别框，寻找在 X 轴方向上离+A 相电流识别框右下角端点最近的识别框。此时会筛选得到若干个识别框。再遍历这些筛选后的识别框，寻找离+A 相电流右下角端点在 Y 轴上最近的识别框，之后会得到唯一的一个识别框，此时判断该识别框左下角端点的 Y 值和+A 相电流的识别框右下角端点的 Y 值误差范围是否在规定误差像素值内，若是则将该识别框内的数值确定为+A 相电流的数值。同理，其他的+B、+C、–A、–B、–C 相电流也根据该算法进行匹配。此处的规定误差像素值是人为指定的，目的是防止图片出现倾斜情况，算法无法正常识别。

（5）其他诸如机组信息、输出电流、编号信息，不涉及信息匹配算法，可以直接进行提取，故在简图中没有画出。

6　数据提取与处理算法的设计与实现

本项目通过识别信息匹配算法得到关键巡检数据后，程序会将识别到的信息显示在可视化页面上，用户可以自行进行核对，如有错误可以进行修改，若没有错误，点击写入 Excel 的按钮即可将数据写入对应的文档中。在本项目中，采用 Excel 作为写入文档的格式。通过提前约定好文档标准格式，即可编写相关逻辑代码。根据目前的文档约定，首先根据提取到的楼层号确定文档中待写入的列的编号，其次再根据功率柜的编号确定待写入的行的编号。通过行列编号即可确定文档中待写入的单元格，在目标的文档约定中，该单元格为输出电流的写入单元格，其下分别是+A、+B、+C、−A、−B、−C，的电流数据。因此按照该写入算法，只需要得到输出电流的单元格位置，往下分别写入其他各相对应电流即可，如图 8 所示。本项目采用 openPyXL 作为读写 Excel 的工作库。

励磁系统		参考值	01F	02F	**F	**F	**F
1号功率柜桥臂电流/A	单柜电流	<850					
	A+	各桥臂电流均衡					
	B+						
	C+						
	A−						
	B−						
	C−						
**号功率柜桥臂电流/A	单柜电流	<850	707				
	A+	各桥臂电流均衡	238				
	B+		243				
	C+		239				
	A−		231				
	B−		235				
	C−		229				
**号功率柜桥臂电流/A	单柜电流	<850					
	A+	各桥臂电流均衡					
	B+						
	C+						
	A−						
	B−						
	C−						

图 8 输出巡检数据示意图

7 结语

本文根据某大型水力发电厂的励磁系统巡检现状，设计了一套简洁实用的程序系统，依据开源的 Paddle OCR 模型结合自建数据集训练出了针对本文特定场景的 OCR 神经网络模型，该模型经过实测对比原始开源模型在特定的监控照片文字识别和提取上有着明显的改善作用。同时，本文也提出了一种利用 PyQt 程序开发框架结合 OCR 神经网络模型的自动化程序方案，该方案可以实现巡检人员方便地录入巡检数据，较大地减轻了人力负担。最后本文提出的一系列方法可以为其他领域类似 OCR 问题提供有效的参考借鉴，类似的问题也可以利用 Paddle OCR 作为基础模型来针对特定场景针对性训练，并设计可视化解决方案。

参考文献

[1] 刘琴. 基于 OCR 识别技术的工程机械结构件管理方法及系统 [J]. 建设机械技术与管理，2023，36（04）：89-92.

[2] 芦琦，刘洋，秦辉等. 基于 OCR 的标书文件信息获取技术应用研究 [J]. 信息与电脑（理论版），2023，

　　35（09）：166-169.

[3] 粟晨洪，李昕昕. 基于中文 OCR 模型的智能图书识别系统 [J]. 电脑知识与技术，2021，17（28）：20-22.

[4] 杜训祥. 基于卷积神经网络的图像中文 OCR 识别纠错方法及系统的研究 [J]. 江苏通信，2021，37（01）：109-112.

[5] 张少宇. 基于人工智能机器学习的文字识别方法研究 [J]. 电脑编程技巧与维护，2022（09）：154-156+176.

[6] 王日花. 基于深度学习的智能 OCR 识别关键技术及应用研究 [J]. 邮电设计技术，2021（08）：20-24.

[7] Li，Chenxia，et al. PP-OCRv3：More attempts for the improvement of ultra lightweight OCR system [J]. arXiv，2022，22（06）：03001.

[8] Yu，Wenhua，Mayire Ibrayim，Askar Hamdulla. Research on Text Recognition of Natural Scenes for Complex Situations. 2022 3rd International Conference on Pattern Recognition and Machine Learning （PRML）. IEEE，2022.

[9] Mukherjee，Sumita，et al. OCR Using Python and Its Application [J] .Journal of Advanced Zoology，2023，44（03）：1083-1092.

[10] Shi，Baoguang，Xiang Bai，and Cong Yao. An end-to-end trainable neural network for image-based sequence recognition and its application to scene text recognition [J]. IEEE transactions on pattern analysis and machine intelligence，2016，39（11）：2298-2304.

[11] Memory，Long Short-Term. Long short-term memory [J]. Neural computation，2010，9（8）：1735-1780.

作者简介

杨　　翼（1999—），男，助理工程师，从事水电站励磁设备检修维护方面的工作。E-mail：843326958@qq.com

杨朝廷（1989—），男，工程师，从事水电站励磁设备检修维护方面的工作。E-mail：476195681@qq.com

丁进伟（1986—），男，工程师，从事水电站励磁设备检修维护方面的工作。E-mail：djw210@163.com

燕　　锋（1981—），男，高级工程师，从事水电站励磁设备检修维护方面的工作。E-mail：664866620@qq.com

张　　烨（1992—），男，工程师，从事水电站励磁设备检修维护方面的工作。E-mail：690205897@qq.com

滇西北高山峡谷区库岸公路沥青路面温度场
数值模拟研究

郭　彪　王　愳　赵斌斌　夏旭东　李　权　李兆明　赖毅舟

（华能澜沧江水电股份有限公司乌弄龙·里底水电厂，云南省迪庆藏族自治州　674606）

[摘　要] 为有效分析滇西北高山峡谷区水电站库区沿江公路沥青路面车辙、疲劳损伤等破坏形式的演变规律，根据迪庆藏族自治州维西县水电站库区气象站的实测数据和多年平均气象条件，借助有限元分析软件，建立连续变温条件下的沥青路面温度场，模拟了水电站库区沿江公路沥青路面温度变化，分析了沥青路面温度随时间及路面深度的变化规律。研究表明：夏、秋两季滇西北高山峡谷区库岸公路沥青路面温度随时间的变化幅度和突变性更大，春、冬两季变化幅度更均匀；在外部环境影响因素作用下，沥青路面各结构层温度随时间呈周期性变化，并随深度表现出一定的滞后性和消减性。

[关键词] 库岸公路；温度场；有限元；沥青路面；滇西北

0　引言

沥青路面作为一种直接存在于自然环境中的交通基础设施，常年经受着气温、雨雪、日照时间、太阳辐射、荷载等外部条件影响。经过一段时间的运行，逐步出现车辙、疲劳损伤等破坏形式，并随着交通量和重载车型的增加而日益突出。滇西北高山峡谷区因横断山脉而形成，山高林密，具有独特气候；为有效分析该地区水电站库区沿江公路沥青路面车辙、疲劳损伤等破坏形式变化规律，指导电站选址和交通建设，本文将结合迪庆藏族自治州维西县水电站库区气象站的实测数据和多年平均气象条件，就典型沥青路面结构，应用有限元分析软件，建立与实际条件更为契合的、连续变温的沥青路面温度场模型，并对该温度场的时空变化和分布规律作深入研究和系统分析。

1　计算模型

1.1　有限元模型

在我国目前经济发展状况下，半刚性基层沥青路面因其经济性好、承载能力大、强度高等多重优点，在国内不同等级公路中得到广泛应用。本文基于该路面结构的典型型式（见图1），构建有限元分析模型，对其温度场进行数值模拟研究。

在数值模拟计算中，模型的单元类型、宽度、网格划分方式、深度等各因素对其精度和效率均有不同程度的影响，根据有关文献的研究结果[1]，模型的水平宽度设置为双轮加载间距的 5 倍（1.6m）以上；本文是对沥青路面进行研究，对路基深度不做特殊约定，适当取值即可。建立的有限元模型（见图 2）为：水平宽度 *B* 取 4m，垂直深度取 3m（其中路面厚度 0.88m，路基厚度 2.12m），*X* 轴假定为道路横剖面方向，*Y* 轴假定为道路深度方向。

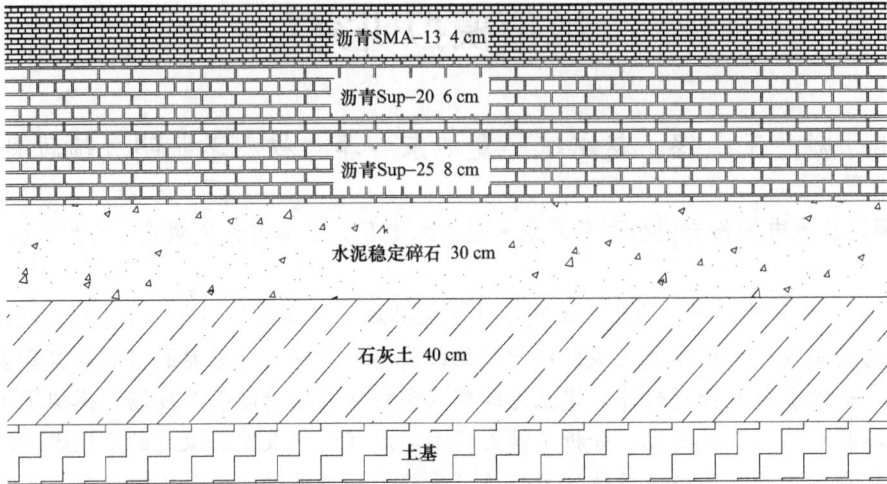

图 1　半刚性基层沥青路面结构型式

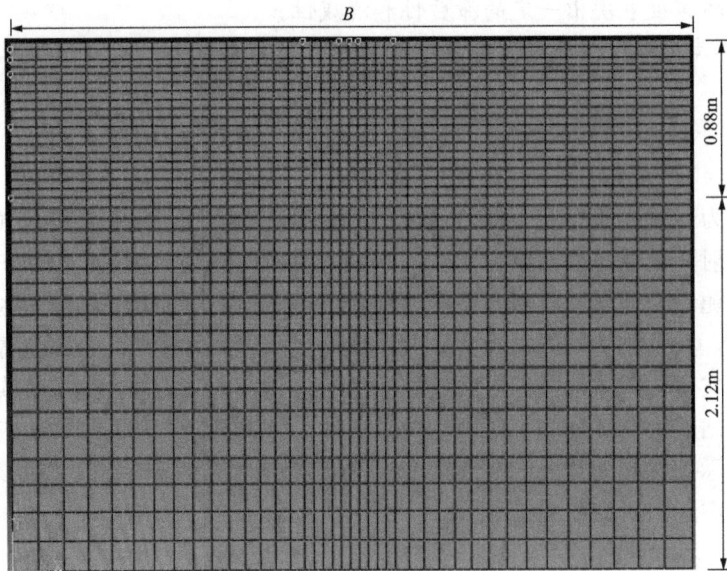

图 2　有限元模型

1.2　边界条件

当沥青路面结构确定时，其温度场的分布主要受边界条件影响。按不同部位，边界条件分为表面、侧面和底部三种边界条件。因为沥青路面结构水平向的温度变化一般假设为零，所以侧面边界条件不考虑。底部边界条件分为恒温边界和绝热边界两种，通过计算，发现采用不同底部边界条件对沥青路面上部结构温度场影响较小，可以忽略不计[2]。表面为路面热传导的主要边界条件，通过太阳辐射、空气对流换热和地面有效辐射三种方式与外部环境进行热交换。

1.2.1 太阳辐射

根据 Barber[3]、严作人[4] 等对太阳辐射热交换所作的研究和分析，可以采用公式（1）模拟一天内太阳辐射 $q(t)$ 的变化情况，具体如下：

$$q(t)=\begin{cases} 0 & 0\leqslant t<12-\dfrac{c}{2} \\ q_0\cos m\omega(t-12) & 12-\dfrac{c}{2}\leqslant t\leqslant 12+\dfrac{c}{2} \\ 0 & 12+\dfrac{c}{12}<t\leqslant 24 \end{cases} \tag{1}$$

式中 q_0 ——中午最大辐射，$q_0=0.131mQ$，$m=12/c$；

     Q ——日太阳辐射总量，J/m²；

     c ——实际有效日照时数，h；

     ω ——角频率，$\omega=2\pi/24$，rad；

     t ——一天中的时间。

1.2.2 对流热交换

道路表面与外部环境直接相连，将以空气对流换热的方式与大气产生热交换，交换系数为 h_c，其值主要受到风速 v_w 的影响，具体公式为：

$$h_c=3.7v_w+9.4 \tag{2}$$

式中 h_c ——热交换系数，W/（m²·℃）；

     v_w ——日平均风速，m/s。

1.2.3 路面有效辐射

沥青路面有效辐射的影响因素较多，如路表温度、大气相对湿度、云层状况、气温、大气透明度等。本文依据相关文献[5-7]研究成果，采用公式（3）在有限元分析软件中定义沥青路面有效辐射的边界条件：

$$q_F=\varepsilon\sigma[(T_1|_{z=0}-T_z)^4-(T_a-T_z)^4] \tag{3}$$

式中 q_F ——地面有效辐射，W/（m²·℃）；

     ε ——路面发射率（黑度），根据研究对象取值 0.81[8]；

     σ ——Stefan-Boltzmann 常数（黑体辐射系数），$\sigma=5.669\times10^{-8}$，W/(m²·K⁴)；

     $T_1|_{z=0}$ ——路表温度，℃；

     T_a ——大气温度，℃；

     T_z ——绝对零度值，℃，$T_z=-273$℃。

2 计算参数

根据相关研究[8, 9, 10]可知，不同类型沥青混合料的热属性参数变化不大，为便于计算，在本研究过程中参考现有成果，统一设置路面面层各材料热属性参数，并忽略其随温度的变化，路面各结构层材料热属性参数的设置可见表1。气温根据迪庆藏族自治州维西县水电站库区气象站的实测数据和多年平均气象条件获得，日照时数、风速、太阳辐射总量等环境量参考文献[11]，具体数据见表2。

表 1　　　　　　　　　　　　路面温度场分析热属性参数

参数	SMA-13、Sup-20、Sup-25	CTB	LS	SG
热传导率 k [J/（m·h·℃）]	4680	5616	5148	5616
密度 ρ（kg/m³）	2300	2200	2100	1800
热容量 C [J/（kg·℃）]	924.9	911.7	942.9	1040.0
太阳辐射吸收率 α_s	0.90			
路面发射率 ε	0.81			
绝对零度值 T_z（℃）	−273.0			
Stefan-Boltzmann 常数 σ [J/（h·m²·k⁴）]	2.041E-04			

表 2　　　　　　　　　　　　气象数据多年季平均值

季节	日平均气温（℃）	日最高气温（℃）	日最低气温（℃）	季平均日照时数（h）	日平均风速（℃）	季平均日太阳辐射总量（J/m²）
春	16.40	22.35	10.45	6.53	2	18.16
夏	23.58	28.53	18.63	4.22	2	15.55
秋	17.23	22.99	11.48	5.86	2	14.20
冬	10.58	18.18	2.99	7.72	2	14.45

3　计算结果及分析

3.1　整体路面结构温度随深度的变化规律

根据当地多年平均气象数据和路面各结构层材料热属性参数，利用有限元分析软件构建连续变温条件下的沥青路面温度场分析模型，并对该温度场沿路面深度的变化规律进行分析，计算结果如图3所示。

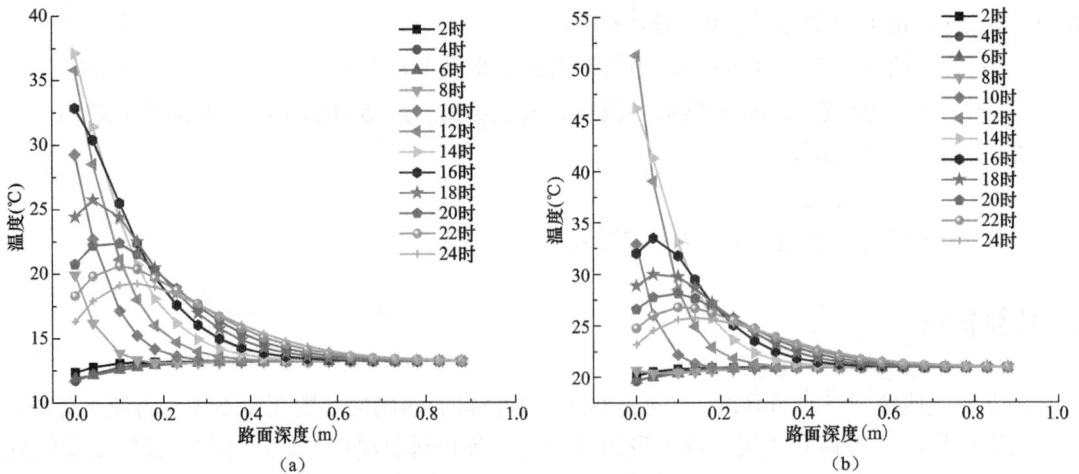

图 3　不同季节整体路面结构沿深度变化的温度（一）

（a）春；（b）夏

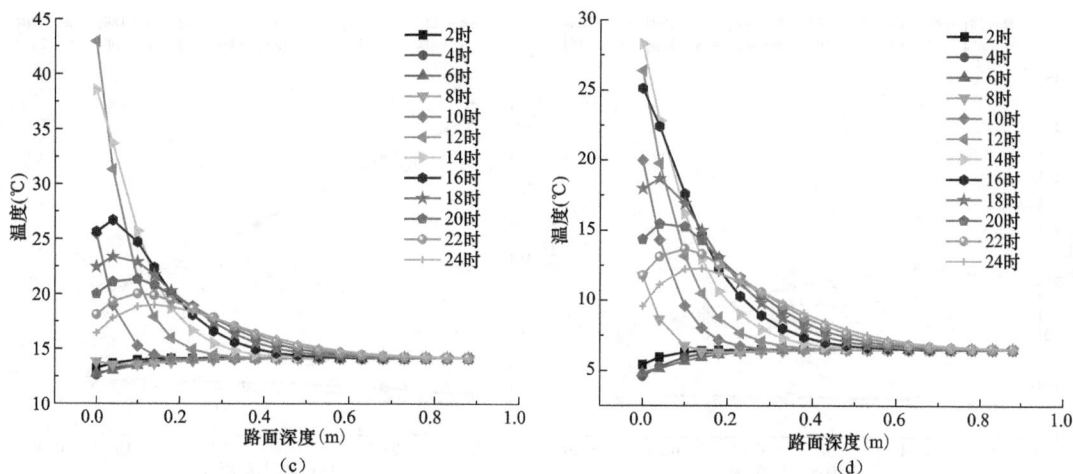

图3 不同季节整体路面结构沿深度变化的温度（二）

（c）秋；（d）冬

从图 3 中可以看出，在沥青路面结构上部（路表至路面深度 0.3m 左右），不同季节的路面温度随时间均产生明显变化，但不同季节，产生的温度变化幅度不尽相同，夏、秋两季的变化幅度较大，春、冬两季的变化幅度较小且均匀，这与滇西北高山峡谷区春、冬两季气温整体偏低，夏、秋两季昼夜温差大密切相关。同一时刻、不同季节的路面温度随深度均产生明显变化，同样不同季节的温变幅度不同；而随着路面深度的不断增加，温度变化幅度趋于减小，当路面深度达到一定程度时（路面深度 0.6m 左右），路面温度几乎不再随深度产生变化，表明路面结构对外部环境条件变化的响应有消减作用。

3.2 路面面层温度随深度的变化规律

从上述有限元分析模型中，选取面层部分来分析外部环境因素对其温度的影响，并对面层温度沿路面深度的变化规律作一定研究，结果如图 4 所示。

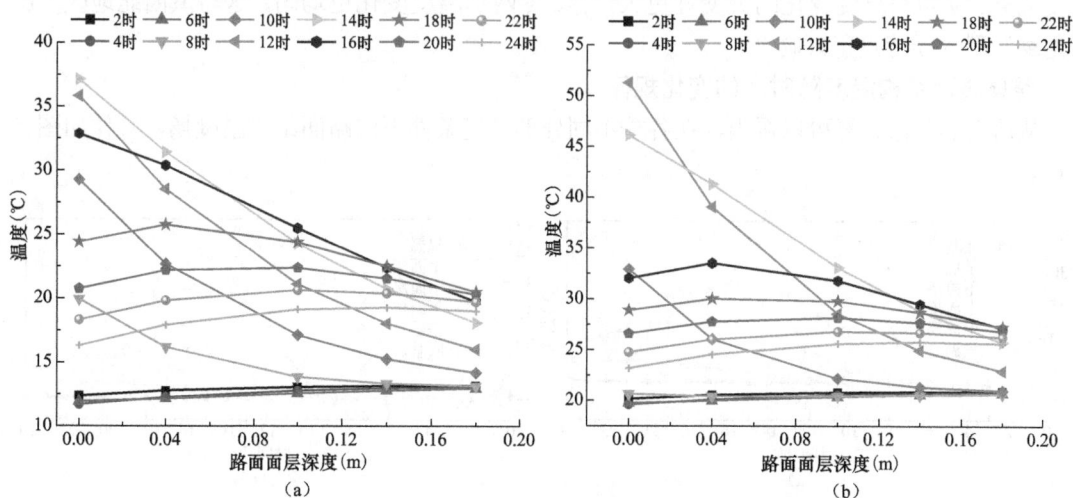

图4 不同季节路面面层沿深度变化的温度（一）

（a）春；（b）夏

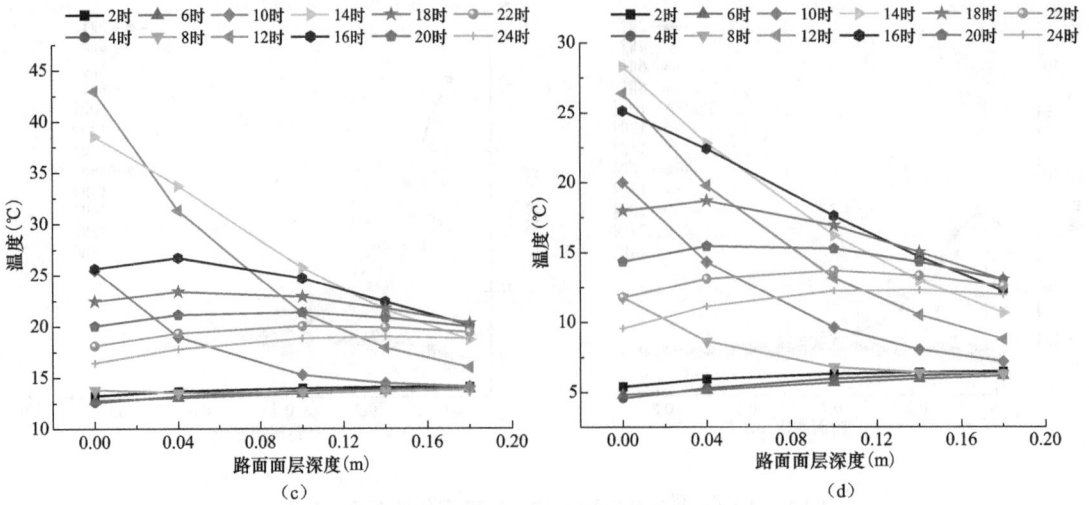

图4　不同季节路面面层沿深度变化的温度（二）

（c）秋；（d）冬

　　从图 4 中可以看出，当太阳辐射强度增加即处于升温阶段，从沥青路表面往下，不同季节路面结构温度，均表现为逐渐降低的趋势，面层温度上部高于下部；当太阳辐射强度达到顶点后不久，面层表面温度开始降低，面层表面以下温度还在继续升高，说明路面结构对环境温度变化的响应有延迟现象。随着时间的变化，太阳逐渐落山，晚上因为太阳辐射作用的缺失，导致路表与温度较低的空气产生对流热交换，面层表面温度快速降低，而面层下部温度才开始下降，这时面层结构中的温度呈现出中间高、上部和下部低的温度曲线。而在凌晨到日出前这段时间，面层表面与低温空气仍在不断进行对流热交换，面层中部温度也慢慢开始降低，面层温度场逐步呈现出上部低下部高的变化趋势。在日出后，随着太阳辐射的出现和逐步增强，沥青路面温度场开始新的周期变化。对比不同季节面层温度随时间的变化，可以发现夏、秋两季温度变化的突变性更大，春、冬两季温度变化更均匀，这与滇西北地区"长冬无夏"型气候特点正好吻合。

3.3　整体路面结构温度随时间的变化规律

　　从前面的数值计算可以得出，在各季不同外部环境条件下的路面结构温度场，具体如图 5 所示。

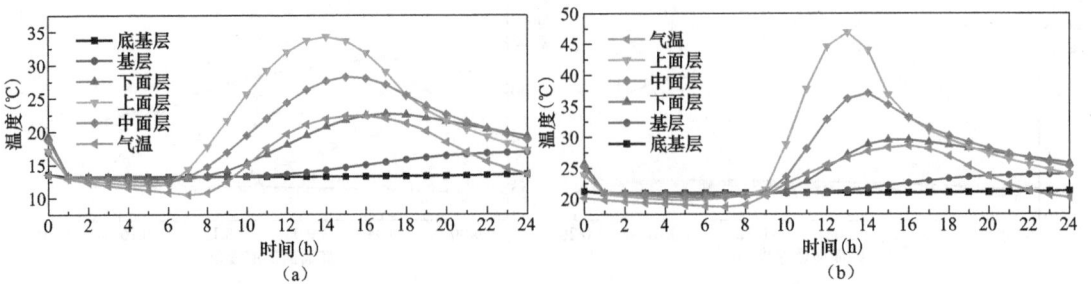

图5　不同季节路面各结构层温度随时间的变化（一）

（a）春；（b）夏

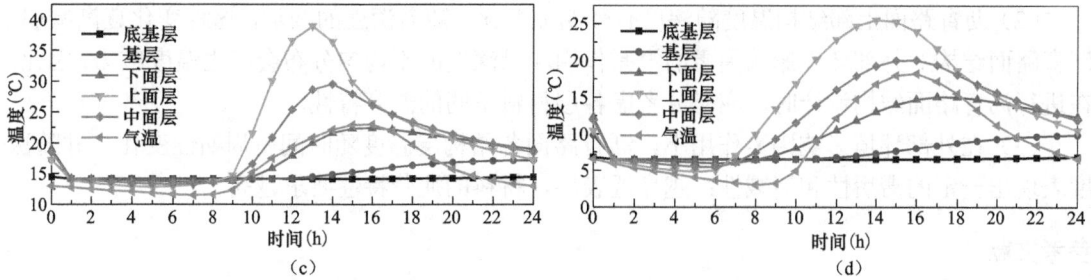

图 5　不同季节路面各结构层温度随时间的变化（二）

（c）秋；（d）冬

从图 5 可以看出，在外部环境因素的影响下，一天内不同时刻及不同季节的沥青路面温度均产生较大变化。不同季节各结构层温度一天内随时间的变化呈周期性规律，与气温的变化趋势相吻合，表现为先减小后增大的趋势，但不同季节各结构层温度极值的响应时间和大小有所不同。0～8 时左右，因外部气温较低，且无太阳辐射作用，路面各结构层温度由大到小的排序基本呈现为底基层—基层—下面层—中面层—上面层。8～18 时左右，太阳辐射开始出现并逐渐增强，气温递进式升高，路面各结构层温度由大到小的排序为上面层—中面层—下面层—基层—底基层；从 18 时开始，气温逐渐回落，且太阳辐射作用呈减弱趋势，20 时以后，由于路表与外部较低气温持续进行交流换热，上面层温度降低速度快于中面层和下面层，随着时间推移，上面层温度逐渐低于其他各层，在 24 时，沥青下面层温度最高，这与沥青路面从上至下各结构层分类和路面结构对外部气温变化响应的消减作用有关。

沥青路面各结构层从上至下受太阳辐射、气温及对流热交换的作用逐渐减弱，与外部环境相接触的沥青上面层受影响最大，升温降温都很快，而沿着路面深度向下，各层温变幅值逐渐减小，最后趋于平缓，从图 5 中可以看出，底基层温度随时间呈一条水平线，基本不随时间产生变化，表明其温度受外部太阳辐射和气温变化的影响基本忽略不计，整个沥青路面对外部环境条件的影响具有一定的消减作用。不同季节，各结构层温度极值出现的时刻不尽相同，最高温度分布在 13～17 时，最低温度分布在凌晨 4～6 时，从上到下各结构层温度峰值出现的时间逐渐延后，表明路面结构对外部环境条件的影响不仅有消减作用，同时路面各结构层的温升和温降也存在一定滞后性。沥青路面各结构层温度的最大值和最小值都出现在上面层，相较于气温最大值，温度更高，出现时间更早，这是因为沥青路面表面对太阳辐射的有效吸收率远大于空气，热传导速率也比空气快。从图 5 中也可看出，各季节沥青路面上面层的温变幅值不同，从大到小的排序为：夏季—秋季—春季—冬季，基本反映了外界环境条件变化对其温度的影响。

4　结论

（1）滇西北高山峡谷区库岸公路沥青路面温度场的变化规律与该地区"长冬无夏"型气候特点相适应，即夏、秋两季路面温度随时间的变化幅度和突变性更大，春、冬两季变化幅度更均匀，在设计该地区的库岸公路沥青路面结构时，应充分考虑各层材料的季节适应性，尤其是夏、秋两季。

（2）沥青路面上部结构温度随深度有较明显变化，随着深度的增加，这种变化逐渐减弱。沥青路面结构对外部环境影响因素的消减作用和沿深度的不均匀分布会产生温度应力，因此，在进行沥青路面结构设计时，应充分考虑各层材料不同的温度特性。

（3）在外部环境影响因素作用下，沥青路面各结构层温度随时间呈周期性变化，并随深度表现出一定的滞后性和消减性；越靠近表层，材料的疲劳特性要求越高。

参考文献

[1] 李辉. 沥青路面车辙形成规律与温度场关系研究［D］. 南京：东南大学，2007.

[2] 付凯敏. 不同沥青路面结构温度场研究［J］. 公路工程，2009（2）.

[3] F. S. Barber. Calculation of Maximum Pavement Temperature from Weather Report［J］. H. R. B. Bull，1957.

[4] 严作人. 层状路面温度场分析［D］. 上海：同济大学，1982.

[5] 宋富春，才华，于铃，等. 沥青路面非线性瞬态温度场的分析［J］. 沈阳建筑工程学院学报（自然科学版），2003（19）.

[6] Hibbitte，Karlsson，Sorenson. ABAQUS Analysis User's Manual［M］. HKS INC，2005.

[7] 徐世法. 高等级道路沥青路面车辙预估、控制与防治［D］. 上海：同济大学，1992.

[8] C. Yavuzturk，K. Ksaibati，P. E.，A. D. Chiasson，P. E. Assessment of Temperature Fluctuations in Asphalt Pavements Due to Thermal Environmental Conditions Using a Two-Dimensional，Transient Finite-Difference Approac［J］. Journal of Materials in Civil Engineering，ASCE，2005.

[9] 邓学钧，黄晓明. 路面设计原理与方法［M］. 北京：人民交通出版社，2001.

[10] 郑健龙，周志刚，张起森. 沥青路面抗裂设计理论与方法［M］. 北京：人民交通出版社，2002.

[11] 陈宗瑜. 云南气候总论［M］. 北京：气象出版社，2001.

作者简介

郭彪（1990—），男，工程师，主要从事水利水电工程建设管理与运行维护。E-mail：ad1076643125@163.com

王偲（1990—），男，工程师，主要从事水利水电工程建设管理与运行维护。E-mail：917625463@qq.com

赵斌斌（1991—），男，主要从事水利水电工程建设管理与运行维护。E-mail：2233103716@qq.com

夏旭东（1986—），男，高级工程师，主要从事水利水电工程建设管理与运行维护。

李权（1997—），男，助理工程师，主要从事水利水电工程建设管理与运行维护。E-mail：1435746963@qq.com

李兆明（1999—），男，主要从事水利水电工程建设管理与运行维护。E-mail：1956177121@qq.com

赖毅舟（1997—），男，主要从事水利水电工程建设管理与运行维护。E-mail：2303663306@qq.com

基于水电站工作流程的钥匙"包"智能
管理功能的设计与实现

刘　状　郁　光　舒君侠

（向家坝电厂，四川省宜宾市　　644600）

[摘　要] 本文通过数字化管理手段将检修工作中涉及的钥匙许可、钥匙借用、钥匙归还等业务管理流程与工作票流程深度融合，建立工作负责人—工作许可—工作地点钥匙之间的对应关系，简化了钥匙借还流程，减少人工作业，解决了水电站当前钥匙管理中存在的流程复杂、自动化程度低、资源分散的难题，为水电站钥匙管理智能化提供借鉴。

[关键词] 工作票；工作流程；钥匙智能管理；并行关联

0　引言

某大型水电站位于云南省水富市和四川省宜宾市叙州区交界的金沙江下游河段上，是金沙江水电基地最末一级水电站，现有投产机组共计 8 台（左、右岸各 4 台），单机额定出力 800MW，生产区域主要分为左岸、右岸、510 开关站及坝顶四个区域，重要设备室数量多且分布广泛。为了避免工作人员走错间隔或误动设备，各个设备间钥匙通常由电站运行值班员集中管理；当工作过程中需使用钥匙时，由工作负责人前往运行值班室提交钥匙借用申请，经运行人员接收申请、确认钥匙在库后履行借用手续并登记签名，当日交回。

1　水电站钥匙借还中存在的问题

水电站用于履行生产现场钥匙借还手续的钥匙，是水电站所有生产区域范围内重要设备间的钥匙，钥匙保管不当，会影响水电站生产质量和安全性，降低水电站生产效益和社会效益。水电站常规检修作业或试验都需要办理工作票，工作期间对钥匙的使用频率较高，当前水电站钥匙借还管理与工作票流程是呈相对独立的，在维护人员使用过程中，无法做到钥匙管理的可控、能控、在控。当前水电站钥匙借还管理工作中，存在以下三方面问题：

第一，设备处于分散状态。水电站重要的设备间数量较多，位置分散，设备维护与检修人员需要前往值守点借用钥匙，并严格执行钥匙的借用和归还规定，大幅度提高了设备维护与检修人员的工作量[1]。

第二，借还钥匙的环节众多。工作负责人在借还钥匙的时候，首先，要向运行人员发起水电站重要设备间钥匙借用申请；其次，再由运行人员对相关工作票进行核对，决定是否给予设备间钥匙；再次，查询钥匙是否在库，若是在库则许可钥匙借出；然后对钥匙的借用记录情况详细登记在台账中；最后，结束工作交还钥匙，值班人员做好钥匙归还记录。若是工作人员没有在当日完成工作，次日在水电站设备间钥匙借用时，需再次将上述流程走一遍。

第三，未能充分结合工作票流程和钥匙借还管理流程。传统的钥匙借还管理方法具有较低的智能化水平，工作票流程和钥匙借还管理流程处于相对独立状态，若是钥匙一经借用许可，在使用过程中不能对钥匙的使用情况做出检测，降低钥匙管理的控制力度。为提高水电站管理效益，最为关键的工作内容之一是创新钥匙借还管理方法，提高钥匙借还管理水平。创新水电站钥匙借还管理方法，可按照规定对钥匙的借用、归还流程做科学化管控，提高对钥匙安全的把控力度[2]。基于工作票工作流程的钥匙借还管理技术，既可遵守工作票制度，又可提高钥匙借还效率，简化借用手续。

2　国内外研究现状分析

水电站重要设备间的钥匙管理向来是水电站核心管理内容之一，当出现人为事故以后，可根据钥匙借还记录快速追溯责任人。

既有的水电站钥匙管理技术中，多采用科学的管理办法，综合创新理念，将计算机网络技术全面融合其中，利用计算机开放的逻辑闭锁算法和图形技术，快速准确地支持钥匙管控。比如，采用嵌入式软硬件，搭建云服务器作为后台管理平台，对钥匙借还过程进行记录并监督管理，实现智能化管理。目前许多智能钥匙管理系统能实现现代化信息技术、嵌入式技术与智能钥匙柜结合，具有能对所有使用钥匙人员的相关资料进行管理、对钥匙的提取进行限制、在某特定时段才可取出相应钥匙、可以对系统的所有操作进行记录[4]，达到对钥匙的智能管理。

目前应用于大部分水电站的钥匙管理优化方式，主要关注的是对钥匙管理平台、软件优化、使用功能等，虽然在一定程度上提高了钥匙管理效率，但未能与工作流程结合，对于工作流程的变化缺乏足够的适应性。

基于工作流程的钥匙借还功能将工作流程植入到钥匙借还管理中去，可以实时检测工作过程中维护人员使用钥匙情况，对钥匙的借用、归还流程做科学化管控，既可遵守工作票制度，又可提高钥匙借还效率，简化借用手续。

3　基于工作流程的钥匙借还功能的设计与实现

为提高钥匙借还效率，简化借用手续，笔者设计并实现了基于工作流程的钥匙借还功能，该功能深度融合钥匙借还流程与工作票许可，通过自动调用钥匙和授权，建立了重要设备间的钥匙借还流程与工作票的办理流程的数字化联系，使钥匙管理和工作票流程更具有闭环性和同步性。

3.1　组成结构

基于工作流程的钥匙借还功能系统工作模块包含有工作票模块、钥匙"包"模块、出入库管理模块、报警提醒模块和门禁管理模块（见图1）。

钥匙"包"模块：获取生产管理系统中工作票信息，读取工作票号、工作地点、工作时间、工作负责人等信息；自动根据工作票中所列工作地点、工作时间，形成包含对应工作地点设备间钥匙的钥匙"包";运行人员可根据实际情况对待授权钥匙"包"进行修改并确认;实时监视生产管理系统中工作票许可状态并对钥匙权限进行下放、回收等。

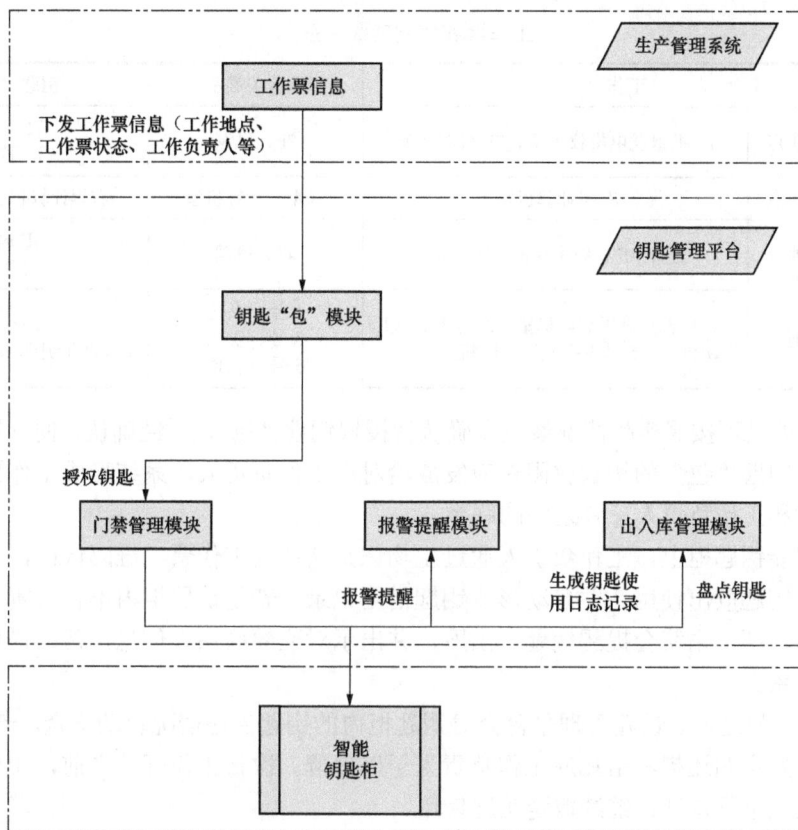

图1 基于工作流程的钥匙借还功能系统模块图

出入库管理模块:根据钥匙借还、取用情况生成对应借还记录,便于钥匙出入库信息的管理和追溯。

报警提醒模块:用于检测现的钥匙柜是否关闭和定期自动盘查钥匙在库情况,并形成相关报警信息。

门禁管理模块:根据钥匙"包"模块下放的权限,对相应人员授权。已授权人员可通过扫描工作票二维码或生物识别认证开启智能钥匙柜门提取钥匙。

3.2 工作原理

基于工作流程的钥匙"包"功能,建立了工作负责人—工作许可—工作地点钥匙之间的对应关系。所谓钥匙"包",是指将工作票所列工作地点对应的钥匙自动打包,并在办理工作票时同步办理钥匙借还手续。例如:当许可工作票时,自动将钥匙"包"中钥匙权限下发给对应的工作负责人;工作完成归还钥匙后方可注销工作票。

(1)运行人员在生产管理系统中办理工作票,当工作票满足许可条件点击许可工作票时,自动进入钥匙"包"模块。

(2)钥匙"包"模块将生产管理系统中的相应工作票信息进行获取,读取工作票的票号、工作时间、工作地点以及工作负责人信息。以工作票罗列的工作地点智能匹配关键字库，自动生成包含对应工作地点设备间钥匙的钥匙"包"。工作票与钥匙匹配关系如表 1 所示。

表 1 工作票和钥匙匹配关系

序号	工作票		预置关键字	钥匙"包"
1	工作地点	7F 机组发电机仪表柜、7F 机组风洞	7F、风洞	7F 风洞 I 门钥匙
2	工作地点	右岸计算机室	右岸、计算机室	右岸计算机室 I 门钥匙
3	工作地点	左岸 4F 机组上风洞、下风洞	4F、风洞	4F 风洞 I 门钥匙
4	工作地点	1 号表孔液压启闭机室、3 号表孔液压启闭机室、5 号表孔液压启闭机室	1 号、表孔 3 号、表孔 5 号、表孔	1 号表孔钥匙 3 号表孔钥匙、5 号表孔钥匙

（3）运行人员可按照实际情况修改和确认待授权钥匙"包"，一经确认，便立即完成工作许可手续，将钥匙"包"的钥匙权限对应发放给对应工作负责人，系统形成工作票、工作地点对应的钥匙和工作负责人三者之间的联系。

（4）在智能钥匙柜上，工作负责人通过生物识别认证或工作票二维码认证，可将当前钥匙"包"内的钥匙取出使用，并自动形成钥匙借用记录。若是钥匙柜内不含有本次工作所需要借用的钥匙，那么系统会提醒钥匙已出库，并出示对应的联系人信息，帮助借用人员与相关人员进行联系。

（5）每日下班之前，钥匙管理平台会对钥匙柜内的钥匙借还情况自动检查，若钥匙不在，管理平台自动发送归还提醒给相应工作负责人予以提醒。次日工作开始之前，工作负责人可直接在钥匙柜上进行认证，继续取走钥匙使用。

（6）结束工作之前，工作负责人必须要将钥匙归还至原来的位置，方可办理工作票注销手续。运行人员对工作票注销条件进行审核，点击注销，钥匙管理平台会自动启动盘点，若是钥匙在钥匙"包"并在库，则显示已经归还钥匙；若是钥匙不在库，则提醒归还钥匙后方可注销工作票。

（7）注销工作票时将钥匙"包"对应的钥匙权限收回。

基于工作流程的钥匙借还功能流程见图 2。

3.3 功能演示

步骤 1：运行人员点击许可工作票，进入钥匙"包"模块。模块智能匹配关键字库，自动生成包含对应工作地点设备间钥匙的钥匙"包"。

步骤 2：运行人员点击"钥匙管理"→钥匙包，找到本次工作对应的钥匙"包"并根据实际情况点击"配置钥匙"进行修改。

步骤 3：系统跳转到钥匙包配置界面，点击"新增"或"删除"按钮，实现对该钥匙"包"的修改。

步骤 4：一经运行人员确认，便立即完成工作许可手续，同时将钥匙"包"的钥匙权限对应发放给对应工作负责人。

步骤 5：工作负责人可在工作现场的智能钥匙柜上将当前钥匙"包"内的钥匙取出使用，直至工作结束。

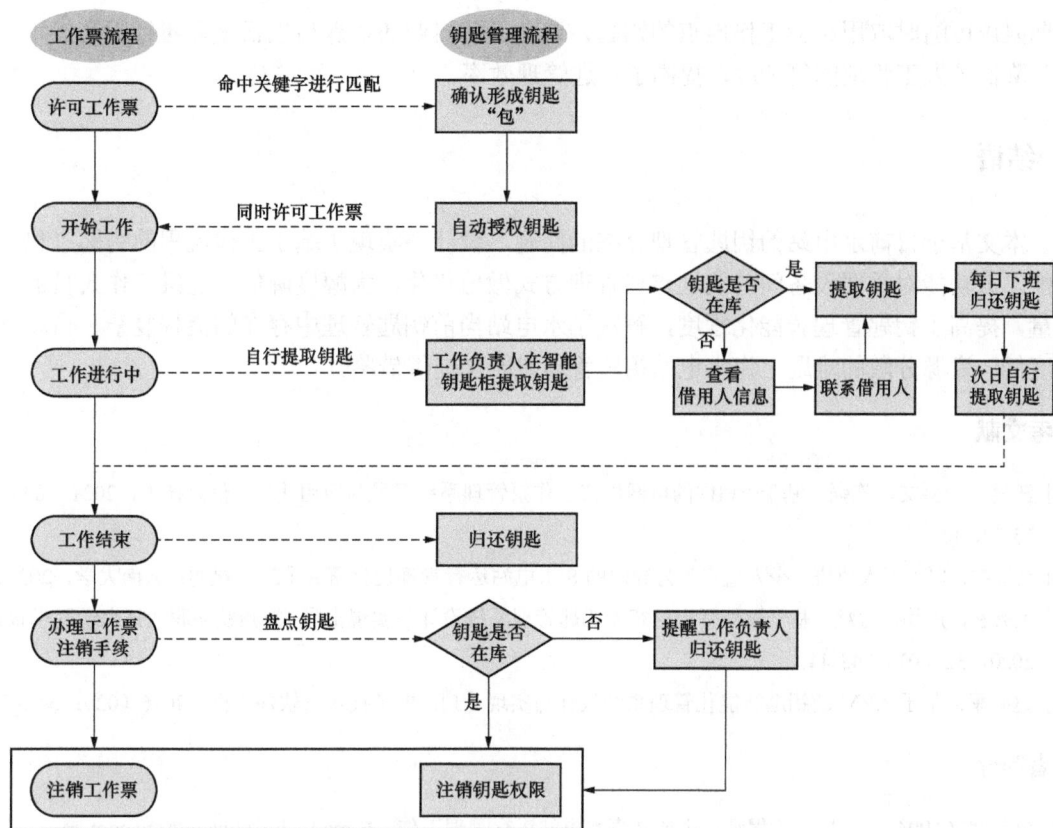

图2　基于工作流程的钥匙借还功能流程图

4　效果亮点

4.1　实现工作票和钥匙管理的深度融合

通过智能技术自动调用钥匙和授权，构建水电站重要设备间钥匙借还流程和工作票办理流程的数字化联系，以创新的数字化管理手段整合钥匙许可、钥匙借用、钥匙出入库等业务类型。实现工作票和钥匙并行管理，大幅度降低运维人员的工作量，提高钥匙管理效率。

4.2　减少运维人员工作量

钥匙借还管理业务和工作票流程相结合实现智能化输出，大大简化了钥匙借还流程，在工作阶段不再需要较多的人力资源参与，解决了水电站当前钥匙管理中存在的流程复杂、自动化程度低、资源分散的难题，提高了工作效率，提高了水电站钥匙管理及时性、便捷性和精准性。目前该功能已经上线运行，根据使用经验统计，每日办理 10 次钥匙借还业务，本功能应用后可以把每日办理钥匙借还业务耗时从 42.5min 缩短至 5min，节约 37.5min，效率提高 7.5 倍。

4.3　优化钥匙权限管理

钥匙权限管理与工作票流程并行，即钥匙权限由工作票许可状态发起，使用时间同步于工作票时间，工作票注销后自动终止钥匙权限。优化钥匙权限管理，工作负责人在工作票存续期限内可随时取用相应工作地点的钥匙，避免了每日归还钥匙后次日重复履行钥匙借用手续，降低了人工管理的复杂度，提高了钥匙管理效率。

5　结语

本文基于目前水电站的钥匙管理存在的问题，设计并实现了基于工作流程的钥匙"包"功能，该功能对重要设备间的钥匙借还管理方式做出优化，大幅度降低了运维工作人员的工作量，提高了钥匙管理智能化程度，解决了水电站当前钥匙管理中存在的流程复杂、自动化程度低、资源分散的难题，为水电站钥匙管理智能化提供借鉴。

参考文献

[1] 汪晨，余嘉文，陈强. 基于 RFID 的电网检修工作票管理系统开发与应用 [J]. 信息技术，2021（04）：75-79，85.

[2] 余继乾. 以"无人值班、少人值守"为导向的 S 水电站运行管理优化研究 [D]. 昆明：云南大学，2020.

[3] 王秀玄，卢伟，孟斌. 基于微信平台的智能钥匙管理系统设计与实现 [J]. 郑州铁路职业技术学院学报，2020，32（01）：42-44.

[4] 赵矿军. 基于 ARM 的钥匙智能化管理系统设计与实现 [J]. 电子技术与软件工程，2016（02）：54-55.

作者简介

刘　状（1994—），男，工程师，主要从事水电站运行管理工作。E-mail：liu_zhuang@ctg.com.cn

郁　光（1987—），男，高级工程师，主要从事水电站运行管理工作。E-mail：yu_guang@ctg.com.cn

舒君侠（1990—），男，工程师，主要从事水电站运行管理工作。E-mail：shu_junxia@ctg.com.cn

大型水电站运行操作"工具包"智能管理功能的设计与实现

唐 翔 郁 光 舒君侠

（向家坝电厂，四川省宜宾市 644600）

[摘 要] 本文利用物联网技术，将工器具使用流程与运行操作流程充分结合，设计并实现了大型水电站运行操作"工具包"的功能。将操作票执行中所需工具打包进行取用，实现工器具取用的智能推荐、借还、归档，解决了目前大型水电站在工器具取环、寻找、溯源中存在的流程繁琐、容易遗漏、往返取用等问题，提高了工作效率，提升了工器具管理的智能化水平。

[关键词] 大型水电站；工器具智能管理；运行操作流程；工具包

0 引言

大型水电站设备众多且分布广泛，当运行人员需要操作设备时，往往需要借助各式工器具。同时，随着运行操作类型及操作地点的不同，所涉及的工器具也存在差异。提升工器具取用及归还的便利性，能有效提升运行操作速率。因此，提高工器具的精细化管理，提升工器具从取用到归还的全过程管理，是当前研究工器具管理的一大热点。

1 背景

安全生产是电力生产永恒的主题，操作工器具的管理是大型水电站日常生产、安全管理的一项重要内容。特别是工器具的使用管理，作为工器具全生命周期中重要的组成部分，是提高工器具管理自动化、智能化的重点[1]。

传统的工器具取还是通过纸质台账记录和人工筛选，没有相应的技术手段提高管理水平与自动化程度，工作过程繁琐、容易出错[2]。由于操作工器具种类繁多、数量较大，运行人员在取还时，不仅需选择操作内容所用工器具，还需判断工器具存放位置。不仅对运行人员经验要求较高，而且有往返取用耗费时间的问题。随着基于物联网的计算机管理模式的日趋普及，这种方式显得尤其落后。这就迫切需要研究操作工器具取还的自动化管理方法，提高管理水平与操作效率[3]。而近年热门的"互联网+"管理模式、基于物联网技术的管理模式，大多是利用计算机技术以及自动识别技术，实现工器具的盘点、取用、归还、登记等功能，在一定程度上减轻了运行人员工作负担[4, 5]。但采用上述两种管理模式，对于工器具的选择依然需要人工筛选，并没有实现运行操作"工具包"的功能，即系统通过操作票内容自动筛

577

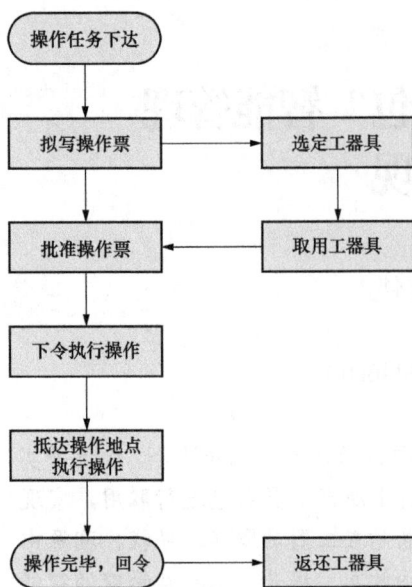

图 1　运行工器具使用管理流程图

选操作工器具形成操作"工具包"，并选择相应存放工具柜供运行人员取用。

在上述需要人工筛选的工器具管理模式下，对于部分需要使用工器具的设备操作，在操作前由操作人员提前准备好工器具；在操作完成后，再将工器具返还至定置位置。具体操作流程如图 1 所示。

2　当前管理方式分析

大型水电站的操作工器具主要分为一般工器具：如扳手、起子、钳子等；计量检测器具：如绝缘电阻表、万用表、噪声测试仪、有毒有害气体检测仪等；安全工器具：如验电器、绝缘手套、禁止标识牌、在此工作标识牌、接地线等。为确保在运行操作中安全、高效地使用这些工器具，对工器具的使用管理主要有以下几种常见方式。

2.1　工器具集中定置+人工筛选取用工具

将各类工器具集中配置在运行值班点。用户根据操作票内容，筛选取用相关工器具携带至操作地点，使用完成后再返还至值班点定置位置。

该管理方式中工器具集中配置，便于集中统一管理。但由于工器具数量众多、体量庞大，需要配置专门的设备间。且某些体积、重量较大的器具在携带上极为不便，一组操作人和监护人可能需要往返多次才能将所需工器具搬运至操作地点，严重影响运行操作效率。

2.2　工器具分散定置+人工筛选取用工具

将各类工器具分散配置在各个操作地点。用户根据操作票内容，就近筛选取用相关工器具，使用完成后再返还至取用位置。

该管理方式中工器具分散配置，便于就近取用；但由于操作地点数量较多，分散配置所需的工器具数量是方法 1 中所需的数倍至数十倍，某些器具（如测量器具、表计等）使用频率相对较低、造价相对较高，分散配置利用率不高，造成物资浪费。若操作过程中涉及多个操作地点时，取用、返还工器具容易出错，不便于闭环管理。

2.3　数字化管理系统管理相关工器具

将部分工器具（如测量器具、验电器、绝缘工具等便于携带的工器具）集中配置在运行值班点，将标识牌、接地线等不便携带的工器具分散配置在各个操作地点。通过数字化管理系统实时采集工器具在位状态，操作人员根据操作票内容，在管理系统中筛选确定所需工器具及其存放位置。

该管理方式以物联网技术为基础，根据工器具的自身特点和使用情况，采用不同的配置方式，分别布置在相应的智能工器具柜中。通过后台管理系统，可以实现工器具的数字化管理。但目前的工器具数字化管理系统的功能主要为在位状态采集、自动盘点等。将工器具的取用、返还的状态进行信息化，取代了传统方式纸质台账记录的功能。但工器具的筛选依然是人工方式，取用、返还没有相应的推荐和提醒。虽具备了自动化功能，一定程度上减轻了运行人员工作负担，但智能化程度依然不高。

3 运行操作"工具包"的设计

为解决目前大型水电站在工器具取环、寻找、溯源中存在的流程繁琐、容易遗漏、往返取用等问题，笔者将工器具使用流程与运行操作流程充分结合，设计并实现运行操作"工具包"的功能，将操作票执行中所需工具打包进行取用，实现工器具取用的智能推荐、借还、归档。

3.1 设计思路

在传统工器具数字化管理系统基础上，对系统结构进行优化设计，基于操作票工作流的工器具管理方法实现运行操作"工具包"的功能。对数字化管理的各类工器具按照不同操作项目进行模块化编组，形成与操作项目相关联的标准"工具包"，储存在工器具管理平台中。当生产管理系统下发操作任务（包括操作票号、操作内容、操作人、监护人等信息）至工器具管理平台后，平台自动匹配相应的标准"工具包"，经用户确认后形成"工具包"发送至各工器具柜。用户在任意地点的智能工器具柜，通过扫描操作票二维码或生物识别认证调用工具包，管理平台自动以当前工器具柜为中心（包括本柜）就近推荐最优取用方案，实现工器具取用的智能推荐。操作完成后，用户根据管理平台提醒逐一返还工器具，如图 2 所示。

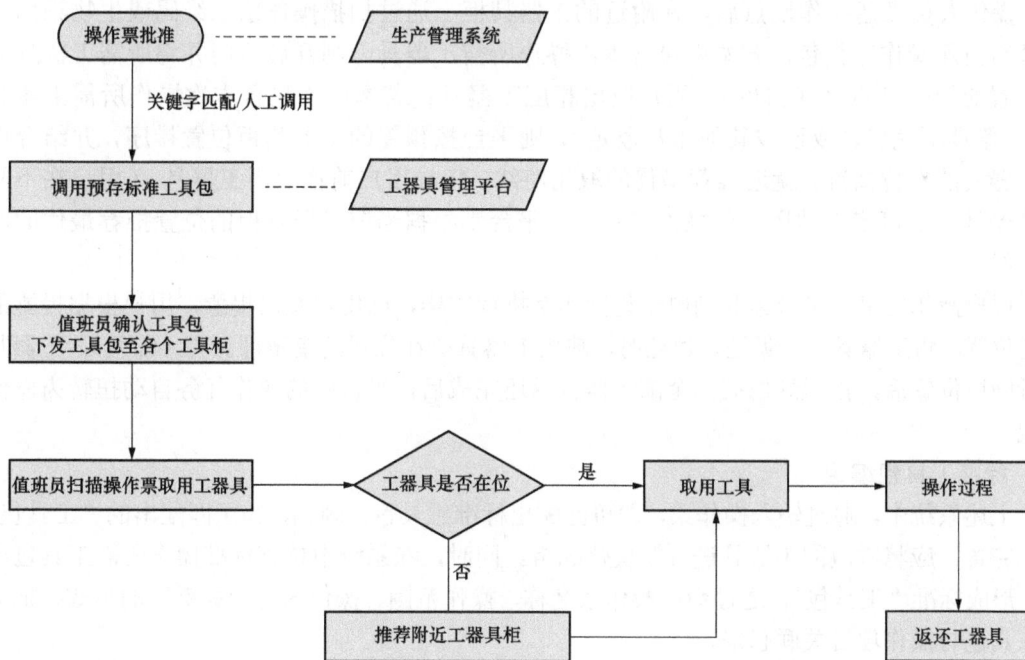

图 2　基于操作票工作流的"工具包"使用流程

3.2 组成结构

该功能主要包含操作票模块、工具包模块和出入库管理模块。

操作票模块用于接收生产管理系统下发的操作票任务（包括读取电子化操作票的执行进度），识别操作人员、操作票名称、操作范围、操作内容等信息，通过关键字自动匹配预置的标准工具包，并在管理平台建立待处理的操作任务。在操作过程中，根据工具包确认状态和工器具返还状态，自动扭转操作任务状态，完成操作票的闭环管理。

工具包模块用于用户管理标准工具包，在操作任务建立后经用户确认形成包含用户信息和完整工器具的操作工具包，并将该工具包信息下发至管理平台下属各个智能工器具柜。

出入库管理模块用于采集、统计工器具在位信息；根据操作工具包内容，按就近原则向用户推荐附近哪些工器具柜有需要使用的工器具；在取用工器具和操作结束时给予用户提示和提醒，完成工器具的闭环管理。系统结构如图 3 所示。

3.3 取还业务流程

通过上述优化设计，实现工器具取还、登记的全程数字化、网络化管理，规范工器具的管理，提高工作效率。其业务办理流程如图 4 所示。操作人员在生产管理系统中拟写好操作票后，经审核、批准下发至工器具管理平台；管理平台接收到操作票任务后，识别操作人员、操作票名称、操作范围、操作内容等信息，通过关键字自动调用预置的标准工具包，并在管理平台建立待处理的操作任务。

操作人员在管理平台查看待处理的操作任务，根据实际操作需求，选择是否在标准工具包内添加其他工器具，无需添加则确认生成操作工具包，下发至各个工器具柜，管理平台中的操作任务扭转为操作开始。

操作人员抵达操作地点后，在附近的工器具柜上通过扫描操作票二维码或生物识别认证调用当前操作工具包，若本柜包含本次操作所需工器具，则开启柜门并将所需工器具放置位置的指示灯点亮（白色），用户取出相应工器具；若本柜不包含本次操作所需工器具（或工器具不完整，或已被其他用户取走），则平台按预置的工器具柜位置排序，并结合柜内工器具的在位情况，就近推荐最优的取用路线，指导用户前往取用工器具。（用户在不同的工器具柜上可多次调用当前操作工具包，平台都根据当前工器具柜的位置推荐最优的取用路线。）

用户操作结束，平台读取到电子化操作票执行完毕，向用户发出提醒，用户根据提醒的返还位置，将工器具一一返还。返还时，缺失工器具所在位置的指示灯点亮（红色），工器具放置回原位置后，指示灯熄灭。全部工器具返还完成后，平台中的操作任务自动扭转为操作完成。

3.4 标准工具包编组

上述系统中，通过输入操作票，即可匹配出标准工具包。因此，为了匹配出的"工具包"准确完备，应将零散的工器具进行模块化编组。同时，在系统中预存标准操作所需工具包编码，形成标准"工具包"。通过命中操作票名称、操作范围、操作内容中关键字的形式，把标准工具包与操作项目关联起来。

其次，用户需根据各个工器具柜之间的位置关系进行优先级排序，对每一个工器具柜都需预置一个排序，作为平台推荐最优取用路线的底层逻辑。将当前操作的工器具柜最为最优先选择工器具柜，以相距该工器具柜的直线距离由近及远，其余工器具柜的优先级依次递减，即优先选择当前操作的工器具柜的工具，若某工器具未在当前操作的工器具柜内，则推荐最近的相邻工器具柜的此工具。

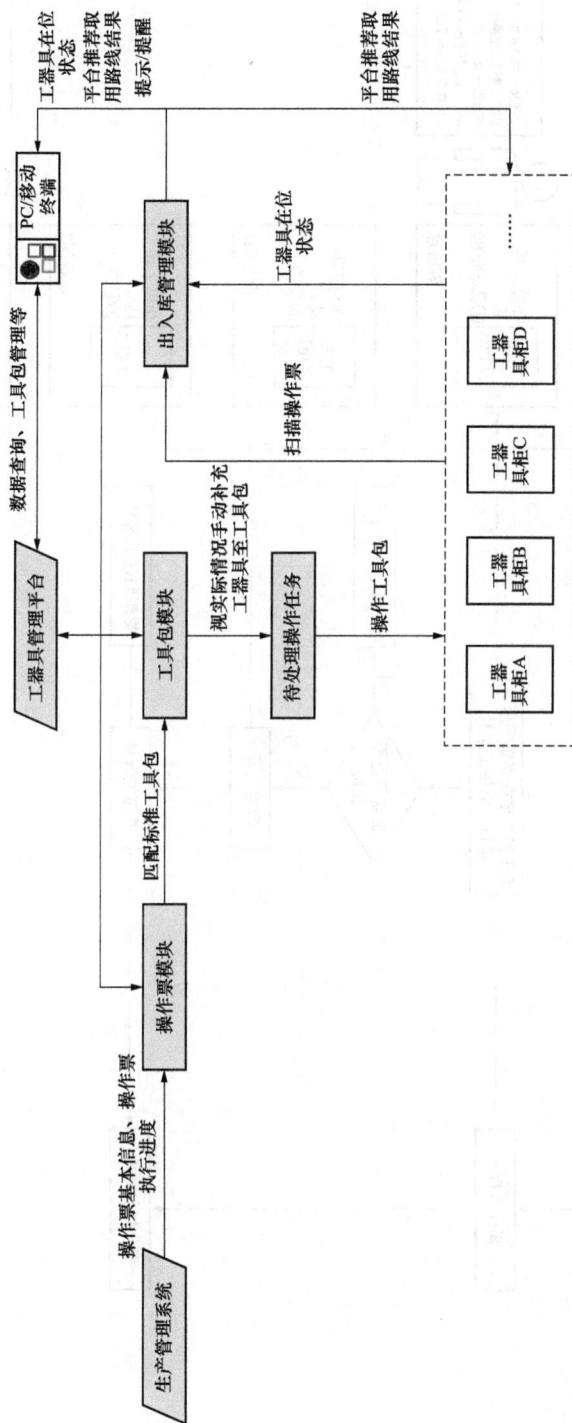

图 3 基于操作票工作流的"工具包"组成结构

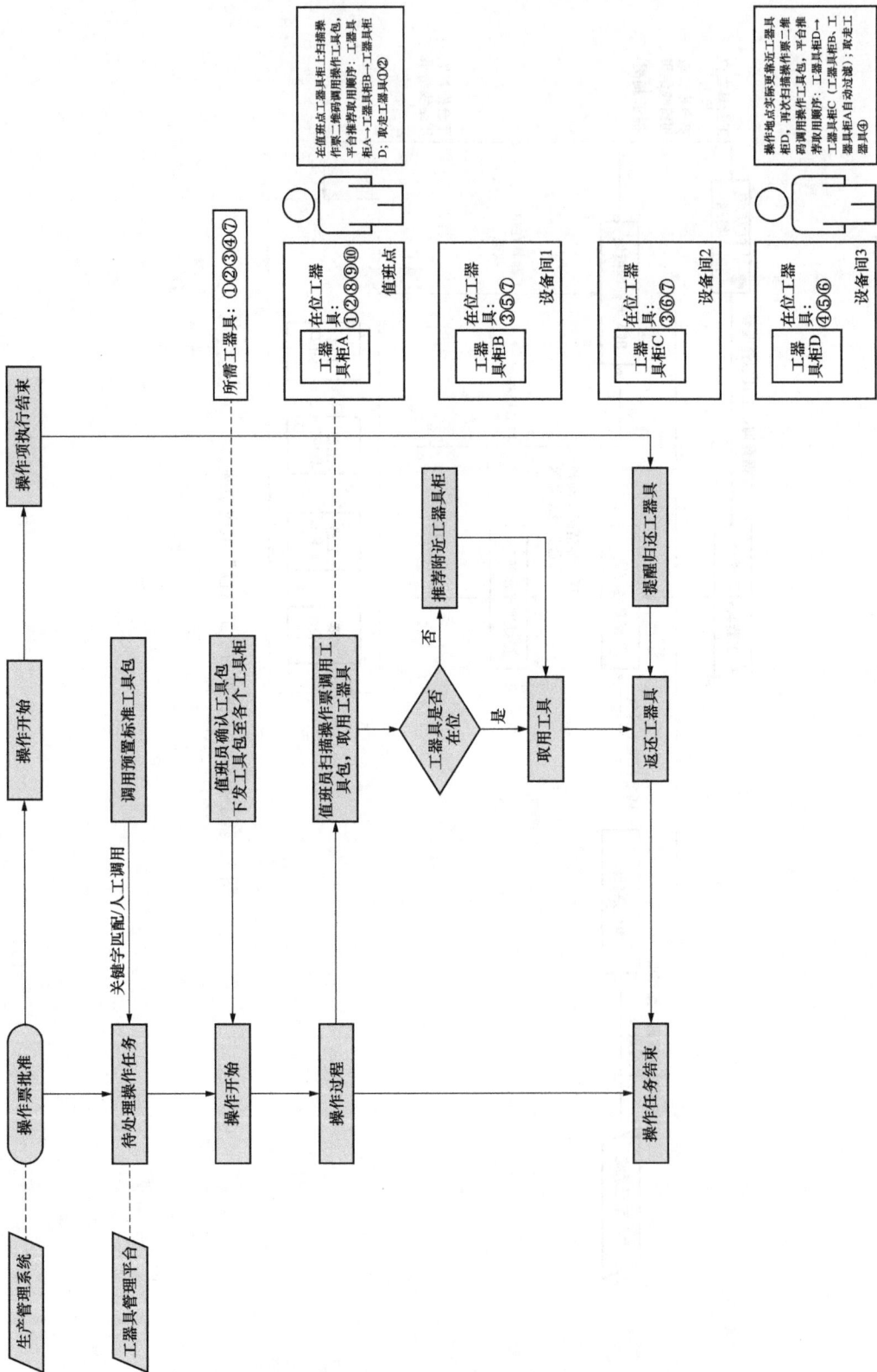

图 4 业务流程图

4 实现效果

通过对水电站的运行操作各类工器具设备台账集中建档管理，建立了工器具的电子化台账。对历史操作过程中所用工具进行归类，整理出每个特定操作任务所需使用的操作工具类型和数量并进行合理固化，形成标准"工具包"。

通过对系统性能进行测试，并记录测试结果。测试方法为，安排两组岗位相同、技能水平相仿的值班员。由测试人员拟订 4 项操作任务，两组值班员在事先未告知测试题目的情况下，模拟人工筛选取用及系统筛选取用两种方式。两组值班员独立进行测试，记录最终完成取用工器具时间及准确率，如表 1 所示。

表 1   两种方式耗时对比

方式	机组电气一次做安措（min）	400V 自用电检修转运行（min）	水轮机辅助设备做安措（min）	机组快速门全关做防动（min）
人工筛选取用	9	9	6	5
系统筛选取用	5	5	4	3

通过测试结果可以看出，在采用具备"工具包"功能的工器具管理系统后，运行人员取用工器具的时间明显缩短。该系统运行良好、响应迅速，对取还工器具的工作效率有较大提升。

5 结语

通过将工器具使用流程与运行操作流程充分结合，并将各业务流程以模块化的体系架构搭建系统，使其具备运行操作"工具包"功能。实现了运行操作工器具取还全流程的网络化、集成化、智能化，极大提升工器具取还的精准性、便捷性和闭环性。

通过设计运行操作"工具包"的功能，减小了水电站运行操作人员操作准备期间选择取用工器具的工作量及花费时间。同时，运行操作"工具包"的应用，解决了现有方式下工器具使用过程中存在的数据孤立、自动化程度低、资源分散的难题，实现了工器具智能化使用。同时，该"工具包"功能可以满足各种发电厂及变电站等对工器具的自动化、电子化的使用需求，规范工器具的管理与使用，具备良好的推广价值。

参考文献

[1] 黄正望. 电力系统安全工器具的现状与管理 [J]. 电力安全技术，2003，5（3）：4-5.

[2] 李宝民. 供电企业安全工器具管理系统的研究与开发 [D]. 保定：华北电力大学，2009.

[3] 陈良，俞成彪，李瑞. 安全工器具管理现状及对策 [J]. 电力安全技术，2004，6（9）：20-22.

[4] 龙玺，张海春，周卿松. 基于物联网的安全工器具管理系统 [J]. 大众用电，2020（7）：39-40.

[5] 李森茂，李卫军. "互联网+"在电力安全工器具管理中的应用 [J]. 河南电力技术，2016（1）：57.

作者简介

唐　翔（1998—），男，大学本科，助理工程师，主要研究方向：水电站运行值班。E-mail：tang_xiang@ctg.com.cn

郁　光（1987—），男，高级工程师，主要从事水电站运行管理工作。E-mail：yu_guang@ctg.com.cn

舒君侠（1990—），男，工程师，主要从事水电站运行管理工作。E-mail：shu_junxia@ctg.com.cn

基于物联网技术的大型水电站工器具智能化管理研究与实现

陈 刚 胡俊杰 马 贵

（向家坝电厂，四川省宜宾市 644612）

[摘 要] 本文基于向家坝电站工器具管理系统建设现状，借助工器具管理系统通过物联网技术联网管理的优势，分析当前工器具管理流程存在的问题，提出两种基于物联网技术的水电站工器具管理流程优化形式及该两种优化形式的实现路径，为进一步提升水电行业工器具管理水平提供借鉴。

[关键词] 大型水电站；工器具智能化管理；操作"工具包"；工单"钥匙包"

0 引言

电力市场化的进程逐渐加快，对发电企业而言，通过技术革新改进生产和管理流程实现提质增效是大势所趋[1]。传统方式下，主要采用纯人工的方式进行工器具管理，采用纸质登记、每天复核的方式对借用、归还及台账清查等信息进行记录和跟踪，无法实时了解现场各点工器具的使用情况、数量和工器具的状态，特别在工器具使用方面，操作工具的取用和检修用设备钥匙的借还依赖于值班员个人经验，在操作工具和钥匙（统称"工器具"）准备的种类完整性、数量准确性、归库管理上存在较大随机性，这种随机性引起的工器具准备不充分可能在事故处理中造成严重后果。向家坝电站借助物联网技术对生产用工器具实现智能化识别、定位、跟踪、监管等功能，并通过开发包括操作"工具包"和工单"钥匙包"在内的高阶应用优化工器具管理流程，实现工器具的智能化管理和操作工具及工单钥匙的一键准备，大幅提高生产效率。

1 工器具管理系统构架

工器具管理系统设计采用物联网设计理念，通常由管理系统应用和现地智能终端组成[2]。向家坝电站智能工器柜作为智能终端实现对工器具信息采集、设备定位、在位盘点、现地取还等各环节全流程支持以及与管理后台的数据交互，管理系统应用负责各项数据进行汇总处理、操作"工具包"和工单"钥匙包"等高阶功能实现、与包括作业管控系统在内的电站内其他系统对接。

智能工具柜按照实际生产需求分布于电站各处，为生产现场工器具提供存放场所，通过无线网络上送数据和接受指令。智能工具柜内布置有工控机、RFID读写器、探测天线、生物识别装置等基础物联网设备，柜内工器具均粘贴有 RFID 标签用于工具柜联网识别。联网状态下，智能工具柜根据管理系统应用要求对柜内工具柜进行实时管理并在后台生成管理日志；离线状态下，智能工具柜根据离线前管理系统应用要求对工器具进行管理并生成本地管理日志，联网恢复后将离线期间管理日志上传后台并实时更新。

管理系统（见图 1）应用数据库部署于电站内部工业互联网边缘云平台，支持容器化部署方式和微服务架构，管理系统应用数据库向作业管控系统提供接口，供作业管控系统查询和管理。管理系统后台设备包括移动手持机和 PC 机等，结合电站运行管理模式，管理员和后台操作人员可通过 PC 端管理网页实现控制。管理系统后台主要用于展示各现地智能工具柜状态、远程管理智能工具柜、完成工器具的 RFID 初始化绑定和初始数据创建、实现工器具管理逻辑、处理操作"工具包"和工单"钥匙包"业务流程。管理系统客户端设置系统管理、基础设施、设备管理、工具管理、钥匙管理、盘点管理等六个模块，其中基于物联网技术的水电站工器具管理流程优化在工具管理和钥匙管理两个模块中分别实现。

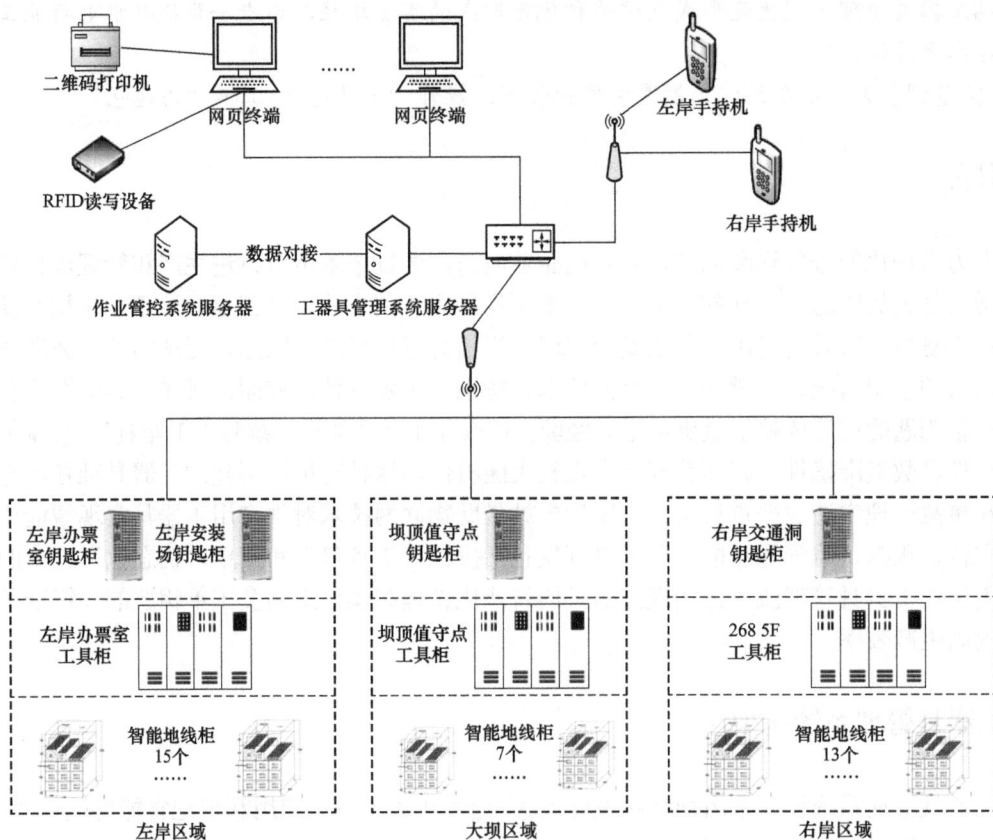

图 1　向家坝工器具管理系统结构图

2　基于物联网技术的工器具管理流程优化方法

结合向家坝电站工器具管理系统基础架构和运行情况，笔者提出操作"工具包"和工单

"钥匙包"两种工器具管理模式，对工器具准备、取用及归还全管理流程进行优化，实现工器具联网管理的扩展应用。

2.1 操作"工具包"

操作"工具包"主要解决值班员在操作开始前人工准备工器具存在的短板。受限于个人经验和人员状态，人工准备工器具可能出现操作工具准备速度慢、操作工具准备不齐全、取用工具耗时长等情况。按照优化后的流程，值班员接收操作任务后，可在工器具管理系统对指定操作任务所对应标准操作"工具包"调取，实现操作工具快速准备并按照系统提示就近取用操作工具，其关键步骤如下：

步骤 1：确定操作任务并在工器具管理系统调用标准操作"工具包"；

步骤 2：明确标准操作"工具包"满足本次操作要求。值班员对本次操作任务和系统默认标准操作包匹配性进行判断，直接使用标准操作"工具包"或增加少量操作工具至标准操作"工具包"内；

步骤 3：本次操作"工具包"下发至各智能工具柜；

步骤 4：值班员按系统提示取用操作工具并开始操作。在取用过程中，若值班员所需操作工具发现不在当前智能工具柜内，根据系统提示就近取用操作工具；

步骤 5：操作完成后归还操作工具。

值班员抵达操作地点后，可在操作地点附近任一工器具柜上通过操作票二维码和操作人或监护人的生物识别认证调取当前操作所需工具包，该工器具柜将本柜内所放置工器具与操作"工具包"内所需工器具进行比对，若本柜可提供所需工器具，则发出提示信息后开启柜门，并将指定工器具所在位置指示灯点亮（白色）用于提示值班员取用工器具；若本柜内当前不包含相应工器具，则以当前位置为基点按照系统内设位置点表信息向值班员推荐附近可取工器具的单个目标工器具柜或者工器具柜组，对于工器具柜组提示最佳取用路线。

操作完成后，值班员在任一工器具柜发起归还流程，按照提示将工器具一一返还。归还流程发起后，工器具柜门打开后会将待归还工器具位置点亮（红色），实现工器具快速、便捷归还。所有工器具归还完成后，系统自动判定当前操作任务完成，关闭当次操作"工具包"功能；若归还流程发起后 15min 后仍存在工器具未归还，系统判定工器具归还失败，向值班员发出提醒，实现工器具闭环管理。基于操作"工具包"的操作工器具管理流程见图 2。

2.2 工单"钥匙包"

工单"钥匙包"主要解决检修工作开展过程中钥匙的管理问题。在常规管理流程中，钥匙管理与工单许可未实现有效配合，工单许可后，检修人员需单独向值班员提出钥匙借用申请。当某项检修工作持续时间较长时，将存在钥匙多次借用的情况，必然导致值班员和检修人员反复沟通；同时，由于值班员和检修人员对同一工作认知的差异，可能存在借出钥匙与检修工作错位的情况，增加钥匙的管理成本和风险。按照优化后的流程，钥匙管控关键步骤如下：

步骤 1：检修人员发起工单许可申请，工器具管理系统接收作业管控系统的工单信息，自动判定当前工单是否需要钥匙；

步骤 2：值班员和检修人员确认钥匙齐全并许可工单；

步骤 3：检修人员根据工作需要，自行取还钥匙并开展工作；

步骤 4：检修工作结束，注销工单后系统自动注销检修人员钥匙借用权限。

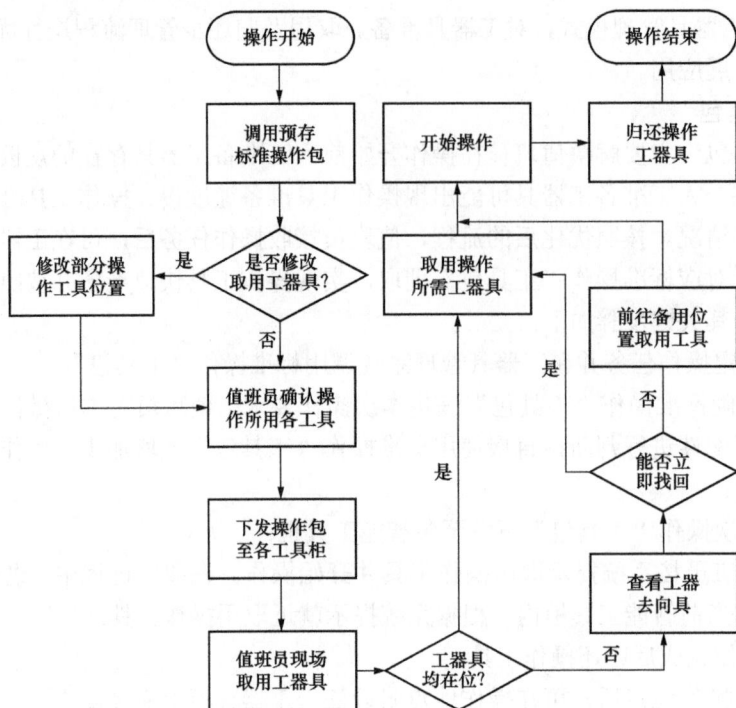

图 2　基于操作"工具包"的操作工器具管理流程

基于工单"钥匙包"的设备钥匙管理流程见图 3。

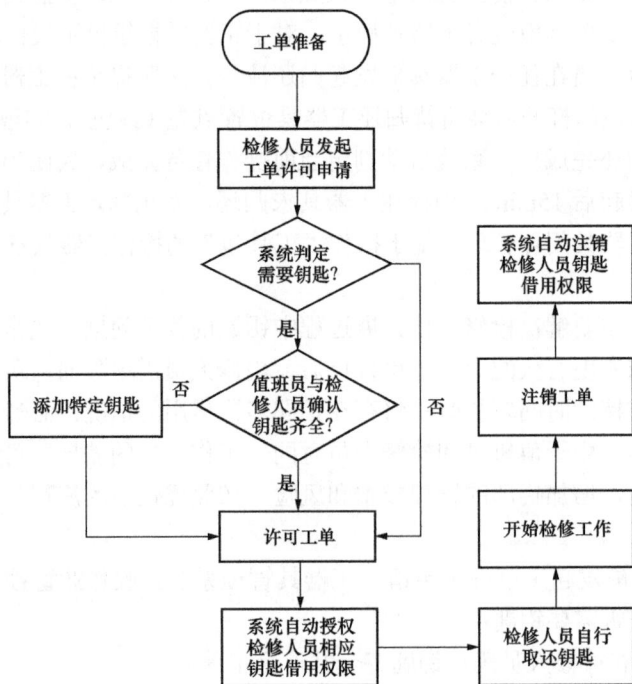

图 3　基于工单"钥匙包"的设备钥匙管理流程

　　办理工作票时，系统将该工作所需的钥匙打包并与该工作票绑定，工单许可即实现钥匙的借用权限向工作负责人下发，工作负责人通过工作票二维码或者生物识别功能取用所需钥匙，钥匙柜自动生成钥匙借出日志；若柜内钥匙已借出，则向工作负责人提醒该钥匙已出库，工作负责人通过借出日志相关信息联系借用人。

　　在每日下班前，工器具管理系统对钥匙柜内钥匙进行盘点，若存在钥匙借出未归还的情况，则向值班员发出提示并通知钥匙借用人尽快归还钥匙。工作票注销时，系统即对此工作票所需钥匙进行判定，若钥匙在位，该工作票可正常注销；若钥匙不在位，则闭锁工作票注销功能，并向值班员发出提醒，显示××钥匙未归还，请确认后再注销工作票。

3　基于物联网技术的工器具管理流程优化实现路径

　　通过使用物联网技术，向家坝电站将站内所有工器具实现联网管理并建立起工器具管理系统，为管理流程的优化提供基础硬件和系统支撑。操作"工具包"和工单"钥匙包"充分利用工器具联网的优势，完成工器具人工管控到工器具管理智能化、标准化、规范化的转变。

3.1　操作"工具包"实现路径

　　操作"工具包"实现路径的总体思路：对历史操作过程中所用工具进行归类，整理出每个特定操作任务所需使用的操作工具类型和数量并将其进行合理固化，固化后的工具清单作为初始标准操作"工具包"。操作任务来源包括作业管控系统下发和值班员在工器具管理系统内自建。

　　工器具管理系统实时读取来自作业管控系统的操作票数据，并对操作人、操作票编号、操作票二维码、操作票名称等关键信息进行判断，将操作票名称信息与工器具管理系统数据库内操作包名称进行基于关键字的模糊查询，查询结果推送至值班员等待进一步确认，系统将确认后的匹配结果下发至各现地智能工具柜。值班员自建操作任务方式作为外部数据来源中断后的应急补充，依靠人工对工具包和操作任务进行匹配。

3.2　工单"钥匙包"实现路径

　　工单"钥匙包"实现路径的总体思路为：对历史工单进行分析，将检修工作与钥匙进行匹配，对特定检修工作所需钥匙进行分类并固化为工单"钥匙包"。工器具管理系统内，工单"钥匙包"与制定检修工作一一对应，工单许可后，检修人员可在许可工期内不限次数自行借还当次工作所需钥匙。工器具管理系统工单信息同样取自作业管控系统或值班员自建。

　　工器具管理系统对来自作业管控系统的工单编号、工作地点、工作负责人等信息进行读取，根据工作地点筛选出工单"钥匙包"并推送至值班员处，值班员与检修人员确认无误后，工单"钥匙包"自动挂接至对应工单，伴随工单的许可将对应工单"钥匙包"内的钥匙借用权限授予工作负责人。工作负责人在检修工作许可期间，可凭借工作票或生物识别自助进行钥匙的借还，不再需要值班员重复授权。检修工作结束后，工作负责人的钥匙借用权限随着工单注销自动结束。

4　结语

　　提出基于水电站自身运行管理模式的工器具管理优化，是当前电力行业智能化、数字化转型的积极探索，对提高电力生产和设备检修效率具有重要意义。本文针对水电站内运检人员对工器具的差异化管理需求，提出基于物联网技术的工器具管理模式优化方法及其实现路径，以操作"工具包"和工单"钥匙包"的形式实现了工具准备智能化和钥匙借还自助化，使电站运维管理能力得到了有效提升。

参考文献

[1] 徐承松，陈琦，蒋劲雨. 基于 RFID 技术的电力工具柜管理系统的设计 [J]. 光源与照明，2022（11）：140-142.

[2] 张崔利杰，甘露，陈浩然，丛继平. 基于 RFID 的航空维修工具管理系统设计 [J]. 计算机应用与软件，2021，38（10）：15-21，44.

[3] 汪晨，余嘉文，陈强. 基于 RFID 的电网检修工作票管理系统开发与应用 [J]. 信息技术，2021，（04）：75-79，85.

[4] 王秀玄，卢伟，孟斌. 基于微信平台的智能钥匙管理系统设计与实现 [J]. 郑州铁路职业技术学院学报，2020，32（01）：42-44.

作者简介

陈　刚（1979—），男，高级工程师，主要从事水电站运行管理工作。E-mail：chen_gang6@ctg.com.cn

胡俊杰（1994—），男，工程师，主要从事水电站运行管理工作。E-mail：hu_junjie1@ctg.com.cn

马　贵（1983—），男，高级工程师，主要从事水电站运行管理工作。E-mail：ma_gui@ctg.com.cn

运用 VB 编程调用 Excel 进行数据格式调整和填充

王德广

（汉江集团公司丹江口水力发电厂，湖北省丹江口市 442700）

[摘　要] Excel 办公软件具有强大的数据处理分析功能，在大坝安全监测数据处理方面已经广泛应用。Visual Basic（简称 VB）是一种面向对象的可视化编程语言。本文主要介绍了如何在 VB 语言和 Excel 办公软件之间建立有效联系，实现对大坝安全监测数据格式调整，进而降低劳动强度，提高工作效率，供相关从业人员参考。

[关键字] 大坝安全；VB 语言；表格结构；数据格式

0　引言

大坝安全监测是保证枢纽工程安全运行的重要手段，外业通过监测仪器采集数据，内业利用计算机对数据进行处理分析来研判工程安全状况，从而确保工程安全、枢纽发挥综合效益。监测数据内业处理是一个重复且繁琐的工作，每个月需要对具有相同或相似结构的 Excel 表格进行反复的批量处理，在没有专业软件辅助的情况下，效率并不高，一些重复性较强的工作需要人工逐步去完成，比如 Excel 表格数据的填充、提取，以及格式的调整等。

近年来，业内不少专家学者和一线技术人员均结合工作实际进行过诸多研究和尝试，比如利用编程语言进行批量数据改正、图形绘制、测量手簿自动检查等，以上研究均以自身问题为导向，较好地解决了自身实际问题，同时给业内技术人员在解决相同问题上提供了思路和方向。笔者在日常实际工作中结合内业数据处理人员的操作习惯和 VB 语言的特点，通过个性化的程序设计实现了 VB 语言对 Excel 文件的批量处理[1]。

1　程序设计背景

根据混凝土坝和土石坝安全监测规程，丹江口大坝每个月均需要进行周期性水准测量，以获取大坝月度垂直位移变化量，外业数据采集结束之后需进行内业数据处理。

内业数据处理中需要将原始数据文件通过专业软件转化为 Excel 文件，最终处理的文件均为 Excel 文件，且成果形式也是 Excel 文件。根据大坝水准路线走向和水准网网形，每个 Excel 文件均包含 2~8 个不等的 Sheet 表单，每一个表单代表一条水准路线的测段，每一个 Excel 文件的所有 Sheet 表单（也就是含有的全部测段）组成一条水准路线，所有的 Excel 文件（也就是水准路线）组成整个丹江口大坝的水准路线网。水准外业观测结束后，通过对水准网的平差计算得到丹江口大坝月度沉降变化量。原始观测文件经过专业软件转化后的 Sheet 表单样如图 1 所示。

	A	B	C	D	E	F	G	H	I	J
1				等电子水准测量记录手簿						
2		测	环	线	自	至				
3	天气		风向		风力		土质	(地面)		呈像
4	仪器	Dini 12	观测时刻	始	09:06:331	末	10:05:171			
5	测	视准点	视距读数		标尺读数		读数差(mm)	高差(m)	高程(m)	备注
6		后视	后距1	后距2	后尺读数1	后尺读数2				
7		前视	前距1	前距2	前尺读数1	前尺读数2				
8	站	中视	视距差(m)	累计差(m)	高差(m)	高差(m)				
9		M3W	7.2	7.2	1.7747	1.7746			0	
10	1	1	7.6	7.6	1.1748	1.1748		0.5998	0.5998	
11			-0.4	-0.4	0.59984	0.59978	0.06			
12		1	7.6	7.6	1.1747	1.1747			0.5998	
13	2	2	7.7	7.7	1.2133	1.2134		-0.0387	0.5612	
14			0.0	-0.4	-0.03866	-0.03865	-0.01			
15		2	3.0	3.0	1.3369	1.3369			0.5612	
16	3	3	2.9	2.9	1.2981	1.2981		0.03881	0.6000	
17			0.0	-0.4	0.03881	0.03881	0			
18										
19						高差总和		15.3098		
20										
21										
22	自	M3W	点至	01YLY63W点	距离	0.323747 km				
23										
24	计算者				检查者			检核者		
25										

图 1 原始文件转化后的样图

因为不同水准路线测段距离和测站数不同，所以初始转化后的 Sheet 表单在行数上存在不同，但是任何 Sheet 表单的“A1 至 J3 的表头区域”仅有时间上的不一致，即“E4”和“G4”两个单元格的内容，这一内容是根据实际的观测时间读取而来，不做任何改动。初始转化后的 Sheet 表单文件在第“C 列”“D 列”“G 列”不满足保留 2 位小数的要求，“E 列”“F 列”“H 列”“I 列”不满足保留 5 位小数的要求，根据规范要求和后期资料归档打印要求，每一个 Sheet 表单列数据的格式需要做统一调整。调整内容包括三部分：

（1）调整每一个 Sheet 表单指定列数据小数位数；

（2）调整每一个 Sheet 表单列宽和页边距；

（3）将固定文字内容填入每一个 Sheet 表单的指定单元格；

调整后的 Sheet 表单样如图 2 所示。

	A	B	C	D	E	F	G	H	I	J
1					一等电子水准测量记录手簿					
2				测段	自LD15YT01	至LD17YT01	返		水准仪编号：	№ 743590
3	天气：晴		风向：	东	风力：2级	温度：15℃	土质：	沥青(地面)	水准尺编号：	№ 62222/62221
4	仪器	Dini 03	观测时间	始2024/01/24	10:54:161	末01/24	10:58:481		呈像：	清晰
5	测	视准点	视距读数		标尺读数		读数差(mm)	高差(m)	累积高差(m)	备注
6		后视	后距1	后距2	后尺读数1	后尺读数2				
7		前视	前距1	前距2	前尺读数1	前尺读数2				
8	站	中视	视距差(m)	累计差(m)	高差(m)	高差(m)				
9			27.00	27.01	1.25745	1.25741			0.00000	
10	1	LD15YT01	27.11	27.13	1.22957	1.22960		0.02784	0.02784	
11			-0.11	-0.11	0.02788	0.02781	0.07			
12			2.64	2.64	1.25658	1.25658			0.02784	
13	2	LD16YT01	2.64	2.64	1.25659	1.25658		0.00000	0.02784	
14			0.00	-0.11	-0.00001	0.00000	-0.01			0.02784
15			26.89	26.89	1.20774	1.20776			0.02784	
16	3		27.08	27.08	1.21078	1.21083		-0.00306	0.02478	
17			-0.20	-0.31	-0.00304	-0.00307	0.03			
18			6.84	6.84	1.24337	1.24339			0.02478	
19	4	LD17YT01	6.84	6.84	1.24335	1.24336		0.00003	0.02481	
20			0.00	-0.31	0.00002	0.00003	-0.01			-0.00303
21										
22			距离	0.12703	km	高差总和		0.02481		

图 2 符合归档要求的数据样图

目前实际情况是观测手簿生成的 Excel 文件不能较好满足材料的格式和打印需求且现在的调整方式为人工手动逐个调整，效率不高。因此，基于每一个 Sheet 表单的列格式要求一致这个共性特点，尝试使用 VB 程序设计语言设计程序实现每一个 Sheet 表单格式的批量自动调整，同时提高劳动效率。

2 程序算法设计

通过比对原始 Sheet 表单，结合实际资料打印要求，总结出 Sheet 表单具有共性的部分如下[2]：

（1）在小数位数设置方面。每一个 Sheet 表单的"C 列、D 列、G 列"均需要设置保留 2 位小数，"E 列、F 列、H 列、I 列"均需要设置保留 5 位小数。

（2）页边距设置方面。每一个 Sheet 表单的打印页边距设置如下：左页边距 0.8cm，右页边距 0.8cm，上页边距 1.9cm，下页边距 1.4cm，居中方式：水平居中。

（3）固定数据填入方面。每一个 Sheet 表单"A1 至 J3 的表头区域"中有如下位置为固定部分。

1）B4 单元格需要填入"水准仪型号"（目前在用的只有天宝系列水准仪，型号均为 Dini03，故这里均填入"Dini03"均可）；

2）D4 单元格需要填入"始+当天观测日期"；

3）I2 单元格需填入"水准仪编号："；

4）I3 单元格需填入"水准尺编号："；

5）J2 单元格需填入"№+水准仪编号"；

6）J3 单元格需填入"№+水准尺编号"；

7）I4 单元格需填入"呈像："；

8）J4 单元格需填入"清晰"。

根据以上共性，对程序进行如下算法设计（见图 3）。

图 3　算法设计图

3 程序界面设计

根据 Sheet 表单结构和资料要求，程序主界面需要具备固定数据、操作按钮通用对话框等部件[3]。程序主界面见图 4。

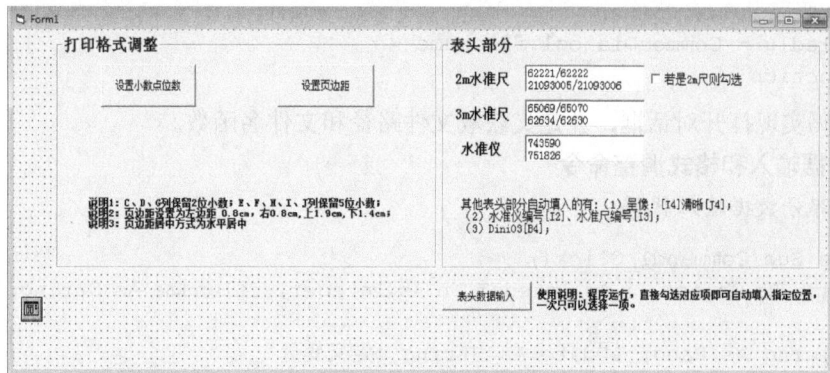

图 4　程序主界面

3.1 表头部分

表头部分采用一个 Frame 控件，包含有 4 个 Label 控件、3 个 List 控件、1 个 Check 控件。下设 1 个 Command 控件执行选择后的命令。

4 个 Label 控件名称分别为 2m 水准尺、3m 水准尺、水准仪；对应的 3 个 List 控件内分别盛放日常观测所用的设备编号，供选择；1 个 Label 控件作为输入说明；1 个 Check 控件为观测所用的水准尺为 2m 水准尺时勾选。

3.2 打印格式调整

打印格式调整仍然采用一个 Frame 控件，包含有 2 个 Command 控件、1 个 Label 控件。2 个 Command 控件均为执行命令的操作按钮，1 个 Label 控件作为操作说明。

3.3 程序运行

程序运行前，需要将经过专业软件转化后的 Excel 表格存放在计算机中（任意文件夹即可），两个 Frame 控件中的部分单独运行。

"表头部分"程序运行时需要手动依次点击选择本次水准观测所使用的水准尺编号和水准仪编号，若是 2m 水准尺，则勾选复选框，选择完成后点击"表头数据输入"Command 控件即可。

"打印格式调整"程序运行时，分别点击"设置小数点位数 Command 控件""设置页边距 Command 控件"即可。

4 程序代码设计

根据数据表格结构和资料打印要求，用 VB 编程语言编写程序代码。代码主要分为 2 部分，一部分代码作用是调用通用对话框控件打开任意选择的含有观测数据的 Excel 文件；一部分代码作用是执行数据输入和格式调整命令。

4.1 打开任意 Excel 文件

```
Function openfiledlg() As String
With CommonDialog1
    .DialogTitle = "打开水准观测文件"
    .Filter = "(Excel File)|*.xlsx;*.xls"
    .ShowOpen
End With
openfiledlg = CommonDialog1.filename
End Function
```

以上代码实现打开对话框，并定义获取文件路径和文件名函数。

4.2 执行数据输入和格式调整命令

4.2.1 表头部分数据输入代码

```
Private Sub Command1_Click()
Dim xlapp As Object, i As Integer, n As Integer, filename As String, filepath
As
    String, rng As Rang, LDdate As String '定义变量
    Set xlapp = CreateObject("Excel.Application")
    Dim xlbook As New Excel.Workbook '定义工作簿
```

```
Dim xlsheet As Excel.Worksheet '定义工作表
'Dim exlApp As New Excel.Application '定义 exlapp 为 Excel 文件
Dim exlbook As Workbook '定义 exlbook 为工作表文件
filename = openfiledlg()
        Set exlbook = xlapp.Workbooks.Open(filename) 'Excel 文件路径及文件名
        xlapp.Visible = True '显示 Excel 窗口
        LDdate = Application.InputBox("请输入观测日期,以便于一次性填入指定位置",
"输入观测时间", "始")
    For i = 1 To exlbook.Worksheets.Count
      Sheets(i).Range("B4").Value = "Dini03"
      Sheets(i).Range("D4").Value = LDdate
      Sheets(i).Range("I2").Value = "水准仪编号:"
      Sheets(i).Range("I3").Value = "水准尺编号:"
      Sheets(i).Range("I4").Value = "呈像:"
      Sheets(i).Range("I4").HorizontalAlignment = xlRight '右对齐
      Sheets(i).Range("J3").Clear
      Sheets(i).Range("J2").Value = "№" & List5.Text
      '如果 check1 被勾选,则将 2m 尺编号填入 J3 位置,如果没有被勾选,则填入 3m 尺编号
    If Me.Check1.Value = 1 Then
      Sheets(i).Range("J3").Value = "№" & List7.Text
    Else
      Sheets(i).Range("J3").Value = "№" & List6.Text
     End If
      Sheets(i).Range("J4").Value = "清晰"
    Next
       exlbook.Save '保存工作簿
       xlapp.Quit  '关闭 Excel
    End Sub
```

4.2.2 打印格式调整—设置小数位数代码

```
Private Sub Command2_Click()
Dim xlapp As Object, i As Integer, n As Integer, filename As String, filepath
As String
     Set xlapp = CreateObject("Excel.Application")
     Dim xlbook As New Excel.Workbook '定义工作簿
     Dim xlsheet As Excel.Worksheet '定义工作表
     'Dim exlApp As New Excel.Application '定义 exlapp 为 Excel 文件
     Dim exlbook As Workbook '定义 exlbook 为工作簿文件
     filename = openfiledlg()
           Set exlbook = xlapp.Workbooks.Open(filename)
           '将打开的 Excel 文件路径及文件名赋值给 exlbook
             xlapp.Visible = True '显示 Excel 窗口
       For i = 1 To exlbook.Worksheets.Count
       With exlbook.Sheets(i).Range("E:E,F:F,H:H,I:I,j:j")
           .NumberFormatLocal = "0.00000_ "
               With exlbook.Sheets(i).Range("C:C,D:D,G:G")
               .NumberFormatLocal = "0.00_ "
           End With
     End With
   Next
     exlbook.Save '保存工作簿
```

```
xlapp.Quit  '关闭 Excel
End Sub
```

4.2.3 打印格式调整—设置页边距代码

```
Private Sub Command3_Click()
Dim xlapp As Object, i As Integer, n As Integer, filename As String, filepath
As String, rng As Range
Set xlapp = CreateObject("Excel.Application")
Dim xlbook As New Excel.Workbook '定义工作簿
Dim xlsheet As Excel.Worksheet '定义工作表
Dim exlbook As Workbook '定义 exlbook 为工作表文件
filename = openfiledlg()
        Set exlbook = xlapp.Workbooks.Open(filename) 'Excel 文件路径及文件名
        xlapp.Visible = True '显示 Excel 窗口
        For i = 1 To exlbook.Worksheets.Count
                '页边距调整
            With exlbook.Sheets(i).PageSetup
            .LeftMargin = Application.InchesToPoints(0.31) '左边距 0.7cm
            .RightMargin = Application.InchesToPoints(0.31) '右边距 0.7cm
            .TopMargin = Application.InchesToPoints(0.75) '上边距 1.9cm
            .BottomMargin = Application.InchesToPoints(0.55) '下边距 1.4cm
            .CenterHorizontally = True ' 页边距居中方式为水平居中
        End With
    Next
    exlbook.Save '保存工作簿
    xlapp.Quit  '关闭 Excel
     xlapp.DisplayAlerts = False
End Sub
```

该程序经过调试和试验，在实际工作中应用效果显著，一方面较好地提高了劳动效率，降低了劳动强度[4, 5]，另一方面具有一定的推广价值。本小程序仅仅实现了 Excel 文件格式调整，但在 VB 程序语言和 Excel 应用软件之间建立了有效联系。VB 语言是一种基础的可视化编程语言，在变形监测数据处理方面具有一定的应用价值。

5 结语

随着大坝安全监测设备的更新迭代，外业数据采集工作越来越简单化、智能化，外业观测仅仅是一种数据采集手段，真正值得思考研究的则是如何高质量高效率完成大批量监测数据的处理。大坝安全监测工作周期性强、重复率高，不同的监测工作也有类似大批量的数据处理问题，同时 Excel 有强大的数据处理功能，在监测数据处理、分析方面发挥了重要作用。基于本次程序设计，后续可以从以下 3 个方面考虑：

（1）可以为后续继续开展其他观测项目程序设计打下基础。

（2）本程序还有继续开发的潜能，比如如何改进程序实现每次打开文件时可以同时打开多个文件，同时进行调整格式，进一步提高劳动效率。

（3）还可以根据每一个测段的观测高差具有唯一性和测站数具有唯一性的两个特点，在此基础上继续开发高差自动计算程序，同时提取高差生成指定数据文件。

参考文献

［1］姜丽杰. VB 与 Excel 数据导入导出的研究与实现［J］. 辽宁师专学报（自然科学版），2012，14（01）：43-45.

［2］王凯. 利用 VB 编程实现电子水准测量手簿的自动检查［J］. 科技创新导报，2017，14（30）：140-141，143.

［3］王当强. 利用 VB 编程调用 Excel 进行精密测距气象改正［J］. 人民长江，2010，41（20）：66-69.

［4］余远景. 基于 Excel VBA 开发的水准数据处理程序［J］. 城市勘测，2020（06）：160-163.

［5］祝昕刚. 用 Excel VBA 编制变形监测数据处理程序［J］. 地理空间信息，2011，9（03）：170-172，192.

［6］罗刚君. Excel VBA 程序开发自学宝典（第 2 版）［M］. 北京：电子工业出版社，2011.

［7］国家质量监督检验检疫总局. GB/T 12897—2006 国家一二等水准测量规范［S］. 北京：中国标准出版社，2006.

作者简介

王德广（1993—），男，工程师，注册测绘师，主要从事大坝安全监测工作。E-mail：740333427@qq.com

基于钻孔检查和物探测试的某电站消力池交通排水廊道渗漏检测分析

李　福　赵斌斌　何　兴　贺　喜　周　镜　孟学端

（华能澜沧江水电股份有限公司乌弄龙·里底水电厂，云南省迪庆藏族自治州　674606）

[摘　要] 针对某水电站消力池交通排水廊道投入运行以来部分区域一直存在浸润状态的微量渗水问题，拟采用钻孔检查和物探测试相结合的检测方法对廊道开展渗水检测。此次渗漏检测充分发挥钻孔检查和物探测试两种检测方法的优势，通过综合分析各检测方法的结果可知：帷幕灌浆排水廊道防渗效果较好，混凝土与基岩结合紧密，基岩段完整；纵向排水廊道混凝土和基础结合不充分，地下水通过基岩裂隙渗出，造成消力池交通排水廊道出现渗水现象。

[关键词] 水电站；渗漏；钻孔检查；物探测试

0　引言

大坝建成蓄水后，由于上下游水位高差较大以及自然环境多变和施工工艺存在差异，在坝体内常常会出现渗漏问题，而渗漏往往是影响坝体安全最重要的因素之一[1, 2]。目前用于检测渗漏问题的方法主要有钻孔检查和物探测试。钻孔检查包括钻孔压水和水位观测等。钻孔压水是在孔内注入压力水，然后观察水位和水压随时间的变化情况[3, 4]。水位观测则是在钻孔完成后在相同时间间隔内观察孔洞中水位的上升情况[5]。物探测试包括孔间波速检测和全景成像及解译等。孔间波速检测和全景成像及解译都是利用专业设备基于已有孔洞进行检测[6, 7]。无论采用哪一种检测方法研究渗漏问题，对于所得结果均有一定的局限性，为了准确定位某大坝渗漏的原因和位置，本次渗漏检测将综合使用钻孔检查和物探测试方法，为后期的施工方案提供完备的数据支持。

1　消力池交通排水廊道现状

1.1　渗漏情况

某水电站消力池交通排水廊道投入运行以来在坝下 0+130.00～0+138.00m 区域一直存在浸润状态的微量渗水，导致廊道部分墙壁长期呈潮湿状。2022年以来渗流量逐渐增大，渗水呈浸润状及流淌状。2022年3月初某工作人员通过巡检后发现，消力池 1786.40m 交通排水廊道在 2021年1月，坝下 0+117.00m 左右侧及坝下 0+130.00m 和坝下 0+138.00m 右侧交通排水廊道范围内有渗漏现象出现，最大排水量为 1.5L/s；2022年4月巡检中，发现消力池

1786.40m 交通排水廊道顶拱及侧墙缝间出水量明显增大，最大渗流量达到 4.4L/s。

1.2 原因分析

鉴于消力池交通排水廊道渗水量较明显，为了治理该部位持续渗漏，避免对消力池、右岸生态放水底孔及边坡稳定产生不利影响，需查明和分析评价该部位渗漏原因，为渗漏处理提供依据。经对渗漏部位初步判断，该部位可能存在由于下游帷幕施工、混凝土裂缝、结构缝封闭等缺陷，以及地基岩体、断层破碎带等多种原因产生的渗漏问题，渗出的水流源自上游大坝、下游尾水、侧向山坡以及顶部底孔消力池均有可能。

1.3 技术措施

基于以上判断：为了检测渗漏源头和成因，可采用钻孔压水试验、孔间波速检测和钻孔全景成像及解译等方法，通过不同层次多方法综合应用，从空间上分析渗漏形成的成因及边界条件，判断渗漏模式，确定渗漏通道等。通过对目前消力池交通排水廊道内各监测仪器观测资料的综合分析，了解消力池交通排水廊道内各集水段的渗漏情况，以及渗漏情况与上下游水位的相关关系，辅助确定渗漏位置和形成原因。本文将采取钻孔检查和物探测试相结合的检测方法，查找消力池交通排水廊道渗水原因和明确渗水源头，为下一步采取有效的防渗措施提供技术支撑。

2 检测方法及原理

2.1 钻孔压水

水工建筑物建成以后，往往使环境水文地质条件发生较大的变化，尤其是在高压水头作用下，其渗透性必然受到较大影响。钻孔压水试验是借助于专门的止水栓塞与孔壁密贴，把一定长度的试验段隔离开来，然后通过水泵用一定水头压力的水压入试验段内，使之从孔壁的裂隙向周围的岩体内渗透，经过一段时间后，渗透水量最终趋向于一个稳定值，然后计算压水段透水率。通过透水率，检验灌浆材料和灌浆工艺是否存在问题，查明基础的渗透特性以及廊道裂隙的发育程度。

2.2 水位观测

水位观测，即钻孔终孔完成后测量孔中水位。当钻孔完成时，如果孔洞壁面存在渗漏情况，则周围水源将会顺着渗流通道汇聚于孔洞中，在钻孔内插入水位计，并将水位计与地面上的测量设备相连，通过读取水位计的读数，可以检测不同时刻钻孔内的水位变化情况。该方法基于已有钻孔开展，具有精度高、操作方便的特点，能够准确得到钻孔内的水位变化参数。分析不同部位钻孔水位、钻孔水位与库水位之间的关系，初步确定廊道的透水性、裂隙发育程度，亦可为研究判断引起渗漏的部位提供依据。

2.3 孔间波速检测

混凝土是由多种材料组成的多相非匀质体。对于正常的混凝土，声波在其中传播的速度具有一定范围，当传播路径遇到混凝土有缺陷时，声波要绕过缺陷或在传播速度较慢的介质中通过，声波将发生衰减，造成传播时间延长，使声时增大，计算声速降低，波幅减小，波形畸变。根据波的初至到达时间和波的能量衰减特征、频率变化及波形畸变程度等特性，可以获得测区范围内混凝土的密实度参数。测试及记录钻孔不同侧面、不同高度上的超声波动特征，经过处理分析就能判别测区内混凝土内部存在缺陷的性质、大小及空间位置，并对混凝土总体的均质性和完整性的做出评价。

2.4 钻孔全景成像及解译

钻孔全景成像是一种通过电视信号成图直接获取地下信息的一种检测方法，能取得精确和丰富的岩体资料。钻孔成像仪是一种集钻孔录像、全景壁图像拼接功能为一体的孔内检测仪器。它能够直观的观测钻孔中地层岩性、岩石结构、断层、裂隙、夹层、岩溶、混凝土浇筑质量等孔壁结构特性，还可以为地下渗水源头及流动情况提供直观的资料。通过获得精确和直观的钻孔全景图像信息，同时与钻孔取芯得到的岩体特性相结合，能够获得更加准确的地质信息，增强钻孔检查的精确度。

3 检测过程及结果

本次渗漏检测在下游 1788.00m 高程帷幕灌浆排水廊道帷幕线上布置 3 个检查孔，编号分别为 JCK8、JCK9 和 JCK10；在坝右 0+61.00m 及坝右 0+19.00m 纵向排水廊道处各布置 1 个检查孔，编号分别为 JCK11 和 JCK12，JCK11 和 JCK12 检查孔所处位置在施工期未进行帷幕灌浆。5 个检查孔孔深均为 25m，总计孔深 125m。

3.1 钻孔压水

消力池下游廊道混凝土厚度相对较薄，钻孔位置混凝土厚度在 0.6～4.0m 间，故压水试验只针对基岩进行压水，分段长度为：接触段长度为 2.0m，以下各段为 3.0m，接触段采用单点法进行压水试验，压力 0.6MPa，其他孔段采用五点法进行压水试验，压力依次为 0.3、0.6、1.0、0.6、0.3MPa。根据施工期设计技术要求：消力池下游基础帷幕（含搭接帷幕）设计防渗标准为 3Lu。经检查孔压水试验检查，消力池下游混凝土与岩石接触段的透水率的合格率为100%；其余孔段的合格率不小于 90%，不合格试段的透水率不超过 4.5Lu，且分布不集中，灌浆质量可评为合格。消力池下游廊道检查孔压水试验检测成果统计表见表 1。

表 1　　　　　　　　　某电站消力池下游廊道检查孔压水试验检测成果统计表

工程部位	检查孔号	最大值（Lu）	最小值（Lu）	平均值（Lu）	压水总段数（段）	接触段透水率（Lu）	接触段透水率<3Lu段数（段）	第2段及以下段压水成果统计			备注
								段数（段）	透水率<3Lu段数（段）	透水率<3Lu比例（%）	
1788m帷幕灌浆排水廊道	JCK8	0.66	0.08	0.28	8	0.46	1	7	7	100.0	帷幕线上
	JCK9	0.89	0.13	0.39	8	0.34	1	7	7	100.0	
	JCK10	0.56	0.00	0.33	8	0.00	1	7	7	100.0	
坝右0+61m纵向排水廊道	JCK11	17.35	0.35	7.95	9	7.43	0	8	3	37.5	无帷幕灌浆
坝右0+19m纵向排水廊道	JCK12	27.13	0.08	4.14	9	27.13	0	8	6	75.0	

3.2 水位观测

消力池下游廊道 5 个检查孔，钻孔终孔完成后，经过连续水位观测结果如下：JCK8 号孔，有少量涌水现象，涌水量约 0.6L/min。JCK9 号孔，有少量涌水现象，涌水量约 0.8L/min。

JCK10 号孔，有少量涌水现象，涌水量约 0.3L/min。JCK11 号孔，有涌水现象，涌水量约 30.4L/min，涌水压力为 0.071MPa；该孔终孔完成后，原坝下 0+117m 右侧边墙渗水位置，渗水量并没有受 JCK11 号孔涌水量的影响而变化；随着气候的变冷，坝下 0+117m 顶拱施工缝也开始呈点状渗水。JCK12 号孔，有涌水现象，涌水量约 26.8L/min，涌水压力为 0.042MPa。该孔终孔完成后，原坝下 0+117m 左右侧边墙底脚渗水位置，渗水量并没有受 JCK12 号孔涌水量的影响而变化。

3.3 孔间波速检测

对消力池下游廊道 5 个检查孔进行了单孔声波检测，对 JCK8～JCK9 剖面和 JCK9～JCK10 剖面进行了跨孔声波检测，单孔声波检测 127.00m，跨孔声波检测 50.80m，单孔声波检测成果表见表 2，跨孔声波检测成果表见表 3。

表 2　　　　　　　消力池下游廊道检查孔单孔声波检测成果表

工程部位	孔号	测试类型	检测孔深(m)	测试点数	全孔段波速特征				相对低波速孔段		备注
					最大值(m/s)	最小值(m/s)	平均值(m/s)	标准差(m/s)	孔深(m)	波速平均值(m/s)	
1788m 高程帷幕灌浆排水廊道	JCK8	单孔	25.4	125	5714	3922	4997	507	10.0～10.8、19.0～19.6	4284、4287	
	JCK9	单孔	25.4	125	5714	4082	4958	430	15.6～15.8、22.2～22.4	4215、4396	
	JCK10	单孔	25.4	125	5882	3922	4942	527	13.8～14.6、18.2～19.0	4192、4229	
坝右 0+61m 纵向排水廊道	JCK11	单孔	25.4	125	5714	3333	4845	507	0.8～2.4、10.4～10.8、16.2～16.8	3922、4061、4149	
坝右 0+19m 纵向排水廊道	JCK12	单孔	25.4	125	5882	3279	4769	685	1.8～2.6、3.2～9.2、13.8～14.2、15.0～15.4、17.2～17.6	3716、4061、4197、4037、3959	

表 3　　　　　　　消力池下游廊道检查孔跨孔声波检测成果表

工程部位	孔号	检测孔深(m)	混凝土厚	波速特征(m/s)				波幅特征(dB)				异常带分布位置		备注
				最大值	最小值	平均值	标准差	最大值	最小值	平均值	标准差	深度(m)	长度(m)	
1788m 高程帷幕灌浆排水廊道	JCK8～JCK9	25.4	4.0	5033	4283	4758	207	86.5	75.4	79.8	2.6	—	—	无异常
	JCK9～JCK10	25.4	4.0	5161	4174	4790	280	86.5	75.0	80.1	3.2	—	—	无异常

3.4 钻孔全景成像及解译

消力池下游廊道 5 个检查孔全景成像及解译结果分析如下：JCK8 号孔，孔深 0～4.08m 段为混凝土，密实，混凝土与基岩结合紧密，基岩段裂隙大部分可见水泥结石充填，其中 9.60～10.64m、17.50～20.90m 和 22.70～24.40m 段孔壁轻微破碎，可见水泥结石充填。JCK9 号孔，孔深 0～4.09m 段为混凝土，密实，混凝土与基岩结合紧密，基岩段裂隙大部分可见水泥结石充填，其中 8.40～11.40m 和 14.40～18.60m 段孔壁轻微破碎，可见水泥结石充填。

JCK10 号孔，孔深 0～4.00m 段为混凝土，密实，混凝土与基岩结合紧密，基岩段裂隙大部分可见水泥结石充填，其中 13.90～14.60m 和 18.00～19.00m 段孔壁轻微破碎，可见水泥结石充填。JCK11 号孔，孔深 0～0.60m 段为混凝土，局部不密实，混凝土与基岩结合不紧密，基岩段裂隙未见水泥结石充填，基岩段裂隙分布在 22.0m 以上孔段。JCK12 号孔，孔深 0～1.60m 段为混凝土，密实，混凝土与基岩结合紧密，基岩段裂隙未见水泥结石充填，基岩段裂隙主要分布在 17.5m 以上孔段。检查孔部分钻孔全景成像结果展开图如图 1 所示。

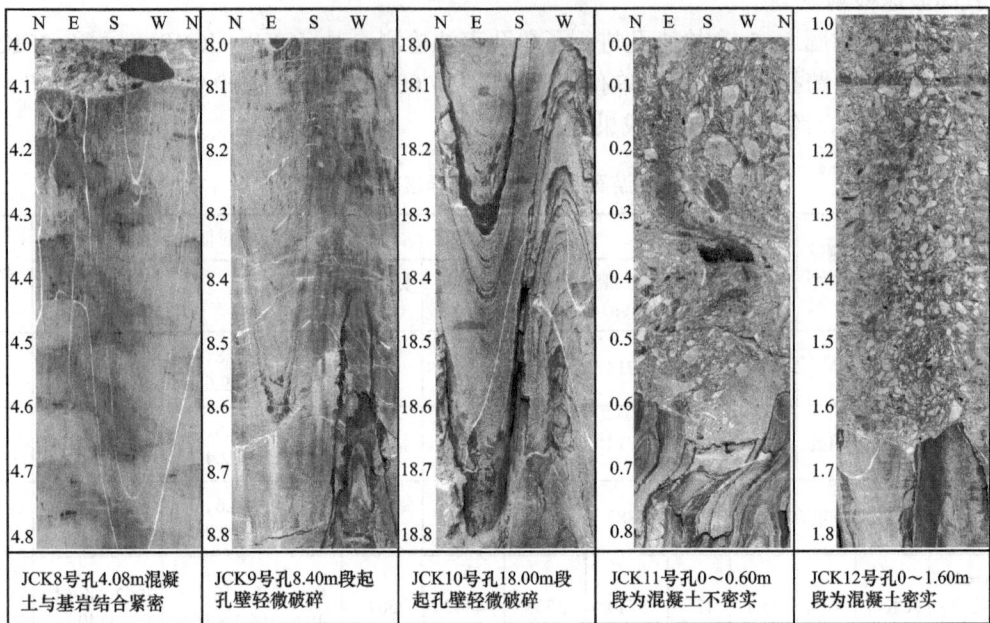

图 1　消力池下游廊道检查孔钻孔全景成像部分检测成果展开图

4　结论

（1）1788.00m 帷幕灌浆排水廊道帷幕线上的 JCK8 号、JCK9 号和 JCK10 号孔，压水试验透水率均小于施工期设计标准 3.0Lu，单孔声波相对低波速孔段分布较少，段长较短，跨孔声波无波速和波幅异常区分布，基岩段大多数裂隙被水泥结石充填，有少量涌水，涌水量约 0.3～0.8L/min。1788.00m 帷幕灌浆排水廊道帷幕线上的 JCK8 号、JCK9 号和 JCK10 号孔混凝土段密实，混凝土与基岩结合紧密，基岩段完整。

（2）坝右 0+61.00m 纵向排水廊道 JCK11 号孔，第 1 段～第 5 段（孔深 0.7～14.7m）和第 7 段（孔深 17.7～20.7m）压水试验透水率为 4.24～17.35Lu，其他段（14.7～17.7m、20.7～25.0m）压水试验透水率小于 3.0Lu，基岩段裂隙分布在 22.0m 以上孔段，均未见水泥结石充填，孔口见涌水现象，主要为地下水通过基岩裂隙渗入孔内，涌水量约 30.4L/min，涌水压力为 0.071MPa；该孔终孔完成后，原坝下 0+117m 右侧边墙渗水位置，渗水量并没有受 JCK11 号孔涌水量的影响而变化。随着气候的变冷，坝下 0+117m 顶拱施工缝也开始呈点状渗水。

（3）坝右 0+19.00m 纵向排水廊道 JCK12 号孔，第 1 段～第 2 段（孔深 1.6～6.6m）和第

5段（孔深12.6～15.6m）压水试验透水率在3.11～27.13Lu间，其他段（6.6～12.6m、15.6～25.0m）压水试验透水率小于3.0Lu，基岩段裂隙主要分布在17.5m以上孔段，均未见水泥结石充填，孔口见涌水现象，主要是地下水通过基岩裂隙渗入孔内，涌水量约26.8L/min，涌水压力为0.042MPa；该孔终孔完成后，原坝下0+117m左右侧边墙底脚渗水位置，渗水量并没有受JCK12号孔涌水量的影响而变化。

参考文献

[1] 谭界雄，位敏，徐轶，等. 水库大坝渗漏病害规律探讨 [J]. 大坝与安全，2019（04）：12-19.

[2] 杨刚，乐彪，张威. 病险水库渗漏探测中的综合物探技术 [J]. 水利规划与设计，2023（06）：84-89.

[3] 刘清波. 碾压混凝土坝钻孔取芯压水试验及成果分析 [J]. 水利水电快报，2020，41（09）：90-92，101.

[4] 陈玫明. 水利检测工作中压水试验浅析 [J]. 珠江水运，2021（19）：13-14.

[5] 沈德飞，彭新宣. 水位观测设施建设方案设计 [J]. 建设科技，2020（17）：98-100，107.

[6] 徐洋. 钻孔数字全景成像产状提取应用研究 [J]. 电视技术，2022，46（12）：83-88.

[7] 王晨涛，付玉杰，张尧禹，等. 大连湾跨海交通工程海域岩溶CT探测技术应用研究 [J]. 中外公路，2021，41（S2）：84-88.

作者简介

李 福（1997—），男，助理工程师，主要从事水电站大坝及水库运行管理工作。E-mail：1308715005@qq.com

国内首台交流励磁变速机组集电装置
加湿系统应用浅析

宋兆新　　王英伟

（河北丰宁抽水蓄能有限公司，河北省丰宁县　068350）

[摘　要]国内某抽水蓄能电站首次引进变速机组技术，该电站变速机组采用交流励磁启动方式，交流励磁输出的励磁电流通过碳刷和集电环装置传输到转子上，且励磁电流比定速机组励磁电流要高数倍，因为励磁电流较大，励磁电压较高，所以该变速机组集电环采用了264个碳刷用来满足机组运行要求，由于碳刷使用数量较多，为满足碳刷运行温湿度要求，该电站在集电环室内布置一套加湿器系统，在机组启动运行时向集电环室内进行加湿处理，减少碳刷磨损量，增加集电环碳刷使用寿命。本文主要介绍国内首台交流励磁变速机组集电装置加湿系统的首次应用，详细介绍了集电装置加湿系统各组成部分、安装目的以及工作原理。

[关键词]发电电动机；集电环；碳刷；加湿器

0　引言

某抽水蓄能电站首次引进交流励磁变速机组，其发电电动机采用三相交流励磁启动，励磁电流通过集电装置传输至转子，集电装置由集电环和碳刷装置组成，安装在转子上方（发电机层）便于观察和维护，安装位置不得有油雾和灰尘污染，使其工作在较好的环境中。

变速机组顶罩分为内顶盖和外顶罩两个保护罩，集电环和碳刷布置在内顶罩中，集电环刷握沿集电环的圆周方向上、下交错布置，防止碳粉引起短路。同时为防止碳粉对定转子绕组造成污染，在外顶罩内布置三台碳粉吸收装置，与集电装置加湿系统形成整体对集电装置进行加湿及通风。集电装置加湿系统由供水源、过滤器、控制柜、驱动电机、软化装置、通风孔、排水装置组成，该电站采取了可靠措施对加湿系统冷却水进行雾化，防止加湿冷却水进入集电环室内和风洞内任何带电部位造成短路，防止因电腐蚀及湿度较低情况下碳刷磨损较快或出现火花的情况，确保碳刷运行环境和机组安全稳定运行。

1　集电装置加湿系统简介说明

集电装置加湿系统控制柜如图1所示布置在母线层，其供水水源取自本机组主轴密封供水管路，通过预埋管路连接至母线层加湿系统控制柜内部取水口处，加湿系统控制柜对冷却水进行过滤、软化、净化等一系列处理后加压泵至发电机层内顶罩内，通过多个喷嘴将雾化水喷淋至集电环室内部，雾化水通过无机玻璃纤维垫对滑环室内部进行加湿，将滑环表面形成一层氧化膜，可以控制集电装置工作在合适的温湿度环境中。同时，碳粉吸收装置吸收碳刷摩擦下来的粉尘并进行过滤处理。加湿系统控制柜排水及内顶罩内多余雾化水分别通过预埋管路及接水槽排至机组排水沟内。

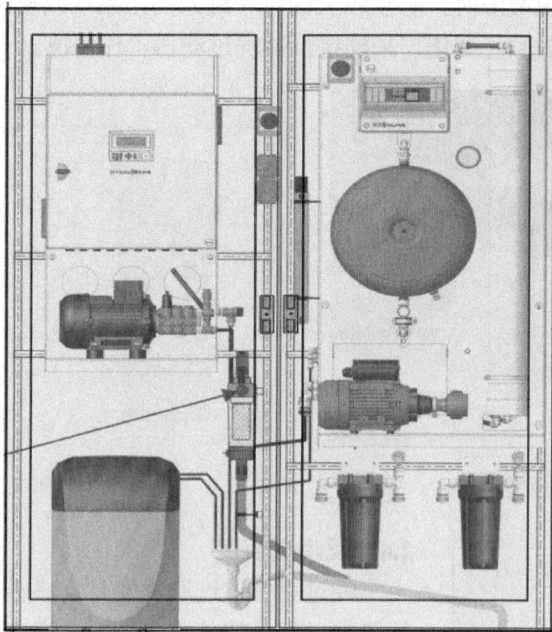

图 1　集电装置加湿系统控制柜

2　加湿系统各组成部分作用

2.1　反冲洗过滤器

反冲洗过滤器安装在控制柜内部便于维护或更换的位置如图 1 所示，反冲洗过滤器是供水水源的第一道过滤器，可以滤除水中影响设备运行的颗粒及杂质，阻止异物进入，例如锈粒、大麻束和沙粒。有助于延长加湿系统的使用寿命和运行稳定性。过滤器自带压力表用来监测满载时的供应压力如图 2 所示。

2.2　软化水装置

经过过滤后的硬水进入软化系统，软化系统树脂层将硬水中含有的钙、铁和镁等成分通过离子交换过程被去除，只通过软化后的水。软化系统的浮动杯是通过调整其在盐水阀组件底部上方的高度来设置如图 3 所示。通过拆卸盐水阀组件并将其放置在一个平面上，就可以用尺子测量浮子杯的高度。

图 2　过滤器

注意：工业盐加注要超过水面 1～2cm，根据工业盐消耗情况进行补加（约 1 年补加一次）。

2.3 第二道过滤器

第二道过滤器由一个 1μ 预过滤器和一个 5μ 碳过滤器组成如图 4 所示，是当反冲洗过滤器、碳素或软化装置出现故障时，防止较大的颗粒进入高压系统或反渗透系统。在使用期间可以通过查看此过滤器的颜色变化，来确定反冲洗过滤器工作情况。

图 3 软化水装置

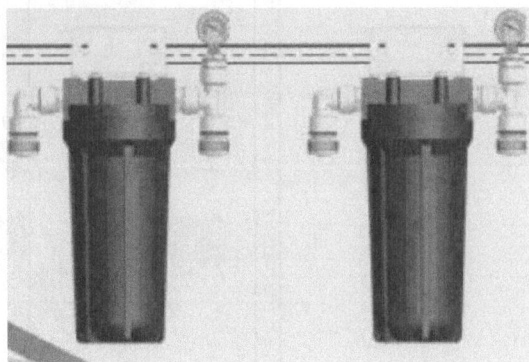

图 4 第二道过滤器

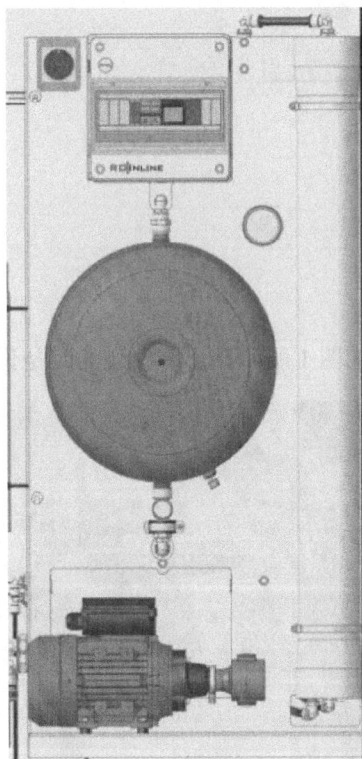

图 5 反渗透装置

2.4 反渗透装置

经过第二道过滤器便是反渗透装置，反渗透是一种水的脱矿过程，依赖于一个半透膜来影响溶解固体的分离，反渗透装置水净化能够去除软化水中的溶解盐类如图 5 所示，以及软化水中的生物土壤、病毒和细菌。

注意：每季度检查一次反渗透装置套管，并进行清洁。

2.5 喷淋室

喷淋室（见图 6）是一个封闭的空间，布置在内顶罩上方，通过无机玻璃纤维垫与集电室连接一起，喷头被机架均匀的布置固定在喷淋室内，两侧带有观察窗可以方便监测喷头运行情况，机架和喷嘴都能通过检查窗进行维护。喷出的雾化水通过无机玻璃纤维垫到达集电室内部上方，加之集电环的旋转离心力，将雾化水吸附在集电环及碳刷上，无机玻璃纤维垫可以有效将细小颗粒物及水滴阻挡在喷淋室内，确保集电室内获得接近 100%的雾化水，被阻挡的细小颗粒物及水滴通过喷淋室接水槽排至机组排水沟内。

注意：无机玻璃纤维垫根据使用情况 5～7 年更换一次。

2.6 控制单元及高压泵

控制单元是整个加湿系统的核心部分，由 PLC 进行控制，自带显示屏可以修改参数及设定值，控制单元接收到启动命令后，启动高压泵将处理后的冷却水通过多个供水管路以恒定的压力向喷嘴雾化器供水，在备用状态下水管道将保持 2.5bar 的压力，可以有效防止空气进入管道，确保启动时喷嘴立即喷出雾化水。图 7 为控制单元及高压泵。

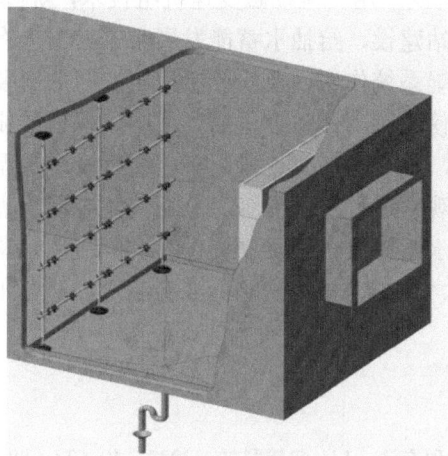

图 6　喷淋室

图 7　控制单元及高压泵

3　加湿系统控制方式

集电装置加湿系统供电电源取自本机组发电电动机辅助系统动力盘柜，启动和停止是根据机组状态进行判定，机组启动时加湿系统随之启动，停止则反之，加湿系统可以通过显示屏设置温湿度工作范围上限和下限以及工作压力，将集电装置始终保持在此区域内运行，加湿系统的报警信息上送至监控系统，通过监控系统可以有效监视其运行情况，但当加湿系统出现报警时，在监控系统上无法复归，需要运行维护专人到母线层控制柜中手动进行复归操作。当需要加湿系统退出运行或紧急处理时，可以通过外部开关手动停止。

4　使用注意事项

集电装置加湿系统投入使用后始终保持开启状态，根据机组启停自动控制，如果系统需要退出运行，系统将每 6h 自动启动一次系统管路冲洗循环，防止长期存水带来的细菌污染；加湿系统首次安装完成后应仔细检查其连接管接头、密封垫等是否存在渗漏，排水应流畅；加湿系统使用前，充水运行 1 min，按照操作说明书进行水质电导率测量；加湿系统开展任何维护或维修之前，需要断开所有电源，将系统内压力水排出且在无压状态；定期检查温湿度传感器测量是否正确，并与经过校准的仪器进行比较；高压泵上的水密封件在泄漏时或每 12 个月更换一次，高压泵润滑油定期检查；定期检查喷雾室是否有泄漏，确保在无机玻璃纤维垫之前或之后没有泄漏水；定期检查所有过滤器的滤芯是否存在变色或堵塞的情况，并定期进行更换。

5 结语

随着抽水蓄能快速发展，国内某抽水蓄能电站首次应用交流励磁变速机组技术，新材料、新技术、新工艺、新设备不断被应用到抽水蓄能电站建设，给抽水蓄能发展带来前所未有的机遇，本文详细说明交流励磁变速机组集电装置加湿系统作用以及安装流程，安装的主要目的就是防止发生碳刷磨损较快及产生火花的情况，使碳刷工作在合适的环境中，保证碳刷的使用寿命。因国内首次应用交流励磁变速机组技术，并首次在变速机组集电装置安装加湿系统，其工作情况及效果还需要经过机组长时间运行观察进行总结提炼。总之，集电装置加湿系统在国内交流励磁变速机组上的首次应用，对抽水蓄能技术的发展提供了实际应用经验的参考，为变速抽水蓄能机组集电装置加湿系统安装、调试、相关试验标准的制定以及自主化研制和应用提供借鉴。

参考文献

[1] 苗德雨，张红强，赵丽敏. 发电机碳刷发热的原因及处理方法 [J]. 包钢科技，2023，49（3）：88-91.

[2] 冯上青. 发电机励磁碳刷过热原因分析及预防 [J]. 电力安全技术，2011，13（5）：25-28.

[3] 刘西影. 浅谈发电机碳刷、滑环发热及处理意见 [J]. 能源技术与管理，2010（2）：124-125.

[4] 杨剑，高从闯，陈忠宾，等. 发电电动机碳粉问题分析与治理 [J]. 防爆电机，2023，58（5）：52-54.

[5] 余维坤. 大型水轮发电机机组滑环装置安全运行与分析 [J]. 水力发电，2014，40（10）：26-28.

[6] 刘宇，张兴旺. 大型抽水蓄能发电机碳粉问题分析 [J]. 防爆电机，2017，52（2）：28-29.

作者简介

宋兆新（1996—），男，助理工程师，主要从事抽水蓄能电站变速机组发电电动机设备安装调试管理。E-mail：1120404716@qq.com

王英伟（1992—），男，工程师，主要从事抽水蓄能电站变速机组交流励磁设备安装调试管理。E-mail：823673986@qq.com

薄弱电网下的无外来电源厂用电自恢复技术应用

田泳怡　裴红洲　丁德强　郑艺远

（桑河二级水电公司，云南省昆明市　650000）

[摘　要]本文介绍了柬埔寨桑河二级水电公司在面临柬埔寨电网薄弱，常因线路甩负荷或系统频率振荡导致机组甩负荷、全厂厂用电失电的问题，利用厂内 10kV 厂用电 I 段配置的 1 台柴油发电机作为应急电源，研究全厂厂用电失电后的快速自恢复技术，通过增加柴油发电机的自启动控制策略并在监控系统设置远方一键启停方式，以保证厂用电快速恢复，有效避免电站长时间中断负荷输出、损失发电量的现象。并经试验和实际运行，结果表明利用厂用电自恢复控制策略的合理性、可行性及有效性，为其他处于电网较为薄弱、易导致厂用电失电的电厂提供可借鉴经验。

[关键词]薄弱电网；厂用电；自恢复；控制策略

0　引言

桑河二级水电站共安装 8 台灯泡贯流式机组，总装机容量 400MW，通过发变组单元接线接入 230kV 开关站，最终通过 230kV 四回出线送出，其中 2 回送电至柬埔寨首都金边市，另外 2 回送电至腊塔纳基里，10kV 厂用电 I、II、III 段分别取自 1、2、4 号机组。

桑河二级水电站位于柬埔寨王国上丁省西山区境内的桑河干流上，无外来电源，10kV 厂用电 I 段配置 1 台柴油发电机作为应急电源。柬埔寨电网较为薄弱、事故多发，自电站全部机组投产以来，多次发生因 230kV 线路甩负荷或系统频率异常导致全厂机组甩负荷、全厂厂用电失电的情况。在冬季枯水期上游来水量少的情况下，全厂发电量较少，在单台机组能满足负荷供应的情况下也必须开启 2～3 台机组，以保障 10kV 厂用电安全。电站厂用电安全是保证机组正常出力的关键，在面临厂用电失电事故，能快速自恢复，在机组事故停机前满足辅机设备正常供电，进而保证机组安全运行，持续输出负荷，这对保障电站发电量及电网安全稳定运行是至关重要的。

1　厂用电自恢复技术设计

1.1　厂用电手动恢复操作逻辑分析

桑河二级水电公司在面对厂用电失电事故时，需由运行人员手动操作，断开 10kV 厂用电 I 段进线断路器（011、012）、联络断路器（0120、0130）、馈线断路器（0101、0102、0103、0104、0105、0106、0107、0108），启动 1 号柴油发电机并合上 10kV I 段母线 1 号柴油发电机进线断路器 012 使 10kV I 段母线带电后方可进行下一步操作，不仅耗时较长，且存在误操作风险。电站柴油发电机及 10kV 厂用电 I 段接线图如图 1 所示。

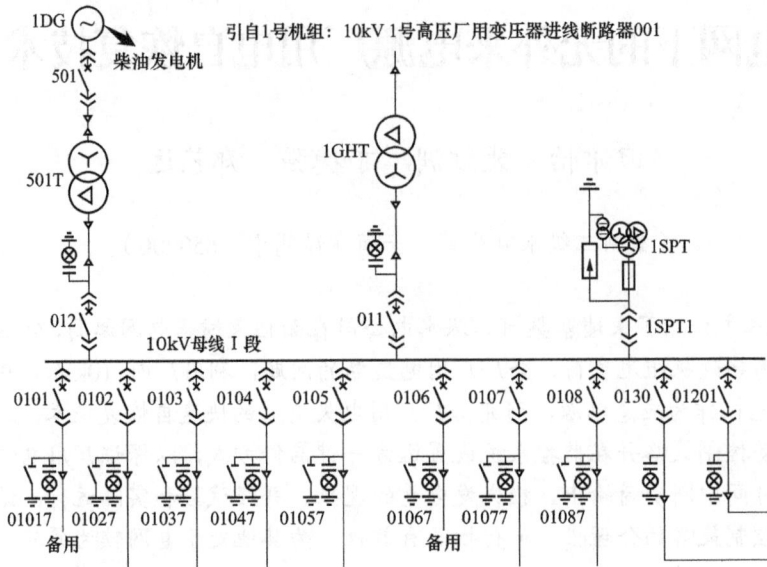

图 1　电站柴油发电机及 10kV 厂用电 I 段接线图

1.2　厂用电自恢复技术整体设计

桑河二级水电公司厂用电自恢复技术通过采集 10kV 厂用电 I、II、III 段母线线电压、柴油发电机的机端电压信号至监控系统公用 LCU 可编程逻辑控制器,编制全厂厂用电失电自恢复流程、柴油发电机的状态判据、开机条件判据和三段式开、停机流程,以实现全厂厂用电失电后的快速自恢复功能。桑河二级水电公司柴油发电机额定电压 400V,额定功率 600kW。

1.3　厂用电自恢复流程自启动设计

当 10kV 厂用电 I、II、III 段母线电压(I 段 3 相线电压、II 段 3 相线电压、III 段 3 相线电压)共 9 个交采量采集状态正常且均小于 10% 额定电压时,判断全厂厂用电失电,流程自启动,执行停机至发电流程,并在监控系统上位机设置监视柴油发电机自启动流程是否正常执行的报警信号。

2　厂用电自恢复技术控制策略实施

2.1　柴油发电机状态判断逻辑策略实施

增加柴油发电机状态判断程序,判断逻辑如下:

"停机态"判据:柴油发电机端电压品质好且小于 10% 额定电压且出口开关分位。

"空载态"判据:柴油发电机端电压品质好且大于 85% 额定电压且出口开关分位。

"发电态"判据:柴油发电机端电压品质好且大于 85% 额定电压且出口开关合位。

2.2　柴油发电机开停机条件逻辑策略实施

在监控系统公用 LCU PLC 程序内配置柴油发电机开停机流程及自启动程序,程序逻辑如下:

"停机—空载"流程：流程启动→判断全厂厂用电确已失电→判断柴油发电机出口断路器在分位→判断柴油发电机开机条件满足→开出启动令至柴油发电机→限时 60s 判断柴油发电机已至空载态→流程结束。

"空载—发电"流程：流程启动→检查 10kV 厂用电确已失电→断开 10kV 厂用电Ⅰ段母线进线断路器、联络断路器、馈线断路器→限时 10s 判断 10kV 厂用电Ⅰ段母线进线断路器、联络断路器均已分闸→合出口断路器→限时 10s 检查出口断路器三相已合闸→发电态→流程结束。

"停机—发电"流程：判断全厂厂用电已失电→判断柴油发电机出口断路器在分位→判断柴油发电机开机条件满足→开出启动令至柴油发电机→判断柴油发电机已至空载态→再次判断全厂厂用电已失电→断开 10kV 厂用电Ⅰ段母线进线断路器、联络断路器和全部馈线断路器→合柴油发电机出口断路器→判断 10kV 厂用电Ⅰ段已带电→流程结束。

"停机"流程：监控上位机操作员站发"停机"令→判断柴油发电机出口断路器在分位（若断路器在合位→分出口断路器→限时判断断路器在分位）→开出停机令至柴油发电机→限时 120s 判断柴油发电机在停机态→流程结束。

2.3 监控系统上位机操作员站设置一键至"空载""发电"及"停机"功能

（1）在上位机控制量中增加柴油发电机停机令、空载令、发电令，设置开出对象及开出命令。

（2）在上位机对象中增加 400V 1 号柴油发电机，对其输入属性、控制属性、计算属性、脚本编辑进行逻辑设置。输入属性中增加监控系统公用 LCU 处远方控制方式、柴油发电机状态作为 2 个输入条件，控制属性中增加柴油发电机停机令、空载令、发电令 3 个控制量的顺控连接，计算属性中增加停机态、空转态、发电态 3 个变量。脚本编辑中进行逻辑设置，当监控系统公用 LCU 处远方且柴油发电机状态为停机态，则可发空载令或者发电令；当监控系统公用 LCU 处远方且柴油发电机状态为空载态，则可发停机令或者发电令；当监控系统公用 LCU 处远方且柴油发电机状态为发电态，则只能发停机令。

3 应用成果实效说明

3.1 直接经济效益

（1）桑河二级水电公司开发并使用该技术后，缩短了全厂厂用电失电事故处理及恢复时间，提高了发电量。

由图 2、图 3 对比可知，全厂厂用电失电自恢复技术使用后，全厂失电事故总处理时间由 1h28min 缩短至 28min，事故处理速度提高了 3 倍（其中全厂厂用电自恢复仅用时 1min，比人工操作用时 36min 提高了 36 倍）。

在电网故障急需电站恢复供电时，提前 1h 恢复对电网供电而提高的经济效益，按照枯水期机组最低负荷 12MW 计算，可挽回 1.2 万 kWh 的电量损失，折合人民币 0.6 万元（柬埔寨电价折合人民币约 0.5 元），若是在丰水期机组满发的情况下为人民币 20 万元。

（2）桑河二级水电公司厂用电可靠性得到了进一步提高，电厂枯水期低负荷时间段的运行方式由原来的必须开 2 台机组带 10kV 厂用电改为开 1 台机组带 10kV 厂用电，节省不必要的机组自用电负荷。

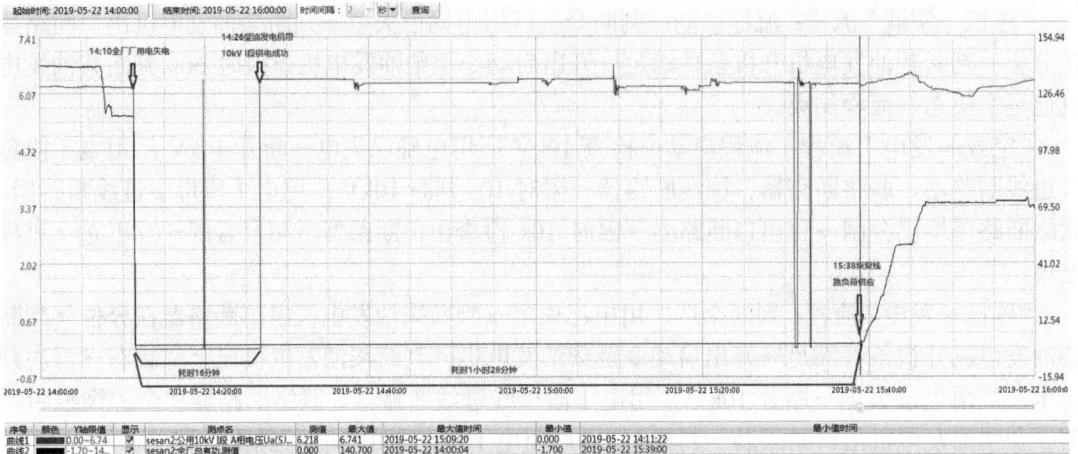

图 2　全厂厂用电失电自恢复技术使用前，10kV 厂用电及全厂送出负荷恢复曲线图

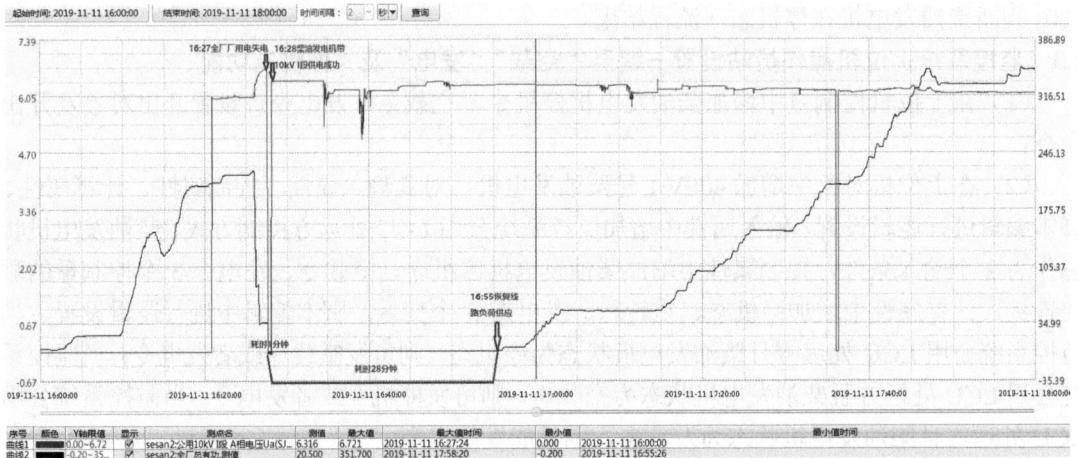

图 3　全厂厂用电失电自恢复技术使用后，10kV 厂用电及全厂送出负荷恢复曲线图

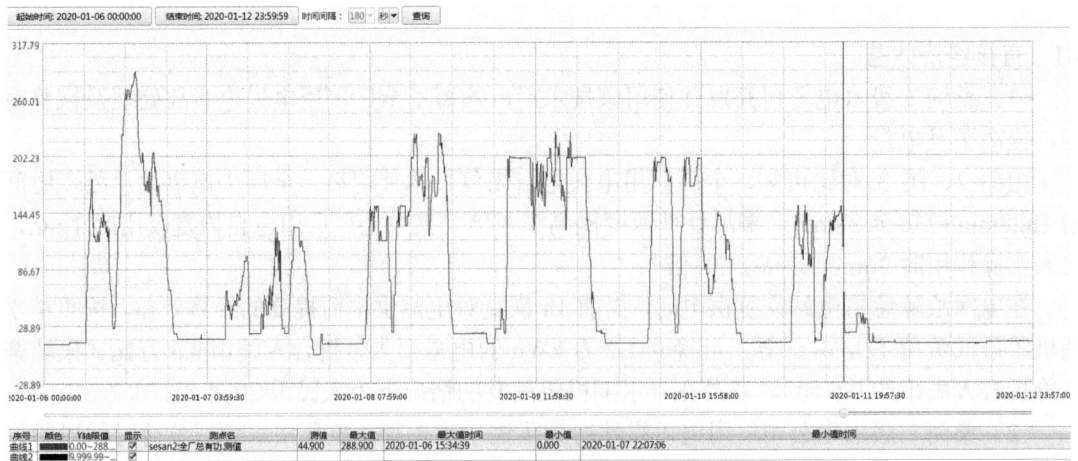

图 4　电站枯水期全厂周负荷曲线图

由图 4 可以看出，电厂低负荷时间段主要集中在枯水期（约 6 个月）夜间 23:00 至次日 7:00 以及周六、周日、节假日全天（此处按 80%估算），调整为单台机组运行时间全年共计 2064 小时。

保守估算，一年节省单台机组自用电负荷约 88.75 万 kWh，折合人民币为 44.37 万元，提高水能利用率（单台机组运行期间）20%，折合发电量 412.8 万 kWh，折合人民币 206.4 万元。一年总计 250.77 万元。

3.2 间接效益

桑河二级水电公司应用该技术后，解除了发电机组在无辅机电源情况下事故停机的威胁，机组运行方式更为灵活，带厂用电机组可以适当轮停。电站厂用电运行可靠性显著增强，电站主辅设备运行稳定，提升了电站整体对外形象。

4 结语

此次厂用电自恢复控制策略研究主要解决了在薄弱电网下桑河二级水电站面临厂用电失电时，人工恢复速度慢、误操作风险大、机组将面临在所有辅机停运的情况下事故停机的重大风险等问题。在不新增电站投资的基础上，通过 PLC 程序设计自动启动柴油发电机及自动倒闸操作，大幅提升厂用电恢复效率，达到了在机组事故停机前完成恢复，保证电站正常出力，提高了电厂发电量和水能利用率。同时满足监控系统上、下位机交互操作，既保证了安全性又保证了速动性。厂用电自恢复控制策略成功应用为其他处于电网较为薄弱、易导致厂用电失电的电厂提供了借鉴和参考。

参考文献

[1] 董鸣. 水电厂用电备用柴油发电机自启动改造 [J]. 贵州电力技术，2015，18（7）：25-27.

[2] 杨冠城. 电力系统自动装置原理（第六版）[M]. 北京：中国电力出版社，2021.

[3] 中国水电顾问集团. DL/T 5065—2009 水力发电厂计算机监控系统设计规范 [S]. 北京：中国电力出版社，2009.

作者简介

田泳怡（1995—），男，工程师，大学本科，主要研究方向：发电机监控自动化控制系统。E-mail：2450518647@qq.com

裴红洲（1984—），男，高级工程师，大学本科，主要研究方向：水电运维。E-mail：2424865@qq.com

丁德强（1987—），男，高级工程师，大学本科，主要研究方向：发电机监控自动化控制系统。E-mail：419530504@qq.com

郑艺远（1987—），男，工程师/技师，大学本科，主要研究方向：电力系统继电保护。E-mail：451394185@qq.com

浅谈小湾水电站6号水轮发电机组
转子机坑内二次调圆

周天华 叶 超

（华能澜沧江水电股份有限公司检修分公司，云南省昆明市 650214）

[摘 要] 小湾水电站6号机组在700MW工况下定子机座水平振动较大，为彻底解决定子低频振动问题，利用检修期从四个方面对定子低频振动进行了处理：磁极键从链条键改为整体阶梯键、转子磁轭鸽尾槽错位部分现场机加工处理以增加磁极键紧度、改善发电机转子圆度、机坑内转子二次调圆。转子机坑内调圆作为定子低频振动关键步骤，特制定实施方案，处理完成后，定子机座水平振动幅值从修前500MW工况下的94μm，降低至修后的34μm，低频振动处理取得实质性成效。

[关键词] 定子；低频振动；转子；机坑；二次调圆

0 引言

小湾水电站发电机为立轴半伞式三相凸极同步发电机，单机容量700MW，推力轴承位于下机架中心体上方，下导轴承设置在下机架中心体油槽内。转子主要由转轴、中心体、转子支臂、磁轭、磁极等部分组成。其中6号机组在700MW工况下定子机座水平振动相对较大（90μm左右），2017～2018年度机组检修期主要从以下四个方面对定子低频振动进行了处理：磁极键从链条键改为整体阶梯键、转子磁轭鸽尾槽错位部分现场机加工处理以增加磁极键紧度、改善发电机转子圆度、机坑内转子二次调圆。定子机座水平振动幅值从修前500MW工况下的94μm，降低至修后的34μm，低频振动处理取得实质性成效。本文主要对此次转子机坑内二次调圆做简要介绍。

1 转子机坑内调圆相关准备工作

1.1 磁极起吊工装的制作及磁极机坑外起吊、回装模拟试验

转子吊入机坑前对所用的特制工装进行模拟试验，保证工装可靠。并且需将机坑内调圆的步骤逐一进行模拟试验，每个工序保证达到最优，对设备安全方面存在的薄弱环节进行优化。工装示意图如图1和图2所示。

1.2 转子磁极上部阻尼环连接片优化

上挡风板与阻尼环固定采用同一把紧螺栓，螺帽安装在阻尼环下方，当转子吊入机坑后，转子阻尼环下部的磁极连接片及螺帽无法拆卸，需进行改造。

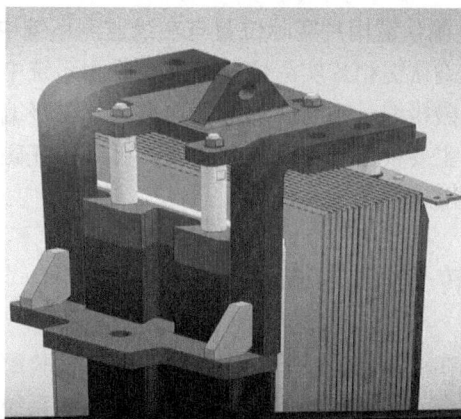

图 1　起吊工装　　　　　　　　　图 2　磁极放倒工装

　　改造方案：将现有螺栓更换成特制的双头螺柱（项 2），将阻尼环和阻尼环连接片把合成一体；挡风板（项 3）现场进行扩孔，完成后用项 1 进行压装；并对下部螺母进行防松动处理。改造前后如图 3 和图 4 所示。

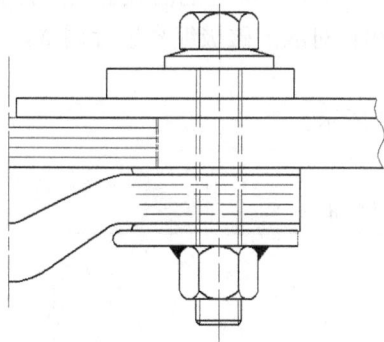

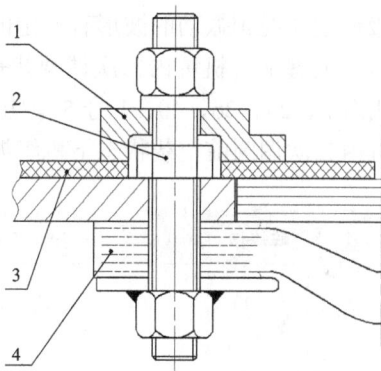

图 3　改造前　　　　　　　　　图 4　改造后

1.3　转子磁极极间支撑改造

　　由于磁极吊出过程中，极间支撑块与磁极的间隙过小，且起吊过程中与阻尼环干涉，磁极无法吊出，根据现场实际情况，需进行改造。

　　改造方案：磁极圆度调整合格后，极间支撑块与磁极的间隙按 0.40～0.50mm 进行试配，试配合格后将凸出磁极下部阻尼环的部分进行切割（10～15mm），优化前后如图 5 和图 6 所示。

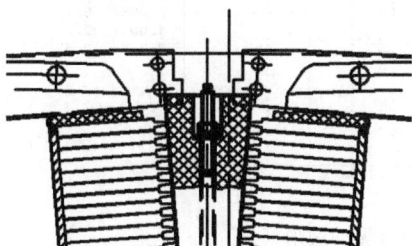

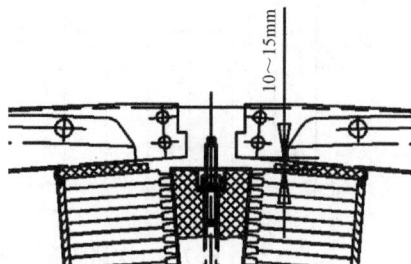

图 5　优化前　　　　　　　　　图 6　优化后

1.4 确认键相片实际位置与在线监测系统中磁极编号对应情况

确认键相片实际位置与在线监测系统中磁极编号的对应情况，如果出现在线监测系统与实际磁极编号不对应的情况，需调整磁极编号根据错位情况相应顺延。转子机坑内二次调圆数据主要依据于在线监测系统，必须保证磁极的机械编号和在线编号对应，方可保证磁极调整的准确性。

2 转子机坑内调圆方法

在机组启动试验期间，经动平衡试验配重后，上机架振动、定子机架振动达到平衡点、最优点，核实磁极机械编号与状态监测系统编号是否一致。根据状态监测系统数据进行圆度调整，定子产生低频振动的直接原因是气隙不均匀引起的电磁力激励，磁极形貌柱状图可以直观地反映空气间隙的数据情况，通过调整磁极垫片厚度来调整空气间隙。调整的原则应是磁极在半径方向上的变化尽可能均匀，减小不平衡磁拉力的叠加效应。

通过图 7 可以发现，转子磁极形貌与通频振动的波形曲线对应性较好，局部的连续低点与振动波形中的波谷对应，局部的连续高点与振动波形中的波峰对应。从通频值上去分析，转子磁极形貌和通频振动的波形有一定的对应性，磁极的半径连续性的凸或者凹，会造成定子铁芯振动的叠加。机坑内二次调圆就是要找到拐点和相对应的磁极编号进行调整。从图 7 分析得出对 2、24、26、40、1 号 5 个磁极进行调整。

机坑内二次调圆前空载状态下机组振摆情况如图 8 所示。

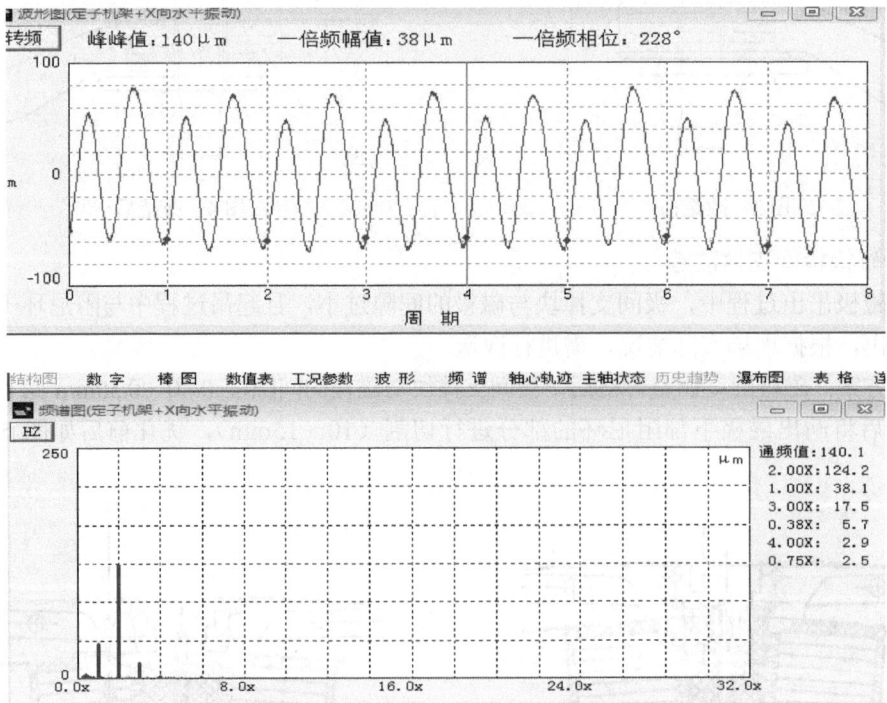

图 7 二次调圆前转子磁极形貌与通频振动波形（一）

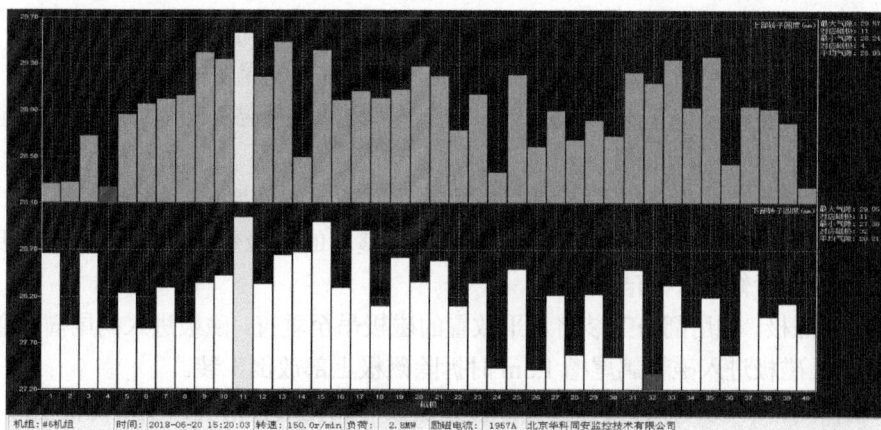

图 7　二次调圆前转子磁极形貌与通频振动波形（二）

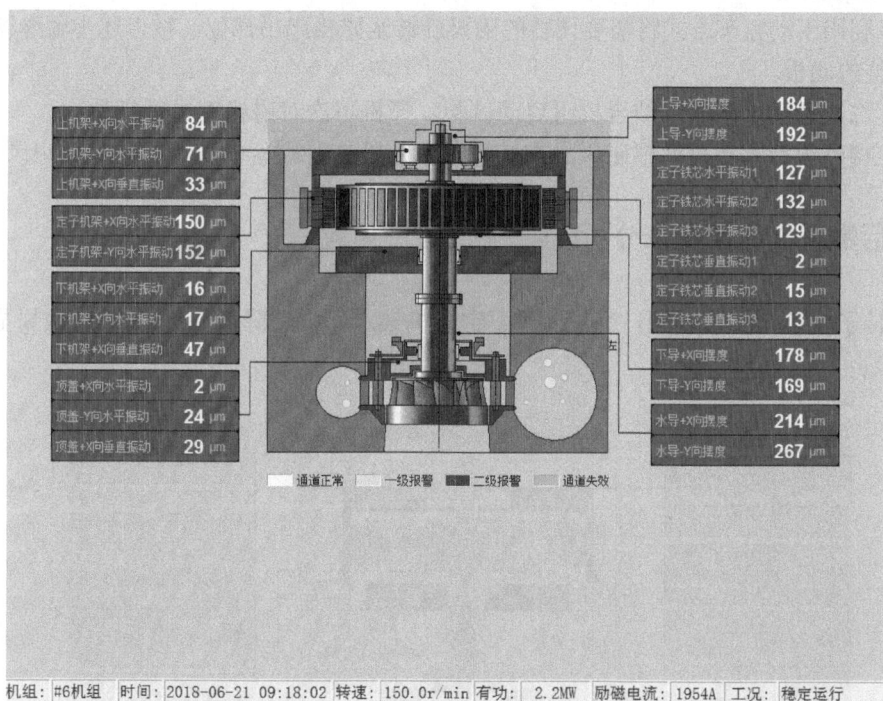

图 8　二次调圆前空载状态下机组振摆图

3　实施步骤

（1）拆除转子上、下部极间连接，将拆下的极间连接各部零件分类做标记，并妥善保存。

（2）拆除上挡风板的把合螺栓、螺母，拆除上挡风板，拆下的零部件做好标记。

（3）顶松需调整磁极的磁极键，并抽出其中一对磁极键，剩余一对磁极键进行限位。

（4）安装磁极起吊工装，保证工装平稳，起吊螺杆无憋劲情况，螺杆顶部背紧螺帽均匀受力。

（5）起吊磁极，将磁极起吊至1.5m左右位置安装磁极上部放倒工装。

（6）将磁极吊出鸽尾槽，放倒在指定位置上，取出留在鸽尾槽的一对磁极键。

（7）将磁极吊至指定位置，安装磁极下部放倒工装，进行磁极翻身并将磁极放至地面，磁极底部用木方垫稳。

（8）拆除磁极垫片A片。将原有磁极垫片B片取下，对点焊部位进行修磨。

（9）按调整量对磁极B片厚度进行增减，将调整后的磁极垫片B片点焊于磁极相应位置，对点焊部位进行修磨；清洁磁极。

（10）回装磁极，利用翻身工装将水平放置的磁极吊至垂直，磁极进入鸽尾槽前取下磁极下部放倒工装，磁极进入磁轭鸽尾槽1.5m时拆除磁极上部放倒工装。

（11）磁极到位后放入并打紧磁极键；检查磁极与磁轭贴合情况，安装磁极垫片A片。

（12）回装其余拆卸下磁极连接部件，按编号、记号及图纸要求进行回装，所有螺栓涂抹乐泰263螺纹紧固剂。

（13）利用手动盘车方式将需要调整的磁极旋转至磁极起吊部位。按上述步骤继续调整所有需要调整的磁极。

（14）二次调圆合格后，结合机组启动试验，择机再次对磁极键进行打紧。

（15）调整前后，对需调整磁极的空气间隙，磁极B片贴合情况进行测量和记录。

4　调整后数据变化情况及分析

通过转子机坑内二次调圆，空载状态下定子机架水平振动降低90μm，调整效果显著（如图9所示）。

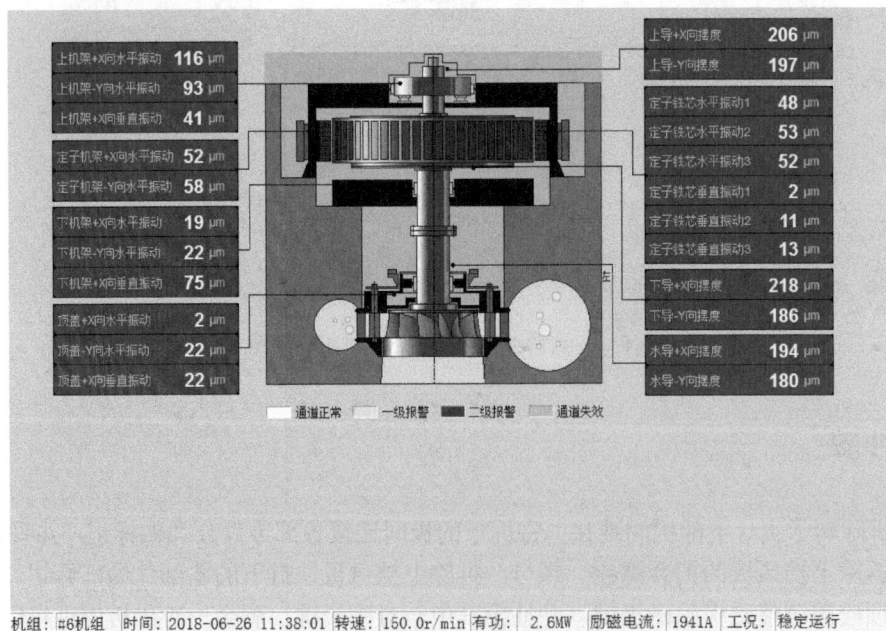

图9　机坑内二次调圆后空载状态下机组振摆图

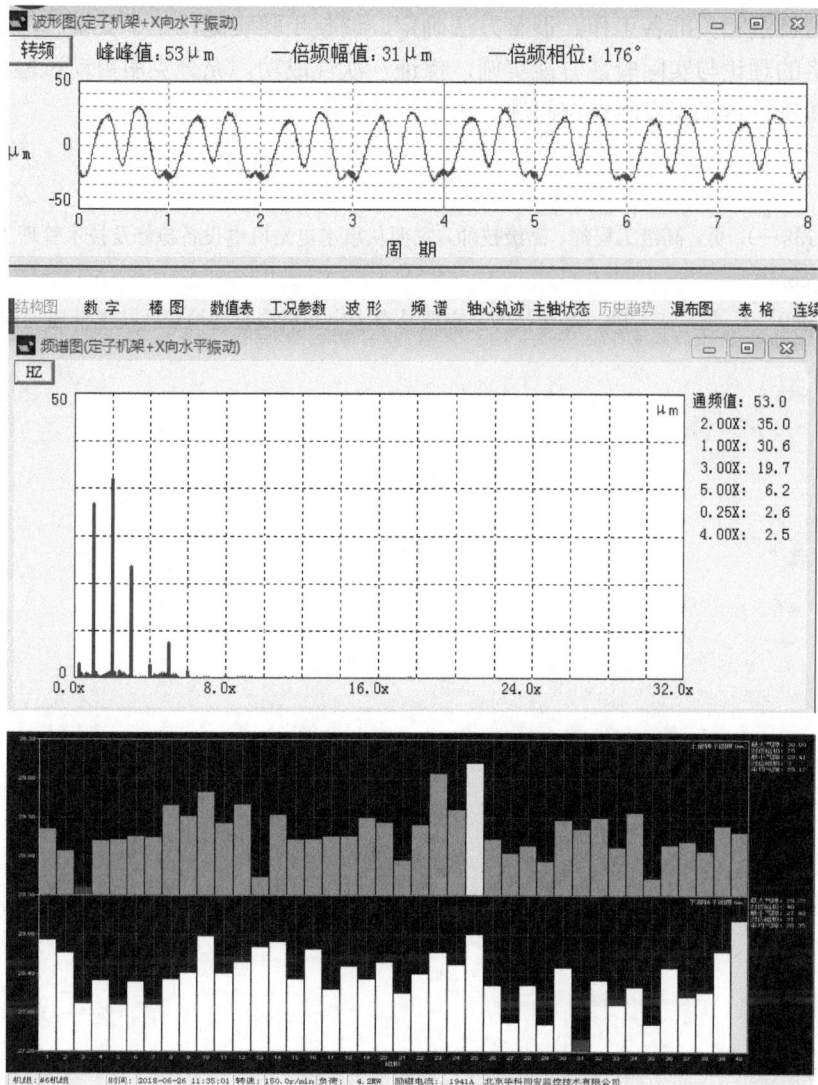

图 10　二次调圆后转子磁极形貌与通频振动波形

从图 10 转子机坑二次调圆后转子磁极形貌与通频振动波形可以看出，二次调圆后，振动波形中的波谷、波峰对应的磁极编号与调圆前大体一致，但振动幅值有了显著的降低（2X 倍频降低了 90μm，为调整前的 28%），二次调圆后转子的圆度和偏心值有所增大。证明调整的方法是正确的，即转子磁极形貌与通频振动的波形曲线对应性较好，局部的连续低点与振动波形中的波谷对应，局部的连续高点与振动波形中的波峰对应，从通频值上去分析，转子磁极形貌和通频振动的波形有一定的对应性，磁极的半径连续性地凸或者凹，会造成定子铁芯振动的叠加。从通频振动波形进行分析，找到拐点和相对应的磁极编号进行处理会更有效果。

5　结语

从小湾水电站 6 号机组转子机坑内二次调圆成功的经验上看，转子机坑内调圆，关键程序包括机坑内调圆相关准备工作、调整方法确定、调整步骤实施，三个关键程序必须经过深思熟虑及严格的理论与实际验证方能实施，保证一次性成功，充分克服启动试验期间工期紧张，没有时间进行返工等实际存在问题。

作者简介

周天华（1988—），男，高级工程师、高级技师，主要从事水电站机电设备检修及技术管理工作。E-mail：398516294@qq.com

叶　超（1989—），男，工程师、高级技师，主要从事水电站机电设备检修及技术管理工作。

电力监控系统商用密码技术的应用

仝 亮 蔡红猛 李亮青 周希文

（华能澜沧江水电股份有限公司乌弄龙·里底水电厂，云南省迪庆藏族自治州 674606）

[摘 要]电力监控系统作为国家关键信息基础设施的重要组成部分，其信息系统数据敏感且重要，应当使用商用密码对系统信息加密保护。本文按照商用密码应用的安全性评估要求，分析了电力监控系统在密码应用中存在的问题和风险，从物理与环境安全、网络与通信安全、设备与计算安全、应用与数据安全等方面提出改进措施。通过商用密码技术应用，建设了以商用密码基础设施为支撑的安全环境，为电力监控系统提供了更加完善的密码安全服务。

[关键词]商用密码；电力监控系统；应用

0 引言

密码是网络信息安全的基础和核心，是国家网络信息建设的重要组成部分[1]。电力监控系统作为国家关键信息基础设施的重要组成部分，其信息系统数据敏感且重要，应当使用商用密码对系统信息加密保护。随着我国密码科学的发展，商用密码技术已经成为我国网络空间安全的核心防护手段，通过正确运用商用密码技术，可以让需要防护的重要信息具备真实性、完整性、机密性和不可否认性[2]。

1 概述

基于密码的保密性、完整性、认证性、不可否认性和可用性的基本功能，密码成为网络信息安全中数据保护经济、可靠、有效的手段，对消除数据孤岛、发挥数据价值有着不可替代的重要作用[3]。电厂电力监控系统主要承载的业务是：对电站的集中监控；对各被控机电设备主要运行参数进行检测和处理；对各被控电站开关量的采集和事件顺序记录；对各被控电站进行遥控遥调操作，以及报表统计功能等业务。为了保障电厂电力监控系统信息安全，通过对电力监控系统的密码应用现状进行分析，按照法律规范要求在电力监控系统应用了商用密码技术。从物理和环境安全、网络和通信安全、设备和计算安全、应用和数据安全等方面核查了该系统存在的风险及不符合项，统筹设计了该系统密码应用技术方案。

2 存在问题及风险

电厂电力监控系统等级保护要求为三级，根据《信息安全技术 信息系统密码应用基本要求》（GB/T 39786—2021）第三级信息系统密码应用要求，电力监控系统需在物理和环境安全、网络和通信安全、设备和计算安全、应用和数据安全等方面落实密码应用，建立密码保障系统，以防范可能存在的安全风险，确保信息系统正常运行以及重要数据流转的机密性、完整性、真实性。

2.1　物理和环境安全

（1）计算机监控系统机房未使用符合要求的密码技术保证进出机房人员身份的真实性，存在非法人员进入物理环境，对软硬件设备和数据进行直接破坏的风险。

（2）系统所在机房未使用符合要求的密码技术保证门禁进出记录数据的存储完整性，存在门禁进出记录遭非法篡改的风险。

（3）系统所在机房未使用符合要求的密码技术保证视频监控记录数据的存储完整性，存在视频监控记录遭非法篡改的风险。

2.2　网络和通信安全

（1）使用的纵密设备未提供二级密码模块证明，存在密钥管理风险。

（2）纵密传输加密证书配置算法为RSA1024，存在数据在传输过程中被非法篡改、截取的风险。

（3）部分通道未使用纵密设备进行加密，存在数据在传输过程中被非法篡改、截取的风险。

（4）未使用符合要求的密码技术对通信实体进行身份鉴别，存在非法实体接入网络的风险。

（5）未使用符合要求的密码技术对通信数据进行机密性和完整性进行保护，存在数据在传输过程中被非法篡改、截取的风险。

（6）未使用符合要求的密码技术对网络边界访问控制信息的完整性进行保护，存在网络边界访问控制信息被非法篡改的风险。

2.3　设备和计算安全

（1）服务器及存储设备未采用密码技术进行身份鉴别。

（2）服务器及存储设备未采用密码技术保证远程通道传输安全。

（3）服务器及存储设备未采用密码技术保证系统访问控制信息的完整性。

（4）服务器及存储设备未采用密码技术保证日志记录的完整性。

（5）服务器及存储设备、纵向加密认证网关未采用密码技术保证重要可执行程序的真实性和完整性。

2.4　应用和数据安全

（1）未使用符合要求的密码技术对登录用户进行身份鉴别，存在应用被非授权人员登录风险。

（2）未使用符合要求的密码技术对信息系统应用访问控制信息进行完整性验证，存在系统访问控制信息被非法篡改的风险。

（3）未使用符合要求的密码技术对信息系统应用重要数据的传输进行机密性和完整性保护，存在重要数据在传输过程中被非法截取、篡改的风险。

（4）未使用符合要求的密码技术对信息系统应用重要数据的存储进行机密性和完整性保护，存在重要数据在传输过程中被非法截取、篡改的风险。

3 应用方案设计

3.1 设计原则

使用通过国家检测认证的密码产品，使用合规的密码算法、许可的密码服务，提供完善的密码支撑服务与保障体系，保证电力监控系统安全、稳定运行，遵循以下原则。

（1）尽量不改变用户使用习惯。

（2）尽量减少业务系统改造工作量。

（3）无高风险项，满足密码应用要求。

3.2 物理和环境安全

3.2.1 身份鉴别

在通信机房和监控机房部署符合国密要求的电子门禁系统，使用国密算法对进出机房人员的身份进行鉴别。

3.2.2 电子门禁记录存储完整性

在系统所在机房部署符合国密要求的电子门禁系统，使用国密算法保障电子门禁记录数据完整性。

3.2.3 视频监控记录存储完整性

在系统所在机房新增符合国密要求的视频监控系统，使用国密算法保障视频监控记录数据完整性。

3.3 网络和通信安全

3.3.1 身份鉴别

管理员用户访问应用系统通信信道：部署 SSL VPN 网关，PC 端安装 SSL VPN 客户端，并给用户配发 USBKEY，数字证书认证系统为 PC 客户端颁发的智能 USBKEY，内含数字证书认证系统为 SSL VPN 网关和用户终端签发国密的数字证书，SSL VPN 网关的私钥存储在设备，用户终端的私钥存储在 USBKEY，用户在终端登录时首先通过网关客户端与 SSL VPN 网关进行基于国密数字证书的身份认证，保证接入网络设备的真实性。

3.3.2 网络边界访问控制信息的完整性

管理员用户访问应用系统通信信道：网络边界访问控制由 VPN 设备进行，通过使用合规的 VPN，保证网络边界访问控制信息的完整性。

3.3.3 数据传输安全

（1）监控视频与集控、调度数据链路：纵向加密设备不具备商密产品认证证书，更换符合商密认证的纵向加密设备；纵向加密设备配置不正确的：将高危算法证书（如：RAS1024）更换为合规算法，优化相关配置。

（2）管理员用户访问应用系统通信信道：网络接入区部署符合规范的 SSL VPN 设备，通过在 VPN 服务器上部署支持国密的数字证书，与运维 PC 上的国密浏览器建立加密 SSL 隧道，以此保证通信过程中数据的完整性及通信过程中敏感信息数据字段或整个报文的机密性。

3.4 设备和计算安全

3.4.1 身份鉴别

在服务器端部署国密堡垒机，并给用户配发国密指纹智能密码钥匙，通过开启国密堡垒机实现基于国密算法的身份鉴别，对登录堡垒机的运维人员进行基于国密证书身份鉴别。对于其他物理服务器和安全设备，通过限制所有设备登录源地址为堡垒机的方式实现身份鉴别的传递。即仅允许成功通过了堡垒机的身份鉴别后的运维人员才能够访问其他设备。

3.4.2 远程管理通道安全

本地运维终端到堡垒机：开启堡垒机的 HTTPS 服务，实现堡垒机到运维终端远程运维管理通道的国密加密传输，达到降低堡垒机到浏览器的远程运维管理通道安全风险的效果。

堡垒机到设备：开启服务器和堡垒机的 SSH（非高危算法）服务，或者 HTTPS（非高危算法）服务，建立堡垒机到服务器的安全传输通道，达到降低堡垒机到服务器的传输通道安全风险的效果。

3.4.3 系统资源访问控制信息完整性

对于密码设备系统资源访问控制信息完整性，采用设备自身所带的完整性保护功能实现系统资源访问控制信息完整性保护。

对通用设备（及其操作系统、数据库管理系统）、服务器、密码设备等系统资源访问控制信息进行密码应用，需对设备本身进行改造，目前不具备成熟的技术条件。由《信息系统商用密码应用高风险判定指引》可知此项不是高风险，所以不会对系统安全造成严重的影响。对设备中系统资源访问控制信息定期进行备份，并依托设备本身的安全控制及日志审计功能，同时采用最小权限授权原则，授予不同账户为完成各自承担任务所需的最小权限，保障系统资源访问控制信息不被非法篡改。同时，采用堡垒机对系统资源的访问、操作等进行细腻度审计。

3.4.4 重要可执行程序完整性、重要可执行程序来源真实性

由于涉及的设备数量巨大、种类多样、各类设备操作系统层面不能通过密码技术实现可执行程序的程序完整性以及可执行程序的来源真实性保护。因此，此项不能实现。由《信息系统商用密码应用高风险判定指引》可知此项不是高风险，所以不会对系统安全造成严重的影响。通过"设备和计算"层面身份鉴别措施的有效控制，有且仅有具备相应权限的设备管理员能够通过相应工具实现对重要可执行程序的生成、安全分发、使用、删除等操作，可有效杜绝可执行程序的完整性遭受破坏或应用来源不明的可执行程序问题。

3.4.5 日志记录完整性

对于密码设备日志记录完整性，采用设备自身所带的完整性保护功能实现日志记录信息的完整性保护。

对于通用设备，由于涉及的设备数量巨大、种类多样、各类设备的系统日志不能通过密码技术实现完整性保护。因此，此项不能实现。由《信息系统商用密码应用高风险判定指引》可知此项不是高风险，所以不会对系统安全造成严重的影响。对设备日志记录定期进行备份，并通过设备和计算层面身份鉴别措施的有效控制，有且仅有具备审计权限的设备管理员能够登录相应设备进行相关日志查看、日志的导出收集工作，未经授权的人员无法进行任何形式的篡改行为。并且配置了定期备份策略，在规定时间内对日志进行备份。

3.4.6 重要信息资源安全标记完整性

电力监控系统中设备均未使用重要信息资源安全标记技术，因此不涉及安全标记的完整性保护。

3.5 应用和数据安全

3.5.1 身份鉴别

应用系统管理员用户：部署 SSL VPN 网关，PC 端安装 SSL VPN 客户端，并给用户配发 USBKEY。数字证书认证系统为 PC 客户端颁发的智能 USBKEY，内含数字证书认证系统为 SSL VPN 网关和用户终端签发国密的数字证书。SSL VPN 网关的私钥存储在设备，用户终端的私钥存储在 USBKEY，用户在终端登录时首先通过网关客户端与 SSL VPN 网关进行基于国密数字证书的身份认证，以此达到应用层用户登录的降风险保护。

3.5.2 数据传输安全

通过网络层的安全通道保护措施来实现应用层重要数据传输的机密性保护。网络接入区部署 SSL VPN 设备，通过在 VPN 服务器上部署支持国密的数字证书，与运维 PC 上的国密浏览器建立加密 SSL 隧道，以此保证通信过程中数据的完整性及通信过程中敏感信息数据字段或整个报文的机密性。

3.5.3 数据储存的安全性

数据存储安全：部署具有商用密码产品认证证书的密码机，调用合规密码技术的加解密功能对重要数据的存储机密性进行保护。并配置启用国密算法，基于国密算法对重要数据计算杂凑值，用以保护重要数据存储完整性。

存储保密性保护：本应用系统主要涉及用户登录口令、用户手机号、用户职务信息。需要进行保密性保护，通过调用码机国密加密算法方法实现对数据在落库前的加密，加密后存储至数据库或者服务器中。在应用系统需要使用这类数据时，通过调用解密方法实现数据的解密。

存储完整性保护：本应用系统主要涉及用户登录口令、用户登录的日志信息、系统调度决策数据、访问控制信息。需要进行完整性保护，通过调用密码机的国密算法实现 HMAC 完整性保护技术，在数据生成存储之前，对其生成摘要值一起存储。在数据需要被调用使用时，首先调用 HMAC 技术对相关数据当前存储情况生成摘要，并比对之前的摘要，如果摘要两次计算的摘要值相同，则说明数据是完整的，否则说明数据完整性已经被破坏，需要弹出提示并联系开发人员进行详细分析。

3.5.4 访问控制信息完整性

访问控制安全：部署具有商用密码产品认证证书的密码机，通过调用密码机的 HMAC 国密算法保证访问控制信息的完整性。

访问控制信息生成：在应用系统生成访问控制信息时通过调用虚拟密码机，实现基于国密算法的 HMAC 技术针对访问控制信息摘要的生成。

访问控制信息校验：在用户登录应用系统时取出当前状态的访问控制信息字段，调用虚拟密码机实现基于国密算法的 HMAC 技术针对当前访问控制信息生成摘要并进行比对，两次计算的 MAC 值相同，则说明数据是完整的，否则说明数据完整性已经被破坏，需要弹出提示并联系开发人员进行详细分析。

访问控制信息更新：在用户账号有针对访问控制信息进行修改的场景下，在修改完成提交结果时，调用虚拟密码机实现基于国密算法的 HMAC 技术针对当前访问控制信息生成摘要由此摘要替换更改前的摘要。

3.5.5 重要信息资源安全标记完整性

电力监控系统无重要信息资源安全标记。为不适用项，不影响测评结果。

3.5.6 不可否认性

电力监控系统不涉及不可否认性业务。为不适用项，不影响测评结果。

3.6 方案预期

按照商用密码应用设计方案，根据测评标准预估电力监控系统商用密码评估得分约 70 分，符合密码应用的基本要求（见表1）。

表 1 预 估 分 数 表

序号	指标要求	标准符合性	预估分数
1	物理和环境	满足密码应用要求	10
2	网络和通信	无高风险项	10
3	设备和计算	无高风险项	5
4	应用和数据	无高风险项	20
5	制度和人员	无高风险项	25

4 应用方案实践

4.1 设备清册

按照商用密码应用设计方案，匹配电厂电力监控系统设备数量和结构特点，统计需配置商用密码设备清册（见表2）。

表 2 设 备 清 册 号 表

序号	产品名称	数量	单位
1	国密电子门禁	1	套
2	国密视频监控	1	套
3	SSL VPN（含客户端）	2	台
4	国密堡垒机	1	台
5	加密机	2	台
6	智能密码钥匙（指纹）	42	个
7	数字证书（用户证书）	42	个
8	站点证书	1	个
9	纵密设备	6	台

4.2 物理和环境安全

按照商用密码应用设计方案，物理和环境安全指标方面，涉及身份鉴别、电子门禁记录数据完整性、视频监控记录数据完整性三项应用点（见表3）。

表 3 物理和环境安全表

应用点	采 取 措 施	标准符合性
身份鉴别	在通信机房和监控机房部署符合国密要求的电子门禁系统，使用国密算法对进出机房人员的身份进行鉴别	符合

应用点	采 取 措 施	标准符合性
电子门禁记录数据完整性	在系统所在机房部署符合国密要求的电子门禁系统，使用国密算法保障电子门禁记录数据完整性	符合
视频监控记录数据完整性	在系统所在机房新增符合国密要求的视频监控系统，使用国密算法保障视频监控记录数据完整性	符合

4.3 网络和通信安全

按照商用密码应用设计方案，网络和通信安全指标方面，涉及身份鉴别、通信数据完整性、通信数据机密性、访问控制信息完整性四项应用点（见表4）。

表4　　　　　　　　　　网络和通信安全应用表

应用点	采取措施	标准符合性
身份鉴别	管理员用户访问应用系统通信信道：部署 SSL VPN 网关，PC 端安装 SSL VPN 客户端，并给用户配发 USBKEY，数字证书认证系统为 PC 客户端颁发的智能 USBKEY，内含数字证书认证系统为 SSL VPN 网关和用户终端签发国密的数字证书，SSL VPN 网关的私钥存储在设备，用户终端的私钥存储在 USBKEY，用户在终端登录时首先通过网关客户端与 SSL VPN 网关进行基于国密数字证书的身份认证，保证接入网络设备的真实性	符合
通信数据完整性	管理员用户访问应用系统通信信道：网络边界访问控制由 VPN 设备进行，通过使用合规的 VPN，保证网络边界访问控制信息的完整性。运维 PC 上的国密浏览器建立加密 SSL 隧道，以此保证通信过程中数据的完整性及通信过程中敏感信息数据字段或整个报文的机密性	符合
通信数据机密性		符合
访问控制信息完整性	管理员用户访问应用系统通信信道：网络边界访问控制由 VPN 设备进行，通过使用合规的 VPN，保证网络边界访问控制信息的完整性	符合
安全接入认证	—	不适用

4.4 设备和计算安全

按照商用密码应用设计方案，设备和计算安全指标方面，涉及身份鉴别、安全的信息传输通道、访问控制信息完整性、日志记录完整性、重要程序可执行完整性、重要程序可执行来源的真实性六项应用点（见表5）。

表5　　　　　　　　　　设备和计算安全应用表

应用点	采 取 措 施	标准符合性
身份鉴别	在服务器端部署国密堡垒机，并给用户配发国密指纹智能密码钥匙，通过开启国密堡垒机实现基于国密算法的身份鉴别，对登录堡垒机的运维人员进行基于国密证书进行身份鉴别。对于其他物理服务器和安全设备，通过限制所有设备登录源地址为堡垒机的方式实现身份鉴别的传递。即仅允许成功通过了堡垒机的身份鉴别后的运维人员才能够访问其他设备	符合
安全的信息传输通道	本地运维终端到堡垒机：开启堡垒机的 HTTPS 服务，实现堡垒机到运维终端远程运维管理通道的国密加密传输，达到降低堡垒机到浏览器的远程运维管理通道安全风险的效果。 堡垒机到设备：开启服务器和堡垒机的 SSH(非高危算法)服务，或者 HTTPS(非高危算法)服务，建立堡垒机到服务器的安全传输通道，达到降低堡垒机到服务器的传输通道安全风险的效果	部分符合

应用点	采 取 措 施	标准符合性
访问控制信息完整性	对通用服务器设备系统资源访问控制信息进行密码应用，需对设备本身进行改造，目前不具备成熟的技术条件。由《信息系统商用密码应用高风险判定指引》可知此项不是高风险，所以不会对系统安全造成严重的影响。 补救措施：对设备中系统资源访问控制信息定期进行备份，并依托设备本身的安全控制及日志审计功能，同时采用最小权限授权原则，授予不同账户为完成各自承担任务所需的最小权限，保障系统资源访问控制信息不被非法篡改。同时，采用堡垒机对系统资源的访问、操作等进行细腻度审计	不符合
重要信息资源安全标记的完整性	—	不适用
日志记录完整性	对通用服务器设备的系统日志不能通过密码技术实现完整性保护。因此，此项不能实现。由《信息系统商用密码应用高风险判定指引》可知此项不是高风险，所以不会对系统安全造成严重的影响。 补救措施：对设备日志记录定期进行备份，并通过设备和计算层面身份鉴别措施的有效控制，有且仅有具备审计权限的设备管理员能够登录相应设备进行相关日志查看、日志的导出收集工作，未经授权的人员无法进行任何形式的篡改行为。并且配置了定期备份策略，在规定时间内对日志进行备份	部分符合
重要程序可执行完整性、重要程序可执行来源的真实性	设备操作系统层面不能通过密码技术实现可执行程序的程序完整性以及可执行程序的来源真实性保护。因此，此项不能实现。由《信息系统商用密码应用高风险判定指引》可知此项不是高风险，所以不会对系统安全造成严重的影响。 补救措施：通过"设备和计算"层面身份鉴别措施的有效控制，有且仅有具备相应权限的设备管理员能够通过相应工具实现对重要可执行程序的生成、安全分发、使用、删除等操作，可有效杜绝可执行程序的完整性遭受破坏或应用来源不明的可执行程序问题	不符合

4.5 应用和数据安全

按照商用密码应用设计方案，应用和数据安全指标方面，涉及身份鉴别、访问控制完整性、重要数据传输机密性、重要数据传输完整性、重要数据存储机密性、重要数据存储完整性六项应用点（见表6）。

表6　　　　　　　　　应用和数据安全应用表

应用点	采 取 措 施	标准符合性
身份鉴别	应用系统管理员用户：部署 SSL VPN 网关，PC 端安装 SSL VPN 客户端，并给用户配发 USBKEY，数字证书认证系统为 PC 客户端颁发的智能 USBKEY，内含数字证书认证系统为 SSL VPN 网关和用户终端签发国密的数字证书，SSL VPN 网关的私钥存储在设备，用户终端的私钥存储在 USBKEY，用户在终端登录时首先通过网关客户端与 SSL VPN 网关进行基于国密数字证书的身份认证，以此达到应用层用户登录的降风险保护	符合
访问控制完整性	通在访问控制安全方面，部署具有商用密码产品认证证书的密码机，通过调用密码机的 HMAC 国密算法保证访问控制信息的完整性。 访问控制信息生成：在应用系统生成访问控制信息时通过调用虚拟密码机，实现基于国密算法的 HMAC 技术针对访问控制信息摘要的生成。 访问控制信息校验：在用户登录应用系统时取出当前状态的访问控制信息字段，调用虚拟密码机实现基于国密算法的 HMAC 技术针对当前访问控制信息生成摘要并进行比对，两次计算的 MAC 值相同，则说明数据是完整的，否则说明数据完整性已经被破坏，需要弹出提示并联系开发人员进行详细分析。 访问控制信息更新：在用户账号有针对访问控制信息进行修改的场景下，在修改完成提交结果时，调用虚拟密码机实现基于国密算法的 HMAC 技术针对当前访问控制信息生成摘要由此摘要替换更改前的摘要	符合

应用点	采 取 措 施	标准符合性
重要数据传输机密性	目前通过网络层的安全通道保护措施来实现应用层重要数据传输的机密性保护。管理员用户访问应用系统通信信道：网络接入区部署符合规范的 SSL VPN 设备，通过在 VPN 服务器上部署支持国密的数字证书，与运维 PC 上的国密浏览器建立加密 SSL 隧道，以此保证通信过程中数据的完整性及通信过程中敏感信息数据字段或整个报文的机密性	部分符合
重要数据传输完整性		部分符合
重要数据存储机密性	数据存储安全方面，应部署具有商用密码产品认证证书的密码机，调用合规密码技术的加解密功能对重要数据的存储机密性进行保护。并配置启用国密算法，基于国密算法对重要数据计算杂凑值，用以保护重要数据存储完整性。 存储保密性保护：本应用系统主要涉及用户登录口令、用户手机号、用户职务信息。需要进行保密性保护，通过调用码机国密加密算法方法实现对数据在落库前的加密，加密后存储至数据库或者服务器中。在应用系统需要使用这类数据时，通过调用解密方法实现数据的解密。	符合
重要数据存储完整性	存储完整性保护：本应用系统主要涉及用户登录口令、用户登录的日志信息、系统调度决策数据、访问控制信息。需要进行完整性保护，通过调用密码机的国密算法实现 HMAC 完整性保护技术，在数据生成存储之前，对其生成摘要值一起存储。在数据需要被调用使用时，首先调用 HMAC 技术对相关数据当前存储情况生成摘要，并比对之前的摘要，如果摘要两次计算的摘要值相同，则说明数据是完整的，否则说明数据完整性已经被破坏，需要弹出提示并联系开发人员进行详细分析	符合
重要信息资源安全标记完整性	—	不适用
不可否认性	—	不适用

5 结语

本文从存在的问题及风险、应用方案设计、应用方案实践三个方面着重叙述了电厂在电力监控系统中应用商用密码技术的情况，经过商用密码安全性评估，整体得分在 70 分以上，通过商用密码技术确保了电力监控系统数据安全、网络安全、隐私安全和密码安全，构建了以密码技术为核心的安全体系，筑牢了电厂密码安全防线。

参考文献

[1] 全斌，韦玮，郭莉丽. 商用密码技术在国家重点行业商密网中的应用 [J]. 数字技术与应用，2022，40（02）：232-236.

[2] 蔡冠军，杨文赓. 商用密码技术在高速联网收费系统的应用研究. 网络空间安全 [J]. 2023，14（03）：51-60.

[3] 郭刚. 筑牢网络安全基石：对我国密码产业发展的思考 [J]. 中国信息安全，2023（02）：48-51.

作者简介

全 亮（1985—），男，高级工程师，主要从事水电站计算机监控系统、通信系统、网络安全系统维护工作。E-mail：15087155191@139.com

蔡红猛（1983—），男，高级工程师，主要从事水电厂运行管理、安全管理工作。E-mail：82029358@qq.com

李亮青（1988—），男，高级工程师，主要从事水电厂电气设备维护检修管理工作。E-mail：466030407@qq.com

周希文（1986—），男，高级工程师，主要从事水电厂运行管理工作。E-mail：519005880@qq.com

基于运行数据的水电厂
发电设备健康状态评估与监视

董 峰

（湖北清江水电开发有限责任公司，湖北省宜昌市 443000）

[摘 要]发电设备故障会引起发电机组被迫停运，从而产生甩负荷等情况，因水电厂发电设备众多，部分发电设备无法安装实时监测装置等原因，部分发电设备故障或者存在缺陷时无法及时反映，进而影响到发电机组安全稳定运行。本文通过对各发电设备运行数据分析处理，建立标准运行数据模型，对各发电设备运行进行监视，并对发电设备健康状态进行评估。通过此方法，已及时发现并处理多次无相关报警的设备故障及缺陷，确保发电机组安全稳定运行。

[关键词]运行数据；数据模型；运行方式；典型故障

0 引言

目前，大中型流域梯级电厂集控中心及水电厂采用少人值守的模式，这种模式下，从事运行管理的工作人员数量较少，在监视发电设备运行外，还要完成其他运行管理工作，又因水电厂发电设备众多，每日需要进行现场设备巡视及监控系统设备运行监视工作，部分设备因自身布局、安装运行、运行特性原因不易进行运行监视，但发电设备的小故障及缺陷不及时发现处理，可能会影响到发电机组的安全稳定运行。

1 发电设备运行监视存在的问题

整个水电厂发电设备、辅助系统众多，辅助系统又由多个设备组成，加之水电厂厂房是多层结构，这些大型、小型设备分布在厂房的各层内，对发电设备进行运行情况巡视，需要耗费大量时间，并且因设备安装位置、设备运行特性等因素，会造成无法巡视到各个设备的情况。例如，发电机组风洞内的设备，在发电机组运行时不易进行长时间巡视。同时，油水风等辅助系统也由多个设备组成，并且有大量管路、阀门，管路布置在厂房及发电机、水轮机内，无法在所有设备及管路上安装监视、监测装置。油水风系统发生漏气、漏油的情况较多，又无法在阀门、法兰等位置安装监测装置，该系统对发电机组的稳定运行又会产生很大影响。另外，有些设备安装的位置较为狭窄或者设备自身尺寸等原因，无法安装监测装置，并且所有设备安装监视监测装置需要大量经费，经济效益不高。

2 基于发电设备运行数据的发电设备运行趋势进行判定

发电设备运行数据可以较好地反映出发电设备的运行状态及自身健康状态,发电设备异常或者存在缺陷时,其相关的运行数据较正常状态下的运行数据有一定的偏差,异常及缺陷状态越明显,该偏差越大,此种情况下,监控系统内可能未出现相关报警,但此异常或缺陷状态持续存在,可能会造成较大范围的设备故障,进而产生发电机组被迫停运的情况。通过对各发电设备运行数据的分析处理、运行监视,及时对发电设备运行趋势进行判定,确定其健康状态,保障发电机组持续高效地安全稳定运行。

通过对发电设备正常运行状态下的运行数据进行分析处理,建立标准的正常运行数据模型,并对典型发电设备故障的运行数据进行分析处理,建立标准的异常运行及故障状态数据模型,通过对发电设备运行数据的实时采集与分析处理,对发电设备运行状态及健康水平进行实时评估与监视,发现异常情况及时报警提示工作人员。

目前,水电厂主要有两种运行数据来源,一种是各种监测设备产生的数据,或者发电设备状态监测系统采集的运行数据,这些运行数据自动传输至监控系统数据库。另一种是各种机械指示装置的数据,这些数据需要工作人员每日去工作现场进行抄录,然后录入到数据库中。大中型水电厂的运行数据较为详细,并且进行长期存储,因此,基于运行数据的水电厂发电设备健康状态评估与监视应用有较好的推广价值。为便于推广应用,需要对数据分析模型进行优化与完善,形成更加合理的数据模型,并且降低对数据标准的要求,使之成为通用模型,只需要输入相应的数据,便可实践应用。

3 具体案例

3.1 油系统管路、阀门、法兰渗漏监视

因管路较长,阀门、法兰、过油设备较多,不易在所有位置上安装监视监测装置(见图1)。回油箱、压油罐两个主要的储油容器的油位在发电机组运行时会随时发生变化,不易进行油量监视及漏油判断。又因阀门、管路、法兰及调速器接力器等位置易于渗油、漏油,漏油量较大时影响油系统正常运行。

图 1　发电机组油系统相关设备

因无法安装监视监测装置，所以采用油量监视的方法进行渗漏监视，建立油系统油量监视数据模型：①正常运行时管路内充满透平油，根据油系统设计数据，计算出管路内的油量，该油量作为一个定值。②接力器两个油腔保持一个有透平油一个没有，计算出该部分油量，作为一个定值。③油量发生变化的回油箱及压油罐，根据其尺寸及油位，计算出相应的油量。④形成回油箱油位—压油罐油位为变量的油量计算模型。⑤油位使用机械油位计，数据更加准确。⑥实时进行油位数据采集及录入，并进行油量数据计算。

通过上述数据模型，在实际工作中，工作人员每天进行油位记录并输入到数据模型中，经过一段时间后，发现油量呈下降趋势，在发电机组停机状态下进行全面检查，发现该发电机组油系统通向电厂储油装置的阀门出现内漏情况。

3.2 水轮机转轮叶片裂纹监视

水轮机转轮最容易受到气蚀影响，初期或在转轮叶片连接部位等位置产生小的坑洞，气蚀现象严重，会造成转轮机械部件受损，即机械部件的裂纹，再到机械部件的断裂等。如图2所示，水轮机转轮叶片产生裂纹。

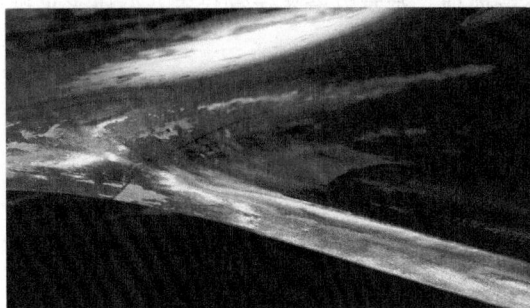

图2 水轮机转轮叶片裂纹

水轮机转轮在正常情况下，始终处于水中，水轮机转轮叶片处无法安装监测装置，没有直接设备对其进行监视，只有在C级及以上检修时，才会排水对其进行检查。水轮机转轮是水轮机重要的过流部件，转轮出现异常时，需要及时修复，尤其是产生机械损伤后，很难修复，并且耗费的时间较长，不利于发电生产任务的执行，如不及时修复造成严重损伤，其修复周期较长，严重影响发电生产任务，并且会因长时间不能开机运行而受到考核。

根据水轮发电机组运行数据及运行工况情况，排除水质对气蚀现象的影响，只考虑发电机组运行情况对其产生的影响，对其相关运行数据进行分析处理。水轮机在高效率运行区间内运行时，其运行工况最好，水轮机的健康状态也保持在好的水平下。水轮机运行在其他效率区间时，运行工况变差，气蚀现象也会随之发生。根据此种情况，建立水轮机转轮叶片损伤数据模型。水轮机的效率区间就转化为发电机组的负荷区间，因此就形成了运行水头—负荷区间—负荷调整频次—负荷调整幅度—穿越振动区间的数据模型。

选取裂纹发电机组的上次检查水轮机转轮至本次发行裂纹期间的运行数据，按照上述数据模型进行数据输入，形成产生裂纹的运行情况，以此作为产生裂纹的标准运行情况。选取其他发电机组此时间段内的运行数据，按照上述数据模型进行数据输入，形成的数据结果与标准运行情况进行对比。通过此数据模型建立，对其他发电机组的运行数据进行综合分析，达到裂纹产生标准数据情况后，在检修期间重点对转轮叶片进行检查。依靠此种方法，在后期及时发现其他两台发电机组的转轮叶片裂纹情况。

3.3 发电机定子铁芯端部烧蚀监视

如图3所示，发电机定子铁芯端部出现烧蚀现象，对其绝缘效果产生较大影响，严重时会影响到发电机组的安全稳定运行。

定子铁芯因其安装位置原因，此处较为狭窄，即使在检修期间，也只能是身材特别瘦小的工作人员进入该部位进行仔细检查。并且该部位无法安装也没有相应的监测装置，只能在每次检修期间由人工进行检查。

产生该部位烧蚀的原因除设计原因外，最主要的原因就是发电机组在进相运行时（即从电网吸收无功功率），会引起定子铁芯端部过热，进相深度越深，温度越高，对该部位产生的影响也越大。因为发电机组运行多年，之前检修期间未发现此情况的发生，在发电机组运行多年后产生此情况，分析得出产生该现象的主要原因是由进相运行产生的。因此，根据此分析，设计运行数据分析模型：环境温度—无功功率—无功调整幅度

图 3　发电机组定子铁芯端部烧蚀

—运行温度—定子电压—定子电流。选取此次发现烧蚀现象的发电机组的多年历史运行数据，按照上述模型进行数据输入，得出一个产生烧蚀现象的数据标准。

因其无法判断是否是以前检修期间检查不到位而未发现烧蚀现象，因此在对其他发电机组的运行数据进行分析时，选取多个不同时间段的运行数据进行数据模型输入分析。根据数据分析结果，其他发电机组都存在定子铁芯烧蚀现象。在后续的检修工作中，发现其他发电机组都存在此情况，验证了该数据模型的可参考性。

4　结语

通过建立各种典型故障运行数据模型，并对各发电设备运行数据进行实时采集分析与处理，及时发现此类故障并处理，同时，对各发电设备的正常运行状态下的运行数据进行分析处理，形成标准的健康状态及健康运行的数据模型，对发电设备运行数据进行实时采集与分析处理，对其运行趋势进行监视，发现异常时可及时处理，确保各发电设备健康、稳定运行。

参考文献

[1] 迟海龙，颜现波.水电站智能告警系统关键技术问题浅析 [J].水电站机电技术，2022，45（12）：18-21，37.

[2] 申云乔，江政儒，叶新红.大数据技术在风电机组运行状态评估及故障诊断中的应用分析 [J].电工技术，2023（20）：38-40，44.

[3] 徐恒辉，姚杰，周萍，杜梦，等.基于运行数据的光伏电站状态评估方法研究 [J].电力科技与环保，2023，39（05）：450-456.

作者简介

董　峰（1987—），男，高级工程师，主要从事流域梯级电厂调度运行管理工作。E-mail：562588778@qq.com

浅谈大型油浸式自耦变压器交接耐压试验

朱 牟 余 钦 陈 冲 尹廷凇

（华能澜沧江水电股份有限公司漫湾水电厂，云南省临沧市 675805）

[摘 要] 新更换的电气设备投入运行前均需开展交接试验，判断设备绝缘性能的好坏，本文着重介绍漫湾电厂 500kV 油浸式自耦联络变压器更换后特殊交接试验项目，简要分析了试验过程中的注意事项，对同类试验具有一定参考价值。

[关键词] 自耦变压器；交流耐压；感应耐压；局部放电

0 引言

漫湾水电厂 500kV 联络变压器主要由三台油浸式自耦变压器组成，是连接电厂 500kV 开关站、220kV 开关站、35kV 配电系统的重要枢纽设备，500kV 高压侧与 GIS 设备连接接入 500kV 系统，220kV 中压侧通过高压聚乙烯电缆连接接入 220kV 系统，35kV 低压侧通过半绝缘铜管母线与 35kV 配电系统相连。新电抗器经过运输、安装后，为防止意外因素导致设备存在缺陷隐患，需检查设备的绝缘性能是否完好，根据交接试验规程对其进行交接试验，其中以交流耐压、感应耐压及局部放电试验较为特殊，试验电压较高，属于破坏性试验，如果试验前准备不充分、试验中操作失误等导致试验失败，重复对变压器进行耐压试验，反而会影响设备的绝缘性能。因此提前做好准备，熟悉了解试验目的、试验原理、试验步骤，有助于试验的顺利开展，本文主要通过介绍漫湾水电厂 500kV 联络变压器更换后特殊交接试验过程，简要分析试验前、试验中、试验后的注意事项，为同类型设备交接试验提供参考。

1 试验准备

根据 GB 50150—2016《电气装置安装工程 电气设备交接试验标准》要求，新更换的 500kV 变压器在投运带电之前，现场需开展变压器绕组所有分接的变比及极性、所有分接的直流电阻、绕组连同套管的绝缘电阻、吸收比或极化指数、绕组连同套管的介质损耗及电容量、电容型套管介质损耗、电容量及末屏绝缘电阻、铁芯及夹件绝缘电阻、有载调压装置切换试验、变压器绕组变形、绕组连同套管的交流耐压、绕组连同套管的长时间感应耐压试验带局部放电测量等试验。其中以变压器绕组连同套管的交流耐压、绕组连同套管的长时间感应耐压试验带局部放电测量较为特殊，所需试验电压较高，试验过程中安全风险、对被试设备的损坏风险均较高。其余试验项目在设备投运后常规检修下均能开展，安全风险较低。

1.1 试验条件

在开展新变压器交接试验前，需做好相应准备工作，确认试验条件满足要求：

（1）确保新联络变压器所有一次设备安装工作均已结束，变压器完成真空注油、热油循环，绝缘油油质合格且静置 72h 以上。

（2）因联络变压器高压 500kV 侧与 GIS 设备连接，开展试验前要将高压侧与 GIS 设备连接，但内部一次导体不能连接，且需在高压套管顶部安装试验均压罩，防止试验过程中放电；高压侧所在 GIS 设备气室应充入额定压力的 SF₆ 气体且经检测合格。其余中压侧、低压侧及中性点套管引线不能连接。

（3）将变压器低压套管、中压套管、中性点套管升高座电流互感器二次侧短路并接地；变压器外壳、铁芯、夹件可靠接地。根据所做试验项目，将非被试绕组进行短接接地。

（4）根据所开展的试验，将联络变压器有载分解开关挡位调整至规程要求相应的挡位。

（5）开展特殊耐压试验前还需确认新变压器如变比、直阻、极性、绝缘电阻和介质损耗、绕组变形等常规试验已完成且试验结果合格。

1.2 试验前现场准备

500kV 变压器交流耐压试验所需设备体积较大、设备笨重，因此需提前规划好现场试验设备的摆放，一次摆放后就能完成所有试验项目，尽量少移动试验设备；同时设备摆放还需充分考虑现场设备环境因素，确保试验接线方便、试验过程安全距离足够。

在正式开展试验前为确保试验过程安全，防止无关人员误入，使用围栏将试验区域进行隔离，清除无关人员；并对所有参与试验人员进行安全交底，试验过程安全可靠。

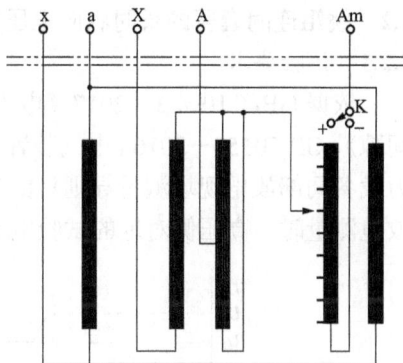

2 试验过程

该联络变压器有高压、中压、低压三个电压等级绕组，如图 1 所示，高压侧 A 与中压侧 Am 绕组相连共用一部分绕组，X 为中性点，共为高、中压侧的尾端，ax 为低压绕组。

图 1 变压器绕组联结示意图

2.1 绕组连同套管交流耐压试验

根据图 1 变压器绕组结构，开展联络变压器绕组连同套管的交流耐压试验时，仅需开展中性点连同套管现场交流耐压试验、低压绕组连同套管交流耐压试验即可，因为高、中压绕组是同一个尾端 X，因此从中性点出进行交流耐压即同时也对高压绕组、中压绕组开展了耐压试验。

图 2 中性点套管交流耐压试验原理图

Cₓ—被试变压器电容；C₁、C₂—分压电容；
L₁—试验电抗器；T—调压器

2.1.1 接线原理及参数计算

变压器中性点及低压绕组连同套管交流耐压试验所需设备容量较大，因此采用调频串联谐振的方式进行试验。其试验原理如图 2 所示，其中 Cₓ 为被试变压器电容，并保证试验频率在 40～300Hz 范围之内。

中性点连同套管交流耐压试验时中性点处接加压线加压，低压套管短接接地；低压绕组连

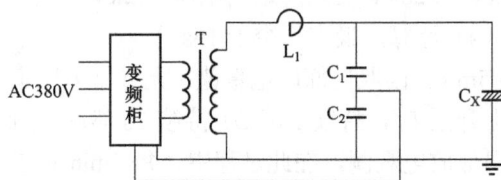

同套管交流耐压试验时，低压绕组短接接加压线，高压侧、中压侧及中性点接地。试验时耐压区域 TA 二次绕组均需要短路接地。

试验前需对试验回路电流大小进行计算，确保试验设备满足试验要求，试验安全可控。通过以下公式计算试验过程中试验回路电流大小：

$$f = 1/(2\pi\sqrt{LC}) \tag{1}$$

$$I = I_L = U/2\pi f \times L \tag{2}$$

式中 f——串联后的谐振频率；

  π——数学常数；

  L——串联电抗器电感；

  C——被试绕组对地电容；

  U——试验电压。

2.1.2 试验过程及注意事项

从 0min 时刻开始零启升压，1min 后升压至耐压试验电压，保持 1min，随后匀速降压至零，切断试验电源。耐压过程中注意检查有无异常声响，试验前周围一切相关工作暂停，防止周围异响误动试验判断。

2.2 绕组连同套管的长时感应电压试验带局部放电测量

2.2.1 试验要求

依据 GB/T 1094.3—2017《电力变压器 第 3 部分：绝缘水平、绝缘试验和外绝缘空气间隙》、GB 50150—2016《电气装置安装工程 电气设备交接试验标准》、DL/T 417—2019《电力设备局部放电现场测量导则》的有关技术要求，绕组连同套管的长时感应电压试验带局部放电测量时，高压侧对地的试验电压及其加压程序如图 3 所示。

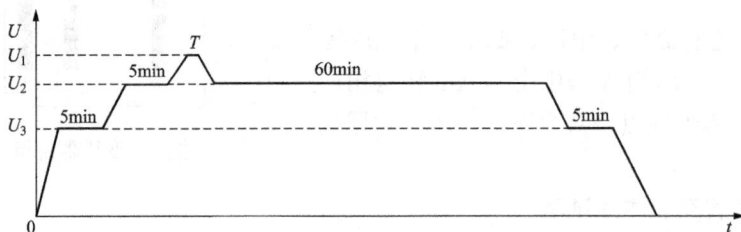

图 3 试验加压程序示意图

图中：预加电压 $U_1 = 1.7U_m/\sqrt{3}$，测量电压 $U_2 = 1.5U_m/\sqrt{3}$，测量电压 $U_3 = 1.1U_m/\sqrt{3}$。U_m 为系统最高电压，其中 500kV 侧系统最高电压 550kV，220kV 侧系统最高电压 252kV。

U_1 持续时间 T，按 $T = 120 \times$ 额定频率/试验频率（s）计算，最小不少于 15s。

如图 3 所示，试验开始将电压上升至 U_3，持续 5min，读取局部放电量值；无异常电压上升至 U_2，持续 5min，读取放电量值；无异常电压上升至 U_1，持续 Ts；U1 持续 Ts 然后立刻不间断将电压从 U_1 降低至 U_2，保持 60min，进行局部放电观测，在此过程中，每 5min 记录一次放电量值。60min 满，降电压至 U_3，持续 5min，记录放电量值；降电压，当电压降低到 $U_2/3$ 以下时切断电源，加压完毕。

2.2.2 接线原理及参数计算

如图 4 所示该试验采用调频并联谐振的方式进行试验，通过低压侧双端对称加压，双端补偿方法，从自耦变压器低压侧进行加压，高压侧、中压侧感应出试验所需电压。

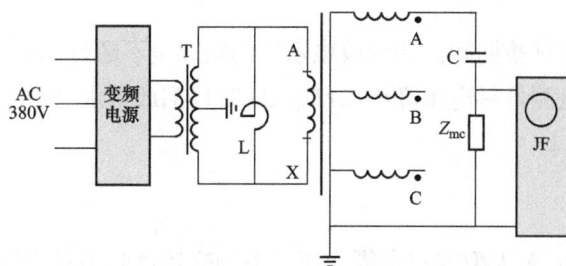

图 4　绕组连同套管长时感应电压试验带局部放电测量原理图

T—调压器；L—试验电抗器；AX—被试变压器低压绕组；A、B、C—被试变压器高压绕组；JF—局放检测仪

试验电压按激发电压 $U_激=1.7U_m/\sqrt{3}$、测量电压 $U_1=1.5U_m/\sqrt{3}$、测量电压 $U_2=1.1U_m/\sqrt{3}$、局放背景测量电压 $U_测=0.5U_m/\sqrt{3}$ 进行计算，通过以上计算的电压值均为自耦变压器高压侧试验电压值，中压侧的电压值需根据变压器变比计算。

2.2.3　电源容量估算

因变压器长时间感应耐压试验电压较高、时间较长，因此对试验电源容量要求较高，因此需精确计算试验所需电源容量，提前考虑准备，确保试验正常开展。

$$P = (f_s / f_n)^m \times (Kf_n / f_s)^n \times P_0 \tag{3}$$

式中　P——有功损耗；

　　　K——感应耐压倍数；

　　　f_n——额定频率；

　　　f_s——试验频率；

　　　P_0——变压器空载损耗；

　　　m——1.6；

　　　n——1.9。

由式（3）可知，被试品的有功损耗与频率有关，假设试验时最低频率为 100Hz，最高频率为 250Hz，通过设备出厂文件可查出被试品空载损耗。因此可以计算出最低频率、最高频率下不同试验电压下的有功损耗，然后根据 $P=UI$ 可计算出变频柜输出电流。

因为变频柜是三相输入、一相输出，所需电源电流一般小于变频柜输出电流 1.3～1.4 倍左右，因此通过计算出此次试验中极端情况下变频柜最大输出电流，即可计算出电源所需电流 I，在通过公式 $S=\sqrt{3}UI$ 可计算出所需电源容量，根据计算的电源电流 I 来选择现场试验电源开关、电源动力电缆等。

2.2.4　试验过程及注意事项

在 $U_2=1.5U_m/\sqrt{3}$ 下的长时试验期间，高压线端局部放电量应小于 500pC；在施加试验电压的前后，应测量所有测量通道上的背景噪声水平；在电压上升到 U_2 及由 U_2 下降的过程中，应记录可能出现的局部放电起始电压和熄灭电压。

在施加试验电压的整个期间，试验电压不产生电压突然下降，并按下述的方法监测局部放电试验过程：

（1）在 1h 局部放电试验期间，没有超过 500pC 的局部放电量记录；

（2）在 1h 局部放电试验期间，局部放电水平无上升的趋势；在最后 20min 局部放电水平无突然持续增加；

（3）在 1h 局部放电试验期间，局部放电水平的增加量不超过 50pC；

（4）在 1h 局部放电测量后电压降至 $1.1U_{m}/\sqrt{3}$ 时局部放电水平不超过 100pC。

3 结语

本文主要介绍了新安装大型油浸自耦变压器现场交接试验项目中交流耐压、长时间感应耐压带局部放电测量两项特殊试验项目，通过试验前条件、原理、参数计算、试验要求等内容，总结了试验过程中主要注意事项，为同类试验工作提供一定的参考借鉴。

参考文献

[1] 李建明．朱康．高压电气设备试验方法（第二版）[M]．北京：中国电力出版社，2001．

[2] 中华人民共和国住房和城乡建设部，中华人民共和国国家质量监督检验检疫总局．GB 50150—2016．电气装置安装工程电气设备交接试验标准 [S]．北京：中国计划出版社，2016．

作者简介

朱　牟（1988—），男，高级工程师，主要从事电气一次设备运维管理工作。E-mail：417973551@qq.com

余　钦（1995—），女，工程师，主要从事电气一次设备运维管理工作。E-mail：yuqin_95@163.com

陈　冲（1989—），男，工程师，主要从事电气一次设备运维管理工作。E-mail：chen_chong2011@163.com

尹廷淞（1992—），男，工程师，主要从事电气一次设备运维管理工作。E-mail：779870041@qq.com

一种提高大型油浸式变压器检修效率的冷却器更换工艺方法

蔡荣清　潘　政　吴劲波　杜海波　尹廷崧

（华能澜沧江水电股份有限公司漫湾水电厂，云南省临沧市　675805）

[摘　要]变压器是电力系统中实现电能量功率交换，维持输电系统电压稳定的重要设备，在电力系统中占据极为重要的地位。油浸式变压器中绝缘油介质损耗因数是油质检测的一项重要指标，通过绝缘油介质损耗因数值可以判断绝缘油的劣化程度，能反映变压器油在电场、氧化和高温等作用下的老化程度，反映油中极性杂质和带电胶体等污染程度。而冷却器作为变压器运行中最重要的辅助设备，在新冷却器投运前对内部绝缘油进行介质损耗因数检测能有效判断设备内部的洁净程度，新冷却器内部洁净程度越高，投运后对变压器本体绝缘油造成污染的程度越小，越能有效保证变压器安全稳定运行；反之，则可能威胁到变压器安全运行，因此保证新冷却器投运前内部绝缘油中介质损耗因数满足规程要求是极为关键的环节。本文介绍了某电厂大型油浸式变压器冷却器更换过程中，冷却器内部绝缘油中介质损耗因数超标处理的实际案例，分析绝缘油介质损耗因数超标原因、处理方法及改进措施。

[关键词]变压器；绝缘油；介质损耗因数；冷却器

0　引言

某电厂500kV系统与220kV系统通过500kV联络变压器联络运行，实现电网500kV与220kV系统电能量功率交换，控制有功、无功潮流，稳定网络的运行电压，降低系统损耗、提高系统供电效率、进一步改善电压质量，维持输电系统的电压稳定，在电网中占据重要地位。联络变压器由沈阳变压器厂生产，为单相自耦式变压器，型号为ODSPSZ-150000/500，额定容量为150000/150000/30000kVA，冷却方式为强迫油循环水冷。联络变压器配有9支冷却器（每相3支），属日本多田电机株式会社生产的DW-250-V-W型强迫油循环水冷型冷却器，于1995年投入运行至今，运行年限已达28年，随着运行年限的增加，冷却器内部水管锈蚀、堵塞严重，冷却效率降低，设备异常逐渐增加，导致联络变压器运行中温度偏高，长时间大方式运行期间，已威胁到联络变压器的安全稳定运行，且该型号冷却器属一次性铸造成型，无法通过更换冷却水管的方式对冷却器进行修复，为保证联络变压器安全、可靠运行，于2022年1月电厂对联络变压器冷却器进行更换，新更换冷却器为长沙东屋机电有限责任公司生产的YSSG-250型、换热容量250kW的油冷却器。

联络变压器在电网中占据重要地位，设备停电后，将对系统有功、无功潮流及电网的运行电压造成较大影响，调度机构批复的设备停电时间短；同时联络变压器停运将会电厂发电机组的有功出力也会受限制，所以缩短新冷却器更换的工期，将能有效保证电厂的经济效益和安全效益。

由于新冷却器更换施工现场场地限制、施工工期紧等原因，为保证批复停电时间内能圆满完成设备改造任务，经多方协调新冷却器提前配送至现场；设备到厂后，为有效节约工期，必须缩短新冷却器清洗的时间，保证在联络变压器停电检修前最短时间内将新冷却器内部进行清洗具备投运条件。但是在新冷却器投运前对冷却器内部绝缘油进行介质损耗因数检测能有效判断充油设备内部的洁净程度，新冷却器内部洁净程度越高，投运后对变压器本体绝缘油造成污染的程度越小，越能有效保证变压器安全稳定运行；反之，则污染较为严重，真空注油后再与变压器本体绝缘油一同开展滤油处理，将大大增加滤油处理周期及增加绝缘油介损处理难度，可能威胁到变压器安全运行，因此保证新冷却器投运前内部绝缘油中介质损耗因数满足规程要求是极为关键的环节。

1 绝缘油介质损耗因数超标原因

新冷却器到货后，用检测合格未使用过的备用绝缘油进行冲洗，保证冷却器内部干净清洁，残油介质损耗因数检测合格。引起绝缘油介质损耗因素超标的因素主要有以下几个方面。

1.1 油中含有杂质、金属离子

设备在安装时附近存在尘埃、杂质、金属离子，当设备充油后，绝缘油被污染，含有杂质的油可看作中性分子与极性分子的混合物，在电厂作用下将产生电厂偶极化损失，使油的介质损耗因素增大。

1.2 油中含水量超标

设备的制作环境相对干燥，也会经干燥处理，但组装时设备内部仍然会暴露在空气中，难免会受潮。在运输过程中保护措施不当，也会增加受潮的风险。当油中含水量大于60mg/L时，介质损耗因数会急剧增加。

1.3 油中微生物细菌感染

设备在制作、组装和运输过程中暴露在空气中，导致细菌、真菌类生物浸入，设备内部绝缘油被污染，而绝缘油中含有水、空气、碳化物、有机物、各种矿物质及微量元素，形成了菌类生物生长、代谢和繁殖的基础条件。微生物含有丰富的蛋白质，具有胶体性质。实际上微生物对油的污染是一种微生物胶体的污染，微生物胶体带有电荷，使油的电导增大，导致电导损耗也增大。其次，微生物在油温50~70℃范围，繁殖速度最快，使介质损耗因数增加也较快。

2 冷却器绝缘油介质损耗因数检测及超标处理

2.1 冷却器冲洗

联络变压器设计每相3支冷却器，三相共9只。冷却器每3只为一组临时固定运送到厂。

变压器冷却器运送到厂后，打开管路堵板对管路进行检查，经检查未发现明显异物，有油迹，残油较少，无法取样检测介质损耗因素，仅能检测水分含量。决定对冷却器先进行冲洗后再取残油检测。

根据厂家技术要求，冷却器运输及现场摆放时只能将冷却器单相放置，安装时只能单相冷却器起吊。因变压器检修工期限制，冷却器需在变压器停电更换前完成冲洗，介损检测合格，同时考虑绝缘油库与施工现场较远，需采用干净的绝缘油桶将绝缘油库检测合格的备用绝缘油倒运至金工车间仓库。每相3只冷却器为一组，需要把每只冷却器上下部进出油口用油管串接，用型号FLYC-100A的防爆便携移动式滤油机进行冲洗，滤油机具有流量大、压力高、对杂质处理具有明显效果。用滤油机将绝缘油抽至冷却器后循环冲洗30min，每组冲洗结束取残油对介损进行检测。冲洗方法见图1。

图1　变压器冷却器串接管路冲洗

2.2　冷却器绝缘油介损检测

A相新冷却器冲洗结束后取油样进行检测，取样时对冲洗后排除的绝缘油进行检查，发现油桶底部存在少量沉淀物，经对残油进行介质损耗因数检测，发现介损超标，水分含量均小于30mg/L。检测数据详见表1。

表1　　　　　　　　　　　　冷却器串接冲洗介损检测数据

编号 ＼ 检测数据	介损因数	水分含量（mg/L）
1号净油桶冲洗冷却器用绝缘油	0.002821	6.5
7A　1号	0.015762	28.3
7A　2号	0.018286	29.2
7A　3号	0.009935	27.8

2.3　冷却器绝缘油介损超标处理

（1）冷却器单只冲洗。

图2　变压器冷却器单只冲洗

经对第一组冲洗方法及介损检测数据对比初步分析，3只冷却器串联为一组冲洗后排出的绝缘油油桶底部存在少量沉淀物，判断冷却器内部脏污严重，把3只冷却器用软管串联冲洗用油量不足，导致冲洗后介损超标。如将冷却器单只冲洗效率将远超冷却器串接冲洗。随即决定增加新油用油量，使用带有滤板的板式滤油机逐只开展冲洗（见图2）。

冲洗后对残油进行介损检测，数据虽满足投运前规程要求，但部分数据仍然偏大，接近红线值。考虑绝缘油倒运过程中可能使绝缘油受到污染，对倒运至工作现场的绝缘油进行介损检测，检测合格，与冲洗前油罐取油样检测数据基本一致，排除倒运时绝缘油受污染的情况。

（2）冷却器安装后整体冲洗。

在变压器 C 相冷却器安装前将冷却器残油排尽，对冷却器再次取残油检测。经检测，变压器 C 相 3 只冷却器介损全部超标，与单只冷却器冲洗后的检测数据偏差较大，已经超出标准。数据见表 2。

在冷却器安装后对变压器 C 相整组冷却器进行清洗。先关闭变压器冷却器上、下连管处的阀门，将冲洗管路一端接入冷却器进油总管，另一端接入冷却器出油总管，将冷却器顶部放气塞打开，将检测合格的绝缘油充入冷却器内，当冷却器顶部放气塞出油时，关闭放气塞，对冷却器进行循环冲洗 30min。冷却器冲洗后对每只冷却器分别取样检测，冷却器介损较好，均满足投运前规程要求，数据见表 2。随后用同样的方式将变压器 A、B 相冷却器进行冲洗、冲洗后介损检测全部合格。

表 2　　变压器 C 相冷却器单只冲洗后、安装前、成组冲洗后介损检查数据

冲洗方法 冷却器编号	安装前单只冲洗后		安装前残油检测		安装后整组冲洗后	
	介损因数	水分含量（mg/L）	介损因数	水分含量（mg/L）	介损因数	水分含量（mg/L）
7C 1 号	0.004576	25.1	0.007215	26.5	0.00330	21.5
7C 2 号	0.005002	24.2	0.008328	25.3	0.00374	20.9
7C 3 号	0.004637	25.7	0.007113	26.2	0.00379	21.6

3　介损超标原因分析

根据冲洗方法及检验结果分析变压器冷却器绝缘油介质损耗因素超标有以下几个方面的原因。

3.1　冷却器冲洗不彻底

整组冲洗后数据偏大主要原因是整组竖直放置，冲洗时冷却器进、出油管路口压差较大，冲洗油量不足或压力不够情况下，仅能冲洗到冷却器中间部位，两端靠上部位、底部无法冲洗到，死角较多，冲洗不彻底。造成整组冲洗虽介质损耗因素满足投运前规程要求，但数据偏大。

当冷却器增加新油用油量，使用带滤板的板式滤油机逐只开展冲洗时，剩余残油对冷却器死角部位进行冲刷，导致在冷却器安装前对冷却器的残油进行介质损耗因素检测均超标。当冷却器安装后，成组冲洗时，残油已排尽，冷却器内部几乎无死角，冲洗彻底。对冷却器绝缘油重新取样检测，介质损耗因素数据较好。

如单只冲洗效果仍然不好，可能整体油流量不足，还可将冲洗方法进行改进，将每组冷却器中需要冲洗的单只冷却器上下部位阀门打开，其他不进行冲洗的冷却器阀门关闭，单只进行全方位无死角冲洗。

3.2　冷却器冲洗后残油未完全排尽

新变压器冷却器在运送至电厂时，对冷却器管路检查未发现明显异物，有油迹，残油较

少，无法取样检测介质损耗因素，仅能检测水分含量。检查堵板密封螺栓紧固、密封完好，可判断运输途中并无受潮情况。冲洗前、后对残油水分含量检测，均满足厂家使用说明书中安装前判断产品未受潮的要求，500kV 设备水分含量应小于等于 30mg/g。可排除因水分超标造成介质损耗因数超标的可能。冷却器存放时间段，运输及存放时环境温度不高，可排除微生物细菌感染导致介损超标因素。

每只冷却器与冷却器管路连接处有多个焊点，且冷却器边缘均为焊接，焊接部位较多，冷却器在出厂时虽经过冲洗，但并未冲洗干净，杂质、金属离子仍然存在。在串接冲洗后，能明显看到冲洗排除后的绝缘油油桶底部有杂质沉淀，可判断冷却器内部脏污严重。

经分析每组冷却器串接冲洗后，每只冷却器仅能排出冷却器出油口管路以上部位绝缘油，将近 1/5 的绝缘油未能排出，剩余残油较多，冲洗过程中固体杂质、少量焊屑沉淀在冷却器出油口以下部位，在脏污严重的情况下，残油无法全部排出，导致冲洗后介损仍然偏大。

4 结语

综上所述，由于新变压器冷却器内部焊点较多，很容易受到杂质、金属离子污染，为使设备安装后连同变压器本体热油循环时，能较快地将绝缘油处理合格，有效缩短施工工期，同时保证变压器本体绝缘油及变压器本体设备不受污染，必须保证冷却器内部洁净程度，即要保证冷却器绝缘油介质损耗因数满足规程要求。本次设备改造期间，通过使用防爆式（压榨式）滤油机将冷却器安装前单只清洗后整组进行冲洗的方式，能保证冲洗的油量能够充满冷却器内部油管路，冲洗更加全面，更加彻底，内部绝缘油介质损耗因数合格，有效缩短新冷却器设备改造工期和变压器停电时间，同时保证了电厂的经济效益和安全效益。

本文介绍的大型油浸式变压器冷却器绝缘油介质损耗因数超标的处理方法，对电力系统中同类型油浸式变压器冷却器更换和变压器检修工作具有一定的指导作用，在电力系统中具有推广意义。

参考文献

[1] 中国国家标准化管理委员会. GB/T 7595—2017 运行中变压器油质量［S］. 北京：中国标准出版社，2017.

[2] 中国国家标准化管理委员会. GB/T 14541—2017 电厂用矿物涡轮机油维护管理导则［S］. 北京：中国标准出版社，2017.

[3] 中国国家标准化管理委员会. GB/T 14542—2017 变压器油维护管理导则［S］. 北京：中国标准出版社，2017.

[4] 国家能源局. DL/T 596—2021 电力设备预防性试验规程［S］. 北京：中国电力出版社，2021.

[5] 中国国家标准化管理委员会. GB 2536—2011 电工流体　变压器和开关用的未使用过的矿物绝缘油［S］. 北京：中国标准出版社，2012.

[6] 许灵洁. 绝缘油介质损耗测试过程中的问题分析［J］. 浙江电力，2000（5）.

作者简介

蔡荣清（1992—），男，大学本科，工程师，从事运行维护工作。18314415633@163.com

潘　政（1987—），男，大学本科，工程师，从事运行维护工作。466052551@qq.com

吴劲波（1986—），男，大学本科，高级工程师、高级技师，从事运行维护工作。452125469@qq.com

尹廷淞（1992—），男，大学本科，工程师，从事运行维护工作。13759309300@163.com

五、

新 能 源

基于海上风电柔直换流阀模块
常见故障及处理方法

乔　美　江海涛

（中广核新能源南通有限公司，江苏省南通市　226400）

[摘　要] 随着柔性直流输电技术应用于海上风电，带动新能源海上风电快速发展，直流输电发展水平进一步提高。目前，±400kV 柔性直流输电工程已经基本实现了国产化。结合海上风电柔直换流站运行经验对换流阀模块存在的故障缺陷与隐患，提出改进的建议，可为国内海上风电柔直换流阀设备的运行、维护提供借鉴。

[关键词] 柔性高压直流；换流阀；功率模块；常见故障；处理方法

0　引言

海上风电作为我国新能源发展重要方向，是推动我国实现能源结构快速转型的重要手段。柔性直流输电大规模远距离输电，尤其在深远海海上风电输送方面优势明显，克服交流限制输电距离难题，同时避免了常规高压直流输电并网存在的问题。随着柔性直流输电在海上风电的推广应用，推动了海上风电技术升级，助力了中国海上风电快速发展[1-4]。

目前，随着国内高压直流换流站不断建设，柔性直流换流站也首次运用在海上风电，国产化设备和技术得到了全方位普及应用，换流阀设备作为换流站核心部件，到目前已逐步实现了国产化。国内已投运换流站有三峡白鹤滩、广东电网背靠背、南方电网乌东德以及江苏如东海上风电等，已全部使用国产化换流阀。经过多年的经验总结，逐步对换流阀设计缺陷进行了技术升级和优化，以确保柔直换流站稳定可靠运行[5-8]。

1　柔直换流阀模块常见故障

柔直换流阀首次应用到海上风电，海上风电柔直换流阀对产品功率、可靠性以及抗高湿高盐雾性能的要求更为严苛。海上风电面临的环境比陆上风电恶劣，对海上风电柔直换流阀的设计制程、产品可靠性、环境适应性、基建施工和运营维护提出了更高的要求。

柔直换流站换流阀布置于阀厅内，目前功率模块主要采用绝缘栅双极型晶体管（Insulated Gate Bipolar Transistor，IGBT）功率元件串联压接方式，实现阀组件轻型化、紧凑化设计。功率模块作为换流阀核心部件，发生故障直接影响设备可靠运行，从换流站历年运行情况看，换流阀模块从投产前期故障比较多，后逐渐平稳运行，随着设备运行年久后期故障逐渐增多。

柔直换流站换流阀模块故障主要是子模块元部件的失效，以突发失效和渐变失效两种为主。突发失效是以短路、过压、过温、操作不当、宇宙射线；渐变失效是以高负载周次导致绑定线分离、高负载周次导致焊层分离。

1.1　换流阀模块本体设备故障

阀模块作为换流阀核心部件，主要由 IGBT 压接单元、控制单元、旁路开关、旁路晶闸管、均压电容等组成。阀模块是处于高压状态下运行，若发生严重故障，就必须停电处理。从海上换流站建设重要性、对区域电网供电负荷以及发电公司停运损失是影响极大，因此阀模块的稳定运行非常重要。

1.1.1　阀模块驱动装置异常

2022 年 7 月，某海上风电换流站阀控上报"CD57 号模块驱动 1 异常"，通过查看故障录波，故障前模块 IGBT1 开通、IGBT2 闭锁，故障时模块上报驱动 1 异常，模块随后旁路，初步判断模块驱动板 1 自身故障、驱动板供电连接异常、驱动光纤连接异常、驱动光纤异常引起。

对故障模块拆除进行检测，发现驱动板 1 副边+15V 网络的 C2 位置 10uF 贴片电容元件失效，造成驱动板副边+15V 网络电源欠压，导致驱动板 1 故障。

1.1.2　阀模块通信接口异常

2022 年 1 月，某海上风电换流站阀控报"BU380 号模块上行通信校验错"故障，该模块旁路运行。对故障模块主控板检测，上电观察发送光纤座的发光亮度明显低于正常发送光纤座。测量发送光纤座光功率，光功率偏低，如图 1 所示。更换光纤座后，光纤座发光亮度及光功率恢复正常。

因此判断 BU380 模块主控板发送光纤座失效，导致主控板与阀控通信不稳定，使阀控上报上行通信校验错故障。

1.1.3　阀模块主控单元元件故障

2022 年 6 月，某海上风电换流站在解锁运行期间，阀控上报"BD187 号模块 15V 电源异常"，发送旁路请求，随后上报上行通信中断。根据模块上行通信中断判断模块主控板失电停止工作，故障定位在取能电源 15V 输出回路。

经检测故障 BD187 模块，发现主控板上

图 1　发送光纤座光功率测试

C177 位置 4.7μF 电容元件失效，导致 15V 电源短路，使主控板 15V 供电电压下降至欠压检测阈值，模块上报 15V 电源异常故障。

1.1.4　阀模块温度采样元件异常

2022 年 4 月，某海上风电换流站阀控上报"BD428 号模块 15V 电源异常"，旁路成功。检测发现温度采样板上 V2 位置金属—氧化物半导体场效应晶体管（Metal-Oxide-Semiconductor Field-Effect Transistor，MOS）失效，拆下该 MOS 管后测量其源漏极短路。

因此判断原温度采样板上 V2 位置 MOS 管由于自身失效，导致 15V 电源短路，使主控板 15V 供电电压下降至欠压检测阈值后，模块上报 15V 电源异常故障。

1.1.5　阀模块功率器件失效

2022 年 10 月，某海上风电换流站阀控上报"AD1 号模块驱动 2 异常"故障。查看故障

录波，故障前模块 IGBT2 开通、IGBT1 闭锁，故障时模块上报驱动 2 异常，发送旁路请求，随后模块旁路成功，故障后模块电压快速下降至 0V 左右，判断模块功率器件失效，模块电容直通放电。

经检测 IGBT1、IGBT2 内置二极管电气参数均失效，如表 1 所示。该故障为 IGBT2 开通时，IGBT1 失效，IGBT1 与 IGBT2 形成短路回路，导致 IGBT2 过流失效，保护失败，电容直通放电。

表 1   **IGBT1、IGBT2 二极管测量数据**

功率器件	门极阻值（Ω）	内置二极管压降（V）	备注
IGBT1	0.8	0	门极阻值为∞；
IGBT2	0.7	0	二极管压管>0

1.2 换流阀模块由外部原因引起的故障

换流阀模块故障不仅因设备本体自身原因引起，外部故障也是导致阀模块发生故障的重要原因，做好设备维护管理是非常重要的。

1.2.1 阀体冷却水漏水

2008 年，某换流站换流阀 A 桥臂差动保护Ⅲ段动作，直流系统闭锁。经检查 A 相上桥臂内冷水漏水，2 号阀塔 3 层 1 号组件 1 号子模块冷却水管进水口处水管接头开裂，接头处有烧熔痕迹，模块和支架有放电痕迹。

1.2.2 换流阀检修工艺不良

2018 年，某换流站换流阀 220kV 侧 LTT 阀冷系统膨胀罐液位超低保护动作跳闸，直流系统闭锁。检查发现 220kV LTT 阀第二层阀塔电抗器元件上小水管接口脱落。对更换下的小水管与正常水管对比分析，发现脱落水管上无明显卡痕接头上双戒指卡箍安装时没有突出部分，接头无法卡紧。

1.2.3 阀控设备触发脉冲异常

2016 年，某换流站因逆变侧阀短路保护和桥差保护动作而发生一次闭锁故障。经过多次分析，确定故障是由阀触发脉冲全部丢失造成，故障时刻处于导通状态的某几个单阀无法正常换相、本身又不能截至，所以一直维持导通状态。极控系统检测到故障的发展，采取了相应控制策略，经过若干工频的周波后，由于阀侧套管电流互感器传变二次电流失真，达到保护定值，阀短路保护和桥差保护，导致直流闭锁。

1.2.4 阀厅温湿度超限

换流阀对环境温度、湿度要求非常严格。换流阀内冷水系统作为换流阀模块主要冷却系统，关系到换流阀能否安全稳定运行。阀厅内湿度超过设计规定值也会引起换流阀故障。

2 柔直换流阀模块故障处理方法

2.1 阀模块本体故障处理方法

阀模块本体故障主要是由于换流阀模块元件自身引起的故障。停电检修对换流阀模块单元作为重点检修项目，特别是对电气接头和可能出现高电压放电的金属部分进行检查。阀塔各金属构架安装的等位线，外观完好，与其他元件无碰触，导线线鼻处连接螺栓固定良好，要保证塔内电场分布均匀。均压电极进行抽检，要保证表面光洁、无结垢和腐蚀。功率模块表面无破损、无放电痕迹；螺栓无松动，满足力矩要求。换流阀模块放电现象主要由于安装或检修工艺不到位造成的，在出现放电现象后阀厅内火灾报警系统应能快速启动。同时阀厅内红外检测系统及时发出报警，发出直流闭锁停运指令。对于阀模块内部放电，要确保换流阀模块本体元件防火性能要满足要求，功率模块之间均采用阻燃燃料，减小放电起火。

2.2　非阀模块本体引起故障处理方法

换流阀模块故障是由外部原因引起的，主要有阀控系统设备元件和与换流阀模块相连接通信。阀控系统除要具备高度自动化程度，还要具备安全可靠、完善自检能力。能够从故障信息准确判断、可靠区别故障来源，有效提示运维人员快速查找故障、消除缺陷。

换流阀模块散热主要通过水冷却，而阀内冷系统稳定运行直接关系到换流阀可靠运行。水冷却系统故障有多种原因引起，主要表现有：内冷水压力的超限、流量的异常、电导率的超标、温度的过高、控制系统的失灵，相应措施有：

（1）定期校验测量仪表：电导率传感器校准，测量仪表错误可导致对内冷水水质是否达标判断错误，发出的控制信号失误，需对测量仪表进行校准。

（2）原水补水水质：电导率要满足要求，干净无明显机械杂质，对于不能满足要求的原水坚决不能补充，因此需对补充的原水做水质分析。

（3）去离子水处理回路，必须保证去离子回路的流量，巡检时如发现流量变小或变大，需检查是否阀门阀位发生变化，需及时恢复阀门阀位。

（4）根据换流阀运行情况，要有针对性在停电检修时对换流阀冷却水管进行水冲洗，确保水质满足要求。

（5）定期通过视频监控系统和红外测温系统对换流阀模块进行巡检，重点查看换流阀模块及相关联设备是否有过热点。

（6）阀塔漏水监测装置作为渗水检测装置，要确保装置动作可靠，反应迅速。

3　柔直换流阀模块的异常检测方法

黑模块（称为异常模块）检测识别是由换流阀控制装置实现，黑模块判断流程，流程如图2所示。

（1）换流阀充电。

（2）所有桥臂功率模块电容电压平均值达到设定阈值之后，检查功率模块的上行通信状态。

（3）上行通信连续一段时间有效则认为通信正常，否则认为通信异常。

（4）上行通信异常且无法旁路的功率模块

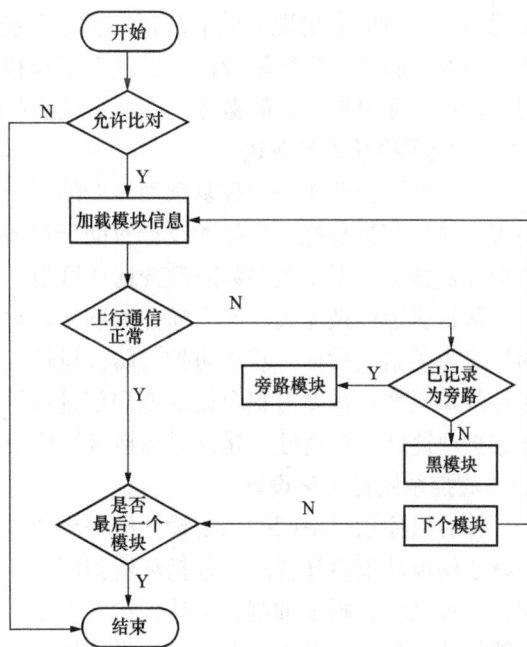

图2　黑模块检测逻辑

将被标记异常模块。

（5）阀控从自身历史记录中找出已经旁路的功率模块并与异常模块序号依次比较。

（6）将未标记为旁路的异常功率模块标记为黑模块。

4 柔直换流站模块故障诊断策略

通过柔直换流阀后台故障录波装置实时检测模块联动触发功能能够同时手动触发 6 个桥臂、阀控接口和三取二机箱的数据录波。根据预定过流策略将柔性换流阀子模块的电容电压特征波形分为多个不同阶段，确定不同阶段对应的第一个电容电压波形，确定目标时段柔性换流阀的第二电容电压波形，经第二电容电压波形与第一个电容电压波形进行匹配，得到匹配结果，根据匹配结果确定柔性换流阀子模块的故障类型。

5 柔直换流阀模块及相关系统的优化建议

柔性直流换流阀及直流控制保护系统的应用已实现国产化，多家企业并掌握了核心技术，但每家结构设计和系统开发理念各不相同，不同技术的设备要做到通信有效衔接存在一些问题。借此提出以下几点建议。

5.1 换流阀模块质量保证

换流阀模块作为换流站核心部件，质量好坏直接影响运行稳定性。目前国内投运的换流站换流阀模块出现模块板卡虚焊、电容鼓包、针脚弯曲、接线松动等现象。建议生产商采用质量可靠、性能良好的材料，尤其在绝缘材料、防火材料选用上尤为关注。

IGBT 作为换流阀的核心元件，由于制造工艺缺陷、过流、过压、过热、工作环境恶劣或使用不当等原因会出现失效情况，对整个系统的可靠运行造成重大影响。根据 IGBT 失效曲线，早期和后期的失效率较高，因此在工程投运前应进行筛选试验以检验器件的耐受能力，同时在后期应更换老化的器件以降低系统的故障率。

5.2 换流阀模块设计改进

高压直流换流阀是一种复杂而多变的系统，由于设备系统中模块数量众多，使得换流阀的可靠性具有挑战性。良好的设计有助于设备可靠运行，从换流阀模块的结构和部件可靠性分析，以获得根据系统参数的改变选择恰当的结构，有效提高换流阀模块的可靠性水平。

从目前国内换流阀设计方向，紧凑化、模块化已经是发展趋势，但也存在缺陷隐患，有的厂家为了紧凑设计，缺少防护、防火设计措施。高度集成化，也给运维带来不方便，模块元件故障更换，需要对整个模块或局部进行繁琐复杂工序处理，不利于工作效率。为确保现场维护便捷性、快速性，建议提高换流阀模块设计人性化。

5.3 阀控系统标准化设计

针对以往项目中阀控系统设计缺失导致故障概率较高，提高阀控系统标准化功能设计，完善了阀控功能设计要求，包括环流抑制、调制、子模块电压平衡控制、同步控制、脉冲分配、监视录波、振荡抑制、本体保护、不平衡保护、交流侧主动充电功能和直流侧主动充电功能等功能模块。对于一个工程项目阀控系统由几家厂家提供，如设备生产标准不一，出现问题会费时费力，不能确保直流系统快速恢复运行。因此建议设备采用统一的标准化设计和通信规约，减少信号传送的中间环节。

5.4　阀内冷系统创新

目前，在运或在建的换流站中，采用水—水冷却或水—风冷却的阀冷却系统，水—水冷却系统存在使用范围受地域限制，以及排污水污染的风险，而水—风冷却系统存在换热效率低、耗能大等问题。上述缺陷直接制约直流系统大发展，建议使用洁净环保、低水耗和能耗的换流阀冷却系统。在常规换流阀冷却系统设计的基础上，将外冷系统设计成一个密闭式的循环系统，通过外冷主泵驱动冷冻水与内冷水在板式换热器中进行热交换。不仅可以解决污水污染问题，而且可以解决高温环境下的换热问题。

6　结论

本文针对海上风电换流阀子模块各种常见故障情况进行阐述，将故障诊断问题转变为异常检测问题。进而，提出了基于子模块的异常检测方法，基于此检测方法提出了子模块故障诊断策略，针对性对换流阀模块及相关设备提出了优化建议，以减少故障发生率，实现高可靠性、稳定性的处理方法。

参考文献

[1] 陈红军. 高压直流输电技术的发展及其在电力系统中的应用 [J]. 电力建设，2001，10（7）：18-21.

[2] 袁清云. 特高压直流输电技术现状及在我国的应用前景 [J]. 电网技术，2005，29（14）：1-3.

[3] 文俊，殷威扬，温家良，等. 高压直流输电系统换流器技术综述 [J]. 南方电网技术，2015，9（2）：16-24.

[4] 赵畹君. 高压直流输电工程技术（第二版）. [M]. 北京：中国电力出版社，2011.

[5] 丁雪妮，陈民铀，赖伟，等. 多芯片并联 IGBT 模块老化特征参量甄选研究 [J]. 电工技术学报，2022，37（13）：3305-3315.

[6] 姜姝. HVDC 换流器故障分析与保护原理研究 [D]. 广州：华南理工大学，2010.

[7] 杨贺雅，邢纹硕，向鑫，等. 基于多元高斯分布异常检测模型的 MMC 子模块开路故障诊断方法 [J]. 电工技术学报，2023，38（10）：2744-2753.

[8] 邹毅军，魏明洋. 模块化多电平换流器子模块故障模拟方法 [J]. 电气技术，2022，23（4）：96-101.

作者简介

乔　美（1980—），男，高级工程师，主要研究方向为电力设备安装技术、新能源发电、高压试验。E-mail: qm19801016@sina.com

江海涛（1979—），男，高级工程师，主要研究方向为新能源发电及运行技术。

基于电力新能源企业智能电网系统
可持续发展的分析

刘 杰[1] 杨尔成[2] 蒋永鹏[2] 马宁宁[2]

[1. 三峡新能源（大柴旦）风扬发电有限公司，青海省格尔木市 816000;
2. 三峡新能源大柴旦风电有限公司，青海省格尔木市 816000]

[摘 要]基于电力新能源企业高效、快速的发展背景，积极稳妥推进碳达峰碳中和目标，电力新能源企业引入智能化系统，充分利用通信、自动化和信息技术，对整个发电设备进行监测和管理，利用智能化系统实时动态监测数据，对用户的用电量进行预测分析，并给出合理的优化调度，以降低成本，对电力新能源企业智能电网系统的特点进行展开分析，具有坚强性、自愈性和经济性等特点，对分布式新能源发电与智能电网系统进行相互结合，以实现分布式新能源的大规模发展和新能源的高效利用，促进电力交易市场的多元化和透明化，最后对电力新能源企业智能电网系统未来的发展前景进行分析，提高整个电力系统的可靠性。

[关键词]电力新能源；智能化系统；优化调度；可靠性

0 引言

智能电网（Smart Grid）是电力系统领域中一项重要的技术创新，使得电力行业进入一个全新的领域，传统的电力系统往往需要大量的人力、物力进行运行调度，而智能电网是将传统的电网转变成一个高度自动化和智能化的网络，从而可以提高电力系统的可靠性和可持续性，使得电力系统的运行实现了高度自动化[1]。首先在电力行业，智能电网与电力系统可持续发展的研究逐渐得到广泛的认可，旨在将电力系统与智能化进行相互融合，从而可以实现电力从生产、运输、变电、配电的智能化运行。其次，智能电网相对于传统电网来说，具有自动化程度更高、几乎可以实现无人值守的特点，对于整个电力系统来说可以起到至关重要的作用[2, 3]。最后，智能电网主要是利用电磁学、自动控制技术、计算机等技术实现对电力系统的自动控制。对于传统的电力系统来说，需要对基础通信设备进行改造，对其进行大规模的升级改造，需要引入智能化检测系统，对电气设备进行智能化检测，主要检测电气设备的电压、电流、功率、压力等具体数值，同时也要对数值进行保存记录，以便在电气设备发生警告或故障时，对该电气设备进行具体研究分析[4-6]。

在全球领域，世界上有不少国家要进行建设智能电网，但都不约而同地归结为几个特点，智能电网具有清洁、安全、灵活等特点，都将智能电网视为未来的一个发展方向。对于新能源发电企业，主要包括风力发电、光伏发电等，企业以及用户对电能质量的需求越来越高，同时，人们对于环境保护的意识也越来越强，在使用清洁能源的同时，还可以保护环境，避免环境受到污染，因此，需要构建一个安全可靠、具有坚强的智能电网，以满足用户的需求[7, 8]。智能电网主要通过数字化连接，对电力系统进行优化处理数据，充分利用各种新能源发电，通过低碳环保实现可持续性发展。因此，本文通过对电力企业智能电网与电力系统可持续发展进行分析，进而对智能电网的特征、可持续发展进行分析。

1　电力新能源企业智能电网的动因和发展趋势

1.1　电力新能源企业智能化的动因

在智能电网系统快速发展的条件下，电力新能源企业面对智能电网系统的快速发展，对其进行数字化创新越来越起到关键作用，智能电网系统利用通信、自动化和信息技术等，实时对整个电力系统进行监测和管理，提高供电的可靠性，基于这样的背景条件下，电力新能源企业对发电系统的创新应运而生，以满足新一代电力系统的需求，适应智能电网系统的发展。

在智能电网系统的背景条件下，电力新能源企业的技术创新主要体现在对数据的采集和分析等方面，通过对设备进行实时监测，电力新能源企业可以得到大量实时数据，主要有电力负荷、设备运行状态、上网电量、下网电网、自动发电控制（Automatic Generation Control）、自动电压控制（Automatic Voltage Control）等实时数据，这些实时数据对于电力新能源企业来说具有重要的意义，对于电力新能源企业的优化数据管理可以起到重要作用，在创新方面能够起到决定性作用，表 1 为某火力发电企业智能化提高能源利用效率分析，从表中可以看出，加入智能化设备后，能源消耗情况、能源生产成本和厂用电率都有所降低，能源利用率和发电效率都有所提升，可以起到降本增效作用。

表 1　　　　　　　　　某火力发电企业智能化提高能源利用效率分析

性能指标	原始数据	加入智能化设备后	改进效率
能源消耗情况	600GJ	480GJ	降低 20%
能源利用率	55%	68%	提升 23.6%
发电效率	36%	48%	提升 33.3%
能源生产成本	120 万元	115 万元	降低 4.17%
厂用电率	45%	38%	降低 15.56%

对于整个智能电网系统，在电力新能源企业，其创新方面还体现在电力负荷管理层面。对于负荷管理层面，智能电网系统需要对用户的用电量进行合理规划，并进行动态跟踪，避免电网系统失去平衡，对电力新能源企业造成浪费。电力新能源企业可以利用智能电网系统的实时动态数据，对用户的用电量进行预测分析，并给出合理的优化调度，以降低电力新能源企业成本，同时提高电力新能源企业供电的稳定性，表 2 为某化工企业智能化改造前后对比，从表 2 中可以看出，该厂加入智能化设备后，CO_2 排放量和污染物排放量都有所降低，电力新能源比例和资源利用率都有所提高，尽可能地降低成本，提高生产效益。

表 2		某化工企业智能化改造前后对比	
性能指标	原始数据	加入智能化设备后	改进效率
CO_2 排放量	1000t	860t	降低 14%
电力新能源比例	2.3%	4.2%	提升 82.6%
污染物排放量	400t	290t	降低 27.5%
资源利用率	0.6%	0.75%	提升 25%

1.2 电力新能源企业智能化的发展趋势

电力新能源企业与智能电网系统的构建在未来的电力市场上，将更好地促进电力新能源企业的高比例投入使用，对于可再生能源，例如风能、太阳能、水能等清洁能源集中利用，以及在电网系统中大量接入分布式发电系统。

电力新能源企业需要用到一些关键技术。首先，电力新能源企业需要运用到大数据技术，对电力新能源企业的数据进行采集分析，可以实现对用户电能的需求和电力新能源企业的供应相匹配，可以更好地服务给用户，给用户提供稳定可靠的电能。

其次，电力新能源企业需要运用到物联网技术，利用传感器技术对电气设备的电压、电流、功率等数据进行实时监测，以及利用无线通信技术，将所采集到的实时数据传送到后台，并做出判断，对电气设备进行实时控制。

最后，电力新能源企业需要运用到人工智能技术，通过深度学习等关键技术，对电力新能源企业的数据进行实时优化，根据用户的需求、电力新能源企业的供应情况，可以自由分配电力新能源的供应。

2 电力新能源企业智能电网的特点

2.1 电力新能源企业智能电网的坚强性

电力新能源企业智能电网的坚强性是指，当电气设备发生告警或故障时，智能电网系统能够快速地把故障的发电设备切除，例如切除风机或光伏组件等发电设备，并不影响其他发电设备发电，整个电力新能源企业仍然能够向电网输送稳定的电能，同时当电力新能源企业遇到自然灾害或者极端的天气条件下，或者人为因素造成电力新能源企业发生故障造成停电事故，电力新能源企业的二次设备具有抵御风险的能力，确保整个信息系统反馈的信息正确，同时二次设备能够抵御网络计算机病毒的破坏，具有一定的坚强性，提高电力新能源企业智能电网的可靠性。

2.2 电力新能源企业智能电网的自愈性

电力新能源企业智能电网的自愈性是指，在电力新能源企业发电时，智能电网可以实时分析发电设备以及升压站设备的自我故障系统，并进行在线安全评估，以及对未来的发电进行实时分析，具有一定的预防控制能力，并且在发生故障后，智能电网系统根据发电设备的故障情况，在无人值守情况下，可以自我恢复，使得发电系统快速恢复发电，电力新能源企业中智能电网的母线快速自愈装置如图 1 所示。

2.3 电力新能源企业智能电网的经济性

电力新能源企业智能电网的经济性是指，智能电网系统支持电力新能源企业风光储一体

化实时调度运行，给用户提供清洁能源，降低电网损耗，提高新能源利用效率，如图 2 所示
智能电网系统运营商和营销商之间市场交易示意图。

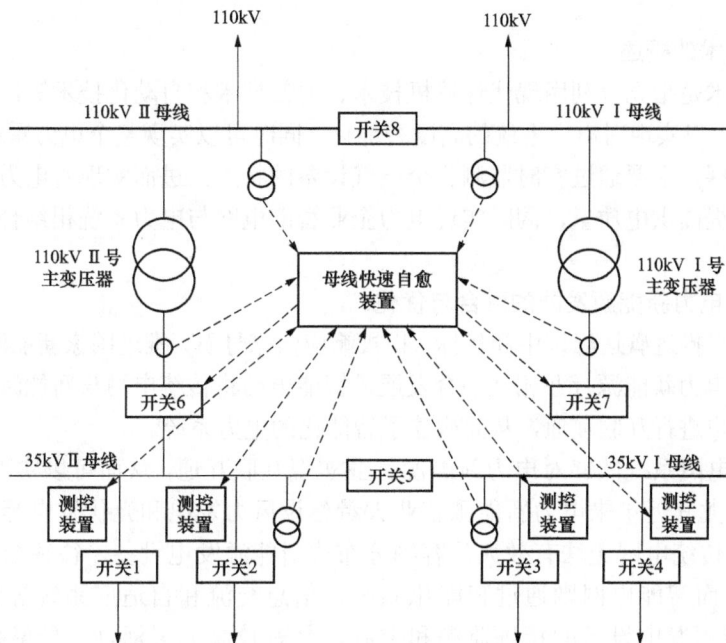

图 1 电力新能源企业中智能电网的母线快速自愈装置

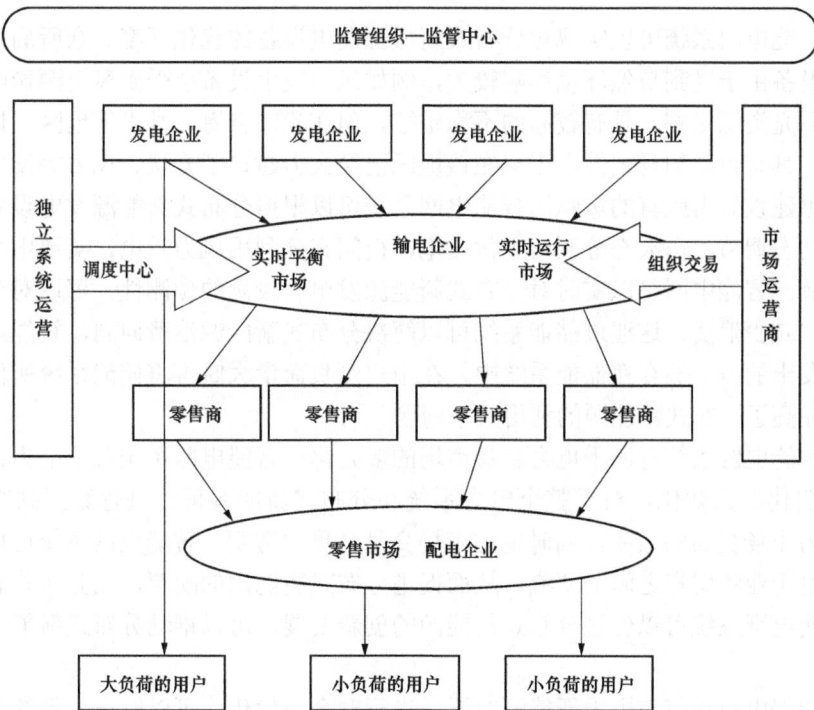

图 2 智能电网系统运营商和营销商之间市场交易示意图

3 智能电网在电力企业中的应用

3.1 智能电网技术的概述

智能电网技术是指充分利用现代计算机技术、通信技术和自动化技术等，对整个电力系统进行控制监测，以实现对电力系统的高度智能化，同时可以实现整个电力系统高效、安全、稳定和可持续发展，主要通过实时监测各个电气设备的状态，进而实现对电力系统的优化控制，旨在给用户提高供电质量，同时实现电力企业智能电网与电力系统相结合，进而实现可持续发展。

3.2 智能电网与电力新能源发展的融合与优化

为了积极稳妥推进碳达峰碳中和目标，积极响应国家号召，推进国家新能源建设与发展，使得智能电网与电力新能源行业相互融合发展，智能电网将传统电网与新能源发电企业、储能系统和用电用户进行互联互通，从而构建了智能化的电力系统。

首先，智能电网系统能够对电力新能源行业实现互联互通，从而可以实现集成化管理。对于传统电网，尤其近年来电力新能源企业大量建设风力发电和光伏发电等分布式新能源发电设备，使得传统电网无法有效大量容纳分布式新能源发电设备，往往会出现电流过载等一系列问题，而智能电网则通过智能化系统、信息交流和自适应系统等技术，可以实现对分布式新能源发电设备的精确监测和控制，具有较高的灵活性，能够对新能源发电设备和电力系统之间进行稳定连接和运行，保证整个电力系统的供电和用电的平衡性，提高可靠性。

其次，智能电网系统可以实现对分布式新能源发电设备的优化调度。众所周知，分布式新能源发电设备由于受到自然环境影响较大，例如风力发电设备会受到风资源影响，光伏发电设备会受到光资源影响，具有较高的不稳定性，但在我国青海、甘肃等地区，风光资源具有天然优势，具有较高的稳定性，国家在该地区已经大力建设了光伏、风力等发电设备，为国家清洁能源建设做出应有的贡献。智能电网系统可以根据分布式新能源发电设备的发电情况进行适时动态调节，白天充分利用光伏发电，夜间充分利用风力发电，实现电力系统供需平衡动态调节。智能电网可以实时对分布式新能源发电有较高的预测性，可以对分布式新能源高效利用，减少浪费，这通过储能系统可以解决分布式新能源浪费问题，智能电网将分布式新能源多发出的电能储存在储能系统中，在用户侧负荷量大时再将储能系统所储存的电能进行释放，提高了分布式新能源的利用效率问题。

最后，智能电网系统有助于电力交易市场的多元化。智能电网系统对于电力市场交易系统会更加透明化、高效化，对于整个电力系统和分布式新能源可以进行数据共享和信息交互，提高电力市场交易的效率，同时电力市场交易会更加透明。智能电网系统可以促进分布式新能源发电企业和用户之间的交流，从而促进分布式新能源的配置，在分布式新能源发展的今天，智能电网系统可以促进分布式新能源的创新发展，可以推动分布式新能源市场的快速发展。

总之，智能电网系统与电力新能源发展，进行融合与优化，可以给电力系统的可持续发展提供可靠的解决方案。在分布式新能源发电与智能电网系统进行相互结合，可以实现分布式新能源的大规模发展和新能源的高效利用，促进电力交易市场的多元化和透明化。

4　电力新能源企业智能电网未来的发展前景

电力新能源企业在未来的智能电网系统中会采用更加先进的响应与监测技术，可以实时感应新能源企业的能源供需情况。例如在风力发电企业，根据风功率预测系统可以预测未来3天的超短期功率预测和10天的短期功率预测等信息；在光伏发电企业，根据光功率预测系统可以预测未来4h的超短期功率预测和72h短期功率预测等信息。在未来，电力新能源企业主要通过更高精度的传感器系统、智能化计量设备和数据采集系统，记录电力新能源企业的电力负荷信息、能源消耗情况、电气设备故障等信息，智能电网系统会基于这些信息，对整个电力新能源企业进行实时优化控制，并进行动态调度调整，提高整个电力系统的可靠性。

5　结论

本文对电力新能源企业智能电网系统的可持续发展进行了研究分析，讲述了电力新能源企业智能化的动因和发展趋势，电力新能源企业智能电网具有坚强性、自愈性和经济性等特点，智能电网充分利用现代计算机技术、通信技术和自动化技术等，对整个电力系统进行控制监测，以实现对电力系统的高度智能化，并讲述了智能电网与电力新能源企业发展的融合与优化，可以实现分布式新能源的大规模发展和新能源的高效利用，促进电力交易市场的多元化和透明化，最后，讲述了电力新能源企业智能电网未来的发展前景，基于更高精度的传感器系统、智能化系统，对整个电力新能源企业进行实时优化控制，并进行动态调度调整，提高整个电力系统的可靠性。

参考文献

[1] 王湃，李祥. 基于电力企业班组的智能电网发展建设与管理 [J]. 现代企业，2023（12）：61-63.

[2] 卢璐，肖莹，诸德律，等. 智能电网技术发展的低碳经济研究 [J]. 现代工业经济和信息化，2023，13（11）：264-266.

[3] 胡芊芊. 智能电网配电自动化发展分析 [J]. 农村电工，2022，30（08）：38-39.

[4] 李启锋，柴虎，代涛，等. 工业互联网下的智能电网技术与电厂智能化发展趋势 [J]. 现代工业经济和信息化，2023，13（11）：70-72.

[5] 胡守超. 智能电网数字孪生技术发展方向及应用 [J]. 太阳能学报，2023，44（11）：576.

[6] 赵楠. 电力设备的智能化发展策略综述 [J]. 集成电路应用，2023，40（11）：310-311.

[7] 沙建秀. 系统安全背景下未来智能电网建设关键技术发展方向研究 [J]. 产业科技创新，2023，5（05）：57-59.

[8] 陈钱潜，骆应东. 智能电网与电力系统可持续发展分析 [J]. 集成电路应用，2023，40（10）：404-405.

作者简介

刘　杰（1993—），男，助理工程师，主要从事有源滤波与无功补偿技术研究、风力发电运维和智能化电站的建设工作。E-mail：1471551358@qq.com

杨尔成（1987—），男，工程师，主要从事新能源风力发电的运维及智能化电站的建设工作。E-mail：287605972@qq.com

蒋永鹏（1988—），男，工程师，主要从事风力发电运维和智能场站建设工作。E-mail：405530971@qq.com

马宁宁（1989—），男，助理工程师，主要从事新能源风力发电的运维及智能化电站的建设工作。E-mail：296090947@qq.com

水风光多能互补模式对水电站运行
调度影响及展望

杨　棣　吴星烨　刘小锟　冉洪伟　任琰琰

（中国长江电力股份有限公司，湖北省宜昌市　443000）

［摘　要］本文从水电运行特性以及风电、光伏发电特点角度阐述水风光多能互补现状，分析多能互补模式下水电站运行调度面临的新问题和挑战，提出应对大型水电站在电网中角色转变的解决思路及展望。

［关键词］多能互补；水风光；运行调度

0　引言

在第七十五届联合国大会一般性辩论上，中国向世界宣布了 2060 年前实现碳中和的目标，进一步强调了生态文明建设在国家战略中的重要地位[1]。2021 年 12 月的中央经济工作会议和 2022 年《政府工作报告》也为实现"双碳"目标指明了治理方向，即"推动能耗'双控'向碳排放总量和强度'双控'转变，完善减污降碳激励约束政策，加快形成绿色生产生活方式"[2]。据测算，目前中国年碳排放约 100 亿 t，其中电力行业产生的碳排放超过总排放量的 40%，是碳排放的第一大户[3]。大力发展风电及光伏发电是完成碳达峰、碳中和目标的重要途径，我国制定了长期的发展新能源电力计划，新能源发电获得了日新月异的发展。为促进新能源发电并网、解决风光间歇性、不可控问题，大水电的角色逐渐由"电能供应者"转向"电能供应者与灵活调节者"。

1　水风光多能互补现状

1.1　风光电的特点

我国自然资源丰富，风能、太阳能的可再生能源储量大。据统计，我国风电资源技术可开发量（100m 高度以上）约为 109.4 亿 kW（其中陆上风电约为 86.9 亿 kW，近海风电为 22.5 亿 kW），太阳能技术可开发装机容量约为 456.1 亿 kW[4]。

伴随着风电、光伏发电大量并网，给电力系统带来的问题逐步凸显。风电、光伏发电在不同尺度上具有不同特点的波动性，新能源并网后，电网会同时面临场中短期多个时间尺度上的灵活性需求挑战[5]。长周期尺度上，风电、光伏发电的季节性波动会导致电力系统月度电量平衡、新能源电力消纳双重困难；中期尺度上，风电、光伏发电预测困难，会导致电力系统周尺度计划困难、调节能力不足；日前尺度上，风电、光伏发电由于自身特点导致正午时段出现电力盈余，必须由其他电源配合减少出力或停机以维持电网平衡；日能尺度上，风电、光伏发电出力随机性强，加剧了电网的调频压力。

1.2 水电的特点

水电站机组具有调节出力能力强、启停迅速、开停机成本低等突出优势，一直作为电网重要的调峰、调频电源。具备多年调节能力的水电站，可以通过计划性蓄水、消落，控制水库水位运行在合理范围内，实现大规模的长周期电量转移，凭借与风电、光伏能源的天然季节性互补优势，补偿其季节性波动，稳定电力系统电力供应总量。相较于风电、光伏发电电量预测，水电站电量预测技术成熟、数据完善、具有一批经验丰富的预测预报人员，基本能够满足周尺度计划要求。日前及日内尺度上，水电站凭借水库的库容调节能力和灵活的启停机方式，可以有效平衡日内存在的负荷波动，提升电力系统稳定性。

1.3 两者互补发展的情况

风电、光伏发电具有间歇、不可控性，导致其消纳问题十分突出，尤其是近年来并网规模迅速扩大，灵活性需求带来的弃电风险、电网系统安全稳定性问题逐渐凸显。破解新能源消纳难题当前公认主要有两种途径：一是建立与风电、光伏发电规模相当的储能设备，二是利用现有的水电、火电等具有功率调节灵活性的电源平抑风电、光伏随机性，提高电力系统电能质量和可靠性。我国储能总体装机规模较小，仅 0.36 亿 kW[6]，以抽水蓄能为主，与风电、光伏发电规模有数量级差异，难以支撑目前新能源几亿千瓦以及未来几十亿千瓦的集中消纳需求[7]。常规水电技术成熟、具有优质的调节能力，是我国目前发电规模最大的清洁能源，达到了 3.91 亿 kW，与消纳风电、光伏发电量规模匹配性好。总体来说，水风光互补模式是解决我国风电、光伏发电大量上网消纳问题的有效途径。

2 存在的问题

水风光互补模式下，风电、光伏发电并网后带来的间歇性、随机性主要由水电站通过调峰进行平抑，使大型水电站在电力系统中角色发生了转变。大型水电站角色变化，对水电站的运行方式影响深远，有一些重要问题亟需解决。

2.1 水电站检修计划安排困难

大型水电站当前采用枯水期计划检修方式，首先，上年度年底根据电网外送限制条件以及厂站检修计划安排编制整年检修计划，报送电网调度部门确认下发；其次，月前原则上依据年度计划报送对应的月度计划（因特殊情况做调整的检修项目要做出合理说明）；最后，日前严格按照月度计划进行检修申请单报送。计划检修方式通盘考虑了电站检修需求以及外送通道的限制，适宜外送通道复杂、对电力网络影响较大、运行方式复杂的大型水电站，是当前主流的安排检修的方式。

风电、光伏发电能力受气候因素影响巨大，季节性用电高峰期往往需要水电、火电大发顶峰。水电站年度计划检修主要安排在冬季枯期，与寒潮气候往往同期，导致检修窗口期极大压缩；同时寒潮预见期一般小于 15 天与检修计划周期不匹配，往往临时缩减、调整检修计划，见表 1。

2.2 水电站调峰深度及频繁启停机

风电、光伏发电大规模并网后，电力系统出现调峰能力不足的现象，水电站峰形往往在午间出现最低负荷（见图 1），特别是当遭遇寒潮冻雨导致风机停运、光伏欠发时，风光出现反调峰的作用，客观要求水电站深度调峰。水电站深度调峰必然导致频繁启停机，给电站运行带来系列问题：一是水库上游水位波动大、控制困难、按照计划蓄水及消落不确定性因素增加；出库流量波动导致不满足生态、通航流量的风险增加；二是深度调峰对发电机备用台数要求高，干扰检修工作。

表1　　　　　　　　　　2024年首次寒潮期间某梯级水电站检修计划调整统计表

电站	项目	原工期	调整工期
甲电站	3号机组	1.24～2.2	1.26～2.4
	11号机组	1.24～2.6	1.25～2.7
	左岸500kV 3号主变进线	1.26～1.28	1.28～1.30
乙电站	3号发变组	1.24～1.31	1.26～2.1
丙电站	500kV某I线	1.23～1.29	1.26～1.31
	左岸500kV第6串进线	1.23～1.27	1.26～1.30
	500kV 3号母线	1.31～2.1	2.1～2.2
	500kV 4号母线	2.2～2.3	2.3～2.4

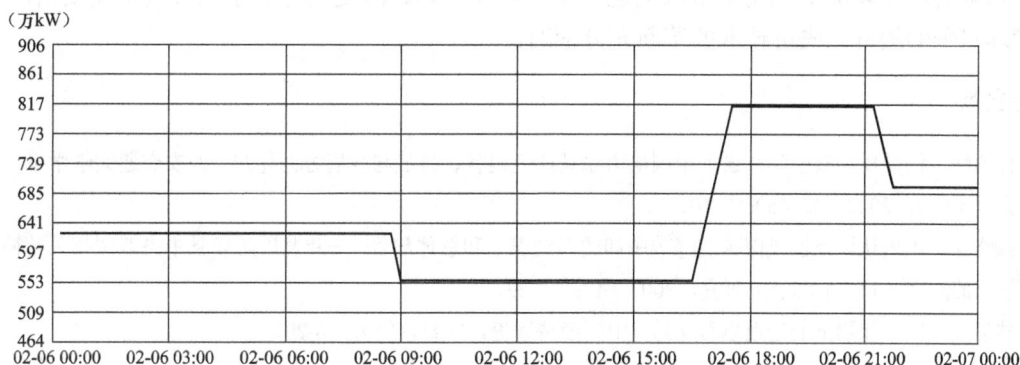

图1　某大型水电站日出力峰形图

3　解决思路及展望

3.1　优化检修计划

计划性检修有两个方面的不足：一是运行状态良好的设备按照检修周期进行检修，既造成了资源的浪费也加速了部分设备磨损；二是部分未到达检修期限的设备运行状况不良，得不到有效的检修。伴随着水电站状态监测设备大量投入，状态检修成为主流趋势。采用状态检修既能够提升设备管理水平，提高设备可靠性，又是风电、光伏发电大规模并网运行的需要，能够有效提升设备利用率，克服检修窗口期不足的困难。

3.2　提升风光发电预测精度

风电、光伏发电能力与气象条件直接相关，提升风光发电预测精度主要有两个途径：一是在当前气象预报的基础上进一步提升预报精度和可预见期；二是研究气候条件对风电、光伏发电能力的影响。气象预报技术在短中期预报中能够较为准确提供降水落区、降水时段以及移动路径，但对于极端天气以及延伸期预报精度不够，是今后需要主要解决的问题。风电、光伏发电依赖于自然气候，对气象变化很敏感，当前气象条件对风光发电量的影响因素还不是十分明确。建立合适的数据模型，提升不同气象条件下对风电、光伏发电量的预测能力，是抵御风险，合理利用大水电进行多能互补的迫切要求。

3.3 优化梯级水库调度

大型水电梯级水库调度起步较早、积累了大量有价值的数据、培养了一大批有经验的预报预测人员，但梯级水库调度计划制作依然很大程度上依赖人工，不确定性高、对风险的识别能力高度依赖经验、无法满足水风光多能互补的要求。伴随人工智能技术普遍应用，借助人工智能制定适合多能互补模式的水库调度方案既能够提高效率又能够适应新发展，是优化梯级水库调度的必由之路。

4 结语

水风光多能互补模式是保障风电、光伏消纳的必由之路，促使大水电在电网中的角色重塑。水电的这些功能变化无疑给水电运行带来检修计划、深度调峰等系列挑战，需要借助设备管理水平的提升、先进技术的革新充分应对。

参考文献

[1] 林伯强，杨梦琦. 碳中和背景下中国电力系统研究现状、挑战与发展方向 [J]. 西安交通大学学报（社会科学版），2022，42（5）：2-10.

[2] 张晓娣. 正确认识把握我国碳达峰碳中和的系统谋划和总体部署——新发展阶段党中央双碳相关精神及思路的阐释 [J]. 上海经济研究，2002（1）：14-33.

[3] 林伯强. 碳中和热下的进退思考 [J]. 中国经济评论，2021，（5）：18-20.

[4] WANG Yang，CHAO Qingchen，ZHAO Lin，et al. Assess- ment of wind and photovoltaic power potential in China [J]. CarbonNeutrality，2022.

[5] 张俊涛，程春田，于申，等. 水电支撑新型电力系统灵活性研究进展、挑战与展望 [J]. 中国电机工程学报，2023（8）：1-21.

[6] 吴智泉，贾纯超，陈磊，等. 新型电力系统中储能创新方向研究 [J]. 太阳能学报，2021，42（10）：444-451.

[7] 申建建，王月，程春田，等. 水风光多能互补发电调度问题研究现状及展望 [J]. 中国电机工程学报，2022，42（11）：3871-3884.

作者简介

杨 棣（1990—），男，工程师，主要从事水利水电运行方式管理。E-mail：yang_di@ctg.com.cn

吴星烨（1991—），女，工程师，主要从事水利水电运行方式管理。E-mail：wu_xingye@ctg.com.cn

刘小锟（1990—），男，工程师，主要从事水利水电运行方式管理。E-mail：liu_xiaokun@ctg.com.cn

冉洪伟（1984—），男，高级工程师，主要从事水利水电运行方式管理。E-mail：ran_hongwei@ctg.com.cn

任琰琰（1989—），女，高级工程师，主要从事水利水电运行方式管理。E-mail：ren_yanyan@ctg.com.cn

光伏板自动追光系统设计及应用研究

薛　锋　赵宇豪　和雪林

（中国长江电力股份有限公司乌东德水力发电厂，云南省昆明市　651500）

[摘　要] 随着碳达峰、碳中和目标的提出，清洁能源再一次成为研究的热点，在众多的研究课题中如何提高光伏发电效率自然成了一个大家无法忽视的问题。本文结合现有的光伏板追光技术提出一种自适应的智能追光系统和控制流程，以此提高光伏板的综合发电效率。由于在光伏板结构上进行了相应的优化，该追光系统无需布置专用的光敏元件，通过检测两块追光板的输出功率变化情况并将其转换成所需的二次控制信号即可驱动追光系统实现自动追光。

[关键词] 自动追光；光伏板；追光板；控制流程；发电效率

0　引言

我国幅员辽阔，太阳能资源丰富，但因市政规划、植被覆盖、电力输送等客观因素制约，可供开发的太阳能资源一定程度上受到了较大的限制，如何提高光伏系统综合发电效率自然成了一个极为重要的课题。在同等技术条件下，不同材料、结构的光伏板都有其理论的转化效率上限，通过技术改进去突破现有光伏电池理论转化效率上限不仅需要多学科协同研究，而且周期长、成本高，因此可以从太阳能发电设备的运行模式及控制流程上进行优化，以较小的成本实现太阳能发电设备的节能增效。其中实现光伏发电系统的自动追光就是一个较好的解决途径，根据相关研究表明光伏发电系统的自动追光技术的应用可以将太阳能发电的效率提升 20% 左右[1, 2]。

太阳能发电领域里所述追光系统是指太阳能发电设备为了更好地利用太阳能或提高太阳能发电设备的效率，设置专门的调节控制系统，适时改变光伏板与入射太阳光的夹角，保证光伏板始终与入射太阳光保持垂直的状态，以获取最大的发电功率。目前常见的光伏发电系统追光技术包括以下两种：光电式和视日运动轨迹跟踪[3-5]。光电式追光技术在我国太阳能应用领域中属于相对传统的技术，光电式追光系统有着很好的追光精度和转换效率，但追光过程对天气要求较高，若控制流程设计不合理极有可能出现追光失败追光耗能高等一系列问题。视日运动轨迹追光技术在太阳能领域已经比较成熟，也是应用较多的一种技术，按照其系统结构可以分为单轴追光系统和双轴追光系统。该种追光方式的追光精度、转换效率较高，但存在误差堆积，系统运作能耗高等缺点[6, 7]。

现有的太阳能发电系统所安装的光伏板多为固定安装，不可进行灵活的调节。极少数能具备追光系统功能的太阳能发电系统也需要安装专用的感光元件或光敏元件以实现追光功能，结构相对复杂，追光成本较高，且需要对调节控制系统提供电力供应，在节能增效的作用上效果并不显著。本文结合现有追光技术提出一种自适应的智能追光系统和控制流程，由于在光伏板结构上进行了相应的优化，该追光系统无需布置专用的光敏元件，通过检测两块追光板的输出功率变化情况并将其转换成所需的二次控制信号即可驱动追光系统实现自动追光。

1 系统总体设计

本文中设计的光伏板自动追光系统主要分为光伏板、追光调节系统、水平转向系统、保护系统四部分构成。光伏板主要用于系统正常的能量转换及追光控制信号转换，追光调节系统用于执行系统追光指令，水平转向系统用于光伏发电系统的状态转换并和保护系统联动实现极端天气下对光伏发电系统的保护。

1.1 光伏板

光伏板主要包含主光伏板和追光板两部分，主光伏板和追光板均用于正常状态下的能量转换，实现太阳能到电能的转换。追光板 1 和追光板 2 除用于正常能量转换之外还用于追光信号测量，两块追光板结构完全一致并且和主光伏板有一固定夹角 α。设定某一时刻太阳光与主光伏板为垂直状态即太阳光入射方向与主光伏板夹角为 90°，此时太阳光入射方向与追光板 1、追光板 2 的夹角均为 90°减去固定夹角 α；当太阳向追光板 2 方向运动 β 夹角后，此时太阳光入射方向与主光伏板夹角为 90°减去太阳运动夹角 β，太阳光入射方向与追光板 1 的夹角设为 γ_1，太阳光入射方向与追光板 2 的夹角设为 γ_2，追光板 1 和追光板 2 与太阳光入射方向夹角之差设为 γ_3。具体见式（1）～式（3）：

$$\gamma_1=90°-(\alpha+\beta) \tag{1}$$
$$\gamma_2=90°-\alpha+\beta \tag{2}$$
$$\gamma_3=2\beta \tag{3}$$

由此可见由于追光板 1、追光板 2 和主光伏板固定夹角 α 的存在，当太阳光入射角度发生变化时，追光板 1、追光板 2 与太阳光入射方向夹角之差被放大到了 2β。固定夹角 α 的选取需要综合考虑测量灵敏度和追光板发电效率。光伏板具体结构如图 1 所示。

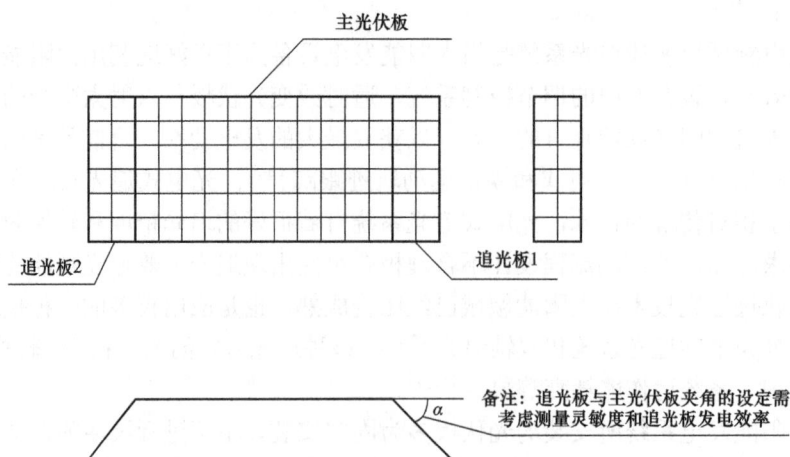

图 1　光伏板结构三视图

1.2　追光调节系统

本文中设计的追光调节系统分为测量系统、控制系统和执行系统。追光系统二次测量部分实时检测两块追光板的输出功率，并根据两块追光板的输出功率变化情况生成对应的追光指令，追光控制系统收到追光指令后控制执行系统对光伏板角度进行调节，始终保证太阳光入射方向与主光伏板夹角为 90°。相关结构如图 2 所示。

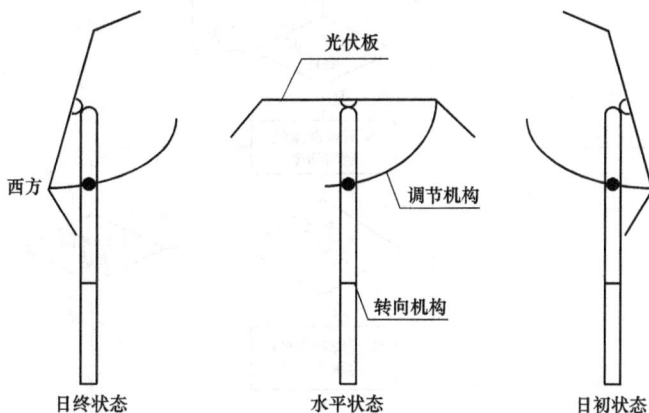

图 2　系统结构图

1.3　追光信息交互

为提高系统追光的成功率，在进行系统设计时设计了追光信息交互环节。在某一个集中的光伏发电区域，将具有相同追光限制因素的光伏发电单元归为同一组别，正常运行时每个组内的独立发电单元根据自己的追光信号进行追光控制同时接收组内其他发电单元的追光信号，并将其作为备用控制信号。当自身追光信号不可用时，切换至备用追光信号仍可进行同步追光。具体实例如图 3 所示。

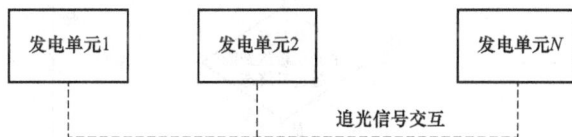

图 3　追光信息交互

1.4　控制流程

设定该系统初始状态为日初状态即主功率光伏板朝向东方，太阳升起并且系统开始发电后，通过测量连接于主功率光伏板两侧的追光光伏板 1、2 的实时功率 P_1、P_2，同时对两个追光光伏板的输出功率 P_1、P_2 进行比较，当两个功率差值大于等于预设定值时启动追光流程，调节光伏板位置改变与入射光的夹角，当两个功率差值小于等于偏差死区预设定值时终止追光流程，始终保持主功率光伏板与入射光夹角接近 90°。当主功率光伏板进入水平状态时，启动转向系统，将光伏板在水平面进行 180°正向转向，为午后光伏板位置调节做准备。当太阳落下后光伏板进入日终状态即主功率光伏板朝向西方，随即启动转向系统，将光伏板在竖直面进行 180°反向转向，让整个系统回到日初状态，为第二日的运行做准备。水平转向完成前追光流程调节定义为正调节（主光伏板与竖直夹角变大），水平转向完成后追光流程调节定义为负调节（主光伏板与竖直夹角变小）。此外为提高系统运行效率，在系统中定义了日初时间和日终时间，日终时间到达后，无论主光伏板处于何种位置，系统都会启动复归流程，将系统设置到日初状态，同时只有在日初时间至日终时间之内的时间段会启动追光流程。具体流程图如图 4 所示。

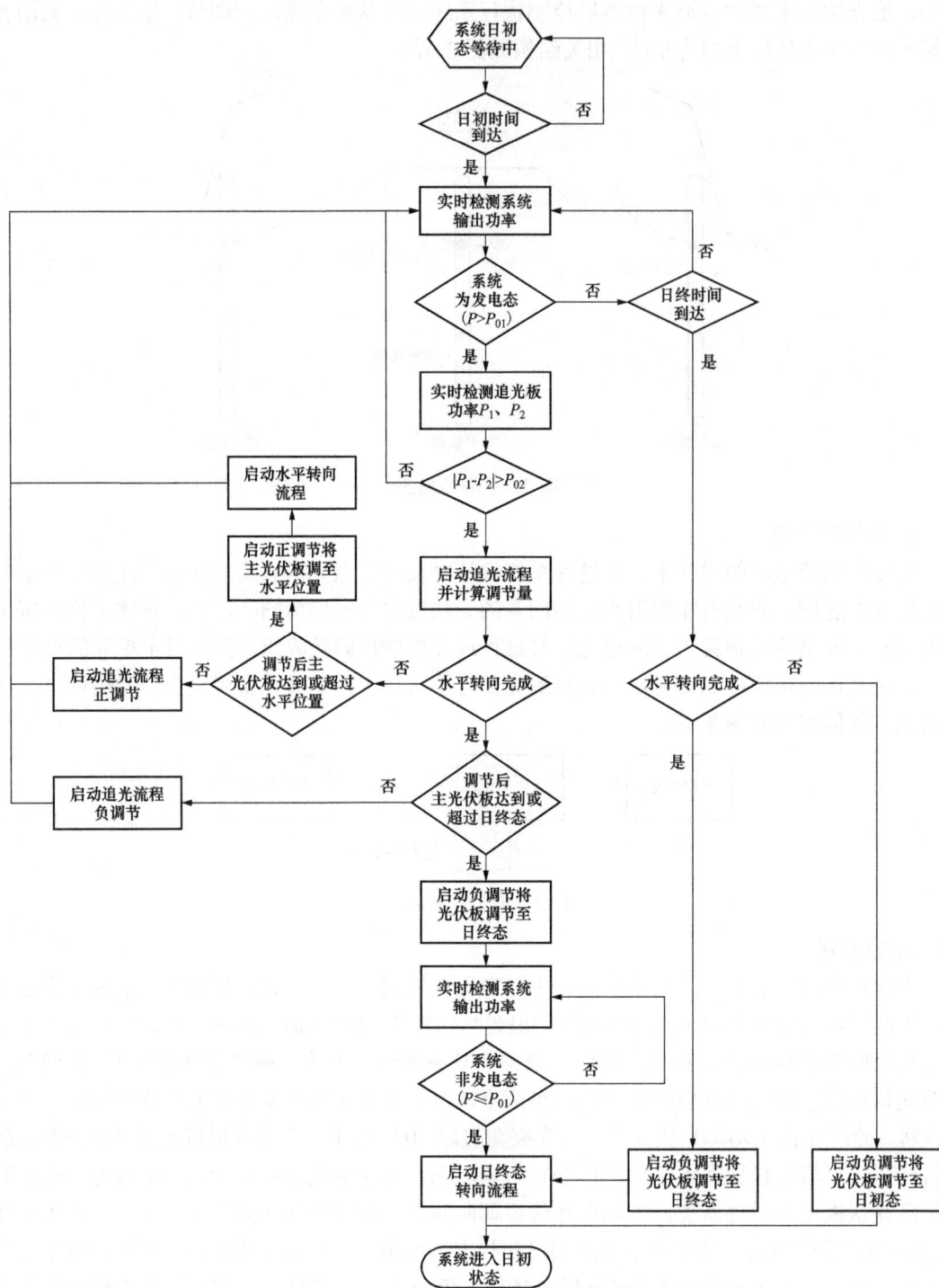

图 4　追光流程

2　系统特殊模式

该系统在设计时除了考虑自主追光的功能外还针对其可能的运行场景设定了相对应的功能，具体如下所述。

2.1　极端天气保护模式

光伏发电系统的光伏板为了能够实现高效的能量转换一般都安装于阳光遮挡较少的户外，因此极大可能会面临极端大风天气。由于该系统实现自主追光的形式略有不同，其安装高度一般较常规的光伏板更高，体量更大，在极端大风天气下所面对的安全问题会更加突出，所以设置一个合理有效的保护程序极为必要。可以在发电系统中增加风速、风向的测量系统，实时检测设备所处环境的风速和风向，并根据发电系统实时状态计算其承受的机械应力，当计算的机械应力达到设计强度时保护系统联动水平转向系统，将光伏板旋转至顺风状态，以减小其所承受的机械应力，保障设备不会在极端大风天气中损坏。

2.2　补光运行模式

在大面积地安装光伏板后，会减少安装区域原有生态系统的阳光照射时长，会对局部的生态系统造成较大的影响。因此在进行系统设计时也充分考虑了光伏发电系统安装后的环境问题，设定了补光运行模式。当环境监测系统监测到该区域生态系统需要进行补光时，可通过水平转向系统和追光控制系统将光伏板旋转至东西方向并保持竖直状态进入补光运行模式，减小或消除阳光遮挡，便于对该区域的环境进行补光，最大限度减小光伏发电系统对环境的影响。

3　结语

传统的光伏发电系统已经不能很好地满足多元化的需求，本文中所提及的光伏发电系统通过改变光伏板的结构，巧妙地实现了自主追光的功能。而追光信息交互的设定可以极大地提高这个发电组的追光成功率，从而保证系统高效可靠地运行。在进行系统设计时除了考虑光伏发电追光功能，还根据可能的运行场景设定了极端天气保护模式和补光运行模式，以此满足更加多元化的现实需求。笔者坚信光伏发电智能追光将会成为一个极具应用前景的研究方向。

参考文献

[1] 李党伟. 并联机构式太阳自动跟踪装置设计 [D]. 杭州：浙江理工大学，2019.

[2] 姚仲敏，潘飞，谭东悦. 新型光伏发电智能追光系统设计 [J]. 太阳能学报，2016，37（5）：1174-1179.

[3] 宁宇，彭佑多，颜健. 三棱台式太阳跟踪光电传感器及特性 [J]. 传感器与微系统，2018，37（12）：13-16，20.

[4] 陈冲，姜春宝，耿晓明. 大型光伏电站太阳自动追踪系统的设计及应用 [J]. 自动化仪表，2020，41（10）：102-105，110.

[5] 张屹，胡盘，刘成恒. 基于 GPS 定位的太阳能板自动追光系统设计 [J]. 计算机测量与控制，2020，28（1）：214-218.

[6] 陈征，白连平. 基于方位检测的光伏双轴跟踪控制装置设计 [J]. 北京信息科技大学学报：自然科学版，2011，26（5）：89-92.

[7] 杨亚龙. 太阳能电池板自动追光系统研究与实现 [D]. 陕西：长安大学，2014.

作者简介

薛　锋（1990—），男，工程师，主要从事电力运行工作。E-mail：xue_feng1@ctg.com.cn

赵宇豪（1989—），男，工程师，主要从事电力运行工作。E-mail：zhao_yuhao@ctg.com.cn

和雪林（1988—），男，工程师，主要从事电力运行工作。E-mail：he_xuelin@ctg.com.cn

"双碳"目标下大型调峰调频电厂
水光互补基地运行管控

邓志坤　吴劲波　杨建成　郝建文　毛家攀　冯　昆

（华能澜沧江水电股份有限公司漫湾水电厂，云南省临沧市　675805）

[摘　要]在"双碳"目标下，能源转型是关键任务和核心工作，公司紧跟国家能源发展战略，结合自身特点，全速推进澜沧江基地一体化开发建设一条主线，坚持水电与新能源发展两个并重点，为公司二次创业打下坚实基础。助力早日实现"双碳"目标，水光互补发电有利于提升光能发电的稳定性，保障电网的能源安全可靠。肩负着建设云南首例"水光互补"能源基地重任。

[关键词]双碳；水光互补；运行管控

0　引言

深入学习习近平总书记关于绿色发展、"双碳"目标、构建新型电力系统等重要讲话精神，电厂全力推进"水光互补"基地建设。漫湾水电厂是云南省第一座百万千瓦级大型水电厂，投产于1993年，拥有7台水电机组（167MW）、5条送出线路（500kV 2条、220kV 3条），是云南电网主力"调峰调频"电厂。2023年，电厂接入5个光伏场站（503MW）、4条输电线路（35kV 3条、220kV 1条）。光伏发电具有间歇性、波动性和随机性等特点，水力发电具有启停灵活、调节速度快等特点，水光互补发电有利于提升光能发电稳定性，保障电网能源安全可靠。结合水光互补电厂实际生产情况，对水光互补基地运行管控进行总结，为水光互补一体化基地的运行管控提供参考。

1　水光互补基地发电运行方式实行错峰出行

光伏发电具有很强昼夜间歇性和不可控性，水力发电受水库蓄水量影响较大，和上游来水量有关。水光互补发电主要是将水与光的发电进行合理调控，从而实现光能与水能的高效利用。电厂是一座百万千瓦级大型水电厂，总库容9.2亿 m^3，调节库容2.57亿 m^3，多年平均流量1230 m^3/s，水库回水与小湾水电站衔接，小湾水电站属于多年调节水库。电厂属于调峰调频电厂，通过AGC设定的目标值调整全厂出力，日出力呈现早、晚高峰出力较大，其余时间段出力相对较少趋势。2023年新能接入后，白天保证光伏出力，水库进行蓄水，10:00～17:00时间段水电机组出力明显减少，其他时间段，增加水电出力，水库由公司统一进行梯级调度，对水电、光伏发电机计划进行合理调控，实现水电和光伏发电"错峰出行"，实现水光互补，避免出现弃光和弃水情况发生，进一步提升水电厂调峰调频能力。

2 水光互补基地运行管控

2.1 水光互补基地建设

2023 年，电厂接入 5 个光伏场站（503MW）、4 条输电线路（35kV 3 条、220kV 1 条），年光伏发电量 2.76 亿 kWh。水电厂于 1993 年投产，新接入光伏需要通过联络变压器向 500kV 输电线路送电，联络变压器容量与光伏容量不匹配，电厂对联络变压器进行更换，容量由 450000kVA 增至 750000kVA。将 500kV 输电线路双回线断路器变比由 1250/1 调整至 2000/1，双回线最大送电能力由 167 万 kW 提升至 197 万 kW。预计每年多输送 26.28 亿 kWh 绿色电能，减少二氧化碳排放 260 余万 t。临沧地区日照充裕、水利资料丰富，地区大力发展新能源，临沧地区电网结构薄弱，特别是汛期，临沧地区剩余电能需要通过 220kV 输电线路，通过联络变压器向 500kV 输电线路送电，将有力提升滇西区域新能源送出能力。水光互补电站主接线示意图见图 1。

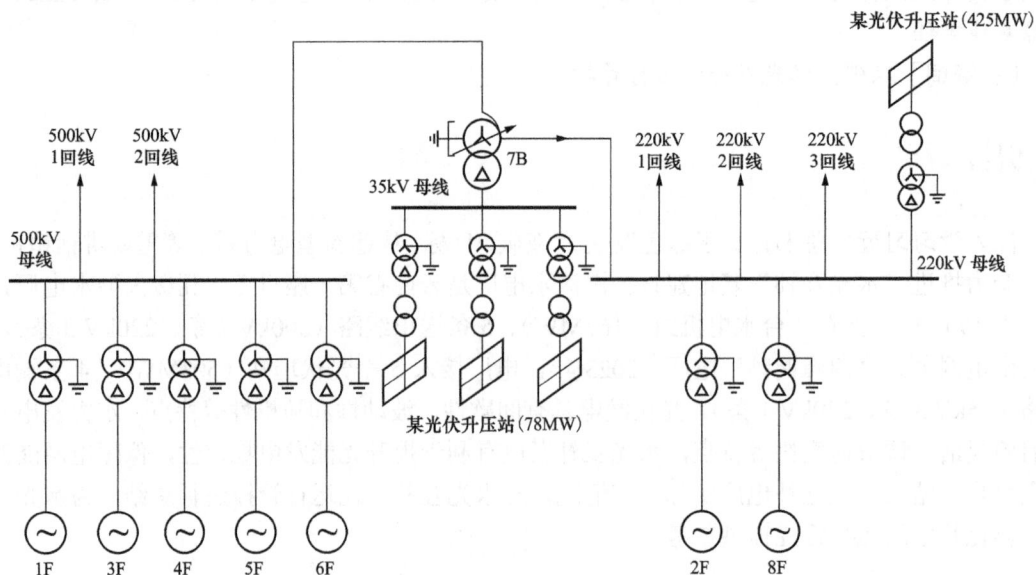

图 1 水光互补电站主接线示意图

2.2 水光互补基地 AGC、AVC 策略优化

电厂安排技术专家到龙羊峡、北盘江水光互补电厂进行 AGC、AVC 策略应用情况调研，收集不同水光互补电厂 AGC、AVC 调控策略，同时组织 AGC、AVC 策略厂家、电网专业人员进行探讨，根据电厂实际应用情况，将结合电厂监控系统国产化改造对 AGC、AVC 策略进行优化，同时督促光伏厂站对 AGC、AVC 策略进行优化与电厂相匹配，水电厂和光伏电厂发电计划由公司统一制定，实行错峰出行，保证出力最大化。220kV 开关站电压设定值与 500kV 开关站电压设定值相匹配，及时调整光伏站无功补偿装置，使水电机组无功保持最优运行。实现水光互补模式下的 AGC、AVC 自动调节，减少人工调节工作量，进一步提升电能质量，提升电网供电可靠性。

2.3　水光互补基地运行调度标准化

接入后，电厂调管模式由集控远程调度模式变为远程集控加地调调度模式。加强值班人员对调度运行规程、操作规程和电厂运行规程等制度学习；制作涉网工作标准化表单，明确与集控、地调管控界面、管控关键点；结合实际生产情况编写水光互补基地运行调度管理规程，使运行调度业务精细化管理；应急处置标准化，通过编写典型事故预想、岗位练兵、应急演练等措施，提升班组人员的应急技能。提炼"六个一、六禁止"工作法（"六个一"：落实每一个信号、挖掘每一个数据、专注每一次巡检、规范每一项操作、处置每一起事件、闭环每一份台账；"六禁止"：禁止许可无票作业、禁止以口头询问代替现场检查、禁止无票操作、禁止以看图拟票代替现场核实、禁止以汇报代替事故应急处置、禁止瞒报、迟报、漏报生产安全事件）。

2.4　水光互补基地停电原则

做好综合停电计划管理。电厂将加强与光伏电站沟通，按"检修技改协同联络变压器检修、维护消缺协调夜间开展"的原则，合理安排光伏年度停电计划，持续提升设备停电管理水平，减少光伏非计划停电、重复停电，确保光伏电站新能源消纳最大化。

2.5　水光互补基地运行中遇到的问题及解决办法

随着光伏容量逐渐投入，容量不断增加，设备运行中的问题不断暴露，建立设备问题统计清单。发现问题时，及时通知专业人员进行现场检查，分析问题原因，针对问题制定整改措施，对水光互补基地运行中遇到的主要问题统计如下：

2.5.1　机组空载运行时间变长、发电耗水率增加

光伏电站接入后，全厂机组 2022 年空载运行 207652min，2023 年空载运行 363825min，同比增加 75.21%；2022 年机组发电耗水率为 4.47m³/kWh，2023 年机组发电耗水率为 4.76m³/kWh，同比增加 6.49%。主要原因为白天保证光伏水电机组长时间空载运行，电厂积极与调度沟通申请将机组空载运行负荷设定值由 20MW 调整为 8MW，进一步增加机组旋转备用能力补偿收入，多台机组空载运行时，在部分机组运行满足系统调压前提下，加强与调度沟通，将多余空载机组申请停机；加强与调度沟通，在允许范围内保持坝前水位高水位运行，降低发电耗水率。

2.5.2　光伏送电线路跳闸引起电厂 35kV 母线电压互感器铁磁谐振

光伏送电线路单相接地故障跳闸，激发电厂侧 35kV 母线电压互感器产生铁磁谐振现象，导致 35kV 母线电压互感器烧毁。更换 35kV 母线电压互感器及消谐装置，设备运行正常，编制典型事故预想，加强值班人员技能培训，确保应急处置及时、到位。

2.5.3　光伏电站内设备短路故障引起电厂 220kV 开关站母线电压下降

光伏电站 35kV 1 号站用变压器故障跳闸，引起电厂 220kV 1 号母线电压由 223.05kV 突降至 173.94kV，500kV 1 号母线电压由 544.39kV 突降至 517.56kV，全厂 AGC、AVC 退出。监控系统发生故障信号，及时通知专业人员检查，电厂现场检查设备运行正常，可询问调度电网及光伏电站相同时刻是否有异常信号。

2.5.4　220kV AVC 运行电压范围调整

光伏需要通过联络变压器向 500kV 输电线路送电，联络变压器容量与光伏容量不匹配，电厂对联络变压器进行更换，联络变压器增容改造后，220kV 系统电压升高，为了满足 220kV 母线电压要求，2 号发电机无功功率达到最大值也不能满足调压要求，导致 220kV AVC 调节失败，频繁退出，避免导致调度 AVC 辅助服务考核，电厂积极与调度沟通，将 220kV AVC

运行电压范围由 222～227kV 调整至 224～235kV。

2.5.5　220kV GIS 设备参数成为短板

220kV 开关站于 1993 年投产，光伏于 2023 年不断投产，导致 220kV 开关站断路器通过的一次电流已大于 212、207 断路器电流互感器额定值，导致测量、计量电流互感器误差超出允许值，监控系统、采集系统未能真实反映出一次设备电量，设备运行可靠性降低，将结合 220kV GIS 设备改造彻底解决。

2.5.6　联络变压器过负荷运行

2023 年电厂接入 5 个光伏场站 503MW，2 号和 8 号水电机组 380MW，220kV 输电线路倒送负荷 140MW，总计 1023MW 需要通过联络变压器向 500kV 输电线路送电，联络变压器容量为 750000kVA，通过精准预测上游来水，合理调控梯级水库，积极与调度沟通，对水电和光伏发电机组计划实行错峰出行，避免联络变压器过负荷运行及弃光和弃水情况发生。联络变压器加装色谱、铁芯及夹件接地电流、高压套管在线监测装置；监视联络变压器绕温、油温、联络变压器三侧负荷变化情况，完善联络变压器非电量保护，对联络变压器实时运行情况进行智能监测，提前发现设备存在的隐患，并消除隐患提高设备供电可靠性。

2.5.7　35kV 光伏输电线路投运后多次跳闸

35kV 光伏输电线路投运后，设备多次跳闸，保护装置多次故障测距距离差别不大，35kV 光伏输电线路同塔架设三回线路，地面巡检和无人机巡检发现故障点输电线路弧垂过大，地线与输电线之间距离不足，导致大风天气线路舞动对地线放电造成差动保护动作线路跳闸，对输电线及地线弧度调整后恢复正常。

2.6　水光互补基地一流队伍建设

2.6.1　加强电厂值班负责人培训

电厂建立以运维合一与仿真系统培训为重点的培训模式。运维人员定期轮岗培训均具有开展现场检修维护工作的机会，运维人员具有较强专业知识、综合技能强。仿真系统为受训人员提供一个与现场尽可能一致的培训环境，学员可以在虚拟场景中进行机组控制如机组启停和负荷调节、开关操作、设备参数巡视等，也可以模拟现场各种设备发生故障时进行故障判断和处理，使其有身临其境的感受，帮助受训人员更加直观熟悉电厂运行操作和事故处理的基本过程。电厂每年制定调度机构相关规章制度、反措要求、异常事件、典型案例等年度学习计划，开展专题培训，并将运行规定和安全要求纳入日常测试计划中，将测试成绩与年终测评、岗位组聘挂钩，以考促学，确保培训质量。

2.6.2　加强光伏电站外包队伍管理

全速推进光伏电站建设，现场施工地点多且分散，外包队伍施工人员资质参差不齐，现场管控难度大，监理单位验收质量不高，设备投产后问题不断。电厂多次派技术骨干到现场检查、指导工作，排除设备隐患，避免消缺不及时影响设备正常运行。加强外包队伍技术培训，严格执行三级验收制度，不满足要求，要求厂家及时整改，不合格不验收，同时加强后续外包项目招标管理，严查分包转包情况。

3　结论

光伏发电具有间歇性、波动性和随机性等特点，水力发电具有启停灵活、调节速度快等特点，水光互补发电有利于提升光能发电稳定性，提升水电厂调峰调频能力，保障电网能源安全可靠。结合水光互补电站实际生产情况，上述对水光互补基地发电运行方式实行错峰出行，运行管控包含基地建设、AGC、AVC策略优化、运行调度标准化、停电原则、遇到的问题、一流队伍建设进行总结。地区能源结构在不断变化，对水光互补基地输电容量应该留有足够的余量，避免由于输电设备容量不足，造成弃光和弃水情况发生。

参考文献

[1] 计军恒，冯晨，朱燕梅.基于源荷匹配的水光混蓄电站运行策［J］.中国农村水利水电，2024（1）.

[2] 明波，郭肖茹，程龙，等.大型水电与光伏互补运行的并网优先级研究［J］.水利学报，2023，54（11），1287-1297，1308.

[3] 郭晓雅，郑李西，李庚达，等.大型水光互补电站的光伏捆绑容量规划［J］.中国农村水利水电，2023（12），273-279，288.

[4] 李杨，吴峰，包逸凡，等.考虑外送输电容量限制的梯级水光互补日前鲁棒调峰调度方法［J］.电力自动化设备，2024（3）：1-9.

[5] 冯欢，于洁，雷芳，等.乌江流域洪家渡水光互补日前优化调度研究［J］.水电与新能源，2023（07），14-19.

作者简介

邓志坤（1991—），男，工程师，主要从事水电厂设备运行维护工作。E-mail：614946204@qq.com

吴劲波（1986—），男，高级工程师，主要从事水电厂设备运行维护工作。E-mail：wujibo36@126.com

杨建成（1988—），男，高级工程师，主要从事水电厂设备运行维护工作。E-mail：541718986@qq.com

郝建文（1990—），男，工程师，主要从事水电厂设备运行维护工作。E-mail：1134749544@qq.com

毛家攀（1990—），男，工程师，主要从事水电厂设备运行维护工作。E-mail：784692316@qq.com

冯　昆（1997—），男，主要从事水电厂运维工作。E-mail：1773493603@qq.com

水光互补对传统水电机组运行影响分析

郝建文　冯　昆　邓志坤

（华能澜沧江水电股份有限公司漫湾水电厂，云南省临沧市　675805）

[摘　要]水光互补是将光伏电站与水电站汇入同一升压站，利用水电站快速的启停能力、强大的调节能力，平抑光伏电站发电功率的随机性、波动性和间歇性，为电网提供稳定、高质量的清洁电力。本文结合云南某全容量投产的水光互补电站实际运行情况，详细分析了水光互补系统对传统水电机组空载运行、发电耗水率、调压深度的影响，并提出相应的应对策略，增加了机组旋转备用能力补偿收入，提高了水电站的经济效益，为水光互补系统的发展提供参考。

[关键词]水光互补；空载运行；发电耗水率；调压深度

0　引言

能源是社会经济发展的重要物质基础，随着我国社会经济的不断发展，能源需求持续增长，增加能源供应、保障能源安全、保护生态环境、促进社会经济可持续发展是我国的一项重大战略任务。光伏发电是清洁的可再生能源，发展光伏发电对实现"双碳"目标、调整能源结构、缓解环境污染等方面有着重要的意义，但是光伏发电具有随机性、波动性、间歇性等特点，对电力系统的稳定运行产生一定的影响，水电站具有运行灵活、启动迅速、较快适应负荷变动等特点，可对不稳定的光伏发电进行补偿，实现水光互补发电，达到平滑光伏出力曲线、提高光伏发电质量的目的。

目前，国内外在水光互补运行策略方面展开了研究，但在水光互补发电过程中对水电机组运行产生的影响研究甚少，现有的研究大多还停留在仿真层面，实际运行层面研究成果较少，本文以云南某全容量投产的水光互补电站为例，从水电机组空载运行情况、发电耗水率、调压深度进行了分析，提出应对策略，对促进水光互补系统发展具有重要意义。

1　某全容量投产的水光互补电站简介

云南某水光互补电站总装机容量 2173MW，其中水电装机容量 1670MW（1×120MW+5×250MW+1×300MW），光伏装机容量 503MW（35kV 光伏电站 78MW+220kV 光伏电站 425MW），水电装机容量占比 76.9%，光伏装机容量占比 23.1%，主要通过两回 500kV 和三回 220kV 的电压等级线路接入云南电网，在系统中担负基荷及调频、调峰和事故备用任务。

2023 年 1 月 13 日，35kV 光伏电站通过 3 回 35kV 光伏线路接入电厂 7 号联络变压器 35kV 侧配电系统，与电厂共用送出通道，发出水光互补电站光伏侧的第一度电；2023 年 2 月 15

日，220kV 光伏电站通过 1 回 220kV 光伏线路接入电厂 220kV 开关站，与电厂共用送出通道。

1.1　运行方式分析

500kV 系统为 3/2 接线，共两回出线，220kV 系统为双母线接线，共四回出线，35kV 系统为单母线接线，共三回出线，500kV 系统、220kV 系统、35kV 系统通过自耦变压器 7B 联络运行，7 号联络变压器具备载调压功能，额定容量为 750000kVA。

1、3、4、5、6 号主变压器高压侧接入 500kV 系统，2、8 号主变压器高压侧接入 220kV 系统。为了调整 500kV 和 220kV 母线电压满足系统的要求，1 号发电机进相不能超过–95Mvar，2 号发电机进相不能超过–80Mvar，3～6 号发电机进相不能超过–50Mvar，8 号发电机进相不能超过 0Mvar。根据系统运行方式要求，220kV Ⅰ回线（极限功率 140MW）经常倒送电，220kV Ⅱ回线、Ⅲ回线处于热备用状态，因此 500kV 两回线为水光互补电站主要送出通道，见图 1。

2　水光互补系统影响分析

2.1　机组空载运行影响分析

2023 年光伏线路接入水电站后，占用水电站机组的送出通道容量，导致机组送出通道容量受限，因水电站在云南电网系统中担负基荷及调频、调峰和调压任务，通常情况下需保持机组持续运行，机组多处于旋转备用状态，所以水光互补前后全厂机组开停机次数无明显变化、空载运行时间明显增加，空载运行时间 2023 年比 2022 年同比增加 75.21%，见表 1。因此，水光互补机制在电厂实际运行中，主要是依靠机组旋转备用措施实现系统调频储备、通道利用率的最大化。

表 1　　　　　　　　　　　水光互补前后机组运行情况

时间	开停机次数（次）	空载运行时间（min）
2022 年	1759	207652
2023 年	1935	363825

机组长时间空载运行可能造成设备损坏，空载工况下，水轮机转轮动应力大，会对转轮裂纹产生较大的影响；同时机组的振动摆度增大，不利于机组的安全稳定运行，长期空载影响机组的使用寿命。

7 号联络变压器具备载调压功能，具备动态调节 220kV 系统运行电压能力，根据系统电压变化情况，积极与调度沟通，调整联络变压器挡位，减少 2 号机组长时间空载调压运行，从而减少 2 号机组长时间空载运行；当 500kV 系统有多台机组空载运行时，在部分机组运行能满足系统调频、调压情况下，加强与调度沟通，将多余空载机组申请停机，从而减少机组长时间空载运行。

同时，针对水光互补后机组空载运行时间明显增加的情况，依据《南方区域电力辅助服务管理实施细则》（2022 年版）第三十四条，水电机组有偿旋转备用服务供应量定义为：当发电机组预留发电容量超出 60%额定容量时额定容量的 40%减去机组实际出力的差值在旋转备用时间内的积分，高峰时段按照 R6（66.5 元/MWh）的标准补偿，低谷时段按照 0.5×R6（66.5 元/MWh）的标准补偿。2023 年 4 月电站向调度申请将机组空载运行负荷由 20MW 调整

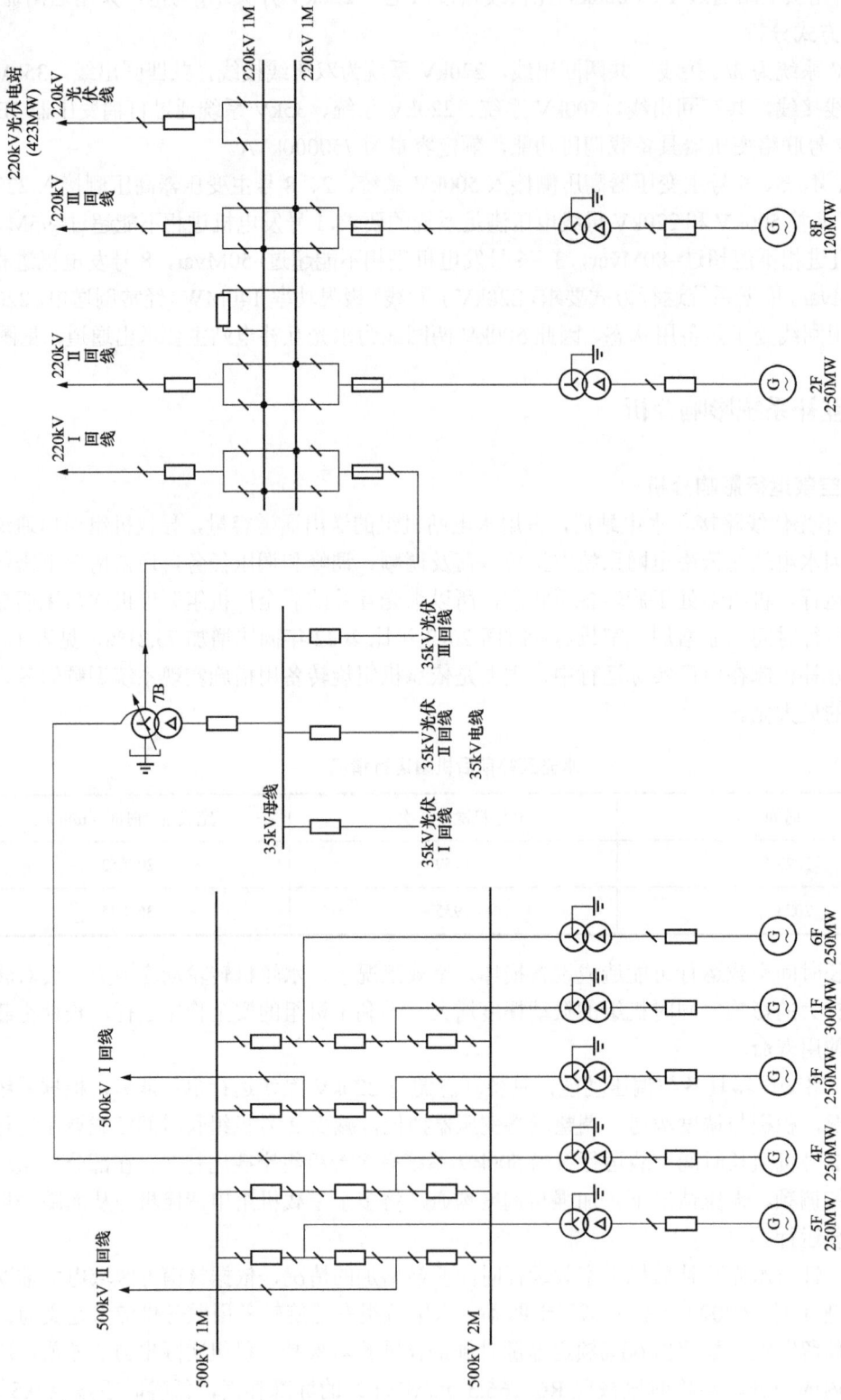

图 1 水光互补电站主接线示意图

为 8MW，进一步增加机组旋转备用能力补偿收入，从而提高了机组的运行经济效益，旋转备用补偿费净收入 2023 年比 2022 年同比增加 283.72%，见表 2。

表 2　　　　　　　　　　　　旋转备用补偿费净收入情况

时间	旋转备用补偿净收入（万元）
2022 年	527.82
2023 年	2025.35

2.2　发电耗水率影响分析

影响发电耗水率的因素是多方面的，机组效率是影响发电耗水率的主要因素。2023 年光伏线路接入水电站后，占用水电站机组的送出通道容量，且由于系统调峰、调频的需要，导致机组长时间空载运行，机组长时间带低负荷运行，必然造成机组效率低，增加发电耗水率（以 2～6 号机组为例，机组满负荷运行时耗水率为 4.55m^3/kWh，而空载负荷运行时耗水率为 25.09m^3/kWh，空载运行工况下耗水率明显增加，见表 3）。2022 年水电机组平均发电耗水率为 4.47m^3/kWh，2023 年水电机组平均发电耗水率为 4.76m^3/kWh，同比增加 6.49%，长期空载运行影响机组的运行经济性。

表 3　　　　　　　　　　　　机组耗水率情况

机组	满负荷		空载负荷（8MW）	
	设计流量（m^3/s）	耗水率（m^3/kWh）	下泄流量（m^3/s）	耗水率（m^3/kWh）
1 号机组	389.01	4.67	56.91	25.61
2～6 号机组	316	4.55	55.75	25.09
8 号机组	162.43	4.87	35.16	15.82

在充分考虑防汛、水情和水资源综合利用的情况下，优化水库调度，合理控制运行水位，在允许范围内保持水库高水位运行，保持机组出力平稳尽量避免机组空载运行，降低发电耗水率，提高水能利用率。

2.3　机组调压深度影响分析

2023 年光伏线路接入电站后，每日 10:00～17:00 时段，根据天气情况 220kV 光伏电站通过 220kV 光伏线路输送有功功率至水电站，同时大规模光伏电站接入后会从电网吸收无功功率，降低系统无功平衡性，在 220kV 光伏线路有功功率最高时，站内无功功率消耗最大，因 220kV 光伏电站无功补偿设备无功补偿容量不足，导致水电站机组对 220kV 光伏站进行远程无功补偿，以维持 220kV 系统电压，2 号机组将深度迟相运行参与无功补偿，长距离输送无功功率将增加线路损耗，见图 2～图 4。

220kV 母线运行电压曲线范围为 224～235kV，220kV 系统实际给定运行电压较 7 号联络变压器 7 档电压低（235.75kV），为了调整 220kV 母线电压，每日 00:00～10:00、17:00～24:00 时段 2 号发电机需进相运行，2 号发电机进相深度达到最大时（进相不能超过−80Mvar）也不能满足系统调压要求，导致 220kV AVC 经常调节失败，频繁退出 220kV AVC 调节闭环，影响电厂 AVC 的投入率，导致 AVC 辅助服务考核，从而影响 AVC 补偿净收入。

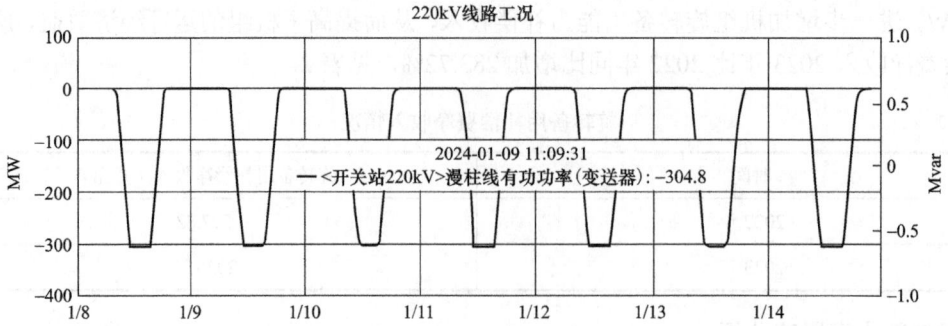

图 2　220kV 光伏线路有功功率

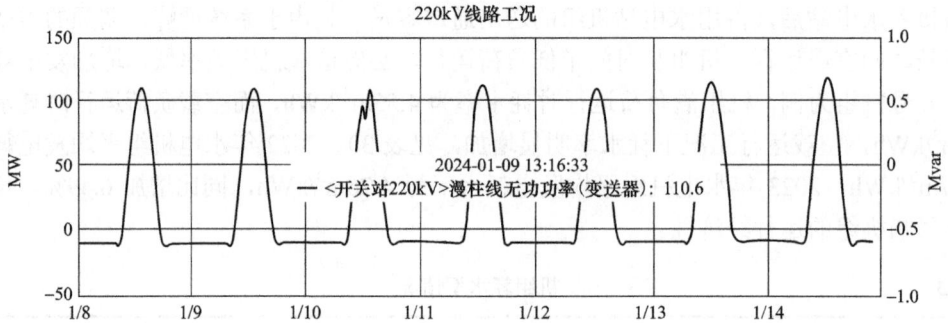

图 3　220kV 光伏线路无功功率

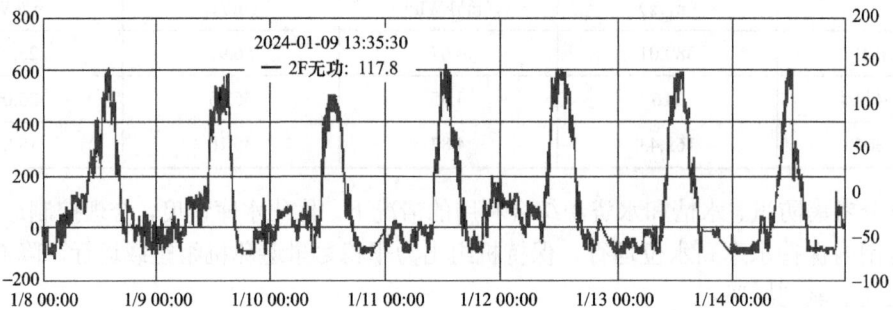

图 4　2 号发电机无功功率

　　根据云南电网 220kV 母线电压控制范围给定，合理选择 7 号联络变压器分接开关挡位，并协调 220kV 光伏电站动态无功补偿装置最优方式运行，即优先调用光伏电站无功设备就地补偿，在难以满足要求的工况下再采用水电机组参与无功调节，联合实现无功和电压自动控制，最大限度减少水电机组空载调压时间和降低水电机组调压深度，提高水电机组运行可靠性和稳定性，同时避免远距离输送无功功率增加线路损耗。

3　结论

　　光伏电站接入水电站不仅可以提高电能输出的安全性和稳定性，还能增强系统的适应性，但是水光互补系统必然也会对水电机组的运行产生影响。本文结合云南某全容量投产的水光互补电站实际运行情况，对水电机组空载运行情况、发电耗水率及调压深度进行分析，结果表明，水光互补导致水电机组空载运行时间增加、发电耗水率升高、调压深度加深，针对以上影响本文提出了调整 7 号联络变压器挡位、调整机组空载负荷、机组保持水库高水位运行、实现自动电压控制等措施，其中申请将机组空载运行负荷由 20MW 调整为 8MW，已经产生了一定的经济效益。目前水光互补运行模式仍未在电力系统中得到广泛运用，需要根据运行的实际情况，探讨、总结出水光互补最优运行方式，更好地发挥水光互补系统的优势。

参考文献

[1] 朱燕梅，黄炜斌，陈仕军，等．水光互补日内优化运行策略 [J]．工程科学与技术，2021，53（3）：142-149.

[2] 兰光辉．水光互补发电运行策略探讨 [J]．低碳技术，2021（12）：50-51.

[3] 康本贤．龙羊峡水光互补协调运行研究综述 [J]．西北水电，2020（1）：23-26.

[4] 明波，郭鹏程，陈晶，等．水光互补电站中长期随机优化调度方法评估 [J]．水电与抽水蓄能，2021，7（5）：20-24.

作者简介

郝建文（1990—），男，工程师，主要从事水电厂设备运行维护工作。E-mail：1134749544@qq.com

冯　昆（1997—），男，主要从事水电厂运维工作。E-mail：1773493603@qq.com

邓志坤（1991—），男，工程师，主要从事水电厂设备运行维护工作。E-mail：614946204@qq.com

浅析云南分公司新能源集控中心运行管理的实践与创新

宋 巨

（华能澜沧江新能源有限公司，云南省昆明市 650000）

[摘 要] 新能源集控中心很好地解决了一定区域内新能源项目分散式、扁平化的生产管理模式所带来的生产人员紧缺、运维工作量逐年增加、生产效益不断下降的问题，"十四五"期间随着集控规模的不断扩大，对区域化、集约化的管理模式又提出了新要求，新能源集控中心应能充分发挥集中调度控制，综合数据分析和智能运维管理的平台优势，为开展新能源项目规模化运行维护，合理优化资源配置，提高生产管理效率，提供数字化管理平台，开展智慧企业建设创造有利条件，从而真正意义的实现无人值班、少人值守的生产模式，彻底解放和发展生产力。

[关键词] 新能源集控中心；运行管理；实践；创新；智慧；效益

0 引言

整个"十四五"时期，集团公司已对新能源领域的发展做出重要部署，云南分公司也被赋予重要使命。云南分公司在整个"十四五"时期将建成 1000 万 kW 装机规模的新能源项目，如此大规模的新建项目，对于云南分公司新能源集控中心（电网命名华能澜沧江风电集控中心，以下简称集控中心）来说，将是一个千载难逢的发展机遇期，同时集控中心的运行管理工作也面临着很大的考验。当前，集团公司已形成新能源智慧运维中心—区域新能源集控中心—新能源场站三级管理的格局，实现了对新能源产业的集中统一管理。面对机遇和挑战，集控中心顺势而为，主动思考，认真谋划，为当下和未来一段时期的发展想办法、定方向，确保实现新能源存量和增量资产的高质量运行管理。

1 集控中心加强运行管理的手段和举措

集控中心成立于 2019 年 8 月 28 日，是云南分公司全部新能源项目的统一运行管理机构。在集团公司不断重视新能源运行管理工作，不断丰富运行管理手段，注重运行管理实效的情况下，集控中心立足澜沧江水电集控管理的丰富经验和先进模式，依托新能源智慧运维中心的精细化管理，不断创新运行管理手段，不断提升运行管理能力，主动迎合集团公司对新能源日益严格的管理需求。

（1）制定风机复位手册和风机常见故障原因分析手册。集控中心运行值班人员根据风机使用说明书、风机维护手册，结合厂家指导意见和运行规律等情况，针对不同品牌、不同机型制定了详细的风机复位手册和风机常见故障原因分析手册，以便服务运行值班人员在风机故障后第一时间做出反应，从而大幅度缩减风机故障处理的时长。

（2）做好风功率预测和天气预报工作，合理规划风机日常巡检和定检工作。集控中心运行值班人员每天收集当天和未来三天的风功率预测和天气预报情况，以及之前 5 年同时期的天气、风速和发电量情况。以相关数据为依托，预判当天的整体天气情况，包括整体风速情况、分时段风速情况、分区域风速情况等信息，从而有效指导现场人员利用小风时段开展巡检和定检工作。同时，集控中心通过建立一套独立的风功率预测系统，充分发挥自身的基础数据优势，通过不断优化风功率预测模型，不断提升短期和超短期预测精度，从而更好地满足电网要求，避免不必要的电网考核和电量、电价的损失。

（3）全面掌握两个细则考核管理办法。集控中心组织全体人员参与学习了《南方区域电力并网运行管理实施细则》《南方区域电力辅助服务管理实施细则》的全部内容，确保全体人员在日常工作开展和场站管理中熟悉规则，从而更好地运用规则，避免被电网通报考核，不断树立在电网公司的良好形象和口碑，用实际行动打造新能源集控中心的品牌和标杆。

（4）做好基础数据的收集和运用。集控中心自建立以来就安排专人做好主要运行数据、设备台账、检修台账、定检台账、规程资料、异常事件等信息的滚动管理，确保数据真实、全面、不遗漏，为进一步做好运行数据的分析和运用，对标对表，不断发现设备管理上的薄弱点，制定消缺计划，开展技术改造，预判设备隐患等提供依据。

（5）做好与调度的工作往来。集控中心自建立以来，积极与省调和地调各科室建立工作联系，主动汇报工作，通过组织技术交流、党支部共建、文体联谊等活动，加深了与调度间的友谊，为日常工作的开展营造了良好的氛围。自集控中心建立至今，未发生电网限电和电网考核问责事件。

（6）做好日常生产报表的填报工作。集控中心每天需要向澜沧江公司、集团公司、电网公司上报各类生产报表，报表工作量大，工作内容繁琐，工作重复性高。针对该问题，集控中心成立党员攻关小组，充分利用网络信息技术，通过自主创新开发，形成了一套集数据管理、报表管理、集控—场站间业务及安全管理等相关管理需求的综合管理系统。该系统切实降低了运行值班人员的工作负担，并荣获云南省电力行业协会电力科技创新成果三等奖。详细架构及功能如下。

（1）平台布置：在华为服务器上安装 Linux centos7 操作系统，将基于 Finereport 开发的数据管理报表系统和基于 Python 的 web 框架 Flask 开发的一键上报服务部署至服务器上的 Tomcat8 web 服务内，经单向隔离装置接入公司内部网络，实现网页预览和操作功能。

（2）数据采集：在服务器上搭建 MySQL 数据库，通过横向隔离装置定期自动采集一次监控系统管理信息大区数据，并进行数据存储及备份保存。

（3）数据处理：通过调用 MySQL 数据库内相应基础数据，经 SQL 查询二次加工，最终通过 Finereport 生成相应的效果进行展示。利用 Python 的 pymysql 库与 Dbutils 库创建数据连接池与 MySQL 数据库进行连接，读取每日发电量、上网电量等基础数据，通过 selenium 库实现自动上报功能。

（4）效果展示：利用网页 B/S 架构模式，运行值班人员及各场站人员均可通过公司内网登录系统。系统展示公司所辖风电场、水电厂和光伏电站的日、月、年电量、年计划完成率等信息。并能通过数据的自助查询功能实现风电、水电、光伏的电量综合信息查询服务。采用丰富多样的表格、图形、控件等布局方式，实现各电站数据的横向、纵向对比等可视化效果。

（5）一键上报：一键上报服务的前端搭建利用 Python 的 web 框架 Flask，简单稳定，维护量少，后端利用 Python 的自动化测试框架 selenium，能实现准确稳定的数据填报功能，整个系统使用了 Html、CSS、JavaScript 和 AJAX 异步交互技术。实现用户在自动报表系统内点击"上报"按钮进行相应电站内日报、月报、季报和年报的一键上报功能。

（6）综合管理："公司—集控—场站"之间建设规范化、标准化管理的生产管理模式，如交接班管理、缺陷管理、异常管理、设备状态管理、运行维护管理、检修管理等，均集合在该系统内，形成了一套智能化综合业务管理平台。

（7）做好与现场的沟通交流。集控中心每月都会组织运行值班人员利用休假时间前往各受控场站开展学习交流，熟悉设备，了解现场困难，与现场人员座谈，从而更好地服务和指导现场工作的开展。

2　集控中心指导受控风电场开展工作的手段和举措

当前，云南分公司受控风电场容量近 100 万 kW，并已全部外包管理。现场外包人员整体维护水平不高，日常工作随意性较大，日常劳动纪律性较差。尤其在风机故障处理时，故障处理时间较长，故障处理不彻底。集控中心已结合现场情况和人员特点，制定了多项举措和要求，从而更好地督导和管理现场的工作开展，并确保工作质量。

（1）做好风机巡检、消缺工作台账管理。运行值班人员会仔细记录每台风机开展巡检、消缺的相关信息，包括日期、工作时长、工作内容和工作人员；每台风机在巡检、消缺工作后首次发生故障的相关信息，包括日期和故障具体情况，以便分析故障与巡检、消缺的关联性，更好地追踪现场外包人员的工作能力和责任心，更好地约束和指导现场外包人员日常工作的开展。

（2）做好风机半年检、全年检工作台账管理。运行值班人员会仔细记录每台风机开展半年定检、全年定检的相关信息，包括日期、工作时长、工作内容、工作人员和验收人员等；每台风机在半年定检、全年定检结束后首次发生故障的相关信息，包括日期和故障具体情况，以便分析故障与半年定检、全年定检的关联性，更好地评价定检队伍的整体水平和验收人员的认真程度，为日后定检队伍的招标，约束和指导定检队伍规范开展定检项目提供帮助。

（3）做好升压站年度检修工作管理。指导现场尝试在送出线路不停电，做好相关安措的情况下，开展站内一、二次设备的检修和定检预试工作，从而有效缩小停电范围，有效缩短停电和复电操作的时间。并结合多年气象数据、风功率预测和天气预报等情况，指导现场抓住小风、少雨水天气开展升压站检修工作，确保各项预防性试验、户外集电线路、箱式变压器等输变电设备的正常检修、技改。结合每年检修项目的相同点和不同点，不断分析并科学规划检修工期，避免工期拖沓过长造成的弃风现象。

（4）做好现场备品备件的管理工作。运行值班人员会详细记录每一个备件更换的相关信息，包括日期，更换备件的名称、厂家、型号、更换部位和更换人等信息，以便统计一定周期内风机耗材的更换情况，从而深度分析风机故障部位的批次性问题，为现场相关备品备件的计划性采购提供决策支撑作用，避免因缺少备件导致的风机长停。

3　集控中心指导受控光伏电站开展工作的手段和举措

当前，云南分公司受控光伏电站容量近 300 万 kW，并已全部外包管理。相比风电场管理，光伏电站存在管理松懈，精力投入不足的情况。集控中心已结合光伏场站的运维经验和特点，制定了多项举措和要求，从而更好地督导和管理现场的工作开展，并确保工作质量。

（1）做好日常除草工作台账管理。运行值班人员会仔细记录光伏方阵开展除草工作的相关信息，包括日期、除草时长、除草量和工作人员。以便分析除草前后光伏方阵的发电量情况，同时结合季节和雨水量等情况不断验算每个场站每个方阵除草的最佳时间点和最佳周期，从而不断提升光伏方阵的发电效率。

（2）做好光伏板灰尘、鸟粪等脏污清理工作台账管理。云南地区光伏电站大多分布在山区、半山区等偏远位置，人工清污难度较大，清理成本偏高。但云南地区雨水充沛，利用天然降雨亦能起到对光伏板的冲刷、冲洗作用。运行值班人员会仔细记录每个光伏场站的降雨信息，包括日期、降雨时长、降雨量等以及降雨前后的发电量对比。以便从降雨趋势和降雨量等指标评估对光伏板的冲洗效果，建立图表、分析趋势、找出规律，更好地指导现场开展日常维护消缺工作。

（3）做好现场组串开路、组串运行低效的整改工作。运行值班人员会详细记录每一个方阵的发电量信息和发电量趋势，以便找出规律和问题，从而有效指导现场开展有针对性的检查和消缺。同时运行值班人员充分利用智慧运维系统智能监盘的预警功能，指导现场开展巡检维护工作。

（4）做好新建项目基建转生产时的运行管理。集控中心均派专人进驻现场全程参与督导新建场站基建转生产的交接工作，特别关注现场光伏板出现的闪电纹、蜗牛纹等情况，要求现场立行立改，确保光伏板的转换效率。并对相关情况建立设备台账，对 EPC 总承包方进行评价，为公司后续光伏项目的承建提供辅助决策依据。

4　集控中心与新能源智慧运维中心开展工作的手段和举措

华能新能源智慧运维中心的应运而生，对于新能源的全生命周期管理至关重要，新能源智慧运维中心通过精细化的运行管理手段，不断指导和服务各区域集控的运行值班和运行管理工作。集控中心严格遵守新能源智慧运维中心的各项工作安排和要求，充分利用智慧运维系统，因地制宜采取各种有效手段和措施，不断降低风机故障率，不断提升设备可靠性，不断提升场站可利用率，避免弃风、弃光情况的发生，统筹好新建场站的数据接入和运行管理，确保安全生产和电量增发，助力新能源事业的长足发展。

（1）做好新能源智慧运维系统的使用工作。集控中心要求全体人员必须熟练掌握新能源智慧运维系统各功能模块的基本情况和使用方法，要求运行值班人员熟练使用生产日报、智能监盘等功能模块，具备分析运行趋势，指导场站查找和处理缺陷的能力。同时，集控中心督促各场站人员也要熟悉新能源智慧运维系统的各项功能，学会运用系统开展工作。

（2）坚决做好增量新能源场站数据接入新能源智慧运维中心工作。集控中心严格按照新能源智慧运维中心的相关要求，提前规划，动态把控，确保新建场站数据接入调度的同时即接入新能源智慧运维中心，并在新能源智慧运维中心的监管下完成试运行。

（3）坚决做好存量新能源场站风机出质保验收备案工作。集控中心结合风机出质保验收报告的相关情况，按要求向新能源智慧运维中心申请报备，确保风机出质保有监管、有依据。

（4）做好与新能源智慧运维中心的工作交流。集控中心积极选派优秀青年人员前往新能源智慧运维中心轮岗轮训，并主动向新能源智慧运维中心汇报工作，提供建议和意见。用实际行动助推新能源智慧运维中心的各项功能和规划能够落地落实，助力新能源智慧运维中心又快又好地实现各项目标和愿景。

5 未来发展方向展望

随着集控中心受控场站越来越多，装机容量越来越大，运行管理工作将会被放在更加迫切、更加突出、更加重要的位置，只有不断丰富运行管理思路，不断创新运行管理手段，不断夯实运行管理成果，才能满足今后新能源的快速发展要求，才能进一步解放束缚发展的制约因素，才能不断提升云南分公司新能源领域的专业管理能力和科学决策水平，才能进一步将运行管理规范化、标准化，才能依托先进的运行管理手段从每一个新能源场站中挖掘价值，补齐短板，发挥优势，最终实现效益的不断增长。

未来，集控中心将以安全生产为基础和根本，以效益实现为遵循和目的，以智慧、创新、管理为发展方向和突破口，用心打造安全集控、效益集控和示范集控。

作者简介:

宋　巨（1989—），男，工程师，主要从事集控中心和各新能源场站运行管理工作。E-mail：624989852@qq.com

新能源场站继电保护整定计算存在问题及解决方法探讨

杨　东　王党开　刘姝妮　桂　晶　李俊峰

（华能澜沧江新能源有限公司，云南省昆明市　650000）

［摘　要］本文介绍了新能源场站继电保护整定计算存在问题及解决方法，主变压器高压侧零序电流保护整定与送出线路零序保护不匹配导致主变压器误动作的问题，汇集线路过流保护整定计算与箱式变压器电流保护配合问题导致变压器故障越级跳闸事件，接地变压器过流保护与汇集系统单相接地故障存在问题导致全站停电问题。

［关键词］主变压器；汇集线路；箱式变压器高压侧熔断器；箱式变压器高压侧断路器；接地变压器；接地电阻；逆变器；风力发电机组

0　引言

随着新能源技术不断发展更新，单个光伏组件及风力发电机组容量大幅度增加，箱式变压器容量已超过了 10MVA，新能源场站入网电压在逐步提高，由原来属地消纳的 110kV 及以下电网逐步向高压、超高压电网接入。新能源场站继电保护整定计算问题日益凸显，整定存在的问题就会给高压电网造成极大扰动，增加电网不稳定因素。同时给新能源场站安全稳定运行带来极大隐患，本文分析了新能源场站在整定计算中未严格执行 GB/T 32900《光伏发电站继电保护技术规范》、DL/T 1631《并网风电场继电保护配置及整定技术规范》、GB/T 19963《风电场接入电力系统技术规定》及 GB/T 19964《光伏发电站接入电力系统技术规定》导致问题，为新能源场站整定计算提供一些参考方法。

1　新能源场站整定计算存在的普遍问题及解决方法

1.1　主变压器高压侧零序方向保护选择问题及解决方法

新能源场站电气主接线图如图 1 所示，主变压器采用了两种接线型式。对于采用 YD 型式双圈变压器做主升压变压器无需考虑变压器高压侧零序电流保护方向问题，但是采用 YY 型式带平衡绕组变压器作为主升压站变压器时，在零序电流保护一段整定计算时需选择方向指向高压侧母线。

大多数整定计算单位在整定计算时，都未考虑变压器接线型式，主变压器高压侧零序电流保护都不带方向，给后续场站安全稳定运行埋下主变压器误动的隐患。

1.1.1　解决方法

变压器高压侧零序保护整定计算前需拿到电网关于送出线路保护定值单，了解线路零序

685

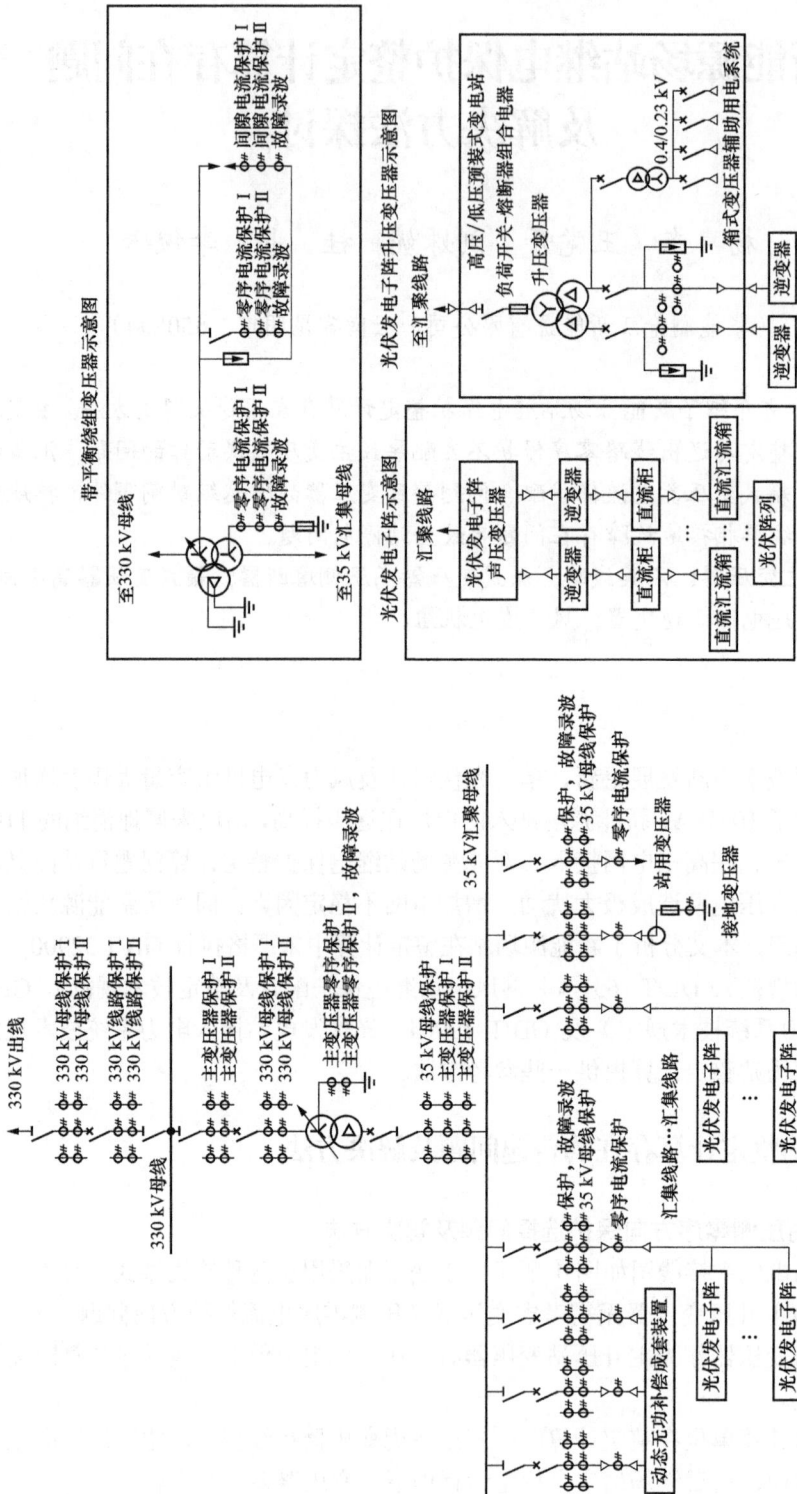

图 1　光伏发电站典型接线图

电流保护配置情况，按照 GB/T 32900 及 DL/T 1631 规范要求解决主变压器高压侧零序电流保护方向选择问题。

主变器保护装置选择时需要具有高压侧零序电流方向功能，需要依据主变压器的接线型式决定。

1.2 主变压器低压侧过流保护配合问题

依据 GB/T 32900 及 DL/T 1631 规范要求，变压器低压侧过流 I 段按低压侧汇集母线相间短路故障有 1.5 灵敏度并保证躲过负荷电流整定。动作时间上宜与本侧出线过流保护 I 段配合。新能源场站现场运行中发生多起送出线路故障导致主变压器低压侧过流保护误动作切除主变压器低压侧断路器，造成 35kV 系统全部退出运行，造成发电量的巨大损失。

1.2.1 解决方法

变压器低压侧过流 I 段按低压侧汇集母线相间短路故障有不小于 1.5 的灵敏度，动作时间上比汇集系统出线保护过流 I 段动作时间长 0.3s。

变压器低压侧过流 II 段按低压侧汇集线路相间短路故障有不小于 1.5 的灵敏度，动作时间上比汇集线路保护过流 II 段动作时间长 0.3s。

变压器低压侧过电流保护灵敏度不能满足要求时，宜采用负压闭锁过电流保护。

1.3 汇集线路保护定值计算配合问题

新能源 35kV 箱式变压器高压侧保护配置依据变压器容量的情况而定，3MVA 及以上变压器高压侧配置断路器，同时配置变压器保护装置一套，具备电流速断保护及过电流保护功能；3MVA 以下变压器高压侧仅配置熔断器加负荷开关。3MVA 及以上箱式变压器接线图如图 2 所示。

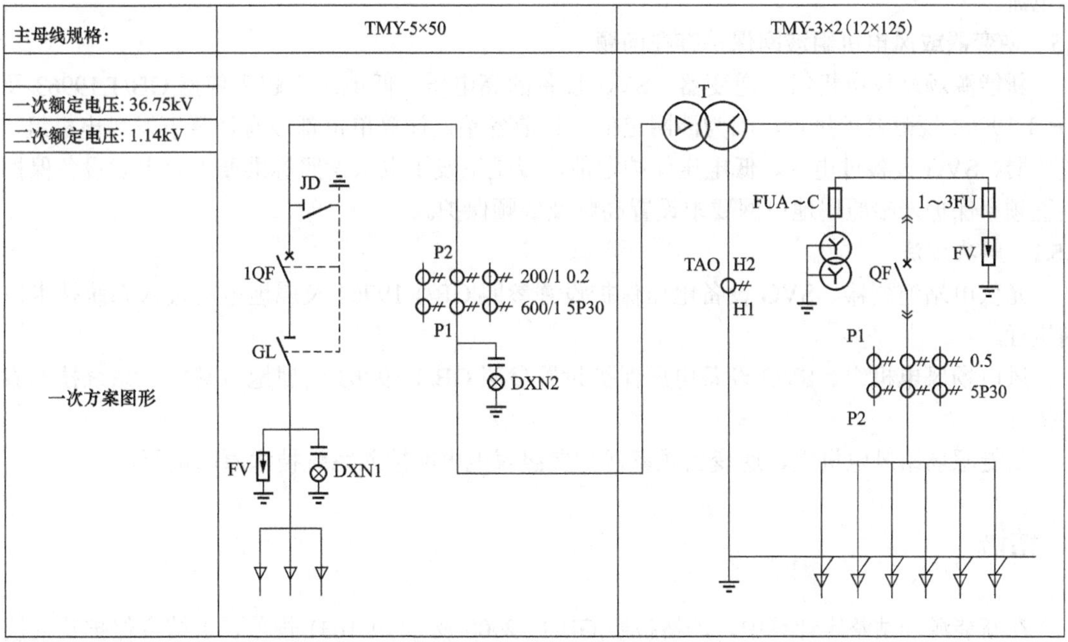

图 2 3MVA 及以上箱式变压器接线图

大多数整定计算单位在整定汇集线路保护时，未考虑箱式变压器故障应该由变压器本身保护装置动作切除，汇集线路过流Ⅰ段保护动作时间大多数采用 0s 设置，这样导致箱式变压器的故障由汇集线路保护切除，造成保护越级跳闸，引起多台箱式变压器跟着停机，造成新能源发电量巨大损失。

1.3.1　解决方法

汇集线路过流Ⅰ段保护整定计算时，定值按照最小运行方式下本汇集线路末端相间短路有足够灵敏度，灵敏系数不小于 1.5，同时考虑汇集线路所有变压器空载合闸时励磁涌流影响。

汇集线路过流Ⅰ段保护动作时间按照汇集线路上箱式变压器速断保护时间加 0.3s，保证箱式变压器本身故障由其配置熔断器或者保住装置动作切除，不造成保护越级跳闸扩大停电范围。

汇集线路过流Ⅱ段保护动作时间按照汇集线路上箱式变压器过流保护时间加 0.3s 整定。

1.4　35kV 汇集系统接地变压器保护配置问题

依据 GB/T 32900 及 DL/T 1631 规范要求，35kV 接地变压器电源侧配置电流速断保护、过电流保护作为内部相间故障的主保护及后备保护。电流速断及过电流保护应采取软件滤除零序分量措施，防止 35kV 系统其他设备接地故障时，造成接地变压器电流速断保护误动作。新能源场站现场运行中发生多起接地变压器保护在系统单相接地故障时，误动作切除主变压器低压侧断路器，造成 35kV 系统全部退出运行。

1.4.1　解决方法

接地变压器保护装置具有软件滤除零序分量功能，保护整定计算时选取软件滤除零序分量措施。

保护装置不具有软件滤除零序分量功能的，校验电流速断保护躲过系统最大单相接地故障电流。

1.5　逆变器或风电机组涉网保护存在问题

新能源场站风电机组、逆变器、SVG 设备的高电压、低电压穿越需依据 GB/T 19963 及 GB/T 19964 规范要求执行，因为涉网定值，目前各整定计算单位都没有计算下发风电机组、逆变器、SVG 设备过电压、低电压保护定值，或是下发了也未参照标准要求。上述设备保护装置频率保护未参照属地电网要求设置高频及低频保护。

1.5.1　解决方法

光伏电站逆变器、SVG 设备电压保护设置参照 GB/T 19964 及属地电网接入系统技术原则执行。

风电场风电机组、SVG 设备电压保护设置参照 GB/T 19963 及属地电网接入系统技术原则执行。

新能源场站风电机组、逆变器频率保护参照属地电网接入系统技术原则执行。

2　结语

在新能源场站整定计算中，严格按照 GB/T 32900 及 DL/T 1631 规范要求结合保护装置技术说明书整定新能源场站各设备保护定值。

掌握规范中关于各设备保护配置要求，对场站中不满足规范要求的保护装置进行改造或升级，保证各种故障类型都有相应保护功能切除故障。

整定计算中，除依据规范开展整定计算外，需考虑现场实际情况是否与标准描述一致，做出相应调整，避免保护装置越级跳闸或误动作。

作者简介

杨　东（1972—），男，大学本科，高级工程师，主要从事电力生产管理工作。

王党开（1980—），男，注册电气工程师，高级工程师，大学本科、工学学士，主要从事电气二次工作。E-mail：kait101@163.com

刘姝妮（1989—），女，工程师，大学本科，主要从事水风光专业管理工作。

桂　晶（1986—），男，工程师，大学本科，主要从事运维管理工作。

李俊峰（1985—），男，工程师，大学本科，工学学士，主要从事运维管理工作。E-mail：407294322@qq.com

电—气互联系统可再生能源消纳及协同调度

黑若阳

（中国长江电力股份有限公司葛洲坝电厂，湖北省宜昌市　443000）

[摘　要] 随着全球能源危机和环境问题的涌现，对可再生能源的发展利用成为当下各国学者研究的主要方向，充分利用风电、光伏等可再生能源能够较好解决当下的危机。但就风电来说具有不确定性和间歇性，导致在风电出力中会产生弃风，而电转气装置的出现能够有效地电解决风电消纳的问题。本文主要通过搭建电—气互联微网系统模型来研究可再生能源消纳及协同调度问题。通过运用 MATLAB 软件调用 YALMIP 和 Gurobi 对系统进行算例仿真，得到相关数据后对系统的经济性、供耗关系以及弃风消纳进行了具体的对比分析，验证了本文构建的系统模型是以运行成本为目标函数的经济性最优化模型，并且可做到风电的全消纳，明确了电转气装置在风电消纳中起到的作用。

[关键词] 电—气互联系统；电转气；风电消纳；优化调度

0　引言

近年来我国风电急剧发展，但在消纳弃风上存在主要问题。新提出的电转气技术可以很好地改善消纳弃风的问题，通过削峰填谷将过剩的电能转换成天然气在储气罐中存储起来，在需要燃气轮机发电供给负荷和电解槽时重新利用，这样不仅消纳了弃风，同时也保障了电力系统安全稳定运行。本文的主要研究内容是围绕电—气互联系统中进行可再生能源消纳的协同调度来展开的，重点研究采用 P2G 技术及多种能源协调优化的方法，以提高系统的风电消纳率。为此，对多能源系统总体架构及耦合能量流、P2G 设备消纳弃风机理及模型建立、具有电转气功能的多能源系统总体架构及其协同优化调度模型的建立与仿真。

1　电—气互联微型能源网络系统数学模型

1.1　模型介绍

电—气互联系统是由电力网络和天然气网络构成，通过电转气装置以及燃气轮机来实现能量的转换。电转气装置将多余的风电转化成天然气，所以可将电转气装置看作是电力网络的一种负荷而将其输出的天然气作为对微网系统中气负荷的供应。相反地，燃气轮机将天然气转化成电能，因此输入燃气轮机的天然气可看作天然气网络的一种负荷而将燃气轮机输出的电能作为微网系统中电负荷的供应。

图 1 所示的电—气互联微型能源网络中，微网系统中电能部分除了风电以及燃气轮机供应的电能外其他所需的电能均由电力网络中购买得到，天然气能源部分除了电转气装置和储

气罐供应外其他所需的天然气均由天然气网络中购买得到，由此组成了这样一个电—气互联微网系统。

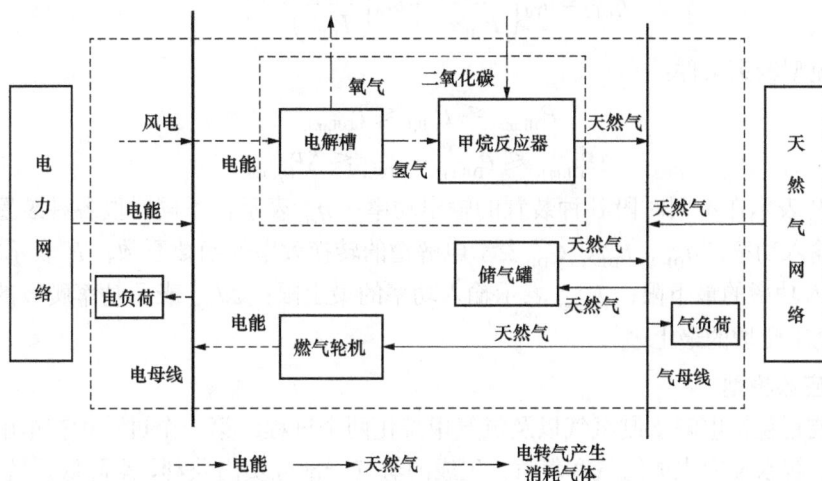

图1　电—气互联微型能源网络系统示意图

1.2　风电出力模型

电—气互联系统电解槽发生电解水反应时所需要的电能主要通过风力发电以及从电力网络中购买电能来供应，对于风力发电中风电出力的模型是使用预测风电出力的曲线来代表风电的出力，如图2所示。

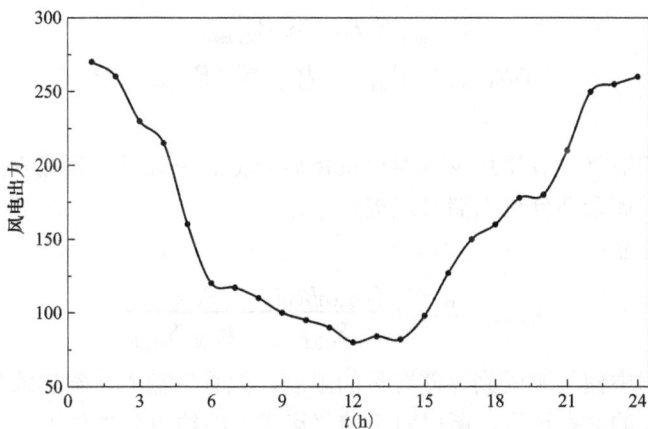

图2　预测风电出力的曲线图

1.3　电解槽模型

电解槽将风力发电过剩时或低成本时段的电能转化为氢气，再将一部分氢气经过甲烷化生成甲烷进入天然气系统，直接供给气负荷或燃气轮机，减少了微网系统中从上级天然气网络的购气量，减少了系统能源购买的成本。

电解槽模型建立：

$$2H_2O \rightarrow 2H_2 + O_2 \tag{1}$$

$$P_{DJO,t} = \eta_{DJ,t} P_{DJI,t} \tag{2}$$

$$\eta_{DJ,t} = a_{DJ} \left(\frac{P_{DJI,t}}{P_{DJE}} \right)^2 + b_{DJ} \left(\frac{P_{DJI,t}}{P_{DJE}} \right) + C_{DJ} \tag{3}$$

电解槽模型约束条件：

$$P_{DJI,min} \leqslant P_{DJI,t} \leqslant P_{DJI,max} \tag{4}$$

$$\Delta P_{DJ,min} \leqslant P_{DJI,t+1} - P_{DJI,t} \leqslant \Delta P_{DJ,max} \tag{5}$$

式中，P_o 表示在不同时段各种装置的输出功率；η_{PO} 表示在不同时段各种装置的转换效率；P_I 表示输入功率；a_{DJ}、b_{DJ}、C_{DJ} 表示电解槽的转换效率的函数系数；P_E 表示额定功率；$P_{I,min}$ 表示输入功率的最下限；$P_{I,max}$ 表示输入功率的最上限；ΔP_{min} 表示功率爬坡的最下限；$\Delta P_{I,max}$ 表示功率爬坡的最上限。

1.4 甲烷反应器模型

电转气装置包括电解水制氢气以及氢气甲烷化两个过程。第一个过程指在电解槽中通入直流电发生电解水反应生成氢气和氧气，生成的氢气一部分卖出获利，来降低系统开销成本，另一部分生成的氢气和二氧化碳在甲烷反应器中通过甲烷化反应生成甲烷和水，制取的甲烷直接注入天然气网络中对气负荷进行供应或储存在储气罐中进行可控的协调。

甲烷反应器模型建立：

$$CO_2 + 4H_2 \rightarrow CH_4 + 2H_2O \tag{6}$$

$$P_{JWO,t} = \eta_{JW,t} P_{JWi,t} \tag{7}$$

甲烷反应器模型约束条件：

$$P_{JWI,min} \leqslant P_{JWI,t} \leqslant P_{JWI,max} \tag{8}$$

$$\Delta P_{JW,min} \leqslant P_{JWI,t+1} - P_{JWI,t} \leqslant \Delta P_{JW,max} \tag{9}$$

1.5 储气管模型

电解水中产生的氢气经过甲烷反应器甲烷化后产生的甲烷可直接进入天然气网络系统进行对气负荷的供给，剩余部分进入储气罐进行储存。

储气罐模型的建立：

$$S_{CQ,t+1} = S_{CQ,t} + \frac{P_{CQI,t+1} \eta_{CQI,t}}{S_{CQ,E}} - \frac{P_{CQI,t+1}}{\eta_{CQI,t} S_{CQ,E}} \tag{10}$$

由于天然气网络中储气罐受到存储容量的限制，天然气输入、输出流量大小的限制以及需要考虑不同时间段的动态过程，所以对于储气罐模型的约束条件如下：

$$S_{CQ,min} \leqslant S_{CQ,t} \leqslant S_{CQ,max} \tag{11}$$

$$P_{CQI,min} \leqslant P_{CQI,t} \leqslant P_{CQI,max} \tag{12}$$

$$P_{CQO,min} \leqslant P_{CQO,t} \leqslant P_{CQO,max} \tag{13}$$

为了保证储气罐的调节能力，在调度周期的始末要使储气水平相同：

$$S(T) = S(O) \tag{14}$$

式中，S 表示在不同时段储气罐的储存容量大小；$\eta_{CQI,t}$ 表示储气罐输入时的转换效率；$\eta_{CQO,t}$ 表示储气罐输出时的转换效率；S_{CQE} 表示储气罐的额定容量；$S_{CQ,min}$ 表示储气罐的储存容量的最下限；$S_{CQ,max}$ 表示储气罐的储存容量的最上限；$S(O)$ 表示初始状态下储气罐的储气容量水平；$S(T)$ 表示末尾状态下储气罐的储气容量水平。

1.6　燃气轮机模型

通过燃气轮机和电转气装置的相互配合，使电力网络与天然气网络之间实现了能量的双向流动，使电—气互联系统网络耦合更加紧密，电转气装置与燃气轮机就可作为电—气互联微网系统中的能量枢纽。下列是关于燃气轮机消耗的天然气与输出功率之间满足的关系方程式：

$$P_{QLI,t} = \frac{\alpha_{QL} + \beta_{QL} P_{QLO,t} + \gamma_{QL} P_{QLO,t}^2}{GHV} \qquad (15)$$

对于燃气轮机来说，它的发电效率和其输出功率是成正比的，所以输出功率越大其发电效率也越大，但燃气轮机的输出功率也不是越大越好，所以需要对其有一定的限制，但当燃气轮机的输出功率较小时，会造成燃烧不完全，根据以上要求限制其约束条件如下：

$$P_{QLO,min} = 0.5 P_{QLOE} \leq P_{QLO,t} \leq P_{QLOE} = \leq P_{QLO,max} \qquad (16)$$

$$\Delta P_{QL,min} \leq P_{QLO,t+1} - P_{QLO,t} \leq \Delta P_{QL,max} \qquad (17)$$

式中，$P_{QLI,t}$ 表示 t 时段燃气轮机消耗天然气的量；$P_{QLO,t}$ 表示 t 时段燃气轮机的发电功率；α_{QL}、β_{QL}、γ_{QL} 表示燃气轮机的转换效率函数系数；GHV 表示天然气燃烧的热值，一般取 39MJ/m^3；$P_{QLO,min}$ 表示输出电能功率的最下限；$P_{QLO,max}$ 表示输出电能功率的最上限，同其额定输出功率 P_{QLOE} 相同；P_{QLOE} 表示燃气轮机输出电能的额定发电功率。

1.7　微网系统中功率平衡的约束条件

在本文所设计的微型能源互联网中，主要包含两种能量的相互转换和流通，所以系统中存在电能和天然气能两种能量体系，对于两种能量体系也会有在微型能源互联网内部的能量平衡约束条件。

电能功率平衡约束：

$$P_{D,t} + P_{FD,t} + P_{QLO,t} = L_{D,t} + P_{DJI,t} \qquad (18)$$

天然气功率平衡约束：

$$P_{Q,t} + P_{JWO,t} + P_{CQO,t} = L_{Q,t} + P_{QLI,t} + P_{CQI,t} \qquad (19)$$

式中，$P_{D,t}$ 表示 t 时段系统购入电能的功率；$P_{FD,t}$ 表示 t 时段风电厂产生电能的功率；$L_{D,t}$ 表示在 t 时段系统的电负荷功率；$P_{Q,t}$ 表示在 t 时段系统购入气能的功率；$L_{Q,t}$ 表示在 t 时段系统的气负荷功率。

1.8　目标函数

在这里设定微型网络是并网运行方式，其中电能和天然气能都是通过向主网购买获得的，但微网本身并不向主网去输送或出售电能和天然气能源，所有的电能和天然气是在微网内储存和使用的，这里建立的目标函数是以微型网络运行的最低成本为目标来建立的，考虑的运行成本有能源的购买成本，设备运行维护的成本，电转气装置成本等。

（1）能源购买成本。

这里能源购买成本只包括本文建立的电—气互联微网系统中从主网购买的电能和天然气

成本，可用公式表示：

$$W_{NY} = \sum_{t=1}^{T}(\lambda_D P_{D,t} + \lambda_Q P_{Q,t}) \tag{20}$$

式中，λ_D 表示微网系统从主网中购买电能的功率单价；λ_Q 表示微网系统从主网中购买天然气的功率单价。

（2）设备运行维护成本。

设备运维成本包括系统中电解槽装置、甲烷反应器、储气罐装置和燃气轮机组的运行维护成本，这里不包括风电场的运维成本，因为对于风电场来说它的一次投资成本很大，但是日运维成本很小，所以本文将风电场运维成本忽略不计。系统的运行维护成本可用公式表示：

$$W_{YW} = \sum_{t=1}^{T}[f_{DJ}P_{DJO,t} + f_{JW}P_{JWO,t} + f_{CQ}(P_{CQL,t} + P_{CQO,t}) + f_{QL}P_{QLO,t}] \tag{21}$$

式中，f_{DJ} 表示电解槽的单位运维成本；f_{JW} 表示甲烷反应器的单位运维成本；f_{CQ} 表示储气罐的单位运维成本；f_{QL} 表示燃气轮机的单位运维成本。

（3）电转气装置成本。

电解槽部分，产生的氢气全部输出至甲烷反应器进行甲烷的生产，而产生的氧气可通过售卖来进行一部分的获利：

$$W_{DJ} = \sum_{t=1}^{T}\lambda_{O_2}P_{O_2,t} \tag{22}$$

式中，λ_{O_2} 表示产生的氧气对外售出的功率单价；$P_{O_2,t}$ 表示电解槽产生氧气的功率。

在甲烷反应器的甲烷化过程中主要是包含购入二氧化碳的成本，在本系统中甲烷化所用到的二氧化碳全部是通过外界购买得到的：

$$W_{JW} = \sum_{t=1}^{T}\lambda_{CO_2}P_{CO_2,t} \tag{23}$$

式中，λ_{CO_2} 表示需要从外部购买的二氧化碳功率单价；$P_{CO_2,t}$ 表示甲烷反应器消耗二氧化碳的功率。

所以关于电转气装置的成本就包含电解槽和甲烷反应器两部分，可用公式表示：

$$W_{P2G} = W_{JW} - W_{DJ} = \sum_{t=1}^{T}(\lambda_{CO_2}P_{CO_2,t} - \lambda_{O_2}P_{O_2,t}) \tag{24}$$

对上述得到的能源购买成本、设备运行维护成本以及电转气装置成本进行相加得到系统经济优化模型的目标函数为：

$$W = \sum_{t=1}^{T}[\lambda_D P_{D,t} + \lambda_O P_{O,t} + f_{DJ}P_{DJO,t} + f_{JW}P_{JWO,t} + f_{CQ}(P_{CQI,t} + P_{CQO,t}) \\ + f_{QL}P_{QL,t} + \lambda_{CO_2}P_{CO_2,t} - \lambda_{O_2}P_{O_2,t}] \tag{25}$$

2 算例验证

为了验证 P2G 装置以及燃气轮机对于电—气互联微网系统经济性的影响及作用，本章通过设立对照对比的方法来进行仿真验证，通过设立了三种不同的运行方式，对于它们在微型能源互联网络中经济协同调度的结果进行了详细分析，不同运行方式下，微网系统中运行设备如表 1 所示。

表 1　　　　　　　　　　　微网系统不同运行方式下的运行设备

运行设备	运行方式 1	运行方式 2	运行方式 3
电力网络	√	√	√
天然气网络	√	√	√
风电出力	√	√	√
电解槽		√	√
甲烷反应器		√	√
储气罐		√	√
燃气轮机			√

运行方式 1：在微网系统中只考虑风电出力对于系统的影响，剩余对于电负荷以及气负荷的供应全部通过从电力网络和天然气网络主网中购买来供给。

运行方式 2：在运行方式 1 的基础上加入了电转气装置以及储气装置，但同运行方式 3 相比缺少了燃气轮机设备。

运行方式 3：包含本文所建立的电—气互联微网系统中所有设备模型，仿真计算出设备齐全下微网系统的运行成本和经济优化调度情况进行对比分析。

在进行算例仿真前，需要对于本微网系统所相关的数据进行提出，本文的时间设定以 1 天 24h 为波动时间范围。有关数据包括微型能源网内电负荷气负荷的日变化情况、微型能源网络从主网购买电能和气能的日电价气价变化图、风电出力曲线图（如图 3～图 5 所示）。

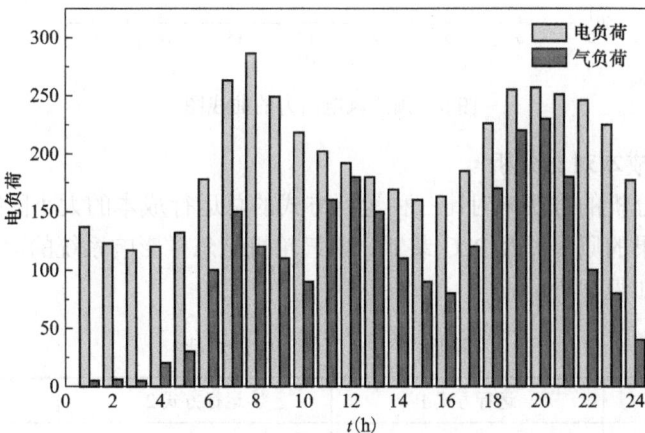

图 3　微型能源网络日负荷变化情况

本文在进行算例仿真通过使用 MATLAB 软件调用 YALMIP 和 Gurobi 对电—气互联微型能源系统经济优化调度模型进行求解。首先对于以上 24h 电价气价、电负荷气负荷、风电出力等数据进行输入，接下来对参数变量进行赋值以及确定决策变量，确定的决策变量主要有各时段从外网购买的电量，各时段从外网购买的气量，各时段电解槽的输入功率，储气罐各时段的充气量和放气量，燃气轮机各时段的输入功率等，再运用 MATLAB 仿真验证得出结果进行分析对比。

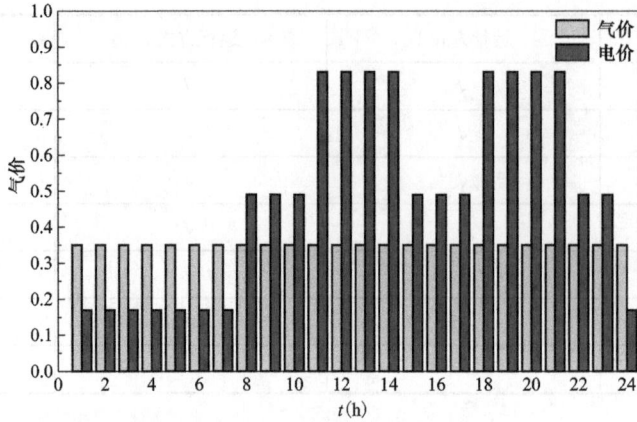

图 4　微型能源网日电价气价变化情况

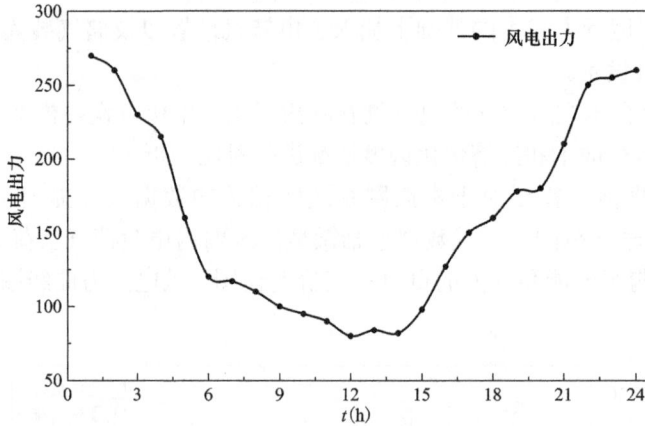

图 5　预测风电出力的曲线图

2.1　不同运行方式成本对比分析

本文通过对比分析的方法来对比三种运行方式的总运行成本的大小区别，具体分析三种情况下产生不同结果的原因以及 P2G 装置、燃气轮机是怎样影响系统的运行。三种运行方式的经济性对比具体如表 2 所示。

表 2　　　　　　　　　　　　　不同运行方式下经济性的对比

成本种类	运行方式 1	运行方式 2	运行方式 3
从外网购买电量	873.81 元	899.72 元	100.28 元
从外网购买气量	891.10 元	445.89 元	876.20 元
设备运维成本	0	160.32 元	174.34 元
购买二氧化碳	0	290.00 元	290.00 元
售卖氧气获利	0	−138.41 元	−138.41 元
总运行成本	1764.91 元	1657.52 元	1302.41 元

根据表 2 可以看出，运行方式 1 在只考虑风电出力供电以及从外网购买电能和天然气的情况下总运行成本是最高的，运行方式 2 在加装了电转气装置后总运行成本相比运行方式 1 较为便宜，运行方式 3 在加装了电转气以及燃气轮机后总运行成本是三种不同方式中最低的仅为 1302.41 元。

运行方式 1 和运行方式 2 进行比较可以看出，运行方式 2 较运行方式 1 来看成本多了设备运行维护的成本，甲烷化中购买二氧化碳的成本以及售卖氧气获得的利润，但大大降低了从外网中购买电量和气量的总成本，所以总运行成本仍然低于第一种运行方式，通过电转气装置可以有效地消纳风电以及生成甲烷供给气负荷。

运行方式 2 和运行方式 3 进行比较可以看出，运行方式 3 比运行方式 2 多了燃气轮机装置，所以在设备运行维护上稍高于第二种方式，但在购电量上远小于第二种方式，购气量反而高于前两种运行方式，这是因为在大部分时刻内电价都是高于气价的，所以在引入了燃气轮机装置后可以通过其将天然气转化成电能，更多时段可以选择从外网中购买天然气来输入燃气轮机产生电能供电负荷以及电解水，只有在少数电价低于气价的时段会选择从外网购买电能来满足电负荷和电解槽的输入需求。

2.2 不同运行方式供耗对比分析

本文分析了三种不同运行方式下电供耗和气供耗包含的供耗关系及种类，探讨不同运行方式下电供耗和气供耗的区别以及造成这种区别的原因。具体电供耗对比情况如表 3 所示，气供耗对比情况如表 4 所示。

表 3 不同运行方式下电供耗对比

供耗种类	运行方式 1	运行方式 2	运行方式 3
风电出力	3258kW	3881kW	3881kW
购买电量	1453kW	1605.39kW	437.39kW
燃气轮机输出	0kW	0 kW	1168kW
电解槽输入	0kW	−775.39kW	−775.39kW
电负荷	−4711kW	−4711kW	−4711kW

对比运行方式 1 与运行方式 2 可以看出，运行方式 2 的风电全消纳，全部用于出力。同运行方式 1 相比由于电负荷的日消耗是固定的，但在某些时段风电出力较大而电负荷需求较小时，风电会有剩余产生了弃风，由表 3 可以得到弃风量是 623kW，但在运行方式 2 中加装了电转气装置后将风电多出力的 623kW 以及部分从外网购买的电能全部用于输入电解槽用于电解水，可以说正是电转气装置实现了风电的消纳，同时电转气装置还能够影响系统的气供耗，在下文气供耗对比中会详细介绍。当在某些时段内风电出力较小而电负荷需求又较大时，就需要从外网中购买电能全部用于供给电负荷。

对比运行方式 2 和运行方式 3，风电出力是都能够达到全消纳，所以风电全部完成出力都是 3881kW，区别在于运行方式 3 下购买电能的量远远小于第二种方式，是因为在第三种运行方式下加装了燃气轮机，通过燃气轮机可以将天然气转化为电能供给电负荷，在 7 时到 21 时燃气轮机出力代替了大部分原本购买电能的供给，减少了 1168kW 从外网购买的电量，这样运行方式 3 在运行成本上也会大大降低，同时也会影响到气供耗的关系。对比可以看出电转气设备及燃气轮机的安装对于实现风电的消纳,提高系统经济性起到至关重要的作用。

表4 不同运行方式下气供耗对比

供耗种类	运行方式1	运行方式2	运行方式3
购买气量	2546kW	1273.97kW	2503.44kW
储气罐输出	0 kW	860.25kW	860.25kW
甲烷反应器输出	0 kW	1272.03kW	1272.03kW
燃气轮机输入	0 kW	0kW	−1229.47kW
储气罐输入	0 kW	−860.25kW	−860.25kW
气负荷	−2546kW	−2546kW	−2546kW

根据表4可知,首先对比运行方式1与运行方式2的气供耗情况。由于在运行方式2中包含了电转气装置会利用过剩的风电产生甲烷,也就是甲烷反应器输出部分,同时有了储气装置也能够合理调配天然气,减少了从外网购买天然气的量,对于气负荷的供应由甲烷反应器和储气罐的输出占了一部分,可见电转气装置和储气装置的运用不仅消纳了风电,对于系统的成本经济也提供了优化。

对比运行方式2和运行方式3中,两者的主要区别在于运行方式3加装了燃气轮机,由表4可以看出运行方式3从外网中购买了更多的天然气来供应燃气轮机的输入,尽管购买更多天然气但在系统总经济成本上仍然是最优的,因为这里要考虑在不同时段内电价和气价的变化,在大部分时间段内电价的价格是高于气价的,所以系统会考虑多购买天然气供给燃气轮机发电,将燃气轮机产生的电能供应电负荷的损耗,整体系统减少了电能的购买提高系统经济性。

3 结论

本文通过建立一个电—气互联模型探讨其在风电消纳以及经济成本方面所带来的优化,通过加入电转气装置,储气罐以及燃气轮机组将电力网络以及天然气网络共同耦合起来,实现能量的双向流通,提高了能源的利用率,提供一种低碳经济的运行方式。为当今世界能源短缺,环境污染严重提供一个新的方案来为负荷供给电能和天然气能源。

(1)本文对于新兴的电—气耦合元件电转气装置的基本原理进行了介绍,构建了一种含电转气的电—气互联微型能源网络系统,对系统中各个元件部分进行模型的构建以及设立约束条件的限制,作为后续的研究理论依据。

(2)建立系统运行成本目标函数以及约束条件,通过运用MATLAB算例仿真,比较三种不同运行方式下的运行成本,得到在系统中包含电转气、储气罐以及燃气轮机的运行方式是经济性最优解,系统通过电转气以及燃气轮机的耦合实现能源的高效利用,大大减低运行成本。

(3)根据算例仿真结果,对三种运行方式的电、气供耗关系和弃风消纳进行对比分析,了解电转气设备是如何进行风电的消纳,根据供耗关系明确不同运行方式下每日的运行模式,分析系统中每个设备是如何影响每日运行成本,验证模型的可行性。得到结论在本文所建立的电—气互联系统模型的运行方式下能够完全消纳风电，还提高了系统运行的稳定性和经济性。

参考文献

[1] 杨晶. 2020 年天然气发展形势与 2021 展望 [J/OL]. 中国能源，2021（03）：39-44 [2021-03-31].

[2] 杨燕青. 未来学家杰里米·里夫金：中国将引领第三次工业革命 [J]. 中国中小企业，2018（04）：44-47.

[3] 申洪，周勤勇，刘耀，等. 碳中和背景下全球能源互联网构建的关键技术及展望 [J]. 发电技术，2021，42（01）：8-19.

[4] 谈竹奎，瞿凯平，刘斌，等. 含电转气的电—气互联系统多目标优化调度 [J]. 电力建设，2018，39（11）：51-59.

[5] 龚晓琴. 含电转气的综合能源系统低碳经济调度 [D]. 长沙：长沙理工大学，2019.

[6] 李卫东，贺鸿鹏. 考虑风电消纳的源—荷协同优化调度策略 [J]. 发电技术，2020，41（02）：126-130.

[7] 林楷东，陈泽兴，张勇军，等. 含 P2G 的电—气互联网络风电消纳与逐次线性低碳经济调度 [J]. 电力系统自动化，2019，43（21）：23-33.

作者简介

黑若阳（1999—），男，助理工程师，主要从事水电站运行值班员。E-mail：411092803@qq.com

基于粒子群优化算法的海上风电场
运维调度建模研究

张久帅

（上海勘测设计研究院有限公司，上海市　200335）

[摘　要]"十四五"期间大规模投产运营的海上风电场即将脱离质保期，转由风电开发主体自主运维。科学制定运维方案、合理规划运维路径将成为发电企业降本增效的重要途径。本文考虑运维船舶承载能力、续航能力以及多艘船舶同时出海作业等因素，构建船舶调度数学模型，并参考已投产海上风电场风机布局情况进行仿真实验，采用粒子群优化算法求解最优交通成本，为海上风电场运维方案的制定提供参考。

[关键词]粒子群优化算法；海上风电；运维成本；数学模型

0　引言

2019 年国家发展改革委正式印发《关于完善风电上网电价政策的通知》（发改价格〔2019〕882 号），进一步明确上网补贴项目的核准日期和并网日期，由此掀起了海上风电抢装热潮。据全球风能协会（GWEC）统计，2019～2021 年我国海上风电新增装机容量约为 22.04GW。鉴于国内主流风机厂商的质保期在 3～5 年，意味着约有 22GW 的风电机组即将脱离质保期，由风电开发主体自行制定运维方案。

国内外学者在海上风电运维领域进行了大量研究并取得共识，海上风电维护成本高于陆上风电运维成本 2～3 倍[1]，占项目全生命周期总成本的 20%～35%[2-5]，其中运输船机租赁费约占总运维成本的 70%[6]。随着越来越多的风电机组脱离质保期转为风电开发主体自主运维，制定科学、高效的运维方案，合理分配运维资源，将成为发电企业实现降本增效的重要手段。

关于海上风电运维调度和路径规划的研究一直受到国内外学者的青睐。Feng 等[7]的研究结果表明，优化运维船舶出航路线可有效降低运维成本；余梅等[8]在改进的蚁群算法上融合遗传算法，提出了一种基于 GA-PACO 算法的海上风电场运维策略，用于解决海上风电场运维最优路径问题；金礼伟[9]在考虑运维路径、运维资源等因素下，使用改进记忆遗传算法计算运维调度成本最优解，提高了传统遗传算法的计算效率；王丽媛等[10]基于枚举法设计并构建了海上风电运维调度模型，在考虑气象、资源、任务等因素下计算得出全局调度最优解；Allal 等[11]采用蚁群算法计算海上风电场最优运维路径和运维成本；Schrotenboer 等[12]和谭任深等[13]采用自适应大邻域搜索算法，建立了海上风电场运维路径优化模型；樊冬明等[14]结合混合粒子群算法和狼群搜索算法，求解多运维港口、多运维船舶情况下的最优运维方案。

目前，关于多艘运维船舶同时出海作业的研究相对较少。根据挪威船级社（DNV）数据统计，海上风电机组整体故障率约 3%，大约每 30 台海上风机就需要 1 艘专业的运维船[15]。鉴于我国海上风电机组商业投产前试验周期较短，部分机组稳定性相对较弱，加之国内海上风电运维船舶专业化程度较国外仍有差距，本文按照平均 25 台风机配备 1 艘运维船的配置方案，在考虑运维船舶承载能力、续航能力的因素下构建数学模型，利用粒子群优化算法求解多运维船舶条件下的最优交通成本，为海上风电场运维方案的制定提供参考。

1　运维问题描述及假设

1.1　运维问题描述

行业内运维船舶租赁方式主要有两种，一是总价包干的形式，即船舶和配套船员以及燃料动力费都包含在总价合同中，承租方不必考虑船舶航行成本，燃油动力费由出租方承担，节省的燃油动力费可以作为出租方的额外利润；二是船舶和船员包干，燃料动力费由承租方自行承担。这种情况下承租方的租赁成本相对较低，合理控制航行成本可以达到降本增效的目的。综上所述，无论是出租方还是承租方，科学规划航行路线都可以为企业带来经济效益。

1.2　基本假设

（1）运维船舶荷载量、单位海里交通成本相同，完成运维任务后返回初始位置；
（2）不考虑船舶到达风机后的位移距离和油耗；
（3）运维船舶在运维窗口期内出海，窗口期足够完成一次海上运维任务。

2　模型建立

根据上述问题描述和假设，构建运维调度模型如下：

$$\min Z = Z^{\text{rent}} + Z^{\text{sail}} \tag{1}$$

$$Z^{\text{sail}} = \sum_{i=1}^{n}\sum_{j=1}^{n}\sum_{k=1}^{m} c d_{ij} x_{ij}^{k} \tag{2}$$

约束条件为：

$$\sum_{i=1}^{n} g_i y_i^k \leqslant G, \forall k \in K \tag{3}$$

$$\sum_{i=1}^{n}\sum_{j=1}^{n} d_{ij} x_{ij}^k \leqslant D, \forall k \in K \tag{4}$$

$$\sum_{k=1}^{n} y_i^k = 1, \forall i \in N \tag{5}$$

$$\sum_{i=0}^{n} x_{ij}^k = y_j^k, \forall j \in N, \forall k \in K \tag{6}$$

$$\sum_{j=0}^{n} x_{ij}^k = y_j^k, \forall j \in N, \forall k \in K \tag{7}$$

$$\sum_{i=0}^{n} x_{i0}^k = 1, \forall k \in K \tag{8}$$

$$\sum_{i=0}^{n} x_{0j}^k = 1, \forall k \in K \tag{9}$$

$$\sum_{i=1}^{n}\sum_{k=1}^{n} g_i y_{ij}^k \div G \leqslant K \tag{10}$$

式中　N——运维风机的集合 $N=\{1, 2, 3, \cdots, n\}$，用 i，j 表示风电机组编号；

　　d_{ij}——风电机组 i 到风电机组 j 的距离（i，$j=0$，1，$\cdots$，n），0 表示港口；

　　D——运维船舶续航里程；

　　c——运维船舶航行单位海里的燃料动力成本；

　　K——运维船舶的集合 $K=\{1, 2, 3, \cdots, m\}$，用 k 表示运维船舶编号；

　　G——运维船舶承载量；

　　g_i——维护风机 i 需要的配件重量；

　$x_{ij}^k=1$——运维船舶 k 从风机 i 到风机 j；

　$y_i^k=1$——运维船舶 k 对风机 i 进行维护。

　　式（1）为目标函数，即求解运维交通成本最低，其中，Z^{rent} 为船舶租赁成本、Z^{sail} 为航行成本；式（3）表示维护风机的备件重量不超过运维船舶承载量；式（4）表示船舶出海一次的行驶距离不超过运维船舶的续航里程；式（5）表示一台风机仅由一艘运维船舶提供运维服务；式（6）和式（7）表示运维船舶只允许在两个风机之间行驶一次；式（8）和式（9）表示运维船舶从港口出发，运维结束后返回港口；式（10）表示运维船舶的需求量不超过现有船舶数量。

3　粒子群优化算法

　　海上风电运维船舶路调度可以抽象为车辆路径优化问题（Vehicle Routing Problem，VRP），解决这类优化问题可以采用蚁群算法、遗传算法、粒子群优化算法等启发式算法。本文采用粒子群优化算法（Particle Swarm Optimization，PSO）对构建的数学模型进行求解。

　　粒子群优化算法的思想源于鸟类觅食的过程，每个粒子具有速度和位置两个关键属性。通过粒子间信息共享可以快速找到最优目标，收敛速度优于遗传算法，但 PSO 算法容易陷入局部最优，解决这一问题的方法之一是引入进化算法中的相关算子，如交叉、变异等，通过增加算法多样性进而提高算法性能。该算法的基本流程如下：

　　第一步是初始化，随机生成一组粒子的位置 x 和速度 v，记录每个粒子经过的最好位置 $pbest$ 和粒子群经过的最好位置 $gbest$，设定粒子在位置和速度上的限制条件以及迭代次数；

　　第二步是设计粒子适应度函数，即所要求解的目标函数，本文的适应度函数为式（5）；

　　第三步是通过迭代，计算并评估粒子个体和粒子群的最佳适应度，确定每个粒子的 $pbest$，并从中找到群体最佳的 $gbest$；

　　第四步是更新粒子个体的速度和位置属性，速度更新公式见式（11）、位置更新公式见式（12）。

$$v_i^{k+1} = \omega \times v_i^k + c_1 \times rand(\,) \times (pbest_i^k - x_i^k) + c_2 \times rand(\,) \times (gbest^k - x_i^k) \tag{11}$$

$$x_i^{k+1} = x_i^k + v_i^{k+1} \tag{12}$$

式中，第一项为惯性部分，ω 是惯性权重，ω 越大粒子运动速度越慢，收敛速度也越慢；k 表示迭代次数；第二项为认知部分，可表示为粒子个体当前位置与历史位置之间的矢量距离，$rand(\,)$ 是引入的随机函数用于提高算法多样性，避免陷入局部最优；第三项是社会部分，可理解为当前位置与群体历史位置之间的矢量距离。c_1、c_2 是学习因子，用于调节粒子个体向 $pbest$ 和 $gbest$ 移动的权重。

第五步是重复第三步和第四步的迭代动作，直至达到最大迭代次数或者达到预期精度。

由于 VRP 问题的解是一组表征路径的数组，而不是连续空间中的一个点，所以需要对标准 PSO 算法进行调整。算法中，每个粒子被重新定义为一条运维路径；适应度函数表示运维交通成本，目标是成本最小化；式（11）和式（12）所表示的粒子更新机制，在 VRP 中，可通过变异操作交换风机运维路径顺序，实现速度和位置的更新。变异操作的本质是交换原始序列中部分个体的位置。例如，风机运维顺序是 [1，3，2，4，5]，采用变异操作（1，3）后，可形成新的运维顺序 [2，3，1，4，5]。

4　计算实验与分析

4.1　海上风电场风机布局

江苏某海上风电场共有 73 台风电机组，海上风电场风机编号及布局如图 1 所示。风电场中心离岸距离约 44km。按照平均 25 台风机配备 1 艘运维船的配置方案测算，本风电场需配备 3 艘运维船，即 $K=\{1，2，3\}$。

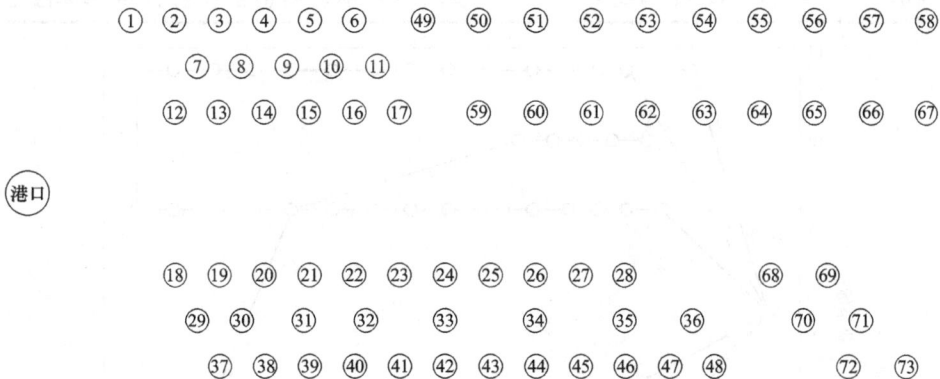

图 1　海上风电场风机编号及布局图

4.2　运维基本信息

根据近年来该风电场船舶租赁数据以及第三方机构统计数据，本文对运维船舶基本参数进行加权平均，得到表 1 中相关信息。现模拟一次海上风电场半年巡检，并设计表 2 所示运维任务，本次运维范围包含风场所有风机。

表1 船 舶 信 息

编号	承载量 （t）	租赁成本 （万元/次）	航行成本 （万元/海里）	航行里程 （海里）
Ship1	200	4	0.1	200
Ship2	200	4	0.1	200
Ship3	200	4	0.1	200

表2 备件信息及需求风机

编号	重量（t）	需求风机编号
Part1	1	其他风机
Part2	5	风机1、4、14、19、26、34、36、40、51、55、61、70、71
Part3	10	风机6、9、11、21、31、33、45、49、52、58、66、73
Part4	15	风机13、16、25、28、41、50、62、67、72
Part5	20	风机10、23、32、44、56、63、68

4.3 结果与分析

经计算，本次运维任务的最优运维路径如图2和表3所示，交通成本的最小值为64.4万元。

表3 运维路径规划结果

编号	运 维 路 径
Ship1	港口-18-19-20-21-22-23-24-25-26-27-28-35-46-45-44-34-43-42-33-41-40-32-31-39-38-37-29-30
Ship2	港口-47-48-36-68-69-70-71-72-73-63-11-10-9-8-7-2-1
Ship3	港口-3-4-5-6-49-50-51-52-53-54-55-56-57-58-67-66-65-64-62-61-60-59-17-16-15-14-13-12

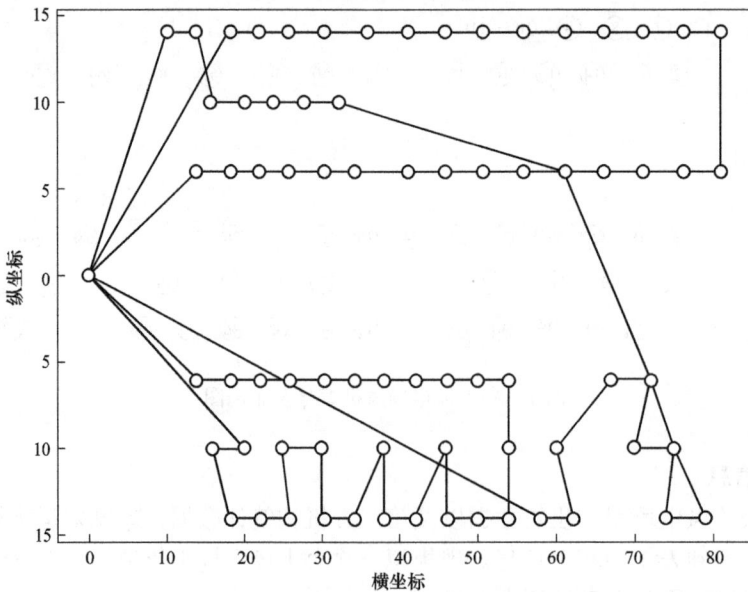

图2 海上风电场运维路径图

本次实验还对 4 艘及以上运维船进行了测试，结果发现，4 艘及以上运维船舶同时出海作业的交通成本均高于 3 艘运输船，且运输船舶数量与交通成本呈正相关。

4 结论

本文通过参考已投产海上风电场风机布局情况进行仿真实验，考虑运维船舶承载能力、续航能力以及多艘船舶同时出海作业等因素，建立了运维船舶调度模型并求出最优规划路径。实验结果表明，合理确定运维船舶数量和路径可有效降低运维成本，提高海上风电项目经济效益，本文提出的数学模型可为海上风电运维方案的制定提供参考。

本次研究尚未考虑海上运维窗口期、气候条件、运维人员等因素，未来的研究中可将上述因素纳入模型，设计出更符合实际需求的运维调度方案。

参考文献

[1] Wu X，Hu Y，Li Y，et al. Foundations of offshore wind turbines：A review [J]. Renewable and Sustainable Energy Reviews，2019（104）：379-393.

[2] Snyder B，Kaiser M J. Ecological and economic cost-benefit analysis of offshore wind energy [J]. Renewable energy，2009，34（6）：1567-1578.

[3] Liu L，Fu Y，Ma S W，et al. Preventive maintenance strategy for offshore wind turbine based on reliability and maintenance priority [J]. Proc. CSEE，2016，36（21）：5732-5740.

[4] 唐宏芬，王丽杰，吴春，等. 考虑出航时间窗的海上风电场运维调度建模研究 [J]. 电工技术，2022（3）：145-148.

[5] 吕致为，王永，邓奇蓉. 考虑时间窗约束的海上风电机组运维方案优化 [J]. 太阳能学报，2022，43（10）：177.

[6] 刘永前，马远驰，陶涛. 海上风电场维护管理技术研究现状与展望 [J]. Journal of Global Energy Interconnection，2019，2（2）.

[7] Feng Q，Bi W，Chen Y，et al. Cooperative game approach based on agent learning for fleet maintenance oriented to mission reliability [J]. Computers & Industrial Engineering，2017（112）：221-230.

[8] 余梅，盛余洋，李红阳，等. 基于 GA-PACO 的海上风电场运维策略研究 [J]. 无线电工程，2022，52（10）：1834-1841.

[9] 金礼伟. 基于记忆遗传算法的海上风电场运维调度研究 [J]. 上海电气技术，2019，12（2）：15.

[10] 王丽媛，郭树生，安吉祥. 基于枚举法的海上风电智能运维调度模型 [J]. 船舶工程，2022，44（2）：28-34.

[11] Allal A，Sahnoun M，Adjoudj R，et al. Multi-agent based simulation-optimization of maintenance routing in offshore wind farms [J]. Computers & Industrial Engineering，2021，（157）：107342.

[12] Schrotenboer A H，uit het Broek M A J，Jargalsaikhan B，et al. Coordinating technician allocation and maintenance routing for offshore wind farms [J]. Computers & Operations Research，2018（98）：185-197.

[13] 谭任深，徐龙博，周冰，等. 海上风电场通用运维路径规划模型优化及仿真 [J]. 计算机科学，2022.

［14］Fan D，Ren Y，Feng Q，et al. A hybrid heuristic optimization of maintenance routing and scheduling for offshore wind farms ［J］. Journal of Loss Prevention in the Process Industries，2019（62）：103949.

［15］谢云平. 海上风电运维船船型及设计研究 ［J］. 船舶工程，2020，42（12）：26-31.

作者简介

张久帅（1993—），男，中级工程师，主要从事新能源工程经济研究工作。E-mail：zhangjiushuai@sidri.com